食品安全与检验检疫安全系列专著

化学品安全科学与技术

上 册

王利兵 主编

科学出版社

北 京

内 容 简 介

本书概述了化学品安全相关基本理论和安全评价技术，详细介绍了基础理化数据及其包装检测技术方法等。全书分为化学品安全概论、化学品安全评价技术、化学品安全检测技术和化学品安全与包装四篇，共40章。第一篇1~8章简要概述了化学品基础理论，燃烧与爆炸、化学物质的毒性及危害环境的机理、化学品安全相关国际规范等；第二篇9~12章介绍了化学品的环境迁移理论、模型及安全评价技术，并对以毒理学为基础的风险评估进行阐述；第三篇13~33章详细论述了化学品理化性质检测、危害人类健康判定、环境安全评价的方法，以及典型高关注度化学品检测技术；第四篇34~40章针对化学品包装，尤其是危险品包装性能及测试方法等进行介绍，并提供了几类包装材料中常见的环境污染物检测实例。全书内容参考了化学品基础理论、国内外化学品安全评价与测试技术、化学品安全管理技术相关法规，以及权威文献的研究成果，具有创新性、先进性、可靠性和实用性，反映了现阶段化学品安全科学与技术所涉及的内容。

本书可供化学品安全领域的广大科技人员、高等院校师生和质检机构的技术人员参考。

图书在版编目（CIP）数据

化学品安全科学与技术 / 王利兵主编. —北京：科学出版社，2023.1
（食品安全与检验检疫安全系列专著）
ISBN 978-7-03-049227-2

Ⅰ．①化…　Ⅱ．①王…　Ⅲ．①食品污染–化学污染–污染防治
Ⅳ．①TS201.6

中国版本图书馆 CIP 数据核字（2016）第 147119 号

责任编辑：王海光　闫小敏 / 责任校对：郑金红
责任印制：吴兆东 / 封面设计：刘新新

科 学 出 版 社 出版
北京东黄城根北街 16 号
邮政编码：100717
http://www.sciencep.com

北京建宏印刷有限公司　印刷
科学出版社发行　各地新华书店经销
*
2023 年 1 月第 一 版　开本：787×1092　1/16
2023 年 1 月第一次印刷　印张：104 3/4
字数：2 484 000
定价：980.00 元（上下册）
（如有印装质量问题，我社负责调换）

主 编 简 介

王利兵 男，工学博士，教授，博士生导师，天津海关副关长、一级巡视员；国务院特殊津贴获得者，中组部首批国家"万人计划"科技领军人才，"十二五"863计划资源与环境安全领域主题专家，ISO/TC 264首任主席，中国科学技术协会第九届全国委员会委员，全国危险化学品管理标准化技术委员会副主任委员。作为主要成员之一参与《国家中长期科学和技术发展规划纲要（2006—2020年）》战略研究与制订工作。

研究领域为化学品安全与化学污染物检测。先后主持完成国家重大科研项目十余项，获美国发明专利2项、中国发明专利61项。以第一完成人获国家科技进步奖二等奖2项，省部级科技进步奖一等奖7项，省级自然科学奖一等奖1项。主持制定国家标准128项、行业标准122项。主持创立的2项试验方法被联合国经济及社会理事会危险货物运输专家委员会批准成为国际权威试验方法。以第一作者或通讯作者在国际权威学术期刊发表SCI论文100多篇，主编学术专著8部。三次获省部级劳动模范和先进工作者荣誉称号。

丛 书 序

食品安全与检验检疫安全直接关系着人民生命健康、国家经济运行安全、生物安全、环境安全和对外贸易发展。经济全球化和全球一体化进程的深入对我国国际贸易的发展、产业安全和食品安全产生了巨大影响。

一方面，近年来国际疫情疫病、有毒有害物质传播继续呈现出高发、易发态势，外来有害生物、传染性疫病及各种有毒有害物质跨境传播成为一个世界性难题，并日趋严重。由此产生的各种事故和事件也时有发生。据国家有关部门测算，我国每年由于外来有害生物、传染性疫病及各种有毒有害物质入侵造成的经济损失在2000亿元人民币以上。另一方面，特别是国际金融危机以后，贸易保护主义大肆抬头，经济全球化进程受到严重影响，发达国家不断提高进口产品质量安全标准和市场准入条件，以产品质量和安全的名义不断设置大量技术性贸易壁垒，各种"妖魔化"中国制造的事件时有发生。我国大量具有竞争优势的产品，每年损失高达数千亿美元的国际市场份额，给我国的经济社会发展和国家形象造成了巨大的负面影响。特别是近年来发生的"三聚氰胺"、"金浩茶油"等严重食品安全事件，给食品安全与检验检疫安全的科技工作提出了全新的挑战。为此，《国家中长期科学和技术发展规划纲要（2006—2020年）》第三部分"重点领域及其优先主题"中，明确将"食品安全与出入境检验检疫"列为第59个优先主题。

根据新时期食品安全与检验检疫安全的新情况和当前检测方法与科学技术发展的新要求，国家质量监督检验检疫总局首席研究员王利兵教授、江南大学食品科学与技术国家重点实验室胥传来教授及其他知名高等院校权威专家共同组织编写了"食品安全与检验检疫安全系列专著"，作者总结归纳了该研究领域"十五"和"十一五"国家科技计划项目的研究成果，对现有食品安全与出入境检验检疫科学技术进行分析、梳理，系统地提出了食品安全与出入境检验检疫安全的新技术和新方法，特别是在国内首次系统提出了建立检验检疫学科的理念，并与食品安全学科进行有机结合，对进一步加强和完善我国的相关学科建设，提高我国检验检疫与食品安全整体科学技术水平十分必要。

该系列专著主要包括：《食品安全科学导论》、《食品安全仿生分子识别》、《纳米材料与食品安全检测》、《检验检疫学导论》、《检验检疫风险评估与方法论》、《检验检疫生物学》、《食品添加剂安全与检测》、《食品安全化学》、《食品加工安全学》、《食品纳米科技》、《食品包装安全学》和《化学品安全科学与技术》等。全面阐述了检验检疫与食品安全科学的基本理论、技术与方法及风险评估与危害控制技术。力求对我国检验检疫与食品安全科学技术的发展做出积极贡献。该套专著是基于新时期检验检疫与食品安全的新情况和新要求编写而成，作者均是多年从事食品安全与检验检疫安全研究的资深专家和学者，他们对现有食品安全与检验检疫安全技术与方法进行全面论述与总结，并对将来食品安全与检验检疫安全科学技术发展趋势进行预测与展望，具有较高的学术水平和应用价值，我衷心希望该系列专著的出版能对我国的检验检疫与食品安全的学科发展和科技进步产生积极的影响，为我国食品安全与检验检疫事业发展起到有力的推动作用。

中国工程院院士

2010 年 11 月 26 日

前　言

化学品是人类生活和社会发展不可或缺的基本材料，或作为原料、能源，或作为染料、农药、医药等具有特殊功能的材料而与人们的日常生活密不可分。化工行业是全球第三大行业，年产量以亿吨计，品种达千万以上，且每年还在迅速增长。如此种类繁多、数量巨大的化学物质是一把"双刃剑"，在造福人类的同时，其安全隐患在各方面也不断显现，尤其是对人类健康和环境所造成的影响已经引起国际社会与各国政府的重视，成为非传统安全领域所关注的重点。化学品安全涉及易燃易爆、有毒有害、腐蚀放射等危险，也包括在低浓度水平对生态环境和人体健康的长期潜在危害，如内分泌干扰、生殖发育毒性和神经行为异常等。为此，对化学品的研究、生产、包装、储藏、运输、使用和废弃处置等应进行全生命周期的安全管控。

从国际社会来看，联合国《全球化学品统一分类和标签制度》（GHS）在全球化学品管理中扮演了重要角色，通过化学品的物理性质、对人类健康与环境危害的确定和危险信息的传达提供了全面的国际综合危险性公示系统；《经济合作与发展组织化学品测试准则》提供了用于测试化学品物理化学性质、对人类健康的影响、对环境的影响、在环境中的降解与蓄积的一系列试验方法，且相关方法已经作为国际标准被广泛采用。欧盟则出台了《关于化学品注册、评估、许可和限制的法规》（REACH），该法规对有持久性、生物累积性和毒性，致癌、致畸和生殖毒性，内分泌干扰物质等具有潜在环境和健康危害的高关注度物质进行管控。相比之下，我国已经完成了对联合国 GHS 化学品分类与公示标签和经济合作与发展组织（OECD）化学品测试准则技术方法的转化，但长期以来关注的都是"危险化学品"。随着中国成为全世界化学工业的中心之一，对可能具有潜在环境和健康危害的化学品管理已成为当前的重要课题，以持久性有机污染物（POPs）履约为目标的科研及监管行动广泛开展，化学品安全管理问题已逐步深入地纳入环境保护的范畴。化学品安全涉及基础化学理论、技术和方法，风险评估管理，以及人类健康与环境相关科学技术方法的应用，且随着人们对化学品风险认识水平与风险评估管理水平的提升，将有更为先进的技术出现。

本书是在化学品安全的基础科学理论和安全性检测评估技术不断发展进步的新形势下编著而成的。全书分为化学品安全概论、化学品安全评价技术、化学品安全检测技术和化学品安全与包装四篇，共 40 章。

第一篇为化学品安全概论，包括化学概论、化学品安全概述、燃烧与爆炸的化学基础、化学物质的毒理学基础及作用机制、化学品生物蓄积与生物转化过程、化学品安全科学理论与方法、化学品安全国际规范、化学品安全与检测标准。全篇首先简要介绍了基本的化学概念及各类化学反应的理论基础，详细介绍了涉及物理危害的燃烧、爆炸发生的化学机制，以及有健康与环境危害的化学品在生物体内的作用机制和过程；接着重点阐述了化学品安全科学理论与方法，涉及安全评价理论基础、安全系统工程理论和系统论、事故学理论体系以及风险分析和风险控制理论等；最后简要介绍了化学品安全相关的国际规范以及国内外标准框架和体系。全篇全方位阐明了化学品管理和安全评价所涉及的科学理论基础。

第二篇为化学品安全评价技术，包括化学品在同一介质和不同介质间的迁移机制，化学品在大气、水体中扩散的规律和模式，化学品在土壤中的迁移机制、过程分析和迁移方程及其数学模型，以及化学品风险评估所用到的大气、水体、土壤及多介质迁移模型。具体介绍了化学品风险管理过程的步骤，化学品安全评价的目的、作用和一般程序，安全评价常用的安全检查表、危险性预先分析法、故障树分析法和危险指数评价方法等，以及危险化学品泄漏、火灾、爆炸和中毒等事故后果分析；针对基于毒理学化学品安全评价方法及其风险评估程序等进行了详细说明，并对欧盟、美国、日本化学品风险评估和管理状况进行了介绍，重点阐述了经济合作与发展组织（OECD）的化学品规划原则，对现有化学品规划、新化学品规划、风险评估规划和风险管理规划进行了分类说明。

第三篇为化学品安全检测技术，包括化学品基础理化数据检测技术方法，化学品物理、健康与环境安全评价检测方法，以及典型高关注度化学品检测技术。详细介绍了包括熔点、沸点、密度、分配系数、表面张力等基础理化数据的检测方法；化学品物理危害、健康危害和环境危害相关的试验流程与方法，定量结构活性关系（QSAR）在动物替代试验中的应用，以及二甲苯麝香、短链氯化石蜡、全氟烷酸、有机锡、多环芳烃等典型高关注度物质的检测技术。

第四篇为化学品安全与包装，从化学品包装概论、包装材料种类及制品、包装容器性能测试等方面概述了与化学品包装相关的技术要求，包括塑料包装容器、玻璃容器、钙塑瓦楞箱、金属包装容器、软包装袋等的包装性能检测技术；重点介绍了危险品包装分类及安全性能要求，具体涵盖联合国《关于危险货物运输的建议书 规章范本》中的包装分类，包装编码及标记，包装一般要求，中型散装容器、大包装、感染性物质容器、放射性物质和包件、气体及喷雾剂类物质容器等的安全性能要求；对危险化学品包装、大型运输包装件、托盘与集装箱、中小型压力容器和感染性物质包装性能检测试验及方法进行了详细介绍；结合化学品包装的环境污染问题，阐述了不同类别包装中的化学污染、包装生命周期评价、各国包装及包装废弃物管理立法和管理办法等；针对包装材料中烷基酚、氯化有机物、氟化有机物等典型环境污染化学物质及重金属的检测技术，以大量国内外相关检测文献为基础，提供了分析方法和实例。

总之，全书内容系统翔实，真实地反映了化学品安全相关的基础理论、化学品安全性评价技术在化学品安全管理领域的应用，提出了化学品安全检测、化学品包装管理和性能测试等领域存在的问题，客观而全面地介绍了当前国内外化学品安全评价与检测技术。

本书在编写过程中，得到了中国工程院袁隆平院士、中国科学院姚守拙院士的许多宝贵意见和建议，在此一并致以诚挚的感谢！

由于本书内容涉及学科较广，加之时间和水平有限，疏漏和不足之处在所难免，请广大读者批评指正！

王利兵

2021 年 6 月 20 日

目　　录

第一篇　化学品安全概论

第二篇　化学品安全评价技术

第四篇　化学品安全与包装

第一篇

化学品安全概论

第 1 章 化 学 概 论

化学是自然科学中的一门重要学科，其内容是在原子、分子水平上研究物质的组成、结构、性质、变化及其在变化过程中的能量关系。现代科学证实，物质由原子和分子组成，物质永远处于不断运动、变化、发展的状态。化学变化就是物质的运动形式之一——物质的化学运动。研究化学的目的在于认识物质的性质及物质化学运动的规律，并将这些规律应用于生产。物质的性质取决于物质的组成和结构，为了从本质上掌握化学变化的规律，必须首先研究物质的组成、结构、性质及其相互关系。此外，化学变化中还常出现放热、吸热、光、电等现象。总之，化学是研究物质的组成、结构、性质变化规律及伴随变化发生的现象的科学。

自然界的物质种类繁多，但它们基本由到目前为止已发现的 118 种元素中的一种或几种构成。其中碳元素形成的化合物较为复杂，数量也远远超过由其他元素构成的化合物的总和，这些复杂的碳化合物是构成生物有机体的主要成分。因此，化学又初步划分为有机化学和无机化学。有机化学是专门研究碳化合物的化学；无机化学则是研究除碳元素以外的所有元素及其化合物的化学。

1.1　基 本 概 念

1.1.1　化学中的基本概念[1, 2]

1. 元素与原子

元素又称化学元素。化学元素的现代概念是：元素是原子核中质子数（即核电荷数）相同的一类原子的总称。例如，不论存在于单质或化合物中的氧原子，总称为氧元素，因为它们的原子核中都含有 8 个质子，核电荷数都是 8。2016 年 6 月 8 日，国际纯粹与应用化学联合会（IUPAC）将新发现或合成的 4 种元素分别命名为 Nihonium（Nh，113）、Moscovium（Mc，115）、Tennessine（Ts，117）和 Oganesson（Og，118），至此，人们共发现或合成了 118 种元素[3]。根据它们所形成的单质的性质，把元素分为金属元素和非金属元素两大类。世界上存在的数百万种化合物，就是由这些元素以不同方式互相结合而成的。

2. 核素和同位素

具有一定数目质子和一定数目中子的一种原子称为核素，$^{16}_{8}O$ 便是一种核素，元素符号左下角的数字表示质子数，左上角的数字表示质量数，质量数为该原子的质子数及中子数之和。由于一种元素的质子数是固定不变的，如氧元素的质子数为 8，碳元素的质子数为 6，因此上述两种核素可分别简写为 $^{16}_{8}O$ 和 $^{12}_{6}C$。

质子数相同而中子数不同的不同核素互称为同位素，因为它们在元素周期表中占据同一个位置。例如，$_1^1H$、$_1^2H$ 和 $_1^3H$ 三种核素同属氢元素。天然存在的某种元素，不论是游离态还是化合态，其各种同位素原子间的相对质量分数是不变的。这个相对质量分数也称"丰度"。通常使用的元素相对原子质量，是由各种天然同位素原子的质量和相对质量分数计算出来的平均数值。

3. 原子质量、分子质量和式量

由于大多数元素含有同位素，因此元素的原子质量实际上是该元素包括各种同位素的平均原子质量。同样，元素的相对原子质量实际上是该元素包括各种同位素的平均相对原子质量。

相对原子质量和平均原子质量虽然都是以碳 12 为基准，但两者概念不同。对于同一种元素，虽然相对原子质量和平均原子质量的数值相同，但平均原子质量有单位 u，而相对原子质量则是一个没有单位的相对量。分子是由原子组成的，只要知道组成分子的元素及其原子数目，就可以写出分子式，计算出分子质量。分子质量等于组成该分子的各原子的原子质量的总和。和相对原子质量一样，相对分子质量也是没有单位的相对量。

式量是化学式中各原子的原子量的总和，原子的相对原子质量、分子的相对分子质量都可以称作式量。量和相对原子质量、相对分子质量一样，都是没有单位的相对量。

4. 原子结构

原子是由带正电荷的原子核和在核外做高速运动的带负电荷的电子组成的。原子核是由一定数目的质子和中子构成的。电子带一个单位负电荷，质子带一个单位正电荷，中子不带电。所以原子核所带正电荷数等于核内质子数。试验证明，原子是电中性的，所以原子核所带正电荷数与其核外电子所带负电荷数相等。

根据质子数决定元素的种类。不同元素原子的质子数不同，核电荷数不同，核外电子数也不同。将已发现的 118 种元素按核电荷数从小到大依次排列起来得到的顺序号称为元素的原子序数，通常用 Z 表示。

$$原子序数(Z)=核电荷数=核内质子数=核外电子数$$

原子是一种电中性的微粒，其直径约为 10^{-10}m。原子核更小，其体积约为原子体积的 $1/10^{12}$，但原子的质量主要集中在原子核上，因此原子的质量由核内质子数和中子数决定。原子中质子数和中子数之和称为原子的质量数，通常用 A 表示。

$$原子质量数(A)=质子数(Z)+中子数(N)$$

5. 元素周期律

人们已经发现的 118 种元素，构成了自然界千千万万种性质各异的物质。为了了解各种物质性质间的差异和内在联系，现将原子序数为 1～18 的元素按核电荷数递增的顺序排列，并将它们的一些主要性质列于表 1-1 中。

表 1-1　元素周期表与元素周期律

原子序数	元素名称	元素符号	最外层电子数	原子半径/pm	化合价	金属性与非金属性	最高价氧化物分子式	最高价氧化物水化物分子式
1	氢	H	1	32	+1	非金属	H_2O	—
2	氦	He	2	93	0	非金属	稀有气体	—
3	锂	Li	1	123	+1	活泼金属	Li_2O	LiOH
4	铍	Be	2	89	+2	较活泼金属	BeO	$Be(OH)_2$ 碱性
5	硼	B	3	82	+3	非金属	B_2O_3	H_3BO_3 酸性
6	碳	C	4	77	+4，-4	非金属	CO_2	H_2CO_3 弱酸
7	氮	N	5	70	+5，-3	很活泼非金属	N_2O_5	HNO_3 强酸
8	氧	O	6	66	+6，-2	非金属	—	—
9	氟	F	7	64	+7，-1	最活泼非金属	—	—
10	氖	Ne	8	112	0	非金属	稀有气体	—
11	钠	Na	1	154	+1	很活泼金属	Na_2O	NaOH
12	镁	Mg	2	136	+2	活泼金属	MgO	$Mg(OH)_2$
13	铝	Al	3	118	+3	金属	Al_2O_3	$Al(OH)_3$
14	硅	Si	4	117	+4，-4	非金属	SiO_2	H_2SiO_3 弱酸
15	磷	P	5	110	+5，-3	非金属	P_2O_5	H_3PO_4 中强酸
16	硫	S	6	104	+6，-2	较活泼非金属	SO_3	H_2SO_4 强酸
17	氯	Cl	7	99	+7，-1	很活泼非金属	Cl_2O_7	$HClO_4$ 强酸
18	氩	Ar	8	154	0	非金属	稀有气体	—

由表 1-1 可以看出以下规律。

1）原子半径

由碱金属元素锂和钠到卤素氟与氯，随着原子序数的递增，元素原子的半径呈周期性变化。

2）化合价

11 号到 17 号元素依次再现了 3 号到 9 号元素的化合价递变规律，即元素的化合价随着原子序数的递增呈周期性变化。

3）金属性与非金属性

从锂到氟是由最活泼的金属元素逐渐过渡到最活泼的非金属元素，从钠到氯是由很活泼的金属元素逐渐过渡到很活泼的非金属元素。

4）最高价氧化物水合物的酸碱性

从锂到氟、从钠到氯对应的氧化物水合物的碱性依次减弱，酸性依次增强，即元素化合物的性质随着原子序数的递增呈周期性变化。

俄国化学家门捷列夫在上述基础上明确指出：元素的性质随着相对原子质量的递增呈周期性的变化。这就是早期有名的元素周期律。随着现代科学技术的发展，人们逐渐认识到随着原子序数的递增，元素原子的最外层电子排布呈现周期性的变化，这是元素性质呈现周期性变化的内在原因。

根据元素周期律，把元素以表格的形式排列起来就形成了元素周期表。

6. 元素周期表

元素周期律的表格形式称为元素周期表。它反映了元素的个性与共性，元素性质与原子结构的相互关系。元素周期表有多种形式，也有长式和短式之分，目前广泛使用的是长式周期表。长式周期表的结构介绍如下。

1）周期

元素周期表有 7 个横排，每个横排为一周期，共 7 个周期。元素所在的周期数等于该元素原子的电子层数。

第一周期只有氢和氦两种元素，称为特短周期，它们只有一个电子层。

第二周期有 8 种元素，它们有两个电子层。第三周期也有 8 种元素，它们有 3 个电子层。第二、三周期称为短周期。

第四、五周期各有 18 种元素，它们分别有 4 个和 5 个电子层，这两个周期称为长周期。

第六周期有 32 种元素，它们有 6 个电子层，其中 57 号到 71 号元素因性质非常相近，在周期表中只占一个方格，称为"镧系元素"；第七周期也有 32 种元素，这些元素有 7 个电子层，其中 89 号到 103 号元素因性质相近，在周期表中也只占一个方格，称为"锕系元素"。第六、七周期称为特长周期。

从上述结论可以看出：元素性质周期的变化是元素原子核外电子排布周期性变化的必然结果。除第一周期外，每周期从左到右，元素原子的最外层电子数都是由 1 个逐渐增加到 8 个，相应的元素从碱金属开始，最后是惰性气体。除氦的最外层电子数为 2 个外，其余惰性气体原子的最外层电子数都是 8 个。

2）族

元素周期表共有 18 个纵行，除 8、9、10 三个纵行统称为第Ⅷ族外，其余每一纵行为一族，共 16 个族。族又分为主族和副族。周期表左边 2 个族和右边 6 个族都是主族元素。最右边一族是稀有气体，其化合价是零，因此称为零族元素。同一主族元素原子的电子层数不同，但最外层电子数相同。主族元素的族序数等于其最外层电子数。主族元素的最外层电子都可以参与化学反应，所以主族元素的最高化合价等于它的族序数。

1.1.2 化学中的基本定律[2]

1. 质量守恒定律

18 世纪下半叶，在大量试验事实积累的基础上，罗蒙·诺索夫（1756 年）和拉瓦锡（1774 年）先后总结出第一个关于化学反应的质量定律，即质量守恒定律：参加化学反应的全部物质的质量，等于反应后全部产物的质量。该定律为化学分析奠定了基础，并且为精确地研究物质的组成提供了可能性。

2. 定比定律

关于物质组成的研究一般可以通过合成法和分解法两种途径来实现，但不管是用合成法还是分解法，人们所测得的某一种化合物中元素的比例是固定的，由此得出如下结论：一种纯净的化合物，无论它的来源如何，无论用何种方法测定，它的组成元素的质量都呈一定的比例，这个结论称为定比定律。

在化学的不断发展过程中，后来发现有些化合物并不遵守这个定律。例如，有些金属化合物可以在一定范围内改变其组成；在发现了同位素之后，也给此定律带来了一些限制。不过对于日常遇到的化合物来说，都严格遵守这个定律。

3. 倍比定律

在化合物组成的研究中，人们多次发现，两种或两种以上元素互相化合时，不止产生一种化合物，在这些化合物中，与一定质量甲元素相化合的乙元素的质量必互成简单整数比，这个定律称为倍比定律。例如，氢与氧互相化合，生成水和过氧化氢两种化合物。在这两种化合物中，氢和氧的质量比分别是 1：7.94 和 1：15.88，即与一份质量的氢相化合的氧的质量为 7.94：15.88=1：2，这是简单整数比。

4. 当量定律

定比定律建立以后，人们可更精确地研究各种元素互相化合时的质量关系。一般化合物中，各元素都以一个确定的质量份数同 1.008 份氢或 8 份氧相化合；另外，各元素不但以一个确定的质量份数同 1.008 份氢或 8 份氧化合，而且它们彼此之间也以这个确定的质量份数进行化合。这些事实表明，各种元素互相化合时都有自己的特定质量份数，这些质量份数（或化合量）彼此相当，因此把这个质量份数称为元素的当量，把这个规律称为当量定律。元素按照当量的比进行化学反应。

1）当量的测定方法

各种元素的当量一般可用合成法或分解法来测定。例如，使一定质量的某元素和氧化合，然后确定氧化物的组成；或使之与酸作用，然后确定置换出来的氢的质量；或使之与一种已知当量的元素起反应并确定生成化合物的组成，然后按照当量的定义或当量定律求出该元素的当量。

2）当量和倍比定律的关系

当两种元素互相化合形成不止一种化合物时，必然会出现一种元素可以有几种不同当量的情况。这说明一方面元素的当量不是绝对的，而是因化合形式的不同而不同，即一种元素可以有不同的当量；另一方面一种元素有几种不同的当量时，这些当量之间互成简单整数比。

3）化合物的当量

在 19 世纪，当量的概念逐渐被推广至化合物。化合物的当量，其定义和元素当量的定义一样，即凡是能同 1.008 份氢起反应，或含有 1.008 份可取代的氢，或同 1.008 份氢相当的化合物的质量便是这个化合物的当量，包括元素和化合物在内的物质都按照当量的比进行化学反应。

4）克当量

在实际工作中，参加反应的各物质的质量常以克为计量单位。一定量的反应物，其质量单位为克，在数值等于当量时，则代表此物质的一克当量，或者说这时此物质的克当量数等于 1。

1.1.3　化学中的计量[4, 5]

1. 质量

物体所含物质的多少称为质量。质量的单位是千克（kg），也常用其他单位吨（t）、克（g）、毫克（mg）等。

2. 体积和密度

1）体积

体积是物体占有空间的大小。体积的单位是立方米（m^3）或升（L）、毫升（mL）等。

2）密度

密度是单位体积中物质的质量。密度是物质的一种物理性质。可通过对密度的测量来区分物质的种类。物质的密度与温度、压强有关，尤其是气体的密度与温度、压强的关系更大。密度的单位是千克/立方米（kg/m^3）及克/立方厘米（g/cm^3），也可用克/升（g/L）。

3. 温度和压强

1）温度

温度是表示物体冷热程度的物理量。物体的温度与物体中分子做无规则运动的速度有关，分子做无规则运动的速度越快，物体的温度越高。

温度单位最为常见的是摄氏度（℃），符号记作 t；其国际单位是热力学温度开尔文（K），符号记作 T。二者的关系为 $T(K)=273.15+t$（℃）。0K 温度为绝对温度零度，它等于–273.15℃。1K 温度的间隔等于 1℃的间隔。水的正常凝固点的热力学温度是 273.5K。

2）压强

物体单位面积上受力的大小为压强，记作 p。压强的单位是帕斯卡，以符号 Pa 表示。$1Pa=1N/m^2$。

4. 摩尔和气体摩尔体积

1）摩尔

原子、分子等是构成物质的基本微粒，摩尔是物质的量的单位，每摩尔物质都含有阿伏伽德罗常数（$6.02×10^{23}$）个微粒（分子、原子、离子、电子等）。摩尔简称摩，符号 mol。当某物质含有与阿伏伽德罗常数相等数量的微粒时，其物质的量就是 1mol。摩尔作为物质的量的单位应用极为方便。

2）摩尔质量

1mol 不同物质中所含的分子、原子或离子的数目是相同的，但由于不同粒子的质量不同，因此 1mol 不同物质的质量也不同。单位物质的量的物质所具有的质量，称为摩尔质量，用符号 M 表示，单位是克每摩尔（g/mol）或千克每摩尔（kg/mol）。当物质的质量以克为单位时，在数值上等于该物质的相对原子质量或相对分子质量。

对于原子来说，1mol 任何原子的质量都是以克为单位，在数值上等于该种原子的相对原子质量。例如，O 的相对原子质量为 16，1mol O 的质量为 16g，O 的摩尔质量为 16 g/mol；Na 的相对原子质量为 23，1mol Na 的质量为 23g，Na 的摩尔质量为 23 g/mol。

对于分子来说，1mol 任何分子的质量都是以克为单位，在数值上等于该种分子的相对分子质量。例如，O_2 的相对分子质量为 32，1mol O_2 的质量为 32g，O_2 的摩尔质量为 32 g/mol；NaCl 的相对分子质量为 58.5，1mol NaCl 的质量为 58.5g，NaCl 的摩尔质量为 58.5g/mol。

1.1.4 化学的分类[6]

化学在发展过程中，依照所研究的分子类别和研究手段、目的、任务的不同，派生出不同层次的许多分支。在 20 世纪 20 年代以前，化学传统地分为无机化学、有机化学、物理化学和分析化学 4 个分支。20 年代以后，由于世界经济的高速发展，化学键电子理论和量子力学的诞生，电子技术和计算机技术的兴起，化学研究在理论上和试验技术上都获得了新进展，研究的深度和广度不断拓展，与其他自然学科相互联系、相互渗透，形成了众多化学分支学科，从而丰富了化学的分类，如生物化学、工业化学、农业化学、地球化学、环境化学等应用学科的出现。

1. 无机化学

无机化学是一门研究无机物质（一般指除碳以外的化学元素及其化合物）组成、结构、性质、制备及其相关理论和应用的学科。1869 年，门捷列夫制定出了第一张化学元素周期表，为系统研究元素和化合物的性质，预言新元素的发现和性质提供了理论工具。随后的大半个世纪里，无机化学发展缓慢，没有突破性的进展。20 世纪 50 年代后，科学技术的飞速发展将无机化学重新推入了一个新的发展高峰期。例如，对各种特殊用途新材料的需求，促进了无机物质合成研究工作的发展；各种粒子加速器的建造，推动了超铀元素的合成；试验手段的更新，促进了各种光谱和波谱技术的广泛应用；周期系理论、原子分子结构理论、配位化学理论的显著发展，使得无机化学在理论上日趋成熟。

无机化学的重要分支学科包括元素化学、配位化学、同位素化学、无机固体化学、无机合成化学、无机分离化学、物理无机化学和生物无机化学等。

2. 有机化学

有机化学又称为碳化合物的化学，是研究有机化合物结构、性质、制备的学科，是化学极其重要的一个分支。在化学的早期发展阶段，含碳化合物被称为有机化合物是因为以往的化学家认为含碳物质一定只有生物（有机体）才能制造，是不能人工合成的，直到 1828 年德国化学家弗里德里希·维勒成功合成尿素，才将有机化学脱离传统所定义的范围，扩大为含碳物质的化学。近代量子理论建立后，利用量子力学和量子统计力学的基本理论，分析和阐明有机化合物的电子结构、立体构型、结构和性能的关系，为寻找和合成新的有机物质提供了理论基础。近年来，随着生命科学的发展，有机化学在分子生物学、遗传学等科学研究中所发挥的作用越来越重要。

有机化学的重要分支学科包括元素有机化学、天然产物有机化学、有机固体化学、有机合成化学、有机光化学、物理有机化学、生物有机化学、立体化学、理论有机化学和有机分析化学等。

3. 物理化学

物理化学是研究化学现象和物理现象之间的相互关系，从中找出化学运动中普遍性的一般规律的一门学科。物理化学是在物理和化学两大学科基础上发展起来的。它以丰富的化学现象和体系为对象，大量采纳物理学的理论与试验技术，探索、归纳和研究化学的基本规律与理论，构成化学科学的理论基础。物理化学的发展对促进化学其他分支学科的发展有着十分重大的作用。

物理化学由化学热力学、化学动力学和结构化学三大部分组成。化学热力学研究化学反应中能量的转化及化学反应的方向和限度。化学动力学研究化学反应过程的速率和反应机制，研究对象是物质性质随时间变化的非平衡的动态体系。结构化学是以量子力学为基础，研究原子、分子、晶体内部的结构及其与物质性质的关系。

物理化学的重要分支学科包括化学热力学、化学动力学、结构化学、量子化学、胶体与界面化学、催化化学、热化学、光化学、电化学、磁化学、高能化学、计算化学、晶体化学等。

4. 分析化学

分析化学是研究物质组成、含量、结构和形态等化学信息分析方法及理论的一门学科。分析化学的主要任务是鉴定物质的化学组成（元素、离子、官能团或化合物）、测定物质有关组分的含量、确定物质的结构（化学结构、晶体结构、空间分布）和存在形态（价态、配位态、结晶态）及其与物质性质之间的关系等。分析化学按其分析方法分为化学分析、仪器分析；按其分析要求分为成分分析、定性分析、定量分析和结构分析；

按其分析对象分为无机分析和有机分析；按分析试样用量可分为常量分析、半微量分析、微量分析和痕量分析。近年来，随着物理学、电子学、激光技术、微波技术、分子束技术和计算机技术的发展，研制出各种分析仪器，使得分析化学向自动化、快速化、微量化方向飞速发展。

分析化学的重要分支学科包括定量分析、质量分析、电化学分析、光谱分析、质谱分析、热谱分析、色谱分析、光度分析、放射分析、状态分析和物相分析等。

随着科学技术的发展，现代化学对分析化学的要求愈来愈高。分析化学不仅广泛应用于化学领域，在生物、医药、农业、地质、矿物、天文、考古等学科中均有广泛的应用。

5. 高分子化学

高分子化学是研究高分子化合物的合成、化学反应、物理化学、物理性质、加工成型、应用等方面的一门新兴的综合性学科。高分子化学是当前一个异常活跃的研究领域，具有广泛的发展前景。高分子化学包括塑料、合成纤维、合成橡胶三大领域。高分子化学的发展主要经历了天然高分子的利用与加工、天然高分子的改性、合成高分子的生产和高分子学科的建立 4 个时期。

高分子化学的重要分支学科包括无机高分子化学、天然高分子化学、功能高分子、高分子合成化学、高分子物理化学、高分子光化学等。

6. 生物化学

生物化学是一门研究生命物质的化学组成、结构及生命活动过程中各种化学变化的基础学科。生物化学主要研究生物体的分子结构与功能、物质代谢与调节及遗传信息传递的分子基础和调控规律。生物化学若以不同的生物为对象，可分为动物生化、植物生化、微生物生化等。若以生物体的不同组织或过程为研究对象，则可分为肌肉生化、神经生化、免疫生化、生物力能学等。因研究的物质不同，又可分为蛋白质化学、核酸化学、酶学等分支。研究各种天然物质生物化学的学科称为生物有机化学。研究各种无机物质生物功能的学科则称为生物无机化学或无机生物化学。

生物化学与其他学科融合产生了一些边缘学科，如生化药理学、古生物化学、化学生态学等；而按照应用领域不同，又可包括医学生化、农业生化、工业生化、营养生化等学科。

7. 放 射 化 学

放射化学是一门研究放射性物质及与原子核转变过程相关的化学问题的学科。放射化学主要研究放射性核素的制备、分离、纯化、鉴定和它们在极低浓度时的化学状态，核转变产物的性质和行为，以及放射性核素在各学科领域中的应用等。20 世纪 60 年代以来，放射化学主要围绕核能的开发、生产、应用及随之而来的环境等问题，开展基础性、开发性和应用性的研究。

放射化学是原子能科学的重要理论基础之一，与物理学的分支学科核物理一起，对人类掌握和运用原子能技术、探索原子世界的奥秘有着十分重要的作用。

放射化学的重要分支学科包括放射性元素化学、核化学、放射性同位素化学、反应堆化学、核燃料化学、聚变化学、裂变化学和环境放射化学等。

1.2 气体、液体和溶液

气体（gas）、液体（liquid）和固体（solid）是物质的三种常见状态。其中气体的结构和性质都相对简单，人们对较高温度与较低压力下气体的性质及其微观模型研究得最早，也最透彻。在化学学科发展过程中，气体的研究占有重要地位。气态物质相对分子质量的测定对确定和统一相对原子质量极其重要，而准确的相对原子质量是发现周期律的重要依据，由此化学由定性发展到定量，进入近代化学发展时期[6]。

在一定的温度和压力条件下，物质的三种状态可以互相转化。例如，固体受热会熔化而变成液体，液体受热会汽化而变成气体。反之，对气体加压并降温会使气体凝聚成液体，将液体冷却会使液体凝固而得到固体。固体熔化、液体汽化、气体液化及液体凝固等物态变化，在化学上统称为相变（phase change）。相变时两相之间的动态平衡称相平衡（phase equilibrium），温度与压力对相变影响的关系图称为相图（phase diagram）。

两种或两种以上物质混合形成均匀稳定的分散体系称为溶液（solution）。按此定义，溶液可以是液态，也可以是气态或固态。例如，空气就是 N_2、O_2 等多种气体混合而成的气态溶液。Zn 溶于 Cu 而成黄铜是固态溶液，是稳定均匀的分散体系，但组成元素原子间的作用力较强，结构也比较复杂，这类固态溶液属于"合金"的范畴。在液态溶液中，一般把能溶解其他物质的化合物称为溶剂（solvent），被溶解的物质称为溶质（solute）。凡气体或固体溶于液体时，则称液体为溶剂，而称气体或固体为溶质。若两种液体相互溶解时，一般把量多的称为溶剂，量少的称为溶质。

溶液形成的过程总伴随着能量变化、体积变化，有时还有颜色变化，这些现象说明溶解不是机械混合的物理过程，而总伴有一定程度的化学变化，因此溶解是一种特殊的物理化学过程。溶解包括两个过程：①溶质分子或离子的离散，此过程需吸热以克服原有质点间的吸引力，从而使溶液体积增大；②溶剂分子与溶质分子间进行新的结合，这是放热和体积缩小的过程。整个溶解过程是放热还是吸热，体积是缩小还是增大，全受这两个因素制约。在实际生产与科学试验中，经常会用到溶液。在制备与使用溶液时，首要的问题是浓度和溶解度：浓度是指一定量溶液或溶剂中溶质的量，溶解度是指饱和溶液或溶剂中溶质的量[7]。

1.2.1 气体定律及状态方程[8]

1. 气体

物质的三态中以气体最为简单，而且无论实际生活、试验研究还是工业生产，都与气体密切相关。气体的基本特征是它的扩散性和压缩性。气体没有固定的体积和压力。将气体（即使是极少量的气体）引入任何容器中，它的分子立即向各方扩散。气体具有很小的密度，分子之间的空隙很大，这是气体具有较大压缩性的原因，也是不同气体能以任何比例混合成为均匀混合物的原因。温度和压力显著地影响着气体的体积，因此在科学研究和生产技术上，研究温度和压力对气体体积的影响显得十分重要。联系体积、温度和压力之间关系的方程式称为状态方程式。

2. 理想气体定律

1）理想气体

假设有一种气体，它的分子只有位置而不占有体积，是一个具有质量的几何点；并且分子之间没有相互吸引力，分子之间及分子与器壁之间发生的碰撞不造成动能损失，这种气体称为理想气体。

理想气体是一种理想化的气体模型，实际中并不存在。建立这种模型是为了将实际问题简化，形成一个标准。大量的试验研究结果表明，在高温、低压条件下，许多实际气体很接近于理想气体。因为在上述条件下，气体分子间的距离相当大，于是一方面造成气体分子自身体积与气体体积相比可以忽略，另一方面使分子间的作用力显得微不足道。尽管理想气体是一种理想化的模型，但它具有十分明确的实际背景。

2）阿伏伽德罗定律

为了解释在反应中各气体的体积间存在着简单整数比的结论，意大利物理学家阿伏伽德罗（A. Avogadro）在 1811 年提出假说：在同温同压下，同体积的任何气体都含有相同数目的分子。阿伏伽德罗是第一个区分原子和分子的人。1860 年原子-分子论确立以后，科学家用多种方法测定了物质的量 n 为 1mol 时其所含有的分子数，即 $N_A=6.02\times10^{23}mol^{-1}$，$N_A$ 被称为 Avogadro 常数。

3）理想气体状态方程

17～18 世纪，人们在比较温和的条件（如常压和室温）下探求气体体积的变化规律，将观察和试验结果进行归纳后，认为一定量的气体的体积 V、压力 p 和热力学温度 T 之间符合如下关系式：

$$\frac{p_1V_1}{T_1}=\frac{p_2V_2}{T_2}\qquad(1-1)$$

在此基础上，综合考虑 p、V、T、n 之间的定量关系，得出理想气体的状态方程式为

$$pV=nRT\qquad(1-2)$$

式中，p 为气体压力，单位为 Pa；V 为气体体积，单位为 m^3；n 为气体物质的量，单位为 mol；T 为气体的热力学温度，单位为 K；R 为摩尔气体常数，又称气体常数，试验证明其值与气体种类无关。

3. 盖·吕萨克定律

盖·吕萨克（J. L. Gay-Lussac）研究了压力恒定的条件下，温度与气体体积之间的关系。发现在一定压力下，一定量气体的体积与其热力学温度成正比，即 $V=C'T$。式中，T 为热力学温度，单位是 K；C' 为常数。T 与摄氏温度（t）之间的关系是 $T(K)=t(℃)+273.15$。由盖·吕萨克定律可以推出：任何气体的体积在 $t=-273.15℃$ 时都是 0，所以热力学温标的零点设定在$-273.15℃$。

除此之外，盖·吕萨克还研究了反应中气体体积间的关系，并得出结论：在同温同压时，参加反应的各气体的体积和反应生成的各气体的体积互成简单整数比。这就是气体反应体积比定律。例如，当温度和压力相同时，在氢和氯生成氯化氢的反应中，1 体积的氢和 1 体积的氯生成 2 体积的氯化氢，用去的氢、氯的体积和生成的氯化氢的体积之比为 1∶1∶2。需要指出，盖·吕萨克的体积比定律只能应用于气体，反应中如有液体和固体物质，它们的体积和气体的体积则无简单的关系。

1.2.2　液体与状态变化[9, 10]

1. 液体

液体是由分子无序运动的气态到分子完全有序定位的固体之间的一种中间过渡形态。在液体中，分子处于十分缓慢的相对运动中，但比起固体分子来说，分子运动速度还是足够快的。因此，液体只有体积而没有固定形状，液体有流动性，依赖于容器来确定它的形状。

在液体中，分子间的空间已被分子间引力局限到最小程度，所以改变压力时对液体的体积几乎没有影响。给液体升高温度时，大多数液体会发生体积膨胀，从而使液体的密度变小。升高温度使液体分子动能增大，分子运动加剧而与分子间引力相对抗。不过由此产生的体积膨胀比气体体积随温度膨胀要小得多。

当将两种可以互相混溶的液体放入同一容器中时，液体分子的相互扩散是一个很慢的过程，因为在液体中分子彼此很靠近，分子运动的自由路程相当短，所以不会有气体分子那样的高速扩散。液体分子在单位时间内的分子互相碰撞次数要比气体分子碰撞次数多得多。

液体具有对抗流动的性质，即具有黏度。液体对流动的阻抗主要来自分子间的引力，所以对黏度的测量可为分子间引力的强度提供简单估测。另外还有其他因素，如分子质量大小和分子结构等。不过总的来说，液体升高温度时，分子运动加剧起主导作用，所以温度升高导致黏度降低，同时，增大压力往往会增大给定液体的黏度。

液体与分子间引力有关的另一种性质是液体的表面张力。在液体内部，一个分子在各个方向上均等地被周围分子所吸引，但在液面上的分子仅被内部分子所吸引，因而液面分子被拉向内部，倾向于使液体表面积收缩到最小，这可以说明小滴液体呈球形的原因。表面张力便是液体分子被拉向内部的力的度量。液体表面张力随温度升高而降低。因为温度升高，分子运动速度加快而降低了分子内聚力的作用。

2. 蒸发与冷凝

液体中的分子和气体分子一样，都在不停地运动，速度有快有慢，动能有大有小。但液面分子受力不均匀，如图 1-1 所示。位于液面内部的 a 分子受四周同类分子的吸引力是均匀的，而位于液体表层的

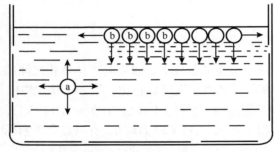

图 1-1　液体内部分子和液体表面分子受力情况

b 分子所受四周吸引力是不均匀的。这些表层分子的运动速率和能量呈现麦克斯韦-玻尔兹曼（Maxwell-Boltzmann）不对称的峰形分布规律。那些能量足够大、速率足够快的表层分子可以克服分子间的引力，逸出液面而汽化。这种液面表面的汽化现象称蒸发，在液面上的气态分子群称蒸气。蒸发是吸热过程。表面分子蒸发之后，液体从外界吸收热量致使另外一些分子能量升高，于是继续蒸发，直到液体全部蒸发为止。但在密闭容器中和恒温条件下，液体蒸发到一定程度就停止了。这是因为由液面逸出的蒸气分子在相互碰撞过程中还会返回液相，这个逆过程称为冷凝。蒸发与冷凝两个过程同时进行，但开始时前者占据优势，所以气相中分子逐渐增多，随后分子返回液相的机会也逐渐增多，到一定程度，分子的"出入数目相等"，此时气相和液相就达到动态平衡，两种物相处于平衡状态，简称相平衡。与液相处于动态平衡的这种气体称饱和蒸气，它的压力称饱和蒸气压，简称蒸气压。在一定的温度下，液体的蒸气压是一个定值，而与气相的体积、液相的量无关。

3. 沸点与沸腾

温度升高，蒸气压增大，当温度升高到蒸气压与外界气压相等时，液体就沸腾，这个温度就是沸点。液体的沸点随外界压力变化而异，如水在 101kPa 时沸点是 100℃；在珠穆朗玛峰峰顶，大气压约为 30kPa，水烧到 70℃左右就可沸腾了；水在密闭容器中减压至 2.34kPa，20℃就沸腾了。而高压锅炉内气压达到 1000kPa 时，水的沸点在 180℃左右。平时所说"某液体的沸点"都是指外界压力等于 101kPa 时的正常沸点。沸腾与蒸发都是液体的汽化，不过蒸发只是在液体表层发生，而沸腾是在液体的表面和内部同时发生，所以沸腾时可以看到液体内部逸出的气泡。

常压下加热纯水必须大于 100℃才开始沸腾，随后温度又降低到正常沸点，这种现象称过热，这种温度高于沸点的液体称为过热液体。这是因为沸腾时液体内部必须要有许多小气泡，液体在其周围汽化，小气泡起着"汽化核"的作用，纯液体内小气泡不容易形成，就容易产生过热现象。搅拌和加入沸石是减少"过热"的有效办法。沸石是一种多孔性的硅酸盐，平时小孔中总存有一定量的空气，加热时，空气逸出，起到气化核的作用，小气泡容易在其边角上产生。搅拌也有利于气化核的形成。

如果一种液体有很高的沸点，但在加热时会分解，为此可在精制提纯时使其在减压条件下沸腾，如进行减压蒸馏或真空蒸馏操作。例如，将压力调节到 1.22kPa（9.2mmHg），可使水在 10℃沸腾。利用这种手段可将某些食品减压快速脱水保存，这样可以避免食品受热分解和脱色、脱香。

沸点的高低可以看作是液体分子间内聚力的衡量尺度，分子质量大的液体一般有较高的沸点，因为分子质量大的分子有较高的色散力。但是分子质量不能看作是绝对因素，如水的相对分子质量只有 18，但其沸点却高达 100℃，这是因为水是极性分子，分子间还有氢键，分子间有很强的相互作用力。

4. 凝固点与凝固

在常压下液体冷却到一定温度就会凝结成固体，如水冷却到 0℃就会结冰。液体、固体两相平衡的温度称凝固点。记录冷却过程中时间与温度的变化可得到冷却曲线，如图 1-2 所示。温度沿 *AB* 线逐渐下降，当温度降到凝固点 *A*′时，并无晶体析出，当温度

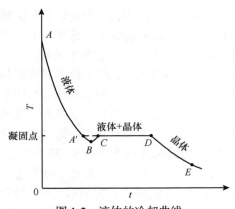

图 1-2　　液体的冷却曲线

AA'B 线. 液体温度逐渐下降过程；*B* 点. 开始析出晶体；
BC 线. 析出晶体，温度回升到凝固点温度；*CD* 线.
不断析出晶体，温度不变；*DE* 线. 晶体的温度不断下降

一直降到凝固点以下的 *B* 点时，才有晶体析出，这种现象称为过冷现象，液体在 *A'B* 线的状态（低于凝固点）为过冷液体。产生过冷现象是因为晶体里的质点（原子、分子或离子）排列是有规则的（有序的），而液体的质点排列是无规则的（无序的）。当液体温度降低到凝固点，此时液体中如有某种"结晶中心"存在，将会有助于上述过程的完成。液体越纯，结晶中心越难形成，以致液体温度下降至低于凝固点时也无结晶中心形成，使液体处于过冷状态。

结晶之后出现 *BC* 段的温度回升。这是因为过冷液体处于不稳定的状态，体系有趋向平衡的趋势，液体凝固是放热过程，所以随着结晶析出，体系温度回升到液相-固的平衡温度。

CD 段水平线代表液-固共存的阶段。当环境对液体吸热而使固体析出，液体凝固时又放热，若吸热多于放热就继续析出固体；反之，固体则熔化。所以在液-固共存时，加热或吸热只能改变液体、固体的相对量，而温度却是不变的，这个液-固共存的温度就是凝固点。

固体里的分子也是处于不断热运动的状态，那些能量较高的分子有可能逸出固体表面，所以固体表面也有蒸气压，并且它的蒸气压也随温度升高而增大。在凝固点，液相的凝固和固相的熔化处于平衡状态，液相的蒸气压等于固相的蒸气压。温度低于凝固点的过冷液体，其蒸气压大于在该温度共存固相的蒸气压，因而过冷液体处于不稳定状态。

有些过冷液体可以长期存在，构成一大类固体材料，当它们冷冻固化时，分子或组成粒子以液态中的无序形式排布，而不形成晶体中的定位有序排列。这类物质黏度较高，一般是难以结晶的复杂分子变体。它们常被称为无定形体或非晶体，也称为玻璃体。非晶态物质可以极缓慢地转化成晶态物质，也可以在一定温度下冷却，使之结晶。非晶态物质没有固定的凝固点或熔点，从固态向液态转变可以有一段从软化到熔化的温度范围。

1.2.3　溶液的一般性质[7]

1. 溶液的概念和量度关系

在组成的一定范围内能够连续和任意改变的体系中，多组分均相部分称为溶液。该定义强调了溶液中一种物质分子在另一种物质中的均匀分布，但它不同于化合物。溶液中的物质含量可以是任意的，仅由它们的相互溶解度所限制。从结合能观点看，化合物是靠强的化学键所结合的，而溶液是靠较弱的分子相互作用形成的。溶液本身的物态并不限于液态，也可是气态和固态的。溶液本身各组分之间没有根本区别，但一般将组分

含量最高的称为溶剂，其他的组分称为溶质。

溶液组成的量度有几种不同的描述方式。

1）溶液中溶质的摩尔分数 x_B

$$x_B = \frac{n_B}{n_A + n_B} \tag{1-3}$$

式中，n_A 与 n_B 分别为溶剂和溶质的摩尔数。同理可定义溶剂的摩尔分数 x_A，只需将上式等号右边分子换成 n_A 即可。故有 $x_A + x_B = 1$。

2）质量摩尔浓度 m_B

定义为单位质量（通常为 1kg）溶剂中溶入的溶质的摩尔数。

$$m_B = \frac{n_B}{n_A M_A} \tag{1-4}$$

式中，M_A 为溶剂的摩尔质量。m_B 的单位为 mol/kg。

3）物质的量浓度 c

单位体积（通常用升）溶液中溶质的摩尔数。

$$c = \frac{n_B}{V} \tag{1-5}$$

式中，V 为溶液体积。c 的单位为 mol/L。

2. 溶质的溶解度

在 20℃，100g 水中最多只能溶解 35.9g 氯化钠，再多就溶解不了，固体 NaCl 和溶液共存。在宏观上看，溶液中 Na^+、Cl^- 的含量和固相 NaCl 的量都不再变化；而在微观上看，固体 NaCl 仍不断溶解，而溶液中的 Na^+ 和 Cl^- 也不断结晶析出，这就形成了溶解过程的动态平衡。这种与溶质固体共存的溶液称饱和溶液。在一定温度与压力下，一定量饱和溶液中溶质的含量称溶解度。国际纯粹与应用化学联合会（IUPAC）建议用饱和溶液的浓度 c_b 表示溶解度 s_b，即 $s_b = c_b$，单位为 mol/cm^3 或 mol/dm^3。一般常用 100g 溶剂所能溶解溶质的最大克数表示溶解度，如在 20℃，NaCl 在水中的溶解度是 35.9g/100g 水。对固体溶质而言，温度对溶解度有明显的影响，而压力的影响极小，所以在常压下一般只注明温度而不必注明压力。

溶解度的规律性至今尚无完整的理论。归纳大量试验事实所获得的经验规律是"相似者相溶"原理，即物质结构越相似，越容易相溶。溶解过程是溶剂分子拆散、溶质分子拆散、溶剂与溶质分子相结合（溶剂化）的过程。凡溶质与溶剂的结构越相似，溶解前后分子周围作用力的变化越小，这样的过程就越容易发生。

3. 溶液的依数性

溶液有电解质溶液和非电解质溶液之分。非电解质溶液的性质比电解质溶液的简单些。溶液的浓度有浓有稀，实际工作中浓溶液居多，但稀溶液在化学发展中占有重要地位，像理想气体一样，这种溶液有共同的规律性。这种规律与浓度有关，而与溶质的性质无关。稀溶液的这类性质称为依数性（colligative property），这些性质包括蒸气压下降、沸点升高、凝固点下降和渗透压变化。

1）水的相变和相图

在一系统中物理性质和化学性质完全均匀的部分称为"相"，相与相之间有明显的界面。例如，过饱和 NaCl 水溶液，未溶的 NaCl 是固相，溶液是液相，溶液上面的水蒸气是气相。只有一个相的系统称单相系统（也称均相系统），含有不同相的系统称为多相系统。物质聚集状态的变化称相变。

水的相变包括气、液、固三相间的相互变化。为了表示水的气、液、固三种状态之间的平衡关系，以压力为纵坐标、温度为横坐标，画出系统的状态与温度、压力之间的关系图，这种图称为相图（或状态图）。图 1-3 是根据试验结果绘制出的纯水的相图。

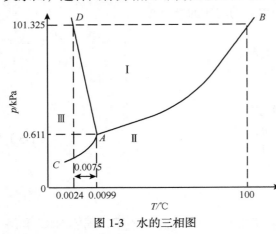

图 1-3　水的三相图

BAD（Ⅰ）是液态纯水稳定存在的区域，称为液相区；BAC（Ⅱ）是气相区；DAC（Ⅲ）为固相区。图中 AB 线、AC 线分别为液-气和固-气两相平衡曲线，AD 是纯水的固-液两相平衡曲线。三线相交于 A 点。在 A 点所对应的温度（0.0099℃）和压力（0.611kPa）下，气、液、固态的纯水处于平衡状态。A 点称为水的三相点。三相点不是纯水的凝固点，也不是水的冰点。对纯水来讲，当外压为 101.325kPa 时，水的凝固点为 0.0024℃，比三相点降低了 0.0075℃。

借助水的相图，有助于掌握稀溶液的依数性。

2）溶液蒸气压下降

在一定温度下，任何纯液体的饱和蒸气压都是一个定值。当加入某可溶物质形成溶液时，溶液的蒸气压比纯溶剂的蒸气压低，这种现象称为溶液的蒸气压下降。

当溶质加入到溶剂中时，每个溶质分子和若干个溶剂分子形成了溶剂化分子，溶剂化分子一方面束缚了一些高能量的溶剂分子，另一方面占据着一部分溶剂的表面，结果使得单位时间内逸出液面的溶剂分子数减少，达到平衡时，溶液的蒸气压必然比纯溶剂的蒸气压低。1887 年，法国物理学家拉乌尔（F. M. Raoult）根据试验结果得出结论：在一定温度下，难挥发非电解质稀溶液的蒸气压等于相同温度下纯溶剂的饱和蒸气压乘以溶剂的物质的量分数，即拉乌尔定律：

$$p = p_A^* x_A \tag{1-6}$$

式中，p、p_A^* 分别为温度为 T 时溶液和纯溶剂的饱和蒸气压；x_A 为纯溶剂的摩尔分数。因为

$$x_A + x_B = 1$$

所以

$$p = p_A^* x_A = p_A^* (1 - x_B) = p_A^* - p_A^* x_B$$
$$\Delta p = p_A^* - p = p_A^* x_B$$

式中，x_B 为溶质的摩尔分数；Δp 为溶液蒸气压的下降值，单位为 Pa。

对于稀溶液，溶剂的物质的量远大于溶质的物质的量，即 $n_A \gg n_B$，有

$$x_B = \frac{n_A}{n_A + n_B} \approx \frac{n_B}{n_A} = \frac{n_B}{m_A / M_A} = M_A b_B$$

$$\Delta p = p_A^* M_A b_B$$

式中，n_A 为溶剂的物质的量；n_B 为溶质的物质的量；m_A 为溶剂的质量；M_A 为溶剂的摩尔质量；b_B 为单位质量的溶剂中所含溶质的量。

对于任何一种溶剂，当温度一定时，式中的 $p_A^* M_A$ 一项为常数，令其为 K_p，故

$$\Delta p = K_p b_B \tag{1-7}$$

式中，K_p 为蒸气压下降常数，它的大小只与溶剂的本性有关。式（1-7）表明，难挥发非电解质稀溶液的蒸气压下降与溶质的质量摩尔浓度成正比，而与溶质的本性无关。

3）溶液沸点升高与凝固点下降

在一定溶剂中加入难挥发非电解质的溶质，在引起溶液蒸气压下降的同时，溶液的沸点和凝固点也发生相应的变化。难挥发非电解质稀溶液的沸点总是比纯溶剂的高，而凝固点总是比纯溶剂低。前一种现象称为溶液的沸点升高，后一种现象称为溶液的凝固点下降。

（1）溶液沸点升高

难挥发非电解质稀溶液的沸点升高，可用水（纯溶剂）和溶液的蒸气压曲线（图 1-4）来说明。AB 和 $A'B'$ 是水和溶液的蒸气压曲线。水在正常沸点 T_b（373K）时其蒸气压恰好等于外压（101.325kPa）。如果水中溶解了难挥发的溶质，溶液蒸气压要比同一温度下水的蒸气压低。在 373K 时，溶液的蒸气压低于外压，只有加热溶液到蒸气压与外压相等（101.325kPa）的 T_b' 时，溶液才会沸腾。

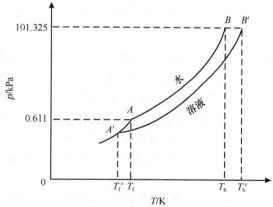

图 1-4　水和溶液的蒸气压曲线

溶液沸点升高的根本原因是溶液的蒸气压下降。而蒸气压下降的程度只与溶液的浓度有关。因此溶液的沸点升高程度也只与溶液的浓度有关，与溶质的本性无关，其关系式为

$$\Delta T_b = T_b' - T_b = K_b b_B \tag{1-8}$$

式中，ΔT_b 为难挥发非电解质稀溶液的沸点升高值；K_b 为沸点升高常数；b_B 为溶液的质量摩尔浓度。式（1-8）适用于难挥发非电解质的稀溶液。

（2）溶液凝固点降低

从图 1-4 可以看出，AA' 是冰的蒸气压曲线，在 A 点水和冰的蒸气压相等（0.611kPa），对应的温度 T_f＝273K 为水的凝固点。由于溶液的蒸气压下降，在温度为 T_f 时，水溶液的蒸气压小于冰的蒸气压，溶液不能结冰。随着温度的降低，在 A' 点冰和溶液的蒸气压相等，此时固液两相共存，则 A' 对应的温度 T_f' 就是溶液的凝固点。显然，溶液的凝固点

比纯溶剂的凝固点降低了，也是由溶液的蒸气压下降引起的。所以难挥发非电解质稀溶液的凝固点下降也只和溶液的质量摩尔浓度成正比，与溶质的本性无关，可表示为

$$\Delta T_f = T_f - T_f' = K_f b_B \tag{1-9}$$

式（1-9）适用于难挥发非电解质的稀溶液。式中，ΔT_f 为难挥发非电解质稀溶液的凝固点下降值；K_f 为凝固点下降常数；b_B 为溶液的质量摩尔浓度。K_f 的数值只与溶剂的性质有关，其物理意义是当溶液的质量摩尔浓度 $b_B = 1\text{mol/kg}$ 时溶液的凝固点下降值。

4）溶液的渗透压

如图 1-5 所示，在一个连通器中间，用一个只让溶剂分子通过而不允许溶质分子通过的半透膜隔开，左边盛纯水，右边盛蔗糖溶液，使两边液面高度相等。经过一段时间后，右边糖水的液面升高，左边水的液面下降，直到右边液面比左边液面高出 h 为止，说明左边的水分子进入了蔗糖溶液。这种溶剂分子通过半透膜单向扩散的过程称为渗透。

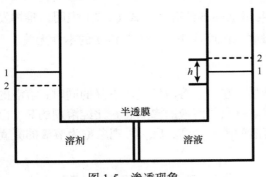

图 1-5　渗透现象

实质上，水分子是以两个相反方向通过半透膜扩散的，扩散速度与其浓度有关。由于两边水的浓度不同，左边单位体积中的水分子数比右边的多，因此在半透膜两侧静水压相同的前提下，单位时间内由左向右穿过半透膜的水分子数比从右向左穿过半透膜的水分子数多。随着渗透作用的进行，"U" 形管的两侧高度差增大。当压力差达到一定程度时，在单位时间内向两个相反方向扩散的水分子数相等，系统达到动态平衡，渗透作用外观上停止，两边的液面高度不再变化。结果在糖水液面比纯水液面高出 h 高水柱静压大小的压力，这就阻止了渗透作用的发生。为阻止渗透作用发生所需施加于液面上的最小压力称为该溶液的渗透压，用 Π 表示。

试验发现，在一定温度下，溶液的渗透压与溶液的浓度成正比；若溶液的浓度一定，则溶液的渗透压与热力学温度成正比。1886 年，荷兰物理学家范特霍夫指出：非电解质稀溶液的渗透压与其浓度和热力学温度成正比，与理想气体定律相似。

$$\Pi V = nRT \tag{1-10}$$

也可以写成

$$\Pi = \frac{n}{V}RT = c_B RT \tag{1-11}$$

式中，Π 为溶液的渗透压；c_B 为溶液的物质的量浓度；T 为热力学温度；n 为溶液的物质的量；V 为溶液的体积；R 为气体常数。

4. 强电解质溶液

强电解质在水中应该全部电离，其电离度应为 100%。但试验数据证实强电解质溶液的电离并非完全。为此，德拜和休克尔认为在强电解质溶液中存在着大量的正、负离

子，由于静电引力作用，在任一离子的周围，分布着较多的异号离子，形成了所谓的"离子氛"（图 1-6）。由于"离子氛"的存在，离子在溶液中的行动不能完全自由，不能充分地发挥它的作用，因此使真正发挥作用的离子浓度比电解质完全电离时应达到的实际离子浓度低一些，造成了电离不完全的假象。

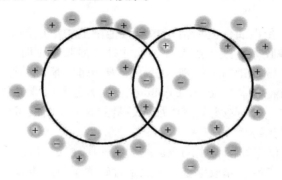

图 1-6　"离子氛"示意图

一般将电解质溶液中实际发挥作用的浓度称为有效浓度，或称活度，用 α 表示，其与浓度（c）的关系为

$$\alpha = \gamma c \tag{1-12}$$

式中，γ 称为活性系数，表示溶液中离子之间的相互牵制作用，离子浓度越大，离子电荷越高，离子间的牵制作用越强，γ 越小；溶液越稀，离子间相互牵制作用越小，离子自由活动程度越大，γ 值越接近于 1；当溶液无限稀释时，活度系数 γ 等于 1。由此可见，γ 的大小标志着实际溶液与理想溶液偏离的程度。

5. 胶体溶液

溶液是一种分散体系，溶质为分散相，溶剂是分散介质。糖水溶液中的糖分子，盐水溶液中的 Na^+ 和 Cl^- 都是分散相，其粒子尺寸都小于 1nm（10^{-9}m）。分散相的粒子尺寸若大于 1000nm，则为粗分散体系，称为悬浊液和乳浊液。分散相粒子介于两者之间（1～1000nm）的则为胶体溶液，如血液、淋巴液、墨水等。胶体溶液主要包括溶胶、大分子溶液和缔合胶体三种类型。

1）溶胶

固态胶体粒子分散于液态介质中形成溶胶。制备溶胶的方法包括将大颗粒分散，或将小颗粒凝聚。常用的分散法有胶体磨研磨，超声波撕碎，分散剂胶溶等。凝聚法是将溶液中的分子或离子凝聚成胶体粒子的方法。溶胶中，分散的粒子有很大的表面积，表面有剩余分子间作用力，相碰撞有自动聚集趋势，所以溶胶是不稳定的（热力学不稳定性）。但也是由于胶体粒子具有很大的表面积，容易吸附离子而带电荷；胶体粒子间的电排斥，保持了溶胶的相对稳定性（动力学稳定性）。溶胶的分散粒子具有胶束结构，如由 $FeCl_3$ 水解而制得的 $Fe(OH)_3$ 溶胶的胶束结构如图 1-7 所示。

$$\{[Fe(OH)_3]_m \cdot nFeO^+ \cdot (n-x)Cl^-\} \cdot xCl^-$$

图 1-7　$Fe(OH)_3$ 胶束结构

胶束的核心是 m 个 $Fe(OH)_3$ 粒子，m 为 10^3 左右，胶核外依次吸附着水中的 FeO^+，以及带相反电荷的 Cl^-，形成一个随胶核运动的吸附层。胶核和吸附层称为胶粒，胶粒带正电称正电胶体。胶粒外带有相反电荷的 Cl^- 形成扩散层，胶粒与扩散层形成胶束（micelle），也称胶团，胶束始终保持电中性。

2）大分子溶液

橡胶、动物胶、蛋白质、淀粉溶于水或其他溶剂中形成的溶液称为大分子溶液。大分子溶液也是一种胶体溶液。当大分子尺寸处于溶胶范围时，与溶胶有许多相似的性质，但也存在着不同的地方，一般大分子溶液不带电荷，其稳定性是由高度溶剂化造成的，因此也称亲液胶体（lyophilic colloid）。在大分子溶液体系中，溶解和沉淀是可逆的，也称可逆胶体。向不稳定的溶胶加入足量的大分子溶液可以保护溶胶的稳定性。

3）表面活性剂与缔合胶体

表面活性剂是能够显著降低水的表面张力的一类物质。从结构上看，表面活性剂都是由亲水的极性基和亲油的非极性基（一般是含碳原子数多于 8 个的碳氢链）组成。表面活性剂有负离子型、正离子型、两性和非离子型等类型。表面活性剂溶于溶剂中，当浓度在一定范围（$0.01 \sim 0.02 \text{mol/dm}^3$）内时，许多表面活性剂分子结合形成胶体大小的团粒，如图 1-8 所示形成球状、棒状或层状的胶束。在水中形成的胶束中非极性基团相互吸引，向内包藏在胶束内部；亲水的极性基朝外与水分子接触，形成一个稳定的亲水结构，称缔合胶体溶液。

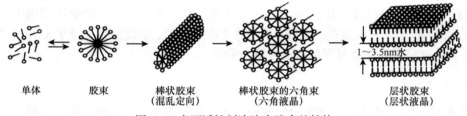

图 1-8 表面活性剂溶液中胶束的结构

4）胶体溶液的性质

胶体溶液和溶液从宏观上来看都是透明均匀的体系，但胶体溶液具有光学、电泳、渗析、聚沉等特性。

（1）光学特性——丁达尔效应

当一束强光源通过胶体溶液，在光线行进侧面黑暗背景上，可以看到微弱闪光集合而成的光柱，这种现象就是丁达尔（Tyndall）效应。胶体溶液中，分散胶粒小于光波波长，光波可以绕过粒子前进，并从粒子向各方向传播，这就是散射现象，散射的光环组成了光柱。

（2）电泳

电泳（electrophoresis）是指溶胶在电场作用下带电胶粒向异性电极的运动。正电胶体向负极移动，负电胶体向正极移动。大分子溶液，如蛋白质溶液中的分子会电离而带电，也有电泳现象。

（3）渗析

半透膜可以让分子、离子自由通过，而不让体积较大的胶粒通过，这种方法称渗析（dialysis）；若再外加电场帮助，则称电渗析。用半透膜可使胶粒和溶液中的分子、离子分离，这是纯化胶体溶液的有效办法。

（4）聚沉

往溶胶中加入适量电解质使带电胶粒吸附相反电荷，破坏胶粒间的排斥作用，溶胶会有块状或絮状沉淀形成，这种现象称聚沉（coagulation）。对负电胶体的聚沉作用，随电解质正电荷的增大而加强；对正电胶体，则随电解质负电荷的增大而加强。不同电性胶粒亦可相互促进聚沉，电解质也可促使一些大分子胶体和缔合胶体聚沉，不同电性的表面活性剂可以促使缔合胶体聚沉。适当控制条件，溶胶可转变成凝胶（gel），这种现象称为胶凝，胶凝是聚沉的特殊阶段。

1.3 热 化 学

化学反应发生时伴随有能量的变化，其形式有多种，其中一种以热的形式吸收或放出。这种在化学反应过程、溶解过程和聚集状态改变过程中所伴随的热效应的化学称为热化学，或化学热力学。化学热力学的任务有两个：一是根据热力学第一定律研究化学变化过程中能量转化的问题；二是根据热力学第二定律解决化学变化的方向和限度问题。

1.3.1 基本概念[11, 12]

1. 系统、环境和相

当人们以试验等方法进行科学研究时，往往将某一部分物质或空间与其余部分分开作为研究对象。这部分作为研究对象的物质或空间称为系统，也称为体系。在系统以外，与系统有互相影响的其他部分称为环境。例如，研究氧气的性质时，氧气就是系统，而盛装氧气的容器及容器以外的其他部分就是环境。

根据系统与环境之间在物质和能量方面的交换情况的不同，将系统分为敞开系统、封闭系统和隔离系统。

1）敞开系统

系统与环境之间既有物质的交换，又有能量的交换。所有生物体都属于敞开系统。

2）封闭系统

系统与环境之间没有物质的交换，但有能量交换。封闭系统是热力学中研究得最多的系统，若不特别说明，通常就是指封闭系统。

3）隔离系统

系统与环境之间既没有物质的交换，又没有能量的交换。隔离系统也称为孤立系统。严格来讲，自然界中不存在绝对的隔离系统，每一个物质的运动都与它周围其他物质相互联系着和相互影响着。

系统中物理性质和化学性质完全相同的均匀部分称为相。相与相之间存在明显的界面，在界面上系统的宏观性质发生明显的改变。

由于气体能够无限地混合均匀，因此系统中无论含有多少种气体，只有一个气相。由于不同液体之间相互溶解的程度不同，系统中可以有一个液相（完全互溶）或两个液相（完全不互溶）。如果系统中所含的不同种固体达到分子程度的均匀混合，就形成了"固溶体"（合金），一种固溶体是一个固相；如果固体物质没有形成固溶体，系统内含有多少种固体物质就有多少个固相。

通常把只含有一个相的系统称为均相系统；把含两个或两个以上相的系统称为非均相系统。

2. 状态和状态函数

系统的状态是系统的各种物理性质和化学性质的综合表现。系统的状态可以用压力、温度、体积、物质的量等性质进行描述，它们都是宏观的物理量。当系统的这些性质（宏观物理量）都具有确定的量值时，系统就处于一定的状态；这些性质中有一个或几个发生变化，系统的状态可能随之发生变化。在热力学中，把这些用于确定系统状态的物理量（即性质）称为状态函数。

状态函数的一个重要特点是其量值只取决于系统所处的状态，而与过去的历史无关。当系统由某一状态变化到另一状态时，状态函数的变量只取决于系统变化前所处的状态（始态）和变化后所处的状态（终态），而与实现这一变化所经历的具体方式无关。

系统的状态函数（性质）可以分为广度性质和强度性质两大类。

1）广度性质

广度性质也称容量性质，它具有加和性，即整个系统的某种广度性质的量值等于系统中各部分该性质量值的总和。系统的质量、体积、物质的量、热力学能等都是广度性质。

2）强度性质

强度性质没有加和性，整个系统的某种强度性质的量值与各部分的强度性质的量值相同。系统的温度、压力、密度等都是强度性质。

两种广度性质相除后，就成为强度性质。例如，体积、物质的量和质量是广度性质，而摩尔体积（体积/物质的量）、密度（质量/体积）等就是强度性质。

3. 过程和途径

系统状态发生的任何变化称为过程。系统经历一个过程，由始态变化到终态，可以采用许多种不同的方式，通常把完成某一过程的具体步骤称为途径。根据过程发生时条件的不同，通常可将过程分为以下几类。

1）等温过程

系统的始态温度与终态温度相同并等于环境温度的过程称为等温过程。例如，人体具有温度调节系统，从而保持一定的体温，因此在体内发生的生化反应可以认为是等温过程。

2）等压过程

系统始态的压力与终态的压力相同并等于环境压力的过程称为等压过程。

3）等容过程

系统的体积不发生变化的过程称为等容过程。

4）循环过程

系统由某一状态出发，经过一系列变化又回到原来的状态，这种过程就称为循环过程。在循环过程中，所有状态函数的改变量都为零。

4. 热和功

系统状态发生改变时，系统与环境之间有能量的传递，其传递的形式有热、功和辐射三种。热力学研究中仅考虑热和功两种能量传递形式。

由于系统和环境之间存在温度差而传递的能量称为热，用符号 Q 表示，单位为 J 或 kJ。为了表明能量传递的方向，热力学规定，系统吸热，Q 为正值（$Q > 0$），系统放热，Q 为负值（$Q < 0$）。

除了热以外，系统和环境之间以其他形式传递的能量统称为功，用符号 W 表示，单位为 J 或 kJ。环境对系统做功，W 为正值（$W > 0$），系统对环境做功 W 为负值（$W < 0$）。热力学将功分为体积功（膨胀功，也称为无用功）W_e 和非体积功（非膨胀功，也称为有用功）W' 两类。体积功 W_e 是因系统反抗外压而发生体积变化所做的功，$W_e = -p_{外} \cdot \Delta V$（$p_{外}$ 为环境所施加的压力，ΔV 为系统体积的变化）；除体积功外，其他功如电功、表面功等则统称为非体积功。

热和功是系统状态发生变化的过程中环境和系统之间传递的能量，所以热和功总是与系统的变化过程联系在一起，没有过程就无所谓热和功，故热和功都是与过程有关的量，属于非状态函数（即过程函数）。

5. 热力学能

系统与环境之间有热和功的传递，说明系统内部蕴藏着一定的能量。系统内部各种形式的能量的总和称为热力学能（内能），用符号 U 表示，单位为 J 或 kJ。热力学能包括系统内分子的动能（平动能、转动能、振动能）、分子间的位能、电子运动能和原子核能等。当一个系统的状态确定时，系统内部的各种粒子的运动状态及其相互作用就相应确定，系统内部的能量也随之确定。因此，热力学能是系统本身所具有的一种属性，是系统的状态函数。当系统的状态发生变化时，热力学能的变化值只取决于其始态和终态而与变化的途径无关。尽管热力学能的绝对值无法确定，但在实际应用时，一般只关心热力学能的变化值 ΔU，其变化值与系统和环境之间的能量传递形式热和功有关。

1.3.2 内能、热力学第一定律

1. 内能

由前述讨论可知，向系统传递热量（Q）可以使系统的状态发生变化，对系统做功

（W'）也可使系统的状态发生改变，而且对于给定的始状态和终状态，单独向系统传递热量或对系统做功，其值随过程的不同而不同。因为做功与传递热量能改变系统的状态，所以可以通过做功与传递热量这两种方式来改变系统的内能。然而大量试验表明，系统在由某一状态变化到另一状态的过程中，虽然做功与传递热量都与过程有关，但做功与传递的热量之和却与过程无关，而为一确定值，并且只决定于始态和终态，也就是说，系统的状态可以用一个物理量 U 来表征。当系统由始状态到终状态时，这个物理量的增量 ΔU 是个确定值。这个表征系统状态的物理量 U 就称为系统的内能。因此，系统的内能仅是系统状态的单值函数。

对于给定的理想气体，其内能仅是温度的函数，即 $U=U(T)$；只有气体的温度发生变化，其内能才有所改变。总之，气体的内能是气体状态的单值函数，也就是说，气体的状态一定时，其内能也是一定的；气体内能的变化 ΔU 只由始状态和终状态所决定，与过程无关。

2. 热力学第一定律

自然界中的一切物质都具有能量，能量可以从一种形式转化为另一种形式，由一个物体传递给另一个物体，在能量转化与传递过程中其总值不变。这就是著名的能量守恒与转化定律，将其应用到热力学系统，即得到热力学第一定律。

如果对一个封闭系统加热，系统从环境吸热 Q，同时环境对系统做功 W，那么系统的热力学能则从始态的 U_1 增加到终态的 U_2，根据能量守恒与转化定律，上述各种能量应满足：

$$U_2=U_1+Q+W \tag{1-13}$$

或

$$U_2-U_1=Q+W \tag{1-14}$$

即

$$\Delta U=Q+W \tag{1-15}$$

式（1-15）是热力学第一定律的数学表达式，表明系统热力学能的变量等于系统和环境之间传递的热和功的总和。可以看出，热力学第一定律的实质是包括热现象在内的能量守恒与转换定律，适用于系统的任何过程。同时，热力学第一定律告诉人们，不需要动力、能量或燃料而使机器永远不停地做功的永动机是不可能制成的。在热力学第一定律建立以前，人们曾企图设计一种机器，既不消耗内能，又不需要外界向它传递热量，就能不断地对外界做功，人们把这种机器称为第一类永动机。热力学第一定律建立后，人们知道永动机是违背能量守恒定律的，是不可能制成的。

1.3.3　恒压条件下的热化学反应热[11, 12]

对于一个化学反应，可将反应物看成系统的始态，生成物是系统的终态。由于各物质的热力学能不同，当反应发生后，生成物的总热力学能与反应物的总热力学能不相等，热力学能的变量 ΔU 在反应过程中就会以热和功的形式表现出来，从而产生反应热效应。热力学规定：在定压或定容、化学反应系统只做体积功的条件下，当生成物的温度恢复到反应物的初始温度时（即定温变化），系统所吸收或放出的热量称为化学反应热效应，简称反应热。

反应热不是状态函数，因为它除了与系统的始态和终态有关外，还和反应的过程有关。封闭系统中，常见的化学反应热有两种，一种是定容反应热与热力学能，另外一种是定压反应热与焓。

如果一个化学反应在定压条件下进行，且不做非体积功（$W'=0$），由热力学第一定律得

$$\Delta U=Q_p+W_e+W'=Q_p-p_外\Delta V \tag{1-16}$$

定压条件为 $p_外=p_1=p_2=p$，则

$$Q_p=(U_2-U_1)+(p_2V_2-p_1V_1)=(U_2+p_2V_2)-(U_1+p_1V_1) \tag{1-17}$$

式中，Q_p 称为定压反应热，p 表示定压过程。由于 U、p、V 都是状态函数，因此（$U+pV$）也是状态函数，令

$$H=U+pV \tag{1-18}$$

则

$$\Delta H=H_2-H_1=Q_p \tag{1-19}$$

式中，H 是一种组合形式的能量，称为焓，单位为 J 或 kJ；ΔH 则为焓变，显然在定压过程且系统不做非体积功的条件下，其大小与状态函数变量 ΔU 或 ΔH 相关联，而与具体的变化途径无关。也就是说，系统从始态到终态，不管经历何种途径，在定容时，$Q_V=\Delta U$，定压时，$Q_p=\Delta H$，即此时的反应热总是确定的。因为大多数化学反应都是在定压条件下进行，所以定压反应热（ΔH）的应用更广泛。

1.3.4 熵及自由能变化

1. 化学反应的自发过程

自然界中有许多无须外力作用（做功）就能自动发生的过程。例如，水总是自发地从高处流向低处，却不会自动地倒流；热可以自动地从高温物体传给低温物体，相反的过程则不能自动进行；常温常压下，甲烷可以燃烧生成二氧化碳和水，其逆反应却不可能自动地发生。一定条件下，不需要环境对系统做功就能自动进行的过程（反应）称为自发过程（反应）。自发过程（反应）有下列特征。

a. 自发过程（反应）都有单一确定的方向，即逆过程（反应）是非自发的。

b. 自发过程（反应）具有对环境做非体积功的能力。例如，自发反应 $Zn+Cu^{2+}=\!=\!=Cu+Zn^{2+}$ 可以设计在原电池中进行，从而为环境提供电功。

c. 自发过程（反应）是有限度的。自发过程（反应）进行的最大限度是达到系统的平衡状态。例如，热可以自动地从高温物体传给低温物体直到两者温度相等。

d. 自发过程（反应）是有条件的。例如，甲烷的燃烧需要引发。

e. 自发过程（反应）不受时间限制，与反应速率无关。自发过程（反应）并不意味着速率很快，如自发反应 $CO+NO=\!=\!=CO_2+1/2N_2$ 的反应速率慢到无法察觉。

f. 非自发过程（反应）是可以进行的，只不过需要环境对系统做功。

2. 化学反应的自发性与焓变

1867 年，法国化学家贝特洛（M. Bethelot）等提出："在没有外界能量的参与下，化学反应总是朝着放热（即焓降低）更多的方向进行"。这种用反应焓变作为判断反应自发性的依据称为焓判据。从能量角度来看，放热反应能使系统的能量下降，有利于推动反应自发进行。例如，298K 和 100kPa 时：

$$C(石墨，s)+O_2(g) \!\!=\!\! CO_2(g)；\quad \Delta_r H_m^{\ominus} =-393.51kJ/mol$$

$$H_2(g)+1/2O_2(g) \!\!=\!\! H_2O(l)；\quad \Delta_r H_m^{\ominus} =-285.85kJ/mol$$

$$CH_4(g)+2O_2(g) \!\!=\!\! CO_2(g)+2H_2O(l)；\quad \Delta_r H_m^{\ominus} =-890.31kJ/mol$$

上述反应均为放热反应（$\Delta_r H_m^{\ominus}<0$），也的确是自发反应。对于多数放热反应，特别是在温度不高的情况下，焓判据是完全适用的。但人们也发现，有些吸热反应在一定条件下也能自发进行。例如，冰在常温下的融化过程；NH_4Cl 在水中的溶解过程等。这就说明，放热（$\Delta H<0$）只是反应自发进行的推动力之一，除了焓变，一定存在着其他决定反应自发性的推动力，这就是系统的熵，它与系统的混乱度有关。

3. 化学反应的自发性与熵变

1）混乱度

混乱度是指系统内部质点运动的混乱程度，也称为无序度。以冰在常温下的融化为例，冰晶体中的水分子有规则地排布在空间确定的位置上，分子只能在固定的位置上振动，此时系统的混乱程度较小；当冰融化成水后，水分子会离开原来的位置，可以在液体内较大空间内自由地运动，使系统的混乱度增大。因此，冰在常温下的自发融化这一由固相到液相的转化过程，是系统内微观粒子的运动从有序到无序的变化过程，系统的混乱度增加。由此可见，系统混乱度增大有利于反应自发进行。因此，混乱度增加也是反应自发进行的推动力。

2）熵

熵是系统混乱度的量度，用符号 S 表示，单位 J/K。混乱度是系统自身的性质，系统的状态一定时，系统内部微观粒子的运动状态就一定，则系统的混乱度和熵值也随之确定，因此熵是状态函数。熵值大小与系统的温度有关，温度较高时，系统中微观粒子的混乱度大，熵值大；反之，温度较低时，混乱度小，系统的熵值也小。热力学第三定律指出：在 0K 时，任何纯净物质完美晶体的熵等于零。

任何纯物质从温度 0K 升温到 T 时的熵变为

$$\Delta S=S_T-S_0=S_T \tag{1-20}$$

式中，S_T 为该物质在温度 T 时的熵值；S_0 为该物质在温度 0K 时的熵值。显然，$S_T=\Delta S$。只要测得 ΔS，就可知该物质在 T 时熵的绝对值。在标准状态下，温度为 T 时，1mol 纯物质的熵值称为该物质在 T 时的标准摩尔熵，用符号 $S_m^{\ominus}$ 表示，单位为 J·mol/K。

根据熵的定义，标准摩尔熵值的大小有如下规律。

a. 同一物质处于不同聚集状态时，其熵值大小次序为 $S_m^{\ominus}(g) \gg S_m^{\ominus}(l) > S_m^{\ominus}(s)$。

b. 当聚集状态相同时，分子摩尔质量越大，其熵值越大。

c. 当聚集状态相同，分子摩尔质量接近时，分子构型复杂者熵值大。

d. 物质的熵值随温度升高而增大；气态物质的熵值随压力增大而减小。

根据上述规律，如果化学反应是气体分子数增加的反应，则反应的熵变 $\Delta S > 0$，是熵增加反应，反之就是熵减小反应。

3）熵变的计算

熵是状态函数，熵变 ΔS 只与系统的始态和终态有关，与反应的途径无关。因此，对任一化学反应，298K 时化学反应的标准摩尔熵变 $\Delta_r S_m^{\ominus}$ 的计算公式为

$$\Delta_r S_m^{\ominus} = \sum_B \nu_B S_m^{\ominus}(B, \text{状态}) \tag{1-21}$$

式中，ν_B 为化学计量数，生成物取正值，反应物取负值。即化学反应的标准摩尔熵变等于生成物的标准摩尔熵之和减去反应物的标准摩尔熵之和。$\Delta_r S_m^{\ominus} > 0$ 是熵增加反应，有利于反应自发进行；$\Delta_r S_m^{\ominus} < 0$ 是熵减小反应，不利于反应自发进行。

4. 化学反应的自发性与自由能

1）吉布斯自由能

1876 年美国物理化学家吉布斯（J. W. Gibbs）定义：

$$G = H - TS \tag{1-22}$$

式中，G 为吉布斯自由能，单位为 J 或 kJ。显然，吉布斯自由能是 H、T 和 S 组合的新函数。由于 H、T 和 S 是状态函数，它们组合的新函数也是状态函数，且是广度性质，具有加和性：

$$\Delta G = G_2 - G_1 = (H_2 - TS_2) - (H_1 - TS_1) = \Delta H - T\Delta S \tag{1-23}$$

即

$$\Delta G(T) = \Delta H - T\Delta S \tag{1-24}$$

式（1-24）称为吉布斯-赫姆霍兹方程，其中 ΔG 为系统的吉布斯自由能变。将此式用于化学反应，得

$$\Delta_r G_m(T) = \Delta_r H_m - T\Delta_r S_m \tag{1-25}$$

式中，$\Delta_r G_m(T)$ 为化学反应的摩尔吉布斯自由能变，单位为 kJ/mol。当化学反应在标准状态下进行时：

$$\Delta_r G_m^{\ominus}(T) = \Delta_r H_m^{\ominus} - T\Delta_r S_m^{\ominus} \tag{1-26}$$

式中，$\Delta_r G_m^{\ominus}(T)$ 为化学反应的标准摩尔吉布斯自由能变，单位为 kJ/mol。

2）化学反应方向的判据

热力学第二定律指出，系统在定温定压且不做非体积功的条件下，自发过程总是向系统吉布斯自由能降低的方向进行。所以吉布斯自由能变是判断化学反应自发性的判据。

$\Delta_r G_m < 0$，反应正向自发进行。

$\Delta_r G_m = 0$，反应处于平衡状态（化学反应达到最大限度）。

$\Delta_r G_m > 0$，反应正向非自发，逆向自发进行。

若化学反应在标准状态下进行，则可用标准摩尔吉布斯自由能变 $\Delta_r G_m^{\ominus}$ 判断反应在标准状态下自发进行的方向。

$\Delta_r G_m^{\ominus} < 0$，反应正向自发进行。

$\Delta_r G_m^{\ominus} = 0$，反应处于平衡状态。

$\Delta_r G_m^{\ominus} > 0$，反应正向非自发，逆向自发进行。

可见，化学反应自发性的真正推动力是系统的吉布斯自由能降低，即 $\Delta_r G_m^{\ominus} < 0$，$\Delta_r G_m$ 是 $\Delta_r H_m$ 和 $\Delta_r S_m$ 共同作用的结果。

根据热力学第二定律，自发过程总是向系统吉布斯自由能降低的方向进行，而自发过程的重要特点是可以对环境做非体积功。显然，系统所能做的非体积功与系统的吉布斯自由能变有必然的联系。由于功不是状态函数，而与途径有关，不同的途径所做的功不同，但其中必定有一个最大功。热力学理论证明，在定温定压条件下，系统所做的最大非体积功等于系统的吉布斯自由能变，即

$$\Delta_r G_m = W' \tag{1-27}$$

3）标准摩尔生成吉布斯自由能

吉布斯自由能没有绝对值，为了计算方便，可采取与焓相类似的处理方法，规定物质的标准摩尔生成吉布斯自由能。

物质 B 的标准摩尔生成吉布斯自由能是指在温度 T 时，由最稳定单质生成 1mol 物质 B 时的标准摩尔吉布斯自由能变，用符号 $\Delta_f G_m^{\ominus}$ 表示，f 代表"生成"，常用单位为 kJ/mol。显然，最稳定单质的 $\Delta_f G_m^{\ominus}$ 为零。

利用盖斯定律可推导出化学反应标准摩尔吉布斯自由能变 $\Delta_r G_m^{\ominus}$ 的计算公式：

$$\Delta_r G_m^{\ominus} = \sum_B \nu_B \Delta_f G_m^{\ominus}(\text{B},状态) \tag{1-28}$$

式中，ν_B 为化学计量数，生成物取正值，反应物取负值。即化学反应的标准摩尔吉布斯自由能变等于生成物的标准摩尔生成吉布斯自由能之和减去反应物的标准摩尔生成吉布斯自由能之和。

1.4　化学反应速率与化学平衡

研究一个化学反应，不仅要讨论反应的自发方向，而且要考虑反应进行的程度。给定条件下，不同化学反应所能进行的程度不同；而反应条件不同时，同一化学反应进行的程度也不同。在一定条件下（如温度、浓度、压力等），究竟有多少反应物可以转化成生成物，这是化学反应的限度问题，即化学平衡问题。本小节将介绍化学平衡的基本特征和遵循的基本规律，并应用热力学原理讨论化学反应所能达到的最大限度、化学平衡建立的条件和移动的方向。

1.4.1　反应速率的意义 [7, 13]

对于一个化学反应，只要反应时间足够长，它总能达到平衡状态。但是一个化学反应究竟需要多长的时间才能达到平衡状态，这就涉及反应速率的问题。化学反应速率和化学平衡是化学反应研究工作中十分重要的两个方面，如对于合成氨反应，

$$N_2(g)+3H_2(g)=2NH_3(g) \qquad \Delta_f G_m^{\ominus}(298K)=-32.8kJ/mol$$

$$K^{\ominus}(298K)=5.8\times10^5 kJ/mol$$

从化学平衡角度看，在常温常压下这个反应的转化率是很高的，无奈其反应速率太慢，以致毫无工业价值。例如，CO 和 NO 是汽车尾气中的两种有毒气体，若使它们通过下述反应转化成 CO_2 和 N_2，则将大大改善汽车尾气对环境的污染。

$$CO(g)+NO(g)=CO_2(g)+1/2N_2(g) \quad \Delta_f G_m^{\ominus}(298K)=-334.8kJ/mol$$

$$K^{\ominus}(298K)=2.5\times10^{60}kJ/mol$$

该化学反应的限度是很大的，可惜它的反应速率极慢，不能付诸实用。上述两个实例证实，尽管某些化学反应在理论上是可行的，但由于其化学反应速率极慢，从而失去了应用价值。由此也引发了化学反应速率的问题。试验证实，化学反应速率的大小主要决定于反应物的化学性质，但也受浓度、温度、压力及催化剂等因素的影响。在化工生产和化学试验过程中，化学平衡和反应速率的变化，以及外界条件对其的影响是错综复杂的。

不同的化学反应进行的快慢不一样，有些化学反应可在瞬间完成，如炸药的爆炸、酸碱溶液的中和等，而有些化学反应则需要经过数小时甚至数亿万年，如许多有机化学反应，石油、煤的形成等。在生产实践中，人们经常会遇到控制反应速率的问题。对工农业生产有利的反应，总希望反应速率快一些，如氨的合成。相反，对于油脂的酸败、食物的腐烂、药品的变质、金属的腐蚀等，又要设法使其反应速率减慢以防止其发生。因此，只要掌握了化学反应的规律，就可以把握和控制反应速率，更好地为生产和生活服务。

化学反应的速率定义为单位时间内反应物或生成物浓度改变的正值。例如，对于反应 $aA+bB\rightarrow cC+dD$，其反应速率可以表示为 $\dfrac{-d(A)}{dt}$、$\dfrac{-d(B)}{dt}$、$\dfrac{-d(C)}{dt}$ 或 $\dfrac{-d(D)}{dt}$。显然，用单位时间内不同物质的浓度变化量的正值来表示的反应速率其数值是不同的，这既不方便，又容易混淆。现行国际单位制建议将单位时间内反应物或生成物浓度的改变 dc/dt 值除以反应方程式中的计量系数来代表反应速率，那么一个反应就只有一个反应速率值。例如，对上述反应通式则有其速率 v 为

$$v=-\frac{1}{a}\frac{d(A)}{dt}=-\frac{1}{b}\frac{d(B)}{dt}=-\frac{1}{c}\frac{d(C)}{dt}=-\frac{1}{d}\frac{d(D)}{dt} \tag{1-29}$$

化学反应有可逆性，当正向反应开始进行之后，随之即有逆反应发生，所以试验测定的反应速率实际上是正向速率和逆向速率之差，即净反应速率。可逆反应到达平衡状态时，正向反应速率与逆向反应速率相等，即此时净反应速率等于零，平衡浓度不再随时间变化。

1.4.2　浓度与反应速率

化学反应速率一般都依赖于反应物的浓度。当反应物的浓度增大时，在一定体积中的分子就更为密集，因而在单位时间内分子碰撞总数就会增大，这就导致了反应速率的增大。如果所有条件都保持不变，有效碰撞在碰撞总数中所占的百分率是保持不变的。

例如，在 H_2O_2 的分解反应试验中，随着反应的进行，H_2O_2 浓度逐渐减小，反应速

率也逐渐变小，如表 1-2 所示。

表 1-2　不同反应时间 H_2O_2 的浓度与反应速率变化

$(H_2O_2)/(mol/dm^3)$	0.40	0.20	0.10
$v = -[d(H_2O_2)/dt]/[mol/(dm^3 \cdot min)]$	0.014	0.0075	0.0038

数据表明，H_2O_2 浓度减小一半时速率减慢一半，也就是反应速率与反应物的浓度成正比，即

$$v = -\frac{d(H_2O_2)}{dt} = k(H_2O_2) \tag{1-30}$$

式中，k 为反应速率常数，即以反应物浓度为单位值时的反应速率。

NO$_2$ 和 CO 起反应生成 NO 和 CO_2 的反应速率表达式与上述表达式有所不同，选择一系列不同起始浓度的 NO$_2$-CO 体系进行试验，测定反应速率。结果发现，当各组 NO$_2$ 的浓度相同时，CO 的浓度加倍，反应速率也加倍，即反应速率与 CO 的浓度成正比；当 CO 浓度固定时，NO$_2$ 浓度加倍，反应速率也加倍，即反应速率与 NO$_2$ 浓度也成正比。由此可见，该反应速率与 CO 浓度及 NO$_2$ 浓度乘积成正比，即

$$v = -\frac{d(NO_2)}{dt} = -\frac{d(CO)}{dt} = k(NO_2)(CO) \tag{1-31}$$

化学反应速率与路径有关。有些化学反应的历程很简单，反应物分子相互碰撞，一步就起反应而变为生成物；但多数化学反应的历程较为复杂，反应物分子要经过几步才能转化为生成物。前者称"基元反应"，后者称"非基元反应"。基元反应的速率方程比较简单，在恒温条件下，反应速率与反应物浓度乘幂的乘积成正比，各浓度的方次也与反应物的系数相一致。例如，假设 $aA+bB \longrightarrow cC$ 为基元反应，则表示反应速率和浓度关系的速率方程式为

$$v = -\frac{1}{a}\frac{d(A)}{dt} = -\frac{1}{b}\frac{d(B)}{dt} = +\frac{1}{c}\frac{d(C)}{dt} = k(A)^a(B)^b \tag{1-32}$$

其中速率常数 k 是化学反应在一定温度下的特征常数，由反应的性质和温度决定，而与浓度无关。式（1-32）表明了基元反应速率与浓度的相互关系，这个规律称为质量作用定律。

非基元反应的速率方程式比较复杂，浓度的方次和反应物的系数不一定相符。例如，过硫酸铵[(NH$_4$)$_2$S$_2$O$_8$]和碘化钾（KI）在水溶液中发生的氧化还原反应 $S_2O_8^{2-} + 3I^- \longrightarrow 2SO_4^{2-} + I_3^-$，该反应的速率既与 $S_2O_8^{2-}$ 浓度成正比，又与 I$^-$ 浓度成正比，即

$$-\frac{d(S_2O_8^{2-})}{dt} = k(S_2O_8^{2-})(I^-) \tag{1-33}$$

而不是

$$-\frac{d(S_2O_8^{2-})}{dt} = k(S_2O_8^{2-})(I^-)^3 \tag{1-34}$$

化学平衡常数式中平衡浓度的方次和化学方程式里的计量系数总是一致的，按化学方程式即可写出平衡常数式，因为化学平衡只取决于反应的始态和终态，而与路径无关。

但化学反应速率与路径密切有关，速率式中浓度的方次要由试验确定，不能直接按化学方程式的计量系数写出。速率方程式里浓度的"方次"称为反应的"级数"，如对于反应 $a\mathrm{A}+b\mathrm{B}\rightarrow c\mathrm{C}$ 来说，

$$v=k(\mathrm{A})^{m}(\mathrm{B})^{n} \tag{1-35}$$

由试验测得 $m=1$，$n=2$，对反应物 A 来说是一级的，对反应物 B 来说是二级的，反应的总级数等于 $m+n=1+2=3$；若 $m+n=2$，那么反应为二级反应。总之，要正确写出速率方程表示浓度与反应速率的关系，必须由试验测定速率常数和反应级数。

1.4.3　温度与反应速率

温度对反应速率的影响极为显著，升高温度可使大多数化学反应的速率加快。从速率方程可看出，当反应物浓度一定时，升高温度对反应速率的影响实质上是通过改变速率常数的值来实现的。因此，只要找出速率常数 k 与温度 T 之间的函数关系，就能了解温度对反应速率的影响。

1. 阿伦尼乌斯公式

1889 年瑞典化学家阿伦尼乌斯根据大量试验事实归纳总结出速率常数与温度之间的定量关系式：

$$k = A\mathrm{e}^{-E_{\mathrm{a}}/RT} \tag{1-36}$$

对式（1-36）取对数则有

$$\ln k = -\frac{E_{\mathrm{a}}}{RT} + \ln A \tag{1-37}$$

式中，A 为指前因子，是与反应本性有关的常数；R 为摩尔气体常数；E_{a} 为反应的活化能（单位 kJ/mol）。式（1-36）和式（1-37）都称为阿伦尼乌斯公式。对同一反应，在温度为 T_1 和 T_2 时，反应速率常数分别为 k_1 和 k_2，忽略温度对 E_{a} 和 A 的影响，则有

$$\ln k_1 = -\frac{E_{\mathrm{a}}}{RT_1} + \ln A \tag{1-38}$$

$$\ln k_2 = -\frac{E_{\mathrm{a}}}{RT_2} + \ln A \tag{1-39}$$

将上述两式相减，即可得

$$\ln\frac{k_2}{k_1} = \frac{E_{\mathrm{a}}}{R}\left(\frac{T_2 - T_1}{T_1 T_2}\right) \tag{1-40}$$

利用式（1-40）可根据不同温度下的 A 值计算反应的活化能，也可根据活化能和某个温度下的速率常数计算另一温度下的速率常数。阿伦尼乌斯公式不仅说明了反应速率与温度的关系，还表明了活化能对反应速率的影响。

a. 活化能 E_{a} 为指数项，当温度一定时，反应的活化能 E_{a} 越小，A 值越大，反应速率就越大；反之，反应速率就越小。由于 E_{a} 的大小取决于反应的本身，因此 E_{a} 是影响化学反应速率的本质因素。

b. 同一反应，升高温度，k 值变大，反应速率加快，反之亦然。

c. 温度对反应速率的影响在高温区和低温区是不同的。即温度升高同样度数，在低温区域反应速率增加的幅度比高温区更大。

d. 当温度同时由 T_1 升高到 T_2 时，E_a 越大，$\ln(k_2/k_1)$ 越大，反应速率增加的倍数越多，即改变温度对活化能大的反应更有效。

2. 碰撞理论

碰撞理论是在气体分子运动论和分子结构理论的基础上建立起来的，其主要论点有以下内容。

a. 反应物分子间的碰撞是引发化学反应的前提。

b. 只有活化分子间的碰撞才有可能引发化学反应，能够引发化学反应的碰撞称为有效碰撞。

碰撞理论认为，只有那些相对动能足够大，达到或越过某一最低能量值 E_a 的分子相互碰撞，才有可能使旧的化学键断裂，新的化学键形成，从而发生化学反应。活化能是影响反应速率的能量因素，与反应本身和所使用的催化剂有关，温度对活化能的影响不大，一般可以忽略。

根据气体分子的能量分布可知，活化分子占总分子数的比例是很小的。如果用 f 表示活化分子占总分子数的百分数（分子分数），那 f 与反应温度 T 和活化能 E_a 有如下关系：

$$f = e^{-E_a/RT} \tag{1-41}$$

碰撞理论认为，活化分子百分数 f 越大，引发有效碰撞的可能性越大，反应速率越快。

c. 活化分子间必须取向适当才能发生有效碰撞而引发化学反应。

碰撞理论从本质上阐明了浓度、温度和活化能对反应速率的影响：①当温度不变时，降低反应的活化能 E_a，f 增大，即活化分子百分数增大，有效碰撞次数增加，反应速率增大；②当 E_a 不变时，升高反应温度 T，活化分子百分数 f 增大，有效碰撞次数增加，反应速率增大；③当 E_a 和 T 都不变时，增加反应物浓度，使单位体积内的碰撞频率增加，同时提高了活化分子浓度，有效碰撞次数随之增加，从而使反应速率增大。

碰撞理论只是简单地将反应物分子看成没有内部结构和内部运动的刚性球体，因此该理论存在着一定的缺陷，特别是无法揭示活化能 E_a 的真正本质，也不能提供计算 E_a 的理论方法，更无法预测化学反应速率，使该理论的应用受到限制。

3. 过渡态理论

过渡态理论是在用量子力学和统计学处理基元反应，计算反应过程中势能变化的基础上提出来的。该理论认为，发生化学反应的过程就是反应物分子化学键重组的过程，在此过程中，反应系统必然经过一个过渡状态，此时反应物分子的旧键尚未完全断裂，新键也未完全生成，这个处于中间过渡状态的物质称为活化配合物。活化配合物处于高能状态，极不稳定，很快就会分解成产物分子或反应物分子，一般情况下，分解成产物的趋势较大。例如，反应 A+BC=AB+C 的实际过程为

$$A+BC \xrightarrow{\text{吸收能量}} [A\cdots B\cdots C] \xrightarrow{\text{放出能量}} AB+C$$

活化配合物

整个反应过程中系统的势能变化如图 1-9 所示。E_a 和 E_a' 分别表示反应物分子和产物分子所具有的平均能量，E^* 表示活化配合物所具有的平均能量，它是反应物和产物之间一道能量很高的势能垒。反应的活化能就是翻越势能垒所需的最低能量，即等于活化配合物的平均能量与反应物分子（或生成物分子）的平均能量之差。E_a 为正反应活化能，E_a' 为逆反应活化能，两者之差为反应的焓变 ΔH（反应热），即

$$\Delta H = E_a - E_a' \tag{1-42}$$

若 $E_a < E_a'$，则 $\Delta H < 0$，为放热反应。

若 $E_a > E_a'$，则 $\Delta H > 0$，为吸热反应。

无论反应是正向进行，还是逆向进行，都必然经过同一过渡状态。过渡态理论充分考虑了分子的内部结构，从化学键重组的角度揭示了活化能的本质，从而取得成功。但由于目前许多反应的活化配合物的结构难以确定，加上量子力学对多质点系统的计算还不成熟，过渡态理论的实际应用受到了限制。

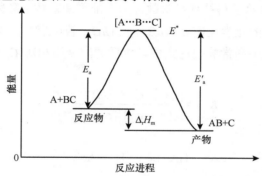

图 1-9　过渡态理论能量变化示意图

1.4.4　化学平衡与平衡的移动

化学反应不仅有一定的方向性，而且有一定的限度。从化学热力学观点来看，化学平衡状态是封闭系统中各组分自发进行反应的最大程度，也是体系最稳定的状态。

1. 化学平衡状态

对于化学反应来说，在一定条件下，反应既能按反应方程式从左向右进行（正反应），也能从右向左进行（逆反应），这样的反应称为可逆反应。例如，NO 和 O_2 相互作用生成 NO_2，同样条件下，NO_2 也可分解为 NO 和 O_2，这两个反应可用方程式表示为

$$2NO(g) + O_2(g) \rightleftharpoons 2NO_2(g)$$

在一定温度下，把定量的 NO 和 O_2 置于一密闭容器中，反应开始后，每隔一定时间取样分析，会发现反应物 NO 和 O_2 的分压逐渐减小，而生成物 NO_2 的分压逐渐增大。若保持温度不变，待反应进行到一定时间，将发现混合气体中各组分的分压不再随时间而变化，维持恒定，此时即达到化学平衡状态。这一过程可以用反应速率解释。反应刚开始，反应物浓度或分压最大，具有最大的 $v_{正}$，此时尚无生成物生成，故逆反应速率为零（$v_{逆} = 0$）。随着反应的进行，反应物不断消耗，浓度或分压不断减小，$v_{正}$ 逐渐减小。

另外，生成物浓度或分压不断增加，逆反应速率逐渐增大，至某一时刻 $v_正＝v_逆$（不等于0），即达化学平衡。

化学平衡的特征如下。

a. 体系达到的是一种动态平衡。当体系达到平衡时，各种物质的浓度或分压不再改变，从表面上看反应似乎停止了，但实际上正、逆反应仍在进行，只不过由于 $v_正＝v_逆$，单位时间内正反应使反应物减少的量等于逆反应使反应物增加的量。

b. 化学平衡可以从两个方向达到，即不论从反应物开始还是从生成物开始都能达到同一平衡。

c. 化学平衡是有条件的、相对的和可以改变的。当平衡条件改变时，体系内各物质的浓度或分压就会发生改变，原平衡状态随之破坏，将在新的条件下建立新的平衡。

2. 标准平衡状态

根据热力学函数计算求得的平衡常数称为标准平衡常数，又称热力学平衡常数，符号为 $K^\ominus$。对任一可逆的化学反应 $a\text{A}+d\text{B}\rightarrow g\text{C}+h\text{D}$，若反应为液相化学反应，在指定温度下达到平衡时，标准平衡常数表达式中各物质的浓度用相对浓度 $[c/c^\ominus]$ 表示，$c^\ominus=1.0$ 为标准浓度：

$$K^\ominus = \frac{[c(\text{C})/c^\ominus]^g[c(\text{D})/c^\ominus]^h}{[c(\text{A})/c^\ominus]^a[c(\text{B})/c^\ominus]^d} \tag{1-43}$$

例如，液相反应为

$$\text{HAc} \rightleftharpoons \text{H}^+ + \text{Ac}^-$$

标准平衡常数表达式为

$$K^\ominus = \frac{[c(\text{H}^+)/c^\ominus][c(\text{Ac}^-)/c^\ominus]}{[c(\text{HAc})/c^\ominus]} \tag{1-44}$$

为书写简便，用方括号表示物质的相对浓度，如用[H$^+$]、[Ac$^-$]、[HAc]分别表示氢离子、乙酸根离子和乙酸在平衡时的相对浓度，则式（1-44）可写为

$$K^\ominus = \frac{[\text{H}^+][\text{Ac}^-]}{[\text{HAc}]} \tag{1-45}$$

若反应为气相化学反应，在指定温度下达到平衡时，标准平衡常数表达式中各物质的分压必须用相对分压 $[p/p^\ominus]$ 表示，$p^\ominus=100\text{kPa}$ 称为标准压力。

式（1-43）至式（1-45）均为化学平衡常数表达式。由此可见，在一定的温度下，处于平衡态的化学反应，产物相对浓度（或分压）的乘幂与反应物相对浓度（或分压）的乘幂之比为常数。平衡常数 $K^\ominus$ 值的大小表明化学反应进行程度的不同，$K^\ominus$ 值越大，表明化学反应进行的程度越大；$K^\ominus$ 值越小，表明化学反应进行的程度越小。标准平衡常数只与反应温度有关，而与平衡组成无关。

3. 化学平衡的移动

可逆反应从一种条件下的平衡转变为另一种条件下的平衡称为化学平衡的移动。影响化学平衡移动的因素有浓度（或分压）、压力和温度。下面分别讨论它们对平衡移动

的影响。

1）浓度对化学平衡的影响

在温度和压力不变的条件下，改变系统中物质的浓度（或压力）产生的影响集中表现为反应熵的变化。根据化学反应等温式：

$$\Delta_r G_m = RT \ln \frac{Q}{K^{\ominus}} \qquad (1-46)$$

$Q/K^{\ominus}$ 变化，可使 $\Delta_r G_m$ 发生变化，进而使化学平衡移动。

例如，对气相反应

$$SO_2(g) + CO_2(g) \rightleftharpoons SO_3(g) + CO(g)$$

增加反应物的浓度（或分压）或减少产物的浓度（或分压），将使反应熵变小，即 $Q < K^{\ominus}$，反应的 $\Delta_r G_m < 0$，平衡将向正反应方向移动。减少反应物的浓度（或分压）或增加产物的浓度（或分压），将使反应熵变大，即 $Q > K^{\ominus}$，反应的 $\Delta_r G_m > 0$，平衡将向逆反应方向移动。

2）压力对化学平衡的影响

压力的变化对固体、液体的体积影响很小，所以对只有固体、液体物质参与的化学反应，系统总压力改变时，化学平衡基本不移动。总压力的变化只对有气态物质参与的反应可能引起平衡的移动。例如，定温情况下，下述两反应都达平衡：

$$N_2(g) + 3H_2(g) \rightleftharpoons 2NH_3(g)$$

$$H_2(g) + Cl_2(g) \rightleftharpoons 2HCl(g)$$

生成 NH_3 的反应到达平衡时，各物质分压分别是 $p(N_2)$、$p(H_2)$、$p(NH_3)$，平衡常数表达式为

$$K^{\ominus} = \frac{[p(NH_3)/p^{\ominus}]^2}{[p(N_2)/p^{\ominus}][p(H_2)/p^{\ominus}]^3} \qquad (1-47)$$

若将系统的总压力增大 1 倍，各物质的分压也增大 1 倍，即 $p'(N_2)=2p(N_2)$，$p'(H_2)=2p(H_2)$，$p'(NH_3)=2p(NH_3)$，反应的分压熵为

$$Q = \frac{[p'(NH_3)/p^{\ominus}]^2}{[p'(N_2)/p^{\ominus}][p'(H_2)/p^{\ominus}]^3} = \frac{[2p(NH_3)/p^{\ominus}]^2}{[2p(N_2)/p^{\ominus}][2p(H_2)/p^{\ominus}]^3}$$
$$= \frac{1}{4}\frac{[p(NH_3)/p^{\ominus}]^2}{[p(N_2)/p^{\ominus}][p(H_2)/p^{\ominus}]^3} = \frac{1}{4}K^{\ominus} \qquad (1-48)$$

代入化学反应等温式，有

$$\Delta_r G_m = RT \ln \frac{Q}{K^{\ominus}} = RT \ln \frac{1}{4} < 0 \qquad (1-49)$$

对于生成 NH_3 的反应，平衡向正反应方向移动。也就是说，当增加系统总压时，平衡向气体物质的量减少的方向移动。同理，当减小系统的总压时，平衡向气体物质的量增多的方向移动。对生成 NH_3 的反应，平衡将向逆反应方向移动。依据同样的方法还可以证明，系统总压的增减不能改变生成 HCl 反应的平衡，即不能使反应前后气体物质的

量相等的化学反应的平衡发生移动。

向反应体系中加入惰性气体也能使化学平衡移动。惰性气体是指不与系统中各个物质发生反应的气体，有定容和定压两种情况。定容情况下加入惰性气体，虽然系统的总压变大，但体系中各气态物质的分压不会改变，不会引起平衡的移动；定压下加入惰性气体，会使系统的体积增大，对各气体组分来说相当于"冲稀"，各气体的分压将等比例减小。因此，对反应物和产物气体物质的量不等的反应，加入惰性气体平衡向气体物质的量增多的方向移动，对反应物和产物气体物质的量相等的反应，平衡不会移动。

3）温度对化学平衡的影响

浓度与压力使平衡移动的原因是改变了反应熵（Q），导致反应的 $\Delta_r G_m$ 发生变化，而 $\Delta_r G_m^{\ominus}$ 和 $K^{\ominus}$ 不变。温度变化引起化学平衡移动的原因与前两者有本质区别，温度变化将引起 $\Delta_r G_m^{\ominus}$ 和 $K^{\ominus}$ 的变化。

对一给定的化学反应，有

$$\Delta_r G_m^{\ominus} = \Delta_r H_m^{\ominus} - T\Delta_r S_m^{\ominus} \qquad (1-50)$$

$$\Delta_r G_m^{\ominus} = -RT \ln K^{\ominus} \qquad (1-51)$$

将式（1-50）与式（1-51）合并，得

$$\ln K^{\ominus} = -\frac{\Delta_r H_m^{\ominus}}{RT} + \frac{\Delta_r S_m^{\ominus}}{R} \qquad (1-52)$$

设该反应在温度为 T_1 时平衡常数为 $K_1^{\ominus}$，在温度为 T_2 时平衡常数为 $K_2^{\ominus}$，则有

$$\ln K_2^{\ominus} = -\frac{\Delta_r H_m^{\ominus}}{RT_2} + \frac{\Delta_r S_m^{\ominus}}{R} \qquad (1-53)$$

$$\ln K_1^{\ominus} = -\frac{\Delta_r H_m^{\ominus}}{RT_1} + \frac{\Delta_r S_m^{\ominus}}{R} \qquad (1-54)$$

因为 $\Delta_r G_m^{\ominus}$ 和 $\Delta_r S_m^{\ominus}$ 受温度变化影响较小，可以认为它们与温度无关，将式（1-53）和式（1-54）相减，得

$$\ln \frac{K_2^{\ominus}}{K_1^{\ominus}} = \frac{\Delta_r H_m^{\ominus}}{R}\left(\frac{1}{T_1} - \frac{1}{T_2}\right) \qquad (1-55)$$

由式（1-55）可知，对于放热反应 $\Delta_r G_m^{\ominus} < 0$，当升高温度，即 $T_2 > T_1$ 时，$K_2^{\ominus} < K_1^{\ominus}$，平衡常数随温度升高而减小，平衡向逆反应方向移动；降低反应温度，即 $T_2 < T_1$，$K_2^{\ominus} > K_1^{\ominus}$，平衡向正反应方向移动。同理，对吸热反应，升高温度使平衡常数增大，平衡向正反应方向移动；降低温度使平衡常数减小，平衡向逆反应方向移动。即升高温度平衡向吸热方向移动，降低温度平衡向放热方向移动。

1.4.5 催化作用[14]

观察氢气和氧气合成水的反应可知，常温常压下，其反应速率极慢，长时间观察不到水的生成，但若往系统中加入微量铂（Pt）粉，反应立即发生。反应后 Pt 粉的量没有改变。这种只需少量就能显著改变反应速率而其自身的组成、质量和化学性质在反应前后保持不变的物质称为催化剂。

有催化剂参加的反应称为催化反应。催化剂改变反应速率的作用称为催化作用。使反应速率加快的催化剂称为正催化剂；使反应速率减慢的催化剂称为负催化剂或阻化剂。例如，为了阻止塑料、橡胶的老化，减缓金属的腐蚀，需要添加适当的阻化剂。一般不特别说明，均指正催化剂。

1. 催化剂的作用原理

催化剂对化学反应速率的影响与浓度或温度的影响不一样，后者一般不改变反应的机制，而催化剂则是通过参与化学反应，改变反应的机制（或途径），从而降低反应的活化能，提高反应速率。例如，反应 A+B=AB，其反应进程中系统势能的变化如图 1-10 所示。无催化剂存在时，反应按途径 Ⅰ（实线）进行。

Ⅰ   A+B=====AB   活化能 E_a

有催化剂 C 存在时，反应按途径 Ⅱ（虚线）分两步进行。

Ⅱ   A+C=====AC   活化能 E_{a1}；AC+B=====AB+C   活化能 E_{a2}

图 1-10 表明，非催化反应过程需要翻越一个较高的能峰才能完成，而在催化剂 C 参与下，反应途径被改变，此时只需翻越两个较小的能峰就能得到产物。因为 E_{a1} 和 E_{a2} 都远小于 E_a，所以反应速率大大提高。显然，加入催化剂后逆反应的活化能 E_a' 也同时降低，且降低的位能与正反应降低的位能相同，因此逆反应速率也同倍数增加。

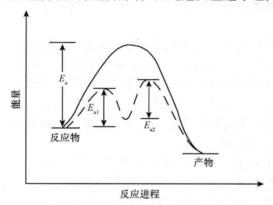

图 1-10   催化剂改变反应途径示意图

2. 催化剂的特性

a. 催化剂能同时改变正逆反应速率，且改变倍数相同，所以催化剂可以缩短达到平衡的时间，但它不能改变平衡常数，不能使化学平衡移动。

b. 催化剂只能改变反应速率，不能改变反应的方向。对于热力学理论已经证明不能进行的反应，在相同条件下，加入催化剂也无法使之进行。

c. 催化剂具有选择性。一种催化剂通常只能定向催化某一个反应或某一类反应；另外，同一反应物若选择不同的催化剂，则可生成不同的产物。

d. 杂质对催化剂性能有影响。有些杂质可增强催化功能，称为"助催化剂"；有些杂质可减弱催化功能，称为"抑制剂"；还有些杂质可严重阻碍催化功能，使催化剂"中毒"，完全失去催化作用，这种杂质称为"毒物"。

　　e. 催化剂在反应前后，虽然质量、组成和化学性质不发生变化，但某些物理性质会发生变化，如外观改变、晶形消失、沉淀硬结等。因此，工业生产中使用的催化剂必须经常"再生"或补充。

　　3. 催化反应的类型

　　1）均相催化反应

　　反应物与催化剂处于同一相的催化反应称为均相催化反应。例如，NO 气体对反应 $2SO_2(g)+O_2(g)\Longrightarrow 2SO_3(g)$ 的催化，反应可能的机制为

$$2NO+O_2\Longrightarrow 2NO_2$$
$$2NO_2+2SO_2\Longrightarrow 2NO+2SO_3$$

这是气相催化反应。又如 H^+ 对乙酸乙酯水解反应的催化作用：

$$CH_3COOC_2H_5+H_2O\xrightarrow{\ H^+\ }CH_3COOH+C_2H_5OH$$

这是液相催化反应。

　　2）多相催化反应

　　反应物与催化剂处于不同相的催化反应称为多相催化反应。多相催化反应中，反应物一般是气体或液体，催化剂往往是固体。催化反应一般发生在固体表面，又称为表面催化反应。多相催化技术在现代化工生产中得到广泛应用。

　　3）酶催化反应

　　酶是具行特殊催化功能的生物催化剂，是一种复杂的有机物。其中一类为纯蛋白质，如脲酶、胃蛋白酶等；另一类为结合蛋白质，如脱氢酶、过氧化氢酶等。结合蛋白质是由称为酶蛋白的蛋白质部分和称为辅基的非蛋白质部分结合而成的。以酶为催化剂的反应称为酶催化反应。生物体内进行的各种复杂化学反应都离不开酶的作用。人体内有 3 万多种酶，它们起着各不相同的催化作用。如果人体内某些酶缺乏或过剩，就会引起代谢功能失调或紊乱，引发疾病。

　　酶催化反应用于工业生产，可以简化工艺过程，降低能耗，节省资源，减少污染。目前酶催化法制酒和生产抗生素已成为一项重要的产业；生物过滤法和活性污泥处理污水的方法也是酶催化在环境工程中的应用。

1.5　酸碱平衡、沉淀溶解平衡

1.5.1　酸碱理论概述[7, 12]

　　1. 酸碱解离理论

　　近代酸碱理论是从解离理论开始的。1884 年，瑞典的阿伦尼乌斯（S. A. Arrhenius）指出：电解质在水溶液中解离时产生的阳离子全部是 H^+ 的物质称为酸，如盐酸（HCl）、硫酸（H_2SO_4）、乙酸（CH_3COOH）等；解离时产生的阴离子全部都是 OH^- 的物质称为碱，如氢氧化钠（NaOH）、氢氧化钙（$Ca(OH)_2$）等。由于水溶液中 H^+ 和 OH^- 的浓度是

可以测量的，因此这一理论第一次从定量的角度描写了酸碱的性质及它们在化学反应中的行为，并指出不同的酸或碱的解离程度是不相同的，凡是在水溶液中发生全部解离的酸（碱）称为强酸（碱），发生部分解离的酸（碱）称为弱酸（碱）。

根据一个酸（或碱）分子或离子能给出的 H^+（或 OH^-）的个数，可把酸（或碱）划分为一元酸（或一元碱）和多元酸（或多元碱）。将只能给出一个 H^+ 的酸称为一元酸，而能给出一个以上 H^+ 的酸称为多元酸；只能与一个 H^+ 结合的碱称为一元碱，能与多个 H^+ 结合的碱称为多元碱。

酸碱解离理论的提出对化学的发展起了很大的作用，直到现在仍在广泛使用。然而这种理论也有局限性，它把酸碱只限于水溶液，离开了水溶液就没有酸碱反应，又把碱限定为氢氧化物，不能解释氨水表现为碱性的这一事实。说明这种理论尚不完善，需要进一步补充和发展。

2. 酸碱质子理论

1923 年，丹麦的布朗斯台德（J. Bronsted）和英国的洛里（T. Lowry）提出了酸碱质子理论。酸碱质子理论认为：凡是能给出质子的分子或离子都是酸，凡是能接受质子的分子或离子都是碱，如 HAc、HCl、H_2CO_3、HCO_3^-、H_2O、NH_4^+ 等都是酸，OH^-、Ac^-、HCO_3^-、H_2O、NH_3 等都是碱。由此可见，在质子理论中，酸碱既可以是分子，又可以是离子。这种酸中有碱，碱可变酸，质子酸碱相互依存、相互转化的关系称为酸碱共轭关系。例如，

$$酸(A) \Longrightarrow H^+ + 碱(B)$$
$$HCl \Longrightarrow H^+ + Cl^-$$
$$NH_4^+ \Longrightarrow H^+ + NH_3$$

其中，质子酸失去一个质子生成的质子碱称为这个质子酸的共轭碱，反之亦然。例如，HCl 和 Cl^-、NH_4^+ 和 NH_3 互为共轭酸碱。

有些物质既能给出质子，又可以接受质子，这部分物质称为酸碱两性物质。例如，

$$H_2O \Longrightarrow H^+ + OH^-$$
$$H_2O + H^+ \Longrightarrow H_3O^+$$
$$H_2PO_4^- \Longrightarrow H^+ + HPO_4^{2-}$$
$$H_2PO_4^- + H^+ \Longrightarrow H_3PO_4$$

其中的 H_2O 和 $H_2PO_4^-$ 称为酸碱两性物质，H_2O 与 OH^-，H_3O^+ 与 H_2O，H_3PO_4 与 $H_2PO_4^-$，$H_2PO_4^-$ 与 HPO_4^{2-} 互为共轭酸碱。酸给出质子后转化为碱，碱结合质子后转化为酸，这种酸碱称为共轭酸碱。在共轭酸碱中，共轭酸的酸性越强，其共轭碱的碱性必定越弱。

1）酸碱反应

在质子理论中，酸碱反应的实质是两个共轭酸碱对之间的质子的传递反应，可用下面的通式表示，即

$$酸 1(A1) + 碱 2(B2) \Longrightarrow 碱 1(B1) + 酸 2(A2)$$

例如，

$$HAc + NH_3 \Longrightarrow Ac^- + NH_4^+$$

酸碱质子理论不仅扩大了酸碱的范围，而且扩大了酸碱反应的范围。例如，酸碱电

离理论中的解离反应、中和反应、盐类水解等都是质子传递的酸碱反应。

（1）解离反应

根据质子理论的观点，电解质的解离反应就是水与电解质分子间质子传递的酸碱反应。在水溶液中，酸解离放出质子给水，变成共轭碱。

$$HCl+H_2O \rightleftharpoons Cl^-+H_3O^+$$
$$HAc+H_2O \rightleftharpoons Ac^-+H_3O^+$$
$$H_2O+H_2O \rightleftharpoons OH^-+H_3O^+$$

由于强酸给出质子的能力很强，其共轭碱的碱性极弱，几乎不能结合质子，解离反应不可逆，即反应基本是完全的，因此 HCl 不能以分子的形式存在于水中。弱酸（HAc）给出质子的能力较弱，其共轭碱（Ac^-）的碱性相对较强，故弱酸在水中部分解离，存在解离平衡。H_2O 既是酸又是碱，为两性物质。

（2）中和反应

中和反应在质子理论中也是质子传递的酸碱反应，如

$$H_3O^++OH^- \rightleftharpoons H_2O+H_2O$$
$$HAc+NH_3 \rightleftharpoons Ac^-+NH_4^+$$
$$H_3O^++NH_3 \rightleftharpoons H_2O+NH_4^+$$

（3）水解反应

质子理论中没有盐的概念，盐的水解反应在质子理论中也是质子传递的酸碱反应，如

$$Ac^-+H_2O \rightleftharpoons HAc+OH^-$$
$$NH_4^++H_2O \rightleftharpoons NH_3+H_3O^+$$

2）酸碱强弱与溶剂的关系

酸碱的强弱不仅取决于自身给出质子或接受质子的能力，而且与溶剂给出或接受质子的能力有关。例如，HAc 在水中是一个弱酸，而在液氨中是一个很强的酸，因为液氨接受质子的能力（碱性）比水强，促进了 HAc 的解离，即

$$HAc+NH_3 \rightleftharpoons Ac^-+NH_4^+$$

HAc 在液态氢氟酸（HF）中表现为碱性，因为液态 HF 酸性更强。HAc 获得质子生成 H_2Ac^+，反应为

$$HAc+HF \rightleftharpoons H_2Ac^++F^-$$

由此可见，酸碱的相对强弱与溶剂的酸碱性有密切关系。在不同溶剂的影响下，物质的酸碱性强弱不同。

综上所述，质子理论把酸碱反应系统地归纳为质子传递反应，加深了人们对酸碱的认识，扩大了酸碱的范围，解决了非水溶液和气相中酸碱反应的问题。然而质子理论也有它的局限性，它只局限于质子的给出和接受，对无质子转移的反应无能为力。

3. 酸碱电子理论

1923 年，路易斯从电子结构的观点给出了酸碱的电子理论。电子理论认为：凡是可以接受电子对的物质称为酸，凡是可以给出电子对的物质称为碱。因此酸是电子对的接受体，碱是电子对的给予体，酸碱反应的实质是形成配位键并生成酸碱配合物。

　　例如，在下列反应中 H^+、Cu^{2+} 和 BF_3 都是电子对的接受体，它们都是酸；OH^-、NH_3 和 F^- 都是电子对的给予体，它们都是碱，反应产物是酸碱以配位键结合生成的酸碱配合物。

酸　　　　　碱　　　　　　　　酸碱配合物

$$Cu^{2+} \ + \ 4NH_3 \ = \ \left[\begin{matrix} & NH_3 & \\ & \downarrow & \\ H_3N \rightarrow & Cu & \leftarrow NH_3 \\ & \uparrow & \\ & NH_3 & \end{matrix} \right]^{2+}$$

$$H^+ \ + \ OH^- \ = \ H_2O$$
$$BF_3 \ + \ F^- \ = \ [BF_4]^-$$

　　在酸碱电子理论中，一种物质究竟是酸还是碱，应该在具体的反应中确定。根据电子理论，几乎所有的正离子都能起酸的作用，负离子都能起碱的作用，大多数反应是酸碱反应。

1.5.2　水的电离平衡与 pH 概念

　　水是一种极弱的电解质，它能微弱电离 H^+ 和 OH^-。
$$H_2O = H^+ + OH^-$$
　　从纯水的导电试验测得，在 25℃时，1L 纯水中只有 1×10^{-7} mol 的 H_2O 电离，因此纯水中 H^+ 浓度和 OH^- 浓度各等于 1×10^{-7} mol/L，即 $c_{H^+} = c_{OH^-} = 1 \times 10^{-7}$ mol/L，其中 c_{H^+} 与 c_{OH^-} 乘积为一个常数，用 K 表示，所以 $K = c_{H^+} \times c_{OH^-}$。$K$ 称为水的离子积常数，简称水的离子积。常温下，$K = 1 \times 10^{-14}$。

　　由于水的电离平衡的存在，不仅在纯水，在酸性、碱性或中性的稀溶液里，H^+ 浓度和 OH^- 浓度的乘积——水的离子积 K 也总是一个常数。在中性溶液中，H^+ 和 OH^- 都来源于水的电离，所以 $c_{H^+} = c_{OH^-} = 1 \times 10^{-7}$ mol/L；如果向纯水中加入酸，溶液呈现酸性，这时酸电离出的 H^+ 使溶液中的 $c_{H^+} > c_{OH^-}$，$c_{H^+} > 1 \times 10^{-7}$ mol/L；同样的道理，如果向纯水中加入碱，溶液呈现碱性，溶液中 $c_{H^+} < c_{OH^-}$，$c_{H^+} < 1 \times 10^{-7}$ mol/L。

　　综上所述，溶液的酸碱性与 c_{H^+}、c_{OH^-} 的关系为

中性溶液 $c_{H^+} = c_{OH^-} = 1 \times 10^{-7}$ mol/L

酸性溶液 $c_{H^+} > 1 \times 10^{-7}$ mol/L $> c_{OH^-}$

碱性溶液 $c_{H^+} < 1 \times 10^{-7}$ mol/L $< c_{OH^-}$

　　由此可见，任何水溶液，无论中性、酸性或碱性溶液里都同时存在 H^+ 和 OH^-，只是两者的浓度大小不同而已。H^+ 浓度越大，溶液酸性越强，碱性越弱；H^+ 浓度越小，溶液酸性越弱，碱性越强。习惯上常用 H^+ 浓度表示溶液的酸碱性。但在稀溶液中，直接用 H^+ 浓度表示很不方便，因此化学上采用溶液中 H^+ 浓度的负对数（常用对数）表示溶

液的酸碱性。

溶液中 H$^+$浓度的负对数（常用对数）称溶液的 pH，即 pH=$-\lg c_{H^+}$。例如，

$c_{H^+}=1\times10^{-7}$mol/L，pH=$-\lg(1\times10^{-7})$=7，中性溶液

$c_{H^+}>1\times10^{-7}$mol/L，pH<$-\lg(1\times10^{-7})$=7，酸性溶液

$c_{H^+}<1\times10^{-7}$mol/L，pH>$-\lg(1\times10^{-7})$=7，碱性溶液

通过溶液的 pH，能够指示出溶液的酸碱性。

溶液酸碱性与 $c(H^+)$和 pH 的关系如表 1-3 所示。

表 1-3　$c(H^+)$和 pH 与溶液酸碱性之间的关系

pH	$c(H^+)$/(mol/L)	酸碱性
14	1×10^{-14}	
13	1×10^{-13}	
12	1×10^{-12}	
11	1×10^{-11}	碱性增强
10	1×10^{-10}	
9	1×10^{-9}	
8	1×10^{-8}	
7	1×10^{-7}	中性
6	1×10^{-6}	
5	1×10^{-5}	
4	1×10^{-4}	酸性增强
3	1×10^{-3}	
2	1×10^{-2}	
1	1×10^{-1}	

用 pH 来表示溶液的酸碱性时，其适用范围应在 0～14，即溶液的 $c(H^+)$=1～10^{-14}mol/L。超过这一范围，使用 pH 反而不方便。例如，当 $c(H^+)$=4mol/L 时 pH=-0.6，不如直接用 $c(H^+)$表示。所以，pH 只是用来表示 H$^+$浓度小于 1mol/L 的溶液的酸碱性。对于浓的酸或碱溶液，则直接用 H$^+$浓度来表示。

1.5.3　弱酸弱碱电离平衡

1. 一元弱酸、弱碱的解离平衡

在一元弱酸的水溶液中，一个弱酸分子 HA 电离（解离）给出一个 H$^+$和一个 A$^-$，同时溶液中的 H$^+$和 A$^-$又可重新结合生成弱酸分子 HA，这是一个可逆反应，当这两个可逆反应的速率相等时，反应就达到了动态平衡，称为一元弱酸的解离平衡，可用下式表示：

$$HA \Longrightarrow H^+ + A^-$$

此时，溶液中各组分的浓度均不再改变，可用常数 K 表示：

$$K = \frac{[c(\mathrm{H}^+)] \cdot [c(\mathrm{A}^-)]}{[c(\mathrm{HA})]} \tag{1-56}$$

式中，$[c(\mathrm{H}^+)]$、$[c(\mathrm{A}^-)]$、$[c(\mathrm{HA})]$ 分别为平衡时 H^+、A^-、HA 的相对浓度；K 为一元弱酸的解离平衡常数。

在一元弱碱的水溶液中，同样存在着这个可逆反应，当这个可逆反应的速率相等时，反应达到了动态平衡，即一元弱碱的解离平衡，可用下式表示：

$$\mathrm{BOH} \Longrightarrow \mathrm{B}^+ + \mathrm{OH}^-$$

当溶液中各组分的浓度均不再改变时，用 K 表示：

$$K = \frac{[c(\mathrm{B}^+) \cdot [c(\mathrm{OH}^-)]}{[c(\mathrm{BOH})]} \tag{1-57}$$

式中，$[c(\mathrm{B}^+)]$、$[c(\mathrm{OH}^-)]$、$[c(\mathrm{BOH})]$ 分别为平衡时 B^+、OH^-、BOH 的相对浓度；K 为一元弱碱的解离平衡常数。

2. 解离度和稀释定律

弱电解质在水溶液中达成解离平衡后，已解离的弱电解质分子数和弱电解质分子总数之比称为解离度，用符号 α 表示。实际应用时常以已解离的那部分弱电解质浓度的百分数来表示：

$$\alpha = \frac{已经解离的弱电解质浓度}{解离前的弱电解质浓度} \times 100\%$$

解离度和解离常数都能反映弱电解质解离能力的大小。在温度、浓度相同的条件下，解离度越小，弱电解质的解离能力越小，则该弱电解质相对较弱。解离度不仅与温度有关，而且随弱电解质浓度的改变而改变，因此解离常数的应用比解离度更广泛。

解离度和解离常数之间有一定的关系，当 $c_0/K > 500$ 或 $\alpha < 5\%$，$1-\alpha \approx 1$ 时，经推导：

$$\alpha = \sqrt{\frac{K}{c_0}} \tag{1-58}$$

式（1-58）称为稀释定律。因为在一定温度下，K 保持不变，当溶液被稀释后，则解离度 α 会增大。

3. 多元弱酸的解离平衡

在水溶液中能解离出两个或两个以上质子的弱酸称为多元弱酸，如 $\mathrm{H_2S}$、$\mathrm{H_2CO_3}$ 等二元弱酸，$\mathrm{H_3PO_4}$、$\mathrm{H_3AsO_4}$ 等三元弱酸。多元弱酸在水中的解离是分级进行的。例如，二元弱酸 $\mathrm{H_2CO_3}$ 第一级解离生成 H^+ 和 $\mathrm{HCO_3^-}$，生成的 $\mathrm{HCO_3^-}$ 又发生第二级解离生成 H^+ 和 $\mathrm{CO_3^{2-}}$。可简单表示为

$$\mathrm{H_2CO_3} \Longrightarrow \mathrm{H}^+ + \mathrm{HCO_3^-}$$
$$\mathrm{HCO_3^-} \Longrightarrow \mathrm{H}^+ + \mathrm{CO_3^{2-}}$$

这两级平衡同时存在于一个溶液中，因每一级都是部分解离，所以存在两个平衡关系式，即

$$K_1 = \frac{[H^+][HCO_3^-]}{[H_2CO_3]} = 4.45 \times 10^{-7}$$

$$K_2 = \frac{[H^+][CO_3^{2-}]}{[HCO_3^-]} = 4.69 \times 10^{-11}$$

式中，K_1、K_2 分别为 H_2CO_3 的第一级、第二级解离平衡常数。

多元弱酸解离的一个规律就是逐级解离，常数依次减小。其原因是：从一个带负电荷的离子（如 HCO_3^-）中解离出一个正离子 H^+，要比从一个中性分子（如 H_2CO_3）中解离出一个正离子 H^+ 难得多。同时在平衡系统中第一级解离出的 H^+ 对第二级解离产生很大的抑制作用，这就是同离子效应。

由于 H_2CO_3、HCO_3^- 的解离是很微弱的，溶液中 CO_3^{2-} 浓度很小，因此可以认为 $[H^+] \approx [HCO_3^-]$。在平衡常数表达式中，物质的浓度为溶液中的总浓度，而不管其来源如何。所以在 H_2CO_3 中，$[H^+]$ 和 $[HCO_3^-]$ 都只有一个数值，它们同时满足 K_1 和 K_2 的表达式。根据多重平衡法则进行合并，即将两式相乘可得

$$K_1 \times K_2 = \frac{[H^+][HCO_3^-]}{[H_2CO_3]} \cdot \frac{[H^+][CO_3^{2-}]}{[HCO_3^-]} = \frac{[H^+]^2[CO_3^{2-}]}{[H_2CO_3]} \tag{1-59}$$

$$K = \frac{[H^+]^2[CO_3^{2-}]}{[H_2CO_3]} = K_1 \times K_2 = 2.09 \times 10^{-17}$$

上式只说明平衡时各离子和分子之间的关系，而不表示反应按 $H_2CO_3 = 2H^+ + CO_3^{2-}$ 方式解离，解离仍是分级进行的。

1.5.4　同离子效应与缓冲溶液

1. 同离子效应

与所有化学反应平衡一样，弱酸（或弱碱）在水溶液中的解离平衡会随着温度、浓度等条件的改变而发生移动。若在已处于解离平衡的弱酸（或弱碱）的水溶液中加入含有相同离子的电解质时，则原先的平衡就会遭到破坏，平衡会向着降低这种离子浓度的方向移动，直到建立新的动态平衡。

例如，在乙酸溶液中存在解离平衡：

$$HAc \Longrightarrow H^+ + Ac^-$$

当向该溶液中加入 NaAc 时，由于 NaAc 为强电解质，发生完全解离，提供大量的 Ac^-，致使溶液中的 Ac^- 浓度增加，则 HAc 的解离平衡向左移动，降低了 Ac^- 的浓度，结果降低了 HAc 的解离度。

同样，在氨水溶液中存在解离平衡：

$$NH_3 \cdot H_2O \Longrightarrow NH_4^+ + OH^-$$

如果向氨水溶液中加入了 NH_4Cl，则 NH_4^+ 浓度增加，NH_3 的解离平衡会向左移动，降低了 NH_4^+ 的增加量，结果降低了 NH_3 的解离度。

这种在弱酸（或弱碱）溶液中加入与弱酸（或弱碱）解离后具有相同离子的易溶强电解质使弱酸（或弱碱）的解离度降低的现象称为同离子效应。在生产实践中，可利用

同离子效应调节溶液的酸碱性，控制弱酸溶液中的酸根离子浓度。

2. 缓冲溶液

缓冲溶液是一种能抵抗外来少量强酸、强碱或稍加稀释而使溶液 pH 基本保持不变的溶液。通常是由弱酸（或弱碱）及其盐组成的混合溶液。例如，HAc 和 NaAc、NH_3 和 NH_4Cl 等混合溶液。

现以 HAc-NaAc 缓冲溶液为例，分析其缓冲原理。HAc 是弱酸，在溶液中会发生解离：

$$HAc(aq) \rightleftharpoons H^+(aq) + Ac^-(aq)$$

由于解离度很小，溶液中主要是以 HAc 分子形式存在，Ac^- 的浓度很低。NaAc 是强电解质，在溶液中全部解离成 Na^+ 和 Ac^-。由于同离子效应，加入 NaAc 后使 HAc 解离平衡向左移动，HAc 的解离度减小，[HAc]增大。所以，在 HAc-NaAc 混合溶液中存在着大量的 HAc 和 Ac^-。其中 HAc 主要来自共轭酸 HAc，Ac^- 主要来自 NaAc。当溶液中加入少量的强酸（如 HCl），则增加了溶液的[H^+]。假设不发生其他反应，溶液的 pH 应该减小。但是由于[H^+]增加，抗酸成分（共轭碱 Ac^-）会与增加的 H^+ 结合成 HAc，破坏了 HAc 原有的解离平衡，使平衡左移，即向生成共轭碱 Ac^- 分子的方向移动，直至建立新的平衡。由于加入 H^+ 较少，溶液中 Ac^- 浓度较大，加入的 H^+ 绝大部分转变成弱酸 HAc，因此溶液的 pH 不发生明显的降低。同样，在溶液中加入少量的强碱（如 NaOH），则

$$HAc(aq) + OH^-(aq) \rightleftharpoons H_2O(aq) + Ac^-(aq)$$

因加入的强碱很少，$c(NaAc)$略有增加，$c(HAc)$略有减少，溶液中有大量的 HAc、NaAc，$c(HAc)/c(NaAc)$变化不大，因此溶液中[H^+]或 pH 基本不变。将溶液稍加稀释时，$c(NaAc)$、$c(HAc)$同步变稀，[H^+]=$K\dfrac{c_{HAc}}{c_{NaAc}}$，维持溶液的 pH 不发生变化。所以，溶液具有抗酸、抗碱和抗稀释作用。

在弱酸及其共轭碱组成的缓冲体系中，由于弱酸溶液中存在大量的同离子，抑制了弱酸的解离，使 $c_{HAc-x} \approx c_{HAc}$，$c_{NaAc+x} \approx c_{NaAc}$，此时溶液中的[$H^+$]=$K\dfrac{c_{HAc}}{c_{NaAc}}$，即

$$pH = pK - \lg\dfrac{c_{HAc}}{c_{NaAc}}。$$

很多化学反应要在一定的 pH 范围内才能顺利进行。例如，控制 pH 可以将溶液中的 Fe^{3+} 与 Mg^{2+} 分开；血浆的 pH 只有保持在 7.36～7.44 时，才可以维持正常的生理活动，否则就会出现酸中毒或碱中毒的现象，严重时可危及生命。

表 1-4 列出了一个实例来说明缓冲溶液抗外来少量强酸和强碱而使溶液 pH 基本保持不变的特点。由表 1-4 可见，纯水和 KCl 溶液中加入少量酸或碱后，pH 发生较大变化，而弱电解质 HAc 与其共轭碱 NaAc 的混合溶液中加入少量酸或碱后，pH 变化则很小，说明它具有抵抗酸碱影响的能力。

表 1-4　HAc-NaAc 缓冲溶液体系抵抗强酸和强碱干扰保持 pH 稳定的实例

	水	0.1mol/L KCl	0.1mol/L HAc+NaAc
原始溶液	7.0	7.0	4.75
加入 10mL 0.1mol/L HCl	3.0	3.0	4.74
加入 10mL 0.1mol/L NaOH	11.0	11.0	4.76

1.5.5　电解质的溶度积[15]

沉淀的生成和溶解是一类常见的化学反应，这类反应的特点是在反应过程中总是伴随着物相的变化，所以沉淀溶解平衡属于多相平衡。在科学试验和生产实践中，经常利用沉淀反应来制取难溶化合物，进行离子的鉴定、分离和除去溶液中的杂质等。

1. 溶度积常数

不同物质在水中的溶解度差异很大，但没有在水中绝对不溶解的物质。所谓难溶电解质是指每 100g 水中溶解小于 0.01g 的物质。

AgCl 是难溶的强电解质，当把 AgCl 晶体放入水中时，晶体表面上的部分 Ag^+ 和 Cl^- 在 H_2O 分子的作用下，脱离晶体表面进入溶液成为水合离子，这一过程称为溶解。与此同时，已进入溶液的水合 Ag^+ 和 Cl^- 离子在不停的无规则运动中互相碰撞，又可能沉积于固体表面，这一过程称为沉淀。在一定温度下，当溶解与沉淀速率相等时，就形成了 AgCl 饱和溶液，建立了沉淀溶解平衡。

$$AgCl(s) \underset{沉淀}{\overset{溶解}{\rightleftharpoons}} AgCl(aq) \longrightarrow Ag^+(aq) + Cl^-(aq)$$

上述平衡是一种多相平衡，称为沉淀溶解平衡，它亦服从化学平衡一般的规律，其平衡常数表达式为

$$K_{sp}^{\ominus}(AgCl) = [c(Ag^+)/c^{\ominus}][c(Cl^-)/c^{\ominus}] \tag{1-60}$$

对于任一难溶电解质 A_nB_m，其沉淀溶解平衡可表示为

$$A_nB_m(s) \rightleftharpoons nA^{m+}(aq) + mB^{n-}(aq)$$

$$K_{sp}^{\ominus}(A_nB_m) = [c(A^{m+})/c^{\ominus}]^n[c(B^{n-})/c^{\ominus}]^m \tag{1-61}$$

$K_{sp}^{\ominus}$ 为难溶电解质的溶度积常数（简称溶度积）。式（1-61）表明，在一定温度下，难溶电解质的饱和溶液（沉淀溶解平衡系统）中，各组分离子相对浓度（以化学计量系数为幂指数）的乘积为一常数。显然，$K_{sp}^{\ominus}$ 值愈大，表示沉淀溶解平衡时溶液中离子的浓度愈大，即该难溶电解质的溶解趋势愈大，反之亦然。

溶度积的大小仅取决于难溶电解质的特性和温度，而与沉淀的多少和溶液中离子浓度的变化无关。溶度积和溶解度都可以表示物质的溶解趋势，两者之间的区别在于溶度积是从化学平衡的角度来讨论难溶物的溶解趋势，而溶解度指的是在一定温度下定量溶剂中难溶电解质溶解的最大量，用 s 表示。一定温度下，溶度积是常数，而溶解度除了与难溶电解质的特性和温度有关外，还与溶液中共存离子的种类及其浓度有关。一般所

说的某物质的溶解度指的是该物质在纯水中的溶解度。溶度积和溶解度可以互相换算，但需将溶解度的单位换算成物质的量浓度单位（即 mol/L）。

由于难溶电解质的溶解度太小，因此很难直接测出。所以，对于大多数难溶电解质而言，其溶度积可以用热力学函数计算。沉淀溶解反应的标准摩尔吉布斯自由能变与标准溶度积常数的关系可表示为

$$\Delta_r G_m^{\ominus} = -RT \ln K_{sp}^{\ominus} \qquad (1\text{-}62)$$

2. 溶度积规则

根据化学热力学原理，在难溶电解质溶液中，可以利用沉淀溶解反应的反应熵 Q（此处称为离子积）和难溶电解质溶度积判断沉淀溶解反应的方向。例如，难溶电解质 A_nB_m 的沉淀溶解反应为

$$A_nB_m(s) \rightleftharpoons nA^{m+}(aq) + mB^{n-}(aq)$$

根据化学反应等温方程：

$$\Delta_r G_m = -RT \ln \frac{Q}{K_{sp}^{\ominus}} \qquad (1\text{-}63)$$

式中，$Q = [c(A^{m+})/c^{\ominus}]^n \cdot [c(B^{n-})/c^{\ominus}]^m$，称为离子积，为电解质溶液中各组分离子相对浓度（以化学计量系数为幂指数）乘积。根据热力学原理可得如下结论。

若 $Q < K_{sp}^{\ominus}$，未饱和溶液，反应向沉淀溶解方向进行，直至达到饱和。

若 $Q = K_{sp}^{\ominus}$，饱和溶液，沉淀溶解处于平衡状态。

若 $Q > K_{sp}^{\ominus}$，过饱和溶液，反应向沉淀生成方向进行，直至达到饱和。

以上结论称为溶度积规则，掌握和应用这个规则，就可以判断沉淀的生成和溶解的可能性，从而创造条件，控制反应方向，达到预期目的。

1.5.6 沉淀溶解平衡的移动[15]

1. 沉淀的生成

根据溶度积规则，在难溶电解质的溶液中，如果 $Q > K_{sp}^{\ominus}$，就会生成沉淀。在定量分析中，溶液中残留的离子浓度 $<10^{-6}$ mol/L，即可认为该离子沉淀"完全"了；离子浓度 $<10^{-5}$ mol/L，可定性地认为沉淀"完全"了。在实际应用中，为了使沉淀尽可能完全，都要加入过量的沉淀剂。例如，在定量分离沉淀时，要得到纯净的沉淀，就必须对其进行洗涤，为减少洗涤过程中沉淀的溶解损失，常用与该沉淀含有相同离子的电解质溶液作为洗涤液，而不用纯水。

2. 分步沉淀

如果溶液中含有两种或两种以上离子，加入可以和这些离子都能生成沉淀的某种沉淀剂后，这些离子将按一定顺序依次析出沉淀，这种先后沉淀的现象称为分步沉淀。根据溶度积规则，如果被沉淀离子的浓度相同，那么溶解度小的先沉淀，溶解度大的后沉

淀；如果被沉淀离子的浓度不相同，则应该通过计算来确定。

根据分步沉淀的原理，如果能适当地控制条件，就可以达到使某些离子分离的目的。许多金属硫化物都属难溶的沉淀，在分析化学中，常通过调节溶液酸度，控制溶液中 S^{2-} 浓度进行离子的初步分离。在生成沉淀的过程中，有时还可能发生共沉淀现象，即当一种沉淀从溶液中析出时，溶液中的某些其他组分，在该条件下本来是可溶的，但被混杂在沉淀之中共同沉淀下来，这种现象称为共沉淀现象。在质量分析中，这种共沉淀现象会造成将杂质带入沉淀中，从而产生误差。

3. 沉淀的溶解

根据溶度积规则，沉淀溶解的必要条件是 $Q < K_{sp}^{\ominus}$。因此，降低难溶电解质溶液中离子的浓度，将使沉淀溶解平衡向溶解的方向移动。

1）生成弱电解质使沉淀溶解

很多难溶电解质[$CaCO_3$、FeS、$Mg(OH)_2$ 等]中加入较强的酸时，由于生成弱电解质或微溶的气体而使沉淀溶解。例如，

$$CaCO_3(s) \rightleftharpoons Ca^{2+} + CO_3^{2-}$$
$$+$$
$$2HCl \rightleftharpoons 2Cl^- + 2H^+$$
$$\Updownarrow$$
$$H_2CO_3 \rightleftharpoons H_2O + CO_2 \uparrow$$

随着 CO_2 气体不断逸出，$CaCO_3$ 沉淀将不断溶解，因此加入足量盐酸可使 $CaCO_3$ 完全溶解。其总反应为

$$CaCO_3 + 2H^+ \Longrightarrow Ca^{2+} + CO_2 + H_2O$$

又如，硫化物沉淀溶解在强酸中：

$$MS(s) + 2H^+(aq) \rightleftharpoons M^{2+}(aq) + H_2S(aq)$$

$$K^{\ominus} = \frac{[c(M^{2+})/c^{\ominus}] \cdot [c(H_2S)/c^{\ominus}]}{[c(H^+)/c^{\ominus}]^2} = \frac{K_{sp}^{\ominus}(MS)}{K_{a1}^{\ominus} \cdot K_{a2}^{\ominus}} \tag{1-64}$$

$K^{\ominus}$ 是多重平衡常数，也称竞争常数。显然，$K^{\ominus}$ 越大，越有利于沉淀的溶解。$K^{\ominus}$ 的大小与难溶电解质的溶度积和生成的弱电解质的强弱有关，一般情况下，沉淀的溶度积越大，生成的弱电解质越弱，沉淀溶解得越完全。

2）通过氧化还原反应使沉淀溶解

有些金属硫化物（如 Ag_2S、CuS 等）因为它们的 $K_{sp}^{\ominus}$ 数值特别小，不能溶解于盐酸，但如果加入具有氧化性的硝酸，则发生下列氧化还原反应：

$$3CuS + 2NO_3^- + 8H^+ \rightleftharpoons 3Cu^{2+} + 3S \downarrow + 2NO \uparrow + 4H_2O$$

由于 CuS 发生氧化还原反应而使得 S^{2-} 浓度大大降低，$Q < K_{sp}^{\ominus}$，CuS 便可溶解。

3）生成配离子使沉淀溶解

$AgCl$ 不溶于强酸，但可溶于氨水。原因是固体 $AgCl$ 的饱和溶液存在下列平衡：

$$AgCl(s) \rightleftharpoons Ag^+(aq) + Cl^-(aq)$$

如果加入 NH_3，则 NH_3 和 Ag^+ 结合生成稳定的配离子 $[Ag(NH_3)_2]^+$，降低了 Ag^+ 的浓度，使 $Q < K_{sp}^{\ominus}$，AgCl 溶解。

可见，只要降低难溶电解质饱和溶液中离子的浓度，就可以使难溶电解质溶解。

4）沉淀的转化

一种沉淀转化为另一种沉淀的过程称为沉淀的转化。沉淀转化反应的方向取决于两种沉淀的 $K_{sp}^{\ominus}$ 的大小。例如，锅炉内壁上的锅垢，主要成分为既难溶于水又难溶于酸的 $CaSO_4$。常用 Na_2CO_3 处理，将 $CaSO_4$ 转化为 $CaCO_3$，然后用酸除去。其反应为

$$CaSO_4(s) + CO_3^{2-}(aq) \rightleftharpoons CaCO_3(s) + SO_4^{2-}(aq)$$

$$K^{\ominus} = \frac{K_{sp}^{\ominus}(CaSO_4)}{K_{sp}^{\ominus}(CaCO_3)} = \frac{7.1 \times 10^{-5}}{5.0 \times 10^{-9}} = 1.4 \times 10^4$$

由于 $K_{sp}^{\ominus}(CaSO_4) > K_{sp}^{\ominus}(CaCO_3)$，$Ca^{2+}$ 与加入的 CO_3^{2-} 结合成更难溶的 $CaCO_3$ 沉淀，从而降低了溶液 Ca^{2+} 浓度，破坏了 $CaSO_4$ 的沉淀溶解平衡，使 $CaSO_4$ 不断转化为 $CaCO_3$。计算结果表明反应的 $K^{\ominus}$ 值较大，上述沉淀转化的趋势也较大。一般来说，相同类型的难溶电解质，溶度积较大的易转化为溶度积较小的。不同类型的难溶电解质，溶解度较大的易转化为溶解度较小的。

1.6 化学品种类与化学工业发展

1.6.1 化学品与化学工业[16]

化学工业的发展与化学品密切相关，在现代化学工业领域中，化学品主要包括与石油相关的化学品（石油化学品），与煤炭行业相关的化学品（煤制化学品）及与人们生活密切相关的日用化学品，包括表面活性剂、涂料、染料及食品添加剂等。

1. 石油化学品

石油化工包括基本有机化工、有机化工和高分子化工。基本有机化工生产是以石油和天然气为起始原料，经过炼制加工制得乙烯、丙烯、丁烯、苯、甲苯、二甲苯、乙炔和萘等基本有机原料；有机化工是把以上加工成的基本有机原料，通过各种合成步骤制得醇、醛、酮、酸、酯、醚类等有机原料；高分子化工生产则是在有机原料的基础上，经过各种聚合、缩合步骤制成合成纤维、合成塑料、合成橡胶等最终产品。以乙烯（图 1-11）、丙烯（图 1-12）、碳四烯（包括丁二烯、正丁烯、异丁烯和正丁烷等）（图 1-13）和芳烃（图 1-14）为原料，由它们生产得到的化学品涵盖了与人类生产活动相关的各行各业。

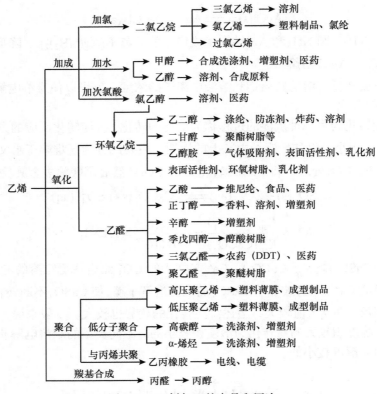

图 1-11　乙烯加工的产品和用途

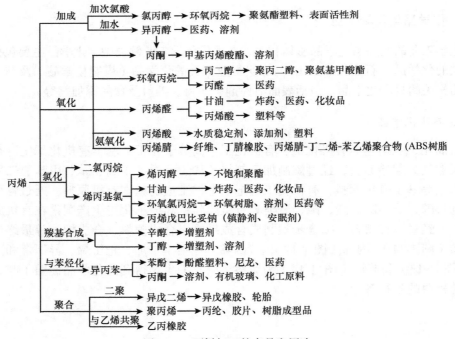

图 1-12　丙烯加工的产品和用途

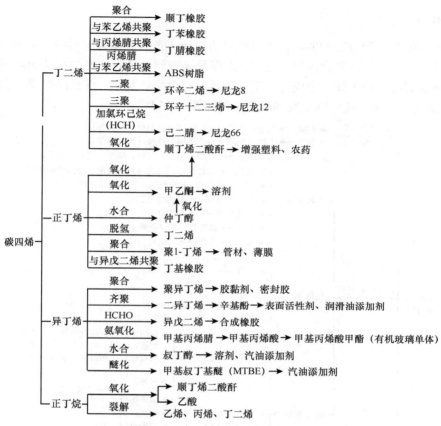

图 1-13 碳四烯加工的产品和用途

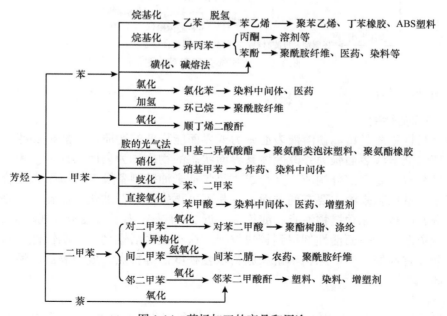

图 1-14 芳烃加工的产品和用途

2. 煤制化学品

煤炭不仅是一种重要的能源，而且也是有机化工原料和高碳物料的一种重要原料。利用煤的芳烃结构、高碳含量和多孔性，由煤及煤液制取高附加值的特殊制品和高碳材料，如由煤制取芳烃单体，合成芳香工程塑料、高温耐热塑料、液晶高聚物、功能高强物、碳/碳复合材料、碳纤维及其他碳素材料（图 1-15）。

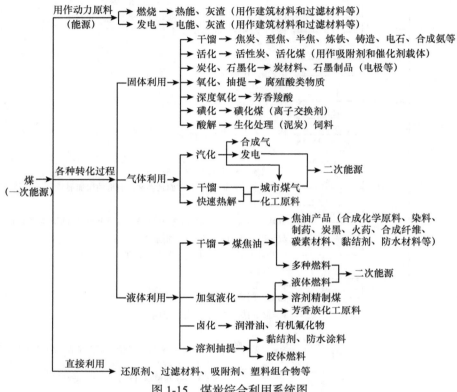

图 1-15　煤炭综合利用系统图

3. 日用化学品

1）表面活性剂

表面活性物质是指能使溶液表面张力或界面能降低的物质，一般把那些溶入少量就能显著降低溶液表面张力并改变体系界面状态的物质称为表面活性剂。表面活性剂由亲油基和亲水基两部分构成，其合成主要包括亲油基制备及亲水基引入。合成表面活性剂亲油基原料来源主要有两方面：一是不可再生资源石油化工原料；二是可再生的天然资源原料，如动植物油脂、淀粉等。近 20 年来，出于石油资源战略上的考虑，天然再生资源生产表面活性剂得到较快发展。这类表面活性剂具有毒性低、易生物降解、环境适宜性好、生产原料丰富和原料依赖程度低等特点，成为表面活性剂发展的主要方向。

2）染料

染料是指在一定介质中，能使纤维或其他物质牢固着色的化合物，是化学品工业中的一个重要分支。目前，染料已不仅仅局限于纺织物的染色和印花，它在油漆、塑料、纸张、皮革、光电通讯、食品等许多行业得到应用。

根据染料应用方式的不同，分为酸性染料、中性染料、活性染料、分散染料、阳离子染料、直接染料、冰染染料、还原染料和硫化染料；按染料结构的不同，可分为偶氮染料、硝基和亚硝基染料、芳甲烷染料、蒽醌染料、稠环酮类染料、靛族染料、硫化染料、酞菁染料、醌亚胺染料和活性染料。近年来，随着先进技术领域对染料化学品的需求，出现了一些特殊功能性染料，包括以下几种。

（1）近红外吸收染料

由于光数据盘如激光唱片等的迅速发展，对光记录材料也就有了很大的需求。目前的光记录材料虽然仍以无机材料为主，但是由于光记录有机材料在清晰度、灵敏度等方面的优势，已逐渐向有机染料方面发展。

（2）液晶显示染料

20世纪70年代开始使用液晶显示（liquid crystal display，LCD）材料，主要用于手表、计算器中的电子显示，后来出现的彩色显示，一般有与液晶配合的双向染料。

（3）压热敏染料

压热敏染料大量应用于打字带。常用的是三芳甲烷染料，在碱性和中性条件下为无色的内酯，和酸接触即开环而成深色的盐。染料溶于高沸点溶剂，包于微粒中，涂于复印纸下层，和涂有酸性白土的纸接触。书写或打字时微粒破裂，染料和酸性白土接触而显色。热敏纸是用热笔使微粒破裂，主要是甲烷类衍生物，也广泛应用于示温墨水。

（4）有机光导材料用染料

染料和有机颜料作为有机光导电材料用于复印机感光筒的感光剂，并随着电子照相的普及而被迅速开发。它较无机类的硒、氧化锌、硫化锆等毒性小、价格低、透明性好、成膜性好，已开发的有聚乙烯咔唑、铜酞菁、芘类颜料等。

3）食品添加剂

目前世界上直接应用于食品的化学物质（如食品添加剂）及间接与食品接触的化学物质（如农药及污染物）日益增多。目前允许直接使用的食品添加剂品种有4000余种（常用的约680种），几十个类别。如美国食品药品监督管理局（FDA）公布使用的食品添加剂有1755类（共2922种），日本使用的食品添加剂约有1100种，欧盟允许使用的有1500～2000种，我国允许使用的有1500余种。食品添加剂除有许多有益作用外，还有一定的危害性，特别是有些品种本身尚有一定毒性。尽管早期人们往往无须足够的科学证据表明使用某种食品添加剂是否安全，但是人们仍一直关注食品添加剂可能给人们带来的各种危害，任何化学物质如果不按规定的质量摄入或超量摄入，都将可能带来有害的反应，其中某些物质还会对动物和人类的后代产生不良的影响，如致畸和致癌作用，尤其是近年来人们担心长期摄入食品添加剂可能带来的潜在危害。

4）涂料

涂料是现代化工行业中一个重要领域，涂料不仅是保护材料的重要手段，还是对各种材料进行改性以赋予新性能的最简便的方法。现在涂料已经和国民经济的发展、人民生活水平的提高、国家高科技和军事技术的发展有着密切的关系。涂料成分复杂且功能不一，因此其种类和分类比较繁杂。目前，涂料比较全面的分类是依据其成膜物质进行，若主要成膜物质由两种以上的树脂混合而成，则按在成膜物质中起决定作用的一种树脂为基础作为分类的依据（表1-5）。

表1-5　涂料分类

序号	代号（汉语拼音字母）	涂料类别	主要成膜物质
1	Y	油性漆	天然动植物油、合成油
2	T	天然树脂漆	松香及其微生物、虫胶、乳酪素、动物胶、大漆及其衍生物
3	F	酚醛树脂漆	改性酚醛树脂、纯酚醛树脂、二甲苯树脂
4	L	沥青漆	天然沥青、石油沥青、煤焦沥青、硬质酸沥青
5	C	醇酸树脂漆	甘油醇酸树脂、季戊四醇醇酸树脂、其他改性醇酸树脂
6	A	氨基树脂漆	脲醛树脂、三聚氰胺甲醛树脂
7	Q	硝基漆	硝基纤维素、改性硝基纤维素
8	M	纤维素漆	乙基纤维、苄基纤维、羟甲基纤维、乙酸纤维、乙酸丁酸纤维、其他纤维酯及醚类
9	G	过氧乙烯漆	过氧乙烯树脂、改性过氧乙烯树脂
10	X	乙烯漆	氯乙烯共聚树脂、聚乙酸乙烯及其共聚物、聚乙烯醇缩醛树脂、聚二乙烯乙炔树脂、含氟树脂
11	B	丙烯酸漆	丙烯酸树脂、丙烯酸共聚物及其改性树脂
12	Z	聚酯漆	饱和聚酯树脂、不饱和聚酯树脂
13	H	环氧树脂漆	环氧树脂、改性环氧树脂
14	S	聚氨酯漆	聚氨基甲酸酯
15	W	元素有机漆	有机硅、有机钛、有机铝等有机聚合物
16	J	橡胶漆	天然橡胶及其衍生物、合成橡胶及其衍生物
17	E	其他类漆	未包含以上所列的其他成膜物质，如无机高分子材料、聚酰亚胺树脂
18	—	辅助材料	稀释剂、防潮剂、催干剂、脱漆剂、固化剂

4. 化学品工业

化学品在化学工业中占据特殊地位，它既是化学工业的原料，又是化学工业的产品。可以说，化学工业是以化学品为基础的一大行业，为社会经济做出贡献的同时，也为人们的生活提供了诸多方便。化学工业的特点是综合利用资源。国民经济各部门中，有很多部门可以与化学工业结合起来综合利用资源，如林业部门中天然橡胶和松香就是从橡胶树、松树中采集提取的；木材水解可得乙醇，木材干馏可得乙酸。以农副产品为原料的化学工业也很多。农产品可以制备混合溶剂、淀粉、葡萄糖等。另外，冶金部门也与化学工业有关，冶炼钢、铅、锌等有色金属时，副产的尾气二氧化硫可以生产硫酸；提炼煤时，一方面供给炼钢用焦炭，一方面在煤焦油中提取苯、萘、蒽等焦化产品，用作医药、农药、染料等生产原料。因此在工业生产上，有林产化工、海洋化工、钢铁化工、石油化工联合企业等众多化学工业部门出现（表1-6）。

表 1-6 化工行业范围的划分

序号	产品名称	行业名称	序号	产品名称	行业名称
1	化学矿	化学矿	11	食品和饲料添加剂	食品化工
2	无机化工原料	无机盐	12	合成药品	化学医药
3	有机化工原料	有机化工原料	13	日用化学品	合成树脂和医药
4	化学肥料	化学肥料	14	黏合剂	酸、碱
5	农药	化工农药	15	橡胶和橡胶制品	合成橡胶
6	高分子聚合物	合成纤维单体	16	催化剂和助剂	催化剂、试剂和助剂
7	涂料和颜料	涂料和颜料	17	化学产品	煤化工
8	染料	染料和中间体	18	其他化工产品	橡胶制品
9	信息用化学品	感光和磁性材料	19	化工机械	化工机械
10	试剂	化学试剂	20	材料	化学新型材料

1.6.2 无机化学工业发展

无机化学工业简称无机化工，是以天然资源和工业副产物为原料生产硫酸、硝酸、盐酸、磷酸等无机酸、纯碱、烧碱、合成氨、化肥及无机盐等化工产品的工业。无机化工产品的主要原料是含硫、钠、磷、钾、钙等化学矿物和煤、石油、天然气及空气、水等。

1. 现代无机合成[17]

无机合成化学是无机化学的重要分支之一。当今世界上每年都有数十万种新化合物问世，其中属于无机化合物和无机配位化合物的占相当大的部分，因此无机合成化学已成为推动无机化学、固体化学、材料化学等有关学科发展的重要基础。例如，工业中广泛使用的"三酸两碱"，农业生产中必不可少的化肥、农药，基础建设中使用的水泥、玻璃、陶瓷，涂料工业中使用的大量无机颜料等无一不与无机合成有关。这些产品的产量和质量代表着一个国家的工业水平，在整个经济建设中起着重要的作用。

随着科学技术的迅速发展，现代无机合成的内容已从常规经典合成发展到大量特殊合成及极端条件下的合成，以及特种组成、结构和聚集态的合成。目前，无机合成化学的热点主要包括以下几方面。

1）特种结构无机材料的制备

随着高新技术研究开发的发展与企业对无机化合物需求的不断提高，功能无机化合物或无规材料的制备、合成及相关技术路线与规律的研究愈来愈显示出其重要性。以缺陷材料为例，由于物质的很多性质与晶体内的有关缺陷存在关联，因此非计量化合物中各类结构缺陷的制备及相关制备规律与测定方法的研究是目前无机合成化学的一个前沿方向。

2）无机功能材料的制备

无机功能材料的制备、复合与组装除注重材料本征性质外，更注重材料的非本征性质，并通过本征性质的物理与化学的组合而创造材料独特的功能。例如，①材料的多相复合。包括纤维（或晶须）增强或补强材料的复合，第二相弥散材料的复合，两（多）相复合材料，无机物与金属复合材料的制备，梯度功能材料的复合及纳米材料的复合等。②材料组装中的主-客化学。以微孔或中孔骨架宿体中不同类型化学个体的组装为例，它能生成量子点或超晶格的半导的团簇；非线性光学分子；由线性导电高分子形成的分子导体，以及在微孔道内自组装生成电子传递键与给体-受体（D-A）传递对等，所用的组装路线主要通过离子交换、各类化学气相沉积（CVD）、"瓶中造船"和微波分散等技术。③无机-有机纳米杂化。杂化材料具备单纯有机物及无机物所不具备的性质，集无机物、有机物、纳米的特殊性质于一体，将是一类完全新型的材料。

3）纳米粉体材料的制备

纳米粉体材料的新特性源于其表面效应和体积效应。体积的减小意味着构成粒子的原子数目减少，位能带中能级间隔增大，由此使纳米粒子的物理和化学性质发生了很大的变化。纳米粉体的制备方法很多，可分为物理方法和化学方法两大类。物理方法包括熔融骤冷、气相沉积、溅射沉积、重离子轰击和机械粉碎等；化学方法主要有溶胶-凝胶法、微乳法、化学沉淀法、醇解法、水热法、先驱物法、流变相法等。

2. 固体无机合成[18]

固体无机化学是研究固体无机物质的结构、组成、性质和合成方法等的科学。它既是无机化学和物理化学两门学科中的一个重要分支，又是材料科学发展的重要基础。此外，固体无机合成还和固体物理学、冶金金相学、有机固体化学等有着密切的联系。

固态与气态和液态相比具有鲜明的特点：界面与晶界、高维与低维、各向异性与各向同性、化学计量与非化学计量、有序和无序、相变、缺陷等。正是这些特点赋予了固态很多不同于气态和液态的性质而得到了独特的功能与广泛的应用。近年来，无机化学工业界对固体无机化合物的合成、组成、结构，以及光、电、磁、热、声、力学及化学活性等化学、物理性能展开了广泛而深入的研究，在高温超导体、激光、发光、高密度存储、永磁、快离子导体、结构陶瓷、太阳能利用、新能源与传感等领域取得了重要的应用。

1）非整比化合物

现代晶体结构理论和实践证明非整比化合物的存在是很普遍的现象。这种有序性及缺陷的存在正是固体无机物获得可调谐的色心激光晶体和制备探测辐射剂量的具有热释光性能的固体化合物所必须具备的条件。非整比化合物中所具有的高浓度点缺陷，在高温下处于无序的固溶体中，但随着温度的降低，点缺陷可能发生缔合、成簇，聚集成为局域有序的点缺陷缔合体和超结构，进而可能聚集成一定结构的相。例如，高温超导体 $YBa_2Cu_3O_{7-x}$ 就是一类具有二价和三价铜的混合价态的非整比化合物，其他的非整比化合物，如 $La_xSr_{1-x}FeO_{3-\delta}$、$PrO_x$、$TbO_x$ 等在电学、磁学和催化方面的特性正日益引起人们的关注。

2）新型稀土化合物

稀土对氧的亲和力很强，在空气中合成时很容易生成氧化物或复合氧化物，故目前大部分使用的稀土材料是含氧的化合物。但实践证明，不含氧的稀土化合物因有很多特异的性能而引起人们的重视，如稀土硫属化合物的半导体性能，稀土金属有机化合物的催化性能等。

稀土金属间化合物的出现为稀土的应用打开了大门。$SmCo_5$、Sm_2Co_{17} 和 $Nd_2Fe_{14}B$ 已成为第二代和第三代目前已知磁能积最大的永磁材料而被广泛使用；$Sm_2Fe_{17}N_x$ 将作为更新一代的永磁材料脱颖而出；$LaNi_5$ 作为储氢材料、提纯氢的材料和利用太阳能的空调材料而日益受到重视；近年发展的 $LaNi_5$ 或 $MMNi_5$（MM 为混合稀土金属）制成的 Ni-H_2 电池，在充电容量和使用寿命等方面都超过已广泛使用的 Ni-Cd 电池；$Tb(Dy)Fe_2$ 具有目前已知化合物中最大磁致伸缩性能，可制成超大磁致伸缩材料而在探测潜艇和鱼群的声纳及制造超声波发生器等方面获得应用；一些稀土金属间化合物，如 $R_xMo_6Se_8$、RRh_4B_4 等具有超导性能，虽然目前其临界温度低于 $YBa_2Cu_{30}O_{7-x}$，但稀土金属间化合物仍是探寻稀土新超导材料的重要对象。

3. 生物无机化学[19]

生物无机化学或无机生物化学是介于生物化学与无机化学之间的内容十分广泛的边缘学科。广义来说，生物无机化学是在分子水平上研究生物体内与无机元素（包括生命金属与大部分生命非金属）有关的各种相互作用的学科。在生物无机化学领域里，人们把维持生命所需要的元素称为生物体的必需元素（essential element），即生命元素。目前，经研究证实的生物体必需元素至少有 26 种，它们是 H、C、O、N、P、S、Na、K、Ca、Mg、Cl、Fe、Zn、Cu、Mn、Mo、Co、Cr、V、Ni、Sn、F、I、B、Si 和 Se。表 1-7 列举了人体的主要元素组成。

表 1-7　体重 70kg 的人的元素平均含量（g/人）

元素	含量	元素	含量	元素	含量
H	6 580	K	250	Mo	<1
C	12 590	Mg	42	Co	<1
N	1 815	Ca	1 700	Cu	<1
O	43 550	Cl	115	Ni	<1
P	680	Fe	6	I	<1
S	100	Zn	1～2		
Na	70	Mn	<1		

在生物体内，H、C、O、N、P 和 S 占很大比例，它们组成生物体中的蛋白质、糖类、脂肪、核酸等有机物，是生命的基础物质。另外，Na、K、Ca、Mg 和 Cl 也占有一定比例，它们通常以离子形式在生物体内移动。这些元素被称为常量元素。

Fe、Zn 和 Cu 的含量较低；Mn、Mo、Co、Cr、V、Ni、Sn、F、I、B、Si 和 Se 的含量更低，它们被称为微量元素。除了 H、C、O、N、P 和 S 之外，其余 20 种必需元素在生物体内的作用也十分重要，它们往往是生命过程中具有重要功能的酶、激素等物质的关键组分，尤其是某些过渡金属元素，在金属蛋白和金属酶的催化、电子转移和与外来分子的结合等生物功能中起重要作用。

4. 金属有机化学[20]

金属有机化合物是含有金属—碳键（M—C）的一类化合物。根据这一定义，金属有机化合物可以分为三大类：第一大类包括碱金属和碱土金属有机物，主要以离子性的 M^+C^- 键存在；第二大类包括其他的非过渡金属有机物，主要是含共价性 M—C 键的化合物；第三大类包括过渡金属有机物。按照有机基团或分子的类型也可把金属有机化合物进行分类：一大类是烷基、芳基、烯基和炔基金属，它们可以离子键或共价键相结合；另一大类是分子的烯、炔或碳化合物与金属以 π 键相结合。

金属有机化合物也可以依据金属在周期表上的位置按族分类进行讨论。对于非过渡金属来说，有机基团与同类金属结合，可以做概括性比较，说明元素的特性，但对于过渡金属来说，元素的特性与配位体的性质有密切关系。非过渡金属有机物和过渡金属有机物的根本差异在于金属原子结构的不同。非过渡金属原子不含有 d 轨道的电子，它们主要以 s、p 轨道电子成键，因此非过渡金属与有机基团的成键数目符合八电子规律。

过渡金属原子与配位体之间的化学键有 π-反馈键（π-backbonding），即过渡金属在轨道的电子反馈到配位体的 π*轨道中去，这种键在过渡金属有机化学中是常见的。而简单烷基不能提供 π*轨道，所以主要类型的过渡金属有机物不是 MR_n（R=烷基），而是含羰基、烯基、炔基的衍生物，更多的是提供 π-电子的离域性大的 π-环系配位体。由于这一原因，与过渡金属配位的有机基团在它们分子中起的影响远远大于一般 σ-键的烷基，这些不同类型的配位体产生多种电子效应和空间效应，能改变分子的热力学和动力学稳定性。

1.6.3　有机化学工业发展

1. 有机合成化学[21]

有机合成化学是有机化学中一个古老的分支，也是一个十分活跃、极富创造性的领域。有机合成化学是研究用人工方法合成、制备有机化合物的理论和方法的科学。虽然许多有机化合物可以从天然物质中提取并分离出来，但从天然物质中提取的有机化合物毕竟是有限的。为了满足基础理论和应用的需要，有机化学家不断从事已知或未知结构有机分子的合成工作，将其称为有机分子工程。有机合成化学的目的就是：利用有机合成化学制造天然化合物，确定天然化合物的结构、性质和用途，辅助生物学研究揭开自然界的奥妙；利用有机合成化学的原理和方法，应用基本的原料和试剂制造非天然的、有特殊性能的、有意义的新化合物；同时，有机合成化学技术是以各种类型的合成反应为基础，再组合这些合成反应以获得目标化合物的合成设计及策略。

有机合成化学包括基本有机合成和精细有机合成。基本有机合成以天然资源（如煤、石油、动植物等）为原料，加工成有机产品，特点是产量大、质量要求低、加工相对粗糙、工艺简单；精细有机合成以基本有机合成品为原料，合成结构复杂、质量要求很高的化合物，其合成过程操作条件要求严格、步骤繁多、产量较少，主要应用于合成农药、医药、染料、香料、材料等。进入 21 世纪后，有机合成化学与多种学科相结合，发展迅速。目前，有机合成化学的发展主要有以下三个特点。

1）以天然产物为目标的有机合成化学

有机合成化学家在过去的一个世纪里以自然为师，已合成出了包括树脂、橘油、高分子、药物、油脂及海洋天然产物在内的天然分子，形成了天然产物学科，并创造出了重要价值。

2）与生命科学相结合的有机合成化学

化学与生命科学相结合有三层含义：一是选择生命科学中的重要物质为合成对象；二是将生物方法用于有机合成；三是将二者巧妙结合产生一些全新的分支领域。在生命科学领域，有机合成与细胞周期调控或生物信号传导的合作研究越来越多，如紫杉醇与番荔枝内酯类的合成。

酶在有机合成中的应用是一个热点，特别是在一些手性分子的制备上更显出它的重要性。酶是一类很重要的催化剂，其选择性与天然有机化合物抗体是有差别的，酶选择性地与反应过渡态分子相结合，而抗体则与基态分子相结合。如果抗体也能与过渡态的稳定的类似物相结合，抗体也能发挥和酶一样的催化作用。催化抗体不仅像酶一样能进行位置专一性的诱变反应，而且能进一步按照人们的意愿去进行预计的专一性的催化反应。近年来，大量反应，如从酰胺键的断裂到碳-碳键的生成都实现了抗体的催化。

3）与材料科学相结合的有机合成化学

有机功能材料是有机合成化学发展较快的领域。有机功能材料的优点是较易从功能出发进行设计，也较易合成，在工作条件不太苛刻的情况下，有机功能材料的性能十分优越，如 DNA 芯片的制备，由 C_{60} 出发的多种衍生物的合成，显示了有机合成材料科学的重要性；另外，有机、无机复合、金属掺合材料，以及新催化剂的合成也是一个重要方面。

2. 生物有机化学[22]

生物有机化学是 20 世纪 70 年代初发展起来的一门生物化学和有机化学之间的边缘学科。一方面，应用有机化学的结构理论、基团相互作用理论、有机化学反应机制和动力学理论，以及应用有机化学研究方法，在分子水平上研究生物分子的化学变化和反应规律。另一方面，通过模拟生物体系的化学变化，建立有机化学研究新体系（反应机制和有机合成新方法等）。

生物有机化学是以生物大分子，包括蛋白质、核酸、糖和脂为主要研究对象，利用有机合成化学的机制，探索生物大分子的官能团及它们之间的相互作用、生物大分子的立体结构与生物体的生理功能之间的关系。生物有机化学采用的手段主要是生物体内发生的基本生物有机化学反应，主要包括以下内容。

a. 水解反应：主要包括酯键、酰胺键和糖苷键的水解反应，是生物体内最普遍的一类有机反应。

b. 缩合反应：是最基本的生物合成反应之一。主要的缩合反应有生成酰胺键反应，用于合成多肽和蛋白质等；生成酶键反应，用于合成脂类化合物、核酸类化合物等；生成糖苷键反应，用于合成多糖、核酸类化合物等。这类反应实际上是水解反应的逆反应。

c. 氧化反应：生物体内进行的氧化反应是动物体获取能量的唯一途径，如葡萄糖在酶的催化下最终氧化成水和二氧化碳，并释放出大量能量。

d. 还原反应：是生物体内发生的基本反应之一，在生物合成和能量传递及转换过程中非常重要，如 CO_2 和 H_2O 在光合作用过程中被还原生成葡萄糖。

e. 烷基化反应：是生物合成反应中碳链增长反应及许多烷基转移反应的基本过程，如脂肪酸碳链增长反应。

f. 磷酰化反应：是生物体内发生的重要化学反应之一。它是生物能量传递、转化，以及生物合成和分解的必经过程。在磷酰化过程中，腺苷三磷酸（ATP）起着极其重要的作用，ATP 易与含有羟基的底物作用生成磷酰化产物。

g. 异构化反应：这类反应主要包括氢原子的迁移，双键位置变化，开环或闭环过程等，如糖酵解过程中 3-磷酸甘油酸转变为丙酮酸的过程是通过一系列酶催化的异构化反应实现的。

h. 分子重排反应：这类反应主要包括分子内的基团转移，C—C 键的断裂和形成等。例如，L-甲基丙二酸单酰辅酶 A 在甲基丙二酸单酰辅酶 A 激酶催化下转变成琥珀酸单酰辅酶 A 的反应，其结果是使分子碳架发生了改变。

3. 物理有机化学[23]

有机化合物数量巨大，结构复杂，种类繁多。这些不同种类的化合物因其结构不同，均具有一定的化学行为和物理性质，如偶极矩、摩尔折射、等张比容、旋光性等，而同一类型化合物又因取代基的性质及数量不同，个别化合物又呈现出各自的特性。因此，组成有机物分子的原子在分子中如何相互结合、如何相互影响，以及它们与该化合物的具体性质之间的相互关系成为物理有机化学研究的主要内容。

物理有机化学研究的主要方法是依靠经典有机化学试验方法，应用近代的分析技术，探讨元素有机化合物的结构。目前，物理有机化学使用的新技术许多是以量子力学为基础，以计算（机）技术为手段，研究的内容主要集中在结构与性能的关系及反应历程上。

4. 药物化学[24]

药物化学是关于药物的发现、发展和确证，并在分子水平上研究药物作用方式的一门学科。药物是对疾病具有预防、治疗和诊断作用或用以调节机体生理功能的物质。根据药物的来源和性质不同，分为中药或天然药物、化学药物和生物药物。其中化学药物是目前临床应用中使用的主要药物，也是药物化学研究的对象。经过半个多世纪的发展，结合目前药物发展的特点，药物化学的主要任务涵盖：探索研究和开发新药以发现具有进一步研究、开发价值的先导化合物，改造现有药物或有效化合物以期获得更为有效、安全的药物；通过研究化学药物的合成原理和路线，选择和设计合成工艺，实现药物大规模的产业化生产；研究药物的理化性质、变化规律、杂质来源和体内代谢等特性，为质量标准制定、剂型设计和临床药学研究提供依据，并指导临床合理用药。

进入 21 世纪以来，生命科学的发展，尤其是对生命本质、人类生殖、疾病发生和发展机制及其生理、生化基础的深入了解为新药的研究、设计和开发提供新的理论基础和靶物质；其他学科，尤其是计算机科学的发展，给药物化学的发展带来新的机遇和挑战。例如，人类基因组计划的实施将揭示人类生命的奥秘，而基因组科学的研究将从根本上改变药物发现和开发的模式。在对致病基因或基因功能有了认识以后，可以有针对性地设计开发能从根本上改变疾病过程的新药；通过寻找和发现与疾病有关的基因或致病基因，进行克隆和表达获得相关的蛋白质，由此得到新药作用的靶物质，根据靶物质的三维空间结构，借助计算机技术和手段，进行新药分子的设计，可获得针对性强、选择性高的候选药物。

计算机技术的快速发展和渗透促进了药物设计的发展，已成为现代药物研究与开发的一个重要工具。例如，通过计算机技术和手段的应用，进行蛋白质的折叠及三维结构预测，并研究蛋白质结构相对应的生物功能，为新药的设计提供依据。

1.6.4　化学品引发的安全问题

化学品是我国十分重要的进出口商品。我国每年化学品进出口的种类多达数千种以上，涉及金额接近千亿美元。化学品在为我国经济和社会发展做出重要贡献的同时，也为我国的环境和人民身体健康带来了越来越严重的影响。化学品对环境和经济社会造成的公共安全问题主要归结为化学品在生产、运输、加工、使用和废弃等各环节的管理不善。近年来，虽然我国在化学品安全领域的监管和控制技术也有一定的发展，具备了一定的能力，但是与发达国家相比，我国对化学品安全问题的监管和控制仍显落后，主要表现在以下几方面[25]。

a. 法规方面。缺乏统一的管理系统，呈现多头管理的状态。由于化学品管理职能比较分散，我国目前还没有针对化学品管理的统一政策和法规，各个管理部门出台的法令出发点不同，部分内容重叠，缺乏系统性、完整性和科学性。

b. 监管方面。化学品的安全问题处于被动监管的模式，缺乏对问题化学品进行评估的前提研究，现有的监管模式缺乏系统性和前瞻性。

c. 研究方面。与化学品的监管类似，我国化学品安全方面的研究比较分散，涉及国家质量监督检验检疫总局、卫生部、生态环境部、工业和信息化部、农业农村部等多个部门的实验室，而高等院校等科研部门主要从事化学品安全基础理论方面的研究工作。虽然我国在化学品的毒性评价、化学品的安全性检测技术方面已经有了一些基础，但系统性和科技创新程度不够。

1. 化学品生产安全问题

化学品生产安全是化学品管理的重要环节。相比其他商品的生产过程，化学品的生产，尤其是危险化学品的生产涉及多种危险物料，复杂多变的化学工艺过程，各种危险的操作单元，各类压力容器、管道和特种设备等，这些因素构成了化学品生产过程中的潜在危险源。正确地辨识、评价分析和控制各种危险源是危险化学品生产安全的重要保证。

人类社会的发展促进了化学品生产的快速成长，化学品的品种迅速增加，种类已经达到数十万种之多，产品产量大幅度增长。化学品生产存在的安全问题是由化学品生产独有的特点造成的，这些特点包括以下几方面。

1）化学品生产的物料大多具有潜在危险性

化学品生产使用的原料、中间体和产品种类繁多，绝大多数是易燃易爆、有毒有害、具腐蚀性等危险化学品。例如，聚氯乙烯树脂生产使用的原料乙烯、甲苯及中间产品二氯乙烷和氯乙烯都是易燃易爆物质，在空气中达到一定的浓度，遇火源即会发生火灾、爆炸事故；氯气、二氯乙烷、氯乙烯还具有较强的毒性。这些潜在危险性决定了在生产过程中对危险化学品的使用、储存、运输都提出了特殊的要求，稍有不慎就会酿成事故。

2）生产工艺过程复杂、工艺条件苛刻

化学品生产从原料到产品需要经过许多生产工序和复杂的加工单元，通过多次反应或分离才能完成，有些化学反应是在高温、高压下进行的。例如，由轻柴油裂解制乙烯进而生产聚乙烯的生产过程。化学品生产的工艺参数前后变化较大，工艺条件复杂多变，众多介质具有强烈腐蚀性，在温度应力、交变应力等作用下，受压容器常常因此而遭到破坏。某些反应过程要求的工艺条件较为苛刻，各种物料比处于爆炸范围附近，且反应温度超过反应原料和中间产物的自燃点，控制上稍有偏差就有安全生产危险。

3）生产规模大型化、生产过程连续性

现代化工生产装置规模越来越大，以求降低单位产品的投资和成本，提高经济效益。化学品生产从原料输入到产品输出具有高度的连续性，前后单元息息相关，相互制约，某一环节发生故障就会影响到整个生产的进行。另外，由于装置规模大且工艺流程长，因此使用设备的种类和数量都相当多。众多设备的维修保养易引起安全生产问题。

2. 化学品储运安全问题

化学品储运安全问题包括化学品的运输和储存安全。相比生产过程的复杂，化学品在运输和储存过程中也会因为主观和客观因素造成安全问题。例如，针对化学品的运输，其存在的安全隐患包括：化学品运输企业的消防监管责任不明确；化学品运输企业的管理相对落后，化学品运输人员的安全意识不强；除此之外，化学品运输企业基础设备的落后，运输工具的质量及化学品外包装质量等也是导致化学品运输安全问题的重要因素。

在化学品的储存方面，国际上有通行的针对化学品储存的一般技术准则和操作指南，为化学品的储存提供足够的安全保障。即便如此，化学品在储存阶段仍不时有安全问题发生。结合化学品危害特性的识别，以及化学品储存的特点，化学品在储存环节上的安全问题主要有以下几方面。

1）化学品储存仓库选址

化学品，尤其是危险化学品储存仓库的选址是爆发针对生态环境和人体健康风险的重要风险源。一般来讲，化学品储存仓库需建在远离城市供水源、人群集中居民区、城市主要路网和交通干线，并且要远离江河湖海、农田等地方。针对不同危险特性的化学品，需采取不同的储存措施和手段，如易燃易爆的化学品应放置在地势低洼处；炸药和爆炸性化学品需储存于专用的地下设施和防爆防热设施库房之内。

2）化学品储存安全管理

国际上对化学品储存的安全管理，通行的做法是将化学品储存的安全管理责任明确由相关的生产企业或有储存资质的企业来承担。对于化学品储存安全管理，需严格履行出入库制度，同时要健全完善安全防控管理制度；根据化学品的危险特点，严格执行化学品的分区储存，分库储存；化学品在出入储存仓库时，管理人员必须严格限制进出人员及车辆等，同时需核查化学品的品名、规格、用途、包装、标志和数量等信息，并做好登记工作；化学品在出库时，工作人员需认真核对化学品信息，同时需要详细了解化学品的使用用途和最终流向；在应急预防方面，应当配备足够的消防设施和稳定的配电箱，禁止在库房周围堆放其他货物等。

3）化学品装卸安全问题

在装卸作业过程中，化学品，尤其是危险化学品的不当碰撞、摩擦和滴漏都有可能造成化学品安全事故。化学品的装卸和搬运宜在白天进行，户外操作应尽量避免日晒，夏天应在早晚进行；夜间作业时灯光应当选用防爆式安全照明；各种装卸的机械设施应确保足够的安全系数，每个器械需事先进行消除产生火花的措施，装卸人员应穿戴防护服装避免静电产生。

3. 化学品环境安全问题[26]

从中世纪的硫酸、硝酸、盐酸等化学试剂的实验室制备，到18世纪路布兰法制碱、煤焦油合成苯胺紫、硝化甘油炸药的开发应用，再到19世纪末20世纪上半叶的合成酚醛塑料、化学药品阿司匹林，以及随后"尼龙"合成纤维、氯丁合成橡胶、烷基磺酸盐合成洗涤剂、氟氯化碳类制冷剂、DDT等有机氯农药等一系列化学品的创造和工业化生产，化学工业制造了具各种结构和功能的化学品，颠覆性地改变了人类社会的物质生活条件，并不断改善着人类现代社会生活。

然而，化学品在为人类带来福利的同时，也对人们赖以生存的环境造成了一定威胁。自20世纪60年代开始，化学品与环境之间的矛盾逐渐凸显出来。现代监测技术研究表明，在南极和北极地区普遍存在DDT和多氯联苯（PCBs）等人工合成有毒化学品的污染，这些化学品具有环境持久性、生物蓄积性和潜在毒性，能在自然环境和生物体中残留长达数年到数十年，并可通过食物链在生物体及人体中长期富集和蓄积，对生态系统及人类健康构成严重危害。进入21世纪后，科研技术与监测水平不断提高，愈加全面、清晰地揭示了这样的事实：全球各地的环境介质、野生动物和人体中普遍存在诸如PCBs类的环境持久性污染物，并正在对生态系统和人体健康产生潜在的、深远的毒害影响。

继20世纪监测到DDT、PCBs之后，目前在北极生态系统内普遍监测到了多种人工合成的持久性有机污染物（persistent organic pollutants, POPs），包括多氯化萘（PCNs）、全氟辛烷磺酰基化合物（PFOS）、溴化阻燃剂（BFR）、全氟辛酸类化合物（PFOA）、氯化石蜡（CP）、十氯苯乙烯（OCS）、五氯苯酚（PCP）、甲基DDT和硫丹等，且浓度正不断提高。综上所述，化学品的大量生产和广泛使用为人类社会带来了广泛的福利，但同时引起了日益广泛和严重的环境问题。当代社会的化学品环境问题表现出污染的全球性、普遍性和毒害影响的潜在性和深远性的特征，实质上已造成了全社会的公共健康风险和环境安全危机。

参 考 文 献

[1] 许雅周, 李玉芬. 基础化学. 北京: 机械工业出版社, 2009.

[2] 霍子莹, 李海鹰. 化学基础. 北京: 化学工业出版社, 2008.

[3] IUPAC. IUPAC is naming the four new elements Nihonium, Moscovium, Tennessine, and Oganesson. https: //iupac.org/iupac-is-naming-the-four-new-elements-nihonium-moscovium-tennessine-and-oganesson/[2016-8-17].

[4] 张淑民. 基础无机化学. 3 版. 上册. 兰州: 兰州大学出版社, 2003.

[5] 张仕勇. 无机及分析化学. 杭州: 浙江大学出版社, 2000.

[6] 朱裕贞, 顾达, 黑恩成. 现代基础化学. 北京: 化学工业出版社, 2010.

[7] 华彤文, 陈景祖. 普通化学原理. 北京: 北京大学出版社, 2005.

[8] 强亮生, 徐崇泉. 工科大学化学. 北京: 高等教育出版社, 2009.

[9] 虎玉森, 田超. 普通化学. 北京: 中国农业出版社, 2007.

[10] 申泮文. 近代化学导论 (上册). 北京: 高等教育出版社, 2002.

[11] 傅献彩, 沈文霞, 姚天扬. 物理化学 (上册). 4 版. 北京: 高等教育出版社, 1990.

[12] 徐春祥. 基础化学. 2 版. 北京: 高等教育出版社, 2007.

[13] 夏太国, 杨绍斌, 于继甫, 等. 普通化学. 沈阳: 东北大学出版社, 2006.

[14] 唐和清. 工科基础化学. 北京: 化学工业出版社, 2009.

[15] 鲁性贵, 李杏元, 李国平. 化学基础. 武汉: 华中师范大学出版社, 2009.

[16] 黄贞益. 现代工业概论. 上海: 华东理工大学出版社, 2008.

[17] 张克立. 无机合成化学. 武汉: 武汉大学出版社, 2004.

[18] 张克立. 固体无机化学. 武汉: 武汉大学出版社, 2005.

[19] 计亮年, 黄锦汪, 莫庭焕. 生物无机化学导论. 广州: 中山大学出版社, 2001.

[20] 王积涛, 宋礼成. 金属有机化学. 北京: 高等教育出版社, 1989.

[21] 高桂枝, 陈敏东. 有机合成化学. 北京: 科学出版社, 2007.

[22] 古练权, 马林. 生物有机化学. 北京: 高等教育出版社, 1998.

[23] 余从煊, 欧育湘, 温敬铨. 物理有机化学. 北京: 北京理工大学出版社, 1991.

[24] 尤启冬, 孙铁民, 徐云根. 药物化学. 北京: 中国医药科技出版社, 2011.

[25] 张绍纯. 危险化学品生产、储运以及废弃中的安全问题. 化学工程与装备, 2011, 7: 194.

[26] 刘建国. 化学品环境管理: 风险管理与公共治理. 北京: 中国环境科学出版社, 2008.

第 2 章　化学品安全概述

化学品是指由各种元素组成的纯净物和混合物。化学品具有易燃、易爆、有毒、有腐蚀性等特性，会对人（包括生物）、设备、环境造成伤害和侵害的化学品统称为危险化学品。危险化学品因在生产、储存、经营、使用、运输、废弃等过程中容易造成人身伤害、环境污染和财产损失，需要采取非常严格的安全措施和特别保护。

2.1　危险化学品基础

国际劳工组织国际职业安全健康信息中心（ILO/CIS）和联合国国际化学品安全规划（IPCS）1998 年版的《化学品安全培训模式》定义：危险化学品（hazardous chemicals）是指具有以下性质的化学品[1]。

a. 经过急性、重复或者长期暴露，能够导致健康风险的极高毒性或毒性、有害性、腐蚀性、刺激性、致癌性、生殖毒性，能引起非遗传的出生缺陷及致敏性。

b. 燃烧和爆炸危险性，包括爆炸性、氧化性、极易燃烧、高度易燃或易燃性。

c. 危害环境特性，包括生物毒性、环境持久性和生物积蓄性。

国际劳工组织《作业场所安全使用化学品公约》及其 177 号建议书对危险化学品（hazardous chemical）定义[2]：危险化学品是指"本公约"第六条被分类为危险的或者具有适当资料表明为危险品的任何化学品。

危险化学品具有的特性包括以下几方面。

a. 毒性，包括对人体各部分的急性或慢性健康效应。

b. 化学或物理特性，包括易燃性、爆炸性、氧化性和危险反应性。

c. 腐蚀性和刺激性。

d. 过敏和致敏效应。

e. 致癌效应。

f. 致畸形和突变效应。

g. 对生殖系统的效应。

通常危险化学品在生产、经营、使用场所统称化工产品，一般不称危险化学品；在运输过程中，包括铁路运输、公路运输、水上运输、航空运输中称为危险货物；在储藏环节，一般称为危险物品或危险品。当然危险货物、危险物品，除危险化学品外，还包括一些其他货物或物品。与此同时，危险化学品在我国法律法规中的称呼也不尽相同，如在《中华人民共和国安全生产法》中称"危险物品"，在《危险化学品安全管理条例》（国务院令第 591 号）中称"危险化学品"。《中华人民共和国安全生产法》（2014 年修订版）第七章附则第一百一十三条规定：危险物品，是指易燃易爆物品、危险化学品、放射性物品等能够危及人身安全和财产安全的物品。2015 年 2 月，国家安全生产监督管理总局同工业和信息化部、公安部、环境保护部、交通运输部、农业部、国家卫生和计划生育委员会、国家质量监督检验检疫总局、铁路局、民用航空局制定了《危险化学品名录》（2015 年版），涉及危险化学品的定义和确定原则，其中危险化学品的定义为：具有毒害、腐蚀、爆炸、燃烧、助燃等性质，对人体、设施、环境具有危害的剧毒化学品和其他化学品。

需要指出的是，按照联合国《全球化学品统一分类和标签制度》（GHS）对化学品危险性的分类规定，危险化学品分类中不包括放射性物质、感染性物质和化学废物。目前在联合国主要法律文书和各国立法中，"危险化学品 hazardous chemical"术语已被广泛应用。Hazardous 表示"可以预见其发生，但难以控制的危险及其潜在的危险性"。而"危险物质 dangerous substance"主要用于危险货物运输方面，dangerous 表示"任何程度的危险或发生任何程度危险的可能性"。综上可以看出，"危险化学品（或物质）"是指具有燃烧、爆炸等物理危害特性，急性和慢性毒性等健康危险性及环境危险性的，通过在作业场所中生产或使用或在环境中散布有可能对人类健康和环境造成危害的物质。

2.2　化学品的危害及分类

化学品已成为人们日常生活不可缺少的一部分。化学品的生产极大地丰富了人类的物质生活，如提高农作物的产量，提供现代医疗保健，促进工农业和国民经济发展，提高人们的生活水平等。然而，很多化学品是有毒有害的，其在生产、储藏、使用、销售和运输直至作为废物处理处置过程中，由于误用、滥用或处置不当会损害人类健康和污染生态环境。为此，化学品的安全与控制已成为当前国际社会普遍关注的国际性环境问题之一。

联合国《全球化学品统一分类和标签制度》将化学品的危害分为物理危害、健康危害和环境危害三大类 28 项。

2.2.1　化学品的物理危害

物理危害又称物理危险，联合国《全球化学品统一分类和标签制度》和我国《化学品分类和标签规范》系列标准（GB 30000.1—2013～GB 30000.29—2013）中的物理危害的化学品类别包括：爆炸物、易燃气体、气溶胶、氧化性气体、加压气体、易燃液体、易燃固体、自反应物质和混合物、自燃液体、自燃固体、自热物质和混合物、遇水放出易燃气体的物质和混合物、氧化性液体、氧化性固体、有机过氧化物、金属腐蚀物，共计 16 种。

2.2.2　化学品的健康危害

联合国《全球化学品统一分类和标签制度》和我国《化学品分类和标签规范》系列标准（GB 30000.1—2013～GB 30000.29—2013）中的健康危害包括：急性毒性、皮肤腐蚀/刺激、严重眼损伤/眼刺激、呼吸道或皮肤致敏、生殖细胞致突变性、致癌性、生殖毒性、特异性靶器官毒性-一次接触、特异性靶器官毒性-反复接触、吸入危害，共计 10 种。

2.2.3　化学品的环境危害

联合国《全球化学品统一分类和标签制度》和我国《化学品分类和标签规范》系列标准（GB 30000.1—2013～GB 30000.29—2013）中的环境危害包括：危害水生环境和危害臭氧层 2 种。

2.3　危险化学品分类

目前，国际通用的危险化学品分类方法有两个，一个是联合国的《关于危险货物运输的建议书　规章范本》，另一个是联合国的《全球化学品统一分类和标签制度》。

2.3.1　按联合国的《关于危险货物运输的建议书　规章范本》分类

联合国的《关于危险货物运输的建议书　规章范本》从运输安全角度将危险品分为九大类 20 项，这些类别和项别如下。

第 1 类——爆炸品

1.1 项：有整体爆炸危险的物质和物品

1.2 项：有迸射危险但无整体爆炸危险的物质和物品

1.3 项：有燃烧危险并有局部爆炸或局部迸射危险或这两种危险都有，但无整体爆炸危险的物质和物品

1.4 项：不呈现重大危险的物质和物品

1.5 项：有整体爆炸危险的非常不敏感物质

1.6 项：无整体爆炸危险的极端不敏感物质

第 2 类——气体

2.1 项：易燃气体

2.2 项：非易燃无毒气体

2.3 项：毒性气体

第 3 类——易燃液体

第 4 类——易燃固体、易于自燃的物质、遇水放出易燃气体的物质

4.1 项：易燃固体、自反应物质和固态退敏爆炸品

4.2 项：易于自然的物质

4.3 项：遇水放出易燃气体的物质

第 5 类——氧化性物质和有机过氧化物

5.1 项：氧化性物质

5.2 项：有机过氧化物

第 6 类——毒性物质和感染性物质

6.1 项：毒性物质

6.2 项：感染性物质

第 7 类——放射性物质

第 8 类——腐蚀性物质

第 9 类——杂项危险物质和物品

2.3.2 按联合国的《全球化学品统一分类和标签制度》分类

《全球化学品统一分类和标签制度》旨在建立一个单一的、致力于化学品标记和安全技术说明书的全球协调体系。2002 年 9 月，在约翰内斯堡召开的"联合国可持续发展世界首脑会议"提出：各国应在 2008 年前实施 GHS，到 2020 年全球化学品的生产和使用对人类与环境的主要负面影响达到最小化。该协调制度对危险品进行了更为详细的分类，其总体将危险品危害分为：物理危害、健康危害、环境危害。

其中物理危害包括下列内容。

a. 爆炸物：不稳定爆炸物、1.1 项、1.2 项、1.3 项、1.4 项、1.5 项、1.6 项。

b. 易燃气体（包括化学性质不稳定的气体）：易燃气体类别 1、易燃气体类别 2、化学性质不稳定气体 A 类、化学性质不稳定气体 B 类。

c. 气溶胶：类别 1、类别 2、类别 3。

d. 氧化性气体：类别 1。

e. 加压气体：压缩气体、液化气体、冷冻液化气体、溶解气体。

f. 易燃液体：类别 1、类别 2、类别 3、类别 4。

g. 易燃固体：类别 1、类别 2。

h. 自反应物质和混合物：A 型、B 型、C 型、D 型、E 型、F 型、G 型。

i. 自燃液体：类别 1。

j. 自燃固体：类别 1。

k. 自热物质和混合物：类别 1、类别 2。

l. 遇水放出易燃气体的物质和混合物：类别 1、类别 2、类别 3。

m. 氧化性液体：类别 1、类别 2、类别 3。

n. 氧化性固体：类别 1、类别 2、类别 3。

o. 有机过氧化物：A 型、B 型、C 型、D 型、E 型、F 型、G 型。

p. 金属腐蚀物：类别 1。

健康危害包括下列内容。

a. 急性毒性：类别 1、类别 2、类别 3、类别 4、类别 5。

b. 皮肤腐蚀/刺激：类别 1A、类别 1B、类别 1C、类别 2、类别 3。

c. 严重眼损伤/眼刺激：类别 1、类别 2A、类别 2B。

d. 呼吸道或皮肤致敏：呼吸致敏物类别 1A、呼吸致敏物类别 1B、皮肤致敏物 2A、皮肤致敏物 2B。

e. 生殖细胞致突变性：类别 1A、类别 1B、类别 2。

f. 致癌性：类别 1A、类别 1B、类别 2。

g. 生殖毒性：类别 1A、类别 1B、类别 2、附加类别。

h. 特异性靶器官毒性——一次接触：类别 1、类别 2、类别 3。

i. 特异性靶器官毒性——反复接触：类别 2、类别 2。

j. 吸入危害：类别 1、类别 2。

环境危害包括下列内容。

a. 危害水生环境：急性危害类别 1、急性危害类别 2、长期危害类别 1、长期危害类别 2、长期危害类别 3。

b. 危害臭氧层：类别 1。

2.3.3　美国消防协会分类法

美国消防协会（National Fire Protection Association，NFPA）的化学品和爆炸品委员会，早在 1928 年就协同美国化学学会编制了《常用化学危险物品表》（NFPA49）。几经修订，1961 年更名为《化学危险品数据》，从 1964 年版开始以 "NFPA NO 49" 作为其分类号码而成为《美国消防规范》（National Fire Codes）的一部分。这里介绍 NFPA 49-2001 中的 "危险物品分类制度"[3]。

该分类制度的特点是，每一种化学物质都用蓝、红、黄、白 4 色的警示菱形来表示其危险性，如图 2-1 所示。图中分为 4 个区域，并用不同颜色分别表示可燃性、健康危害性、反应性和特殊危害性。其中：红色表示可燃性；蓝色表示健康危害性；黄色表示反应性；白色表示特殊危害性。前三部分根据危害程度分为 0、1、2、3、4 五个等级，用相应数字标识在颜色区域内，具体包括如下内容。

图 2-1　NFPA 的分类法

蓝色/健康危害性等级。

4——短时间的暴露可能会导致死亡或重大持续性伤害，如氢氰酸。

3——短时间的暴露可能导致严重的暂时性或持续性伤害，如氯气。

2——高浓度或持续性暴露可能导致暂时失去行为能力或可能造成持续性伤害，如氯仿。

1——暴露可能导致不适，但是仅可能有轻微持续性伤害，如氯化铵。

0——对人体健康并无危险，可不进行必要的预防措施，如水或氯化钠。

黄色/反应性等级。

4——可以在常温常压下迅速发生爆炸，如三硝基甲苯。

3——可以在某些条件下（如被加热或与水反应等）发生爆炸，如乙炔。

2——在加热加压条件下发生剧烈化学变化，或与水剧烈反应，可能与水混合后发生爆炸，如单质钙。

1——通常情况下稳定，但是可能在加热加压的条件下变得不稳定，或可以与水发生反应，如氧化钙。

0——通常情况下稳定，即使暴露于明火中也不反应，并且不与水反应，如液氮。

红色/可燃性等级。

4——在常温常压下迅速或完全汽化，或是可以迅速分散在空气中，可以迅速燃烧，如甲烷。

3——在各种环境温度下可以迅速被点燃的液体和固体，如汽油。

2——需要适当加热或在环境温度较高的情况下可以被点燃，如柴油。

1——需要预热才可点燃，如鱼肝油。

0——不会燃烧，如水。

白色/特殊危害性。

W——与水发生剧烈反应，如钙。

OX——氧化剂，如高锰酸钾。

COR——腐蚀性，如浓硫酸。

ACID——强酸，如盐酸。

ALK——强碱，如氢氧化钠。

2.3.4　《日本消防法令》分类法

该分类法是日本自治省从消防的角度对危险性物质所做的分类，规定了相应的界定评价法。表 2-1 为 1998 年修订的《日本消防法令》分类法。

表 2-1　《日本消防法令》分类法

类别	性质	品名	类别	性质	品名
第 1 类	氧化性固体	1 氯酸盐类	第 3 类	自然发火性	1 钾
		2 高氯酸盐类		物质及禁水	2 钠
		3 无机过氧化物		性物质	3 铅
		4 亚氯酸盐类			4 烷基锂
		5 溴酸盐类			5 黄磷
		6 硝酸盐类			6 碱金属（钾、钠除外）及碱土金属
		7 碘酸盐类			7 有机金属化合物（烷基铝及烷基锂除外）
		8 高锰酸盐类			8 金属氢化物
		9 重铬酸盐类			9 金属磷化物
		10 国家法令所规定的其他物质			10 钙或铝的磷化物
		11 含有上述物质之一的物质			11 国家法令所规定的其他物质
第 2 类	可燃性固体	1 硫化磷			12 含有上述物质之一的物质
		2 赤磷	第 4 类	易燃性液体	1 特殊易燃物
		3 硫磺			2 第一石油产品类
		4 铁粉			3 醇类
		5 金属粉			4 第二石油产品类
		6 镁			5 第三石油产品类
		7 国家法令所规定的其他物质			6 第四石油产品类
		8 含有上述物质之一的物质			7 动植物油类
		9 易燃性固体			

续表

类别	性质	品名	类别	性质	品名
第 5 类	自反应性物质	1 有机过氧化物	第 6 类	氧化性液体	1 高氯酸
		2 硝酸酯类			2 过氧化氢
		3 硝基化合物			3 硝酸
		4 亚硝基化合物			4 国家法令所规定的其他物质
		5 偶氮化合物			5 含有上述物质之一的物质
		6 重氮化合物			
		7 肼衍生物			
		8 国家法令所规定的其他物质			
		9 含有上述物质之一的物质			

关于表 2-1，说明如下。

（1）所谓氧化性固体，是指那些首先是固体，即既非液体（液体是指在 101 325Pa 气压、温度 20℃下为液态的物质；或者在 20～40℃变成液态的物质)又非气体（气体是指在 101 325Pa 气压、20℃下为气态的物质)，并且在法令规定的判断氧化能力潜在危险性的试验中显示法令规定性状的物质。

（2）所谓可燃性固体，是指固体、且在法令所规定的判断火焰引起着火的危险性试验中显示法令规定性状的物质，或者是在法令所规定的判断易燃危险性试验中显示易燃性的物质。

（3）所谓铁粉，是指铁的粉末，在考虑粒度等因素后不包括自治省法令中所规定的物质。

（4）硫化磷、赤磷、硫磺及铁粉被看成是显示第（2）点所规定性状的性质。

（5）所谓金属粉，是指碱金属、碱土金属、铁及镁以外的金属粉末，在考虑粒度等因素后不包括自治省法令中所规定的物质。

（6）镁及第 2 类第 8 号物品中含有镁时，在考虑形状等因素后不包括自治省法令中所规定的物质。

（7）所谓易燃性固体，是指固体醇，以及其他在 101 325Pa 气压下闪点低于 40℃的物质。

（8）所谓自然发火性物质及禁水性物质，可为固体或液体，在法令所规定的判断其在空气中发火的危险性试验中，显示法令规定的性状；或者接触水而发火，或在法令所规定的判断产生可燃性气体危险性试验中，显示法令规定的性状。

（9）钾、钠、烷基铝、烷基锂及黄磷，被看成是显示第（8）点所规定性状的物质。

（10）所谓易燃液体，应为液体，并限于第三、第四石油产品及动植物油类中在 101 325Pa 气压及 20℃下是液态的物质。它们在法令所规定的判断易燃危险性试验中显示易燃性。

（11）所谓特殊易燃物、是指乙醚、二硫化碳及其他在 101 325Pa 气压下的发火点低于 100℃的物质，或者闪点在-20℃以下且沸点低于 40℃的物质。

（12）所谓第 1 石油产品类，是指丙酮、汽油及其他在 101 325Pa 气压下闪点低于

21℃的物质。

（13）所谓醇类，是指分子中碳原子数为 1~3 的饱和一元醇(包括变性醇)，在考虑组成后，不包括自治省法令规定的物质。

（14）所谓第 2 石油产品类是指煤油、轻油和其他在 101 325Pa 气压下闪点为 21℃以上、70℃以下的物质，以及涂料类和其他物品，在考虑组成等后，不包括自治省法令规定的物质。

（15）所谓第 3 石油产品类，是指重油杂酚油和其他在 101 325Pa 气压下闪点高于70℃而低于 200℃的物质，以及涂料类和其他物品，在考虑组成后，不包括自治省法令规定的物质。

（16）所谓第 4 石油产品类，是指齿轮油、汽缸油和其他在 101 325Pa 气压下闪点高于 200℃的物质，以及涂料类和其他物品，考虑组成后不包括自治省法令规定的物质。

（17）所谓动植物油类，是指从动物的脂肪、植物的种子或果实中提取的物质，因与自治省法令规定的部分不同，不包括可以贮存保管的物质。

（18）所谓自反应性物质，可分为固体或液体。在法令规定的可以判断其爆炸危险性的试验中，显示规定的性状，或者在法令规定判断其加热分解激烈程度的试验中，显示法令规定性状的物质。

（19）第 5 类第 9 项含有有机过氧化物的物质中，是含有非活性固体的，不包括自治省法令规定的物质。

（20）所谓氧化性液体，应是液体，在法令规定的判断其氧化能力的潜在危险性试验中，显示法令规定的性状。

（21）具有此表性质栏中所列举性状的两种以上物质的物品，其所属的类别在自治省法令中规定。

a. 第 1 类危险物质（氧化性固体）应通过判断氧化能力的潜在危险性及对撞击的敏感性的试验，来判定其是否为危险物质。

b. 第 2 类危险物质（可燃性固体）原则上是通过判断因火焰导致着火的危险性及易燃危险性的试验，来判定其是不是危险物质。

c. 第 3 类危险物质（自然发火性物质与禁水性物质）原则上是通过判断在空气中的发火危险性及与水接触而发火或者产生可燃性气体的危险性试验，来判定其是否为危险物质。

d. 第 4 类危险物质（易燃性液体）原则上是通过判断其是易燃危险性的试验，来判定其是否为危险物质。

e. 第 5 类危险物质（自反应性物质）原则上是通过判断其爆炸危险性及加热分解的激烈程度的试验，来判定其是否为危险物质。

f. 第 6 类危险物质（氧化性液体）通过判断氧化能力的潜在危险性的试验，来判定其是否为危险物质。

2.3.5　我国化学品分类法

我国化学品分类法与联合国《全球化学品统一分类和标签制度》一致，可参考 GB 30000.1—2013~GB 30000.29—2013 系列标准。GB 30000—2013 系列标准是基于 2011

年《全球化学品统一分类和标签制度》（第四修订版）的中国 GHS 系列标准，取代了 GB 20576—2006～GB 20602—2006 中国系列 GHS 标准（基于 2005 年的 GHS 第一修订版）。在危险化学品方面，国家标准 GB 6944—2012《危险货物分类和品名编号》将危险化学品分为 9 个类别，第 1 类、第 2 类、第 4 类、第 5 类和第 6 类再分成项别，方法上与联合国《关于危险货物运输的建议书 规章范本》一致。

2.4 发达国家的化学品安全管理

20 世纪 80 年代中期，美国、日本和欧洲工业发达国家普遍建立了化学品安全管理法规体系，健全了化学品管理体制与协调机制，以及化学品风险评价和风险管理所需要的化学品测试评价合格实验室与化学品信息管理技术等支持体系。目前各国正在根据国际化学品公约和国际化学品管理战略的要求，修订和完善本国的化学品安全立法与管理体系，以实现化学品科学健全管理[4]。

2.4.1 美国化学品安全管理

目前，美国已经建立了完整的化学品管理体系，拥有强有力的化学品安全管理机构，严格的执法管理计划与程序，以及完备的化学品管理技术支持体系和公众参与机制。

美国化学品安全管理涉及诸多部门，主要有美国国家环境保护局（EPA）、美国消费品安全委员会（CPSC）、美国劳工部职业安全卫生监察局（OSHA）、美国运输部（DOT）、美国化学品安全委员会（CSB）及美国食品和药品监督管理局（FDA）等。美国与化学品安全有关的主要法律法规如表 2-2 所示。

表 2-2 美国主要化学品安全管理法律

法律名称	主管当局	适用范围
《有毒物质控制法》（TSCA）	环境保护局	工业化学品生产、进出口申报，测试评价，鉴别和控制工业化学品对人体健康与环境的危害
《联邦杀虫剂杀鼠剂杀菌剂法》（FIFRA）	食品和药品监督管理局、环境保护局	对美国销售的所有农药进行分级，农药标签和安全使用
《职业安全与卫生法》（OSHA）	劳工部职业安全卫生监察局	医药品、化妆品及食品中农药的残留管理
《应急计划与公众知情权法》（EPCRTKA）	环境保护局	化学事故应急计划，有毒物质释放清单报告
《危险物质运输法》	运输部	危险货物的安全和环境无害化运输
《安全饮用水法》	环境保护局	制定饮用水最高污染物水平限值（MCL）标准，保护公众健康
《联邦危险物质法》	消费品安全委员会	管理日用消费品中化学品的安全，标签和禁止的危险物质
《消费产品安全法》（CPSC）	消费品安全委员会	管理日用消费品中化学品的安全，极易燃黏合剂和含铅涂料
《预防中毒包装法》（PPPA）	消费品安全委员会	管理日用消费品中化学品的安全，危险产品的包装要求
《污染预防法》	环境保护局	工业化学品、农药和消费产品，制定实施源消减、污染预防战略

续表

法律名称	主管当局	适用范围
《清洁空气法》（CAA）	环境保护局	控制有毒空气污染物排放标准
《清洁水法》（CWA）	环境保护局	地表水中有毒污染物标准，防止有毒物质对生态系统的慢性影响
《资源保护与回收法》（RCRA）	环境保护局	危险废物的处理处置
《综合环境响应、赔偿与责任法》（CERCLA）	环境保护局、毒物和疾病登记署	执行超级基金计划，净化化学品污染严重的场地，评估危险物质释放对公众健康的影响，建立危险物质暴露人群登记

美国化学品管理重点和需求依部门机构与地区而异。美国国家环境保护局、劳工部职业安全卫生监察局、消费产品安全委员会与食品和药品监督管理局4个联邦当局负责执行化学品安全管理的法令法规。每个当局负责监督化学品寿命周期中不同的阶段，配合其他当局的化学品安全管理并提供技术支持。

（1）美国国家环境保护局

美国国家环境保护局是美国联邦政府的一个独立行政机构，主要负责维护自然环境和保护人类健康不受环境危害影响。EPA的主要职责是根据美国国会颁布的环境法律制定和执行环境法规，从事或赞助环境研究及环保项目，加强环境教育以培养公众的环保意识和责任感。EPA总部设有12个管理办公室和16所实验室与研究中心，并在各个州下设了10个区域分局（图2-2）。尽管美国国家环境保护局的下设分局遍布各州，但各

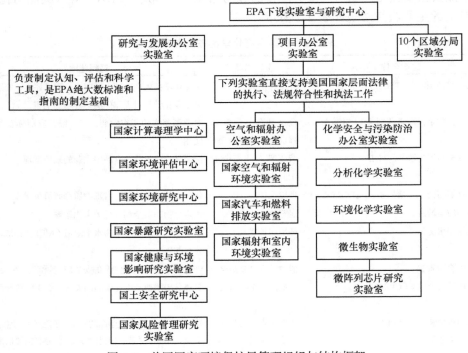

图 2-2　美国国家环境保护局管理组织与结构框架

州都设有自己的环境管理机构，并不隶属于美国国家环境保护局，而是接受其地方分局的监督检查，除非联邦法规有明文规定，州环境保护局才与美国国家环境保护局合作。

EPA 与化学品管理相关的部门主要是化学品安全与污染防治办公室（OCSPP）、固体废物和应急反应办公室（OSWER）。

化学品安全与污染防治办公室以健全的科学管理为指导方向，负责保护人类和环境，避免农药和有毒化学品的潜在危险，通过创新伙伴与合作关系，致力于从源头上杜绝污染。OCSPP 负责执行的法律法规包括：《联邦杀虫剂杀鼠剂杀菌剂法》（FIFRA）、《联邦食品、药品和化妆品法》（FFDCA）、《有毒物质控制法》（TSCA）、《污染预防法》（Pollution Prevention Act）及其他相关法规。OCSPP 内部又划分为农药规划办公室（OPP）、污染防治与有毒物质办公室（OPPT）和科学合作与政策办公室（OSCP），OPPT 主要负责《有毒物质控制法》和《污染预防法》的执行。在这些法规框架下，EPA 对新化学品和现有化学品实施风险评估，并积极寻求在污染物排放至环境之前预先阻止或减少污染的途径。

固体废物和应急反应办公室主要负责为 EPA 的应急响应与废物规划制定政策及提供指导。OSWER 按照职责分工划分为应急事件管理办公室、资源保护和回收办公室等6 个内设机构。

（2）美国消费品安全委员会

美国消费品安全委员会成立于 1973 年，是美国独立的联邦监管机构，致力于保护消费产品的安全，制定消费产品使用的安全性标准和法规并监督执行。CPSC 管理的产品主要是家用电器、玩具及儿童用品、烟花爆竹、日用化学品及其他用于家庭、体育、娱乐场所和学校的消费品。但是，车辆、轮胎、轮船、武器、乙醇、烟草、食品、药品、化妆品、杀虫剂及医疗器械等产品不属于 CPSC 的管辖范围。

（3）美国劳工部职业安全卫生监察局

美国劳工部成立于 1913 年，其职责范围是负责美国的就业、工资和福利及改善工人的工作条件。美国劳工部实行处置管理，各业务署局都是依据相应法规建立的，负责具体履行有关法规规定的责任，监督法规的贯彻实施。1970 年 12 月 29 日，依据《职业安全卫生法》（Occupational Safety and Health Act，OSH Act）建立了美国劳工部职业安全卫生监察局（OSHA）。在 OSH Act 下，雇主有责任提供一个安全且健康的工作场所，OSHA 的任务是通过制定和执行标准，提供培训、外展、教育及援助，确保工作场所的安全与健康。雇主必须遵守所有适合的 OSHA 标准，必须符合 OSH Act 的一般责任条款，该条款要求雇主保持其工作场所远离公认的严重危害。OSHA 在美国设有 10 个地区机构。

（4）食品和药品监督管理局

美国食品和药品监督管理局为直属美国卫生和公众服务部管辖的联邦政府机构，其主要职能为负责对美国国内生产及进口的食品、膳食补充剂、药品、疫苗、生物医药制剂、血液制剂、医学设备、放射性设备、兽药和化妆品进行监督管理，同时负责执行《公共卫生法案》（Public Health Service Act）的第 361 号条款，包括对公共卫生条件及洲际旅行和运输的检查、对诸多产品中可能存在的疾病的控制等。FDA 所执行的大部分联邦法律都被编入《联邦食品、药品和化妆品法案》（Federal Food, Drug, and Cosmetic Act），即《美国法典》第 21 篇（Title 21 of the United States Code）。

此外，美国建立了完备的化学品安全信息收集、管理和散发数据库体系，为化学品安全提供了强有力的技术支持。美国政府当局及公共和私人机构开展了大量的化学品风险评价研究工作，并建立了各种化学品信息数据库系统，用来收集、管理和散发化学品安全信息。例如，EPA 开发和维护的综合风险信息数据库系统（IRIS）中存储有选定化学品的人体健康定性与定量评价数据，包括危害鉴别和剂量-反应评价信息。

2.4.2 欧盟化学品安全管理

欧盟国家化学品安全和环境管理都执行欧盟指令或法规，与化学品安全管理相关的主要指令法规如表 2-3 所示。

表 2-3 欧盟主要化学品安全管理指令法规

指令/法规名称	指令编号	适用范围
《关于统一危险物质分类、包装与标志的指令》	67/548/EEC	危险物质和新化学物质申报、测试、评价、分类、包装与标志等
《关于统一危险物质分类、包装与标志的指令》（第 6 次修正）	79/831/EEC	危险物质、新化学物质申报，测试评价，分类，包装与标志等
《关于统一危险物质分类、包装与标志的指令》（第 7 次修正）	92/32/EEC	新危险物质申报补充规定，风险评价，分类，标志补充要求
《关于统一危险制品分类、包装与标志的指令》	88/379/EEC	危险制品分类标准，包装与标志要求
《关于某些危险化学品进出口的理事会法规》	2455/92/EEC	禁止或严格限制化学品进出口的规定，报告制度
《关于现有化学品风险评估与控制的法规》	793/93/EEC	优先测试化学品名单，优先物质的风险评价
《关于申报物质对人类和环境产生的风险的评价原则的指令》	93/67/EEC	风险评价的原则，对人类健康和环境产生的风险的评价要求
《关于禁止或限制某些危险物质或制品上市和使用的指令》	76/769/EEC	公布禁止或限制上市使用物质与制品名单等
《关于禁止含有某些活性物质的农作物保护产品上市销售和使用的指令》	79/117/EEC	禁止 4 类含汞农药和 DDT 等 8 种持久性有机氯农药的上市销售和使用
《关于农作物保护产品上市销售的指令》	91/414/EEC	农药上市销售、使用，包装标签及登记资料要求等
《关于保护工人避免在作业场所暴露在化学、物理和生物因子的指令》	80/1107/EEC	职业安全和劳动保护
《关于限制大型焚烧装置某些污染物排放的指令》	2001/80/EC	焚烧装置大气污染物排放控制，减少形成酸雨的酸性污染物和臭氧前体的排放
《关于限制某些活动和装置有机溶剂使用产生的 VOC 排放的指令》	1999/13/EC	有机溶剂使用过程中挥发性有机化合物的排放控制
《关于水框架指令》	2000/60/EC	水污染控制政策，优先污染物管理
《物质和混合物的分类、标签和包装法规》	1272/2008/EC	替代危险品指令 67/548/EEC 和危险配制品指令 1999/45/EC，规定了化学品分类、标签、包装的要求

　　为了整合原有的化学品管理规定，建立更为统一的、更为严格的管理体系，欧盟于 2001 年 2 月制定了《未来化学品改革战略（草案）》白皮书，介绍了欧盟新化工产品政策。欧盟制定该白皮书的主要目的是使欧盟成员国化工市场管理制度统一。2003 年 5 月 7 日，欧盟委员会提出了《关于化学品注册、评估、许可和限制的法规》议案草案，并于 2006 年 12 月通过了欧盟化学品管理新法规，即《关于化学品注册、评估、许可和限制的法规》[5]。

　　REACH 法规于 2007 年 6 月 1 日生效，是一部保证化学品安全进入欧盟市场并得以安全使用的法规，其目的是保护人类健康和环境安全，保持和提高欧盟化学工业的竞争优势地位，改善企业的创新能力，实现社会可持续发展的目标。

　　REACH 法规是欧盟迄今为止关于化学品最为严格的管理体系。该体系将欧盟市场上所有年使用量超过 1t 的约 3 万种生产和进口化工产品及其下游的纺织、轻工、制药及众多其他行业的产品纳入欧盟统一的监管体系，对化学品的整个生命周期实行安全管理，并将原来由政府主管机构承担的收集、整理、公布化学品安全使用信息的责任转由企业承担。

　　2010 年 12 月，欧盟的《物质和混合物的分类、标签和包装法规》（CLP）开始实施。CLP 是与联合国《化学品统一分类和标签制度》（GHS）一脉相承，同时与欧盟 REACH 法规相辅相成的一部法规。它针对欧盟化学品的分类、标签、包装的最终文本，也是欧盟执行联合国 GHS 有关化学品分类和标签规定的组成部分。它对 REACH 法规起到了巩固作用，为欧洲化学品管理署（ECHA）维护的注册物质的分类和标签数据库的建立提供了相应规则。

　　欧盟还建立了比较完善的化学品安全信息技术支持系统，如欧盟理事会通过网站随时公布欧洲议会和欧盟理事会颁布的法规、指令。所有的欧盟化学品和环境法规还分别以各成员国的语言文字进行公布，供公众和利益相关者浏览查询。欧洲化学品局还建立了"欧洲现有危险化学品进出口数据库（EDEXIM）"，以协助各成员国和欧盟委员会执行理事会 2455/92/EEC 关于危险化学品进出口的法规。该指令为从其他国家进口或出口对人类健康和环境的影响而被禁止或严格限制的进出口化学品建立一个共同的通知和信息系统，并适用于联合国粮食及农业组织/环境规划署（FAO/UNEP）的"事先知情同意"程序，将受控化学品的标识数据等提供给化工产品生产者和进出口商。此外，欧洲化学品局网站上还提供了欧洲化学物质信息数据库系统（ESIS），该系统包含了《欧洲现有商业化学物质名录》（EINECS）、《欧洲已申报化学物质名录》（ELINCS）、高产量化学品（HPVc）和低产量化学品（LPVc）数据库、化学品分类和标识（R 术语、S 术语和危险性符号）数据库、国际统一化学品信息数据库（IUCLID）和欧洲现有物质法规数据库（ESR）。

2.4.3　日本化学品安全管理

　　日本的化学工业十分发达，是世界上第一个通过制定化学物质控制法对化学品环境安全性进行控制的国家。目前，日本已经建立了较完整的化学品安全和环境管理体系，主要相关立法如表 2-4 所示。

表 2-4　日本主要化学品安全管理法律

法律名称	主管当局	适用范围
《化学物质审查与生产控制法》	厚生劳动省、经济产业省、环境省	新化学物质生产进行进口申报，对第一类、第二类特定物质进行控制
《含有害物质家庭用品管理法》	厚生劳动省	有害家用物质管理
《医药品法》	厚生劳动省	医药品、化妆品、医疗器械的质量、药效和安全管理
《有毒有害物质控制法》	厚生劳动省	有毒有害物质的健康卫生管理
《农用化学品控制法》	农林水产省、环境省	农药登记、药效、安全和施用
《肥料控制法》	农林水产省	化学肥料产品质量和安全使用
《爆炸品控制法》	经济产业省	炸药、发射药和烟火安全管理
《工业安全与卫生法》	厚生劳动省	作业场所工人安全与健康、防止事故危害
《促进掌握特定化学物质环境排放量及改善其管理法》	环境省、经济产业省	控制对健康和环境有害的指定化学物质的环境排放和报告要求
《海洋污染和海洋灾难预防法》	环境省	有害液体、石油污染和传播废物管理
《大气污染防治法》	环境省	大气污染防治和排放标准
《水污染防治法》	环境省	水污染防治和排放标准
《废物处置与清扫法》	环境省	固体废弃物处理处置
《特定危险废物进出口控制法》	经济产业省、环境省	特定危险废物管理
《农田土壤污染预防法》	农林水产省、环境省	防治和消除特定危险物质对农田的污染

日本厚生劳动省在化学品安全管理上拥有更多的职权，对《化学物质审查与生产控制法》《有毒有害物质控制法》《医药品法》《食品卫生法》《工业安全与卫生法》等负有执法责任。其中，厚生劳动省和经济产业省及环境省合作共同负责《化学物质审查与生产控制法》（以下简称《化审法》）的监督管理。在新化学物质的安全性评价方面，厚生劳动省负责毒性测试和评价，经济产业省负责降解性和蓄积性测试评价，环境省负责生态学效应测试评价。

厚生劳动省工业安全卫生司设有化学品危害控制处和化学品风险评价办公室；经济产业省制造产业局设有化学物质管理政策处，负责化学品安全管理；环境省环境卫生司政策规划处设有化学品评估办公室，以及环境卫生和安全处设有环境风险评价办公室，负责化学品环境安全管理。

早在 1973 年，日本就颁布了《化审法》对工业化学品进行管理。该法于 1986 年和 2003 年进行两次修订。2000 年以前主管当局为厚生劳动省（即卫生、劳动与福利部）、经济产业省（即经济、贸易与工业部），2001 年以后环境省（即环境部）参与《化审法》的共同管理。

该法规定，日本对新化学物质实行投产前或进口前申报制度。在生产或进口一种新化学物质以前，生产厂家和进口商应事先向厚生劳动省与经济产业省提出申报，并提交该物质的降解性、蓄积性和毒性数据。由厚生劳动省和经济产业省委托相应专家评审委员会进行审查。对于具有类似多氯联苯持久性、高蓄积性、慢性毒性性质的化学物质，列为第一类特定化学物质，原则上禁止生产或使用。对于批准的生产者，必须获得许可证，产品只能用于政府批准的用途。商业使用时需向主管当局做出报告。生产设施必须达到规定的技术标准，并保存生产记录等。

对于具有持久性、低蓄积性、慢性毒性的化学物质，列为第二类特定化学物质，对其生产量和进口量进行控制，有关厂家必须遵守《防止污染技术准则》，并且在产品包装上给出规定的标志，主管当局还可以对企业生产、储运实行现场检查。

对于不能通过自然过程进行化学转化和具有生物蓄积性及不能确定长期连续摄入是否会对人类健康或食物链末端动物的生命或生长造成危害的现有化学物质，则列为第一类监视化学物质，要求生产和进口商申报生产量与进口量，并给出减少在环境中排放的指导和建议，必要时可要求生产和进口商对其人类长期毒性和高级食肉动物毒性进行调查。

对于只具有难降解性、低蓄积性和慢性毒性疑问的化学物质，则列为第二类监视化学物质，要求生产和进口商申报生产量与进口量，并给出减少在环境中排放的指导和建议。

《含有害物质家庭用品管理法》规定生产和进口商必须调查研究家庭用品中含有的化学物质可能对人体健康产生的不良影响，并采取措施防止这些化学品造成伤害。该法列出了对人体健康有害的 17 种化学品名单，规定了这些物质在产品中的容许含量和包装容器，禁止销售不符合标准的家用产品。

《有毒有害物质控制法》则旨在从健康和卫生角度控制有毒与有害物质的使用，该法根据化学物质的毒性进行管理。根据《有毒有害物质控制法》的规定，日本厚生劳动省公布了需登记许可的"特定有毒物质（13 种）""有毒物质（137 种）""有害物质（485种）"三类名单，对这些有毒有害物质的生产、进口、销售和使用进行严格管制。

2.4.4 德国化学品安全管理

德国是欧盟成员国之一，根据《欧洲经济共同体条约》，在欧洲单一市场下各成员国在卫生服务、消费者保护和环境保护方面均遵照欧盟理事会颁布的指令和法规统一进行管理。此外，德国还颁布了多层次的化学品安全管理法律法规。德国化学品安全管理的显著特点就是法规密度大，表 2-5 是与化学品安全有关的主要联邦法规。

表 2-5 德国主要化学品安全管理法律法令

法律/法令名称	主管当局	适用范围
《危险物质防护法》（以下简称《化学品法》）	联邦环境部	基本申报，分类、标签和包装责任，风险评价和禁止物质等
《禁止和限制危险物质、制品和产品上市销售的法令》	联邦环境部	禁止和限制某些危险物质、制品和产品上市销售

法律/法令名称	主管当局	适用范围
《危险物质法令》	联邦劳动和社会事务部	分类、标签和包装责任,特别是制品的有关规定
《禁用的作物保护产品法令》	联邦粮食、农业与林业部	禁止和限制使用的农药产品
《肥料法》	联邦粮食、农业与林业部	肥料许可证,标签和包装,施用肥料时需遵循的合格专业规范原则
《药品销售法》(以下简称《德国药品法》)	联邦卫生部	医药品、兽药等许可和登记责任
《洗涤剂和清洗剂产品环境保护法》	联邦环境部	洗涤剂产品上市、消费、使用和环境兼容性规定
《避免产生废物及废物再生利用和处置法》	联邦环境部	避免废物产生及其处置原则,废物处置厂的管理
《减少机动车燃料中前化合物产生的空气污染物法》	联邦环境部	规定机动车燃料中容许的铅含量
《水资源管理法》	联邦环境部	规定用水和水处理原则,特别是废水排放和保护地下水的要求
《土壤保护和危险废物场地法令》	联邦环境部	危险废物场地监测与评价,场地恢复要求等
《危险货物运输法》	联邦运输和住房部	危险货物运输管理和包装要求

　　德国化学品安全管理分为三个层次。第一个层次是必须遵守的欧盟理事会颁布的欧盟法规或指令。欧盟法规可以直接实行,而欧盟指令则要转换为本国法律后实行。例如,德国新化学物质申报,优先化学品评价和管理,危险物质分类、包装和标签,禁止和限制使用及进出口化学品等都遵循欧盟指令与法规的规定进行管理。第二个层次是联邦政府制定的法律及根据法律制定的法令和规章、技术规则,如德国《化学品法》及根据《化学品法》制定的《禁止和限制危险物质、制品和产品上市销售的法令》等。第三个层次是各州在本辖区内制定的地方性法规,在地方一级的管辖职权内,各州可以制定严于联邦法规的进一步规定。此外,德国化学工业协会也制定了一些自愿承担法律义务的行业协议和准则。

　　根据欧盟《关于统一危险物质分类、包装与标志的指令》(92/32/EEC),德国对《化学品法》进行了第 2 次修正。该法规定了新化学物质申报、测试一级标签等制度。《化学品法》规定,新化学物质的申报按照上市量/进口量大小分为 5 个级别,即降低要求的申报、基础数据组、初等水平Ⅰ、水平Ⅰ和水平Ⅱ。一旦上市量达到更高的一个级别,申报书必须补充进一步的数据。

　　根据德国《化学品法》及相关规定,由新化学物质申报受理单位和评价单位,包括联邦环境部、联邦消费者健康保护和兽药研究院及联邦职业安全与卫生研究院负责评价工作。完成的风险评价报告(初稿)发给欧盟委员会和其他成员国。经过参与新化学物质评价程序的所有成员国审议并通过后,确定各国应采取的措施,特别是分类、标签、限制和禁止措施。

　　欧盟理事会《关于统一危险制品分类、包装与标志的指令》(88/379/EEC),包括适应技术进步所做的各项修订也都被转换成德国《化学品法》《危险物质法令》和《禁止化学品法令》等法律法规的规定。根据欧盟指令的规定，德国建立了与欧盟统一一致的危险物质分类、标签和物质安全数据表（MSDS）等制度。

德国制定了一系列的"危险物质技术规则"。例如，《TRGS900 规则》规定了作业场所环境中的暴露限值；《TRG$905 规则》公布了致癌、致突变物质和生殖毒性物质名单；《TRGS200 规则》规定了化学物质和制剂的分类与标签；《TRGS220 规则》规定了对 MSDS 的要求。这些技术规则为实施危险物质法令提供了很大帮助。联邦危险物质委员会（ARGS）对这些规则做出详尽说明，并且由联邦劳动和社会事务部公布在联邦劳动公报上。这些技术规则还具体说明了危险物质法令中对技术的最新状态要求。

2.5　我国化学品安全管理现状

2.5.1　加强化学品安全管理的重要性

化学品的开发应用为现代文明提供了强大的物质基础，已经成为现代社会不可或缺的重要资源。然而，化学品在给国民经济带来巨大利益、为人们生活提供服务的同时，也给环境和生命健康带来巨大威胁，如持久性生物蓄积性有毒物质（PBTs）、持久性有机污染物（POPs）、环境内分泌干扰物（EDCs）释放，臭氧层破坏等问题。化学品环境问题的产生，很大程度上与我国化学品产业的迅猛发展相关。

我国是化学品生产和消费大国。据统计，我国乙烯、硫酸、化肥、染料产量居世界第一，农药和涂料分居世界第二和第三。随着经济的快速增长，化学品产业的工业总产值年均增长率连续 10 年在 10%以上。化学品产业的发展，一方面满足了国民经济其他行业对化学品的需求，另一方面由于我国化学品产业存在着产业结构布局不合理、产业集中度低、生产技术和污染控制技术落后等问题，给我国的化学品环境管理与风险防控带来巨大压力。

化学品环境管理是一项针对化学品生命周期开展环境管理的活动，其直观目标是减少和控制有毒有害化学品的环境释放，避免造成环境污染和生态破坏。化学品环境管理产生于 20 世纪 70 年代，发达国家纷纷制定出台以环境管理为导向的化学品管理法规，以应对日益严重的化学品环境问题。1973 年日本颁布《化学物质审查与生产控制法》（CSCL），率先对新化学物质和持久性生物蓄积性有毒化学品（PBTs）的环境危害进行控制，并要求对现有化学品的环境和健康安全性开展审查。1976 年美国出台《有毒物质控制法》（TSCA），突出了化学品全生命周期管理的理念，建立了综合性管理化学品的机制来保护人体健康和环境。欧盟也陆续制定了一系列化学品管理法规，如《关于统一危险物质分类、包装与标志的指令》（67/548/EEC）、《关于现有化学品风险评估与控制的法规》（793/93/EEC）等。发达国家出台的这些化学品法规，使得一系列化学品环境管理制度开始建立实施，标志着化学品环境管理体系形成。2007 年欧盟《关于化学品注册、评估、许可和限制》（REACH）法规的出台，实现了对欧盟范围内所有化学品安全的管理，构建出宏观的化学品安全管理战略框架。

相比之下，我国化学品环境管理起步较晚，明显滞后于化学品产业的发展，从而造成目前的化学品环境管理仍主要致力于控制化学品环境污染、构建综合风险防控体系、夯实化学品环境管理基础等方面。化学品环境管理基础体制和法规体系建设相对落后、基本制度不健全、管理技术支撑能力不足、基础信息和风险底数不清、缺乏有效的化学品管理协调机制等问题，成为制约我国化学品环境管理发展的因素，使得我国化学品环境管理体系尚不能满足环境保护和公众健康安全的要求[6, 7]。近年来，严格规范化学品环境管理、遏制化学品环境污染事件已经成为关系到国计民生、维护生态环境安全的关键举措之一。

我国化学品产业的蓬勃发展，以及我国化学品环境管理能力相对落后的现实情况，预示着我国不可避免地存在着较为严重的化学品环境污染及较高的化学品环境风险。目前，我国化学品管理的重要性主要凸显在以下几方面。

1. 化学品产业密集化程度越来越高

化学品产业是我国国民经济的重要支撑，随着生活需求及经济的快速拓展，国民经济中化学品的密集化程度明显增高，化学工业产品已越来越多地替代工商业产品中的天然材料，如石化润滑剂、涂料、染料、黏合剂、去垢剂、香味剂、塑料正在替代传统植物、动物和陶瓷性产品，众多科研机构也开发出越来越多的复杂、新型化学合成物用于制造各式产品[8]。化学品密集化在国民经济中的体现使得化学品环境管理进一步复杂化，密集化程度越高，就越需要科学合理的化学品环境管理方式与之相配套。

2. 化学品产业有毒有害化学品持续排放

化学品产业是一个高能耗、高物耗、高污染的行业，其在快速发展的同时，也会产生大量化学废物，其中不乏有毒有害化学品的存在。化学品产业的废水、废气和固体废物排放量占全国工业"三废"排放量的比例较大。据统计，2001～2010年，化工行业工业废水排放量基本在每年50亿t左右，在所有行业废水排放中位居第一；废气排放总量较大，2010年排放量为307.93万t；固体废物排放量年均增长10.7%，2010年已达1.9亿t[9]。化学品产业的"三废"组成复杂，往往含有多种有毒有害化学品，如持久性生物蓄积性有毒化学品（PBTs）、致癌致畸致突变化学品（CMRs）、环境内分泌干扰物（EDCs）等，这些类别的化学品随着"三废"的排放进入环境。由于沿袭传统"三废"型污染的治理方式，尽管经过末端控制技术使"三废"达到排放标准，但其中所含有的有毒有害化学品由于缺少控制与管理技术，几乎全部释放入环境中，危害人体健康和生态安全。

3. 化学品引发的突发事件频发

化学品突发事件具有影响范围大、持续时间长、处置难度高等特征。近年来，我国因有毒化学品引发的健康和环境事件频发。2007～2010年，全国突发的环境污染与破坏事件每年均在400起以上，其中，与化学品相关的突发环境事件约占所有突发事件的50%。化学品产业涉及的数万种化学品若没有有效的监督管理机制，势必增大由化学品引发的环境事件的概率。自2010年以来，相继发生了福建紫金矿业铜酸水泄漏污染事故、渤海蓬莱油田溢油事故、杭州新安江苯酚水污染事故、广西龙江河重金属镉污染事件等重大突发环境污染事件，造成了巨大的生态破坏和经济损失，严重威胁人民群众的生命财产安全和身体健康。

4. 国际化学品产业逐步向我国转移

受发达国家经济萧条及越来越严格的化学品环境管理形势的影响，发达国家化学品产业发展普遍趋缓。据不完全统计，2005～2010 年，发达国家化学品产业的工业总产值年增长速度已降至平均 2%左右，但我国仍呈现高速发展态势，增速高达 22.3%。作为世界上为数不多的经济快速增长区域，我国正在成为国外化学品产能转移的主要目标场所，特别是资源性、污染高、产能落后的化学品，其生产和加工利用产业正逐渐向我国转移。由于我国化学品产业自身竞争力的缺乏和政策性门槛的不足，我国已成为化学品生产和加工利用的"世界工厂"，这进一步加速了我国化学品环境污染问题的恶化。

2.5.2　我国化学品安全管理现状

我国是化学品生产、销售和使用大国，化学工业是国民经济的重要支柱产业。化学品在为提高人类生活水平做出重要贡献的同时，也给人类健康和环境带来了诸多问题，如致癌、致畸、环境恶化等危害。做好危险化学品的安全管理，进一步促进化学工业持续、稳定、健康发展，对保护广大人民的人身安全与健康、维护社会稳定具有十分重要的意义。近年来我国政府相继颁布了《中华人民共和国环境保护法》《中华人民共和国大气污染防治法》《中华人民共和国水污染防治法》《中华人民共和国固体废物污染环境防治法》《中华人民共和国安全生产法》《中华人民共和国职业病防治法》及《危险化学品安全管理条例》等一系列关于环境保护以及农药、危险化学品、医药品、兽药等安全管理的法律行政法规。在此基础上，国务院相关部委又分别制定了相应的法规及部门规章，对法律的具体实施做出了详细的规定。我国危险化学品、农药和其他化学品安全管理相关法律、法规如表 2-6 所示。

表 2-6　我国危险化学品安全管理法律法规

法律/法规名称	颁发机构	施行日期	适用范围
《中华人民共和国安全生产法》	全国人民代表大会常务委员会（以下简称人大常委会）	2021 年 9 月 1 日	安全生产监督管理，事故应急处理
《中华人民共和国食品安全法》	人大常委会	2015 年 10 月 1 日	食品卫生与生产经营
《中华人民共和国职业病防治法》	人大常委会	2002 年 5 月 1 日	职业病防治和职业卫生监督管理
《危险化学品安全管理条例》	国务院	2002 年 3 月 15 日	危险化学品生产、经营、使用、进出口及重大危险源监控管理
《农药管理条例》	国务院	2001 年 11 月 29 日	农药登记，生产许可，安全使用，进口农药管理
《安全生产许可证条例》	国务院	2004 年 1 月 13 日	对危险化学品、烟花爆竹、民用爆破器材等生产企业实行安全生产许可制度

续表

法律/法规名称	颁发机构	施行日期	适用范围
《使用有毒物品作业场所劳动保护条例》	国务院	2002 年 5 月 12 日	作业场所有毒物品职业中毒危害的劳动保护
《中华人民共和国工业产品生产许可证管理条例》	国务院	2005 年 9 月 1 日	对危险化学品等影响生产安全、公共安全、人身财产和金融安全的 6 类重要工业产品实行生产许可证管理
《麻醉药品和精神药品管理条例》	国务院	2005 年 11 月 1 日	麻醉药品和精神药品种植、试验研究、生产、经营、使用、储存和运输监督管理
《民用爆炸物品安全管理条例》	国务院	2006 年 9 月 1 日	爆破器材，包括各类炸药、雷管、黑火药、烟火剂、民用信号弹和烟花爆竹等民用爆炸品的安全管理
《易制毒化学品管理条例》	国务院	2005 年 11 月 1 日	易制毒化学品生产、经营、运输和进出口分类及许可证管理
《化妆品卫生监督条例》	卫生部	1990 年 1 月 1 日	化妆品的生产、经营管理
《危险化学品经营许可证管理办法》	国家安全生产监督管理总局	2012 年 9 月 1 日	危险化学品经营销售许可证管理
《危险化学品登记管理办法》	国家安全生产监督管理总局	2012 年 8 月 1 日	危险化学品登记管理
《铁路危险货物运输安全监督管理规定》	交通运输部	2015 年 5 月 1 日	危险化学品的铁路运输管理
《道路危险货物运输管理规定》	交通运输部	2013 年 7 月 1 日	危险货物的公路运输管理
《剧毒化学品购买和公路运输许可证管理办法》	公安部	2005 年 8 月 1 日	剧毒化学品购买和公路运输监督管理

　　除此之外，我国也颁布实施了一些与化学品管理有关的环境保护法律、法规和规章，概要如表 2-7 所示。

表 2-7　我国与化学品管理相关的主要环境保护法律法规

法律/法规名称	颁发机构	施行日期	适用范围
《中华人民共和国环境保护法》	人大常委会	2015 年 1 月 1 日	环境保护基本法
《中华人民共和国水污染防治法》	人大常委会	1988 年 6 月 1 日	江河、湖泊、运河、渠道、水库等地表水体及地下水体的污染防治
《中华人民共和国大气污染防治法》	人大常委会	1988 年 6 月 1 日	防治大气污染，保护和改善生活环境与生态环境
《中华人民共和国固体废物污染环境防治法》	人大常委会	1996 年 4 月 1 日	固体废物和危险废物污染环境的防治

续表

法律/法规名称	颁发机构	施行日期	适用范围
《中华人民共和国海洋环境保护法》	人大常委会	1983 年 3 月 1 日	保护海洋环境及资源,防止污染损害
《中华人民共和国环境影响评价法》	人大常委会	2003 年 9 月 1 日	化工及其他建设项目的环境管理
《中华人民共和国清洁生产促进法》	人大常委会	2003 年 1 月 1 日	实行清洁生产,淘汰浪费资源和严重污染环境的落后生产技术、工艺、设备和产品
《新化学物质环境管理办法》	环境保护部(以下简称环保部)	2010 年 10 月 15 日	新工业化学物质生产和进口前申报登记管理
《化学品首次进口及有毒化学品进出口环境管理规定》	国家环境保护局、海关总署和对外贸易经济合作部联合发布	1994 年 5 月 1 日	我国禁止或严格限制的有毒化学品的进出口管理
《废物进口环境保护管理暂行规定》	国家环境保护局、对外贸易经济合作部、海关总署、国家工商行政管理局、国家商检局联合发布	1996 年 4 月 1 日	废物进口的环境监督管理
《防止含多氯联苯电力装置及其废物污染环境的规定》	国家环境保护局、能源部联合发布	1991 年 3 月 1 日	装有多氯联苯的电力电容器、变压器及其他含多氯联苯废物的管理
《废弃危险化学品污染环境防治办法》	国家环境保护总局	2005 年 10 月 1 日	废弃危险化学品的产生、收集、运输、贮存和处置活动污染环境的防治

此外,国家还颁布了一系列危险化学品的分类、储存、运输、包装与标志等安全标准,控制化学污染物排放、危险废物处理等环境标准,污染物排放标准及职业卫生标准,初步形成了具有中国特色的环境保护法律体系和危险化学品安全管理法律框架体系。

2.5.3 我国化学品安全管理发展存在的问题及趋势

1. 我国化学品安全管理发展存在的问题

近年来,我国经济持续高速发展,国内一些主要化工产品产量已位于世界前列。石油和化学工业已经成为国民经济的支柱产业。化学品的安全管理涉及生产、储存、运输、经营、使用、废弃等环节,导致其成为一个难度比较大的问题。化学品安全管理能力建设还存在诸多制约因素和障碍,具体包括以下几方面。

1)化学品安全管理法律法规体系不健全

我国针对农药、医药品、兽药、食品添加剂等化学品的管理已经建立了与国外同类化学品相适应的管理法规和标准,但是针对作为工业原材料和日常消费品使用的其他危险化学品的安全管理存在众多薄弱环节。除此之外,我国危险化学品安全生产法律法规、标准和技术规范与国际化学品安全管理体系相比存在一些不相适应及不协调之处,特别是在危险化学品安全管理的重点对象、重大化学危险源辨识临界量标准、职业卫生和安全标准、新化学物质申报评价及优先化学品测试评价制度等方面，需要尽快制定和完善相关法规标准。

　　我国危险化学品安全管理的概念主要指保障人民生命和财产安全，防止事故危害和环境污染，促进经济发展。管理的范围涉及危险化学品的生产、经营、储存、运输、使用和废弃危险化学品的处置等活动。目前危险化学品安全生产的监督管理偏重化学品寿命周期中的劳动生产安全和化学事故防范，较少考虑健康安全和环境安全。在危险化学品安全管理政策与控制策略上，对于需重点管理的危险化学品对象，为预防风险采取的审查、评价及进行的化学品风险管理等做法与国际化学品安全管理体系存在不相协调之处。例如，根据国务院《危险化学品安全管理条例》的规定，我国危险化学品安全管理对象是国家标准公布的《危险货物品名表》中危险化学品、剧毒化学品及构成重大危险源的危险化学品生产和储存设施等。现行《危险化学品名录》中危险化学品主要依据联合国《关于危险货物运输的建议书　规章范本》中危险货物一览表确定，而发达国家安全监管的危险化学品范围和具体名单远远超过该范围。例如，欧盟危险物质分类指令（67/548/EEC）附录Ⅰ中危险物质名单数据库列出大约 8000 种危险化学物质，其中 4266 种物质是具有环境危险性的化学物质[10]。

　　发达国家普遍建立了"优先化学品监测评价制度"，当国家负责部门知悉一种化学物质可能对人类健康和环境造成负面影响，而其潜在危害的准确性和重要性存在科学上的不确定性时，能够根据预防的原则确定优先化学品名单，开展数据监测和风险评估，进而做出科学决策，防止一种危险化学品对人体健康和环境造成危害。我国没有建立优先化学品测试评价制度，现行危险化学品安全管理法律法规中对具有潜在健康和环境风险的化学品的筛选、风险评价缺少明确的规定。因而，国家主管部门难以对高关注度的危险化学品适时采取禁止生产和使用或严格限制使用的对策。

　　随着化学工业全球化进程的加快，特别是我国加入世界贸易组织（WTO）及地区性/区域性国际贸易组织的运转，跨国化工企业竞相进入我国市场。由于我国化学品安全生产法规、标准相对滞后，一些在国际上高关注度的危险化学品的生产和使用可能由发达国家向我国转移，导致我国与危险化学品安全生产有关的风险显著增大，影响我国国民经济的可持续发展。我国现行国家标准 GB 18218—2009《危险化学品重大危险源辨识》与欧盟、美国等现行的重大危险源判定标准存在明显的差异[11]，需要补充与修订的地方主要体现在：①涉及的危险化学品种类，我国标准只包括爆炸品、易燃物质、活性化学物质和有毒物质 4 类危险物质，未包括需重点管理的致癌物质和环境危险物质；②除了名单上的 142 种物质之外，缺少危险源类别标准，无法识别判定名单之外的其他重大危险源物质；③部分化学危险源的临界值与国外有较大差异。当危险源临界值偏大时，某些高关注度的危险化学品可能被忽略，其安全得不到有效控制，反之当一些危险源的临界值偏小时，会使需监控管理的重大危险源数量大大增加，可能增大执法管理难度和成本及危险源设施企业的经济负担。另外，我国化学品生产和使用企业，特别是中小企业作业环境中职工健康防护和职业病防治工作存在许多薄弱环节，关于食品、化妆品、家庭装修材料等日用消费品中农药、兽药和其他有毒物质残留的控制法规与标准也亟待完善。

2）缺少有效的执法监督管理和协调机制

我国危险化学品和农药的安全是由安全生产、环境保护、农业、发展和改革委员会、卫生、质检等众多部门共同实行监督管理的。例如，一种农药的管理程序先由农业部（现农业农村部）审查登记，然后由国家质量监督检验检疫总局（现国家市场监督管理总局）或国家发展和改革委员会审查发放生产许可证或证书，再分别由安全生产部门审查发放经营许可证，国家质检部门监督产品质量，工商部门监督市场销售，卫生部门负责中毒急救，最后由环境保护部门负责污染防治工作。这种齐抓共管体制造成了监管的行政法规和规章多、管理分散、部门交叉重叠，缺乏整体协调与监管的问题。虽然我国已经颁布了一系列法律、法规管理化学品的安全和保护环境，但是由于危险化学品存在管理环节多（生产、经营、使用、进出口和污染防治等）的问题，主管执法部门人手少，缺少必要的评价监控手段和经验，因此部分主管部门的安全和污染防治监管执法能力不足，特别是在省级以下的地、市、县级，国家许多立法规定没能得到有效贯彻执行。

另外，我国危险化学品的安全生产和污染防治管理尚未纳入国家经济与社会可持续发展整体战略之中，化学品安全管理缺乏一套综合性科学管理政策和指导原则，目前国家危险化学品安全管理的重点是控制具有易燃性、爆炸性及剧毒特性（氰化钠等）的化学品，防范这些化学品引起的爆炸、火灾、运输泄漏和中毒事故。国家环境污染防治的重点仍然是预防和控制工业生产中排放的"三废"造成的第一代污染问题。目前国家重点控制的环境污染主要集中在大气中二氧化硫等造成的酸雨、悬浮颗粒物污染、城市汽车尾气污染；工业生产中含化学需氧量（COD）、有机污染物、重金属等废水的达标排放；城市与工业固体废物处理处置等。对于如何防治化学品在使用过程中带来的污染危害，以及防止产品使用后产生的化学废弃物的处置造成的第二代、第三代污染问题，尚未制定出有效政策和对策，也缺少必要的评价和监控管理手段。

3）化学品安全监控所需的合格实验室等技术支持能力不足

化学品安全管理技术支持体系是实现危险化学品安全管理的技术支撑与保障。目前我国除医药品外尚未建立统一的化学品测试合格实验室规范标准，大多数科研单位的化学实验室和环境实验室均未执行国际公认的《OECD 良好实验室规范原则》，也未通过国家认证，无法保证化学品安全数据测试结果的可靠性和与其他国家的相互可接受性。由于化学品管理所需监测实验室分析能力严重不足，我国生产和使用的绝大部分化学品没有进行危险性测试和评价，不能进行适当分类和标志。另外，我国尚未建立与国际接轨的化学品风险评价和风险管理制度，缺少化学品风险管理专家支持系统，迫切需要借鉴国外经验建立起我国化学品测试的合格实验室系统，颁布和修订《化学品测试准则》《化学品风险评价准则》等技术导则、规范，以满足国家危险化学品安全登记及企业检测化学品的需要。

此外，缺少化学品安全信息收集、报告与评估管理的信息支持系统，不能提供科学、可靠、及时更新的化学品安全信息，制约着国家化学品安全生产和污染防治的监督管理。建立和完善国家化学品信息报告、收集、交换和管理系统，为公众知情化学品安全信息提供机制保障，是实现化学品安全管理的一项重要任务。国家化学品安全信息系统建设应当加强对国际化学品安全管理体系、技术规范、导则的收集和宣传介绍，使各级管理人员及时了解国际化学品公约协定及国际化学品安全发展趋势，发达国家危险化学品安全管理的经验与做法。

2. 我国化学品安全管理发展趋势

未来，我国化学品的立法应当遵循以下政策框架和原则：坚持风险管理的正确原则；与国际公约、规范和标准的要求保持一致；尊重政府其他职能部门，包括下级政府机关的职权和责任；鼓励所有利益相关者参与合作；促进决策过程中使用正确的信息；承认社会、经济、文化和伦理因素及其对经济发展重要性和敏感性（健康防护和安全应当优先于对经济因素的考虑）；公正、平等和透明；确保关于健康风险和安全的信息得到有效传递等。

1）建立健全化学品安全法律法规和政策体系

（1）化学品立法种类

化学品的寿命周期包括生产、加工、储存、销售、使用、运输、进出口及废物处理处置等环节。一部化学品安全立法涉及上述环节中的一个或几个特定领域。目前大多数国家制定了不同的立法分别监控管理危险物质的各项活动。因而，国家化学品立法的框架结构、复杂程度往往取决于所管理物质的性质、管理的范围及各国自身的社会政治制度。

目前各国的化学品立法体系都由多部法律组成，由一部法律管理化学品有关活动的某一特定领域。没有一个国家可通过一部法律管理控制工业生产的全部化学物质。在大多数情况下，农药、医药品、食品添加剂、放射性物质和废物等各自单独立法，不受工业化学品控制法管理。一般来讲，化学品的管理除可以由一部综合性框架法律约束之外，还可以通过制定相应的专项法律、法规进行控制。

a. 监控管理化学品（如农药、工业化学品、消费日用品、医药品、化妆品等）的进口、生产、使用、包装和标签等活动的专项化学品法律法规。

b. 防治化学品污染水体、大气或土壤的环境法律法规，这些法规禁止或控制化学污染物的排放、海洋倾倒废物及防止鱼类或野生动物中毒，以及其他资源的破坏。

c. 直接控制某种（类）化学物质的污染危害的专门法规，如二噁英类污染物控制法规。

d. 食品安全法规，用来保持和改进食品的质量，保证食品的安全。

e. 危险货物运输法律法规，用来保障危险化学品航空、铁路、公路、内河航运及海上运输的公共安全。

f. 防止有毒和危险产品非法贩运的进出口管理法规。

g. 化学事故预防和应急救援法规等。

（2）化学品管理方式

化学品安全立法中可以采取各种管理方法对化学品的安全进行控制，包括法规管理方法和非法规性管理方法。在制定符合本国情况的管理对策时，可以从以下措施中选择适用的管理措施。

a. 申报审查要求：适用于工业化学品管理。申报制度规定，新化学物质的生产者或进口者要向主管当局做出申报，并提供化学物质的名称、数量、理化性质、健康和环境危险性数据及安全措施等。

b. 实施进出口控制：通过海关申报和许可程序对某些受管制的危险化学品实施进出口控制。

c. 销售控制措施：规定每件产品包装中允许的数量或者限制销售渠道。

d. 使用控制措施：实施禁止、召回或者严格限制措施。例如，限制一种农药只能用于某种农作物，或者只能在一年的某一季节施用，也可以限制某些物质在消费产品中使用。

e. 实施产品标志标准：为了运输安全及保护工人和公众健康，制定危险化学品标签标准，产品包装标签上必须有化学品的标识、毒性、安全或急救措施建议及危险性图示符号。

f. 实施职业卫生和安全控制：制定职业接触限值、最高容许浓度标准，对作业场所的暴露水平和健康效应进行监控。

g. 实施安全标准：制定饮用水、食品中农药残留等限值标准，制定空气、土壤和地下水环境标准。

h. 对重大危险设施实施控制：实施分区制/选址限制和土地审批许可，要求报告污染物排放和事故泄漏情况、应急预案及日常监督和监测情况。

i. 控制危险货物的运输：限制运输路径，驾驶人员需进行资格认证，车辆带有危险性标志，编制应急预案，对运输的每批货物数量和种类作出要求，危险货物的运输要求应当遵循联合国《危险货物运输的建议书　规章范本》的要求。

j. 实施危险废物减量化和安全处置：采取措施尽量减少危险废物的产生量和提高废物的再生利用率。

k. 其他审批许可过程：除了上述措施之外，还可采取以下管理措施：产品登记；销售、使用、储存、生产或包装审批；对搬运处置高度危险化学品的工人实行从业资格认证；对污染物实施排放和处置许可；实施土地分区和使用许可等。这些审批过程除了直接实施控制之外，还有助于对化学品的使用进行监控和审核，收集和管理化学品数据，鼓励化学品使用者提高公共责任感，并通过采用污染者付费的原则促进管理费用的回收。

（3）国家化学品管理方针政策

国家应当制定综合性化学品管理方针政策，包括产业政策和污染防治政策，将化学品的管理纳入国家可持续发展总体战略目标之中。在化学工业生产的众多化学物质和产品中，很大一部分是具有易燃性、爆炸性、腐蚀性和有毒有害性等性质的危险化学品。国家化学品安全管理政策应当明确化学品管理的总目标及指导原则，并在制定管理方针政策时遵循以下几个方面的内容。

a. 坚持可持续发展的原则：化学工业必须实施可持续发展战略。在化工行业结构调整中，要注重发展规模经济，新建、扩建、改建化工生产装置应当采用规模经济原则，力求达到大型化生产，以利于提高资源、能源利用率，降低消耗，减少污染物排放。

b. 推行清洁生产，预防化工污染：化工生产首先应当发展绿色化工技术，采用无废或低废的清洁生产工艺，改进生产操作控制等源削减措施，预防污染的产生。对于无法预防的废物和污染物，则尽量在生产工艺内部进行废物的循环和回收利用，只有实在无法回收利用废物时才采取污染控制措施进行处理处置，符合环境标准后排放。

c. 淘汰生产和使用对人体健康与环境有害且又无替代方案的化工产品：严格执行国

家禁止或限制的化工产品、化工生产工艺和设备名录要求，禁止采用国家明令禁止使用的生产工艺和设备，防止将国外污染严重、资源能源消耗高的生产工艺及禁止或严格限制生产和使用的化工产品转移到国内生产，禁止境外危险废物向我国境内转移。对于经济发展迫切需要、暂无可替代产品的严重危害环境的化工产品，应通过技术改造，采取合并措施，实现集中化生产和污染物的集中治理。逐步淘汰或禁止使用对人体健康有致癌、致突变和致畸等特殊毒性且可构成不可接受或无法管理风险的化学品，以及那些对生态环境有高毒性、持久性和生物蓄积性且无法适当控制其使用的化学品的生产与使用。

d. 鼓励公众知情和参与化学品安全管理与环境保护：1994 年我国政府出台的《中国 21 世纪议程》明确提出："通过立法和公众参与控制有毒有害物质的生产和使用，减少人体通过食物摄入污染物，特别是减少重金属、杀虫剂及有机氯化合物在人体和环境中的积累。"贯彻执行国务院 1996 年 8 月发布的《关于环境保护若干问题的决定》规定："加强环境保护宣传教育，广泛普及和宣传环境科学知识和法律知识，切实增强全民族的环境意识和法治观念。大、中、小学要开展环境教育，建立公众参与机制，发挥社会团体的作用，鼓励公众参与环境保护工作，检举和揭发各种违反环境保护法律法规的行为。"

（4）化学品管理重点对象

目前世界上常用化学物质有十几万种，并且每年还有上千种新化学物质问世，面对数量如此众多的化学品，不可能都加以严格管理。因而，发达国家普遍根据化学品的生产量、使用量、理化性质和毒理学性质、对人体健康和环境的危害与风险，以及对公众和社会的重要性等因素，从现有化学品中筛选出来一些已知或怀疑对人类有致癌、致畸、致突变作用的物质或者对环境有严重危害的物质列入优先测试评价名单，通过测试和风险评价，确定是否作为重点管理的对象，采取禁止使用、严格限制或其他监控管理措施。

发达国家的管理经验表明，任何国家都不可能对所有的化学品实现全面的安全管理，应当区别不同的对象，采取重点管理与一般管理相结合的方式进行安全监控管理，对具有以下危险性质的三类化学品应当进行重点监控管理。

——对人类有严重致癌性、致突变性、致畸性的化学品。

——具有持久性、生物蓄积性和毒性的化学物质。

——具有毒性、易燃性、爆炸性和环境危险性等危险特性，且生产或储存数量超过一定临界量时可能构成重大危险源的化学品。

2）健全化学品安全管理体制和部门协调机制

在化学品主管部委之间和各级主管部门之间建立有效的协调监管机制对于化学品安全科学管理是十分重要的。所谓有效协调监管是指政府职能部门中所有涉及化学品管理的人员相互熟悉、了解彼此开展的化学品管理活动、管理工作的重点、所持立场及其理由，从而使所有相关方能够利用在协作中获得的信息，在本部门化学品管理中作出科学的管理决策。

明确成立单一的国家化学品管理协调委员会，负责协调全国化学品安全管理的各个领域。该委员会的性质属于政策层面的顾问咨询机构，而非执行机构。给予该协调委员会清晰的法律依据和授权，可以保证协调委员会充分发挥作用，所有与化学品管理相关的部委都应当参与协调委员会的工作。该委员会不应当接管现有的负责特定事务的专门委员会

（如农药管理专家委员会）的工作，但是专门委员会应当成为总体协调机制的一部分。

实现化学品安全科学管理还需要加强主管部门鉴别和管理化学品风险的能力，包括：①评价和解释翻译化学品风险的能力；②制定和执行风险管理政策的能力；③清理恢复污染场地及抢救中毒人员的能力；④对突发事故的应急反应能力；⑤通过有效的教育培训计划提高执法监管水平的能力。

化学品法律法规应当明确授权主管部门执法所需要的职责权力，并配备训练有素的工作人员和提供必要的物力、财力资源，以保证实现法律确定的目标。为了进行监督管理，首先需要监测环境中污染物浓度水平，以及检查可能暴露于化学品中人群的健康情况。监测检查结果可以用来核查、评价被管理设施单位理解和遵循化学品法规规定与标准的情况，从而为加强和改进管理提供科学依据。为了鉴别和评价化学品对人类健康与环境的风险，还需要制定化学品风险评价的导则、标准，化学品的环境标准。制定这些导则和标准时，应当根据国情，采用和借鉴国际公认基准、标准与容许限值。

3）建立合格实验室和信息管理技术支持体系

建立化学品安全管理技术支持体系是实现化学品安全科学管理的技术支撑与保障。技术支持体系包括化学品分析测试合格实验室系统，化学品测试、评价使用的测试准则，合格实验室规范原则，风险评价准则等标准规范及化学品安全信息管理系统。

（1）化学品分析测试合格实验室

加强国家化学品分析测试能力建设是实现化学品安全科学管理的一项基本内容。实现化学品安全科学管理需要建设的化学品分析测试能力包括以下内容。

——化学品危险性分类判定、新化学物质申报及重点管理化学品登记所需要的化学品物理危险性、健康危险性及环境危险性分析测试。

——监测化学品在人体、动物组织及环境介质，如空气、水体和陆地中浓度。

——监测作业场所受监控的化学品的浓度。

——检测食品、饮用水和日用消费品中化学添加剂、农药、兽药及天然毒素的残留量。

——监测固定污染源和移动污染源遵守国家污染物排放标准的情况。

——检验检疫出入境的商品中特定化学污染物残留浓度。

——监测废弃化学品的环境安全处置情况。

——确保市场销售的商品和日用消费品的质量，包括产品登记和标签情况。

——鉴别查处禁止的、严格限制的化学品（包括麻醉药品、滥用和掺假物质或者出口管制化学品或根据化学武器公约管制的某些化学品）等。

目前，许多国际化学品公约和协定都要求缔约国加快建立化学品分析测试实验室，以满足履行公约规定的监控要求，如《作业场所安全使用化学品公约》《关于在国际贸易中对某些危险化学品和农药采取事先知情同意程序鹿特丹公约》《关于禁止发展、生产、储存和使用化学武器及销毁此种武器的公约》《联合国禁止非法贩运麻醉药剂和精神药物公约》《关于控制危险废物越境转移及其处置巴塞尔公约》《关于持久性有机污染物的斯德哥尔摩公约》《关于消耗臭氧层物质的蒙特利尔议定书》等。此外，某些国际认可的污染物控制指导限值，如饮用水和食品中化学品残留限值等也要求各国建设特别的分析能力，完成上述化学品分析监测任务首先需要建立国家化学品测试合格实验室系统。

为了统一化学品的测试方法，保证化学品测试数据的可靠性，经济合作与发展组织（OECD）制定了《OECD 良好实验室规范原则》和《OECD 化学品测试准则》。《OECD 良好实验室规范原则》（GLP）对试验宗旨、计划、数据质量保证、管理者责任、实验室设施、仪器、药品、报告编制及记录保存等提出了详细要求，符合 GLP 的化学实验室拥有较高专业水平的技术力量，配备有先进的分析仪器设备，并且需要接受主管部门的定期审核检查，以满足对其资质的要求。目前发达国家已经普遍建立了化学品评价测试合格实验室系统，包括可从事多领域测试的综合性实验室及从事单一领域分析测试的单项实验室。

化学品的商品属性要求化学品的测试分析不注重地域的差别，而强调测试方法的兼容性和可比性，要求测试方法的统一是数据相互承认的前提。《OECD 化学品测试准则》是针对化学品理化特性、生物系统效应、降解和蓄积性及健康效应等测试分析制定的一套标准测试方法，详尽说明了两个独立的实验室如何以同一方式开展测试研究的方法。作为世界贸易组织成员方之一，我国制定和实施的保护人类健康与环境的化学品安全管理法律法规必须保证完全符合国际化学品管理惯例规范，建立统一规范的国家化学品测试合格实验室系统，执行《OECD 合格实验室规范原则》《OECD 化学品测试准则》等国际规范标准，并由国家相关主管部门定期检查认证，是保证我国化学品安全数据测试结果的可靠性和相互可接受性的基础，是实现我国化学品管理体系与国际接轨的重要保证。

（2）化学品信息管理系统

化学品信息收集、管理、散发和数据交换系统是化学品安全管理技术支持体系的重要组成部分。由于化学品品种繁多，而且大多数化学品尚未经过测试评价，它们的危险性质是未知的，化学品的测试需要耗费大量人力物力，因此，有必要开展国内外合作进行数据开发，避免不必要的重复，并共享现有的数据信息。近年来，美国、日本、欧盟国家都制定了相关立法要求收集所有化学品的安全信息，并成立了国家和地方化学品信息中心与毒物信息中心。这些信息中心负责收集国际组织和各国化学品管理立法、标准、准则文件，以及化学品的危险性分类及风险评价等数据，编制出各种化学品安全数据库系统。许多国家政府部门和科研机构还建立了计算机网络数据库系统，为政府部门管理化学品安全和公众提供信息服务。

4）提高公众意识，鼓励公众知情参与化学品安全管理

联合国环境与发展大会通过的《21 世纪议程》强调："对化学品危险性的广泛认识是实现化学品安全的先决条件之一。应当承认公众和工人对化学品危险性有知情权的原则。"

化学品在现代社会生活中扮演的重要角色使得社会的所有成员都与化学品的管理和使用方式利益相关或者可能受到其影响，因此，化学品安全管理计划想取得成功需要政府部门及所有利益相关者参与，否则再好的政府计划也只能是一纸空文。

与化学品安全有关的非政府组织包括：①从事化学品生产、进口、运输和处置等商业活动的工商企业；②工人和工会组织；③化学工业协会、公共卫生学会等组织；④大学和科研机构；⑤公共利益组织，如环保团体、消费者协会及妇联组织等；⑥社区和公民个人等。

产业界是化学品的生产者、进口者或使用者，制定化学品安全管理计划需要得到产业界的合作。企业可以采取主动自愿的方式，如实行"产品监管"制度和"责任关怀"计划来降低其产品与生产过程的潜在风险。企业主动采取安全防护措施来降低化学品的风险往往比依靠政府颁布法规来监督管理要有效得多。产业界在应对化学事故、开展化学品分析测试产生基本危害数据，以及开发替代技术与产品方面拥有丰富经验和技术实力。

企业职工在生产和使用化学品过程中接触到有毒有害化学品的机会更大，其生命和健康直接受到化学事故威胁，且过分暴露在化学危险源中会受到影响。因此，企业在化学品安全管理中起到十分关键的作用，并与化学品安全管理计划的实施结果利害攸关，工会组织直接代表了广大职工的利益，并且可以为工人提供如何保护自己、避开作业场所潜在危害的信息。

其他公共利益团体包括环保团体、消费者协会和各种社区组织，其对化学品安全的关切方式多种多样，可以在提高公众对危险化学品潜在风险认识及提供如何正确使用和处置化学产品信息方面发挥重要作用，还可以代表化学产品的消费者和特殊群体，如妇女和儿童维护自己的正当权益。

高等院校在向未来的经理和决策者讲授详尽的化学品管理专业知识，以及教育普及化学品安全知识和技能方面发挥着重要作用，拥有合格实验室和专业经验的科研机构还可以帮助政府部门分析测试与评价某些优先化学品的潜在影响，提出污染防治政策、措施、建议。科技界专家也可以为化学品安全管理计划和战略制定提供宝贵的技术支持，许多专业人士还与国际组织的专家保持密切联系，可以协助征集国际专家的意见和其他国家的管理经验教训，避免犯重复性错误，或为棘手的问题提供可行的解决办法。

社会公众的知情参与有助于直接减少化学品对健康和环境的污染危害，公众可以揭发检举违反国家化学品和环境管理法规标准的行为，并监督化学品管理法规的执行。

获得利益相关者的支持和参与对于成功地实施化学品安全管理战略是极其重要的。利益相关者广泛参与的过程将使其有机会影响有关化学品决策和计划的制定，从而使化学品管理方案更加合理，保证了化学品决策和计划的制定具有更大的透明度。各种利益相关者在参与过程中表述了自己的见解，价值观和专家知识可以检验与改进化学品安全的管理方案，尝试解决分歧意见。反之，如果政府主管机关不能充分听取受到管理法规和政策影响的利益相关者的意见，可能会导致其对政府部门的不信任和在政策执行中出现摩擦和抵触。

2.6　化学品重特大事故案例

随着科学技术的进步和化学工业的发展，现代化工虽然呈现高度自动化、连续化、高能化的特点，但是化学品的固有危险性也给人类带来了极大的威胁。在过去几十年中，由于各种原因，在危险化学品生产、经营、储存、运输、使用和废弃物处置等环节都出现过重特大事故。本节将对国内外重特大危险化学品事故案例进行简要介绍，并就这些事故的原因、结果和经验教训进行总结，以警示化学品相关人员认识到化学品安全管理的重要性。

2.6.1　国外化学品事故案例

1. 2014 年杜邦公司美国休斯敦化工厂泄漏事故

2014 年 11 月 15 日,世界第二大化工公司美国杜邦公司位于休斯敦东南拉波特地区的工厂发生化学品泄漏事故,5 名工人直接暴露于有害气体甲硫醇中,造成 4 人死亡、1人被送往医院救治。在事后的新闻发布会中,杜邦公司发言人证实,15 日凌晨 4 时左右,位于拉波特斯特朗路的厂区一个储存甲硫醇的储存罐阀门失效,造成甲硫醇大量泄漏。事发后,工人和紧急救援人员于当日 6 时左右控制住泄漏,但已有 5 名工人暴露在有害气体中。其中 4 人在厂区内死亡,1 人被送往附近的医院,伤情未危及生命。

美国有毒物质与疾病登记署(ATSDR)指出,事故中泄漏的甲硫醇为无色有害易燃气体,有一股臭鸡蛋或臭鱼的难闻气味,通常作为天然气添加剂、保护农产品蛋白质的合成剂或杀虫剂而使用。人体直接暴露于甲硫醇中会引起严重的呼吸系统、皮肤或眼睛炎症;吸入后可引起头痛、头晕、恶心及不同程度的麻醉;高浓度吸入可引起呼吸麻痹而死亡。但此次事故泄漏出的甲硫醇不会对附近社区构成危害。

2. 2005 年 BP 公司美国得克萨斯炼油厂爆炸事故

2005 年 3 月 23 日 13 时左右,英国 BP 公司美国得克萨斯州炼油厂一套异构化装置的抽余油塔在经过 2 周的短暂维修后重新开车。开车过程中,操作人员将可燃的液态烃原料不断泵入抽余油塔。抽余油塔是一个垂直的蒸馏塔,内径 3.8m,高 51.8m,容积约586 100L,塔内有 70 块塔板,用于将余油分离成轻组分和重组分。在超过 3h 的进料过程中,因塔底馏出物管线上的液位控制阀未开,同时报警器和控制系统发出错误指令,操作人员对塔内液位过高毫不知情。液体原料装满抽余油塔后,进入塔顶馏出物管线。塔顶的管线通往距塔顶以下 45.1m 的安全阀。管线中充满液体后,压力迅速从 144.8kPa上升到 441.3kPa,迫使 3 个安全阀打开近 6min,大量可燃液体泄放到放空罐里并很快充满,然后沿着罐顶的放空管洒落至地面。泄漏出的可燃液体蒸发并形成可燃气体蒸气云。在距离放空罐 7.6m 的地方,停车但未熄火的小型载货卡车的发动机引擎火花点燃了可燃蒸气云,引发大爆炸,导致正在离放空罐 7 码(1 码=0.9144m)远处工作的 15名承包商雇员死亡。

事故发生后,美国化学品安全局(CSB)通过广泛细致的调查,对事故原因从技术和管理两方面进行了分析。

1)技术原因

抽余油塔上的液位控制阀能够将液体从塔内转移到储罐中。但是,装置开车时,液位控制阀被一名工人关闭,塔里不断加入物料,却没有产品出来。尽管早先已报告该塔的液位计、液位观察孔和压力控制阀出现故障,但装置仍按原计划开车。放空罐设计不合理,排放气没有连接到火炬系统。在事故发生前的 1 年间,已经发生过 8 起严重的可燃物料泄漏事故,但 BP 公司未对其进行整改。未熄火的汽车距离有燃爆危险性的装置太近,BP 公司得克萨斯州炼油厂的管理人员没有遵从安全要求,未将无关人员从附近区域撤出。

2）管理原因

尽管炼油厂的许多基础设施和工艺设备已经年久失修，但 BP 公司继续削减成本，造成安全投入不足。BP 公司和得克萨斯州炼油厂的管理人员没有履行有效的领导和监督责任。BP 公司管理层没有配备足够的安全监督力量，没有提供足够的人力和财力，也没有建立一套安全管理模式用于执行安全法规和操作规程。BP 公司没有建立良好的事故调查管理系统，以便更好地汲取事故教训，对工艺进行必要的改进。1994～2004 年，BP 公司这套加氢装置的放空罐已经发生了 8 次严重的事故，但只对 3 起事故进行了调查。

3）事故教训

因这次事故人们对当时盛行的公司兼并收购浪潮提出了质疑。1998 年，BP 公司收购了比自己规模大很多的美国阿莫科公司。随后在 1999 年和 2000 年，BP 公司又相继收购阿科公司和嘉实多公司，加上在欧洲的一些收购，BP 公司由一个主要经营上游业务的中型石油公司，迅速成长为可以和壳牌、埃克森美孚公司并驾齐驱的石油巨头。但是 BP 公司的收购带来了管理上的问题。兼并收购往往跨地区、跨国家进行，如 BP 公司收购了美国的公司，但当地员工有自己的文化背景，英国的很多管理理念很难在当地贯彻实施。美国派来的管理人员和当地印度人缺乏沟通，印度当地的一些工作人员看不懂英文的安全说明书，不按安全程序操作施工，设施老化后没有及时汇报，最后酿成毒气泄漏事故。

3. 1988 年英国北海油气平台爆炸事故

1988 年 7 月 6 日，英国北海油田的一座油气平台发生多次爆炸和油气火灾，造成 167 人死亡。该油气平台是一座固定式大型油气平台，位于英国北海水域，建于 1970 年。平台建成后用防火墙隔成 A、B、C、D 四个模块区域，平台的顶部为宿舍生活区，可以容纳 240 人。海上油气平台是一个油气收集设施平台，通过高压油气提升管收集附近海域相邻的 2 个油气平台生产的油气，以及自己平台生产的油气，然后一起通过管道送到海岸上。事故平台中 2 个凝析油泵（G200A 和 G200B）位于平台甲板的下层，用于将来自油气分离罐中的液态烃通过输油管道送到海岸上。事发当日早晨，由于例行维修工作需求，凝析油泵 A（G200A）的电机和与其相连的工艺阀门被隔离且上锁。时至事发当日晚上交班时，由于吊车未到位，G200A 的安全阀无法回装，维修主管在工作许可证上备注"未完成"后便离开，但操作倒班人员关于 G200A 出口安全阀的状态信息并未进行交接，为事故发生埋下隐患。至当晚 21 时 45 分，位于甲板下层的在用凝析油泵 G200B 故障跳停，看到工作许可证上"未完工"的备注，操作人员认为泵 G200A 的维修工作还没有开始，于是解除 G200A 的工艺隔离，对 G200A 送电，并启动了 G200A。因 G200A 的出口安全阀拆走，管口的法兰螺栓未上紧导致有 30～80kg 的可燃液体泄漏喷出。22 时，泄漏可燃液体在 C 区形成可燃蒸气云并发生点火爆炸，爆炸摧毁了与 C 模块区相隔开的防火墙，造成相邻的 D 模块区控制室的人员大量伤亡。自第一次爆炸发生 3h 后，包括生活区在内的整个平台全部被烧毁沉到海平面以下，事故共造成 167 人死亡，66 人受伤。

1）直接原因

保护装置、警示系统或安全装置被拆除。出口安全阀处的法兰螺栓未上紧发生泄漏。

压缩机房内的凝析油泵 G200A 的安全阀拆下检修，装上一块临时盲板封住裸露的管口。由于预估当天能完成例行维修工作，维修人员将法兰螺栓只是用手拧了一下，并没有用工具拧紧上死。另外，事发当天白班因没有吊车安全阀没有在当天白班回装到位，当夜班在用 G200B 故障跳停不能启动，备用 G200A 紧急启动时，凝析油从未上紧的临时法兰处泄漏喷出，由此导致此次事故的发生。

2）间接原因

（1）工作小组之间的沟通不够

维修主管未将安全阀尚未加装的信息传达给夜班生产人员，白班和夜班人员之间没有就安全阀维修作业的信息进行交接。安全阀校验工作未完成且未安装就位，但维修主管只是将安全阀的维修作业工作证放在了控制室，没有和操作人员和生产主管沟通便离开，导致夜班的生产人员不清楚安全阀的信息。

（2）装置设备没有检查

夜班操作人员启动备用凝析油泵 G200A 前没有对相关流程进行确认。当看到一张未开展工作的维修作业票后，夜班操作人员误认为维修工作还没开始做，在启动 G200A 前，未对现场 G200A 的相关流程进行检查确认。

（3）任务的标准、规范、程序缺乏

作业许可系统缺少严格的上锁挂牌制度。尽管该平台有作业许可系统，但执行有欠缺和漏洞。在作业许可系统中，没有要求进行维修工作时对相应的隔离系统上锁，隔离系统单方面由生产工艺人员控制，维修工作人员对隔离系统没有约束力。如果维修人员有自己的锁并锁在 G200A 的开关上，这样就会提醒夜班操作人员安全阀已拆走，不能将正在维修的 G200A 电机解除隔离，因此就无法启动。

（4）平台技术设计不正确

平台上的模块区域相分隔，用的只是防火墙，并无防爆抗冲击能力。平台设计的风险识别阶段对油气设施的着火爆炸风险分析不够，没有执行抗冲击波的防爆措施。平台上的宿舍生活区没有防火防烟设计，平台下层的油气生产区域着火后，连接的隔离门不能有效阻止火灾烟气窜进宿舍生活区，没有封闭的通风换气系统。

3）经验教训

事故发生后，英国联邦政府立即下令组织调查，成立调查委员会，授权苏格兰行政法学院组织调查，同时英国能源部牵头组织技术调查。行政法学院调查组提出了 106 项整改建议，并由此促成了 1992 年的《海上平台安全状况报告法》出台。此后，海上平台经营者都立即对平台的设施和管理系统开展了全面的检查与评估，包括改进作业许可系统、对油气管道的隔离阀实现远程控制、安装油气管道隔离保护设施、消除烟雾扩散风险、改进疏散逃生系统等。

4. 1984 年印度博帕尔农药厂异氰酸甲酯毒气泄漏事故

1984 年 12 月 4 日美国联合碳化物公司的印度博帕尔农药厂发生异氰酸甲酯（MIC）毒气泄漏，造成 12.5 万人中毒，6495 人死亡，20 万人受伤，5 万多人终身受害的让世界震惊的重大事故。

MIC 是生产氨基甲酸酯类杀虫剂的中间体, 其易燃性、易爆性 (受热后在容器内部起剧烈的反应)、禁水性与毒性 (本身剧毒且会产生剧毒的氢氰酸气体及其他刺激性及毒性气体) 是事故特别严重的主要因素。正常生产时, MIC 是以液化气形态储于罐内, 外泄时化为气体, 侵害人体呼吸道、消化器官、眼部, 引起心血管病变, 重者毙命, 轻者失明或精神失常。事故当日, 地下储气罐中的剧毒气体异氰酸甲酯由于压力过大泄漏, 阵阵毒气向市区扩散。熟睡中的市民被难忍的刺激气味呛醒, 纷纷下床夺门奔逃。当天早晨, 已有 269 人中毒身亡, 3000 头牲畜倒毙, 几千人失去知觉被送往医院抢救。农药厂在漏气后几分钟关闭设备, 但 30t 毒气已经弥漫于城市上空, 全市 80 万人口中至少有60 万人受到影响。

1) 事故原因

印度对事故进行了调查, 调查结果认为联合碳化物公司在预防有害气体泄漏的措施上存在严重问题。

a. 事故发生的前两天, 即 12 月 2 日, 为进行维修, 工人关闭了设在排气管出口处的火炬装置。

b. 缺乏预防事故的计划, 对应付紧急事态毫无训练。

c. 安全装置的能力与紧急状态所预计的气体流量不相适应, 在设计上存在着缺陷和矛盾。

d. 冷冻系统呈闭止状态, 不能满足低温储存条件, 使 MIC 气化后不能液化。

e. 对储罐内储存的具有潜在危险的物质的相关特性不十分了解, 而且获取到的信息不可靠。

f. 未装备在任何场合都能正确工作的气体泄漏早期预防系统。

印度政府调查团还发现, 总部设在美国的联合碳化物公司在安全防护措施方面存在偷工减料的事实。该公司设在印度的工厂和设在美国本土西弗吉尼亚的工厂在生产设计上是一样的, 然而在环境安全防护措施方面采取了双重标准。印度博帕尔农药厂只有一般的装置, 而设在美国的工厂除一般装置外, 还装有电脑报警系统。另外, 博帕尔农药厂建在人口稠密地区, 而美国本土的同类工厂却远离人口稠密地区。

2) 经验教训

2010 年印度中央邦首府博帕尔地方法院作出裁决, 判定 8 名被告在 25 年前的博帕尔毒气泄漏事故中有罪。在被宣布有罪的 8 名被告中, 包括发生毒气泄漏事故时的美国联合碳化物公司博帕尔农药厂董事长和其他几名管理人员。其中 1 名被告已经死亡。美国联合碳化物公司向印度政府支付了 4.7 亿美元的赔偿费。

5. 1974 年英国弗利克斯伯勒镇己内酰胺装置爆炸事故

1974 年 6 月 1 日, 英国 Nypro 公司发生爆炸事故, 造成厂内 28 人死亡, 36 人受伤, 厂外 53 人受伤, 经济损失达 2.544 亿美元。

英国 Nypro 公司是一家以生产己内酰胺和硫酸铵肥料为主的工厂, 该公司环己烷车间有 6 座串联式氧化反应槽, 以环己烷为原料制成己内酰胺。当年的 3 月 27 日傍晚, 反应系统中 5 号氧化反应槽的碳钢外壳因硝酸类物质产生的应力腐蚀出现 150cm 长的裂纹，造成环己烷外泄。翌日的厂务会讨论后，负责人决定将 5 号氧化反应槽搬离，并在 4 号和 6 号氧化反应槽间连接一根管线，暂时用 5 座氧化反应槽维持生产。然而，在安装 4 号和 6 号氧化反应槽间的连接管线时，施工人员未进行预先规划设计，未绘制正规的设计工程图，也未进行必要的工程应力详细核算。

3 月 30 日完成全部修复工作后，至 5 月 30 日期间，4 号和 6 号氧化反应槽间的连接管线出现两次泄漏情况，在得到修复后继续生产。在事发当年的 6 月 1 日下午，连接管线开始有可燃性气体外泄，空气中弥漫着大量的可燃气体，并向外扩散，但无人发现。2min 后，可燃蒸气在车间遇明火后爆炸。事后专家根据爆炸的情况推算出，此次环己烷蒸气云爆炸的威力相当于约 20t TNT 炸药爆炸当量。

事故原因如下。

（1）维修过程无详细规划

在发现 5 号氧化反应槽破裂需维修后，连接 4 号和 6 号氧化反应槽管线的设计并不是由经验丰富的工程师负责，整个设计图是用粉笔粗略地画在现场的地上。

（2）人事管理及生产工艺变更管理不良

事故发生前，公司内总工程师的离职导致无人接替该职位。在进行 4 号、6 号氧化反应槽暂时性连接工程时，总工程师的职位空缺已经影响了工艺动改。在改造前，应先进行必要的风险评估，以确保基本工艺和整体设计没有被改变或破坏。

（3）硝酸盐腐蚀反应槽

对碳钢最具侵蚀性的物质为硝酸盐与碱性化合物。当碳钢与上述可溶性盐类接触时，其硝酸根离子浓度应保持在 100mg/L 以下。事后经专家鉴定，5 号氧化反应槽外壳的裂纹是由硝酸盐产生的应力腐蚀所致。当发现 5 号氧化反应槽有裂纹时，该厂未对其他氧化反应槽进行检查，同时未探究其裂纹原因并采取措施。

（4）储存过多的危险性可燃物质

该厂事故发生时储存有 1500m^3 环己烷、300m^3 石脑油、50m^3 甲苯、120m^3 苯、2046m^3 汽油。而该厂许可的危险物质储存量仅为 32m^3 石脑油和 6.8m^3 汽油。厂房内储存着大量未获批准的危险物质是爆炸后发生连续 10d 大火的主要原因。

（5）员工缺乏紧急应变能力

事故发生时，厂内员工未马上执行紧急应变处理程序，他们只能做一些简单的修复工作，各相关人员缺乏紧急应变能力方面的训练。

上述危险化学品事故的起因和影响不尽相同，但具有共同特征：都是偶然事件，会造成工厂内外大量人员伤亡，或是造成巨大的财产损失。这些重大事故引起了世界各国的高度重视，各工业国和一些国际组织纷纷制定有关法规、标准和公约，旨在强化化学品的管理，其中包括加强对危险化学品进行安全评价的规定。

2.6.2　国内化学事故

1. 天津港"8·12"特别重大火灾爆炸事故[12]

2015 年 8 月 12 日，位于天津市滨海新区吉运二道 95 号的天津东疆保税区瑞海国际物流有限公司的危险品仓库运抵区（待申报装船出口货物运抵区的简称，属于海关监管场所，用金属栅栏与外界隔离。由经营企业申请设立，海关批准，主要用于出口集装箱货物的运抵和报关监管）起火，当日 23 时 34 分发生第一次爆炸，随后接着发生第二次更剧烈的爆炸。两次起火爆炸造成现场形成 6 处大火点及数十个小火点，至 8 月 14 日 16 时现场明火被扑灭。

两次爆炸分别形成一个直径 15m、深 1.1m 的月牙形小爆坑和一个直径 97m、深 2.7m 的圆形大爆坑。以大爆坑为爆炸中心，150m 内的建筑被摧毁，堆场内大量普通集装箱和罐式集装箱被掀翻、解体、炸飞，形成由南至北的 3 座巨大堆垛；参与救援的消防车、警车和位于爆炸中心的天津市顺安仓储有限公司、天津港保税区安邦国际贸易有限公司储存的 7641 辆商品汽车与现场灭火的 30 辆消防车在事故中全部损毁，邻近中心区的天津开发区贵龙实业有限公司、天津新东物流有限公司、天津港港湾国际汽车物流有限公司等公司的 4787 辆汽车受损。

事故造成 165 人遇难（参与救援处置的公安现役消防人员 24 人、天津港消防人员 75 人、公安民警 11 人，事故企业、周边企业员工和周边居民 55 人），8 人失踪（天津港消防人员 5 人，周边企业员工、天津港消防人员家属 3 人），798 人受伤住院治疗（伤情重及较重的伤员 58 人、轻伤员 740 人）；304 幢建筑物（其中办公楼宇、厂房及仓库等单位建筑 73 幢，居民 1 类住宅 91 幢、2 类住宅 129 幢、居民公寓 11 幢）、12 428 辆商品汽车、7533 个集装箱受损。

截至 2015 年 12 月 10 日，事故调查组依据《企业职工伤亡事故经济损失统计标准》等标准和规定统计[13]，已核定直接经济损失 68.66 亿元，其他损失尚需最终核定。

1）直接原因

事故调查组通过调取天津海关 H2010 通关管理系统数据等，查明事发当日瑞海公司危险品仓库运抵区储存的危险货物包括第 2～6、8 类及无危险性分类数据的物质共 72 种。将硝化棉的燃烧试验与事故现场监控视频比对后确认事故最初的燃烧火焰特征与硝化棉的燃烧火焰特征相吻合。同时查明，事发当天运抵区内共有硝化棉及硝基漆片 32.97t。因此，认定最初着火物质为硝化棉。

硝化棉（$C_{12}H_{16}N_4O_{18}$）为白色或微黄色棉絮状物，易燃且具有爆炸性，化学稳定性较差，常温下能缓慢分解并放热，超过 40℃时会加速分解，放出的热量如不能及时散失，会造成硝化棉温升加剧，达到 180℃时能发生自燃。硝化棉通常加乙醇或水作湿润剂，一旦湿润剂散失，极易引发火灾。事发当天最高气温达 36℃，试验证实，在气温为 35℃时集装箱内温度可达 65℃以上。

以上几种因素耦合作用引起硝化棉湿润剂散失，出现局部干燥，在高温环境作用下，硝化棉分解反应加速，产生大量热量，由于集装箱散热条件差，热量不断积聚，硝化棉温度持续升高，达到其自燃温度，发生自燃。

集装箱内硝化棉局部自燃后，引起周围硝化棉燃烧，放出大量气体，箱内温度、压力升高，致使集装箱破损，大量硝化棉散落到箱外，发生大面积燃烧，其他集装箱（罐）内的精萘、硫化钠、糠醇、三氯氢硅、一甲基三氯硅烷、甲酸等多种危险化学品相继被引燃并介入燃烧，火焰蔓延到邻近的硝酸铵（在常温下稳定，但在高温、高压和有还原剂存在的情况下会发生爆炸；在 110℃开始分解，230℃以上时分解加速，400℃以上时剧烈分解、发生爆炸）集装箱。随着温度持续升高，硝酸铵分解速度不断加快，达到其爆炸温度（试验证明，硝化棉燃烧 0.5h 后达到 1000℃以上，大大超过硝酸铵的分解温度）。至 23 时 34 分 6 秒，发生了第一次爆炸。

距第一次爆炸点西北方向约 20m 处，有多个装有硝酸铵、硝酸钾、硝酸钙、甲醇钠、金属镁、金属钙、硅钙、硫化钠等氧化剂、易燃固体和腐蚀品的集装箱。受到南侧集装箱火焰蔓延及第一次爆炸冲击波影响，23 时 34 分 37 秒发生了第二次更剧烈的爆炸。

据爆炸和地震专家分析，在大火持续燃烧和两次剧烈爆炸的作用下，现场危险化学品爆炸的次数可能是多次，但造成现实危害后果的主要是两次大的爆炸。爆炸科学与技术国家重点实验室模拟计算得出，第一次爆炸的能量约为 15t TNT 当量，第二次爆炸的能量约为 430t TNT 当量。考虑期间还发生过多次小规模的爆炸，确定本次事故中爆炸总能量约为 450t TNT 当量。

调查组最终认定事故直接原因是：瑞海公司危险品仓库运抵区南侧集装箱内的硝化棉由于湿润剂散失出现局部干燥，在高温（天气）等因素的作用下加速分解而产热，积热自燃，引起相邻集装箱内的硝化棉和其他危险化学品长时间大面积燃烧，导致堆放于运抵区的硝酸铵等危险化学品发生爆炸。

2）间接原因

"8·12"瑞海公司事故的直接原因是危险化学品的自燃。但事实上，除直接原因外，此次事故中包括瑞海公司在内的多家企业，中介，政府管理、监督和执行部门还存在无证经营、违规操作、玩忽职守、监管不力等问题。根据天津港"8·12"瑞海公司危险品仓库特别重大火灾爆炸事故调查报告，此次事故的间接原因有以下几方面。

a. 瑞海公司违法违规经营和储存危险货物，安全管理极其混乱，未履行安全生产主体责任，致使大量安全隐患长期存在。主要责任包括：①严重违反《天津市城市总体规划（2005—2020 年）》和《天津市滨海新区控制性详细规划》，未批先建、边建边经营危险货物堆场。②无证违法经营。③以不正当手段获得经营危险货物批复。④违规存放硝酸铵。瑞海公司违反国家标准 GB 11602—2007《集装箱港口装卸作业安全规程》和交通行业标准 JT 397—2007《危险货物集装箱港口作业安全规程》的规定，在运抵区多次违规存放硝酸铵，事发当日在运抵区违规存放硝酸铵高达 800t。⑤严重超负荷经营、超量储存。瑞海公司 2015 年月周转货物约 6 万 t，是批准月周转量的 14 倍多。多种危险货物严重超量储存，事发时硝酸钾储存量 1342.8t，超设计最大储存量 53.7 倍；硫化钠储存量 484t，超设计最大存储量 19.4 倍；氰化钠储存量 680.5t，超设计最大储存量 42.5 倍。⑥违规混存、超高堆码危险货物。瑞海公司违反《港口危险货物安全管理规定》[14]和交通行业标准 JT 397—2007 的规定及国家标准 GB 11602—2007 的规定，不仅将不同类别的危险货物混存，间距存在严重不足，而且违规超高堆码现象普遍，4 层甚至 5 层的集装箱堆垛大量存在。⑦违规开展拆箱、搬运、装卸等作业。瑞海公司违反交通行业标准 JT 397—2007 的规定，在拆装易燃易爆危险货物集装箱时，没有安排专人现场监护，使用普通非防爆叉车；对委托外包的运输、装卸作业的安全管理严重缺失，在硝化棉等易燃易爆危险货物的装箱、搬运过程中存在用叉车倾倒货桶、装卸工滚桶码放等不妥装卸行为。⑧未按要求进行重大危险源登记备案。瑞海公司未按《危险化学品安全管理条例》[15]《港口危险货物安全管理规定》[14]《港口危险货物重大危险源监督管理办法（试行）》[16]等有关规定，对本单位的港口危险货物储存场所进行重大危险源辨识评估，也没有就重大危险源向天津市交通运输部门进行登记备案。⑨安全生产教育培训严重缺失。瑞海公司违反《危险化学品安全管理条例》[15]《港口危险货物安全管理规定》[14]的有关规定，部分装卸管理人员没有取得港口相关部门颁发的从业资格证书，无证上岗。公司部分叉车司机没有取得危险货物岸上作业资格证书，没有经过相关危险货物作业安全知识培训，对危险品防护知识的了解仅限于现场不准吸烟、戴防火帽等，对各类危险物质的隔离要求、防静电要求、事故应急处置方法等均不了解。⑩未按规定制定应急预案并组织演练。瑞海公司未按《机关、团体、企业、事业单位消防安全管理规定》[17]的规定，针对理化性质各异、处置方法不同的危险货物制定针对性的应急处置预案，未组织员工进行应急演练；未履行与周边企业的安全告知书和安全互保协议。事故发生后，没有立即通知周边企业采取安全撤离等应对措施，使得周边企业的员工不能第一时间疏散，导致人员伤亡情况加重。

b. 有关地方政府及部门和中介机构存在的主要问题：①天津市交通运输委员会（原天津市交通运输和港口管理局）滥用职权，违法违规实施行政许可和项目审批；玩忽职守，日常监管严重缺失。②天津港（集团）有限公司在履行监督管理职责方面玩忽职守，个别部门和单位弄虚作假、违规审批，对港区危险品仓库的监管缺失。③天津海关违法违规审批许可，玩忽职守，未按规定开展日常监管。④天津市安全监管部门玩忽职守，未按规定对瑞海公司开展日常监督管理和执法检查，也未对安全评价机构进行日常监管。⑤天津市规划和国土资源管理部门玩忽职守，在行政许可中存在多处违法违规行为。⑥天津市市场和质量监督部门对瑞海公司的日常监管缺失。⑦天津海事部门培训考核不规范，玩忽职守，未按规定对危险货物集装箱现场开箱检查进行日常监管。⑧天津市公安部门未认真贯彻落实有关法律法规，未按规定开展消防监督指导检查。⑨天津市滨海新区环境保护局未按规定审核项目，未按职责开展环境保护日常执法监管。⑩天津市滨海新区行政审批局未严格执行项目竣工验收规定。⑪天津市委员会、天津市人民政府和滨海新区党委、政府未全面贯彻落实有关法律法规，对有关部门和单位安全生产工作存在的问题失察失管。⑫交通运输部未认真开展港口危险货物安全管理督促检查，对天津交通运输系统工作指导不到位。⑬海关总署未认真组织落实海关监管场所规章制度，督促指导天津海关工作不到位。⑭中介及技术服务机构弄虚作假，违法违规进行安全审查、评价和验收等。

3）经验教训

（1）事故企业严重违法违规经营

瑞海公司无视安全生产主体责任，置国家法律法规、标准于不顾，不择手段变更及扩展经营范围，长期违法违规经营危险货物，安全管理混乱，安全责任未落实，安全教育培训流于形式，企业负责人、管理人员及操作工、装卸工的冒险蛮干问题十分突出，特别是违规大量储存硝酸铵等易爆危险品，直接造成此次特别重大火灾爆炸事故的发生。

（2）有关地方政府安全发展意识不强

瑞海公司长时间违法违规经营，有关政府部门在瑞海公司经营问题上一再违法违规审批、监管失职，最终导致天津港"8·12"事故的发生，造成严重的生命财产损失和恶劣的社会影响。事故的发生，暴露出天津市及滨海新区政府贯彻国家安全生产法律法规与有关决策部署不到位，对安全生产工作重视不足、摆位不够，存在"重发展、轻安全"的问题。

（3）有关地方和部门违反法定城市规划

天津市政府和滨海新区政府严格执行城市规划法规意识不强，对违反规划的行为失察。天津市规划、国土资源管理部门和天津港（集团）有限公司严重不负责任、玩忽职守，违法通过瑞海公司危险品仓库和易燃易爆堆场的行政审批，致使瑞海公司与周边居民小区、天津港公安局消防支队办公楼等公共建筑物，以及公路和轨道交通设施的距离均不满足标准规定的安全距离要求。

（4）有关职能部门有法不依、执法不严，有的人员甚至贪赃枉法

天津市涉及瑞海公司行政许可审批的交通运输等部门未严格执行国家和地方的法律法规、工作规定，没有严格履行职责，行政许可形同虚设。天津市交通运输委员会未履行法律赋予的监管职责，未落实"管行业必须管安全"的要求，对瑞海公司的日常监管严重缺失；天津市环保部门把关不严，违规审批瑞海公司危险品仓库；天津港公安局消防支队对辖区疏于检查，对瑞海公司储存的危险货物情况不熟悉、不掌握，未针对不同性质的危险货物制定相应的消防灭火预案、准备相应的灭火救援装备和物资；天津海关等部门对港口危险货物尤其是瑞海公司的监管不到位；天津安全监管部门没有对瑞海公司进行监督检查；天津港物流园区安监站政企不分且未认真履行监管职责，未发现、未制止瑞海公司严重违法行为。上述有关部门不依法履行职责，致使相关法律法规形同虚设。

（5）港口管理体制不顺、安全管理不到位

天津港已移交天津市管理，而天津港公安局及消防支队仍主要由交通运输部公安局管理。同时，天津市交通运输委员会、天津市建设管理委员会、滨海新区规划和国土资源管理局违法将多项行政职能委托天津港（集团）有限公司行使，客观上造成交通运输部、天津市政府及天津港（集团）有限公司管理港区的职责交叉、责任不明，天津港（集团）有限公司政企不分，安全监管工作同企业经营形成内在关系，难以发挥应有的监管作用。另外，港口海关监管区（运抵区）安全监管职责不明，致使瑞海公司违法违规行为长期得不到有效纠正。

（6）危险化学品安全监管体制不顺、机制不完善

目前，危险化学品生产、储存、使用、经营、运输和进出口等环节涉及部门多，地区之间、部门之间的相关行政审批、资质管理、行政处罚等未形成完整的监管"链条"。同时，全国缺乏统一的危险化学品信息管理平台，部门之间没有做到互联互通，信息不能共享，不能实时掌握危险化学品的去向和情况，难以实现对危险化学品的全时段、全流程、全覆盖安全监管。

（7）危险化学品安全管理法律法规标准不健全

国家缺乏统一的危险化学品安全管理、环境风险防控专门法律；《危险化学品安全管理条例》对危险化学品流通、使用等环节的要求不明确、不具体，特别是针对物流企业危险化学品安全管理的规定空白点更多；现行有关法规对危险化学品安全管理违法行

为处罚偏轻，单位和个人违法成本很低，不足以起到惩戒和震慑作用。与欧美发达国家和部分发展中国家相比，我国危险化学品缺乏完备的准入、安全管理、风险评价制度。危险货物大多涉及危险化学品，危险化学品安全管理涉及监管环节多、部门多、法规标准多，各管理部门立法出发点不同，对危险化学品的安全要求不一致，造成当前危险化学品安全监管乏力，以及对企业安全管理的要求模糊不清、标准不一、无所适从的现状。

（8）危险化学品事故应急处置能力不足

瑞海公司没有开展风险评估和危险源辨识评估工作，应急预案流于形式，应急处置力量、装备严重缺乏，不具备针对初起火灾的扑救能力。天津港公安局消防支队没有针对不同性质的危险化学品准备相应的预案、灭火救援装备和物资，消防队员缺乏专业训练演练，处置危险化学品事故的能力不强；天津市公安消防部队缺乏处置重大危险化学品事故的预案及相应的装备；天津市政府在应急处置中的信息发布工作一度安排不周、应对不妥。从全国范围来看，专业危险化学品应急救援队伍和装备不足，无法满足处置种类众多、危险特性各异的危险化学品事故的需要。

2. 2014 年江苏昆山中荣金属制品有限公司"8·2"特大爆炸事故[18]

2014 年 8 月 2 日，昆山中荣金属制品有限公司抛光车间发生粉尘爆炸特别重大事故，造成 75 人死亡、185 人受伤。8 月 4 日，国务院"8·2"特别重大爆炸事故调查组根据暴露的问题和初步掌握的情况对事故作出判定：问题和隐患长期没有解决，粉尘浓度超标，遇到火源发生爆炸，是一起重大责任事故。事故的责任主体是昆山中荣金属制品有限公司。

1）直接原因

a. 企业厂房没有按二类危险品场所进行设计和建设，违规双层设计建设生产车间，且建筑间距不够。

b. 生产工艺路线过紧过密，2000m^2 的车间内布置了 29 条生产线，300 多个工位。

c. 没有按规定为每个岗位设计独立的吸尘装置，除尘能力不足。

d. 车间内所有电气设备没有按防爆要求配置。

e. 安全生产制度和措施不完善、不落实，没有按规定每班按时清理管道积尘，造成粉尘聚集超标；没有对工人进行安全培训，没有按规定配备阻燃、防静电劳保用品；违反劳动法规，超时组织作业。

2）间接原因

事故调查组指出，当地昆山市政府有关领导的责任和相关部门的监管责任落实不力是事故发生的原因之一。调查组还了解到，面对近 3000 家企业，昆山开发区经济发展局内仅设了含 4 个人的安全科，由此可见基层执法力量十分薄弱。显然，在此前国务院安全生产委员会、国家安全生产监督管理总局部署开展的安全大检查中，当地没有完全落实"全覆盖、零容忍、严执法、重实效"的要求。

3）经验教训

a. 全面排查涉及粉尘作业的企业名单，涉及加工产生金属粉尘的企业停产停业整顿，整改不到位的不得复工生产，同时要对粮食、饲料、纺织、木器加工等可能存在粉尘爆炸风险的企业和作业场所进行严格检查。

b. 国务院安全生产委员会抓住粉尘火灾爆炸事故多发的煤矿、面粉、糖类、纺织、硫磺、饲料、塑料、金属加工及粮库等厂矿企业，在全国范围内开展全面粉尘治理专项检查。同时针对矿山、道路交通、建筑施工、油气管道、危险化学品、消防等重点行业领域，在全国开展专项行动，集中整治重大隐患。

3. 2010 年大连中石油国际储运有限公司输油管道爆炸火灾事故[19]

2010 年 7 月 16 日，辽宁省大连市大连保税区的大连中石油国际储运有限公司（以下简称国际储运公司）原油罐区输油管道发生爆炸，造成原油大量泄漏并引起火灾。

国际储运公司原油罐区内建有 20 个储罐，库存能力为 185 万 m^3；周边有其他单位原油罐区、成品油罐区和液体化工产品罐区，储存原油、成品油、苯、甲苯等危险化学品。事发前日 15 时 30 分左右，新加坡太平洋石油公司所属 30 万 t 级的油轮开始向国际储运公司原油罐区卸油。20 时左右，上海祥诚商品检验技术服务有限公司（简称祥诚公司）和天津辉盛达石化技术有限公司（简称辉盛达公司）作业人员开始通过原油罐区的输油管道（内径 0.9m）排空阀，向输油管道中注入脱硫剂。次日 13 时左右，油轮暂停卸油作业，但注入脱硫剂的作业没有停止。18 时左右，在注入了 88m^3 脱硫剂后，现场作业人员加水对脱硫剂管路和泵进行冲洗。18 时 8 分左右，靠近脱硫剂注入部位的输油管道突然发生爆炸，引发火灾。事故导致储罐阀门无法及时关闭，原油顺地下管沟流淌，形成地面流淌火。事故造成 103 号罐和周边泵房及港区主要输油管道严重损坏，部分原油流入附近海域。

1）直接原因

经初步分析，此次事故的原因是在油轮已暂停卸油作业的情况下，辉盛达公司和祥诚公司继续向输油管道中注入含有强氧化剂的原油脱硫剂，造成输油管道内发生化学爆炸。该事故虽未造成人员伤亡，但大火持续燃烧超过 15h，事故现场设备管道损毁严重，周边海域受到污染。

2）间接原因

事故暴露出的深层问题：①辉盛达公司和祥诚公司对所加入原油脱硫剂的安全可靠性没有进行科学论证。②原油脱硫剂的加入方法没有正规设计，未对加注作业进行风险辨识，未制定安全作业规程。③原油接卸过程中安全管理存在漏洞。指挥协调不力，管理混乱，信息不畅，监管人员和作业人员接到暂停卸油作业的信息后，没有及时通知停止加剂作业，事故单位对辉盛达公司现场作业疏于管理，现场监护不力。

3）经验教训

（1）严格港口接卸油过程的安全管理，确保接卸油过程安全

a. 加强港口接卸油作业的安全管理。制定接卸油作业各方协调调度制度，明确接卸油作业信息传递的流程和责任，严格制定接卸油安全操作规程。

b. 加强对接卸油过程中采用新工艺、新技术、新材料、新设备的安全论证和安全管理。与该事故单位相似的所有企业、单位立即对接卸油过程加入添加剂作业进行全面排查。

c. 加强对委托方（承包商）和特殊作业的安全管理，坚决杜绝违章指挥、违章操作和违反劳动纪律等现象。涉事单位需增强安全意识，完善安全管理制度，强化作业现场

的安全管理，同时加强对承包商的管理。

（2）开展隐患排查治理工作，加强危险化学品各环节的安全管理

相关部门和生产经营单位加强企业安全生产工作，加强危险化学品生产、经营、运输、使用等各个环节的安全管理与监督，进一步建立健全危险化学品从业单位事故隐患排查治理制度，严格落实治理责任、措施、资金、期限和应急预案。

（3）合理规划危险化学品生产储存布局

相关部门和单位认真制定大型危险化学品储存基地和化工园区（集中区）的安全发展规划，合理规划危险化学品生产储存布局，严格审查涉及易燃易爆、剧毒等危险化学品生产储存建设的项目。同时，组织开展已建成基地和园区（集中区）的区域安全论证与风险评估工作。

（4）切实做好应急管理工作，提高重特大事故应对与处置能力

管理监督部门需加强对危险化学品生产厂区和储罐区消防设施的检查，督促相关企业进一步改进管道、储罐等设施的阀门系统；督促企业进一步加强应急管理，加强专兼职救援队伍建设，组织开展专项训练，健全完善应急预案，定期开展应急演练；加强政府、部门与企业间的应急协调联动机制建设，确保预案衔接、队伍联动、资源共享；加大投入，加强应急装备建设，提高应对重特大、复杂事故的能力。

4. 2005 年吉化双苯厂硝基苯装置爆炸事故[20]

2005 年 11 月 13 日，中国石油天然气股份有限公司吉林石化分公司双苯厂硝基苯精制塔 T102 发生爆炸事故，造成 8 人死亡，60 人受伤，事故同时引发松花江水污染。

事发当日，双苯厂苯胺车间操作人员替休假的硝基苯精馏岗操作人员操作。根据硝基苯精馏塔 T102 塔釜液组成分析结果，应进行重组分的排液操作。当日 10 时 10 分，代操作人员进行排残液操作，在进行该项操作前，错误地停止了硝基苯初馏塔 T101 进料，未按照规程关闭硝基苯进料预热器 E102 加热蒸汽阀，导致硝基苯初馏塔进料温度升高。11 时 35 分左右，操作人员回到控制室发现超温，关闭了硝基苯进料预热器蒸汽阀。13 时 21 分，操作人员在 T101 进料时，未按照投用换热器应"先冷后热"的原则进行操作，而是先开启进料预热器的加热蒸汽阀，导致进料预热器温度再次超过 150℃量程上限。当启动硝基苯初馏塔进料泵向进料预热器输送粗硝基苯时，温度较低（26℃）的粗硝基苯进入超温的进料预热器后，由于温差较大，加之物料急剧气化，预热器及进料管线法兰松动，导致系统密封不严，空气被吸入系统内，与 T101 塔内可燃气体形成爆炸性气体混合物，硝基苯中的硝基酚钠盐因震动首先发生爆炸，继而引发硝基苯初馏塔和硝基苯精馏塔相继发生爆炸，而后引发装置火灾和后续爆炸。

1）直接原因

硝基苯精馏岗代操作人员违反操作规程，在停止粗硝基苯进料后，未关闭预热器蒸汽阀门，导致预热器内物料气化；恢复硝基苯精制单元生产时，再次违反操作规程，先打开了预热器蒸汽阀门加热，后启动粗硝基苯进料泵进料，引起进入预热器的物料突沸并发生剧烈震动，使预热器及管线法兰松动、密封失效，空气吸入系统，由于摩擦、静电等，硝基苯精馏塔发生爆炸，并引发其他装置、设施连续爆炸。

2）间接原因

a. 工厂、车间的生产指挥失控，重组分的排液操作属正常间断操作，不应切断进料，但从上午开始的切断进料直至爆炸，整个过程只有一名操作人员在操作，安全生产指挥处于严重失控状态。

b. 工厂、车间生产管理不严格，工作中有章不循，对于常规的简单操作出现反复操作错误，暴露了工厂操作规程执行不严、管理不到位。

c. 操作人员在常规的化工工艺操作过程中多次出现错误操作，暴露出岗位操作人员技术水平低、业务能力差，员工素质的培训不扎实。

d. 生产技术管理存在问题。在车间工艺规程和岗位操作法中，对于该岗位在排液操作中应注意的问题，以及岗位存在的安全风险、削减措施没有明确，对超温可能带来的严重后果也没有提示应加以注意。工艺规程对装置的技术特点和安全风险没有明确阐述，岗位操作法缺乏指导性和可操作性。

e. 工厂、车间在生产组织上存在漏洞，在整个排液操作中，只有单人里外操作，缺少相互配合。

5. 2004 年重庆天原化工总厂爆炸事故[20]

2004 年 4 月 16 日，重庆天原化工总厂发生爆炸和氯气泄漏事故，造成 9 人死亡，3 人受伤，近 15 万人疏散。

事发前一天，天原化工总厂处于正常生产状态。17 时 40 分，氯氢分厂冷冻工段液化岗位接总厂调度令开启 1 号氯冷凝器。18 时 20 分，氯气干燥岗位发现氯气泵压力偏高，4 号液氯储罐液面管在化霜。当班操作工两度对液化岗位进行巡查，未发现有任何异常，于是转 5 号液氯储罐（停 4 号储罐）进行液化，其液面管不结霜。21 时，当班人员巡查 1 号液氯冷凝器和盐水箱时，发现盐水箱氯化钙盐水大量减少，有氯气从氨蒸发器盐水箱泄出，从而判断氯冷凝器已穿孔。得知该情况后，厂总调度迅速采取将 1 号氯冷凝器从系统中断开、冷冻紧急停车等措施，将 1 号氯冷凝器内的 $CaCl_2$ 盐水通过盐水泵进口倒流排入盐水箱，并将 1 号氯冷凝器的余氯和 1 号氯液气分离器内液氯排入排污罐。23 时 30 分，开启液氯包装尾气泵抽取排污罐内的氯气。次日 0 时 48 分，正在抽气过程中，排污罐发生爆炸。至 2 时 15 分左右时，排完盐水后的盐水泵在静止状态下发生爆炸。

1）直接原因

事故调查组认为，天原爆炸事故的原因是液氯生产过程中氯冷凝器腐蚀穿孔，导致大量含有铵的 $CaCl_2$ 盐水直接进入液氯系统，生成了极具危险性的 NCl_3 爆炸物。NCl_3 富集达到爆炸浓度和启动氯事故处理装置震动引爆了 NCl_3。

2）间接原因

（1）压力容器日常管理差，检测检验不规范，设备更新投入不足

a.《压力容器安全技术监察规程》明确规定："压力容器的使用单位，必须建立压力容器技术档案并由管理部门统一保管。"事故企业设备技术档案资料不齐全，近 2 年无维修、保养、检查记录，压力容器设备管理混乱。

b.《压力容器安全技术监察规程》明确规定："压力容器投用后首次使用内外部检

验期间内，至少进行 1 次耐压试验。"但涉事企业和重庆化工节能计量压力容器监测所没有按照规定对压力容器进行首检与耐压试验，检测检验工作严重失误。

（2）安全生产责任制落实不到位，安全生产管理力量薄弱

上级集团公司与事故工厂签订安全生产责任书以后，事故工厂未按规定将目标责任分解到厂属各单位和签订安全目标责任书，未将安全责任落实到基层和工作岗位，安全管理责任不到位。

（3）事故隐患督促检查不力

天原化工厂对自身存在的事故隐患整改不力，未认真从管理上查找事故的原因和总结教训，在责任追究上采取以经济处罚代替行政处分，因而没有让有关责任人员从中吸取事故的深刻教训，整改的措施不到位，督促检查力量也不够，以致在安全方面存在的问题没有得到有效整改。

（4）对 NCl_3 爆炸的机制和条件研究不成熟，相关安全技术规定不完善

国家权威部门的事故原因报告指出，国内关于 NCl_3 爆炸的机制、爆炸的条件缺乏相关技术资料，关于如何避免 NCl_3 爆炸的相关安全技术标准尚不够完善，因高浓度的 $CaCl_2$ 盐水泄漏到液氯系统导致爆炸的事故在我国尚属首例。

3）教训与启示

天原化工厂爆炸事故的发生对氯碱行业具有普遍的警示作用。

a. 事故发生之前，我国多数氯碱企业均沿用液氨间接冷却 $CaCl_2$ 盐水的传统工艺生产液氨，尚未对盐水含铵量做到足够重视。因此有必要对冷冻盐水中含铵量进行监控或添置自动报警装置。

b. 加强设备管理，加快设备更新步伐，尤其要加强对压力容器与压力的监测和管理，杜绝泄漏的发生。

c. 国内有关氯碱企业应加强防止 NCl_3 爆炸技术的研究，减少原料中盐和水源中铵形成 NCl_3 后在液氯生产过程中富集的风险。

d. 从技术上进行探索，尽快形成安全、成熟、可靠的预防和处理 NCl_3 爆炸的应急预案，并在氯碱行业推广。

参 考 文 献

[1] IPCS. Chemical Safety Training Modules, Asian-Pacific Newsletters on Occupational Health and Safety, Supplement 1. Geneva：ILO，1998.

[2] ILO. Safety in the Use of Chemicals at Work：An ILO Code of Practice. Geneva：International Labour Office，1993.

[3] National Fire Protection Association. Hazardous Chemicals Data 1994（Nfpa 49）．Quincy：National Fire Protection Association，1994.

[4] 李政禹. 国际化学品安全管理战略. 北京：化学工业出版社，2005.

[5] Regulation（EC）No 1907/2006 of the European Parliament and of the Council of 18 December 2006 concerning the Registration, Evaluation, Authorisation and Restriction of Chemicals（REACH），establishing a European Chemicals Agency, amending Directive 1999/45/EC and repealing Council Regulation（EEC）No 793/93 and Commission Regulation（EC）No 1488/94 as well as Council Directive 76/769/EEC and Commission Directives 91/155/EEC，93/67/EEC，93/105/EC and 2000/21/EC. Official Journal of the European Union，2006.

[6] 毛岩. 中国的化学品环境管理. 毒理学杂志，2007，21（6）：471-474.

[7] 刘建国，胡建信，唐孝炎. 化学品环境管理全球治理格局与中国管理体制的完善. 环境科学研究，2006, 19: 121-126.

[8] Massey R，Jacobs M，Gallagher LA，et al. Global Chemicals Outlook：towards Sound Management of Chemicals. Washington：United Nations Environment Programme，2012.

[9] 陈瑞峰. 提升化学工业安全环保与园区建设管理水平. 石油化工建设，2012，4：16-22.

[10] Council Directive of 27 Tune 1967 on the Approximation of Laws, Regulations and Administrative Provisions Relating to the Classification, Packaging and Labelling of Dangerous Substances. Annex I of Directive 67/548/EEC Contains a List of Harmonised Classifications and Labellings for Substances or Groups of Substances, Which are Legally Binding within the EU. Official Journal of the European Communities, 1967, No196/1, 234-256.

[11] 中华人民共和国国家标准. GB 18218—2009 危险化学品重大危险源辨识. 北京：国家标准出版社，2009.

[12] 天津港"8·12"瑞海公司危险品仓库特别重大火灾爆炸事故调查报告. http：//www.gov.cn/foot/2016-02/05/content_5039788.htm [2016-9-12].

[13] 中华人民共和国国家标准. GB 6721—1986 企业职工伤亡事故经济损失统计标准. 北京：国家标准出版社，1986.

[14] 中华人民共和国交通运输部第 9 号. http：//www.gov.cn/gongbao/content/2013/content_2355029.htm [2016-9-12].

[15] 中华人民共和国国务院令第 591 号. http：//www.gov.cn/flfg/2011-03/11/content_1822902.htm [2016-9-12].

[16] 交通运输部关于印发《港口危险货物重大危险源监督管理办法（试行）》的通知交水发[2013]274 号. http：//www.gov.cn/gongbao/content/2013/content_2463334.htm [2016-9-12].

[17] 中华人民共和国公安部令第 61 号. http：//www.gov.cn/gongbao/content/2002/content_61695.htm [2016-9-12].

[18] 江苏省苏州昆山市中荣金属制品有限公司"8·2"特别重大爆炸事故调查报告. http：//www.chinasafety.gov.cn/newpage/Contents/Channel_21356/2014/1230/244871/content_244871.htm [2016-9-13].

[19] 国家安全监管总局、公安部《关于大连中石油国际储运有限公司"7·16"输油管道爆炸火灾事故情况的通报》安监总管三[2010]122 号、http：//www.chinasafety.gov.cn/newpage/Contents/Channel_5330/2010/0723/102656/content_102656.htm [2016-9-13].

[20] 周一匡. 重庆天原"4·16"爆炸事故原因分析. 化工安全与环境，2005，6：2-3.

第 3 章 燃烧与爆炸的化学基础

爆炸大部分是由燃烧和失控放热反应引起的化学反应。一切放热化合物或混合物都可能引发燃烧与爆炸事故，因此应充分掌握燃烧和爆炸的基本原理，来评估可能发生的燃烧和爆炸危险性。本章将从燃烧爆炸基本原理、燃烧爆炸动力学、燃烧爆炸化学热力学方面，对气体、液体、固体类化学品的燃烧和爆炸机制等进行介绍。

3.1 燃烧爆炸的基本原理

燃烧是物质快速氧化产生光和热的过程。广义的燃烧是指任何发热、发光、剧烈的氧化还原反应，不一定要有氧气参加。爆炸则是某一物质系统在发生迅速的物理变化或化学反应时，系统本身的能量借助于气体的急剧膨胀而转化为对周围介质做机械功，通常伴随有强烈放热、发光和声响效应。燃烧和爆炸都是化学反应，且从反应的结果来看，没有什么差别，但它们之间在外表上有显著的差异。

3.1.1 燃烧理论与爆炸理论简介[1, 2]

1. 燃烧理论

早在 18 世纪中叶法国化学家拉瓦锡和俄国科学家罗蒙诺索夫就分别根据试验提出燃烧时可燃物质氧化的理论，成为科学地认识燃烧现象的开端。燃烧的本质是一种放热的氧化还原反应，表现为流动、传热、传质和化学反应同时存在、彼此联系和相互制约。

按照燃料的不同，燃烧可划分为固体燃烧、液体燃烧和气体燃烧三大类。固体和液体发生燃烧，需要经过分解和蒸发，生成气体，然后这些气体成分与助燃介质发生燃烧。气体则不需要经过蒸发，可以直接燃烧。

气体燃烧是气体在助燃介质中发热发光的一种氧化过程，可分为扩散燃烧、混合燃烧和燃烧波三种形式。可燃气体从系统内喷射出来，一边在空气中扩散一边燃烧称为扩散燃烧；可燃性气体和助燃气体按照一定比例混合成燃烧体系被点燃称为混合燃烧；在密闭系统内，由于燃烧波（燃烧波是指一种在燃烧区域内用热量和质量进行交换、在可燃介质中以比声速小的速度进行传播的波）的快速传播，系统内产生的高温高压气体会发生爆炸。

液体燃烧是可燃液体在助燃介质中发热发光的一种氧化过程。可燃液体只有在闪点温度以上（含闪点温度）时才会被点燃，但在闪点温度只发生闪燃现象，不能发生持续燃烧现象。只有达到燃点时，被点燃的液体才会发生持续燃烧的现象。燃点是在稳定的空气环境中，可燃液体或固体表面产生的蒸气在试验火焰作用下被点燃且能持续燃烧下去时的最低温度。燃点也称为着火点。对于易燃液体来说，燃点与闪点的温差很小，一般在 1～5℃。

固体燃烧则根据物质的化学组成不同，表现为不同的燃烧情况。有些固体物质可以直接受热分解蒸发，生成气体而燃烧。有的固体物质受热后先熔化为液体，然后汽化燃烧，如硫、磷、蜡等。熔点和分解温度低的固体物质较容易发生燃烧，如消化纤维素在80~90℃时会软化，100℃时开始分解，150~180℃时自燃。此外，固体燃烧的速度与其体积和颗粒大小有关，越小则燃烧得越快。

燃烧过程可分为着火和燃烧两个阶段。可燃混合物在出现明显的光和燃烧火焰之前有一个准备阶段，即着火阶段。在着火阶段燃料发生氧化作用，进行明显燃烧前的化学准备过程，因氧化放热反应所产生的热逐渐积累起来，最终导致氧化反应加快，进而进入燃烧阶段。

2. 爆炸理论

爆炸是物质的一种非常急剧的物理、化学变化。在变化过程中，伴有物质所含能量的快速转变，即变为该物质本身、变化产物或周围介质的压缩能或运动能。其重要特征是大量能量在有限的体积内突然释放或急剧转化，能量在极短时间和有限体积内大量积聚，造成高温高压等非寻常状态，邻近介质发生急剧的压力突跃和随后的复杂运动，显示出不寻常的移动或机械破坏效应。由物理变化引发的爆炸为物理爆炸，如压缩气体的过压爆炸，液化气体及固体发生升华等相变引起的爆炸等。由化学变化引发的爆炸为化学爆炸，化学爆炸有可燃性气体或蒸气与助燃性气体混合引起的爆炸，混合危险性物质的爆炸等。当许多爆炸性混合物如炸药和起爆药等反应则发生爆轰。

热量、快速和生成气体是发生爆炸的三个要素。热量为爆炸提供能源，快速则使有限的能量集中在局限化空间使能量高度集聚，生成气体则是能量转换、能量释放的工作介质。爆炸的三个要素同时存在且相互影响。

爆炸常伴有高热或火灾，机械破坏，物体的震动、飞散、抛掷、摇晃和冲击，高压气体的快速移动涉及空间内的冲击波，波压的破坏作用与真空，有害物质的扩散与蔓延及瞬时的声、光现象和电离现象。爆炸引起的热效应、机械效应、空间效应、声光效应及毒害作用等总称为爆炸效应。爆炸做功的形式是多种多样的，各项爆炸作用做功的总和称为爆炸物的做功能力，可由理论计算或试验求得。

3.1.2　燃烧热化学

化学反应热是重要的热力学数据，每个化学反应都有反应热。通常反应热是指体系在等温、等压条件中发生物理或化学变化时所放出或吸收的热量。化学反应热有多种形式，如燃烧热、生成热、中和热等。燃烧热是指物质在一定温度 T 的标准状态下与氧气进行完全燃烧反应时放出的热量，通常表示为 $\Delta_c H^0$。它一般用单位物质的量、单位质量或单位体积燃料燃烧时放出的能量计量，当燃烧热以 kJ/mol 为单位计时又称为标准摩尔燃烧焓。

例如，对于通式 $C_u H_v O_w N_x S_y$ 完全氧化或等化学比氧化反应的方程式可以写成：

$$C_u H_v O_w N_x S_y + \left(u + \frac{v}{4} - \frac{w}{2} + y\right)O_2 \longrightarrow uCO_2 + \frac{v}{2}H_2O + \frac{x}{2}N_2 + ySO_2$$

下标 u、v、w、x、y 表示相应原子的数目。这种情况下的燃烧热可理解为在某个初始压力和初始温度下，$C_uH_vO_wN_xS_y$ 和 $\left(u+\dfrac{v}{4}-\dfrac{w}{2}+y\right)O_2$ 反应完全，生成了二氧化碳、水、氮气和二氧化硫，而仍需保持在相同的初始压力和初始温度条件时系统所需要增加的热焓。

燃烧热可以用弹式量热计测量，也可以直接查表获得反应物、产物的生成焓（$\Delta_f H^0$）再相减求得。由于燃烧反应是放热反应，因此要使反应产物处于初始温度 T 下，系统必须是散热的，这样燃烧反应热值是负数。此外，由于水的最终状态既可为液体 $H_2O(l)$，又可为气体 $H_2O(g)$，当形成液体水时燃烧热值高，而最终产物是气体水时燃烧热值低。对于任何物质，高低燃烧热之间的差值就是水的蒸气热。

对于任何一种普通的碳氢混合物，为了了解其化学成分（即元素组成）和燃烧热，通常需要通过试验确定。对于固体和液体燃料，其化学成分通常以质量百分数计，其燃烧热以单位质量的燃烧热计；对于气体燃料，其组成通常由构成其的各成分及其所占体积百分数表示。因此，这些燃料的燃烧热都可通过分析计算求得。

对于任何一种化学反应，其反应热都可以利用同样的方法确定。首先，明确其化学计量比关系，而后就可得出其反应热，这些反应热是有可加性的。例如，

$$CO + 1/2O_2 \longrightarrow CO_2 \qquad \Delta_f H_1$$
$$C + 1/2O_2 \longrightarrow CO \qquad \Delta_f H_2$$

上述两式相加，得

$$C + O_2 \longrightarrow CO_2 \qquad \Delta_f H_3 = \Delta_f H_1 + \Delta_f H_2$$

由此可以看出，无须把所有可能的反应热都列出来，而只是列出有限的一些反应热即可，其他所有反应热都可以推导计算得出。任意反应的反应热都可写为

$$(\Delta_r H)_j = \sum_{i=1}^{s} v_{ij}(\Delta_f H)_i \tag{3-1}$$

式中，v_{ij} 为第 j 个反应中第 i 种元素的化学计量数。如果某种元素出现在第 j 个反应的左边，则 v_{ij} 取负数；如果出现在右边，则 v_{ij} 取正数。

对于任何一种普通的化学反应，其反应热都可用上述方法确定。反应热是有可加性的，意味着无须把所有可能的反应热都列出来，而只是列出有限的一些反应热就可以了，其他所有反应热都可以计算得出。美国国防部陆-海-空（JANAF）联合实验室的热化学表中提供了许多化合物从 0 到 6000K 的整套惯用的热化学性质数据，也可参阅其他类似的数据手册获得。

发射药或炸药（包括化合物和混合物）的爆热，通常是通过在充有惰性气体的爆热弹内使试样燃烧或爆炸来确定的。由于发射药或炸药通常含氧不足，因此测得的数值一般小于该物质的燃烧热。所以，使用这种方法测试爆热时，所得到的最终产物状态并非该物质完全氧化的状态。

3.1.3　燃烧反应速率方程

化学反应速率是化学反应中单位时间内反应物质的浓度变化量，可以用单位时间内反应物浓度的减少量来表示，也可以用单位时间内生成物浓度的增加量来表示。对于反应式 $a\mathrm{A} + b\mathrm{B} \rightarrow e\mathrm{E} + f\mathrm{F}$，根据质量守恒定律可以得出其化学反应速率方程为

$$\omega = kC_\mathrm{A}^a C_\mathrm{B}^b \tag{3-2}$$

式中，k 为反应速率常数；C_A 和 C_B 为反应物浓度。

研究表明，反应温度对化学反应速率的影响很大，通常的表现是反应速率随着温度的升高而加快。温度对反应速率的影响，集中反映在反应速率常数 k 上。阿伦尼乌斯定律揭示了反应速率常数 k 与温度 T 之间的关系：

$$k = k_0 \exp(-E / RT) \tag{3-3}$$

式中，k 为阿伦尼乌斯反应速率常数，单位为 $\mathrm{m}^3 / (\mathrm{mol \cdot s})$；$k_0$ 为取决于反应系数的频率因子，单位为 $\mathrm{m}^3 / (\mathrm{mol \cdot s})$；$E$ 为反应物活化能，单位为 kJ/mol；R 为通用气体常数，单位为 $\mathrm{kJ} / (\mathrm{mol \cdot K})$；$T$ 为温度，单位为 K。

式（3-3）中，相对于 $\exp(-E / RT)$，温度对 k_0 的影响可以忽略不计。

式（3-3）所表达的关系通常称为阿伦尼乌斯定律。将式（3-3）两边取对数得

$$\ln k = -E / RT + \ln k_0 \tag{3-4}$$

或

$$\lg k = -\frac{E}{2.303RT} + \lg k_0 \tag{3-5}$$

由式（3-5）可以看出，$\ln k$ 或 $\lg k$ 对 $1/T$ 作图，得到一条直线，由直线的斜率可以求得反应物活化能 E，其截距可求 k_0。

根据质量守恒定律和阿伦尼乌斯定律，式（3-2）可改写为

$$\omega = k_0 C_\mathrm{A}^a C_\mathrm{B}^b \exp(-E / RT) \tag{3-6}$$

将上述关系运用于燃烧反应过程，假定燃烧反应中可燃物的浓度为 C_F、反应系数为 x，助燃物（主要为空气）的浓度为 C_ox、反应系数为 y，频率因子为 k_{0s}，活化能为 E_s，反应温度为 T_s，则依据式（3-6）可写出燃烧反应速率方程：

$$\omega_\mathrm{s} = k_{0s} C_\mathrm{F}^x C_\mathrm{ox}^y \exp(-E_\mathrm{s} / RT_\mathrm{s}) \tag{3-7}$$

在处理燃烧问题时，常假定反应物的浓度为常数，为此各种物质的浓度比也为常数。假设 $C_\mathrm{ox} = mC_\mathrm{F}$，$m$ 为常数，且反应级数为 n，即 $n = x + y$，则式（3-7）可表示为

$$\omega_\mathrm{s} = k_{ns} C_\mathrm{F} C_\mathrm{ox} \exp(-E_\mathrm{s} / RT_\mathrm{s}) \tag{3-8}$$

式中，$k_{ns} = k_{0s} \cdot m^y$。

对于大多数碳氢化合物的燃烧反应，反应级数都近似等于 2，且 $x = y = 1$，因此燃烧反应速率方程可写为

$$\omega_\mathrm{s} = k_{ns} C_\mathrm{F}^2 \exp(-E_\mathrm{s} / RT_\mathrm{s}) \tag{3-9}$$

假定可燃物和助燃物的摩尔质量分别为 M_F 和 M_ox，质量浓度分别为 ρ_F 和 ρ_ox，燃烧反应过程的总质量浓度为 ρ_∞，可燃物和助燃物的质量相对浓度分别为 f_F 和 f_ox，代入式（3-9）可得

$$\omega_s = k_{0s} \cdot \frac{1}{M_F} \cdot \frac{1}{M_{ox}} \cdot \rho_\infty^{~2} \cdot f_F \cdot f_{ox} \cdot \exp(-E_s / RT_s) \qquad (3\text{-}10)$$

令 $k'_{0s} = k_{0s} \cdot \dfrac{1}{M_F} \cdot \dfrac{1}{M_{ox}}$，则式（3-10）可表达为

$$\omega_s = k'_{ns} \cdot \rho_\infty^{~2} \cdot f_F \cdot f_{ox} \cdot \exp(-E_s / RT_s) \qquad (3\text{-}11)$$

上述燃烧反应速率公式是根据气态物质推导出来的近似公式，实际上燃烧反应都不是基元反应，而是复杂反应，都不严格服从质量守恒定律和阿伦尼乌斯定律。为此，式中的 k_{0s}、k'_{0s} 和 E_s 参数都不具有直接的物理意义。通过式（3-11）可以得出如下结论：火灾中，可燃物和氧气的浓度越低，燃烧反应速率越慢；火灾现场温度越低，燃烧反应速率越慢；可燃物活化能越高，燃烧反应速率越慢。

相对于气态可燃物而言，液态和固态可燃物的燃烧反应过程更加复杂，其中常伴有蒸发、熔融、裂解等现象。质量守恒定律和阿伦尼乌斯定律用于描述液态或固态可燃物的燃烧反应时与气态可燃物相比会相差甚远。

3.1.4　失控放热反应

1. 绝热爆炸[2]

任何一个正在进行均相放热反应的化学系统，如果与周围环境相绝热，则此过程一定会发展为爆炸。一般来说，这样的一个被隔绝的系统会有两种爆炸类型：一种是纯粹热爆炸，另一种是链式反应爆炸或称纯粹化学爆炸。就本质来讲，大多数高温气相爆炸都是链式反应爆炸。

实际系统中，爆炸发展过程总是伴随着热量的损失。在讨论热损失效应之前，先了解一下纯粹热爆炸的情况。对于一个封闭的化学反应系统，无论是均相的，还是多相的，都存在化学放热反应。假定反应产物的总体反应速率为

$$\frac{d[P]}{dt} = A[C_1]^n [C_2]^m \exp(E / RT) \qquad (3\text{-}12)$$

式中，[ ] 表示浓度；P 为产物；C_1 和 C_2 为两个反应物；n 和 m 为组分指数；A 为指前因子；T 为反应温度；E 为阿伦尼乌斯常数，是取决于反应速率的温度指数。

假设 Q 是反应中每生成 1mol 产物 P 的反应热，那么因为系统是绝热的，并且已假定系统自始至终保持体积不变，所以温度 T 的时间（t）变化满足式（3-13）：

$$C_v \rho \frac{dT}{dt} = -Q \frac{d[P]}{dt} \qquad (3\text{-}13)$$

式中，C_v 为定容热容；ρ 为密度。Q 前面的 "−" 表示该过程为放热反应。进一步假设，$Q \gg C_v \rho$，这种假设对于大多数放热化学反应来说一般是能成立的。因此对于封闭热反应，只要很少一部分反应物生成产物之后就会发生很大的温升。这意味着在任何温度区间反应物的浓度都是一个常数。利用这个假设，可以得到方程：

$$\frac{dT}{dt} = \lambda \exp(E / RT) \qquad (3\text{-}14)$$

式中，λ 是一个正常数，其公式为

$$\lambda = \frac{-A[C_1]^n[C_2]^m Q}{C_v \rho} \tag{3-15}$$

从时间 $t=0$ 积分，可以得

$$\lambda t = \int_{T_0}^{T} \exp(E/RT)\mathrm{d}T \tag{3-16}$$

式（3-16）右边的积分可以通过改变变量项和分步积分法求得，从而得到式（3-17）：

$$\frac{t}{\beta} = 1 - \left(\frac{T}{T_0}\right)^2 \left[1 + \frac{2RT_0}{E}\left(\frac{T}{T_0}-1\right) + A\right] \exp\left[\frac{E}{RT_0}\left(\frac{T}{T_0}-1\right)\right] \tag{3-17}$$

其中，

$$\beta = \frac{RT_0^2}{E\lambda} \exp(E/RT_0) \tag{3-18}$$

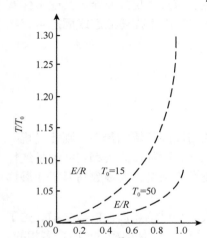

图 3-1　热爆炸的爆炸行为

通过假设一系列高于起始温度 T_0 的温度 T_1，并绘出 t/β 的行为曲线，即可以求得式（3-17）中 t/β 的值。这样，对应于两个 E/RT 值的 t/β 数值如图 3-1 所示，图 3-1 绘出了 t/β 对 T/T_0 的曲线。

对于高于起始温度 T_0 的 T 值增长较小的情况来讲，t/β 值开始增长较快，而后当其值趋于 1 时就会增长变慢，因为这个很简化的理论只在很小反应区内是成立的，所以它只适用于 T/T_0 很接近于 1 的情况。图 3-1 是指当 t/β 趋近于 1 时，系统即发生爆炸。因此可以设定常数 β 等于封闭放热反应系统的爆炸延滞时间 t_{ign}：

$$t_{ign} = \beta = \frac{RT_0^2}{E\lambda} \exp(E/RT_0) \tag{3-19}$$

从上述理论可得出这样的结论：任何正在进行放热化学反应的封闭系统，迟早是会爆炸的，它的爆炸延滞时间由式（3-18）中的常数 β 所给出。但需注意，式（3-18）的右边还含有一个常数 λ，它由式（3-15）确定。因此，爆炸延滞时间既是温度的指数函数，又是反应物浓度的幂函数。

2. 容器爆炸

当一个放热反应是在一个带有外部冷却装置的生产容器中进行时，该系统既有可能失控（即发生爆炸），又有可能以恒定的速率和温度持续反应下去，主要与系统的热平衡有关。为了简单，假设系统具有良好的搅拌装置，整个反应过程保持恒温，则系统对周围环境的传热量取决于容器壁的热传导系数和容器的实际表面积。考虑到热量损失项，式（3-13）就变成：

$$C_v \rho \frac{\mathrm{d}T}{\mathrm{d}t} = -Q \frac{\mathrm{d}[P]}{\mathrm{d}t} - \frac{sh}{V}(T - T_0) \tag{3-20}$$

式中，V 为容器容积；s 为容器表面积；h 为热传导系数；T 为容器中反应混合物的温度；T_0 为容器壁温度。右边第一项表示容器中化学反应产生热量的净速率，称为化学反应生成热项。右边第二项表示通过容器壁传导而净损失掉的热量，称为传导热损项。

值得注意的是，传导热损项跟容器内的温度 T 呈线性相关，而化学反应生成热项则是随反应物 C_1、C_2 的初始浓度呈整幂函数增加，随温度 T 呈幂次方增加。这里把浓度项单独定义为 $D = [C_1]^n [C_2]^m$。

化学反应生成热项和传导热损项对温度与浓度的敏感性见图 3-2。在图 3-2 中取三个不同的 D 值，令 $D_1 > D_{cr} > D_2$，可观察到并非所有三条化学反应生成热曲线都和传导热损曲线 L 相交。随着容器温度的增加，化学反应生成热与传导热损曲线开始完全不相交，接着在相切处相交两次。不相交时，化学反应生成热总大于传导热损，这时系统由于温度增加而失控发生爆炸。当二者相切时反应物浓度为最大值，标记为 D_{cr}，此时化学反应生成热与传导热损相等，系统达到平衡。而所有反应物初始浓度低于 D 的系统化学反应生成热曲线与传导热损曲线相交且有两个交点。从稳定性上来说，可以表明较低的交点是动力学上的稳定交点。换句话说，如果系统中反应物浓度低于一定的临界值 D，则容器内的温度将上升到略高于容器壁温以上的某个值并保持不变，在这种环境条件下经过起始的瞬间反应期后，反应将平衡进行，而放热化学反应将以恒定的速率进行。上述反应行为见图 3-3。

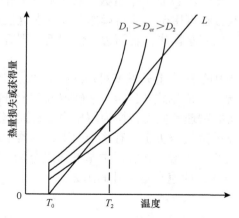

图 3-2 放热反应的热损和热量产生关系

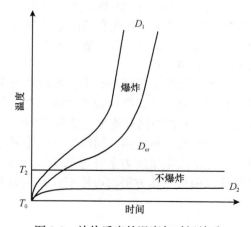

图 3-3 放热反应的温度与时间关系

如图 3-2 所示，设温度 T_2 为传导热损曲线和化学反应生成热曲线相切点所对应的温度，在此温度下传导热损曲线正好与化学反应生成热曲线相切，那么对于一组规定的反应物初始浓度和器壁温度 T_0 来说，切点就表示容器里的最高温度，在此条件下将发生稳定的化学反应。为了求得 T_2 的值，必须列出传导热损失方程和传导反应生成热方程，还要列出它们的斜率方程并使之相等，如下面两个方程所示。

生成热等于热损失的方程为

$$-Q \frac{d[P]}{dt} = \frac{sh}{V}(T - T_0)\Big|_{T = T_2} \tag{3-21}$$

$$\frac{d}{dt}\left\{ -Q \frac{d[P]}{dt} \right\} = \frac{d}{dt}\left[\frac{sh}{V}(T - T_0) \right]\Bigg|_{T = T_2} \tag{3-22}$$

代入式（3-12）并求解，得

$$\frac{RT_2^2}{E} = T_2 - T_0 \qquad (3\text{-}23)$$

或

$$T_2 = \frac{1 \pm (1 - 4RT_0 / E)^{1/2}}{2R / E} \qquad (3\text{-}24)$$

如果式（3-24）选用减号，即可得到较小的 T_2 值，对热爆炸的分析表明：在封闭的系统中，只要温度稍有升高则爆炸反应速率将加快许多。

假设 $E / RT \gg 1$，把式（3-24）展开得

$$T_2 = T_0 \left[1 + \frac{RT_0}{E} \right] \qquad (3\text{-}25)$$

把式（3-25）代入式（3-20），若 $\dfrac{dT}{dt} = 0$，则可推导出容器中发生爆炸的条件：

$$\frac{E}{RT_2} = \ln \left[\frac{-EQVA[C_1]^n[C_2]^m}{shRT_0^2} \right] \qquad (3\text{-}26)$$

式（3-26）右边[ ]内数值是一个正数，因为反应热 Q 是一个负数。式（3-25）和式（3-26）中包括了与热损有关的重要参数。这些方程可用于对容器操作条件的安全性进行评估。若式（3-25）右边值小于左边值，则可以安全操作；若两边数值相近，则容器处于爆炸的临界状态。

如果已知动力学速率，失控反应条件下容器中的压力上升速率可由式（3-20）来估算。假定容器绝热，则可得最大值。在这种情况下，应用式（3-14）来确定温度上升的速率。这些方程中温升速率可依据容器中反应物的物理性质而转换为用压力上升速率来表示。若容器中是液体，则压力增加速率由液体的蒸气压决定。有些情况下，容器中能量产生速率决定了压力上升速率及压力将发生突变的位置。若容器中是气体混合物，则理想或非理想气体方程都可用于计算压力上升速率，此速率是温升的函数。

3. 自燃

另一类失控的放热反应就是通常所说的自燃。自燃是指可燃物质在没有外部火花、火焰等火源的作用下，因受热或自身发热并蓄热所产生的自行燃烧现象。蓄积的热量达到某个温度时，干草、堆肥、煤、亚麻籽油和某些化学物质都有可能发生自燃，这一温度就称作自燃温度。

根据热源的不同，物质自燃分为自热自燃和受热自燃。黄磷暴露在空气中自燃是最典型的自热自燃现象。煤在储藏过程中如果散热不够或空气流通性差，也容易发生自燃现象。油锅起火是最常见的受热自燃现象。

自燃过程非常复杂，且没有普遍规律可以预测。例如，固体有机材料堆积但与新鲜空气隔离的自燃现象，有机物氧化时放出的热量会加热其周围的材料，如果堆料中的空气条件合适，将会引燃堆料。通过有效措施严格控制空气接触堆料则可以延迟甚至消除自燃。受热自燃也可采取措施进行控制：可燃物不要离高温物体太近；加热处理可燃物要注意控制好温度；防止高温物料泄漏遇空气自燃。另外，化学反应热、摩擦热、压缩

热等都能引起受热自燃。

3.1.5　气体预混燃烧和扩散燃烧

根据气体燃烧过程的控制因素，可分为扩散燃烧和预混燃烧两种燃烧形式。扩散燃烧是指可燃气体或蒸气与气体氧化剂相互扩散，边混合边燃烧。在扩散燃烧中，化学反应速度要比气体混合扩散速度快得多，整个燃烧速度的快慢由物理混合速度决定，气体或蒸气扩散多少就烧掉多少，如气焊、电气照明等，燃烧过程比较稳定。预混燃烧又称动力燃烧或爆炸式燃烧，是指可燃气体或蒸气预先与空气或氧气混合，遇火源发生带有冲击力的燃烧。预混燃烧一般发生在封闭体系或混合气向周围扩散速度远小于燃烧速度的敞开体系，燃烧放热造成产物体积迅速膨胀，压力升高。

1. 预混燃烧

气体预混燃烧速度快，温度高，火焰传播速度快，通常的爆炸反应就属于预混燃烧，造成的危害较大。

1）层流火焰

能够持续进行均匀放热反应的气体混合物或化合物，当其大量集中时，一旦燃烧，便可以形成亚声速的火焰反应波，这种反应波能够自行传播，具有传播特征，并且其传播特征与气体的初始条件相关。预混气体中的火焰阵面相当薄，受扰动影响较大。预混气体火焰阵面扰动可近似为一维不稳定流动，因为它的波速低于声速，所以受流体空气体积力和黏性阻力作用较强。这种火焰的两个特征参数是：①火焰温度；②层流火焰燃烧速度。由于大多数预混气体的火焰阵面都是以较低的亚声速传播到未燃气体，因此没有压力的增加。事实上，火焰阵面存在着微小的压力降，但并非说内部火焰的传播不会导致内部总体压力的上升，而是说在这种环境条件下，只要火焰保持薄层流状态和以低的亚声速传播，则整个容器的压力上升在空间上是均匀一致的。

由于与火焰传播相关的局部反应过程基本上是等压的，并且与火焰传播相关的流体运动的关系很小，那么就能通过假设燃烧过程是等焓变化条件来计算火焰的温度，而高温火焰气体完全处于化学平衡。由于高温火焰气体在空气中燃烧时物质的量变化不大，且定容时压力上升大致等于 $\gamma T_{\mathrm{f}} / T_{\mathrm{u}}$（ T_{f} 为火焰温度； T_{u} 为未燃烧气体的温度； γ 为热容之比，是定压热容 C_{p} 与定容热容 C_{v} 之比，$C_{\mathrm{p}} / C_{\mathrm{v}}$）。燃料空气混合物在定容条件下燃烧时，其压力增加可以达到 6～8 个大气压，这就是预混气体火焰在有限空间内传播时引起容器壳体破坏的原因。

确定某一燃烧系统的正常燃烧速度是非常困难的，对于每一混合物组分及其初始温度和压力来说，都存在着一个对应的燃烧速度。这个燃烧速度可以通过热量扩散速度、质量扩散速度及火焰中化学反应速度来确定。混合物的火焰温度和燃烧速度通常用燃料当量比来表示。高温火焰气体当量比可用式（3-27）进行定义：

$$\varphi = \frac{f / a}{(f / a)_{\mathrm{stoich}}} \tag{3-27}$$

式中，φ 为燃料当量比；f 为燃料浓度；a 为空气或氧化剂浓度；$(f / a)_{\mathrm{stoich}}$ 表示符合等化学计量比燃料-空气混合物的 f/a 值。

　　燃料当量比 $\varphi < 1$，意味着该混合物中有过剩的空气；燃料当量比 $\varphi > 1$，意味着该混合物中有过多的燃料。上述两种情况都不可能完全燃烧。一般火焰温度和燃烧速度都是随着混合物趋近于化学计量比而增加的，特别是当燃料当量比 $\varphi = 1$ 时，绝大多数混合物的火焰温度和燃烧速度达最大。

　　预混气体系统的初始压力和初始温度均会影响层流火焰的燃烧速度，影响程度取决于火焰温度。若火焰温度相当高，如超过 2100K，则气体产物分解就非常重要。在这种情况下，如果增加初始温度，则由于分解过程明显增加了气体的有效热容，最终火焰温度也不会显著变化，这表明初始温度对高温火焰气体的燃烧只有很小的影响。而对于初始压力来讲，其影响效果则恰恰相反。在高温火焰中，压力增长大大地抑制了分解过程，从而提高火焰温度。也就是说，压力升高会使燃烧速度增大。若火焰温度低于 2100K，情况则完全不同，此时气体产物的分解变得不重要，初始温度一定幅度升高将引起火焰温度以基本相同的幅度升高，这表明燃烧速度是随着初始温度的升高而增大的。由于这

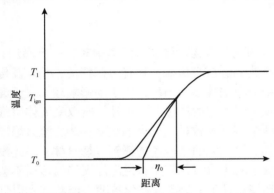

种情况下气体分解作用很小，压力的变化对火焰温度没有影响，对燃烧速度也只有很小的影响。

　　火焰存在预热区厚度。图 3-4 是一典型层流火焰的温度剖面示意图，从中可以看出温度曲线中间有一个拐点，该点的温度处于已燃温度与未燃温度之间。若从拐点作温度-距离曲线的切线并延长到与 T_0 相交，则 T_0 轴上交点到拐点的距离即为预热区厚度 η_0。在这个区域内，气体在本质上是未发生化学反

图 3-4　预热区厚度的定义（燃烧爆炸过程的热化学）

应的，只是通过热传导将气体加热，热量来源于高温火焰的热反应区。预热区厚度与燃烧速度、热传导系数其他火焰性质关系如下：

$$\eta_0 = \frac{k_u}{\rho_u S_u (C_p / m)} \left[\frac{T_{ign}}{T_0} \right] \qquad （3-28）$$

式中，k_u 为气体混合物在室温时的热传导系数；ρ_u 为未燃气体的密度；S_u 为燃烧速度；C_p / m 为单位质量气体的热容；T_{ign} / T_0 为发火温度与初始温度的比值，其值在 3～4。

　　要准确确定火焰的发火温度 T_{ign} 较为困难，因为它是建立在引燃动力学基础上的。不过对于大多数火焰，T_{ign} 为 900～1200K。

　　此外，关于火焰传播比较重要的两个概念是最小点火能和火焰猝灭距离。最小点火能是指能导致混合气中火焰传播的最小能量。若能量小于最小点火能，则只能引燃其周围极少量气体，而传递给气体的能量不足以维持燃烧波向四周传播。火焰猝灭距离是指火焰传播中所能越过的最小平板间距或间隙。火焰猝灭距离可用平行板装置或管形装置进行测定。

　　若用最小点火能和火焰猝灭距离对当量比作图，则可发现在燃烧当量比附近有一明

显的最小值。试验表明，火焰猝灭距离（d）与系统压力（p）和最小点火能（E_{min}）有关。对任何火焰，pd 为常数，$E_{min}=Cd^2$，式中，系数 C 对几乎所有的碳氢燃料来说是一样的。理论研究表明，最小点火能近似地与火焰温度 T_f 和热传导系数 k_u 及燃烧速度 S_u 的比值成正比，即

$$E_{min} \propto \frac{k_u}{S_u}(T_f - T_0) \tag{3-29}$$

值得注意的是，最小点火能通常是很小的，事实上能够引燃大多数碳氢化合物的电火花能量极小，一般静电即可引起。因此在工业生产过程中，可燃混合气体由电火花引燃的可能性极大，必须采取专门措施来减少火花引燃可燃气体或蒸气的可能性。

除了上面提到的性质，可燃系统还存在着燃烧极限的问题，即只有这一浓度范围内的燃气组分才可点燃。也就是说，存在着一个从某个下限到某个上限的浓度组成范围，火焰只在这两个界限之间传播。在实际应用中，应注重燃烧下限（LFL）。总的说来，对于典型的碳氢燃料，其燃烧下限约为当量百分数的 55%，而燃烧上限则是当量百分数的 330%。试验结果表明，对于大多数碳氢燃料，燃烧下限与其燃烧热的乘积约等于 4.35×10^3。这说明当所有的碳氢燃料消耗完后，火焰的温度将几乎不变。

对于液体燃料，需要考虑它的闪点。燃料闪点温度的精度取决于测量技术。对于纯燃料，闪点最可靠的测量手段是闭杯试验法：即将称有待测液体的容器放在恒温箱中，在大气压和室温条件下让整个系统达到完全平衡。当系统达到平衡，部分打开箱体顶部，在蒸气-空气混合气处，防止产生预混火焰。若液体蒸气-空气混合气燃烧（闪燃），则认为恒温箱温度高于液体燃料的闪点。若混合气不可燃，则认为恒温箱温度低于闪点。经反复试验，可得到闪点温度，通常误差不超过几摄氏度。

若可燃液体、蒸气和可燃气-空气混合物浓度处于燃烧极限之内，只简单加热到高温就可以引燃。所以，通常采用加热容器的方法来研究这种类型的引燃。Strehlow 利用击波管技术研究了气体燃料在没有点火源存在的条件下的自燃情况。试验得到任何系统在高温时的自燃或爆炸延滞时间可表示为

$$\lg\{\tau[F]^n[O]^m\} = \frac{E}{RT} + A \tag{3-30}$$

式中，τ 为以秒为单位的点火延滞时间；E 为有效活化能；[F]和[O]分别为燃料和氧化物的浓度。指数 n 和 m 及有效活化能 E 通常是通过对若干个数据点进行回归分析来确定的。在较低温度区间，延滞时间随温度的降低而迅速增加，最后会到达自燃温度（AIT）。在这一温度下，系统内发生缓慢的化学反应，出现自燃。

对于典型的液体碳氢化合物燃料，其闪点 T_L、燃烧极限 T_U 和自燃温度（AIT）之间的关系如图 3-5 所示。值得注意的是，燃烧

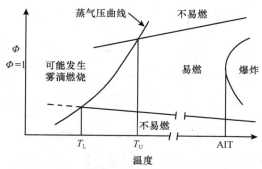

图 3-5　典型液态烃燃料的闪点、燃烧极限和自燃温度间的关系

下限随温度变化不大，而燃烧上限则随温度升高而显著上升。燃料蒸气压曲线与燃烧极限的交叉点为平衡的上、下限闪点。低于闪点时，可能形成可燃的油气雾。自燃温度通常在化学计量比附近有最小值。

2）爆轰

爆轰又称爆震，是一个伴有大量能量释放的化学反应传输过程。反应区前沿为一以超声速运动的激波，称为爆轰波。爆轰波扫过后，介质成为高温高压的爆轰产物。

这里简要介绍一下较为简单的爆轰波一维传播理论，假设超声速的爆轰波是全稳态的一维流动，忽略黏性力及体积力，并假设混合气体为理想气体，其燃烧前后的定压比热容 γ 为常数，其分子质量也保持不变。根据气体动力学理论，超声速爆轰波在一定近似假设条件下应满足雨贡尼奥方程[式（3-31）]和瑞利方程[式（3-32）]：

$$\frac{\gamma}{\gamma-1} \times \left(\frac{p_P}{\rho_P} - \frac{p_\infty}{\beta_\infty}\right) - \frac{1}{2}(p_P - p_\infty)\left(\frac{1}{\rho_\infty} + \frac{1}{\rho_P}\right) = q \qquad (3\text{-}31)$$

式中，$\gamma = C_p / C_v$，为比热容，即定压与定容热容之比；p、ρ、T 分别为混合气压力、密度和温度；P 表示已燃混合气体；∞ 表示未燃混合气；q 为单位质量混合气的反应热。

$$\frac{p_P - p_\infty}{1/\rho_P - 1/\rho_\infty} = -m^2 = -\rho_\infty^2 u_\infty^2 = -\rho_P^2 u_P^2 \qquad (3\text{-}32)$$

式中，m 为单位时间单位截面积上的质量流量；u 为混合气速度。

将式（3-32）变换形式后与当地声速 α_∞（$\alpha_\infty = \sqrt{\gamma R T_\infty} = \sqrt{\gamma p_\infty / \rho_\infty}$）相除得

$$\gamma M_\infty^2 = \left(\frac{p_P}{p_\infty} - 1\right) \bigg/ \left[1 - \frac{1/\rho_P}{1/\rho_\infty}\right] \qquad (3\text{-}33)$$

式中，M_∞ 为马赫数，其物理意义是混合气速度 u_∞（u_∞ 等于燃烧波速度，只是方向相反）与当地声速 α_∞ 之比。

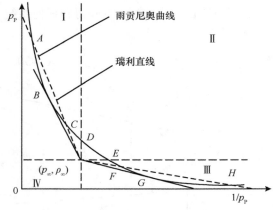

图 3-6　雨贡尼奥曲线和瑞利直线

如果混合气的初始状态（p_∞，ρ_∞）给定，则最终状态（p_P，ρ_P）必须同时满足式（3-32）和式（3-33），即在 $p-1/\rho$ 图上瑞利直线与雨贡尼奥曲线的交点就是可能达到的终态。将瑞利直线（m 不同时可得一组直线）和雨贡尼奥曲线（当 q 不同时可得一组曲线）同时画在 $p-1/\rho$ 图上，如图 3-6 所示。

图 3-6 中（p_∞，$1/\rho_\infty$）是初始状态，通过（p_∞，$1/\rho_\infty$）点分别作 p_P 轴、$1/\rho_P$ 轴的平行线，则将（p_P，$1/\rho_P$）平面分成 4 个区域（Ⅰ、Ⅱ、Ⅲ、Ⅳ）。区域Ⅰ是爆轰区，区域Ⅲ是正常火焰传播区，终态只可能出现在Ⅰ、Ⅲ区，而不可能出现在Ⅱ、Ⅳ区，这两个区是没有物理意义的。

交点 A、B、C、D、E、F、G、H 等是可能的终态。瑞利直线与雨贡尼奥曲线分别相切于 B、G 两点。B 点称为 C-J 点，具有终点 B 的波称为 C-J 爆轰波。AB 段称为强爆轰波，*BD* 段称为弱爆轰波，*EG* 段称为弱缓燃波，*GH* 段称为强缓燃波。

2. 扩散燃烧

扩散燃烧是人类最早使用的一种燃烧方式。扩散燃烧可以是单相的，也可以是多相的。气体燃料的射流燃烧属于单相扩散燃烧，而石油和煤在空气中燃烧属于多相扩散燃烧。

在扩散燃烧中，燃料与空气的混合依靠质量扩散进行，而这种扩散与流动状态有关。在层流状态下，混合依靠分子扩散完成，层流扩散燃烧的速度取决于气体的扩散速度。在湍流状态下，由于大量气团的无规则运动，强化了质量扩散，燃料与空气之间的质量扩散速度大大增加，从而缩短了燃烧所需的时间。

1）层流扩散燃烧火焰

层流扩散燃烧的速度较慢，功率较小，是扩散燃烧的基本形式，也是认识湍流扩散燃烧的基础，故而先分析层流扩散火焰外形、横向物质浓度分布、温度分布和火焰高度。

气体射流燃烧的火焰形状仅仅与供给的空气量有关。如果供给过量，则火焰外形呈封闭伸长形状；反之，则会产生扇形火焰，如图 3-7 所示。

扩散燃烧火焰有一个较宽的气体浓度变化区域。由于扩散，火焰中出现了可燃气、氧气和燃烧产物浓度分布区域。气体射流中，无论是可燃气和空气沿火焰方向同时流动，还是只有可燃气体进入空气中，其浓度分布剖面都是一样的。从火焰外层看，有向外流的燃烧产物和向里流的氧气及少量的氮气。在正常状态下，燃烧产物的总质量大于氧气和氮气的质量之和，故而可以看到宏观气流从火焰锋向外移动。在火焰锋外部，由扩散引起的氧气流动和宏观气流方向相反。氢气-空气层流扩散火焰横向阵面物质浓度分布见图 3-8。理论研究表明，扩散火焰的温度以火焰锋最高，离开火焰锋，向内趋于某一值，向外趋于环境温度。整个温度分布如图 3-9 所示。

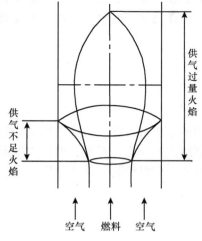

图 3-7　气体射流火焰外形

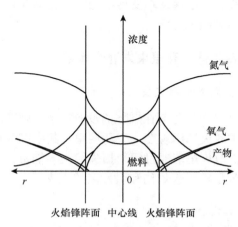

图 3-8　扩散火焰横向物质浓度分布（*r* 表示物质浓度分布半径）

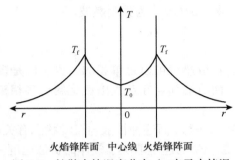

图 3-9　扩散火焰温度分布（r 表示火焰温度分布半径）

火焰高度方面，层流扩散火焰高度与容积流量成正比，即与可燃气流速和喷嘴截面积的乘积成正比。可燃气流速越大，扩散火焰越高；喷嘴横截面积越大，扩散火焰越高。扩散火焰高度随可燃气流速变化如图 3-10 所示。从中可以看出，流速较低时，处于层流状态，火焰高度随流速的增加大致成正比提高，而在流速较高时，处于湍流状态，火焰高度几乎与流速无关。

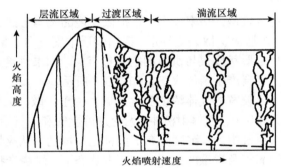

图 3-10　扩散火焰高度随火焰喷射速度变化图

2）湍流扩散燃烧火焰

图 3-10 描述了随着火焰喷射速度增加，由层流扩散火焰过渡到湍流扩散火焰的情况。从中可以看出，层流扩散火焰锋的边缘光滑、轮廓明显、形状稳定。随着火焰喷射速度提高，火焰锋顶端变得不稳定，变高并且开始颤动，直到某一确定点开始发生层流破裂并转为湍流射流。

3.1.6　两相体系和原来未混合体系

1. 扩散燃烧和火灾

若燃料和氧化剂在燃烧前没有接触，则其燃烧形成的是扩散火焰，符合扩散燃烧的特点。扩散火焰出现在一个薄层里，其中燃料和氧化剂原先是相互分开的，而后扩散到一起。扩散火焰能通过辐射损失掉很多能量，可对附近的人和纤维材料产生危险，因为辐射能量足够引起灼伤和引发新的火灾。

2. 雾化液滴燃烧

能分散成均匀液滴的液体燃料有两种燃烧方式。当液滴直径很小（小于 25μm）且挥发性较好时，燃烧时液滴将在层流火焰的预热区蒸发，燃料以气体形式参与燃烧，火焰表现为扩散火焰。若液滴直径较大或挥发性较差时，则火焰传播时伴有液滴，这些液滴将被扩散火焰所包围，这个过程一直进行到液滴或氧气全部消耗为止。由于雾化液滴不像它处于蒸气时分布那么均匀，燃烧总是含有富氧区或缺氧区，其燃烧上限大于其作为纯气体时的燃烧上限。对于很多雾化液滴的空气混合物，大量液滴燃烧可不经历蒸发即能燃烧。

3. 粉尘燃烧

可燃粉尘通常分为有机粉尘和金属粉尘两种。金属粉尘的燃烧过程比有机粉尘的燃烧过程简单，因为金属粉尘的燃烧时间比有机粉尘短。金属粉尘燃烧过程会因金属是否熔化或形成的氧化物是液态还是气态而有明显的差异。

有机粉尘燃烧存在极大的变化。粉尘中的多余碳在发生非均相化学反应之前可能已先发生了脱挥发分作用和焦化作用。如果混合物中含有多余的粉尘，则仅有少量挥发物会燃烧。

粉尘火焰与雾化液滴燃烧火焰有着明显的区别，因为粉尘燃烧过程中颗粒的温度可以达到非常高，而在同样情况下，雾化液滴中液滴的最高温度只能是此压力下液体的沸点温度。雾状火焰只能借助火焰富燃区中产生的炭黑来产生足够的辐射能量，而粉尘火焰借助燃烧过程中的粉尘颗粒本身辐射能量。当燃烧的粉尘云变得越来越大且不透明时，辐射将成为其传热的主要方式。

4. 液雾和粉尘燃烧

早在 20 世纪 70 年代，埃克霍夫就液雾和粉尘的火花点燃开展了研究，发现可燃气体或蒸气-空气混合物的火花点燃存在着简单的最小点火能，当涉及粉尘云雾时，对火花自身性质、火花隙长度等其引燃过程具有重要影响。同时发现，液雾和粉尘燃烧过程存在着一个很宽的点火能力范围（对应能量称为点燃火花能），在这个范围内点燃液雾和粉尘点燃概率可从 0 变化到 100%，即从一次也不点燃变化到 100%都能发生点燃，其点燃火花能的变化则趋近于某个数量级，典型的粉尘点燃火花能比碳氢气体或蒸气点燃火花能大两个数量级之多。

粉尘在高温时也可以自燃，其自燃温度特性与可燃气体或蒸气自燃温度特性相似。如果高温可维持足够长时间，粉尘就可自燃并燃烧。

5. 爆轰性质

液雾和粉尘云燃烧都能产生爆轰波。低蒸气压烃类燃料的液雾在空气中能被冲击起爆而形成 C-J 爆轰波的速度或接近此速度传播的自持波。尼科尔斯等发现也可用高能炸药直接激发液雾区。如果用足够强的冲击波激发试管壁上低蒸气压油膜，也会引发爆轰。

3.1.7　凝聚相体系

所有能够分解放热的纯物质或混合物都是具有危险性的。一般来讲，按照经验可将放热化合物或混合物分为四大类。

第一类包括具有极大危险性的物质，如氮的三氯化物和某些有机过氧化物等。这些物质极不稳定，即使在少量的情况下也不安全。

第二类属于次危险级化合物，主要是起爆炸药，如叠氮化铅。通常情况下起爆炸药对冲击和火花都特别敏感，其主要用途是作为引爆装置的药剂，用来起爆高级炸药装药。

第三类是高级炸药，需要比较强的冲击波来引发爆轰，如 TNT、RDX、HMX、PEN 等。在一般条件下，可以相对安全地储存较长时间。

第四类是放热化合物类推类剂。这类放热化合物或混合物对一般的冲击不太敏感，不容易发生爆轰。这类物质可作为火箭推进剂，或作为枪炮的发射药，如硝化棉和硝化甘油加上其他附加成分混合而成的双基发射药，以及高氯酸铵或某些其他固体氧化剂与有机黏合剂混合而成的复合推进剂。

高级炸药具有确定的最小装药直径，当小于这个直径时爆轰不能长距离传播，而最小装药直径与装药周围约束物的大小有关。与暴露在空气中的装药相比，受重型钢管约束的装药表现出较小的爆轰熄灭直径。

众所周知，只有炸药产生足够强的冲击波才能激发高级炸药爆轰。此类冲击波可以由子弹的冲击产生，或由起爆炸药的爆轰产生，又或由局部滑动摩擦产生。起爆能通常通过测定发生直接起爆所需的冲击压力来确定。

高级炸药和推进剂都是放热化合物或混合物，在绝热反应器中具有相同的热稳定性，即以不断加快的速度全部分解并最终发生爆炸。这些物质置于反应容器中，存在爆炸分解最低限值的容器尺寸、形状和温度。

因此，从安全角度出发，凝聚相放热化合物或混合物的以下几种性质需特别关注：能够支持爆轰波传播的最小装药直径，炸药对可直接引起爆炸的冲击波的敏感度，以及炸药的热稳定性。

3.2　燃烧爆炸动力学[3]

3.2.1　燃烧爆炸的特性

很多放热过程都能够引发爆炸。例如，由失控化学反应导致的容器爆裂及高级炸药装药的爆轰等。此外，还存在由可燃液体泄漏后燃烧而产生的爆炸，释放的可燃气体或粉尘由于燃烧而爆炸，以及容器内承装的可燃物料因燃烧而发生爆炸。上述这些气相燃烧爆炸都是由弱能源点火的，并以层流燃烧开始传播。因此在适当的条件下点火只会形成火焰而不一定发生爆炸。但如果有大量的燃料泄漏，点火后就容易转化为爆炸。

一般来说，室外泄漏可以发生两种爆炸。一类是盛满高蒸气压物质的容器由于火灾或失控化学反应的作用而发生破裂，其中的液体将迅速蒸发，这种情况下冲击波破坏性很小，但容器的碎片可以飞很远。此种爆炸称为沸腾液体扩展蒸气云爆炸（BLEVE）。如果所承装物质是燃料，并能瞬间被点燃，那么就会产生很大的火球。另一类爆炸是无约束蒸气云雾爆炸。通常大量的燃料泄漏但未被立即被点燃，泄漏燃料在空气中扩散，并与空气混合，形成大片处于可燃范围的混合物，此时可能有三种情况发生：一是泄漏处没有点火源，蒸气云安全扩散；二是混合物可能被点燃，但只是单纯的燃烧；三是混合物被点燃后剧烈燃烧，且产生破坏性的爆炸波，该种情况称为无约束蒸气云爆炸。

3.2.2　火焰空气动力学

1. 无约束的火焰传播

大量试验资料表明，如果燃烧是完全无约束的，则燃烧加速过程不可能变得很剧烈。通过小规模的无约束燃烧试验发现，火焰传播是不会加速的。Lind 和 Whiston 通过半球形气囊燃烧试验验证了上述结论。图 3-11 是试验装置及试验操作安排示意图，试验装置包括一个快速感应压力计，两个高速成像相机，其中一个从水平方向观察，另一个从垂直方向观察。半球形气囊中充满了按当量比混合的可燃气。火焰半径在水平和垂直方向上随时间变化的典型曲线如图 3-12 所示。一系列试验结果显示，每次试验中气囊都是在底部撕裂的，此时非常轻的气囊会随着燃烧的继续而完全飘浮在混合物上，也就是说气囊的存在并不对燃烧的传播产生任何影响，燃烧在本质上是不受约束的。

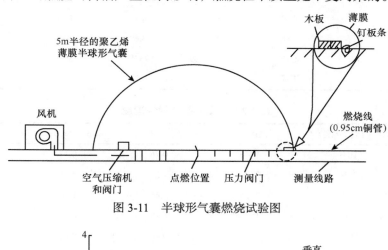

图 3-11　半球形气囊燃烧试验图

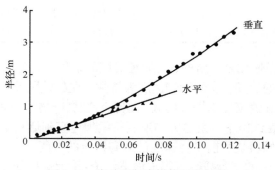

图 3-12　半球形气囊燃烧试验结果

表 3-1 是与图 3-12 相对应的试验数据，同时给出了燃烧水平传播速度和燃料法向燃烧速度的对比。观测到的速度 S_S 与有效燃烧速度 S' 有关，并且定义二者的比例（$\varphi = S' / S_S$）为燃速比，结果见表 3-2。

表 3-1　半球形气囊燃烧试验结果

试验序号	气囊尺寸/m	燃料	燃料浓度（体积分数）/%	水平速度/（m/s）	法向速度（3m）/（m/s）	法向速度（8m）/（m/s）
5	5	甲烷	10.0	5.8	7.3	—
7	5	甲烷	10.0	—	7.3	—
13	10	甲烷	10.0	5.2	6.5	8.9
1	5	丙烷	4.0	—	6.3	—
12	10	丙烷	4.0	6.1	7.8	10.6
3	5	丙烷	5.0	—	7.4	—
6	5	丙烷	5.0	6.9	9.5	—
4	5	丙烷	5.0	8.3	10.2	—
11	10	丙烷	5.0	9.6	9.9	12.6
10	10	氧化乙烯	7.7	13.4	15.2	22.5
8	10	氧化乙烯	7.7	14.7	16.0	22.4
14	5	乙烯	6.5	8.8	17.3	—
15	5	乙炔	3.5	3.6	4.6	—
18	5	乙炔	7.7	23.7	35.4	—
17	5	丁烯	3.5	3.9	3.5	—

表 3-2　气囊实验的燃烧速度

燃料	浓度（体积分数）/%	火焰温度/K	S'/（m/s）	S_S/（m/s）	φ
甲烷	10.0	1960	0.76	0.37	2.1
乙烷	6.5	2100	1.21	0.75	1.6
乙炔	7.7	2325	2.65	1.56	1.7
丙烷	4.0	1980	0.78	0.43	1.8
丁烯	3.5	2100	0.46	0.60	0.8
氧化乙烯	7.7	2140	1.58	1.01	1.6

　　表 3-2 中丁烯的燃速比是不对的，可能是贫燃的结果。图 3-12 所示的火焰传播速度曲线表明在火焰燃烧的后期，有效燃烧速度为常数。在起始段垂直方向传播速度缓慢增加到一定值期间，其加速度比水平方向大，这表明燃烧产物浮力对燃烧有影响。

　　在直径为 5m 气囊试验中，垂直方向速度持续加速直到燃料烧尽，而在直径为 10m 气囊试验中，通常在燃料烧尽前燃烧速度已达到恒定的数值。

　　由 Lind 和 Whiston 的试验研究可得出如下结论：①大规模的完全无约束燃烧并不表现出过大的加速度；②当燃烧处于无约束条件下时，气体产物的浮力对加速过程影响不大；③火焰前端的湍流边界层的确增加了局部燃烧速度。

　　2. 燃烧在球形弹中的传播

　　燃烧在封闭系统内传播的最简单的几何模型就是用火花从中心点燃球形弹中的预

混可燃气，如图 3-13 所示。在此情况下，火焰总是沿着垂直于壁面的方向向球壁传播，没有沿着壁面的气体运动，也不产生边界层。此过程中压力开始随时间呈三次方上升，而后有个明显的升高。在这个几何模型中，除了在火焰中有个很小的压力降之外，球内其他地方的压力整体上是均匀的。

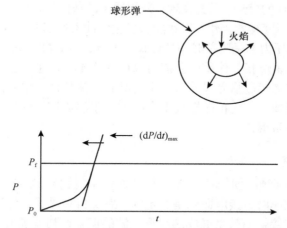

图 3-13　中心点火的球形弹预混可燃气燃烧压力-时间曲线

如图 3-13 所示，中心点火的球形弹预混合可燃气燃烧总是向容器顺法向垂直传播，容器最大压力 P_f 和最大压力上升最大值$(dP/dt)_{max}$ 在简明的压力-时间曲线上进行了标注，由于容器壁有热损失，压力达到最大值后又下降。

试验过程中通常观察容器中最大压力与初始压力比 P_f/P_0 和最大压力上升值$(dP/dt)_{max}$ 两个特征参数。基于平衡热力学计算法，可以近似计算得到最大压力上升值。当燃烧过程结束时，中心区气体的熵较高，使得中心区气体温度比壁面附近气体温度高得多，这时环中心区气体先燃烧转变成热产物，然后在高温下被压缩，而壁面处的气体在转化为生成物之前就被压缩至高压。

$(dP/dt)_{max}$ 值与垂直燃烧速度和球形弹容积有关系，可用式（3-34）表示：

$$\left(\frac{dP}{dt}\right)_{max} V^{\frac{1}{3}} = K_g \qquad （3-34）$$

式中，K_g 为常数；V 为球形弹容积。

在此类几何模型中没有产生湍流气体运动，因此有效燃烧速度不会像半球形气囊试验火焰传播那样显著增加。但是由于燃烧过程中温度升高使气体膨胀，在火焰传播期间球形弹内还存在气体运动。开始时火焰前方的气体以较快的速度被推离中心区，最后停止燃烧时火焰附近的气体产物以较快速度向中心区回流。

在中心点燃的球形容器中，接近火焰传播期末尾时有时候能观测到振荡现象。此时的振荡是由声学的交互作用和适当情况下层流火焰固有不稳定性产生的，不会出现湍流传播。

3. 湍流火焰的传播

当层流火焰遇到火焰前端的流体处于湍流区时，会产生预混湍流火焰。该火焰的性质很大程度上由火焰前端的湍流比例和激烈程度所决定，与火焰厚度和燃烧速度有关。一般来讲，与火焰厚度相比，大规模的低强度波动会产生高度皱折火焰，在传播方向上每单位火焰前端的表面积是有一定增加的，呈现出湍流火焰燃烧速度的增长。

随着预混湍流火焰前端湍流强度的增大，单纯火焰阵面逐渐变小时，燃烧开始遍布较大的区域，称为全面性的燃烧。研究发现，采用适当的条件下，在一个足够大的流体尾流中，湍流混合过程可以变得相当快，以致能够发生无冲击的起爆过程。此外，如果是封闭体系的燃烧，其底部压力总是随着时间的延长而上升，直到燃烧完毕或封闭体系破裂。

扩散燃烧中，与燃烧相互作用的湍流可以由燃烧本身产生，也可以由浮力引起的自由对流产生。扩散燃烧超过临界尺寸后就不再具有层流特性，湍流传播速度对燃料消耗速度的影响则更为重要。层流扩散燃烧不存在类似于湍流扩散燃烧的有效燃烧速度，湍流扩散燃烧一般不导致爆炸。

4. 泰勒不稳定性

当轻、重流体的接触面朝较轻的流体方向加速时，就会产生典型的泰勒效应。相反，当朝重流体的方向加速时，接触面则是稳定的，并保持扁平状。然而，当加速度矢量颠倒并保持恒定时，则接触面就发展成波浪形，波的振幅最初是随着时间呈指数增加的。

向燃料-空气混合物传播的预混气体火焰是一个比较慢的低速波，该燃烧波在气体中将产生较大的密度差。此时已燃烧气体的密度趋近于比火焰前端未燃烧气体密度小 6～8 倍。流体燃烧引起相对较冷的气体推挤热气体产物，使得流体朝相应的方向脉冲加速，泰勒不稳定性机制就会引起燃烧表面积显著增大。如果加速度足够大，则燃烧表面积的增加速度可能非常快。此外，因为反应物向产物转化的总速度直接与燃烧面积成比例，有效燃烧速率总体会显著增加。Eills 和 Markstein 的研究中都出现了相同类型的泰勒不稳定性。

5. 流体中的湍流产生器

在产生火焰并使火焰继而通过流体的过程中，存在两类主要的湍流产生器。一种是由边界层在内表面上生成，由燃烧产生的压力波引起火焰前端流动，这种流动又与表面相互作用产生边界层，如果流速足够高的话，该边界层就变成湍流层了。另一种是受燃烧火焰前端流体中障碍物的影响，如果火焰传播迫使流体以高速通过障碍区，则可能产生很强的湍流。

6. 燃烧不稳定性

一个可大量排气的封闭体系内的燃烧不稳定性，可以使压力上升速度和第二压力峰值大于由适当模拟技术与小规模试验所测得的数值。研究发现，排气容器中的第二压力峰出现在气体产物排放之后，并有一振幅上升的高频振荡，由此引起的第二峰值要比预期的大。这一振荡频率与燃烧室的固有频率有关。振荡是由相同的燃烧不稳定性引起的，许多连续的燃烧中都能观测到燃烧不稳定性。

3.2.3　封闭系统爆炸动力学

研究长径比（*L/D* 数量级为 100）很大的长管内的可燃混合物燃烧，可燃混合物的垂直燃烧速度相对高于未燃气体达到声速。在这种情况下，在封闭端点燃混合物，可使火焰传播加速，最终在管子中形成爆轰。图 3-14 是火焰传播加速开始的示意图。

图 3-14 显示最初生成的火焰产生一弱冲击波，接着火焰接触壁面发生传热使火焰传播速度变慢，但由于泰勒不稳定性，离开壁面后火焰传播又开始加速。此时火焰前端的气流速度足够大，并开始沿长管壁面产生一湍流边界层，同时可观察到火焰沿边界层传播，并在火焰传播方向的后部产生圆锥形火焰阵面，其表面积相对管子横断面来说是很大的。此火焰阵面与管子横截面相比表面积较大，表明此时的有效燃烧速度变得相当大，会产生一强压力波，朝着引导冲击波方向传播（图 3-15），此时压力波足以导致冲击波，引发后面管子的某

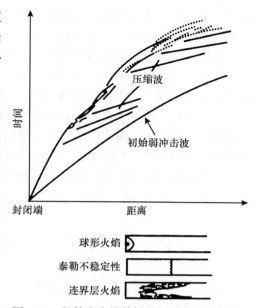

图 3-14　长管中火焰传播的加速过程（初期）

个部位激起均相爆炸。已预热可燃混合气的压力上升可导致爆轰波的传播。爆轰波通常出现在引导冲击波后一定距离处，爆轰波朝引导冲击波方向传播，当追赶上它之后，就在管子其余未受干扰的气体中产生一个 $C\text{-}J$ 爆轰波。同时，还会产生一个膨胀波，它从起爆点往回传播，直到起爆点与火焰之间的气体都消耗殆尽为止。通常情况下，激发区域附近的压力与稳定 $C\text{-}J$ 爆轰波的压力相比非常高，这是因为初始爆轰发生于经过预热和受到较强冲击波预压缩过的混合物中。

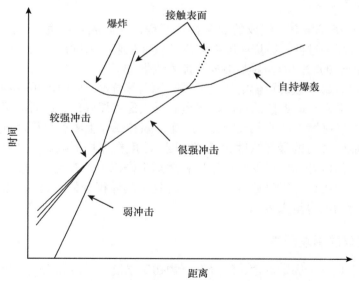

图 3-15　长管中由火焰传播加速引起的爆轰（后期）

如果长管不够长，且加速过程相当慢，则可燃混合物在爆轰前被燃烧波压缩。此时

爆轰已经在具有较高压力的气体中传播了。经验证，能够转为爆轰的长管中局部压力可能高初始压力 240 倍，是由于最初的预压缩和最后的爆轰波从管子末端反射。

值得一提的是，长管的粗糙度和弯曲度对转变距离有显著影响。如果粗糙度和弯曲度相当大，则会显著缩短转变距离。如果长管的直径比较小，火焰的燃烧速度比较慢，则可观测到如图 3-16 所示的传播行为。图 3-16 中，由于管壁的传热速度相当快，火焰传播一定距离（通常为 10~20 个直径长度）后，火焰才会以正常速度的准稳态方式沿管子传播。这是由于热交换冷却了管壁附近的热气体，因此其温度接近于管壁，使得热气体区域保持不变，并停止推动火焰前端的未燃气体流动。如果这种状态在火焰在管壁上产生湍流边界层之前就已经形成，那么火焰传播将会加速。

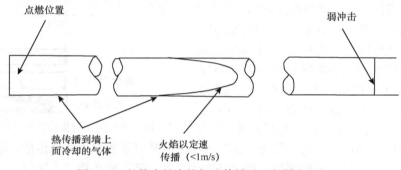

图 3-16　长管中的火焰加速传播（无起爆出现）

3.3　气体爆炸极限

3.3.1　爆炸极限概念[4]

可燃气体或蒸气与空气组成的混合物并不是在任何混合比例下遇到火源都可以引燃爆炸，浓度过高和过低，燃烧速度都较慢，只有在某一浓度范围内燃烧的速度才会足够快，从而在极短的时间内积累足够的热能发生爆炸。

当空气中含有最小量的可燃物质遇起爆火源可爆炸时，此时的可燃物质浓度称为爆炸下限；当空气中含有最大量的可燃物质遇起爆火源可爆炸时，此时的可燃物质浓度称为爆炸上限。对于可燃气体或蒸气而言，爆炸下限和爆炸上限就是可燃气体或蒸气与空气组成混合物能引爆时的最低浓度和最高浓度。浓度在爆炸下限以下和爆炸上限以上都不会发生爆炸，但混合物中可燃物质浓度在爆炸上限以上可在空气中是能够燃烧的。

爆炸极限一般可用可燃气体或蒸气在混合物中的体积分数来表示，有时候也用单位体积气体中可燃物的含量来表示。

3.3.2　爆炸极限的影响因素

爆炸极限不是一个固定的值，随着混合物初始温度、压力和惰性介质等的变化而改变，同时受充装容积和点火能的影响。这里对上述因素进行简要介绍。

1. 初始温度

爆炸性混合物的初始温度升高，会使爆炸范围扩大，即爆炸下限降低，爆炸上限升高。根据活化能理论，温度升高会使参加反应的物质分子的反应活性增大，反应速度加快，反应时间缩短，导致反应放热速率增加，使原来不燃的混合物成为可燃、可爆系统，所以温度升高使爆炸的危险性增大。

2. 初始压力

可燃气体或蒸气和空气组成的混合物的初始压力对爆炸下限也有很大影响。初始压力增加，爆炸范围扩大，危险性增加。增加压力还能使混合物的自燃点急剧降低，这样导致混合气体发生燃烧的着火温度降低。发生这种情况，主要是由于：高压下的气体分子比较密集，单位体积中所含的混合气体分子较多，分子间传热和发生化学反应比较容易，反应速度加快，而散热损失显著减少，故而爆炸范围扩大。与此相反，在减压的情况下，随着压力的降低，爆炸范围不断缩小，当压力降低到某一数值时，则会出现爆炸浓度上限和浓度下限重合。若压力再继续降低一点，混合气体即成为无爆炸性混合物，此时的压力成为爆炸极限的临界压力。

3. 惰性介质

爆炸性混合气体中加入惰性气体，可以使可燃气体分子和氧气分子隔离，形成一层不燃烧的屏障。当活化分子碰撞惰性气体时，会使活化分子失去活性而不能反应。例如，某处已经着火，其产生的游离基碰撞惰性气体活性会消失，使反应终止；反应放出的热量也会被惰性气体吸收使热量不能积聚，火焰不能蔓延到其他可燃性气体分子表面，对燃烧起到抑制作用。加入惰性气体后，会使混合气体的爆炸极限缩小。当惰性气体增加到一定浓度时，可以使爆炸上限和下限重合，此时若惰性气体的浓度大于这个浓度，混合气体将不能发生燃烧或爆炸。

4. 容器

充装容器的材质、尺寸等对物质爆炸极限也有影响。试验表明，容器管径越小，爆炸极限越小。同一可燃物质，管径越小，其火焰蔓延速度越小。当管径小到一定程度，火焰则不能传播，此时这一间距称为最大灭火间距，或临界直径。当管径小于最大灭火间距时，火焰将因不能传播而熄灭。

容器大小对爆炸极限的影响也可以用器壁效应进行解释。燃烧是自由基发生一系列链式反应的结果，只有当新生自由基数量大于消失的自由基时，燃烧才能继续。随着容器管径的减小，自由基与管道器壁的碰撞概率相应增大。当尺寸减小到一定程度时，即自由基消失速率大于其产生速率，燃烧反应便不能进行。

此外，容器的材质对爆炸极限也有很大的影响。

5. 点火能

点火源的能量、热表面的面积、火源与混合物的接触时间等均对爆炸极限有影响。

当点火能高到一定程度时，爆炸极限将趋于一个稳定数值。各种混合物都有一个最小引燃能量。

3.3.3 可燃混合气爆炸极限的经验公式

可燃混合气的爆炸极限可以通过试验测定，也可以通过经验公式近似计算。这里介绍几种计算方法。

a. 通过 1mol 可燃气发生燃烧反应所需氧原子的物质的量 n 计算有机可燃气爆炸极限的公式为

$$x_下 = \frac{1}{4.76\times(n-1)+1}\times100\% \qquad (3\text{-}35)$$

$$x_上 = \frac{4}{4.76n+4}\times100\% \qquad (3\text{-}36)$$

b. 利用可燃气体在空气中完全燃烧时的化学计量浓度 x_0 计算有机可燃气爆炸极限的公式为

$$x_下 = 0.55x_0 \qquad (3\text{-}37)$$

$$x_上 = 4.8\sqrt{x_0} \qquad (3\text{-}38)$$

这 4 个公式适用于以饱和烃为主的有机可燃气体，但不适用于无机可燃气体。

c. 通过燃烧热计算有机可燃气体的爆炸下限。当爆炸下限用体积分数表示时，大多数同系列可燃气，特别是烷烃类可燃气，其爆炸下限和燃烧热（摩尔燃烧热）的乘积近似为常数，即

$$x_1Q_1 = x_2Q_2 = \cdots = C_x \qquad (3\text{-}39)$$

式中，x_1 和 x_2 分别为第 1 和 2 种可燃气的爆炸下限（%）；Q_1 和 Q_2 分别为第 1 和 2 种可燃气的摩尔燃烧热；C_x 为常数。

d. 多种可燃气体组成的混合气的爆炸极限的 LeChatelier 计算公式为

$$x = \frac{1}{\dfrac{n_1}{x_1}+\dfrac{n_2}{x_2}+\dfrac{n_3}{x_3}+\cdots+\dfrac{n_i}{x_i}}\times100\% \qquad (3\text{-}40)$$

式中，x 为可燃混合气的爆炸极限；n_1，n_2，$\cdots$，n_i 为混合气中各组分的体积分数（%）；x_1，x_2，$\cdots$，x_i 为混合气中各组分的爆炸极限（%）。

e. 含有惰性气体的可燃混合气的爆炸极限的计算方法。

①LeChatelier 公式法。如果可燃混合气中含有惰性气体，利用 LeChatelier 公式计算其爆炸极限时，需将每种惰性气体与一种可燃气编为一组，将该组气体看成一种可燃气成分，该组在混合气中的体积分数为该组中惰性气体和可燃气的爆炸极限体积分数之和，然后代入 LeChatelier 公式进行计算。

②经验公式法。对于有惰性气体混入的混合可燃气的爆炸极限，可采用式（3-41）计算：

$$L_m' = L_m\times\frac{1+\dfrac{B}{1-B}}{100+L_m\times\dfrac{B}{1-B}}\times100\% \qquad (3\text{-}41)$$

式中，L'_m 为含有惰性气体的可燃混合气的爆炸上限或爆炸下限，即把该混合可燃气作为一个整体与空气混合时所占的体积分数，%；L_m 为所研究混合可燃气中可燃气体部分的爆炸上限或爆炸下限；B 为惰性气体的体积分数。

3.3.4 爆炸极限的测定方法

GB/T 12474—2008《空气中可燃气体爆炸极限测定方法》中规定，在常温常压下，可燃气体与空气的混合气的爆炸极限测定装置如图 3-17 所示。爆炸极限测定装置主要由反应管、点火装置、搅拌装置、真空泵、压力计、电磁阀等组成。反应管用硬质玻璃制成，管长 1300mm±50mm，管内径 60mm±5mm，管壁厚度不小于 2mm，管底部装有通径不小于 25mm 的泄压阀。装置安放在可升温至 50℃的恒温箱内，恒温箱前后各有双层门，一层为钢化玻璃，一层为有机玻璃，用于观察试验并起保护作用。

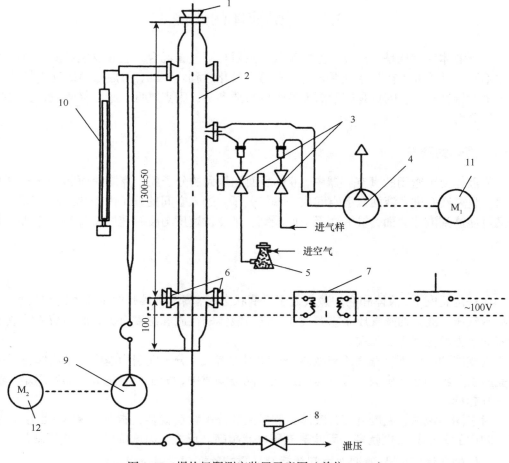

图 3-17 爆炸极限测定装置示意图（单位：mm）

1. 安全塞；2. 反应管；3. 电磁阀；4. 真空泵；5. 干燥瓶；6. 放电电极；7. 电压互感器；8. 泄压电磁阀；9. 搅拌泵；
10. 压力计；11. M_1 电动机；12. M_2 电动机

如图 3-17 所示，可燃气体和空气的混合气利用电火花引燃，电火花能量应大于混合气的最小点火能。放电电极距离反应管底部不小于 100mm，并处于管横截面中心，电极间距为 3～4mm。

试验测定时，应先检查装置的密闭性，装置抽真空至不大于 667Pa（5mmHg），然后停泵。5min 后压力计不大于 267Pa（2mmHg）则认为密闭性符合要求。然后按分压阀配置混合气。为使反应管内可燃气与空气均匀混合，采用搅拌泵搅拌 5～10min，停止搅拌后打开反应管底部泄压电磁阀开始点火，观察火焰是否能传至管顶。采用渐进法测试确定极限值。测定爆炸下（上）限时，如果在某浓度下未发生爆炸现象，则增大（减小）可燃气体浓度直至到达能发生爆炸的最小（大）浓度；如果在某浓度下发生爆炸现象，则减少（增大）可燃气体浓度直至到达不能发生爆炸的最大（小）浓度。测量爆炸下限时样品改变量每次不大于上次进样量的 2%。通过上述步骤测得最接近火焰传播和不传播两点的浓度，取平均值来确定爆炸极限值。

3.4　可燃液体的燃烧

可燃液体的燃烧是先蒸发，生成蒸气，然后与空气相混合，进而发生燃烧。与可燃气体不同，可燃液体在与空气混合前存在蒸发气化过程。为此，可燃液体的起火特性一定与蒸发特性有关，闪点是表示蒸发特性的重要参数。闪点越低，越容易蒸发，反之则不容易蒸发。

3.4.1　液体的蒸发

将液体置于密闭的真空容器中，液体表面能量大的分子就会克服液面邻近分子的吸引力，脱离液面进入液面以上空间成为蒸气分子。进入空间的分子由于热运动，有一部分又可能撞到液体表面，被液面吸引而凝结。当蒸发速度与凝结速度相等时，达到平衡状态。

1. 蒸气压

在一定温度下，液体和它的蒸气处于平衡状态时，蒸气所具有的压力为饱和蒸气压，简称蒸气压。液体的蒸气压是重要性质，仅与液体的性质和温度有关，而与液体的数量和液面上方的空间大小无关。

在相同的温度下，蒸气压与液体分子间引力有关，分子间引力越强，则液体分子越难克服引力跑到空间中去，蒸气压就越低。同类物质中，分子质量越大，蒸发越难，蒸气压则越低。

对于同一液体，温度升高，液体中能量大的分子数目就多，能克服液体表面引力跑到空间中的分子数目也就多，因此蒸气压也就越高。反之，温度降低，蒸气压就低。

液体的蒸气压 p^0 与温度 T 之间关系服从克劳修斯-克拉佩龙方程：

$$\ln p^0 = -\frac{L_v}{RT} + C \qquad (3\text{-}42)$$

式中，p^0 为蒸气压，单位为 Pa；L_v 为蒸发潜热，单位为 J/mol；C 为常数。

2. 蒸发热

液体在蒸发过程中，高能量分子离开液面而进入空间，使剩余液体的内能越来越低，液体温度也越来越低。欲使液体保持原温度，必须使其从外界吸收热量。通常定义在一定温度和压力下，单位质量的液体完全蒸发所吸收的热量为液体的蒸发热。蒸发热主要用于增加液体分子动能以便于克服分子间引力而逸出液面。因此，分子间引力越大的液体，其蒸发热越高。此外，蒸发热还消耗于液体气化时体积膨胀对外所做的功。

3. 沸点

当液体蒸气压与外界压力相等时，蒸发在整个液体中进行，称为液体沸腾；而蒸气压低于环境压力时，蒸发仅限于在液面上进行。液体的沸点指液体的饱和蒸气压与外界压力相等时液体的温度。

3.4.2 闪点与爆炸温度极限

1. 闪燃与闪点

当液体温度较低时，蒸发速度很慢，液面上蒸气浓度小于爆炸下限，蒸气与空气的混合气遇到火源也不会着火。随着液体温度升高，蒸气分子浓度增大，当蒸气分子浓度增大到爆炸下限时，蒸气与空气的混合气体遇火源就能闪出火花，随即熄灭。可燃液体挥发的蒸气与空气混合达到一定浓度遇明火发生一闪即逝的燃烧现象称为闪燃。在规定的试验条件下，液体表面能够发生闪燃的最低温度称为闪点。

液体发生闪燃是因为其表面温度不高，蒸发速度小于燃烧速度，来不及补充被燃烧掉的蒸气，而仅能维持一瞬间的燃烧。液体的闪点一般用开杯闪点仪或闭杯闪点仪测得。开杯闪点仪测得的闪点值要大于闭杯闪点仪测得的数值。

2. 液体闪点变化规律

一般来讲，可燃液体大多数是有机化合物。有机化合物根据其分子结构的不同可分为若干类。结构相似但组成上相差的一系列化合物称为同系物。同系物虽结构相似，但分子质量不同，其闪点具有如下规律：①同系物闪点随分子质量的增加而升高；②同系物闪点随沸点的升高而升高；③同系物闪点随密度的增大而升高；④同系物闪点随蒸气压的降低而升高；⑤同系物中正构体比异构体闪点高。碳原子数相同的异构体中，支链数增多，造成空间障碍大，使得分子间距变远，分子间力变小，闪点下降。

3. 混合液体的闪点

对于两种完全互溶的可燃液体，混合液体的闪点一般低于各组分闪点的算术平均值，并且接近含量大的组分的闪点。对于在可燃液体中掺入互溶的不可燃液体形成的混合物，其闪点随着不可燃液体含量的增加而升高。当不可燃组分含量达到一定值时，混合液体不再发生闪燃。

4. 爆炸温度极限

当液面上方饱和蒸气与空气的混合气中可燃液体蒸气浓度达到爆炸浓度极限时，混合气遇火源就会发生爆炸。蒸气爆炸浓度上限、下限所对应的液体温度称为可燃液体的爆炸温度上限和爆炸温度下限。当液体温度处于爆炸温度极限之内时，液面上方的蒸气与空气的混合气遇火源会发生爆炸。因此，利用爆炸温度极限比用爆炸浓度极限来判断可燃液体的爆炸危险性更方便。

当液体温度与室温相等时，通过研究液体温度与爆炸温度极限之间的关系可得出如下结论：爆炸温度下限小于最高室温的可燃液体，其蒸气与空气的混合气遇火源均能发生爆炸；爆炸温度下限大于最高室温的可燃液体，其蒸气与空气的混合气遇火源均不能发生爆炸；爆炸温度下限小于最低室温的可燃液体，其饱和蒸气与空气的混合气遇火源不发生爆炸，其非饱和蒸气与空气的混合气遇火源有可能发生爆炸。

对于可燃液体来讲，液体的蒸气爆炸浓度极限低，则相应的液体爆炸温度极限低；液体越易挥发，则爆炸温度极限越低。压力升高使爆炸温度上限、下限升高，反之则下降。在可燃液体中加入水会使其爆炸温度极限升高，在闪点高的可燃液体中加入闪点低的可燃液体，则混合液体的爆炸温度极限会降低。此外，在相同条件下，液面上的点火强度越高，或者点火时间越长，则液体的爆炸温度下限（或闪点）越低。

5. 液体着火

可燃液体的着火有引燃和自燃两种。

1）液体引燃

（1）引燃着火的条件

可燃液体蒸气与空气的混合气在一定的温度条件下与火源接触发生连续燃烧的现象称为可燃液体的引燃或点燃。引起引燃着火的液体的最低温度称为液体的燃点或着火点。

可燃液体蒸气与空气的混合气被点燃后，要在液面上建立稳定火焰，必须满足如下条件：

$$G_1 \leqslant \frac{f \cdot \Delta H_C \cdot G_1 + \dot{Q}_E - \dot{Q}_1}{L_v} \qquad (3\text{-}43)$$

式中，G_1 为蒸发速度或燃烧速度，单位为 $g/(m^2 \cdot s)$；f 为燃烧热 ΔH_C 中传回到液体表面部分的百分数；$\dot{Q}_E$ 为单位面积液面上外界热源的加热速度，单位为 kW/m^2；$\dot{Q}_1$ 为单位面积液面的热损失速度，单位为 kW/m^2；L_v 为液体的蒸发热，单位为 kJ/g。

引燃能否成功与 $\dot{Q}_E$ 的大小有很大关系。点燃成功后，如果迅速撤走外界点火源，火焰又会熄灭。由此可见，液体的燃点不是一个常数，它受外界加热源和自身热损失的影响。

（2）低闪点液体的引燃

这里低闪点的液体是指闪点小于环境温度的液体。这类液体由于液面上的蒸气浓度已经达到燃烧浓度界限，其蒸气与空气的混合气遇火源就会被引燃，火焰迅速通过混合气传播到整个液面，随后液体边蒸发边与空气在火焰中混合燃烧。

（3）高闪点液体的引燃

当液体闪点大于环境温度时，液面上的蒸气浓度小于燃烧浓度下限，不可能用点火源将液体表面快速引燃。常用的点燃方式包括两种：一种是对液体进行整体加热，使其温度大于燃点，然后进行点燃；另一种是利用灯芯点火，用小火焰或小的灼热体紧靠液面加热，引起燃烧。

2）液体的自燃

如果可燃液体（或其局部）的温度达到燃点，但没有接触外界明火源，就不会着火。若继续对液体加热，当液体温度达到一定值以后，即使没有火源，液体也会发生着火。这种液体在没有火源作用下而靠外界加热发生的着火现象称自燃。在温度较低时，液体蒸气与空气中的氧已经开始发生氧化反应，但速度缓慢，放热较少，并且随时散失在环境中。由于放热速度等于散热速度，液体蒸气与空气组成的混合气只能在室温条件下进行缓慢氧化，反应不会加速，液体不会自燃。

液体的自燃点不仅与其基本性质有关，还与压力、蒸气浓度、氧含量、催化剂和容器特性有关。压力增加，会使可燃液体蒸气和空气组成的混合气浓度增大，反应速度变快，放热速度增加，促使放热速度提早大于散热速度，从而使自燃点降低；在动态平衡时，增加压力，蒸气变为液体，蒸气压变化不大，主要是氧浓度增加。增加可燃液体蒸气浓度会使反应速度加快，放热速度增加，自燃点降低；当可燃液体蒸气浓度增大到与空气中的氧浓度比等于化学当量比时，自燃点最低，再增加可燃液体蒸气浓度，自燃点反而会增加。空气中氧含量提高会使可燃液体的自燃点降低，反之，氧含量下降会使自燃点升高。催化剂可以改变化学反应速度，正催化剂能够降低物质的自燃点，负催化剂则可以提高物质的自燃点。容器因材料不同其导热等性能也不同，进而影响物质的自燃点；容器几何尺寸等会影响物质自燃点，容器表面积与容器体积之比较低，反应介质单位体积的热损失率也比较低，故而自燃点较低，反之容器体积越小，自燃点越高。

通常同类液体自燃点具有一定的变化规律。同系物的自燃点随分子质量的增大而升高；有机物中同分异构体物质，其正构体自燃点比异构体自燃点低；饱和烃比相应的不饱和烃自燃点高；烃的含氧衍生物（如醇类、醛类、醚类）自燃点低于分子中含有相同碳原子数的烷烃自燃点，且醇类自燃点高于醛类自燃点。

3.4.3　沸溢和喷溅

可燃液体的蒸气与空气在液面上方混合燃烧，放出的热量会在液体内部传播。在一定的条件下，热量在液体中的传播会形成热波，并引起液体的沸溢和喷溅，使燃烧变得更加强烈。

单组分液体（如甲醇、丙酮、苯等）和沸程较窄的混合液体（如煤油、汽油等）在自由表面燃烧时，很短时间内就形成稳定燃烧，且燃烧速度基本不变。沸程比较宽的混合液体，主要是一些重质油品，如原油、渣油、蜡油、沥青、润滑油等在燃烧过程中，火焰向液面传递的热量首先使低沸点组分蒸发并进入燃烧区燃烧，而沸点较高的重质部分则携带接受的热量向液体深层沉降，形成一个热的锋面向液体深层传播，逐渐深入并加热冷的液层。

重质油品，如原油黏度比较大，且含有一定的水分，而水分一般以乳化水和水垫的形式存在。在热波向液体深层运动时，由于热波温度远高于水的沸点，油品中的乳化水气化，大量的蒸气就要穿过油层向液面上浮，在向上移动过程中形成油包气的气泡，使得液体体积膨胀，向外溢出，同时部分未形成泡沫的油品也被下面的蒸气膨胀力抛出罐外，使液面猛烈沸腾起来，这种现象称为沸溢。随着燃烧的进行，热波的温度逐渐升高，热波向下传递的距离也加大，当热波到达水垫时，水垫的水大量蒸发，蒸气体积迅速膨胀，以致把水垫上面的液体层抛向空中，向罐外喷射，这种现象称为喷溅。

一般情况下，发生沸溢要比发生喷溅的时间早得多。

3.5 可燃固体的着火

可燃固体在着火之前，通常因受热发生分解、气化反应，释放出可燃气体，所以着火时仍首先形成气相火焰。相对于气体、液体物质，固体物质具有如下燃烧特性。

1）稳定的物理形态

固体物质的组成粒子间通常结合得比较紧密，故而固体物质都具有一定的刚性和硬度，并且具有一定的几何形状。

2）受热软化、熔化或分解

固态条件下，固体物质的组成粒子间通常具有较强的相互作用力，粒子只能在一定的位置上发生振动，而不能移动，在加热作用下，固体组成粒子的动能会增加，使得粒子振动的幅度加大，固体的刚性和硬度因此而降低，出现软化的现象。如果继续受到加热作用，固体就会熔化变成液体。对于组分复杂的固体物质，加热作用达到一定程度时，其组分还会发生从大分子断裂成小分子的变化过程。由于热分解这种化学变化是吸热的，因此物质的熔解热或分解热越大，其燃烧速度就会越慢；反之则快。

3）受热升华

部分物质因为具有较大的蒸气压，在加热作用下其固态物质不经液态直接变成气态，表现出升华的现象。升华也是一个吸热过程，易升华的可燃固体产生的蒸气与空气混合后具有爆炸危险性。

通过上述分析，可燃固体的着火过程可简单用图 3-18 表示。

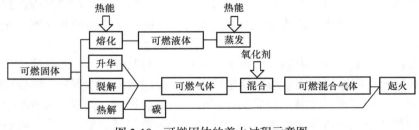

图 3-18　可燃固体的着火过程示意图

3.5.1 可燃固体的燃烧形式

1. 蒸发燃烧

固体的蒸发燃烧是指可燃固体受热升华或熔化后蒸发,产生的可燃气体与空气边混合边着火的有焰燃烧,也称均相燃烧,如硫磺、白磷、钾、钠、镁、石蜡等物质的燃烧都属于蒸发燃烧。固体的蒸发燃烧是一个熔化—气化—扩散—燃烧的连续过程。

2. 表面燃烧

固体的表面燃烧是指固体在其表面上直接吸附氧气而发生的燃烧,也称非均相燃烧或无焰燃烧。在发生表面燃烧的过程中,固体物质受热时既不熔化或气化,又不发生分解,只是在其表面直接吸附氧气进行燃烧反应,所以表面燃烧不能生成火焰,且燃烧速度相对较慢。焦炭、木炭、铁等物质的燃烧就属于表面燃烧。燃烧过程中它们不会熔化、升华或分解产生气体,固体表面呈高温炽热发光而无火焰的状态,空气中的氧不断扩散到固体高温表面被吸附,进而发生气-固非均相反应,反应的产物带着热量从固体表面逸出。

3. 分解燃烧

固体受热分解产生可燃气体而后发生的有焰燃烧称分解燃烧。能发生分解燃烧的固体可燃物,一般都具有复杂的组分或较大的分子结构。

煤、木材、纸张、棉、麻等,它们都是成分复杂的高熔点固体有机物,受热不发生整体相变,而是分解析出可燃气体扩散到空气中发生有焰燃烧。当固体完全分解不再析出可燃气体后,留下的炭质固体开始进行无火焰的表面燃烧。

塑料、橡胶、化纤等高聚物是由许多重复的结构单元组成的大分子。绝大多数高分子材料都是易燃材料,而且在受热条件下会软化熔融,产生熔滴,发生分子断裂,进而析出可燃气体扩散到空气中发生有焰燃烧,直至燃尽为止。

4. 阴燃

阴燃是指在氧气不足、温度较低或湿度较大的情况下,固体物质发生的只冒烟而无火焰的燃烧。阴燃是固体在燃烧条件不充分的情况下发生的缓慢燃烧。固体的阴燃包括干馏分解、碳化、氧化等过程。阴燃除了要具备特定的燃烧条件外,其分解产物必须是一些刚性结构的多孔碳化物质,以保证阴燃由外向内不断延续。通常成捆堆放的棉、麻、纸张及大量堆放的煤、烟叶、布匹等都会发生阴燃。

在一定条件下,阴燃与有焰燃烧之间会发生相互转化。例如,在缺氧或湿度较大条件下发生的火灾,由于燃烧消耗氧气及水蒸气的蒸发耗能,燃烧体系氧气浓度和温度均降低,燃烧速度、固体分解出的气体量减少,火焰逐渐熄灭,此时有焰燃烧可能转为阴燃;阴燃中干馏分解产生的碳粒及含碳游离基、未燃气体降温形成的小液滴等不完全燃烧产物会形成烟雾。如果改变通风条件,增加供氧量,或可燃物中水分蒸发到一定的程度,也可能由阴燃转变为有焰燃烧或爆燃;当阴燃完全穿透固体材料时,由于气体对流增强，空气流入量相对增大，阴燃则可能转变为有焰燃烧。

　　总之，在固体的 4 种燃烧形式中，蒸发燃烧和分解燃烧是有焰的均相燃烧，表面燃烧和阴燃则是发生在固体表面与空气界面上的无焰的非均相燃烧。在火灾现场，阴燃一般发生在火灾的酝酿期；蒸发燃烧和分解燃烧多发生于火灾的发展期与全盛期；表面燃烧一般则发生在火灾的熄灭期。其中，有焰燃烧对火灾的发展起着重要作用，该阶段温度高、燃烧快，能促使火势猛烈发展。

3.5.2　固体的燃烧速度

1. 固体燃烧速度的表示方法

　　在一定条件下固体的燃烧速度受多种因素影响，常用质量燃烧速度和直线燃烧速度来表示。

　　1）质量燃烧速度

　　质量燃烧速度是指在一定条件下可燃固体在单位时间单位面积上烧掉的质量。其计算公式为

$$G = \frac{M_0 - M}{S \cdot t} \tag{3-44}$$

式中，G 为质量燃烧速度；M_0 为燃烧前的固体质量，单位为 kg；M 为燃烧后的固体质量，单位为 kg；t 为燃烧时间，单位为 h 或 min；S 为固体的燃烧面积，单位为 m^2 或 cm^2。

　　2）直线燃烧速度

　　直线燃烧速度是指在一定条件下可燃固体在单位时间内烧掉的厚度。可以用式（3-45）近似计算：

$$v = \frac{L}{t} \tag{3-45}$$

式中，v 为直线燃烧速度，单位为 mm/min；L 为试样的燃烧厚度或长度，单位为 mm 或 cm；t 为燃烧时间，单位为 min。

2. 固体燃烧速度的影响因素

　　固体燃烧速度的影响因素可分为内因和外因两种。内因包括固体的理化性质与结构和氧指数。外因则包括固体比表面积、水分及不可燃介质含量、固体物质的密度和热容、火灾荷载、燃烧方向、空气流速和阻燃剂等。

3.5.3　典型的固体燃烧

1. 木材的燃烧

　　木材属于高熔点类混合物，在干燥、高温、富氧条件下，木材燃烧一般包括蒸发燃烧、分解燃烧和表面燃烧三种形式。在高湿、贫氧条件下，木材还能发生阴燃。木材的燃烧过程大体分为干燥准备、有焰燃烧和无焰燃烧三个阶段。

　　一般来说，木材结构是各向异性的，顺木纹方向透气性好、导热系数大，垂直木纹方向透气性差、导热系数小，一旦受热则不易散掉，容易形成局部高温，对热解、气化

有力，所以垂直木纹方向较顺木纹方向容易起火。研究表明，尽管木材种类很多，但热解、气化规律相差不大，主要成分包括 CO、H_2、CH_4 等。

2. 高聚物的燃烧

高聚物是指由单体合成得到的高分子化合物，一般指合成纤维、合成橡胶和合成塑料三大合成材料。

高聚物通常是以烯烃、炔烃、醇、醛、羧酸及其衍生物及 HCl、HBr、NH_3、H_2S、S 等无机物为基础原料通过化学反应合成的。大多数高聚物具有燃烧性，但一般不发生蒸发燃烧和表面燃烧，只会发生分解燃烧。在加热作用下，高聚物一般经过熔融、分解和着火三个阶段进行燃烧。

大多数合成高聚物材料的燃烧热都比较高，发热量大，使得燃烧剧烈，燃烧速度加快。高聚物因含碳量高，在燃烧时很难燃烧完全，大部分碳以黑烟的形式释放到空气中。同时，高聚物在燃烧过程中都会软化熔融，产生高温熔滴。此外，高聚物燃烧产物的毒性大，可燃物的化学组成和燃烧温度决定了燃烧产物的毒性大小。

3. 金属的燃烧

金属由金属原子通过金属键键合，里面有自由电子，具有良好的导电性、导热性，同时熔点比较高，通常具有一定的刚韧性。现实生活中，金属一般以单质和合金两种形式加以应用。

金属的燃烧形式主要有蒸发燃烧和表面燃烧两种。

1）金属的蒸发燃烧

低熔点活泼金属如钠、钾、镁和钙等，容易受热熔化变成液体，继而蒸发成气体扩散到空气中，遇到火源即发生有焰燃烧，这种燃烧现象称为金属的蒸发燃烧。发生蒸发燃烧的金属通常称为挥发性金属。研究表明，挥发性金属的沸点较其氧化物的熔点低。在燃烧过程中，金属蒸发成气体，扩散到空气中燃烧，而氧化物则覆盖在金属的表面上；只有当燃烧温度达到氧化物的熔点时，固体表面的氧化物才会变成蒸气扩散到气相燃烧区，在其与空气的界面处因降温凝聚成固体微粒，从而形成白色烟雾。

2）金属的表面燃烧

铝、铁、钛等高熔点金属通常称为非挥发性金属。非挥发性金属的沸点比其氧化物的熔点要高。在燃烧过程中，金属氧化物总是先于金属固体熔化变成气体，使金属表面裸露与空气接触，发生非均相的无焰燃烧。由于金属氧化物的熔化消耗了一部分热量，减缓了金属的氧化燃烧速度，固体表面呈现炽热发光现象。非挥发性金属的粉尘悬浮在空气中可能发生爆炸，且无烟生成。

研究表明，金属元素几乎都会在空气中燃烧，各自的燃烧性能不相同。有些金属在空气或潮气中能迅速氧化，甚至自燃；有些金属只是缓慢氧化而不能自行着火；还有些金属呈片状、粒状或在熔化条件下容易着火，但呈大块状的时候点燃比较困难；有些金属通常认为是不可燃的，但呈细粉状时可以点燃和燃烧。大多数金属燃烧时遇到水会产生氢气引发爆炸，还有些金属性质极为活泼，甚至在氮气、二氧化碳中仍能继续燃烧。

3.6　粉　尘　爆　炸

可燃粉尘悬浮于空气中，在相对密闭的空间内达到一定浓度后，遇到适当的点火源就可能发生爆炸。可燃粉尘普遍存在于冶金、煤炭、轻工、化工等企业，不仅爆炸危险大，而且难以治理。首先，粉尘爆炸过程中超压和压力上升速度虽远不及炸药爆炸大，但由于正压作用时间长，冲量大，严重的是，初始爆炸产生的冲击波会扬起邻近的堆积粉尘，在新空间内形成处于可爆浓度范围的粉尘云，在初始爆炸飞散火花和热辐射等强点火源作用下，会引发二次或多次粉尘爆炸，极具破坏力；其次，粉尘爆炸过程相当复杂，涉及化学反应动力学、燃烧学、传热和传质学、冲击波作用等，给理论研究造成了相当大的难度，只能以试验测试为主；此外，粉尘爆炸的影响因素很多，实验室测定的爆炸特性数据差距较大，无法应用于实际环境。

3.6.1　可燃粉尘特性[5, 6]

颗粒极微小、遇点火源能够发生燃烧或爆炸的固体物质称为可燃粉尘。其中，游浮在空气中的称为悬浮粉尘，具有爆炸危险性；堆积在物体表面上的称为沉积粉尘，具有火灾危险性。

整块固体物质被粉碎成粉尘以后，其燃烧特性有了很大的变化，原来是不可燃物质可能变成可燃物质；原来是难燃物质可能变成易燃物质，在一定条件下甚至发生粉尘爆炸。

按照火灾危险程度，粉尘通常分为易燃粉尘、可燃粉尘和难燃粉尘三类。常见的可燃粉尘包括金属粉尘、煤炭粉尘、粮食粉尘、饲料粉尘、合成材料等。

3.6.2　粉尘爆炸机制及其过程

粉尘爆炸的条件归纳起来包括 5 个方面：①一定的粉尘浓度；②一定的氧含量；③足够能量的点火源；④处于悬浮状态，即粉尘云状态；⑤相对封闭的空间。

1. 爆炸机制

1）气相点火机制

气相点火机制认为，粉尘点火过程分为颗粒加热升温、颗粒热分解或蒸发气化、蒸发气化后与空气混合形成爆炸性混合气体并发火燃烧三个阶段，如图 3-19 所示。利用气相点火机制描述粉尘爆炸过程，大致经历以下过程：粒子表面受热，表面温度上升；粒子表面的分子发生热分解或干馏，气体排放在粒子周围；气体与空气混合成爆炸性混合气体，点火产生火焰；火焰产生的热进一步促进粉尘分解，不断放出可燃气体，与空气混合后点火、传播。

2）表面非均相点火机制

表面非均相点火机制认为，粉尘点火过程分为以下三个阶段：首先，氧气与颗粒表面直接发生反应，使颗粒发生表面点火；然后，挥发分在粉尘颗粒周围形成气相层，阻止氧气向颗粒表面扩散；最后，挥发分点火，并促使粉尘颗粒重新燃烧。因此，对于表面非均相点火过程，氧分子必须先通过扩散作用到达颗粒表面，并吸附在颗粒表面发生氧化反应，然后反应产物离开颗粒表面扩散到周围环境中去。

表面升温热分解　　　　气化　　　　气相燃烧　　　　引燃周围粒子

图 3-19　粉尘气相点火过程示意图

对于特定粉尘-空气混合物来说，粉尘点火过程究竟是气相点火还是表面非均相点火，尚未形成统一的理论判据。一般认为，对于大颗粒粉尘，由于加热速度较慢，以气相反应为主；而对于加热速度较快的小颗粒粉尘，则以表面非均相反应为主。图 3-20 描述了粉尘粒径及加热速度与点火机制之间的关系。从中可以看出，在一定条件下，气相点火和表面非均相点火不仅可以并存，而且会相互转换。

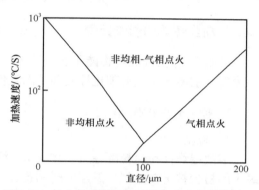

图 3-20　粉尘粒径及加热速度与点火机制的关系

事实上，单个粉尘颗粒点火机制并不能完全代表粉尘云点火行为，粉尘云点火温度要比单个颗粒点火温度低。一般来说，粉尘云点火及火焰传播过程主要由小粒径粉尘颗粒点火行为控制，大颗粒粉尘只发生部分反应，有时甚至根本不发生反应。也就是说，只有那些能在空中悬浮一段时间，并保持一定浓度的小颗粒粉尘云才会发生点火和爆炸。

2. 爆炸发展过程

1）火焰加速传播

粉尘云点火成功后，初始层流火焰只有在一定条件下才会转变为湍流火焰，使火焰传播加速。这种转变主要取决于以下两方面机制：当雷诺数足够大时，在火焰阵面前沿未燃烧粉尘云中形成湍流；爆燃波与火焰相互作用形成湍流。

2）爆燃向爆轰转变

在绝大多数情况下，粉尘爆炸都以爆燃形式出现，当粉尘层流火焰转变成湍流火焰后，尚需经过相当长一段距离的火焰连续加速传播才能转为爆轰，如果是在封闭管道中，则往往在接近管端时才会变为爆轰，这种转变主要受激波绝热压缩加热和湍流作用机制控制。

3）二次粉尘爆炸形成

通常，粉尘爆炸发生在某一局部区域，初始爆炸冲击波和火焰在向四周传播时，会扬起周围邻近的堆积粉尘，形成处于可爆浓度范围的粉尘云，在初始爆炸飞散火花、热辐射等强点火源作用下，会引发二次或多次粉尘爆炸。由于初始爆炸点火源能量极强，冲击波使粉尘云湍流速度进一步增加，因此二次或多次粉尘爆炸具有极强的破坏力，有时甚至超过爆轰。

3.6.3　粉尘爆炸特征参数

描述粉尘-空气混合物爆炸特征的参数可划分为两组。一组是粉尘点火特征参数，如最低着火温度、最小点火能、爆炸下限、最大允许氧含量、粉尘层比电阻等，这些参数值越小，表明粉尘爆炸越容易发生；另一组是粉尘爆炸效应参数，如最大爆炸压力、最大压力上升速度和爆炸指数等，这些参数值越大，表明粉尘爆炸越猛烈。

3.6.4　粉尘爆炸的影响因素

可燃粉尘-空气混合物能否发生着火、燃烧或爆炸，爆炸猛烈程度如何，能否成长为爆轰，主要与粉尘的理化性质和外部条件有关。

1. 粉尘的理化性质

1）粒度

多数爆炸性粉尘粒度在 1～150μm。粒度越小，粒子带电性越强，使得体积和质量级小的粉尘粒子在空气中悬浮的时间更长，燃烧速度就更接近可燃气体混合物的燃烧速度，燃烧过程也进行得更完全。粉尘爆炸浓度极限，特别是爆炸浓度下限受粉尘粒度分布的影响很大。随着粉尘粒度变细，其爆炸性能增强。

2）燃烧热

燃烧热高的粉尘，其爆炸浓度下限低，一旦发生爆炸即呈高温，爆炸威力极大。

3）挥发分

粉尘可燃挥发分越多，热解温度越低，爆炸危险性和爆炸产生的压力越大。一般认为，粉尘可燃挥发分小于 10%基本上没有爆炸危险性。

4）灰分和水分

粉尘中的灰分（不可燃物质）和水分增加，其爆炸危险性便降低。一方面，这些物质能较多地吸收系统的能量，从而减弱粉尘的爆炸性能；另一方面，灰分和水分会增加粉尘的密度，加快其沉降速度，使悬浮粉尘浓度降低。

2. 外部条件

1）氧含量

氧含量是粉尘爆炸的敏感因素，随着空气中氧含量的增加，最小点火能降低，爆炸浓度极限扩大，爆炸浓度上限增大。在纯氧中，粉尘的爆炸浓度下限只有空气中爆炸浓度下限的 1/4～1/3，而能够发生爆炸的最大颗粒尺寸可增大到空气中相应值的 5 倍。

2）空气湿度

空气湿度增加，粉尘爆炸危险性减小。湿度增大，有利于消除粉尘静电和加速粉尘凝聚沉降。同时水分的蒸发消耗了体系的热能，稀释了空气中的氧含量，降低了粉尘的燃烧反应速度，使粉尘不易爆炸。含尘空气中有水分存在时，爆炸浓度下限提高，甚至失去爆炸性。

3）可燃气体含量

当粉尘与可燃气体共存时，粉尘爆炸浓度下限相应下降，且最小点火能也有一定程度的降低。即可燃气体的加入，大大增加了粉尘的爆炸危险性。

4）惰性气体含量

当可燃粉尘和空气的混合物中混入一定量的惰性气体时，不但会缩小粉尘的爆炸浓度极限，而且会降低粉尘爆炸的压力及升压速度。这主要是因为惰性气体降低了粉尘环境的氧含量，使粉尘的爆炸性能降低甚至完全丧失。

5）温度和压强

当温度升高或压强增大时，粉尘爆炸浓度极限会扩大，所需点火能下降，所以爆炸危险性增大。

6）点火源强度和最小点火能

点火源的温度越高、强度越大、与粉尘混合物接触时间越长，粉尘爆炸浓度极限越宽，爆炸危险性也就越大。

每一种可燃粉尘在一定条件下都有一个最小点火能。若低于此能量，粉尘与空气形成的混合物就不能起爆。粉尘的最小点火能越小，其爆炸危险性就越大。

3.7　炸　药　爆　炸

炸药是一种重要的含能材料，通常情况下发生事故的过程是：初始燃烧火焰产生—燃烧扩散—产生二次燃烧—由燃烧转化为爆炸或爆轰。炸药是能在极短时间内剧烈燃烧（即爆炸）的物质，是在一定的外界能量作用下由自身能量引发爆炸的物质。在日常的生产、运输和使用过程中，炸药经常因危险因素的作用而成为初始点燃源，如机械和热作用、放电、化学反应等。

3.7.1　炸药的种类

根据炸药的主要组成，其可分为单质炸药和混合炸药两类。

单质炸药是指碳、氢、氧、氮等元素以一定的化学结构存在于同一分子中，其中含有某种爆炸基团，且自身能迅速发生氧化还原反应的物质。单质炸药是一种均一相对稳定的化合物，在外界能量作用下，可发生分子内键的断裂，进而发生迅速的爆炸反应，生成稳定的化合物。单质炸药的不稳定性与分子内具有特殊爆炸性质的基团有关。单质炸药爆炸基团的稳定性顺序为：$—NO_2$ 基团 $\geqslant N—NO_2$ 基团 $>—O—NO_2$ 基团；而爆炸基团的敏感度顺序恰好相反。表 3-3 列出了一些常见的爆炸基团。

混合炸药系指由两种或两种以上成分所组成的混合物，可以含单质炸药，也可以不含单质炸药。这种炸药应该含氧化剂和可燃剂，二者以一定的比例均匀混合在一起。

混合炸药的种类繁多，或由凝聚相炸药混合，或由凝聚相与非凝聚相炸药混合，或由非凝聚相炸药混合。常见的混合炸药有硝铵类炸药、硝化甘油类炸药、芳香族硝基化合物类炸药及液氧炸药等。

表 3-3　单质炸药爆炸基团表

序号	爆炸化合物名称	爆炸基团	常见单质炸药
1	乙炔化合物	—C≡C—基团	乙炔银（Ag_2C_2）、乙炔铜（CuC_2）
2	氮的卤化物	—NX_2基团	氯化氮（NCl_2）、二碘化氢氮（NHI_2）
3	叠氮化合物	—N=N=N—基团	叠氮化铅（$Pb(N_3)_2$）、叠氮化银（$Ag(N_3)_2$）
4	雷酸盐	—N=C—基团	雷汞（$HgC_2O_2N_2$）、雷银（Ag—O—N=C）
5	过氧化物或臭氧化物	—O—O—和—O—O—O—基团	过氧化苯、1,2,3-三氧五环
6	硝基化合物	—NO_2基团	四硝基甲烷、二硝基甲苯（$C_7H_6O_4N_4$）
7	硝酸酯	—O—NO_2基团	硝化甘油（$Cl_3H_5O_9N_3$）、硝化棉
8	硝铵	=N—NO_2基团	黑索金（$C_3H_6O_6N_6$）、特屈儿（$C_7H_5O_8N_5$）
9	氯酸盐及过氯酸盐	—O—ClO_2基团	氯酸钾（$KClO_3$）、过氯酸钾（$KClO_4$）

　　此外，根据炸药的实际用途，可将炸药分为起爆药、猛炸药、发射药和烟火剂。其中，猛炸药的基本爆炸形式是爆轰，起爆药是燃烧和爆轰，火药与烟火剂则是快速燃烧。但在一定条件下，这些炸药都能发生爆炸以致爆轰。

3.7.2　炸药的主要化学变化形式

1. 缓慢分解反应

　　在常温常压、没有其他任何外界能量作用的条件下，单质炸药往往以缓慢的速度进行分解反应，而混合炸药的每种组分不仅自身以缓慢的速度进行分解，而且相互缓慢地进行化学作用。这种缓慢的分解反应是在整个炸药内部展开的，反应的速度主要取决于环境的温度、湿度和杂质等。温度低时，反应进行得比较缓慢，短时间内难以察觉，故而炸药长期储存会发生变色、减量、变质等现象。缓慢分解反应是一种放热分解反应，如果散热条件不好，炸药分解所产生的热量来不及向周围环境散失而使炸药温度不断升高，在一定条件下，有可能由缓慢的分解反应转变成较快的燃烧反应或极快的爆轰反应。

2. 燃烧反应

　　炸药的燃烧反应与气态可燃物在空气中的预混燃烧类似。炸药燃烧时，反应区释放出的能量是通过热传导和热辐射的方式传入相邻反应区而引起下一层的反应。燃烧传播速度通常比原始炸药中的声速慢，约为每秒数毫米到每秒数米，最大的燃烧速度可达到每秒数百米。炸药燃烧传播速度会随着外界压力的增大而增大，如炸药在大气中燃烧速度很慢，而在密闭容器或半封闭容器中的燃烧速度会急剧增大。炸药在燃烧过程中，一定条件下会转变成爆轰反应。

3. 爆轰反应

　　炸药的爆轰反应与气态可燃物在空气中的爆轰类似。炸药爆轰时爆轰波的传播是以冲击波对未反应的炸药产生强烈的绝热压缩作用而进行的。爆轰波的传播速度大于原始炸药中的声速,一般高达每秒数千米。爆轰的传播速度受外界条件影响很小,对一定的炸药来说,在固定装药密度下爆轰速度是一个常数。炸药爆轰反应区的压力很高,可达数万个大气压,为此炸药爆轰时的破坏威力极大。

从炸药的实际应用性能来看,猛炸药是应用其爆炸性,起爆药是应用其燃烧性和爆轰性,而发射药和烟火药是应用它们的燃烧性。但这 4 种炸药在长期储存过程中都有缓慢分解现象,且在一定条件下可以转变成燃烧和爆轰。

3.7.3 炸药的爆炸性能

1. 炸药的敏感度

炸药的敏感度也称炸药的感度,是指在外界条件作用下炸药发生爆炸变化的难易程度。引起炸药爆炸的外界能量一般称为初始能量或起爆能,具有多种形式,如机械撞击和摩擦、火焰和各种热源灼烧与加热、静电活化作用及冲击波和爆炸波作用等。根据炸药所受外界作用的不同,感度可分为火焰感度、热感度、撞击感度、静电感度、冲击波感度和爆轰波感度等。

1)热感度

凝聚相炸药在热能作用下发生爆炸的难易程度为炸药的热感度,通常以爆发点和火焰感度来表示。

爆发点是指使凝聚相炸药开始爆炸时其周围介质需要加热到的最低温度。该温度是凝聚相炸药分解开始自行加速时的环境温度。

火焰感度则是指凝聚相炸药在明火作用下发生爆炸的能力。

2)机械感度

炸药的机械感度是指炸药在机械撞击或机械摩擦作用下发生爆炸的难易程度,包括撞击感度和摩擦感度,是炸药的重要敏感度指标之一。

撞击感度是指炸药在机械撞击作用下发生爆炸的难易程度。

摩擦感度是指炸药在机械摩擦作用下发生爆炸的难易程度。

3)爆轰感度

炸药的爆轰感度是指一种炸药在其他炸药的作用下发生爆炸的难易程度,一般用极限起爆药量表示。极限起爆药量指的是引起炸药完全爆炸的最小起爆药量。

炸药的感度受外界因素影响很大,如炸药的化学结构、物态、初温、粒度、装药结构及附加物和杂质等。

2. 炸药的热化学参数

炸药的热化学参数是衡量炸药爆炸能力和估计炸药爆炸破坏作用的重要指标,主要有爆热、爆温、爆压、爆容、爆速、殉爆距离等。

爆热是指单位质量的炸药爆炸时所放出的热量,通常用定容下发生爆炸变化放出的热量表示。炸药爆炸时做功能力的大小主要取决于其爆热。

爆温是指炸药爆炸时所放出热量使炸药产物受热所达到的最高温度,主要取决于炸药的爆热和爆炸产物的组成。

炸药在一定容积内爆炸时，其爆炸产物对器壁所施加的压力称为炸药的爆压。一般爆压越高的炸药，其爆炸做功的能力越强。

炸药的爆容是指 1kg 炸药爆炸所产生的气体在标准状态下的体积。该值越大，爆炸对外做功的能力越强。

炸药的爆速是指爆轰波在炸药药柱中的传播速度，通常用 m/s 或 km/s 表示。

殉爆是指当一个炸药包（卷）爆炸时，可以引起与它不接触的邻近的另一个炸药包（卷）也发生爆炸的现象。由主发药包的爆炸能够引发被发药包爆炸的最大距离称为殉爆距离。

试验表明，主发药包的药量、爆热、爆速愈大，引起殉爆的能力也愈大；被发药包的爆炸敏感度愈大，愈容易被引发爆炸。冲击波传播介质的性质和主、被发药包之间的相对位置等对殉爆有较大影响。

3.7.4　炸药起爆机制[7,8]

引起炸药发生爆炸的过程称为起爆。凝聚相炸药是一种相对稳定的系统，要使其发生爆炸必须要由外界为其提供一定的能量，这种外界能量称为起爆能。根据炸药起爆机制，分别对热起爆、机械起爆、冲击波起爆进行介绍。

1. 热起爆机制

热起爆是炸药起爆的最基本形式，其显著特点为是一个炸药自热过程，炸药进行分解反应放出热量的同时，还与周围环境发生着热传导，当系统热产生速率大于热损失速率时，系统温度就会因热量积累而升高，化学反应速度加快，产生更多热量，如此循环，直至发生爆炸。除热起爆机制外，炸药起爆有时还涉及链式反应等机制，若链式反应过程中活化中心的产生数比消耗数多，就会发生链分支反应，使反应链数增加，反应速度加快，最后导致爆炸。热起爆是炸药反应过程中热产生、热损失及升温效应等的综合结果，其影响因素包括炸药形状、导热系数、环境温度、反应物消耗量及炸药系统特性等。

2. 机械起爆机制

机械起爆是在机械能作用下，炸药先将机械能转变为热能，经一定延滞期后发生爆炸，与热起爆机制并无本质差异，只是从点热局部开始加热，然后逐步扩展为整体炸药起爆。

炸药在机械能作用下产生的热能来不及均匀分布到全部炸药中，只集中在炸药中某些尺寸为 $10^{-5}\sim10^{-3}$ 的局部热点上。热分解从这些点开始，分解过程放热使分解速度迅速加快，导致局部热点温度高于炸药爆发点，爆炸就从这点发生，并逐渐扩展到整个炸药。热点的形成主要包括三种方式：惰性硬杂质之间、炸药颗粒晶体之间及炸药与容器壁表面之间发生摩擦；炸药从冲击面之间挤出时迅速流动形成塑性加热；炸药中小气泡发生绝热压缩。

机械起爆影响因素诸多，这里只简单介绍常见因素。摩擦起爆的影响因素包括炸药性质、杂质性质、摩擦剧烈程度和摩擦表面性质。撞击起爆的影响因素包括落锤硬度及反跳高度、杂质。针刺起爆的影响因素包括装药密度、击针形状和击针材料硬度及导热系数。气泡绝热压缩起爆的因素包括气泡临界尺寸、临界压缩速度、气泡初始压力及温度、导热系数等。

3. 冲击波起爆机制

炸药冲击波起爆分均相和非均相炸药冲击波起爆两个方面，起爆控制参数是冲击波压力和持续时间。均相与非均相冲击波起爆机制存在很大差别，在冲击波作用下，均相炸药从某一薄层开始均相受热升温，当温度升高到爆发点后，经过一定延滞期后发生爆炸。非均相炸药受热升温则发生在炸药局部热点上，爆炸从热点开始逐渐向外扩大，最后导致装药整体爆炸。

均相炸药指气体、液体或单晶体炸药，其冲击波起爆过程的特点为：冲击波向爆轰波转变的过程突然发生，在分界点处两波轨迹线呈折线状；在冲击波作用下，界面上一薄层炸药经历一定延滞期后同时起爆；存在超速爆轰现象。

非均相炸药指物理性质不均匀的炸药。物理性质不均匀指的是既可以是不同物质相互混合，又可以是炸药中留有空气间隙，或二者同时存在。实际应用的炸药都是非均相炸药。对于这类炸药的冲击波起爆机制，目前普遍认为是在冲击波作用下，炸药产生局部高温区，即在炸药中产生热点。

参 考 文 献

[1] Baker W E. 爆炸危险性及其评估（上册）. 张国顺译. 北京：群众出版社，1988.
[2] 崔克清. 安全工程与科学导论. 北京：化学工业出版社，2004.
[3] 崔克清. 安全工程燃烧爆炸理论与技术. 北京：中国计量出版社，2010.
[4] 张英华，黄志安. 燃烧与爆炸学. 北京：冶金工业出版社，2010.
[5] 解立峰，余永刚，韦爱勇，等. 防火与防爆工程. 北京：冶金工业出版社，2010.
[6] 葛晓军，周厚云，梁缙，等. 化工生产安全技术. 北京：化学工业出版社，2008.
[7] 王玉杰. 爆破工程. 武汉：武汉理工大学出版社，2007.
[8] 郝建斌. 燃烧与爆炸学. 北京：中国石化出版社，2012.

第4章　化学物质的毒理学基础及作用机制

毒理学是研究化学物质对生物体的毒性和毒性作用机制的科学，是生物医学的一门重要基础学科。现代毒理学不仅以化学物质作为研究对象，而且研究化学物质与生物体之间的交互作用及其造成不良效应的性质和剂量-反应（效应）关系，为指导化学物质的安全使用提供依据。毒理学的研究理论和研究方法已经广泛用于选择安全的药物与食品添加剂，化学毒品的管理，生物及其他有害因素对生物体造成的不良效应的定性和定量评价。

4.1　毒理学的基本概念

4.1.1　毒物、毒性、毒性作用[1, 2]

1. 毒物

毒物是指在一定条件下以较小剂量进入机体就能干扰正常的生化过程或生理功能，引起暂时或永久的病理改变，甚至危及生命的化学物质。实际上，几乎所有的化学物质都有引起机体损伤的潜力。化学物质有毒或无毒是相对的，瑞士毒理学家 Paracelsus 早在 400 多年前提出，"所有物质并非毒物，只是剂量使物质变成毒物，或者所有物质都是毒物，只是剂量使物质变成非毒物。"这说明化学物质有毒或者无毒主要取决于剂量。

毒物通常具有以下基本特征：①对机体有不同水平的有害性；②经过毒理学研究之后确定的；③必须能够进入机体并与机体发生有害的相互作用。同时具备上述三个特征的物质才能成为毒物。

毒理学研究的外源化学物质按用途和分布范围可分为如下几类：①工业化学品，包括生产时使用的原料、辅助剂及生产中产生的中间体、副产品、杂质、废料和成品等；②环境污染物，如生产过程中产生的废水、废气和废渣中的各种外源化学物质；③食品添加剂及食品污染物，包括天然的或食品变质后产生的毒素，以及糖精、食用色素和防腐剂等食品添加剂；④日用化学品，如化妆品、洗涤用品、家庭卫生防虫杀虫用品等；⑤农用化学品，如化肥、农药、除草剂、植物生长调节剂、瓜果蔬菜保鲜剂和动物饲料添加剂等；⑥医用化学品，如各种用于诊断、预防和治疗的外源化学物质，如血管造影剂、医用消毒剂和医用药物等；⑦生物毒素，也称毒素，如蛇毒、毒肽、霉菌毒素和细菌毒素等；⑧军事毒素，如芥子气、路易氏气等。

2. 毒性

毒性是指化学物质对机体造成损害的能力。化学物质的毒性大小是相对的。一种化学物质的毒性大小与机体吸收该物质的剂量，其进入靶器官的剂量和引起机体损害的程度有关。毒性较高的物质，只需要相对较小的剂量或浓度即可对机体造成一定的损害；反之，毒性较低的物质，则需要较高的剂量或浓度才能呈现出毒性作用。在相同的剂量水平下，高毒性物质引起的机体损害程度较为严重，而低毒性物质引起的损害程度往往较轻。

在一定条件下，某些化学物质只对某种生物有损害作用，而对其他种类生物没有损害作用，或者只对生物体内某些器官产生毒性，而对其他器官无毒性作用，表现出选择毒性。化学物质对机体存在选择毒性的原因可能是：①物种和细胞学存在差异；②不同生物及其组织器官对化学物质的亲和力存在差异；③化学物质在不同生物及其组织器官的生物转化过程存在差异；④不同生物及其组织器官修复化学物质所致损害的能力存在差异。选择毒性的存在，反映了生物现象的复杂性和多样性，从而在一定程度上对试验动物毒性结果外推到人类的过程产生影响。

3. 毒性作用及分类

毒性作用又称毒效应，是由化学物质引起的机体不良或有害生物学改变，故又称为不良效应或损害作用。化学物质产生的毒性作用可表现为生物体出现各种功能障碍，应激能力下降，维持机体内稳态的能力降低，以及对其他环境有害因素的敏感性增高等。

化学物质的毒性作用受到包括化学物质的化学结构、生物体的功能状态、化学物质的接触水平、其他化学因素或物理因素的相互作用等在内的多种因素的综合影响。

化学物质的毒性作用可根据其作用特点、发生时间和部位等，按不同的方法进行分类。

1）按毒性作用的发生时间分类

（1）急性毒性作用

急性毒性指机体一次或 24h 内多次接触（染毒）化学物质后在短期内发生的毒性效应。当染毒途径为灌胃、注射或注入时，是指瞬间染毒，而染毒途径为经呼吸道或经皮肤时，"一次"则是指在一个特定的时间内使试验动物持续地接触化学物质。"多次"是指当化学物质毒性过低，一次给予最大剂量或最大浓度仍然观察不到毒性作用或达不到规定的限制剂量，需要在 24h 内分 2～4 次染毒。"短期内"一般指染毒后 2 个星期内。

（2）慢性毒性作用

慢性毒性指机体长期接触小剂量化学物质而缓慢产生的毒性效应。染毒时间超过 90 天的毒性试验一般均称为慢性毒性试验。职业接触的化学物质通常表现为慢性毒性作用。通过慢性毒性试验，可以确定反复将化学物质给予动物后所出现的慢性毒性作用，尤其是进行性和不可逆的毒性作用及致肿瘤作用；同时，可阐明化学物质慢性毒性作用的性质、靶器官和中毒机制，确定长期接触该化学物质造成机体损害的最小作用剂量（MEL）和无作用剂量（NOEL）及剂量-反应关系，为制定日允许摄入量（ADI）和人类安全接触限量提供毒理学依据。

（3）迟发性毒性作用

一次或多次接触某种化学物质后，在接触当时不引起明显病变，但经过一段时间后出现一些明显的病变和临床症状，这种作用称为迟发性毒性作用。

（4）远期毒性作用

远期毒性作用指化学物质作用于机体或停止接触后，经过若干年发生的不同于中毒病理改变的毒性作用。一般致癌性化学物质具有远期毒性作用。

2）按毒性作用的发生部位分类

（1）局部毒性作用

局部毒性作用指外源化学物质引起的机体直接接触部位的损伤。例如，接触具有腐蚀性的酸碱物质所造成的皮肤损伤，吸入刺激性气体引起的呼吸道损伤等。

（2）全身毒性作用

全身毒性作用指外源化学物质被机体吸收后，随着血液循环分布至靶器官或全身后所产生的损害作用。大多数化学物质都会引起全身毒性作用，也有些既有局部作用，又有全身作用。

3）按毒性损伤的恢复情况分类

（1）可逆毒性作用

可逆毒性作用指停止接触化学物质后，所引起的损害可以逐渐恢复的毒性作用。一般情况下，机体的接触化学物质浓度低、接触时间短，其所产生的毒性作用多是可逆的。

（2）不可逆毒性作用

不可逆毒性作用指在停止接触化学物质后毒性作用继续存在，甚至对机体造成的损害作用会进一步加深的毒性作用。化学毒物引起的组织形态学改变常常是不可逆毒性作用，如致突变、致癌、神经元损伤、肝硬化、肿瘤等。化学物质的毒性作用是否可逆，很大程度上取决于中毒损伤组织的再生与恢复能力。通常机体接触化学物质的浓度高、接触时间长，其所产生的毒性作用是不可逆的。

4）按毒性作用机制分类

（1）形态毒性作用

形态毒性作用指机体组织形态发生的肉眼或镜下可观察到的病理变化，如生物组织坏死、神经元损伤等，通常化学物质引起的形态学改变是不可逆的。

（2）功能毒性作用

功能毒性作用指化学物质引起的靶器官功能的可逆性变化，如在一定条件下肝功能所发生的变化。

5）按毒性作用性质分类

（1）一般毒性作用

一般毒性作用指化学物质在一定剂量范围内经一定的接触时间、按照一定的接触方式与机体接触均可能产生的某些毒性作用，如急性毒性作用、亚急性毒性作用和慢性毒性作用等。

（2）特殊毒性作用

特殊毒性作用指接触化学物质后出现不同于一般毒性作用规律或特殊病理改变的毒性作用，包括以下几种。

a. 过敏性反应。也称变态反应，是机体对化学物质产生的一种病理免疫反应。引起过敏性反应的化学物质称为过敏原。过敏原可以是完全抗原，也可以是半抗原。许多化学物质作为一种半抗原进入机体后，首先与内源蛋白质结合形成抗原，然后激发抗体产生。当再次与该化学物质接触后，将产生抗原-抗体反应，出现典型的变态反应症状。

过敏性反应在低剂量下即可发生，机体表现出损害是多种多样的，严重程度也不等，轻者仅有皮肤症状，重者出现过敏性休克甚至死亡。

　　b. 特异体质反应。特异体质反应是由遗传决定的，某些有先天性遗传缺陷的个体，对某些化学物质表现出异常的反应性。特异体质反应包括高反应性和高耐受性，表现为对低剂量化学物质异常敏感，或对高剂量化学物质极不敏感。高反应性与过敏性反应不同，只要机体接触一次小剂量的化学物质即可产生毒性作用，不产生抗原-抗体反应。与此对应，高耐受性是个别机体对某种化学物质不敏感，能够耐受远远高于大多数个体所能耐受的剂量。

　　c. 致癌作用。致癌作用指化学物质能够引发动物或人类的恶性肿瘤，增加肿瘤发病率和死亡率。

　　d. 致畸作用。致畸作用指化学物质作用于胚胎，可影响器官分化和发育，从而出现永久性的结构或功能异常，导致胎儿畸形。

　　e. 致突变作用。也称诱变作用，指化学物质使生物遗传物质（DNA）发生可遗传的改变。

　　4. 损害作用与非损害作用

　　化学物质对机体产生的生物学作用既有损害作用，又有非损害作用，但其毒性的具体表现是损害作用。

　　1）非损害作用

　　非损害作用所致机体发生的一切生物学变化都是暂时的和可逆的，在机体代偿能力范围之内，不造成机体形态、生长发育过程及寿命的改变，不降低机体维持内稳态的能力和对额外应激状态的代偿能力，不影响机体的功能容量，如进食量、体力劳动负荷能力等涉及解剖、生理、生化和行为等方面的指标，也不引起机体对其他环境有害因素的易感性增高。

　　2）损害作用

　　损害作用所致的机体生物学改变是持久的或不可逆的，造成机体功能容量的各项指标改变、维持内稳态的能力下降、对额外应激状态的代偿能力降低及对其他环境有害因素的易感性增高，使机体正常形态、生长发育过程受到影响，寿命缩短。

　　非损害作用经过量变达到某一水平后可发生质变而转变为损害作用。随着科学研究的深入，检测技术和手段的进步，有关化学物质的毒性作用机制得到更深层次的阐明，现在认为非损害作用所致的生物学改变将来可能会被判定为由损害作用所致。

　　5. 毒效应谱

　　化学物质与机体接触后引起的毒效应的性质与强度变化构成了化学物质的毒效应谱。在毒理学研究中，人们使用两类不同的毒性作用终点来检测化学物质引起的各种毒效应。一类为特异指标，如有机磷农药抑制血液中胆碱酯酶活性，致使神经递质乙酸胆碱不能及时水解而堆积于神经突触处，引起瞳孔缩小、肌肉颤动、大汗、肺水肿等中毒表现。其优点是这些表现与特定化学物质之间有明确的因果关系，常有助于中毒机制的阐明。但是在完成系统的毒理学研究之前，对于某些化学物质，尤其是新合成的化学物质，常难以确定这样的指标。而且由于指标的不同，无法进行不同化学物质毒性大小的比较。另一类是死亡指标，简单、客观、易于观察，虽然比较粗糙，不能反映毒性作用的本质，但可作为衡量具不同作用部位和作用机制的化学物质毒性大小的标准。死亡是常用的主要指标，尤其是在急性毒性评价中。随着分子生物学技术等新的检测技术和方法出现，有可能对更细微、更早期的生物学改变进行测定，从而发现更多的毒效应，毒效应谱的范围可不断扩大。

6. 靶器官

靶器官是指化学物质直接发挥毒性作用的组织器官。靶器官往往只限于一个或几个组织器官。靶器官中化学物质或其代谢产物的浓度通常较高，但不一定是最高的。许多化学物质有特定的靶器官，且某些化学物质可作用于一个或几个靶器官。在同一靶器官产生相同毒效应的化学物质，其作用机制可能不同。例如，同样是作用于红细胞影响其输氧功能，苯胺是使血红蛋白中的 Fe^{2+} 氧化为 Fe^{3+}，形成高铁血红蛋白；而一氧化碳是直接与血红蛋白结合为碳氧血红蛋白。

7. 生物学标志

为了对化学物质的有害作用进行早期预防、早期诊断和早期治疗，近年来发展了生物学标志的概念，又称为生物学标记或生物标志物，指针对进入组织或体液的化学物质及其代谢产物，以及它们所引起的生物学效应而采用的检测指标。生物学标志可分为以下三类。

1）接触生物学标志

接触生物学标志是测定各种组织、体液或排泄物中存在的化学物质及其代谢产物或它们与内源物质作用的反应产物，作为吸收剂量或靶剂量的指标，提供有关化学物质暴露的信息。接触生物学标志分为体内剂量标志和生物效应剂量标志。体内剂量标志可以反映机体中特定化学物质及其代谢产物的含量，即内剂量。例如，铅、汞、镉等环境污染物可通过各种途径进入人体，检测人体的某些生物材料，如血液、尿液、头发中污染物含量即可判断机体有害金属的暴露水平。生物效应剂量标志可以反映化学物质及其代谢产物与某些组织细胞或靶分子相互作用所形成的反应产物含量。

2）效应生物学标志

效应生物学标志指机体中可测出的生化、生理参数或病理组织学等方面的改变，可反映与不同剂量的化学物质或其代谢产物有关的对健康有害的效应的信息。

效应生物学标志包括早期效应生物学标志、结构和功能改变效应生物学标志、疾病效应生物学标志。早期效应生物学标志主要反映化学物质与组织细胞作用后分子水平发生的改变，如 DNA 损伤、癌基因活化与抑癌基因失活、代谢酶的诱导和抑制、特殊蛋白质的形成及抗氧化能力的降低等。结构和功能改变效应生物学标志反映化学物质造成的机体组织器官的功能失调和形态学改变，如有机磷农药中毒时胆碱酯酶失活等。疾病效应生物学标志与化学物质导致机体出现的亚临床或临床表现密切相关，常用于疾病的筛查与诊断，如成人血清甲胎蛋白的出现与肝脏肿瘤有关。

3）易感性生物学标志

易感性生物学标志是反映机体对化学物质毒性作用敏感程度的指标。由于易感性不同，性质与剂量相同的化学物质在不同个体中引起的毒效应常有很大差异。机体的易感性是多种因素综合作用的结果，其中基因多态性有重要的作用。易感性生物学标志主要用于易感人群的筛检与监测，以采取针对性的预防措施保护高危人群。

4.1.2　危害性、危险性与安全性

危害性表示外源性化学物质对机体产生损害作用的可能性。危害性与毒性不同，毒性是引起机体出现异常的固有能力，而危害性大小与接触水平和生物机体利用程度相关。

危险性是在特定的接触条件下化学物质对机体造成有害生物学作用的可能性大小，是对机体受到损害作用可能性的定量估计，是一个具有统计学含义的概念。

安全性是与危险性相对应的概念，理论上是指无危险性或危险性达到可忽略程度。在建议使用剂量和接触方式下，化学物质引起的损害作用低于"可接受的"危险性就是安全的，否则就不安全。

4.1.3　剂量、剂量-效应关系和剂量-反应关系

1. 剂量、效应、反应

剂量是指给予生物机体的外源化学物质的量或与机体接触的量，可以是一次给予的量，也可以是在某一规定时间内给予的量。表示剂量的单位通常是机体单位体重接触的化学物质数量。

效应是指一定剂量化学物质与机体接触后引起的生物学变化。效应可分为量效应和质效应两类。量效应的观察结果属于计量资料，有强度概念，可以定量测定，而且所得的资料是连续性的；质效应属于计数资料，没有强度概念，不能定量测定。在一定条件下，根据资料分析的需要，量效应可转化为质效应。

反应是指化学物质与机体接触后呈现某种效应的个体数量在群体中所占的比例，一般以百分比或比值来表示。

2. 剂量-效应关系和剂量-反应关系

剂量-效应关系是指化学物质的不同剂量与其在个体或群体中所产生的效应强度之间的关系。剂量-反应关系是指化学物质的不同剂量与其在某一群体中所引起的效应发生率之间的关系或产生效应的个体数在某一群体中所占比例之间的关系。

剂量-效应关系和剂量-反应关系都是毒理学的主要概念。机体内出现某种损害作用，如果肯定是由化学物质引起的，一般来讲就存在明确的剂量-效应关系或剂量-反应关系。在一定条件下，剂量-效应关系可转换成剂量-反应关系。

3. 剂量-效应曲线和剂量-反应曲线

剂量-效应关系和剂量-反应关系都可以用曲线表示，即以表示效应强度的单位或表

示反应的百分比或比值作为纵坐标，以剂量作为横坐标，绘制散点图得到曲线。因为不同的化学物质在不同的接触条件下引起的效应或反应类型是不同的，可出现为不同的曲线形式。一般情况下，剂量-效应曲线或剂量-反应曲线有直线型、抛物线型和"S"形曲线三种基本类型。剂量与效应或反应呈直线关系，表明随着剂量的增加，效应强度或反应也增加，并呈正比关系；剂量与效应或反应呈抛物线型关系，表明随着剂量的增加，效应强度或反应最初增加急速，随后变得缓慢而呈抛物线型。然而，大部分化学物质的剂量-反应关系曲线呈"S"形，即在低剂量范围内，随着剂量的增加，反应或效应强度增加较为缓慢，然后剂量较高时，反应或效应强度急速增加，但当剂量继续增加时，反应或效应强度增加又趋向缓慢。

4.1.4　常用的毒性指标

1. 致死剂量

致死剂量（lethal dose，LD）指化学物质引起机体死亡的剂量。在一个群体中，个体死亡的数目有很大的差别，所需的剂量也不相同，常用引起机体不同死亡率所需的剂量来表示，有绝对致死量、半数致死量和最小致死量之分。

绝对致死量（absolute lethal dose，LD_{100}）指引起一群个体全部死亡的最低剂量。由于个体差异的存在，在一个群体中可能有少数个体耐受性过高或过低，从而使造成 100% 死亡的剂量增高或减少。因此，不把 LD_{100} 作为评价化学物质毒性大小的指标，而是用半数致死量来表示。

半数致死量（half lethal dose，LD_{50}）指引起一群个体 50% 死亡的剂量，即引起半数死亡的单一剂量。LD_{50} 的单位为 mg/kg，还需指明动物种系和接触途径等。LD_{50}是评价化学物质急性毒性大小最重要的参数，也是对化学物质进行急性毒性分级的基础标准。LD_{50} 数值越小，表示化学物质的毒性越强。与 LD_{50} 概念相同的指标还有半数致死浓度（half lethal concentration，LC_{50}），即引起一群个体 50% 死亡所需的浓度。

最小致死量（minimal lethal dose，MLD 或 LD_{01}）指引起一群个体中个别成员死亡的最低剂量。

最大耐受量（maximal tolerance dose，MTD 或 LD_0）指不引起一群个体中个别成员死亡的最高剂量。若高于此剂量即可出现死亡。

2. 阈剂量

阈剂量是指化学物质按一定方式或途径与机体接触，能使机体开始出现某种最轻微异常改变（如生理、病理、临床征象、生化、代谢等）所需的最低剂量。阈剂量以下的任何剂量都不能对机体产生损害作用，故又称最小有作用剂量。一次染毒所得的阈剂量称急性阈剂量；长期多次小剂量染毒所得的阈剂量称慢性阈剂量。在实际工作中，观察化学物质对机体产生的损害作用很大程度上受检测技术的灵敏性和精确性，试验设计的剂量组数及每组受试对象数等影响，准确地测定阈剂量很困难。在毒理学试验中，"阈剂量"实际为观察到有损害作用的最低剂量（lowest observed adverse effect level，LOAEL）。

3. 最大无作用剂量

最大无作用剂量（maximal no-effect level，MNEL）是指化学物质按一定方式或途径与机体接触，未引起能观察到或检测到任何异常变异的最高剂量。与阈剂量一样，毒理学试验中，实际为未见有害作用量（no-observed adverse effect level，NOAEL），或无可见不良作用的剂量。NOAEL 是毒理学的一个重要参数，以此为基础可制定出化学物质的每日允许摄入量（acceptable daily intake，ADI）。

4. 最小有作用剂量

最小有作用剂量（minimal effect level，MEL）是指在一定时间内，一种化学物质按一定方式或途径与机体接触，使机体开始出现某种损害作用需要的最低剂量。最小有作用剂量严格上来讲是"观察到损害作用"的最低剂量或浓度，即 LOAEL。

5. 未观察到作用的剂量

未观察到作用的剂量（no-observed effect level，NOEL）指在一定接触条件下，通过试验和观察，一种化学物质不引起机体出现任何作用（包括损害作用和非损害作用）的最高剂量。

4.1.5　安全限值

安全限值即卫生标准，是对各种环境介质（空气、土壤、水、食品等）中化学性、物理性和生物性有害因素限量要求的规定。它是国家颁布的卫生法规的重要组成部分，是政府管理部门对人类生活和生产环境实施卫生监督与管理的依据，是提出防治要求、评价改进措施和效果的准则，对保护人民健康和保障环境质量具有重要意义。食品中化学物质的安全限值为每日容许摄入量、参考剂量等。

1. 每日容许摄入量

每日容许摄入量（ADI）指允许正常成人每日由外界环境摄入体内的特定化学物质的总量，单位一般为毫克/千克（mg/kg）或毫克（mg）。在此剂量下，一生每日摄入该化学物质不会对人体健康造成任何可测量出的健康危害。

2. 参考剂量

参考剂量（reference dose，RfD）为人与环境介质（空气、水、土壤、食品等）中化学物质的日平均接触剂量的估计值。人群（包括敏感亚群）在一生接触该剂量水平待评物质的条件下，预期出现的非致癌或非致突变有害效应可低至不能检出的程度。参考剂量由美国国家环境保护局（EPA）首先提出，用于非致癌物质的危险度评价。

4.2　毒性作用的影响因素

化学物质的毒性是毒物与机体在一定条件下相互作用的结果，不是固定不变的，与

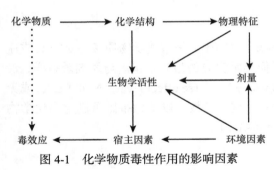

图 4-1　化学物质毒性作用的影响因素

化学物质的结构、宿主因素（生物体因素）和环境因素密切相关，如图 4-1 所示。因此，各种毒物对同一种试验动物所产生的毒效应差异很大，一种毒物对不同试验动物的毒效应也不相同。正确认识化学物质毒性作用的影响因素对控制其毒效应有重要的理论和实际意义。本小节对化学物质的结构和理化性质、生物体因素和环境因素对毒性作用的影响等加以概述。

4.2.1　化学物质自身因素

1. 化学结构

化学结构决定了毒物的理化性质和化学活性，直接影响其毒性作用。化学结构对毒性的影响直接表现在毒性作用性质和毒性作用大小两个方面。研究化学毒物化学结构和毒效应之间的关系，有助于从分子水平甚至量子水平阐明化学毒物的毒性机制，从而有助于指导新化学物质或药物的设计和合成，有助于预测新化学物质的生物活性，确定安全限量标准范围等。近年来，毒理学家对化学物质结构与毒效应关系的研究取得了一定的进展，但尚处于发展阶段，所认识的规律还不够完善。目前，已知的一些规律有以下内容。

1）化学结构与毒性作用性质

毒物的化学结构决定了其在机体内可能参与和干扰的生化过程或其与体内靶分子选择性的结合。化学结构的改变使毒物表现的毒性作用性质改变，如结构中具有活性基团，并能与生物体内重要的活性物质酶、受体、DNA 等分子发生作用而扰乱其功能时，就表现出特异的毒性作用。还有些化学物质，如脂肪族烃类、醇类等，虽然化学结构不同，却表现出共有的效应。

2）化学结构与毒性作用大小

a. 烷、醇、酮等碳氢化合物，随着碳原子数增多，毒性增加。当碳原子数达到一定数量（一般为 7 个以上），毒性随着碳原子数增多反而减少。这是由于这类非电解化合物随着碳原子数增加而脂溶性增大，水溶性相应减小，其在机体内被阻滞于脂肪组织中，不易穿过生物膜，导致毒性作用降低。

b. 取代基的种类和数量影响毒性作用大小。烷烃类的氢若被卤素取代，其毒性一般按氟、氯、溴、碘的顺序增强，且取代愈多，毒性愈大；非烃类化合物分子中引入羟基，其脂溶性增高，易于透过细胞膜，毒性增强。但是烃基结构也可改变毒物分子的空间位阻，从而使毒性增加或减少。芳香族化合物中引入羟基，分子极性增强，毒性增加。多羟基的芳香族化合物毒性更高。烃类引入氨基变为胺后，碱性增强，易与核酸、蛋白质的酸性基团起反应，易与酶发生作用，毒性增强。胺类化合物的毒性一般从大到小依次为伯胺、仲胺、叔胺。毒物分子中引入羧基或磺酸基，水溶性和电离度增高，脂溶性降低，不易吸收和转运，毒性降低。

c. 分子饱和度影响毒性大小。一般不饱和烃毒性大于饱和烃,分子中不饱和键增多,化学物质活性增大,毒性增加,如对结膜的刺激作用,丙烯醛＞丁烯醛＞丁醛。

d. 化学物质的空间结构不同,毒性大小有所差异,通常为:异构烃毒性大于直链烃;环烃大于链烃;环烃取代基位置中对位大于邻位、邻位大于间位;L-异构体大于 D-异构体。

2. 物理性质

化学物质的物理性质,如分子质量、溶解度、电离度、分散度、键能等随着化学结构改变而发生变化,影响化学物质在外环境中的稳定性、进入机体的机会及体内代谢过程,从而与其毒性有一定关系。

1)脂(油)/水分配系数

脂(油)/水分配系数指化合物在脂(油)相和水相中溶解达到平衡时,其在脂相和水相中溶解度的比值。一种毒物的脂(油)/水分配系数大,表明其易溶于脂且易于吸收而不易于排泄,在机体内停留时间长,毒性较大。化学物质的毒性除了与脂(油)/水分配系数有关外,还与其绝对溶解度有关。一般毒性化学物质在液体中的溶解度越大,毒性越强。

2)电离度

对于弱酸性或弱碱性有机化合物,在体内环境 pH 条件合适使其最大限度地成为非离子型时才易于吸收和通过生物膜,发挥毒效应。电离度越低,非离子型比例越高,越容易吸收,毒性越大;反之,离子型比例越高,虽易溶于水,但难于吸收,易随尿排出,毒性减小。

3)挥发度和蒸气压

若毒物在常温下容易挥发则易于形成较高的蒸气压,易于经呼吸道和皮肤吸收进入机体。有些毒物绝对毒性相当,但由于各自的挥发度不同,实际毒性可以相差较大。将物质的挥发度考虑在内的毒性为相对毒性。相对毒性指数能够表示毒物经呼吸道吸收的危害程度。

4)分散度

粉尘、烟、雾等固态物质的毒性与分散度有关。分散度是指物质被粉碎的程度。颗粒愈小,分散度愈大,其在空气中飘浮的时间愈长,沉淀速度愈慢,经呼吸道吸入的机会愈多,危害性越大,越容易进入呼吸道深部。粒度大于 $10\mu m$ 的颗粒在呼吸道上部被阻留,而小于 $5\mu m$ 的颗粒才能进入呼吸道深部,小于 $0.5\mu m$ 的颗粒易经呼吸道再排出,小于 $0.1\mu m$ 的颗粒因弥散作用易沉积于肺泡壁。

3. 纯度

化学工业品或最终的商品中通常会掺有杂质或添加剂,这些杂质可能影响甚至改变原化合物的毒性或毒效应。为了测定某种化学物质的毒性,一般考虑选取纯品,可避免杂质的干扰。杂质与主要测试毒物毒性大小之比决定着杂质影响化学品毒性测定的程度。杂质的毒性大于主要测试毒物,则样品越纯,毒性越小;反之,则样品越纯,毒性越大。

4.2.2　环境因素

1. 气象因素和物理因素

1）温度

环境温度的改变可引起机体生理、生化和内环境稳定系统不同程度的改变，从而改变某些生理功能并影响毒物的吸收、代谢等。在正常的生理情况下，气温增高可使机体毛细血管扩张，血液循环加快，呼吸加速，化合物的吸收速度加快。同时，高温导致多汗，尿量减少，造成经肾随尿排出的化合物或代谢产物在体内滞留时间增长，毒性作用增强。

2）湿度

高湿尤其是伴随高温的高湿环境，汗液蒸发困难，水溶性强的化合物可溶于皮肤表面的水膜而被吸收；同时，由于毒物易于黏着皮肤表面而延长接触时间，使其吸收量增加，毒性增强。

3）气压

高气压与低气压环境条件下接触毒物可引起不同的毒性作用，如高原地区，在低气压条件下，由于缺氧，氧张力改变，洋地黄的毒性降低，而氨基丙苯毒性增强。

4）其他物理因素

其他物理因素，如噪声、射频辐射、微波、X射线等不仅对生物体正常的生理过程有干扰，而且影响毒物的毒性作用，甚至引起物理因素与化学物质联合作用。

2. 季节和昼夜节律

生物体对化学物质所致作用的反应也受到季节的影响。季节变化和昼夜变化使机体形成固定的季节节律和昼夜节律，使得生物体内许多机能活动随季节和昼夜变化而周期性波动，对毒物的反应也有所不同。例如，观察巴比妥钠对大鼠的睡眠作用，春季给药睡眠时间最长，秋季最短。而巴比妥钠作用于小鼠，下午2时给药的睡眠时间最长，而清晨2时给药的睡眠时间最短。

4.2.3　接触途径和媒介

1. 接触途径

试验动物接触毒物的途径不同，毒物首先到达的器官及吸收、分布、代谢过程也不同，则毒效应也不尽相同。毒理学试验中常用的接触（染毒）方式有吸入、经口、经皮肤和腹腔注入等。一般认为，同种动物接触毒物后吸收速率和毒性大小的顺序是：静脉注射＞腹腔注射＞肌内注射＞经口＞经皮肤。

2. 溶剂和助溶剂

化学物质的存在介质对毒性作用也有一定影响。受试化学物质常需要用溶剂溶解或稀释，有时还要用助溶剂。有的溶剂或助溶剂可改变毒物的理化性质和生物活性，有的可加速或减缓毒物的吸收、排泄，从而影响其毒性。通常要求所选用的溶剂或助溶剂是无毒的，与受试物质不起反应，不影响受试物质的吸收和排泄，且受试物质在溶液中是稳定的。常用的溶剂有水、生理盐水、植物油，助溶剂有吐温-80。

3. 稀释度

化学物质的浓度和容量对毒性作用也有一定影响。一般在同等剂量条件下，浓溶液较稀溶液毒性作用强。

4. 交叉接触

毒理学试验中，尤其是经皮肤接触与经呼吸道接触毒物的试验过程中，应注意防止毒物的交叉接触吸收问题。进行易挥发毒物的皮肤接触试验时，应将涂布毒物的局部皮肤密封起来，以防止毒物蒸气经呼吸道吸收或因试验动物舔食而引起经消化道吸收。进行经呼吸道接触试验时，则应保护皮肤，防止气态毒物经皮肤吸收。

4.2.4　生物体因素

试验动物的种属、种系、性别、年龄、体重和健康状况等生物体因素都会影响生物体对化学物质的敏感性。

1. 试验动物的物种

毒理学研究所用不同物种或种属试验动物的生命特征均有差别，导致其各种生理和生化功能存在差异。不同种属试验动物对毒物的反应差异具体表现为：一方面，毒物在不同物种试验动物体内的吸收、蓄积、分布等生物转运过程存在差异；另一方面，不同物种试验动物酶谱和酶活力存在差异，导致代谢能力和代谢途径不同。最终使得不同物种试验动物对毒物毒性的反应和毒理表现并不完全一致。

2. 试验动物的品系

同一物种的不同种系或品系动物，在遗传特征、生化酶系等方面也存在差异，导致化学物质敏感性有差异，主要表现在量效应方面。例如，在测定 LD_{50} 的试验中，一组动物给予相同剂量后，有些死亡，有些仍存活，明显地显示出毒性作用的个体差异。

3. 试验动物的个体因素

同一物种同一品系的不同群体动物在相同条件下接触同一种毒物，也可表现出不同毒效应，性别相同，年龄、体重相接近和内交的试验动物，差异最小，说明试验动物的个体因素差异对毒效应具有一定的影响，主要表现在以下几个方面。

1）性别

主要表现在性成熟的动物上，如有机磷化合物中对硫磷、苯硫磷等对雌性动物的毒性高于对雄性的，其原因可能主要与性激素有关。通常 LD_{50} 的性别差异多数不超过 2 倍，一般来说，性未成熟的动物中性别差异不明显。

2）年龄

动物处于不同的发育阶段，组织器官和酶系等发育程度并不相同。新生动物中枢神经系统发育不完全,并且体内缺乏药物代谢酶,对中枢神经系统刺激剂和一些在体内代谢后才能充分发挥毒效应的毒物不敏感。凡在机体内可迅速经酶代谢失活的毒物,对新生或幼年动物毒性可能较大。总的来说,年龄与毒物敏感性的关系随毒物不同而有很大差异,无规律可遵循。

　　3)健康状况

　　动物的一般健康状况,如营养条件、体力活动情况、有无疾病等因素,都能引起代谢水平和酶活性的波动,从而对毒物的吸收、分布、代谢与排泄等产生不同程度的影响。另外,免疫状态对某些毒性作用的性质和程度也有直接影响。

　　4)个体敏感性差异

　　毒物在相同条件下作用于生物体,个体之间的反应有很大差异,可从无作用到出现严重损伤乃至死亡。这是由于不同个体对同一毒物具有不同的敏感性。个体的敏感性差异除与性别、年龄、健康状况等因素有关外,还主要与个体间代谢酶的遗传多变性、修复酶的多态性和修复能力及受体存在差异或变异有关。

4.2.5　化学物质的联合作用

　　通常每个个体会同时接触多种不同的化学物质,这些化合物在机体中往往呈现复杂的交互作用,或彼此影响代谢动力学过程,或引起毒效应变化,最终影响各自毒性或综合毒性。化学物质相互作用方式不同,其毒性发生的机制也不同。两种化学物质相互作用所产生的反应可能等于、大于或小于化学物质各自单独反应的总和。在毒理学中,将两种或两种以上毒物对机体的交互作用称为联合作用。

　　1. 相加作用

　　两种或两种以上的化学物质作用于机体所产生的总毒效应等于各物质单独效应的总和,这种现象称为相加作用。相加作用是最常见的一种联合作用方式,多见于结构相似(或同系物)或毒性作用的靶器官相同、作用机制相似的化合物间。

　　对于作用方式、机制或靶部位相似的同源性化学物质(例如,某些结构相似或同系衍生的化学物),其联合作用多呈相加作用,并可采用式(4-1)对毒性进行预测:

$$\frac{1}{M_{mix}} = \frac{f_1}{M_1} + \frac{f_2}{M_2} + \cdots \frac{f_n}{M_n} \tag{4-1}$$

式中,M_1、M_2、M_n 和 M_{mix} 分别为 1、2、n 及其混合物的毒性值;f_1、f_2、f_n 分别为 1、2、n 在混合物中所占的比例,且 $f_1+f_2+\cdots+f_n=1$。

　　对于作用方式、机制和靶部位均不相同的异源性化学物质,混合时其毒性作用互不干扰,呈独立作用。如果不区分产生效应的性质(如不同靶器官受损,不同质的有害效应),只注意出现效应的阳性率(如群体中的中毒或死亡率),则联合作用也可表现为相加作用。但此时不能把同时遭受两种化学物质损害的个体既算入 A 的阳性率,又算入 B 的阳性率,只能算入其中的一方。故 A 和 B 的阳性率相加不是其单独作用的阳性率之和 $P_A + P_B$,而是 $P_A + P_B(1-P_A)$,其中 $P_B(1-P_A)$ 为对 A 无反应者受 B 作用的阳性率。故 Finney 提出独立事件概率相加公式以推算联合作用为相加作用时的预期阳性率 P_{mix}:

$$P_{mix} = P_1 + P_2(1-P_1) = 1 - (1-P_1)(1-P_2) \qquad （4-2）$$

当有 n 种化学物时，即成为

$$P_{mix} = 1 - (1-P_1)(1-P_2)\cdots(1-P_n) \qquad （4-3）$$

式（4-3）称为概率公式或阳性率相加公式。凡满足式（4-2）或式（4-3）者称为独立联合作用。

2. 协同作用和增强作用

两种或两种以上的化学物质作用于机体所产生的总毒效应大于各物质单独效应的总和，这种现象称为协同作用。协同作用产生可能与毒物之间相互影响吸收速率，促使其吸收加快、排出延缓，干扰其体内降解过程和其在体内的代谢动力学过程改变等有关。协同作用多见于由同源性化学物质作用于相同靶部位，并产生相同效应（其化学结构不一定相似）所引起。例如，四氯化碳和乙醇导致的肝坏死作用大于其相加作用。此外，化学结构、作用部位和作用机制都毫无共同之处的一些物质，如其最终效应一致，也可产生协同作用。

增强作用是指一种物质的有害效应被另一不产生该效应或完全无有害效应的物质所增强的情况。这种结果多数出现在吸收被促进、排泄被延缓、活化酶被诱导或解毒酶被抑制的情况下。

还有一种混合物的联合作用大于相加作用的类型，是两种化学物质在体内相互作用产生一种新的化学物质或其中一种化学物质的结构改变，从而产生两种化学物质单独作用时不会产生的毒效应，这种情况称为合作协同作用。

3. 拮抗作用

两种或两种以上的化学物质作用于机体所产生的总毒效应小于各物质单独效应的总和，这种现象称为拮抗作用。出现拮抗作用是由于毒物的作用彼此相互干扰或相互抵消，从而使总毒效应低于各自单独效应的总和。拮抗作用本身包括功能拮抗作用、化学拮抗作用、配置拮抗作用和受体拮抗作用 4 种主要类型。功能拮抗作用由作用在同一生理功能但作用相反的两种物质产生，如兴奋剂与镇静剂。化学拮抗作用又称灭活作用，是两种化学物质通过化学反应产生一种毒性较低的物质。配置拮抗是指一种化学物质影响了另一种化学物质的吸收、分布、排泄及代谢，使之较少到达靶器官或在靶器官中作用时间缩短。受体拮抗作用有两种情况，当两种化学物质在体内与同一受体结合时，产生竞争性拮抗。

4.3　化学物质的毒性作用及机制

4.3.1　化学物质的毒性作用

化学物质的毒性作用是毒理学研究的重要内容，当化学物质进入机体后，经过生物转运和转化，化学物质及其代谢产物不断作用于生物体，将对其靶器官组织产生不良或有害的生物学毒效应。通常表现为生物体的各种功能障碍、应激能力下降、维持内稳态的能力降低，以及对其他环境有害因素的敏感性增高等。

化学物质对机体功能和结构的毒性作用主要取决于它作用于机体的程度与途径，研究毒性作用机制的重点是确定毒物如何进入机体、如何与靶器官或靶分子发生作用，以及如何产生有害结果和机体的反应等。通常具潜在毒性的化学物质可能通过以下 3 种途径影响机体的结构和生化过程，产生各种毒性作用：①化学物质不与靶分子发生作用而直接作用于接触的部位；②化学物质与靶分子发生作用造成细胞功能障碍或损伤；③化学物质造成细胞损伤后，机体出现异常修复（包括分子水平、细胞水平和组织水平的修复）。

4.3.2　化学物质的毒作用机制

1. 毒性作用的启动

能直接发挥毒性作用的物质为直接毒物，而需经过代谢转化才能发挥毒性作用的物质则为间接毒物。这些物质经活化后，可改变机体的生理、生化特性，对机体产生有害作用。有的物质还必须经过复杂的生物转化改变结构特点，使其能更有效地与受体或酶反应。但是更多的情况是化学物质转化为与组织中内源化合物起反应的活性物质，如亲电子物质、自由基、亲核物质、氧化还原物质等，这些活性物质可与生物大分子（如受体、酶、DNA 及脂质等）相互作用而在机体内启动毒性作用。

1）亲电子物质的形成

亲电子物质是指缺乏电子而带有正电荷的分子，可与富电子的亲核物质共享电子对而发生反应。阴离子类亲电子物质是细胞色素 P450 或其他酶系将母体化学物质氧化为酮、环氧化物、酮、醌、卤代酰类等时形成的。阳离子类亲电子物质是由不同性质的基团或元素结合物裂解所产生的，如甲基汞被氧化为 Hg^{2+}，CrO_4^{2-} 被还原为 Cr^{3+}、AsO_4^{3-} 被还原为 As^{3+}。表 4-1 列出了部分化学物质经活化过程产生的亲电子物质。

表 4-1　常见亲电子物质及其毒性作用

	亲电子代谢产物	母体化学物质	催化反应的酶	毒性作用
阴离子类	乙醛	乙醇	乙醇脱氢酶	肝纤维化
	2,5-己烷二酮	己烷	P450	神经损伤
	丙烯醛	丙烯醇	乙醇脱氢酶	肝坏死
	4-羟基壬烯	脂肪酸	脂质过氧化酶	细胞损伤
	8,9-环氧化黄曲霉素 B_1	黄曲霉素 B_1	P450	致癌
	环氧溴化苯	溴苯	P450	肝坏死
	硫氧化乙酰胺-S-氧化物	硫代乙酰胺	黄素单加氧酶	肝坏死
	光气	氯仿	P450	肝坏死
阳离子类	苄基碳	7,12-二甲基苯并蒽	P450，硫转移酶	致癌
	碳阳离子	二甲基硝胺	P450	致癌
	芳香族硝基离子	2-乙酰氨基芴，二甲基苯并蒽	P450，硫转移酶	致癌
	二价汞	汞	过氧化氢酶	脑损伤

2）自由基的形成

自由基是指其原子外轨道上含有一个或多个不成对电子的分子或基团。自由基可通过接受或失去电子或由性质相同的元素形成的共价键均裂所产生。百草枯、硝基呋喃妥因等可以从细胞色素 P450 还原酶处获得电子而形成自由基，自由基将多余的电子转移给分子氧，形成超氧化阴离子自由基，超氧化阴离子自由基又可以和其他物质反应形成新的自由基。相反，酚、对苯二酚、乙酰氨基酚等在过氧化酶的催化下失去电子而形成自由基。由化学分子中原子均裂产生自由基的典型例子是 CCl_4 裂变为三氯甲基自由基 $CCl_3 \cdot$。$CCl_3 \cdot$ 可以发生氧化反应形成更活泼的三氯甲基过氧化自由基 $CCl_3O_2 \cdot$。

3）亲核物质的形成

在化学物质的活化过程中，形成亲核物质的情况相对较少。亲核物质经过氧化物酶所催化的反应失去一个电子并形成自由基。例如，苦杏仁苷在消化道内可以被细菌的 β-糖苷酶分解产生亲核物质氰化物；丙烯腈环氧化后再与谷胱甘肽结合可形成亲核物质；5-羟基伯胺喹啉在肝被羟化后可氧化产生高铁血红蛋白等。

4）氧化还原物质的形成

氧化还原反应是机体内最基本的化学反应。机体自身在代谢过程中产生大量的活性氧，具有非常强大的防御、拮抗氧化损伤的能力。如高铁血红蛋白的亚硝酸盐的形成，就是机体内的氧化还原反应所产生的活性物，此外，还有抗坏血酸和 NADPH 依赖性黄素酶等将 Cr^{6+} 还原为 Cr^{5+}，反之，Cr^{5+} 又可催化 $OH \cdot$ 生成。

2. 靶分子毒性作用机制

机体内所有的生物分子都是化学物质潜在的作用靶，化学物质毒性作用靶分子的识别、特征及检测等是靶分子研究的重点。毒物在体内通常通过非共价或共价的形式与靶分子结合，也可通过脱氢反应、电子转移或酶促反应改变靶分子。

1）非共价结合

非共价结合是通过范德瓦尔斯力将化学物质与受体、离子通道及酶等靶分子结合。非共价结合由于结合能力相对较低，通常具有可逆性。

2）共价结合

化学物质及其代谢产物通过与机体生物分子共价结合形成复合物，从而改变结构与功能。共价结合通常是一种不可逆的反应，对机体危害很大。能进行共价结合的毒物一般是亲电子的，可以和体内众多的具有亲核原子的大分子发生反应。

3）脱氢反应

中性自由基可以脱去靶分子的氢原子，将其转变为自由基。含巯基的化合物脱去氢后变成为含硫的自由基，最终形成巯基氧化产物。羟基自由基还能使氨基酸或蛋白质分子上的氨基发生交联。

4）电子转移

化学物质将血红蛋白中的 Fe^{2+} 氧化为 Fe^{3+}，从而形成高铁血红蛋白血症。

5）酶促反应

化学物质以酶蛋白为靶分子，使蛋白质发生合成障碍。例如，蓖麻毒素诱发核糖体水解，毒蛇素所含的水解酶对生物分子进行破坏等。

有些化学物质不通过或不完全通过与机体内靶分子相互作用引起毒性,而是通过改变生物学环境产生毒性作用,包括:①能改变生物水相中 H^+ 浓度的化学物,如酸和能生物转化为酸的物质(如甲醇和乙二醇)及疏质子解偶联剂(如 2,4-二硝基酚和五氯酚),它们在线粒体基质中使酚的质子分离,因而推动 ATP 合成的质子梯度消失。②使细胞膜脂质相发生物理化学改变及破坏细胞发挥功能所需的穿膜溶质梯度的溶剂及去垢剂。③仅通过占据位置或空间产生危害的外源化学物,如某些化学物质(如乙二醇)在肾小管中形成不溶于水的沉淀物;磺胺类化合物通过占据清蛋白的胆红素结合位点而引起新生儿胆红素脑病(核黄疸);CO_2 取代肺泡腔的氧引起窒息。

3. 细胞毒性作用机制

体内多细胞器官的细胞间能协同作用,是由于每个细胞都执行着特定的程序。长期作用程序决定细胞的命运——分裂、分化(即表达具专一化功能的蛋白质)或凋亡。短期作用程序控制分化了的细胞的瞬息活动,决定细胞分泌物质的数量、是否收缩或舒张、转运和代谢营养物质的速率等。细胞具有能被外部信号分子激活或灭活的信号网络,并以此来调节上述细胞程序。为了执行这些程序,细胞装备有合成、代谢、运动、转运和产生能量的体系及结构元件,可组装大分子复合物、细胞膜和细胞器,以维持自身内部成分的完整性(内部功能)和支持其他细胞的功能(外部功能)。在化学物质的作用下,细胞会表现出特异性分子异常,成为化学物质作用的靶细胞。化学物质与靶分子的反应可损害细胞功能。

细胞受信号分子所调节,它激活与传导网络相联系的细胞受体,而信号转导是网络将信号传递给基因的调节区域和/或功能蛋白。受体激活最终可导致基因表达调节障碍和信号转导调节障碍。基因表达调节障碍可发生于直接负责转录的元件上、细胞内信号转导途径的成员上及细胞外信号分子的合成、储存或释放过程中。基因从 DNA 转录为 mRNA 主要受转录因子(TF)与基因的调节或由启动区域间的相互作用所控制。化学物质可与基因启动子区、转录因子或起始复合物相互作用,改变转录过程,干扰细胞内信号转导系统。化学物质可直接或间接干扰信号转导系统,改变信号蛋白的合成与降解,改变蛋白质间的相互作用。化学物质可通过多种途径引起信号转导异常,最常见的是通过改变蛋白质磷酸化,也可通过干扰 G 蛋白(Ras)的 GTPase 活性、破坏正常的蛋白质-蛋白质交互作用、建立异常的交互作用、改变信号蛋白的合成与降解。这样的干扰最终可影响细胞周期的进展。在多细胞机体,细胞必须具备完整的自我维持功能,并为其他细胞提供支持功能。细胞的自我维持功能可被化学物质所破坏,导致毒效应,如 ATP 耗竭、Ca^{2+} 蓄积、ROS/RNS 生成等。

4.4　化学物质在体内的生物转运

生物转运过程(biotransport process)是各种物质通过生物膜在细胞及细胞器内外之间交换的过程。化学物质在体内的生物转运包括吸收、分布和排泄三个过程。化学物质通过各种途径和方式被机体吸收后,经循环系统分散到全身组织器官,在组织细胞内发生化学结构和性质变化转变为代谢产物，最后化学物质本身及其代谢产物经各种途径排出生物体外，如图 4-2 所示。化学物质在体内的生物转运是一个极其复杂的生物学过程，需多次通过细胞膜才能实现。

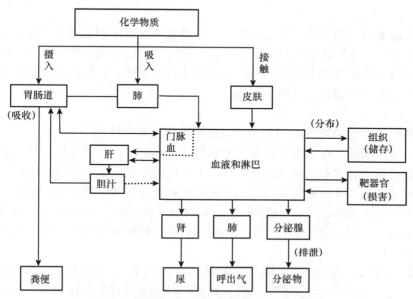

图 4-2　化学物质在体内的吸收、分布和排泄

4.4.1　生物膜和转运机制

1. 生物膜

生物膜是将细胞或细胞器与周围环境分隔的一层半透薄膜，是细胞膜和各种细胞器膜结构的总称。生物膜主要是由脂质和蛋白质组成的，流动的脂质双分子层中镶嵌着一些球形蛋白质分子。生物膜可将细胞或细胞器与周围环境隔离，保持细胞或细胞器内部理化性质的稳定，还可选择性地允许或不允许某些物质向内或向外透过，以便摄入或排出一些物质，使细胞在进行新陈代谢的同时还能保持细胞内物质的稳定。

生物膜与细胞物质、能量和信息的转换息息相关，许多化学物质通过对生物膜产生作用而表现出毒性。膜毒理学就是研究化学物质对生物膜的毒性作用及其机制的毒理学分支学科。

2. 生物转运机制

化学物质通过生物膜的方式主要有被动转运、主动转运和膜动转运三大类。

1）被动转运

（1）简单扩散

简单扩散是化学物质完全不需膜蛋白的作用而自由透过生物膜的脂质双层，是物质由生物膜分子浓度较高的一侧向浓度较低一侧的扩散。在简单扩散过程中，不需要消耗能量，化学物质与膜也不发生化学反应，是化学物质在体内进行生物转运的主要机制。

化学物质经简单扩散通过生物膜基本遵从 Fick 定律，扩散速率受扩散常数、膜的面积及化学物质在膜两侧形成的浓度梯度和膜的厚度等因素影响，其中浓度梯度是最主要的决定因素。

（2）易化扩散

易化扩散是不易溶于脂类的化学物质利用载体由高浓度向低浓度处移动的过程，也称为载体扩散。易化扩散的机制是膜上的蛋白载体特意地与化学物质结合，构型发生变化而形成适合该物质通过的通道。易化扩散不消耗代谢能量，如水溶性的葡萄糖、氨基酸和核苷酸等由胃肠道进入血液的过程。

（3）滤过

滤过是水溶性化学物质随同水分子通过生物膜上亲水性通道的过程。生物膜上具有一些亲水孔道或间隙，在渗透压梯度和液体静压作用下，大量的水可以作为载体，携带一些化学物质通过亲水孔道进入细胞。凡大小和电荷与膜上亲水孔道结构相适应的溶质都可随同水分子通过亲水孔道进行滤过，完成生物转运过程。膜孔滤过作用要求分子直径必须小于亲水孔道的直径。一般情况下，相对分子质量小于 100～200 的化学物质可通过直径为 4nm 的孔道，相对分子质量小于 60 000 的化学物质可通过直径为 70nm 的孔道。

2）主动转运

主动转运是化学物质由生物膜低浓度侧向高浓度侧转移的过程。主动转运对胃肠道吸收化学物质，特别是化学物质吸收后不均匀分布和通过肾和肝排出意义重大。主动转运的主要特点有以下几方面。

a. 依赖载体，逆浓度梯度转运，需要消耗一定能量。

b. 化学物质通过载体进行主动转运，需要有载体参加。载体通常是生物膜上的蛋白质，可与被转运的化学物质形成复合物，然后将化学物质转运至生物膜的另一侧并将化学物质释放，随后载体可重新回到原来的一侧。整个过程呈可逆性结合，可反复进行转运。

c. 主动转运系统具有一定的选择性，即化学物质必须具有一定立体构型才能通过，不具备相似立体构型的物质不能通过。

d. 载体是生物膜的组成成分，故有一定的容量。当化学物质浓度达到一定程度时，载体饱和，转运即达到极限。

e. 如果两种化学物质基本相似，在生物转运过程中又需要同一转运系统，则两种化学物质之间可出现竞争，并引起竞争性抑制。

3）膜动转运

颗粒物和大分子物质的转运伴有膜的运动，称为膜动转运。膜动转运对机体内化学物质和外来异物的转运消除具有重要意义。

（1）胞吞作用

胞吞作用是将细胞表面的颗粒物转运入细胞的过程，又称入胞作用。化学物质被伸出的生物膜包围，然后被包围的物质并入细胞内，达到转运的目的。

（2）胞吐作用

胞吐作用是将颗粒物运出细胞的过程，又称出胞作用。

4.4.2　吸收

化学物质进入生物体内的方式很多，如经胃肠道、呼吸道和皮肤，以及毒理学试验中的注射等方法。化学物质通过各种途径从染毒部位透过机体的生物膜进入体内循环的过程称为吸收。

1. 经胃肠道吸收

化学物质可随同食物或饮水进入消化道并在胃肠道中被吸收，吸收可发生在任何部位，但主要在小肠和胃。化学物质在胃肠道中的吸收主要是通过简单扩散，也有部分吸收是通过滤过和主动转运。

影响胃肠道中化学物质吸收的因素包括：①化学物质的性质，即分子结构及理化性质，其中分配系数和解离常数是重要的因素；②胃肠功能状态，主要指胃肠的蠕动情况。胃肠蠕动强，化学物质在胃肠内停留的时间短，吸收就少；而胃肠蠕动弱，延长了化学物质与胃肠道接触的时间，吸收增加；③胃肠中的一些物质和肠道的菌群等也能影响化学物质吸收，如钙、镁离子等在肠道内可与一些有毒物质形成沉淀，减少其吸收；肠道内的部分菌群能够对化学物质进行生物转化。

2. 经呼吸道吸收

呼吸道直接与外界环境相连，携带化学物质的气体、蒸气、烟、雾、粉尘和气溶胶等颗粒物都可能经呼吸道吸收。经呼吸道吸收以肺泡为主，由于人体肺泡数量多（约 3 亿个），总表面积大（$50\sim100m^2$），且肺泡壁上皮细胞层极薄，血管丰富，血流充沛，对脂溶性分子、水溶性分子及离子具有高度的通透性。空气在肺内的流速慢，有较长的时间和肺泡壁毛细血管接触，故经肺吸收的化学物质的毒性作用一般表现快，且毒效应强。

影响化学物质经呼吸道吸收的因素与化学物质的形态有关，下面分气态（气体和蒸气）化学物质、气溶胶及颗粒物两种进行介绍。

影响呼吸道气态化学物质吸收的因素包括：①气态化学物质的浓度。经呼吸道吸收的物质是以被动扩散方式通过肺泡上皮细胞的，根据简单扩散原理，化学物质在肺泡空气中的分压越高，吸收越快。随着吸收过程的进行，肺动脉血浆中该物质的分压将逐渐升高，并与肺泡气中气态化学物质的分压差逐渐缩小，直到血液中的分压接近肺泡气的分压而达到平衡状态。②气态化学物质在血液中的溶解度，指在平衡状态下血液中可溶性气体浓度与肺泡中气相浓度的比例，即血-气分配系数。每种气体的分配系数都是常数。化学物质在血中的溶解性越大，平衡状态时就有越多的化学物质溶于血液中。对于低溶解性气体，增加血流量可以加速其吸收；反之，对于高溶解性气体，增加呼吸频率和每分钟通气量可以加速其吸收。③化学物质由血液分布到其他组织的速度和排泄的快慢。化学物质由肺泡进入血液，再分布到其他组织是一个动态平衡的过程。肺泡气中化学物质进入血液的速度取决于组织/血分配系数。④气态化学物质的水溶性。分子质量小和水溶解度高的气体容易被吸收。鼻腔、鼻窦和颌上部支气管等黏膜表层内的黏液腺多，表面湿润，故易溶于水的气体如二氧化硫、氨、氯气等能迅速溶解于气道表面的水中，并易在该部位吸收。

影响气溶胶及颗粒物吸收的主要因素为气溶胶微粒的大小和其水溶性。气溶胶及颗粒物经呼吸道吸收时，与黏膜表面发生接触，并附着或滞留在那里。在惯性冲击力、重力或沉降力和布朗运动等附着力的作用下，气溶胶离子或颗粒物进入呼吸道后将在气管、支气管和肺泡表面滞留或沉积，进而对机体造成伤害。不同粒径的颗粒物可在呼吸道不同部位沉积，直径大于 $10\mu m$ 的颗粒物，一般附着于鼻咽部，易引起呛咳而排出体外；$5\sim10\mu m$ 的颗粒物几乎全部沉积在气管和支气管；$1\sim5\mu m$ 的颗粒物则可到达呼吸道深部，部分能到达肺泡；小于 $1\mu m$ 的颗粒可在肺泡内扩散而沉积下来。进入肺泡表面的颗粒物大部分被巨噬细胞吞噬，有些微粒还可长久滞留在肺泡内形成病灶。

3. 经皮肤吸收

化学物质经皮肤吸收主要通过皮肤的表皮和皮肤附属器官（毛囊、汗腺和皮脂腺）两种途径完成。化学物质经皮肤吸收，分为穿透和吸收两个阶段。经皮肤吸收的主要机制是简单扩散。

经皮肤吸收的影响因素包括：①化学物质的理化性质。在穿透阶段，化学物质的分子质量和脂-水分配系数是主要影响因素，对于吸收阶段，脂/水分配系数接近于 1 的化学物质最容易经皮肤吸收。②皮肤的血流和组织血流动速度。气温能影响血流速度，在高温环境中，化学物质一般较容易经皮肤吸收，特别是在高湿、高温和无风环境中，因皮肤表面大量分泌汗液，化学物质易于溶解和黏附，从而延长其与皮肤的接触时间，有利于化学物质的吸收。③生物体的皮肤性状。人和各种动物的皮肤对化学物质的屏障作用存在明显的种属差异。一般来说，豚鼠和猪的皮肤接近于人，不易渗透，而大鼠和兔的皮肤较容易渗透。此外，人体不同部位的皮肤对化学物质的渗透性也不相同，依次为：面部和阴囊＞躯干和肢体＞手掌和足底。

4. 经其他途径吸收

在毒理学动物试验中有时也采用腹腔、皮下、肌内和静脉注射进行染毒。腹腔注射因腹膜面积大、血流供应充沛而对化学物质吸收很快；皮下和肌内注射时吸收较慢，但可直接进入体循环；静脉注射则可使化学物质直接进入血液，分布到全身。

4.4.3 分布

化学物质经过不同途径吸收进入体循环后，随着血液或淋巴液的流动向全身各组织转运和分配的过程称为分布。不同化学物质在体内组织器官中的分布情况并不一致，主要取决于不同组织与物质的亲和力及组织细胞对该物质的处理情况。化学物质分布到组织器官中的速度主要取决于血流速度和从毛细血管外扩散到各组织的速度。

在分布的开始阶段，器官和组织内化学物质的分布主要取决于器官和组织的血液供应量。但随着时间的延长，化学物质在器官中的分布越来越受组织本身的"吸收"特性影响，也就是说按化学物质与器官的亲和力的大小选择性地分布在某些器官，这就是毒理学中常提到的再分布过程。

许多因素会影响化学物质的分布，主要因素有：①器官组织的血供量和血流量；②化学物质在血液中的存在状态及穿透生物膜的能力；③化学物质与器官组织的亲和力，以及组织提供的结合点的多少；④化学物质进入器官和组织时是否有屏障。较重要的屏障有血脑屏障和胎盘屏障等。

1）血脑屏障

许多化学物质不易进入脑组织或脑脊液是由于血脑之间存在血脑屏障。血脑屏障是由毛细血管壁和脑组织外面的一层脂质细胞所组成的，只有未解离的脂溶性化合物和未与蛋白质结合的小分子化合物才有可能透过血脑屏障进入脑组织。解离的极性化合物则不易透过血脑屏障。血脑屏障有明显的年龄差别，新生动物的血脑屏障发育不完全，对某些化学毒物的毒性反应比成年动物强。

2）胎盘屏障

胎盘具有能够阻止一些化学物质由母体透过胎盘进入胚胎，保障胎儿正常生长发育的功能。胎盘由母体与胎儿血液循环之间的多层细胞构成。胎盘屏障的细胞层数随动物物种不同和妊娠阶段不同而异（表 4-2）。较薄的胎盘，即细胞层数较少者，化学物质相对容易透过。大部分化学物质透过胎盘的机制是简单扩散，少数以主动转运方式透过胎盘。

表 4-2　胎盘屏障的物种差异

物种		母体组织			胎儿组织		
		内皮	结缔组织	上皮	滋养层	结缔组织	内皮
猪、马、驴	上皮绒膜	+	+	+	+	+	+
牛、羊	组织绒膜	+	+	–	+	+	+
猫、犬	内皮绒膜	+	–	–	+	+	+
人、猴	血绒膜	–	–	–	+	+	+
大鼠、豚鼠、兔	血内皮	–	–	–	–	–	+

注："+"表示化学物质可通过屏障；"–"表示化学物质不能通过屏障

3）其他屏障

其他如血眼屏障、血睾屏障等可以保护这些器官免受外来化学物质的损害。

4.4.4　蓄积

长期接触化学物质时，若吸收速度超过排泄速度，就会出现化学物质在体内逐渐增多的现象，即蓄积作用。通过蓄积作用，化学物质可在体内的一些特定部位分布和储存，对蓄积地点可有作用，也可无作用。当化学物质在体内的蓄积部位与靶器官一致时，则呈现毒性作用。当蓄积部位不是毒性作用部位时，则蓄积部位即成为化学物质的储存库，此时化学物质对机体不会立即产生不良影响，相当于惰性物质。但体内储存状态的化学物质与其游离状态部分呈现动态平衡，正常情况下不会对机体造成毒作用，但存在随时被释放并呈现毒性的可能。

在生物体内，化学物质的储存库主要有血浆蛋白、脂肪、骨骼、肾等器官和组织 4 种。

1）血浆蛋白储存库

一些亲脂性有机酸和有机碱及某些无机金属离子能与血浆蛋白结合，结合物不能通过毛细血管壁，只能分布于血液中。当化学物质的游离部分分布到其他组织或被肾小球滤过而使其在血液中的浓度降低，那么与血浆蛋白结合的化学物就逐渐游离出来。因此，游离部分与结合部分的化学物质在血浆中呈动态平衡，血浆蛋白可看作是某些化学物质的暂时储存库。

2）脂肪储存库

一些脂-水分配系数大的化学物质可以大量储存在脂肪组织中，不显示生物活性。储存于脂肪组织中的化学物质通常对脂肪本身无影响，对机体具有一定的保护作用，其潜在危害是在一定条件下可重新释放出来，使血液中化学物浓度急剧上升。

3）骨骼储存库

骨骼是一种代谢活性较低的组织，是某些化学物质沉积和储存的场所，如氟、铅、钡、锶、镭等与骨组织有特殊亲和力的金属元素。骨骼作为储存库也具有保护和潜在危害两重性。

4）肝、肾储存库

肝和肾的细胞中含有一些特殊的结合蛋白，借助置换作用可将与血浆蛋白结合的化学物质转运至肝、肾组织。为此，肝和肾中化学物质的浓度可远高于血浆中的浓度。例如，金属镉在肝中的浓度可多倍于其血浆中的浓度。这种强有力的富集能力，可能与生物膜的通透性、主动转运系统和细胞内蛋白质结合能力有关。

4.4.5　排泄

吸收进入机体的化学物质，经分布和代谢转化后，将向机体外转运，该过程为排泄，是生物转运的最后一个环节。被机体吸收的化学物质可通过各种不同的途径排出体外。主要途径是经肾从尿中排出和经过肝随同胆汁并入粪便中排出，还可经过呼吸器官随同气体呼出，随汗、唾液、乳汁、泪液等分泌物排出。

1. 经肾排出

肾是化学物质及其代谢产物排泄的主要器官，也是最重要的排泄器官。肾排泄机制主要有肾小球滤过、肾小管分泌和肾小管再吸收。

1）肾小球滤过

肾小球过滤膜上具有直径为 7～10nm 的微孔，血浆携带着溶于其中或与某些物质结合的物质，包括化学物质及其代谢产物等，流经肾小球毛细血管并被滤过，分子质量过大的物质或与蛋白质结合的化学物质一般不能滤过。滤过是一种被动转运过程。从分子质量上推论，一般化学物质都是可以滤过的，但与血浆蛋白结合及生理体液酸碱度时的荷电状态可影响滤过率。

2）肾小管分泌

肾小管具有主动转运功能，可以逆浓度梯度将化学物质从近曲小管的毛细血管中主动运转到小管液中，该过程称为肾小管分泌。肾小管细胞具有有机阴离子化合物和有机阳离子化合物两个转运系统，都位于近曲小管细胞内。经过肾小管随同尿液排出体外的物质中，有些是来自血浆的肾小球滤液，还有一部分是肾小管上皮细胞的代谢产物。

3）肾小管再吸收

经肾小球滤过的滤液中，含有一些机体维持正常生理功能所必需的物质，这些物质将被肾小管重新吸收送回到血液中。氨基酸、葡萄糖、多肽类和某些阴离子物质通过主动转运重吸收，而水和氯化物及尿素通过膜上亲水孔道吸收。化学物质的重吸收主要通过被动转运方式进行，脂溶性化学物质较极性化合物更易被重吸收。尿液的酸碱度对化学物质的重吸收有显著影响，pH较低时，碱性物质较易排出，pH较高时，酸性物质较易排出。

2. 经肝排出

肝位于肠道和体循环之间，是化学物质代谢的场所和排泄的途径。进入肝的化学物质先经过生物转化形成代谢产物，后被主动地转运到胆汁中，随胆汁排入十二指肠，最后混入粪便排出体外。与血浆蛋白结合的化学物质，相对分子质量在300以上及具有阳离子或阴离子的化学物质可通过主动转运逆浓度梯度进入胆汁，而分子质量较小的化学物质则由肾随同尿液排出。肝内至少有三个转运系统，通过主动转运分别将有机酸类、有机碱类和中性有机物质由肝实质细胞转运入胆汁。此外，还可能有另一负责金属转运的主动转运系统。

3. 经肺排出

尽管化学物质在体内最重要的消除途径是经肾和肝系统排泄，许多体温下以气态存在的化学物质可经肺同呼出气体排出体外。肺排泄的机制主要是单纯扩散方式，排泄速度取决于气体在血液中的溶解度，血-气分配系数小的化学物质经肺排泄的速度较快。溶解于呼吸道分泌液的化学物质和巨噬细胞摄入的颗粒物质，将随同呼吸道表面的分泌液排出。

4. 经其他途径排出

化学物质及其代谢产物除经肾、肝和肺排泄外，还有其他排泄途径，如经胃肠道排泄、随同汗液和唾液排泄、随同乳汁排泄，虽然这些排泄途径在整个排泄系统所占比例不大，但有特殊的毒理学意义。例如，通过乳制品也会使人接触污染在乳汁中的化学物质。

4.5　化学物质在体内的生物转化

生物转化是指化学物质在生物体内经多种酶催化而发生的一系列化学变化，并形成一些代谢产物的过程，又称代谢转化。化学物质的生物转化产物称为代谢产物。生物转化是机体对化学物质处置的重要环节。实际上，生物转化只是代谢中的一个过程，通常是将亲脂化学物质转变为极性较强的亲水物质，从而加速其随尿或随胆汁排出。多数化学物质经代谢转化后变成低毒或无毒的产物，但也有些原本无毒或低毒的物质经代谢转化后变成有毒或毒性更大的产物，甚至有些化学物质经代谢转化后产生致癌、致突变和致畸作用。化学物质的代谢转化主要发生在肝，此外，在肺、胃肠道、肾、胎盘、血液及皮肤中也有些较弱的肝外代谢过程。

各种化学物质在生物体内的生物转化过程是多种多样的，Williams把生物转化分为Ⅰ相和Ⅱ相反应两种类型。Ⅰ相反应是生物转化的第一阶段反应，包括氧化、还原和水解反应；Ⅱ相反应是生物转化的第二阶段反应，主要是结合反应。通过Ⅰ相反应，使化学物质的分子暴露或增加功能基团，水溶性增强，并成为适合Ⅱ相反应的底物。再通过

Ⅱ相反应，使化学物质或经Ⅰ相反应的代谢产物与体内内源性物质结合，生成易排出体外的水溶性化合物。这两个阶段的反应可以在细胞的微粒体、线粒体及细胞溶胶中进行，但以微粒体为主。下面分别介绍化学物质在体内的生物转化过程，即氧化、还原、水解和结合 4 种反应。

4.5.1　氧化反应

　　氧化反应是化学物质最为常见和最有效的代谢途径之一。氧化反应是在混合功能氧化酶系（NADPH 细胞色素 c 还原酶和细胞色素 P450 酶）的催化下进行的。这些氧化酶位于内质网，内质网的碎片称为微粒体。在氧化反应中，O_2 起了"混合"作用，即一个氧原子还原为水，另一个氧原子进入底物中。化学物质的氧化可表述为

$$RH(毒物)+O_2+NADPH_2(还原型辅酶Ⅱ)\xrightarrow{\text{混合功能氧化酶系}}ROH(氧化产物)$$
$$+NADP(氧化型辅酶Ⅱ)+H_2O$$

　　此外，有些化学物质也可被位于线粒体部分的非微粒体氧化还原酶所催化。化学物质的氧化反应可分为以下几种类型。

　　1）混合功能氧化酶系（MFO）催化的反应

　　该氧化反应是由位于细胞内质网的非特异性的混合功能氧化酶系（MFO）进行催化，反应过程中需要一个氧分子，其中一个氧原子被还原为 H_2O，另一个则掺入底物进行反应。微粒体混合功能氧化酶系由细胞色素 P450（Cyt P450）依赖性单加氢酶、细胞色素 b_5 依赖性加氧酶、还原型辅酶Ⅱ细胞色素 P450 还原酶（NADPH-cytochrome P450 reductase）和还原型辅酶Ⅰ细胞色素 b_5 还原酶（NADH-cytochrome b_5 reductase）组成。细胞色素 P450 依赖性单加氢酶和细胞色素 b_5 依赖性加氧酶为血红蛋白类酶，具有传递电子功能；还原型辅酶Ⅱ细胞色素 P450 还原酶和还原型辅酶Ⅰ细胞色素 b_5 还原酶为黄素蛋白类酶，具有电子传递功能并提供电子。在这些酶的催化作用下，脂溶性的化学物质都通过不同类型的氧化反应形成多种代谢产物。MFO 催化的氧化反应具有以下几种类型。

　　（1）羟化反应

　　主要在细胞微粒体内进行，有脂肪族羟化、芳香族羟化和 N-羟化（图 4-3）。

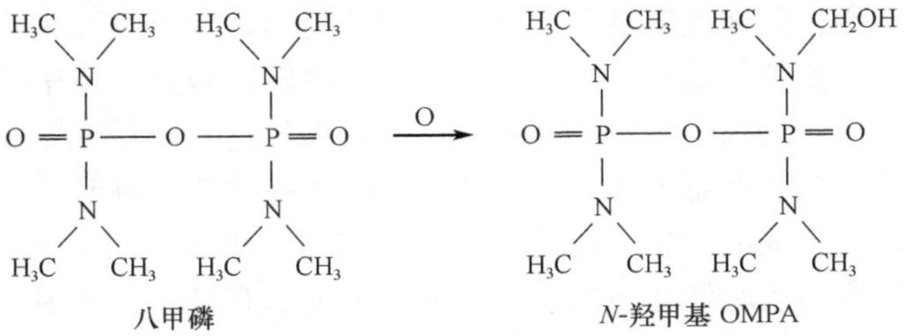

图 4-3　八甲磷的羟化

　　脂肪族羟化是末端或倒数第二个碳原子被氧化成羟基。例如，农药八甲磷（OMPA）在体内转化成 N-羟甲基 OMPA，其毒性增强，使抑制胆碱酯酶的能力增强 10 倍。

　　芳香族羟化则是芳香族化合物的芳香环上的氢被氧化，形成羟基。苯、苯胺、3,4-

苯并芘、黄曲霉素等均以此种方式转化。羟化可出现于侧链，如西维因，也可形成环氧化物，经重排后成酚，如苯（图 4-4）。

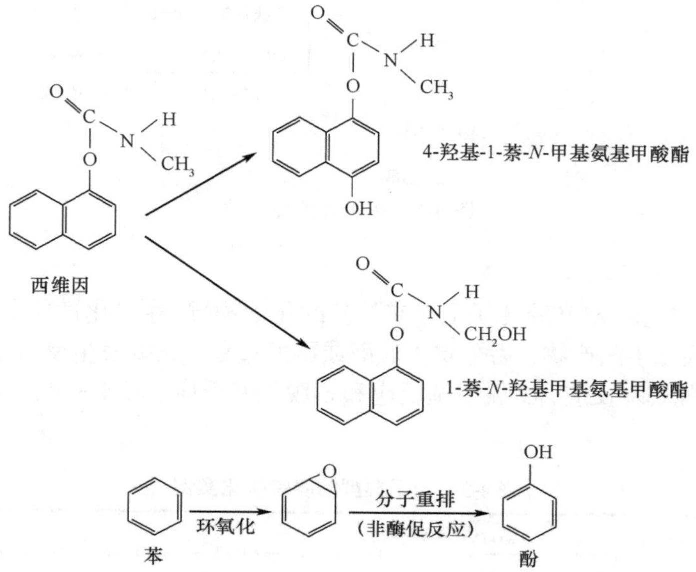

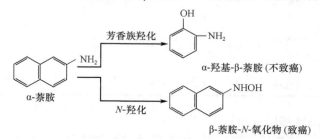

4-羟基-1-萘-N-甲基氨基甲酸酯

1-萘-N-羟基甲基氨基甲酸酯

图 4-4　西维因和苯的羟化

　　N-羟基是芳香类化合物的氮原子被氧化，形成羟氨基。芳香胺、伯胺、仲胺类化合物，氨基甲酸乙酯，乙酰氨基芴及药物磺胺等都经此种方式氧化。芳香族羟化产生羟氨基化合物，其毒性与羟化部位密切相关，如 α-萘胺通过芳香族羟化生成 α-羟基-β-萘胺，可清除毒性且便于排出，而 N-羟化产物 β-萘胺-N-氧化物则可致癌（图 4-5）。

芳香族羟化

α-萘胺

α-羟基-β-萘胺（不致癌）

N-羟化

β-萘胺-N-氧化物（致癌）

图 4-5　α-萘胺的羟化

（2）环氧化反应

　　一个氧原子在两个相邻碳原子之间形成桥式结构，形成环氧化物。一般环氧化物仅为中间产物，可重排而成酚类，若苯环上有卤素或是多环芳烃具氧化性，则能形成较稳定的环氧物质。环氧化反应在生物转化过程中较为常见，且环氧化物毒性远大于母体化合物的毒性，并且可与大分子通过共价结合形成加合物。例如，当吸入高浓度氯乙烯时可通过 MFO 作用形成环氧氯乙烯，这个中间体在中性溶液中不稳定，可形成氯乙醛，也可被环氧化物水解酶水解或与谷胱甘肽（GSH）结合而便于排出，也可直接作用于 DNA 等生物大分子而引起致癌效应（图 4-6）。

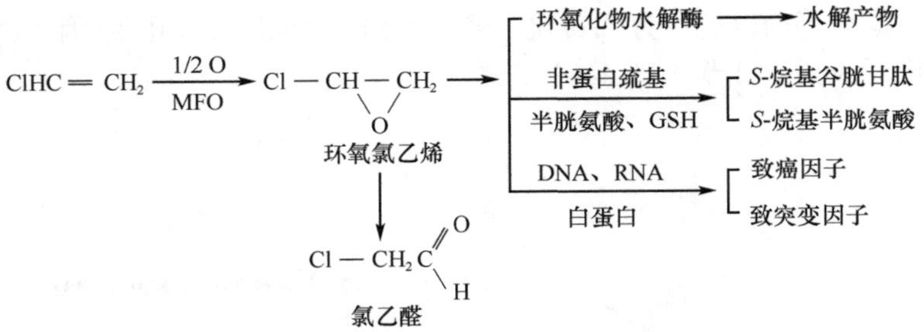

图 4-6　氯乙烯的环氧化

（3）脱烷基反应

脱烷基反应指氮、氧和硫原子上带有烷基的化学物质，在氧化过程中脱去一个烷基，生成不稳定的羟化中间产物，后分解生成醛或酮的过程。根据发生反应烷基相连的原子不同又分为 *N*-脱烷基反应，*O*-脱烷基反应和 *S*-脱烷基反应。表 4-3 列出了典型的几种脱烷基反应实例。

表 4-3　若干典型的脱烷基化实例

N-脱烷基反应	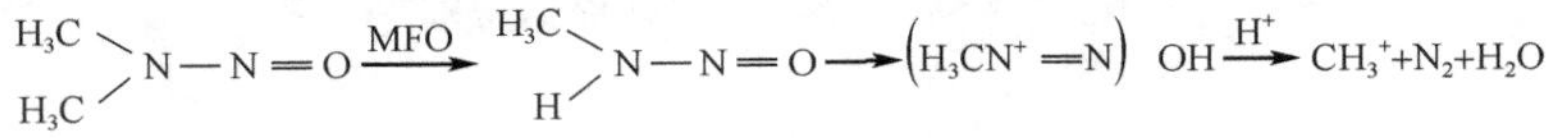 二甲基亚硝胺　甲基亚硝胺　重氮甲烷　自由甲基
O-脱烷基反应	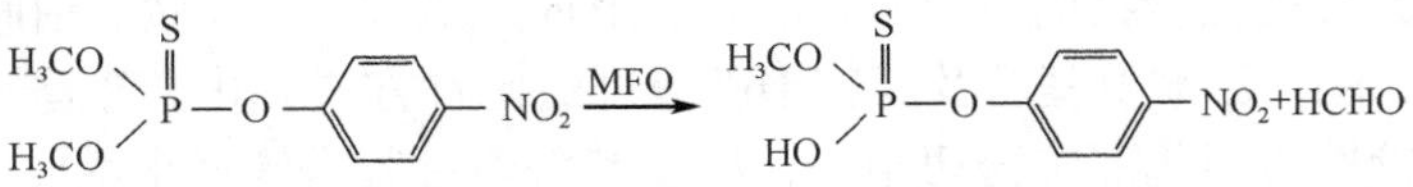 甲基对硫磷　一甲基对硫磷
S-脱烷基反应	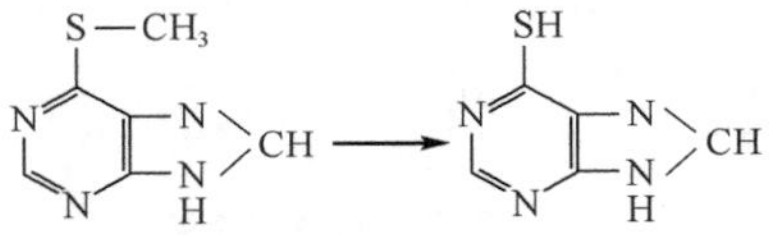 甲硫醇嘌呤　6-巯基硫代嘌呤

（4）氧化基团转移反应

氧化基团转移反应指经细胞色素 P450 催化的氧化脱氨、氧化脱硫和氧化脱卤素等作用。氧化脱氨反应是邻近氮原子的碳原子脱去氨基，形成丙酮类化合物。氧化脱硫反应中，含硫化学物质在硫原子被氧化后生成硫代化合物，硫代化合物中的硫被氧化生成硫酸根，同时脱离原化合物。氧化脱卤反应是卤代烃类化合物先形成不稳定的卤代醇类化合物，再脱去卤族元素后形成终代谢产物的过程。

2）非微粒体氧化反应

（1）单胺和二胺氧化

单胺类化合物由单胺氧化酶（MAO）催化，氧化生成相应的醛。

$$RCH_2NH_2 + O_2 + H_2O \xrightarrow{MAO} RCHO + NH_3 + H_2O$$

二胺由二胺氧化酶（DAO）催化，反应产物为氨基醛。

$$H_2N(CH_2)_n NH_2 + O_2 + H_2O \xrightarrow{\text{DAO}} H_2N(CH_2)_{n-1}CHO + NH_3 + H_2O$$

（2）醇、醛氧化

醇脱氢酶、醛脱氢酶、过氧化氢酶能使各种醇类和醛类化合物氧化。

$$CH_3CH_2OH + NAD \xrightarrow{\text{醇脱氢酶}} CH_3CHO + NADH + H^+$$

$$CH_3CHO + NAD + H_2O \xrightarrow{\text{醛脱氢酶}} CH_3COOH + NADH + H^+$$

$$\hookrightarrow CO_2 + H_2O$$

4.5.2　还原反应

在机体氧张力较低的情况下，含有硝基、偶氮基和羰基的化学物质及醛、酮、亚砜和多卤代烃类化合物在体内可被还原，所需的电子或氢由 NADH 或 NADPH 提供。催化还原反应的酶可以是微粒体酶或是细胞溶胶中的可溶性酶。根据化学物质结构及反应机制的不同，还原反应主要有以下几种类型。

1. 硝基还原

硝基化合物，特别是芳香族硝基化合物，在硝基还原酶的作用下被还原为相应的胺类化学物质，多数反应是在厌氧条件下进行的，如硝基苯→亚硝基苯→苯羟胺→苯胺（图 4-7）。硝基还原酶类主要是体 NADPH 依赖性硝基还原酶，细胞溶胶硝基还原酶也参与部分作用。此外，还有来自肠道菌丛的细菌 NADPH 硝基还原酶。

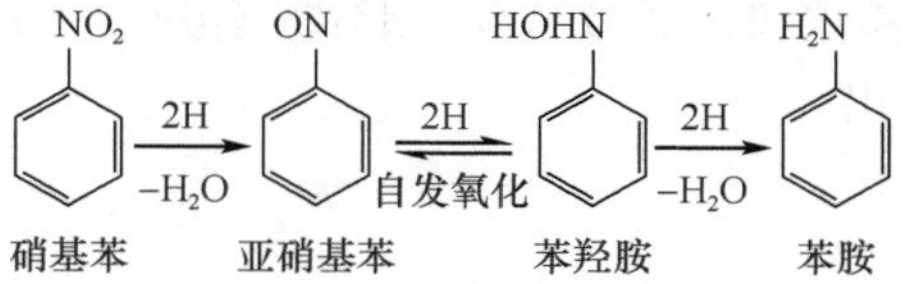

图 4-7　硝基还原

2. 偶氮还原

偶氮化合物在偶氮还原酶的催化作用下发生还原反应，并形成苯肼衍生物和苯胺衍生物。偶氮还原反应同样需要 NADPH 的参与，并且需要还原型黄素的激活。脂溶性偶氮化学物质在肠道被吸收后，主要在肝微粒体及肠道中进行还原作用。

3. 还原脱卤反应

许多卤代烃类化合物在微粒体酶的催化作用下发生还原脱卤反应。例如，四氯化碳在体内可被 NADPH-P450 还原酶催化还原，形成三氯甲烷自由基，破坏肝细胞膜质结构。

4.5.3　水解反应

水解是指化学物质与水分子作用裂解成 2 个分子的反应。脂类、酰胺类和由酯键组成的化学物质在体内的水解酶作用下发生水解反应。水解酶广泛存在于血浆、肝、肾、肠黏膜、肌肉和神经组织中，微粒体中也存在。一般来讲，水解反应是解毒反应，许多有害物质，如有机磷类杀虫剂在体内水解后毒性都会降低或消失。常见的水解反应包括酯类水解反应、酰胺类水解反应、脂肪族水解脱卤反应和环氧化物水解反应 4 类。例如，磷酸酯和硫代磷酸酯在磷酸酯酶的作用下水解，生成相应的烷基磷酸及烷基硫代磷酸而失去毒性；又如乐果在酰胺酶的作用下水解等（图 4-8）。

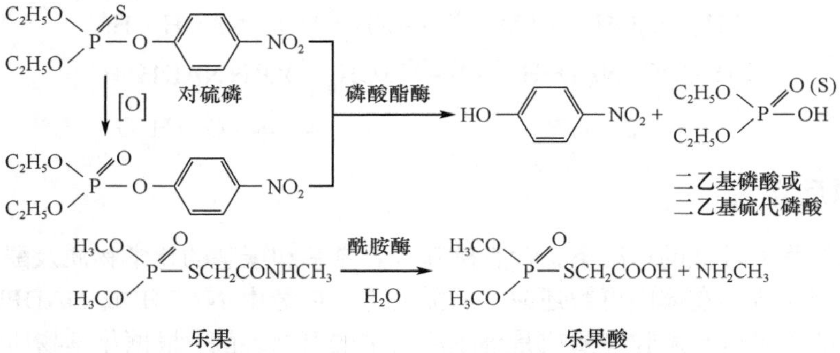

图 4-8　对硫磷和乐果的水解反应

4.5.4　结合反应

结合反应属于 II 相反应，是化学物质经 I 相反应后与内源性化合物发生的生物合成反应。结合反应中的内源性化合物为葡萄糖醛酸、氨基酸、谷胱甘肽和硫酸盐等，其也是有利于排泄和降低毒性的生物转化过程。在此过程中，需要有辅酶和转移酶的参与，并消耗能量。人和大多数哺乳动物中常见的结合反应有葡萄糖醛酸结合、硫酸结合、谷胱甘肽结合、乙酰化、甲基化和氨基酸结合等形式。经结合反应，代谢产物的极性增强，可随尿液和胆汁由体内排出。

1. 葡萄糖醛酸结合

葡萄糖醛酸结合是哺乳动物最常见的结合反应，主要是化学物质及其代谢产物与葡萄糖醛酸结合，对化学物质的解毒和活化具有重要作用。葡萄糖醛酸来源于糖类代谢过程中生成的尿苷二磷酸葡萄糖（UDPG），再经 UDPG 脱氢酶催化，生成尿苷二磷酸葡萄糖醛酸（UDPGA）。UDPGA 是葡萄糖醛酸的供体，在葡萄糖醛酸转移酶的作用下，与化学物质及其代谢产物的羟基、氨基和羧酸等基团结合，反应生成 β-葡萄糖醛酸苷，并释放尿苷二磷酸（UDP）。化学物质在肝中发生结合反应后随同尿液和胆汁排出。

1）形成 *O*-葡萄糖醛酸化物（图 4-9）

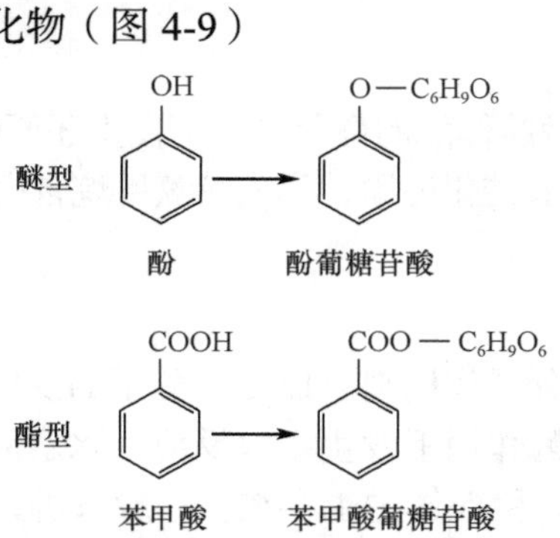

图 4-9　酚和苯甲酸的葡萄糖醛酸结合反应

2）形成 *N*-葡萄糖醛酸化物（图 4-10）

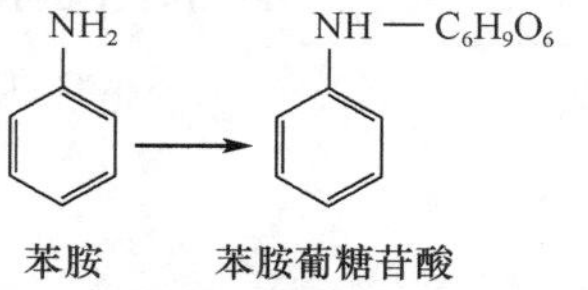

图 4-10　苯胺葡萄糖醛酸结合反应

3）形成 *S*-葡萄糖醛酸化物（图 4-11）

图 4-11　硫代酚葡萄糖醛酸结合反应

2. 硫酸结合

化学物质及其代谢产物中的醇类、酚类或胺类化合物与硫酸结合，生成硫酸酯。硫酸供体来自体内 3-磷酸腺苷-5′-磷酰硫酸（PAPS），内源性硫酸的来源是含硫氨基酸代谢产物，经腺苷三磷酸（ATP）活化而成为 PAPS，再在磺基转移酶的作用下与醇类、酚类结合为硫酸酯。硫酸结合反应多在肝、肾和胃肠等组织中与葡萄糖醛酸结合反应同时进行（图 4-12）。

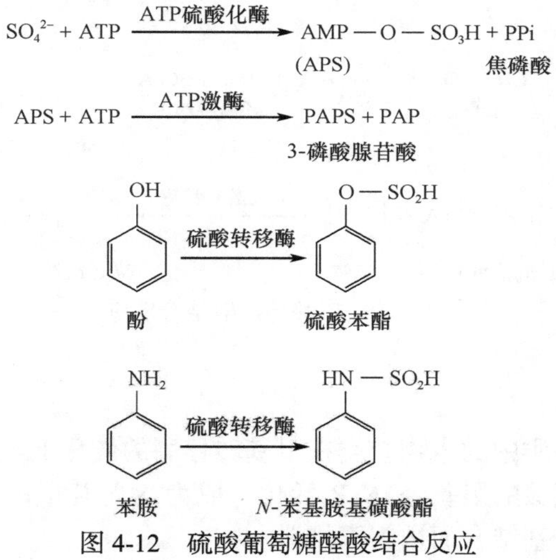

图 4-12　硫酸葡萄糖醛酸结合反应

3. 谷胱甘肽结合

谷胱甘肽结合是化学物质在谷胱甘肽转移酶的催化下与还原型谷胱甘肽发生结合反应，生成结合物（图 4-13）。谷胱甘肽结合反应是亲电子化学物质解毒的一般机制，催化谷胱甘肽结合反应的酶类主要是谷胱甘肽-*S*-转移酶。

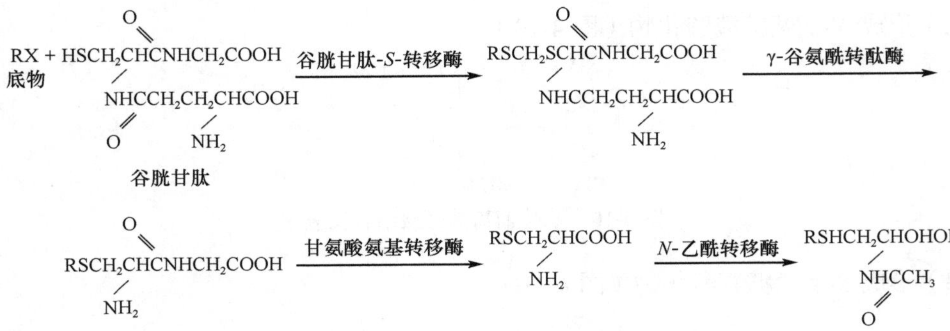

$$RX + HSCH_2CHCNHCH_2COOH \xrightarrow{\text{谷胱甘肽-}S\text{-转移酶}} RSCH_2SCHCNHCH_2COOH \xrightarrow{\gamma\text{-谷氨酰转酞酶}}$$

底物　　NHCCH_2CH_2CHCOOH　　　　　　　　NHCCH_2CH_2CHCOOH

谷胱甘肽

$$RSCH_2CHCNHCH_2COOH \xrightarrow{\text{甘氨酸氨基转移酶}} RSCH_2CHCOOH \xrightarrow{N\text{-乙酰转移酶}} RSHCH_2CHOHOH$$

图 4-13　谷胱甘肽结合反应

4. 氨基酸结合

氨基酸结合是带有羧基的化学物质与氨基酸结合的反应。含羧基的化合物在酰基辅酶 A 合成酶的作用下，与乙酰辅酶 A 形成酰基辅酶 A，然后在酰基转移酶的作用下与氨基酸结合。参与氨基酸结合的氨基酸主要有甘氨酸、谷氨酸和牛磺酸等。

5. 乙酰结合

乙酰结合是化学物质与乙酰基结合的反应，多由 N-乙酰转移酶催化，是生物体内芳香胺类、磺胺类、肼类化合物的生物转化途径（图 4-14）。化学物质与乙酰辅酶 A 作用，生成乙酰衍生物，经 N-乙酰转移酶催化而完成乙酰化。乙酰辅酶 A 由糖类、脂肪、蛋白质分解产生。

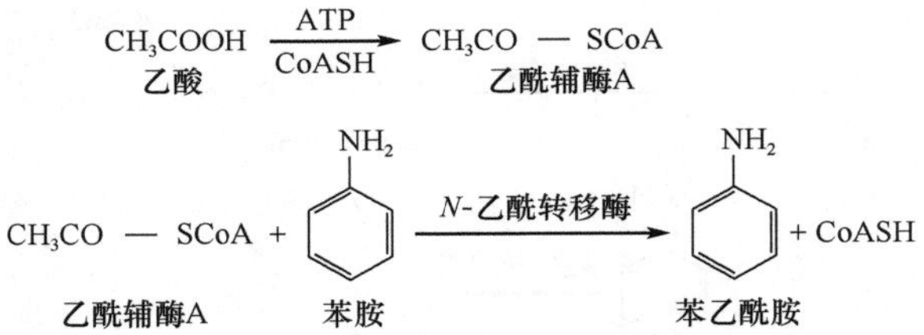

$$CH_3COOH \xrightarrow[\text{CoASH}]{\text{ATP}} CH_3CO - SCoA$$

乙酸　　　　　　　　　　　乙酰辅酶A

$$CH_3CO - SCoA + \text{苯胺} \xrightarrow{N\text{-乙酰转移酶}} \text{苯乙酰胺} + CoASH$$

乙酰辅酶A

图 4-14　乙酸的乙酰结合反应

6. 甲基结合

甲基结合是化学物质中的生物胺类在甲基转移酶的催化下与甲基结合的反应。甲基来自甲硫氨酸，甲硫氨酸的甲基经 ATP 活化，成为 S-腺苷甲硫氨酸，再经甲基转移酶催化，使生物氨类与甲基结合而被解毒排泄。

4.5.5　化学物质生物转化的复杂性

毒性化学物质生物转化的复杂性主要体现在生物转化的多样性、生物转化的连续性和代谢转化的两重性上与代谢饱和状态。

1. **生物转化的多样性**

化学物质通常都经过多种形式的生物转化形成各种不同代谢产物和结合物,如西维因的代谢(图 4-15)。同一种毒物由于代谢途径不同,其毒性作用也有可能不一样。例如,对硫磷经静脉(不经肝)吸收时,几乎不产生对胆碱酯酶的抑制作用,但经门静脉吸收时,由于在肝中被代谢活化成对氧磷而产生中等强度的毒作用效应。毒物生物转化的重要性取决于不同的生物体、环境、毒物的化学性质及其剂量。

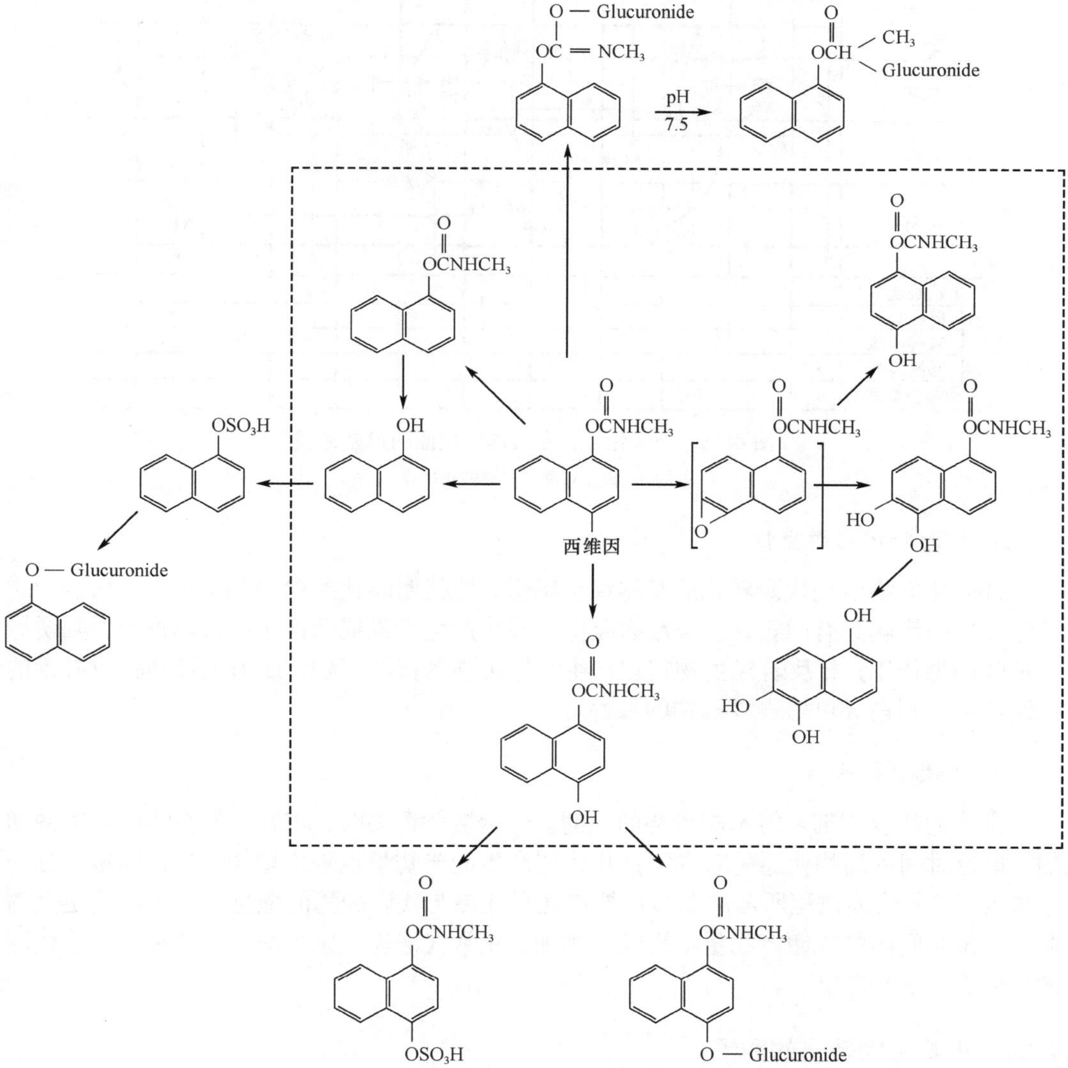

图 4-15　西维因的代谢

2. **生物转化的连续性**

大多数毒物在体内的代谢转化往往不是单一的反应,通常是多个反应连续进行,表现出代谢转化的连续性。当一些具有连续反应特点的毒物的正常代谢途径受干扰时,可以明显影响其毒效应。例如，乙醇在正常情况下先产生中间代谢产物乙醛，正常人体内所形成的醛可以迅速地进一步代谢而变成乙酸盐，然后再变为二氧化碳和水。然而在醛脱氢酶受抑制的情况下，体内醛的含量增高，从而引起严重的症状，如恶心、呕吐、头晕和心悸等。部分典型化学物质的生物转化途径实例如图 4-16 所示。

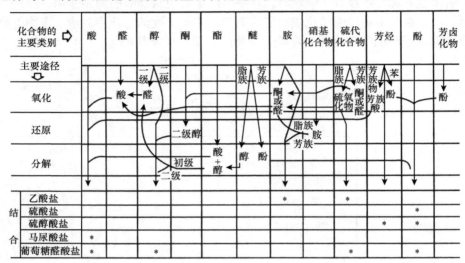

图 4-16　外来化合物在人体内代谢的典型途径

"*"表示可能的最终转化产物

3. 代谢转化的两重性

许多化学物质经代谢转化后其毒性会降低，但代谢转化致毒的例子也有。酶诱导对毒性作用的影响具有两重性。若毒物经生物转化产生无毒或毒性小的代谢产物，则诱导可加强解毒作用；相反若经生物转化产生毒性更强的代谢产物，或由无毒转化成有毒的代谢产物，则诱导可增强该毒物的毒性。

4. 代谢饱和状态

毒物的浓度或剂量能影响毒物的代谢。开始接触毒物时，随着毒物在体内浓度的增加，单位时间内药物代谢酶对毒物催化代谢产生的产物量也随之增加；当毒物量达到一定浓度时，其代谢过程所需的基质可能被耗尽或参与代谢的酶的催化能力不能满足其需要，单位时间内的代谢产物量不再随之增加，正常代谢途径则可能发生改变，出现代谢途径被饱和的现象。

4.5.6　影响生物转化的因素

1. 化学物质代谢酶的抑制和诱导

化学物质使生物转化过程减弱或速度减慢的现象称为抑制作用，抑制与催化生物转化的酶的活力受到抑制有关，表现为酶活力的降低。一方面，参与生物转化的酶系统一般并不具有较高的底物专一性，当一种化学物质在机体内出现或数量增多时，可影响某种酶对另一种化学物质的催化作用，即两种化学物质出现竞争性抑制。另一方面，化学物质与酶的活性中心能发生可逆或不可逆结合，使酶的活力降低。例如，1,2-亚乙基二醇和甲醇都是经醇脱氢酶催化而表现毒性作用，因乙醇与此酶有更大的亲和力，故临床给予乙醇治疗可降低二者的毒性；四氯化碳、氯乙烯、肼等代谢产物可与细胞色素 P450 共价结合，破坏其结构和功能。

化学物质可以使某些代谢过程的催化酶系活力增强或酶的含量增加的现象称为酶的诱导，凡具有诱导效应的化合物称为诱导剂，诱导的结果是可促进其他化学物质的生物转化过程，使其增强或加速。许多化学物质在机体内对细胞色素 P450 酶具有诱导作用，使其活力增强或含量增加。诱导剂主要分为巴比妥型和多环芳烃型两类。巴比妥型以巴比妥（PB）为代表，诱导 2B1/2、2C、3A1/2，还包括有机氯杀虫剂；多环芳烃型以 3-甲基胆蒽（3MC）为代表，诱导 1A1/2。另外，多氯联苯类物质也是酶的诱导剂，既可以诱导细胞色素 P450 酶，又可诱导细胞色素 P448 酶类。

2. 物种差异和个体差异

化学物质生物转化的速度在不同动物可以有较大差异，如苯胺在小鼠体内生物半衰期为 35min，狗为 167min；安替比林在大鼠体内的生物半衰期为 140min，在人体内为 600min。化学物质在不同物种动物体内的代谢情况可以完全不同，如 N-2-乙酰氨基芴在大鼠、小鼠和狗体内可进行 N-羟化并再与硫酸结合成为硫酸酯，呈现强烈致癌作用；而在豚鼠体内一般不发生 N-羟化，因此不能结合成为硫酸酯，也无致癌作用或致癌作用极弱。

3. 年龄、性别和营养状况的差异

肝微粒体酶功能在初出生和未成年机体尚未发育成熟，老年后又开始衰退，导致年龄对化学物质的代谢转化过程存在影响，如大鼠出生后 30 天，肝微粒体混合功能氧化酶才达到成年水平，250 天后又开始下降。一般情况下，幼年及老年机体对化学物质的代谢转化能力较成年弱。雌雄两性哺乳动物对化学物质的代谢转化能力也存在差别，一般雄性成年大鼠对化学物质的代谢能力高于雌性。另外，动物试验中，蛋白质、维生素等营养状况都可影响微粒体混合功能氧化酶的活力。试验中如蛋白质供给不足，微粒体酶活力降低，如维生素 B_2，偶氮类化合物还原酶活力降低。

4. 代谢饱和状态

化学物质在机体代谢的饱和状态对其代谢情况有很大的影响，并影响其毒性作用。开始接触时，随化学物质在体内增多，其代谢产物也随之增加，但当化学物质达到一定浓度时，代谢过程所需的基质可能被耗尽或酶的催化能力不能满足需要，单位时间内的代谢产物量将不再随之增加，代谢途径达到饱和状态。代谢饱和时，正常的代谢途径可能发生改变，并影响化学物质的毒性作用。例如，溴化苯在体内首先转化成为具有肝毒作用的溴化苯环氧化物；如果输入剂量较小，约有 75%的溴化苯环氧化物可转变成为谷胱甘肽结合物，并以溴苯基硫醚氨酸的形式排出；但如果输入较大剂量，则仅有 45%可按上述形式排泄。当剂量过大时，因谷胱甘肽的量不足，甚至出现谷胱甘肽耗竭，结合反应有所降低，所以未经结合的溴苯环氧化物与 DNA 或 RNA 及蛋白质的反应增强，呈现毒性作用。

4.6　毒理学安全性评价

毒理学安全性评价是指通过动物试验和对人群的观察，阐明某一化学物质的毒性及潜在的危害，决定其能否进入市场，或指明安全使用的条件，以达到最大限度地减少其危害作用、保护人类身体健康的目的。毒理学安全性评价实际上是在了解物质的毒性及危害性的基础上，全面权衡其利弊和实际应用的可能性。毒理学安全性评价是制定化学物质的卫生标准，即安全限量值的重要理论依据。

4.6.1　毒理学安全性评价概况

为保证人类的健康、生态系统的平衡和良好的环境质量，许多国家和组织对化学物质的毒性评价都有一定的标准。FDA 在 1979 年颁布的《联邦食品、药品和化妆品》，对各种化学品安全进行管理；国际经济与发展合作组织（OECD）1982 年颁布了《化学品管理法》，提出了一整套毒理试验指南、质量管理规范和化学品投放市场前申报毒性资料的最低限度。尽管各组织及各国制定卫生法规的原则和标准存在差异，但对化学物质的安全性评价无一例外地成为卫生法规中的基本内容。

我国在 20 世纪 50 年代就开始了化学品毒性鉴定和毒理学实验的研究，并在 20 世纪 80 年代相继对药品、食品（食品添加剂、食品污染物）、农药、兽药、饲料添加剂等化学物质的毒性鉴定程序和方法进行研究，并通过卫生立法规范化学物质的管理。目前，相关的毒理学安全性评价法规包括以下几种。

1）《食品安全性毒理学评价程序》

原国家卫生部在 1983 年公布试行，1985 年经过修订正式公布，在全国范围内实施。1994 年批准通过。2014 年经重新修订后，以中华人民共和国国家标准 GB 15193.1—2014《食品安全国家标准食品安全性毒理学评价程序》通过并予以实施。

2）《农药安全性毒理学评价程序》

原国家卫生部和农业部于 1991 年颁布，规定了农药安全性毒理学评价的原则、项目和要求，用于在我国登记及需要进行安全性评价的各类农药。

3）《新药审批办法》

原国家卫生部于 1985 年颁布，对药物的毒理学评价作出了具体规定。

4）《新兽药一般毒性试验和特殊试验技术要求》

农业部于 1989 年颁布，对新兽药的一般及特殊毒性试验方法进行了规定。

5）《化妆品安全性评价程序和方法》

1987 年批准通过的中华人民共和国国家标准（GB 7919—1987），对化妆品原料和产品的安全性评价程序和有关毒性试验方法进行了规定。

为了保证毒理学试验结果的正确性，规范试验方法和试验数据的收集和整理过程，确保试验数据的可靠性和可比性，我国在 2003 还制定了中国华人民共和国国家标准《食品毒理学实验室操作规范》,现修订为食品安全国家标准《食品安全国家标准　食品毒理学实验室操作规范》(GB 15193.2—2014)。根据我国卫生法规的规定,食品、食品添加剂、农药、兽药、工业化学品等各类可以经过食物链进入人体的化学物质必须经过安全性评价,才能允许投产,进入市场或进行国际贸易。

国际方面,为促进毒理学安全性评价工作的合作,各有关机构和组织也对化学品毒理学安全性评价工作进行了规定。这些组织包括联合国有关机构和一些地区性组织。

1)食品法典委员会(CAC)

CAC 是由联合国粮农组织(FAO)和世界卫生组织(WHO)共同建立,制定了一系列食品、食品添加剂及农药、兽药残留量的国际标准,帮助有关成员国制定食品安全标准、食品安全管理指导原则和管理法规。CAC下设秘书处、执行委员会、协调委员会和专业委员会,其中与食品安全评价密切相关的有食品添加剂和食品污染委员会(CCFAC)、农药残留委员会(CCPR)和兽药残留委员会(CCRVDF)。CAC 的研究报告可为各成员国进行食品安全性评价提供参考。

2)经济合作与发展组织(OECD)

OECD 主要致力于试验方法的研究,包括测定化学物质对人类健康影响、对生态环境影响(生态毒性、环境积累和降解)的各种试验方法及化学物质性质测定方法的标准化研究。化学物质管理是 OECD 的一项工作内容,目前已经出版和修订了《化学物毒性试验指导原则》《良好实验室规范原理》等标准性文件。

3)国际化学品安全规划署(IPCS)

IPCS 是由世界卫生组织(WHO)、国际劳工组织(ILD)和联合国环境规划署联合成立的,任务是评价各种化学物质对人体健康和环境的影响,定期公布相关评价结果。IPCS 还研究建立有关危险品评定、毒理学试验研究和流行病学调查的方法。

4)国际潜在有毒化学品登记中心(IRPTC)

IRPTC 的工作目标是降低因化学物质污染环境而引起的危害,为其成员国提供有关化学物质管理及其标准的情报咨询。

4.6.2　毒理学安全性评价内容

在进行毒理学安全性评价时,需根据待评价物质的种类和用途来选择相应的程序。通常毒理学评价采用分阶段进行的原则,即将各种毒性试验按一定顺序进行,通常进行试验周期短、费用低、预测价值高的试验。我国现行的毒理学安全性评价程序大部分分为 4 个阶段。

1. 毒理学安全性评价的前期准备工作

对化学物质进行毒性试验之前,需要做好充分的准备工作。试验前应了解化学物质基本性质,了解其化学结构式、纯度、杂质含量、沸点、蒸气压、溶解性及类似物的毒性资料、可能的用途、人体可能的摄入量等,以此了解人类可能接触的途径和剂量,以便预测毒性和进行合理的试验设计。

2. 毒理学安全性评价的 4 个阶段

1）第一阶段：急性毒性试验

本阶段主要是进行 LD_{50} 的测定，一般要求用两种动物、染毒途径模拟人体可能的基础途径。试验目的是了解受试化学物质的急性毒性作用强度、性质和可能的靶器官，为急性毒性定级、进一步试验的剂量设计和毒性判定指标的选择提供依据。对于农药、化妆品等可能通过皮肤接触的化学物质，还需进行皮肤、黏膜刺激试验及皮肤致敏试验等。

2）第二阶段：蓄积试验、遗传毒理学试验和致畸试验

本阶段可了解多次重复接触化学物质对机体健康可能造成的潜在危害，并提供靶器官和蓄积毒性资料，为亚慢性毒性试验设计提供依据，并初步评价受试化学物质是否存在致突变性或潜在的致癌性。

蓄积试验主要了解受试化学物质在机体内的蓄积情况。蓄积试验应根据化学物质的理化特性和人体的实际接触途径选择染毒途径，并应注意受损靶器官的病理组织学检查。

遗传毒性试验是对受试化学物质的遗传毒性及是否具有潜在的致癌性进行筛选。在选择和组合遗传毒性试验时，必须考虑原核细胞和真核细胞、生殖细胞和体细胞、体内和体外试验相结合的原则。

致畸试验是为了判断受试物的胚胎毒作用及其对胎仔是否具有致畸作用。有些评价程序把致畸试验列入第三阶段。

3）第三阶段：亚慢性毒性试验、生殖试验和代谢试验

此阶段可了解较长期反复接触受试化学物质后对动物的毒作用性质和靶器官，评估对人体健康可能存在的潜在危害，确定 LOAEL 或 NOAEL，并为慢性毒性试验和致癌试验提供剂量、观察指标参考依据。

亚慢性毒性试验包括 90 天亚慢性毒性试验、繁殖试验，可采用同批染毒分批观察，也可根据受试化学物质的性质进行其中某一项试验。

生殖试验是要求进行两代生殖试验，以判断化学物质对生殖过程的有害影响。

代谢试验是测定染毒后不同时间受试化学物质在体内的吸收、分布和排泄速度，有无蓄积性及在主要器官和组织中的分布。

4）第四阶段：慢性毒性试验和致癌试验

通过本阶段预测长期接触可能出现的毒作用，尤其是进行性或不可逆性毒性作用及致癌作用，为确定 LOAEL 和 NOAEL、判断化学物质能否应用于实际提供依据。

3. 人群接触资料

由于试验动物与人之间、试验条件与人群接触受试物的实际情况之间存在诸多差异，直接将毒理学实验结果外推到人具有不确定性。通常要将动物实验的 NOAEL 或 LOAEL 除以适当的安全系数来制定卫生标准，从而达到保护人类健康的目的。但是以试验动物的毒理学试验来预测人体使用安全性具有不确定性。与之相比，人群接触资料能够直接反映受试物与机体接触后所造成的损害作用，在毒理学安全性评价中具有决定性意义。因此，应尽量收集受试物对人体毒性作用的相关资料，如通过

对接触化学物质生产工人的医学检测，对接触人群的流行病学调查，对急性中毒事故的调查等。

4.6.3　毒性试验的选用原则

a. 我国创制的新化学物质，一般要求进行 4 个阶段的试验。特别是对其中化学结构提示有慢性毒性或致癌作用可能者，产量大、使用面积广、摄入机会多者，必须进行全部 4 个阶段的试验。同时，在进行急性毒性试验、90 天喂养试验和慢性毒性（包括致癌）试验时，要求用两种动物。

b. 对与已知物质（指经过安全性评价并允许使用者）的化学结构基本相同的衍生物，则可根据第一至三阶段实验的结果判断决定是否需要进行第四阶段试验。

c. 受试物已知而又具有一定毒性的化学物质，如多数国家已允许使用于食品，并有安全性证据，或世界卫生组织已公布每人每日允许摄入量（ADI），同时生产单位又能证明我国产品的理化性质、纯度和杂质成分及含量均与国外产品一致的物质，则可以先进行第一、二阶段试验。如试验结果与国外相同产品一致，一般不再继续进行试验，可进行评价。如评价结果允许用于食品，则制定日许量。凡在产品质量或试验结果方面与国外资料或产品不一致，则应进行第三阶段试验。

另外，针对不同种类的物质，还可根据情况进行试验。例如，按农牧渔行业颁布的农药登记规定的要求进行农药类物质的毒理学试验。对于由一种原药配制的各种商品，一般不分别对各种商品进行毒性实验。凡将两种或两种以上国家已经批准使用的原药混合而制成的农药，则应先进行急性联合毒性试验。如结果表明无协同作用，则按已颁布的个别农药的标准进行管理。如有明显协同作用，则需在完成第一至三阶段的毒理学试验后，才能进行评价。对于进口农药，除按规定向农牧渔业管理部门提交已有的毒理学资料外，需对进口原药进行第一、二阶段试验并进行结果评议。

再如，高分子聚合物食品包装材料和食具容器中的个别成分（单体）和成品（聚合物）应分别进行评价。对个别成分应进行第一、二阶段试验。对成品则根据其成型品在 4% 乙酸溶出试验中所得残渣的多少来决定需要进行的试验。如果蒸发残渣量 $\geq 30mg/L$，不合格，不进行毒理学试验；$20 \sim <30mg/L$，进行第一至四阶段试验；$10 \sim <20mg/L$，进行第一至三阶段试验；$5 \sim <10mg/L$，进行第一、二阶段试验；$<5mg/L$，进行急性毒性试验和一项致突变试验。如果是两个或两个以上经济比较发达的国家已允许使用的产品，其蒸发残渣量：$\geq 30mg/L$，不合格，不进行毒理学试验；$10 \sim <30mg/L$，进行第一、二阶段试验；$<10mg/L$，进行急性毒性试验和一项致突变试验。

4.6.4　毒理学安全性评价的规范化

用于化学物质安全性评价的毒性资料必须准确、可靠，在国内外具有可比性。毒理学试验实施"良好实验室规范"（GLP）成为毒性试验资料在国内外得到认可的前提。良好实验室规范（good laboratory practice，GLP），是为保证试验数据的准确、可靠，对非临床的实验室研究计划制定、实施、监督、记录及报告等各项工作的过程和条件提出的要求和指导。GLP 现已成为毒理学研究资料在国际获得认可的共同要求。

参 考 文 献

[1] 祝寿芬，裴秋玲. 现代毒理学基础. 北京：中国协和医科大学出版社，2003.

[2] 马俊. 化学品毒性鉴定技术规范. 北京：中国协和医科大学出版社，2005.

[3] 金泰廙. 毒理学原理与方法. 上海：复旦大学出版社，2012.

[4] 李云. 食品安全与毒理学基础. 成都：四川大学出版社，2008.

[5] 刘爱红. 食品毒理基础. 北京：化学工业出版社，2008.

[6] 孟紫强. 环境毒理学基础. 2 版. 北京：高等教育出版社，2010.

第 5 章　化学品生物蓄积与生物转化过程

化学品迁移到环境中后会在各种环境区间中以不同的浓度停留，生活在这些环境区间中的生物物种也就暴露在这些化学品中，由此有可能发生生物蓄积。在向环境介质迁移的过程中，化学品会进行转化。转化过程包括化学降解（水解）和微生物降解（生物降解）。另外，化学品也可以在生物体中转化，即生物转化。在大多数情况下，化学品的降解对环境是有利的，因为它可以形成危害较小的物质。但也有一些化学品在降解过程中会产生危害大的物质。早期的化学品环境风险评估结果表明，化学品只有在生物体中才会产生毒性作用，因此在化学品的迁移研究中，还需了解与生物蓄积相关的化学品的摄取情况。然而，生物蓄积的程度或化学品的毒性，往往与环境中化学品的浓度没有直接关联，而是生物利用度决定了化学品是否被吸收及其毒性，生物利用度可以简单定义为在一定的时间内，环境介质存在的化学品可以被生物体吸收的比例。

5.1　化学品的生物蓄积

化学品释放到环境中后使得水生和陆生生物（包括植物）暴露在这些化学品中，其中一些化学品被生物摄取，并蓄积到较高的浓度。生物蓄积导致的结果就是化学品在生物体内的浓度比其在生物体所处环境（包括食物）中的浓度还高。特别是水生生物，其体内化学品浓度高于水体的结果就是由生物浓缩所造成的。对水生生物及高等生物而言，还存在生物放大效应。生物放大效应是指以食物为主要来源的生物体，其体内化学品的浓度（有机污染物以脂肪中的含量为基础计算）超过了该生物所猎取的食物中该物质的浓度。不同物种间化学品蓄积的程度及摄取和排泄的途径可能有差异。如果这些化学品很容易发生生物转化，则其在生物体内的浓度有可能会低于其在食物内的浓度，由此导致的结果就是营养性稀释[1, 2]。

化学品被不同的生物经由不同途径从空气、水、土壤和沉积物中摄取，每一个过程都受到不同环境和生理因素的影响。例如，哺乳动物呼吸空气，因此会摄入空气中的化学品；鱼类从水中获得氧气，因此会摄入水中的化学品；鱼类还有可能暂时暴露于偶然排入水中的化学品中，或是持续性地暴露在广泛存在的各种外源化学品中；土壤中的陆生生物可能暴露于喷洒的农药或者垃圾堆放地的化学品中；植物通常出现在土壤、空气或沉积物和水中，因此会从不同的区间中摄取化学品；除大多数植物和其他一些初级生产者外，所有生物都可能经由食物暴露于化学品中。在生物物种暴露于化学品过程中，可以用不同的模型来描述和预测生物蓄积、生物浓缩和生物放大作用，而各种类型生物蓄积的测定方法由所涉及的生物和化学品的类型决定。

5.1.1　水生生物的蓄积

目前绝大部分化学品的水生生物蓄积过程的知识来源于对鱼类的研究，尽管也有一些（极少）是源于其他水生生物，包括浮游植物、浮游动物、牡蛎、贻贝和海洋哺乳动物，但由于化学品的风险评估模型通常以鱼类的生物浓缩作用为基础，且环境分类和持久性、生物蓄积性和毒性评估（PBT 评估）也是建立在鱼类的生物浓缩因子基础上的，因此该节主要以鱼类的生物蓄积为例进行介绍。

　　对绝大多数水生生物而言，其摄取化学品主要的途径是经水，而主要的消除途径是通过排泄进入水中。因此，生物浓缩是水中的化学品被摄取、分配和消除过程的综合结果。生物浓缩因子（BCF）是在稳定状态下，化学品暴露在水中时在生物体内的浓度（C_o）与在水环境中的浓度（C_w）之比：

$$BCF = \frac{C_o}{C_w} \qquad (5\text{-}1)$$

　　生物蓄积与生物浓缩相似，但蓄积过程与所有的暴露途径有关。生物蓄积因子（BAF）是在稳定状态下，化学品经过所有暴露途径后在生物体内的浓度（C_o）与在水环境中的浓度（C_w）之比，其中的摄取过程可能发生于所有的暴露途径中。

$$BAF = \frac{C_o}{C_w} \qquad (5\text{-}2)$$

　　生物放大作用描述的是当食物是主要来源时生物蓄积所发生的过程。生物放大因子（BMF）是指在稳定状态下，化学品在生物体内的浓度（C_o）与在食物中的浓度（C_{food}）之比：

$$BMF = \frac{C_o}{C_{food}} \qquad (5\text{-}3)$$

　　下面内容将分别就生物蓄积的几个方面，如摄取过程、消除过程、生物浓缩、生物浓缩模型和测算生物浓缩的方法进行介绍。

1. 摄取过程

　　生物对化学品的摄取包含不同的过程，但每一个过程中化学品都会借助载体或作为溶质穿过生物膜（图 5-1）。对大部分有机化合物和少数无机金属及有机金属来说，摄取过程主要是以被动扩散的方式进行。被动扩散的驱动力是水和生物之间的逸散性差异，即化学物质在水和生物体之间的浓度梯度。

　　然而在生物蓄积过程中，浓度梯度不是生物体中化学品浓度高于周围环境浓度的决定因素。对于生物蓄积导致生物体内化学品浓度高于水体中

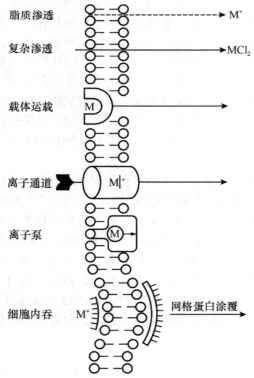

图 5-1　不同外源化学品的膜通道机制[3]
M 可以是无机金属、有机金属或者有机化合物

浓度的现象，可用逸散性概念较为合理地解释。一般来说，生物体比水对化学品有更高的承载容量。例如，有些金属与蛋白质结合，如金属硫蛋白，能以比较高的浓度储存于生物体内；有机化合物通常储存在脂肪中，因而在生物体内可能达到高浓度；有机金属可以储存在脂类或蛋白质中。

化学品的逸散性是指储存浓度的比例或者是逸散容量，有些化学品在水中的储存容量（溶解度）很低，因此在水体中的浓度也很低，但其逸散性相对较大。在蓄积的初始阶段，化学品在生物体中的浓度较低，但由于生物体的储存容量高，逸散性低，经过长时间的摄取后生物体中的浓度就有可能高于水中的浓度。因此，化学品通过被动扩散从高逸散性部位向低逸散性部位迁移。此外，除了被动扩散，污染物的摄取还可以通过其他方式进行（图 5-1）[3]。特别是金属，可以通过复杂渗透、载体运载、离子通道或腺苷三磷酸酶（ATP 酶）摄取。例如，镉（Cd^{2+}）既可以通过 Ca^{2+}-ATP 酶，又可以形成镉-黄酸盐络合物被鱼摄取。

2. 消除过程

生物体中化学品浓度的下降有不同的过程（图 5-2）[4]。与吸收过程类似，化学品的消除也有被动过程和主动过程。大多数疏水性化学品通过被动扩散被排泄到水或粪便中；生物体生长是化学品稀释的另一种方法。例如，相同摩尔数的化合物在小生物体中的浓度就要比在大生物体中的浓度要高。哺乳动物的哺乳（乳汁分泌）过程或母体产卵的生殖转移也可以明显降低生物体内化学品的浓度；生物转化过程也可以将一些化学品转换成其他物质，这种物质一般是更加亲水的化合物，从而降低母体化学品的浓度；另外，有些水生生物有调节消除过程的功能，从而可减少体内金属的浓度。

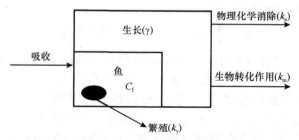

图 5-2　生物体中外源化学污染物质浓度降低的不同过程（C_f）[4]

3. 生物浓缩

生物浓缩是生物体在水中暴露于化学品污染后而发生的吸收、分布和消除过程的综合结果，其程度取决于一系列物理化学和生理学因素。有机化合物在脂肪组织中的生物浓缩主要通过其与水之间的被动交换过程完成，其浓缩程度主要取决于用 n-辛醇-水分配系数（K_{ow}）表示的疏水性及生物体的脂肪含量。金属化合物的生物浓缩受生物体生理过程的影响更大。不同生物生理过程的不同会产生不同的浓缩过程，如主动吸收和消除过程，生物诱导合成金属储存蛋白——金属硫蛋白等。对于金属离子来说，能影响生物浓缩过程的一些物理化学性质与生物体内的必需离子有关，如镉与钙，但其理化参数与吸收率常数、消除率常数或 BCF 没有明显的关系。然而对于必需金属和非必需金属，其 BCF 或 BAF 和金属暴露浓度之间存在着负相关关系[5]。这种关系不仅使 BCF/BAF 值作为反映物质内在性质指标的理论变得更加复杂，而且导致数据处理时的不确定性增加。例如，BCF 值是在自然条件下测得的，是对生物体处于低浓度暴露条件下生物浓缩的表征，有时该值可以高达 300 000，但是在应用到环境危害的毒性评估时会失去原本的意义[5]。另外，许多水生生物能够通过主动调节、储存或结合来控制体内金属的浓度[5, 6]。影响金属吸收和生物蓄积的因素作用于生命体与非生命体的几乎每一个层次，包括：水地球化学、膜功能、脉管和细胞间转移机制，以及细胞内结构。另外，生理过程（通常是肾的功能、胆汁或鳃的功能）一般能控制消除和解毒过程。储存提高了生物体在稳定浓度状态下的额外控制能力。当金属的生物蓄积主要通过饱和摄入动力学机制完成时，生物体处于高浓度暴露条件下的 BCF 值就会降低。

4. 生物浓缩模型

生物浓缩的过程一般采用模型来描述和预测，以此来计算生物中化学品浓度的增加和减少情况。简单模型将生物看作是一种同质区间，而其周边的介质是另一种区间，即双区间模型。另外，假定速率常数是一元线性速率常数，独立于化学品的浓度。更复杂的模型将周边介质和生物看作不同的区间，包括了不同的速率常数。

（1）单区间模型

对于有机化合物的生物浓缩来说，可用其在水与生物体中的相互交换来描述。该过程理论上可以采用一元线性动力学双区间模型。但由于水中化学品的浓度不受生物的影响，因此从数学模型的角度出发也可以用单区间模型进行估算。在这一模型中，水和生物之间发生的化学品交换为

$$水 \xrightarrow[k_w]{摄入} 生物 \xrightarrow[k_e]{消除} 周围的介质$$

式（5-4）描述了水生生物中化学品的浓度随着时间的变化增加或减少的情况：

$$dC_o / dt = k_w C_w - k_e C_o \qquad (5-4)$$

式中，C_o 为生物中化学品的浓度，单位为 mol/kg；C_w 为水中化学品的浓度，单位为 mol/L；k_w 为水中吸收速率常数，单位为 L/(kg·d)；k_e 为全部消除速率常数，单位为 1/d。

表 5-1 列出了不同化学品的吸收速率常数。卤代苯、联苯和苯酚等疏水性化合物在一个物种内的吸收速率常数基本是恒定的，而金属和金属有机化合物则不同，其吸收速率常数根据环境状况的变化有很大的差异。例如，金属和金属有机化合物可在生物体内形成亲水的柠檬酸盐或者疏水的黄酸盐。金属和亲水性化学品的吸收速率常数一般比疏水性化合物的吸收速率常数低。在不同的环境状况下，其差异可能是数量级的。

表 5-1 典型化学品在不同水生生物中的吸收速率常数[7, 8]

类别	混合物	物种	吸收速率常数/[L/(kg·d)]
金属	铬	鲑	0.12~0.50
	镉	鲑	0.003~0.120

续表

类别	混合物	物种	吸收速率常数/[L/(kg·d)]
金属	镉+0.1mmol EDTA	鲑	<0.015
	镉+1mmol 柠檬酸盐	鲑	3
	镉+0.1mmol 乙基黄酸钾	鲑	0.3
有机化学物	苯酚	鲑	20～50
	卤代苯酚	鲑	200～450
	多氯联苯	鲑	200～450
	多氯苯	鲑	200～450
金属有机化合物	三苯锡	鲑	0.1～5.0
	三丁基锡	鲑	4～30
	三丁基锡	牡蛎	75～1 000
	三丁基锡	贻贝	70～17 290
	三丁基锡	蛤	250
	三丁基锡	端足类	70～1 230
	三丁基锡	蜗牛	1.8～9.5
	三丁基锡	螃蟹	0.11～1 000

在化学品生物消除的不同途径中，以 k_r 表示通过呼吸面（鳃、皮肤或陆生生物的肺）消除的速率常数，以 k_f 表示通过粪便消除的速率常数，以 k_m 表示通过代谢转化消除的速率常数，以 k_g 表示通过生长稀释假消除的速率常数，以 k_p 表示通过生殖细胞或后代消除的速率常数，则总的消除速率常数就是所有消除途径速率常数的总和（1/d）：

$$k_e = k_r + k_f + k_m + k_g + k_p \tag{5-5}$$

表 5-2 列出了一些化学品的消除速率常数。

表 5-2　化合品在不同水生生物中的消除速率常数[8, 9]

类别	化合物	物种	消除速率常数/（1/d）
金属	铬	鳟	0.03～0.70
	镉	鳟	0.003
	镍	鳟	0.01
有机化合物	DDT	鳟	0.01
	林丹	鳟	0.06
	苯酚	鳟	>0.06
	氯酚	鳟	>0.7
	多氯联苯	鳟	<0.0001～0.3000
	多氯苯	鳟	<0.003～0.700
有机金属化合物	甲基汞	鳟	0
	三苯基锡	古比鱼	0.005～0.014

　　速率常数 k_w 和 k_e 与化学品在水及生物体中的浓度无关，而与其本身的性质和生物体的性质有关。当某种生物连续暴露于一种化学品（C_w 为一常数）中时，式（5-4）可综合为

$$C_o(t) = (C_w k_w) / k_e [1 - e^{-k_e t}] \qquad (5-6)$$

　　如果生物所处水中化学品的浓度随着时间发生变化，则可以用数值解法来求解式（5-4）。假定消除可忽略，吸收速率常数可以由生物对化学品的初始吸收导出：

$$C_o = k_w C_w t \qquad (5-7)$$

　　在长期（$t \to \infty$）暴露之后，式（5-6）中 $e^{-k_e t}$ 近似等于 0，达到稳定状态（$dC_o / dt = 0$）。此时，生物浓缩因子（BCF）被定义为

$$BCF = C_o / C_w = k_w / k_e \qquad (5-8)$$

　　化学品在生物体和水中的浓度比 C_o / C_w 仅代表稳定状态下的生物浓缩。如果在达到稳定状态之前测量生物体和水中化学品的浓度 C_o 和 C_w，C_o/C_w 将低于 BCF；如果在化学品浓度在水中下降速率快于其在生物体中下降速率的情况下测量，该比例将高于 BCF。

　　在环境中，某些生物在化学品环境中暴露的时间很短。当暴露停止时，水中化学品的浓度下降甚至达到了 0，此时化学品就被生物体消除。一般认为消除后最终的结果是 C_w 为 0，此时可以结合式（5-4）求得

$$C_o(t) = C_o(t=0) e^{-k_e t} \qquad (5-9)$$

式中，$C_o(t=0)$ 为在消除阶段开始时化学品在生物体内的浓度，单位为 mol/kg。

　　化合物的生物半衰期可以由消除速率常数导出，其含义是生物体中化合物浓度降低到其原值一半所需要的时间。因此，将 $C_o(t_{1/2}) = 1/2 C_o(t=0)$ 代入式（5-9）后，导出

$$t_{1/2} = (\ln 2) / k_e \qquad (5-10)$$

　　图 5-3 显示了吸收速率常数和消除速率常数的求解方法。图 5-4 显示了有机化合物的 k_w、k_e 和 BCF 与疏水性（K_{ow}）的关系。吸收速率常数随 K_{ow} 的增加而增加，对于疏于水性化学品，$\lg K_{ow} > 3 \sim 4$ 时吸收速率常数成为常数；消除速率常数对亲水性化学品来说是常数，而对 $\lg K_{ow} > 3 \sim 4$ 的化学品来说，则随 K_{ow} 的增加而减小。由于 BCF 是吸收和消除速率常数的比值，因此所有疏水性化学品的 BCF 随着 K_{ow} 的增加而增加。

　　水生生物一般通过呼吸面从水中吸收化学品。相比较而言，较大生物的呼吸面比较小生物的小，这说明，不同体重级别的鱼类的吸收速率常数很大程度上取决于鱼的大小，原因是较大的生物体在代谢过程中单位体积需要的氧气通常较少。根据菲克定律，化学品的交换与交换表面有关，也就是说小生物体吸收和消除化学品的速率均快于大生物体。古比鱼（0.1g）对疏水性化学品的吸收速率常数通常是约 1000L/(kg·d)，而大型虹鳟（750g）只有约 50L/(kg·d)。以 $\lg K_{ow} > 3$[28] 的疏水性有机化合物为例，导出的鱼质量（W）（以 g 计）与吸收速率常数之间的异速生长关系为

$$k_w = (550 \pm 16) W^{-0.27 \pm 0.05} \qquad (5-11)$$

　　由此可见，吸收速率常数和消除速率常数都是生物体质量的（异速生长）函数[8, 10-13]。

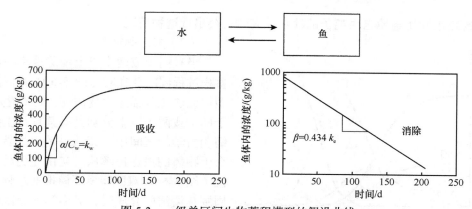

图 5-3　一级单区间生物蓄积模型的假设曲线

k_w. 吸收速率常数；k_e. 消除速率常数；α. 测量 k_w 的斜率；β. 测量 k_e 的斜率[7]

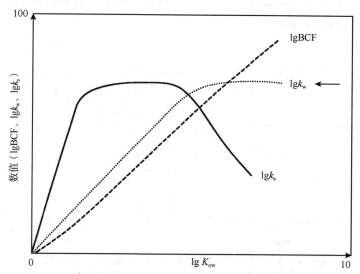

图 5-4　有机化合物的 k_w、k_e 和 BCF 与疏水性（K_{ow}）的关系[14]

　　金属的理化参数和吸收速率常数、消除速率常数或 BCF 之间没有明确的关系。虽然金属的蓄积不一定通过被动扩散发生，但一元线性动力学模型依然可以用来描述金属的吸收和消除动力学。需要说明的是，金属在生物体内并不总是处于稳定的状态。例如，由于生物体有非常高的金属硫蛋白储存容量，可能会持续摄入金属，导致其浓度不断增加。

　　金属化合物的形态会极大地影响生物浓缩的效果，但其形态很大程度上又取决于环境的性质，如 pH、盐度、氧浓度、溶解有机碳及其他物质含量（图 5-5）；另外，环境中的复杂配体，如羟基和碳酸根离子，在金属形态的形成过程中发挥了显著作用（图 5-5）。由于金属化合物的这些特点，金属的生物蓄积可以基于其自由离子的浓度来预测。但有些情况例外，如金属与自然环境中的腐殖酸和富啡酸络合通常会降低生物体对其的摄入[15]；有些情况刚好相反，金属络合物的吸收速率常数要比其自由离子高，如当络合物的疏水性比金属自由离子的疏水性高时就会出现这种情况。

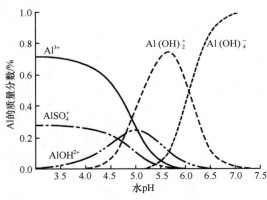

图 5-5　元素铝（Al）的化学形态受盐度、
pH 和配体的影响[16]

（2）多区间模型

当有两个或两个以上消除速率不同的蓄积过程同时存在时（图 5-6），单区间模型就无法充分描述生物浓缩。此时生物处于两个或两个以上分别具有其自身生物浓缩动力学的区间中，其结果是化学品在整个生物体的消除速率从最初快速到后来缓慢（图 5-6）。双区间模型模拟的过程是当周围是清洁的介质时，其中第一个区间迅速释放化学品，同时区间Ⅱ缓慢释放化学品到区间Ⅰ，后者再很快消除化学品到介质中。

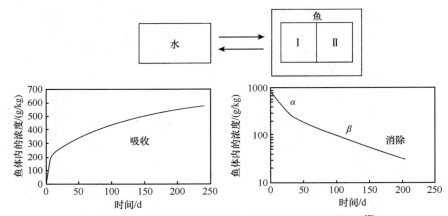

图 5-6　以两区间生物蓄积模式为例的双相吸收和消除[7]
α. 最初快速消除期间的斜率；β. 缓慢消除时期的斜率

式（5-12）是双区间模型消除动力学的数学描述：

$$C_o = A_e^{-\alpha t} + B_e^{-\beta t} \qquad (5\text{-}12)$$

式中，A、B 为常数，单位为 mol/kg；α、β 为动力学速率常数，单位为 1/d。

5. 测试生物浓缩的方法

有关水生生物化学品生物浓缩测试方法的报道较多。常用的方法是经济合作与发展组织（OECD）出台的测试鱼类中生物浓缩的标准方法[17]（表 5-3）。美国材料与试验协会（ASTM）也公布了与 OECD 方法相似的识别鱼类和海洋软体动物中生物浓缩情况的程序[18]，其与 OECD 方法的区别是，ASTM 假定生物体内化学品的蓄积在达到稳定状态之前暴露应该是连续的，如果没有达到稳定状态，则观察到的 28 天 BCF 可能只是表面 BCF，而 OECD 方法则是通过导出 k_w / k_e 来求 BCF[式（5-8）]。

表 5-3　OECD 测试水生生物生物浓缩的试验指南[17]

OECD 指南	305A 连续静态鱼试验	305B 半静态鱼试验	305C 鱼中生物浓缩程度测试	305D 静态鱼试验	305E 流水式鱼试验
推荐物种	鲶，斑马鱼，鲤	斑马鱼	1 岁大鲤	古比鱼，斑马鱼	虹鳟，红鲈，鲤科小鱼，大太阳鱼，胖头鱼，平口鲷，淡水鲦，鳊，鲈，英国箸塌鱼，鹿角形珊瑚，杜父鱼科海鱼，三脊柱刺鱼
试验水供给	静态	半静态	流动	静态	流动
试验水浓度	$<0.1LC_{50}$ $>3levels$	$<0.02LC_{50}$ $>1levels$	<0.01 且 $<0.001LC_{50}$ 2 levels	<0.01 且 $<0.001LC_{50}$ 2 levels	$<0.02\ LC_{50}$
试验物质载体	乙醇或丙酮（$<0.5mL/L$）	丙酮（$25mL/L$）	推荐的溶剂和表面活性剂	二甲基亚砜 t-丁醇（$<0.1mL/L$）	推荐溶剂（$<0.1mL/L$）
吸收	±2 周	2 周或 4 周	8 周	8 天	8h 至 90 天
稳态	强制	可选	强制	强制	强制
消除	强制	强制	强制	强制	可选
稀释水	人造水	人造水	经活性炭处理的井水或城市用水	井水或人造水	试验生物在其中能活着的水
生物量/（g/L）	<1	<0.8	<8	<0.4	<15
水	1L	7levels	$>16levels$	>12	28
鱼	19	7levels	8levels	>12	9
测定脂含量	强制	可选	可选	强制	可选
BCF	稳态 C_{fish}/C_w	稳态 C_{fish}/C_w	稳态 C_{fish}/C_w	稳态 C_{fish}/C_w	80%稳态 k_w/k_e

5.1.2　影响生物浓缩的因素

采用单区间或多区间模型描述生物浓缩过程、预测 BCF 和探索生物浓缩动力学是生物蓄积研究相对简单的一个过程。然而在实际应用中，由于绝大多数化学品并不遵循单区间或多区间模型的规则，且生物浓缩动力学可能与生物物种有关，因此化学品属性和生物种属因素都有可能影响生物浓缩过程。在实际建模和应用过程中，以下这些被证明是对生物浓缩过程有影响的因素，包括分子质量、分子大小、分子电荷、化合物形态、表面/体积、生物转化。上述因素中，化学因素可以通过改变化学品的膜通透特性及生物利用度来影响生物浓缩，如化学品在水中自由溶解；生物因素主要通过生物浓缩动力学影响生物转化的比例和程度。下面就这些因素分别进行说明。

1. 分子质量

化学品蓄积过程对其分子质量（MW）有一定的临界要求，高于临界值时生物（如鱼等）组织的吸收可以忽略不计。该临界值在不同的法规中有不同的定义。欧盟用于化学品"风险评估"的技术指导文件（TGD）认为分子质量大于 700g/mol 的分子不太可能被吸收或是浓缩[38]；而美国《有毒物质控制法》中持久性生物蓄积性有毒化学品（PBT）评估时豁免的是分子质量大于 1100g/mol 的化学品。除此之外，学术界中不同的研究结果对该临界值有不同的定义。Anliker 等认为如果一种色素的分子量大于 450，并且其截面直径大于 1.05nm，就可以从鱼的生物蓄积测试中排除[19]；Rekker 等认为如果化学品估算的 $\lg K_{ow}>8$，并且其相对分子质量$>700\sim1000$，则该化学品可以得出不可能被浓缩的结论[20]；Burreau 等证实了含有 6 个以上溴原子、分子质量为 $644\sim959$g/mol 的多溴联苯醚不易发生生物浓缩且没有生物放大效应[21]。尽管不同的试验证实了不同的临界值，但由于具有相同分子质量的化学品其分子大小和形状各不相同，不能只用分子质量来预测吸收。尽管如此，大量的试验和观察确证只要相对分子质量在 $700\sim1100$，再结合其他因素，该物质的 BCF 很可能就会下降。因此，在解释试验结果的不确定性时，De Wolf 等认为要证明 BCF 下降，该化学物质需具备[22]以下条件：①MW>1100g/mol；②MW 介于 $700\sim1100$g/mol，同时符合其他条件。

2. 分子大小

分子大小涉及化学品的立体性质及其穿越生物膜的运输潜力。化学品生物浓缩开始于从水到呼吸面的迁移，然后是穿过脂质双分子层被摄入（图 5-7），因此化学品的分子大小在其是否能穿过生物膜中起着非常重要的作用。

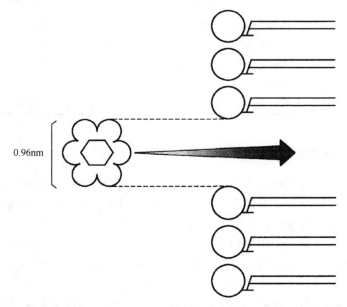

图 5-7　中性有机化合物的疏水性分子通过双层脂质膜极性端的迁移与膜孔有效截面的关系[14]

化学因素中，化学品分子大小的影响可能要大于其分子质量因素，因为要考虑分子的形状和柔韧性。例如，一些疏水的化学品，如六溴苯、八氯萘、八氯二苯并-p-二氧芑、十溴联苯、有机颜料、荧光增白剂和偶氮颜料在水中暴露时，并不能在古比鱼中观察到生物浓缩现象[14, 19, 23-25]。这种情况被认为与分子的大小有关，由于分子较大，它们无法穿过鳃膜。另外，对于有些化学品来说，由于它们在"辛醇中的溶解性较差"，即 K_{ow} 很小，为了渗透极性表面，分子必须足够小以通过脂膜上的"洞"（图 5-7）。例如，当化学品分子截面的大小超过古比鱼截面直径 0.95nm 时就很少或者不能出现吸收；而在虹鳟或者金鱼身上，则观察到了直径更大分子的吸收。因此，由于膜构成不同，物种的差异就会影响化学品分子的吸收[26, 27]。Dimitrov 等尝试用分子质量、分子大小和分子柔韧性等多参数来评估 BCF[28]。结果发现对于 $\lg K_{ow} > 5.0$ 的化合物，最大截面直径为 1.5nm 的临界值能够区分 BCF>2000 和 BCF<2000 的化学品。该值是细胞膜脂质双分子层厚度的一半。Dimitrov 等用该参数对大量化学品的试验数据进行了评估。结果表明，最大截面直径大于 1.74nm 的化学品的 BCF 不会大于 5000，不满足欧盟关于高生物蓄积性化学品的 PBT 标准[29, 30]。

在鱼从水中摄取线性聚二甲基硅氧烷[31]和老鼠从食物中获取正烷烃的试验中证实，长度超过 4.3nm 的疏水性化学品不会发生生物蓄积，而 4.3nm 的长度也刚好相当于细胞膜脂质双分子层两极的平均距离。聚二甲基硅氧烷的长度也与脂质双分子层的长度非常接近（图 5-8）。然而，Tolls 等观察到一些长度等于长链烷烃的非离子表面活性剂在鱼体中的吸收[32]，与上述提及的分子长度阈值似乎有矛盾，是因为这种长链非离子表面活性剂的分子有效长度经分子内部的柔韧性缩短到了 4.3nm 以下。因此，对分子长度阈值的研究结果表明，并不存在一个明显的超过了就不会发生吸收的分子大小阈值，而是空间因素影响着大分子化学品穿过细胞膜的迁移。在研究了试验结果的不确定性的基础上，De Wolf 等又指出[22]以下内容：①分子有效长度大于 4.3nm 意味着没有吸收，这种化学品不会发生生物浓缩；②截面直径大于 1.74nm 的化学品其 BCF 不会大于 5000；③截面直径大于 1.74nm 且 MW 为 700~1100 的化学品其 BCF 不会大于 2000。

3. Lipinski 的"5"规则

1997 年，Lipinski 等对 2200 多种化学药物测试后确认了 5 项影响哺乳动物肠内化学品溶解和吸收的物理与化学特性参数[33]，这些参数经多次修正后被用来开发预测哺乳动物吸收化学品的模型。在应用该模型时发现有机化合物的吸收在所有的脊椎动物中并不一样；即便是在哺乳动物中，同种化学品的饮食吸收率在人类和反刍动物中要相差两个数量级以上。由此可见，这些化学品的吸收可能与膜的特性无关，而是与控制吸收消化过程的某些特性有关。根据大量化学品的测试结果，Lipinski 等提出了"Lipinski 5 规则"，即如果一种化学品有 5 个以上氢键供体，10 个氢键受体，相对分子质量大于 500 且 $\lg K_{ow}$ 大于 5，则该化学品就不可能大量穿过生物膜并达到足够发挥药理或毒理作用的数量[33]。Wenlock 等对 600 多种化学品的测试结果支持了"Lipinski 5 规则"。结果表明，90%被吸收的化学品氢键供体少于 4，氢键受体少于 7，相对分子质量小于 473 且 $\lg K_{ow}$ 小于 4.3[34]。Vieth 等和 Proudfoot 的工作也支持该论点[35, 36]。除此之外，化学品的分子电荷和旋转键数量也会影响其在膜间或细胞间的被动扩散与吸收。化学品通过被动扩散穿过组织的能力可以用穿上皮电阻（TEER）来测量，并可以用来进行上皮组织的功能比较，TEER 值较低表明该组织拥有较强的吸收潜力。因此，尽管 Lipinksi、Wenlock、Vieth

和 Proudfoot 等所做的研究主要集中在肠道上，但由于鱼鳃的 TEER 值比肠道的更大，因此上述应用用于肠道吸收的公式和概念可在鱼鳃吸收的保守研究中使用。

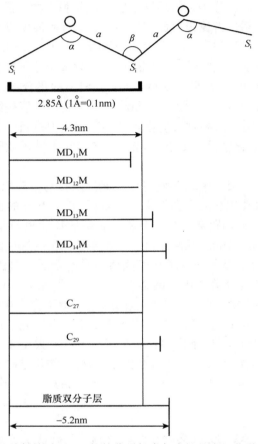

图 5-8　烷烃和聚二甲基硅氧烷（PDMS）的分子长度与中性的有机化学品膜渗透之间的关系[26]

MD$_n$M. 聚二甲基硅氧烷，其中 n 指二甲基硅氧烷单位的个数；C$_m$. 指线性烷烃，其中 m 指甲基单位的个数；上图. 硅硅氧烷低聚物的硅-氧-硅片段的长度；下图. 线性聚硅氧烷和线性烷烃的长度，脂质双分子层的厚度

4. 脂肪/辛醇溶解性

用化学品的脂肪或辛醇溶解性来预测其吸收基于两种考虑：一是辛醇是鱼脂的理想替代品；二是如果一种化学品在辛醇中的溶解性降低，则其在生物体内的吸收就有可能减少。二者结合起来考虑，就形成了用 lgK_{ow} 预测 BCF 的模型的基础。一般来说，疏水性化合物具有低的水溶解性（S_w）、高的辛醇溶解性（S_{oct}）和高的 BCF。然而，如果一种疏水性化学品的脂肪或辛醇溶解性较低，则其 S_{oct}/S_w 的范围就可能从非常低到非常高，因此无法确定 K_{ow} 对 BCF 大小的影响。

5. 形态学

生物的形态学也会影响化学品吸收和消除的速度。例如，在幼虫阶段，孑孓在成长过程中要蜕好几次皮,这样沾在皮肤上的污染物就会主动地从生物体中消除;化学品随空气也会通过水生生物如鱼的皮肤吸收,与鳃比较,皮肤的组成、厚度和表面积都可以解释化学品透过皮肤的吸收比透过鳃的少。

6. 生物转化

生物转化是一种降低生物体中化学品浓度的过程。一般情况下,生物转化会使初始化学品转化为极性更强的化合物[37]。在生物蓄积模型中,生物转化被认为是一个与物理化学过程、生长稀释、哺乳和繁殖一样的消除化学品的过程。生物转化只在化学品迁移到可以通过酶的催化作用进行转化的地方之后才会发生。在这个过程中,化合物必须和酶反应并与之键合。所以,化学品迁移速率、内部分布及酶与化合物的键合和生物转化能力都会影响生物转化的速率。此外,酶还需要一些其他的辅助因素帮助其进行生物转化。

5.1.3　生物放大作用

一种化学品在生物体内比在食物(其主要摄入途径是食物)中浓度更高的情况称为生物放大作用。一般情况下,只有当化学品在食物中达到相对较高的浓度,且周围环境介质中浓度很低时,生物放大作用才更具意义一些。本小节将对生物放大作用的途径,如食物吸收、沉积物和多介质,以及测量生物放大作用的方法等进行介绍。

1. 从食物中吸收

生物从食物中吸收化学品主要发生在胃肠道,吸收机制与前述生物浓缩的机制相似,也是经脂膜进行吸收(图 5-1)。生物从食物吸收和向周围介质排出化学品的过程可以用和生物浓缩相似的方法建立模型[式(5-4)]。

$$食物 \xrightarrow{\ k_f\ } 生物 \xrightarrow{\ k_e\ } 周围介质$$

k_f 为从食物中吸收速率常数[kg/(kg$_{bw}$ · d)],也可以表述为从食物吸收的效率 E_f 和饲喂速率 f[kg$_{food}$/(kg$_{bw}$ · d)]的乘积。因此生物放大作用可以表达为

$$dC_o / dt = E_f \cdot f \cdot C_{food} - k_e C_o \tag{5-13}$$

式中,C_{food} 为食物中化学品的浓度(mol/kg$_{food}$);k_e 为区别于式(5-5)中消除速率常数的又一个总消除速率常数。当污染物的浓度为常数,即 C_{food}=常数,且饲喂速率(f)也是一个常数时,式(5-13)就可求解。f 与生物种类和生命阶段有关,通常冷血动物的饲喂速率要低于恒温动物。但如果 f 为已知的常数,则式(5-13)可以解为

$$C_o(t) = (E_f \cdot f \cdot C_{food}) / k_e \cdot [1 - e^{-k_e t}] \tag{5-14}$$

式(5-14)与描述从水中摄入的式(5-8)相似。表 5-4 列出了一些鱼体中多氯联苯类化合物和商用多氯联苯混合物的食物吸收效率 E_f。鱼的饲喂速率常数 f 为 $0.02\sim0.05$kg$_{food}$/(kg$_{bw}$ · d)。基于式(5-14),可以导出稳定状态下的生物放大因子(BMF):

$$BMF = E_f \cdot f / k_e = C_o / C_{food} \tag{5-15}$$

表 5-4　PCB 的食物吸收效率（E_f）[38]

化合物		C_{food}/（μg/g）	物种	E_f/%
联苯	二氯-	10	古比鱼	56
	三氯-	10	古比鱼	49～60
	四氯-	1～51	古比鱼，大马哈鱼	10～77
	五氯-	1～12	大马哈鱼	30～73
	六氯-	1～50	古比鱼，大马哈鱼	44～81
	八氯-	50	古比鱼	31～40
	十氯-	50	古比鱼	19～26
	Aroclor 1242	20	鲶	73
	Aroclor 1254	15	虹鳟	68

注：Aroclor 是一种工业 PCB 的混合物，其中 12 代表联苯分子，42 和 54 代表氯化百分比

2. 从沉积物中吸收

某些水生无脊椎动物以沉积物和碎屑作为食物来源。对于这些生物来说，从沉积物中吸收和蓄积化学品是一条很重要的途径。

以沉积物和碎屑为食的生物可采用多种方式进食。例如，*Macoma* sp.可采用在几毫米的沉积物上进食的方式吸收，也可采用类似"传送带"的方式吞食距表层 20～30cm 内的沉积物（图 5-9）。可以看出，当沉积物中的化学品具有纵向浓度梯度时，表层进食和"传送带"进食接触到的污染物浓度完全不同。

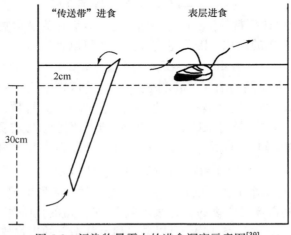

图 5-9　污染物暴露中的进食深度示意图[39]

此外，沉积物孔隙水中的化合物浓度与沉积物上部底层水中的化合物浓度不一样。沉积物表层以碎屑为食的双壳类，如 *Macoma* sp.会滤过大量的底层水，而滤过的孔隙水

量则微不足道；而端足类动物和多毛类动物被埋在沉积物中几乎只滤过间隙水，这类生物并不像 *Macoma* sp.一样吞食碎屑，而是一种用鳃通过滤过大量水获得食物的滤食者。由此可见，不同的物种有不同的污染化合物来源，有从水体表层和较深沉积物中摄取的，也有从沉积物孔隙水和其上部底层水摄取的。

3. 从水、食物和沉积物多介质中吸收

水生生物可以从水、食物和沉积物中吸收化学品，而选择何种吸收途径与化合物的物理化学性质及生物的栖息地、食物和生理特性有关。要了解这三种途径中哪种的贡献最重要，就需要了解各种吸收机制和动力学的相关信息。一元线性生物蓄积模型为此提供了有用的工具。图 5-10 中显示了这三种吸收途径。

图 5-10 中 k_e 是沉积物中吸收速率常数[$kg_{sediment}/(kg_{bw} \cdot$ 天$)$]，其导出方式与食物中吸收速率常数相同。k_w、k_f 和 k_s 可用生物的吸收效率（E_w、E_f 和 E_s）、通过鳃的水量（V_w）、通过肠道的食物量（f）和通过肠道的沉积物量（S）的乘积表示[40]：

$$k_w = V_w \cdot E_w \qquad (5\text{-}16)$$
$$k_f = f \cdot E_f \qquad (5\text{-}17)$$
$$k_s = S \cdot E_s \qquad (5\text{-}18)$$

综合式（5-16）～式（5-18），生物体内化学品浓度的改变可以用式（5-19）描述：

$$dC_o / dt = (V_w E_w C_w + f \cdot E_f C_{food} + S \cdot E_s) - k_e C_o \qquad (5\text{-}19)$$

运用式（5-19），导出了几种水生生物如古比鱼、虹鳟和蛤蚌的动力学速率常数。

1）从水中吸收

某些有机化合物在体重小于 1g 的小鱼体内的吸收速率常数约为 1000L/(kg · d)，通过鱼鳃滤过的水量约为 2000L/(kg · d)。因此，从水中吸收化学品的效率（E_w）约为 50%。有研究报道表明，体重较大的鱼也有几乎同样的吸收效率。这是因为体重大的鱼的滤过率较低，所以吸收速率常数也较低。例如，100g 鱼的吸收速率常数约为 100L/(kg · d)。

2）从食物中吸收

对大多数水生生物来说，其饲喂速率 f 为 0.01～0.05$kg_{food}/(kg_{bw} \cdot d)$。表 5-4 显示了疏水性化学品的食物吸收效率大约为 50%，与每种食物成分的平均消化率较一致。

3）从水和食物中吸收

运用式（5-19）分别计算体重小的鱼从水和食物中吸收后其体内的化学品浓度时，结果表明从食物中吸收化合物的浓度比从水中要高出 5 个数量级，说明从食物吸收对小鱼体内化学品浓度的影响更显著。对于 BCF 低于 10^5 的化学品，总的生物蓄积主要是通过从水中吸收；对于体重较大的鱼，从食物中吸收对低疏水性化学品的生物蓄积有更明

显的作用。在饲喂速率 f 几乎相同的情况下，较大的鱼比较小的鱼滤过量要低。因此，对于亲水性较高的化学品来说，更偏向于从食物中吸收。

4）从沉积物中吸收

有关水生生物从沉积物中吸收化学品的资料相对缺乏。理论上讲，从沉积物中吸收化学品的重要性主要体现在以下两种极端情况下。

a. 生物能够消化沉积物。此时沉积物作为食物，并且从沉积物中吸收的化学品总量取决于沉积物的吸收速率和吸收效率。

b. 生物体完全不能消化沉积物。该种情况下生物体从沉积物中吸收的化学品总量取决于化学品在沉积物中的消除速率常数和沉积物在胃肠道里的滞留时间；如果沉积物的吸收速率非常高，吸收效率很可能取决于消除效率。

5）从水、食物和沉积物中吸收

表 5-5 列出了古比鱼、虹鳟和蛤蜊从水、食物与沉积物中吸收化学品的流动速率与效率。疏水性化学品从食物和沉积物中吸收的相对贡献可以用式（5-20）和式（5-21）计算：

$$（食品）÷（水）=(f \cdot E_f C_f) ÷ (V_w E_w C_w) = (f \cdot E_f) ÷ (V_w E_w / BCF) \qquad （5-20）$$

$$（沉积物）÷（水）=(S \cdot E_s C_s) ÷ (V_w E_w C_w) = (S \cdot E_s) ÷ (V_w E_w / K_p) \qquad （5-21）$$

式中，f 为饲喂速率，单位为 $kg_{food}/(kg_{bw} \cdot d)$；$E$ 为从食物（f）、水（w）或者沉积物（s）中吸收的效率；C 为化学品在食物（f, mol/kg）、水（w, mol/L）或者沉积物（s, mol/kg）中的浓度；V_w 为通过鳃的水量，单位为 $L/(kg_{bw} \cdot d)$；S 为通过肠道的沉积物量，单位为 $kg_{sediment}/(kg_{bw} \cdot d)$；BCF 为生物浓缩因子，单位为 L/kg；$K_p$ 为土壤-水分配系数，单位为 L/kg。

表 5-5　三种水生生物从水、食物和沉积物中吸收化学品的流动速率和效率[39, 41]

	水		食物		沉积物	
	E_w	$V_w/[L/(kg_{bw} \cdot d)]$	E_f	$f/[kg_{food}/(kg_{bw} \cdot d)]$	E_s	$S/[kg_{sediment}/(kg_{bw} \cdot d)]$
古比鱼	0.5	2000	0.5	0.02	0.5	1.3
虹鳟	0.5	240	0.5	0.02		
蛤蜊	0.65	100			0.38	0.1

将表 5-5 中的数据输入式（5-20）和式（5-21）就可以确定从食物和沉积物及水中吸收的相对贡献。以古比鱼为例，BCF 大于 100 000 的疏水性化学品从食物中吸收的效率更高；对虹鳟来说，同样的情况适用于 BCF 大于 12 000 的疏水性化学品；古比鱼主要从沉积物中吸收 K_p 值大于 1500 的化学品，而蛤蜊则吸收 K_p 值大于 1700 的化学品。

4. 测量生物方法作用的方法

只有当食物类型、吞食的食物量、从食物中吸收的效率和排泄过程等相关信息足够时，生物放大作用才能被测量出来。通常生物体有多种食物来源，每一种都有各自的污染物浓度、吸收速率和效率。例如，在鱼的试验中，鱼通过食物暴露于化学品，测量暴露情况下吸收速率和鱼被转喂养干净食物后的净化作用。该方法用来测定化学品排出半衰期、食物同化效率和生物方法因子。

针对不易溶于水的食物，食物生物蓄积测试比较容易实施，这是因为通过食物比通过水更容易控制更高持久的物质暴露。OECD 测试指南提供了多种生物蓄积测试方法，如 OECD 305 描述了鱼类生物蓄积试验——水和饮食暴露方法，OECD 317 描述了沉积物中底栖寡毛类动物生物蓄积性试验方法。此外，ASTM E1022-94（2013）描述了用流水技术测量海水双壳类生物浓缩的方法。

5. 生物蓄积模型

水生生物、陆生生物[13]和人类[42]的生物蓄积过程可以用食物链模型或食物网模型进行预测。在一个食物链中，生物体内化学品的浓度可以通过式（5-19）描述。式（5-22）～式（5-24）分别描述了一个包括海藻（C_A）、水蚤（C_D）和鱼（C_F）在内的食物链中各生物体内化学品的浓度。等式中，海藻暴露于水，水蚤暴露于水和海藻，而鱼暴露于水、沉积物和水蚤。

$$dC_A / dt = (V_{w,A}E_{w,A}C_w) - k_eC_A \tag{5-22}$$

$$dC_D / dt = (V_{w,D}E_{w,D}C_w + f \cdot E_fC_A) - k_eC_D \tag{5-23}$$

$$dC_F / dt = (V_{w,F}E_{w,F}C_w + f \cdot E_fC_D + S \cdot E_sC_s) - k_eC_F \tag{5-24}$$

BCF 和 BMF 可以表述为速率常数的比值。在稳定状态下，C_A、C_D 和 C_F 的计算公式为

$$C_A = BCF_A \cdot C_w \tag{5-25}$$

$$C_D = BCF_D \cdot C_w + d_A \cdot BMF_D \cdot C_A \tag{5-26}$$

$$C_F = BCF_F \cdot C_w + d_S \cdot BMF_D \cdot C_S + d_D \cdot BMF_D \cdot C_D \tag{5-27}$$

式中，d_x 为一种生物的食物中不同类别的比例，$0 \leq d_x \leq 1$。

从上面的模型可以看出，生物有不同的食物来源，不同生物之间可互相取食，且可以同时发生，由此形成一个复杂的食物网，以这种复杂食物网建立的模型非常接近迁移过程的多介质模型。这些模型的一大特点是，无论有多少食物源，这些模型都能够进行描述，并且可以同时计算所有生物体中化学品的浓度[43]。总的来说，食物网模型成功预测了新陈代谢缓慢的持久性卤化有机污染物在稳定状态下的浓度[44, 45]。但对大量化学品进行筛查时仍然存在困难。

5.1.4　陆生植物的蓄积

植物是陆地生态系统中最大的生物体。植物对化学品的摄入分为根吸收和叶吸收两种模式。

1. 根吸收

土壤中的水，土壤间隙中的气体，以及土壤微粒通过直接接触都可将土壤中的化学品转移到根的表面。在表面上，化学品可能穿过表皮到达皮层，皮层通过内皮与根部脉管组织分开。此时外源化学品能否通过内皮孔取决于化学品的极性和构象。一旦穿过内皮，化学品可以通过木质部中的体液大量迁移，而木质部是植物根部向上输送水和矿物

质的主要系统。化学品一旦穿过内皮的阻隔并在木质部中输送,它可通过茎干离开根系,并且最终从叶子释放到大气中。

化学品的根吸收通常是被动吸收,也就是说,植物不会耗费能量来调节根部的化学品水平。因此,将根部储存化学品的最大容量定义为化学品在根部和周围介质之间的平衡分配系数,式(5-28)是该系数的近似计算方法:

$$K_{\text{root-water}} = \upsilon_{\text{a-root}} \cdot K_{\text{air-water}} + \upsilon_{\text{w-root}} + \upsilon_{\text{l-root}} \cdot K_{\text{oa}} \tag{5-28}$$

式中,$K_{\text{root-water}}$ 为根-水分配系数,单位为 m^3/m^3;$\upsilon_{\text{a-root}}$ 为根中空气的体积分数,单位为 m^3/m^3;$\upsilon_{\text{w-root}}$ 为根中水的体积分数,单位为 m^3/m^3;$\upsilon_{\text{l-root}}$ 为根中脂质当量体积分数,单位为 m^3/m^3;K_{oa} 为化学品的正辛醇-空气分配系数,单位为 m^3/m^3。

式(5-28)中的 $K_{\text{root-water}}$ 是为土壤中化学品的浓度定义的,因为在基于土壤中化学品浓度估算根吸收时,土壤的特性也起到至关重要的作用。向土壤固体具有分配倾向的化学品将会降低土壤溶液中该化合物的浓度,从而减少根部的吸收。因此,根部土壤的根-水分配系数在很大程度上与 K_{ow} 无关。

土壤污染物向块茎和叶片迁移是根吸收的两种可能结果。向块茎迁移时,区分根(如胡萝卜)和块茎(如马铃薯)等蔬菜类植物是重要的。从形态学角度出发,块茎不是根,而是形态改变的茎干,它不负责为叶片输水,而是通过韧皮部从叶片接收水和营养。因此,从土壤摄入的化学品很难通过块茎扩散,并且块茎摄入也会比根慢很多[46]。

土壤污染物向叶片中迁移是根吸收的另一种可能的结果。该过程可以用色谱柱原理来解释。木质部液体是移动相,根组织是固定相[47]。固定相和移动相之间的分配系数越大,化学品在柱中保留的时间就越长,也就是说,化学品通过根部的移动会越慢。Briggs等用蒸腾流浓度因子(TSCF),以茎干中木质部液体样品与根部周围水溶液中化学品浓度的比值对该过程进行定量,结果发现 TSCF 与 K_{ow} 相关(图 5-10),并推导出式(5-29):

$$\text{TSCF} = 0.784 \text{e}^{-\frac{(\lg K_{\text{ow}} - 1.78)^2}{2.44}} \tag{5-29}$$

从图 5-10 可以看到,$\lg K_{\text{ow}} > 2$ 的化学品 TSCF 明显较小,这可能是因为化学品在根部“色谱柱”中保留增加;而 $\lg K_{\text{ow}} < 2$ 的化学品 TSCF 减小的原因则可能是极性化学品分解及离子化有机分子内皮渗透力较弱[49]。

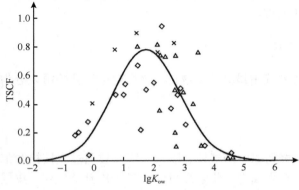

图 5-10　以 K_{ow} 作为函数的植物中有机化学品的迁移[48]

图中三种图形表示三种有机化学品

2. 叶吸收

化学污染物可以通过茎干或从大气进入叶片。植物的中空部分，包括叶子，由一层防止植物本身水分流失和空气中粒子渗入的表皮包围，表皮上又覆盖着一层蜡质。植物叶子表面有许多会根据环境条件打开或关闭的气孔，这些气孔在调节气体交换和蒸腾的过程中发挥着重要作用。大气中的化学品可以通过表皮或气孔进入叶内。一旦与表皮蜡质结合，化学品就能通过表皮、表皮细胞、叶肉细胞扩散，并最终到达韧皮部。化学品通过表皮的渗透速率在不同的物种和环境条件下变化很大，该值与其疏水性和摩尔体积，以及植物的表皮结构和组成有关[50]。

与根吸收类似，叶片也是被动地吸收和释放有机化合物，因此叶片和周围空气中化学品的分配系数（$K_{\text{foliage-air}}$）在调节化学品在叶片与大气交换中发挥着重要作用。为了估算 $K_{\text{foliage-air}}$，可以将叶片视为几个不同相的混合体（图 5-11），如空气、水、脂质、碳水化合物、外皮和蛋白质。一般情况下可忽略蛋白质和碳水化合物，则 $K_{\text{foliage-air}}$ 可表达为

$$K_{\text{foliage-air}} = V_{\text{a-fol}} + V_{\text{w-fol}} / K_{\text{aw}} + V_{\text{l-fol}} \cdot K_{\text{oa}} \qquad (5\text{-}30)$$

式中，$K_{\text{foliage-air}}$ 为叶片-空气分配系数，单位为 m^3/m^3；$V_{\text{a-fol}}$ 为叶片中空气的体积分数，单位为 m^3/m^3；$V_{\text{w-fol}}$ 为叶片中水的体积分数，单位为 m^3/m^3；$V_{\text{l-fol}}$ 为叶片中脂质当量体积分数，单位为 m^3/m^3；K_{oa} 为化学品的正辛醇-空气分配系数，单位为 m^3/m^3。

0.19、0.7 和 0.01 分别为 $V_{\text{a-fol}}$、$V_{\text{w-fol}}$ 和 $V_{\text{l-fol}}$ 的通用值。式（5-30）仅仅提供了粗略地计算 $K_{\text{foliage-air}}$ 近似值的方法，因为在脂含量相似但不同种的植物之间，化学品的 $K_{\text{foliage-air}}$ 有一个数量级以上的差异[52]。

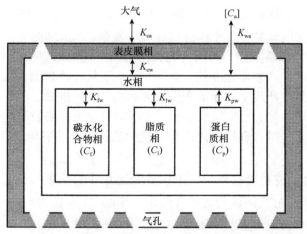

图 5-11　植物叶子内从大气中生物蓄积有机化合物的多区间模型[51]

C. 浓度；*K*. 分配系数；下标 c、w、a、f、l、p 分别表示表皮、水、空气、碳水化合物、油脂和蛋白质

叶片-空气分配系数与根-土壤分配系数的明显区别在于二者受温度的影响程度不同。叶片的温度变化达 25℃，为典型的日温度变化，该变化能导致 $K_{\text{foliage-air}}$ 出现一个数量级的改变[53]。由此可见，化学品的叶片-空气转移可在很大的范围内变动。与根吸收过程不同，叶吸收过程中，叶片表面的转移是叶吸收的限制步骤，而根吸收则是直接在

植物内转移。一般来说,叶吸收的过程需经历如下几个步骤:①气态化学品沉降。②化学品吸附在尘土或者大气颗粒物质上的干沉降。③污染物溶解在水滴或吸附在颗粒物质上的湿沉降。④悬浮土壤颗粒的沉降。⑤直接喷洒,如杀虫剂的使用。

吸收之后,化学品在叶片中的消除过程包括以下几步:①挥发。②叶片或部分叶片脱落。③通过韧皮部的迁移。④化学转化。

气态化学品的沉降是一种扩散过程,该过程受大气与叶片之间的扩散梯度控制。该梯度被定义为大气中气体化学品浓度($C_{air-gas}$)和大气与叶片中化学品浓度保持平衡时的浓度差异。大气与叶片中化学品浓度保持平衡后大气中化学品的浓度等于叶片中的浓度($C_{foliage}$)除以$K_{foliage-air}$。如果$C_{air-gas} > C_{foliage}/K_{foliage-air}$,则叶片-空气之间发生的是向叶片的净扩散,即沉降;如果$C_{air-gas} < C_{foliage}/K_{foliage-air}$,则产生净挥发。净扩散与净挥发过程中的质量流量计算式为

$$N_{foliage-gas} = k_{foliage-gas} \cdot A_{foliage} \cdot \left(C_{air-gas} - \frac{C_{foliage}}{K_{foliage-air}} \right) \tag{5-31}$$

式中,$N_{foliage-gas}$为通过气体沉降造成的化学品从大气向叶片转移的流量(正值表示净沉降,负值表示净挥发),单位为 mol/h;$k_{foliage-gas}$为从大气向叶片转移的沉降速率,单位为 m/h;$A_{foliage}$为叶片的表面积,单位为 m^2;$C_{foliage}$为叶片中化学品的浓度,单位为 mol/m^3;$C_{air-gas}$为空气中气态化学品的浓度,单位为 mol/m^3,$C_{air-gas} = (1 - FR_{aerosol}) \cdot C_{air}$,$FR_{aerosol}$为气溶胶中化学品的浓度。

从大气向叶片转移的沉降速率$k_{foliage-gas}$取决于叶片的形状和表面性质、叶片表面的粗糙度及气象状况。总体来说,叶片暴露程度越高,大气的流动越强,$k_{foliage-gas}$就越大。

化学品附着在大气颗粒上的干沉降过程较为复杂。干沉降的流量取决于化学品附着的大气粒子的大小、气象条件、叶面情况和树冠的空气动力"粗糙度";叶片对化学品的保留取决于粒子与叶片表面之间的"黏性"及粒子从叶片表面去除的速率。在该过程中,降水会对化学品在叶片上的保留产生很大影响,但反过来,由于降水有助于对大气中的粒子进行冲刷和去除,因此降水也是促进附着有化学品的粒子向叶片表面运动的一种有效方式。对上述复杂过程可以用附着有化学品的粒子的平均净沉降速率来描述:

$$N_{foliage-part} = \upsilon d_{foliage-part} \cdot A_{foliage} \cdot C_{air-part} \tag{5-32}$$

式中,$N_{foliage-part}$为通过附着在气溶胶上沉降到达叶片的化学品流量,单位为 mol/h;$\upsilon d_{foliage-part}$为带化学品的气溶胶到达叶片的净沉降速率,单位为 m/h;$A_{foliage}$为叶片表面积,单位为 m^2;$C_{air-part}$为空气中附着在粒子上的化学物质的浓度,单位为 mol/m^3,$C_{air-part} = FR_{aerosol} \cdot C_{air}$。

降水过程中,化学品也可以通过溶解在雨水中沉降下来,该过程就成为化学品在大气沉降中优先分配进入水中的主要形式,其结果是植物可以通过根部有效地从土壤中摄取同样的化学品。

土壤颗粒再悬浮(如被雨水溅起)也可成为叶片污染物的重要来源。附着并保留在叶片上的土壤颗粒是叶片吸收污染物的主要来源。与大气粒子的沉降类似,土壤颗粒在

叶片上的保留受颗粒性质、植物表面和气象条件的影响。该途径对 K_{oa} 高的化学品尤为重要[54]。

除此之外，直接将化学品施用在植物上被认为是另外一种叶片吸收化学品的重要途径。在该模式下，某些化学品，如生物杀灭剂的使用会导致出现叶片内化学品浓度高于周围空气和土壤的情况。尽管这样，但化学品的吸收不会持续，这是因为叶片中化学品的浓度由消除过程确定。消除可以通过化学品迁移规律（第 9 章）中式（9-5）所描述的挥发形式来完成，或者通过化学品的转化来完成；另外，有些植物会在特定条件下脱落部分表皮的蜡状物，这也是一种消除污染物的机制。例如，落叶是高 $K_{\text{foliage-air}}$ 化学品最重要的消除机制；酸性的植物杀灭剂可以通过植物脉管系统的韧皮部进行迁移，最终会到达根部或植物的其他器官[55]。同时，植物的生长也可以被看作是消除的一种形式，当新叶子生长出来后，会稀释叶片中的化学品，降低其浓度。

叶片中化学品的浓度取决于吸收与消除速率之间的平衡。挥发、转化、脱落和通过韧皮部的输出都会降低叶片中外源化学品的浓度。总体来说，这些进程确保了叶片中的化学品水平保持在或者低于植物与大气中化学品浓度处于平衡状态时的预期浓度。但也有例外。低 K_{ow} 和高 $K_{\text{foliage-air}}$ 的持久性化学品可以在叶片中积聚到比其与空气或土壤中化学品浓度达到平衡时高得多的水平，这是由于这些化学品非常易于被根吸收并转移到叶片，但是从叶片中挥发出却相当慢。

3. 影响植物生物蓄积的因素

从对陆生植物蓄积的两种方式讨论可以看出，植物体内的生物蓄积有很多影响因素，包括化学品的特性（如 K_{ow}、K_{oa}、分子大小、化学品分解等），植物的特性（如脂含量、叶片方向、叶片和树冠粗糙度、叶子脱落、蒸腾速率），土壤的特性（如有机碳含量），大气的特性（如温度、风速、粒子大小分布、降水量）。这些因素的相互作用决定了特定情况下植物内的生物蓄积。

4. 陆地植物的蓄积模型

水生生物的生物蓄积模型的建立方法同样适用于植物。所有模型都是基于一个质量平衡公式，描述了在特定区间内化学品吸收和消除速率之差的变化速率。

$$\mathrm{d}(V_{\text{plant}} \cdot C_{\text{plant}}) / \mathrm{d}t = N_{\text{plant update}} - N_{\text{plant elim}} \tag{5-33}$$

式中，V_{plant} 为植物的体积，单位为 m^3；C_{plant} 为在植物区间模型中化学品的浓度，单位为 mol/m^3；$N_{\text{plant update}}$ 为化学品由各种途径转移到植物区间模型的流量，单位为 mol/h；$N_{\text{plant elim}}$ 为化学品由各种途径离开植物区间模型的流量，单位为 mol/h。

5.1.5　陆地无脊椎动物的蓄积

小型软体无脊椎动物，如蚯蚓和线虫等蓄积外源化学品的重要途径是接触土壤中的空隙水；另外一种途径是摄取吸收了化合物的食物。这类动物可以以活的植物材料为食（食植物类），也可以以死的有机物为食（食腐类），或以活的动物材料为食（食肉类）。因此，对无脊椎动物的生物蓄积预测，需要考虑化学品、土壤和所研究生物的特性。

土壤中的一种重要无脊椎动物生物就是蚯蚓，其体内化学品的生物蓄积可以用化学品在土壤、孔隙水及蚯蚓体内脂质和水之间的分配来表述。该过程的第一步是化学品吸附到土壤，由固体-水分配系数 K_p 决定（图 5-12），用来计算土壤空隙水中化学品的浓度；第二步是从孔隙水到蚯蚓的生物浓缩，该过程可用 JAGER 公式建立模型：

$$BCF_{earthworm} = \frac{0.84 + 0.012 \cdot K_{ow}}{RHO_{earthworm}} \qquad (5-34)$$

式中，$BCF_{earthworm}$ 为蚯蚓生物浓缩因子，单位为 L/kg 湿重；$RHO_{earthworm}$ 为蚯蚓的密度，单位为 kg 湿重/L。

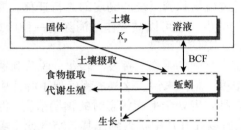

图 5-12　影响蚯蚓体内外源化学品浓度的过程[56]
实线代表平衡分配理论；虚线代表可能影响该理论有效性的过程

然而在实际的应用过程中，某些因素会导致蚯蚓体内的浓缩与预测结果不同；另外，化学品在蚯蚓体内的生物转化会导致 BCF 低于预期值，但是由于无脊椎动物的代谢能力有限，因此这个过程通常不起主要作用。

当用基于 K_{oc} 的分配系数估算土壤孔隙水中化学品的浓度时，试验数据表明蠕虫模型对蚯蚓蓄积的预测过度[57]。

土壤孔隙水中化学品浓度的计算可以用基于孔隙水中化学品浓度的定量构效关系（QSAR）来完成。很多模型对孔隙水中化学品浓度的估计过度，主要是因为未考虑孔隙水中物质的消除，如缓慢的解吸动力学、生物降解等。如果孔隙水中的化学品浓度能够可靠测定，则 BCF 蚯蚓模型就能够广泛应用[58]，包括高 K_{ow} 的物质。

影响无脊椎动物摄入金属的因素与有机化合物不同。物种间的差异可能与摄食生理和对微量元素的需求不同有关。例如，不同的物种对镉的吸收效率为 0～90%（表 5-6）[59]。金属镉的吸收效率与食物吸收效率相当。这说明决定金属同化量的机制与调节食物吸收和营养同化的机制有关。食腐类、食草类与食肉类的基本区别在于对食物的消化能力及元素在消化和排泄部分的分布不同。另外，吸收和排泄速率通常随着物种体重的增加而降低[13]。暴露浓度通常通过某些饱和吸收动力学形式影响吸收速率。

表 5-6　陆生无脊椎动物从食物中吸收镉（Cd）的效率[59]

种类	食物	食品中 Cd 浓度/(μmol/g)	吸收效率/%
蜗牛	石花菜或洋菜	1.48	55～90
等足类动物	杨树树叶	0.03～0.37	10～60
蜈蚣	等足类肝胰腺	1.21～10.20	0～7
千足虫	枫叶	—	8～40
拟蝎	弹尾目昆虫	0.2	59
螨虫	绿海藻	0.15	17
昆虫	绿海藻	0.09～0.15	9
	弹尾目昆虫	0.23	35

金属在无脊椎动物各器官和细胞中的分布存在较大的差别。在蚯蚓体内，金属元素主要积聚在肠道里；在蜗牛体内，金属主要积聚在中肠腺、肠和足部。不同的物种不仅有特有的内部细胞和器官隔离作用，而且累积能力有很大差异[60]。金属在细胞内各个结合部位的分布受内源配体的亲和力、结合部位的数量和其他竞争金属是否存在等因素的影响[61, 62]。一般来讲，金属趋向于结合到细胞的富金属粒子，以及诱导性的金属结合蛋白上。这种蛋白质的合成速率是调节金属水平的关键因素，因为在细胞溶胶中，这种蛋白质起着金属第一清道夫的作用。金属结合到金属硫蛋白上可以减少其与其他分子的结合，包括那些金属毒性靶分子。金属结合蛋白的诱导性在不同生物中存在差异。金属结合到诱导性金属硫蛋白上提供了对短期金属暴露的保护。而小颗粒是金属的沉淀池，提供了对长期金属暴露的保护[60]。

金属的排出过程也与无脊椎动物的类别有关。例如，跳虫体内金属的排出通过在每次脱毛时中肠上皮细胞的脱落实现，规律性极强；而等足类动物的金属排出取决于其在肝胰腺的储存。

有机化学品在陆地无脊椎生物体内的生物蓄积过程可以理解为运用平衡分配原理对最坏情况进行合理预测的过程。化学品在土壤不同相中的分配可以导致对生物利用度的低估。例如，由于化学品缓慢的脱附作用及和孔隙水中有机与有机配体的络合作用。金属在土壤中的形成和在细胞部分和器官中的分配使得预测金属蓄积变得复杂。

5.1.6　哺乳动物和鸟类的蓄积

哺乳动物和鸟类等较高等生物是食物链中的顶级捕食者，是化学品浓度不断增加的生物蓄积途径的终点，因此生物蓄积对该类生物有不利的影响。

食物是哺乳动物和鸟类摄取化学品的主要来源（图 5-13）。食物的选择是生物蓄积的基础。植物及较低级生物是哺乳动物和鸟类的猎物。不同猎物的污染物浓度差异非常明显，因此食物的选择在很大程度上决定了较高级生物体内污染物的浓度。例如，北极熊和因纽特人体内含有很高浓度的多氯联苯，因为鱼是其主要食物来源：鱼的体内累积有高浓度的多氯联苯；食草动物体内含有较少的疏水性化学物质，但可能会吸收更多的金属，这是金属在叶片表面沉降的缘故。

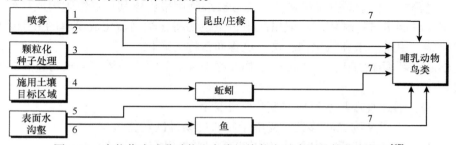

图 5-13　食物作为哺乳动物和鸟类污染物主要来源的简化食物网[67]

1. 喷雾施用；2. 从树叶/谷物上"喝入"；3. 小颗粒/处理过种子的摄取；4. 土壤-蠕虫的生物浓缩；5. 表层水的饮用；
6. 水-鱼的生物浓缩；7. 食用

在同一地域，动物的饮食结构也会有明显的不同。例如，欧鼹鼠主要以蠕虫和昆虫的幼虫为食；欧亚鼩鼱捕食蠕虫、小昆虫和蜗牛；而黑田鼠主要以草根、水果和种子为食。蠕虫和昆虫体内会积累大量的重金属，而植物则不会。因此，欧鼹鼠和欧亚鼩鼱的肾内会含有高浓度的镉与铅，而食草的黑田鼠体内这些金属的含量很低（表 5-7）。

表 5-7　荷兰高污染的 De Kempen 区三种小型哺乳动物肾和肝中镉与铅浓度的几何平均值[63, 64]

物种	器官	Cd/(μg/g)	Pb/(μg/g)
欧鼹鼠	肾	180	48
	肝	152	13
欧亚鼩鼱	肾	127	36
	肝	155	3.1
黑田鼠	肾	1.8	4.2
	肝	0.33	1.2

在食物组成明确、食物中污染物浓度和吸收效率清楚的情况下，对生物从食物中吸收污染物的情况建立模型。这些模型确立了高级生物在生长、繁殖、取暖、迁移等方面的能量需求与所摄取食物的能量和消化效率的关系[65, 66]。例如，恒温的哺乳动物生长比鱼这样的冷血动物要慢，其恒温性及高活力水平，意味着哺乳动物的食物摄取量将相对高于鱼类，同时由于生长较慢，哺乳动物的生长稀释速率要小于鱼类，总体排出率也低于鱼类，而 BMF 则高于鱼类。哺乳动物/鸟类和鱼类/浮游生物的显著差异就在于排出率不同。排出率决定生物放大作用：如果排出率高，就和生物体吃多少无关，也不会出现生物放大作用。

在比较食肉和食草鸟类的 BMF 时，食物组成、能量成分及消化性等存在差别是 BMF 有较大差异的主要原因。这是因为食肉鸟类不仅吃进更多的食物，还吃进更多高污染食物，两者都导致其体内污染物浓度增加。

5.2　化学品的非生物转化

化学品被释放到环境中后可能会经历各种各样改变其化学结构的生物和非生物过程。化学品的降解或转化意味着最初释放到环境中的化学品因化学结构的改变而从环境中消失。如果化学品的结构改变是由微生物引起的，则可以称为初级生物降解或生物转化。在该过程中，化学品分子结构的一部分被细胞用来构建其自身细胞组成材料，也可能被用来作为能量进行利用。一般情况下，微生物将化学品转化成简单的分子或离子，如二氧化碳、甲烷、水和氯化物。这一过程通常称为矿化。

化学品在环境中的转化也可由非生物过程引起。下面 4 种类型是较为重要的非生物转化过程。

a. 水解：通过直接与水反应改变化学结构。

b. 氧化：电子从物质转移到接受电子物质的物种内转化过程。

c. 还原：与氧化相反，电子从还原剂转移到被还原化学品的过程。

d. 光化学反应：由太阳光的作用引起的反应。

生物转化和生物矿化可以改变化学品的物理化学与毒理学特性，从而降低其释放到环境中时的暴露浓度。当较高级的生物进行生物转化时，极性转化产物即代谢产物的形成为环境污染提供了一种重要的解毒方法，但也有可能会导致环境毒性的加剧。

　　化学品的降解速率取决于其本身反应的可行性。一般来讲，化学品反应的可行性受 pH、温度、光强度、氧化还原反应条件等环境因素的影响。本节将对非生物转化的主要过程及影响转化过程的动力学因素进行介绍。

5.2.1　水解

　　有机化合物和水发生的化学反应称为水解。在一个典型的水解反应中，氢氧化物取代了化合物的一个化学基团。图 5-14 显示的是一些不稳定化合物及其水解产物。然而，并非所有的有机化合物都可以与水起反应，如烷烃、烯烃、苯、联苯、（卤代）多环芳烃（如多环芳烃和多氯联苯）、醇、酯和酮等常常是不能水解的。

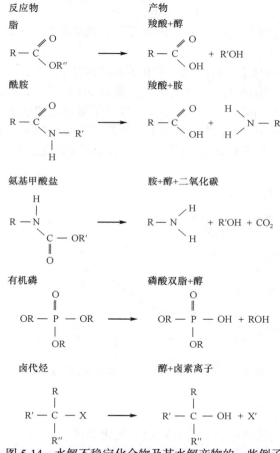

图 5-14　水解不稳定化合物及其水解产物的一些例子

R、R′、R″代表芳香环或脂肪链；X、X′代表卤素原子

　　水解的重要性在于向化合物的分子结构中引入了羟基，形成了更易溶于水并且通常比原始化合物亲脂性弱的极性产物。水解反应通常由 H^+ 和 OH^- 催化，又由于[H^+]和[OH^-]随水的 pH 而改变，因此化学品的水解率直接取决于 pH。水解过程通常是按照准线性反应过程进行：

$$-dC / dt = k_h \cdot C \tag{5-35}$$

式中，$-dC/dt$ 为水解过程中化学品浓度下降速率与时间的函数；C 为化学品的浓度；k_h 为恒定 pH 下水解的准线性反应速率常数。

常数 k_h 包含了酸碱催化作用和水解作用的贡献。因为水总是过量存在的，它的浓度不受水解过程影响。因此 k_h 可以写成：

$$k_h = k_a[H^+] + k_b[OH^+] + k_n \qquad (5\text{-}36)$$

式中，k_a 为酸催化过程的二级反应速率常数，单位为 L/(mol·s)；k_b 为碱催化过程的二级反应速率常数，单位为 L/(mol·s)；k_n 为中性水解过程的二级反应速率常数，单位为 L/s。

试验中，将一定量的化合物引入 pH 恒定的溶液中，观察化合物随着时间消失的情况。综合式（5-35），化学品的浓度随时间呈指数下降：

$$\ln C_t = \ln C_0 - k_{obs} \cdot t \qquad (5\text{-}37)$$

式中，C_t 为 t 时刻化学品的浓度；C_0 为试验开始时化学品的浓度；k_{obs} 为观察到的准一级反应速率常数，L/s。

图 5-15 显示了乙酸苯酯水解生成乙酸和苯酚的溶液 pH 变化图。从中可以看出，在酸性条件下（pH<3），酸催化是主要的机制。随着 pH 的增加，k_{obs} 的对数按斜率−1 进行递减；在弱酸条件下（pH>4），[H$^+$]很小，以至于酸催化的水解反应太慢，难以在曲线中观察到。pH 在 4～6 时，中性机制占主导地位（不受 pH 的影响）。最后，当 pH>8 时，由于碱催化机制，可以看到 k_{obs} 直接随着[OH$^-$]的增加成正比增加。

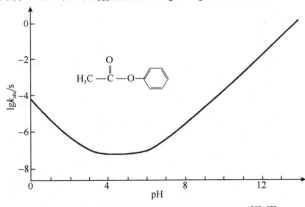

图 5-15　25℃时乙酸苯酯的水解 pH 曲线[68, 69]

5.2.2　氧化

氧化是一种氧化剂接收被氧化化合物电子的化学过程。在环境条件下能与有机化合物发生快速完全反应的氧化剂有：①烷氧自由基（RO·）；②过氧自由基（RO$_2$·）；③氢氧自由基（HO·）；④纯态氧（^{1}O$_2$）；⑤臭氧（O$_3$）。

在参与化学品氧化的过程中，氧化剂大部分通过直接或间接受太阳辐射后处于一种分子的"激发态"。这种由太阳辐射诱导的光化学"激发态"化合物，可与氧气发生反应，也可分裂形成自由基后再与氧发生反应。氧化是对流层内大部分有机化合物转化的主要途径，也是地表水中微污染物转化的主要途径[70]。目前已知的 4 种氧化机制为：①氢原子转化；②双键加成；③芳烃的 HO·加成；④RO$_2$·中氧原子转化成亲核物质。图 5-16

为上述 4 种氧化机制的示意图。

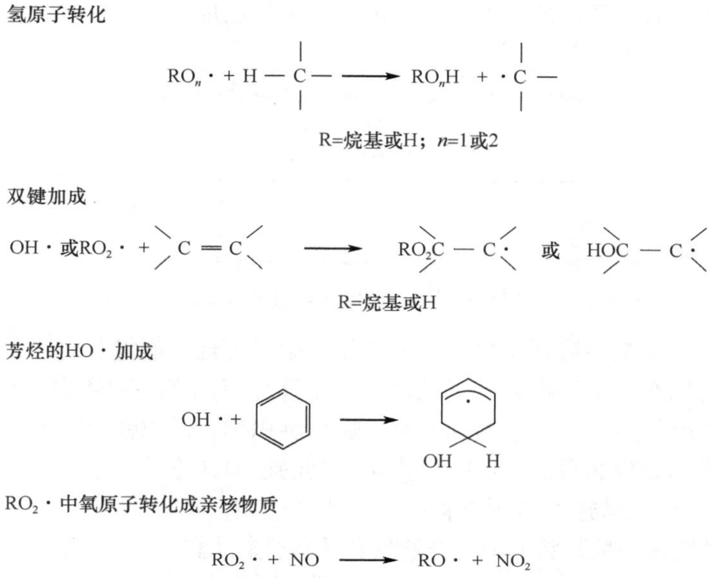

氢原子转化

$$RO_n \cdot + H - \overset{|}{\underset{|}{C}} - \longrightarrow RO_nH + \cdot \overset{|}{\underset{|}{C}} -$$

R=烷基或H；n=1或2

双键加成

$$OH \cdot 或RO_2 \cdot + \overset{}{\underset{}{C}} = \overset{}{\underset{}{C} } \longrightarrow RO_2C - \overset{}{C} \cdot \quad 或 \quad HOC - \overset{}{C} \cdot$$

R=烷基或H

芳烃的HO·加成

$RO_2 \cdot$ 中氧原子转化成亲核物质

$$RO_2 \cdot + NO \longrightarrow RO \cdot + NO_2$$

图 5-16　环境氧化的一般反应途径[71]

水中和大气中化学品氧化速率的预测需要以下三方面的数据：①环境区间内氧化剂的特性和浓度；②分子内特定位置上每种氧化剂的氧化反应速率常数；③每一过程的动力学速率定律。其中，氧化过程动力学速率定律的最简单形式为

$$R_{ox} = k_{ox} \cdot [C][OX] \tag{5-38}$$

式中，R_{ox} 为化学品 C 的氧化速率，单位为 mol/(L·s)；k_{ox} 为特定温度下氧化剂的特定二级氧化反应速率常数，单位为 L/(mol·s)；[C]为化学品 C 的摩尔浓度，单位为 mol/L；[OX]为氧化剂的摩尔浓度，单位为 mol/L。

其中参数 k_{ox} 包括上述 4 种氧化过程中的贡献。尽管自然系统中可能存在许多种不同的 $RO_2 \cdot$ 或者 $RO \cdot$ 自由基，但实际情况是这种自由基对氧化反应的影响很小[71]，而 HO·是大气系统中唯一重要的氧化剂。在水系统中，HO·的浓度过低，其作用与 $RO_2 \cdot$ 或 $RO \cdot$ 相比微乎其微。表 5-8 列出了 HO·与各类有机化学品反应性之间的差别，该差别一般可用气相的氧化半衰期表示。

表 5-8　北半球各种有机化合物的对流层氧化半衰期

化学品	烃类	醇类	芳香烃	石蜡	卤代甲烷
半衰期/天	1～10	1～3	1～10	0.06～1.00	100～47 000

从中可以看到，卤代烃会在对流层内停留很长一段时间，这也是卤代烃对臭氧层具有危害的原因之一。

5.2.3　还原

还原是电子从一个供体（还原剂）转移至被还原化合物的化学过程。以卤代烃和

Fe^{2+}的氧化还原反应为例（图 5-17），其中 Fe^{2+}用作还原剂。在两个 Fe^{2+}分子转移两个电子到卤代化合物之后，便形成了 Fe^{3+}、自由卤离子和乙烯。

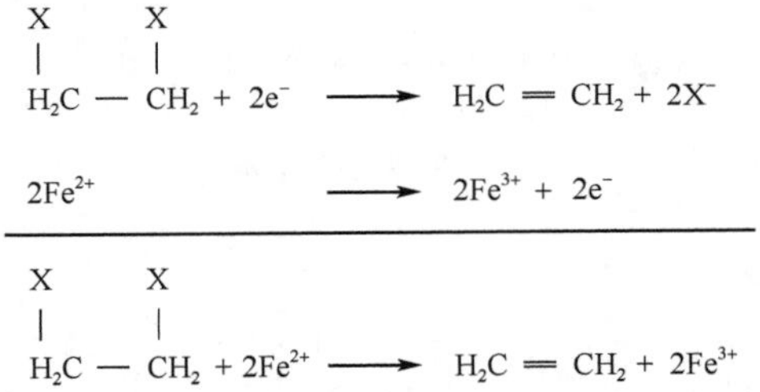

$$\begin{array}{c} \overset{X}{\overset{|}{H_2C}} - \overset{X}{\overset{|}{CH_2}} + 2e^- \longrightarrow H_2C = CH_2 + 2X^- \\[4pt] 2Fe^{2+} \longrightarrow 2Fe^{3+} + 2e^- \\ \hline \overset{X}{\overset{|}{H_2C}} - \overset{X}{\overset{|}{CH_2}} + 2Fe^{2+} \longrightarrow H_2C = CH_2 + 2Fe^{3+} \end{array}$$

图 5-17　还原实例（Fe^{2+}的电子转移到 1,2-卤代乙烯）

还原反应对去除某些微污染物有明显作用。硝基芳烃、偶氮化合物、卤代脂肪及芳香烃化合物都可以在一定环境条件下被还原[72]。还原可以在各种还原（不含氧）系统中发生，包括淤泥厌氧生物系统、饱和土壤、缺氧沉积物、还原铁卟啉系统、各种化学试剂溶液及无脊椎动物胃肠道。特定的卤代化合物的还原速率取决于环境因素，如氧化还原电势、温度、pH 及被还原微污染物的物理化学性质。

还原反应的结果一般是将有机化合物转化为极性较大的产物，使其具有更高的化学反应性和更低的蓄积可能性。图 5-18 为六氯苯的脱卤还原产物与相应的 $\lg K_{ow}$ 值。目前，大多数研究结果显示，还原反应一般遵从准一级反应动力学[式（5-35）]。

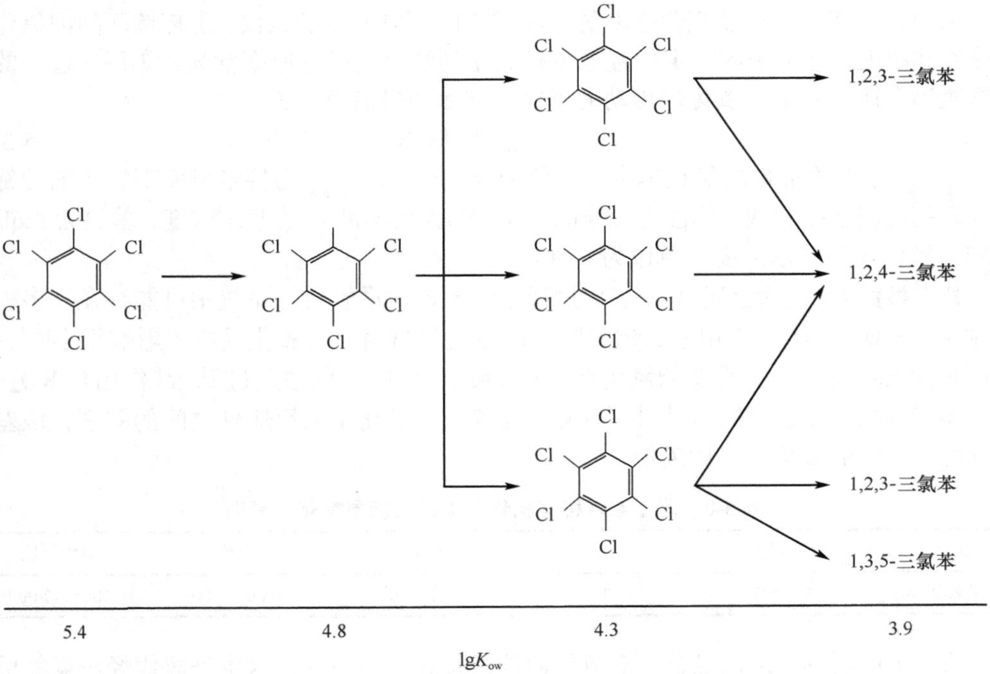

图 5-18　六氯苯的脱卤还原产物及其对应的 $\lg K_{ow}$ 值

5.2.4　光化学反应

光化学反应是由太阳光的能量引发的一种化学反应类型。图 5-19 列出了一些典型的光化学反应实例。光化学过程发生的基本条件是光辐射能够穿透水和空气环境。当化合物吸收一个光子后，光子的能量可能转移到分子内的反应位置上，也可能转移到另外一个分子上继续进行光化学转换。尽管所有的光化学反应始于光子的吸收，但并不是每一个光子都引起化学反应。除了化学反应，受激发的分子还可能以荧光或者磷光形式进行光的重发射，或是在内部转化成热能及激发其他分子等。由此，在光化学反应中，被吸收的光子能量中引发反应的部分称为量子产量（Φ），见式（5-39）：

$$\Phi = \frac{\text{发生转化的摩尔数}}{\text{系统吸收光子的总摩尔数}} \tag{5-39}$$

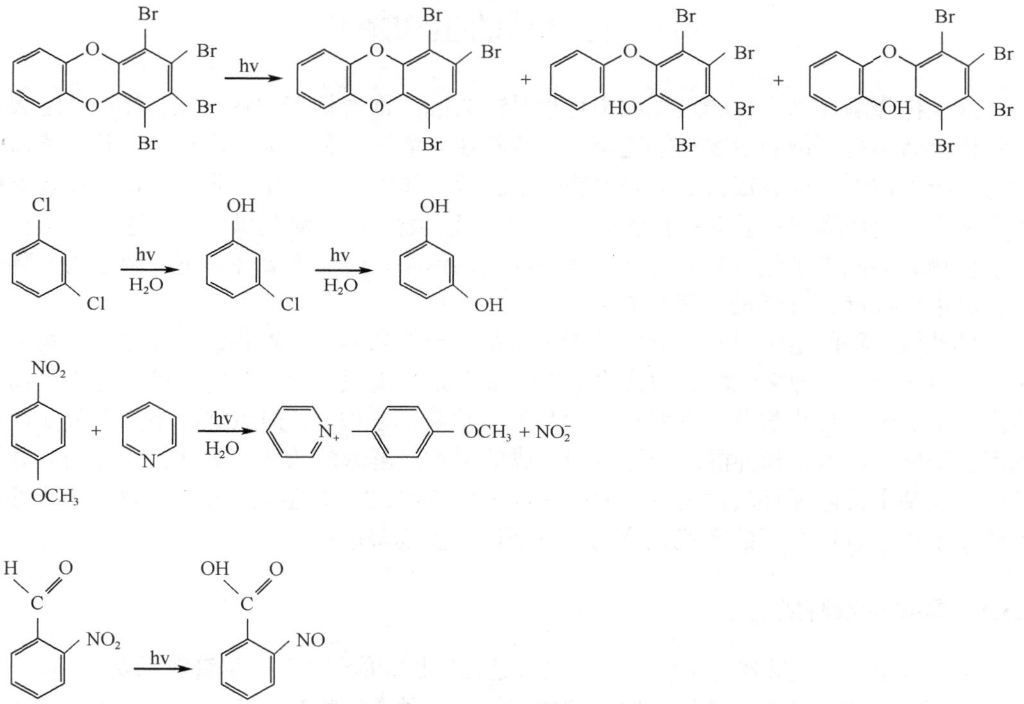

图 5-19　几种光化学过程的典型例子

　　光化学反应中，量子产量总是小于或者等于 1。量子产量与吸收光分子的性质及其所经历的反应有关，导致的结果会有几个数量级的差别。一般来讲，光化学转化有两种类型：①直接光化学反应。反应分子直接吸收光。②间接或光敏分解。吸收光的分子将过剩的能量转移给一个接受分子并引起后者的反应。

　　化学品的直接光化学反应速率与光子在特定波长下的吸收速率和量子产量成比例。吸收速率常数直接与光的强度和某一特定波长下化合物的消光系数有关。摩尔吸收系数和量子产量是分子的两大特性。因此，环境中化学品的直接光化学降解作用可用二级反应动力学进行描述：

$$-\mathrm{d}C / \mathrm{d}t = K_\mathrm{p} \cdot I \cdot C \tag{5-40}$$

式中，K_p 为二级光化学反应速率常数；C 为化学品的浓度；I 为光的强度。

光化学反应速率与光的强度成比例，说明在自然环境中，化学品的光化学反应会随着时间和地点的改变而改变，因此化学品的光化学反应受时间、地点（气候）和天气（云量）因素影响。

在水环境中，太阳光线在很大程度上会被水中溶解的颗粒物吸收，由此降低光化学反应速率，并会改变深水层的太阳光谱。但水中溶解的颗粒物也会引起间接的光转化。由于太阳光线的穿透通常只可能在好氧系统中发生，因此绝大多数化学品的转化产物都是氧化状态的。

5.3 化学品的生物降解

微生物降解在水生和陆地环境中化学品的去除方面发挥着关键作用。然而，绝大多数的化学品具有很慢的生物降解速率，导致其在环境区间和生物体内聚集，并最终通过食物网产生初级和次级毒害。与非生物降解过程，如水解和光化学降解相比，在含氧的生物圈内，生物降解一般会将化学品转化为无机产物，如二氧化碳和水。这一现象称为完全生物降解或者矿化，被认为是化学品的真正消除。而在无氧环境下，微生物的降解过程通常会很慢，可能是不完全矿化。

异养微生物的组织以异化分解功能为特征。与更高等的生物相比，异养微生物有更多的代谢变化，这种变化的能力称为适应性或者是环境适应性。适应性可描述为生物群落由于暴露于某种化学品而针对该化学品的生物降解率增加。但该定义不能区分如由转基因、变异、酶诱导和种群改变等机制造成的生物降解率的改变。例如，微生物的酶体系由参与基本代谢循环的固有酶、适应酶或诱导酶组成，而这些酶可以使微生物能够利用那些不适于直接利用的有机化合物，进而改变生物降解率。

5.3.1 需氧生物降解

有许多化学品能够作为细菌的养分以满足其生长和能量需要。尽管数量众多，但化学品经细菌降解的机制几乎是相似的。例如，如果一种有机物被彻底矿化，其理论需氧量（Th_{OD}）和理论二氧化碳产量（Th_{CO_2}）可以根据该化学品的元素组成计算。最终的氧化产物如式（5-41）和式（5-42）所示，分别适用于非硝化和硝化情况，X 为任意的卤素。

$$C_cH_hO_oN_nNa_{Na}P_pS_sX_x + [c+1/4(h-x-3n)+na/4+5p/4+3s/2]O_2$$
$$+(3p/2+s)H_2O \longrightarrow cCO_2+1/2(h-x-3n)H_2O+nNH_2+na/2Na_2O \quad (5\text{-}41)$$
$$+pH_3PO_4+sH_2SO_4+xHX$$

$$C_cH_hO_oN_nNa_{Na}P_pS_sX_x + [c+1/4(h-x)+5n/4+na/4+5p/4+3s/2]O_2$$
$$+(n/2+3p/2+s)H_2O \longrightarrow cCO_2+1/2(h-x)H_2O+nHNO_3+na/2Na_2O \quad (5\text{-}42)$$
$$+pH_3PO_4+sH_2SO_4+xHX$$

因此，非硝化的和硝化的以每毫克物质消耗 O_2 的量表示的 Th_{OD} 可由式（5-40）和式（5-41）导出：

非硝化的：

$$\text{Th}_{\text{OD}}(\text{mg}_{\text{O}_2}\,/\,\text{mg}_{\text{subst.}}) = (\text{MW}_{\text{Oxygen}}\,/\,\text{MW}_{\text{subst.}}) \times [c + 1/4(h - x - 3n) \\ + na/4 + 5p/4 + 3s/2] \tag{5-43}$$

硝化的：

$$\text{Th}_{\text{OD}}(\text{mg}_{\text{O}_2}\,/\,\text{mg}_{\text{subst.}}) = (\text{MW}_{\text{Oxygen}}\,/\,\text{MW}_{\text{subst.}}) \times [c + 1/4(h - x) + 5n/4 \\ + na/4 + 5p/4 + 3s/2] \tag{5-44}$$

式中，$\text{MW}_{\text{Oxygen}}$ 为氧的相对分子质量（15.9994 原子单位）；$\text{MW}_{\text{subst.}}$ 为检测物质的相对分子质量；Th_{CO_2} 为每毫克物质通过硝化或非硝化矿化过程产生的 CO_2 的质量。

$$\text{Th}_{\text{CO}_2}(\text{mg}_{\text{CO}_2}\,/\,\text{mg}_{\text{subst.}}) = (\text{MW}_{\text{Carbondioxide}}\,/\,\text{MW}_{\text{subst.}}) \times C \tag{5-45}$$

式中，C 为物质 $C_C H_H O_O$ 的碳原子数。

　　某种化学品的生物降解能力在实验室测定中常以百分比表示。该数值是根据理论最大矿化过程产生的 CO_2 计算得出的，即在测试中氧气被摄入进行生物降解时的理论 Th_{OD}，或理论二氧化碳产量 Th_{CO_2}。

　　微生物和细菌生物降解化学品主要有三种氧化机制。这三种氧化机制都会受到环境条件和化学品本身化学结构的影响。

1. ω-氧化

　　ω-氧化是由脂肪链末端甲基产生脂肪酸的过程。途径是从开始的醇经过相应的醛最后形成羧酸。在该过程中，加氧酶的作用是将分子氧加到碳氢化合物，即脂肪烷烃上。适应酶很有可能也参与了末端取代脂肪族化合物的氧化，尤其是有支链或官能团化合物的氧化。在 ω-氧化之后即刻会发生 β-氧化。

2. β-氧化

　　β-氧化是由酶催化的脂肪酸链上一次两个碳原子的连续性氧化。首先羧基与辅酶 A（CoA）形成硫酯，两个氢被移除形成 α、β-不饱和衍生物，然后水合形成 β-羟基及 β-酮衍生物脱氢。CoA 加在 α 碳和 β 碳之间，乙酰 CoA 分裂产生一个少了两个碳的脂肪酸 CoA 酯（图 5-20）。该反应可在所有活的细胞生物中发生，不需要分子氧的参与。

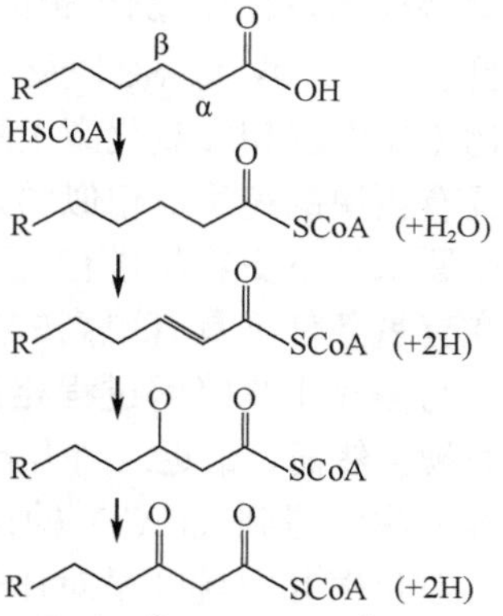

3. 芳香环氧化

　　芳香环的氧化开始于苯或者苯衍生物通过酶（如细胞色素 P450 酶）的催化与分子氧氧化形成邻苯二酚。细胞色素 P450 酶有两个携带 O_2 的亚基，通过上述途径，

图 5-20　细菌对脂肪烃的 β-氧化[（H）SCoA=辅酶 A]

在酶的催化位置有一个氧原子可以与芳香族底物反应[72]。在芳香环氧化的情况下，吸电子的取代物减少了作为酶催化与氧分子氧化反应底物的芳香环的电子密度，使得芳香环上较少有适合催化酶与分子氧进行氧化所需的亲电子攻击靶位。第一次氧化后，芳香环在两个羟基化碳之间或邻近打开（图 5-21）。大量氧化过程揭示，无论甲苯采用何种途径进行裂解，其第一步的开环一般始于邻苯二酚的形成。

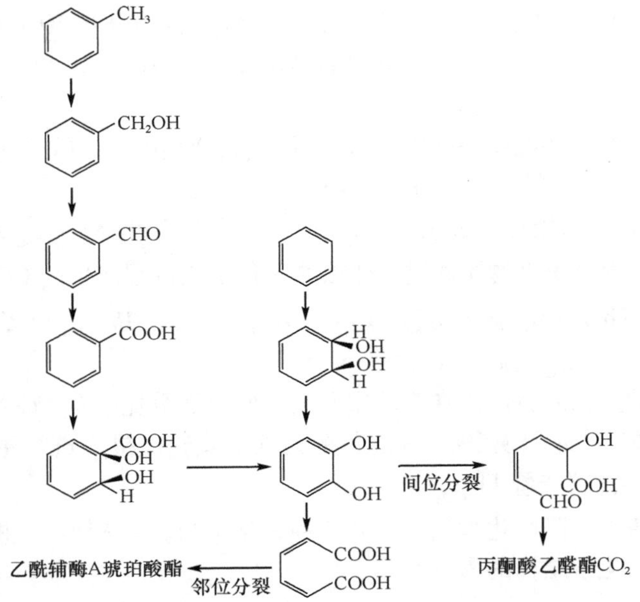

图 5-21　邻苯二酚形成后对芳香族的氧化

5.3.2　厌氧生物降解

　　厌氧微生物的活性在没有 O_2 作为呼吸最终电子受体（TEA）时才能发挥作用，其典型特征是以微生物作为电子受体氧的替代。可替代氧的呼吸电子受体还有 NO_3^-、Fe（Ⅲ）、Mn（Ⅳ）、SO_4^{2-} 及 CO_2。在产甲烷区间，矿化定义为在生物体内形成单碳终端产物（如甲烷和二氧化碳）的转化。厌氧生物降解在硝酸盐还原条件下常比在产烷条件下具有更快的速度。相似的是，芳香族化合物的生物降解在硝酸盐还原条件下比在硫酸盐还原条件下更容易进行。某些化合物如含氯化合物甲基叔丁基醚，在适当缺氧条件下比在有氧条件下具有更高的生物降解速度。

　　与需氧生物降解过程相比，厌氧生物降解过程一度被认为是相当缓慢的，因而可以被忽视。然而，最近二十几年的研究使得在甲烷环境下测定化学品的最终生物降解率的标准方法已得到 OECD 的认可[73]。在该方法中，矿化程度根据测得的化合物消解生成的二氧化碳和甲烷的量对比理论产量进行计算，理论产量根据式（5-46）给出的化学计量法计算。

$$C_cH_hO_o+(c-h/4-o/2)H_2O \rightarrow (c/2+h/8+o/4)CH_4 \\ +(c/2-h/8+o/4)CO_2$$

（5-46）

　　与氧化机制相比，分解代谢的途径有限，但一般情况下分解代谢更普遍一些，其转化速率也更慢一些。然而，对于环境暴露和风险评估必须考虑厌氧生物降解。例如，饮用水中化学品的出现表明在厌氧区间需氧持久性代谢产物具有可降解性（或缺乏降解性）很重要。为了节约能量和减少所产生淤泥的体积，废水处理厂越来越普遍地采用厌氧技术处理淤泥，这些淤泥（或其需氧持久性代谢产物）具有潜在厌氧生物降解性的重要性正在增加。因为这些淤泥仍会用于农业土壤，经过厌氧反应堆的消化过程后，淤泥携带化学品和反应后的产物重新进入有氧环境。化学品或由初级降解形成的产物在厌氧反应堆中可能十分稳定，然而由于随着淤泥进入土壤区间，这些化学品可能会在需氧微生物或者其他一些转换过程的作用下变得易于矿化。由于反应产物通常比降解之前的化合物具有更大的极性，因此初级生物降解是至关重要的。随着反应产物变得易于进入水相，由需氧微生物进行进一步降解可引发化学品的最终降解。

5.3.3　生物降解动力学

在大多数动力学模型中，化学品被认为是一种底物，会限制细菌的生长。这些模型所共有的一个特点就是将质量传递（从底物到生物量）和类似于非线性米氏动力学的饱和现象结合在一起。模拟生物过程（如生物降解）的一般表达形式为 Monod 函数：

$$\mu = \mu_{\max} \cdot C / (K_C + C) \qquad (5\text{-}47)$$

式中，μ 为生物量的生长速率，单位为 1/d；$\mu_{\max}$ 为最大生长速率，单位为 1/d；C 为生长限制底物的浓度，单位为 mg/L；K_C 为半饱和系数，单位为 mg/L。

K_C 是使微生物达到最大生长速率一半时的浓度。Monod 动力学不同于米氏酶动力学，但其基本思路遵循米氏酶动力学。为了便于理解，可将 Monod 动力学描述为一个酶催化的具有米氏酶动力学中描述的有限步骤的反应链。

有机物在降解前有一段未明显降解的时期，这个时期称为环境适应期，或者适应改变期或滞后期。其基本的定义为化学品加入或进入环境到可检测到减少迹象这段时间的长度。在该间隙期，一般无显著的浓度变化，但在间隙期后，由于微生物的生长呈指数状态，化学品的消失变得明显，其降解速率往往变得很快。这个快速消失期经常称为对数期，可用线性动力学描述。与在环境中一样，在生物降解测试中，此阶段的生物降解度进入一个平台时期，物质的浓度低到不足以作为主要底物维持微生物的指数生长。从图 5-22 提供的例子中可以看出，生物降解曲线显示了明显的滞后、对数和平台期。

沉积物或土壤生物降解常用生物半衰期这一术语来描述。如果化学品的生物半衰期确实不依赖于浓度，则降解速率公式是化学品浓度的线性形式：

$$dC / dt = -kC = -\frac{\ln 2}{t_{1/2}} C \qquad (5\text{-}48)$$

式中，C 为湿沉积物或土壤中化学品的浓度，单位为 mg/L；$t_{1/2}$ 为化学品的生物半衰期，单位为天；k 为湿土或沉积物的生物降解速率常数，单位为 L/d。

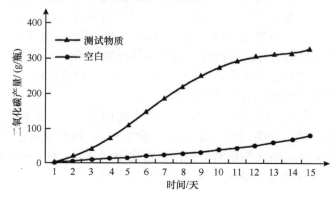

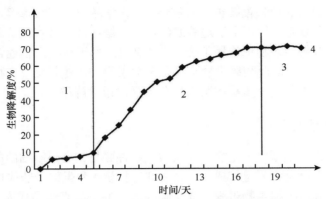

图 5-22　采用 OCED 301B 修正 Sturm 测试中的二氧化碳产量和生物降解度曲线
1. 滞后期；2. 指数生长区；3. 平台期；4. 平均生物降解度

　　以微粒相存在的化学品也有可能发生生物降解。固体-水系统中的生物降解速率可以用化学品从水相中消失的线性动力学描述。在该模型中，吸附可以减小整个降解速率，根据过程中速率的差异，可划分为下面两个极端情况。

　　a. 化合物在颗粒和水相中的分配是由降解过程中快速的热力学平衡所决定的，因此其消失的速率依赖于该物质的有机碳-水分配常数（K_{oc}）。随着 K_{oc} 的增加，孔隙水中该物质的浓度将变得很低，由此导致降解速率相应降低。

　　b. 化合物在水相中的生物降解相对快，但是从固体-水系统中整体消失，以及由此产生的生物降解动力学却受缓慢的脱附步骤所制约。

　　从上述分析可见，一个标准的生物降解测试将由实验室得到的降解速率外推环境半衰期时还存在诸多问题。因此，当评估一个化学品的环境风险时，即便其生物降解相对容易进行，当由于其在所处环境区间中的生物利用度受到限制，该化学品的持久性也会变得非常显著。

5.4　化学品的生物转化

　　环境中的生物被大量具有潜在危害的化学品所包围时，结果是很多化学品被生物所摄取。如果化学品在生物体内的浓度非常高，将会影响其正常的功能。从目前观察到的结果来看，生物消除化学品主要有两种途径：以其原有形式（母体化合物）排出体外，或将其结构改变。当化学品被微生物转化时，称为生物降解（见 5.3 节）；而当其被其他生物转化时，则称为生物转化。生物转化通过使其转变为新的不同物质——代谢产物来降低该物质的数量，最终影响该化合物的归趋。因此，生物转化可以定义为一种外源化合物在酶催化下转变成另外一种物质的过程。

　　生物转化反应涉及的酶称为生物催化剂。有生物催化剂参与的转化过程可区别于其他理化转变，如光分解，因为理化转变不需要酶的参与。在生物转化领域，对于脂质、蛋白质、碳水化合物和其他体内正常成分的生物化学反应，一般使用新陈代谢来概述生物转化，而对于外源化学品，则使用生物转化更加贴切一些。

5.4.1　生物转化对外源物的影响

　　一般来说，生物转化会导致初始化合物转变成更易溶于水的物质，因此较初始化合物更容易排出体外（图 5-23）。当一种化合物的结构发生改变时，该化合物的许多性质也有可能发生改变。因此，生物体内初始化合物与其生物转化的产物在组织分布、生物蓄积、持久性及排泄途径和速度等方面常常会表现出不同的行为。

反应	底物	产物
1 芳香族羟基化作用	$R{-}\bigcirc$	$R{-}\bigcirc{-}OH$
2 脂肪族羟基化作用	$R{-}CH_3$	$R{-}CH_2{-}OH$
3 环氧化作用	$R{-}\underset{H}{\overset{H}{C}}{=}\underset{H}{\overset{H}{C}}{-}R'$	$R{-}\underset{}{\overset{H}{C}}\underset{O}{}\overset{H}{C}{-}R'$
4 N-羟基化作用	$\bigcirc{-}NH_2$	$\bigcirc{-}\underset{H}{N}{-}OH$
5 O-脱烷作用	$R{-}O{-}CH_3$	$R{-}OH{+}H_2C{=}O$
6 N-脱烷作用	$R{-}\underset{H}{N}{-}CH_3$	$R{-}NH_2{+}H_2C{=}O$
7 S-脱烷作用	$R{-}S{-}CH_3$	$R{-}SH{+}H_2C{=}O$
8 去氨基作用	$R{-}\underset{NH_2}{CH}{-}CH_3$	$R{-}\underset{O}{C}{-}CH_3{+}NH_3$
9 磺氧化作用	$R{-}S{-}R'$	$R{-}\underset{O}{S}{-}R'$
10 脱卤反应	$R{-}\underset{H}{\overset{H}{C}}{-}Cr$	$R{-}\underset{H}{\overset{H}{C}}{-}OH$
11 脱硫作用	$\underset{R}{\overset{R}{C}}{=}S$	$\underset{R}{\overset{R}{C}}{=}O$
12 单胺和二胺氧化作用	$R{-}\underset{H}{\overset{H}{C}}{-}N\underset{H}{\overset{H}{}}\xrightarrow{O_2} R{-}\overset{H}{C}{=}N{-}H \xrightarrow{H_2O} R{-}\overset{H}{C}{=}O{+}NH_3$	
13 醇脱氢作用	$R{-}\underset{H}{\overset{H}{C}}{-}OH \longrightarrow$	$R{-}\overset{H}{C}{=}O$
14 醛脱氢作用	$R{-}\overset{H}{C}{=}O \longrightarrow$	$R{-}C{-}OH$

| 15 含氮化合物还原作用 | R—N=N—R′ | R—NH₃+R′—NH₂ |
| 16 含硝基化合物还原作用 | R—NO₂ | R—NH₂ |

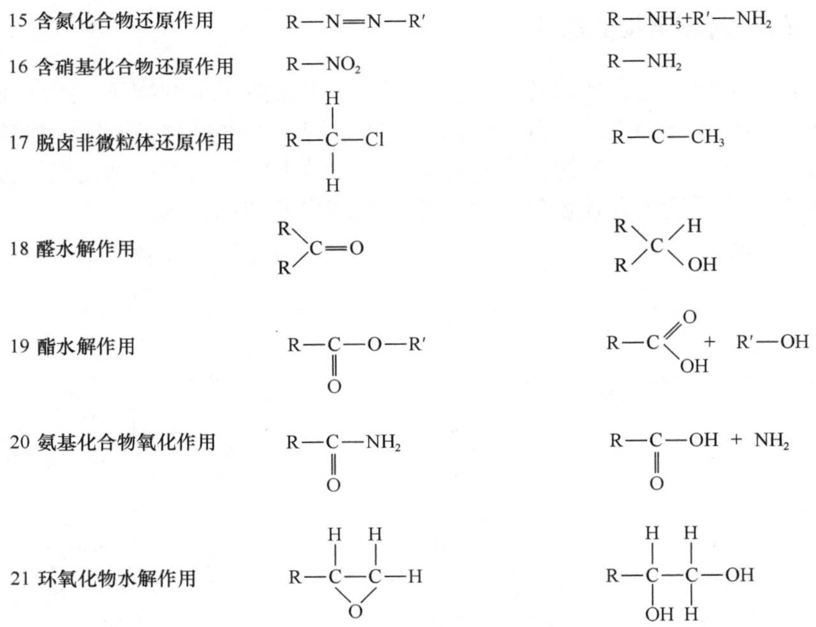

15 含氮化合物还原作用 $R-N=N-R'$ → $R-NH_3 + R'-NH_2$

16 含硝基化合物还原作用 $R-NO_2$ → $R-NH_2$

17 脱卤非微粒体还原作用 → $R-CH_3$

18 醛水解作用

19 酯水解作用

20 氨基化合物氧化作用

21 环氧化物水解作用

图 5-23　生物圈中外源物最常见的生物转化反应

生物转化可能会影响化合物的毒性。这种毒性作用对于生物体来说可能是有利的，也可能是有害的。生物转化可以防止一种化合物在生物体内浓度太高而产生中毒效应。然而，化合物产生的代谢产物可能比初始化合物有更高的毒性。这种转化为毒性更高化合物的过程称为生物活化，而由生物转化产生危害较低产物的过程称为解毒。

酶决定了生物转化的质量和数量。酶在生物转化过程中受多因素的影响，如生物体的年龄、性别和温度。与参与体内化合物新陈代谢的酶相比，外源化学品生物转化所需的酶具有较低的底物特异性。许多生物能够转化种类广泛在结构上有极大差异但有共同官能团的化学品。外源化学品的生物转化过程一般发生在生物的肝。相比于生物体的其他部分，肝中酶的活性更高。但其他组织，如肌肉对总体的转化速率有显著的贡献，这是因为肌肉尺寸相对较大，其总的生物转化量在某些情况下可超过肝的生物转化量。此外，从进入点来看，如在皮肤或者肠道壁上，生物转化速率对进入生物体的物质的化学结构同样具有重要的影响。

5.4.2　生物转化反应类型

生物转化反应有两种类型：Ⅰ相非合成反应和Ⅱ相合成反应[3, 74, 75]。Ⅰ相反应包括水解、还原和氧化反应；Ⅱ相反应通常是结合反应。Ⅱ相反应大多数研究的是葡萄糖苷酸、硫酸根、乙酰基和谷胱甘肽的结合（表5-9）。Ⅰ相反应中，通过引入极性基团使分子发生改变，如羟基（—OH）、羧基（—COOH）和氨基（—NH₂）。Ⅰ相反应的产物经常是具有活性的化合物，且易于发生Ⅱ相反应。结合反应的产物随后排出。一种化合物发生哪一种类型的反应取决于它的化学结构。Ⅰ相和Ⅱ相反应通常由几个步骤组成（图5-24）。

表 5-9 杀虫剂代谢变化中最重要的酶系[3]

	酶系	位置	代谢的化合物
Ⅰ相反应	多功能氧化酶	微粒体，特别是脊椎动物肝和昆虫脂肪体中	脂溶性杀虫剂
	磷酸酶	几乎存在于生物体的所有组织和亚细胞部分	有机磷杀虫剂和神经气体
	羧基酯酶	存在于大多数昆虫和脊椎动物体内	马拉硫磷和马拉氧磷
	环氧化物羟基酶	微粒体，特别是哺乳动物肝中	狄氏剂，七氯和芳烃环氧化物
	DDT 脱氯化氢酶	昆虫和脊椎动物体内	p,p'-DDT 和 p,p'-DDD
Ⅱ相反应	葡萄糖醛酸转移酶	主要存在于微粒体中；广泛分布于脊椎动物而不是鱼类和昆虫中	含有不稳定氢的化合物，包括羟基化的代谢产物
	谷胱甘肽-S-转移酶	70 000g 的脊椎动物肝及昆虫匀浆上清液中	氯化物，如 γ-HCH 及一些环氧化物

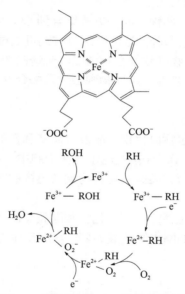

图 5-24 细胞色素 P450 的氧化机制[76]

1. Ⅰ相

1）氧化反应

含有各种官能团的许多有机物的氧化反应存在如图 5-24 所示的过程。芳香族和脂肪族类的化合物一般产生羟基化合物。N-烷基和 O-烷基基团则通过氧化反应发生脱烷基反应。反应的初始步骤通常是在化合物中插入一个氧原子，随后可能是形成单羟基或二羟基化合物，该化合物能进一步反应生成酮，也可能生成环氧化物。环氧化物有很高的活性，因此对生物非常有害。

许多酶催化的氧化反应发生在多种不同组织细胞的滑面内质网（SER）上。这些氧化酶是由血蛋白依靠细胞色素 P450（Cyt P450）形成的（图 5-24）。Cyt P450 是混合功能氧化酶系（MFO）的一部分。MFO 由几个部分构成，其中 Cyt P450 起关键作用

（图 5-24）。在 MFO 参与的反应途径中，氧和底物都结合在 Cyt P450 的铁-血红素基团上。MFO 催化的氧化反应由以下步骤组成。

a. 底物 SH 结合到氧化态（Fe^{3+}）的 Cyt P450 上。

b. 形成的络合物通过黄素蛋白从 NADPH 接收一个电子。

c. 还原态的（Fe^{2+}）Cyt P450 络合物结合一个氧分子。

d. 步骤 c 形成的络合物经第二个黄素蛋白从 NADPH 接受第二个电子。

e. 步骤 d 激活络合物中的氧分子，并形成水、氧化态底物和氧化态酶。至此，酶开始准备下一个催化反应循环。上述 5 个步骤可用如下方程式表示：

$$SH + NADPH + H^+ + O_2 \xrightarrow{P450} SOH + NADP^+ + H_2O$$

该反应对大多数的外源化学品来说是有效的，如医药、农药和有机溶剂等化学品。而对于体内的有机化合物来说，Cyt P450 参与的氧化反应主要发生在类固醇的新陈代谢过程中。

作为底物的化学品可采用两种不同的方式结合到 Cyt P450 上：一种是结合在蛋白质部分，另一种是结合在血红素部分。这两种结合方式可通过光谱的差异进行确定。结合在 Cyt P450 蛋白质部分的底物导致络合物的吸收光谱向 390nm 处的最大吸收峰位移，称为 Ⅰ 类底物；而结合到血红素部分的底物则会导致络合物向 420nm 处的最大吸收峰位移，称为 Ⅱ 类底物。

2）还原反应

参与还原反应的化合物包括卤代物、酮及含硝基和氮的化合物（图 5-23）。被还原的化合物通常从 NADH 或 NADPH 接受电子。在细胞中，通常由 NADH 或 NADPH 提供电子。在哺乳动物体内，芳香类硝基化合物被肠道内的微生物所还原。

3）水解反应

参与水解反应的化合物包括酯、环氧化物和酰胺（图 5-23）。水解反应中化合物分子裂解成两个不同的分子，如酯水解成酸和醇。水解反应有许多种，在生物组织中有多种酶参与了水解反应。

2. Ⅱ 相

在 Ⅱ 相反应中，极性较大的基团被引入分子中，通过氧化反应使反应物变成足够亲水的化合物，从而能快速排泄。Ⅱ 相反应一般发生在具有—COOH、—OH 和—NH_2 基因的化合物中（表 5-10）。通常来说，Ⅱ 相结合反应能使化合物更易溶于水，因此易于从体内排泄出去。对于具有毒性的化合物试剂来说，Ⅱ 相结合反应可以清楚地代表一种解毒机制。

表 5-10　Ⅱ 相结合反应[75]

反应	官能团
葡萄糖醛酸	—OH，—COOH，—NH_2，—NH，—SH，—CH
硫酸盐	芳香族—OH，芳香族—NH_2，醇
氨基乙酸	—COOH
乙酰基	芳香族—NH_2，脂肪族—NH_2，酰肼，—SO_2，—NH_2

续表

反应	官能团
甲基	芳香族—OH，—NH$_2$，—NH，—SH
谷胱甘肽	环氧化物，有机氯

除了生物转化外，Ⅱ相反应还有可能将化合物进行生物活化。图 5-25 示意了一些利用Ⅱ相反应进行生物活化的例子。

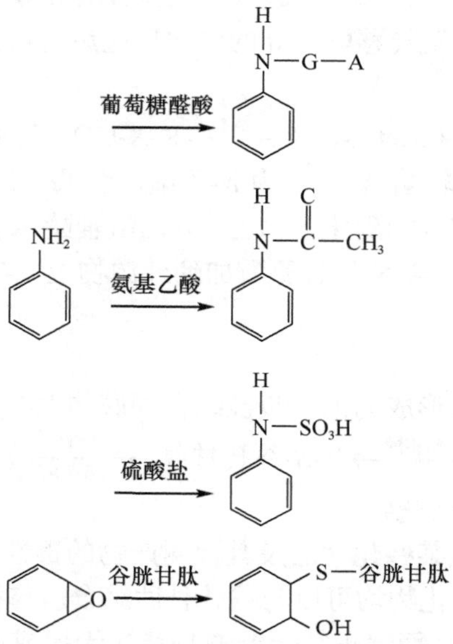

图 5-25　一些与苯胺和苯有关的Ⅱ相普通生物转化反应

Ⅱ相生物转化反应需要能量来驱动，能量由辅因子或底物激活的高能中间体（如 PAPS、乙酰-CoA 或 UDPGA）来提供。由于这些辅因子是由腺苷三磷酸活化的，因此生物器官的能量状态对于决定辅因子是否可用是至关重要的。Ⅱ相反应的 5 个重要途径是：结合葡萄糖醛酸；结合硫酸根；结合乙酰基；结合谷胱甘肽；结合葡萄糖。

上述 5 个步骤的主要代谢机制分别解释如下。

1）结合葡萄糖醛酸

在葡萄糖醛酸结合到底物的极性基团前，其必须先活化。活化的葡萄糖醛酸（UDPGA）是通过酶催化形成的。葡萄糖醛酸结合的总反应为

$$UDPGA + R\text{-}XH \xrightarrow{GT} R\text{-}X\text{-}GA + UDP$$

式中，X 为 O、COO 或 NH；UDPGA 为二磷酸脲苷葡萄糖醛酸；GT 为葡萄糖醛酸转移酶。

葡萄糖苷酸是许多化合物最常见的结合产物，涉及外源化合物或其（Ⅰ相）转化产物与 D-葡萄糖醛酸的缩合反应。UDPGA 与受体化合物的相互作用由葡萄糖醛酸转移酶催化，其结果是底物通过催化反应形成葡萄糖苷酸（表 5-12）。这些葡萄糖苷酸以尿或胆汁的形式从体内排出。

2）结合硫酸根

在该结合机制中，硫酸根由 PAPS 分子提供，反应由硫转移酶催化。在与底物结合之前，硫酸根必须被活化成 PAPS 分子。结合反应的方程式为

$$PAPS + R — XH \xrightarrow{ST} R\text{-}X\text{-}SO_3 + PAP$$

式中，X 为 O 或 NH；PAPS 为 3'-腺苷磷酸-5'-磷酸硫酸酯；ST 为硫转移酶；PAP 为 3',5'-腺苷二磷酸。

硫转移酶常见于细胞质中，硫酸根通过由硫转移酶介导的反应加到底物上。与葡萄糖苷酸一样，多种化合物经硫转移酶介导的催化反应后可形成硫酸盐的衍生物。

3）结合乙酰基

$$R\text{-}XH + acetyl\text{-}CoA \xrightarrow{AT} R\text{-}X\text{-}COCH_3 + CoA$$

式中，acetyl-CoA 为乙酰基辅酶 A；AT 为 *N*-乙酰转移酶；X 为 NH。

乙酰基通过与氨基的结合加到化合物上，以乙酰辅酶 A 为辅因子。反应由乙酰转移酶催化。当 X 为 COOH 时，含 N 的甘氨酸加到外源物上，与其 N 原子结合，该过程称为甘氨酸结合。

4）结合谷胱甘肽

谷胱甘肽在硫醇尿酸盐形成的第一步被结合到底物上，其反应方程式为

$$RX + 谷胱甘肽 \xrightarrow{转移酶} R\text{-}S\text{-}谷胱甘肽 \xrightarrow[乙酰基酶]{肽酶} R\text{-}S\text{-}硫醇尿酸盐$$

式中，RX 为一种芳香环或卤化物。

与谷胱甘肽结合可降低某些化学品及其代谢产物的毒性。许多含有活性基团的化合物，如氯化物、硝基或环氧化物均可以与谷胱甘肽结合。与谷胱甘肽结合经常涉及活性化合物（亲电子、中间体），而出现结合产物是暴露于形成这些中间体的化合物中的证据。因此，结合谷胱甘肽步骤可以用来判定产业工人因职业是否接触了这些化合物，其判定依据从尿液中硫醇尿酸盐分析结果得到。

5）结合葡萄糖

在该结合机制中，由 UDP-葡萄糖（UDPG：鸟苷二磷酸葡萄糖）提供葡萄糖，反应由位于微粒体的葡萄糖转移酶催化。

在一些例子中，结合反应发生在由 I 相反应得到的一些分子的强极性基团中，如图 5-26 所示。疏水的外源物被排泄，同时发生了体内疏水性废物的排泄。对于许多化合物而言，其生物转化反应是由具活性的中间代谢产物介导的（图 5-27）。

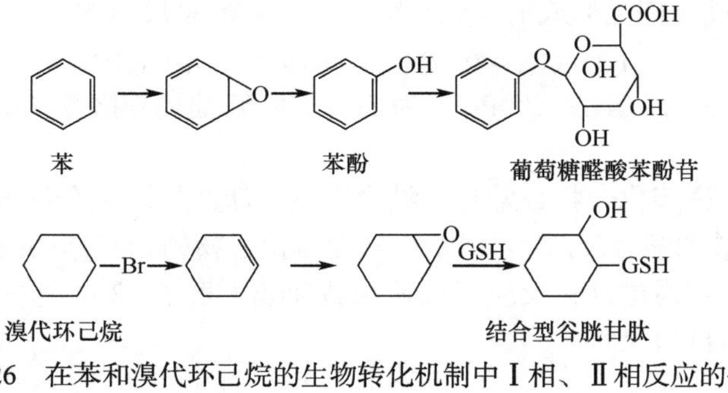

图 5-26 在苯和溴代环己烷的生物转化机制中 I 相、II 相反应的作用

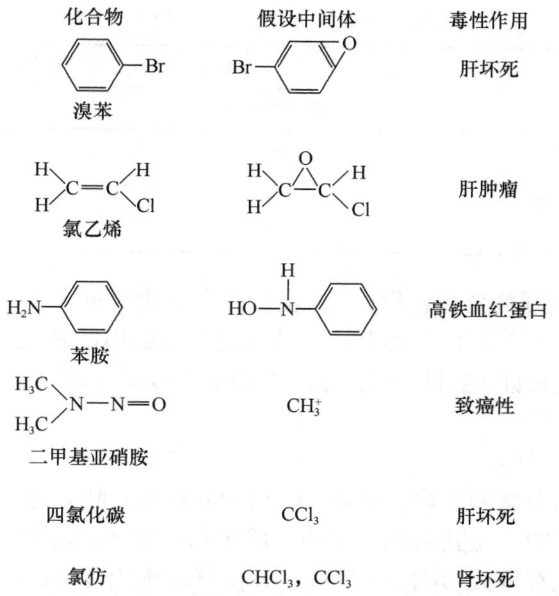

图 5-27　不同外源物经生物转化成为活化的中间体

5.4.3　影响酶活性的因素

参与生物转化的酶几乎能够在所有生物中找到，如细菌、酵母、植物和所有动物。但参与Ⅰ相和Ⅱ相催化反应的酶的活性在不同的物种之间存在较大的差异。这种差异既表现在定量反应（相同的反应，但速度不同）上，又表现在定性反应（不同的反应）上。由此造成的差异使得实验室测试得到的物种结果外推到人体时过程变得异常复杂；除此之外，酶的活性还存在着个体差异。

1. 动物

物种间的差异主要表现在定性反应和定量反应上。一般来讲，陆生生物比水生生物具有更加进化的生物转化系统。鱼类较哺乳动物和鸟类有较低的酶活性，这是因为鱼类可以较为容易地将外源化学品排泄到水中而很少需要对化合物进行生物转化。哺乳动物的物种差异可能导致酶活性定性反应的差异。例如，狗不能转化乙酰化芳香族氨基化合物，而 N-乙酰转移酶和 UDP 葡萄糖醛酸转移酶在猫体内是不存在的，豚鼠不能形成硫醇尿酸结合物，猪没有硫酸根结合机制。一些苯酚与葡萄糖醛酸、硫酸盐结合的物种间变异列于表 5-11 中。

表 5-11　苯酚与葡萄糖醛酸、硫酸盐结合的物种间变异[74]

物种	苯酚的结合（总排泄百分比）/%	
	葡萄糖醛酸	硫酸盐
猪	100	0
兔	46	45

续表

物种	苯酚的结合（总排泄百分比）/%	
	葡萄糖醛酸	硫酸盐
大鼠	25	68
人	23	71
猫	0	87

在物种间 Cyt P450 的变化也很大。鱼类和甲壳类比水蚤有更高的 Cyt P450 浓度（以每毫克微粒体蛋白计）[37]。但鱼类总体比哺乳动物（如田鼠和兔子）的 Cyt P450 浓度（以每毫克微粒体蛋白计）要低。在特定的某些鱼类或哺乳动物之间 Cyt P450 浓度也存在着显著的差异。

1）性别、年龄、饮食

酶活性可能受到激素的影响。例如，Cyt P450 有性别特异性。生物的年龄对生物转化速度有很重要的影响，尤其是在极年幼、成年和极年老动物之间，酶活性差异很大。

食物对酶活性也有重大影响。一般来讲，食草动物比食肉动物采食更多更广泛的外源化学品，通常有更高的酶活性；而特异食肉动物的生物转化酶活性更低，这是因为猎物已经转化了许多外源化学品。食物中蛋白质、碳水化合物和脂类含量也影响生物转化速度。例如，较高蛋白质含量会降低某些酶的活性，食物中黄曲霉素 B_1 影响哺乳动物生物转化途径和速度。

2）温度/季节

由季节更迭导致的温度差异对酶活性的具体影响很难进行确定。在夏季温度较高时，水生生物中许多化合物的酶诱导作用较大。但在某些情况下酶也可发生对温度的适应，导致不同的温度下生物转化速度相当。

2. 植物

目前绝大多数植物体内生物转化速度的研究集中在杀虫剂上。杀虫剂在植物体内的转化速度通常比在动物体内慢，这是因为植物体中缺少有效的循环和排泄系统。植物能够进行Ⅰ相生物转化反应中的氧化、还原和水解反应及Ⅱ相生物反应中的结合反应。但是与动物不同的是，结合反应通常会导致化合物在植物体内储存而不是从体内排出。

5.4.4　一些特殊化合物的生物转化

1. 多环芳香烃

多环芳香烃（PAH）的毒性主要体现在其致癌性上。PAH 要变成具有致癌性的试剂通常必须通过生物转化激活[76]。由 MFO 活化形成的环氧化物能够结合到 DNA 上进而启动致癌作用。该机制采用苯并芘进行了广泛的研究后已经得到确认（图 5-28）。环氧化物是Ⅱ相结合反应合适的底物，易于快速排泄。因此，苯并芘发生生物转化同时具有生物激活和解毒作用。最近的研究显示，强极性的含有硝基、氨基或羟基的 PAH 具有直接致癌性而不需要通过生物转化激活。

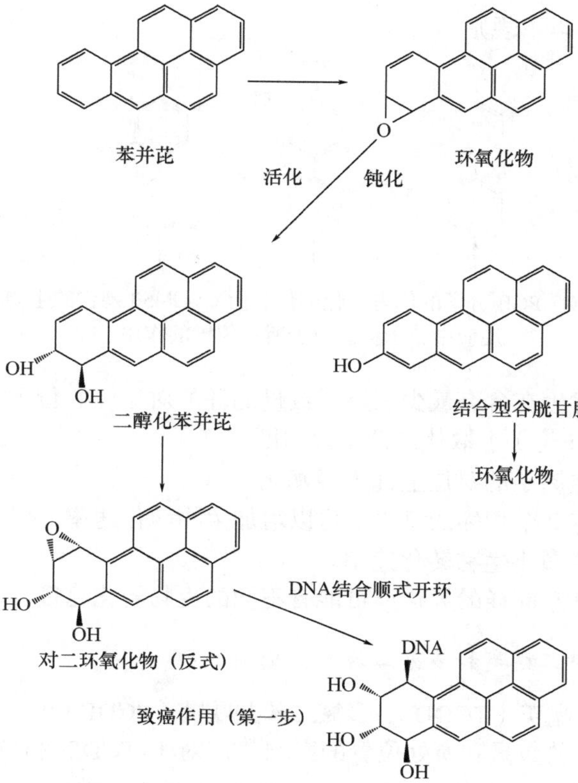

图 5-28　苯并芘的生物转化途径及活化中间体与 DNA 的结合[76]

2. 聚氯联（二）苯

试验证实，聚氯联（二）苯（PCB）混合物的异构体在被生物体摄取后会发生显著变化[77, 78]。对暴露于 PCB 中的生物体的肝和脂肪组织进行分析，结果表明与原来的 PCB 混合物相比，异构体的数量变少，而在粪和尿中并没有发现消失的异构体，由此可以判断生物转化扮演了重要角色。体内试验揭示 PCB 生物转化的主要途径开始于环氧化物的形成（图 5-29），其中包含了含硫代谢产物产生、脱氯和重排氯的转化机制。

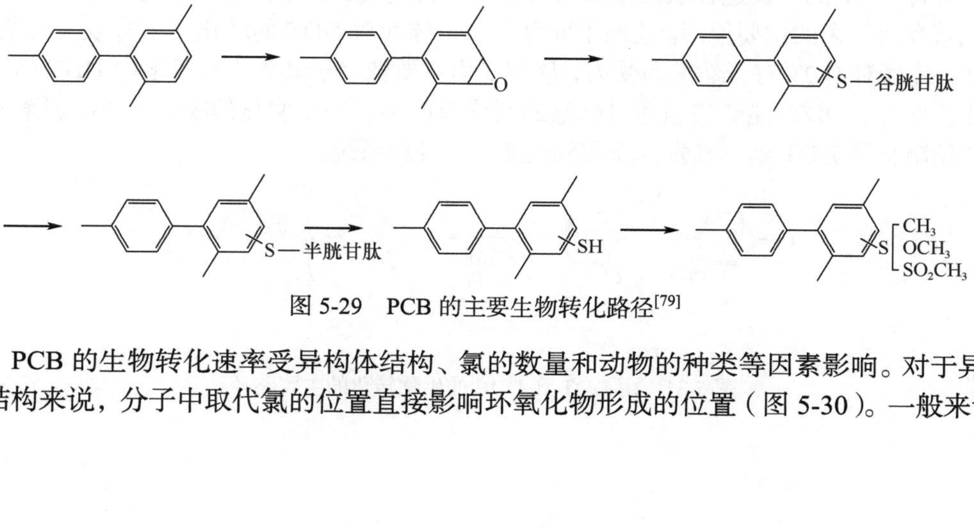

图 5-29　PCB 的主要生物转化路径[79]

PCB 的生物转化速率受异构体结构、氯的数量和动物的种类等因素影响。对于异构体结构来说，分子中取代氯的位置直接影响环氧化物形成的位置（图 5-30）。一般来说，

PCB 的生物转化遵从以下规则。

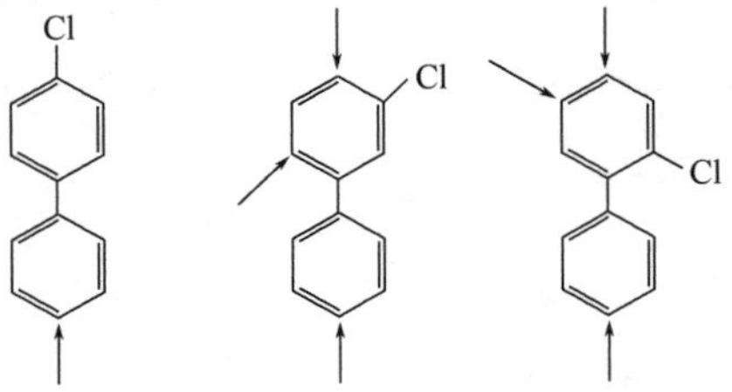

图 5-30　PCB 分子的优先氧化部位和由 Cyt P450 催化的生物转化
反应中分子上氯原子所在位置的作用[77]

a. 羟基化优先发生在含有最少氯原子数量的环的对位（4 位），除非这个位置在空间上被邻位（3 位、5 位）上取代的两个氯阻断。

b. 在环上相对氯原子的对位上优先羟基化。

c. 在分子中具有 2 个相邻的氢原子可以增加生物转化速率，但不是先决条件。

d. 增加氯原子会减小生物转化速率。

e. 不同的物种针对同样的异构体可能有不同的生物转化途径。

3. 多氯二苯并对二噁英和多氯二苯并呋喃

多氯二苯并对二噁英（TCDD）、多氯二苯并呋喃（PCDF）的生物转化可与 PCB 相比，主要也受氯原子的数量和所处位置的影响[80]。对于 TCDD 和 PCDF 的生物转化，确定了如下关系。

a. 侧位（2 位、3 位、7 位和 8 位）的羟基化是优先的。

b. 2 个邻位的氢原子都在侧位，可增加生物转化速率，但不是一个先决条件。

c. 氧桥的裂解可能发生，但不是大多数同类物的主要途径。

4. DDT

大多数杀虫剂的毒性机制主要是其与生物体中枢神经系统发生相互作用[81]。DDT[2,2-双（4-氯苯基）-1,1,1-三氯乙烷]的主要生物转化途径是形成 DDE（图 5-31）。例如，家蝇解毒 DDT 的主要途径就是形成具有非杀虫性的 DDE，该途径也是苍蝇暴露于 DDT 后能够存活下来的主要原因。苍蝇不同种属和个体间对 DDT 的转化速率有较大的差异。例如，蚱蜢对 DDT 有天然的耐受力，该耐受力主要依赖于其表皮和肠道内 DDT 的生物转化。此外，DDT 能够快速通过蚱蜢的消化道而不表现出明显的吸收。这些因素的共同作用阻止了 DDT 到达其发挥作用的位置——神经系统。

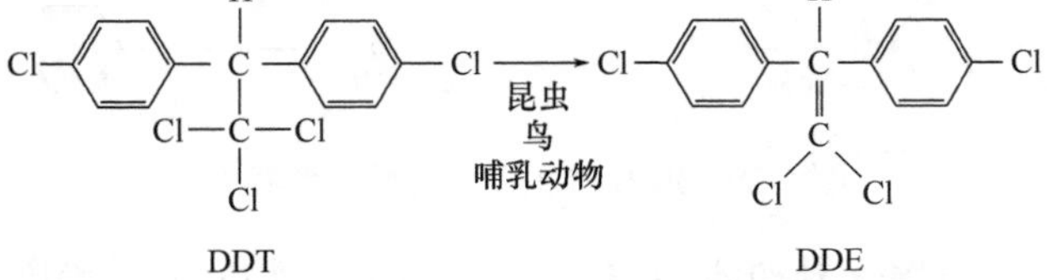

图 5-31　由 DDT 到 DDE 的生物转化的主要路径

尽管 DDE 不具有杀虫性，但其仍然有很大的疏水性。因此，DDE 表现出显著的生物放大作用。高浓度的 DDE 已经在处于食物链顶端的物种中发现，如猎食的鸟类。一些研究证实，DDE 对鸟类蛋壳钙的供应具有很强的阻止效应。20 世纪六七十年代，猎食鸟类蛋壳的变化趋势是变薄，而该结果导致鸟类成功孵化受到影响。DDT 对捕猎者的影响说明其生物转化和理化性质的综合影响最终导致环境中的二次中毒。

5. 有机磷

有机磷化合物是神经毒性物质，能与生物体内的乙酰胆碱酯酶（AChE）作用[81]，进而导致中枢神经系统紊乱。生物转化后，有机磷化合物的神经毒性作用会显著增加。如图 5-32 所示，有机磷化合物的生物转化反应经历硫被氧取代的过程。生物转化产物称为氧代类似物。氧代类似物比原来的有机磷化合物对乙酰胆碱酯酶有更高的亲和力，抑制了酶的活性，由乙酰胆碱介导的神经传递被阻断，造成神经毒性效应。因此，I 相氧化反应需要有高的水溶解性。当氧代类似物水解后，其对乙酰胆碱酯酶的亲和力降低。

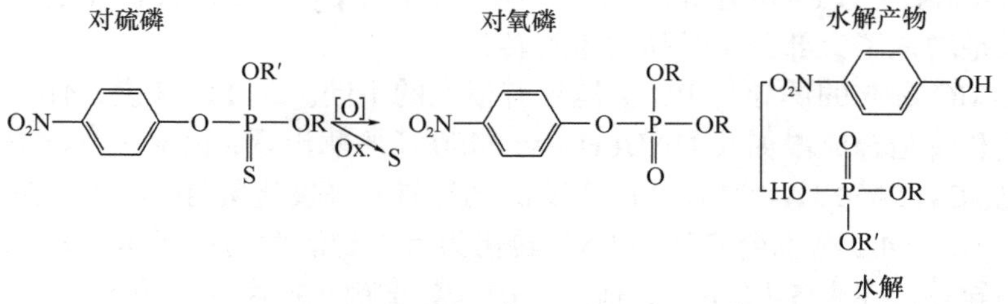

图 5-32　有机磷化合物的生物转化路径

6. 合成除虫菊酯

与天然除虫菊酯主要经过氧化反应进行生物转化不同，水解降解是合成除虫菊酯类化合物的重要生物转化途径（图 5-33）[81]。这两条生物转化途径使合成除虫菊酯在环境中快速降解。因此，除虫菊酯在环境中的归趋与持久性的含氯杀虫剂，如 DDT 和林丹具有明显的差异。

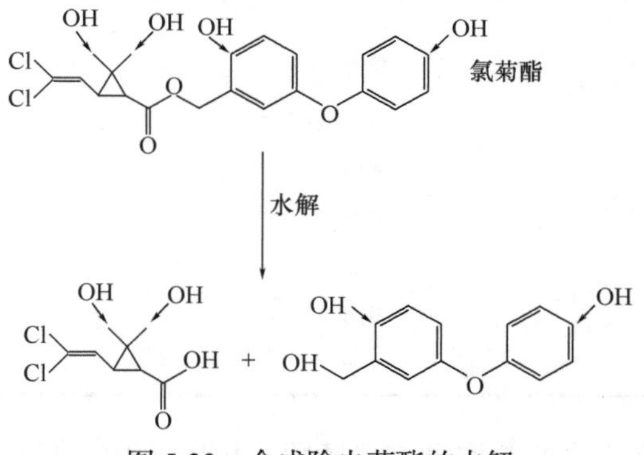

图 5-33　合成除虫菊酯的水解

5.4.5 酶抑制和诱导

当一种酶或酶系统的活性相对于对照组来说降低了，此时就发生了酶抑制。发生酶抑制的可能机制有如下几种：①与酶的活性位置或辅因子的竞争。②多酶系统中的迁移组件受到抑制。③酶或辅因子生物合成减少或分解增加。④酶构象改变。⑤细胞坏死。

当酶诱导发生时，酶的数量就会增多，其活性也会增强，结果导致新陈代谢和生物转化速率增加。尽管如此，酶诱导与化合物的生物转化之间却并没有必要的联系，即化合物的生物转化并不是必须有诱导酶的参与才可以发生。原则上，酶的诱导是一个可逆的过程。消除诱导作用的消除剂能导致酶又回到基础酶活状态。在酶诱导过程中，诱导的持续时间是和诱导剂剂量的函数。

目前许多的研究已经证实 Cyt P450 能够被多种化合物诱导，在催化水解和Ⅱ相反应中有些酶诱导反应也会发生。Cyt P450 被外源化合物诱导可以分为两类：苯巴比妥（phenobarbital，PB）类诱导和 3-甲基胆蒽（3-methylcholantrene，3-MC）类诱导。这两类模式化合物诱导不同的 Cyt P450 同工酶。PB 类诱导造成蛋白质和磷脂合成的增加，同时诱导 NADPH-Cyt P450 还原酶和 Cyt P450 2B 与 Cyt P450 3A 同工酶。这些生化改变的净效果是增强了大部分化学品的生物转化。

肝中 3-MC 参与的诱导与 PB 类诱导有很大的不同。对 PB 来说，伴随肝质量增加的是蛋白质和磷脂合成增加及 NADPH-Cyt P450 还原酶出现，而对 3-MC 来说却没有发生这种情况。Cyt P450 1A1 和 1A2 同工酶的诱导具有高度选择性。与苯并芘相似，3-MC 诱导的 Cyt P450 同工酶也会使某些 PAH 转化为有生物活性的中间体（图 5-29）。这两类酶诱导的差异总结在表 5-12 中。其他主要的诱导试剂包括卤代杀虫剂（DDT、艾氏剂、六氯苯、林丹、氯丹）、聚氯（溴）联（二）苯、氯化二噁英和呋喃、类固醇和相关物质（如睾酮）及金属元素（如镉等）。

表 5-12 PB 和 3-MC 作用于肝的特点[74]

特点	PB	3-MC
发作时间	8～12h	3～6h
最大影响持续时间	3～5 天	1～2 天
诱导持久性	5～7 天	5～12 天
肝大	显著	轻微
蛋白质合成	大量增加	少量增加
肝血流量	增加	没影响
胆汁流量	增加	没影响
Cyt P450 1A1+1A2	增加	没影响
Cyt P450 2B1+2B2	没影响	增加
NADPH- Cyt 还原酶	增加	没影响

酶诱导的发生对化合物的结构具有选择性。相比于 PB 类诱导，大多数氯化联苯和 DDT 诱导 Cyt P450 同工酶。氯化二噁英、呋喃和一些 PAH 具有 3-MC 类诱导作用。对

氯化联苯而言，邻位上氯的取代影响诱导作用的强度和类型。以二噁英的强酶诱导性为例，二噁英分子在侧位（2 位、3 位、7 位、8 位）上有 4 个氯原子，如 2,3,7,8-TCDD，其表现出从肝缓慢消除的特性，主要是由于这些位置的氯原子能有效阻断由 Cyt P450 介导的Ⅰ相氧化反应。TCDD 在肝细胞中的持久性提供了一个连续的受体介导 Cyt P450 合成信号，其结果就是这类高强度的、长久的酶诱导作用即使暴露在少量的二噁英和 PCB 下也可以被观察到。

分子的立体构象特异性在 Cyt P450 的诱导中也具有重要的作用。以 PCB 类化合物作为模型化合物进行说明。PCB 中 2 个芳香环可相互形成一个平面构象，这种平面构象受苯环内邻位氯原子的数量影响。当邻位氯原子数量增加后，PCB 的双环平面构象会遭到破坏。在生物转化过程中，PCB 的这种平面构象涉及细胞质受体蛋白（Ah 受体）机制，由于 Ah 受体促成了 Cyt P450 的 1A1 和 1A2 同工酶的诱导反应，非邻位取代的 PCB 是 3-MC 类诱导的最有效诱导剂。随着邻位氯原子数量的增加，立体阻断作用使得联二苯分子所形成的平面构象遭到破坏。当邻位氯原子的数量从 1 个增加到 4 个时，Cyt P450 的 3-MC 类诱导逐渐被 PB 类诱导所取代，其中就涉及 Cyt P450 的 281 和 282 同工酶[82]。

5.4.6 酶诱导对毒性的影响

参与Ⅰ相和Ⅱ相反应的酶主要有两种作用，要么是激活后参与诱导，要么是解毒被生物摄取的外源化合物。因此，对于外源化合物来说，Ⅰ相和Ⅱ相反应的酶诱导效果既可增加又可降低化合物的毒性。当这些酶激活化合物时，酶诱导的效果是对生物是有害。当这些酶有解毒效果时，酶诱导是有利的。

试验证实，仅对Ⅰ相酶诱导进行研究并不能确定化合物总体的生物或毒理学影响，这是由于同时发生的Ⅱ相酶诱导可部分地掩蔽Ⅰ相生物转化产物的危害效果，芳香烃或不饱和烃经 Cyt P450 催化形成活性环氧化物就是一个典型实例。这些潜在的有危害的中间代谢产物，通过与大分子相互作用可对生物造成直接威胁。但是如果转化过程中同时发生谷胱甘肽的结合诱导，则会增加形成的有危害的中间代谢产物发生生物转化的机会。对有机磷化合物来说，酶转化对硫磷的诱导比对氧磷的诱导会产生更强的毒效应。然而，当Ⅱ相酶对氧磷进行降解得到无活性产物的过程也被诱导到一个相似的程度时，其净效果相当于没有酶诱导发生的情形。

参 考 文 献

[1] McLachlan MS. Bioaccumulation of hydrophobic chemicals in agricultural food chains. Environ Sci Technol, 1996, 30: 252-259.
[2] Amot J, Gobas FAPC. A generic QSAR for assessing the bioaccumulation potential of organic chemicals in aquatic food webs. QSAR Comb Sci, 2003, 22: 337-345.
[3] Phillips DJH. Bioaccumulation. In: Calow P. Handbook of Ecotoxicology. Oxford: Blackwell Sci Publ, 1993: 378-396.
[4] Sijm DTHM, Semen W, Opperhuizen A. Life-cycle biomagnification study in fish. Environ Sci Technot, 1992, 26: 2162-2174.
[5] McGeer JC, Brix KV, Skeaff JM, et al. Inverse relationship between bioconcentration factor and exposure concentration for metals: implications for hazard assessment of metals in the aquatic environment. Environ Toxicol Chem, 2003, 22: 1017-1037.
[6] Adams WJ, Conard B, Ethier G, et al. The challenges of hazard identification and classification of insoluble metals and metal substances for the aquatic environment. Human Ecol Risk Assess, 2000, 6: 1019-1038.
[7] Tas JW. Fate and effects of triorganotins in the aqueous environment. Bioconcentration kinetics, lethal body burdens, sorption and physicochemical properties. Utrecht: PhD Thesis, University of Utrecht, 1993.

[8] Sijm DTHM, Part P, Opperhuizen A. The influence of temperature on the uptake rate constants of hydrophobic compounds determined by the isolated perfused gills of rainbow trout (*Oncorhynchus mykiss*). Aquatic Toxicology, 1993, 25 (1-2): 1-14.

[9] Block M. Uptake of cadmium in fish. Effects of xanthates and diethyldithio-carbamate. Uppsala: PhD Thesis, Uppsala University, 1991.

[10] Sijm DTHM, Verberne ME, de Jonge WJ, et al. Allometry in the uptake of hydrophobic chemicals determined *in vivo* and in isolated perfused gills. Toxicol Appl Pharmacol, 1995, 131: 130-135.

[11] Sijm DTHM, Hermens JLM. Internal effect concentrations: link between bioaccumulation and ecotoxicity for organic chemicals. *In*: Beek B. The Handbook of Environmental Chemistry. Vol 2-J. Bioaccumulation: New Aspects and Developments. Berlin: Springer-Verlag, 1999: 167-199.

[12] Hendriks JA, van der Linde A, Cornelissen G, et al. The power of size. 1. Rate constants and equilibrium ratios for accumulation of organic substances related to octanol-water partition ratio and species weight. Environ Toxicol Chem, 2001, 20: 1399-1420.

[13] Hendriks JA, Heikens A. The power of size. 2. Rate constants and equilibrium ratios for accumulation of inorganic substances related to species weight. Environ Toxicol Chem, 2001, 20: 1421-1437.

[14] Gobas FAPC, Opperhuizen A, Hutzinger O. Bioconcentration of hydrophobic chemicals in fish: relationship with membrane permeation. Environ Toxicol Chem, 1986, 5: 637-646.

[15] Niimi AJ. Biological half-lives of chemicals in fishes. Rev Environ Contam Toxicol, 1987, 99: 1-46.

[16] Leland HV, Kuwabara JS. Trace metals. *In*: Rand GM, Petrocelli SR. Fundamentals of Aquatic Toxicology. Washington DC: Hemisphere, 1985: 374-415.

[17] Organization for Economic Co-operation and Development. Bioaccumulation: Flow-through Fish Test. OECD Guideline for the testing of chemicals No. 305. OECD, Paris, France. 1996.

[18] American Society for Testing and Materials. E1022-94. Standard guide for conducting bioconcentration tests with fishes and saltwater bivalve mollusks. ASTM International, West Conshohocken, PA, United States, 2003.

[19] Anliker R, Moser P, Poppinger D. Bioaccumulation of dyestuffs and organic pigments in fish. Relationships to hydrophobicity and steric factors. Chemosphere, 1988, 17: 1631-1644.

[20] Rekker RF, Mannhold R. Calculation of drug lipophilicity. Germany: VCH, 1992. (Cited at www. voeding.tno.nl/ ProductSheet.cfm ?PNR=037e).

[21] Burreau S, Zebuhr Y, Broman D, et al. Biomagnification of polychlorinated biphenyls (PCBs) and polybrominated diphenyl ethers (PBDEs) studies in pike (*Esox lucius*), perch (*Perca fluviatilis*) and roach (*Rmilus rutilus*) from the Baltic Sea. Chemosphere, 2004, 55: 1043-1052.

[22] De Wolf W, Comber M, Douben P, et al. Animal use replacement, reduction and refinement: development of an integrated testing strategy for bioconcentration of chemicals in fish. IEAM, 2007, 3: 3-17.

[23] Opperhuizen A, Sijm DTHM. Bioaccumulation and biotransformation of polychlorinated dibenzo-p-dioxins and dibenzofurans in fish. Etwiron Toxicol Chem, 1990, 9: 175-186.

[24] Sijm DTHM, Wever H, Opperhuizen A. Congener-specific biotransformations and bioaccumulation of PCDDs and PCDFs from fly ash in fish. Environ Toxicol Chem, 1993, 12: 1895-1907.

[25] Anliker R, Moser P. The limits of bioaccumulation of organic pigments in fish: their relation to the partition coefficient and the solubility in water and octanol. Ecotox Environ Saf, 1987, 13: 43-52.

[26] Opperhuizen A, Damen HWJ, Asyee GM, et al. Uptake and elimination by fish of polydimethylsiloxanes (silicones) after dietary and aqueous exposure. Toxicol Environ Chem, 1987, 13: 265-285.

[27] Morris S, Allchin CR, Zegers BN, et al. Distribution and fate of HBCD and TBBPA brominated flame retardants in North Sea estuaries and aquatic food webs. Environ Sci Technol, 2004, 38: 5497-5504.

[28] Dimitrov SD, Dimitrova NC, Walker JD, et al. Predicting bioconcentration factors of highly hydrophobic chemicals. Effects of molecular size. Pure Appl Chem, 2002, 74: 1823-1830.

[29] Dimitrov SD, Dimitrova NC, Walker JD, et al. Bioconcentration potential predictions based on molecular attributes - an early warning approach for chemicals found in humans, birds, fish and wildlife. QSAR Comb Sci, 2003, 22: 58-68.

[30] Dimitrov SD, Dimitrova NC, Parkerton T, et al. Baseline model for identifying the bioaccumulation potential of chemicals. SAR QSAR Environ Res, 2006, 16: 531-554.

[31] Opperhuizen A. Bioconcentration of hydrophobic chemicals in fish. *In*: Poston TM, Purdy R. Aquatic Toxicology and Environmental Fate. Vol 9. STP 921. American Society for Testing and Materials (ASTM). Philadelphia, 1986: 304-315.

[32] Tolls J, Haller M, Labee E, et al. Experimental determination of bioconcentration of the nonionic surfactant alcohol ethoxylate. Environ Toxicol Chem, 2000, 19: 646-653.

[33] Lipinski CA, Lombardo F, Dominy BW, et al. Experimental and computational approaches to estimate solubility and

permeability in drug discovery and development settings. Advanced Drug Deliwry Reviews, 1997, 23: 3-25.

[34] Wenlock MC, Austin RP, Barton P, et al. A comparison of physiochemical property profiles of development and marketed oral drugs. J Med Chem, 2003, 46: 1250-1256.

[35] Proudfoot JR. The evolution of synthetic oral drug properties. Bioorganic Medicinal Chemistry Letters, 2005, 15: 1087-1090.

[36] Vieth M, Siegel MG, Higgs RE, et al. Characteristic physical properties and structural fragments of marketed oral drugs. J Med Chem, 2004, 47: 224-232.

[37] Sijm DTHM, Opperhuizen A. Biotransformation of organic chemicals by fish: a review of enzyme activities and reactions. In: Hutzinger O. Handbook of Environmental Chemistry. Vol 2E. Reactions and Processes. Heidelberg: Springer-Verlag, 1989: 163-235.

[38] Opperhuizen A, Schrap SM. Uptake efficiencies of two polychlorobiphenyls in fish after dietary exposure to five different concentrations. Chemosphere, 1988, 17: 253-262.

[39] Lee IIH. A clam's eye view of the bioavailability of sediment-associated pollutants. In: Baker R, Volume IH. Organic Substances and Sediments in Water. Chelsea: Lewis Publisher Inc, 1991: 73-93.

[40] Opperhuizen A. Bioaccumulation kinetics: experimental data and modelling. In: Angeletti G, BjOrseth A. Organic Micropollutants in the Aquatic Environment, Proc Sixth European Symp Lisbon, Portugal, 1990. Dordrecht: Kluwer Acad Publ, 1991: 61-70.

[41] Schrap SM. Bioavailability of organic chemicals in the aquatic environment. Comp Biochem Physiol, 1991, 100 (1-2): 13-16.

[42] Kelly BC, Gobas FAPC, McLachlan MS. Intestinal absorption and biomagnification of organic contaminants in fish, wildlife and humans. Environ Toxicol Chem, 2004, 23: 2324-2336.

[43] Sharpe S, Mackay D. A framework for evaluating bioaccumulation in food webs. Environ Sci Technol, 2000, 34: 2373-2379.

[44] Arnot J, Gobas FAPC. A food web bioaccumulation model for organic chemicals in aquatic ecosystems. Environ Toxicol Chem, 2004, 23: 2343-2355.

[45] Traas TP, Van Wezel AP, Hermens JLM, et al. Prediction of environmental quality criteria from internal effect concentrations for organic chemicals with a food web model. Erwiron Toxicol Chem, 2004, 23: 2518-2527.

[46] Kulhanek A, Trapp S, Sismilich M, et al. Crop-specific human exposure assessment for polycyclic aromatic hydrocarbons in Czech soils. Sci Tot Environ, 2005, 339: 71-80.

[47] McCrady JK, McFarlane C, Lindstrom FT. The transport and affinity of substituted benzenes in soybean stems. J Experim Biol, 1987, 38: 1875-1890.

[48] Trapp S, Matthies M. Chemodynamics and environmental modeling. Berlin: Springer, 1998: 115-127.

[49] Briggs GG, Rigitano RLO, Bromilow RH. Physico-chemical factors affecting uptake by roots and translocation to shoots of weak acids in barley. Pestic Sci, 1987, 19: 101-112.

[50] Kerstiens G. Parameterization, comparison, and validation of models quantifying relative change of cuticular permeability with physicochemical properties of diffusants. J Exper Botany, 2006, 57: 2525-2533.

[51] Muller JF, Hawker DW, Connell DW. Calculation of bioconcentration factors of persistent hydrophobic compounds in the air/vegetation system. Chemosphere, 1994, 29: 623-640.

[52] Komp P, McLachlan MS. Interspecies variability of the plan/air partitioning of polychlorinated biphenyls. Environ Sci Technol, 1997, 31: 2944-2948.

[53] Komp P, McLachlan MS. The influence of temperature on the plan/air partitioning of semivolatile organic compounds. Environ Sci Technol, 1997, 31: 886-890.

[54] McLachlan MS. A framework for the interpretation of measurements of SOCs in plants. Environ Sci Technol, 1999, 33: 1799-1804.

[55] Rigitano FLO, Bromilow RH, Briggs GG, et al. Phloem translocation of weak acids in *Ricinus communis*. Pest Sci, 1987, 19: 113-133.

[56] Jager T. Mechanistic approach for estimating bioconcentration of organic chemicals in earthworms (Oligochaeta). Environ Toxicol Chem, 1998, 17: 2080-2090.

[57] Environment Agency. Verification of bioaccumulation models for use in environmental standards - Part B - Terrestrial models - Draft Repon. 2007.

[58] Van der Wal L, Jager T, Fleuren RHU, et al. Solid-phase microextraction to predict bioavailability and accumulation of organic micropollutants in terrestrial organisms after exposure to a field-contaminated soil. Environ Sci Technol, 2004, 38: 4842-4848.

[59] Janssen MPM, Bruins A, De Vries TH, et al. Comparison of cadmium kinetics in four soil arthropod species. Arch Environ Contam Toxicol, 1991, 20: 305-312.

[60] Vijver MG, Van Gestel CAM, Lanno RP, et al. Internal metal sequestration and its ecotoxicological relevance: a review. Environ Sci Technol, 2004, 38: 4705-4712.

[61] Posthuma L, Van Straalen NM. Heavy-metal adaptation in terrestrial invertebrates: a review of occurrence, genetics,

physiology and ecological consequences. Comp Biochem Physiol, 1993, 106（1）: 11-38.

[62] Vijver MG, Van Gestel CAM, Van Straalen NM, et al. Biological significance of metals partitioned to subcellular fractions within earthworms（*Apporrectodea caliginosa*）. Environ Toxicol Chem, 2006, 25: 807-814.

[63] Ma WC. Heavy metal contamination in the mole, *Talpa europaea*, and earthworms as an indicator of metal bioavailability in terrestrial environments. Bull Erwiron Contam Toxicol, 1987, 39: 933-938.

[64] Ma WC, Denneman W, Faber J. Hazardous exposure of groundliving small animals to cadmium and lead in contaminated terrestrial ecosystems. Arch Environ Contam Toxicol, 1991, 20: 266-270.

[65] Norstrom RJ, McKinnon AE, DeFreitas AS. A bioenergetics based model for pollutant accumulation in fish: simulation of PCB and methylmercury residue levels in Ottawa river yellow perch（*Perca flavescens*）. J Fish Res Board Can, 1979, 33: 248-267.

[66] DeBruyn AMH, Gobas FAPC. A bioenergetic biomagnification model for the animal kingdom. Environ Sci Technol, 2006, 40: 1581-1587.

[67] USES. Uniform System for the Evaluation of Substances, Version 1.0. National Institute of Public Health and Environmental Protection, Ministry of Housing, Spatial Planning and the Environment, Ministry of Welfare, Health and Cultural Affairs. VROM distribution No. 11144/150, The Hague, The Netherlands. 1994.

[68] Bums LA, Baughman GL. Fate modelling. *In*: Rand GM, Petrocelli SR. Fundamentals of Aquatic Toxicology. Washington DC: Hemisphere Publ Corp, 1985: 558-584.

[69] Mabey W, Mill T. Critical review of hydrolysis of organic compounds in water under environmental conditions. J Phys Chem Ref Data, 1978, 7: 383-415.

[70] Haag WR, Yao CCD. Rate constants for reaction of hydroxyl radicals with several drinking water contaminants. Environ Sci Technol, 1992, 26: 1005-1013.

[71] Mill T. Chemical and photo oxidation. *In*: Hutzinger O. The Handbook of Environmental Chemistry. Vol 2. Part A: Reactions and Processes. Berlin: Springer Verlag, 1980: 77-105.

[72] Kadiyala V, Spain JC. 1998. A two-component monooxygenase catalyzes both the hydroxylation of p-nitrophenol and the oxidative release of nitrite from 4-nitrocatechol in *Bacillus sphaericus* JS905. Appl Environ Microbiol, 64: 2479-2484.

[73] Organization for Economic Co-operation and Development. OECD guidelines for the testing of chemicals. Degradation and Accumulation. OECD, Paris, France. 1981 and 1993.

[74] Doull J, Klaassen CD, Amdur MO. Casarett and Doull's Toxicology, the Basic Science of Poisons. New York: Macmillan Publ Comp, 1986.

[75] Lech JJ, Vodicnik LVU. Biotransformation. *In*: Rand GM, Petrocelli SR. Fundamentals of Aquatic Toxicology. Washington DC: Hemisphere, 1985: 526-557.

[76] Homburger F, Hayes JA, Pelikan EW. A Guide to General Toxicology. New York: Karger/Base, 1983.

[77] Kimbrough RD, Jensen AA. Halogenated Biphenyls, Terphenyls, Naphtalenes, Dibenzodioxins and Related Products. Amsterdam: Elsevier Sci Publ, 1989.

[78] Safe SH. Polychlorinated biphenyls（PCBs）: environmental impact, biochemical and toxic responses, and implications for risk assessment. Crit Rev Toxicot, 1994, 24: 87-149.

[79] Safe SH. Polychlorinated biphenyls（PCBs）: Mammalian and Environmental Toxicology. Heidelberg: Springer-Verlag, 1987.

[80] Van Den Berg M, De Jongh J, Poiger H, et al. The toxicokinetics and metabolism of polychlorinated diben7.o-p-dioxins（PCDDs）and dibenzofurans（PCDFs）, and their relevance for toxicity. Crit Rev Toxicol, 1994, 24: 1-74.

[81] Matsumura F. Toxicology of Insecticides. New York: Plenum Press, 1985.

[82] Safe SH. Polychlorinated biphenyls（PCBs）, dibenzo-p-dioxins（PCDDs）, dibenzofurans（PCDFs）, and related compounds: environmental and mechanistic considerations which support the development of toxic equivalency factors（TEFs）. Crit Rev Toxicol, 1990, 21: 51-88.

第6章　化学品安全科学理论与方法

化学品已成为人类生产和生活中不可缺少的一部分。随着人类生产和生活水平的不断发展与提高，人们使用的化学品品种、数量在迅速地增加。目前世界上所发现的化学品已有 1000 余万种，日常使用的有 700 余万种，世界化学品的年总产值已达到 1×10^4 亿美元左右。随着科学技术的进步，每年还有千余种化学品问世。据估计，全世界每年因为化学品事故和化学品危害造成的损失就超过数千亿元。

化学品的生产和消费确实极大地改善了人们的生活，但是不少化学品其固有的易燃、易爆、有毒、有害的危险特性也给人类生存带来了一定的威胁。在化学品的生产、经营、储存、运输、使用及废弃物处置过程中，由于对化学品，特别是危险化学品的管理、防护不当，会损害人体健康，造成财产毁损、生态环境污染。因此，如何最大限度地加强化学品的管理，保障危险化学品在生产、经营、储存、运输、使用及废弃物处置过程中的安全性，降低其危害、污染的风险已引起世界各国的高度重视。

我国是发展中国家，目前经济正处在快速发展时期，生产力水平还处于中低状态，在化学品的安全生产、经营、储存、运输、使用及废弃物处置等方面的投入相对不足，因此与化学品有关的安全事故频频发生，处于易发期。据近十几年统计分析表明，我国化学品的安全问题主要体现在以下几个方面：一是事故总量大。2006~2013 年，我国每年平均发生与化学品安全有关的事故约 270 起，死亡人数近百人，危险性严重。二是特大事故多。以 2008 年为例，全年共发生重大事故 86 起，死亡和失踪 1315 人；发生特别重大事故 10 起，死亡 662 人。三是职业危害严重。据有关部门统计，我国有近 50 多万个化学品企业存在不同程度的包括粉尘、毒物等因素在内的职业危害。四是化学品安全事故引发的生态环境问题突出。

化学品安全事故的频发引发了人们对化学品安全管理和安全科学理论的探索和认识。传统安全管理和安全科学理论是包括工业生产安全及突发事故等内容在内的理论科学。该理论在化学品管理和安全评价的应用就形成了化学品安全科学理论与方法。

早期的安全科学理论源于 20 世纪初期工业生产安全事故理论，着重强调事故发生的因果连锁论、事故致因中人与物的问题、事故发生频率与伤害严重度的关系、人的不安全行为产生的原因、安全管理工作与企业管理工作之间的关系、安全管理与控制工作的基本责任及安全生产之间的关系等工业安全范畴最基本、最重要的问题。随着工业化程度的加剧，安全事故的频发促使人们将安全科学理论从人的因素转到机械的物质因素，并逐渐认为安全事故是一种不正常的或不希望的能量释放，是各种形式的能量构成伤害的直接原因。进入 20 世纪 50 年代以后，随着各种战略武器、核电、超大型工程等大规模复杂系统的相继问世，大规模复杂系统的安全问题受到普遍的关注。至此，逐渐出现了系统安全理论和方法。按照系统安全的思想，世界上不存在绝对安全的事物，任何人类活动中都潜伏着危险因素。根据系统安全的原则，对于已经建成并在运行的系统，管理方面的疏忽和失误是导致事故的主要原因[1]。

安全系统理论和方法强调从安全系统的静态特性考虑安全控制，研究系统中各要素对系统安全的作用，在研究安全系统工程的基础上发展了系统安全分析、系统安全评价和系统安全预测理论。这些理论的研究和实际应用为现实中预防事故、保障安全生产已经起到了相当大的作用，目前这些理论还在不断发展、变化。发展至今，安全系统理论已演变为极其复杂的非线性系统理论，其影响因素多且关系复杂，安全状态或敏感或迟钝于控制变量，是典型的复杂系统。以化学品为对象，本章节就化学品在生产、运输、储存和废弃处置等环节中涉及的安全问题，采用系统安全理论和安全评价理论进行综合阐述。

6.1　安全评价理论基础

随着科学技术的日新月异和化学品生产规模的不断扩大，大量新的化学品以新材料、新工艺、新技术的方式得以生产出来。生产系统中的危险、有害物质和能量也在不断增多，由此产生的安全问题随之不断增加。为了准确识别和有效地控制危险、有害因素，保障人们的安全和健康，减少事故损失，人们在不断总结事故灾难防治的成功经验和失败教训的基础上，开发了安全评价技术。安全评价作为现代安全管理模式，是预防各类安全事故的重要手段。安全评价不仅是生产经营单位实现科学化、系统化安全管理的基础，也是政府安全生产监督管理的需要。

一般认为评价是指"按照明确目标测定对象的属性，并把它变成主观效用的行为，即明确价值的过程"。在对系统进行评价时，要从明确评价目标开始，通过评价目标来规定评价对象，并对其功能、特性和效果等属性进行科学的测定，最后由测定者根据给定的评价标准和主观判断把测定结果变换成价值，作为决策的参考。

按照评价方法的特征，可以将评价分为定性评价、定量评价和综合评价。我国安全生产行业标准对安全评价的定义是：以实现安全为目的，应用安全系统工程原理和方法，辨识与分析工程、系统、生产管理活动中的危险、有害因素，预测发生事故或造成职业危害的可能性及其严重程度，提出科学、合理、可行的安全对策措施建议，作出评价结论。由此可见，安全评价可针对一个特定的对象，也可针对一定区域范围，其实质内容有以下几方面。

a. 用系统科学的理论和方法辨识危险和有害因素。任何系统在其寿命周期内都有发生事故的可能，区别在于发生的频率和事故的严重程度，即风险大小不同而已。在化学品的生产、运输、使用、废弃和处置过程中普遍存在着危险性。在一定条件下，如果对危险性失去控制或防范不周，就会发生事故，造成人员伤亡和财产损失。为了抑制危险性，使其不发展为事故或减少事故造成的损失，就必须对其有充分的认识，掌握危险性发展成为事故的规律。该过程就是对系统危险性的辨识过程。

b. 预测发生事故或造成职业危害的可能性及其严重程度。在危险、有害因素辨识分析的基础上，对各种可能的事故致因条件进行分析，利用各种定性和定量评价方法衡量或计算其事故发生率及严重度（危险的定量化），预示其风险率。

c. 根据可能导致的事故风险的大小，提出科学、合理、可行的安全对策措施建议，以达到工程、系统安全的目的。根据对系统危险性的判断，确定需要整改或改造的技术设施和防范措施，使辨识的危险性得到抑制和消除，实现在技术上可靠，经费上合理，系统最终达到所要求的安全指标或国家标准。

6.1.1 安全评价基本原理[2]

化学品安全科学的理论主要依赖目前广泛应用的安全评价理论。虽然安全评价的应用领域宽广，评价的方法和手段众多，而且评价对象的属性、特征及事件的随机性千变万化，各不相同，究其思维方式却是一致的。将安全评价的思维方式和依据的理论统称为安全评价原理。常用的安全评价原理有相关性原理、类推原理、惯性原理和量变到质变原理等。

1. 相关性原理

相关性是指一个系统的属性、特征与事故和职业危害存在着因果的相关性。安全评价把研究的所有对象都视为系统。由系统的基本特征可知，每个系统都有自身的总目标，而构成系统的所有子系统、单元都为实现这一总目标而需要实现各自的分目标。系统的整体功能（目标）是由组成系统的各子系统、单元综合发挥作用的结果。因此，不仅系统与子系统，子系统与单元有着密切的关系，而且各子系统之间、各单元之间、各元素之间也都存在着密切的相关关系。所以，在评价过程中只有找出这种相关关系，并建立相关模型，才能正确地对系统的安全性进行评价。

系统的结构表达式可以表示为

$$E = f(X, R, C)_{max} \qquad (6-1)$$

式中，E 为最优结合效果；X 为系统的组成要素集，即组成系统的所有元素；R 为系统组成要素的相关关系集，即系统各元素之间的所有相关关系；C 为系统的组成要素及其相关关系在各阶层上可能的分布形式；$f(X, R, C)$ 为 X、R、C 的结合效果函数。

对系统要素集 X、关系集 R 和层次分布形式 C 的分析，可阐明系统整体的性质。要使系统目标达到最佳程度，只有使上述三者达到最优结合，才能产生最优结合效果。对系统进行安全评价，就是要寻求 X、R 和 C 最合理的结合形式，即寻求具有最优结合效果 C 的系统结构形式在对应系统目标集和环境约束集的条件下，给出最安全的系统结合方式。

事故和导致事故发生的各种原因（危险因素）之间存在着相关关系，表现为依存关系和因果关系。危险因素是原因，事故是结果，事故的发生是由许多因素综合作用的结果。分析各因素的特征、变化规律、影响事故发生和事故后果的程度，以及从原因到结果的途径，揭示其内在联系和相关程度，才能在评价中得出正确的分析结论，采取恰当的对策措施。

相关性理论指出，事故的发生是有原因的，而且往往不是由单一原因因素造成的，而是由若干个原因因素耦合在一起导致的。当出现符合事故发生的充分和必要条件时，事故就必然会立即暴发。多一个原因因素不需要，少一个原因因素事故就不会发生。每一个原因因素又由若干个二次原因因素构成，依次类推三次原因因素……消除一次，或二次，或三次原因因素……破坏事故发生的充分与必要条件，事故就不会发生，这就是采取技术、管理、教育等方面的安全对策措施的理论依据。

2. 类推原理

"类推"也称"类比"，是人们常用的一种逻辑思维方法，用来作为推出一种新知识的方法。它是根据两个或两类对象之间存在着某些相同或相似的属性，从一个已知对象具有某个属性来推出另一个对象具有此种属性的推理过程。类推在安全生产、安全评价中有特殊的意义和重要的作用。

类推的基本模式如下。

若 A，B 表示两个不同对象，A 有属性 P_1，P_2，…，P_m，P_n，B 有属性 P_1，P_2，…，P_m，则对象 A 与 B 的推理可表示为

$$A \text{ 有属性 } P_1, P_2, \cdots, P_m, P_n$$
$$\underline{B \text{ 有属性 } P_1, P_2, \cdots, P_m}$$
$$\text{所以，B 也有属性 } P_n\ (n>m)$$

类比推理的结论是或然性的。所以，在应用时可采用下述方式提高结论的可靠性。

a. 要尽量多地列举两个或两类对象所共有或共缺的属性。

b. 两个类比对象所共有或共缺的属性愈本质，则推出的结论愈可靠。

c. 两个类比对象所共有或共缺的属性与类推的属性之间具有本质和必然的联系，则推出结论的可靠性就高。

类推评价法是经常使用的一种安全评价方式，该方法不仅可以由一种现象推算另一种现象，还可以根据已掌握的实际统计资料，采用科学的估计推算方法来推算得到基本符合实际的所需资料，以弥补调查统计资料的不足。类推评价法的种类及其应用领域取决于评价对象事件与先导事件之间联系的性质。一般常用的类推法有以下 6 种。

a. 平衡推算法。根据相互依存的平衡关系来推算所缺有关指标的一种方法。

b. 代替推算法。利用具有密切关系（或相似）的有关资料、数据来代替所缺资料数据的一种方法。

c. 因素推算法。根据指标之间的联系，从已知因素的数据推算有关未知指标数据的一种方法。

d. 抽样推算法。根据抽样或典型调查资料推算系统总体特征的一种方法。

e. 比例推算法。根据社会经济现象的内在联系，用某一时期、地区、部门或单位的实际比例，推算另一类似时期、地区、部门或单位有关指标的方法。

f. 概率推算法。概率是指某一事件发生的可能性大小。事故的发生是一种随机事件，任何随机事件在一定条件下是否发生是没有规律的，但其发生概率是一客观存在的定值，因此根据有限的实际统计资料采用概率论和数理统计方法可求出随机事件出现各种状态的概率。

3. 惯性原理

任何事物在其发展过程中都具有一定的延续性，这种延续性称为惯性。利用惯性

可以研究事物或评价系统的未来发展趋势。在利用惯性原理进行安全评价时应注意以下两点。

a. 惯性的大小。惯性越大，影响越大；反之，则影响越小。

b. 惯性的趋势。一个系统的惯性是系统内各个内部因素之间互相联系、互相影响、互相作用，按照一定的规律发展变化的一种状态趋势。因此，只有当系统是稳定的，受外部环境和内部因素影响产生的变化较小时，其内在联系和基本特征才能延续下去，该系统所表现的惯性发展结果才基本符合实际。

4. 量变到质变原理

事物发展遵从量变到质变的规律。同样，系统中许多与安全有关的因素也都存在着从量变到质变的过程。在评价一个系统的安全时，也离不开从量变到质变的原理。例如，许多定量评价方法中，有关危险等级的划分无不一一应用着从量变到质变的原理。以化学火灾爆炸指数评价法为例，按火灾爆炸指数（F&EI）划分的危险等级，从 1～≥159，经过了 ≤60（"最轻"级）、61～96（"较轻"级）、97～127（"中等"级）、128～158（"很大"级）、≥159（"非常大"级）的量变到质变的变化过程，在相应的评价结论中，"中等"级及其以下的级别是"可以接受的"，而"很大"级、"非常大"级则是"不能接受的"。

6.1.2　系统论相关原理[3]

1. 系统的概念

具有现代含义的"系统"概念最早源于美国学者泰勒撰写的《科学管理原理》一书，而我国学者钱学森对系统作出的定义为系统是由相互作用和相互依赖的若干组成部分结合而成的，具有特定功能的有机整体。在美国的《韦氏大辞典》中，"系统"一词被解释为"有组织的或被组织的整体，结合着的整体所形成的各种概念和原理的结合，由有规则的相互作用、相互依存的形式组成的诸要素集合"。日本工业标准（JIS）将"系统"定义为"许多组成要素保持有机的秩序向同一目的行动的集合体"。苏联大百科全书中定义"系统"为"一些在相互关联与联系之下的要素组成的集合，具有一定的整体性、统一性"。

构成系统的元素（也称要素、因素）本身也可能是系统，其相对于原来的系统来说是子系统，子系统本身又可以由更基本的元素组成，形成一种多级递阶结构。系统主要包含 3 个基本特征：系统是由若干元素组成；元素之间相互作用、相互依赖；系统作为一个整体对外具有特定的功能。

2. 系统的特征

一般系统应具有如下特性。

1）整体性

系统整体性说明具有独立功能的系统要素及要素间的相互关系是根据逻辑统一性的要求，协调存在于系统整体之中。也就是说，任何一个要素不能离开整体去研究，要素之间的联系和作用也不能脱离整体去考虑。系统不是各个要素的简单集合，否则它就不会具有作为整体的特定功能。脱离了整体，要素的机能和要素之间的作用便失去了原有的意义，研究任何事物的单独部分不能得出有关整体性的结论。系统的构成要素和要素的机能、要素间的相互联系要服从系统整体的功能和目的，在整体功能的基础上展开各要素及其相互之间的活动，这种活动的总和形成了系统整体的有机行为。在一个系统整体中，即使每个要素并不都很完善，但它们可以协调、综合成为具有良好功能的系统。相反，即使每个要素都是良好的，但作为整体却不具备某种良好的功能，也就不能称为完善的系统。系统作为一个整体可以实现远高于各元素各自所具有的功能，并且具一定的稳定性、动态性和适应性。

2）递阶性

系统的划分是相对的，系统是由较小的系统构成的，反过来又是更大系统的一部分，并存在一定的递阶结构（或层次结构），应根据研究问题的目的进行合理的系统划分。系统递阶结构是系统结构的一种形式，在不同层次结构中，子系统之间的从属关系或相互作用的关系不同，运动形式不同，从而构成了系统的整体运动特性。

3）关联性

组成系统的各子系统之间，以及系统中各元素之间有紧密的联系。这些元素及其联系的总和就是系统的结构，元素之间的联系又称为"耦合"。各元素之间是相互联系、相互影响、相互制约、相互作用的，关联性说明了这些联系之间的特定关系和演变规律。

4）目的性

通过系统的运转可实现特定的功能和目的。为达到既定的目的，系统都具有一定的功能，而这正是区别系统之间不同的标志。系统的目标一般用更具体的指标来体现，复杂的大的系统都具有多个目标，因此需要用一个指标体系来描述系统的目标。

5）环境适应性

任何一个系统都是在一定的外部物质环境下存在和发展的。因此，它必然要与外界产生物质、能量和信息交换，系统要对这些信息、能量和物质进行转换和加工。外界环境的变化必然会引起系统内部各要素的变化，系统运转的结果又会反过来影响和作用于外部环境，系统是通过与环境的相互作用而实现其功能的。不能适应环境变化的系统是没有生命力的，只有能经常与外界环境保持最优适应状态的系统才是理想系统。

3. 系统的分类

在自然界和人类社会中普遍存在着具各种不同性质的系统。为了对系统的性质加以研究，需要对系统存在的各种形态加以探讨。

1）自然系统与人造系统

按照系统的起源，自然系统是由自然过程产生的系统。这类系统是自然物，包括矿物、植物、动物等所形成的系统，如海洋系统等。人造系统则是将有关元素按其属性和相互关系进行组合而成的系统，如人类对自然物质进行加工，制造出各种机器所构成的各种工程系统。但现实中大多数系统是自然系统与人造系统的复合系统。

2）实体系统与概念系统

凡是以矿物、生物、机械和人群等实体为构成要素的系统称为实体系统。凡是由概念、原理、原则、方法、制度、程序等概念性的非物质实体所构成的系统称为概念系统，如管理系统、军事指挥系统、社会系统等。在实际生活中，实体系统和概念系统在多数情况下是结合的，实体系统是概念系统的物质基础，而概念系统往往是实体系统的中枢神经，指导实体系统的行为。

3）动态系统和静态系统

动态系统就是系统的状态变量随时间变化的系统，即系统的状态变量是时间的函数。而静态系统则是表征系统运行规律的数学模型，不含有时间因素，即模型中的变量不随时间变化，它是动态系统的一种极限状态，即处于稳定的系统。大多数系统都是动态系统，但是由于动态系统中各种参数之间的相互关系是非常复杂的，要找出其中的规律非常困难。有时为了简化起见而假设系统是静态的，或使系统中的参数随时间变化的幅度很小而视为静态的。

4）控制系统与行为系统

控制就是为了达到某个目的给对象系统所加的必要动作，因此为了实行控制而构成的系统称为控制系统。当控制系统由控制装置自动进行时，称为自动控制系统。行为系统是以完成目的的行为作为构成要素而形成的系统。所谓行为就是为了达到某一确定的目的而执行某种特定功能的一种作用，这种作用能对外部环境产生某些效用。这种系统一般是根据某种运行机制而实现某种特定行为的系统，而不是受某种控制作用而运行的系统。

5）开放系统与封闭系统

开放系统是指与其环境之间有物质、能量或信息交换的系统；封闭系统则相反，即系统与环境互相隔绝，它们之间没有任何物质、能量和信息交换。值得强调的是，现实世界中没有完全意义上的封闭系统。系统的开放性和封闭性概念不能绝对化，只有作为相对的程度来衡量才比较符合实际。

4. 系统工程的含义

系统工程是系统科学的重要组成部分，是系统科学中与社会经济决策和工程管理关系最密切的一部分。系统工程的最大特点在于应用，它是系统科学的应用部分。系统工程以控制论和一般系统论为方法论，以信息论作为理论指导，以行为科学和工程科学为背景，以应用数学（运筹学）和计算机作为手段，力争发挥系统的最大效益和功能，达到最优设计、规划、决策、控制和管理。

系统工程是一门正处于发展阶段的新兴学科，其应用领域十分广阔。由于它与其他学科的相互渗透、相互影响，不同专业领域的人对它的理解不尽相同。因此，要给出一个统一的定义比较困难。系统工程研究对象是大型复杂的人工系统和复合系统；系统工程的研究内容是如何组织协调系统内部各要素的活动，使各要素为实现整体目标发挥适当作用；系统工程的研究目的是如何实现系统整体目标的优化。因此，系统工程既是一个技术过程，是特殊的工程技术，又是一个管理过程，是一门现代化的组织管理技术，是跨越许多学科的边缘科学。

所以，广义的系统工程是探索、设计、分析、评价系统的统一方法论，狭义的系统工程是在控制论和信息论指导下以实现最优化为核心的各种技巧与方法的总称。

5. 系统工程的理论基础

系统工程是一门从总体上改造客观世界的工程技术实践。系统工程技术与各传统科学结合，形成系统工程的应用，如安全系统工程、社会系统工程、经济系统工程、教育系统工程、农业系统工程等。如同其他工程技术的发展一样，系统工程也有自己的科学理论基础——系统科学。系统科学主要讨论系统的概念、特征、分类及演化规律，是一门从总体上研究各类系统共同运动的规律的科学。系统科学与传统科学的区别主要表现在以下几个方面。

传统学科研究对象的实体、物质特征分类及物性，如物理、化学、天文、地理等。系统科学研究所有实体作为整体对象的特征，即研究系统性，如整体与部分、结构与功能，稳定与演化等。对某一具体对象的研究，既离不开对其物性的讨论，又离不开对其系统性的阐述，必须将两者结合起来，才能准确、全面地弄清所研究的对象，这正是现代科学二维特征的体现。

系统科学强调：一个系统作为整体，具有其要素所不具有的性质和功能；整体的性质和功能，不等同于其各要素性质和功能的叠加；整体的运动特征，只能在比其要素所处层次更高的层次上进行描述；整体与要素遵从不同描述层次上的规律。这便是通常所说的"整体可能大于部分之和"。

6. 系统工程的特点

1）整体性

整体性是系统工程最基本的特点，系统工程把所研究的对象看成一个整体系统，这个整体系统又是由若干部分（要素与子系统）有机结合而成的。因此，系统工程在研究系统时总是从整体性出发，从整体与部分之间相互依赖、相互制约的关系中去揭示系统的特征和规律，从整体最优化出发去实现系统各组成部分的有效运转。

2）协调性

用系统工程方法去分析和处理问题时，不但要考虑部分与部分之间、部分与整体之间的相互关系，而且要认真地协调它们的关系。因为系统各部分之间、各部分与整体之间的相互关系和作用直接影响到整体系统的性能，协调它们的关系便可提高整体系统的性能。

3）综合性

系统工程以大型复杂的人工系统和复合系统作为研究对象，这些系统涉及的因素很多，涉及的学科领域也较为广泛。因此，系统工程必须综合研究各种因素，综合运用各门学科和技术领域的成就，从整体目标出发使各门学科、各种技术有机地配合，综合运用，以达到整体最优化的目的。

4）满意性

系统工程是实现系统最优化的组织管理技术，因此系统整体性能的最优化是系统工程所追求并要达到的目的。系统整体性是系统工程最基本的特点，所以系统工程并不追求构成系统的个别部分最优，而是通过协调系统各部分的关系，使系统整体目标达到最优。

7. 系统评价

系统评价是对系统开发提供的各种可行方案,从社会、政治、经济、技术等方面予以综合评定,全面权衡利弊得失,从而为系统决策选择出最优方案提供科学的依据。因此,系统评价是系统工程的一项基本处理方法,是系统分析中的一个重要环节。

1）基本原则

对系统评价时,必须遵守以下基本原则。

（1）客观性

评价的目的是为了决策。决策的正确性依赖于评价质量的好坏,因此必须保证评价的客观性。为此,在评价过程中,必须注意评价资料的全面性、可靠性,评价专家组成的代表性,以及防止评价人员主观意识的刻意倾向性等。

（2）可比性

替代方案在保证实现系统的基本功能上要有可比性和一致性。个别功能突出或方案内容新,只能说明其相关方面,不能代替其他方面得分,更不能搞“陪衬”方案,否则将失去评价的意义。

（3）系统性

评价指标要包括系统目标所涉及的一切方面问题,要有恰当的评价指标,以保证评价不出现片面性。

（4）符合性

评价指标必须与国家的方针相一致。

2）系统评价步骤和内容

为了有效地保证系统评价,按照确定系统目标,全面分析系统要素,建立合理的评价指标体系,制定评价准则,确定评价方法等步骤进行。

（1）明确系统目标,熟悉系统方案

为了能够科学地进行系统评价,必须反复调查全面了解评价系统,正确建立系统目标,对所有能完成系统目标的可行性方案熟悉掌握。

（2）分析系统要素

根据评价的目标,集中收集有关的资料和数据,对组成系统的各个要素及系统的性能特征进行全面的分析,找出评价的指标。

（3）确定评价指标体系

指标是衡量系统总体目标的具体标志。对所评价的系统,必须建立能对照和衡量各个方案的统一尺度,即评价指标体系。评价指标体系必须科学地、客观地、尽可能全面地考虑各种因素,包括组成系统的主要因素及有关系统性能、费用、效果等方面,这样就可以明确地对各方案进行对比和评价,并为其存在的缺陷制定对策。

指标体系的选择要视被评价系统的目标和特点而定。指标体系是由若干个单项评价指标组成的整体,它应反映所要解决问题的各项目标要求。指标体系可以在分析、调查大量资料的基础上得到。

（4）制定评价结构和评价准则

在评价过程中,每一个指标都有可能是下一层几个指标的集合,这是由系统的特性和评价指标体系的结构所决定的，在评价时要制定评价结构。同时，出于对各指标的物理含义和量纲各不相同，很难在一起进行比较的考虑，必须将指标体系中的指标规范化，制定出评价准则，并根据指标所反映要素的状况，确定各指标的权重，以及定量化处理方法。

（5）确定评价方法

评价方法应根据评价对象要求不同而有所不同，总的说来，要按系统目标和要求，分析系统的特性，评价指标的特点，以及评价准则等确定。

（6）单项评价

单项评价是就系统的某一特殊方面进行详细的评价，以突出系统的特征。单项评价不能解决最优方案的判定问题，只有综合评价才能解决最优方案或方案优先顺序的确定问题。

（7）综合评价

按照评价标准，在单项评价的基础上，从不同的观点和角度对系统进行全面的评价。综合评价就是利用模型和各种资料，用技术经济的观点对比各种可行方案，考虑成本与效益的关系，权衡各方案的利弊得失，从系统的整体性观点出发，综合分析问题，选择适当而且可能实现的优化方案。

6.1.3　决策论相关原理[3]

决策科学主要包括决策科学的理论和决策科学的应用两个方面。决策科学作为一门新兴的学科，正在逐步形成一个科学的体系。随着科学技术和生产的发展，决策学必将由个人决策向团体决策、定性决策向定量决策、单目标决策向多目标综合决策、单赢决策向双赢决策迅速发展。

决策科学具有特定的研究内容和方法，其主要研究内容有：研究人的逻辑思维过程，创造性思维活动，研究决策系统的程序性和非程序性决策过程，研究决策正确原因和失误原因的内在关系，寻求实现思想方法和决策系统体制科学化的途径，以及研究决策的产生、实施、反馈、追踪、控制等问题。决策方法是决策学研究的一个重要组成部分，根据决策问题所处的自然状态，目前可以把决策方法分为：确定型决策方法、风险型决策方法及非确定型决策方法。确定型决策方法是指决策所面对的自然状态是确定的，决策问题的结构往往是比较清楚的，可以利用决策因素与决策结果之间的数量关系建立数学模型，并运用数学模型进行决策。风险性型决策方法是指在多种方案中，无论选择哪个方案，都会承担一定的风险，存在着不以决策者意志为转移的两种以上的客观状态，未来将出现哪种状态，决策者不能确定，但其出现的概率大致可以预先估计出来。非确定型决策方法是指决策问题中各种方案所面临的各种状态的概率不可预知，因此此类问题的评价和选择依据决策者的决策标准不同而不同。

1. 决策基本理论

1）决策的含义和基本特征

决策是人们为了实现某一特定的目标，在掌握大量调研预测资料的基础上，运用一定的科学理论和方法，系统地分析主客观条件，拟定出各种可行性方案，并从中确定一个最佳方案组织实施的全部行为过程。

决策活动是管理活动的重要组成部分。在决策中经常用到的概念有：准则、指标和属性。准则与标准同义，是衡量、判断事物价值的标准，是事物对主体的有效性的标度，是比较评价的基准。能数量化的准则常称为指标。在实际决策问题中，准则经常以属性或目标的形式出现。属性是物质客体的规定性。在决策中，属性是指备选方案固有的特征、品质或性能。由决策者选择的全部属性的值可以表征一个方案的水平。

2）决策要素

决策要素主要由决策单元、决策环境、准则体系、决策规则等组成。

（1）决策单元

决策单元通常包括决策者及用以进行信息处理的设备。决策者是指对所研究问题有权利、有能力作出最终判断和选择并承担相应责任和风险的个人或集体。决策者在决策过程中容易受到来自社会的、政治的、经济的和心理的因素影响，其主要责任在于提出问题，规定总任务和总需求，确定价值判断和决策规划，提供倾向性意见，抉择最终方案并组织实施。决策单元的工作是接受任务、输入信息、生成信息和加工成智能信息，从而产生决策。

（2）决策环境

决策环境即决策面临的客观条件，也称客观要素、条件制约要素、不确定的无形要素，主要包括决策问题的具体情况，即决策者掌握的情报信息及自然的、社会的、政治的、文化历史背景等方面的影响和制约因素。问题或事件是决策的源泉，没有问题和事件，决策也就无从谈起。因此，决策者首先必须弄清楚需要作出决策的问题或事件的性质、种类、组成、范围、时间和约束条件及问题本身的重要性等情况，对处理问题所需的各方面的信息及情报进行加工处理，为决策提供科学依据，避免导致决策失误及造成重大损失。

（3）准则体系

所谓决策准则体系是指决策问题最终要实现的目标体系。目标体系的建立是决策问题的关键之一，是继弄清楚决策环境之后又一重要因素。决策活动总是与决策者所追求的目标紧密相关。事实上，如果一个决策问题不能提出明确的准则体系，就会导致决策目标的盲目和混乱。在现实的决策问题中，准则常具有一定的层次结构，形成多层次准则体系，如图 6-1 所示。因此，在决策分析时必须按照目标的层次及重要性排序，逐步寻优，以达到决策系统的合理优化。

（4）决策规则

所谓决策就是要从多个备选方案中选择一个用以付诸实施的方案，作为最终抉择。在作出最终抉择的过程中，必须依照

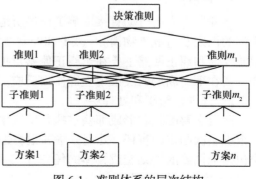

图 6-1 准则体系的层次结构

一定的规则对各方案进行排序优选，称达到此目的的规则为最优决策规则。决策规则既是评价方案达到目标要求的价值标准，又是选择方案所要依据的原则。在安全决策中，决策规则主要包括时间（即系统运行生命周期内的最小系统维护间隔时间、最小部件更换时间、最大系统更新时间等）和安全经济指数（包括安全成本、安全效益、安全效率等）。通常，决策规则的确定和方案的选择都与决策者的价值观或偏好有关。

2. 安全决策

决策，简而言之就是决定对策，即根据既定的目标和要求，对多个可能的方案，分别进行科学的推理、论证和判断，并从中选择出最佳的方案。因此，安全决策就是根据生产经营活动中需要解决的特定安全问题，遵照安全标准和安全操作要求，对系统过去、现在发生的事故进行分析，运用预测技术手段，对系统未来事故变化规律作出合理判断，并对提出的多种合理的安全措施方案进行论证、评价、判断，从中选定最优方案来实施的过程。

在事故发生过程中，按照人的认知顺序决策可以分为 3 个阶段，即人对危险的感觉阶段、认识阶段及反应阶段。在这 3 个阶段中，若处理正确，便可以避免事故和损失；否则，将会造成事故和损失。

在安全管理决策中，由于决策目标的性质，决策的层次、要求和决策的目的不同，因此决策的类型不同。

3. 安全管理决策的层次

根据安全问题及其决策的特点，两者在化学品相关企业建设生存期间内发生的变化很大，因此全面地提出安全决策的方法是很复杂的。例如，从计划建厂到关闭，一个企业的生存周期可分为 6 个阶段：设计、建造、试产、生产、维护和改造、解体和拆毁。在生存周期内每一阶段的安全决策，不仅影响本阶段，还对其他阶段产生影响。在设计、建造和试产阶段，安全管理的主要任务在于选择、研制和实现安全标准及决定安全指标。在生产、维护和拆毁阶段，安全管理的目的在于维持并尽可能改善安全的水平。

安全决策在组织层次上也有着根本的差别，可将有关安全管理的决策区分为 3 个主要层次。

1）执行层

在此层工人的行动直接影响工作场所危害物的存在及其控制。这一层次牵涉到对危害物的识别及对危害物消除、减少和控制方法的选择和执行。该层的自由度是很有限的，因此反馈和纠正回路主要在于纠正偏差及把实践和标准加以比较。一旦原有标准不再适合，要在下一高层的决策中立即作出反应。

2）计划、组织和处理层

此层次要酝酿和形成那些在执行层次中实行的、针对所有安全危害物的行动。计划和组织层次制定的责任、处理方法和报告途径等都应在安全手册中描述。这一层次的工作包括把抽象的原则变成具体的任务分工并实施，它相当于许多质量系统的改进回路。

3）构建和管理层

这一层次主要涉及安全管理的基本原则。当组织认为目前的计划和在组织水平上的基本方法能达到可接受的业绩时，则启动这一层次的工作。这一层次批评性地监督安全管理系统，并针对外部环境的变化而持续进行改善或维持。

4. 安全决策程序及注意问题

1）安全决策程序

安全决策程序有 8 个阶段，如图 6-2 所示。

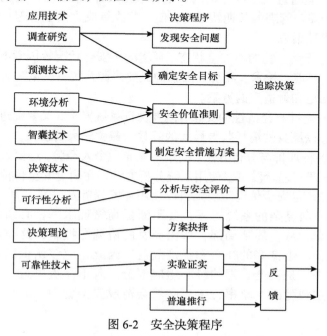

图 6-2　安全决策程序

a. 第一阶段——发现安全问题。根据存在的事故隐患把安全生产中存在的问题查清楚。

b. 第二阶段——确定安全目标。目标是指在一定环境和条件下，在预测的基础上要求达到的结果，目标有 3 个特点：①可以计量成果；②有规定的时间；③可以确定责任。

c. 第三阶段——价值准则。确定价值准则是为了落实目标，作为以后评价和选择方案的基本依据。它包括 3 个方面的内容：①把目标分解为若干层次的、确定的价值指标；②规定价值指标的主次、缓急、矛盾时的取舍；③指明实现这些指标的约束条件。

d. 第四阶段——拟制方案。这是在寻求达到目标的有效途径。只有对方案的有效性进行比较才能鉴别，所以必须制定多种可供选择的方案。

e. 第五阶段——分析评估。即建立各方案的物理模型和数学模型，并求得数学模型的解，对其结果进行评估。

f. 第六阶段——方案选优。在进行判断时，对各种可供选择的方案权衡利弊后选取其一，或综合为一。

g. 第七阶段——实验证实。方案确定后要进行试点。试点成功再全面普遍实施，如果不行，则必须反馈回去，进行决策修正。

h. 第八阶段——普遍实施。在实施过程中要加强反馈工作，检查与目标偏离的情况，以便及时纠正偏差。如果情况发生重大变化，则可利用"追踪决策"，重新确定目标。

2）安全决策过程需注意的问题

安全决策在实际操作时需注意以下几个要点。

a. 将长期的安全管理规划与短期的安全管理相结合。采取何种安全管理方案并非重点，但它必须融于安全管理的长期轨道中，使一些决策成为安全管理长远发展的组成部分，循序渐进，水到渠成。

b. 人的不安全行为、物的不安全状态、环境的不安全状况等因素要结合考虑。安全系统是人、社会、环境、技术、经济等因素构成的协调系统，决策时必须全面看待问题才能得出正确的结论和最适宜的方案。

c. 要处理好安全性与经济性的关系，既要保证系统安全，又要促进生产发展，还要保证损失最小化，以最少的消耗获得最大的效益，避免较大的损失。

d. 综合运用各种评价与分析方法。决策不能光凭个人经验，还要采取科学的方法和手段。例如，在发现问题阶段可以使用系统分析方法，在确定安全目标阶段可以使用调查和预测方法，在确定安全价值阶段则可以使用环境分析方法等。

安全管理是一项复杂的系统工程，要不断提高管理水平，必须注意提高决策能力，从宏观到微观，从全局到局部，作出周密的协调和控制，这样就能最大限度地防范事故的发生，产生良好的社会和经济效益。因此，应该认识到科学决策是安全管理科学化的前提，是安全管理的核心组成部分。若不注重决策，甚至在一些重大安全问题上过于主观臆断，草率行事，必然会造成安全管理上的疏忽，导致重大灾害事故的发生。

6.1.4　控制论相关原理[4]

安全控制工程是应用控制论基本原理和方法，研究安全系统的特性及安全控制规律的学科。

1. 控制论的基本概念

1）控制论的含义

控制论是研究系统调节与控制的一般规律的科学。控制论是研究工程系统、生物系统、社会系统等各种系统的共同控制规律，撇开各种系统具体特性而形成的高度概括的新兴学科。

控制论的发展大致经历了以下 3 个阶段。

（1）经典控制论

系统控制的概念于 20 世纪四五十年代建立，包括系统、信息、黑箱、反馈、调节、控制与稳定等；通过使用传递函数和频域分析方法，解决了单输入、单输出的线性定常系统的分析与控制问题，并为现代控制论的发展打下了基础。

（2）现代控制论

20 世纪 50～70 年代，通过引入系统的状态空间表示法，并结合计算机控制技术，使控制论的应用范围大大扩展；同时最优控制理论取得了重大进展；控制论的研究成果广泛应用于各个领域，并形成了许多边缘学科，如工程控制论、经济控制论、环境控制论、生物控制论等。

（3）大系统理论

20 世纪 70 年代以来，随着研究领域的扩大，所研究系统的规模也日益增大，出现了许多专门针对大系统的理论，如系统模型降阶、系统控制的分解协调、多级递阶和分散控制等。

2）调节与控制

调节是指对复合运行的系统从数量上或程度上进行调整，使其适合既定目标的要求。它是控制的核心组成部分。调节的主要方式有：平衡偏差调节、补偿干扰调节、排除干扰调节、复合调节等。

控制是指在各种复合运行的系统中，通过采取一定的手段，保持系统状态平衡或不超出标准范围，实现系统行为的预期目的。即按给定条件对系统及其发展过程加以调整和影响，使系统处于最佳状态并达到预期目的的行为。

3）系统递阶控制方式

递阶控制是按照一定的优先和从属关系将决策单元组合成一个金字塔结构，如图 6-3 所示。同级的各决策单元可以同时平行工作，并对其下级施加控制，同时又要受到上级的干预，子系统可通过上级相互交换信息。多级递阶控制方式克服了集中控制和分散控制的弊病，其实质是通过大系统的分解和协调，简化系统的复杂结构，提高系统的控制效率，从而实现系统的整体优化。

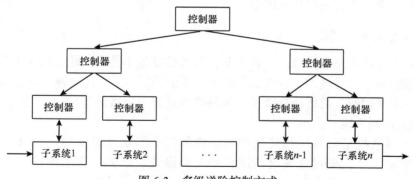

图 6-3　多级递阶控制方式

4）系统控制基本原理——反馈控制

经过长期研究，人们发现各种系统的控制，不论是自动控制的机器或是人体生命系统的调节、社会经济的运作，都是以信息的传递、反馈为基础的活动，具有相同的运行规律。

这种共同的控制模式如图 6-4 所示，此种系统称为"反馈控制系统"。反馈控制环节由检测、决策、标准、调节 4 部分组成。

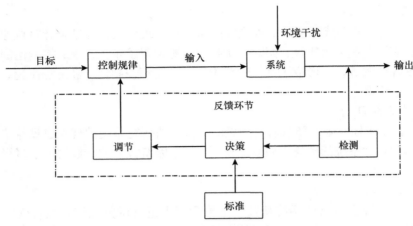

图 6-4　系统反馈控制

反馈控制过程的工作原理如下。

a. 检测单元从系统输出端得到系统输出量的有关信息，将结果传递给决策单元，对于有人的系统来说，检测单元须包括人的感官。

b. 决策单元根据检测单元提供的信息，参考事先给定的判断标准进行逻辑判断，以确定应当如何调节输入量，然后向调节单元发出调节指令，如果系统有人，决策单元往往就是人的大脑。

c. 标准单元在绝大多数情况下是一种事先给定的数值，如温度、压力、流量、电流、电压等，但是标准单元有时是决策人在目前可供选择的若干方案中选择出的最佳方案。

d. 调节单元是反馈环节的执行机构，它根据决策单元传递过来的指令去执行，在有人的系统中，调节单元还包括人的手、足。

2. 安全控制系统理论

系统安全评价不是最终目的，且大部分事故的发生不是因"粗心的工人"造成的，而是由管理控制不当导致的；系统安全改善也不是最后一步，在改善后还要对企业的安全情况进行闭环控制，巩固改善成果，为持续改进打下坚实的基础。

1）安全控制系统

安全控制系统是由各种相互制约和影响的安全因素所组成的、具有一定安全特征和功能的整体。主要包括安全物质，如工具设备、能源、危险物质、人员、组织机构、环境等；以及安全信息，如政策、法规、指令、情报、资料、数据和各种信息等。

从控制论的角度分析系统安全问题可以认识到：系统的不安全状态是系统内在结构、系统输入、环境干扰等因素综合作用的结果；系统的可控性是系统的固有特性，不可能通过改变外部输入来改变系统的可控性，因此在系统设计时必须保证系统的安全可控性；在系统安全可控的前提下，通过采取适当的控制措施，可将系统控制在安全状态；安全控制系统中人是最重要的因素，既是控制的施加者，又是安全保护的主要对象。

通过对比分析，可以发现安全控制系统具有以下特点。

a. 安全控制系统具有一般技术系统的全部特征。

b. 安全控制系统是其他生产、社会、经济系统的保障系统。

c. 安全控制系统中包含人这一最活跃的因素，因此人的目的性和人的随机性都会影响安全控制系统的运行。

d. 安全控制系统受到的随机干扰非常显著，因而研究更加复杂。

2）安全控制系统的分类

安全控制系统有宏观安全控制系统和微观安全控制系统两类。

宏观安全控制系统是以整个系统作为控制对象，运用系统工程的原理，对危险进行控制。它接近于上层建筑范畴，一般是指各级行政主管部门以国家法律、法规为依据，应用安全监察、检查、经济调控等手段，实现整个社会、部门或企业的安全生产目标的全部活动。

图 6-5 为一宏观安全控制系统模型，在模型中以各种生产系统为被控系统，以各种安全检查和安全信息统计为反馈手段，以各级安全监察管理部门为控制器，以国家安全生产方针和安全指标为控制目标。

将图 6-5 所示控制系统模型进一步简化，得到如图 6-6 所示的控制系统模型，它与一般控制论系统方框图相一致。

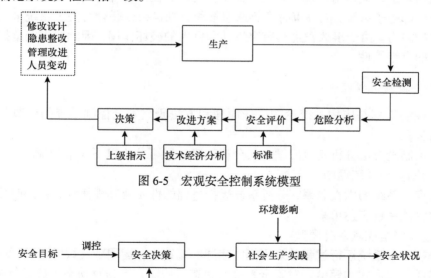

图 6-5　宏观安全控制系统模型

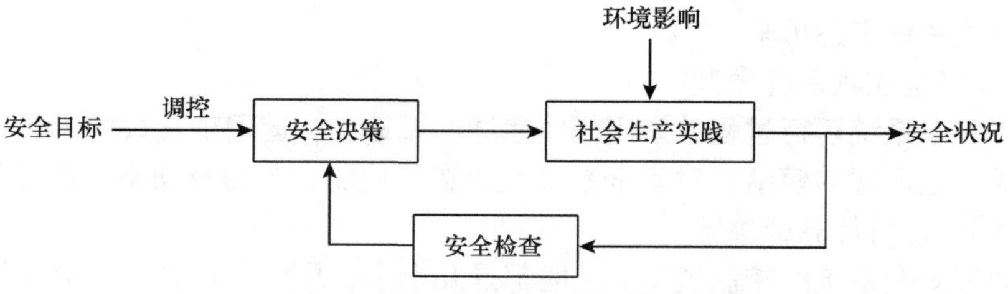

图 6-6　宏观安全控制系统简化模型

微观安全控制是以具体的危险源为对象，以系统工程的原理为指导，对危险进行控制。所采用的手段主要是工程技术措施和管理措施，根据对象的不同，措施也完全不同。

微观安全控制系统是以具体的危险源为被控制系统，以安全状态检测为信息反馈手段，以安全技术和安全管理为控制器，以实现安全生产为控制目标的系统。

宏观控制与微观控制互相依存，互为补充，互相制约，缺一不可。

3）安全系统的控制特性

安全系统的控制虽然服从控制论的一般规律，但也有它自己的特殊性。

（1）安全系统状态的触发性和不可逆性

如果把安全系统出事故时的状态值定为 1，无事故时的状态值定为 0，即系统输出只有 0，1 两种状态。虽然事故隐患往往隐藏于系统安全状态之中，但在事故被触发前，很难从直观上判知系统处于何种中间状态。因此，系统的状态常表现为由 0 至 1 的突然跃变，这种状态的突然改变称为状态触变。

此外，系统状态从 0 变到 1 后，状态是不可逆的，即系统不可能从事故状态自行恢复到事故前状态。

（2）系统的随机性

在安全控制系统中发生事故具有极大的偶然性：什么人、在什么时间、在什么地点、发生什么样的事故，一般都是无法确定的随机事件。要想保证每一个人的安全，进行绝对的控制，是一件十分困难的任务。但是对一个安全控制系统来说，可以通过统计分析方法找出某些安全变量的统计规律。

（3）系统的自组织性

所谓的自组织就是指系统状态发生异常情况时，在没有外部指令的情况下，管理机构和系统内部各子系统，能够审时度势选取某种原则自行或联合有关子系统采取措施来控制危险的能力。由于事故发生具有突然性和巨大的破坏作用，因此要求安全控制系统具有一定的自组织性。

3. 安全控制工程理论

安全控制工程是应用系统论的一般原理和方法研究安全控制系统的调节与控制规律的一门学科。

应用控制论方法分析安全问题，其分析程序一般可分为以下 4 个步骤。

1）绘制安全系统框图

根据安全系统的内在联系，分析系统运行过程的性质及其规律性，并按照控制论原理用框图将该系统表述出来。

2）建立安全控制系统模型

在分析安全系统运行过程并采用框图表述的基础上，运用现代数学工具，通过建立数学模型或其他形式的模型，对安全系统的状态、功能、行为及动态趋势进行描述。

3）对模型进行计算或决策

描述动态安全系统的控制模型，一般都是几十个、几百个联立的高阶微分或差分方程组，涉及众多的参数变量。要进行这样复杂的运算求解，通常要采用计算机来进行。对于非数学模型，可通过分析形成一定的措施、方法和政策等。

4）综合分析与验证

将计算得出的结果或决策运用到实际安全控制工作中，进行小范围的试验，以此来矫正前 3 个步骤的偏差，促使所研究的安全问题达到既定的控制。

以上过程既相互对立，又前后衔接、相互制约，它们之间的关系如图 6-7 所示。

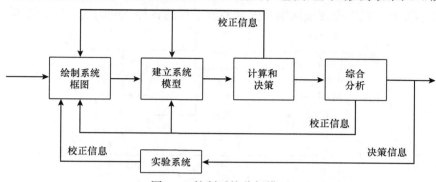

图 6-7　控制系统分析模型

4. 风险控制的基本原则

为了控制系统存在的风险，必须遵循以下基本原则。

1）动态控制原则

安全系统是运动、变化的，而非静止不变的。从系统的运行过程来看，系统的输入（安全要求、危险及其控制）处于不断的动态变化之中，因此决定了安全效果（事故、损害、环境污染）既具有统计规律性，又具有明显的随机性。从系统的组成来看，人、机、环境在系统中所起的作用和地位同样不是固定不变的。人、机、环境三者相互作用，处于一个不断变化的系统中。安全科学就是要建立这三者的平衡共生状态，只有正确地、适时地进行控制，才能收到预期的效果。

2）多层次控制原则

对于危险控制，必须采取多层次控制，以增加其可靠程度。多层次控制通常包括根本的预防性控制、补充性控制、防止事故扩大的预防性控制、维护性能的控制、经常性控制及紧急性控制 6 个层次。各层次控制采用的具体内容随事故危险性质不同而不同。在实际应用中，是否采用 6 个层次及究竟采用哪几个层次，则视具体事故的危险程度和严重性而定。

3）分级控制原则

系统的组成包括各子系统、分系统，其规模、范围互不相同，危险的性质、特点也不相同。因此，必须采用分级控制。通常可分三级控制：一级控制是指对事故的根本原因（管理缺陷）的控制；二级控制是指对生产过程实施的危险闭环控制，是对装备本质安全的控制，因此是至关重要的；三级控制则是指对工作场所危险预防的控制。在三级控制中，一级控制是关键，只有有了有效的一级控制才会有好的二级和三级控制。

4）闭环控制原则

安全系统包括输入、输出，并通过信息反馈进行决策，控制输入等环节。这样一个完整的控制过程称为闭环控制，如图 6-8 所示。闭环控制是自动控制的核心。一个好的闭环控制必须要有信息反馈和控制措施，在规划与建造中，必须预测技术装备的危险度，确定其是否在预定的范围内。因此，安全控制工程是运用现代控制理论的方法论、控制机制和数学模型，在安全管理网络及安全系统工程的各种范畴内实现闭环控制。

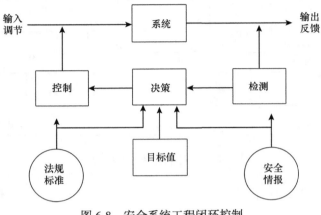

图 6-8　安全系统工程闭环控制

6.2　安全系统工程理论和系统论

安全系统工程领域研究、解决的主要问题是：如何控制和消除人员死伤、职业病、设备或财产损失，最终实现在功能、时间、成本等规定的条件下，系统中人员和设备所受的伤害和损失为最小的目的。

一般采用"安全性"来描述安全。与安全对立的概念是危险，同样也可用"危险性"来描述危险。在实际研究与使用中，通常是通过对系统危险性的研究，并以危险性的大小来表达安全性。假定系统的安全性为 S，危险性为 D，则有 $S=1-D$。显然 D 越小，S 就越大，反之亦然。若消除了危险因素，就等于创造了安全。

近 30 多年来，人们把系统工程应用于安全领域，形成了安全系统工程。因此，所谓的安全系统工程就是指运用系统工程的原理和方法，对系统或生产过程中的危险性进行识别、分析、评价及预测，并根据其结果，采取综合安全措施予以控制或消除系统中存在的危险因素，使事故发生的可能性减少到最低限度，从而达到最佳的安全状态的过程。

6.2.1　系统科学基本理论

1. 系统工程的含义和学科性质[5]

系统工程的研究对象是系统，它是一种对所有系统都具有普遍意义的科学方法，它也是组织管理各个系统进行研究、规划、设计、制造、实验和控制运行的一种科学技术。系统工程与其他一般纵向科学技术，如机械制造工程、土木建筑工程、电气工程等不同之点是其是跨越了这些学科而填补这些学科边界空白的一种边缘科学。它不仅涉及工程科学领域，而且涉及政治、经济、社会各个领域，系统工程的任务就是从横向方面把这些科学组织起来的一种科学技术。系统工程既然是把多种技术和学科有机地结合在一起的一门科学，因此其必然是由具有不同特殊功能的学科、子系统所组成，并按照各个分目标进行权衡，求得全面最优解的一种科学技术。

综合以上系统及系统工程的含义，可以看出系统是某些有关要素（人、概念、法则、生态信息、物资等）的集合，而系统工程的目的是运用系统的理论和方法去分析、规划、设计出新的系统或改造已有的系统，使其实现最优目标，并按此目标进行控制和运行。

系统工程的研究对象较为广泛，可能涉及工程技术、管理科学、信息、控制理论，甚至医学、心理学、社会学、经济学等方面。但系统工程与一般工程着重研究工程的技术性能、结构、效率等特点不同，系统工程则重点考虑功能、规划、组织、协调、效果等方面的问题。

传统工程与系统工程之间的本质差别可用两个式子表达出来：传统工程=常识+专业工程知识；其中常识是指基本科学定律和逻辑思维方法，而系统工程=系统观点和方法+传统工程+数学方法+计算机技术。

由此可见，系统工程并不排斥或替代传统工程，而是以传统工程的主要观点和方法为基础，运用先进的科学技术和手段，从全局、整体、长远出发去考察问题，拟定目标和功能，并在规划、开发、组织、协调各关键时刻进行分析、综合、评价，求得优化方案，然后用传统工程行之有效的方法去进行工程设计，生产、安装、建造新的系统或改造旧的系统，并使其整个寿命周期最优。因为系统工程特别强调其改造客观世界的作用和效果，所以它又是一门应用学科。

2. 系统工程的基础理论

在探讨系统工程的基础理论和方法论之前，需要了解系统科学体系及系统工程在这个系统科学体系中所处的地位。系统科学体系包括系统概念、一般系统理论、系统理论专论、系统方法论（系统工程、系统分析）和系统方法的应用 5 个组成部分。按照从抽象到具体、从概念到应用排列成上小下大的金字塔形状，如图 6-9 所示。

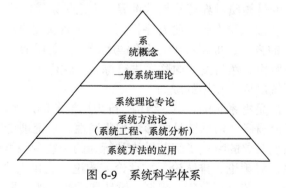

图 6-9　系统科学体系

系统科学是从认识事物的宇宙观开始的，广义来说，许多客观事物都是系统科学的研究对象，都可用系统的观点认识它，用系统的理论分析它，用系统的方法处理它。

从系统论认识事物的概念出发，把客观世界的一切事物简单地划分为 4 类，如图 6-10 所示，横坐标表示事物的有序程度，纵坐标表示事物的复杂程度，则形成四个区域。第

Ⅰ区域就是系统科学所研究的对象和范畴，它的研究对象是复杂的、有序的。第Ⅱ区域是研究纵向单一的、有序的专业科学，如物理学、生物学、社会学、经济学等。把这些单一的专业科学按横向联系起来就构成复杂的事物，也就变成第Ⅰ区域系统科学的研究对象了。第Ⅲ区域是研究那些无序现象，对其大量概率统计数据进行分析，并找出规律性。这个领域也逐渐成为人们的研究对象并被归纳为系统科学的范畴，成为系统科学的延伸。通过检验信息、统计规律来处理随机量，如模糊系统、灰色系统根据模糊量、灰色量关联度，数据到数据的"映射"，时间序列到时间序列的"映射"，来处理随机量并发现规律而建立起数学模型，从而进行预测、建模、评价、决策、控制。第Ⅳ区域则是尚未被人们认识的混沌世界，该区域相当复杂，表面又无序，有待人类去认识和开发。

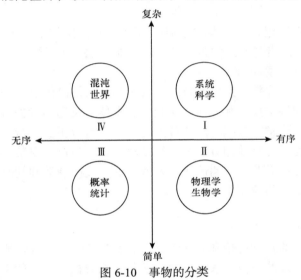

图 6-10　事物的分类

系统科学体系中的系统概念就是认识事物，从整体看到其复杂性，从广泛的联系中看到它的有序性，不论是物质世界还是精神世界，不论是系统的组织结构还是目的和行为，都具有横向联系和按从层次到递阶有序排列。为了解决复杂的、有序的整体问题，产生了系统普遍适用的方法，即系统的"分解与综合"，把复杂的事物分解成若干简单的子系统，逐一加以解决，然后按横向联系进行综合，这样才能体现出"整体大于各个组成部分之和"的系统的巨大作用的威力。

一般系统理论指的是把系统的目的、结构、行为用抽象的严密理论加以描述、分析、评价、优选。这些理论确保一切系统具同形性和普遍性。系统理论专论是在一般系统理论的基础上，针对系统对象的特点了解其结构和行为的一些专门学科，如信息论、控制论、规划论、决策论、对策论、排队论、贮存论、图论、优化理论等。

系统方法论是指对系统进行分析、规划、设计和运行时所采取的具体应用理论及技术方法和步骤，这些方法论主要体现在系统工程或系统分析的应用过程中。

系统工程是高度综合性的边缘科学，涉及的学科领域比较广，采用各个学科的方法作为系统分析、设计、评价、控制的工具。系统工程的目的是使系统设计最优化、系统运行最优化。系统工程的基础理论有三方面，即社会科学基本理论、技术基础和方法基础，详见图 6-11。

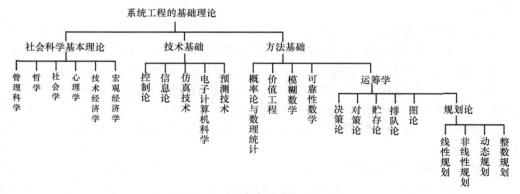

图 6-11　系统工程的基础理论

系统工程是跨越自然科学与社会科学的桥梁，系统工程除了上述基础理论之外，还有耗散结构理论、协同学及超循环理论。

耗散结构理论将非线性非平衡热力学中"熵"作为系统有序程度的量度，低熵对应于有序化程度增加，高熵对应于无序化程度增加，系统通过不断与外界环境交换能量"熵"，自动产生一种自组织现象，组成系统的各子系统会形成一种互相协同的作用，使系统从原来无序的状态变为一种时间、空间或功能有序的结构，这种原为非平衡状态的新的有序结构称为耗散结构。稳定结构是不与外界交换能量的静态平衡结构，是没有生机的系统，而耗散结构是与外界交换能量、物质及信息的结构，是动态有序结构，是有生命力的系统。

协同学是非平衡系统理论中的新兴学派，它从分析非平衡有序结构系统入手，建立数学模型，进行动力学及统计学考察，认识非平衡开放系统有序结构形成的条件和规律。开放性是产生有序结构的必要条件，而非线性是产生有序结构的基础，只有协同性才是产生有序结构的直接原因。

超循环理论证明了生命的存在。系统需从环境中不断吸收负熵来维持生命的有序结构。当开放系统由内部产生熵，同时还要从系统外部进入"熵"流，这样由基层循环组成更高一层次的循环，即超循环，事物的运动即由低级向高级发展。

6.2.2　系统分析

系统分析在系统工程中起着极其重要的作用，是系统工程中很重要的工作，特别是在事理系统、系统分析中可起决定性的作用。系统分析不同于一般的技术经济分析，它必须从系统的总体最优出发，采用各种分析工具和方法，对系统进行定性、定量的分析。系统分析不仅分析技术经济方面的有关问题，而且分析政策、组织体制、信息、物流等各个方面的问题。

系统分析可以描述为一个过程，即从系统的观点出发，对事物进行分析综合，找出各种可行方案供决策者选择。也可以说，系统分析是对系统的内外各种情况进行全面的分析，然后对众多的方案进行综合评价，找出最优方案，为决策者选择方案提供可靠的依据。因此，从某种意义上讲，系统分析只是一种辅助决策的工具，而不能代替决策者进行决策。

在复杂的现实世界中，任何事物都与其他事物相互联系着，而系统分析就是要把所研究的对象从环境中划分出来，同时分析出事物的内部子因素，只有弄清事物外在与内部的互相关系，才能对该事物做进一步的逻辑思维推理，从而作出正确的决策。对于一个完善的分析，首先要明确分析的目的，通过对系统的分析，为复杂的系统建立起适当的模型，借助计算机模拟和数值分析对系统做进一步的分析，从而对系统作出正确的预测；然后借助该系统的反馈控制和前馈控制，完成决策信息的收集；最后对系统作出最优化的决策。

随着科学不断发展，系统分析所起的作用越来越大，应用的范围越来越广。系统分析应用的范围大致有：制定一个系统的长期规划；设计一个系统；组织管理重大工程建设项目；工程建设项目的规模确定与选址；编制系统的计划安排。总之，到目前为止系统分析已经成为一门实用学科，广泛地应用在经营管理系统中。随着应用数学的发展及电子计算机的应用，系统分析将发展到一个新的水平。

1. 系统分析的要素与准则

1）系统分析的要素

在实际问题中，系统总是千变万化的，而且所有系统都处在各不相同的复杂环境中；另外，不同的系统功能不同，内部构造、组成因素也不同；即使是同一系统，由于分析目的不同，所采用的方法和手段也不同。因此，要找出技术上先进、经济上合理的最佳系统，系统分析时必须具备若干个要素，这样才能使系统分析顺利进行，以及达到分析的要求。

在系统分析论中，系统分析方案包括 5 要素。

（1）系统目的

即系统的总目标，也是决策者作出决策的主要依据。当系统达到某一指标或达到某一程度，这个系统就能被采纳接受。系统的目的和要求既是建立系统的根据，又是系统的出发点。

（2）替代方案

在系统分析过程中必须要有几种方案或手段，这些方案或手段不一定是互替的，或是具有同一效能。当多种方案各有利弊时，需要确定最优方案，然后进行分析比较。

（3）费用和效益

系统分析中所指的费用是广义的，包括失去的机会和所作出的牺牲。每一个系统、每一个方案都需要大量的费用，同时一旦系统运行后就会产生效益。一般来说，费用少效益大的方案是可取的，反之是不可取的。

（4）系统模型

即为了表达与说明目标与方案或手段之间的因果关系、费用与效果之间的关系而拟制的数学模型或模拟模型，用它来得出系统的各种替代方案的性能、费用和效益，以利于各种替代方案的分析和比较。

（5）系统评价

根据采用的指标体系，由模型确定各方案的优劣指标，衡量可行方案的优劣指标就是评价的基准。根据评价基准对各方案进行综合评价，确定出各方案的优劣顺序，以供决策者选择。

根据系统分析方案的 5 要素，可以画出系统分析要素图，如图 6-12 所示。

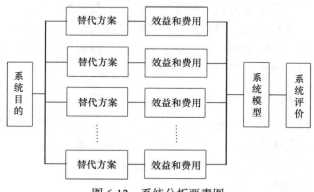

图 6-12　系统分析要素图

对于复杂系统的系统分析，要建立适当的系统模型，借助计算机模拟和数值分析对该系统作出正确的预测，完成系统的决策工作，使系统完全处在人为控制之下。在对系统决策优化的过程中，特别是一些定量优化问题，运筹学是主要的优化方法。

2）系统分析的准则

一个系统由很多因素构成，它不但受到外部条件的影响，而且受到内部各因素之间相互关系的制约。对于一个大系统，又可以分成若干个层次、若干个子系统，同时整个系统还处在动态的发展之中。因此，在系统分析时，必须处理好各种矛盾，遵循一定的准则。

（1）外部条件与内部条件相结合

一个系统不仅受到内部因素的影响，而且受到外部条件的约束。例如，一个建筑公司不仅受到公司内部各因素相互关系的牵制，如公司内部工队与班组之间的协调等，还受到外部条件的约束，如气候条件直接影响施工的进度与质量。因此，对某一系统进行系统分析时，应将系统内部与外部各种有关因素结合起来进行综合分析，以实现方案的最优化。

（2）当前利益与长远利益相结合

由于系统是动态的，会随着时间及外界条件的变化而变化，因此在选择最优方案时，不仅要从目前的利益出发，而且要考虑将来的利益。如果采用的方案对目前和将来都有利，那当然是最理想的方案。然而有的系统从当前看是不利的而从长远看是有利的，但从系统分析的观点看是合理的。对于一时有利而长远不利的方案，即使是过渡性的，最好也不选用。

（3）局部效益与整体效益相结合

一个系统往往由许多子系统组成，子系统由子子系统组成。如果各个子系统的效益都是好的，那么总系统的效益也会比较好。但大多数情况下，一个大系统中有些子系统从局部看是经济的，但从总体看是不经济的；有的子系统从局部看是不好的，但从全局看则是良好的，那这种方案还是可取的。在系统工程中，对系统的要求是整体效益最优化，而不是局部效益最优化，局部效益要服从整体效益。

（4）定量分析与定性分析相结合

用系统工程的方法分析问题时，对于可以用产品的产量、成本、利润、消耗的原料与能源量等数量指标进行衡量分析的称为定量分析；但政治、政策、环境污染、法律等系统无法用数量指标进行分析，只能根据经验用"好与坏"、"可以与不可以"做主观判断，称定性分析。系统分析不但要进行定量分析，而且要进行定性分析。分析的方法可以按照"定性—定量—定性"这一过程进行。

2. 系统分析的步骤

系统分析是一项系统性与逻辑性较强的工作。由系统概念形成问题，由问题产生目标，再根据目标去找最优方案，这就是系统分析的主要逻辑程序。在整个系统分析过程中，不但需要做大量的调查研究，收集各种数据与资料，还需要应用各种工程专业技术、数量经济分析和管理技术。

1）系统目的选定

对某一系统进行分析时，首先必须明确该系统的目的和当前系统的状况，即要回答"干什么"和"为什么这样干"？如果所确定的目的是错误的，那么无论怎样分析，也不能产生好的结果。

在对系统目的进行分析时，要确定系统的构成和范围，深入到问题的本质，弄清楚分析对象的构成、范围和功能等之间的相互关系。对系统目的分析可以用定性方法或概略模型，以确定所选定的目的，分析其成功的可能性。

2）收集资料、确定系统的指标体系、计量工作

对系统所涉及的范围及影响系统的各因素进行深入详细的调查，收集有关的资料，这是建立系统的模型并进行定量、定性分析的基础。

（1）收集资料

a. 调查系统的历史与现状，收集国内外的有关资料。

b. 对有关资料进行分析和对比，排列影响系统的各因素并且找出主要因素。

（2）确定系统的指标体系

找出影响系统的各因素后，必须有一个统一的标准对今后建立的模型及各方案进行衡量，这就是系统的指标体系。由于系统分析的对象、内容不同，采用的指标体系也就不同。

（3）计量工作

利用收集的资料，按照所确定的指标体系，对构成系统的各因素进行"计量化"。这里的"计量化"是广义的。对于投资费用、劳动生产率等数量指标，可以用数理统计、预测、分析计算等方法进行定量化；而对于品种质量、劳动条件、社会影响等质量指标，用模糊数学等方法进行定量或定性化。

3）系统模型化

建立系统模型是系统分析中进行定量分析的一个重要手段。模型化就是根据前面的

一些定量因素，用数学方法或模拟技术把各因素之间的关系表示出来。模型可以表示系统全部因素之间的关系，也可以把系统分解成若干个分系统，模型只表示分系统中各因素之间的关系。

4）系统最优化

对于能够定量的因素，可用数学方法建立数学模型，运用运筹学等技术方法把最佳方案找出来，对于一些庞大复杂的系统，还可以运用计算机进行求解。在定量因素优化的基础上，再考虑那些定性因素并进行综合性的、全面的、整体的最优化。

5）综合评价

对系统的若干个方案进行最优化后，可以得到几个替换方案，因此还要对几个替换方案重新进行综合评价。一般情况下，每个方案都有自己的长处，也有自己的短处，选用什么方案需要根据系统分析时所制定的系统指标体系，即评价标准来确定，即根据评价标准对各方案进行综合评价，确定出各方案的优劣顺序。

以上具体步骤的流程框图如图 6-13 所示。

6.2.3　安全系统的构成[6]

安全系统工程是一种综合性的技术方法。在安全系统工程的使用过程中，不仅要应用系统工程的原理和方法，而且要熟悉所要研究的系统或生产过程及应采取的安全技术等。从目前国内外的研究内容和应用实例来看，安全系统工程的内容主要包括事故成因理论、系统安全分析、安全评价和安全措施 4 个方面。

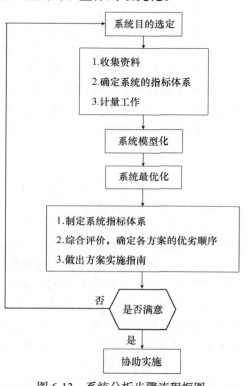

图 6-13　系统分析步骤流程框图

1．事故成因理论

为防止事故发生，人们在生产实践中不断总结经验和教训，研究探索事故的发生规律，以了解事故为什么会发生，事故是怎样发生的，以及如何采取措施予以防范，并依此以模式和理论的形式加以阐述，这些模式和理论称为事故成因理论或事故致因理论。事故致因理论就是从事故的角度研究事故的定义、性质、分类和事故的构成要素与原因体系，分析事故致因模型及其静态过程和动态发展规律，阐明事故的预防原则及措施。事故致因理论是指导事故预防工作的基本理论。

人们对事故机制做逻辑抽象或数学抽象，用于描述事故致因、经过和后果，然后用于研究人、物、环境和管理及事故处理，而这些因素如何作用而形成事故和造成损失的过程称为事故模式。事故模式对事故的分析、预防、处理均具有重要的作用。事故模式有很多种，目前应用较多的是系统理论、事故因果连锁论、流行病学论、能量交换模式、不安全行为论、寿命单元改变论、屡次失误模式、人的因素论、人机理论、动机论、同时发生论、决策模式、生物节律论等。

2. 系统安全分析

系统安全分析是安全系统工程的核心内容，是安全评价的基础。通过这个过程，人们可以对系统进行深入、细致的分析，充分了解、查明系统存在的危险，估计事故发生的概率和可能产生伤害及损失的严重程度，为确定哪种危险能够通过修改系统设计或改变控制系统运行程序来进行预防提供依据。所以，分析结果的正确与否，关系到整个工作的成败。

系统安全分析法，目前国内外提出的已有数十种之多。综合这些方法，可将其归为文字表格法、逻辑分析法、统计图表分析法、调查试验法和数学解析法五大类共 16 种基本方法。各种方法各有自己的特点，其中有不少方法是雷同或重复的。因而，在使用时应设法了解系统，并选用合适的、具有特色的分析法。在进行系统安全分析时，可根据需要把分析进行到不同的深度，可以是初步的或详细的，定性的或定量的。每种深度都可以得出相应的答案，以满足不同项目和不同情况的要求。

3. 安全评价

安全评价是对系统存在的危险进行定性或定量的分析，得出系统存在的危险点与发生危险的可能性及其程度，以预测被评价系统的安全状况。

安全评价是预测预防事故的高级阶段，它往往是在系统安全分析的基础上结合其他理论进行的。不同的评价方法有不同的安全评价结果。定性评价的结果只能用大概的度量信息表现，只能让人们知道系统中危险的大致情况；定量评价的结果则能用较为精确的量值表现，可以以较为直观的数量形式反映安全状况。

安全评价是一种预测安全状况的手段，并非防止、控制事故发生的实际措施。安全评价是安全系统工程的重要组成部分，同时是实用性较强的内容。进行正确的安全评价必须有科学的安全理论作为指导，使其能真正揭示安全状况变化的规律并准确描述，并以一种可辨识的度量信息显示出来。

安全评价方法可依据评价的目的或采用的基本理论进行分类。目前较常见的方法有定性和定量评价、预先评价、日常评价、事后评价、全面评价、局部评价等。现代安全评价是以系统科学原理、耗散结构理论、现代数学和控制理论等作为理论基础的。

4. 安全措施

对一个系统进行评价后，根据评价结果，针对系统中的薄弱环节或潜在危险，提出调整修正措施，以消除事故的发生或使发生的事故得到最大限度的控制。

安全措施主要包括宏观控制措施、微观控制措施和安全目标管理。

宏观控制措施以整个系统作为控制对象，根据系统的安全状况进行决策，选定控制措施。通常采用的控制措施主要有法制手段（政策、法令法规、规章制度）、经济手段（奖、惩）和教育手段。

微观控制措施以具体的危险源作为控制对象，人为地对系统中固有的危险源和人的不安全行为进行控制。对于固有危险源，具体的措施有控制、保护、隔离、消除、保留和转移等。对于人的不安全行为，主要依据行为科学原理，采用人的安全化与操作安全化方法进行控制。

安全目标管理就是把一定时期内所要完成的安全指标分解到各具体部门或个人。接受安全指标的部门或个人，根据自身系统的安全状况，在管理人员的指导下，采取具体控制措施，对系统中的不安全因素进行控制，以达到预期的安全效果。安全目标管理的实施分目标制定阶段、目标执行阶段和目标成果评价阶段。安全目标管理主要采用法律、行政、经济、教育及技术工程手段。

6.2.4　安全系统的优化[4, 7]

人们在运用系统时，总希望所设计的系统工作得最好，即在一定人力、设备、材料、资金和时间等条件约束的情况下，所设计的系统具有最佳工作状态。最佳工作状态的寻找需要渗透于设计、制造、生产、运行等实践活动的全部，这就产生了应用优化理论。

优化是系统工程最重要的概念之一。大系统所要实现的目标一般是很复杂的，而且随着使用要求的不同会有所差异。若仅用性能、可靠性、安全性、成本、进度、可维修性和期望寿命中的任一单个指标来描述是不充分的，而是要对这些指标综合考虑。当然，基于系统使用要求的不同，如有的强调性能，有的强调可靠性，有的强调安全性，或有的强调成本，系统工程师在处理系统优化问题时，必须对具体系统做具体分析，权衡利弊，确定各种目标的相对重要性。这就要用数学语言表达出系统的全部目标，即性能 P、可靠性 R、安全性 S、可维修性 M、成本 C、期望寿命 LE 等；然后按照自己的经验和有关的科学知识，正确判断上述各种目标的相对重要性，对每项目标分别给以适当的权函数：W_P、W_R、W_S、W_M、W_C、W_{LE} 等，从而得到一组加权的系统目标：$W_P \cdot P$、$W_R \cdot R$、$W_S \cdot S$、$W_M \cdot M$、$W_C \cdot C$、$W_{LE} \cdot LE$，对这些加权的系统目标全部求和，就得到一个表示整体系统目标函数 W_f 的数学方程。应用数学方法分析这个数学表达式，就能验明系统目标与系统设计参数之间的复杂关系，找出优化系统设计所应遵循的逻辑思路，从而求出适合的方案。值得注意的是，在数学表述的基础上进行系统的优化是一个高度复杂的过程，需要经过大量的计算才能完成。

要使一个系统达到"最佳的安全状态"，如上所述，需要应用科学的思维和数学方法，经过综合分析，权衡利弊，从可达到安全目标的众多方案中，选择出最佳方案。这种选择是对系统说明 F_S 和系统输入 E_T 的各种可能结构进行挑选。实际上，这些选择是在工程结构、可靠性、安全性、可维修性、人员技术训练和其他安全影响因素范围内进行的。能使系统达到最佳安全状态的选择，应包括如下内容。

a. 在能实现系统安全目标的前提下，使系统的结构尽可能简单。

b. 配合操作或维修用的指令数目最少。

c. 当任何一部分出现故障时，保证不导致整个系统停运或人员伤亡。

d. 提供高质量的、不可能因失效而导致事故的显示设备。

e. 提供安全可靠的自动保护装置和行之有效的应急措施。

以上选择，不能不涉及系统的输出，即系统的目的 E_O。这就要求将系统目的（或目标）定量化，即把这些目的与它们的"价值"或"效益"联系起来，因为系统的安全性好坏对系统的经济效益有很大的影响。

6.3　事故学理论体系

事故是指人们在进行各类活动过程中，突然发生的违背人们意志的不幸事件。它的发生，可能迫使这种活动暂时或者永久地停止下来，其后果可能是人员伤亡，或者是财产损失（环境污染），也可能两种后果同时产生。

由此可知，事故的概念有三重含义：一是事故是一种发生在人类生产和生活活动过程中的特殊事件；二是事故是一种突然发生的、出乎人们意料且难以准确预测的意外事件；三是事故是一种能迫使人们正常进行的活动中断或终止，必然给人们的生产和生活带来某种负面影响的事件。

事故学是研究事故理论的一门学科，是研究人类在社会生产与生活的各个领域能够顺利进行各类活动，防止和避免各种伤害与损失，以及意外事件出现后能够有效保护与避难、实施救护与控制的一门综合性学科，涉及的领域非常广泛。

事故不仅是一种现象，而且是一门学科。事故研究可从不同角度进行，可从事故发生的原理来研究，可从事故管理的角度来探讨，也可从事故发生的结果来分析。从安全管理的角度来说，事故是安全管理的重要内容之一，也是安全管理学的重要分支，是安全科学技术的核心内容。

6.3.1　事故的分类

事故的分类较为复杂，在不同的领域，事故的分类有不同的依据，如交通事故可以分为重大事故、一般事故和轻微事故；医疗事故中根据事故致因分为责任事故、技术事故，而按事故的轻重大小则分为一级医疗事故、二级医疗事故、三级医疗事故和四级医疗事故。本节主要对化学品生产、运输、经营及废弃处置过程中的化学品安全事故进行分类[8]。

1. 根据规模分类

从救援和事故规模上看，危险化学品事故分一般性危险化学品事故和灾害性危险化学品事故。灾害性危险化学品事故根据其危害范围及危害程度，又可分为重大灾害性危险化学品事故和特大灾害性危险化学品事故。一般来说，中毒 10 人或死亡 3 人以下，事故范围及危害局限在企业以内，只需调集事故企业劳动安全、医疗卫生部门及有关工程技术人员就能及时控制，或仅依靠当地消防部门就能有效救援的事故，称一般性事故；造成众多人员伤亡和使国家财产遭受重大损失，事故范围已超出事故企业，妨碍企业及周围地区群众生活，其中中毒 10 人以上、100 人以下或死亡 3 人以上、10 人以下的化学品事故，称重大灾害性危险化学品事故；中毒 100 人以上或死亡 30 人以上的化学品事故，称特大灾害性危险化学品事故。

2. 根据化学品特性分类

根据化学品的易燃、易爆、有毒等特性，以及化学品事故定义，化学品事故可分为以下几类。

1）火灾事故

燃烧物质是化学品的火灾事故。具体又分为若干小类，包括：易燃液体火灾，易燃固体火灾，自燃物品火灾，遇湿易燃物品火灾，其他危险化学品火灾。

易燃液体火灾往往发展成爆炸事故，容易造成重大的人员伤亡。单纯的液体火灾一般不会造成重大的人员伤亡。由于大多数化学品在燃烧时会放出有毒气体或烟雾，因此化学品火灾事故中，人员伤亡的原因往往是中毒和窒息。

单纯的易燃液体火灾事故较少，这类事故往往归入化学品爆炸事故，或化学品中毒和窒息事故。固体化学品火灾的主要危害是燃烧时放出有毒气体或烟雾，或发生爆炸，因此这类事故也往往归入化学品爆炸事故，或化学品中毒和窒息事故。

2）爆炸事故

化学品发生化学反应导致的爆炸事故或液化气体和压缩气体的物理爆炸事故。具体又分为若干小类，包括：爆炸品的爆炸，易燃固体、自燃物品、遇湿易燃物品的火灾爆炸，易燃液体的火灾爆炸，易燃气体的爆炸，化学品产生的粉尘、气体、挥发物的爆炸，液化气体和压缩气体的物理爆炸，其他化学反应爆炸。

3）中毒和窒息事故

人体吸入、食入或接触有毒有害化学品或者化学品产生的产物而导致的中毒和窒息事故。具体包括吸入中毒事故、接触中毒事故、误食中毒事故、其他中毒和窒息事故。

4）灼伤事故

腐蚀性化学品意外地与人体接触，短时间内即在人体接触表面发生化学反应，从而造成明显破坏的事故。腐蚀品包括酸性腐蚀品、碱性腐蚀品和其他不显酸碱性的腐蚀品。化学品灼伤与物理灼伤不同。物理灼伤是由高温造成伤害，使人体立即感到强烈的疼痛，人体肌肤会本能地立即避开。化学品灼伤有一个化学反应过程，开始并不感到疼痛，要经过几分钟、几小时甚至几天才表现出严重的伤害，并且伤害还会不断加深。因此，化学品灼伤比物理灼伤伤害更大。

5）泄漏事故

气体和液体化学品发生了一定规模的泄漏，虽然没有发展成为火灾、爆炸或中毒事故，但造成了严重的财产损失或环境污染等后果的化学品事故。化学品泄漏事故一旦失控，往往造成重大火灾、爆炸或中毒事故。

6）其他事故

不能归入上述 5 类事故的化学品事故。主要指化学品的肇事事故，即化学品发生了人们不希望的意外事故，如化学品罐体倾倒、车辆倾覆等，但没有发生火灾、爆炸、中毒和窒息、灼伤、泄漏事故。

6.3.2　事故致因理论[9]

几个世纪以来，人类主要是在发生事故后主观推断事故的原因，即根据事故发生后残留的关于事故的信息来分析、推论事故发生的原因及其过程。由于事故发生的随机性及人们知识、经验的局限性，对事故发生机制的认识变得十分困难。

随着社会的发展,科学技术的进步,特别是工业革命以后工业事故频繁发生,人们在与各种工业事故斗争的实践中不断总结经验,探索事故发生的规律,相继提出了阐明事故为什么会发生、事故是怎样发生的及如何防止事故发生的理论。这些理论着重解释事故发生的原因及针对事故致因如何采取措施防止事故,所以称作事故致因理论。事故致因理论是指导事故预防工作的基本理论。

早期的事故致因理论一般认为事故的发生仅与一个原因或几个原因有关。1919年英国格林伍德和伍慈对许多工厂里的伤亡事故发生次数按不同的统计分布进行了统计检验。结果发现,工人中的某些人较其他人更容易发生事故。根据这种现象,法默和查姆勃提出了事故频发倾向的概念。所谓事故频发倾向是指个别人稳定的容易发生事故的内在倾向。根据这种理论,工厂中少数工人具有事故频发倾向,是事故频发倾向者,他们的存在是工业事故发生的主要原因。

美国安全工程师海因里希在20世纪50年代从55万件机械事故中得出一个重要结论,即在机械事故中,死亡或重伤、轻伤、无伤害事故的比例为1∶29∶300。国际上把这一法则称事故法则。对于不同的生产过程、不同类型的事故,上述比例关系不一定完全成立,但这个统计规律说明了在进行同一项活动时无数次意外事件必然导致重大伤亡事故的发生。而要防止重大事故的发生必须减少和消除无伤害事故,要重视事故的苗头和未遂事故。

海因里希的因果连锁论是该时期的代表性理论。该理论认为,人的不安全行为、物的不安全状态是事故的直接原因,企业事故预防工作的中心就是消除人的不安全行为和物的不安全状态。然而,海因里希理论与事故频发倾向论一样把工业事故的责任归因于人,认为人是事故发生的根本原因之一,人的缺点来源于遗传因素和人员成长的社会环境。

第二次世界大战后,人们对所谓的事故频发倾向的概念提出了新的见解。越来越多的研究表明,大多数事故是由事故频发倾向者引起的观念是错误的,有些工人较另一些人容易发生事故是由于他们从事的作业有较高的危险性。越来越多的人认为,不能把事故的责任简单地说成是工人的不注意,应该注重机械、物质的危险性在事故致因中的重要地位。

能量转移理论的出现是人们在伤亡事故发生的物理实质的认识方面的一大飞跃。1961年和1966年,吉布森和哈登提出了一种新概念:事故是一种不正常的或不希望的能量释放,是各种形式的能量构成伤害的直接原因,因此应该通过控制能量或控制能量载体来预防伤害事故。根据能量转移理论,可以利用各种屏蔽来防止意外的能量释放。

与早期的事故频发倾向论、海因里希因果连锁论等强调人的性格特征、遗传特征等不同,战后人们逐渐认识到管理因素作为背后原因在事故致因中的重要作用。人的不安全行为或物的不安全状态是工业事故的直接原因,必须加以追究。但是它们只不过是其背后深层原因的征兆、管理缺陷的反映,只有找出深层的、背后的原因,改进企业管理,才能有效地防止事故。

1. 系统安全工程理论

系统安全工程始于美国,并且首先应用于军事工业方面。20世纪50年代末,战略武器的研制、宇宙的开发和核电站的建设等使作为现代先进科学技术标志的复杂巨系统相继问世，由此带来的安全问题受到了人们的关注。在开发研制、使用和维护这些复杂巨系统的过程中，逐渐萌发了系统安全的基本思想。所谓系统安全，是在系统寿命期间内应用系统安全工程和管理方法辨识系统中的危险源，并采取控制措施使其危险性最小，从而使系统在规定的性能、时间和成本范围内达到最佳的安全程度。

系统安全理论在许多方面发展了事故致因理论。系统安全理论认为，系统中存在的危险源是事故发生的原因。不同的危险源可能有不同的危险性。危险性是指某种危险源导致事故，造成人员伤害、财物损坏或环境污染的可能性。由于不能彻底消除所有的危险源，也就不存在绝对的安全。因此，系统安全的目标不是事故为零，而是达到最佳的安全程度。

系统安全理论认为，可能能量的意外释放是事故发生的根本原因，而对能量控制的失效是事故发生的直接原因。这涉及能量控制措施的可靠性问题。在系统安全研究中，不可靠被认为是不安全的原因。可靠性工程是系统安全工程的基础之一。在可靠性研究中，涉及物的因素时使用故障这一术语，而涉及人的因素时使用失误这一术语。一般认为，事故的发生是许多人失误和物故障相互复杂关联、共同作用的结果，即许多事故致因综合作用的结果。因此，在预防事故时必须在弄清事故致因相互关系的基础上采取恰当的措施，而不是相互孤立地控制各个因素。系统安全注重整个系统寿命期间的事故预防，尤其强调在新系统的开发、设计阶段采取措施消除、控制危险源；而对于正在运行的系统，如工业生产系统，管理方面的疏忽和失误是事故的主要原因。

2. 事故频发倾向论

事故频发倾向论是阐述企业工人中个别人存在着稳定的容易发生事故的内在倾向的一种理论。1919 年，格林伍德和伍慈对许多工厂里的伤害事故发生次数按如下 3 种统计分布进行统计检验。

1）泊松分布

当员工发生事故的概率不存在个体差异时，即不存在事故频发倾向者时，一定时间内事故发生次数服从泊松分布。在这种情况下，事故的发生是由工厂里的生产条件、机械设备方面的问题及一些其他偶然因素引起的。

2）偏倚分布

一些工人存在精神或心理方面的毛病，如果在生产操作过程中发生过一次事故，则会造成胆怯或神经过敏，继续操作时就有发生第二次、第三次事故的倾向。这种统计分布是由工人中存在少数有精神或心理缺陷的人造成的。

3）非均等分布

当工厂中存在许多特别容易发生事故的人时，发生不同次数事故的人数服从非均等分布，即每个人发生事故的概率不相同。在这种情况下，事故的发生主要是由人的因素引起的。

1926 年，纽鲍尔德研究了大量工厂中事故发生次数的分布，证明事故发生次数服从发生概率极小且每个人发生事故的概率不相同的统计分布。

1939 年，法默和查姆勃明确提出事故频发倾向的概念，认为事故频发倾向者的存在是工业事故发生的主要原因。

对于发生事故次数较多、可能是事故频发倾向者的人，可以通过一系列的心理学测试来判别。一般来说，具有事故频发倾向的人在进行生产操作时往往精神动摇，注意力不能经常集中在操作上，因而不能适应迅速变化的外界条件。

3. 事故遭遇倾向论

许多研究结果表明，前后不同时期里事故发生次数的相关系数与作业条件有关。事故遭遇倾向论是阐述企业工人中某些人员在某些生产作业条件下存在着容易发生事故的倾向的一种理论。

自格林伍德的研究起，迄今有无数的研究者对事故频发倾向论的科学性进行了专门的研究探讨，关于事故频发倾向者存在与否的问题一直有争议。实际上，事故遭遇倾向论是事故频发倾向论的修正。许多研究结果证明，事故频发倾向者并不存在。

a. 当每个人发生事故的概率相等且概率极小时，一定时期内事故发生次数服从泊松分布。根据泊松分布，大部分工人不发生事故，少数工人只发生 1 次，只有极少数工人发生 2 次以上事故。大量的事故统计资料是服从泊松分布的。

b. 许多研究结果表明，某一段时间里发生事故次数多的人，在以后的时间里发生事故的次数往往不再多了，并非永远是事故频发倾向者。通过数十年的试验及临床研究，很难找出事故频发倾向者稳定的个人特性。换言之，许多人发生事故是由他们行为的某种瞬时特征引起的。

c. 根据事故频发倾向论，防止事故的重要措施是人员选择。但是许多研究表明，把事故发生次数多的工人调离后，企业的事故发生率并没有降低。

尽管事故频发倾向论把工业事故的原因归因于少数事故频发倾向者的观点是错误的，然而从职业适合性的角度来看，事故频发倾向论也有一定可取之处。

4. 多米诺骨牌理论

骨牌理论也称多米诺骨牌理论，该理论认为，一种可防止的伤亡事故的发生是一系列事件顺序发生的结果。它引用了多米诺效应的基本含义，认为事故的发生就好像是一连串垂直放置的骨牌，前一个倒下，引起后面的一个个倒下，当最后一个倒下，就意味着伤害结果发生，其原理如图 6-14 所示。

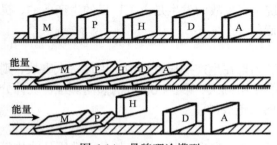

图 6-14　骨牌理论模型

最初，海因里希认为事故是沿着如下顺序发展的：人体本身（M）→按人的意志进行动作（P）→潜在危险（H）→发生事故（D）→伤害（A）。这个顺序表明：事故发生的最初原因是人的本身素质，即生理、心理上的缺陷，或知识、意识、技能方面的问题等，按这种人的意志进行动作，即出现设计、制造、操作、维护错误；潜在危险则是由个人动作引起的物的不安全状态和人的不安全行为；发生事故则是在一定条件下上述潜在危险引起事故的发生；伤害则是事故发生的后果。根据骨牌理论提出的防止事故的措施是：从骨牌顺序中移走某一个中间骨牌。例如，尽一切可能消除人的不安全行为和物的不安全状态（H），则伤害就不会发生。

5. 轨迹交叉论

轨迹交叉论认为，在一个系统中，人的不安全行为和物的不安全状态形成过程中，一旦发生时间和空间的运动轨迹交叉，就会造成事故。按照轨迹交叉论描绘的事故模型如图 6-15 所示。

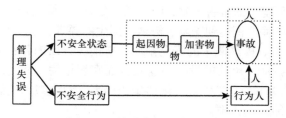

图 6-15　轨迹交叉论事故模型

人的不安全行为或物的不安全状态是工业伤害事故的直接原因。关于人的不安全行为和物的不安全状态在事故致因中的地位，是事故致因理论的一个重要问题。

随着事故致因理论的逐步深入，越来越多的人认识到，一起事故能够发生，除了与人的不安全行为有关之外，一定还存在着某种不安全条件。斯奇巴指出，生产操作人员与机械设备两种因素都对事故的发生有影响，并且机械设备的危险状态对事故发生的影响更大些。他认为，只有当两种因素同时出现时才能发生事故。根据轨迹交叉论的观点，消除人的不安全行为可以避免事故。但是应该注意到，人与机械设备不同，机器在人们规定的约束条件下运转，自由度较少；而人的行为受思想支配，有较大的行为自由性。这种行为自由性一方面使人具有搞好安全生产的能动性，另一方面可能使人的行为偏离预定的目标，发生不安全行为。由于人的行为受到许多因素影响，控制人的行为是十分困难的工作。消除物的不安全状态也可以避免事故。通过改进生产工艺，设置有效的安全防护装置，根除生产过程中的危险条件，使得即使人员产生了不安全行为也不致酿成事故。在安全工程中，将机械设备、物理环境等生产条件的安全称为本质安全。在所有的安全措施中，首先应该考虑的就是实现生产过程、生产条件的安全。

在实际工作中，应用轨迹交叉论预防事故可以从 3 个方面考虑。

1）防止人、物运动轨迹的时空交叉

按照轨迹交叉论的观点，防止与避免人和物的运动轨迹交叉是避免事故发生的根本出路。例如，防止能量逸散、隔离、屏蔽、改变能量释放途径、脱离受害范围、保护受害者等防止能量转移的措施是防止轨迹交叉的措施。另外，防止交叉也包含防止时间交叉。例如，容器内有毒有害物质的清洗、冲压设备的安全装置等，尽管人和物都在同一范围内，但占用空间的时间不同。

2）控制人的不安全行为

其目的是切断轨迹交叉行为的形成系列。人的不安全行为在事故形成过程中占有主导地位，因为人是机械、设备、环境的设计者、创造者、使用者、维护者。人的行为受多方面影响，安全行为科学、安全人机学等对控制人的不安全行为都有较深入的研究。概括起来，主要有如下控制措施。

a. 职业适应性选择，即选择合格的职工以满足职业要求，对防止不安全行为发生有重要作用。工作的类型不同，对职工的要求亦不同。因此，在招工和职业聘用时应根据工作的特点、要求选择适合该职业的人员，特别是从事特种作业的职工选择及职业禁忌证的问题。避免因职工生理、心理素质的欠缺而造成工作失误。

b. 创造良好的行为环境，即创造良好的人际关系、环境气氛、社会气氛和工作环境，尽一切努力消除工作环境中的有害因素，使机械、设备、环境适合人工作，也使人容易适应工作环境，使工作环境真正达到安全、舒适、卫生的要求，从而减少人失误的可能性。

c. 加强培训、教育，提高职工的安全素质。包括 3 方面内容：文化素质、专业知识和技能、安全知识和技能。事故的发生与这几方面密切相关。因此，企业安全管理除应提高职工的安全素质以外，还应注重文化知识的提高、专业知识技能的提高，密切注视文化层次低、专业技能差的人群。

d. 严格管理，建立健全管理组织、机构，按国家要求配备安全人员，完善管理制度。贯彻执行国家安全生产方针和各项法规、标准，制定、落实企业安全生产长期规划和年度计划。坚持第一把手负责，实行全面、全员、全过程的安全管理，使企业形成人人管安全的气氛，这样才能有效防止"三违"现象发生。

3）控制物的不安全状态

其目的是切断轨迹交叉状态的形成系列。最根本的解决办法是创造本质安全条件，使系统在人发生失误的情况下也不会发生事故。在条件不允许的情况下，应尽量消除不安全因素，或采取防护措施削弱不安全状态的影响程度。

6. 管理失误论

在早期的事故因果连锁论中，海因里希把遗传因素和社会环境作为事故的根本原因，表现出了它的时代局限性。尽管遗传因素和人员成长的社会环境对人员的行为有一定影响，却不是影响人员行为的主要因素。在企业中，如果管理者能够充分发挥管理机能中的控制机能，则可以有效地控制人的不安全行为、物的不安全状态。

1）博德事故因果连锁理论

博德在海因里希事故因果连锁论的基础上，提出了反映现代安全观点的事故因果连锁论，如图 6-16 所示。

（1）控制不足——管理

事故因果连锁中一个最重要的因素是安全管理。控制机能是管理机能（计划、组织、指导协调及控制）中的一种。安全管理中的控制是指损失控制，包括对人的不安全行为、物的不安全状态控制。它是安全管理工作的核心。

图 6-16　博德事故因果连锁论

管理系统是随着生产的发展而不断变化、完善的。管理上的缺欠，能够导致事故的基本原因出现。

（2）基本原因——起源论

为了从根本上预防事故，必须查明事故的基本原因，并针对查明的基本原因采取对策。基本原因包括个人原因及工作方面的原因。个人原因包括缺乏知识或技能、动机不正确、身体上或精神上的问题；工作方面的原因包括操作规程不合适，设备、材料不合格，通常的磨损及异常的使用方法等，以及温度、压力、湿度、粉尘、有毒有害气体、蒸气、通风、噪声、照明、周围的状况（容易滑倒的地面、障碍物、不可靠的支持物、有危险的物体）等环境因素。所谓起源论，是指找出问题基本的、背后的原因，而不是仅停留在表面现象上。只有这样，才能实现有效控制。

（3）直接原因——征兆

不安全行为或不安全状态是事故的直接原因，但直接原因同基本原因一样，仅是深层原因的征兆和一种表面现象。在实际工作中，应该抓住产生表面现象的直接原因背后隐藏的深层原因；另外，安全管理人员应该能够预测及发现这些管理欠缺征兆的直接原因，并采取适当的改善措施。

（4）事故——接触

从实际事故发生的结果来看，事故最终导致的结果是人员肉体损伤、死亡，财物损失，不希望的事件。但是，越来越多的安全专业人员从能量的观点把事故看作是人的身体或构筑物、设备与超过其承受阈值的能量接触，或人体与妨碍其正常生理活动的物质接触。于是，防止事故就是防止接触。为了防止接触，可以通过改进装置、材料及设施防止能量释放，训练提高工人识别危险的能力，佩戴个人保护用品等来实现。

（5）伤害-损坏-损失

博德模型中的伤害包括工伤、职业病及对人员精神方面、神经方面或全身产生的不利影响。人员伤害及财物损坏统称为损失。在许多情况下，可以采取恰当的措施使事故造成的损失最大限度地减少。

2）亚当斯事故因果连锁论

亚当斯提出了与博德事故因果连锁论类似的事故因果连锁模型包括如下几方面。

a. 管理体制。包括目标、组织、机能。

b. 管理失误。①领导者在下述方面决策失误或没作决策：政策、目标、权威、责任、职责、考核、权限授予；②安全技术人员在下述方面管理失误或疏忽：行为、责任、权威、规则、指导主动性、积极性、业务活动。

c. 现场失误。包括不安全行为、不安全状态。

d. 事故。包括伤亡事故、损坏事故、无伤害事故。

e. 伤害或损坏。包括对人、对物。

亚当斯因果连锁论中，把事故的直接原因、人的不安全行为及物的不安全状态称为现场失误。该理论的核心在于对现场失误的背后原因进行了深入的研究。操作者的不安全行为及生产作业中的不安全状态等现场失误，是由企业领导者及事故预防工作人员的管理失误造成的。管理人员在管理工作中的差错或疏忽，企业领导人决策错误或没有作出决策等失误，对企业经营管理及事故预防工作具有决定性的影响。管理失误反映了企业管理系统中的问题，它涉及管理体制，即如何有组织地进行管理工作，确定怎样的管理目标，如何计划、实现确定的目标等方面的问题。管理体制反映了作为决策中心的领导人的信念、目标及规范，其决定各级管理人员安排工作的轻重缓急顺序、工作基准及指导方针等重大问题。

　　3）北川彻三事故因果连锁论

　　日本的北川彻三认为，工业伤害事故发生的原因是很复杂的，企业是社会的一部分，一个国家、一个地区的政治、经济、文化、科技发展水平等诸多社会因素对企业内部伤害事故的发生和预防有着重要的影响。该理论从 4 个方面探讨事故发生的间接原因。

　　（1）技术原因

　　机器检查、装置、建筑物等的设计、建造、维护等在技术方面存在缺陷。

　　（2）教育原因

　　由于缺乏安全知识及操作经验，不知道、轻视操作过程中的危险性和安全操作方法，或操作不熟练、习惯操作等。

　　（3）身体原因

　　身体状态不佳，如头痛、昏迷、癫痫等疾病，或近视、耳聋等生理缺陷，或疲劳、睡眠不足等。

　　（4）精神原因

　　消极、抵触、不满等不良态度，焦躁、紧张、恐怖、偏激等精神不安定，狭隘、顽固等不良性格，白痴等智力缺陷。

　　在工业伤害事故的上述 4 个方面原因中，前 2 种原因经常出现，后 2 种原因相对较少出现。北川彻三认为，事故的基本原因包括下述 3 个方面。

　　（1）管理原因

　　企业领导者不够重视安全，作业标准不明确，维修保养制度欠缺，人员安排不当，职工积极性不高等管理上的缺陷。

　　（2）学校教育原因

　　小学、中学、大学等教育机构的安全教育不充分。

　　（3）社会或历史原因

　　社会安全观念落后，在工业发展的一定历史阶段安全法规或安全管理、监督机构不完备等。

　　在上述原因中，管理原因可以由企业内部解决，而后 2 种原因需要全社会努力才能解决。

7. 能量转移理论

　　能量转移理论是由美国的安全专家哈登于 1966 年提出的一种事故控制论。该理论的理论依据是事故的本质定义，即事故是能量的不正常转移。因此，研究事故控制的理论就是从事故的能量作用类型出发，即研究机械能（动能、势能）、电能、化学能、热能、声能、辐射能的转移规律。预防事故的本质是控制能量，可采用消除、限制、疏导、屏蔽、隔离、转移、距离控制、时间控制、局部弱化、局部强化、系统闭锁等技术措施来控制系统能量的不正常转移。

1）能量在事故致因中的地位

能量在人类的生产、生活中是不可缺少的，人类利用各种形式的能量做功以实现预定的目的。人类在利用能量的时候必须采取措施控制能量，使能量按照人们的意图产生、转换和做功。如果由于某种原因失去了对能量的控制，就会发生能量违背人意愿的意外释放或逸出，使进行中的活动中止而发生事故。如果发生事故时意外释放的能量作用于人体，并且能量的作用超过人体的承受能力，则将造成人员伤害；如果意外释放的能量作用于设备、建筑物、物体等，并且能量的作用超过它们的抵抗能力，则将造成设备、建筑物、物体损坏。

麦克法兰特在解释事故造成人身伤害或财物损坏的机制时指出，所有的伤害事故（或损坏事故）发生都是因为：①接触了超过机体组织（或结构）承受能力的某种形式的过量能量；②有机体与周围环境的正常能量交换受到了干扰（如窒息、淹溺等）。因而，各种形式的能量是构成伤害的直接原因。

人体自身也是个能量系统。人进行生产、生活活动时消耗能量，当人体与外界的能量交换受到干扰时，即人体不能进行正常的新陈代谢时，人员将受到伤害，甚至死亡。

从能量转移理论出发，预防伤害事故就是防止能量或危险物质意外转移，防止人体与过量能量或危险物质接触。在该理论中，将约束、限制能量，防止人体与能量接触的措施定义为屏蔽措施。在工业生产中经常采用的屏蔽措施主要有以下几种。

（1）用安全的能源代替不安全的能源

有时被利用的能源具有较高的危险性，可考虑用较安全的能源取代。例如，在容易发生触电的作业场所，用压缩空气动力代替电力，可以防止发生触电事故。

（2）限制能量

在生产工艺中尽量采用低能量的工艺或设备，这样即使发生了意外的能量释放也不致发生严重伤害。例如，利用低电压设备防止电击，限制设备运转速度防止机械伤害等。

（3）防止能量蓄积

能量的大量蓄积会导致能量突然释放，因此要及时泄放多余的能量，防止能量蓄积。例如，通过接地消除静电蓄积，利用避雷针放电保护重要设施等。

（4）缓慢转移能量

缓慢释放能量可以降低单位时间内转移的能量，减轻能量对人体的作用。例如，各种减振装置可以吸收冲击能量，防止人员受到伤害。

（5）设置屏蔽设施

屏蔽设施是一些防止人员与能量接触的物理实体。屏蔽设施可以设置在能源上，如安装在机械转动部分外面的防护罩上；也可以设置在人员与能源之间，如安全围栏等。

（6）在时间或空间上把能量与人隔离

在生产过程中存在两种或两种以上能量相互作用引起事故的情况。针对两种能量相互作用的情况，应该考虑设置两组屏蔽设施：一组设置于两种能量之间，防止能量间的相互作用；一组设置于能量与人之间，防止能量到达人体。

（7）信息形式的屏蔽

各种警告措施等信息形式的屏蔽，可以阻止人员的不安全行为或避免发生行为失误，防止人员接触能量。根据可能发生意外释放的能量的大小，可以设置单一屏蔽或多重屏蔽，并且应该尽早设置屏蔽，做到防患于未然。

2）基于能量观点的事故因果连锁

伤亡事故的调查结果表明，大多数伤亡事故都是由过量能量或干扰人体与外界能量正常交换的危险物质意外释放引起的，并且毫无例外过量能量或危险物质的释放都是由人的不安全行为或物的不安全状态造成的。即人的不安全行为或物的不安全状态使得能量或危险物质失去了控制，是能量或危险物质释放的导火线。为此，美国札别塔基斯依据能量转移理论建立了新的事故因果连锁模型，如图 6-17 所示。

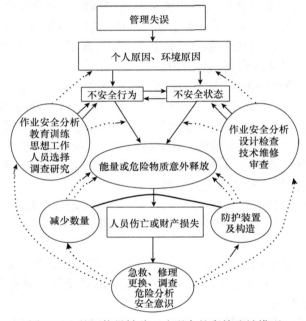

图 6-17　基于能量转移理论观点的事故连锁模型

（1）事故

事故是能量或危险物质意外释放，是伤害的直接原因。为防止事故的发生，可以通过技术改进来防止能量意外释放，通过教育训练提高职工识别危险的能力，通过佩戴个体防护用品来避免伤害。

（2）不安全行为和不安全状态

人的不安全行为和物的不安全状态是能量意外释放的直接原因，它们是管理欠缺、控制不力、知识缺乏、对存在的危险估计错误或其他个人因素等基本原因的征兆。

（3）基本原因

基本原因包括以下 3 个方面的问题。

a. 企业领导者的安全政策及决策。涉及生产及安全目标，职员配置，信息利用，责任及职权范围、职工选择、教育训练、安排、指导和监督，信息传递、设备、装置及器材采购、维修，正常时和异常时的操作规程，设备的维修保养等。

b. 个人因素。能力、知识、训练，动机、行为，身体及精神状态，反应时间，个人兴趣等。

c. 环境因素。为了从根本上预防事故，必须查明事故的基本原因，并针对查明的基本原因采取对策。

8. 瑟利人因系统理论

人因系统理论的焦点集中在人与其工作任务间相互关系的细节上。要说明这种相互作用的心理逻辑过程，最重要的是与感觉、记忆、理解、决策有关的过程，并要辨识事故将要发生时的状态特性。

瑟利用含 2 组问题的模式来考虑一个事故，每组问题包含 3 个心理学成分：对事件的感知（感觉）、对事件的理解（认识过程）和行为响应。第一组问题关注危险构成，第二组问题关注危险放出。在此期间，如果不能避免危险，将产生损坏或伤害，如图 6-18 所示。

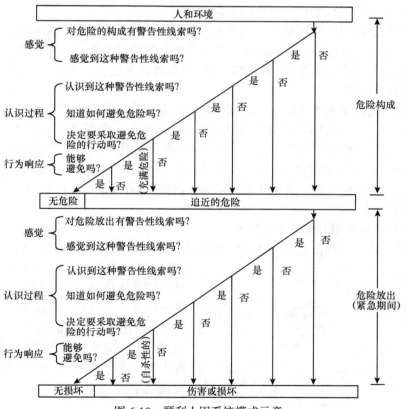

图 6-18　瑟利人因系统模式示意

3 个心理学成分包括 6 个问题，按感觉→认识过程→行为响应的顺序排列。如果任何一个问题处理失败，都立即导致不希望的形势（危险迫近、造成伤害或损坏）出现；如果每步都处理成功，则最后无危险或无损坏（或伤害）。第一组问题如处理成功，危险不能构成，就不存在第二组问题（危险放出）。当危险构成部分（第一组问题）处理失败之后，在危险放出期间若能处理成功，也不会导致人受伤害或物质受损坏。

海尔认为，当人们在处理事情的真实状况时失效，或者说对事情的真实状况不能作出适当的响应时，事故就会发生。像瑟利模式一样，海尔模式也集中于"进行中"的系统运行，集中于操作者与运行系统间的相互作用。

9. 事故原因树

事故原因树的优点是适合于各种文化层次的人，只需要清晰的逻辑分析，不需要专门的数学计算——像故障树分析那样，将直接原因与管理原因自然地联系起来，能够找到适当的预防措施。

1）信息收集——两种前导事件

造成伤害或损坏的前导事件有两种：惯常性前导事件和非正常性前导事件。惯常性前导事件通过非正常性前导事件或与其相结合，在事故发生过程中起了重要作用。例如，如果有操作者进入危险区域去处理某故障（非正常性前导事件），则机械防护不充分（惯常性前导事件）可以成为引发事故的因素。

事故发生后应尽快在事故发生现场收集信息，最好由懂得操作的人或认真负责且与事故无关的人去收集信息，对操作者、受伤害者、现场目击者、一线管理监督人员进行询问，必要时进行技术调查，聘请外部专家，从伤害的发生开始追溯一层层的可导事件。

2）构造原因树

构造原因树就是描绘出造成伤害或损坏的所有前导事件的逻辑关系和时间关系的网络，"重现"事故发生的真实图景。从诸事件的结束点——伤害或损坏开始，系统地反向追溯原因。对每个前导事件 Y，都要提出下列问题：①前导事件 Y 是由哪个前导事件 X 直接导致的？②对 Y 的发生，X 是充分的吗？③对 Y 的发生，还有其他的前导事件（X_1，X_2，…，X_n）是必要的吗？这组问题可以揭示出前导事件之间的 3 类逻辑联系，图 6-19 是一原因树实例。

3）选择预防措施并追查潜在因素

通过综合比较造成伤害的所有前导事件，找出具有决定意义的前导事件，提出修正或预防措施。如图 6-19 所示的原因树，所选择的前导事件及采取的相应措施是：①现场有已损坏的吊具。把损坏的吊具存于适当处，禁止使用损坏的吊具；②单独工作。列出需工人完成的工作任务，根据任务安排人力。③任务紧急。确定工作中的轻重缓急顺序。

一般来说，所发现的事故因素是一个因素对应一个表现形式，但也可能以别的形式在其他地方出现。该因素称为"潜在事故因素"。例如，上述①、②、③的潜在事故因素分别是：现场有已损坏的工具、不适当的工作组织、没有工作计划。

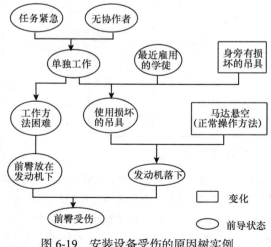

图 6-19　安装设备受伤的原因树实例

10. 变化-失误连锁理论

约翰逊在研究事故的过程中，注意到了变化在事故发生、发展中的作用。他把事故定义为一起不希望的或意外的能量释放事件，其发生是由于管理者的计划错误或操作者的行为失误，没有适应生产过程中物因素或人为因素的变化，从而产生不安全行为或不安全状态，破坏了对能量的屏蔽或控制，在生产过程中造成人员伤亡或财产损失。图 6-20 为约翰逊事故因果连锁模型。

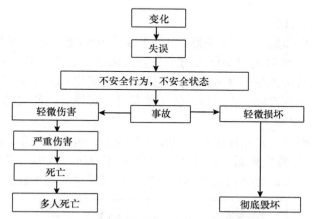

图 6-20　约翰逊事故因果连锁模型

在系统安全研究中，人们注重作为事故致因的人失误和物故障。按照变化的观点，人失误和物故障的发生都与变化有关。在安全管理工作中，变化被看作是一种潜在的事故致因，应该尽早发现并采取相应的措施。作为安全管理人员，应该注意下述一些变化。

1）企业外的变化及企业内的变化

企业外的社会环境，特别是国家政治、经济方针、政策的变化，对企业内部的经营管理及人员思想有巨大影响。针对企业外部的变化，企业必须采取恰当的措施来适应这些变化。企业内的变化则包括技术进步等内在改变。

2）宏观的变化和微观的变化

宏观的变化是指企业总体上的变化，如领导人的更换、新职工录用、人员调整、生产状况变化等。微观的变化是指一些具体事物的变化。安全管理人员应通过观察微观的变化发现其背后隐藏的问题，及时采取恰当的对策。

3）计划内的变化与计划外的变化

对于有计划的变化，应事先进行危害分析，并采取安全措施；对于没有计划到的变化，首先是发现变化，然后根据变化采取改善措施。

4）实际存在的变化和潜在的或可能的变化

通过观测和检查可以发现实际存在的变化；发现潜在的或可能的变化则要经过分析研究。

5）时间的变化

随时间的流逝，设备性能下降或劣化，并与其他方面的变化相互作用。

6）技术的变化

采用新工艺、新技术或开始新的工程项目后，人们不熟悉而发生失误。

7）人员的变化

人员的各方面变化影响人的工作能力，引起操作失误及不安全行为。

8）劳动组织的变化

劳动组织的变化，引起交接班不好，造成工作不衔接，进而导致人失误和不安全行为。

9）操作规程的变化

并非所有的变化都是有害的，关键在于人们是否能够适应客观情况下的变化。另外，在事故预防工作中也经常利用变化来防止发生人失误。应用变化的观点进行事故分析时，可由下列因素现在状态和以前状态的差异来发现变化：①对象物、防护装置、能量等；②人员；③任务、目标、程序等；④工作条件、环境、时间安排等；⑤管理工作、监督检查等。

约翰逊认为，事故的发生往往是多重原因造成的，包含着一系列的变化-失误连锁。图 6-21 为煤气管路破裂失火而造成事故的变化-失误分析，从中可以看出，从焊接缺陷开始，一系列变化和失误相继发生的结果是发生煤气管路失火事故。

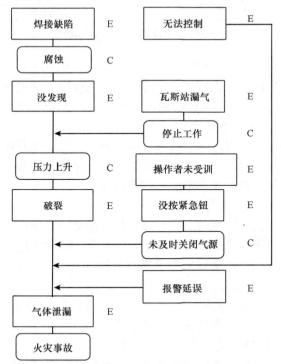

图 6-21　煤气管路破裂失火而造成事故的变化-失误分析
C. 变化；E. 失误

11. 扰动理论

本尼尔认为，事故过程包含着一组相继发生的事件。所谓事件是指生产活动中某种事物一次瞬间的或重大的情况变化，或是一次已经避免了的，或已导致另一事件发生的偶然事件。因此，可以把生产活动看作是一组自觉地或不自觉地指向某种预期的或不可预测的结果的相继出现的事件，它包含生产系统元素间的相互作用和变化着的外界影响。这些相继事件组成的生产活动是在一种自动调节的动态平衡中进行，在事件的稳定运动中向预期的结果发展。

事件的发生一定是某人或某物引起的，如果把引起事件的人或物称为"行为者"，则可以用行为者和行为者的行为来描述一个事件。在生产活动中，如果行为者的行为得当，则可以维持事件过程稳定地进行；否则，可能中断生产，甚至造成伤害事故。

生产系统的外界影响是经常变化的，可能偏离正常的或预期的情况。这里称外界影响的变化为扰动，扰动将作用于行为者。当行为者能够适应不超过其承受能力的扰动时，生产活动可以维持动态平衡而不发生事故。如果其中的一个行为者不能适应扰动，则自动动态平衡过程被破坏，开始一个新的事件过程，即事故过程。该事件过程可能使某一行为者承受不了过量能量而发生伤害或损坏；这些伤害或损坏事件可能依次引起其他变化或能量释放，作用于下一个行为者，使下一个行为者承受过量能量，发生串联的伤害或损坏。当然，如果行为者能够承受冲击而不发生伤害或损坏，则依据行为者的条件、事件的自然法则，过程将继续进行。

综上所述，可以把事故看作以相继事件过程中的扰动为开始，以伤害或损坏为结束的过程。这种对事故的解释称为扰动理论，图 6-22 为该理论的示意图。

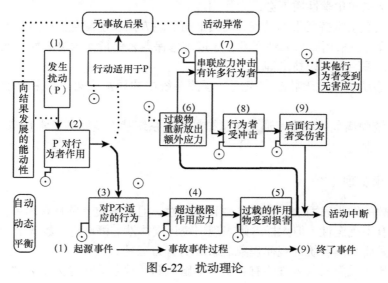

图 6-22　扰动理论

12. 作用-变化与作用连锁理论

作用-变化与作用连锁模型是一种着眼于系统安全观点的事故致因理论。该理论认为，系统元素在其他元素或环境因素的作用下发生变化，这种变化主要表现为元素的功能发生变化——性能降低。作为系统元素的人或物的变化可能是人失误或物故障。该元素的变化又以某种形态作用于相邻元素,引起相邻元素的变化。于是,在系统元素之间产生一种作用连锁。系统中作用连锁可能造成系统中人失误和物故障的传播,最终导致系统故障或事故。该模型简称为 A-C 模型。

通常,系统元素间的作用形式可以分成以下 4 类:①能量传递型作用,用 "a" 表示;②信息传递型作用,用 "b" 表示;③物质传递型作用,用 "c" 表示;④不履行功能型作用,即元素故障,用 "f" 表示。

元素间的作用采用下面的特殊记号表示:X_a-W,作用 a 从元素 X 传递到 W;X_a-W(·),作用 a 从元素 X 传递到 W,并引起伤害或损坏(·)。

因此,可以根据导致某种事故的作用链来识别事故致因。例如,化工生产过程中反应釜内物质发生放热反应,釜内温度、压力上升,当釜内温度超过正常反应温度并达到极限值时反应釜破裂;反应釜内的生成物泄漏将污染环境。该事故的原因可由下述作用连锁描述:

$$M(m)a \xrightarrow{\ 3\ } M(m')a \xrightarrow{\ 2\ } M(m'')a \xrightarrow{\ 1\ } R(·)c \xrightarrow{\ 0\ } E(·)$$

M(m)为反应物质 M 及其反应(m);M(m')为反应物质 M 及其温度上升到 1 的状态(m');M(m'')为反应物质 M 及其温度上升到 2 的状态(m'');R(·)为反应釜 R 及其破裂(·);E(·)为环境 E 及其污染(·)。式中箭头下面的数字为作用的编号,按从结果到原因的方向排序。

根据 A-C 模型,预防事故可以从以下 4 个方面采取措施。

a. 排除作用源。把可能对人或物产生不良作用的因素从系统中除去或隔离开来,或者使其能量状态或化学性质不会成为作用源。

b. 抑制变化。维持元素的功能,使其不向危险方向发生变化。具体措施有采用冗余设计、质量管理,采用高可靠性元素,通过维修保养来保持元素可靠性,通过教育训练防止人失误,采用耐失误技术等。

c. 防止系统进入危险状态。发现、预测系统中的异常或故障,采取措施中断作用连锁。

d. 使系统脱离危险状态。通过应急措施控制系统状态返回到正常状态,防止伤害、损坏或污染发生。

6.3.3　事故预测理论[10]

工业事故的发生表面上具有随机性和偶然性,但其本质上更具有因果性和必然性。个别事故具有不确定性,但大样本则表现出统计规律性。概率论、数理统计与随机过程等数学理论是研究具有统计规律现象的事故的有力工具。

目前,比较成熟的预测方法有:①以头脑风暴、德尔菲法等为代表的直观预测法;②以移动平均法、指数平滑法、趋势外推法、自回归 AR(n)等为典型的时间序列预测法;③以直线、曲线、二元线性及多元线性回归等为代表的反映相关因素因果关系的回归预测方法;④利用齐次或非齐次泊松过程模型、马尔可夫链模型进行预测的方法;⑤以数据生成、弱化随机、残差辨识等为特点的灰色预测模型等。

1. 事故指标预测法

事故指标是指诸如千人死亡率、事故直接经济损失等反映生产过程中事故伤害情况的一系列特征量。事故指标预测法依据事故历史数据,按照一定的预测理论模型,研究事故的变化规律,对事故发展趋势和可能的结果预先作出科学推断与测算的过程。简言之,事故指标预测就是由过去和现在事故的信息推测未来事故的信息,由已知推测未知的过程。

事故指标是衡量系统安全的重要参数,事故指标的高低取决于系统中人员、机械(物质)、环境(媒介)、管理 4 个元素的交互作用,是人-机-环-管系统内异常状况的结果。进行事故指标预测,有助于进一步的事故隐患分析和系统安全评价工作。

安全生产及其事故规律的变化和发展是极其复杂与杂乱无章的,但在杂乱无章的背后往往隐藏着规律性。惯性原理、相似性原则、相关性原则为事故指标预测法提供了良好的基础。事故指标预测的成败,关键在于系统结构特征的分析和预测模型的建立。

2. 事故隐患辨识预测法

企业生产过程中的事故隐患辨识预测法主要有经验分析法、故障树分析法、事件树分析法、因果分析法、人的可靠性分析法、人-机-环系统分析法等。在优选方法时,可在初步分析的基础上,采用人-机-环系统分析与故障树分析相结合的方法进行分析预测。

这种方法的预测对象是以人为主体的人-机-环系统,分析预测能直接分析人的不安全行为、物的不安全状态、环境的不安全条件等直接隐患,同时能揭示深层次的本质原因,即管理方面的间接隐患。借助故障树分析技术,对存在危险的隐患进行定性定量分析,得出隐患导致事故发生的定性定量结论,并建立直接隐患之间的逻辑层次关系。

3. 直观预测法

直观预测法以专家为索取信息对象,是依靠专家的知识和经验进行预测的一种定性预测方法。它多用于社会发展预测、宏观经济预测、科技发展预测等方面,其准确性取决于专家知识的广度、深度和经验。专家主要指在某个领域中或某个预测问题上有专门知识和特长的人员。直观预测法的典型代表有头脑风暴法、德尔菲法等。在工业生产事故预测中,中长期安全发展规划、系统安全评价指标等可依靠专家知识,参考头脑风暴、德尔菲等直观预测法确定。

4. 时间序列预测法

时间序列是指一组按时间顺序排列的有序数据序列。时间序列预测法是从时间序列的变化特征等信息中选择适当的模型和参数建立预测模型,并根据惯性原理假定预测对象以往的变化趋势会延续到未来,从而作出预测。该预测方法的一个明显特征是所用的数据都是有序的。移动平均法、指数平滑法、趋势外推法、周期预测法、自回归 $AR(n)$、自回归 $AR(n,m)$ 等为典型的时间序列预测法。这类方法预测精度偏低,通常要求研究系统相当稳定，历史数据量要大，数据的分布趋势较为明显。

5. 回归预测法

除了随时间自变量变化外，许多预测对象的变化因素之间是相互关联的，它们之间往往存在着相互依存的关系，将这些相关因素联系起来，进行因果关系分析，才可能进行预测。回归预测法是因果法中常用的一种分析方法，它以事物发展的因果关系为依据，抓住事物发展的主要矛盾因素和它们之间的关系，建立数学模型，进行预测。回归预测法有直线回归、曲线回归、二元线性回归及多元线性回归等。同时间序列预测法类似，使用回归预测法时，预测对象与影响因素之间必须存在因果关系，且数据量不宜太少，通常应多于 20 个，过去和现在数据的规律性应适用于未来。

6. 齐次、非齐次泊松过程预测模型

把未来时间段（0，t）发生事故的次数 $N(t)$ 看作非齐次泊松过程，据历史事故统计资料确定出均值 $E[N(t)]=m(t)$，$m(t)$ 是时间的普通函数，这样在未来时间段（0，t）发生 k 次事故的概率及在未来时间段（t，$t+s$）发生事故次数在 $[k_1, k_2]$ 的概率便可以用非齐次泊松过程模型计算出来。k、k_1、k_2 分别取不同的值，便可以得到不同的概率，概率高的 k、$[k_1, k_2]$ 便是未来时间段（0，t）、（t，$t+s$）发生事故次数 $N(t)$ 的结果。当均值函数 $E[N(t)]=\lambda(t)$ 是 t 的线性函数（λ 为常数）时，就成为齐次泊松过程。该模型的关键是求 $m(t)$ 或 λ。

7. 马尔可夫链预测模型

如果事物每次状态的转移只与前一次的状态转移有关，而与过去的状态无关，则称这种无后效性的状态转移过程为马尔可夫过程。这种时间离散、状态可数的无后效性随机转移过程称为马尔可夫链。通常用概率来计算和分析具有随机性的马尔可夫链状态转移的各种可能性大小，以预测未来特定时刻的状态。该方法对过程的状态预测效果较好，可考虑用于生产现场危险状态的预测，不适宜于系统中长期预测。

8. 微观事故状态预测模型

预测对象：主要用于生产工艺工作状态的安全预测。
预测方法：通常用模糊马尔可夫链预测法，其特点是系统某一时刻状态仅与上一时刻状态有关，而与以前时刻状态无关。
预测模型：其 $t+1$ 时刻的状态预测模型可表示为

$$P_{sik}=\{P_{si1}, P_{si2}, \cdots, P_{sij}\}_{max} \tag{6-2}$$

9. 灰色预测模型

灰色系统理论是我国著名学者邓聚龙教授于 20 世纪 80 年代初创立的一种兼备软硬科学特性的新理论。该理论将信息完全明确的系统定义为白色系统，将信息完全不明确的系统定义为黑色系统，将信息部分明确、部分不明确的系统定义为灰色系统。客观世界中，如工程技术、社会、经济、农业、环境、军事等许多领域大量存在着信息不完全

的情况。

　　灰色预测是应用灰色模型 GM（1，1）对灰色系统进行分析、建模、求解、预测的过程。由于灰色建模理论应用数据生成手段，弱化了系统的随机性，因此紊乱的原始序列呈现某种规律，规律不明显的变得较为明显，建模后还能进行残差辨识，即使有较少的历史数据，且任意随机分布，也能得到较高的预测精度。因此，灰色预测在社会经济、管理决策、农业规划、气象生态等各个部门和行业都得到了广泛的应用。

　　一般考虑到事故变化趋势属于非平稳的随机过程，选用具有原始数据需求量小、对分布规律性要求不严、预测精度较高等优点的模糊灰色预测模型 GM（1，1），同时考虑到减小预测误差，将其与时间序列自相关预测模型 AR（n）相结合。

　　预测模型：GM（1，1）和 AR（n）的组合模型为

$$x^{(0)}(t+1)=[-ax^{(0)}(1)+b]\mathrm{e}^{-at}+\sum \phi_i \varepsilon_i \qquad (6\text{-}3)$$

10. 趋势外推预测法

　　趋势外推预测技术是建立在统计学基础上，应用大数理论与正态分布规律的方法，以前期已知的统计数据为基础，对未来的事故数据进行相对精确定量预测的一种实用方法。这种方法对具有一定生产规模和事故样本的系统具有较高的预测准确性。

　　趋势外推预测数学模型为

$$X=A\lambda X_0 \qquad (6\text{-}4)$$

式中，X 为未来事故预测指标；A 为生产规模变化系数，A=未来计划生产规模/已知生产规模；λ 为安全生产水平变化系数，λ=未来安全生产水平/原有安全生产水平；X_0 为已知事故指标（如当年事故指标）。

　　趋势外推预测法可以预测的指标是广泛的。例如，绝对指标包括生产过程中的火灾事故次数、交通事故次数、事故伤亡人次、事故损失工日、火灾频率、事故经济损失等；相对指标包括千人伤亡率、亿元产值伤亡率、亿元产值损失率、百万吨-公里事故率、人均事故工日损失、人均事故经济损失等。

11. 专家系统预测法

　　由于事故的发生是一个非平稳的随机过程，并且重大事故的样本数据量和信息量不足，因此一般统计预测模型的误差就会较大。基于计算机专家系统的预测法，将专家知识与预测定量模型相结合，能做到定性、定量分析，误差将会降低，因此有必要采用如专家系统预测法的高精度预测方法。根据预测结果，结合相关决策方法，调用知识库安全专家知识，运用推理技术，选择事故隐患库、安全措施库相关内容，作出合理的事故预防决策。其决策方法和模型如下。

1）事故预防多目标决策

　　事故预防决策需要考虑科技水平、经济条件、安全水准等边界限制条件，同时要考虑降低事故发生率，提高效益、企业能力等多方面因素，因此可采用多目标决策法（加权评分法、层次分析法、目标规划法等）。该方法的实质是有 k 个目标 $f_1(x)$，$f_2(x)$，…，$f_k(x)$，求解 x，使各目标值从整体上达到最优 $[f_1(x)$，$f_2(x)$，…，$f_k(x)]_{\max}$。该方法

主要用于事故预防的多方案决策。

2）安全投资决策

为降低事故，需增加投资，安全投资决策主要运用风险决策、综合评分决策、模糊灰色决策等方法，以使决策方案最优，即达到$[E(B)_i]_{max}$。

3）隐患及薄弱环节控制决策

决策目标是应用预测或实际统计的数据，在合理的安全评价理论和方法的基础上，对人、机、环境、管理等开发生产的事故隐患和薄弱性环节进行对策性决策，以指导科学和准确地采取事故预防措施。

专家系统预测法应用到的决策方法有最大薄弱环节准则、主次因素分析技术和信息量决策技术等；决策内容是能给出隐患控制和事故薄弱性环节的优选级措施方案，如采用的技术、装置，事故预防效果，安全措施或方案的难度级，措施投资参考等内容。

12. 事故死亡发生概率测度法

直接定量地描述人员遭受伤害的严重程度较为困难。在伤亡事故统计中通过统计损失工作日来间接地定量伤害严重程度，有时与实际伤害程度有很大偏差，不能正确反映真实情况。而最严重的伤害——"死亡"，概念界限十分明确，统计数据也最可靠。于是，往往把死亡这种严重事故的发生概率作为评价系统的指标。确定作为评价危险目标值的死亡事故率时有两种考虑。

1）与其他灾害的死亡率相对比

一般是与自然灾害和疾病的死亡率比较，评价危险状况。

2）死亡率降到允许范围内的投资大小

即预测到死亡一人的危险性后，为了把危险性降低到允许范围，即拯救一个人的生命，必须花费的投资和劳动力的多少。

6.3.4　事故预防理论[11, 12]

1. 事故可预防性原理

根据对事故特性的研究分析，可认识到如下事故性质。

1）事故的因果性

事故的因果性是指事故是由相互联系的多种因素共同作用的结果。引起事故的原因是多方面的，在伤亡事故调查分析过程中应弄清事故发生的因果关系，找到事故发生的主要原因。

2）事故的随机性

事故的随机性是指事故发生的时间、地点、事故后果的严重性是偶然的。随机性说明对事故的预防具有一定的难度。但是事故这种随机性在一定范畴内也遵循统计规律，因此事故统计分析对制定正确的预防措施有重大的意义。

3）事故的潜伏性

表面上来看事故是一种突发事件。但是事故发生之前有一段潜伏期。在事故发生前，人-机-环境系统所处的状态是不稳定的，也就是说系统存在着事故隐患，具有危险性。如果这时有一触发因素出现，就会导致事故的发生。掌握了事故潜伏性对有效预防事故具有关键作用。

4）事故的可预防性

现代工业生产系统是人造系统，这种客观实际为预防事故提供了基本的前提。所以说，任何事故从理论和客观上讲都是可预防的。认识到这一特性，对坚定信念、防止事故发生有促进作用。因此，人们应该通过各种合理的对策和努力，从根本上消除事故发生的隐患，把工业事故的发生降低到最小限度。

2. 事故的宏观战略预防对策

采取综合、系统的对策是有效预防事故的基本原则。随着工业安全科学技术的发展，安全系统工程、安全科学管理、事故致因理论、安全法制建设等学科和方法技术的发展，在职业安全和减灾方面总结和提出了一系列的对策。安全法制对策、安全管理对策、安全教育对策、安全工程技术对策、安全经济手段等都是目前在职业安全和事故预防及控制中发展起来的方法和对策。

1）安全法制对策

安全法制对策就是利用法制的手段，对生产的建设、实施、组织，以及目标、过程、结果等进行安全的监督，使其符合职业安全的要求。职业安全法制对策通过以下几方面的工作实现。

（1）职业安全责任制度

职业安全责任制度就是明确企业一把手是职业安全的第一责任人；管生产必须管安全；全面综合管理，不同职能机构有特定的职业安全职责。

（2）实行强制的国家职业安全监督

国家职业安全监督就是指国家授权劳动行政部门设立的监督机构，以国家名义并运用国家权力，对企业、事业和有关机关履行劳动保护职责、执行劳动保护政策和根据劳动卫生法规的情况依法进行的监督、纠正和惩戒工作，是一种专门监督，是以国家名义依法进行的具有高度权威性、公正性的监督执法活动。

（3）建立健全安全法规制度

行业的职业安全管理需围绕着行业职业安全的特点和需要，在技术标准、行业管理条例、工作程序、生产规范及生产责任制度方面进行全面的建设，实现专业管理的目标。

（4）有效的群众监督

群众监督是指在工会的统一领导下，监督企业、行政部门和国家有关劳动保护、安全技术、工业卫生等法律、法规、条例的贯彻执行情况，参与有关部门制定职业安全和劳动保护法规、政策的制定工作，监督企业安全技术和劳动保护经费的落实和正确使用情况，对职业安全提出建议等。

2）工程技术对策

工程技术对策是指通过工程项目和技术措施实现生产的本质安全化，或改善劳动条件提高生产的安全性。在具体的工程技术对策中，可采用如下技术原则。

（1）消除潜在危险的原则

在本质上消除事故隐患，该原则是理想、积极且进步的事故预防措施。基本做法是以新的系统、新的技术和工艺代替旧的不安全系统和工艺，从根本上消除发生事故的基础。

（2）降低潜在危险因素数值的原则

在系统危险不能根除的情况下，尽量降低系统的危险程度，使系统一旦发生事故，所造成的严重后果程度最小。

（3）冗余性原则

通过多重保险、后援系统等措施，提高系统的安全系数，增加安全余量。

（4）闭锁原则

在系统中将一些元器件的机器连锁或电气互锁作为保证安全的条件。

（5）能量屏障原则

在人、物与危险之间设置屏障，防止意外能量作用到人体和物体上，以保证人和设备的安全。

（6）距离防护原则

当危险和有害因素的伤害作用随距离的增加而减弱时，应尽量使人与危险源距离远一些。例如，化工厂建在远离居民区、爆破作业时的危险距离控制等。

（7）时间防护原则

使人暴露于危险、危害因素的时间缩短到安全范围之内，如开采放射性矿物或进行有放射性物质的工作时缩短工作时间。

（8）薄弱环节原则

在系统中设置薄弱环节，以最小的、局部的损失换取系统的总体安全。例如，锅炉的熔栓、煤气发生炉的防爆膜等，它们在危险情况出现之前就发生破坏，从而释放或阻断能量，以保证整个系统的安全性。

（9）坚固性原则

是与薄弱环节原则相反的一种对策，即通过增加系统强度来保证其安全性，如加大安全系数、提高结构强度等措施。

（10）个体防护原则

根据不同作业性质和条件配备相应的保护用品及用具。采取被动的措施，以减轻事故和灾害造成的伤害或损失。

（11）代替作业人员的原则

在不可能消除和控制危险、危害因素的条件下，以机器、机械手、自动控制器或机器人代替人或人体的某些操作，摆脱危险和有害因素对人体的危害。

（12）警告和禁止信息原则

将光、声、色或其他标志等作为传递组织和技术信息的目标，以保证安全，如安全标志等。

3）安全管理对策

管理就是创造一种环境和条件，使置身于其中的人能进行协调的工作，从而完成预定的使命和目标。安全管理是通过制定和监督实施有关安全法令、规程、规范、标准和规章制度等规范人在生产活动中的行为的准则，使劳动保护工作有法可依、有章可循，用法制手段保护职工在劳动中的安全和健康。安全管理对策是工业生产过程中实现职业安全卫生基本的、重要的、日常的对策。工业安全管理对策具体通过管理的模式、组织管理的原则、安全信息流技术等来实现。

4）安全教育对策

安全教育是对企业各级领导、管理人员及操作工人进行安全思想政治教育和安全技术知识教育。安全思想政治教育的内容包括国家有关安全生产、劳动保护的方针政策、法规法纪。安全技术知识教育包括一般生产技术知识、一般安全技术知识和专业安全生产技术知识的教育。一般生产技术知识包含企业的基本概况、生产工艺流程、作业方法、设备性能及产品的质量和规格。一般安全技术知识教育含各种原料、产品的危险危害特性，生产过程中可能出现的危险因素，形成事故的规律，安全防护的基本措施和有毒有害的防治方法，异常情况下的紧急处理方案，事故时的紧急救护和自救措施等。专业安全技术知识教育是针对特别工种所进行的专门教育，如锅炉、压力容器、危险化学品的管理等专门安全技术知识的培训教育。

安全教育的对策是应用启发式教学法、发现法、讲授法、谈话法、读书指导法、演示法、参观法、访问法、实验实习法、宣传娱乐法等，对政府官员、社会大众、企业职工、社会公民、专职安全人员等进行意识、观念、行为、知识、技能等方面的教育。教育的内容涉及专业安全科学技术知识、安全文化知识、安全观念知识、安全决策能力、安全管理知识、安全设施的操作技能、安全特殊技能、事故分析与判断的能力等。

3. 人为事故的预防

人为事故在工业生产发生的事故中占有较大比例。人为事故的预防和控制，是在研究人与事故的联系及其运动规律的基础上认识到人的不安全行为是导致与构成事故的要素，因此要有效预防、控制人为事故的发生，依据人安全与管理的需求，运用人为事故规律和预防、控制事故原理联系实际而产生的一种对生产事故进行超前预防、控制的方法。

1）人为事故的规律

在生产实践活动中，人既是促进生产发展的决定因素，又是生产中安全与事故的决定因素。人的安全行为能保证安全生产，但异常行为会导致与构成生产事故。因此，要想有效预防、控制事故的发生，必须做好人的预防性安全管理，强化和提高人的安全行为，改变和抑制人的异常行为，使其达到安全生产的客观要求，以此超前预防、控制事故的发生。

在掌握了人的异常行为的内在联系及其运行规律后，为有效预防、控制人为事故，可从以下 4 个方面入手。

（1）表态安全管理

表态安全管理可从劳动者产生异常行为表态始发致因的内在联系及其外延现象中得知。表态安全管理可采取如安全宣传教育、安全培训等方式进行，提高人的安全技术素质，使其达到安全生产的客观要求。

（2）动态安全管理

动态安全管理可从产生异常行为动态续发致因的内在联系及其外延现象中得知。动态安全管理可采取建立、健全安全法规，开展各种不同形式的安全检查等方式促使人的生产实践规律运动，及时发现并改变人在生产中的异常行为，预防、控制由人的异常行为而导致的事故发生。

（3）环境的安全管理

环境的安全管理可从产生异常行为外侵导发致因的内在联系及其外延现象中得知。劳动者的环境安全管理包括发现劳动者因受社会或家庭环境影响思想散乱，有产生异常行为的可能等，从而预防、控制由环境影响导致的人为事故发生。

（4）安全管理中的问题

安全管理中存在的问题从产生异常行为管理延发致因的内在联系及其外延现象中得知。安全管理中存在的问题可从提高管理人员的安全技术素质、消除违章指挥、加强工具与设备管理等方面入手，使其达到安全生产要求，从而有效预防、控制由管理失控而导致的人为事故。

2）强化人的安全行为

强化人的安全行为是指通过开展安全教育提高人的安全意识，使其产生安全行为，做到自我预防事故的发生。人为事故的自我预防措施包括以下几方面。

a. 生产操作者自觉接受教育，提高安全意识，树立安全思想，为安全生产提供支配行为的思想保证。

b. 学习生产技术和安全技术知识，提高安全素质和应变事故能力，为安全生产提供支配行为的技术保证。

c. 严格执行安全规律，不违章作业、冒险蛮干，用安全法规统一生产行为。

d. 做好个人使用的工具、设备和劳动保护用品的日常维护保养，保持完好状态，做到正确使用，发现有异常时及时处理。

e. 服从安全管理，抵制他人违章指挥，完成自己分担的生产任务，遇到问题及时提出，求得解决，确保安全生产。

3）改变人的异常行为

改变人的异常行为，是继强化人的表态安全管理之后的动态安全管理。通过强化人的安全行为预防事故的发生，改变人的异常行为控制事故发生，从而达到超前有效预防、控制人为事故的目的。改变人的异常行为主要有如下5种方法。

（1）自我控制

自我控制是行为控制的基础，是预防、控制人为事故的关键。例如，生产操作者在从事生产实践活动之前或生产之中，当发现自己有产生异常行为的因素存在时，如身体疲劳、需求改变，或因外界影响导致思想混乱等，能及时认识和加以改变，或终止异常的生产活动，均能控制由异常行为而导致的事故。

（2）跟踪控制

运用事故预测法对已知具有产生异常行为因素的人做好转化和行为控制工作。例如，对已违反过安全操作的人可指定专人负责做好转化工作和进行行为控制，防止异常行为的产生和导致事故发生。

（3）安全监护

对从事危险性较大生产活动的人指定专人对其生产行为进行安全提醒和安全监督。

（4）安全检查

运用生产操作者的自身技能，对从事生产实践活动人员的行为进行各种不同形式的安全检查，从而发现并改变人的异常行为，控制人为事故发生。

（5）技术控制

运用安全技术手段控制生产操作者的异常行为。例如，绞车安装的过卷装置能控制由人的异常行为而导致的绞车过卷事故；变电所安装的连锁装置能控制人为误操作而导致的事故等。

4. 设备因素导致事故的预防

设备与设施是生产过程的物质基础，是重要的生产要素。物作为事故第二大要素，已在上述的安全系统论原理中得到揭示。在生产实践中，设备是决定生产效能的物质技术基础，但设备的异常状态又是导致与构成事故的重要物质因素。因此，要想超前预防、控制设备事故的发生，必须做好设备的预防性安全管理，强化设备的安全运行，改变设备的异常状态，使其达到安全运行的要求。

1）设备因素与事故的规律

设备事故规律是指在生产系统中由于设备的异常状态违背了生产规律，导致生产实践产生了异常运动而产生的事故。

（1）设备故障规律

由设备自身异常而产生故障及导致发生的事故在整个寿命周期内的动态变化规律称为设备故障规律。认识与掌握设备故障规律，是从设备的实际技术状态出发，确定设备检查、实验和修理周期的依据。设备在整个寿命期内的故障变化规律大致分为 3 个阶段：第一阶段是设备故障的初发期，第二阶段是设备故障的偶发期，第三阶段是设备故障的频发期。

a. 初发期是指设备在开始投运的一段时间内，由于人们对设备不够熟悉，使用不当，以及设备自身存在一定的不平衡性，因此故障率较高。该阶段也称设备的适应期。

b. 偶发期是指设备在投运后，经过一段运行，其适应性开始稳定，除在非常情况下偶然发生事故外，一般是很少发生故障的。该阶段也称设备使用的有效期。

c. 频发期是指设备经过了一段、二段长时期运行后，其性能严重衰退，局部已经失去了平衡，因而故障→修理→使用→故障的周期逐渐缩短，直至报废为止。该阶段设备的故障率最高，也称设备使用的老化期。

（2）与设备相关的事故规律

设备不仅因自身异常能导致事故发生，而且与人和环境的异常结合也能导致事故发生。因此要想超前预防、控制设备事故的发生，除要认识掌握设备故障规律外，还要认识掌握设备与人和环境相关的事故规律，并相应地采取保护设备安全运行的措施，才能达到全面有效预防、控制设备事故的目的。

（3）设备与人相关的事故规律

设备与人相关的事故规律是指由人的异常行为与设备结合而产生的物质异常运动，是导致事故的普遍性表现形式。例如，人违背操作规程使用设备、超性能使用设备、非法使用设备等所导致的各种与设备相关的事故。

（4）设备与环境相关的事故规律

设备与环境相关的事故规律是指由环境异常与设备结合而产生的物质异常运动，是导致事故的普遍性表现形式。设备与环境相关的事故规律又分为固定设备与异常环境相结合而导致的设备故障，如由气温变化或环境污染导致的设备故障，以及移动性设备与异常环境结合而导致的设备事故，如行驶的车辆在交通运输中由路面异常而导致的交通事故等。

2）设备故障及事故的原因分析

设备发生事故的原因分为内因耗损和外因作用。内因耗损是检查、维修问题，外因作用是操作使用问题。设备事故的分析需要遵循事故原因查不清不放过、事故的责任者及群众受不到教育不放过、没有制定防范措施不放过的原则。通过对设备事故的原因分析可针对导致事故的问题采取相应的防范措施，如建立、健全设备管理制度，改进操作方法，调整检查、实验、检修周期等，以防止同类事故重复发生。

3）设备事故的预防、控制要点

在现代化生产中，人与设备是不可分割的统一整体，没有人的作用设备不会自行投入生产使用，同样没有设备人也难以从事生产实践活动；但同时人与设备又不是同等的关系，而是主从关系。人是主体，设备是客体，因此人在预防、控制设备事故中始终起着主导支配的作用。对设备事故的预防和控制需要运用设备事故规律和预防、控制事故原理，按照设备安全与管理的需求，可从以下几个方面做好安全管理工作。

a. 根据生产需求和质量标准，做好设备的选购、进厂验收和安装调试。

b. 开展安全宣传教育和技术培训，提高人的安全技术素质，做到专机专用，为设备安全运行提供人的素质保证。

c. 为设备安全运行创造良好的条件，安装必要的防护、保险、防潮、防腐、保暖、降温等设施，配备必要的测量、监视装置等。

d. 配备熟悉设备性能、操作、管理，能达到岗位要求的人。

e. 按设备的故障规律定好设备的检查、实验、修理周期，并要按期进行检查、实验、修理，巩固设备安全运行的可靠性。

f. 做好设备在运行中的日常维护保养，如防腐、降温、去污、注油、保暖等。

g. 做好设备在运行中的安全检查，及时发现问题并加以解决，保持安全运行状态。

h. 有步骤、有重点地对老、旧设备进行更新、改造，使其达到安全运行和发展生产的要求。

i. 建立设备管理档案、台账，做好设备事故调查、讨论分析，制定保证设备安全运行的安全技术措施。

j. 建立、健全设备使用操作规程和管理制度及责任制，用以指导设备的安全管理，保证设备的安全运行。

5. 环境因素导致事故的预防

安全系统的最基础要素是人、机、环、管四要素。显然，环境因素也是重要方面。研究环境因素导致事故的目的，就是要揭示环境与事故的联系及其运动规律，认识异常环境是导致事故的一种物质因素，因此能有效地预防、控制由异常环境导致事故的发生。

1) 环境与事故的规律

事故预防理论中环境是指生产实践活动占有的空间及其范围内的一切物质状态。其中，又分为固定环境和流动环境两种类别。固定环境是指生产实践活动所占有的固定空间及其范围内的一切物质状态；流动环境是指流动性的生产活动所占有的变动空间及其范围内的一切物质状态。

环境包括的内容，依据其导致事故的危害方式，分为如下 5 个方面：①环境中的生产布局、地形、地物等；②环境中的温度、湿度、光线等；③环境中的尘、毒、噪声等；④环境中的山林、河流、海洋等；⑤环境中的雨水、冰雪、风云等。

环境是生产实践活动必备的条件，任何生产活动无不置于一定的环境之中，没有环境生产实践活动是无法进行的。同时环境又是决定生产安危的一个重要物质因素。其中，良好的环境是保证安全生产的物质因素，异常环境是导致生产事故的物质因素。总之，环境是以其中物质的异常状态与生产相结合而导致事故发生的，其运动是生产实践与环境的异常结合违反了生产规律而产生异常运动，是导致事故的普遍性表现形式。

2) 环境导致事故的预防、控制要点

在认识到良好的环境是安全生产的保证、异常环境是导致事故的物质因素及其运动规律之后，依据环境安全与管理的需求，对环境导致事故的预防和控制可从以下几个方面采取相应的措施：运用安全法制手段加强环境管理，预防事故的发生；治理尘、毒危害，预防、控制职业病发生；应用劳动保护用品，预防、控制环境导致事故的发生；运用安全检查手段改变异常环境，控制事故发生等。

6. 时间因素导致事故的预防

时间导致事故的预防和控制，是在揭示了时间与事故的联系及其运动规律，认识到时间变化是导致事故的一种相关因素之后，为了有效预防、控制由时间变化导致的事故，依据安全生产与管理的需求，运用时间导致事故的规律和预防、控制事故原理联系实际而产生的一种对生产事故进行超前预防、控制的方法。

1) 时间导致事故的规律

任何生产劳动无不置于一定的时间之内。时间表明生产实践经历的过程。正确运用劳动时间，能保证安全生产，提高劳动效率，促进经济发展。反之，异常的劳动时间则是导致事故的一种相关因素。

时间导致事故是指生产实践与时间的异常结合违反了生产规律而产生异常运动，是导致事故的普遍性表现形式，具体表现如下。

（1）失机的时间能导致事故

在生产实践中出现了改变原定时间而导致事故的发生，如火车在抢点、晚点中发生的撞车事故等。

（2）延长的时间能导致事故

在生产实践中超过了常规时间而导致事故的发生，如设备不能按规定时间检修，由故障不能及时消除而导致的与设备相关的事故等。

（3）异变的时间能导致事故

在生产实践中由时间变化而导致事故的发生，如由季节变化而发生的各种季节性事故等。

（4）非常时间能导致事故

在出现非常情况的特殊时间里导致发生的事故，如生产中由争时间抢任务而导致的各种事故等。

2）时间导致事故的预防技术

在认识到正常劳动时间能保证安全生产、异常的劳动时间具有导致事故的因素及其运动规律之后，依据安全生产与管理的需求，对时间导致事故的预防和控制主要应抓住以下环节。

（1）正确运用劳动时间，预防事故发生

依据劳动法规定，结合本企业安全生产的客观要求，正确处理劳动与时间的关系，合理安排劳动时间，保证必要的休息时间，做到劳逸结合，以预防事故的发生。

（2）改变与掌握异常劳动时间，控制事故发生

异常劳动时间是指在生产过程中由于时间变化而具有导致事故因素的非正常生产时间。为了控制由异常劳动时间导致事故的发生，依据安全生产与管理的需求，运用时间导致事故的规律，要做好以下工作。

a. 限制加班加点，控制事故发生。

劳动者在法定的节日或公休日从事生产或工作称为加班，在正常劳动时间外又延长时间进行生产或工作称为加点。加班加点属于异常的劳动时间，具有导致事故的因素，因此在一般情况下严禁加班加点，只有在特殊情况下才可以加班加点，但需做好在加班加点中的安全管理。

b. 抓好季节性事故的预防和控制。

季节性事故是指随着季节时间的变化而导致的与气候因素相关的事故，如雷害、水灾、雪灾，以及中暑、冻伤、冻坏设备等。季节性事故的预防和控制要认识与掌握本企业可能发生的季节性事故，根据季节的特点制定安全防范措施，如夏季要做好防雷、防排水、防暑降温的准备工作，冬季做好防寒、防冻的准备工作等，同时要根据实际变化情况具体做好防范工作。

6.4　风险分析和风险控制理论

风险分析和风险控制理论源于现代工业安全科学理论的范畴，而安全科学理论体系的发展经历了具有代表性的 3 个阶段：从工业社会到 20 世纪 50 年代发展起来的事故学理论，50 年代到 80 年代发展了危险分析与风险控制理论；90 年代以来，逐渐形成并完

善了现代的安全科学理论。风险分析与风险控制理论包含了认识论、认识论的理论体系及认识的方法和特征[13]。

认识论是以危险和隐患作为研究对象,其理论的基础是对事故因果性的认识,以及对危险和隐患事件链过程的确认。认识论建立了事件链的概念,并具备事故系统的超前意识流和动态认识论。认识论确认了人、机、环境、管理事故综合要素,主张工程技术硬手段与教育、管理软手段相结合的综合措施,提出了超前防范和预先评价的概念和思路。

对于理论系统来说,由于研究对象和目标体系的转变,危险分析与风险控制理论发展出如下理论体系。

a. 系统分析理论:故障树分析(FTA)理论、事件树分析(ETA)理论、安全检查表(SCL)技术、故障及类型影响分析(FMFA)理论等。

b. 安全评价理论:安全系统综合评价、安全模糊综合评价、安全灰色系统评价理论等。

c. 风险分析理论:风险辨识理论、风险评价理论、风险控制理论。

d. 系统可靠性理论:人机可靠性理论、系统可靠性理论等。

e. 隐患控制理论:重大危险源理论、重大隐患控制理论、无隐患管理理论等。

由于有了对事故的超前认识,因此风险分析与风险控制理论产生了比早期事故学理论更为有效的方法和对策,如预期型管理模式,危险分析、危险评价、危险控制的基本方法过程,推行安全预评价的系统安全工程。风险分析与风险控制理论指导下的方法,其特征是体现了超前预防、系统综合、主动对策等。风险分析及隐患控制理论从事故的因果性出发,着眼于事故前期事件的控制,对实现超前和预期型的安全对策、提高事故预防的效果有着显著的意义和作用。

6.4.1　风险管理[12, 13]

1. 风险管理基础

风险是某一有害事故发生的可能性与事故后果的总和。风险管理的任务就是通过风险分析确定企业生产、经营中所存在的风险,制定风险控制管理措施,以降低损失。工业企业在生产作业过程中面临着许多职业安全卫生方面的风险,这些风险可能来自从日常生产活动到所使用油气原料和石化产品、材料等方方面面。如何对生产作业中的风险进行管理,是一个工业企业保障安全生产的重要内容。风险管理的方法是现代企业管理特别是建立职业安全健康管理体系的重要方法,也是一种实施以预防为主的重要措施。

1)风险管理的概念

根据国际标准化组织的定义,风险是衡量危险性的指标,是某一有害事故发生的可能性与事故后果的总合。

通俗来讲,风险就是发生不幸事件的概率,即一个事件产生所不期望后果的可能性。风险分析就是去研究不幸事件发生的可能性和它所产生的后果。严格地说,风险和危险是不同的,危险只是意味着一种坏兆头存在,而风险不仅意味着这种坏兆头存在,而且意味着有发生这个坏兆头的渠道和可能性。因此,有时虽然有危险存在,但不一定要冒此风险。风险可表示为事件发生概率及其后果的函数：

$$R = f(p, l) \tag{6-5}$$

式中，p 为事件发生的概率；l 为事件发生的后果。对于事故风险来说，l 就是事故的损失（生命损失及财产损失）后果。

在 Δt 时间内，涉及 N 个个体的一群人，其中每一个体所承担的风险可由式（6-6）确定：

$$R_{个体} = E(l) / N\Delta t \tag{6-6}$$

式中，$E(l)$ 表示损失，$E(l) = \int l \mathrm{d}F(l)$，$N$ 为个体数，l 为危害程度或损失量，$F(l)$ 为 l 的分布函数（累积概率函数）。其中损失量 l 以死亡人次、受伤人次或经济价值等来表示。由于有

$$\int l \mathrm{d}F(l) = \sum l_k n p l_i \tag{6-7}$$

式中，n 为损失事件总数；$p l_i$ 为一组被观察的人在一段时间内发生第 i 次事故的概率；l_k 为每次事件发生同一种类型损失的损失量。因此式（6-6）可写为

$$R_{个体} = l_k \frac{\sum i p l_i}{N\Delta t} = l_k H_s \tag{6-8}$$

式中，H_s 为单位时间内损失或伤亡事件的平均频率，时间 Δt 是说明所研究的风险在个体活动的时间段，如工作时实际暴露于危险区域的时间。所以，个体风险的定义为

个体风险=损失量×损失或伤亡事件的平均频率　　　　（6-9）

如果在给定时间内每个人只会发生一次损失事件，或者这样的事件发生频率很低，使得几种损失连续发生的可能性可忽略不计，则单位时间内每个人发生损失或伤亡的平均频率等于事故发生概率 p_k，这样个体风险公式为

$$R_{个体} = l_k p_k \tag{6-10}$$

式（6-8）～式（6-10）的意思是：个体风险=损失量×事件概率。还应说明的是 $R_{个体}$ 指所观察人群的平均个体风险。

2）风险度的确定

从前面风险的定义可看出，风险的物理意义是单位时间内损失或失败的均值。也就是说，人们将损失均值作为风险的估计值。但是有的情况下，为了比较各种方案，为了综合地描述风险，常需要对整个区域（风险分布）的风险用一个数值来反映，这就引进了风险度的概念。

当使用均值作为某风险的估计值时，风险度定义为标准方差 $\sigma = \sqrt{Dx}$ 与风险均值 $E(x)$ 之比，即风险度 R_D 由式（6-11）计算：

$$R_D = \frac{\sigma}{E(x)} \tag{6-11}$$

如果在有的场合由于某种原因，并不采用均值作为风险的估计值，而用 x_0（与均值同一量纲的某一标准值）作为风险变量的估计值，则风险度的定义为

$$R_D = \frac{\sigma - [E(x) - x_0]}{E(x)} \tag{6-12}$$

风险度愈大，就表示对将来的损失愈没有把握，或未来危险和危害存在与产生的可

能性愈大，风险也就愈大。显然，风险度是决策时的一个重要考虑因素。

上面风险及风险度论述的主要思想在于：事故具有风险的特点，一方面是风险的客观性和不可避免性；另一方面是人类可尽风险所能使风险减少到最低的和可接受的水平。

3）风险管理与安全管理

风险管理是指企业通过识别风险、衡量风险、分析风险，从而有效地控制风险，用最经济的方法来综合处理风险，以实现最佳安全生产保障。由此定义可以看出如下内容。

a. 风险不局限于静态风险，也包括动态风险。研究风险管理以静态风险和动态风险为对象。

b. 风险管理的基本内容、方法和程序是其重要方面。

c. 强调风险管理应体现成本和效益的关系，要从最经济的角度来处理风险，在主客观条件允许的情况下选择成本最低、效益最佳的方法，制定风险管理决策。

隐患、风险、事故呈单向线性关系，只要消除隐患和风险其中一个环节就可以阻止事故的发生。但很多隐患是客观存在的，是不以人的意志为转移的。在实际工作中，安全工作人员一般将风险管理和安全管理视为同样的工作，两者间关系虽然密切，但也有区别，主要体现在如下几方面。

a. 风险管理的内容较安全管理广泛。风险管理不仅包括预测和预防事故、灾害的发生，人机系统的管理等这些安全管理所包含的内容，而且延伸到了保险、投资甚至政治风险领域。

b. 安全管理强调的是减少事故，甚至消除事故，是将安全生产与人机工程相结合，给劳动者以最佳工作环境。而风险管理的目标是尽可能地减少风险导致的经济损失。

c. 风险管理的产生和发展对传统安全管理体制产生了冲击，促进了现代安全管理体制的建立。它对现有安全技术的成效作出评判并提示新的安全对策，促进了安全技术的发展。

与传统的安全管理相比，风险管理的主要特点还表现在以下几方面。

a. 确立了系统安全的观点。随着生产规模的扩大、生产技术的日趋复杂和连续化生产的实现，系统往往由许多子系统构成。为了保证系统的安全，就必须研究每一个子系统。风险评价是以整个系统安全为目标的，因此不能孤立地对子系统进行研究和分析，而要从全局的观点出发。

b. 开发了事故预测技术。传统的安全管理多为事后管理，即从已经发生的事故中吸取教训；风险管理的目的是预先发现、识别可能导致事故发生的危险因素，以便于在事故发生之前采取措施消除、控制这些因素，防止事故的发生。

4）风险分析的内容及目的

尽管人们对风险这一概念的理解在不断加深，但当前安全科学技术在很大程度上只认识了事故和危险这两个层次，相较于事故和危险，风险这一层次的概念还包括以下几点含义。

a. 风险是一种客观存在的情况，生产和采用技术不可避免地会有风险。

b. 风险可能造成事故损失，也可能带来更大利益。但"危险"不包含后一种意义。由此可见，在强调预防事故时，应以"危险"作为重要的对象。但站在全面、系统的高度认识问题时，"风险"才是更为客观和根本的研究对象。

c. 从经济学的角度探讨安全生产问题，需要建立风险的概念。

风险分析有以下主要内容。

a. 风险辨识。研究和分析哪里（什么技术、什么作业、什么位置）有风险？后果（形式、种类）如何？有哪些参数特征？

b. 风险估计。风险率多大？风险的概率如何分布？后果程度如何？

c. 风险评价。风险的边际值应是多少？风险-效益-成本分析结果怎样？如何处理和对待风险？

2. 风险管理的理论体系

1）风险管理理论

风险分析的过程就是在特定的系统中进行危险辨识、频率分析、后果分析的全过程，如图 6-23 所示。

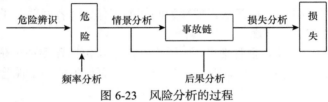

图 6-23　风险分析的过程

危险辨识：在特定的系统中确定危险并定义其特征。

频率分析：分析特定危险发生的频率或概率。

后果分析：分析特定危险在环境因素下可能导致的各种事故后果及其可能造成的损失，包括情景分析和损失分析。情景分析：分析特定危险在环境因素下可能导致的各种事故后果。损失分析：分析特定后果对其他事物的影响，进一步得出其使某一部分利益产生的损失，并进行定量化。

通过风险分析，得到特定系统中所有危险的风险估计。在此基础上，需要根据相应的风险标准判断系统的风险是否可以接受，是否需要采取进一步的安全措施，这就是风险评价。风险分析和风险评价合称风险评估。

在风险评价的基础上，采取措施和对策降低风险的过程就是风险控制。而风险管理包括风险评价和风险控制的全过程，它是一个以最低成本最大限度地降低系统风险的动态过程。

风险管理的内容及相互关系用图 6-24 说明。它是风险分析、风险评价和风险控制的整体。

2）风险管理范畴

风险管理的基础范畴包括风险分析、风险评价和风险控制，简称风险管理 3 要素。

（1）风险分析

风险分析就是研究风险发生的可能性及其所产生的后果和损失。现代安全管理对复杂系统未来功能的分析能力日益提高，使得风险预测成为可能，并且采取合适的防范措施可以把风险降低到可接受的水平。风险分析应该成为系统安全的重要组成部分，它既是系统安全的补充，又与系统安全有所区别，风险分析比系统安全的范围或许稍广一些。

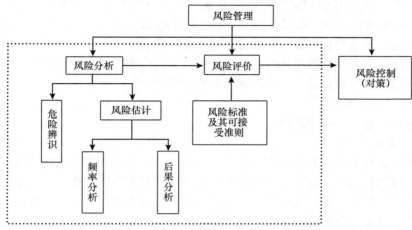

图 6-24　风险管理的内容及相互关系

风险由以下要素构成。

a. 风险原因：在生产活动中，由或然性、不确定性，或由多种方案存在的差异导致的活动结果的不确定性是风险形成的原因。不确定性包括物方面的不确定性及人方面的不确定性。

b. 风险事件：是风险原因综合作用的结果，是产生损失的原因。根据损失产生的原因不同，企业所面临的风险分为生产事故风险（技术风险）、自然灾害风险、企业社会风险、企业风险与法律、企业市场风险等。

c. 风险损失：是由风险事件所导致的非故意的和非预期的收益减少。风险损失包括直接损伤和间接损失。

（2）风险评价

风险评价是分析和研究风险的边际值应是多少？风险-效益-成本分析的结果怎样？如何处理和对待风险？

风险评价逻辑模型至少有 5 个因素：基本事件、初始事件、后果、损失和费用。

结合故障树分析，低级的原始事件可看作故障树中的基本事件，而初始事件则相当于故障树的一组顶上事件。对于风险评价来说，必须考虑系统可能发生的一组顶上事件和总损失。

假设第几种损失每暴露单位的费用为 Ct_n，其概率为 $P(\text{Ct}_n)$，则每暴露单位的平均损失可用式（6-13）计算：

$$E(\text{Ct}_p) = \sum_n P(\text{Ct}_n)\text{Ct}_n \qquad （6-13）$$

总的风险可通过估算所有损失类型每暴露单位的损失估计值而获得，即

$$风险 = \sum_n E(\text{Ct}_n) \qquad （6-14）$$

风险是现代生产与生活实践难以避免的。从安全管理与事故预防的角度分析，关键的问题是如何将风险控制在人们可以接受的水平之下。

（3）风险控制

风险决策在风险分析和风险评价的基础上作出，风险决策的执行就是风险控制过程。风险分析研究的目的一般分两类：一是主动地创造风险环境和状态；二是对客观存在的风险作出正确的分析判断，以求控制、减弱乃至消除其影响和作用。工业风险管理是指企业通过识别风险、衡量风险、分析风险，从而有效控制风险，用最经济的方法来综合处理风险，以实现最佳安全生产保障的科学管理方法。

3）风险管理的程序[14]

风险管理的程序为 4 个阶段。

（1）风险的识别

风险的识别是对尚未发生的潜在的各种风险进行系统的归类和实施全面的识别。在这一阶段应强调识别的全面性。识别风险对风险管理具有关键的作用。风险识别的方法有：故障类型及影响分析、预先危险性分析、危险及可操作性分析、事件树分析、故障树分析、人的可靠性分析等。

（2）风险的衡量

风险的衡量是对特定风险发生的可能性及损失的范围与程度进行估计和衡量。通常是运用概率论和数理统计方法及电子计算机等计算工具，对大量发生的损失的频率和损失的严重程度的资料进行科学的风险分析。

（3）风险管理对策的选择

风险管理对策主要分为两大类：风险控制对策和风险财务处理对策。前者包括避免风险、损失控制、非保险转嫁等，是在损失发生前力图控制与消除损失的措施；后者包括自留风险和保险，是在损失发生后的财务处理和经济补偿措施。

（4）执行与评估

实施风险管理决策和评价其后果，实质在于协调地配合采取的各种风险管理措施，不断地通过信息反馈检查风险管理决策及其实施情况，并视情形不断地进行调整和修正，使其更接近风险管理目标。

3. 风险管理技术

1）风险管理的技术步骤

风险管理内容包括风险分析（风险识别、风险估测和风险评价）和风险的控制管理（风险规划、风险控制、风险监督）。风险识别、风险估测、风险评价、风险管理技术的选择和效果评价构成一个风险管理周期，如图 6-25 所示。

2）风险管理规划

（1）内容与任务

风险规划就是制定风险管理策略及实施具体措施和手段的过程。这一阶段要考虑两个问题：第一，风险管理策略本身是否正确、可行？风险分析的效果如何？风险管理要消耗多少的资源？第二，实施管理策略的措施和手段是否符合项目总目标？

把风险事故的后果尽量限制在可接受的水平上，是风险管理规划和实施阶段的基本任务。整体风险只要未超出整体评价的基础，就可以接受。对于个别风险，则可接受的水平因风险而异。

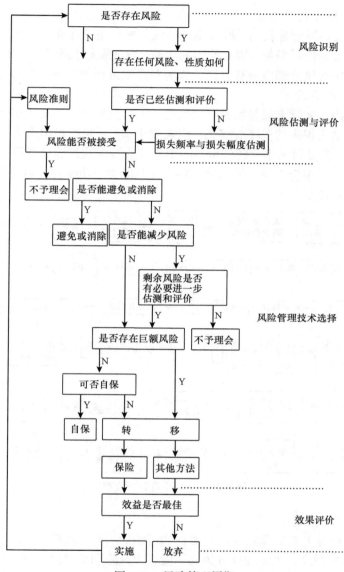

图 6-25　风险管理周期

Y 意为是；N 意为否

（2）风险规避的策略

规避风险可以从改变风险后果的性质、风险发生的概率或风险后果大小 3 个方面采取多种策略，如减轻、预防、转移、回避、自留和应急措施等。

（3）风险管理计划

风险规划最后一步就是把前面完成的工作归纳成一份风险管理计划，其中应当包括项目风险形势估计、风险管理计划和风险规避计划。

3）风险识别与评估模式

风险管理最为重要的前提是对风险进行识别与评估。

（1）风险识别模式

识别风险，具体讲就是找出风险，也就是说判断在生产作业中可能会出什么错。由于隐患是成为风险的前提条件，因此要识别风险，首先要查找出在生产作业中的各种隐患。识别出来的所有风险都应进行登记，作为对风险进行管理的主要依据。

（2）风险分析模式

风险分析的内容实际上就是回答下列问题：①企业生产、经营活动到底有些什么风险？②这些风险造成损失的概率有多大？③若发生损失，需要付出多大的代价？④如果出现最不利情况，需要付出多大的代价？⑤如何才能减少或消除这些可能的损失？⑥如果改用其他方案，是否会带来新的风险？将上述问题进一步细化，可得到如图 6-26 所示的完全风险分析流程。

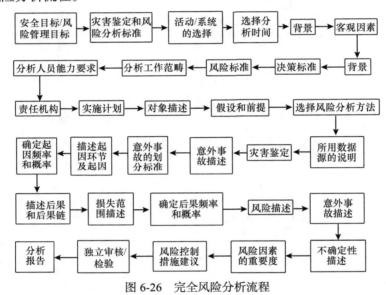

图 6-26　完全风险分析流程

（3）风险评估模式

评估风险，就是判定风险发生的可能性和可能的后果。风险发生的可能性和可能的后果决定了风险的程度，风险程度分为高风险、中风险和低风险。对于低风险，可通过生产程序进行管理；中风险需要坚决的管理；而高风险是在生产作业中无法容忍的，必须在生产作业前采取措施降低它的风险程度。对风险进行评估可采取定量分析和定性分析两种方法。目前在国际上是通过"风险矩阵"对风险进行定性评估的，见表 6-1。如果评估出的风险程度是在"风险矩阵"的红色（高风险）和黄色（中风险）区域，那么这种风险是主要风险。

4）风险控制技术

（1）风险控制概述

风险辨识分析、风险评估是风险管理的基础，而风险控制才是风险管理的最终目的。风险控制就是要在现有技术和管理水平上以最少的消耗达到最优的安全水平。其具体控制目标包括降低事故发生的频率、减少事故的严重程度和事故造成的经济损失程度。

表 6-1　风险矩阵

等级	后果		可能性				
	人	损害	1	2	3	4	5
			作业中没听说过	不太可能发生	可能发生	有多次发生的可能	普遍，周、日都有
A	可忽略的	可忽略的					
B	轻微的	轻微的					
C	主要的	局部的					
D	个体死亡	区域性的					
E	多人死亡	灾难性的					

　　□ 低风险　　　　　　■ 中风险　　　　　　■ 高风险

　　风险控制技术有宏观控制技术和微观控制技术两大类。宏观控制技术以整个研究系统为控制对象，运用系统工程原理对风险进行有效控制。采用的技术手段主要有法制手段、经济手段和教育手段。微观控制技术以具体的危险源为控制对象，以系统工程原理为指导对风险进行控制。所采用的手段主要是工程技术措施和管理措施，随着研究对象不同，方法措施也完全不同。

　　（2）风险控制的基本原则

　　控制系统存在的风险需遵循以下基本原则。

　　a. 闭环控制原则。控制系统应包括输入、输出，通过信息反馈进行决策并控制输入，由此组成一个完整的闭环控制过程。闭环控制最重要的是要有信息反馈和控制措施。

　　b. 动态控制原则。充分认识系统的运动变化规律，适时正确地进行控制。

　　c. 分级控制原则。根据系统组织结构和危险的分类规律，采取分级控制的原则，使得目标分解，责任分明，最终实现系统总控制。

　　d. 多层次控制原则。多层次控制通常包括 6 个层次：根本的预防性控制、补充性控制、防止事故扩大的预防性控制、维护性能的控制、经常性控制及紧急性控制。各层次控制采用的具体内容随事故危险性质不同而不同。在实际应用中，是否采用 6 个层次及究竟采用哪几个层次，则视具体危险的程度和严重性而定。

　　（3）风险控制的策略性方法

　　风险控制就是对风险实施风险管理计划中预定的规避措施。风险控制的依据包括风险管理计划、实际发生了的风险事件和随时进行的风险识别结果。风险控制的手段除了风险管理计划中预定的规避措施外，还应有根据实际情况确定的权变措施。

　　a. 减轻风险。减轻风险即降低风险发生的可能性或减少后果的不利影响。

　　b. 预防风险。包括：①工程技术法、教育法和程序法；②增加可供选用的行动方案。

　　c. 转移风险。借用合同或协议，在风险事故一旦发生时将损失的一部分转移到第三方的身上。

　　d. 回避。回避是指当风险潜在威胁发生的可能性太大，不利后果也太严重，又无其他规避策略可用时，主动放弃或终止项目或活动，或改变目标的行动方案，从而规避风险的一种策略。回避风险是一种最彻底的控制风险的方法。

e. 自留。自留是指企业把风险事件的不利后果自愿接受下来。自留风险是最省事的风险规避方法。当采取其他风险规避方法的费用超过风险事件造成的损失数额时，可采取自留风险的方法。

f. 后备措施。有些风险要求事先制定后备措施，一旦项目或活动的实际进展情况与计划不同，就动用后备措施。

（4）风险控制的技术性方法

风险控制是指采取风险控制方法降低风险程度，使风险的程度降到可以接受的程度，并对风险进行有效控制。风险控制方法主要分为以下几种。

a. 排除。消除作业中的隐患。

b. 替换。用无风险代替低风险、用低风险代替高风险的风险控制方法。

c. 降低。采取工程设计等措施降低风险程度。

d. 隔离。将人的生产作业活动与隐患隔开的风险控制方法。

e. 控制。针对风险制定工作程序，使企业的生产活动严格在工作（作业）程序的控制下。

f. 保护。对人员进行保护，如给职工配备劳保用品等。

g. 纪律。加强劳动纪律，对违反劳动纪律的人员进行必要的处罚。

图 6-27 说明了以上 7 种方法的控制效果，从中可以看出控制风险最好的方法是排除风险，不太好的方法是加强劳动纪律和进行纪律处罚。在对风险控制的过程中，根据企业的能力和效益，应尽可能地采取较高级的风险控制方法，并多级控制，在企业能力范围内将风险降至最低。

（5）固有危险控制技术

固有危险控制是指对生产系统中客观存在的危险源的控制。包括物质因素及部分环境因素的不安全状况及条件。

a. 固有危险源分类。

①化学危险源。包括引起火灾爆炸、大气污染、水质污染等的危险源。

②电气危险源。引起触电、着火、电击、雷击等的危险源。

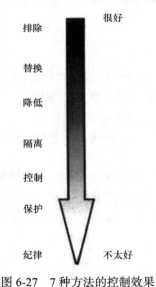

图 6-27　7 种方法的控制效果

③机械危险源。速度和加速度冲击、旋转、切割、刺伤等危险源。

④辐射危险源。红外射线源、紫外射线源、无线电辐射源等危险源。

⑤其他危险源。主要有噪声、强光、高压气体、高温物体、温度、生物危害等形式的危险源。

b. 对固有危险源的控制方法。

对固有危险源的控制要尽可能地做到工艺安全化。要从技术、经济、人力等方面全面考虑，做到控制措施优化。从微观上讲，固有危险源的控制有以下几种方法。

①消除危险。在新建、扩建、改建项目及产品设计之初，采用各种技术手段，达到厂房、工艺、设备等结构布置安全、机械产品安全、电能安全、无毒、无腐、无火灾爆炸物质安全等。

②控制危险。采用诸如熔断器、安全阀、限速器、缓冲器、爆破膜、轻质顶棚等办法。

③防护危险。对危险设备和物质可采用自动断电、自动停气、连锁防护、危险快速制动防护、遥控防护等；对操作人员可采用安全带、安全鞋、护目镜、安全帽、面罩、呼吸护具等措施。

④隔离防护。对于危险性较大而又无法消除和控制的场合，可采用设置禁止入内标志、固定隔离设施、设定安全距离等办法，从空间上与危险源隔离开来。

⑤保留危险。对于预计到可能会发生事故的危险源，在技术及经济上都不利时，可保留其存在，但要有应急措施，使得"高危险"变为"低风险"。

⑥转移危险。对于难以消除和控制的危险，在进行各种比较、分析之后，可选取转移危险的方法，将危险的作用方向转移至损失小的部位和地方。

（6）人为失误控制

人为失误是导致事故的重要原因之一。控制人为失误率，对预防及减少事故发生有重要作用。

a. 人为失误的表现有如下形式：操作失误；指挥错误；不正确的判断或缺乏判断；粗心大意；疾病或生理缺陷及其错误使用防护用品和防护装置等。

b. 引起事故的主要原因有先天生理方面的原因，管理方面原因及教育培训方面的原因等。

c. 减少或避免人为失误的措施有以下几种。

①人的安全化。合理选用工人；加强上岗前的教育；特殊工作环境要做专门培训；加强技能训练及提高文化素质；加强法制教育和职业道德教育。

②管理安全化。改善设备的安全性；改进工艺安全性；完善标准及规程；定期进行环境测定及评价；定期进行安全检查；培训班组长和安全骨干。

③操作安全化。研究作业性质和操作的运作规律；制定合理的操作内容、形式及频次；运用正确的信息流控制操作设计；合理操作力度及方法，以减少疲劳；利用形状、颜色、光线、声响、温度、压力等因素的特点，提高操作的准确性及可靠性。

6.4.2　危险源的辨识与管理[14, 15]

1. 危险源辨识与控制理论

这一理论的基础是运用系统工程的方法辨识、消除或控制系统中的危险源，实现系统安全。其基本的内容包括系统危险源辨识、危险性评价、危险源控制等。

1）危险源及其辨识的概念

（1）危险源的定义

我国标准将危险源定义为：长期或临时地生产、加工、搬运、使用或储存危险物质，且危险物质的数量等于或超过临界量的单元。该定义中的单元是指一套生产装置、设施或场所；危险物质是指能导致火灾、爆炸或中毒、触电等危险的一种或若干物质的混合物；临界量是指国家法律、法规、标准规定的一种或一类特定危险物质的数量。

（2）危险源的分类

依据我国安全生产领域的相关规定，结合行业的工艺特点，一般工业生产作业过程的危险源分为如下5类：①易燃、易爆和有毒有害物质危险源；②锅炉及压力容器设施类危险源；③电气类设施危险源；④高温作业区危险源；⑤辐射危害类危险源。

（3）危险源辨识

危险源辨识是发现、识别系统中危险源的工作，它是危险源控制的基础，只有辨识了危险源之后才能有的放矢地考虑如何采取措施控制危险源。

危险源辨识方法可以粗略地分为对照法和系统安全分析法两大类。

a. 对照法。与有关的标准、规范、规程或经验相对照来辨识危险源。有关的标准、规范、规程，以及常用的安全检查表，都是在大量实践经验的基础上编制而成的。因此，对照法是一种基于经验的方法，适用于有以往经验可供借鉴的情况。

b. 系统安全分析法。系统安全分析是从安全角度进行的系统分析，通过揭示系统中可能导致系统故障或事故的各种因素及其相互关联来辨识系统中的危险源。系统安全分析方法经常被用来辨识可能带来严重事故后果的危险源，也可用于辨识没有事故经验的系统的危险源。

2）两类危险源理论

第一类危险源是指作用于人体的过量的能量或干扰人体与外界能量交换的危险物质。在实际生产中往往把产生能量的能量源或拥有能量的能量载体及产生、储存危险物质的设备、容器或场所看作第一类危险源。为保证第一类危险源的安全运转，必须采取措施约束、限制能量。但约束、限制能量的措施可能失效而发生事故。把导致能量或危险物质的约束或限制措施破坏或失效的各种不安全因素称为第二类危险源。第一类危险源是事故发生的前提，它在发生事故时释放出的能量或危险物质是导致人员伤害或财物损失的能量主体，并决定事故后果的严重程度。第二类危险源是第一类危险源导致事故的必要条件，并决定事故发生可能性的大小。两类危险源的危险性决定了危险源的危险性。第一类危险源的危险性是固有的。

3）危险源控制概念

危险源控制是利用工程技术和管理手段消除、控制危险源，是防止危险源导致事故、造成人员伤害和财产损失的工作。危险源控制的基本理论依据是能量意外释放论。

控制危险源主要通过工程技术手段来实现。危险源控制技术包括防止事故发生的安全技术和减少或避免事故损失的安全技术。前者在于约束、限制系统中的能量，防止发生意外的能量释放；后者在于避免或减轻意外释放的能量对人或物的作用。

管理也是危险源控制的重要手段。管理的基本功能是计划、组织、指挥、协调、控制。通过一系列有计划、有组织的系统安全管理活动，控制系统中人的因素、物的因素和环境因素，以有效地控制危险源。

4）危险源辨识、评价与控制的实施

一般来讲，危险源评价应在危险源辨识之后进行，然后根据危险源危险性评价的结果采取危险源控制措施。但在实际工作中，这 3 项工作并非严格地按这样的程序分阶段独立进行，而是相互交叉、相互重叠进行的（图 6-28）。

在选择控制措施控制危险源时，需要对控制措施的控制效果进行评价，通过评价选择最有效的控制措施。这种评价通常是通过对比控制前和控制后危险源的危险性进行的。在采取危险源控制措施时，虽然可以控制原有的危险源，但危险源控制措施本身又可能带来新的危险源和危险性。因此，在进行危险源控制时仍然需要进行危险源辨识和评价工作。

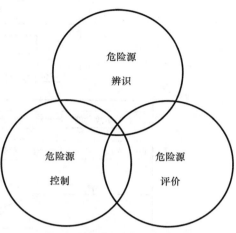

图 6-28 危险源辨识、控制和评价

2. 危险源辨识技术

危险源在没有触发之前是潜在的，常不被人们所认识和重视，因此需要通过一定的方法进行辨识。危险源辨识的理论方法主要有系统危险分析、危险评价等。

1）危险区域调查

危险通常是潜在的、隐含的，需要通过一定的方法找到并确定下来。常用的方法有：根据国家、行业的有关规程和标准进行大检查；根据以往事故案例寻找线索；根据危险工艺、设备普查表确定。

2）危险源区域的划分原则

在危险源辨识中，首先应了解危险源所在系统，即危险源所在的区域和场所。在实际工作中，往往把产生能量或具有能量的物质，操作人员作业区域，产生聚集危险物质的设备、容器作为危险源区域。危险源区域的划分原则包括以下内容。

a. 按设备、生产装置及设施划分。设备和装置是生产过程中的主体，也包括在功能上相互联系的机械、建筑物和构筑物等。

b. 按独立作业的单体设备划分。

c. 按危险作业区域划分。危险作业区域是指完成一定作业过程的作业场所。

3）危险源辨识的组织程序

危险源辨识的组织实施程序按图 6-29 进行。

4）危险源辨识的技术程序

危险源辨识的程序如图 6-30 所示。

5）危险源辨识的途径

在生产中，潜在危险源往往需要通过一定的方法进行分析和判断。判断危险源有很多方法，但任何一种方法都必须掌握 7 个环节：危险源类型、可能发生的事故模式及后果预测、事故发生的原因及条件分析、设备的可靠性、人机工程、安全措施和应急措施。在危险源辨识中，这 7 个环节必须予以充分考虑。

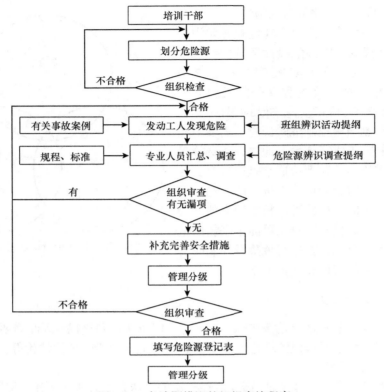

图 6-29　危险源辨识的组织实施程序

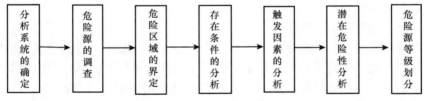

图 6-30　危险源辨识的程序

危险源辨识途径分为以下三个步骤。

a. 在所确定的危险源区域内辨识具体的危险源。可从两个方面入手：一是根据系统内已发生过的某些事故，通过查找其触发因素（事故隐患），然后通过触发因素找出其现实的危险源；二是模拟或预测系统内尚未发生的事故，追究可能引起其发生的原因，通过这些原因找出触发因素，再通过触发因素辨识出潜在的危险源。

b. 把通过各类事故查出的现实危险源与辨识出的潜在危险源综合汇总后，得出危险区域内的全部危险源。

c. 将各危险区域内的所有危险源归纳综合到所研究系统内的所有危险源。

6）危险源数据采集的内容

因危险源管理、分级和预控、事故原因分析等的需要，应对危险源的基本情况、基本参数、维修情况、事故记录做跟踪记录。不同类型的危险源需要采集的内容也不同。

例如，对于化工厂来说，危险源采集的内容包括储罐区（名称、面积、个数、形状、材质、容量、温度、压力、储存物质等）、库区（名称、个数、化学品名称、状态、数量）、生产场所（名称、物质类别、数量、当班人数等）、压力容器（容器名称、容积、介质、安全状况等）、电气（类型、电流、电压、功率等）和建筑物（竣工日期、设计使用年限、抗震烈度、是否超期服役等）。

3. 危险源的分类

根据上述对危险源的认识，危险源应由 3 个要素构成：潜在危险性、存在条件和触发因素。危险源的潜在危险性是指一旦发生事故可能带来的危害程度或损失大小，或者说危险源可能释放的能量强度或危险物质量的大小；危险源的存在条件是指危险源所处的物理、化学状态和约束条件状态；触发因素虽然不属于危险源的固有属性，但它是危险源转化为事故的外因，而且每一类型的危险源都有相应的敏感触发因素。

现实世界中充满了能量，即充满了危险源，也就充满了发生事故的危险。根据能量意外释放论，事故是能量或危险物质的意外释放，作用于人体的过量的能量或干扰人体与外界能量交换的危险物质是造成人员伤害的直接原因。因此，把系统中存在的、可能发生意外释放的能量或危险物质称作第一类危险源。在生产、生活中，为了利用能量，让能量按照人们的意图在生产过程中流动、转换和做功，就必须采取屏蔽措施约束、限制能量，即必须控制危险源。然而，实际生产过程中约束、限制能量的屏蔽措施可能失效，甚至可能被破坏而发生事故，这种导致约束、限制能量屏蔽措施失效或破坏的各种不安全因素称作第二类危险源，它包括人、物、环境 3 个方面的问题。

1）第一类危险源分析

在物理学中，将能量解释作为物体做功的本领。做功的本领是无形的，只有在做功时才显现出来。常见的第一类危险源有以下几种。

a. 产生、供给能量的装置、设备。例如，变电所、供热锅炉等。

b. 使人体或物体具有较高势能的装置、设备、场所。例如，起重、提升机械等。

c. 能量载体。例如，运动中的车辆、机械的运动部件、带电的导体等。

d. 一旦失控可能产生巨大能量的装置、设备、场所。例如，强烈放热反应的化工装置，充满爆炸性气体的空间等。

e. 一旦失控可能发生能量蓄积或突然释放的装置、设备、场所。例如，各种压力容器、受压设备，容易发生静电蓄积的装置、场所等。

f. 危险物质。除了干扰人体与外界能量交换的有害物质外，也包括具有化学能的危险物质。

g. 生产、加工、储存危险物质的装置、设备、场所。例如，炸药的生产、加工、储存设施，化工、石油化工生产装置等。

h. 人体一旦与其接触将导致人体能量意外释放的物体。物体的棱角、工件的毛刺、锋利的刃等。

2）第二类危险源分析

在安全工作中涉及人的因素问题时，采用的术语有"不安全行为"和"人失误"。不安全行为一般指明显违反安全操作规程的行为，这种行为往往直接导致事故发生；人失误是指人的行为的结果偏离了预定的标准。人的不安全行为、人失误可能直接破坏对第一类危险源的控制，造成能量或危险物质的意外释放；也可能造成物的因素问题，物的因素问题进而导致事故。

物的因素问题可以概括为物的不安全状态和物的故障。物的不安全状态是指机械设备、物质等明显地处于不符合安全要求的状态。在我国的安全管理实践中，往往把物的不安全状态称作"隐患"。物的故障是指机械设备、零部件等由于性能低下而不能实现预定功能的现象。物的不安全状态和物的故障可能直接使约束、限制能量或危险物质的措施失效而发生事故。

环境因素主要指系统运行的环境，包括温度、湿度、照明、粉尘、通风换气、噪声和振动等物理环境，以及企业和社会的软环境。不良的物理环境会引起物的因素问题或人的因素问题。

第二类危险源往往是一些围绕第一类危险源随机发生的现象，它们出现的情况决定事故发生的可能性。第二类危险源出现得越频繁，发生事故的可能性越大。

4. 危险源的控制管理

1）危险源的控制途径

危险源的控制可从 3 方面进行，即技术控制、人行为控制和管理控制。

（1）技术控制

采用技术措施对固有危险源进行控制，包括消除、控制、防护、隔离、监控、保留和转移等。

（2）人行为控制

控制人为失误，减少人不正确行为对危险源的触发作用。人行为的控制首先是加强教育培训，做到人的安全化；其次应做到操作安全化。

（3）管理控制

管理控制的措施包括建立健全危险源管理规章制度、定期检查、加强危险源的日常管理、抓好信息反馈与及时整改隐患、搞好危险源控制管理及制定危险源控制管理的考核评价和奖惩制度等。

2）危险源的分级管理

自 20 世纪 80 年代以来，国内外很多企业推行危险源点分级管理。所谓危险源点，是指包含第一类危险源的生产设备、设施、生产岗位、作业单元等。在安全管理方面，危险源点分级管理注重对这些危险源"点"的管理。危险源点分级管理是系统安全工程中危险辨识、控制与评价在生产现场安全管理中的具体应用，体现了现代安全管理的特征。与传统的安全管理相比较，危险源点分级管理有以下特点。

（1）体现"预防为主"

危险源点分级管理的基础是危险源辨识和评价，它以系统安全分析和危险性评价作为基本手段，对隐含在危险源点中的潜在不安全因素进行识别、分析、评价，找出危险源控制方面需要特别加强的地方，提前采取措施把不安全因素消灭在萌芽阶段，从而大大提高了安全管理的主动性、科学性和有效性。

（2）全面系统的管理

危险源点分级管理是把整个危险源点作为一个完整的系统，通过对有关人员、设备、环境、信息等诸要素综合管理取得危险源点控制的最佳效果。对系统整体安全目标的追求势必导致对各管理要素提出更高的要求，从而有助于实现安全管理的标准化、规范化和科学化。

（3）突出重点的管理

根据危险源点危险性大小对危险源点进行分级管理，可以突出安全管理的重点，把有限的人、财、物力集中起来解决最关键的安全问题。抓住了管理重点也可以带动一般管理，推动安全管理水平的普遍提高。

6.4.3　风险评价方法[16]

1. 风险评价原理

风险评价就是对工业生产企业的危险源进行辨识和评估。危险源是指导致事故的潜在的不安全因素。危险源的危险性评价包括对危险源自身危险性的确认及对危险源危害程度的评价两个方面（图 6-31）。

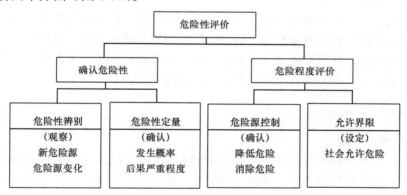

图 6-31　危险性评价的定义

1）相关原理

生产技术系统结构特征和事故的因果关系是相关原理的基础。相关是两种或多种客观现象之间的依存关系。相关分析是对因变量和自变量依存关系的密切程度分析。通过相关分析，人们可透过错综复杂的现象测定其相关程度，提示其内在联系。系统危险性通常不能通过试验进行分析，但可以利用事故发展过程中的相关性进行评价。系统与子系统、系统与要素、要素与要素之间都存在着相互制约、相互联系的相关关系，只有通过相关分析才能找出它们之间的相关关系，正确地建立相关数学模型，进而对系统危险性作出客观、正确的评价。

系统的合理结构可用式（6-15）和式（6-16）来表示：

$$E = F(X, R, C)_{max} \qquad (6\text{-}15)$$

$$S_{opt} = \{S \,|\, E\}_{max} \qquad (6\text{-}16)$$

式中，X 为系统组成要素集；R 为系统组成要素的相关关系集；C 为系统组成要素的相关关系分布形式；F 为 X、R、C 的结合效果函数；S 为系统结构的各个阶层。对于系统危险性评价来说，就是寻求 X、R、C 的最合理结合形式，即具有最优结合效果 E 的系统结构形式及在给定条件下保证安全的最佳系统。

相关原理对深入研究评价对象与相关事物的关系、全面分析评价对象所处环境具有指导意义，它是因果评价方法的基础。

2）类推原理

类推评价是指已知两个不同事件间的相互联系规律，并利用先导事件的发展规律来评价迟发事件的发展趋势。其前提条件是寻找类似事件。如果两种事件基本相似，就可以揭示两种事件的其他相似性，并认为两种事件是相似的。如果一种事件发生时经常伴随着另一事件，则可认为这两种事件之间存在着某些联系，即相似关系。

3）概率推断原理

系统事故的发生是一个随机事件，任何随机事件的发生都有特定的规律，其发生概率是一客观存在的定值。所以，可以用概率来预测现在和未来系统发生事故的可能性大小，以此来评价系统的危险性。

4）惯性原理

任何系统的发展变化都与其历史行为密切相关。历史行为不仅影响现在，而且会影响将来，即系统的发展具有延续性，该特性称为惯性。惯性表现为趋势外推，由趋势外延推测其未来状态。利用系统发展具有惯性这一特征进行评价，通常要以系统的稳定性为前提。但由于系统的复杂性，绝对稳定的系统是不存在的。

2. 风险评价分析方法

1）安全检查表法

安全检查表法是在对危险源系统进行充分分析的基础上，将危险源分成若干个单元或层次，列出所有的危险因素，确定检查项目，然后编制成表，按此表进行检查，检查表中的回答一般都是"是/否"。这种方法的突出优点是简单明了，现场操作人员和管理人员都易于理解与使用。编制表格的控制指标主要是有关标准、规范、法律条款，控制措施主要是专家的经验。

2）预先危险性分析法

预先危险性分析是在方案开发初期阶段或设计阶段对系统中存在的危险类别、危险产生条件、事故后果等概略地进行分析的方法。其分析过程如图 6-32 所示。

预先危险性分析是一种应用范围较广的定性评价方法。它需要由具有丰富知识和实践经验的工程技术人员、操作人员与安全管理人员经过分析、讨论后实施。

3）失效模式和后果分析法

失效模式和后果分析在风险评价中占重要地位，是一种非常有用的方法，主要用于预防失效。但在试验、测试和使用中是一种有效的诊断工具。与失效后果严重程度分析联合起来，应用范围更广泛。

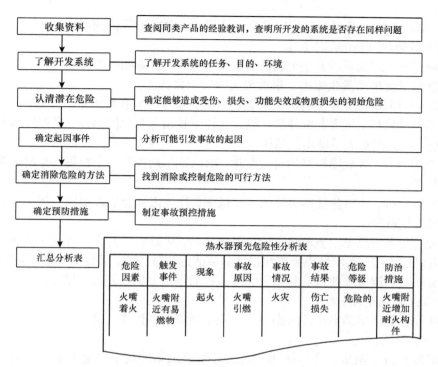

图 6-32　预先危险性分析法

失效模式和后果分析法是一种归纳法。对一个系统内部每个部件的每一种可能的失效模式或不正常运行模式都要进行详细分析，并推断它对整个系统的影响、可能产生的后果及如何才能避免或减少损失。其分析步骤大致如下：①确定分析对象系统；②分析元素失效类型和失效原因；③研究失效类型的后果；④填写失效模式和后果分析表格；⑤风险定量评价。

4）事件树分析法

事件树分析是一种由原因推论结果的（归纳的）系统安全分析方法，它在给定一个初因事件的前提下分析此事件可能导致的后续事件。整个事件序列呈树状。

事件树分析法着眼于事故的起因，即初因事件。当初因事件进入系统时，与其相关联的系统各部分和各运行阶段的机能处于不良状态会对后续的一系列机能维护成败产生影响，并确定维护机能所采取的动作，根据这一动作把系统分成在安全机能方面成功与失败，并逐渐展开呈树状，在失败的各分支上假定发生的故障、事故的种类，分别确定它们的发生概率，并由此求出最终的事故种类和发生概率。其分析步骤大致如下：①确定初因事件；②判定安全功能；③发展事件树和简化事件树；④分析事件树；⑤事件树的定量分析。

5）故障树分析法

故障树分析法又称事故树分析法，是一种演绎的系统安全分析方法。它对要分析的特定事故或故障进行层层分析以寻找发生原因，一直分析到不能再分解为止。将特定的事故和各层原因之间用逻辑门符号连接起来，得到形象、简洁地表达其逻辑关系的逻辑树图形，即故障树。通过对故障树简化、计算达到分析、评价的目的。

（1）故障树分析的基本步骤

a. 确定分析对象系统和要分析的各对象事件（顶上事件）。

b. 确定系统事故发生概率、事故损失的安全目标值。

c. 调查原因事件。调查与事故有关的所有直接原因和各种因素。

d. 编制故障树。从顶上事件起一级一级往下找出所有原因事件，直到最基本的原因事件为止，按其逻辑关系画出故障树。

e. 定性分析。按故障树结构进行简化，求出最小割集和最小径集，确定各基本事件结构重要度。

f. 定量分析。找出各基本事件的发生概率，计算出顶上事件的发生概率，求出概率重要度和临界重要度。

g. 结论。当事故发生概率超过预定目标值时，从最小割集着手研究降低事故发生概率的所有可能方案，利用最小径集找出消除事故的最佳方案，通过重要度（重要度系数）分析确定采取对策措施的重点和先后顺序，从而得出分析、评价的结论。

（2）故障树定性分析

定性分析包括求基本事件最小割集、最小径集和结构重要度分析。

a. 最小割集。

①割集与最小割集。在故障树中凡能导致顶上事件发生的基本事件的集合称作割集；最小割集是能导致顶上事件发生的最低限度的基本事件的集合。

②最小割集的求法。对于已经化简的故障树，可将故障树结构函数式展开，所得各项即为各最小割集；对于尚未化简的故障树，结构函数式展开后的各项尚需用布尔代数运算法则进行处理，即可得到最小割集。

b. 最小径集。

又称最小通集。在故障树中凡是不能导致顶上事件发生的最低限度的基本事件的集合称作最小径集。最小径集的求法是将故障树转化为对偶的成功树，求成功树的最小割集即故障树的最小径集。

c. 结构重要度。

结构重要度系数按式（6-17）进行计算：

$$I(i) = \sum_{X_i \in K_j} \frac{1}{2^{x_{i-1}}} \tag{6-17}$$

根据计算结果确定出结构重要度的次序。式中，$I(i)$ 为事件 X_i 结构重要系数的近似判别值，K_j 是第 j 个最小割集，x_i 是基本事件 X_i 所在的最小割集包含的基本事件个数。

（3）故障树定量分析

定量分析是在求出各基本事件发生概率的情况下计算顶上事件的发生概率。定量分析的具体做法如下。

a. 收集树中各基本事件的发生概率。

b. 由最下面基本事件开始计算每一个逻辑门输出事件的发生概率。

c. 将计算得到的逻辑门输出事件的概率代入它上面的逻辑门，计算其输出概率，依此上推，直达顶事件，最终求出的即为该事故的发生概率。

（4）故障树分析的特点

故障树分析法可用于复杂系统和范围广泛的各类系统的可靠性及安全性分析，各种生产实践的安全管理、可靠性分析和伤亡事故分析。故障树分析法能详细查明系统各种固有、潜在的危险因素或事故原因，为改进安全设计、制定安全技术对策、采取安全管理措施和进行事故分析提供依据。它不仅可以用于定性分析，还可用于定量分析，从数量上说明是否满足预定目标值的要求，从而明确采取对策措施的重点和轻重缓急顺序。

3. 风险评价方法

根据系统的复杂程度，可以采用定性、定量或半定量的评价方法。具体采用哪种评价方法，还要根据行业特点及其他因素进行确定。各种风险评价方法都有它的特点和适用范围。

a. 定性评价法。定性评价法主要是根据经验和判断对生产系统的工艺、设备、环境、人员、管理等方面的状况进行定性的评价。例如，安全检查表法、预先危险性分析法、失效模式和后果分析法、危险可操作性研究、事件树分析法、故障树分析法、人的可靠性分析法等都属于此类。

b. 半定量评价法。半定量评价法包括概率风险评价方法、打分的检查表法、半定性半定量（MES）评价法等。这种方法大都建立在实际经验的基础上，依据经验合理打分，根据最后的分值或风险概率与严重度的乘积进行分级。打分的检查表法的操作顺序同前面所述的检查表法，但在评价结果时不是用"是/否"来回答，而是根据标准的严与宽给出标准分，依据实际的满足情况打出具体分，即安全检查表的结果一栏被分成两栏，一栏是标准分，一栏是实得分。由于有了具体数值，就可以实现半定量评价。

c. 定量评价法。定量评价法是根据一定的算法和规则对生产过程中的各个因素及其相互间的关系进行赋值，从而算出一个确定值的方法。若规则明确、算法合理，且无难以确定的因素，则此方法的精度较高，且不同类型评价对象间有一定的可比性。

1）作业条件危险性（LEC）评价法

LEC 评价法是一种评价在具有潜在危险性环境中作业时的危险性的半定量评价方法。它是用与系统风险率有关的 3 种因素指标值之积来评价系统中人员伤亡的风险大小，这 3 种因素分别是：发生事故的可能性大小（L），人体暴露于危险环境中的频繁程度（E），发生事故造成的损失（C）。为了简化评价过程，采取半定量计值法，给 3 种因素的不同等级分别确定不同的分值，再以 3 个分值的乘积 D 来评价危险性的大小，即 $D=LEC$。D 值大，说明该系统危险性大，需要增加安全措施，或改变发生事故的可能性，或减少人体暴露于危险环境中的频繁程度，或减轻事故损失，直至调整到允许范围。

（1）发生事故的可能性大小（L）

事故或危险事件发生的可能性大小，当用概率来表示时，绝对不可能发生事件的发生概率为 0，必然发生事件的发生概率为 1。然而，在进行系统安全考虑时，绝不发生事故是不可能的，所以人为地将"发生事故可能性极小"的分值定为 0.1，而将必然发生事故分值定为 10，介于这两种情况之间的情况指定为若干个中间值。

（2）暴露于危险环境中的频繁程度（E）

人员出现在危险环境中越久，则危险性越大。规定频繁出现在危险环境中为 10，而非常罕见地出现在危险环境中为0.5。同样,将介于两者之间的各种情况指定为若干个中间值。

（3）发生事故造成的损失（C）

事故造成的人身伤害变化范围很大,对伤亡事故来说,可从极小的轻伤直到多人死亡的严重结果。由于范围广阔,因此规定分数值为1～100,把需要救护的轻微伤害分数规定为1,把造成多人死亡的可能性的分数规定为100,其他情况的数值在1～100。

（4）危险性分值（D）

根据公式可以计算作业的危险程度。根据经验,总分在20以下被认为是低危险的,这样的危险比日常生活中骑自行车去上班还要安全些;如果危险分值达70～160,那就表示有显著的危险性,需要及时整改;如果危险分值在160～320,那么这是一种必须立即采取措施进行整改的高度危险环境;320以上的高分值表示环境非常危险,应立即停止生产,直到环境得到改善为止。危险等级的划分凭经验判断,难免带有局限性,不能认为是普遍适用的,应用时需要根据实际情况予以修正。危险等级划分如图6-33所示。

分数值	发生事故的可能性大小（L）	分数值	人员暴露于危险环境的频繁程度（E）
10	完全可以预料到	10	连续暴露
6	相当可能	6	每天工作时间暴露
3	可能,但不经常	3	每周一次,或偶然暴露
1	可能性小,完全意外	2	每月一次暴露
0.5	很不可能,可以设想	1	每年几次暴露
0.2	极不可能	0.5	非常罕见的暴露
0.1	实际不可能		

$$D=LEC$$

分数值	事故严重度/万元	发生事故可能造成的损失（C）
100	＞500	大灾难,许多人死亡,或造成重大财产损失
40	100	灾难,数人死亡,或造成很大财产损失
15	30	非常严重,1人死亡,或造成一定的财产损失
7	20	严重,重伤,或较小的财产损失
3	10	重大,致残,或很小的财产损失
1	1	引人注目,不符合基本的安全卫生要求

LEC评价法　危险性分级依据

危险源级别	D值	危险程度
一级	＞320	极其危险,不能继续作业
二级	160～320	高度危险,需要立即整改
三级	70～160	显著危险,需要整改
四级	20～70	一般危险,需要注意
五级	＜20	稍有危险,可以接受

图6-33　LEC评价法

2）MES 评价法

MES 评价法如图 6-34 所示。

分数值	控制措施的状态（M）
5	无控制措施
3	有减轻后果的应急措施，包括警报系统
1	有预防措施，如机器防护装置等

分数值	人员暴露于危险环境中的频繁程度（E）
10	连续暴露
6	每天工作时间暴露
3	每周一次，或偶然暴露
2	每月一次暴露
1	每年几次暴露
0.5	非常罕见的暴露

R=MES

分数值	事故后果（S）			
	伤害	职业相关病症	设备财产损失	环境影响
10	有多人死亡		<1亿元	有重大环境影响的不可控排放
8	有1人死亡	职业病（多人）	1000万～1亿	有中等环境影响的不可控排放
4	永久失能	职业病（1人）	100万～1000万	有较轻环境影响的不可控排放
2	需医院治疗，缺工	职业性多发病	10万～100万	有局部环境影响的可控排放
1	轻微，仅需急救	身体不适	<3万	无环境影响

分级依据：R=MES

分级	有人身伤害的事故（R）	单纯财产损失事故（R）
一级	>180	30～50
二级	90～150	20～24
三级	50～80	8～12
四级	20～48	4～6
五级	<18	<3

图 6-34　MES 评价法

该方法将风险程度（R）表示为：$R=LS$，其中 L 表示事故发生的可能性，S 表示事故后果。人身伤害事故发生的可能性主要取决于人体暴露于危险环境中的频繁程度 E 和控制措施的状态 M。MES 评价法的适用范围很广，不受专业的限制，可以看作是对 LEC 评价法的改进。

3）MLS 评价法

MLS 评价法是对 MES 和 LEC 评价法的进一步改进。经过与 LEC、MES 评价法对比，该方法的评价结果更贴近于真实情况。该方法的方程式为

$$R = \sum_{i=1}^{n} M_i L_i (S_{i1} + S_{i2} + S_{i3} + S_{i4}) \qquad (6\text{-}18)$$

式中，R 为危险源的评价结果，即风险程度；n 为危险因素的个数；M_i 为针对第 i 个危险因素的控制与监测措施的分值；L_i 为作业区域第 i 种危险因素发生事故的频率的分值；S_{i1} 为第 i 种危险因素发生事故所造成的可能的一次性人员伤亡损失的分值；S_{i2} 为第 i 种危险因素存在所带来的职业病损失的分值；S_{i3} 为由第 i 种危险因素诱发事故造成的财产损失的分值；S_{i4} 为由第 i 种危险因素诱发环境污染累积及一次性事故的环境破坏所造成的损失的分值。

MLS 评价法充分考虑了待评价区域内的各种危险因素及由其所造成的事故严重度；除考虑了危险源固有危险性外，还反映了针对事故是否有监测与控制措施的指标；对事故严重度的计算考虑了由事故所造成的人员伤亡、财产损失、职业病、环境破坏的总影响；客观再现了风险产生的真实后果：一次性的直接事故后果及长期累积的事故后果。

4）易燃、易爆、有毒重大危险源评价法

该方法是在统计分析大量重大火灾、爆炸、毒物泄漏中毒事故资料的基础上，从物质危险性、工艺危险性入手分析重大事故发生的原因、条件，评价事故的影响范围、伤亡人数和经济损失。该方法提出了工艺设备、人员素质及安全管理三大方面的 107 个指标，组成评价指标集。

该方法采用的数学评价模型为

$$A = \left\{ \sum_{i=1}^{n} \sum_{j=1}^{m} (B_{111})_i W_{ij} (B_{112})_j \right\} B_{12} \prod_{k=1}^{3} (1 - B_{2k}) \qquad (6\text{-}19)$$

式中，$(B_{111})_i$ 为第 i 种物质危险性的评价值；$(B_{112})_j$ 为第 j 种工艺危险性的评价值；W_{ij} 为第 j 种工艺与第 i 种物质危险性的相关系数；B_{12} 为事故严重度评价值；B_{21} 为工艺、设备、容器、建筑抵消因子；B_{22} 为人员素质抵消因子，B_{23} 为安全管理抵消因子。

该方法的流程如图 6-35 所示。该方法用于对重大危险源的风险进行评价，能较准确地评价出系统内危险物质、工艺过程的危险程度、危险性等级，较精确地计算出事故后果的严重程度。

5）基于 BP 神经网络的风险评价法

该方法的评价模型如图 6-36 所示。

BP 神经网络在系统风险评价中的应用包括如下方面。

a. 确定网络的拓扑结构，包括中间隐层的层数，输入层、输出层和隐藏层的节点数。

b. 确定被评价系统的指标体系，包括特征参数和状态参数。运用神经网络进行风险评价时，首先必须确定评价系统的内部构成和外部环境，确定能够正确反映被评价对象安全状态的主要特征参数及这些参数下系统的状态。

c. 选择学习样本，供神经网络学习。选取多组对应系统不同状态时的特征参数值作为学习样本，供网络系统学习。样本应尽可能地反映各种安全状态。其中对系统特征参数进行区间 $(-\infty, +\infty)$ 的预处理，对系统参数应进行区间 $(0, 1)$ 的预处理。

d. 确定作用函数。通常选择非线性"S"形函数。

e. 建立系统风险评价知识库。通过网络学习确认的网络结构包括：输入层、输出层和隐藏层节点数及反映其间关联度的网络权值组合；具有推理机制的被评价系统的风险评价知识库。

　　f. 进行实际系统的风险评价。经过训练的神经网络将实际系统的特征值转换后输入到已具有推理功能的神经网络中，运用系统风险评价知识库处理后得到实际系统安全状态的评价结果。

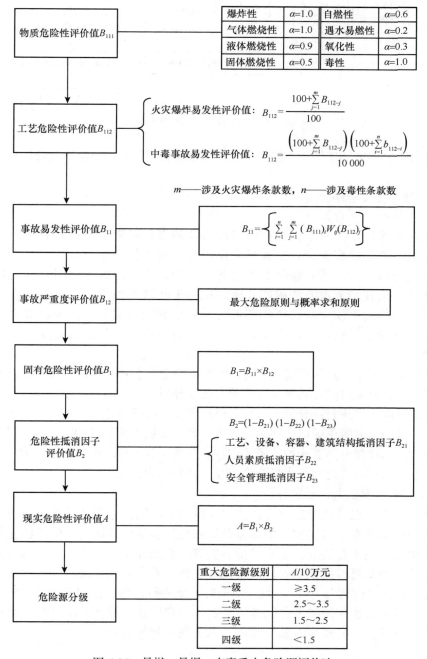

图 6-35　易燃、易爆、有毒重大危险源评价法

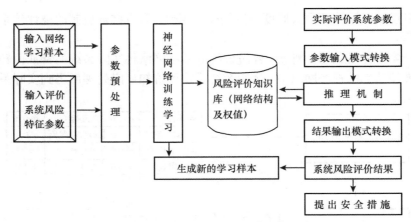

图 6-36　基于 BP 神经网络的风险评价法

　　实际系统的评价结果又作为新的学习样本输入神经网络，使系统风险评价知识库进一步充实。

　　6）系统综合安全评价技术

　　（1）安全模糊综合评价

　　模糊综合评价是指对多种模糊因素所影响的事物或现象进行总的评价，又称模糊综合评判。安全模糊综合评价就是应用模糊综合评价方法对系统安全、危害程度等进行定量分析评价。所谓模糊是指边界不清晰，中间函数不分明，既在质上没有确切的含义，又在量上没有明确的界限。根据事故致因理论，大多数事故是由人的不安全行为与物的不安全状态在相同的时间和空间相遇引起的，少数事故是由人员处在不安全环境中引起的，还有少数事故是由自身有危险的物质暴露在不安全环境中引起的。

　　实际评价过程中，人的不安全行为、物的不安全状态及环境的不安全状况是由许多因素决定的，必须采用多级模糊综合评价方法来分析。所谓多级模糊综合评价是在模糊综合评价的基础上再进行综合评价，并且根据具体情况可以进行多次，二者的评价原理及方法是一致的。多级模糊综合评价分为多因素、多层次两种类型，其基本思想是：将众多的因素按其性质分为若干类或若干层次，先对一类（层）中的各个因素进行模糊综合评价，然后再在各类之间（由低层到高层）进行综合评价。

　　（2）安全状况的灰色系统评价

　　灰色系统理论在系统安全状况评价中也得到了应用。应用灰色关联分析法判断安全评价各指标（要素）的权重系数就是典型的应用实例。系统安全管理往往是在信息不是很清楚的情况下开展的，安全评价与决策也都是在信息部分已知、部分未知的情况下作出的，因此可以把系统安全（或系统事故）看为灰色系统，利用建模和关联分析，使灰色系统"白化"，从而对系统安全有效地进行评价、预测和决策。在系统安全中，许多事故的发生起源于各种偶然因素和不确定因素，显然事故系统是灰色系统。应用灰色系统理论对各种事故发生频次、人员伤亡指标、经济损失等进行预测评价是可行的。

（3）系统危险性分类法

危险与安全是相互对立的概念。导致人员伤害、疾病或死亡，设备或财产损失和破坏，以及环境危害的非计划事件称为意外事件。危险性就是可能导致意外事件的一种已存在的或潜在的状态。当危险受到某种"激发"时，它将会从潜在状态转变为引发系统损害事故。

根据危险可能会对人员、设备及环境造成的伤害，一般将其严重程度划分为 4 个等级。

第一级（1 类）：灾难性的。人为失误、设计误差、设备缺陷等，导致系统性能严重降低，进而造成系统损失，或者造成人员死亡或严重伤害。

第二级（2 类）：危险的。人为失误、设计缺陷或设备故障，造成人员伤害或严重的设计破坏，需要立即采取措施来控制。

第三级（3 类）：临界的。人为失误、设计缺陷或设备故障，使系统性能降低或设备出现故障，但能控制住严重危险的产生，或者说还没有产生有效的破坏。

第四级（4 类）：安全的。人为失误、设计缺陷、设备故障不会导致人员伤害和设备损坏。

（4）危险概率评价法

概率评价法是较精确的系统危险定量评价方法，它通过评价某种伤亡事故发生的概率来评价系统的危险性。系统安全分析中的故障树分析法部分有顶上事件发生概率计算方法的详细介绍，在此重点讨论如何通过所得概率来进行系统危险评价，问题的关键是确定危险性评价指标。

a. 安全指数法。

安全指数法以伤亡事故概率与伤害严重度之积来表示危险性，即

$$D = \sum H_i \cdot P_i \tag{6-20}$$

式中，D 为危险性评价值；H_i 为某种伤害严重度评价值；P_i 为发生严重度 H_i 事故的概率。

从统计的观点出发，对于大量的伤害事故，伤害严重度是从没有伤害直到许多人死亡的连续变量。假设最小的伤害严重度为 h_0，最大的伤害严重度为 ∞，则伤害严重度在 $h_0 \sim \infty$ 连续变化。对于这样的连续随机变量，其概率密度函数为 $p(h)$，则伤害严重度 $h \sim (h + d_h)$ 事故发生的概率为 $p(h) \cdot d_h$。

b. 死亡事故发生概率。

直接定量地描述人员遭受的伤害严重度往往较为困难。在伤亡事故统计中利用损失工作日来间接地定量伤害严重度，有时与实际伤害严重度有很大偏差，不能正确反映真实情况。而最严重的伤害——死亡，概念界限十分明确，统计数据也最可靠。因此，可把出现死亡这种严重事故的发生概率作为系统评价指标。

7）R=FEMSL 评价法

该方法是可操作性较强的半定量评价法。该评价方法考虑了 5 个主要评价因素，即危险源单元中可能的危险因素（F），人体暴露于危险场所的频率（E），控制与监测措施的状态（M），事故的可能后果（S），发生事故的可能性大小（L）。因此，这种评价方法称为 R=FEMSL 评价法。

（1）评价因素取值

a. 危险源单元中可能的危险因素 F。

危险因素是指能造成人员伤亡、影响人身体健康、对物造成急性或慢性损坏的因素。具体评价时，可选多项，每项计 1 分。例如，农药制药车间存在的危险因素有触电、灼伤、机械伤害、火灾、中毒 5 种，则 $F=5$。

b. 人体暴露于危险场所的频率 E。

分级水平的取值见表 6-2。

表 6-2　人体暴露于危险场所的频率分级

分数值	人体暴露于危险场所的频率	分数值	人体暴露于危险场所的频率
10	连续暴露	2	每月 1 次暴露
6	每天工作时间暴露	1	每年几次暴露
3	每周 1 次，或偶然暴露	0.5	更少的暴露

c. 控制与监测措施的状态 M。

$$M=M_1+M_2 \qquad (6-21)$$

分级水平的取值见表 6-3。

表 6-3　控制与监测的状态分级

分数值	监测措施（M_1）	控制措施（M_2）
5	无监测措施或被监测到的概率小于 10%	无控制措施
3	可被监测到的概率高于 50%	有减轻后果的应急措施，包括警报系统
1	肯定能被监测到	有行之有效的预防措施

d. 事故的可能后果 S。

分级水平的取值见表 6-4。

表 6-4　事故的可能后果分级

分数值	人员伤亡损失（S_1）	职业病损失（S_2）	财产损失（S_3）/万元	环境治理费（S_4）
10	有多人死亡		>200	有重大环境影响的不可控排放
8	有 1 人死亡	职业病（多人）	100~200	有中等环境影响的不可控排放
4	永久失能	职业病（1 人）	10~100	有较轻环境影响的不可控排放
2	需医院治疗，缺工	职业性多发病	5~10	有局部环境影响的可控排放
1	轻微，仅需急救	身体不适	<5	无环境影响

（2）分级

在上述各项因素有明确取值后，代入式（6-22）：

$$R = R_人 + R_物 + R_环境 = [FE(S_1+S_2)+S_3+S_4]M \qquad (6-22)$$

分级可根据表 6-5 所列的分值水平进行。

表 6-5　危险源分级表

分数值 R	人员伤亡损失（S_1）	分数值 R	人员伤亡损失（S_1）
>360	一级危险源	60～120	四级危险源
240～360	二级危险源	<60	五级危险源
120～240	三级危险源		

8）模糊评价法

（1）模糊理论概述

由于安全与危险是相对的模糊概念，在很多情况下有不可量化的确切表征指标。但在危险源管理中，确切需要将危险源的复杂组成因素综合起来，给出一个明确的级别，如一级危险源、二级危险源、三级危险源等，并据此分配人力、财力和物力。这就需要将诸多模糊的概念定量化、数字化。在此情况下，应用模糊数学将是一个较好的选择方案之一。

经典数学是以精确性为特征的，然而与精确性相悖的模糊性并不完全是消极的、没有价值的。模糊数学也不是将数学变成模模糊糊的东西，它只是将模糊性的输入条件经过严密的推理得到一个明确的精确解，把数学的应用领域从必然领域扩大到偶然领域。

模糊理论在工程领域的应用主要包括：模糊聚类分析、模糊模型识别、模糊控制。模糊聚类分析与模糊模型识别具有相似性，只不过模糊模型识别是一种有模型的分类，而模糊聚类分析是一种无模型的分类。模糊聚类分析应用在如人工杂交水稻的归属、大夫给患者看病过程中的模糊诊断等方面。模糊控制已广泛应用于智能家电的模糊条件控制。

所谓模糊模型识别，是指在模型识别中模型是模糊的，也就是说标准模型库中提供的模型是模糊的。例如，由于企业内部危险源种类不同，人、机、环境、工艺参数也不同，对一级危险源的指派无法用精确的数值内涵来描述，其本身就是一个模糊的概念。

模糊集的常规表达为：$\underset{\sim}{A}$。

（2）模糊模型识别的原则

为了解决危险源分级问题，首先应了解危险源本身各项指标的状况最贴近于哪一个标准，即隶属程度与贴近程度问题。常用以下标准进行划分。

a. 最大隶属原则。

最大隶属原则有两种表述方式。

最大隶属原则 I

设论域 $U = \{x_1, x_2, \cdots, x_n\}$ 有 m 个模糊子集，即 $\underset{\sim}{A_1}$，$\underset{\sim}{A_2}$，$\cdots$，$\underset{\sim}{A_m}$（即 m 个模型），构成一个标准模型库。若对任一 $x_0 \in U$，则有 $i_0 \in \{1, 2 \cdots, m\}$，使

$$\underset{\sim}{A_{i_0}}(x_0) = \overset{m}{\underset{k=1}{\vee}} \underset{\sim}{A_k}(x_0) \tag{6-23}$$

则认为 x_0 相对隶属于 $\underset{\sim}{A_{i_0}}$。

最大隶属原则 II

设论域 $U = \{x_1, x_2, \cdots, x_n\}$ 有一个标准模型 $\underset{\sim}{A}$，待识别的对象有 n 个，即 $x_1, x_2, \cdots, x_n \in U$，

如果有某个 x_k 满足：

$$A(x_k) = \overset{n}{\underset{i=1}{\vee}} A(x_i) \qquad (6\text{-}24)$$

则应优先录取 x_k。

b. 择近原则。

设论域 U 有由 m 个模糊子集 A_1，A_2，$\cdots$，A_m 构成的一个标准模型库 $\{A_1, A_2, \cdots, A_m\}$，$B \in F(U)$ 为待识别的模型。若存在 $i_0 \in \{1, 2, \cdots, m\}$，使

$$\sigma_0(A_{i_0}, B) = \overset{m}{\underset{i=1}{\vee}} \sigma_0(A_k, B) \qquad (6\text{-}25)$$

则称 B 与 A_{i_0} 最贴近，或者说把 B 归到 A_{i_0} 类，$\sigma_0(A_{i_0}, B)$ 为 A_{i_0} 与 B 的贴近度。

9）各种风险评价方法的比较

各种风险评价方法有其特点和适用范围，在选用时应根据评价的特点、具体条件和需要，针对评价对象的实际情况、特点和评价目标分析、比较，慎重选用。必要时，针对评价对象的实际情况选用几种评价方法对同一评价对象进行评价，互相补充、综合分析、相互验证，以提高评价结果的准确性。

为了便于选用评价方法，表 6-6 归纳了一些评价方法的评价目标、定性定量、方法特点、适用范围、应用条件、优缺点。

表 6-6 风险评价方法比较

评价方法	评价目标	定性定量	方法特点	适用范围	应用条件	优缺点
安全检查表	危险有害因素分析，安全等级	定性半定量	按事先编制的有标准要求的检查表逐项检查，按规定赋分标准赋分评定安全等级	各类系统的设计、验收、运行、管理、事故调查	有事先编制的各类检查表，有赋分、评级标准	简便，易于掌握；编制检查表难度及工作量大
预先危险性分析	危险有害因素分析，危险性等级	定性	讨论分析系统存在的危险、有害因素、触发条件、事故类型，评定危险性等级	各类系统设计、施工、生产、维修前的概略分析和评价	分析评价人员熟悉系统，有丰富的知识和实践经验	简便易行；受分析评价人员主观因素影响
事件树	事故原因，触发条件，事故概率	定性定量	归纳法，由初始事件判断系统事故原因及条件，由事件概率计算系统事故概率	各类局部工艺	熟悉系统、元素间的因果关系，有各事件发生概率	简便易行；受分析评价人员主观因素影响
故障树	事故原因，事故概率	定性定量	演绎法，由事故和基本事件逻辑推断事故原因，由基本事件概率计算事故概率	宇航、核电、工艺设备等复杂系统事故分析	熟练掌握方法和事故、基本事件间的联系，有基本事件概率	精确；复杂，工作量大，故障树编制有误容易失真

续表

评价方法	评价目标	定性定量	方法特点	适用范围	应用条件	优缺点
LEC 评价法	危险性等级	定性半定量	按规定对系统的事故发生可能性、人员暴露情况、危险程序赋分,计算后评定危险性等级	各类生产作业条件	赋分人员熟悉系统,对安全生产有丰富知识和实践经验	简便实用;受分析评价人员主观因素影响
MES 评价法	危险性等级	定性半定量	按规定对系统的控制措施、人员暴露情况、事故后果赋分,计算后评定危险性等级	各类生产作业条件	赋分人员熟悉系统,对安全生产有丰富知识和实践经验	简便实用;受分析评价人员主观因素影响
MLS 评价法	危险性等级	定性半定量	除考虑了危险源固有危险外,还综合考虑了监测与控制措施,综合计算后评定危险性等级	各类生产作业条件	评价人员熟悉系统,对安全生产有丰富知识和实践经验	简便实用;受分析评价人员主观因素影响
易燃、易爆、有毒重大危险源评价法	危险性等级	定性半定量	从物质危险性、工艺危险性入手,分析重大事故发生的原因、条件,评价事故的影响范围和损失,并提出预防、控制措施	储运、加工、生产大量易燃、易爆、有毒物质的工艺系统	熟悉系统,掌握有关方法,具有相关知识和经验,需要有关数据	较为准确;计算量较大

参 考 文 献

[1] 罗云. 安全科学导论. 北京:中国标准出版社,2013.
[2] 赵耀江. 安全评价理论与方法. 2 版. 北京:煤炭工业出版社,2015.
[3] 胡保生,彭勤科. 系统工程原理与应用. 北京:化学工业出版社,2007.
[4] 陈来安,陆军令. 系统工程原理与应用. 北京:学术期刊出版社,1988.
[5] 王洪德. 安全系统工程. 北京:国防工业出版社,2013.
[6] 田宏. 安全系统工程. 北京:中国标准出版社,2014.
[7] 袁昌明,张晓冬,章保东. 安全系统工程. 北京:中国质检出版社,2006.
[8] 邵辉,王凯全. 危险化学品生产安全. 北京:中国石化出版社,2005.
[9] 于殿宝,唐紫荣. 事故学概论——事故研究与应急管理. 北京:煤炭工业出版社,2011.
[10] 郑小平,高金吉,刘梦婷. 事故预测理论与方法. 北京:清华大学出版社,2009.
[11] 傅贵. 安全管理学——事故预防的行为控制方法. 北京:科学出版社,2013.
[12] 罗云,樊运晓,马晓春. 风险分析与安全评价. 北京:化学工业出版社,2010.
[13] 刘新立,孙祁祥. 风险管理. 北京:北京大学出版社,2014.
[14] 邵辉,葛秀坤,赵庆贤. 危险化学品生产风险辨识与控制. 北京:石油工业出版社,2011.
[15] 胡建英. 化学物质的风险评价. 北京:科学出版社,2010.
[16] 陈玉和. 风险评价. 北京:中国标准出版社,2009.

第 7 章　化学品安全国际规范

第二次世界大战后，合成化学品的生产和使用迅速发展。伴随着化学农药和化肥的迅速增长，制造业也开始在消费品和工业品中大量地使用合成化学品。到 20 世纪 60 年代，合成化学品工业兴起造成的环境危害开始变得显而易见。1962 年，Rachel Carson 在其编著的《寂静的春天》一书中揭露了化学品滴滴涕和其他化学农药破坏鸟类和生态系统的实际情况[1]。Carson 使用了大量的笔墨来表现农药对自然生态系统的影响，同时提供了农药对人类的有毒有害影响、致癌性及引发其他疾病方面的信息和论据。

继 Carson 之后，瑞典研究学者 Soren Jensen 在研究人体血液中滴滴涕的水平时发现，样本中存在的多氯联苯（PCB）干扰了其对血液中滴滴涕的分析；进一步的研究揭示多氯联苯几乎存在于每一个角落，更令人感到惊讶的是，处于哺乳期的妇女血液样本中的 PCB 蓄积量最高[2]。20 世纪 70 年代出现了关于铅暴露的新信息，美国儿科教授 Herbert Needleman 表示，儿童的低剂量铅暴露也是一个非常严重的问题，它会降低儿童的智商、分散儿童的注意力、延迟儿童对语言的掌握能力，在此之前，几乎所有关于铅的健康影响方面的数据都仅针对高剂量暴露导致的临床表现[3]。

Rachel Carson、Soren Jensen 和 Herbert Needleman 等的研究发现提高了科学界和公众对有毒化学品暴露影响的认识。到了 20 世纪 80 年代中期，化学品安全方面的国际行动和倡议已经非常普遍，其中一些运动与地区的生态系统息息相关。研究这些生态系统的科学家发现，人造有毒化学品正在造成非常严重的破坏，生态系统中的鱼类、鸟类和其他野生动物种类正在逐渐减少。这些有毒污染物通过排水管直接排放到农田和城市，对人类也产生了严重健康影响，如生殖能力降低、免疫系统破坏、行为损伤、癌症、肿瘤和其他残疾病患。

随着消费品中有毒化学品危害的逐渐显露，人们对化学品的忧虑不再仅限于化学品事故、工业污染、有毒农药和化学品污染，对消费品中有毒化学品暴露方面的忧虑也在不断增加。例如，广泛用作乙烯基塑料产品中的增塑剂和化妆品中原料组分邻苯二甲酸酯类物质引起公众的广泛关注；室内装潢用品和塑料制品中使用的溴化阻燃剂及用来制作聚碳酸酯塑料的双酚 A 也成为公众关注的焦点。

到 20 世纪 90 年代，化学品安全问题得到越来越多国家和地区的重视，联合国陆续制定了多项国际化学品公约和协定，为化学品生产、运输、储存、使用、销售、进出口直至废物处置等各个环节制定了国际规范，以加强和推动全球化学品安全管理。这些国际化学品公约和协定主要有：1985 年通过的《保护臭氧层维也纳公约》及 1987 年通过的《关于消耗臭氧层物质的蒙特利尔议定书》旨在采取预防性措施，消除耗损臭氧层物质的排放以保护臭氧层；1985 年通过的《关于农药销售和使用国际行为守则》旨在为从事农药销售和使用的所有公共和私人团体建立自愿行为标准；1988 年通过的《关于制止违法贩运麻醉药剂和精神药物公约》旨在采取措施监控这两类药剂的国际贸易和对合法贸易作出适当标签和文件记录；1989 年通过的《关于控制危险废物越境转移及其处置巴塞尔公约》旨在控制危险废物对人类健康和环境造成的威胁,严格监控危险废物的跨境转移,并要求缔约方以环境无害化方式管理和处置这些废物;1990 年通过的《作业场所安全使用化学品公约》(第 170 号公约)旨在保护工作场所的工人避免化学品有害影响;1993 年通过的《关于预防重大工业事故公约》(第 174 号公约)旨在预防危险品重大事故,保护公众和环境避免重大工业事故造成的危险;1996 年通过的第一版《关于危险货物运输的建议书 规章范本》从运输安全角度将危险品分为九大类;1997 年生效的《关于禁止开发、生产、储存和使用化学武器及销毁此种武器的公约》旨在禁止开发、生产、储存和使用化学武器,销毁现有的化学武器及相关设施并规定了核查措施;1998 年通过的《关于在国际贸易中对某些危险化学品和农药采用预先知情同意程序的鹿特丹公约》旨在对某些危险化学品和农药的进出口建立预先知情同意(PIC)程序,促进缔约国之间分担安全监管责任和开展合作;2001 年通过的《关于持久性有机污染物的斯德哥尔摩公约》旨在保护人类环境和健康免受持久性有机污染物的危害;2002 年通过的《全球化学品统一分类和标签制度》(GHS)旨在为化学品分类和标签制定国际统一的标准;2006 年通过的《国际化学品管理战略方针》(SAICM)旨在促进 2020 年目标的实现,即"最迟到 2020 年,对化学品整个生命周期进行良性的管理,尽可能将使用和生产化学品对人类健康和环境的影响减小至最低"。

7.1 联合国《关于危险货物运输的建议书 规章范本》

联合国《关于危险货物运输的建议书 规章范本》(TDG,又称橘皮书)是迄今为止国际上比较完整的将危险货物进行分类的国际规章。橘皮书的编写一方面为了确保人身、财产和环境的安全,另一方面为了减少危险品国际贸易方面的障碍[4-6]。

7.1.1 产生背景

早在 20 世纪 50 年代,国际组织就开始了对化学品分类和标签的协调工作。1952 年,联合国国际劳工组织(ILO)要求其化学工作委员会研究危险品的分类和标签。1953 年,联合国经济和社会理事会(ECSOC)下设了危险货物运输专家委员会(UN CETDG),该委员会建立了首个国际性危险货物运输分类和标签系统,即 1956 年联合国颁布的《关于危险货物运输的建议书》。国际海事组织(IMO)、国际民用航空组织(ICAO)及其他国际和区域性组织都采用 TDG 作为危险品运输分类和标签的基础。现在大多数联合国成员国的运输规章中都采纳了 TDG,许多发达国家还在其工作场所推广使用 TDG 的标签。此外,欧盟、澳大利亚、加拿大、日本和美国等国家和区域性组织还针对消费者、工人和环境制定了各自的化学品分类和标签制度。

ECSOC 创建的联合国危险货物运输专家委员会由经选举的 22 个成员国代表组成,非政府组织和联合国其他代表以观察员的身份参加。1956 年,由 ECSOC 危险货物运输专家委员会(UN CETDG)编写的《关于危险货物运输的建议书》(简称《建议书》)首次出版,并且为了适应技术进步和使用者不断变化的需要,《建议书》每半年实施一次修订,每两年出版新的《建议书》修订本。在 1996 年 12 月召开的委员会第十九届会议上，委员会通过了第一版《关于危险货物运输的建议书　规章范本》(简称《规章范本》)，并列入《建议书》第十修订版作为附件。这样做是为了更方便将《规章范本》直接纳入所有运输方式的国家立法和国际规章中，更有助于各国的协调统一，也更有助于各成员国政府、联合国、各专门机构和其他国际组织节省大量资源。

7.1.2　主要内容

就内容而言，《建议书》本身仅包含若干基本说明（如建议书的性质目的和意义、规章制定原则等），而大量有关危险货物分类和运输包装要求的实质性内容出现在附件《规章范本》中。

在结构上，《规章范本》分为 7 个部分，包括如下内容。

第 1 部分　一般规定、定义、培训和安全

第 2 部分　分类

第 3 部分　危险货物一览表和少数特殊规定

第 4 部分　包装规定和罐体规定

第 5 部分　托运程序

第 6 部分　容器、中型散货集装箱（中型散货箱）、大型容器、便携式罐体、多元气体容器和散货集装箱的制造和试验要求

第 7 部分　有关运输作业的规定

1. 危险货物分类

橘皮书侧重于危险货物的物理危险性和急性毒性，从运输安全角度将危险品分为九大类，共 20 项（表 7-1），目前已经广泛地被危险化学品生产、销售、运输和管理部门所接受。

表 7-1　橘皮书的危险品分类

分类	名称	子类别（项）
第 1 类	爆炸品	1.1 项：有整体爆炸危险的物质和物品
		1.2 项：有迸射危险但无整体爆炸危险的物质和物品
		1.3 项：有燃烧危险，同时具有局部爆炸危险或局部迸射危险或二者均有，但无整体爆炸危险的物质和物品
		1.4 项：不呈现重大危险的物质和物品
		1.5 项：有整体爆炸危险的非常不敏感物质
		1.6 项：无整体爆炸危险的极端不敏感物质
第 2 类	气体	2.1 项：易燃气体
		2.2 项：非易燃无毒气体
		2.3 项：毒性气体
第 3 类	易燃液体	
第 4 类	易燃固体、易自燃物质、遇水放出易燃气体的物质	4.1 项：易燃固体、自反应物质和固体不敏感爆炸物
		4.2 项：易自燃物质
		4.3 项：遇水放出易燃气体的物质

分类	名称	子类别（项）
第 5 类	氧化物和有机过氧化物	5.1 项：氧化物
		5.2 项：有机过氧化物
第 6 类	毒性物质和感染性物质	6.1 项：毒性物质
		6.2 项：感染性物质
第 7 类	放射性物质	
第 8 类	腐蚀性物质	
第 9 类	其他危险物质和物品，包括环境有害物质	

此外，委员会还编写了《关于危险货物运输的建议书　试验和标准手册》（又称小橘皮书），介绍了联合国关于某些类型危险品的分类方法，并阐述了对运输物质和物品作出适当分类的实验方法和程序。小橘皮书应与橘皮书一起使用。

对于危险如何分类，应按照橘皮书规定的分类原则和小橘皮书进行分类定级实验。常用的危险品已在橘皮书"危险货物一览表中列明"。为了简明准确地表达危险货物的性质，便于管理，国际上依据橘皮书作为规范来指导国际危险货物的编码，即采用统一的联合国编号的形式。联合国编号是由联合国危险货物运输专家委员会编制的 4 位阿拉伯数编号，用以识别一种物质或一类特定物质，简称危规编号，如碳酸钡的危规编号为 1564，甲醇的危规编号是 1230。

2. 包装货物包装分类

出于包装的目的，除第 1 类、第 2 类、第 7 类、5.2 项和 6.2 项物质及 4.1 项自反应物质以外，其余物质按照它们具有的危险程度划分为三个包装类别。

Ⅰ 类包装：显示高度危险性的物质。

Ⅱ 类包装：显示中等危险性的物质。

Ⅲ 类包装：显示轻度危险性的物质。

除非橘皮书中有具体的规定，第 1 类货物、4.1 项自反应物质和 5.2 项有机过氧化物所用的容器，包括中型散货箱和大型容器，必须符合中等危险类别（Ⅱ 类包装）的规定。例如，对于第 3 类易燃液体的包装类别通常按其易燃性来划分（表 7-2）；对于 6.1 项毒性物质包装类别的划分通常以口服摄入、皮肤接触、吸入粉尘和烟雾确定分类的标准（表 7-3）。

表 7-2　第 3 类易燃液体依据其易燃性划分包装类别

包装类别	Ⅰ	Ⅱ	Ⅲ
闪点（闭杯）/℃	—	<23	>23，≤60
初沸点/℃	≤35	>35	>35

表 7-3　第 6.1 类毒性物质依据其毒性划分包装类别

包装类别	口服毒性 LD_{50}/(mg/kg)	皮肤接触毒性 LD_{50}/(mg/kg)	吸入粉尘和烟雾毒性/(mg/L)
I	≤5	≤50	≤0.2
II	>5，≤50	>50，≤200	>0.2，≤2.0
III	>50，≤300	>200，≤1000	>2.0，≤4.0

3. 包装危险性先后顺序

危险品可能有一种以上危险性，通常会在"危险货物一览表"中列出其主、次危险性"。但未列入"一览表"的，则应根据橘皮书"危险性先后顺序表"来确定。需要说明的，有些主要危险性总是占优先地位，无论其在"顺序表"中的先后顺序如何。其先后顺序如下。

a. 第 1 类物质和物品。

b. 第 2 类气体。

c. 第 3 类液态退敏爆炸品。

d. 4.1 项自反应物质和固态退敏爆炸品。

e. 4.2 项易于自燃的物质。

f. 5.2 项物质。

g. 具有 I 类包装吸入毒性的 6.1 项物质。

h. 6.2 项物质。

i. 第 7 类物质。

其他危险性的先后顺序列于表 7-4。

表 7-4　危险性先后顺序表

类或项和包装类别		4.2	4.3	5.1 I	5.1 II	5.1 III	6.1, I, 皮肤	6.1, I, 口服	6.1 II	6.1 III	8, I, 液体	8, I, 固体	8, II, 液体	8, II, 固体	8, III, 液体	8, III, 固体
3	I a		4.3				3	3	3	3	3	—	3	—	3	—
3	II a		4.3				3	3	3	3	8	—	3	—	3	—
3	III a		4.3				6.1	6.1	6.1	3 b	8		8	—	3	—
4.1	II a	4.2	4.3	5.1	4.1	4.1	6.1	6.1	4.1	4.1	—	8	—	4.1	—	4.1
4.1	III a	4.2	4.3	5.1	4.1	4.1	6.1	6.1	4.1	4.1	—	8	—	8	—	4.1
4.2	II		4.3	5.1	4.2	4.2	6.1	6.1	4.2	4.2		8	4.2	4.2	4.2	4.2
4.2	III		4.3	5.1	5.1	4.2	6.1	6.1	6.1	4.2	8	8	8	8	4.2	4.2
4.3	I			5.1	4.3	4.3	6.1	4.3	4.3	4.3	4.3	4.3	4.3	4.3	4.3	4.3
4.3	II			5.1	4.3	4.3	6.1	4.3	4.3	4.3	8	8	4.3	4.3	4.3	4.3
4.3	III			5.1	5.1	4.3	6.1	6.1	6.1	4.3	8	8	8	8	4.3	4.3
5.1	I						6.1	5.1	5.1	5.1	5.1	5.1	5.1	5.1	5.1	5.1
5.1	II						6.1	6.1	5.1	5.1	8	8	5.1	5.1	5.1	5.1
5.1	III						6.1	6.1	6.1	5.1	8	8	8	8	5.1	5.1

续表

类或项和包装类别	4.2	4.3	5.1 I	5.1 II	5.1 III	6.1,I,皮肤	6.1,I,口服	6.1 II	6.1 III	8,I,液体	8,I,固体	8,II,液体	8,II,固体	8,III,液体	8,III,固体
6.1 I，皮肤										8	6.1	6.1	6.1	6.1	6.1
6.1 I，口服										8	6.1	6.1	6.1	6.1	6.1
6.1 II，吸入										8	6.1	6.1	6.1	6.1	6.1
6.1 II，皮肤										8	6.1	8	6.1	6.1	6.1
6.1 II，口服										8	8	8	6.1	6.1	6.1
6.1 III										8	8	8	8	8	8

注：[a]除自反应物质和固态退敏爆炸品以外的 4.1 项物质及除液态退敏爆炸品以外的第 3 类物质；[b]农药为 6.1；—表示不可能组合

4. 危险货物的定义和特性

1）第 1 类——爆炸品

a. 爆炸品包括：①爆炸性物质（物质本身不是爆炸品，但能形成气体、蒸汽或粉尘爆炸环境者，不列入第 I 类），不包括那些太危险以致不能运输或其主要危险性符合其他类别的物质。②爆炸性物品，不包括下述装置：其中所含爆炸性物质的数量或特性不会使其在运输过程中偶然或意外被点燃或引发后因迸射、发火、冒烟、发热或巨响而在装置外部产生任何影响。

为产生爆炸或烟火实际效果而制造的上述①、②内未提及的物质或物品。

b. 爆炸品是指：①爆炸性物质是固体或液体物质（或物质混合物），自身能够通过化学反应产生气体，其温度、压力和速度高到能对周围造成破坏。烟火物质即使不放出气体也包括在内。②烟火物质是用来产生热、光、声、气或烟效果而加在一起的一种物质或物质混合物。这些效果是由不起爆的自持放热化学反应产生的。③爆炸性物品是含有一种或几种爆炸性物质的物品。

c. 爆炸品划分为 6 项。

①1.1项　有整体爆炸危险的物质和物品（整体爆炸是指实际上瞬间影响到几乎全部载荷的爆炸）。

②1.2项　有迸射危险，但无整体爆炸危险的物质或物品。

③1.3项　有燃烧危险并兼有局部爆炸危险或局部迸射危险之一或兼有这两种危险，但无整体爆炸危险的物质和物品。本项包括的物质和物品有：产生相当大辐射热的物质和物品；相继燃烧，产生局部爆炸或迸射效应或两种效应兼而有之的物质和物品。

④1.4 项　不呈现重大危险的物质和物品，包括运输中万一点燃或引发时仅出现小危险的物质和物品。其影响主要限于包件本身，并预计射出的碎片不大，射程也不远。外部火烧不会引起包件几乎全部内装物的瞬间爆炸。

⑤1.5 项　有整体爆炸危险的非常不敏感以致在正常运输条件下引发或由燃烧转为爆炸的可能性非常小的物质。

⑥1.6 项　没有整体爆炸危险的极端不敏感物品，必须首先考虑按照橘皮书 2.1.3 中的程序划分的物品。该项物品的危险仅限于单个物品的爆炸。

2）第 2 类——气体

a. 气体的定义是：①在 50℃时蒸气压大于 300kPa 的物质，或②20℃时在 101.3kPa 标准压力下完全是气态的物质。

气体的运输状态依照其物理状态可分为如下几种。压缩气体：在-50℃下加压包装供运输时完全是气态的气体，这一类别包括临界温度小于或等于-50℃的所有气体。液化气体：在温度大于-50℃下加压包装供运输时部分是液态的气体，可分为高压液化气体（临界温度在-50~65℃）和低压液化气体（临界温度大于 65℃）。冷冻液化气体：包装供运输时由于其温度低而部分呈液态的气体。溶解气体：加压包装供运输时溶解于液相溶剂中的气体。

上述 4 种气体包括压缩气体、液化气体、溶解气体、冷冻液化气体、一种或多种气体与一种或多种其他类别物质的蒸气的混合物、充有气体的物品和烟雾剂。

b. 气体的分类。

第 2 类物质根据气体在运输中的主要危险性划入以下三个项别中的一项。

①2.1 项　易燃气体在 20℃和 101.3kPa 标准压力下，在与空气的混合物中按体积占 13%或更少时可点燃的气体；与空气混合，可燃幅度至少为 12 个百分点的气体，不论易燃性下限如何。

易燃气体的易燃性必须由实验确定，或按照国际标准化组织采用的方法计算确定。如因缺乏充分的数据无法使用上述方法，则可用国家主管当局承认的类似方法进行实验。

②2.2 项　非易燃无毒气体在 20℃下且压力不低于 280kPa 的条件下运输，或以冷冻液体状态运输的气体，并且具备窒息性气体——会稀释或取代通常在空气中的氧气的气体；氧化性气体——一般通过提供氧气比空气更能引起或促进其他材料燃烧的气体；不属于其他项别的气体。

③2.3 项　毒性气体已知对人类具有的毒性或腐蚀性强到对健康造成危害的气体，或其 LC_{50} 值等于或小于 $5000mL/m^3$，因而推定对人类具有毒性或腐蚀性的气体。

3）第 3 类——易燃液体

第 3 类易燃液体包括易燃液体和液态退敏爆炸品。易燃液体通常是指在闪点（闭杯实验不高于 60℃，或开杯实验不高于 65℃）温度时放出易燃蒸汽的液体或液体混合物，或是在溶液或悬浮中含有固体的液体（如油漆、清漆、喷漆等，但不包括由于它们的危险特性而划入其他类别的物质）。

除此之外，易燃液体还包括：①在温度等于或高于其闪点的条件下提交运输的液体；②以液态在高温条件下运输或提交运输，并且在温度等于或低于最高运输温度下放出易燃蒸气的物质。

易燃液体通常具有的特性为：易挥发性、易燃性和毒性，以及由这些性质引起的爆炸等。衡量易燃液体的主要指标是闪点和沸点。

4）第 4 类——易燃固体、易于自燃的物质、遇水放出易燃气体的物质

第 4 类危险品的共同特性就是易燃，但包含的三种物质又各有不同特点。

（1）易燃固体

易燃固体包括以下物质：①容易燃烧或摩擦可能引燃或助燃的固体。②可能发生强

烈放热反应的自反应物质。③不充分稀释可能发生爆炸的固态退敏爆炸品。

易燃固体具有需明火点燃、高温条件下遇火星即燃、粉尘有爆炸性、遇水分解的特征。易燃固体虽然很容易发生燃烧，但是如果没有火种、热源等外因作用，没有助燃物质（空气中的氧或氧化剂）的存在，也不容易发生燃烧。

（2）易于自燃物质

该类物质易于自发加热或与空气接触即升温，从而易于着火。其特征有不需受热和明火会自行燃烧、自燃点较低、受潮后有自燃的危险性、大部分易于自燃物质与水反应剧烈且接触氧化剂会立即发生爆炸。

（3）遇水放出易燃气体物质

该项物质与水相互作用易于变成自燃物质或放出危险数量的易燃气体。其主要特性有以下几方面。

a. 遇水或受潮会发生化学反应，放出可燃气体和热量。

b. 遇到氧化剂时，发生反应剧烈，危险性更大。

c. 某些物质与水反应时，还能放出毒性很强的气体。

5）第 5 类——氧化性物质和有机过氧化物

氧化性物质本身未必燃烧，但通常因放出氧可能引起或促使其他物质燃烧。因此，该类物质主要表现为强氧化性、不稳定和受热易分解及吸水性。

有机过氧化物是热不稳定物质，可能发生放热的自加热分解，其主要表现为可能发生爆炸性分解、迅速燃烧、对碰撞式摩擦敏感及与其他物质起危险反应。

6）第 6 类——毒性物质和感染性物质

毒性物质在吞食、吸入或与皮肤接触后可能造成死亡或严重受伤或损害人类健康。其特性主要表现为有机毒品具有可燃性，部分毒品，主要是氰化物遇酸或水反应会放出剧毒的氰化氢气体，有些毒性物质对人体和金属有较强的腐蚀性。

感染性物质通常认为是含有病原体的物质，病原体是会使动物或人感染疾病的微生物（包括细菌、病毒、立克次氏剂、寄生虫、真菌）或微生物重组体（杂交体或突变体）。

7）第 7 类——放射性物质

放射性物质的危险性在于辐射污染，最终使人受到辐射伤害。放射性物质是自发和连续地放射出某种类型辐射（电离辐射）的物质，这种辐射对健康有害，但却不能被人体的任何器官（视觉、听觉、嗅觉、触觉）觉察到。

8）第 8 类——腐蚀性物质

腐蚀性物质是通过化学作用在接触生物组织时会造成严重损伤，或在渗漏时会严重损害甚至破坏其他货物或运输工具的物质。该类物质除了具有腐蚀性外，有时还有毒性、易燃性和可燃性、氧化性及遇水反应等特点。

9）第 9 类——杂项危险物质和物品，包括危害环境物质

本类危险品指其他类别不包括的物质和物品。其中绝大多数指一些"隐含的危险品"。主要有两种类型：一是物品的某些零部件、配件原料是危险品；二是在一个笼统的货物名称中包括了橘皮书所描述的具体物品，其中可能有具体的危险品。

7.2　联合国《全球化学品统一分类和标签制度》

《全球化学品统一分类和标签制度》（Globally Harmonized System of Classification and Labelling of Chemicals，GHS）是由联合国出版的指导各国控制化学品危害和保护人类健康与环境的规范性文件，习惯上称之为"紫皮书"。2002 年 9 月 2 日，在约翰内斯堡召开的联合国可持续发展世界首脑会议（WSSD）鼓励各国尽快执行 GHS，尽可能在 2008 年使 GHS 在世界各国得以全面实施。APEC 会议各成员国承诺自 2006 年起执行 GHS。2011 年联合国经济和社会理事会 25 号决议指出，要求 GHS 专家分委员会秘书处邀请尚未采取必要步骤通过适当国内程序和（或）立法执行 GHS 的各国政府尽快采取必要步骤执行该制度[7-9]。

7.2.1　产生背景

危险货物的生产、包装、运输、销售和使用等各个环节都与人类生命、财产和环境息息相关，为此各国政府和相关国际组织对危险货物的管理都给予高度的重视。随着《国际海运危险货物规则》《关于危险货物运输的建议书》等相继出台，各国政府纷纷制定了本国的危险货物管理法律法规。然而，尽管这些国际规则及国家法律法规对实施危险货物管理起到了一定积极作用，但仍然存在一些不足。首先，这些规则和法律对危险品运输规定的较多，而对工人、消费者和环境保护考虑较少；其次，世界各国的法律法规对危险品定义、分类和标签的法律要求存在差异，导致同一化学品在不同国家的分类和标签办法各不相同，这无疑会导致在国际贸易中来自不同国家的同一化学品必须提供不同的健康和安全信息。在国际贸易日益发展的时代，这种情况势必会对国际贸易造成不必要的壁垒。

1992 年，联合国环境与发展大会（UN CED）和政府间化学品安全论坛（IFCS）按照《21 世纪议程》第 19 章的任务要求，正式采纳了关于制定化学品分类和标签全球协调制度的建议。该项工作由组织间化学品健全管理方案（IOMC）下的化学品统一分类制度协调小组（CG/HCCS）负责协调和管理；在技术上，由国际劳工组织、经济合作与发展组织（OECD）及联合国经济和社会理事会危险货物运输专家委员会共同研究起草 GHS 制度。

经过 10 多年的努力工作，2001 年形成了 GHS 的最初版本，同时 GHS 相关工作正式移交给联合国经济和社会理事会下新设立的联合国 GHS 专家分委员会（UN SCEGHS）负责。各个国家也可以作为观察员参与 GHS 专家分委员会和危险货物运输分委员会的工作，或者申请成为这两个分委员会的正式成员。联合国训练研究所（UNITAR）和国际劳工组织（ILO）是 GHS 制度能力建设的指定联络点。

2003 年 7 月，联合国正式出版第一版 GHS。每隔两年，专家委员会（UN CETDG/GHS）专门召开一次会议讨论 GHS 的修订内容，并于次年发布通过的勘误表及最新版本的 GHS 文本。截至目前，联合国最初版本的 GHS 已经实施了 5 次修订。

联合国推行 GHS 制度，旨在：①通过提供一种国际上都能理解的危险公示制度来表述化学品的危害，减少化学品对人类和环境造成的危险，提高对人类健康和环境的保护；②为尚未制定相关制度的国家提供一个公认的、全面的化学品制度框架；③减少不必要的化学品实验与评估；④减少化学品跨国贸易的分类和标签成本，促进化学品国际贸易。

GHS 适用于所有的化学物质、稀释溶液和混合物。对于药物、食品添加剂、化妆品和食品中残留的杀虫剂等，由于属于有意摄入，不在 GHS 涵盖范围之内。然而，这些类型的化学物质在可能对人类产生健康影响的生产、运输和储存环节中，仍需遵守 GHS 要求。

GHS 的目标对象包括消费者、工人、运输工人和应急人员。

实施联合国 GHS，实现全球统一的化学品分类、标签和包装，是建立健全的国家化学品管理制度的重要技术基础。

7.2.2　主要内容

GHS 的主要内容包含：①按照化学物质和混合物的物理危险性、健康危险性和环境危险性对其实施分类；②危险性公示要素，包括对标签和安全数据表的要求。GHS 统一了化学品危险性的分类标准，标准化了危险性公示要素的象形图、信号词、危险性说明和防范说明，形成了一套综合性的危险性公示制度[7, 8]。

1. GHS 危险分类

GHS 在 TDG 基础上，充分考虑了化学品对健康和环境存在的有害影响，将化学品分为物理危险、健康危险和环境危险。以联合国 2009 年发布的第三修订版 GHS 为例，GHS 总共包含 28 个危险种类（表 7-5），其中有 16 项物理危险、10 项健康危险和 2 项环境危险。

表 7-5　联合国 GHS 制度的危险种类和危险类别

危险分类	危险种类	危险类别及子类别
物理危险（16 项）	爆炸物	不稳定爆炸物或 1.1 项到 1.6 项的爆炸物
	易燃气体	1 类
		2 类
	易燃烟雾剂	1 类
		2 类
	氧化性气体	1 类
	高压气体	压缩气体
		液化气体
		冷冻液化气
		溶解气体
	易燃液体	1 类
		2 类
		3 类
		4 类

续表

危险分类	危险种类	危险类别及子类别
物理危险（16 项）	易燃固体	1 类
		2 类
	自反应物质和混合物	A 型、B 型、C 型、D 型、E 型、F 型和 G 型
	发火液体	1 类
	发火固体	1 类
	自热物质和混合物	1 类
		2 类
	遇水放出易燃气体的物质和混合物	1 类
		2 类
		3 类
	氧化性液体	1 类
		2 类
		3 类
	氧化性固体	1 类
		2 类
		3 类
	有机过氧化物	A 型、B 型、C 型、D 型、E 型、F 型和 G 型
	金属腐蚀剂	1 类
健康危险（10 项）	急性毒性	1 类
		2 类
		3 类
		4 类
		5 类
	皮肤腐蚀/刺激	1 类：腐蚀物
		子类别：1A/1B/1C
		2 类：刺激物
		3 类：轻微刺激物
	严重眼损伤/眼刺激	1 类：眼部不可逆效应
		2A 类：眼刺激
		2B 类：轻微眼刺激
	呼吸或皮肤敏化作用	呼吸敏化物 1 类：1A/1B
		皮肤敏化物 1 类：1A/1B
	生殖细胞致突变性	物质：1 类 1A/1B，2 类
		混合物：1 类，2 类
	致癌性	物质：1 类 1A/1B，2 类
		混合物：1 类，2 类

续表

危险分类	危险种类	危险类别及子类别
健康危险（10 项）	生殖毒性	物质——
		生殖毒性危险类别：1 类　1A/1B，2 类
		影响哺乳或通过哺乳产生影响的危险类别
		混合物——
		生殖毒性危险类别：1 类，2 类
		影响哺乳或通过哺乳产生影响的危险类别
	特定目标器官毒性——单次接触	1 类
		2 类
		3 类
	特定目标器官毒性——重复接触	1 类
		2 类
	吸入危险	1 类
		2 类
环境危险（2 项）	危害水生环境	急性水生毒性　1 类、2 类、3 类
		慢性水生毒性　1 类、2 类、3 类和 4 类
	危害臭氧层	危害臭氧层物质和混合物

对于一个特定危险种类，GHS 要求各国主管当局可不采纳所有危险类别。但是为了保持一致，应遵循下述原则：①不应改动危险类别的临界值/浓度极限值等分类标准；②相邻的危险类别不可合并，否则会造成需要重排其余危险类别的编号的后果；③相邻的子类别（如致癌性类别 1A 和 1B）可合并为一个类别，如合并子类别，应保留原 GHS 中的子类别名称或编号（如致癌性类别 1 或 1A/B），以利于危险公示；④若采用一项危险类别，则也应采用所属危险种类内危险级别较高的所有危险类别。

2. 标签

GHS 标签所需的信息包括：信号词、危险说明、防范说明和象形图、产品标识符、供应商标识。

3. 安全数据表

安全数据表（SDS）应提供关于化学物质或混合物的综合信息，用于工作场所中化学品的控制和管理。安全数据表同产品相联系，通常不能提供产品可能最终适用的任何特定工作场所相关的具体信息，但如果产品具有专门的最终用途，安全数据表的信息可能具有更大的工作场所针对性。因此，这些信息使雇主能够制定具体的针对个别工作场所的积极的工人保护措施方案，并考虑保护环境可能需要的任何措施。

此外，安全数据表也为 GHS 中其他目标对象提供了重要的信息源。所以某些信息要素要供下述人员使用：参与危险货物运输的人员、急救人员（包括戒毒中心）、参与专业使用农药的人员和消费者。不过，这些对象还可从各种其他渠道获得额外信息，如

TDG 和针对消费者的包装插页。因此，GHS 的采用不会影响针对作业场所用户的安全数据表的主要用途。

对于符合 GHS 中物理、健康或环境危险统一标准的所有物质和混合物及含有符合致癌性、生殖毒性或目标器官系统毒性标准且浓度超过混合物标准所规定的安全数据单临界极限的物质的所有混合物，应制作安全数据单。主管当局还可要求为不符合危险类别标准但含有某种浓度的危险物质的混合物质制作安全数据表。

安全数据表中的信息应依次包含以下 16 项内容：标识；危险标识；成分构成/成分信息；急救措施；消防措施；事故排除措施；搬运和储存；接触控制人身保护；物理和化学特性；稳定性和反应性；毒理学信息；生态学信息；处置考虑；运输信息；管理信息；其他信息。

7.2.3　各国实施 GHS 现状及进展

GHS 是一份非法律约束性的国际协定，联合国建议各国采取"积木式"的方式执行这一制度。自 2003 年发布至今，世界各国的执行情况均有所不同，各国主管部门都在积极制定或修订本国基于 GHS 制度的政策法规或标准体系。

1. 中国 GHS 实施进展情况[10-12]

1992 年 6 月，联合国环境与发展会议在里约热内卢通过了《里约热内卢环境与发展宣言》和《21 世纪议程》。按照《21 世纪议程》第 19 章规定的任务，会议采纳了关于制定 GHS 制度的建议书。我国时任国务院总理李鹏出席会议并对该建议书表示支持。

2002 年 9 月，联合国可持续发展世界首脑会议在南非约翰内斯堡通过了《可持续发展问题世界首脑会议执行计划》，鼓励各国尽快实施 GHS，尽可能在 2008 年使 GHS 在世界各国得以全面实施。我国时任国务院总理朱镕基出席会议并投了赞成票。

2002 年年底，我国正式加入联合国 TDG 和 GHS 专家委员会（UN CETDG/GHS）下的联合国 GHS 专家分委会（UN SCE/GHS），成为联合国 GHS 专家分委会成员，并连续多年参加联合国 GHS 专家小组委员会会议。2006 年，我国发布了基于 GHS 转化的 26 项《化学品分类、警示标签和警示性说明安全规范》系列强制性国家标准；2010年 10 月 15 日，《新化学物质环境管理办法》（环保部 7 号令）开始实施，在我国的新化学物质管理领域引入了联合国 GHS 分类、标签和安全数据表要求；2011 年，新修订的《危险化学品安全管理条例》（简称《条例》）（国务院令第 591 号）正式颁布并实施，《条例》按照联合国 GHS 对危险化学品进行了重新定义，明确了危险化学品目录的制修订机制，明确规定了化学品安全标签和安全技术说明书应符合有关国家标准和规定的要求。

除环境保护部实施的管理办法和国家标准外，国家质量监督检验检疫总局在 2004年 4 月 30 日根据国务院安全生产的要求下发《关于加强进出口危险货物安全监督管理有关问题的紧急通知》（318 号文件），要求各地局尽快开展危险化学品危险特性的分类、定级工作，尽快完成化工品、危险品、危险品包装检验人员及实验室的整合。目前，国家质量监督检验检疫总局在全国范围内建立了 10 个国家级化学品重点实验室，并按照

GLP 要求对实验室进行规范，基本具备了实施进出口化学品分类定级、毒性测试、理化及危险性测试的能力，具备较完善的危险品包装检验能力，为保障质检系统的进出口化学品检验监管能力奠定了扎实基础。

2010 年，我国正式启动了从国家层面协调实施 GHS 的相关筹备工作，准备从全局角度把 GHS 实施工作作为一项长期、系统的国家工作。

2010 年 12 月，工业和信息化部与联合国训练研究所就在我国合作开展 GHS 能力建设项目签署协议备忘录，拟在我国开展实施 GHS 现状及能力差距分析，制定我国实施 GHS 国家方案，分层次的 GHS 普及与技术培训，建设 GHS 国家网站，完善 GHS 相关法律法规及标准等一系列活动，旨在加快推动 GHS 在我国的实施进程，提高我国化学品管理能力。

2011 年 4 月，国务院同意建立由工业和信息化部牵头的《实施联合国全球化学品统一分类和标签制度（GHS）部际联席会议制度》，协调 GHS 在中国的实施工作，我国从国家层面协调实施 GHS 的工作正式启动。

2011 年 10 月 25 日，工业和信息化部在北京组织召开了我国实施 GHS 部际联席会议第一次联络员会议。GHS 部际联席会议成员单位及国家标准化管理委员会等 14 家相关单位审议了 GHS 部际联席会议制度及各成员单位职责分工，并对下一步重点工作进行了研究；讨论了 GHS 国家网站相关事宜；研讨了《中国实施 GHS 现状和差距分析》报告和《中国实施 GHS 国家行动方案》草案框架。

2011 年 11 月，工业和信息化部在北京举办了 GHS 能力建设高级培训班。培训主要面向政府决策管理部门、科研机构及院校、行业协会及与化学品相关的生产、进出口、物流、咨询企业等。培训结束后，由联合国训练研究所颁发"全球化学品统一分类和标签制度高级培训班"结业证书。持有该证书的学员将成为"GHS 能力建设在中国"的骨干人员，负责本地区或本部门的 GHS 培训，共同推动 GHS 在我国的全面实施。

2. 欧盟 GHS 实施进展情况[13]

在欧盟颁布 CLP 法规生效之前，欧盟的化学品分类和标签体系主要由以下法规与指令构成：欧盟危险物质指令（DSD），危险混合物指令（DPD），REACH 法规附件 II 安全数据表及 REACH 法规第 11 篇分类和标签目录。经过 5 年多时间，欧盟在联合国 GHS 基础上，结合欧盟 REACH 法规、DSD 指令和 DPD 指令，创建完成了《欧盟物质和混合物分类、标签、包装法规》（CLP 法规）。该法规已于 2009 年 1 月 20 日正式生效，这是世界各国当中第一部基于联合国 GHS 的化学品管理法规，欧盟 CLP 法规的颁布标志着联合国 GHS 在全球范围内的落实变得更为现实和迫切，在全球具有重大示范和联动效应。

GLP 法规根据 GHS 的"积木式"原则，采纳了 GHS 物理、健康和环境危险分类中的大多数危险种类和类别，同时 CLP 法规又保留了 DSD 和 DPD 中的部分内容，从而使 CLP 法规与欧盟现行的化学品物质和混合物分类和标签要求相衔接，维持对人类健康和环境的高水平保护。

CLP 法规将 DSD 附件 I 的危险物质一览表，按照 GHS 分类标准转化为了统一的欧盟危险物质统一分类和标签名单，列于 CLP 法规的附件 VI 中。该名单提供了约 3800 种危险物质的物质名称、欧洲经济共同体化学品登录编号（EC 编号）、美国化学文摘社（CAS）登记号（CAS 号）、分类、标签和浓度限制等内容。

为了使欧盟生产商和进口商能够顺利适应由 DSD 和 DPD 到 CIP 法规所产生的变化，欧盟为 CLP 法规的执行设定了过渡期。自 2010 年 12 月 1 日起，所有在欧盟市场上投放化学物质的供应商应按照 CLP 法规对物质进行分类、标签和包装；自 2015 年 6 月 1 日起，所有在欧盟市场上投放化学混合物的供应商应按照 CLP 法规对混合物进行分类、标签和包装。自 2015 年 6 月 1 日起，欧盟指令 DSD 和 DPD 正式废止，完全由 CLP 法规取代。

2009 年，欧盟发布了关于指导 CLP 法规实施的系列指南文件，包括：关于欧盟 CLP 法规指南的简介、欧盟 CLP 法规应用指南及关于欧盟 CLP 法规的问与答。

2012 年 2 月，欧洲化学品管理署公开发布了《化学品分类和标签目录》。目录涵盖了 100 000 种化学物质的分类和标签信息，尽管欧盟化学品管理署尚未对目录中的信息实施审查，但这一目录的公布仍旧是欧盟在实施 GHS 方面取得的一大进展，对其他国家开展相关工作具有重要参考价值。

在危险货物运输领域，欧盟在 2008 年完成了公路与铁路运输相关法规与 GHS 的协调工作，欧盟危险货物运输指令已经按照第 14 版《关于危险货物运输的建议书　规章范本》实施修订，具体包括：欧洲关于危险货物的公路运输标准（2007）：ADR 94/55/EEC（2006/89/EEC）修正案；欧洲关于危险货物的铁路运输标准（2007）：RID 96/49/EEC（2006/90/EEC）修订案；欧盟关于危险货物的内陆运输指令 COM（2006）852 于 2008 年 12 月 31 日前由各成员国执行。

3. 日本 GHS 实施进展情况[13]

日本与实施 GHS 相关的政府主管部门包括厚生劳动省、经济产业省、环境省及国土交通部；涉及的化学品管理法律法规有《工业安全与卫生法》《化学物质排出把握管理促进法》《有毒有害物质控制法》和《化学物质审查与生产控制法》。

2001～2004 年，日本开展了实施 GHS 现状与差距分析，日本厚生劳动省、经济产业省和环境省启动了联合国 GHS 的日语翻译工作，并举办了一系列国家层面和区域层面的 GHS 提高认识和能力的相关培训活动。

2004 年，日本厚生劳动省、经济产业省和环境省完成了首个日文翻译版的 GHS 文本，并公开发布在政府网站供公众查询和使用。

2005 年，厚生劳动省修订了《工业安全与卫生法》中的相关规定，以便执行 GHS 的标签和安全数据表要求，《工业安全与卫生法》的修订版于 2006 年 12 月 1 日起正式生效实施，日本政府规定自实施之日起至 2007 年 5 月 31 日为该修正案实施的过渡期。日本厚生劳动省还建议工业界基于自愿在《有毒有害物质控制法》的框架下应用 GHS 标签。

按照 GHS 要求，日本先后在 2005 年 12 月和 2006 年 3 月颁布了国家标准《化学产品安全数据表内容和项目顺序》（JIS Z 7250：2005）和《基于 GHS 的化学品标签》（JIS Z 7251：2006）。

2005 年，日本厚生劳动省、经济产业省和环境省共同成立了一个跨部门 GHS 分类专家委员会, 编制了《GHS 分类手册》和《GHS 分类技术指南文件》, 并启动化学品 GHS 分类研究项目, 以统一对 GHS 分类标准的理解和认识, 减少和避免参照 GHS 分类标准分类时出现的差异。这两本指南文件包括对物理、健康和环境危险分类标准的运用、分类程序、可靠数据来源及分类实例等指导内容。

根据化学品 GHS 分类研究项目的项目计划, 日本 GHS 分类专家委员会组织完成了约 1500 种化学品的 GHS 危险分类工作, 并在日本国立产品评价技术基础机构 (NITE) 网站公布了这 1500 种化学品的分类结果和依据, 供企业和公众查询使用。

2007 年, 日本政府在 NITE 网站上公布了在《工业安全与卫生法》《化学物质排出把握管理促进法》和《有毒有害物质控制法》管理范围内的所有化学品的分类结果, 供企业和公众查询, 但日本政府表示这些分类结果不是强制性的, 仅作为使用者的参考。

2007 年, 日本发布了第二修订版 GHS 文本的日文版。在 2007 年北京举行的第 8 届中、日、韩三方环境部长会议 (TEMM) 一致同意建立化学品管理的三方政策对话, 并定期举行 GHS 专家工作组会议。

2008 年, 日本相关主管部门针对混合物的分类提供了在线指导工具。跨部门 GHS 分类专家委员会修订了《GHS 分类手册》和《GHS 分类技术指南文件》, 并在 NITE 网站上公布了 1500 种化学品的英文分类结果, 还另外补充了 149 种化学品的分类结果 (日本版)。2008 年, 第二次中日韩政策对话会议在韩国首尔举行。

2009 年 3 月, 日本经济产业省公布了修订的《GHS 分类指南 (政府部门版)》和《GHS 分类指南 (企业版)》。根据联合国 GHS 文本的第二修订版, 日本在 2009 年修订完成并发布了国家标准《基于 GHS 的化学品标签》 (JIS Z7251: 2009), 并公布了国家标准《基于 GHS 的化学品分类》 (JIS 27252: 2009), 补充公示了 355 种化学品的 GHS 分类。此外, 日本还公布了日文版和英文版的 GHS 培训软件, 企业和公众可在 NITE 网站下载。

2011 年, 日本 NITE 网站新公布了 370 个化学物质的 GHS 分类结果, 日本化学物质 GHS 分类清单收录物质的数目增加至 2231 个。

2012 年, 日本 NITE 网站新公布了 250 个化学物质的分类结果和 150 个物质的环境毒性, 有分类的化学物质数目达到 2500 个。

此外, 日本政府主管部门和其他机构在日本举办了各种 GHS 培训班和研讨会, 以提高公众对 GHS 的理解和认识, 宣传介绍制作化学品标签的经验、GHS 培训软件, 并普及化学品分类和安全知识。一些非政府组织和企业也自愿开展 GHS 宣传活动。

4. 美国 GHS 实施进展情况[14]

美国劳工部职业安全与卫生管理署 (OSHA) 负责工作场所的 GHS 实施工作, 包括化学物质的分类、标签和化学品安全数据表。此外, 美国 GHS 实施还涉及环保部 (EPA)、运输部 (DOT) 和消费者产品安全委员会 (CPSC) 三个部门, 分别负责杀虫剂、化学品运输环节及消费品领域的 GHS 实施工作。美国实施 GHS 涉及的相关法律法规主要包括《有毒物质控制法》 (TSCA)、《联邦杀虫剂、杀真菌剂和灭鼠剂法案》 (FIFRA)、《联邦食品、药品和化妆品法案》 (FFDCA)、《消费品安全改进法案》 (CPSIA)、《联邦危害物质法案》（FHSA）及《危险公示标准》（HCS）等。

在工作场所，OSHA 的 GHS 实施优先领域为 HCS 危险公示标准的修订工作，该标准已于 2012 年 3 月 26 日最终修订完成。

1983 年 11 月 25 号，OSHA 发布了《危险公示标准》，目的在于确保对所有生产或者进口的化学品进行危害评估，并且将危害信息传递给生产部门的雇主和雇员。随着联合国 GHS 的颁布，美国为了减少与国际上化学品分类和标签的差异，于 2009 年 9 月 30 日发布了《危险公示标准》的修订提案，旨在使 OSHA 现行的危险公示标准同 GHS 保持一致。最终修订完成的《危险公示标准》（HCS-2012）于 2012 年 3 月 26 日正式公布于美国《联邦公报》，并于 2012 年 5 月 25 日正式生效。该标准的颁布实施意味着美国工作场所正式开始实施 GHS，标志着美国对危险公示标签及安全数据表的规范要求与 GHS 正式接轨。

新的危险公示标准要求化学品制造商和进口商对其制造或者进口的化学品进行评估，并通过 SDS 和标签将化学品危害信息传递给下游的雇主和雇员，标准内容主要包括 GHS 标签、危险分类和安全数据表（SDS，原 HCS 中称作"MSDS"）。新危险公示标准的修订主要体现在：修订了化学品危险分类标准；按照 GHS 修订了标签要求，包括使用警示词、图标、危险术语和防范术语；将原标准中的 MSDS 修改为 SDS，并规定了安全数据表的特定格式；修订了相关术语和定义；增加了对雇员实施标签和安全数据表培训的新要求，规定在 2013 年 12 月 1 日之前，所有涉及的雇主应完成对雇员的 GHS 标签和安全数据表培训。

OSHA 为新标准 HCS-2012 的实施提供了 4 年过渡期，允许新标准在这 4 年内逐步实施，在标准实施的过渡期内，企业可以使用旧版 HCS 标准，也可使用新版 HCS 标准。

HCS 标准管辖的范围主要是化学品，但由《固体废物处置法》管辖的危险废物、烟草或烟草制品、药品、食品或饮料、化妆品、消费品及受其他法规管辖的产品则不属于 HCS—2012 标准的管辖范围。

除 HCS—2012 之外，美国化学工业委员会曾起草了两项非强制性国家标准《工业危险化学品美国国家标准—物质安全数据表的制作》（ANSI Z 400.1）和《工业危险化学品美国国家标准—标签的制作》（ANSI Z 129.1），为企业符合 HCS 要求提供了技术指南。然而，由于 ANSI Z 400.1 和 ANSI Z 129.1 两项标准均涉及危险公示要求且内容上有很多相同点，美国化学工业委员会在 2010 年将上述两个标准合并为一项标准——《工作场所危险化学品美国国家标准—危害评估、安全数据表和安全标签的制作》（ANSI Z 400.1/Z 129.1—2010）。

2012 年年初，美国与加拿大签署《美国-加拿大监管合作理事会联合行动计划》，共同成立了监管合作理事会。两国合作涉及农业和食品领域、运输领域、工作场所、消费品中的化学品及环境领域的 GHS 实施联合行动举措，并将 GHS 的具体实施内容列入联合行动计划。监管合作理事会对两国的 GHS 实施行动合作在 4 个方面达成一致意见：两国合作实施机制；国际及国家层面对 GHS 实施投入机制；确保能够以基层数据为基础达成一致意见所需要的技术合作；随着工作地点推移的 GHS 实施所涉及的利益相关者。

5. 韩国 GHS 实施进展情况[10]

韩国实施 GHS 涉及的相关部门有：劳动部（MOL）、职业安全健康局（KOSHA）、韩国技术和标准局（KATS）、环境部（MOE）、国家应急管理署（NEMA）、农林部、产业资源部、卫生福利部、国土海洋部。涉及的化学品管理法律法规包括：《工业安全和卫生法》（ISHA）、《有毒化学品控制法》（TC-CA）、《危险货物安全管理法》（DGSMA）及国家标准《基于 GHS 的化学品标签》（KSM 1069：2006）。

目前，韩国在危险货物运输领域和作业场所开展了 GHS 实施工作。2003～2004 年，韩国有关主管部门启动 GHS 实施研究项目，分析和评估实施 GHS 可能对韩国化学品管理和社会经济造成的影响。2004 年，韩国成立了由环境部、劳动部和国家应急管理署等主观部门组成的 GHS 部际协调委员会，协调开展 GHS 实施工作和韩国现行化学品法规的修订工作。

2006 年 12 月和 2007 年 11 月，韩国政府相继发布了修订《工业安全和卫生法》和《有毒化学品控制法》中 GHS 分类和标签相关内容的要求，并颁布了国家标准《基于 GHS 的化学品标签》（KSM 1069：2006）。法规修订内容适用于对人类健康与环境有危害的所有化学品。韩国危险化学品的标签和安全技术说明书上最多允许出现 4 个危险象形图。

根据修订后《工业安全和卫生法》的要求，韩国分别自 2010 年 7 月 1 日和 2013 年 7 月 1 日起对化学物质和混合物全面实施 GHS 分类和标签。

根据修订后《有毒化学品控制法》的要求，韩国对已经生产和上市销售的现有化学物质和混合物，将分别从 2011 年 7 月 1 日起和 2013 年 7 月 1 日起全面实施 GHS 分类和标签要求。新化学物质的 GHS 分类和标签要求则自 2008 年 7 月 1 日起强制执行。

按照 GHS "积木式" 执行方式，韩国未采纳的 GHS 危险种类或类别包括：易燃液体类别 4，急性毒性类别 5，皮肤腐蚀性类别 1A、1B、1C，皮肤刺激性类别 3，严重眼损伤或眼刺激类别 2B，危害水生环境的急性毒性类别 2 和类别 3。

2007 年，韩国政府发布了联合国 GHS 第一修订版的韩文译本。相关主管部门开展了对 2500 种化学品进行 GHS 分类的研究项目，并设立了实施 GHS 官方网站，专门提供适用的法律及修订信息，回答公众提问并发布 GHS 相关培训活动计划等信息。在 2007 年北京举行的第 8 届中、日、韩三方环境部长会议（TEMM）一致同意建立化学品管理的三方政策对话，并定期举行 GHS 专家工作组会议。

2008 年，韩国参照第二修订版的 GHS 文本修订了劳动部关于 "化学物质分类标签和材料安全数据表标准" 的公告。另外，韩国职业安全健康局网站发布了 3410 种化学物质的分类和标签结果清单（该清单为非强制性）及编制 GHS 安全数据表和标签的工具。韩国政府针对混合物开展了 GHS 分类和标签项目。

2009 年，韩国职业安全健康局在官方网站公布了 11 377 种化学品的 GHS 分类结果，分类结果不是强制性的，仅供企业和公众查询与参考；2010 年，具有 GHS 分类结果的化学品数目将增至 13 200 种。此外，韩国还发布了混合物的安全数据表编制程序条款及物质和混合物的 GHS 分类和标签程序条款。

自 2010 年 7 月 1 日起，韩国在工作场所全面实施 GHS。

6. 新西兰 GHS 实施进展情况[10]

新西兰《1996 年危险物质和新生物体法》（HSNO）是新西兰推动 GHS 所依据的重要法规，自 2001 年 7 月 2 日年开始全面实施，该法规的要点包括危害物质的管理及新危害物质进入新西兰的决策。为执行管理 HSNO 法规，新西兰成立了风险管理局（ERMA New Zealand），由环保署长委任该局的主席与委员会成员，法规条文与策略由环保署起草制定，ERMA 负责新危害物质的评估、介绍与运用及监督 GHS 实施状况。

HSNO 法规的目的是预防与管理危险物质的灾害，保护环境和人类。法规条款的内容方式为采取产品生命周期的管理控制，对危害物质的分类、包装、标示、储存、使用、运输及废弃等都设立控制及相关的规定。

HSNO 法规于 2001 年 7 月全面实施，条约规定至 2006 年年底现有危险物质需从原系统过渡移转至 HSNO 法规系统内。当某一物质完成移转，HSNO 系统中就有其分类（classification）、管制（control）及执行（compliance）需求等运用。

新西兰参考实行 GHS 所有的分类和化学品标示的判定逻辑基准（26 个危害分类），以设定新法中关于化学品分类的临界值范围标准和判断危害物质的类别。而 HSNO 大部分临界值皆是 GHS 危害分类最低管制值。HSNO 危害物质法规内有危害物质的临界值，低于临界值的"非危害物质"则不在 HSNO 法规内。

HSNO 将危害物质的类别参照 GHS 予以划分，规定包括物质特性、数值、群组、临界值的标准测量及构成分类蓝图的基础步骤。其中 HSNO 危害物质分类架构标准皆以 GHS 为基准。HSNO 关于物质危害分类表示运用数字和字母合并的编码系统，大部分编码系统依照联合国危险货物运输建议书与欧盟的系统，编号 7 在联合国危险货物建议书系统中视为放射性物质，如 GHS 的建议在 HSNO 法规中未被采用。

截至 2006 年，HSNO 中有近 2500 种化学品比对 GHS 危害类别的化学临界值已进行分类，但仅限于内部数据。该数据库可协助业界，透过现今的 HSNO 物质分类及成分等信息供应系统，申请化学新合成物的许可。业界可以选择危害小的化学成分制作成品，使产品列在低危害类别。

新西兰 HSNO 法规的规划制定时间早于 GHS 的初始会议。新西兰官方投入 GHS 发展的同时，已将 GHS 技术骨架融入 2001 年新西兰的法规架构中。HSNO 危害物质分类与危害通识组件大部分都符合 GHS 原则。2001 年起新西兰开始施行 GHS，至 2006 年年底 HSNO 全面执行 GHS，新西兰风险管理局也逐渐推动相关修订以符合 GHS 规定，并完善原有法规未尽周详与明确之处，因此可以说新西兰是全球执行 GHS 的先驱。

2011 年，新西兰发布了依据《1996 年危险物质和新生物体法》（HSNO）整理出的约 5400 种化学物质。这些物质及用于作出每一项决定的毒性值和引证都可以通过化学品分类和信息数据库（CCID）获得。

7. 加拿大 GHS 实施进展情况[11]

2002 年 8 月，加拿大在联合国可持续发展世界首脑会议上签署了实施 GHS 的计划协定；2003 年 10 月，加拿大政府在多伦多举行了实施 GHS 的研讨会，开始召开实施 GHS 制度的相关咨询会议。在加拿大，各部会依据他们的职责基于 GHS 的要求设立相关的标准。加拿大卫生部修订调整健康方面的分类标准；环保部则修订环保方面的标准；运输部则修订物理危害标准。

加拿大卫生部建立了 GHS 相关的跨部门委员会，协调卫生部内各相关法案范围，相关部门包括工作场所危害物质资讯系统、消费品，有害管理控制机构，医疗产品、兽医药物和食品部门及运输部，环保部，自然资源部，工业部，人类资源发展部，国外事物和国际贸易部。

加拿大成立了以国家化学品危险性交流合作委员会及其秘书处牵头，下设工业产品、农业产品、消费者及运输 4 个部门的机构，制定了为期两年的计划，来全面实施 GHS。

8. 澳大利亚 GHS 实施进展情况[11]

澳大利亚在推行联合国 GHS 制度时，从有关工业用化学品、消费性化学品、农业和兽医化学品三个方面进行开展。

1）工业用化学品

GHS 执行期开始于 2008 年，联邦法律的最终法案于 2007 年完成，并在 6 州和 2 个自治区开始实施；关于 GHS 的过渡期、关于首先在海运上执行 GHS 标记的工作于 2012 年开始实施。

2）消费性化学品

澳大利亚国家药品和毒药计划委员会（NDPSC）负责有关消费性化学品的标记；化妆品虽然不包括在 GHS 之内，但澳大利亚现行法规考虑化妆品使用途径（眼睛或短发）可能会造成影响，因此提出关于现行化妆品法规需要与 GHS 相协调的建议方案。

3）农业和兽医化学品

澳大利亚联邦农业、渔业和森林部门指出农业和兽医化学品并无商业强制性（特别是农产、害虫/疾病/杂草、鼠、污物等使用除草剂，用食物的残余量来进行评估或标示），提出了如何既符合 GHS 又与危害物质的风险基础评估相吻合的建议。会议提出在健康危害部分执行 GHS 分类并不困难，但在环境部分，目前 GHS 相对有限。

继 2012 年澳大利亚《职业健康和安全法》（WHS）生效之后，澳大利亚政府公布基于第三修订版的 GHS 将于 2017 年起强制执行。在新系统强制执行之前将有 5 年时间，在此过渡期内，允许同时使用现有的系统和新系统。WHS 适用于在工作场所中使用的有害物质。同时，企业必须继续遵守澳大利亚公路和铁路危险货物运输代码及相关的公路和铁路危险货物运输法律。

7.3　国际海事组织《国际海运危险货物规则》[15]

19 世纪 60 年代以前，海上危险货物的运量很少，因此没有专门的法规指导海上危险货物运输的工作。1894 年，英国的商业航运法中第一次提到危险货物，但受当时技术上的局限性，像炸弹、硫酸和摩擦火柴等危险货物，只能简单地规定禁止在船上装运。

1912 年,"Titanic"号船的失事直接导致 1914 年第一次海上人命安全会议制定了第一个关于海上人命安全的多边性条约,其中规定"所载的货物由于其数量、性质及积载方式被认为有害于旅客的生命或船舶安全,原则上是被禁止的"。至于哪些货物是危险的,则留给缔约国政府自己来决定。对于能按要求对包装和运输方式采取措施达到安全运输的目的的物质,是允许运输的。虽然 1914 年的海上人命安全多边性条约从来就没有实施过,但依靠国家管理的原则及国家的主管机关决定对危险货物的确认和处理方法的原则被确立。1929 年,修订的海上人命安全多边性条约虽然主要内容没有变化,但首次对危险货物作出了定义。

从 1929 年起到 1948 年,化学工业得到了较大的发展。海上危险货物运输的种类和数量也大大地增加了,相应地由危险货物导致的运输事故也越来越多。这一现状迫使航运业必须应对这样的变化,于是在《1948 年海上人命安全条约》中加入了专门涉及"谷物和危险货物运输"的第 VI 章,同时又正式通过了第 22 号建议案,即强调海运危险货物在安全防范上采取国际统一措施的重要性,并推荐了一些化学品出口贸易大国已经采取的详细规则。

1960 年,政府间海事协商组织[IMCO,1982 年 5 月 22 日更名为国际海事组织(IMO)]举行了修改《1948 年海上人命安全条约》的协商会议,产生了《1960 年国际海上人命安全公约》(简称 SOLAS 60),其中涉及危险货物运输的要求是以独立的第 VII 章提出的。该章适用于 500t 及以上的从事国际航线运输的船舶。

为了制定船舶运输危险货物的国际规则,在制定 SOLAS 60 的同时,成员国请求IMCO 负责进行研究,以便制定一个统一的国际海上危险货物运输规则。为了响应这一建议,当时的海上安全委员会(MSC)指派了一个在海上运输危险货物有丰富经验的国家组成了一个工作组。该小组在 1961 年 5 月召开了第一次会议,起草了"统一的国际海上危险货物运输规则"。最初的草案由每个国家代表团各自编制,然后由工作组对这些草案进行详细的审查,经过 10 次会议的修订和讨论,该规则草案于 1965 年第 4 次海事协商大会上予以通过,这就是著名的《国际海运危险货物规则》(International Maritime Dangerous Good Code)的第 1 版。而该工作组经 MSC 复审为它的分支机构——危险货物运输分委会(CDG),该分委会每两年召开一次会议,审议危险货物的议题,修改 IMDG Code。1995 年,集装箱和货物分委会与 CDG 合并成为危险货物、固体货物和集装箱分委会(DSC)。2002 年 9 月该分委会召开了第 7 次会议。

我国从 1982 年 10 月 2 日起正式在国际航线和涉外港口使用 IMDG Code。

虽然 IMDG Code 最初设计是用于海上运输的,但其条款对从生产到消费、仓储、经营和运输行业都产生了重大的影响。生产商、包装商、船东和装卸经营人都沿用了规则中的分类、定义、包装、标记、标志及单证等条款,相应的其他行业,如公路、铁路、港口和内陆水域也都遵循了规则中的条款。虽然直到现在该规则性质上仍是建议性的,但由于其条款的科学和适用性,得到了越来越广泛的使用。

自 1965 年首次出版到现在,IMDG Code 已经历过多次形式和内容上的修改,以适合生产和运输的发展。在 1989 年第 25 版修正案中,IMDG Code 加入了海洋污染物条款及第 9 类的标志要求;1993 年第 27 版修正案中加入了高温运输物质、有害废弃物的运输和进入船上封闭处所的危险及注意事项等。2002 年,包含第 31 版修正案的 IMDG Code 新版本已经出台, 该修正案的生效时间是 2003 年 1 月 1 日, 对我国的生效时间是 2004 年 1 月 1 日。

IMDG Code 以前的版本正文是 4 册另加 1 册补充本。第 30 版修正案共有 3 册, 第 1 册内容包含: 一般规定、定义和训练; 分类; 包装和罐柜规定; 托运程序; 包装、中型散装容器(IBC)、大宗包装、可移动罐柜和公路罐车的构造和试验; 运输作业的规定。第 2 册内容有: 危险货物一览表; 附录 A——通用和未另列明的正确运输名称一览表和限量内免除的规定; 附录 B——术语汇编; 索引。第 3 册是补充本, 包括危险货物事故应急措施(EmS, 该文件修改本是由 IMDG Code 第 31 版修正案提出的); 危险货物事故医疗急救指南(MFAG); 报告程序; 货物运输组件的装载; 船上杀虫剂安全使用的建议; 船舶安全运输罐装辐射核燃料、钚和高强度放射性废弃物规则(INF Code)等。

MSC 决定从 2004 年 1 月 1 日起使 IMDG Code 中的主要部分成为 SOLAS 下的强制性规则(除第 1.3 章训练、第 2.1 章爆炸品注解的 1~4、2.3.3 节闪点的测定、第 3.2 章危险货物一览表中的 15 栏和 17 栏、第 3.5 章第 7 类放射性物质的运输程序、5.4.5 节多式联运危险货物表格和第 7.3 章危险货物事故和防火的特别规定以外)。该文件作为由 IMO 在 2002 年 5 月通过的 SOLAS 第 Ⅶ 章修正案的内容, 同时作为 IMDG Code 第 31 版修正案。由于主要内容都是强制性的,因此从法律观点看,从 2004 年 1 月 1 日起 IMDG Code 是强制性的规则。

IMDG Code 的使用方法。

首先应熟悉第 1 册的所有内容, 然后查阅第 2 册的"危险货物一览表"(对 4.1 类中的自反应物质和 5.2 类有机过氧化物需查阅第 2 章分类中的一览表; 放射性物质需查阅第 3.5 章的放射性物质明细表)及相关的附录。例如, 可根据正确的运输名称索引(中文翻译版有中、英文两种), 也可由联合国编号直接在"危险货物一览表"查出要找的物质, 该物质所有的说明和要求在一览表中都清楚地列出。

7.4　国际民航组织《危险货物安全航空运输技术细则》

《危险货物安全航空运输技术细则》(简称《国际空运危规》)是根据联合国橘皮书的要求和国际原子能机构的《放射性物质安全运输条例》制定的。考虑到空运的特殊性,《国际空运危规》的技术要求比橘皮书更加严格, 但是为了确保国际联运的一致性,《国际空运危规》对空运危险品的分类、包装及标签要求与其他运输方式基本上是一致的。危险货物国际运输的主要原则包含在《国际民航公约》的附件 18《危险货物的安全空运》中,《国际空运危规》充实了附件 18 的基本条款, 并包含了危险货物国际安全运输所有必需的详细规则。

此外, 关于危险货物运输管理的国际规章除上述《关于危险货物运输的建议书　规章范本》《国际海运危险货物规则》(IMDG Code)、《危险货物安全航空运输技术细则》之外, 还有《国际铁路运输危险货物规则》(RID)、《关于危险货物道路国际运输的欧洲协议》（ADR）及《欧洲危险货物国际内河运输协定》（AND），分别对通过铁路、公路和内陆水运运输的危险化学品的分类、标签要求、检验、包装规格及其他相关问题作出详细规定，从而确保国际联运的一致性和危险化学品运输的安全性。

7.5 其他国际规范

7.5.1 《巴塞尔公约》

1. 产生背景[16]

危险废物的管理问题自 20 世纪 80 年代初就排上了国际环境议程。早在 1981 年，这一问题就被列入联合国环境规划署第一个蒙得维亚环境法方案，作为三大重点领域之一。80 年代，工业发达国家制定了越来越严格的环境保护法律，导致各国处理危险废物的代价越来越高，因此危险废物开始大量向发展中国家转移，发展中国家由于缺乏处置技术和设施，在处置、监测和执法方面能力薄弱，缺乏危险废物管理实践等，成为危险废物越境活动的最大受害者。广大发展中国家强烈谴责发达国家以邻为壑、转嫁污染的恶劣行径，包括中国在内的 100 多个发展中国家都明令禁止进口危险废物。危险废物的越境转移已经变成全球性环境问题，需要全球共同解决。

1989 年 3 月 22 日，联合国环境规划署在瑞士巴塞尔召开世界环境保护会议，并通过了《控制危险废物越境转移及其处置巴塞尔公约》（以下简称《巴塞尔公约》）。

1992 年 5 月 5 日，公约正式生效。1995 年 9 月 22 日，来自 100 多个国家的代表在日内瓦讨论通过了《巴塞尔公约》的修正案，修正案禁止发达国家以任何理由和目的，包括最终处置或回收利用，向发展中国家出口和转移危险废物，其中也包括废旧船只的回收利用。公约修正案由于受到发达国家的阻挠一直未正式生效。截至 2011 年 1 月 1 日，《巴塞尔公约》共有 175 个缔约方。

2. 主要内容[17, 18]

《巴塞尔公约》的宗旨是减少危险废物的产生，提倡就地处理和处置；加强世界各国在控制危险废物越境转移及其处置方面的国际合作，防止危险废物的非法转移；促进对危险废物以对环境无害的方式处置，保护全球环境和人类健康。其中，危险废物是指国际上普遍认为具有爆炸性、易燃性、腐蚀性、化学反应性、急性毒性、慢性毒性、生态毒性和传染性等特性中一种或几种特性的生产性垃圾与生活性垃圾，前者包括废料、废渣、废水和废气等，后者包括废食、废纸、废瓶罐、废塑料和废旧日用品等。

《巴塞尔公约》由序言、29 项条款和 6 个附件组成，内容包括公约的适用范围、定义、缔约国的一般义务、指定主管当局和联络点、缔约方之间危险废物越境转移的管理、防止非法运输、国际合作、交流资料和情报等。公约列出了 45 个应加以控制的废物类别、2 个需加以特别考虑的废物类别，以及这些废物的 14 种危害特性。

《巴塞尔公约》建立了危险废物越境转移的通知制度。公约明确规定：如出于环保考虑确有必要越境转移废料，出口危险废物的国家必须事先向进口国和有关国家通报废料的数量及性质；越境转移危险废物时，出口国必须持有进口国政府的书面批准书。此外，公约还呼吁发达国家与发展中国家通过技术转让、情报交流和技术人员培训等多种途径在危险废物处理领域中加强国际合作。

公约强调了危险废物的环境无害化管理，要求各缔约方采取适当的措施，保证提供充分的处置设施用于危险废物和其他废物的环境无害化管理；公约规定有多边或双边协议的缔约国应不许可将危险废物从其领土出口到非缔约国，反之亦然；公约不允许将危险废物出口到禁止进口危险废物的国家，不许可将危险废物出口到南纬 60°以南的区域处置。

《巴塞尔公约》还指出，危险废物越境转移只有在三种情况下被允许：出口国缺乏技术和处置设施；进口国需进口废物作为回收利用原料；有关的越境转移符合缔约方规定的其他标准。

3. 公约进展情况

《巴塞尔公约》缔约方大会原则上每一年半召开一次，主要讨论和处理公约实施过程中遇到的重大问题，落实公约中提出的各项措施和规定，并作出相应决议。目前，公约已经取得了一系列重要进展，包括：制定了《巴塞尔公约》管辖范围内的废物名录 A 和不属于《巴塞尔公约》管辖的废物名录 B；制定了废物环境无害化处置技术系列导则；通过了《危险废物越境转移及其处置造成损害的责任和赔偿议定书》等。这一系列的文件和资料对各个国家（尤其是发展中国家）健全管理和安全处置危险废物具有重要指导意义。

《巴塞尔公约》第 10 次缔约方大会于 2011 年 10 月 21 日在哥伦比亚卡塔赫纳闭幕。会议达成了一项历史性协议，打破了 1995 年公约修正案通过后始终停滞不前的僵局。在 2008 年第 9 次缔约方大会"加强《巴塞尔公约》效力的国家领导倡议"的推动下，118 个缔约方代表达成协议，以一系列措施加强国家间有害废物转移的国际管理。这项协议的通过标志着旨在禁止发达国家向发展中国家转移有害废料的公约修正案在停滞15 年后终于取得了重大发展。该协议允许《巴塞尔公约》修正案在自愿遵守其规定的缔约方中生效，同时建立了管理机制，保证参与有害废物交易的国家在健康和环境上受到最小程度的影响，保证了充足的社会和人力条件并创造了经济发展机会。

4. 危险废物名录

《巴塞尔公约》附件一和附件二列出了应加以控制的 45 个废物类别和需加以特别考虑的 2 个废物类别，给危险废物作出了适当的定义，在当时的情况下，为缔约方实施《巴塞尔公约》起到了一定的作用。但是在公约进一步实施过程中，各缔约方发现这些危险废物的类别仍不够明确。例如，哪些废物应当属于公约管辖范围，哪些废物不属于公约管辖范围，必须要有明确的界限，这样更便于公约的顺利执行。

因此在第 2 次缔约方大会上，公约秘书处成立了技术工作组，开展废物名录的编制工作。经过长期有效的工作，技术工作组最终制定了包含 53 种物质的名录 A 和 59 种物质的名录 B，并分别作为《巴塞尔公约》的附件八和附件九于 1998 年在第 4 次缔约方大会予以通过。《巴塞尔公约》附件八和附件九提供了附件一与附件三中所列受公约管制的废物的进一步阐述。

废物名录内容包括金属和含金属废物、主要为无机成分但可能含有金属和有机物质的废物、主要为有机成分但可能含有金属和无机物质的废物以及含有无机成分或有机成分的废物。名录 A 和名录 B 与《巴塞尔公约》的 45 个废物类别是相辅相成的，使《巴塞尔公约》的危险废物定义更便于操作和实施。

5. 中国履行《巴塞尔公约》情况及进展[19]

我国政府于 1990 年 3 月 22 日签署了《巴塞尔公约》，并于 1991 年 9 月 4 日经中华人民共和国第七届全国人民代表大会常务委员会第 21 次会议批准通过了《巴塞尔公约》。1992 年 5 月 20 日，我国确定环境保护部为履行《巴塞尔公约》的主管部门和联络点，同年 8 月 20 日《巴塞尔公约》正式对我国生效。

2004 年 12 月 29 日，中华人民共和国第十届全国人民代表大会常务委员会第 13 次会议通过了修订后的《中华人民共和国固体废物污染环境防治法》，该法律自 2005 年 4 月 1 日起正式实施。法律规定了固体废物和危险废物的环境污染防治，提出了国家危险废物名录制度，规定了统一的危险废物鉴别标准、鉴别方法和识别标志等。

早在 1998 年 1 月 4 日，我国已经根据《巴塞尔公约》颁布了《国家危险废物名录》，2008 年 8 月 1 日，环境保护部与国家发展和改革委员会联合发布了新的《国家危险废物名录》，原名录（环发[1998] 89 号）同时废止。新的《国家危险废物名录》按照《巴塞尔公约》划定的危险类别将危险废物归类为 49 类，总共纳入了 498 种危险废物。

2011 年，环境保护部、海关总署、国家质量监督检验检疫总局联合印发了《关于加强固体废物进口管理和执法信息共享的通知》（环办[2011] 141 号），正式建立起国家及地方层面的固体废物进口管理和执法信息沟通与共享机制。

7.5.2　《鹿特丹公约》

1. 产生背景[20]

过去 30 多年来，随着化学品生产和贸易急剧增长，人们对危险化学品和农药可能给人类健康与环境带来的各种危害日趋关注，尤其是缺乏适当基础设施来监测这些化学品的进口和使用情况的国家更加容易遭受这些化学品的危害。

针对这些关注，联合国环境规划署（以下简称环境署）与联合国粮食及农业组织（以下简称粮农组织）自 20 世纪 80 年代中期开始制定和推动实施自愿性信息交流计划。粮农组织于 1985 年颁布了《农药的销售与使用国际行为守则》，环境署则于 1987 年制定了《关于化学品国际贸易资料交流的伦敦准则》。1989 年，这两个组织都自愿将"预先知情同意程序"纳入上述两个文书。这些文书有助于确保政府掌握必要的信息，从而能够对危险化学品的危害进行评估，就将来的进口作出知情决定。

鉴于需要采用强制性控制措施，出席 1992 年里约地球首脑会议的官员通过了《21世纪议程》第 19 章，其中呼吁在 2000 年前通过关于采用知情同意程序的具有法律约束力的文书。为此，粮农组织理事会和环境署理事会分别于 1994 年和 1995 年授权其各自组织的行政首长发起谈判。鉴于国际贸易中危险化学品问题的紧迫性，谈判于 1996 年 3 月开始，到 1998 年 3 月结束，最终确定了《关于在国际贸易中对某些危险化学品和农药采用预先知情同意程序的鹿特丹公约》（以下简称《鹿特丹公约》）的正式文本，比里约地球首脑会议确定的最后期限提前了两年。

《鹿特丹公约》又称《PIC 公约》，于 1998 年 9 月在荷兰鹿特丹获得通过，2004 年 2 月 24 日生效。《鹿特丹公约》一旦生效即对其缔约方具有法律约束力。目前，已有 73 个国家签署、146 个国家参与了《鹿特丹公约》。中国于 1999 年 8 月签署该公约，2005 年 3 月 22 日交存批准书，2005 年 6 月 20 日《鹿特丹公约》正式对我国生效。

2. 主要内容[21]

《鹿特丹公约》的主要目标是：通过促进国际贸易中某些危险化学品特性的信息交流，为此类化学品的进出口规定一套国家决策程序，并将这些决定通知缔约方，以促进缔约方在此类化学品的国际贸易中分担责任和开展合作，保护人类健康和环境免受此类化学品可能造成的危害，推动危险化学品的无害环境化使用。《鹿特丹公约》的实施将使某些危险化学品的国际贸易在全球范围内得到监测和控制。

公约文本由 30 条正文和 5 个附件组成，其内容核心是要求各缔约方对某些极危险化学品和农药的进出口实行预先知情同意程序与信息交流。公约管理对象为禁用或严格限用的化学品及极危险的农药制剂，并对上述相关术语作出了明确定义。

《鹿特丹公约》明确规定，进行危险化学品和化学农药国际贸易的各方必须进行信息交换。进口国有权获得其他国家禁用或严格限用化学品的有关资料，从而决定是否同意、限制或禁止某一化学品将来进口到本国，并将这一决定通知出口国。出口国将把进口国的决定通知给本国出口部门并作出安排，确保本国出口部门的货物国际运输不在违反进口国决定的情况下进行。进口国的决定应适用于所有出口国。出口方需要通报进口方及其他成员其国内禁止或严格限制使用化学品的规定。发展中国家或转型国家需要通告其在处理严重危险化学品时面临的问题。计划出口在其领土上被禁止或严格限制使用的化学品的一方，在装运前需要通知进口方。出口方如出于特殊需要而出口危险化学品，应保证将最新的有关所出口化学品安全的数据发送给进口方。各方均应按照公约规定，对"预先知情同意（PIC）程序"涵盖的化学品和在其领土上被禁止或严格限制使用的化学品加注明确的标签信息。各方应开展技术援助和其他合作，促进相关国家加强执行该公约的能力和基础设施建设。

3.《鹿特丹公约》管控的化学品清单[22]

《鹿特丹公约》在附件Ⅲ中列出了需要采用预先知情同意（PIC）程序的管制化学品清单，纳入清单的化学品包括因健康或环境影响被两个或更多缔约方禁止或严格限制使用的工业化学品、农药和极危险的农药制剂及经缔约方大会讨论决定实行 PIC 程序的工业化学品、农药和极危险的农药制剂。

截至目前，该清单总共纳入了 43 种化学品，包括 32 种农药化学品（其中 4 种为极危险的农药制剂）和 11 种工业化学品。具体清单见表 7-6。各缔约方可以根据已掌握的最新数据和资料向公约秘书处提出关于增补管控化学品清单的提案。

表 7-6 《鹿特丹公约》管控化学品清单

序号	化学品名称	化学品英文名称	CAS 号	类别
1	2,4,5-涕及其盐和酯类	2,4,5-T and its salts and esters	93-76-50l	农药
2	甲草胺	Alachlor	15972-60-8	农药
3	涕灭威	Aldicarb	15972-60-8	农药
4	艾氏剂	Aldrin	309-00-2	农药
5	乐杀螨	Binapacryl	485-31-4	农药
6	敌菌丹	Captafol	2425-06-1	农药
7	氯丹	Chlordane	2425-06-1	农药
8	杀虫脒	Chlordimeform	6164-98-3	农药
9	乙酯杀螨醇	Chlorobenzilate	510-15-6	农药
10	滴滴涕	DDT	50-29-3	农药
11	狄氏剂	Dieldrin	60-57-1	农药
12	二硝基-邻-甲酚 DNOC 及其盐类（如铵盐、钾盐和钠盐）	Dinitro-ortho-cresol（DNOC）and its salts（such as ammonium salt, potassium salt and sodium salt）	534-52-1	农药
13	地乐酚及其盐和酯类	Dinoseb and its salts and esters	88-85-7	农药
14	1,2-二溴乙烷（EDB）	EDB（1,2-dibromoethane）	106-93-4	农药
15	硫丹	Endosulfan	115-29-7	农药
16	二氯乙烷	Ethylene dichloride	107-06-2	农药
17	环氧乙烷	Ethylene oxide	75-21-8	农药
18	敌蚜胺	Fluoroacetamide	640-19-7	农药
19	六六六（混合异构体）	HCH（mixed isomers）	608-73-1	农药
20	七氯	Heptachlor	76-44-8	农药
21	六氯苯	Hexachlorobenzene	118-74-1	农药
22	林丹	Lindane（gamma-HCH）	58-89-9	农药
23	汞化合物，包括无机汞化物、烷基汞化合物和烷氧基及芳基汞化合物	Mercury compounds, including in-organic mercury compounds, alkylmercury compounds and alkyloxyal-kyl and aryl mercury compounds		农药
24	久效磷	Monocrotophos	6923-22-4	农药
25	对硫磷	Parathion	56-38-2	农药
26	五氯苯酚及其盐类和酯类	Pentachlorophenol and its salts and esters	87-86-50l	农药
27	毒杀芬	Toxaphene（Camphechlor）	8001-35-2	农药

续表

序号	化学品名称	化学品英文名称	CAS 号	类别
28	三丁基锡化合物	Tributyl tin compounds	1461-22-9，1983-10-4，2155-70-6,24124-25-2,4342-36-3，56-35-9,85409-17-2	农药
29	含有以下成分的可粉化混合粉剂：含量等于或高于 7%的苯菌灵，含量等于或高于 10%的虫螨威，含量等于或高于 15%的福美双	Dustable powder formulations containing a combination of benomyl at or above 7%, carbofuran at or above 10% and thiram at or above 15%	137-26-8，1563-66-2，17804-35-2	极危险的农药制剂
30	甲胺磷（有效成分含量超过 600g/L 的可溶性液剂）	Methamidophos（Soluble liquid formulations of the substance that exceed 600g active ingredient/L）	10265-92-6	极危险的农药制剂
31	甲基对硫磷（有效成分含量为不小于 19.5%的乳油或不小于 1.5%的粉剂）	Methyl-parathion emulsifiable concentrates（EC）at or above 19.5% active ingredient and dusts at or above 1.5% active ingredient）	298-00-0	极危险的农药制剂
32	磷胺（有效成分含量超过 1000g/L 的可溶性液剂）	Phosphamidon（soluble liquid for-mulations of the substance that ex-ceed 1000g active ingredient/L）	13171-21-6	极危险的农药制剂
33	阳起石	Actinolite asbestos	77536-66-4	工业化学品
34	直闪石	Anthophyllite	17068-78-9，77536-67-5	工业化学品
35	铁石棉	Amosite asbestos	12172-73-5	工业化学品
36	青石棉	Crocidolite	12001-28-4	工业化学品
37	透闪石	Tremolite	77536-68-6	工业化学品
38	多溴联苯（PBB）	Polybrominated biphenyls（PBB）	13654-09-6，27858-07-7，36355-01-8	工业化学品
39	多氯联苯（PCB）	Polychlorinated biphenyls（PCB）	1336-36-3	工业化学品
40	多氯三联苯（PCT）	Polychlorinated terphenyls（PCT）	61788-33-8	工业化学品
41	四乙基铅	Tetraethyl lead	78-00-2	工业化学品
42	四甲基铅	Tetramethyl lead	75-74-1	工业化学品
43	三（2,3-二溴丙磷酸酯）磷酸盐	Tris（2,3-dibromopropyl）phosphate	126-72-7	工业化学品

4. 中国履行《鹿特丹公约》情况及进展[23]

中国代表团参加了《鹿特丹公约》的第一至五届政府间谈判委员会会议，在谈判中坚持了我国的立场与观点，并已经体现在公约条款当中。我国于 1999 年 8 月正式签署《鹿特丹公约》，2005 年 3 月 22 日交存批准书，2005 年 6 月 20 日《鹿特丹公约》正式对我国生效。

目前，我国政府指派生态环境部和农业农村部作为履行《鹿特丹公约》的国家主管机构，并指定了 3 个履约官方联络点。截至目前，我国已经向公约秘书处提交了 39 项进口回应，并开展了制定国家行动计划，召开关于石棉废物环境健全管理的区域研讨会、关于有效参与审查委员会工作的《鹿特丹公约》和《斯德哥尔摩公约》联合研讨会等 12 项技术援助活动。

对我国而言，执行《鹿特丹公约》将有利于我国了解其他缔约方禁用或严格限用化学品的情况，获得更多关于这些化学品的资料；可以有效控制、掌握某些极危险化学品和农药进出口的情况，防止其对我国人民健康和环境产生有害影响；可以促进我国化学品的安全使用，推动我国化学品的良好管理；可以增加我国农药生产企业的危机感和紧迫感，加快品种结构调整的步伐、促进农药品种的更新换代，保护我国人民健康和生态环境；可以促进国际合作，得到国际上化学品管理先进国家的技术转让与援助；促进我国的有毒有害化学品管理；使我国的经济发展与环境保护相辅相成，实现可持续发展。

7.5.3 《作业场所安全使用化学品公约》[24]

国际劳工组织（International labor Organization，ILO）的公约是由国际劳工组织制定的国际性法律文件。它体现了政府、雇主和工人三方代表的平等权利。国际劳工组织自 1919 年成立至今，已通过了近 200 项公约，内容包括从基本人权到职业安全和卫生、工作条件、劳动争议的解决、促进就业、职业培训及残疾人康复等。ILO 公约需经成员方批准后才能对该成员方具有约束力，公约中的各项规定才得以在该国付诸实施。

国际劳工组织第 170 号公约（以下简称 ILO 170 公约）是 ILO 于 1990 年 6 月在日内瓦举行的第 77 届会议所通过的《作业场所安全使用化学品公约》。它要求必须对所有化学品的危险性进行鉴别和标识，编写化学品安全数据单（chemical safety data sheet，CSDS）和加贴安全标签。第 170 号公约适用于使用化学品的所有经济活动部门。在通过该公约的同时，大会还通过了《作业场所安全使用化学品建议书》（第 177 号建议书），用于补充第 170 号公约。

第 170 号公约规定了作业场所使用化学品的分类制度、标签和标识、化学品安全使用说明书、供货人的责任、化学品暴露、操作控制及化学品处置等多项内容，旨在通过立法管理工作场所接触的化学品，加强职业安全的现有立法框架，达成保护环境和公众，尤其是保护工作场所工人免受化学品有害影响的目标。

第 177 号建议书中详细阐述了公约的各项规定。

我国于 1994 年 10 月 22 日经第八届全国人民代表大会常务委员会第 10 次会议审议通过了第 170 条公约。ILO 170 公约是我国批准的第一个国际劳工组织公约，于 1996 年 1 月起正式开始实施。

公约共分 7 个部分 19 个条款。

1. 第 1 部分　范围和定义

共 2 条。说明此公约适用于使用化学品的所有经济活动部门，不适于各类有机物，但对由有机物衍生的化学品仍适用；对公约涉及的"化学品""有害化学品""作业场所使用化学品" 等名称给出了定义。

2. 第 2 部分　总则

共 3 条。明确政府、雇主、工人三方应就公约内容进行协商，使规定生效，并制定实施政策；主管当局应有权限制或禁止某些有害化学品的使用，使用化学品应事先通知主管部门，并取得批准。

3. 第 3 部分　分类和有关措施

共 4 条。包括分类制度、标签和标识、化学品安全使用说明书及供货人的责任。要求批准方主管当局（或经当局批准认可的机构）根据本国国家标准对化学品固有的健康危险进行评估和分类；所有化学品应加以标识以表明其特性，对有害化学品应以易为工人理解的方式另外加贴标签，并向工人提供了解其危害和可遵循的安全预防措施的资料；生产、经销危险化学品的企业应向用户提供 "化学品安全使用说明书"（说明其特性、供货人、分类、危害、安全措施和急救程序的基本资料），由主管当局根据国家或国际标准编制；供应人的责任在于对所提供化学品进行分类、标识、加贴标签，向雇主提供安全使用说明书及有关的最新信息资料。

4. 第 4 部分　雇主的责任

共 7 条。包括化学品的识别、转移、接触、操作控制、处置、资料、培训及合作。

雇主应保证工人使用的化学品均有标识和标签，并有安全说明书，否则不得使用，并参照说明书对作业场所使用的有害化学品进行登记并供工人查阅；在进行接触和转移时，雇主应做到不超过国家制定的标准限度，对工作环境及工人接触情况要有监测记录；雇主应采取防护措施控制和减少操作接触者的危险程度，包括工艺技术、防护装备和服装、意外急救；雇主有责任对工人进行培训和编制工人作业须知，并获得工人密切合作。

5. 第 5 部分　工人的义务

工人有与雇主合作和遵守操作规定及采取合理步骤降低及消除危害的义务。

6. 第 6 部分　工人及其代表的权利

工人在其安全和健康受到威胁与遇严重险情时，有权撤离危险环境并通知主管上级；工人有权了解和获得有关所使用化学品的一切信息资料和预防措施及培训。

7. 第 7 部分　出口国的责任

出口国因故禁用有害化学品时，应就其原因和事实通知进口国。概括而言，第 170 号公约要求必须对所有化学品的危险性进行鉴别、标识，编写化学物品安全数据单，后者更是第 170 号公约的主要指标，也是有效地进行危险化学品管理的重要手段。

多数工业化国家都已实行物质 MSDS 或化学品安全资料卡（MSDS 或 CSDS）制度，即为接触者提供有关化学品的资料，包括：化学品和生产公司的标识、主要成分、危害特性、急救和消防措施、泄漏应急处理、搬运储存和运输、个体防护、理化性质、稳定性和反应性、毒理学资料等。

我国自 1992 年开始由国家化工部进行危险化学品的安全登记，登记的内容及建立的安全卫生信息卡就是参照 MSDS 模式设计的。为配套 1996 年 1 月 1 日正式在国内实施的 ILO 170 公约，我国于 2008 年 6 月发布实施了 GB/T 16483《化学品安全技术说明书内容和项目顺序》国家标准，以保证 ILO 170 公约贯彻实行。

7.5.4　《危险货物运输应急救援指南》[25]

1. 概述

《危险货物运输应急救援指南》(Emergency Response Guidebook, ERG；以下简称《指南》) 由加拿大运输部（TC）、美国运输部（DOT）和墨西哥交通运输秘书处（SCT）及阿根廷应急救援信息中心（CIQUIME）联合编写，是为先期到达危险化学品运输事故现场的消防队员、警察等应急人员制定。《指南》每 3 年或 4 年修订一次，现已成为美国、加拿大、欧洲、日本等国家和地区处理化学事故初期最主要的参考手册。目前我国出版的应急处置方面的书籍几乎都参考了《指南》的内容，如中国疾病预防控制中心编写的《最新实用危险化学品应急救援指南》、中华人民共和国公安部消防局与国家化学品登记中心编写的《危险化学品应急处置速查手册》等。

《指南》为救护人员快速确认事故中危险品的特殊危害或者一般危害，事故初发阶段自我和公众保护的应急措施提供基本指导。《指南》的"初始反应阶段"是指到达现场后，进行现场危险化学品的确认、开始防护和实施现场安全措施的阶段，此时要求合格的专业人员提供帮助。《指南》的目的并非是提供有关危险化学品理化性质的信息，而是为到达危险品事故现场的救援人员执行救援计划和行动提供帮助。《指南》没有说明与危险化学品相关的所有情况，仅适用于高速公路和铁路运输发生危险化学品事故时。在参考《指南》进行救援前，首先到达危险品事故现场的救援人员应当尽可能地查询事故中有疑问物质的其他特殊信息，或通过相应的应急救援机构查询货运单上的应急反应号或其他相关资料，获得比《指南》所提供的更为准确、具体的信息。

2.《指南》内容

《指南》除了使用说明和介绍外，还包括危险化学品英文索引表、识别号索引表、应急指南卡、首次隔离和防护距离表、遇水反应生成有毒气体物品及 6 种常见的不同质量吸入毒性危害物质的首次隔离和防护距离表。其中，索引中的每种危险化学品都有相应的号，根据号码或者中英文名称可快捷查询该物品发生运输事故时所需的应急指南。例如，

ID 号	指南号	中文	英文
1090	127	丙酮	Acetone

《指南》列出了使用方法。

第 1 步：确认化学品货运单或者包装上 ID 号或者化学物名称。

第 2 步：查找物质 3 位数字指南号。如果物质为吸入性毒物、化学武器毒剂或遇水反应危险物质，则直接在首次隔离和防护距离表中查到号与物质名称。随后在有需要的情况下立即采取行动；如果不需要采取防护行动，可以使用指南卡上的信息。

如果在《指南》中检索不到危险化学品的参考指南，但可以确定是危险品事故，可以查阅使用"应急指南卡"，如遇到《指南》1.4 类和 1.6 类爆炸物，使用"指南 114"，其他爆炸物均使用"指南 112"。

第 3 步：检索对应编号的指南卡后仔细阅读应急处置规则。在没有运货单或没有应急电话号码的情况下，拨打当地或政府相应机构的电话号码。救助时，尽量提供较多的信息，如运输工具的名称、车牌号，或者容器的相关信息。

与联合国《关于危险货物运输的建议书　规章范本》（TDG）中危险化学品和货物的分类方法类似，《指南》将危险化学物质和物品也分为九大类（表 7-7），除第 4 类和第 9 类物质分类稍有区别外，其余分类方法和原则均与 TDG 相同。

表 7-7　《应急救援指南》中危险货物的分类

分类	名称	子类别（项）
第 1 类	爆炸品	1.1 项：有整体爆炸危险的爆炸物
		1.2 项：有迸射危害的爆炸物
		1.3 项：产生火灾危害的爆炸物
		1.4 项：不产生明显爆炸危害的爆炸物
		1.5 项：有整体爆炸危害的非常不敏感爆炸物
		1.6 项：极不敏感爆炸物
第 2 类	气体	2.1 项：易燃气体
		2.2 项：非易燃无毒气体
		2.3 项：毒性气体
第 3 类	易燃液体[和可燃液体（美国）]	
第 4 类	易燃固体、自燃物质、遇水反应物质/遇湿危险物质	4.1 项：易燃固体
		4.2 项：自燃物质
		4.3 项：遇水反应物质/遇湿危险物质
第 5 类	氧化性物质和有机过氧化物	5.1 项：氧化性物质
		5.2 项：有机过氧化物
第 6 类	毒性物质和感染性物质	6.1 项：毒性物质
		6.2 项：感染性物质
第 7 类	放射性物质	
第 8 类	腐蚀性物质	
第 9 类	杂类危险物品/产品、物质或生物体	

1）应急指南卡

应急指南卡共有 62 条（表 7-8），每条指南卡提供了化学品安全相关信息及发生火灾、溢出或者泄漏事故后急救的应急指南，提供了保护自身和公众安全的建议与应急措施的信息。每条指南卡尽可能覆盖了具有相同化学和毒理特性的一类物品。

表 7-8　　《应急救援指南》中的 62 个应急指南编号及内容

指南号	危险化学品类型	指南号	危险化学品类型
111	混装货物或未查明的货物	142	有毒液体氧化性物质
112	爆炸品*-1.1、1.2、1.3 和 1.5 项	143	不稳定氧化性物质
113	易燃有毒固体-潮湿/减敏的爆炸品	144	遇水反应氧化性物质
114	爆炸品*-1.4 和 1.6 项	145	有机过氧化物-对热和污染敏感
115	易燃气体-包括制冷气体	146	有机过氧化物-对热、污染和摩擦敏感
116	不稳定的易燃气体	147	锂离子电池组
117	易燃有毒气体-极度危害	148	有机过氧化物-对热和污染敏感/需控温
118	易燃腐蚀性气体	149	自反应物质
119	易燃有毒气体	150	自反应物质-需控温
120	惰性气体-包括制冷液体	151	有毒物质-不可燃
121	惰性气体	152	有毒物质-易燃
122	氧化性气体-包括制冷液体	153	有毒和/或腐蚀性物质-可燃
123	气体-有毒和/或腐蚀性气体	154	有毒和/或腐蚀性物质-不可燃
124	气体-有毒和/或腐蚀性气体（氧化性气体）	155	有毒和/或腐蚀性物质-易燃/对水敏感的物质
125	腐蚀性气体	156	有毒和/或腐蚀性物质-可燃/对水敏感的物质
126	气体-压缩气或液化气（包括制冷器）	157	有毒和/或腐蚀性物质-不燃/对水敏感的物质
127	易燃液体-极性/水溶性	158	感染性物质
128	易燃液体-非极性/不水溶性	159	刺激性物质
129	易燃液体-极性/水溶性/有害	160	卤代烃类溶剂
130	易燃液体-非极性/不水溶性/有害	161	放射性物质-低活性
131	易燃液体-有毒	162	放射性物质-低至中等活性
132	易燃液体-有腐蚀性	163	放射性物质-低至高活性
133	易燃固体	164	特殊形态的放射性物质-低至高照射活性
134	易燃固体-有毒和/或有腐蚀性	165	放射性物质-易裂变的/低至高活性
135	自燃物质	166	腐蚀性放射性物质-六氟化铀/对水敏感的物质
136	自燃性物质-有毒和/或有腐蚀性（遇空气发生反应）	167	氟-液体制冷剂
137	腐蚀性物质-遇水反应	168	一氧化碳-液体制冷剂
138	遇水反应物质-释放出易燃气体	169	铝-熔融状态
139	遇水反应物质-释放出易燃有毒气体	170	金属-粉末、粉尘、刨屑、焊接与切割碎片或切削末等
140	氧化性物质	171	低至中等危害物质
141	有毒氧化性物质	172	镓和汞

每条指南卡分为三个主要部分。

第一部分描述该物质可能产生的火灾、爆炸和健康效应的潜在危害，最有可能发生

的危害列在第一位。紧急救援人员应该首先查阅这一部分，决定如何采取措施保护现场
队员和周围民众。

第二部分列出了依据当前环境应该采取的"公众安全"概要，它提供了有关事故地
点隔离、推荐防护服和呼吸用品的一般信息，列出了在小泄漏、大泄漏和火灾 3 种情况
下建议的撤离距离。

第三部分涵盖了"应急措施"，包括急救。列出了关于火灾、泄漏和接触化学物质
事故方面的具体防护措施概要。

下面以应急指南卡"153—有毒和/或腐蚀性物质-可燃"为例，对指南卡的内容进行
简要介绍。

（1）潜在危害

a. 健康。

①有毒：吸入、食入或皮肤直接接触本类物质可引起严重损伤或死亡。

②直接接触熔融态的本类物质可严重灼伤皮肤和眼睛。

③避免皮肤直接接触。

④直接接触或吸入可发生迟发性反应。

⑤燃烧可产生刺激性、腐蚀性和/或有毒气体。

⑥灭火或稀释用的废水具有腐蚀性和/或毒性，并可引起污染。

b. 火灾和爆炸。

①可燃物：可燃烧但不易点燃。

②加热时，蒸气遇空气可形成爆炸性混合物：在室内、户外和下水道有爆炸的危险。

③标有"P"字样的物质在加热或着火时发生爆炸性聚合反应。

④遇金属可释放易燃的氢气。

⑤容器受热可发生爆炸。

⑥泄漏物可污染下水道。

⑦本类物质可在熔融状态下运输。

（2）公众安全

·首先拨打运输标签上的应急电话，若没有合适的信息，可拨打本地消防急救电
话、国家中毒控制中心及各地分中心电话和各地化学品中毒抢救中心电话。

·作为紧急预防措施，应在液体泄漏区四周至少隔离 50m，固体泄漏区至少隔离
25m。

·疏散无关人员。

·停留在上风向。

·切勿进入低洼区。

·有限空间需通风。

a. 防护服。

①佩戴正压携气式呼吸防护用品（SCBA）。

②穿戴厂商专门推荐的化学防护服（注意：这些防护服几乎或根本不能隔热）。

③一般消防服在灭火中只提供有限的防护作用，而在有可能直接接触该物质的泄漏

区则无防护效果。

　　b. 现场疏散。

　　①泄漏：见首次隔离和防护距离表。对于首次隔离和防护距离表中没有列出的物质，可根据需要，按照"公众安全"中列出的隔离距离增加从下风向撤离的距离。

　　②火灾：如果火场中有储罐、槽车、罐车，应向四周隔离 800m；而且可考虑首次就向四周撤离 800m。

　　（3）应急反应

　　a. 火灾。

　　①小火：使用干粉、CO_2 或水幕。

　　②大火：使用干粉、CO_2、耐醇性泡沫或水幕；在确保安全的情况下，将容器移离火场；圩堤收容消防水待处置，切勿扩散泄漏物。

　　③储罐或货车（拖车）着火：尽可能远距离灭火或用遥控水枪、水炮扑救；切勿将水注入容器；用大量自来水冷却盛有危险物的容器，直到火完全熄灭；如果容器的安全阀发出响声或储罐变色，应迅速撤离；切记远离被大火吞没的储罐。

　　b. 溢出或泄漏。

　　①消除所有火源（泄漏区附近严禁吸烟、闪光、火花或其他任何形式明火）。

　　②除非穿有合适的防护服，否则切勿触摸破损容器或泄漏物质。

　　③在确保安全的前提下，阻断泄漏。

　　④防止泄漏物进入排水沟、下水道、地下室或其他有限空间。

　　⑤可用干土、砂子或其他不可燃物质吸收或覆盖泄漏物，并转移到容器里。

　　⑥切勿将水注入容器。

　　c. 急救。

　　①将患者转移到具空气新鲜处。

　　②呼叫"120"等应急医疗服务中心。

　　③如果患者停止呼吸，应立即实施人工呼吸。

　　④如果患者食入或吸入本类物质，请不要对其施行口对口人工呼吸。如果需做人工呼吸，要戴单向阀袖珍式面罩或用其他合适的医用呼吸器。

　　⑤如果出现呼吸困难应进行吸氧。

　　⑥脱掉并隔离被污染的衣服和鞋。

　　⑦若不慎接触本类物质，立即用自来水冲洗被污染的皮肤或眼睛至少 20min。

　　⑧如果皮肤直接接触少量泄漏物，应防止扩散到未被污染的皮肤上。

　　⑨保持患者温暖和安静。

　　⑩吸入、食入或皮肤接触泄漏物可能出现迟发性反应。

　　⑪确保医护人员知晓事故涉及的有关物质，并采取自我防护措施。

　　2）首次隔离和防护距离说明

　　首次隔离和防护距离用于保护人们免受危险货物泄漏所致有毒蒸气产生的吸入毒性危害（TIH）。危险品包括某些化学武器毒剂，或遇水产生有毒气体的物质。

　　在有技术资质的应急救援人员到达事发地点之前，《指南》所罗列的危险化学品防护距离可为紧急救援人员提供初始指导。该距离是物质泄漏后前 30min 就可能产生影响的区域，并随时间递增。

　　《指南》中的首次隔离区是指在事故周围人们可能接触危险的（上风向）和威胁生命的（下风向）危险品浓度区域；防护区是指可以使事故下风向的人们失能并且没有能力采取保护行动，并（或）遭受严重或不可逆健康损害效应的区域。《指南》中所列的危险化学品防护距离表可为白天或黑夜发生的大规模和小规模的泄漏提供具体的指导。

　　（1）对公众需要采取的防护行动

　　a. 防护行动。

　　防护行动指在危险品发生泄漏事故期间所采取的保护紧急救援人员和公众健康与安全的步骤。首次隔离和防护距离为可预测到的有毒气体云影响的下风向区范围，该区域的人员应当撤离和/或就地躲避在建筑物内。

　　b. 隔离危害区与禁止进入。

　　隔离危害区与禁止进入指不直接参与紧急救援工作的所有人员不得停留在该区域。无防护装置的紧急救援人员也应禁止进入该隔离区。"隔离"任务首先是建立控制区，这是随后所采取的任何保护行动的基础。

　　c. 撤离。

　　撤离是指所有人员从危险区转移到安全区。为了实施撤离，必须要留有足够的时间用于向人们发出警告、做好准备和撤离该区。如果时间充裕，撤离是一种最好的防护行动。开始时撤离附近的民众和现场能直接看到的室外民众。当有其他的援助时，至少将救援范围扩大到推荐的下风向和侧风向距离。即使将人们疏散到建议的距离，但并不意味排除了危害而完全安全。因此不容许人们在这样的距离条件下聚集在一起，应通过特殊的路径将疏散者送到指定的足够远的地方，保证即使在风向改变的情况下也不用再转移。

　　d. 就地躲避。

　　就地躲避是指人们在建筑物内寻求保护并待危险过去。在公众疏散要比待在原地更危险的条件下，或者不能采取撤离措施时可采用就地躲避。指导室内人们关闭所有门、窗，关闭所有通风、送暖和制冷系统。但在以下情形下采取就地躲避不是最佳选择：①出现易燃蒸气；②需要很长时间清理完本地区的气体；③建筑物关闭不紧。窗和通风系统关闭后，短时间内交通工具能提供一定的保护作用。但交通工具不能达到像建筑物那样的就地防护效果。

　　与建筑物内负责人士保持联系并建议他们改变条件至关重要。应当警告就地躲避的人远离窗户。

　　不同危险品事故有各自的特殊问题和要点，必须仔细选择保护公众的行动，进而作出有助于保护公众的最初决定。官员必须持续收集信息并监测事态进展，直到威胁消除。

　　（2）隔离和防护距离表的使用

　　a. 救援人员做好准备。

　　①按照 ID 号和名称确认物品（如果不能找到 ID 号，可使用《指南》红边页、蓝边页的物质中、英文名称索引寻找其号码）。

　　②查出该物质三位数的指南号，以便查询与此表共同推荐的应急行动。

③注意风向。

b. 在《指南》中查出事故中有关物品的 ID 号和名称。

一些 ID 号有多于一种的货物运输名称，如某些物品可能有特异名称（如果不知道货物运输名称，而且表中列出同一 ID 号多于一种名称，则使用最大防护距离）。

c. 判定事故的发生时间和规模。

事故发生的规模一般分为小泄漏和大泄漏。一般情况下，小泄漏仅涉及单个小包装（如一个圆桶装满约为 200L）、小钢瓶，或者大包装的小泄漏。大泄漏是指从大包装中泄漏，或者许多小包装发生多个泄漏。事故发生的时间可分为白天和夜间。白天是指日出后至日落前的任何时间，而夜晚是指日落后至日出前任何时间。

d. 查出首次隔离距离。

指导所有人员进行转移时，在侧风处从泄漏点撤至安全的距离（按 m 表示，如图 7-1 所示）。

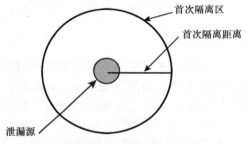

图 7-1　首次隔离距离示意图

对于一种给出的物质，针对不同泄漏大小及发生时间，《指南》中的危险化学品防护距离表均给出了应考虑的下风向防护距离（km 或 m）。为了实用，防护区（如人们处于有害接触风险下的区域）是正方形的，长和宽同表中所示的下风向距离。

e. 查出首次防护距离。

首次防护行动应尽量从泄漏的最近点开始，尽量在远离下风向的地点工作。如果遇水反应放出吸入毒性危害（TIH）危险品泄漏到小河或溪流时，毒物会随着溪流从泄漏点流到下游。

图 7-2 显示了采取保护行动的防护区范围。泄漏位于小圈的中心，大圈代表环绕泄漏的首次隔离距离。

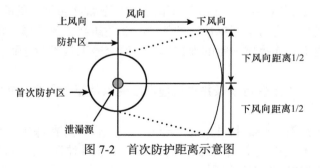

图 7-2　首次防护距离示意图

7.5.5　经济合作与发展组织《化学事故预防、准备和响应的指导原则》[26]

经济合作与发展组织（OECD）是一政府间组织，来自欧洲、北美和太平洋地区的 30 多个工业化国家汇集在一起协调政策、讨论多边问题、共同响应解决国际重大问题。OECD 的工作由其下属的 200 多个专业委员会及工作组负责完成，化学事故预防、准备及响应相关工作由化学事故工作组（Working Group on Chemical Accidents，WGCA）负责，该工作组通过环境管理处（Environment Health Safety，EHS）获得 OECD 秘书处支持。OECD 化学事故计划的基本目标包括：编写有关化学事故预防、准备及响应的指导性资料，促进信息和经验的交流，分析 OECD 成员方共同关注的具体问题。

《化学事故预防、准备和响应的指导原则》（以下简称《导则》）是 OECD 在跨组织化学品无害管理计划（Inter-Organization Programme for the Sound Management of Chemicals，IOMC）的管理体系下编著的。其内容主要由 5 个部分组成。

第 A 部分：化学事故预防。包含从危险源辨识到危险源退役/报废全周期的管理、操作和控制内容。

第 B 部分：应急准备/减灾。包含危险源应急预案、公众沟通及土地规划/工厂选址等内容。

第 C 部分：应急响应。包含事故发生或出现事故危险时所采取的一切行动等内容，以此来减轻事故对健康、环境和财产所造成的不良影响。

第 D 部分：事故后续行动（事故和未遂事故）。包含事故上报、事故调查和医疗救护等跟踪活动的内容。

第 E 部分：特殊情况。针对跨边界问题/国际性问题、固定设施（如危险物质运输过程中涉及的管道、港口区、铁路集装站等其他输送中转站）的相关运输活动，提供补充性的指导书。

《导则》的内容面向所有的利益相关方。在《导则》中，利益相关方是指任何涉及化学事故预防、准备及响应工作，或对其感兴趣，或极可能受其影响的个人、团体或组织。从该定义可以看出，相关利益方包括在化学品安全方面拥有有关职能、责任和权力的任何人，它包括化学品企业的危险源管理人员及员工、各级政府管理部门、周边社区人员和群众及其他相关利益方。

《导则》的目的是提供一套在世界范围内适用的化学事故处理指导原则，以帮助所有利益相关方采取适当的措施，预防危险化学事故的发生，以及在事故发生后尽量减少其所造成的不利后果。

从一些法规要求和管理体系都很完善的发达国家的重大事故中可以看出，法律法规在事故预防或准备保障方面虽然必要，但并不能构成充分条件。对所有的利益相关方来说，采取积极主动的措施要比法律法规和管理体系要加重要。

《导则》不仅罗列和阐述了化学事故利益相关方的职责与权利，而且就化学品安全所需解决的问题进行了探讨。这些问题包括工业界（包括劳工组织）、公共管理部门、社区人员和其他利益相关方需要采取的下列措施：降低事故发生概率（事故预防措施）；通过应急预案、土地规划和风险沟通（准备/减灾措施）减轻事故的后果；在事故发生后减轻事故对健康、环境与财产的不利影响（应急响应措施）及为开展事故学习、减少事故发生所需采取的措施（预防措施）。

《导则》将上述预防、准备、响应三个过程描述为一个"安全连续系统"或"紧急管理循环"，见图 7-3，并就该循环的所有阶段，以及各阶段不同利益相关方担当的职能和责任进行了描述与说明。

图 7-3　安全连续系统

《导则》适用的团体和个人包括工业界、公共管理部门、社区人员/公众及其他利益相关方。这些利益相关方在化学事故预防、准备及响应活动中承担的角色与任务和拥有的权利主要有以下几方面。

1. 工业界

《导则》对工业界的定义包括企业（私有或公有企业）的所有者/股东/经营者、管理者、员工及承包商，同时包括操作和管理危险源（废物处理设施、输送中转站或化学品仓库）的机构与公共管理机构；"管理者"是指所有对企业有决策责任的人员，包括企业所有者和经营者；"员工"是指在某一危险源工作的人员及其代表，包括管理人员、工人及（分）承包商；"工人"是指在某一危险源工作的人员或其代表，但不包括管理人员。

2. 公共管理部门

公共管理部门在"安全连续系统"的各个阶段都起着重要作用。因此，来自不同管理领域的各级公共管理部门（包括环保部门、卫生部门、职业安全与健康部门、民防部门、工业发展部门、国际关系部门）在化学事故预防、准备及响应方面所应有的职能和责任，《导则》都提供了原则性指导规定。这些方法涉及国家、地区和地方的法规/执法部门、紧急响应人员、公共卫生机构、医疗机构及其他政府机构。

3. 社区人员/公众

《导则》对公众的定义包括普通群众、危险源周边社区人员及可能受事故影响的人员，并对公众的职责进行了描述和解释。《导则》强调社区人员/公众的知情权和参与权，为社区人员/公众提供危险源、应急预案与事故响应方面的信息，以及社区人员/公众参与危险源的有关决策活动。《导则》认为，在讨论公众职能时，一个必不可少的前提是存在一个双向沟通信息的渠道，以便社区人员及公众不但能够知道信息，还应有机会向工业界、公共管理部门和其他利益相关方表达自己的观点并施加自己的影响力。

4. 其他利益相关方

《导则》对其他利益相关方的界定包括劳工组织、其他非政府组织、研究/学术机构和政府间组织。

《导则》强调利益相关方内部及各个利益相关方之间合作与沟通的重要性，包括危险源所在社区内各个利益相关方之间的合作。例如，为了保证所有的利益相关方都了解所需信息，以履行相应责任，包括公共管理部门和工业界之间、公共管理部门和公众之间、管理人员和工人之间、因地理位置或关注的问题类似而有共同利益关系的企业之间及工业界和公众之间，必须建立有效的沟通机制。这种合作不但能够提高各个利益相关方的能力，而且有助于建立和维护彼此之间的信任，避免彼此之间出现疑虑、冲突和隔阂。各利益相关方相互关系见图 7-4。

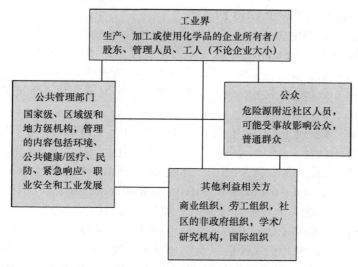

图 7-4　各利益相关方关系示意图

《导则》不仅强调人和由人组成的各种团体的职责，而且重视化学事故预防、准备及响应过程中各类危险源（不论其大小、地点、所有者/管理者是否是私人团体或集体）的管理。《导则》对危险源的定义为任何用于生产、加工、使用、处理、储存、运输、处置危险化学品并可能发生火灾、毒物扩散、爆炸、泄漏或其他事故的固定设施/装置，包括：①化学品生产企业和加工企业。②在其他产品的生产或加工过程中，使用危险化学品的企业。③危险化学品的储存装置。④装卸危险化学品、更换危险化学品运输工具（如火车、卡车、轮船）的输送中转站和管道。

7.5.6　国际劳工组织《职业安全和卫生管理体系导则》[27]

1. 产生背景

现代社会意外事故的频发，国家、社会和公众职业安全健康需求的发展，是推进职业安全科学技术进步的最基本动力。在人类社会迈入 21 世纪以后，现代技术的发展给人类的生产方式和生活方式带来一系列的变化，人们在享受高效技术带来的富足财富和舒适环境的同时，也承受着极度频繁的由人为或自然导致的事故与灾难，承担着生命、健康和经济损失风险。

国际劳工组织（ILO）在 20 世纪初预计因职业安全卫生事件导致的劳动疾病中，发展中国家所占比例甚高，如中国、印度等，事故死亡率比发达国家高出 1 倍以上，其他少数国家或地区则能高出 4 倍以上。我国劳动部的统计表明，每年由人为技术造成的意外事故（工伤事故和交通事故）导致 10 多万人丧生，其中最严重的是道路交通事故，每年因公路交通事故、铁路交通事故死亡 8 万多人；其次是矿山事故，特别是煤矿事故，每年矿山因公死亡 1 万多人，其中煤矿占 90%以上。

在日益严重的职业健康和安全（occupational safety and health，OHS）问题背景下，以及在国际标准一体化和企业国际市场竞争的社会环境推动下，20 世纪 90 年代以来，一些发达国家率先开展了关于 OHS 的活动。

1996 年美国工业卫生协会制定了《职业安全卫生管理体系》的指导性文件。

1996 年英国颁布了 BS8800《职业安全卫生管理体系指南》国家标准。

1997 年澳大利亚、新西兰提出了《职业安全卫生管理体系原则、体系和支持技术通用指南》草案，以及《职业卫生安全—原则与实践》国家标准和《建筑职业安全与康复管理体系》标准。

1997 年日本工业安全卫生协会推出了《职业安全卫生管理体系导则》的指导性文件。

1997 年挪威船级社（DNV）制定了《职业安全卫生管理体系认证标准》。

1999 年 4 月英国标准协会（BSI）、挪威 DNV 等 13 个组织发布了职业安全卫生评价系列（Occupational Health and Safety Assessment Series，OHSAS）标准，即 OHSAS18001—《职业安全卫生管理体系—规范》、OHSAS18002—《职业安全卫生管理体系—实施指南》和 OHSAS18003—《职业安全卫生管理体系—审核》。

国际标准化组织（ISO）正式开展职业安全卫生管理体系（occupation health and safety management system，OHSMS）工作是在 1995 年上半年。当时成立了由中、美、英、法、德、日、澳、加、瑞士、瑞典及 ILO 和 WHO 代表组成的特别工作组，并在 1996 年 9 月召开了 OHSMS 标准化研讨会，来自 44 个国家及 IEC、ILO、WHO 等 6 个国际组织的共计 331 名代表与会，讨论是否将 OHSMS 纳入 ISO 的发展标准中。尽管 ISO 作出了暂不开展 OHSMS 标准制定工作的决定，但各国意识到 OHSMS 标准化是一种必然发展趋势，并着手本国或本地区的 OHSMS 标准化工作。据不完全统计，世界上已有 30 余个国家有相应的 OHSMS 标准。最为突出的是 1999 年 4 月由国际上的 13 个组织，包括爱尔兰标准机构、南非标准局、英国标准学会、国际质量保证局、挪威船级社、西班牙标准化和认证协会等发布和即将发布的 OHSAS18000《职业安全和卫生管理体系》（规范、指南、审核）系列标准。

2. 基本内容和框架

1）基本内容

在相关的 OHSMS 标准中，包括一些国家的《职业安全卫生管理体系》及我国的《石油天然气工业健康、安全与环境管理体系》《石油地震队健康、安全与环境管理规范》《石油钻井健康、安全与环境管理体系指南》等，尽管其内容表述存在着一定差异，但其核心内容都体现着系统安全的基本思想，管理体系的各个要素都围绕着管理方针与目标、管理过程与模式、危险源辨识、风险评价、风险控制、管理评审等展开。以国家经济贸易委员会颁布的《职业安全卫生管理体系试行标准》为例，该标准包括三部分内容。第一部分：范围，对标准的意义、适用范围和目的做了概要性陈述。第二部分：术语和定义，对涉及的主要术语进行了定义。第三部分：OHSMS 要素，具体涉及 18 个基本要素（6 个一级要素，15 个二级要素），这一部分是 OHSMS 标准的核心内容。

2）OHSMS 标准的层次结构

OHSMS 标准内容的整体层次结构如图 7-5 所示。

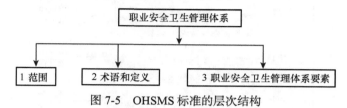

图 7-5　OHSMS 标准的层次结构

OHSMS 要素分为一级要素和二级要素，其逻辑结构关系见图 7-6。

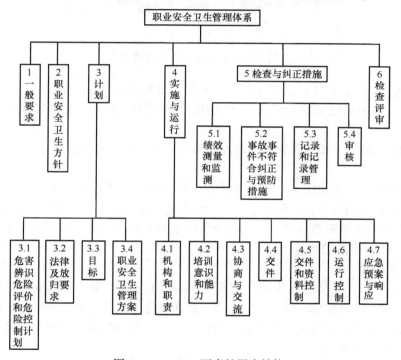

图 7-6　OHSMS 要素的层次结构

3. OHSMS 运行模式和特征

1）OHSMS 运行模式

OHSMS 的运行思想以戴明循环（PDCA）管理理论为基础，其运行模式如下：方针、目标、计划（P）→职责、运行、实施（D）→监测、检查、审核（C）→评审、纠正、改进（A），运行思维模式见图 7-7。从中可见，OHSMS 的基本思想是实现体系持续改进，通过周而复始地进行"计划、实施、监测、评审"活动，使体系功能不断加强。它要求组织在实施 OHSMS 时始终保持持续改进的意识，结合自身管理状况对体系进行不断修正和完善，最终实现预防和控制工伤事故、职业病及其他损失事件发生。

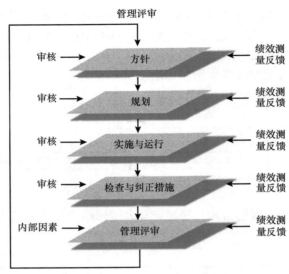

图 7-7 OHSMS 运行思维模式

在实现 OHSMS 基本目标的过程中，下面 4 项内容是关键保障。

a. 方针：OHSMS 的方针既体现了 OHS 管理的基本原则，又是实现风险控制的总体目标。

b. 危险源辨识、风险评价和风险控制策划：是通过 OHSMS 运行实行风险控制的开端。

c. 管理机构明确 OHS 的职责：是成功运行 OHSMS 的根本保证。

d. OHS 行为的监督：OHS 行为的监督包括遵守法规情况的监测和 OHS 绩效方面的监测。对于所产生的事故、事件、不符合情况要及时纠正，并采取预防措施。

2）OHSMS 标准的特点

（1）系统性

所谓"系统"，是由相互作用、相互依存的若干组成部分（子系统）按照特定功能有机组织起来的综合整体。OHSMS 标准从管理思想上具有整体、全局、全面的系统性特征，在管理的手段上体现出结构化、程序化、文件化的特点。OHSMS 的系统性特征通过以下几个方面实现。

a. 强调动员组织（企业或团体）的各级机构全面参与，建立从基层岗位到管理高层的运作系统和管理监控系统（机构）。

b. 实行程序化管理，实现对管理过程的全面系统控制，避免人为的管理失误和不良的、随意的管理过程出现。

c. 建立文件化的管理方式，使管理方针能够得到落实和保证。文件体系包括：方针与规则、管理手册、管理程序、作业文件等，各类文件应层次分明、相互联系，具有针对性、合理性和科学性。

（2）先进性

OHSMS 标准的先进性体现在一个组织依据 OHSMS 标准建立 OHSMS，能持续改善组织的 OHS 管理状况，使其不断完善、改进和提高。这是由于 OHSMS 是在现代企业先进的管理理论下建立的，它将组织的安全生产活动作为一个系统工程，使其管理过程和控制措施建立在科学的风险辨识、分析与评价基础上。

（3）动态性

持续改进是 OHSMS 的核心思想。OHSMS 标准不是一种死板的管理规范和标准，是一种科学、先进、动态的管理模式和机制（PDCA 管理模式）。其核心是实现组织 OHS 管理持续改进，因此不可能通过一次评审或认证就大功告成，然后置之不理。因此，OHSMS 标准明确要求组织的最高管理者在所制定的 OHS 方针中作出持续改进的承诺，以及作出遵守有关法律、法规和其他要求的承诺。

（4）预防性

实现对危害、风险和事故的超前防范是 OHSMS 标准的精髓。因此，危害辨识、风险评价与控制是 OHSMS 的核心。这从理论和方法上保证了"预防为主"方针的实现。实施有效的风险辨识评价与控制，可实现对事故、危害事件的预防和对生产作业全过程的控制。为此，在建立 OHSMS 的过程中，已证明在 OHS 领域有效的风险管理、危险分析、事故致因分析等专业管理理论和方法能发挥重要的作用。

（5）全过程控制

管理是通过对时空要素进行控制实现的，OHSMS 标准要求实施全过程控制。OHSMS 的建立引入了系统和过程的概念，即把 OHS 管理作为一项系统工程，以系统分析的理论和方法来解决 OHS 问题。过程控制从技术上指生产技术的策划、设计、建设（制造）、安装（调试）、使用（运行）、维修、改造等过程，从管理上指决策、计划实施、执行检查、监督评审、改进等过程。系统控制包括：人机环境的技术系统，岗位车间部门的生产功能系统，决策者、管理者、专业人员、生产员工的人员系统，职能处、室，党、政部门，生产班组的组织系统等。

（6）综合管理与一体化特征

从系统的观点看，OHSMS 是组织整个管理系统的一个子系统。但实践证明割裂OHS 与组织发展之间的有机联系，并将 OHS 作为组织各项活动的孤立附属物的做法是难以为继的。将 OHS 的考虑纳入组织的综合决策过程中，使 OHS 管理成为组织整个管理体系的有机组成部分是 OHSMS 成功运行的保证。一个将 OHSMS，包括方针、规划、组织、资源、程序等要素充分纳入其整个管理体系的组织，能有效地协调 OHS 利益与经济利益的关系，使之密切结合，融为一体。

（7）功能性

作用一种工具，OHSMS 具有其功能性。建立、实施 OHSMS 不是目的，而只是组织实施 OHS 管理的系统工具和有效途径。由于 OHSMS 标准中并没有对 OHS 表现规定具体要求，其着眼点在于 OHSMS 自身的改进，因此 OHSMS 的建立与运行并不意味着必然导致危险、危害和风险影响降低。然而要实现 OHSMS 的目的，有赖于安全生产、事故预防等最佳实用技术措施的作用和投入，同时 OHSMS 为实现预定的目标从管理上提供了一个结构化的运行机制。

参 考 文 献

[1] 蕾切尔·卡森. 寂静的春天. 吕瑞兰，李长生，鲍冷艳译. 上海：上海译文出版社，2015.

[2] Jensen S. The PCBs story. Ambio, 1972, 1: 123-131.

[3] Needleman H. Standing up to the lead industry: an interview with Herbert Needleman. Interview by David Rosner and Gerald Markowitz. Public Health Rep, 2005, 120 (3): 330-337.

[4] 许丽君. 联合国"关于危险货物运输的建议书"简介. 化工劳动保护, 1995, 6: 41-42.

[5] 于群利. 有关危险化学品管理的国际规章介绍. 化工标准·计量·质量, 2004, 7: 46-48.

[6] 张静，韩璐，王玲，等. 化学品国际规章的现状及新进展. 中国石油和化工标准与质量，2012，12: 7-8.

[7] 李政禹. GHS 化学品危险性分类及其公示要素（上）. 化工环保, 2008, 3: 189-195.

[8] 李政禹. GHS 化学品危险性分类及其公示要素（下）. 化工环保, 2008, 4: 283-287.

[9] 方震. 解读 GHS 制度. 中国涂料, 2012, 11: 24-26.

[10] 卢健，黄红花，刘晓曦，等. GHS 制度在发达国家和我国的实施情况、对比及建议. 中国标准化, 2015, 3: 79-82.

[11] 王亚琴，谢传欣，张宏哲，等. 发达国家实施 GHS 情况及对我国的启示. 中国安全生产科学技术, 2009, 6: 123-127.

[12] 李运才，陈军，陈金合，等. 我国危险化学品分类中 GHS 积木原则的探讨. 安全、健康和环境, 2012, 8: 36-38.

[13] 陈军，李运才，石燕燕. 欧日中实施 GHS 政策的对比和思考. 中国安全科学学报, 2011, 1: 147-153.

[14] 郭帅，李运才，于燕. 中美实施全球化学品统一分类和标签制度政策对比和分析. 中国安全生产科学技术, 2012, 11: 129-134.

[15] 周艳军. 危险货物物流法规与标准. 上海：上海财经大学出版社，2013.

[16] 李嘉. 《巴塞尔公约》介评. 浙江省政法管理干部学院学报, 2001, 2: 32-34.

[17] 王毅. 巴塞尔公约简介及其要点. 环境保护科学, 1992, 3: 81.

[18] 马鸿昌. 巴塞尔公约及其在中国的实施. 有色金属再生与利用, 2003, 8: 26-29.

[19] 陈维春. 论危险废物越境转移的法律控制——《巴塞尔公约》和《巴马科公约》比较研究. 华北电力大学学报（社会科学版), 2006, 1: 58-64.

[20] 农业部农药检定所（ICAMA). 《鹿特丹公约》背景资料. //2004 中国农药发展年会——农药管理与高毒农药替代战略研讨会专题报告集. 农业部农药检定所（ICAMA), 2004.

[21] 郭萍，张文广. 《鹿特丹规则》述评. 环球法律评论, 2009, 3: 133-144.

[22] 吴蓉. 《鹿特丹公约》限制清单. 四川化工, 2004, 4: 54.

[23] 高厚《鹿特丹公约》对我国正式生效. 浙江化工, 2005, 36 (6): 6.

[24] 王婉芳. 介绍国际劳工组织第 170 公约——作业场所安全使用化学品公约. 劳动医学, 1996, 3: 55-56.

[25] 中国疾病预防控制中心职业卫生与中毒控制所组织. 危险化学品应急救援指南. 北京：中国科学技术出版社，2008.

[26] 经济合作与发展组织（OECD). 化学事故预防、准备及响应的指导原则. 牟善军，等译. 北京：化学工业出版社，2007.

[27] 刘铁民，朱常有，杨乃莲. 国际劳工组织与职业安全卫生. 北京：中国劳动社会保障出版社，2003.

第 8 章　化学品安全与检测标准

随着经济全球化和贸易自由化的不断深入，标准在国际贸易、地区和各国经济发展中所发挥的作用和所处的地位日益突出，标准竞争已成为国际上继产品、品牌竞争之外，一种层次更高、意义更大、影响更广的竞争手段，标准化则成为各国促进产业发展、推动对外贸易及规范市场秩序的重要措施。国家化学品安全标准体系是国家标准体系的一部分，不仅包括技术层面上的，还包括与危险化学品相关的法规，如《中华人民共和国安全生产法》《危险化学品安全管理条例》等的协调统一和有机结合等问题[1]。

8.1　国内外标准化体系现状

8.1.1　标准化发展简要

标准化是在科学技术、经济贸易及社会发展实践活动中，对重复性事物、概念通过制定、实施标准，以获得最佳秩序、最佳效益的过程，标准化是科学、技术的综合统一[2]。近代西方标准化技术的发展引领着标准化的方向，1865 年欧洲部分国家成立的第一个国际标准化组织"国际电报联盟"宣告了标准化组织的诞生。

20 世纪 60 年代以来，随着全球经济、贸易的发展及世界贸易组织（WTO）签署技术贸易壁垒协定（TBT 协定）等，确立了标准在国际贸易中的重要地位，使其成为国际贸易时各国的行为准则，各成员方在制定技术法规、标准时不仅需要以相关国际标准为基础，国际标准还成为签订国际贸易合同、解决国际贸易争端的基本依据，凸显了标准的贸易属性，标准对技术扩散、国际贸易、经济发展的作用被提高到新的高度。

同国际标准化进程密不可分的我国标准化发展历程，同时与我国经济、社会发展及其制度变迁保持着高度的适应性。从我国各层次标准体系、标准化管理体制演变角度可以看出，我国标准化发展到目前大致可分为三个阶段[3]。

1. 第一阶段（1949～1988 年）

在这一阶段，我国逐步建立了适应社会主义计划经济体制的国家标准体系，1979 年颁布的《中华人民共和国标准化管理条例》（以下简称《条例》）是这一阶段标准化工作的法律依据和标志性成就，《条例》规定我国标准分为国家标准、部（专业）标准和企业标准，国务院、国务院有关部门、地方政府、企业都要设立机构管理标准化工作；国家标准、部（专业）标准由政府部门确定的标准化核心机构负责起草，由政府主管部门批准发布，且一经发布即成为技术法规，必须严格执行；企业标准必须由企业主管部门批准。这一阶段国家标准体系的构成与管理运行模式的主要特征是以政府为主导，以行政命令为手段，以行政强制措施保障标准的实施。

2. 第二阶段（1988～2001 年）

在这一阶段，逐步建立了适应有计划的社会主义商品经济体制的国家标准体系，并为向社会主义市场经济体制过渡奠定了技术基础。《中华人民共和国标准化法》《中华人民共和国标准化法实施条例》分别于 1988 年、1990 年颁布实施，随后发布的一系列部门规整、规范性管理文件是这一阶段标准化工作的法律依据和标志性成就。

在此期间，我国对标准化的分类进行了调整，分为国家标准、行业标准、地方标准、企业标准，按性质将标准分为强制性标准、推荐性标准。在标准制定领域，由专家组成的专业标准化技术委员会负责起草和审议，同时鼓励采用国际标准和国外先进标准。在标准实施领域，鼓励企业自愿采用推荐性标准，同时推行产品认证制度，这些举措是参照国际通行 ISO 工作制度和我国国情所进行的国家标准化管理体制与国家标准体系重大变革，为我国标准化工作与国际接轨及其以后的发展奠定了坚实的基础。在这一阶段，由于受多领域条件的限制，国家标准体系仍基本上采用以计划为主导、政府为主题的标准化管理模式。

3. 第三阶段（2001 年始）

自进入 21 世纪以来，我国标准化发展向着建立适应社会主义市场经济体制的国家标准体系和标准化管理体制方向发展。为适应加入 WTO 和满足社会主义市场经济体制的需要，我国国家标准化管理委员会（SAC）成立，并开始着手对标准化工作进行系列改革，探索和实践国家标准体系、标准化管理模式的新动向。

8.1.2 标准化发展的现状与问题[4]

1. 标准化发展的现状

我国标准化历经几十年的发展，目前已基本建立起以约 3000 项强制性标准、17 000 余项推荐性标准为主体的标准框架，涵括了基础、方法、安全、卫生、环境、产品、管理及其他等多个领域，其中方法标准、产品标准、基础标准分别占据 40.9%、29.7%、19.0%，是我国当前标准化技术标准的主要构成要素，其他为卫生、安全、管理等相关标准。

从标准体系层次角度来说，目前我国的标准分为国家标准、行业标准、地方标准、企业标准 4 个层次。国家标准的制定、发布由国务院标准化行政主管部门——国家标准化管理委员会负责；行业标准的制定、发布由国务院有关行政主管部门负责；企业标准由企业自行制定、发布，但其所生产产品的标准必须报交当地标准化行政主管部门备案。从标准属性角度来说，国家标准、行业标准、地方标准均可分为强制性标准、推荐性标准，企业标准是其内部使用的标准。从标准成熟度角度来说，分为标准、指导性技术文件两类。从标准化管理体制角度来说，国家标准化管理委员会统一负责管理全国标准化工作；国务院有关主管部门负责管理本部门行业的标准化工作；省、自治区、直辖市质量技术监督局负责管理本行政区内的标准化工作。各级标准化管理部门分别设立相关技术机构，企业设立相应技术岗位管理自身标准化行为。从标准研制运行机制角度来说，国家标准、行业标准、地方标准项目多以自上而下为主、自下而上为辅，标准研制依托单位主要是标准化研究机构、科研院所、专业标准化技术委员会。

目前我国的标准化工作已经取得了令人瞩目的成果,但随着经济全球化及国内社会主义市场经济的发展和我国加入 WTO,部分先行国家标准体系存在的体制性障碍使标准的内容、形式等不符合 WTO 等的要求,不能满足市场经济发展、科技进步的需求,已经成为影响我国经济结构调整、市场秩序规范、产品竞争力提高的重要因素[5]。

2. 标准化发展的问题

在当前我国的标准化进程中,国家标准体系作为标准的系统集成,应具有布局合理、领域完善、结构清晰、系统完善、功能协调的特点,目前受到发展阶段的客观原因影响,尚存在着一定缺陷[6]。

1)标准体系系统性不足,整体布局不合理

标准体系的系统性是指针对领域范围内的所有现行标准,从标准体系的角度而言,需符合"结构清晰、功能明确、布局合理、满足所对应领域对标准总体配置需求"的要求。当前我国标准体系系统性不足的主要表现是:结构整体不完善,功能配置不到位,数量分布不协调及总体发展不平衡。有些领域存在着已制定检验指标而无检验方法或有检验方法却无检验指标的问题,部分子体系领域内标准数量过多、体系内分布不均衡,且传统领域标准多,新兴领域标准少,产品标准比例过大,同时存在着大量标准分布过细、任意拆分现象。

2)标准协调性差,存在交叉矛盾现象

标准体系中不同标准的主要内容或部分内容存在重复,不同标准之间在技术内容、试验方法领域不一致,或由部分内容上重复或有关联标准不协调导致标准之间相互矛盾。同一系统内部由于技术、时间、经费、归属等问题,标准体系内部或标准体系之间不协调、不配套;由于归属领域不同,缺乏相关协调沟通机制,上下游标准、通用与专用标准之间不协调、不配套、重复、矛盾;由于行政或其他原因,不同部门、委员会之间同一个标准体系下的标准重复或矛盾。

3)标准体系完整性差,许多领域缺乏标准。

标准体系完善性差表现出的一个方面是部分领域标准严重缺乏,不能适应市场需求,而同国际标准化组织及先进发达国家对比发现,我国与其在标准体系领域的差距同时是我国在相关领域与其差距的体现,在差距相对较小的领域我国标准体系也较为完善。

4)技术水平偏低,市场适用性差

在国家标准领域,依照"继续有效、继续有效仅需少量修改、继续有效但需与其他标准整合、修订、整合修订、废止"等进行评价,目前需要整合、修改、修订、废止的标准占据的比例较大,其原因是多方面的,包括制修订周期长、不能及时反映市场要求、标龄过长、标准老化严重、采标率虽然较高但采用的多为较老的国家标准。在行业标准领域,标龄长、标准老化情况同样较为明显,其中尚有较多 20 世纪六七十年代的标准,部分早已不能满足当前市场对标准的要求。此外,行业标准采标率较低。

5)标准内容不协调、相互矛盾

现行国家标准、行业标准、地方标准由于经济发展、社会需求增加,针对同样产品、同一对象的日益增多，标准之间的重复、矛盾现象比较突出，往往存在着对同类对象等级划分不一致的现象，在造成监管、流通问题的同时，也成为我国内部市场流通领域的"技术贸易壁垒"，一些质量、环保或安全强制性地方标准限制了外地产品进入本地市场，构成实际上的贸易壁垒，起到保护"局部地方利益"的作用。

6）标准范围过宽，与国际通行协议不符

国际标准中尤其是强制性标准方面，WTO/TBT 协议规定各成员方应以实现 5 个正当目标而制定、实施技术法规。目前我国强制性标准与 WTO/TBT 协议目标不符的主要表现为：方法标准被强制，产品标准中术语、抽样、试验方法等被强制，不需要强制的外观之比等描述性特征被强制，无法检验的指标被强制，待定数据被强制等。地方标准中不合理现象表现为将尺寸、型号、规格、结构等内容强制，或将一般质量要求规定为强制性标准，限制了企业产品的发展。

8.1.3　标准化的作用

标准化的发展对我国科技创新、国际贸易、产业结构调整、市场秩序规范等有着明显的影响[6]。

1. 国内市场面临的冲击和威胁

自从加入 WTO 后，我国传统关税性保护水平逐年降低，进口配额、许可证等非关税性措施逐步减弱、取消，因此标准目前是我国有效化解外国产品对我国市场造成的冲击的重要手段。由于水平偏低，国外产品进入门槛较低，国内部分产业在没有任何保护、屏障的情况下直接受到国外产品冲击，或国外落后、淘汰产品进入我国市场，相关产业面临威胁，消费者利益受到伤害。目前由于我国标准化工作滞后，技术法规研究制定弛缓，我国仍未建立起完善、合理的技术贸易保护措施。

2. 影响国内产品出口

我国标准不能同国际先进标准接轨，这对我国产品出口有着严重的影响，统计显示在受到国外技术壁垒限制的出口企业中，遭遇国外"提高标准"的占 95%，遭遇国外"增加标准"的占 75%，遭遇国外"法规变化"的占 38%。

3. 影响产业结构调整及市场完善

对现有产业技术水平的迁就，使大量满足标准要求但缺乏足够竞争力的产品充斥市场，造成积压、浪费，同时在客观上增加了产业结构调整、升级的难度，此外标准水平偏低、缺乏，使得规范市场经济秩序的技术依据不足，不能发挥有效的技术支撑作用，难以对合格与否或假冒伪劣进行合理判断，削弱了市场监管权威性、公正性，影响市场机制的完善。

4. 影响新型工业化进程

创造一个依靠科技进步、体制完善来提高竞争力的环境是提升我国新型工业化进程的重要技术基础，只有在完善、合理的标准体系条件下逐步淘汰质量差、能耗高的产业，才能促使我国逐步迈入新型工业化国家的行列。就高能耗、高污染的化工领域来说，目前世界发达国家已经基本建立了适应市场经济发展要求的化学危险品标准体系，并逐步达到了比较科学的阶段。

8.2　我国化学品安全生产标准体系

安全生产标准是安全生产法规体系的重要组成部分，是安全生产法律法规贯彻实施的重要手段和技术支撑。国家标准化管理委员会、国家安全生产监督管理总局与国家发展和改革委员会共同组织编制的《2008—2010 年全国安全生产（主要工业领域）标准化发展规划》涵盖了煤矿、金属非金属矿山、冶金、有色金属、化工、石油天然气、石油化工、危险化学品、烟花爆竹、机械安全、通用及其他 12 个领域，包括煤矿安全生产标准、金属非金属矿山安全生产标准、冶金安全生产标准、有色金属安全生产标准、化工安全生产标准、石油天然气安全生产标准、石油化工安全生产标准、危险化学品安全生产标准、烟花爆竹安全生产标准、机械安全标准、安全生产通用标准及其他未涵盖工业领域的标准[7]。其中，危险化学品安全生产标准主要包括爆炸品、易燃气体、易燃液体、易燃固体、自热物质、遇水放出易燃气体的物质、氧化性物质、有机过氧化物等危险化学品的生产、储存、运输、使用、经营和废弃处置等环节的安全生产标准。

8.2.1　安全生产标准体系的内容

安全生产标准分为：基础标准、管理标准、技术标准、方法标准和产品标准 5 类，共同构成了安全生产体系内容（图 8-1）。

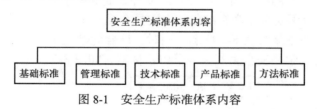

图 8-1　安全生产标准体系内容

1. 基础标准

基础类标准主要指在安全生产领域的不同范围内，对普遍的、广泛通用的共性认识所做的统一规定，在一定范围内可作为制定其他安全标准的依据和共同遵守的准则。其内容包括制定安全标准所必须遵循的基本原则、要求、术语、符号；各项应用标准、综合标准赖以制定的技术规定；物质危险性和有害性的基本规定；材料的安全基本性质及基本检测方法等。

2. 管理标准

管理类标准是指通过计划、组织、控制、监督、检查、评价与考核等管理活动的内容、程序、方式，使生产过程中人、物、环境各个因素处于安全受控状态，直接服务于生产经营科学管理的准则和规定。

安全生产方面的管理标准主要包括安全教育、培训和考核等标准，重大事故隐患评价方法及分级等标准，事故统计、分析等标准，安全系统工程标准，人机工程标准及有关激励与惩处标准等。

3. 技术标准

技术类标准是指对生产过程中设计、施工、操作、安装等的具体技术要求，以及实施程序中设立的必须符合一定安全要求与能达到此要求的实施技术和规范的总称。

4. 方法标准

方法类标准是对各项生产过程中技术活动的方法所作出的规定。安全生产方面的方法标准主要包括两类，一类是以试验、检查、分析、抽样、统计、计算、测定、作业等方法为对象制定的标准，如试验方法、检查方法、分析方法、测定方法、抽样方法、设计规范、计算方法、工艺规程、作业指导书、生产方法、操作方法等。另一类是为合理生产优质产品，在生产、作业、试验、业务处理等方面提高效率而制定的标准。

5. 产品标准

产品类标准是对某一具体安全设备、装置和防护用品及其试验方法、检测检验规则、标志、包装、运输、储存等方面所作出的技术规定。它是在一定时期和一定范围内具有约束力的技术准则，是产品生产、检验、验收、使用、维护和洽谈贸易的重要技术依据，对保障安全、提高生产和使用效益具有重要意义。产品标准的主要内容包括：①产品的适用范围；②产品的品种、规格和结构形式；③产品的主要性能；④产品的试验、检验方法和验收规则；⑤产品的包装、储存和运输等方面的要求。

在此基础上，全国安全生产标准化技术委员会提出了在各个领域都适用的安全生产通用标准子体系，其框架如图 8-2 所示。同时，结合危险化学品安全生产的发展，提出了相对完整的危险化学品安全生产标准子体系框架，如图 8-3 所示。

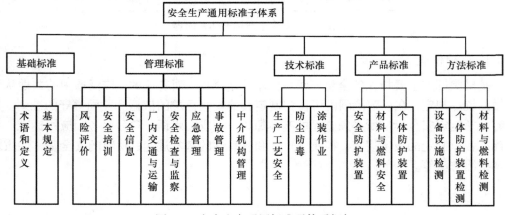

图 8-2　安全生产通用标准子体系框架

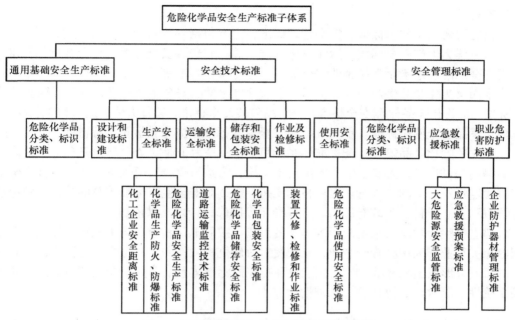

图 8-3　危险化学品安全生产标准子体系框架

8.2.2　危险化学品安全标准体系[8]

　　危险化学品安全标准体系表如图 8-4 所示。危险化学品安全标准体系是以《中华人民共和国标准化法》及其配套法规所规定的标准制定原则为依据，参考化工、石化和石油行业有关安全标准而提出的，总体结构框架分为 4 个层次。

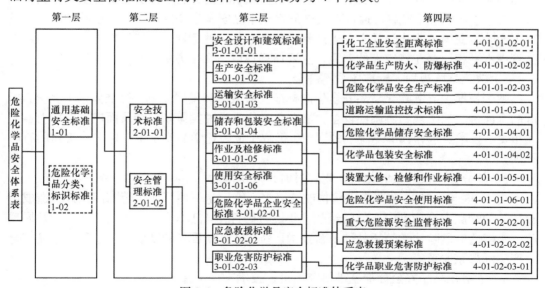

图 8-4　危险化学品安全标准体系表

　　第一层为通用基础安全标准，包括安全通则标准、术语标准、化学品危险性分类和标识等相关标准。

第二层为安全技术标准、安全管理标准，主要包括一些宏观、带指导性的标准。

第三层为生产安全标准、运输安全标准、储存和包装安全标准、作业及检修标准、使用安全标准、危险化学品企业安全标准、应急救援标准等。

第四层为化学品生产防火、防爆标准，危险化学品安全生产标准，道路运输监控技术标准，危险化学品储存安全标准，化学品包装安全标准，装置大修、检修和作业标准，危险化学品安全使用标准，重大危险源安全监管标准，应急救援预案标准等。

建立危险化学品安全生产标准体系的目的：一是为企业安全生产和安全生产整体水平的提高提供保障，为安全生产提供技术支持；二是为政府部门依法行政、进行安全生产监管监察及标准的科学管理提供技术支持。通过对安全生产标准体系的分析，确定重点领域和重点项目，为政府部门制定标准年度制修订计划提供依据。

建立危险化学品安全生产标准体系的原则：按照抓住重点、急用先行的原则，依托国内相关行业和大中型骨干企业，充分发挥科研机构的作用，完善国家与行业标准制修订的机制，形成国家标准、行业标准相互补充的标准体系。建立安全生产标准体系应遵循系统性、层次性、协调性、先进性的原则。

8.2.3　危险化学品安全生产标准体系存在的问题[8]

危险化学品安全关系到人民群众生命财产安全，关系到改革开放、经济发展和社会稳定大局，是贯彻落实科学发展观、构建社会主义和谐社会的必然要求。近年来，党中央、国务院相继采取了一系列重大举措加强与危险化学品安全相关的工作，使得我国与危险化学品安全相关事故呈现总体平稳、趋于好转的势态，但形势仍然严峻，事故总量依然很大，重特大事故时有发生，其中一个重要原因就是危险化学品安全生产法制不健全、安全生产标准不完善。通过对我国危险化学品安全生产标准化工作现状的研究，发现了现阶段我国危险化学品安全生产标准化存在的一些问题，尤其是与国外先进的危险品管理水平相比存在着较大的差距，主要体现在以下几个方面。

1）缺乏整体规划，标准体系不健全

由于长期缺乏危险化学品安全生产标准发展战略和发展规划，标准体系不健全，标准的全面性、系统性和协调性较差，加上危险化学品种类繁杂、涉及面广，出现内容交叉重复、技术要求和标准不统一的现象，影响了危险化学品安全生产标准化工作的有序开展。

2）部分标准没有及时修订，内容过时，规定落后

自 1998 年、2000 年国务院机构改革以来，特别是一些行业主管部门撤销，造成现存危险化学品安全标准中有的已经几十年没有修订，早已不能适应当前科学技术发展现状，不能适应危险化学品新品种、新技术、新工艺、新设备的现状，与危险化学品安全生产实际严重脱节。

3）危险化学品安全标准基础研究不足，技术支撑条件差

我国从整体层面上进行系统的危险化学品标准化研究刚刚开始，研究基础薄弱，还没有形成危险化学品标准化理论和技术框架，更缺乏完善的国家危险化学品标准化体

系，各相关领域研究处于专业条块分割状态。对危险化学品标准化及相应的技术性贸易措施等领域问题的研究普遍存在严重的不足，主要表现在危害的发生机制、识别理论与技术、评价指标体系、危险源的监测监控理论及技术、风险分析技术、预测预警技术、应急处理技术和决策支持技术方面的安全标准缺乏系统研究。尚未建立起足够的危险化学品安全领域内分布较为合理的专业实验室、试验基地、检测与研究中心等。

4）宣传贯彻力度不够，标准实施过程中缺乏有效监督

从危险化学品安全监管工作看，还没有把严格执行危险化学品安全标准纳入安全监管的重要内容，对标准的实施缺乏强有力的监督监察。由于我国危险化学品标准化的构建才刚刚开始，还缺乏较为完整的危险化学品标准化政策、法律、法规体系及执法能力，使危险化学品标准化的发展缺乏有利的外部条件支撑。为此，导致部分企业危险化学品安全生产标准意识淡薄，经营管理者不能自觉执行标准，从业人员行为不规范，"三违"现象较多。

5）危险化学品标准化投入经费不足

近年来，虽然危险化学品标准化工作每年都有一定数量的专项经费，但远不能满足实际的需要，在一定程度上影响标准的制修订进行。危险化学品标准化工作作为社会公益性事业，其投入应以政府为主，我国在此方面至今没有明确、可靠的资金投入渠道。

8.3　发达国家化学品标准体系现状

危险化学品标准已经深入到与危险化学品有关的社会经济生活的各个层面，为相关的法律法规提供技术支持，成为危险化学品市场准入、贸易合同维护与仲裁、合格评定、安全事故鉴定和产品检验检测的重要依据。经过调研发现，目前世界主要发达国家危险化学品标准体系的现状如下[9-11]。

1. 发达国家危险化学品标准大多属于自愿性

由于发达国家的国家标准体系均属于自愿性，因此它们的危险化学品标准不具有强制性。发达国家的标准基本上可分为国家标准、团体（协会、学会）标准和企业标准三个类别，标准的形式包括技术标准、导则、标准案例及公告等，近年来又出现了协议标准和事实标准等新模式，充分体现了标准应尽快反映科学技术进步和满足市场需求的原则。

美国的危险化学品标准体系分为联邦政府标准体系和非联邦政府标准体系。联邦政府标准体系由联邦政府发布，非联邦政府标准体系即各种行业协会和学会的标准，其中部分危险化学品的标准通过美国国家标准学会审查而成为美国国家标准（ANSI）。法国危险化学品标准（NF）由法国标准化协会（AFNOR）设立的专门技术委员会制定。德国危险化学品标准（DIN）由德国标准化学会（DIN）制定，设立有专门的危险化学品标准委员会、工作委员会和相关专题工作组。德国还有一些涉及危险化学品的由专业团体、协会、民间组织制定的标准，如德国工程师协会（VDI）的标准和德国电气工程师协会（VDE）的标准。日本也有若干专业团体、行业协会从事危险化学品的标准化工作，

如海事鉴定协会（NKKK）等，它们接受日本工业标准调查会（JISC）和日本农林标准调查会（JASC）的委托，承担日本工业标准（JIS）和日本农林标准（JAS）中危险化学品标准的研究、起草工作，最后由 JISC 和 JASC 进行审议。这些专业团体和行业协会也自行制定供本行业使用的团体标准。

由此可以看出，美国、法国、德国和日本的专业团体、学会和协会在危险化学品标准化工作中发挥了主导作用。

2. 多层次的危险化学品技术法规体系

美国、欧盟和日本等发达国家和地区十分重视危险化学品技术法规体系的建设，尽管这些国家和地区的危险化学品技术法规在表现形式上有所不同，但有其共同的特点。

——由国家法律法规对危险化学品标准化活动本身进行规范，如日本的《工业标准化法》和《农林产品标准化法》。

——建立不同层次的技术法规体系。例如，欧盟理事会批准发布的指令，只规定涉及安全、卫生、健康、环保等方面的基本要求，至于满足这些基本要求的技术条例，则以标准的形式制定，如欧盟关于打火机、燃气具、气溶胶的安全指令就是如此。

——重点规定有关安全、卫生、健康和环境保护等方面的要求是技术法规的主要内容。

——在技术法规等法律形式文件中引用危险化学品标准，使标准成为技术法规的技术依据和组成部分。

3. 完善的标准实施监督体系

美国、欧盟和日本等发达国家和地区均拥有一整套完善的危险化学品标准实施监督体系，即由市场准入、危险化学品技术法规和标准、合格评定三个相互衔接与配套的环节组成。政府的主要职责是对危险化学品安全的监督与执法。危险化学品要进入市场和流通，首先必须获得市场准入资格。要获得市场准入资格的前提是危险化学品必须符合相应技术法规和标准的规定，并通过一定的合格评定程序来证明，合格评定程序的最主要手段和环节则是危险化学品的安全检验和测试。这就形成了严格的激励和监督机制，促使有关企业尽力开展技术创新，提高危险化学品的安全质量。不然就有可能导致法律的惩罚和失去进入市场的资格，直接危及企业的生存。

4. 规范的合格评定程序

规范的合格评定程序是标准实施监督体系的最重要环节，按照 WTO/TBT 的定义，合格评定程序是指直接或间接用来确定是否达到技术法规或标准的相应要求的法定程序。其中包括取样、测试和检查程序；评估、验证和合格保证程序；注册、认可批准及它们的综合的程序。美国、欧洲和日本等发达国家和地区均有规范的合格评定程序，对危险化学品产品，只有通过合格评定才能获准进入市场。

5. 危险化学品检验机构参加标准的起草和审查

危险化学品的安全检测是衡量危险化学品技术法规和标准是否有效实施的重要手

段，也是保障合格评定程序执行的技术支撑。发达国家的政府部门十分重视危险化学品检验机构、实验室的建立，权威的检测机构可以得到政府的授权。在技术设备和技术手段上，这些国家的检验检测机构几乎都拥有世界上最先进的仪器设备，以满足相关技术法规和标准所规定的技术要求，如德国的 BAM、荷兰的 TNO、加拿大的 HPSL 等。检验检测机构专业人员的水平较高，有的还直接负责或参加有关危险化学品标准的制定和审查工作。尤其是对于进口的危险化学品，发达国家对涉及人身安全与健康、环境保护、包装等方面的检测，呈现越来越严格的趋势。

危险化学品检验检测、合格评定和技术法规是发达国家危险化学品安全标准实施的三大部分，组成了完整的适应市场经济的危险化学品安全监督保障体系。

6. 政府授权民间机构主导的管理体制

发达国家都建立了适应市场经济和国际贸易发展需要的危险化学品标准管理体制。

——政府授权并委托标准化协会或标准化学会统一管理、规划和协调标准化事务，政府负责监管和财政支持。

——标准化协会或学会在标准起草、审查、批准、发布、出版和发行及信息服务等方面具有充分的自主权，形成了严格、高效的工作程序和管理模式，体现了标准制定过程中的广泛参与原则、协调一致原则和公开透明原则。

——国家标准的研究工作和标准起草工作一般委托行业协会、学会等民间团体或研究机构负责，或者对通过审查的协会、学会标准，采用国家标准代号与民间团体标准代号并列的双号制。

——政府给予明确的政策指导和持续的经费支持。

7. 标准制定的市场化原则

发达国家的危险化学品标准制定遵循市场化原则，基本上形成了政府监管、授权机构负责、专业机构起草、全社会征求意见的标准化工作运行机制。这种运行机制可以使危险化学品标准最大限度地满足政府、制造商和用户等有关各方的利益和要求，提高了危险化学品标准制定的效率，保障其公正性和透明度。同时由于采用市场化原则，标准的制修订标准周期较短，标准的市场适应性强。

——市场需求为导向。发达国家的危险化学品标准制定是从市场需要出发的自愿行为，行业协会、学会、企业和个人都可以提出市场需要的危险化学品标准草案，通过规定的审查程序而成为正式标准。标准的层次取决于审查机构的级别，如果通过政府授权的国家标准化机构审查，则可成为国家标准。

——危险化学品标准的制定过程公开、公正。在标准制定过程中，有关方面广泛参与，协商一致，公开透明，标准审查程序严格，执行一套科学、严格、有效的程序，包括：①发布通告，广泛征询各方意见，以最大限度地反映和协调标准有关各方的利益；②由技术委员会对标准进行技术审查，以保证标准中各项技术指标的合理性和标准的技术质量；③由标准审批部门对标准进行程序审查，以避免标准中可能出现的与其他标准或法律法规矛盾等问题。

——企业的广泛参与。发挥企业在危险化学品标准化活动中的主体作用，企业可主动提出标准需求并参与标准制定的整个过程。同时企业的广泛参与有利于提高企业执行标准的自觉性。

8. 标准服务实现市场化、信息化

发达国家的标准服务基本上实现了市场化、信息化。

——标准的实施采用市场机制，包括版权使用、出版发行、文本销售、相关标准化技术服务等都采用市场化手段。一般标准的制定机构和管理机构拥有标准的版权。这些标准化机构主要通过销售标准、实施认证、质量检测和实验室认可、开展培训、咨询服务和收取会员费等方式取得经济收入，以实现标准化工作的良性循环。

——利用高新技术和现代化传媒，开设网站，使标准信息能够及时、准确和有效地传播给标准用户。

——标准化服务信息量大，公开透明，包括标准制修订信息通告、标准文本及其电子版销售等。这不仅符合 WTO/TBT 协定的要求，还扩大了本国标准的影响。

——标准编制、出版、发行、培训、咨询和服务一体化，实行全方位、系统化的服务。

9. 标准制修订经费来源多元化

危险化学品标准的制修订工作属于与政府的公共管理职能密切相关的社会公益事业，发达国家每年都提供充足的政府财政支持，包括每年度的标准制修订经费预算拨款和各种标准化专项资金。同时，利用危险化学品标准服务、鼓励社会捐赠、接受国际援助、企业自动出资等渠道多方筹措资金，给标准工作的开展提供资金支持。

10. 发展趋势

发达国家的危险化学品标准的主要特点是：标准制定与实施以市场为主导；标准采用自愿原则；标准实施与技术法规相配套，并注意与技术法规和合格评定程序紧密结合。同时它们十分注重标准科学公正的制定程序。

发达国家在标准的未来发展方面始终贯穿着通过对标准的发言权，争取标准的制定权，通过标准的制定权，实现科技领域的领导权的战略思想，包括如下内容[12]。

——最大限度追求对国际标准的控制权。

——努力使国家标准国际化，并最终成为国际标准。

——努力提高国际标准采纳本国标准的比例。

——标准研究与科技研发及相关产业政策有机结合，不断提高标准的技术水平。

——在传统领域，标准的主要作用正在由解决产品零部件的通用和互换问题，转变为通过提高标准的技术指标实施技术性贸易措施，为贸易保护服务。

——对于高新技术领域，经济效益更多地取决于技术创新和知识产权，而技术标准就是技术成果的规范化和规则化。各国普遍实行标准化战略与知识产权战略的结合，极力促进科技成果专利化，专利标准化，标准市场化，通过使自己制定的标准成为本领域被普遍采用的技术标准而获得标准垄断地位，通过技术许可方式出售隐含在标准中的专

利技术，在国际市场中获得高额利润，并通过这种技术垄断、标准垄断的合法手段，巩固其在国际上的垄断地位及排挤对手[12]。

——对于新兴行业，最早进入的企业通过争取标准的制定权而成为本产业发展的主导者，标准竞争的趋势日显突出，成为争夺产业制高点的重要手段。

8.4　国外化学品管理经验的启示

美国、欧盟、日本对化学品的管理经过多年的发展和完善，体系相对成熟、技术相对规范、要求相对具体、管理各呈特色，尤其是它们对新化学物质管理体制和经验对其他国家具有较大的启示，同时对我国化学品管理技术研究具有指导性的参考价值。应借鉴其先进的管理经验，根据国情完善我国新化学物质管理制度，最大限度地认识、管理化学物质的风险，以期最大程度地减少其对人类和环境的潜在危害[13, 14]。

1. 完善化学品测试方法，制定与国际接轨的技术标准

根据前面的介绍，联合国 GHS 与欧盟、美国等发达国家在化学品管理规范中对实验数据的提供及测试方法的选取都有一定的规定，均要求在 OECD 的 GLP 框架下进行。为此，OECD 测试指南为化学品安全管理提供了最为通用的化学品测试标准文件或准标准文件。根据化学品管理需要，测试内容包括化学品的物理-化学性质、生物系统效应、降解与蓄积、健康效应四大部分，是有毒化学品三段式（登记-风险评价-风险控制）管理不可缺少的组成部分。

2. 加强计算机技术的运用，研究采用非动物测试数据

随着计算机技术的发展、动物保护主义的呼吁及降低企业申报成本的呼吁，定量构效关系（QSAR）数据已为发达国家所认同，美国已开发多种计算机预测模型，欧盟也在研究和开发非动物实验方法。应在考虑新化学物质管理现状的基础上积极研究化学物质计算机预测模型数据（QSAR）在风险评估及管理决策中的作用，引入采用预测模型，为我国的化学品管理依靠非测试数据进行决策奠定基础。因此，应进一步加强非动物测试数据标准化研究，为我国化学品评估提供强有力的技术支持。

3. 提高测试机构能力，建立 GLP 体系

美国、欧盟、日本等国家化学品的数据测试均要求在 GLP 框架下进行，而我国化学品测试实验室在管理能力及建设水平上与 GLP 国际标准还有差距，这就要求制定与国际化学品相一致的测试方法标准，以及实验室检查标准，快速推进国内实验室 GLP 认证，提高实验室的测试质量，保证化学品测试数据的准确性和科学性，以保障化学物质登记、管理的合理性和科学性。尤其是在新化学物质管理方面，因技术体系复杂，涉及领域广阔，包括识别新化学物质《中国现有化学物质名录》的完善、申报数据测试机构管理、测试方法更新和开发、化学物质认识和评价等技术内容，都需要从标准化的角度进一步完善。

参 考 文 献

[1] 梁丽涛. 发展中的标准化. 北京：中国标准出版社，2013.

[2] 张如喜. 标准化入门 ABCD. 广州：广东科技出版社，2005.

[3] 中国标准化研究院. 国家标准体系建设研究. 北京：中国标准出版社，2007.

[4] 王忠敏. 标准化新论. 北京：中国标准出版社，2004.

[5] 柯俊帆，刘宁. 中国标准化战略发展现状及实施策略. 中国标准化论坛，2014.

[6] 中国标准化研究院. 国内外标准化现状及发展趋势研究. 北京：中国标准出版社，2007.

[7] 国家标准化管理委员会，国家安全生产监督管理局，国家发展和改革委员会. 2008-2010 年全国安全生产（部分工业领域）标准化发展规划. 2008.

[8] 肖寒，梅建，陈会明，等. 我国危险化学品标准现状及发展重点. 中国标准化，2008，（12）：22-25.

[9] 陈淑梅. 以规矩成方圆：欧盟的技术标准化制度. 南昌：江西高校出版社，2006.

[10] 梁燕君. 发达国家标准体系的特色和启示. 对外经贸实务，2008，（9）：15.

[11] 高晓红，康键. 主要发达国家质量监管现状分析与经验启示. 标准科学，2008，（10）：4-8.

[12] 朱翔华，王益谊. 发达国家标准与知识产权结合现状及启示. 信息技术与标准化，2009，（1）：46-50.

[13] 梅建. 国际化学品管理法规和我国危险化学品标准介绍. 中国石油和化工标准与质量，2007，27（1）：24-29.

[14] 于群利. 有关危险化学品管理的国际规章介绍. 化工标准·计量：质量，2004，24（7）：46-48.

第二篇

化学品安全评价技术

第9章 化学品的环境迁移理论与规律

　　化学品的迁移是指化学品，包括化学品原料及存在于各种商品中的化学品通过各种途径转移至环境中的过程。相关的环境包括水、沉积物、土壤、空气及生物圈等介质。化学品在进入环境后会迁移并分布到水、沉积物、土壤、空气和生物圈中，还可能转化为其他化学物质。化学品的迁移可以发生在一种介质内，如空气、土壤中，也可以发生在介质之间，如空气和水之间、空气和土壤之间或水和土壤之间。

9.1　化学品的迁移过程

9.1.1　迁移机制

　　化学品的迁移有两种不同的机制，一种是介质内迁移，即在一个环境介质中从源头开始的迁移；另一种是介质间的迁移，即从一个环境介质到另一个环境介质的迁移。介质内迁移对流动的环境介质，如空气、水和地下水来说非常重要。介质间迁移发生在所有的介质之间，但向固态介质，如沉积物、土壤的迁移最为重要（图 9-1 和图 9-2）。

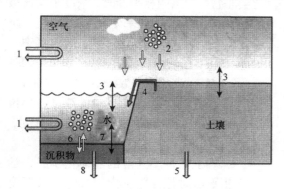

图 9-1　介质内和介质间的迁移过程

1、5、8. 介质内的平流和扩散迁移；2~4、6、7. 介质间的平流和扩散迁移

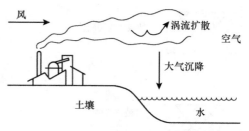

图 9-2　化学品在空气中的介质内迁移及其在空气、水和土壤的介质间迁移

　　介质内迁移的主要方式有平流和扩散。平流使化学品随着介质的流动从一个地方迁移到另一个地方，如风或水流会将化学品或携带化学品的物质带到任何地方。扩散（包括分子扩散、涡流扩散）会使化学品按浓度梯度扩散。化学品在介质中的停滞时间（迁移时间）是影响化学品迁移过程的一个重要因素。化学品在介质内迁移的同时，还伴随有消除过程的发生。例如，一种排放到空气中的化学品降解速率很快，表明该化学品在空气中的迁移时间，即停滞时间很短，因而几乎没有时间发生平流和扩散。化学品在同一种介质中的平流和扩散一般是同时发生的。如果一种化学品持续地排放到空气中或水

中，平流和扩散的联合作用会导致形成烟缕。在排放源周围，化学品的浓度受介质内迁移的影响，其最终结果就是梯度稀释。

介质间迁移（空气-水、水-沉积物等）也由平流和扩散引起。化学品从一种介质迁移到另一种介质就是发生了介质间的平流迁移，如雾、雨滴、悬浮颗粒等从空气中沉降到水、土壤或沉积物中。平流迁移是一种单向现象，化学品随其所在的介质载体沿着介质流动的方向迁移。介质间扩散与介质内扩散相同，是在介质间按浓度梯度弥散的，如蒸发（空气-水扩散）、气体吸收（空气-土壤扩散）等。化学品扩散方向取决于介质之间的浓度差及化学品在水和沉积物之间的扩散交换，其动力来源于化学品为了在不同介质之间达到平衡而形成的运动趋向。

9.1.2　不同相之间的平衡分配

在两种和两种以上介质（相）组成的系统中，如果化学品在各个相中不平衡，则其趋向于从一个相转移到另一个相。热力学第三定律表明，系统会自发地达到吉布斯自由能 G 的最小值。在 G 值最小时，系统达到平衡状态。

在平衡状态时，宏观上看化学品在各个相之间不再迁移，但在微观界面中化学品在不同相中有趋于平衡的趋势，这种趋势可以称为逸散性[1]。逸散性可以理解为化学品从其所在介质中逃逸的趋势。由于逸散性反映的是吉布斯自由能（J/mol 或 Pa·m³/mol）随着浓度（mol/m³）而发生的变化，用压力单位（Pa）来表示。在实际应用中，如果化学品在介质中的浓度够低，相之间的浓度平衡比会是常数。当两相平衡时，浓度平衡比被称为分配系数。如果分配系数（K_{12}）是已知的，可以利用式（9-1）通过其中一相中化学品的浓度求得另一相中的浓度。

$$C_1/C_2 = 常数 = K_{12} \qquad (9-1)$$

式中，C_1 为物质在相 1 中的浓度，单位为 mol/m³；C_2 为物质在相 2 中的浓度，单位为 mol/m³；K_{12} 为分配系数。

对于两种不互溶的液体化学品，达到相平衡时符合能斯特（Nernst）分配定律，此时的浓度比称为 Nernst 常数。对于空气-水系统来说，适用的平衡方程是亨利定律。而对于固体-水系统，平衡常数称为分配系数 K_p（多用于水生系统）或分配常数 K_d（多用于陆生系统）。如图 9-3～图 9-6 所示[2]，绝大部分化学品的分配系数可以通过试验测量得到，但也有些化学品无法获得试验数据，必须使用估算法。但估算法也仅限于具有一定试验数据基础的化学品。

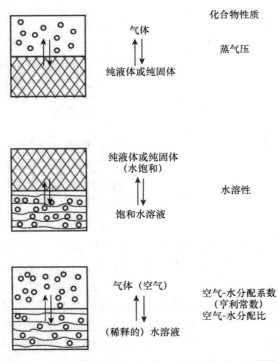

图 9-3　影响两相之间平衡分配的化合物的重要特性

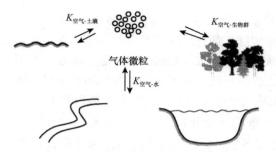

图 9-4　大气和地表之间的气体交换

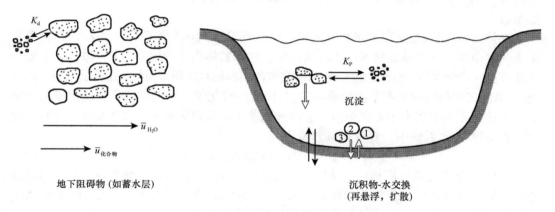

图 9-5　自然界水域中的沉积物-水交换

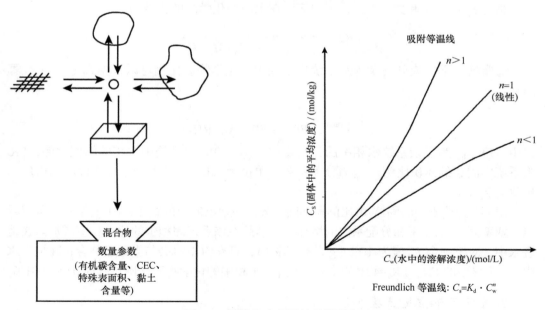

图 9-6　固体和水之间的吸附平衡

1. 沉积物-水、悬浮物-水和土壤-水平衡

水和固体之间达到平衡分配是化学物质吸附在微粒表面的结果。对于水中浓度低的

化学物质来说，浓度平衡比通常是一个常数，如式（9-1）所示。对于浓度高的化学物质，试验中常可观察到浓度平衡比取决于具体的浓度。在这种情况下，浓度之间的关系用非线性吸附等温线来表示。例如，Freundlich 等温线方程常用于拟合试验观察到的非线性吸附（图 9-6）。该机制一般是基于土壤、沉积物或悬浮固体中的有机碳含量及化学物质的正辛醇–水分配系数来模型化的，使用了简单回归方程：

$$\lg K_p = \lg(\lg K_{oc} \cdot f_{oc}) = a \lg K_{ow} + b + \lg f_{oc} \tag{9-2}$$

式中，K_p 为固体-水分配系数，单位为 L/kg；K_{oc} 为有机碳在固体-水系统的分配系数，单位为 L/kg；f_{oc} 为固体中的有机碳含量，单位为 L/kg；K_{ow} 为化学物质的正辛醇-水分配系数。

固体-水分配系数是以"单位质量的固体中所含水的体积单位"来表示，其物理意义为"水中所含化学品的量等于 1kg 固体物质时水的体积（单位为 L）"，单位为 L/kg。由此可见，化学物质的分配取决于分配系数和各相的相对体积。例如，在表层水中，固体-水比率比在沉积物和土壤系统里要小得多，因此一种化学品分配到沉积物或土壤微粒中的程度比分配到表层水中要高得多。这种分配遵守介质间平衡常数和质量守恒方程。例如，在悬浮物-水系统中，质量守恒方程为

$$V_w \cdot C_{tot} = V_w \cdot C_w + M_s \cdot C_s \tag{9-3}$$

式中，C_s 为化学物质在固相中的浓度，单位为 mol/kg；C_w 为化学物质在水相中的溶解浓度，单位为 mol/L；C_{tot} 为化学物质在水系统中的总浓度，单位为 mol/L；V_w 为水系统的体积，单位为 L；M_s 为水系统中固相的质量，单位为 kg。

结合式（9-1）和式（9-3），可知溶解在水中的化学品的比例为

$$FR_{water} = \frac{C_w}{C_{tot}} = \frac{1}{1 + K_p \cdot M_s / V_w} \tag{9-4}$$

通常情况下，成分混杂的水系统里水相中的化学物质比例可以根据式（9-5）计算出来：

$$FR_{water} = \frac{FR_w}{FR_w + FR_s \cdot K_p \cdot RHO_s} \tag{9-5}$$

式中，FR_{water} 为复杂系统水相中的化学物质比例；FR_w 为系统中水相的体积比例；FR_s 为系统中固相的体积比例；K_p 为分配系数，单位为 L/kg；RHO_s 为系统中固相的密度，单位为 kg/L。

图 9-7 为按不同的固体-水比例和不同的分配系数绘制出的式（9-4）的结果。可以看出，随着固体-水比率和分配系数的增加，化学品在该系统固相中的比例相应增加。在地表水中，对于一个 K_p 值为 10^5 L/kg 的化学物质，只有约 10% 会与微粒相结合；在地表水中，一个典型的 $FR_w = FR_s = 40\%$ 的土壤系统中，水相中的化学物质比例只有约 0.000 001%。

2. 空气-水和空气-土壤平衡

亨利定律常数可以由蒸气压（P_v）和纯化合物溶解度的比例得到，溶解度见式（9-6）。空气-水浓度比可以通过在亨利定律常数中引入一个"无量纲"分配系数得到，见式（9-7）。无量纲空气-土壤浓度比可以用同样的方法获得，见式（9-8）和图 9-4。

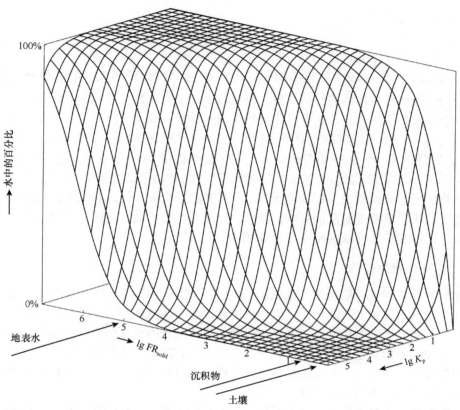

图 9-7　固体-水系统中作为固体-水比例（FR$_{solid}$）和分配系数（K_p）函数的水相中的化学物质的比例

$$H = \frac{P_{L,S}^{S}}{S_{L,S}} \qquad (9\text{-}6)$$

$$K_{\text{air-water}} = \frac{C_{\text{air}}}{C_{\text{water}}} = \frac{H}{R \cdot T} = \frac{P_{L,S}^{S} / S_{L,S}}{R \cdot T} \qquad (9\text{-}7)$$

$$K_{\text{air-soil}} = \frac{C_{\text{air}}}{C_{\text{soil}}} = \frac{C_{\text{air}}}{C_{\text{water}}} \cdot \frac{C_{\text{water}}}{C_{\text{soil}}} = \frac{K_{\text{air-water}}}{K_p \cdot M_s / V_w} \qquad (9\text{-}8)$$

式中，H 为亨利定律常数，单位为 Pa·m³/mol；$P_{L,S}^{S}$ 为纯液体或固体的蒸气压，单位为 Pa；$S_{L,S}$ 为纯液体或固体在水中的溶解度，单位为 mol/L；$K_{\text{air-water}}$ 为无量纲空气-水浓度平衡比；R 为摩尔气体常数，数值为 8.314Pa·m³/（mol·K）；T 为空气-水界面温度，单位为 K；$K_{\text{air-soil}}$ 为无量纲空气-土壤浓度平衡比；K_p 为土壤-水分配系数，单位为 L/kg；M_s 为水系统中固相的质量，单位为 kg；V_w 为水系统的体积，单位为 L；C_{air}，C_{soil} 和 C_{water} 为浓度，单位为 mol/L。

3. 空气-气溶胶平衡

空气-气溶胶平衡涉及的空气-气溶胶分配系数一般指化学品结合在气溶胶中的比例。气溶胶中的化学品比例与其饱和蒸气压 P_v 成反比。气溶胶中的化学物质比例可通过式（9-9）来估算[3]。

$$FR_{airosol} = \frac{c\Theta}{P_L^S + c\Theta} \qquad (9\text{-}9)$$

式中，$FR_{airosol}$ 为气溶胶中的化学物质比例；Θ 为单位体积的气溶胶表面积，单位为 m^2/m^3；P_L^S 为纯液体化合物的蒸气压，单位为 Pa；c 为常数，单位为 Pa·m。

对于多数化学品，尤其是有机化合物来说，常数 c 取决于冷凝热和分子质量。假设 c 为 0.17Pa·m，则气溶胶的表面积由当地的大气污染状况决定。例如，在乡村环境下，气溶胶表面积 Θ 为 $3.5\times10^{-4}m^2/m^3$；污染较严重的市区或工业区，Θ 值估算为 $1.1\times10^{-3}m^2/m^3$。将 Θ 值代入式（9-9）后可以看出，气体粒子的分配对于 P_v 值低于 10^{-3}Pa 的有机物的迁移来说较为关键。由于 P_v 受温度的影响很大，因此吸附到微粒表面上的化学物质的比例就要受温度的影响。例如，对于某些化学品，在热带地区其主要停滞在气相中，而在北极寒冷地区则是在微粒相中。

9.1.3　空气介质内迁移

化学物质在空气介质内的迁移、转化和去除（沉降作用）主要限于地表上空 2～3km、通常称为大气边界层的薄层中。平流迁移的动力是由大气压差产生的水平方向的风。在近地表处，地势粗糙引起摩擦，风速和风向都会改变。由风速和风向变动产生的机械湍流会很大程度地影响空气污染物的稀释率。在太阳辐射下，地表发热导致的空气上升运动会引起另外一种湍流，其结果是冷空气取代了上升的热空气。上述两种类型湍流的纵向范围可以达到几个数量级（$10^{-3}\sim10^2$m）。

与扩散相比，湍流是一个很重要且有效的扰动过程。在化学品的平流迁移和扩散过程中，影响平流和扩散的大规模的气象变化有：①风切变，由地表摩擦引起，平流迁移随着高度在方向和速度上逐渐变化；②由云层中高压或低压系统或地势（如山脉等）引起的大规模垂直大气运动。

化学品在大气中迁移时，时间和空间规模密切相关（表 9-1）。化学物质在大气中的滞留时间决定了它从源头开始能够迁移的距离。在污染源的周边地区（≤30km），污染物浓度主要由平流和扩散控制。

表 9-1　化学品在大气中迁移时空间和时间的对应关系

水平迁移区域与距离		时间	垂直迁移区域与距离	
当地	0～10km	秒		
	0～30km	小时	边界层	0～3km
中尺度	<1000km	天		
大洲	<3000km	天	对流层	<12km
半球		月		
全球		年	同温层	<50km

9.1.4　水介质内迁移

化学品在水介质内的迁移需要考虑水介质的环境要素，对于不同的地表水，如河流、湖泊、海洋来说，化学品在其中的迁移过程是不同的。水介质内化学品的迁移需应用不同环境的水模型来描述，不同类型水模型之间在一些方面存在差别，如有以下几方面：①稀释模型方面的复杂性。②排放后化学物质归趋模型的复杂性。③通用和定点专有模型。④稳态和动力计算。

　　选择水模型时需要考虑化学品迁移至水体后的混合情况。例如，化学品随废水排放到地表水中后并不会立即混合；水体中的湍流会导致废水中的化学物质向四处扩散，直至浓度达到均一为止。化学品迁移至水体中后是否会对周围环境造成不利影响，取决于化学品在水介质内的混合范围和程度。以河流为例，化学品随废水排放至河流中后的混合过程分为三个连续的区域。

　　第一阶段：近区。排出的废水在垂直方向混合，混合情况取决于废水喷流的初始动量和浮力。

　　第二阶段：混合区。覆盖河流宽度的横向混合，取决于接纳水体的湍流和流量；如果是持续排放，就可以在横截面上看到一个逐渐增宽的扩散带。

　　第三阶段：远区。当横截面上的混合完成后，纵向扩散将决定排放物的浓度分配。

　　图 9-8 示意了化学品随废水排放至河流后上述三种区域的混合过程，废水排放的方式包括连续排放和事故引发的化学泄漏两种情况[4]。在河流系统中，由于所排废水的初

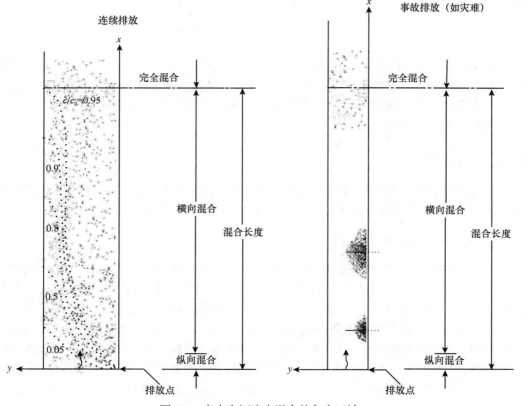

图 9-8　废水在河流中混合的各个区域

始动量和浮力大，以及河流的宽度比深度大等，一般情况下纵向混合比横向混合要快。由于纵向混合是一种局部或近区现象，因此化合物在河流中的分布可用一个包括宽度和长度的二维模型来描述（大多数情况下在有湍流的系统中深度，即第三维度也很重要）。在第三阶段，横向混合完成，此时采用一维模型即可。

对于湖泊和海洋系统来说，化学品在其中的扩散就完全不同，可以想象，第三阶段及完全混合的最后状态可能永远无法达到。因为在河流或运河中，扩散的范围由系统的边界所界定，而在湖泊和海洋中，其边界条件为无穷大，发生的是"无范围"的扩散。

在选择水模型进行化学品在水介质内迁移的研究时，化学品在不同的扩散阶段及水流类型这两个因素至关重要。以河流为例，化学品随废水进入河流后，混合区的浓度分布可用二维模型进行计算。在所有的水模型中，假设化学物质在水中都是可溶解的。对于不溶解的情况，在化学品扩散过程中会发生化学品的沉淀和随后的再悬浮过程，此时可借助固相和水相之间的平衡交换扩散模型进行浓度就算。对于包括沉淀/再悬浮、吸附/降解等复杂过程的扩散，可以采用箱模型或区间模型。另外，在湖泊、河口和近海环境中会出现分层情况，但大多数的水模型不考虑分层。

化学物质在湍急的自然溪流之中扩散和混合的研究也有文献报道。在扩散和混合过程中，模型的选择取决于混合区的长度[5, 6]。假定河流的平均深度为宽度的 0.4 倍，则混合区的长度可以按式（9-10）进行计算[7]：

$$L_{\mathrm{mix}} = \frac{0.4\bar{v} \cdot w^2}{D_y} \tag{9-10}$$

式中，L_{mix} 为混合区的长度，单位为 m；D_y 为横向扩散系数，单位为 m²/s；w 为水系统的宽度，单位为 m；$\bar{v}$ 为河流横截面上的平均水流速度，单位为 m/s。

根据系统宽度、流量和湍流速度的不同，混合区的长度短则 500m，对于高湍流系统，则可长到 10～100km。

9.1.5　介质间迁移

介质间迁移是介质间扩散和平流这两种基本过程的结果。这两种过程可以用简单模型（参见图 10-11）加以描述[8]。多介质迁移中，以下 5 种情况是主要方式。

1. 土壤过滤和沉积物掩埋

通过土壤过滤和沉积物掩埋的方式进行迁移与化学物质在土壤上层区间（大气和水）的分布浓度有关。因此，土壤过滤和沉积物掩埋是化学物质从上层往下迁移，与化合物在空气和水中的平流扩散相似，土壤过滤和沉积物掩埋可以视为一个消除过程。

从土壤上层到地下水的迁移一般以过滤渗透的方式进行。如果将地下水视为土壤系统的一部分，则土壤上层到地下水的迁移就应该看作是介质内迁移；如果将地下水视为一种单独介质，则应该看成是介质间迁移[9]。在大多数多介质模型中，将土壤过滤的过程简化为固相和孔隙水相之间的平衡。因此，化学物质从土壤上层过滤可以视为一级消除过程：

$$\mathrm{LEACH} = \frac{\mathrm{RAIN} \cdot \mathrm{FR}_{\mathrm{inf}}}{\mathrm{FR}_{\mathrm{w}} + \mathrm{FR}_{\mathrm{s}} \cdot K_{\mathrm{p}} \cdot \mathrm{RHO}_{\mathrm{s}}} \cdot \mathrm{AREA}_{\mathrm{soil}} \cdot C_{\mathrm{soil}} \tag{9-11}$$

式中，LEACH 为化学物质从上层土壤的移除的速率，单位为 mol/s；RAIN 为湿析出率，单位为 m/s；FR_{inf} 为渗入土壤的雨水中化学物质比例；$AREA_{soil}$ 为土壤面积，单位为 m^2；FR_w 为土壤系统中水相的体积比例；FR_s 为土壤系统中固相的体积比例；K_p 为土壤-水分配系数，单位为 L/kg；RHO_s 为土壤系统中固相的密度，单位为 kg/L；C_{soil} 为土壤中化学物质的浓度，单位为 mol/m^3。

显然，化学物质的 K_p 对其在土壤中的消除有重要的影响。图 9-9 是按不同的土壤-水分配系数显示的化学物质从土壤通过过滤消除的半衰期。

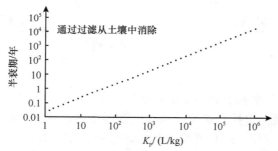

图 9-9 不同土壤-水分配系数 K_p 情况下化学物质通过过滤从土壤中消除的半衰期
混合深度=5cm，FR_W=FR_S=0.4，雨量=760mm/年，FR_{inf}=0.4

在沉积物中也会发生类似的迁移现象。地表水可以渗入沉积物中，继而携带着化学物质从沉积物上层向下迁移，反之亦然。由此引起的物质流动的量可由式（9-11）推导得出。与土壤过滤迁移方式不同，沉积物掩埋会产生一个特别的现象，即发生在该层沉积物中的迁移会不断地被新沉积物所掩埋，由此就会发生上层的化学物质会迁移到更深的沉积物中。这种通过掩埋从沉积物上层开始的"迁移"过程可以用式（9-12）来描述：

$$BURIAL = NETSED \cdot AREA_{send} \cdot C_{send} \tag{9-12}$$

式中，BURIAL 为物质通过沉积区间的掩埋量，单位为 mol/s；NETSED 为净沉积率，单位为 m/s；$AREA_{send}$ 为沉积物-水界面的面积，单位为 m^2；C_{send} 为沉积物中化学物质的浓度，单位为 mol/m^3。

2. 湿、干大气沉降

大气中的化学物质通过沉降作用从大气迁移到水和土壤中（图 9-10）。沉降过程分为湿沉降（沉降介导）和干沉降两种。湿沉降是雨除（云内）和冲刷（云下）两种作用的总和。干沉降是气溶胶沉降和气体吸收两种作用之和。在多介质环境中，干沉降一般被认为是双向交换过程的一部分，而雨除、冲刷和气溶胶沉降则是单向的平流迁移，即化学物质从大气层迁移到水和土壤中。气体吸收是一种扩散机制。如果化学物质在空气中的逸散性比在水或土壤中的逸散性大，则气体吸收过程就是一个从气相到水或土壤的净吸收过程；如果在水或土壤中的逸散性比在空气中大，则结果刚好相反，从水或土壤中向空气净挥发。这两种过程是化学物质进入水或土壤中通常采用的途径。在这种情况下，吸收和挥发同时发生，最终的结果是化学物质在介质间有效迁移。

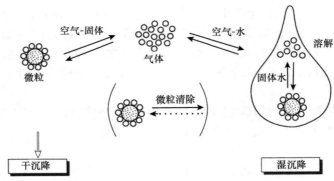

图 9-10　大气沉降机制

1）干沉降

化学物质从空气到水和土壤的干沉降机制见图 9-11 迁移[10]。干沉降过程中主要阻力来自空气-地表界面，包括化学物质从空气到界面的迁移、穿过界面后的扩散和从界面到固体表面的迁移过程。由此可见，干沉降的速率 V_d 取决于大气湍流、地表的物理结构和沉降物的化学成分。对于易溶或性质活泼的气体，地表的阻抗很小，在地表湿润的情况下更小；而对于脂溶性物质（如有机化合物），树和农作物的覆盖阻抗更小，因为植被表面的阻抗比较低，所以有较高的沉降速率。

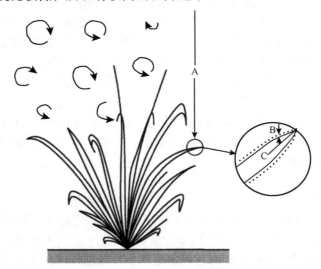

图 9-11　干沉降的三步机制[10]

A. 在地表的邻近区域中从混合层到薄片亚层的迁移，该迁移由混合层中的湍流扩散控制；B.典型的 0.1～1mm 薄片亚层的迁移，对于气体而言，该过程由分子扩散控制，对于气溶胶来说，则由 Brownian 扩散控制；C. 吸附到地表，地表和沉积物的化学性质与生物反应性决定了实际上有多少物质在地表被消除

对于以干沉降作为主要迁移方式的化学物质来说，可以通过吸附到土壤与植被，或通过附着到载体微粒上的方式从大气中清除。因此，载体微粒的大小对清除速率有直接的影响。小微粒的清除可以看成与气体运动类似。粒径大于 2μm 的微粒在重力作用下可通过沉降高效地从大气中去除。粒径为 0.1～10μm 的微粒，惯性挤压的作用更加明显

一些，但该作用受由地形变化引起的空气流动速度和湍流强度的影响较大。

载体微粒的大小不仅决定了其清除速率，而且对其在大气中存在的时间也有直接的影响。载体微粒在大气中停滞时间的长短与微粒离开源头时其粒径的大小有关。一般来说，化学物质通过气溶胶干沉降从大气中消除与其在气溶胶微粒中的浓度和微粒的沉降速率成比例。粒径大于 10μm 的微粒主要通过沉积作用沉降，较大微粒中的化学物质通常沉降在其源头附近。进入水或土壤的沉降速率可以用式（9-13）表示：

$$DRYDEP_{aerosol} = vd_{aerosol} \cdot AREA_{water\ or\ soil} \cdot C_{air} \cdot FR_{aerosol} \tag{9-13}$$

式中，$DRYDEP_{aerosol}$ 为化学物质通过气溶胶微粒干沉降从大气中消除的速率，单位为 mol/s；$vd_{aerosol}$ 为气溶胶微粒的沉降速率，单位为 m/s；$AREA_{water\ or\ soil}$ 为空气-水或空气-土壤界面的面积，单位为 m^2；C_{air} 为空气中化学物质的浓度，单位为 mol/m^3；$FR_{aerosol}$ 为气溶胶微粒中的化学物质比例[式（9-9）]。

2）湿沉降

湿沉降包括以下过程。

a. 冲刷或云下清除，发生在云下，气体或微粒被落下的雨滴吸收的过程。

b. 雨除或云内清除，发生在云内，气体或微粒被云滴吸收，然后化学物质被接下来的雨滴消除。

以湿沉降方式进行清除的效果与多种因素有关，如沉降持续时间和强度、降水的类型（雨、雪、冰雹）及雨滴的大小和数量，化学物质在雨雪中的溶解度也是重要的影响因素。对于可溶性气体和直径大于 1μm 的气溶胶，冲刷是一种高效的清除机制。对于溶解性较差的气体，下降的雨滴只能在云下吸收较少的化合物。当云下的化学物质浓度比云内浓度高得多时，冲刷的作用更加明显。在云内，气溶胶被云滴吸收是一个重要且高效的过程。在绝大部分情况下，冲刷是气溶胶最重要的清除方式。一般来说，湿沉降的清除速率可以用一个以清除系数 Λ 定义的线性过程来描述，该系数由气体和气溶胶两部分组成：

$$WETDEP = \Lambda \cdot AREA \cdot z_{air} \cdot C_{air} = (\Lambda_{gas} + \Lambda_{aerosol}) \cdot AREA \cdot z_{air} \cdot C_{air} \tag{9-14}$$

式中，WETDEP 为大气中化学物质通过湿沉降的清除速率，单位为 mol/s；Λ 为总清除系数，单位为 1/s；Λ_{gas} 为气体清除系数，单位为 1/s；$\Lambda_{aerosol}$ 为气溶胶清除系数，单位为 1/s；AREA 为水-土壤界面总面积，单位为 m^2；z_{air} 为空气混合层的高度，单位为 m；C_{air} 为化学物质在空气中的浓度，单位为 mol/m^3。

一般情况下，假设雨相和气相处于平衡，则气体清除系数 Λ_{gas} 可以通过空气-水分配系数 $K_{air-water}$、降水强度和空气层高度估算：

$$\Lambda_{gas} = \frac{RAIN}{z_{air}} \cdot \frac{FR_{gas}}{K_{air-water}} = \frac{RAIN}{z_{air}} \cdot \frac{1 - FR_{aerosol}}{K_{air-water}} \tag{9-15}$$

式中，RAIN 为降水强度，单位为 m/s；FR_{gas} 为气相中的化学物质；$K_{air-water}$ 为空气-水分布常数，单位为 m^3/m^3；$FR_{aerosol}$ 为气溶胶中的化学物质。

在计算气溶胶清除系数 $\Lambda_{aerosol}$ 时，每滴雨可以清扫相当于其自身体积大约 200 000 倍的空气，由此得出式（9-16）[1]：

$$A_{aerosol} = \frac{RAIN}{z_{air}} \times 2 \times 10^5 \cdot FR_{aerosol} \qquad (9\text{-}16)$$

由于每种化学物质与气溶胶微粒结合的趋向不同，与不同粒径微粒结合的比例也不一样，因此式（9-13）中的气溶胶微粒的沉降速率 $vd_{aerosol}$ 和式（9-14）中的气溶胶清除系数与化学物质的种类有很大的关系。

3. 挥发和气体吸附

化学物质从水和土壤迁移至空气（气相）中的过程可以用双阻抗方法进行研究[11]。该方法认为介质间迁移的主要阻力来自界面两边的薄层。化学物质穿透双层界面主要通过分子扩散完成，因此化学物质穿透双层界面的快慢取决于进入和离开这个界面的迁移速率。以双阻抗方法为基础的化学物质在空气和水之间的传质为例[1, 11]，化学物质迁移的方向取决于其在空气和水中的浓度。如果化学物质在水中的实际浓度比在水中的平衡浓度高，化学物质就会从水相挥发到气相；如果化学物质在空气中的实际浓度比在空气中的平衡浓度高，化学物质就会从空气中被吸收到水中。用逸散性概念描述该过程就是纯扩散是化学物质从逸散性最高的相转移到逸散性最低的相。在界面处，空气和水的化学物质浓度处于平衡状态，逸散性相等。传质速率（挥发或气体吸收）通常用"总"传质系数来量化。该过程可以理解为化学物质像一个与总传质系数等速的活塞一样被推过界面。式（9-15）给出了通过界面的质量流量：

$$VOLAT或ABSORB = AREA_{aerosol} \cdot K_{water} \cdot \left(C_{water} \frac{C_{air}}{K_{air\text{-}water}} \right) \qquad (9\text{-}17)$$
$$= AREA_{water} \cdot K_{air}(C_{air} - C_{water} \cdot K_{air\text{-}water})$$

式中，VOLAT 为通过挥发从水中消除的速率，单位为 mol/s；ABSORB 为从空气吸收到水中的速率，单位为 mol/s；$AREA_{water}$ 为空气-水界面的面积，单位为 m^2；K_{water} 为水中的总传质系数，单位为 m/s；K_{air} 为空气中的总传质系数，单位为 m/s；$K_{air\text{-}water}$ 为空气-水分配系数，单位为 m^3/m^3；C_{water} 为水中化学物质的浓度，单位为 mol/m^3；C_{air} 为空气中化学物质的浓度，单位为 mol/m^3。

如式（9-17）所示，质量流量可由 VOLAT 或 ABSORB 中的任一项为基础来表达。两相中"活塞"的速率是不同的。尽管化学物质迁移进出界面的量是相等的，但其在两相中的浓度不一样。在相对"稀薄"的空气中，"活塞"运动通常比在水中要快。水和空气中的总传质系数由式（9-18）和式（9-19）导出：

$$K_{water} = \frac{kaw_{air} \cdot kaw_{water}}{kaw_{air} + \dfrac{kaw_{water}}{K_{air\text{-}water}}} \qquad (9\text{-}18)$$

$$K_{air} = \frac{kaw_{air} \cdot kaw_{water}}{kaw_{air} \cdot K_{air\text{-}water} + kaw_{water}} \qquad (9\text{-}19)$$

式中，K_{water} 为水中的总传质系数，单位为 m/s；K_{air} 为空气中的总传质系数，单位为 m/s；kaw_{air} 为空气-水界面空气侧的传质系数，单位为 m/s；kaw_{water} 为空气-水界面水侧的传质系数，单位为 m/s；$K_{air\text{-}water}$ 为空气-水分配系数，单位为 m^3/m^3。

空气中传质系数与水中传质系数的比值等同于无量纲介质间分配系数。因为化学物质穿透薄膜是通过分子扩散机制完成的，所以部分传质系数与化学物质在空气和水中的扩散系数成正比，与空气和水之间薄膜的厚度成反比。化学物质的扩散系数与其传质系数有直接关系。由于不同物质的扩散系数相差不大，因此化学物质的部分传质系数也几乎是相同的。传质系数受界面参数的影响较大。典型的 kaw_{air} 和 kaw_{water} 分别是 10^{-3}m/s 和 10^{-5}m/s。在空气-水界面的迁移过程中，如果空气中化学物质的浓度可以忽略不计，则迁移过程只是挥发，且该挥发过程可以视为水中的线性消除过程：

$$VOLAT = K_{water} \cdot AREA_{water} \cdot C_{water} = \frac{kaw_{air} \cdot kaw_{water}}{kaw_{air} + \frac{kaw_{water}}{K_{air-water}}} \cdot AREA_{water} \cdot C_{water} \quad (9-20)$$

挥发速率常数为

$$k_{volat} = K_{water} \cdot \frac{AREA_{water}}{VOLUME_{water}} = \frac{K_{water}}{DEPTH_{water}} \quad (9-21)$$

式中，k_{volat} 为从水中挥发的假线性速率常数，单位为 1/s；K_{water} 为水中的总传质系数，单位为 m/s；$AREA_{water}$ 为空气-水界面的面积，单位为 m^2；$VOLUME_{water}$ 为水区间容积，单位为 m^3；$DEPTH_{water}$ 为水柱深度，单位为 m。

由式（9-20）和式（9-21）可以看出，亨利定律常数不同的化学物质其挥发速率常数是不同的。如图 9-12 所示，以典型 2m 深的水为例，以挥发半衰期对空气-水分配系数 $K_{air-water}$ 作图。$K_{air-water}$ 值较小的化学物质，挥发半衰期与 $K_{air-water}$ 成反比。$K_{air-water}$ 值较大时，化学物质以最大速率挥发，半衰期变得很短，而与 $K_{air-water}$ 值无关。以同样方式可以得出化学物质从土壤或植被中挥发，以及气体中化学物质被土壤或植被吸收的类似过程方程。

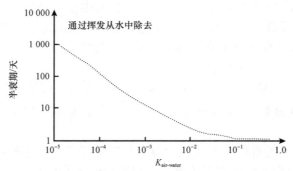

图 9-12　化学物质从水体（深度为 2m）中通过挥发作用消除的半衰期

4. 土壤流失

土壤流失在城市和乡村存在一定的差别。但无论过程如何，其结果都是到达土壤的部分雨水流入地表水中。在城区，大部分的地面经过人工铺设，几乎所有的降水都汇集到了排水系统，至此雨水再改变方向进入污水处理设备或者排入地表水系统中；在乡村地区，雨水直接流入地表水系统中。随着地表水的流失，土壤颗粒被冲走（侵蚀）。溶于水中或者结合在土壤颗粒中的化学物质通过这种机制从土壤中迁移到水里。假定从土壤中流出的水与土壤中化学物质已经是平衡的，根据式（9-22）可以计算化学物质的质量流量：

$$\mathrm{RUN\text{-}OFF} = \left(\frac{\mathrm{RAIN} \cdot \mathrm{FR_{run}}}{\mathrm{FR_w} + \mathrm{FR_s} \cdot K_p \cdot \mathrm{RHO_s}} + \mathrm{EROSION_{soil}} \right) \cdot \mathrm{AREA_{soil}} \cdot C_{\mathrm{soil}} \quad （9\text{-}22）$$

式中，RUN-OFF 为化学物质从土壤流失到水中的速率，单位为 mol/s；RAIN 为降水强度，单位为 m/s；$\mathrm{FR_{run}}$ 为渗入土壤中的雨水的化学物质比例；$\mathrm{FR_w}$ 为土壤系统中水相的体积；$\mathrm{FR_s}$ 为土壤系统中固相的体积；K_p 为土壤-水分配系数，单位为 L/kg；$\mathrm{RHO_s}$ 为土壤系统中固相的密度，单位为 kg/L；$\mathrm{EROSION_{soil}}$ 为化学物质从土壤中冲入到地表水中的速率，单位为 m/s；$\mathrm{AREA_{soil}}$ 为土地面积，单位为 $\mathrm{m^2}$；C_{soil} 为土壤中化学物质的浓度，单位为 $\mathrm{mol/m^3}$。

5. 沉积物-水交换

沉积物-水界面的迁移可以用与空气-水和空气-土壤界面迁移同样的方式进行描述。迁移的方式依然包括平流迁移（如沉降和再悬浮）和扩散迁移（如沉积物吸附和沉积物脱附）。在估算化学物质以悬浮颗粒沉降方式从水迁移至沉积物的平流迁移速率时，首先需要知道颗粒物中化学物质的浓度。一般情况下，假定悬浮颗粒和水相之间化学物质已经达到平衡，则通过沉降消除水中化学物质的速率可用式（9-23）得到：

$$\begin{aligned}\mathrm{SED} &= \mathrm{SETTL_{vel}} \cdot \mathrm{AREA} \cdot \mathrm{SUSP} \cdot C_{\mathrm{susp}} \\ &= \mathrm{SETTL_{vel}} \cdot \mathrm{AREA} \cdot \mathrm{SUSP} \cdot K_p \cdot C_{\mathrm{water}}\end{aligned} \quad （9\text{-}23）$$

式中，SED 为化学物质通过沉积从水中消除的速率，单位为 mol/s；$\mathrm{SETTL_{vel}}$ 为悬浮颗粒的总沉降速率，单位为 m/s；AREA 为沉积物-水界面的面积，单位为 $\mathrm{m^2}$；SUSP 为水柱中悬浮颗粒的浓度，单位为 $\mathrm{kg/m^3}$；C_{susp} 为悬浮颗粒中化学物质的浓度，单位为 mol/kg；K_p 为悬浮物-水分配系数，单位为 $\mathrm{m^3/kg}$；C_{water} 为水中化学物质的浓度，单位为 $\mathrm{mol/m^3}$。

沉降过程中，如果伴随有重新悬浮的情况，则化学物质通过沉降作用的净去除速率（NETSED）可用式（9-24）表示：

$$\mathrm{NETSED} = \mathrm{AREA} \cdot (\mathrm{SETTL_{vel}} \cdot \mathrm{SUSP} \cdot K_p \cdot C_{\mathrm{water}} \cdot \mathrm{RESUSP_{rate}} \cdot C_{\mathrm{sed}}) \quad （9\text{-}24）$$

式中，$\mathrm{RESUSP_{rate}}$ 为重悬浮率，单位为 m/s；C_{sed} 为沉积物中化学物质的浓度，单位为 $\mathrm{mol/m^3}$。

由沉积物-水界面的直接吸附或脱附导致的扩散迁移类似于气-水界面和气-土壤界面的扩散迁移，可以用一个双膜阻抗模型来描述，见式（9-25）：

$$\mathrm{ADSORB_{sed}} = \frac{\mathrm{kws_{water}} \cdot \mathrm{kws_{sed}}}{\mathrm{kws_{water}} + \mathrm{kws_{sed}}} \cdot \mathrm{AREA_{sed}} \cdot C_{\mathrm{water}} \quad （9\text{-}25）$$

式中，$\mathrm{ADSORB_{sed}}$ 为通过直接吸附到沉积物上从水中消除化学物质的速率，单位为 mol/s；$\mathrm{kws_{water}}$ 为沉积物-水界面水侧的部分传质系数；$\mathrm{kws_{sed}}$ 为沉积物-水界面孔隙水侧的部分传质系数；$\mathrm{AREA_{sed}}$ 为空气-水和空气-土壤界面的总面积，单位为 $\mathrm{m^2}$；C_{water} 为水中化学物质的浓度，单位为 $\mathrm{mol/m^3}$。

由于吸附传质系数与脱附传质系数的比值等同于沉积物-水分配系数，因此可以用式（9-26）计算从沉积物中消除的化学物质的量：

$$DESORB_{sed} = \left(\frac{kws_{water} \cdot kws_{sed}}{kws_{water} + kws_{sed}} \middle/ K_{sed\text{-}water} \right) \cdot AREA_{sed} \cdot C_{sed} \qquad （9\text{-}26）$$

式中，$DESORB_{sed}$ 为通过直接脱附到水中从沉积物上消除化学物质的速率，单位为 mol/s；$K_{sed\text{-}water}$ 为沉积物-水分配系数；C_{sed} 为沉积物中化学物质的浓度，单位为 mol/m³。

至此，对介质内和介质间迁移过程研究得出一个结论：介质内和介质间的迁移导致化学物质在各种环境区间中的浓度不同，生活在这些环境区间中的物种也就暴露在这种环境浓度下。

9.2　化学品在大气中的扩散

在化学品的生产、运输和使用过程中，泄漏引发的事故会导致液体和气体类化学品的释放，化学品固有的物理特征和化学特性会对周围环境、人员或设备造成巨大危害。

如果泄漏的化学物质是易燃、易爆气体，遇明火或静电火花可引起燃烧爆炸，也有可能扩散相当一段距离后遇明火引起回火爆炸。挥发性的化学品泄漏后不断挥发进入大气，这些可燃气体在随大气运动扩散输移的过程中与空气充分混合形成爆炸性混合物，遇到火源就会以点火源为中心起火，燃烧的火焰以圆球面形状层层向外传播。由于是爆炸性混合气体，可燃气体或蒸气与空气（氧）的扩散过程已在燃烧前完成，因此其通常以爆炸波速度（每秒十余米或数百米）传播；假如混合物的组成或预热条件适宜，就可能产生爆轰，爆轰波的传播速度可高达 10^3m/s，破坏力很强。可见，化学品可燃气体扩散可能带来非常严重的危害。

如果泄漏的是液体，泄漏后会在地面上聚集形成液池，由于液体的自由流动性，液池在地面上不断蔓延，同时向环境中挥发出有毒有害蒸气。化学品蒸气不但污染周围环境，还使附近工作人员的健康遭受损害。有毒有害蒸气接触皮肤会产生刺激作用，如乙酸异丁酯会刺激皮肤，而且会有强烈的脱脂作用；石脑油不仅有强烈的脱脂作用，还会穿透皮层。液体化学品泄漏形成的蒸气如同气体化学品一样，在遇到明火后会引起回火爆炸，对周围环境和人员造成损害。

9.2.1　大气扩散的一般规律和模式

1. 箱式环境空气质量模型

在环境空气质量预测和模拟模型中，箱式环境空气质量模型是比较简单的一种。其基本假设是：在模拟环境空气中污染物浓度时，可把所研究的空间范围简化为一个尺寸固定的"箱子"，箱子的高度就是从地面开始计算的混合层高度，箱子的平面尺寸（宽度和长度）是所研究的区域面积，污染物浓度在箱子内处处相等。箱式模型可分为单箱模型和多箱模型。

1）单箱模型

该模型假定所研究的城区被一个箱子笼罩。设箱子的高、长、宽分别为 h（m）、

l（m）、b（m）（图 9-13），箱子内污染物浓度为 C（g/m^3），污染物本底浓度为 C_0（g/m^3），污染源源强为 $Q[g/(m^2 \cdot s)]$，污染物衰减速率常数为 K（s^{-1}），平均风速为 u（m/s），则箱子内污染物在 Δt 时段内质量的变化为 $\Delta C \cdot lhb$。

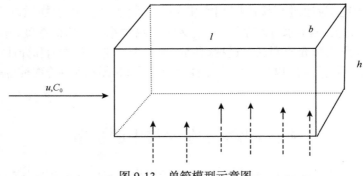

图 9-13　单箱模型示意图

其中，箱子内的污染物质量输入如下。

水平方向：$+\Delta x \cdot bhC_0$。

垂直方向：$+\Delta m \cdot bl$（其中 m 表示单位面积污染物的排放量）。

箱子内污染物质量的输出如下。

水平方向：$-\Delta x \cdot bhC_0$。

垂直方向：由于上部为混合层边界，无输出。

箱子内污染物的降解质量为：$-\Delta$（$Clbh$）

所以根据质量平衡方程可得

$$\Delta C \cdot lhb = \Delta x \cdot bhC_0 + \Delta m \cdot bl - \Delta x \cdot bhC - \Delta(Clbh) \tag{9-27}$$

将式（9-27）两边同时除以 Δt，并根据微分意义可得

$$\frac{\mathrm{d}C}{\mathrm{d}t}lhb = ubh(C_0 - C) + lbQ - KClbh \tag{9-28}$$

应用微分方程的常数变易法可得

$$C = C_0 + \frac{Q/h - C_0K}{u/l + K}\{1 - \exp[-(u/l + K)t]\} \tag{9-29}$$

当时间很长时，箱内的污染物浓度随时间增加趋于稳定，此时箱内污染物的平衡浓度 C_p 为

$$C_p = C_0 + \frac{Q/h - C_0K}{u/l + K} \tag{9-30}$$

2）多箱模型

多箱模型是对单箱模型的改进，为了改进计算精度，在纵向和垂向上进行分割，将单箱分为多箱，构成二维箱式模型。多箱模型在垂向上将 h 离散成 m 个相等的高度 Δh，在纵向上将 l 离散成几个相等的长度 Δl（图 9-14）。高度方向上，风速作为高度的函数分段计算，污染源源强则根据坐标关系输入贴地的相应箱子中。为简化计算，忽略纵向弥散作用和垂向推流作用，并将每一子箱看作一混合均匀的体系，这样就可依二维基本环境流体力学模型为每一个子箱写出质量平衡方程。

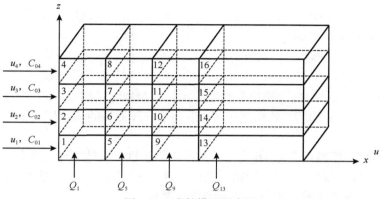

图 9-14　多箱模型示意图

忽略纵向弥散作用和垂向推流作用的二维基本环境流体力学模型为

$$\frac{\partial C}{\partial t} + u\frac{\partial C}{\partial x} = D_z\frac{\partial^2 C}{\partial z^2} + S \tag{9-31}$$

其边界条件为 $x=0$，$C=C_0$；$z=0$，$D_z\frac{\partial C}{\partial z}=Q_i$；$z=h$，$\frac{\partial C}{\partial z}=0$，并且稳态条件下 $\frac{\partial C}{\partial z}=0$。

对于第一个子箱：$u_1b\Delta h(C_{01}-C_1)+Q_1b\Delta l-D_{21}b\Delta h\Delta l(C_1-C_2)/\Delta h^2=0$，即 $u_1\Delta h(C_{01}-C_1)+Q_1\Delta l-D_{21}\Delta l(C_1-C_2)/\Delta h=0$，令 $a_i=u_i\Delta h$，$d_i=D_{i+1}\cdot{}_i\Delta l/\Delta h$，则式（9-31）可变为

$$(a_1+d_1)C_1 - d_1C_2 = Q_1\Delta l + a_1C_{01} \tag{9-32}$$

对于第二个子箱：$u_2\Delta h(C_{02}-C_2)+D_{21}\Delta l(C_1-C_2)/\Delta h-D_{32}\Delta l(C_2-C_3)/\Delta h=0$，变换后为

$$-d_1C_1 + (a_2+d_1+d_2)C_2 - d_2C_3 = a_2C_{02} \tag{9-33}$$

同理对于第三个箱子有

$$-d_2C_2 + (a_3+d_2+d_3)C_3 - d_3C_4 = a_3C_{03} \tag{9-34}$$

对于最后一个（第四个）箱子有：$u_4\Delta h(C_{04}-C_4)+D_{43}\Delta l(C_3-C_4)/\Delta h=0$，变换后得

$$-d_3C_3 + (a_4+d_3)C_4 = a_4C_{04} \tag{9-35}$$

联合上述 4 式可得

$$\begin{bmatrix} a_1+d_1 & -d_1 & 0 & 0 \\ -d_1 & a_2+d_1+d_2 & -d_2 & 0 \\ 0 & -d_2 & a_3+d_2+d_3 & -d_3 \\ 0 & & -d_3 & a_4+d_3 \end{bmatrix} \cdot \begin{bmatrix} C_1 \\ C_2 \\ C_3 \\ C_4 \end{bmatrix} = \begin{bmatrix} Q_1\Delta l + a_1C_{01} \\ a_2C_{02} \\ a_3C_{03} \\ a_4C_{04} \end{bmatrix} \tag{9-36}$$

也可用矩阵表示为 $AC_I=C_0$。其中 A 表示系数矩阵；C_I 表示第 I 列箱子 1～4 的污染物浓度矩阵；C_0 表示系统外输入组成的矩阵。则箱子 1～4 的污染物浓度可用 $C_I=A^{-1}C_0$ 计算。

对于第二列箱子来说，系数矩阵 A 不变，只是浓度矩阵和系统外输入矩阵变化，仿式（9-36）可写出：

$$\begin{bmatrix} a_1+d_1 & -d_1 & 0 & 0 \\ -d_1 & a_2+d_1+d_2 & -d_2 & 0 \\ 0 & -d_2 & a_3+d_2+d_3 & -d_3 \\ 0 & 0 & -d_3 & a_4+d_3 \end{bmatrix} \cdot \begin{bmatrix} C_5 \\ C_6 \\ C_7 \\ C_8 \end{bmatrix} = \begin{bmatrix} Q_5\Delta l+a_1C_1 \\ a_2C_2 \\ a_3C_3 \\ a_4C_4 \end{bmatrix} \qquad (9\text{-}37)$$

用矩阵表示为 $AC_{\mathrm{II}}=C_{\mathrm{I}}$，则第 II 列箱子的污染物浓度可用 $C_{\mathrm{II}}=A^{-1}C_{\mathrm{I}}$ 计算。其中 C_{II} 表示第 II 列箱子 5～8 的污染物浓度矩阵；C_{I} 表示计算得到的第 I 列箱子 1～4 的污染物浓度矩阵。

由此类推可计算得到全部 16 个箱子的污染物浓度。上述推理过程是假定划分为 16 个箱子，当然也可以划分为更多的箱子进行计算，只是矩阵中元素增加一些，这样的计算结果更能反映城市区域环境空气质量的空间差异。

2. 高架点源扩散模型

1）高架点源高斯扩散模式

大气中的物质扩散取决于大气流场和温度场，下垫面在某些复杂情况下，会产生局部地区的中尺度环流，如沿海的海陆风、山区的山谷风。它们和大尺度环流相互叠加，使物质在大气中的扩散复杂化。但是在广大的平原地区，流场比较均匀和平稳，三维空间中除地表外，都可以看作是无边界的。因此物质在大气中首先沿盛行风向运动，然后向各个方向扩散，扩散微粒的扩散位移概率服从高斯模式的正态分布。

由物质平衡原理可推导出物质的环境流体力学基本模型，可以根据扩散微粒在大气中的扩散位移概率服从正态分布的假设推导出环境流体力学的高斯模型。取三维空间的坐标系：通过排放点源且垂直于地面的轴为 z 轴，z 轴与地面的交点为原点，主导风向为 x 轴，水平面内垂直于 x 轴并通过原点的直线为 y 轴，并做如下假设。

a. 污染物浓度在 y、z 轴向是正态分布的，即在 y 轴方向有分布函数 $C=C_0\exp(-ay^2)$，在 z 轴方向有分布函数 $C=C_0\exp(-bz^2)$。其中 a，b 为待确定参数。

b. 在扩散空间中，风速是均匀稳定的，即平均风速是不变的。

c. 污染物的源强是连续和稳定的。

d. 扩散过程中污染物不发生衰变，地面起全反射作用，不吸收或吸附污染物。

由上述假设可令下风向任意一点 (x, y, z) 污染物平均浓度的分布函数为

$$C(x,y,z) = A(x)\exp(-ay^2)\exp(-bz^2) \qquad (9\text{-}38)$$

由概率统计理论可写出扩散参数方差表达式为

$$\sigma_y^2 = \frac{\int_0^\infty y^2 C(x,y,z)\mathrm{d}y}{\int_0^\infty C(x,y,z)\mathrm{d}y}, \quad \sigma_z^2 = \frac{\int_0^\infty z^2 C(x,y,z)\mathrm{d}z}{\int_0^\infty C(x,y,z)\mathrm{d}z} \qquad (9\text{-}39)$$

所以可得

$$\sigma_y^2 = \frac{A(x)\cdot\exp(-bz^2)\cdot\int_0^\infty y^2\exp(-ay^2)\mathrm{d}y}{A(x)\cdot\exp(-bz^2)\cdot\int_0^\infty \exp(-ay^2)\mathrm{d}y} = \frac{-\int_0^\infty y\mathrm{d}[\exp(-ay^2)]}{2a\int_0^\infty \exp(-ay^2)\mathrm{d}y} = \frac{1}{2a} \qquad (9\text{-}40)$$

有 $a = \dfrac{1}{2\sigma_y^2}$，同理有 $b = \dfrac{1}{2\sigma_z^2}$。

由上述假设可知，在下风向垂直于 x 轴的任一垂直面上污染物的总通量应等于源强：

$$Q = \int_{-\infty}^{+\infty} \int_{-\infty}^{+\infty} u \cdot C(x, y, z) \mathrm{d}y \mathrm{d}z \qquad (9\text{-}41)$$

由式（9-38）和式（9-41）可得

$$
\begin{aligned}
Q &= \int_{-\infty}^{+\infty} \int_{-\infty}^{+\infty} u \cdot A(x) \cdot \exp(-ay^2) \cdot \exp(-bz^2) \mathrm{d}y \mathrm{d}z \\
&= u \cdot A(x) \cdot \left\{ \frac{\sqrt{2\pi}}{\sqrt{2a}} \int_{-\infty}^{+\infty} \frac{1}{\sqrt{2\pi}} \exp\left[-\frac{1}{2}(\sqrt{2a}y)^2 \mathrm{d}(\sqrt{2a}y) \right] \right\} \cdot \\
&\quad \left\{ \frac{\sqrt{2\pi}}{\sqrt{2b}} \int_{-\infty}^{+\infty} \frac{1}{\sqrt{2\pi}} \exp\left[-\frac{1}{2}(\sqrt{2b}z)^2 \mathrm{d}(\sqrt{2b}z) \right] \right\} \\
&= \frac{uA(x)\pi}{\sqrt{ab}}
\end{aligned}
\qquad (9\text{-}42)
$$

所以，

$$A(x) = \frac{Q\sqrt{ab}}{\pi u} \qquad (9\text{-}43)$$

因此可有

$$
\begin{aligned}
C(x, y, z) &= A(x) \exp(-ay^2) \exp(-bz^2) \\
&= \frac{Q}{2\pi u \sigma_z \sigma_y} \cdot \exp\left[-\left(\frac{y^2}{2\sigma_y^2} + \frac{z^2}{2\sigma_z^2} \right) \right]
\end{aligned}
\qquad (9\text{-}44)
$$

这就是无界空间的高斯连续点源扩散模式。其中 σ_y 为距离原点 x 处烟流中污染物在 y 轴向扩散的标准差（m），也称横风向扩散参数；σ_z 为 z 轴向扩散的标准差（m），也称垂直方向扩散参数；u 为平均风速（m/s）；Q 为污染源源强（mg/s）。

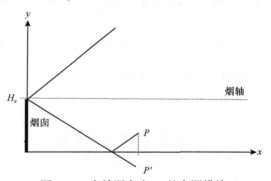

图 9-15 有效源高为 H_e 的点源排放

实际上，烟气的排放是通过烟囱进行的，设烟囱的有效源高为 H_e。烟气在向下风向扩散的过程中，当接触到地面后会进行反射，使烟气再次向上扩散（图 9-15），如图中 P 点（高度为 z 米，距烟囱纵向距离为 x 米，距烟轴距离为 y 米）。根据无界时烟气的扩散公式，可计算出 P 点的污染物浓度为

$$C_{\mathrm{p}}(x, y, z) = \frac{Q}{2\pi u \sigma_z \sigma_y} \cdot \exp\left[-\left(\frac{y^2}{2\sigma_y^2} + \frac{(H_e - z)^2}{2\sigma_x^2} \right) \right] \qquad (9\text{-}45)$$

但由于地面的反射作用，P 点的实际浓度增加，为

$$C(x, y, z) = \frac{Q}{2\pi u \sigma_x \sigma_y} \cdot \exp\left(-\frac{y^2}{2\sigma_y^2} \right) \cdot \left[\exp\left(-\frac{(H_e - z)^2}{2\sigma_z^2} \right) + \exp\left(-\frac{(H_e + z)^2}{2\sigma_z^2} \right) \right] \qquad (9\text{-}46)$$

这就是高斯点源的高斯扩散模式，其中 H_e 表示烟囱有效源高，等于烟囱的实际物

理高度与烟气抬升高度之和。

在式（9-46）的实际应用中，只计算某些特征浓度。

（1）地面浓度

由于污染物到达地面后，会对人体健康和生态环境产生直接的危害，因此人们比较关心其地面浓度。在式（9-46）中，令 $z=0$，就得到高架点源的污染物地面浓度：

$$C(x,y,0) = \frac{Q}{\pi u \sigma_z \sigma_y} \cdot \exp\left(-\frac{y^2}{2\sigma_y^2}\right) \cdot \exp\left(-\frac{H_e^2}{2\sigma_z^2}\right) \qquad (9\text{-}47)$$

（2）地面轴线浓度

由于地面浓度中沿轴线浓度最大，因此人们比较关心。在式（9-47）中，令 $y=0$，即得污染物地面轴线浓度：

$$C(x,0,0) = \frac{Q}{\pi u \sigma_x \sigma_y} \cdot \exp\left(-\frac{H_e^2}{2\sigma_z^2}\right) \qquad (9\text{-}48)$$

（3）地面最大浓度及出现距离

在式（9-48）中，令 $\mathrm{d}C/\mathrm{d}x=0$，并将 $\sigma_y^2 = \dfrac{2D_y x}{u}$、$\sigma_y^2 = \dfrac{2D_z x}{u}$ 代入，可得

$$\frac{\mathrm{d}C}{\mathrm{d}x} = \frac{-Q}{2\pi x^2 \sqrt{D_z D_y}} \exp\left(-\frac{uH_e^2}{4D_z x}\right) + \frac{Q}{2\pi x\sqrt{D_z D_y}}\exp\left(-\frac{uH_e^2}{4D_z x}\right) \cdot \left(\frac{uH_e^2}{4D_z x^2}\right) = 0 \qquad (9\text{-}49)$$

D_y 为横向扩散系数，D_z 为垂直方向扩散系数。所以，地面最大浓度出现距离为 $x^* = \dfrac{H_e^2}{4D_z}$。由此推出，当 $\dfrac{H_e^2}{2\sigma_z^2}=1$ 时，达到最大地面浓度。一般可以根据经验模型得到 $\sigma_2 = f(x^*)$，这样可以得到地面最大浓度出现距离 x^*。将条件 $\dfrac{H_e^2}{2\sigma_z^2}=1$ 代入式（9-48）中，可得到地面最大浓度的计算模型为

$$C(x,0,0)_{\max} = \frac{2Q\sigma_z}{\pi e u H_e^2 \sigma_y} \qquad (9\text{-}50)$$

（4）烟囱有效源高的计算模型

如果给定污染物的最大容许浓度 $C(x,0,0)_{\max}$，则由式（9-50）可求得烟囱的有效源高 H_e^* 为

$$H_e \geqslant \sqrt{\frac{2Q\sigma_z}{\pi e u \sigma_y C(x,0,0)_{\max}}} \qquad (9\text{-}51)$$

2）几种特殊条件下的大气扩散模式

以上介绍的是一般条件下的大气扩散模式，当出现静风或者微风（$u<1.0\mathrm{m/s}$）或大气中有逆温存在，仍用上述公式计算时，会与实际结果产生较大的偏差。而且由于上述模式的推导前提是污染物的质量不变和下垫面开阔、平坦，因此上述模式不适用山区，故需要发展一些特殊气象和地形条件下的大气扩散模式。

（1）静风与微风条件下的扩散模式

设在无风（$u=0$）无边界的三维空间中释放一瞬时点源，其总质量 M（mg），则经历 t 时间后，根据高斯分布假设，该点源扩散形成的污染物浓度 C 分布在三维方向上满足正态分布，即

$$C(x,y,z,t) = A(t)\exp(-ax^2)\exp(-by^2)\exp(-cz^2) \qquad (9\text{-}52)$$

同时，由于风速等于零，因此不存在污染物在某一主导方向扩散的问题，即污染物在三维方向的扩散是相同的，根据质量守恒定律，污染物总质量 M 有

$$M = \iint\int_{-\infty}^{+\infty} C(x,y,z,t)\mathrm{d}x\mathrm{d}y\mathrm{d}z \qquad (9\text{-}53)$$

根据式（9-53），仿照式（9-46）的推导过程，可得到考虑地面反射作用及烟囱有效源高的静风瞬时点源扩散模式：

$$C(x,y,z,t) = \frac{M}{(2\pi)^{\frac{3}{2}}\sigma_x\sigma_z\sigma_y} \cdot \exp\left(-\frac{x^2}{2\sigma_x^2} - \frac{y^2}{2\sigma_y^2}\right)$$
$$\cdot \left[\exp\left(-\frac{(H_e-z)^2}{2\sigma_z^2}\right) + \exp\left(-\frac{(H_e+z)^2}{2\sigma_z^2}\right)\right] \qquad (9\text{-}54)$$

需要注意的是，在前述稳定排放的连续点源下，模式中的扩散参数是纵向扩散距离 x 的函数，而此处的扩散参数则是时间 t 的函数，时间 t 通过影响扩散参数而影响空间某一点的浓度。

事实上自然界中静风是很少的，所谓静风实际上是风速小于 1m/s 的微风，这时污染物沿主导风向的扩散不能忽略。现假定一连续点源源强为 Q（mg/s），则在 Δt 时段内，可以把 $Q\Delta t$ 看作是瞬时扩散源，当烟团随主导风向的平均位移为 $u\Delta t$ 时，则根据式（9-54）可以写出其质量浓度变化 ΔC：

$$\Delta C(x,y,z,t) = \frac{Q\Delta t}{(2\pi)^{\frac{3}{2}}\sigma_x\sigma_z\sigma_y} \cdot \exp\left(-\frac{(x-u\Delta t)^2}{2\sigma_x^2} - \frac{y^2}{2\sigma_y^2}\right)$$
$$\cdot \left[\exp\left(-\frac{(H_e-z)^2}{2\sigma_z^2}\right) + \exp\left(-\frac{(H_e+z)^2}{2\sigma_z^2}\right)\right] \qquad (9\text{-}55)$$

若微风持续时间为 m 小时（$\Delta=3600$s），则微风条件下任一点的污染物浓度是式（9-55）在时间区间$[0, m\Delta]$的积分：

$$C(x,y,z,t) = \int_0^{m\Delta} \frac{Q}{(2\pi)^{\frac{3}{2}}\sigma_x\sigma_z\sigma_y} \cdot \exp\left(-\frac{(x-u\Delta t)^2}{2\sigma_x^2} - \frac{y^2}{2\sigma_y^2}\right)$$
$$\cdot \left[\exp\left(-\frac{(H_e-z)^2}{2\sigma_z^2}\right) + \exp\left(-\frac{(H_e+z)^2}{2\sigma_z^2}\right)\right]\mathrm{d}t \qquad (9\text{-}56)$$

这就是微风条件下的高斯连续点源扩散模式。对式（9-56）可用 Simpson 数值积分求得结果，一般 $m>3$ 后结果就趋于稳定。实际计算中取 $m=3$ 即可达到所需要的精度，

式（9-56）中取 $z=0$，即可得到微风时的地面浓度：

$$C(x,y)=\int_0^{m\Delta}\frac{2Q}{(2\pi)^{\frac{3}{2}}\sigma_x\sigma_z\sigma_y}\cdot\exp\left(-\frac{(x-ut)^2}{2\sigma_x^2}-\frac{y^2}{2\sigma_y^2}\right)\cdot\exp\left(-\frac{H_e^2}{2\sigma_z^2}\right)\mathrm{d}t \qquad（9-57）$$

简化情况下假设 $\sigma_x=\sigma_y=at$，$\sigma_z=bt$，并令 $R=\sqrt{x^2+y^2+\dfrac{a^2H_e^2}{b^2}}$，式（9-57）用换元积分法得

$$\begin{aligned}
C(x,y)&=\int_0^{m\Delta}\frac{2Q}{(2\pi)^{\frac{3}{2}}a^2bt^3}\cdot\exp\left(-\frac{x^2+y^2+\dfrac{a^2H_e^2}{b^2}-2xut+u^2t^2}{2a^2t^2}\right)\mathrm{d}t\\
&=\int_0^{m\Delta}\frac{2Q}{(2\pi)^{\frac{3}{2}}a^2bt^3}\cdot\exp\left(-\frac{R^2-2xut+u^2t^2}{2a^2t^2}\right)\mathrm{d}t\\
&=\int_0^{m\Delta}\frac{2Q}{(2\pi)^{\frac{3}{2}}\cdot b\cdot R}\cdot\exp\left(-\frac{u^2}{2a^2}\right)\cdot\exp\left(-\frac{x^2u^2}{2a^2R^2}\right)\cdot\exp\left[-\frac{1}{2}\left(\frac{R}{at}-\frac{xu}{aR}\right)^2\right]\\
&\quad\cdot\frac{1}{at}\cdot\frac{R}{at^2}\mathrm{d}t\\
&=\int_0^{m\Delta}\frac{2Q}{(2\pi)^{\frac{3}{2}}\cdot b\cdot R}\cdot\exp\left(-\frac{u^2}{2a^2}\right)\cdot\exp\left(-\frac{x^2u^2}{2a^2R^2}\right)\cdot\exp\left[-\frac{1}{2}\left(\frac{R}{at}-\frac{xu}{aR}\right)^2\right]\\
&\quad\cdot\frac{-1}{at}\mathrm{d}\left(\frac{R}{at}-\frac{xu}{aR}\right)
\end{aligned} \qquad（9-58）$$

令 $s=\dfrac{R}{at}-\dfrac{xu}{aR}$，采用分步积分法，并利用正态分布函数积分式（9-58）得如下的解析解：

$$\begin{aligned}
C(x,y)&=\frac{2Q}{(2\pi)^{\frac{3}{2}}\cdot b\cdot R^2}\cdot\exp\left(-\frac{u^2}{2a^2}\right)\cdot\exp\left(\frac{x^2u^2}{2a^2R^2}\right)\int_0^{m\Delta}\exp\left(-\frac{1}{2}s^2\right)\cdot\left(-s-\frac{xu}{aR}\right)\cdot\mathrm{d}s\\
&=\frac{2Q}{(2\pi)^{\frac{3}{2}}\cdot b\cdot R^2}\cdot\exp\left(-\frac{u^2}{2a^2}\right)\cdot \qquad（9-59）\\
&\quad\left\{\exp\left(-\frac{R^2-2xum\Delta}{2a^2m^2\Delta^2}\right)+\frac{\sqrt{2\pi}\cdot xu}{aR}\exp\left(\frac{x^2u^2}{2a^2R^2}\right)\cdot\left[1-\Phi\left(\frac{R}{am\Delta}-\frac{xu}{aR}\right)\right]\right\}
\end{aligned}$$

当 $m>3$ 时，由于 $m\Delta$ 是一个很大的数，式（9-59）可进一步简化为

$$C(x,y)=\frac{2Q}{(2\pi)^{\frac{3}{2}}\cdot b\cdot R^2}\cdot\exp\left(-\frac{u^2}{2a^2}\right)\left\{1+\frac{\sqrt{2\pi}\cdot xu}{aR}\exp\left(\frac{x^2u^2}{2a^2R^2}\right)\cdot\Phi\left(\frac{xu}{aR}\right)\right\} \qquad（9-60）$$

真正的静风条件下 $u=0$，代入式（9-59）可得

$$C(x,y) = \frac{2Q}{(2\pi)^{\frac{3}{2}} \cdot b \cdot R^2} \cdot \exp\left(-\frac{R^2}{2a^2 m^2 \Delta^2}\right) \tag{9-61}$$

式中，m 为静风持续时间，单位为 h，$\Delta = 3600\text{s}$。

若静风持续时间超过 3h，则式（9-61）进一步简化为

$$C(x,y) = \frac{2Q}{(2\pi)^{\frac{3}{2}}} \cdot \frac{b}{b^2(x^2 + y^2) + a^2 H_e^2} \tag{9-62}$$

实际在微风条件下，风向不断变换，瞬时点源的位移并不一定为 ut，经过一段时间后也有可能返回原地，因此污染物的水平散布已经没有明显的方向性，水平方向可认为是均匀的。而垂直方向浓度可认为呈高斯分布，所以利用连续性原理可写出质量平衡方程：

$$Q = \int_{-\infty}^{+\infty} 2\pi r V^* C \mathrm{d}z \tag{9-63}$$

由此仿照式（9-46）的推导可得

$$C(x,y,z) = \frac{2Q}{(2\pi)^{\frac{3}{2}} V^* r \sigma_z} \exp\left(-\frac{H_e^2}{2\sigma_z^2}\right) \tag{9-64}$$

这就是微风条件下高架连续点源扩散模式的另一种简便表达形式。其中 V^* 为静风与微风条件下的水平散布速率。

（2）逆温条件下的扩散模式

当大气中某一高度出现逆温层，且逆温层底部为不稳定大气层结时，污染物被限制在逆温层和地面之间相对封闭的空间内。由于地面和逆温层的反射作用，污染物在两个反射面上形成无穷多个虚像源，污染物浓度是实源和多个虚像源共同作用之和。故根据式（9-46）可得

$$\begin{aligned} C(x,y,z) &= \frac{Q}{2\pi u \sigma_z \sigma_y} \cdot \exp\left(-\frac{y^2}{2\sigma_y^2}\right) \\ &\cdot \sum_{n=-\infty}^{+\infty} \left[\exp\left(-\frac{(H_e - z + 2nD)^2}{2\sigma_z^2}\right) + \exp\left(-\frac{(H_e + z + 2nD)^2}{2\sigma_z^2}\right)\right] \end{aligned} \tag{9-65}$$

这就是封闭性逆温反射下的扩散模式。其中 D 为混合层厚度，即逆温层底距地面的高度，单位为 m；n 为反射次数，一般取 $n=-2$、-1、0、1 和 2 即可满足计算精度。从式（9-65）可见，由于一般混合层厚度远远高于烟囱高度，因此在逆温扩散模式下，烟囱高度增加对降低地面浓度的作用不大。

上述是假定逆温层不变的情形，实际上，逆温层是有明显的日变化的。日出后，与地面接近的逆温层由于地面吸收太阳辐射而逐渐升温，贴近地面的逆温层逐渐变得不稳定，并逐渐向高处发展。夜间在某一高度排放到逆温层中的污染物由于扩散受到限制而聚集在源附近，形成临时高浓度区。在许多情况下，此高浓度区并未影响地面。当逆温层的不稳定状态由地面逐渐向上发展时，湍流和涡流将使原来积聚在逆温层内的污染物迅速向下扩散。由于上部仍受逆温层控制，污染物只能向下扩散，在地面形成高浓度，

这就是所谓的熏烟型扩散。当源附近的高浓度区由于迅速扩散而消失后，熏烟扩散过程即结束。熏烟过程一般持续时间为数十分钟。

在熏烟扩散中，污染物浓度在水平方向仍是正态分布的，而在垂直方向由于扩散空间小（扩散空间受到限制），扩散过程迅速，因此污染物浓度分布呈现出均匀分布，依此可得

$$\begin{cases} C(x,y) = A(x)\exp\left(-\dfrac{y^2}{2\sigma_{yf}^2}\right) \\ \displaystyle\int_0^{H_f}\int_{-\infty}^{+\infty} uC(x,y)\mathrm{d}y\mathrm{d}z = Q \end{cases} \tag{9-66}$$

由式（9-66）可推导得出：

$$C(x,y) = \frac{Q}{\sqrt{2\pi}u\sigma_{yf}H_f}\cdot\exp\left(-\frac{y^2}{2\sigma_{yf}^2}\right) \tag{9-67}$$

式中，H_f 为有效源高 H_e 条件下的熏烟扩散高度，$H_f = H_e + 2.15\sigma_z$（稳定状态）；$\sigma_{yf} = \sigma_y + \dfrac{H_e}{8}$。

若逆温层高度 z_f 消退到 $< H_f$，则只有 z_f 以下的烟气向下扩散，并在 z_f 高度以下均匀混合，此时地面浓度为

$$C(x,y) = \frac{Q}{\sqrt{2\pi}u\sigma_{yf}z_f}\cdot\exp\left(-\frac{y^2}{2\sigma_{yf}^2}\right)\cdot\Phi\left(\frac{z_f - H_e}{\sigma_z}\right) \tag{9-68}$$

式中，$\Phi(\xi)$ 为正态分布函数，$\xi = \dfrac{z_f - H_e}{\sigma_z}$ 可以查表求得；其余符号意义同前。

（3）山区扩散模式

由于山区地形和气象条件变化复杂，污染物浓度在垂向和水平两个方向的分布都不是平直的，流场的空间分布也很不均匀。大气、污染物在山区的扩散很难模拟，即使用计算量很大的数据模拟，也很难精确得到山区污染物的浓度分布场，更无法用解析模式给出山区扩散模式，虽然目前已经发展了一些模式，但是这些模式在适用条件、预报效果等方面都存在问题，而且多是将高斯模式在形式上进行一些修改。因此，目前发展的较为成熟的山区模式并不多，山谷模式是其中相对成熟的模式之一。

当烟囱有效源高远远低于山谷两边高地时，污染物被限制，在山谷中扩散，两边的谷壁起到一种发射作用，在风向与山谷走向一致情况下，模仿封闭型逆温扩散模式可得

$$C = \frac{Q}{2\pi u\sigma_z\sigma_y}\left[\exp\left(-\frac{(H_e - z)^2}{2\sigma_z^2}\right) + \exp\left(-\frac{(H_e + z)^2}{2\sigma_z^2}\right)\right]\cdot$$

$$\sum_{-\infty}^{+\infty}\left[\exp\left(-\frac{(y + 2nW)^2}{2\sigma_y^2}\right) + \exp\left(-\frac{(2L - y + 2nW)^2}{2\sigma_y^2}\right)\right] \tag{9-69}$$

式中，W 为假想的山谷宽度；L 为污染源与左侧谷壁距离（背风而立），n 为反射次数。

当扩散到足够的距离后，设污染物在横向达到均匀混合，即 $\mathrm{d}C/\mathrm{d}y = 0$，则得 $\sigma_y = \dfrac{W}{4.3}$。

通过 $\sigma_y = f(x)$ 的经验函数，可得到横向达到混合均匀时的距离。超过这一距离后，不再存在山谷的反射作用，因此式（9-69）变为

$$C(x,y,z) = \frac{Q}{\sqrt{2\pi}u\sigma_x W} \cdot \left[\exp\left(-\frac{(H_e - z)^2}{2\sigma_x^2} \right) + \exp\left(-\frac{(H_e + z)^2}{2\sigma_x^2} \right) \right] \qquad （9-70）$$

（4）烟尘扩散模式

烟尘在空气中具有一定的沉降性能，在随风迁移的过程中会发生一定垂向的沉降（可设沉降速率为 V_g）。另外，烟尘不像二氧化硫等气态污染物那样扩散到地面之后可以假设为全反射，烟尘扩散到地面后只有一部分反射回去，大部分沉降下来被地表吸附，因此烟尘的反射存在反射百分比（$\alpha < 1$）。由此可写出烟尘的地面浓度（$z=0$）计算模式：

$$C(x,y,z) = \frac{(1+\alpha)Q}{2\pi u\sigma_z \sigma_y} \cdot \exp\left(-\frac{y^2}{2\sigma_y^2} \right) \cdot \exp\left(-\frac{(V_g x/u - H_e)^2}{2\sigma_z^2} \right) \qquad （9-71）$$

式中，$(1+\alpha)Q$ 为实源 Q 和虚源 αQ 共同存在；$V_g x/u$ 为烟尘颗粒沿垂直方向下沉的位移。

V_g 可按式（9-72）算出：

$$V_g = \frac{d^2 \rho g}{18\mu} \qquad （9-72）$$

式中，d 为烟尘粒径；ρ 为烟尘粒子密度；g 为重力加速度；μ 为空气动力学黏滞性系数。

3. 线源扩散模型

人们最先关注的是点源污染，随着点源污染治理强度的增加，汽车尾气污染在城市大气污染中所占的比例越来越大。在欧美，汽车尾气污染已经上升为主要污染源。我国许多大城市，由于工业点源污染得到了有效的控制，汽车尾气污染占据了较为突出的位置。汽车尾气污染随公路走向呈线性特征，因此建立实用的线源模式具有现实意义。

对于线源模式，目前国际上应用较多的直线化模式有垂直风模式、平行风模式和内插模式。但除垂直风模式具有较严谨的数学模型推导外，其余两种模式均为近似模式，特别是当风向与公路走向呈锐角时，计算结果有较大误差，因此应用受限。

设线源与风向夹角为 φ（$0 \leqslant \varphi \leqslant \pi/2$），线源长度为 L（m），取线源中点为坐标原点，x 轴与风向一致，建立坐标系（图 9-16）。

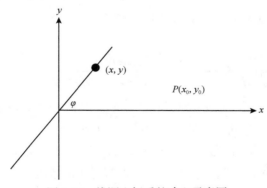

图 9-16　线源坐标系的建立示意图

在线源上的点 $P(x, y)$ 处取微分元 dl，则按照高斯模式，该微分元对 P 点浓度的贡献为

$$dC = \frac{Q_l dl}{\pi uab(x_0 - x)^{p+q}} \exp\left(-\frac{(y_0 - y)^2}{2a^2(x_0 - x)^{2p}}\right) \qquad (9\text{-}73)$$

式中，Q_l 为线源源强，单位为 mg/(m·s)；a、b、p、q 为扩散参数 $\sigma_x = ax^p$、$\sigma_y = bx^q$ 的系数和指数。

将式（9-73）在区间 $[-L/2, L/2]$ 积分，就是线源 P 点的浓度：

$$C = \int_{-L/2}^{L/2} \frac{Q_l}{\pi uab(x_0 - x)^{p+q}} \exp\left(-\frac{(y_0 - y)^2}{2a^2(x_0 - x)^{2p}}\right) dl \qquad (9\text{-}74)$$

由于点 (x, y) 位于线源上，因此必有 $x = l\cos\varphi$，$y = l\sin\varphi$，代入式（9-74）得

$$C = \frac{Q_l}{\pi uab} \int_{-L/2}^{L/2} \frac{1}{(x_0 - l\cos\varphi)^{p+q}} \exp\left[-\frac{(y_0 - l\sin\varphi)^2}{2a^2(x_0 - l\cos\varphi)^{2p}}\right] dl \qquad (9\text{-}75)$$

为求出上述积分式，首先令

$$
\begin{aligned}
C' &= \frac{Q_l}{\pi uab} \int_{-L/2}^{L/2} \exp\left[-\frac{(y_0 - l\sin\varphi)^2}{2a^2[x_0 - l\cos\varphi]^{2p}}\right] d\left[\frac{(y_0 - l\sin\varphi)}{a(x_0 - l\cos\varphi)^p}\right] \\
&= \left(\frac{2}{\pi}\right)^{1/2} \frac{Q_l}{uab} \left\{\Phi\left[\frac{y_0 - 0.5L\sin\varphi}{a(x_0 - 0.5L\cos\varphi^p)}\right] - \Phi\left[\frac{(y_0 + 0.5L\sin\varphi)}{a(x_0 + 0.5L\cos\varphi)^p}\right]\right\}
\end{aligned} \qquad (9\text{-}76)
$$

因为，$d\left[\dfrac{y_0 - l\sin\varphi}{a(x_0 - l\cos\varphi)^p}\right] = \dfrac{p(y_0\cos\varphi - x_0\sin\varphi) + (p-1)(x_0 - l\cos\varphi)\sin\varphi}{a(x_0 - l\cos\varphi)^{p+1}} dl$，所以，

$$\frac{C'}{C} = \frac{p(y_0\cos\varphi - x_0\sin\varphi) + (p-1)(x_0 - l\cos\varphi)\sin\varphi}{a(x_0 - l\cos\varphi)^{1-q}}。$$

当 $\varphi = \pi/2$ 或 $p = q = 1$ 时，很明显式（9-76）中不含 l，即为一个不为零的常数，所以此时只需将 C' 除以该常数即得到浓度 C。当 φ 或 p、q 不满足上述条件时，式（9-76）不为常数，但可以使 l 等于一个常数 k，使该式成为常数，常数 k 的取值为

$$k = (x_0\cos\varphi + y_0\sin\varphi) - |d| \cdot \tan\left[\left(1 - \frac{\varphi}{90}\right)\arctan\left(\frac{|d|^{1-p}}{a}\right)^{1/p}\right] \qquad (9\text{-}77)$$

其中 $d = (x_0\sin\varphi - y_0\cos\varphi)$，当 $k > L/2$ 时，取 $k = L/2$，当 $k < -L/2$ 时，取 $k = -L/2$。此时可得到线源任意角模式为

$$
\begin{aligned}
C_\varphi &= \frac{\sqrt{2}Q_l}{\sqrt{\pi}ub} \times \frac{(x_0 - k\cos\varphi)^{1-q}}{pd + (1-p)(x_0 - k\cos\varphi)\sin\varphi} \\
&\quad \cdot \left\{\Phi\left[\frac{y_0 + 0.5L\sin\varphi}{a(x_0 + 0.5L\cos\varphi)^p}\right] - \Phi\left[\frac{y_0 - 0.5L\sin\varphi}{a(x_0 - 0.5L\cos\varphi)^p}\right]\right\}
\end{aligned} \qquad (9\text{-}78)
$$

应用式（9-78）计算时注意，当 $x_0 < 0.5L\cos\varphi$ 时，由于线源可能处于计算点的下风向，此时的积分区间为 $[-L/2, x_0/\cos\varphi]$，所以有对应的浓度 C_φ^*：

$$C_\varphi^* = \frac{\sqrt{2}Q_l}{\sqrt{\pi}ub} \cdot \frac{(x_0 - k\cos\varphi)^{1-q}}{pd + (1-p)(x_0 - k\cos\varphi)\sin\varphi}$$

$$\cdot \left\{ \varPhi\left[\frac{y_0 + 0.5L\sin\varphi}{a(x_0 + 0.5L\cos\varphi)^p}\right] - \varPhi\left[\frac{y_0 - x_0\sin\varphi/\cos\varphi}{a(x_0 - 0.5L\cos\varphi)^p}\right] \right\} \tag{9-79}$$

对于式中 $\varPhi\left[\dfrac{y_0 - x_0\sin\varphi/\cos\varphi}{a(x_0 - 0.5L\cos\varphi)^p}\right]$，根据正态分布函数的性质，当 $y_0 - x_0\tan\varphi < 0$ 时，该正态分布函数的值为 0；当 $y_0 - x_0\tan\varphi > 0$ 时，该正态分布函数的值为 1.0。据此可以计算浓度。

特别是如果 $\varphi = \pi/2$，则有

$$C_{\varphi=\pi/2} = \frac{\sqrt{2}Q_l}{\sqrt{\pi}u\sigma_z}\left\{ \varPhi\left[\frac{2y_0 + L}{2ax_0^p}\right] - \varPhi\left[\frac{2y_0 - L}{2ax_0^p}\right] \right\} \tag{9-80}$$

对于垂直风向，如果线源无限长，则式（9-80）中大括号内的两项之差近似等于 1，因此垂直风向无限长线源模式为

$$C_{\varphi=\pi/2} = \frac{\sqrt{2}Q_l}{\sqrt{\pi}u\sigma_z} \tag{9-81}$$

垂直风下风向任意高度 z 处污染物浓度则为（垂直方向符合正态分布）

$$C_z = \frac{\sqrt{2}Q_l}{\sqrt{\pi}ubx_0^q}\exp\left(-\frac{z^2}{2b^2x_0^{2q}}\right) \tag{9-82}$$

如果 $\varphi = 0$，则有

$$C_{\varphi=0} = \frac{\sqrt{2}Q_l}{\sqrt{\pi}ubpa^{\left(\frac{1-q}{p}\right)}|y_0|^{\left(\frac{p+q-1}{p}\right)}}\left\{ \varPhi\left[\frac{|y_0|}{a(x_0 - 0.5L)^p}\right] - \varPhi\left[\frac{|y_0|}{a(x_0 + 0.5L)^p}\right] \right\} \tag{9-83}$$

$$\approx \left(\frac{2}{\pi}\right)^{1/2}\frac{Q_l}{pu\sigma_z}\left\{ \varPhi\left[\frac{|y_0|}{a(x_0 - 0.5L)^p}\right] - \varPhi\left[\frac{|y_0|}{a(x_0 + 0.5L)^p}\right] \right\}$$

上述推导是在有风的条件下。在静风情况下，仍以线源中点为坐标原点，与线源垂直方向为 x 轴，建立直角坐标系，则利用静风条件下污染源扩散模式式（9-62）立即可得

$$C = \frac{2Q_l}{(2\pi)^{\frac{3}{2}}b}\int_{-L/2}^{L/2}\frac{1}{d^2 + (y - y_0)^2}\mathrm{d}y$$

$$= \frac{2Q_l}{(2\pi)^{\frac{3}{2}}\sigma_z}\left[\arctan\left(\frac{0.5L + y_0}{d}\right) + \arctan\left(\frac{0.5L - y_0}{d}\right)\right] \tag{9-84}$$

其中 d 为计算点距离线源的直线距离（m）；$\sigma_z = bd^2$。线源长趋近于无穷大时，显然静风线源模式可以简化为

$$C = \frac{Q_l}{\sqrt{2\pi}\sigma_z} \tag{9-85}$$

4. 面源扩散模型

1）源高为零的面源模式

城市中有许多低矮的工业烟囱和分散的炉灶、饮食摊点及密集的交通网络，这些污染源数量众多，排放高度低，虽然单个源的排放量不大，但它们在城市大气污染中占有举足轻重的地位。特别是随着治理力度的加大，许多高架点源的排放得到有效控制后，城市低矮面源污染在大气污染中所占的比例必将越来越大。

关于面源模式，应用较多的是箱模式、虚拟点源模式和 G-H 模式。由于箱模式忽略了垂向和横向的扩散作用，比较粗糙，可能低估地面源的影响而高估工业面源的影响。虚拟点源模式在实际面源附近计算出的面源扩散分布和实际情况往往差别较大，应用效果也不理想。G-H 模式是 20 世纪 70 年代由美国大气管理局应用数学分析的方法，根据高斯模式推导出来的，在国际上应用较广，但由于没有考虑侧向网格浓度的影响，因此实际应用中也会出现较大的误差。在此介绍我国学者朱发庆等开发的面源模式。

设某网格边长为 Δx（m），其源强为 $Q_A[\mathrm{mg/(m^2 \cdot s)}]$，以该网格上风向某一边中点为原点，与风向一致的方向为 x 轴，建立直角坐标系，对于面源下风向任一点 $P(x_0, y_0)$（图 9-17），可推导出该面源对 P 点的浓度贡献。

在面源内取一宽度为 $\mathrm{d}x$、与风向垂直的矩形条块，则如果 $\mathrm{d}x$ 很小，那么该条块可当作线源看待。由线源模式立即可以写出该条块对 P 点的浓度贡献为

$$\mathrm{d}C = \left(\frac{2}{\pi}\right)^{\frac{1}{2}} \cdot \frac{(Q_A \cdot \Delta x \cdot \mathrm{d}x)/\Delta x}{ub(x_0-x)^q} \cdot \left\{ \Phi\left[\frac{y_0+0.5\Delta x}{a(x_0-x)^p}\right] - \Phi\left[\frac{y_0-0.5\Delta x}{a(x_0-x)^p}\right] \right\} \tag{9-86}$$

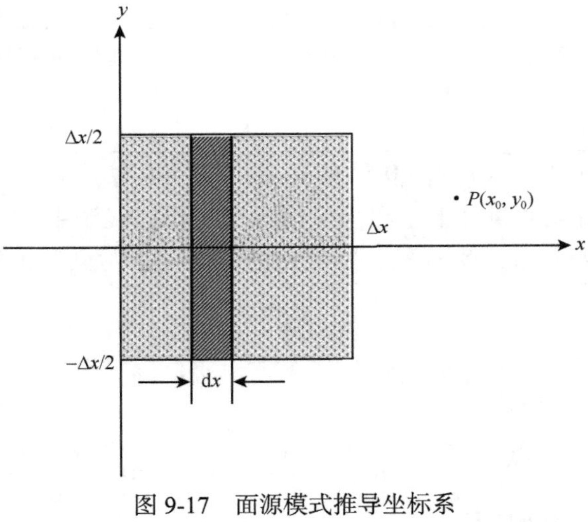

图 9-17　面源模式推导坐标系

则整个面源的贡献为式（9-86）在区间[0，Δx]的积分：

$$C = \left(\frac{2}{\pi}\right)^{\frac{1}{2}} \cdot \frac{Q_A}{ub} \cdot \int_0^{\Delta x} \frac{1}{(x_0-x)^q} \cdot \left\{ \Phi\left[\frac{y_0+0.5\Delta x}{a(x_0-x)^p}\right] - \Phi\left[\frac{y_0-0.5\Delta x}{a(x_0-x)^p}\right] \right\} \mathrm{d}x \tag{9-87}$$

因为式（9-87）中含有正态分布函数 Φ，所以不能得到其精确解析形式的积分结果。但是由于该值[式（9-87）中大括号内两项之差]在[0，Δx]变化比较平缓，因此可以取其中值进行常数处理，这样可以得到源强对应的浓度 C_A 为：

$$
C_A = \left(\frac{2}{\pi}\right)^{\frac{1}{2}} \cdot \frac{Q_A}{ub(1-q)} \cdot \left[x_0^{1-q} - (x_0 - \Delta x)^{1-q} \right]
$$
$$
\cdot \left\{ \Phi\left[\frac{y_0 + 0.5\Delta x}{a(x_0 - 0.5\Delta x)^p} \right] - \Phi\left[\frac{y_0 - 0.5\Delta x}{a(x_0 - 0.5\Delta x)^p} \right] \right\}
$$

（9-88）

式（9-88）是计算点在面源外部时的浓度计算模式。

而如果计算点位于面源内部，则计算点下风向的面源部分对计算点无贡献，因此积分区间为[0，x_0]，特别是在当 $|y_0| = \dfrac{2\Delta x}{5}$ 时，两正态分布函数之差接近于1，因此有

$$
C_A = \left(\frac{2}{\pi}\right)^{\frac{1}{2}} \cdot \frac{Q_A}{ub(1-q)} \cdot \left[x_0^{1-q} - (x_0 - x_0)^{1-q} \right]
$$

（9-89）

很明显，如果 $q < 1$，则式（9-89）可写为

$$
C_A = \left(\frac{2}{\pi}\right)^{\frac{1}{2}} \cdot \frac{Q_A}{ub(1-q)} \cdot x_0^{1-q}
$$

（9-90）

式（9-90）实际就是采用 G-H 模式计算面源网格自身浓度的公式。

但若 $q \geq 1$，0^{1-q} 无意义，因此并不能由式（9-89）直接得到式（9-90），但可通过一定的处理得到 $q \geq 1$ 时面源自身浓度的计算模式。

面源实际上是点、线源的组合，在面源内部污染源源强分布并不是均匀的。由于人们关心的是面源内的平均浓度，因此当把面源看成是均匀源时，实际上面源内部的每一点都变成了污染源。而对于高斯模式，当计算点源内部浓度时（$x=0$），显然会导出浓度无穷大的错误结论。因此，计算面源网格内部的浓度分布时，不能把面源作为均匀源处理，只有把面源看作是相对非均匀的，才能计算出其内部浓度的分布。

这种相对非均匀是假设在计算点附近没有污染源，这样用高斯模式计算时才不至于出错。由于计算点下风向的面源对计算点浓度无影响，因此假设计算点（P 点）上风向 d_0 m 以内没有污染源分布（一般 d_0=20～50m，相对于一般的城市面源网格尺度而言，这样的距离是比较小的，和整个面源网格相比几乎可以忽略），P 点上风向 d_0 m 以外的区域污染源均匀分布（图 9-18）。这样在面源网格内对计算点浓度有贡献的面源实际源强为（即上风向 x_0 距离内的源强集中于 x_0-d_0 的范围内）：

$$
Q_A \cdot \frac{x_0}{x_0 - d_0}
$$

（9-91）

这里 Q_A 为整个面源的平均源强，此时积分区间为[0，x_0-d_0]，由式（9-89）可得

$$
C_A = \left(\frac{2}{\pi}\right)^{\frac{1}{2}} \cdot \frac{Q_A}{ub(1-q)} \cdot \left[x_0^{1-q} - d_0^{1-q} \right] \cdot \frac{x_0}{x_0 - d_0}
$$

（9-92）

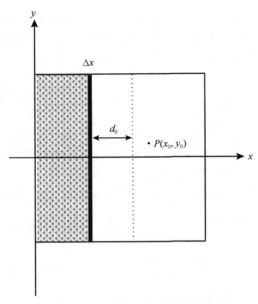

图 9-18　面源内部点浓度计算示意图

式（9-92）不但可以用于计算 $q \geqslant 1$ 时面源网格内计算点的浓度，实际上还可用于计算任意情况下网格内任一点的浓度。

如果仅计算面源网格中心的浓度，则式（9-92）和式（9-88）可进一步表述为

$$C_A = \left(\frac{2}{\pi}\right)^{\frac{1}{2}} \cdot \frac{Q_A}{ub(1-q)} \cdot \left[\left(\frac{\Delta x}{2}\right)^{1-q} - d_0^{1-q}\right] \cdot \frac{\Delta x}{\Delta x - 2d_0} \tag{9-93}$$

$$C_A = \left(\frac{2}{\pi}\right)^{\frac{1}{2}} \cdot \frac{Q_A}{ub(1-q)} \cdot \left(\frac{\Delta x}{2}\right)^{1-q} \left[(2i+1)^{1-q} - (2i-1)^{1-q}\right]$$
$$\cdot \left[F\left(\frac{(2j+1)}{2ai^p}\Delta x^{1-p}\right) - F\left(\frac{(2j-1)}{2ai^p}\Delta x^{1-q}\right)\right] \tag{9-94}$$

式（9-94）可用于计算面源下风向第 i 个、第 j 层网格中心浓度（图 9-19）。此处 $F(x)=\Phi(x)-0.5$。$j=0$ 时，式（9-94）化为计算下风向网格轴线浓度模式：

$$C_A = \left(\frac{2}{\pi}\right)^{\frac{1}{2}} \cdot \frac{Q_A}{ub(1-q)} \cdot \left(\frac{\Delta x}{2}\right)^{1-q} \left[(2i+1)^{1-q} - (2i-1)^{1-q}\right] \cdot 2F\left(\frac{\Delta x^{1-p}}{2ai^p}\right) \tag{9-95}$$

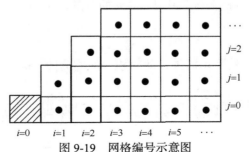

图 9-19　网格编号示意图

2）考虑源高的体源模式

上述推导过程中，并没有考虑无组织源的排放高度，而实际上在高楼林立的城区、高架烟囱和低矮烟囱密布的工业区内，如果不考虑面源的排放高度，计算结果可能会有较大误差。如果考虑面源的排放高度，则实际上污染源已经成为"体源"。体源模式中，仍以高斯点源模式为基础，仍是在横向上相当于已经扩散 $\dfrac{a_y}{4.3}$ 的距离，同样在垂向上相当于已经扩散 $\dfrac{a_y}{4.3}$ 的距离，a_y、a_z 分别是体源在 y 方向和 z 方向的边长（m）。因此在应用高斯点源扩散模式时，需要对横向和垂向扩散参数进行如下修改：

$$\begin{cases} \sigma_y = ax^p + \dfrac{a_y}{4.3} \\[2mm] \sigma_z = bx^q + \dfrac{a_z}{4.3} \end{cases} \tag{9-96}$$

3）多面源模式

上述推导考虑的是单面源的扩散模式及其对下风向各网格的影响，但实际情况往往是下风向面源网格内污染物的浓度不仅受到自身污染源的影响，而且受到上风向和侧风向面源网格污染源扩散的影响，即受到多面源的共同作用。为了计算出这些影响结果，由式（9-94）可知，在一定源高、风向、风速和稳定度的条件下，面源对下风向任一网格中心的浓度贡献为：$C = f_{ij}Q_{A(i,j)}$。此处 f_{ij} 为仅与网格相对位置有关的常数（称为面源贡献率），$Q_{A(i,j)}$ 为上风向某一面源网格的平均源强。只要计算出 f_{ij}，并知道任一网格面源的平均源强，就可以计算出下风向任一面源网格中心的平均浓度。

因为计算出的 f_{ij} 具有传递性（表 9-2），网格（1，1）对网格（3，2）的影响相当于网格（2，1）对网格（4，2）的影响，所以区域内任一网格中心的浓度是其上风向所有网格贡献之和。例如，若以 $Q_A(i, j)$ 表示网格（i，j）的面源源强，则表 9-2 中网格（4，2）的浓度可以表示为

$$C（4，2）=8.57Q_A（4，2）+6.94Q_A（3，2）+0.56Q_A（2，2）+2.35Q_A（3，1）$$
$$+3.07Q_A（2，1）+1.70Q_A（1，1）$$

这样计算就可以得到多面源条件下下风向任一网格中心的平均浓度。

表 9-2　D 稳定度、WNW 风时的面源贡献率传递过程

网格编号	$i=1$	$i=2$	$i=3$	$i=4$	$i=5$	$i=6$	$i=7$
$j=1$	8.57	6.94	0.56	0.00	0.00	0.00	0.00
$j=2$	0.00	2.35	3.07	1.70	0.77	0.36	0.16
$j=3$	0.00	0.00	0.00	0.73	0.90	0.62	0.44
$j=4$	0.00	0.00	0.00	0.00	0.17	0.42	0.39

5. 长期平均浓度模式

为了估算污染源对某一地点的长期影响，需要推算长期平均浓度。由于某一地区的风向、风速、稳定度是不断变化的，因此计算长期平均浓度需要考虑地区各种风向、风

速、稳定度的变化频率和其变化的联合频率。

考虑地区各种风向、风速、稳定度变化的联合频率及静风和小风在各种稳定度下出现的联合频率后，有

$$\overline{C}(x)_i = \sum_j \left(\sum_k \overline{C}_{ijk} f_{ijk} + \sum_k \overline{C}_{Lijk} f_{Lijk} \right) \tag{9-97}$$

其中 i、j、k 分别表示风向方位（一般为北（N）、东北东（NNE）、东北（NE）、东东北（ENE）、东（E）、东东南（ESE）、东南（SE）南东南（SSE）、南（S）、南西南（SSW）西南（SW）、西西南（WSW）、西（W）、西西北（WNW）、西北（NW）、北西北（NNW）16 个方位）、稳定度[一般分为强不稳定（A）、不稳定（B）、弱不稳定（C）、中性（D）、较稳定（E）和稳定（F）6 种]和风速；f_{ijk} 为有风时风向方位、稳定度、风速出现的联合频率；$\overline{C}_{ijk}$ 为对应上述联合频率下风向 x 点的浓度，可按下述模式计算：

$$\overline{C}_{ijk} = \frac{Q}{(2\pi)^{\frac{3}{2}} u \sigma_z (x/n)} \cdot \sum_{-m}^{m} \left\{ \exp\left[-\frac{(2mh - H_e)^2}{2\sigma_z^2} \right] + \exp\left[-\frac{(2mh + H_e)^2}{2\sigma_z^2} \right] \right\} \tag{9-98}$$

式中，x 为计算点距源的距离；n 为风向方位数，一般 $n=16$；m 为反射次数，一般 $m<4$；h 为混合层厚度，各地区有差异；$\overline{C}_{Lijk}$ 为静风或小风时不同风向方位和稳定度出现的频率（此处 k 一般取 2，即包括静风和小风两个等级）；$\overline{C}_{Lijk}$ 为静风或小风时对应上述联合频率下风向 x 点的浓度，可按前述的静风或小风模式计算。

9.2.2　气体化学品的大气扩散理论与规律

气体化学品常压下沸点较低，常温下为气态，密度低，在储运过程中需要庞大的设备，既不方便又不经济。因此，为能装载和输送更多的气体化学品，一般都对气体化学品进行压缩或液化使之体积缩小、密度增大并储藏运输。

压缩或液化后的气体化学品对环境和生命的潜在危害主要表现为火灾爆炸危险性、低温高压危险性和毒性。例如，某些气体化学品是可燃气体，闪点低，燃烧浓度极限宽，火焰温度高，引燃其所需要的点火能量极低，甚至在燃烧的同时可能会伴随爆炸的发生；液化或压缩气体化学品泄漏时会从周边人员的皮肤上吸收潜热而导致冻伤；处于高压状态的压缩或液化气体在发生泄漏时会在内外压差的作用下急剧喷出，对周围的人员和环境造成极大威胁；另外，有些气体化学品还是有毒的，如氨气、氯气、氯乙烯、环氧乙烷等，这些气体会对人体的某些功能组织或器官造成暂时或永久性的伤害[12]。

气体化学品在大气中的弥散是一个复杂的过程，会受到较多因素的影响。从一般意义上讲，气体化学品在储藏和运输过程中不会发生人为或主动释放泄漏，而一般是由生产事故或运输事故造成的泄漏，因此在评价气体化学品的迁移理论和规律时，需要将泄漏源的因素考虑进去。除此之外，还需要考虑泄漏物质的理化性质及发生泄漏时的环境条件，如大气稳定度、风速、风向、气温及泄漏源周围的地形地貌[12]。

化学品在气体中的弥散过程和环境迁移规律遵循一般的气体扩散规律。这些气体扩散规律可采用数学模型来描述。从广义上讲，数学模型是某个过程中某些变量间关系的

总称。无论这个过程是动态的还是静态的，这种关系都可以用公式、表格或图形来表述；由于表格或图形均可以回归成数学解析表达式（初等函数、非初等函数、矩阵等），因此从狭义上讲，数学模型专指数学表达式。近十几年来，采用数学模型对气体化学品释放扩散过程进行计算机模拟已成为一种必备手段，有时候甚至是唯一的手段。实践中运用不同的数学、物理模型描述意外释放的物质在环境中的输运和扩散过程，给出污染物质浓度的时空分布。根据模拟结果即可确定不同严重度的危害区范围，对于保证安全的工程设计和应急计划具有重要意义。

　　大气扩散理论研究一直是沿着三种理论体系发展起来的，即梯度输送理论、湍流统计理论和相似理论（表 9-3）。它们分别考虑了不同的物理机制，并且采用了不同的参数和气象资料，是在不同的假定条件下建立起来的。

表 9-3　大气扩散的三种理论

理论类型	梯度输送理论	湍流统计理论	相似理论
基本原理	湍流半经验理论	湍流脉动速度统计特征量与扩散参数之间的关系	拉格朗日相似性假设
基本参数	湍流交换系数 K	风速的脉动速度均方差	摩擦速度 u^*
		拉式自相关系数	湍流热通量 HT
气象资料	风速及 K 的垂直廓线	湍流能谱	风、温廓线
主要限制条件	小尺度湍涡作用	均匀湍流	地面应力层
基本适用范围	σ_z 地面源	σ_y、σ_z 高架源，σ_y 地面源	σ_z 地面源近距离

　　发展自湍流半经验理论的梯度输送理论是一种特殊的物理混合模型，理论本身就存在一定程度的缺陷。湍流混合的过程中，流体微团是缓慢变化的，湍涡的保守性和被动性并不存在，因此利用模仿分子输送过程这一理论自身就是一种理想情况下的假设；湍流过程是极为复杂的，湍流交换系数的改变依赖于大气湍流场的性质及所取的空间尺度和平均尺度，更是难以用单一理论模型描述。尽管存在着诸多不完美，但该理论仍然能较准确地根据实测的风速廓线资料得出热量和动量的传递，无须事先假定分布形式便可以求解出扩散物质的浓度分布，因此得到了广泛应用，它是大气扩散研究中的主要理论体系之一。在梯度输送理论的应用中，由于假定输送通量与局地平均浓度成正比，因此只适用于估算小尺度湍涡的作用，不适用于估计长时间的水平扩散，或者估计扩散范围和平均浓度的分布主要是由大湍涡贡献时的情况。

　　湍流统计理论是基于高斯分布的假设，找到湍流脉动速度统计特征量和扩散参数之间的关系，即泰勒公式，得到扩散参数，从而确定浓度的分布。泰勒公式是在均匀、定场湍流场条件下推导出的，而实际的大气往往不符合这种条件，即使在开阔平坦的地形上，水平方向接近于均匀，但湍流在不同高度上还是有很大差异的，这些都使该理论受到极大的限制。更重要的是湍流统计理论应用需找出质点散布的概率密度函数，但由于大气湍流十分复杂，很难在理论上推导出这个函数，从而只能求助于某种假设，这是该理论发展的主要困难。在湍流统计理论的应用中，因为在近地面层湍流垂直分量随高度变化很大，所以该理论不适合解决地面源垂直扩散问题。同时由于高架源排放的烟流在扩散的不同阶段，其尺度与垂直湍流尺度的相对大小会变化，当烟流的垂直扩散达到一定程度以后，该理论也不适用。

相似理论原则上没有太多的理论限制，但由于多变量纲分析的复杂性和不确切性，目前该理论仅在近地面层小尺度的垂直扩散中得以应用。

1. 气体化学品扩散模型概述

气体化学品进入大气以后，其在大气中的弥散遵循大气的扩散模式和规律，因此气体化学品的弥散理论和规律本质上也是大气扩散的理论和规律。目前，大气扩散的理论和规律绝大部分用大气扩散模型进行演算。自 20 世纪 30 年代发展至今，已有数量众多的大气扩散模型用于不同的场合和情况。按照不同的源对大气中有害组分浓度的贡献，可将大气扩散模型分为用于筛选的 SCREEN3、TSCREEN、VISCREEN、CTSCREEN 等模型；用于监测大气污染的监测模型，如 AERMOD、CALINE4、Models-3/CMAQ、ADMS和 CALPUFF 等；用于应急响应的模型，如 SLAB、DEGADIS、ALOHA 等。按照大气扩散现象划分，可分为全球尺度模型、洲际-区域尺度模型、区域-局部尺度模型和局部尺度模型[13]。

在众多的大气扩散模型中，本节对我国环境保护部出台的《环境影响评价技术导则-大气环境》推荐的三种模型 ADMS 模型、AERMOD 模型和 CALPUFF 模型进行介绍，并对三种模型的内容、特点及应用情况进行比较[14]。

2. ADMS 模型

ADMS（atmospheric dispersion modeling system）模型是由英国剑桥环境研究中心（CERC）开发的，应用基于 Monin-Obukhov 长度和边界层高度描述边界层结构与参数的最新物理知识，边界层结构被可直接测量的常规气象要素定义，使其随高度变化的扩散过程更真实地表现出来。

ADMS 模型是一个三维高斯模型，以高斯分布公式为主计算污染物浓度，但非稳定条件下的垂直扩散使用了倾斜式的高斯模型。ADMS 模型包括气象数据输入模块、边界层参数计算模块、烟羽抬升和浓度计算模块、干湿沉降和化学处理模块、复杂地形模块及建筑物模块。其中，气象数据输入模块需要用到标准的气象站数据，产生模型运行时所需要的如边界层高度、Monin-Obukhov 长度、摩擦速度、风向、降水率、边界层顶逆温层和温度梯度等数据；边界层参数计算模块可计算出边界层的平均风速、湍流分量（即各风速分量的方差）、湍流长度尺度和 Lagrangian 时间尺度、能量耗散率、温度和浮力频率等；烟羽抬升和浓度计算模块用于计算扩散参数与浓度分布，烟羽的抬升采用的是轨迹模式，可预测热气态物质连续释放的上升迹线与稀释；复杂地形模块及建筑物模块提供了山地、沿海、城区及建筑物尾迹中的污染物浓度计算方法。

ADMS 以高斯模型为主计算污染物浓度，在不稳定条件下，摒弃了高斯模型体系，针对对流边界层的特殊性，采用了非高斯 PDF 模型[15]。

1）PDF 模式

在不稳定情况下针对低浮力烟羽，采用 Weil 的 PDF 模式计算地面浓度：

$$C = \frac{C_y}{\sqrt{2\pi}\sigma_y}\exp\left[-\frac{1}{2}\left(\frac{Y-Y_F}{\sigma_V}\right)^2\right] \tag{9-99}$$

式中，C 为污染源下风向任一点（x，y，z）的污染物浓度，单位为 mg/m^3；σ_y 为 y 方向扩散参数，单位为 m；σ_V 为垂直方向扩散参数，单位为 m；Y 为预测点 y 轴方向距污染源的距离，单位为 m；Y_F 为烟羽中线水平宽度，单位为 m；C_y 为地面横风向积分浓度，单位为 mg/m^3。

其中，σ_y 和 C_y 由式（9-100）和式（9-101）决定：

$$\sigma_y = \begin{cases} (\sigma_V X_m / u)/[1+0.5X_m/(uT_{xr})]^{1/2} & (F_m < 0.1) \\ 1.6F_m^{\frac{1}{3}}X_m^{\frac{2}{3}}Z_i & (F_m > 0.1, u/w^* \geqslant 2) \\ 0.8F_m^{\frac{1}{3}}X_m^{\frac{2}{3}}Z_i & (F_m > 0.1, u/w^* < 2) \end{cases} \tag{9-100}$$

$$\frac{C_y uh}{Q} = \frac{2f_1}{\sqrt{2\pi}\sigma_{z_1}^2}\exp\left(-\frac{h_1^2}{2\sigma_{z_1}^2}\right) + \frac{2f_2}{\sqrt{2\pi}\sigma_{z_2}^2}\exp\left(-\frac{h_2^2}{2\sigma_{z_2}^2}\right) \tag{9-101}$$

式中，X_m 为距污染源下风向距离，单位为 m；F_m 为垂直动能通量，单位为 W/m^2；w^* 为地面摩擦速度，单位为 m/s；u 为烟气速度，单位为 m/s；T_{xr} 为计算 x 方向扩散的采样时间，单位为 h；Z_i 为地面粗糙度，单位为 m；f_1 和 f_2 分别为上升和下降气流所对应的权重系数，$f_1+f_2=1$；h_1 和 h_2 分别为上升和下降气流扩散速度与平均扩散速度差，单位为 m/s；h 为烟羽高度，单位为 m；σ_{z_1} 和 σ_{z_2} 分别为上升和下降气流所对应的垂直速度标准差；Q 为源强，单位为 g/s。

2）小风对流模式

在不稳定情况下，针对高浮力烟羽，采用 Briggs 的小风对流模式计算污染物浓度，即

$$C = \begin{cases} 0.021Qw^{*3}x^{\frac{1}{3}}F^{\frac{4}{3}}Z_i\exp\left[-\frac{1}{2}\left(\frac{y-y_p}{\sigma_y}\right)^2\right] & x < \frac{10F}{w^{*3}} \\ \sigma_y = 1.6F^{*\frac{1}{3}}x^{\frac{2}{3}}Z_i \\ \left[\frac{Q}{w^*xh}\right]\exp\left[-\left(\frac{7F}{xw^{*3}}\right)^{\frac{3}{2}}\right]\exp\left[-\frac{1}{2}\left(\frac{y-y_p}{\sigma_y}\right)^2\right] & x > \frac{10F}{w^{*3}} \\ \sigma_y = 0.6xZ_i \end{cases} \tag{9-102}$$

式中，F 为总热通量，单位为 W/m^2；F^* 为垂直浮力通量，单位为 W/m^2。

3）Loft 模式

针对近中性条件下的高浮力烟羽，采用 Weil 的 Loft 模式计算污染物浓度，即

$$C = \frac{Q}{\sqrt{2\pi}Z_i\sigma_y u}[1-\text{erf}(\Phi)]\exp\left[-\frac{1}{2}\left(\frac{Y-Y_F}{\sigma_y}\right)\right] \tag{9-103}$$

$$\sigma_y = \begin{cases} 1.6F^{\frac{1}{3}}x^{\frac{2}{3u-1}}\ (L>0\text{或}F<0,\text{且}u\,/\,w^*\geqslant 2) \\ 0.8F^{\frac{1}{3}}x^{\frac{2}{3u-1}}\ (L>0,\text{且}u\,/\,w^*<2) \end{cases} \tag{9-104}$$

式中，L 为 Monin-Obulthov 长度，单位为 m；Φ 为误差函数积分下限。

4）ADMS 模型的特点

a. ADMS 模型用点源、线源、面源、体源和网格源模型来模拟污染物在大气中的扩散，考虑了从最简单到最复杂的污染物扩散问题。

b. ADMS 模型应用了基于 Monin-Obulthov 长度和边界层高度描述边界层结构与参数的最新物理知识，边界层结构被可直接测量的常规气象参数定义，可更真实地表现污染物随高度变化的扩散过程，获取的污染物浓度预测结果更精确和更可信。

c. ADMS 模型可独立使用，也可与地理信息系统 GIS 联合使用。

d. ADMS 模型可用来研究大气环境容量及大气质量管理措施，以及环境评价和规划。ADMS 模型可处理各种基本气态污染物（SO_2、NO_2、CO、VOC、苯化合物、芳香烃、O_3）、可吸入悬浮颗粒物 PM10 和 PM2.5 及总悬浮颗粒物（TSP）等[16]。

5）ADMS 模型的优点

a. ADMS 模型应用了最新的基于边界层高度和 Monin-Obulthov 长度（由摩擦力速度和地表热通量而定的一种长度尺度）描述边界层结构与参数的物理知识，可应用于大气质量控制、环境影响评价和大气污染预测预报等研究。ADMS 模型可详细地模拟 3000个网格污染源、1500 个道路污染源和 1500 个工业污染源（包括点、面和体污染源）。由于可将较小的污染源集成为网格污染源，污染源数量非常大时，有利于提高运行速度。

b. ADMS 模型可以使用其他的数据库辅助进行计算。例如，在进行交通线源的污染物排放量计算时，可使用污染排放因子数据库，只需将其与污染源排放数据库连接即可。

c. ADMS 拥有简便易使的交互式图形用户界面，并且其与商业化地理信息系统（如MapInfo、ArcView 等）软件有机地结合在一起。ADMS 模型的气象处理器可自动处理各种输入数据，如风速、日期、时间、地表热通量和基于边界层高度计算的边界层参数等。另外，气象数据可以直接使用气象部门的常规数据。

尽管如此，ADMS 模型面对复杂风场的计算却显得无能为力，而且 ADMS 模型是基于高斯公式计算污染物浓度，所以与高斯模式计算污染物浓度有很大的关联性，不可避免地会存在高斯模式的一些缺陷。

3. AERMOD 模型

AERMOD 模型是 20 世纪 90 年代中后期美国国家环境保护局联合美国气象学会基于大气边界层和大气扩散理论开发的一种稳定状态下的烟羽模型。该模型的设计基于湍流统计理论的正态烟羽模式，对稳态高斯扩散方程做了修正[17]。

AERMOD 是一个模型系统，适用于定场的烟羽模式，包括三个方面的内容：AERMOD（大气扩散模型）、AERMAP（AERMOD 地形预处理）和 AERMET（AERMOD气象预处理）。AERMOD 模型的特殊功能包括垂直非均匀边界层的特殊处理，不规则形状面源的处理，稳定边界层中垂直混合条件下地面反射的处理，复杂地形上的扩散处理和建筑物下洗的处理[18]。

1）考虑地形影响的一般扩散模型

在考虑地形的扩散模型中，AERMOD 使用了分界流线的概念，即将扩散流场分为两层结构：下层的流场保持水平绕过障碍物，而上层的流场则抬升越过障碍物。这两层流场以分界流线高度 H_c 来划分：

$$\frac{1}{2} u^2 \cdot (H_c) = \int_{H_c}^{h_c} N^2 \cdot (h_c - z) \mathrm{d}z \tag{9-105}$$

式中，N 为 Brunt-Vaisala 频率，单位为 1/s；h_c 为地形高度，单位为 m；z 为地形垂直高度，单位为 m；u 为风速，单位为 m/s。

AERMOD 模型认为障碍物上的污染物浓度取决于烟羽的两种极限状态：一种是在非常稳定的条件下被迫绕过障碍物的水平烟羽，另一种是在垂直方向上沿着障碍物抬升的烟羽。任一网格点的浓度就是这两种烟羽浓度加权之后的和。假设一网格点（x，y，z）在平坦地形上（即不考虑地形影响时）的质量浓度为 $\rho(x，y，z)$（水平烟羽的质量浓度），则考虑地形（障碍物）影响时的总质量浓度为

$$\rho_r(x,y,z) = f \cdot \rho(x,y,z) + (1-f) \cdot \rho(x,y,z_{\text{eff}}) \tag{9-106}$$

$$\rho(x,y,z) = \frac{Q}{U} \cdot p(y,x) p(z,x) \tag{9-107}$$

$$f = 0.5(1 + \Phi) \tag{9-108}$$

$$\Phi = \frac{\int_0^{H_c} \rho(x,y,z) \mathrm{d}z}{\int_0^{\infty} \rho(x,y,z) \mathrm{d}z} \tag{9-109}$$

$$z_{\text{eff}} = z - z_i \tag{9-110}$$

式中，$\rho_r(x，y，z)$ 为总质量浓度，单位为 g/m³；$\rho(x，y，z_{\text{eff}})$ 为沿地形抬升烟羽浓度，单位为 g/m³；Φ 为烟羽质量与总烟羽质量的比值；Q 为源的泄放速率；U 为有效风速；$p(y，x)$ 为烟羽水平方向浓度分布的概率密度函数；$p(z，x)$ 为烟羽垂直方向浓度分布的概率密度函数；f 为权函数；z_{eff} 为有效高度；z_i 为点$(x，y，z)$地形的高度。

2）考虑对流边界层的扩散模型

在不考虑地形的情况下，即在平坦的地形上，扩散模型有考虑对流情况（$L<0$）和稳定情况（$L>0$）两种模式。在对流情况下，定义的参数 Monin-Obulthov 长度 L 的表达式为

$$L = \frac{\rho \cdot C_P \cdot T \cdot u_*^3}{k \cdot g \cdot H} \tag{9-111}$$

式中，ρ 为空气密度，单位为 kg/m³；C_P 为空气比热，单位为 J/(g·K)；T 为空气温度，单位为 K；u_* 为地面摩擦速度，单位为 m/s；k 为 VonKarman 常数；g 为重力加速度，单位为 m/s²；H 为地面热通量，单位为 W/m²。

考虑对流边界层的模型以 Gifford 的蜿蜒烟羽概念为基础，其观点是在湍流扩散中由于大的漩涡存在，小的"瞬时"烟羽发生偏移，并认为瞬时烟羽的浓度分布相对于烟

羽中心线服从高斯分布，平均浓度可以通过对相对烟羽中心线的所有随机偏移量进行加和得到。该模型在具体的模拟中使用的是概率密度函数方法，偏离烟羽中心线的浓度概率分布用 p_w 和 p_v 来计算，p_w 和 p_v 分别是模型中随机垂直速度（w）和水平速度（v）的概率密度函数。在 AERMOD 模型中，p_w 通过两个高斯分布（上升气流的分布和下降气流的分布）的叠加来描述垂直分布，而水平分布仍服从高斯分布：

$$p_w = \frac{\lambda_1}{\sqrt{2\pi}\sigma_1}\exp\left[\frac{(w-\overline{w_1})^2}{2\sigma_1^2}\right] + \frac{\lambda_2}{\sqrt{2\pi}\sigma_2}\exp\left[\frac{(w-\overline{w_2})^2}{2\sigma_2^2}\right] \tag{9-112}$$

式中，λ_1 和 λ_2 分别为两个高斯分布（1 为上升气流，2 为下降气流）的权系数，$\lambda_1+\lambda_2=1$；$\overline{w_i}$ 和 σ_i（$i=1$，2）分别为各自气流分布的平均垂直速度和标准差。

在考虑对流边界层的扩散模型中，烟羽的总质量浓度表达式 $\rho(x, y, z)$ 由三部分组成：

$$\rho(x,y,z) = \rho_d(x,y,z) + \rho_r(x,y,z) + \rho_p(x,y,z) \tag{9-113}$$

式中，$\rho_d(x, y, z)$、$\rho_r(x, y, z)$、$\rho_p(x, y, z)$ 分别为污染源的直接排放质量浓度（g/m^3）、虚拟源的排放质量浓度（g/m^3）和夹卷源的排放质量浓度（g/m^3）。

$$\rho_d(x, y, z) = \frac{Q}{2\pi u\sigma_y}\exp\left[-\frac{y^2}{2\sigma_y^2}\right] \cdot \sum_{j=1}^{2}\sum_{m=0}^{\infty}\frac{\lambda_j}{2\sigma_{zdj}} \tag{9-114}$$

$$\left\{\exp\left[-\frac{(z-h_{edj}-2mz_i)^2}{2\sigma_{zdj}^2}\right] + \exp\left[-\frac{(z+h_{edj}+2mz_i)^2}{2\sigma_{zdj}^2}\right]\right\}$$

$$h_{edj} = h_s + \Delta h + \frac{a_j\sigma_w x}{u} \tag{9-115}$$

$$\sigma_{zdj} = \left[\sigma_b^2 + \left(\frac{b_j\sigma_w x}{u}\right)^2\right]^{\frac{1}{2}} \tag{9-116}$$

$$\sigma_y = \left[\sigma_b^2 + \frac{\left(\frac{\sigma_y x}{u}\right)^2}{1+\frac{0.5x}{uT_L}}\right]^{\frac{1}{2}} \tag{9-117}$$

$$\sigma_b = \frac{0.4\Delta h}{\sqrt{2}} \tag{9-118}$$

式中，h_{edj} 为有效源高，单位为 m；σ_{zdj} 为垂直扩散系数，单位为 m；σ_b 为浮力影响扩散系数，单位为 m；σ_y 为距离原点污染物在 Y 轴向扩散的标准差，单位为 m；u 为风速。

3）稳定边界层的扩散模型

在平坦地形（稳定）条件下（$L>0$），AERMOD 模型浓度的表达式为高斯模式：

$$\rho(x,y,z) = \frac{Q}{u}\cdot F_z(x, z, h_p)\cdot F_y(y) \tag{9-119}$$

$$F_z = \frac{1}{\sqrt{2\pi}\sigma_z} \sum_{n=-\infty}^{\infty} \left\{ \exp\left[-\frac{(z - h_p + 2nh_a)^2}{2\sigma_z^2} \right] + \exp\left[-\frac{(z + h_p + 2nh_a)^2}{2\sigma_z^2} \right] \right\} \quad （9\text{-}120）$$

$$F_y = \frac{1}{\sqrt{2\pi}\sigma_y} \exp\left(-\frac{y^2}{2\sigma_y^2} \right) \quad （9\text{-}121）$$

上述三式中，烟羽的稀释和烟羽的散布都使用边界层的有效参数计算。其中 h_p 为烟羽高度；h_a 为垂直混合的极限高度；σ_z 为 Z 轴向扩散的标准差，n 为反射次数。

4）AERMOD 模型的内容

（1）AERMOD 模型系统气象资料

AERMOD 模型系统中包含一个 AERMET 气象数据预处理器，可将常规的气象观测数据处理成 AERMOD 大气扩散模型所需的数据格式。运行 AERMOD 模型系统所需的气象数据包括地面气象数据和探空数据。地面气象数据包含全年逐日逐时的风速、风向、气温（干球/湿球温度）、云层覆盖率和云底高度等；探空数据包括位势高度、气压、气温/露点、风速和风向。

（2）AERMOD 模型系统地形资料

AERMOD 模型系统包含 AERMAP 地形预处理器，可使用网络化地形数据计算预测点的地形高度数据。AERMAP 模型输入的地形参数包括评价区域网格点或任意点的地理坐标、评价区地形高程数据文件。数据经 AERMAP 地形预处理器运行后生成 AERMOD 大气扩散模型所需的网格点或任意点的高度尺度、地形高程。

（3）AERMOD 模型系统污染源参数

AERMOD 模型系统处理的污染源包括点源、面源、体源和线源，模型系统预测时所需输入的污染源参数主要包括以下几类。

a. 点源：排放速率，烟气温度，烟囱高度，烟囱出口烟气排放速率，烟囱出口内径和烟囱地理位置坐标。

b. 规则形状面源：排放速率，面源的高度、长度、宽度和方向角，面源顶点地理位置坐标。

c. 不规则形状面源：排放速率，高度，面源多边形点数，烟羽初始高度和面源多边形定点地理位置坐标。

d. 体源：排放速率，高度，体源初始长度、初始宽度和体源顶点地理位置坐标。

e. 线源：将线源处理成一个个微小的体源。

（4）AERMOD 模型系统预测参数的选择

各类预测参数均由 AERMOD 模型系统根据输入的气象、地形和污染源等数据自动选择计算。

（5）AERMOD 模型系统结果输出内容

由于 AERMOD 模型系统输入的资料内容翔实，经该模型系统预测可得到更多的计算结果，包括预测范围内各网格点的浓度、敏感区域的浓度分布及预测范围内污染物浓度等值线图[16]。该模型系统输出的浓度值包括年均值、日均值和小时值，还可输出逐日逐时污染物浓度值。输出的等值线图包括年均值、日均值、小时值三种类型。此外，该模型系统可对预测结果中最高的几个浓度值的出现时间和出现位置等进行排序。同时，该模型系统可输出污染物浓度超过相应环境质量标准的预测点的浓度、出现时间、出现位置等。

　4. CALPUFF 模型

　　CALPUFF 模型是由西格玛研究公司与美国国家环境保护局（EPA）长期支持开发的法规导则模型，该模型是三维非稳态拉格朗日扩散模式系统，与传统的稳态高斯扩散模式相比，能更好地处理长距离污染物运输（50km 以上的距离范围）。CALPUFF 模式由三部分组成[19]。

　　a. 气象模块。由可同时诊断和分析风场的处理器 CALMET 组成，这个模块中还包括把原有气象地形资料处理成模式所能兼容格式的前处理模块。

　　b. Gaussian 烟羽扩散模块 CALPUFF。包括化学清除、干沉降、湿沉降、复杂地形的计算，下降气流的形成，烟羽结构及其他一些功能。

　　c. 对模型输出的气象场、浓度场、沉降通量进行后处理的模块 CALPOST。

　　CALPUFF 模型是多层、多种非定常烟团扩散模型，模拟时空变化气象条件下大气对污染物输送、转化和清除的影响，适用于几十至几百千米的大气污染物评价，可计算次层网格区域对污染物分布的影响和长距离输送对污染物分布的影响。模型采用时变的气象场资料，充分考虑下垫面对污染物干湿沉降的影响，同时考虑复杂地形的动力学效应及静风等非定常条件，能够很好地模拟不同尺度区域的污染物扩散情景。

　1）CALPUFF 模型的基本公式

　（1）烟团模式的一般形式

　　与 AERMOD 模型和 ADMS 模型不同，CALPUFF 模型采用非稳态三维拉格朗日烟团输送模式。烟团模式是一种比较简便灵活的扩散模式，可以处理有时空变化的恶劣气象条件和污染源参数，比高斯烟羽模式使用范围更广。在烟团模式中，大量污染物的离散气团构成了连续烟羽。烟团模式一般由以下几方面构成：①烟团的质量守恒；②烟团的生成；③烟团运动轨迹计算；④烟团中污染物散布；⑤迁移过程；⑥浓度计算。假设烟团为对称分布，其污染物浓度分布在水平和垂直两个方向都为高斯型，表达式为

$$q(x,y,z,s) = \frac{Q(s)}{(2\pi)^{\frac{3}{2}}\sigma_y^2(s)\sigma_z(s)} \exp\left[-\frac{y^2}{2\sigma_y^2(s)}\right] \exp\left[-\frac{z^2}{2\sigma_z^2(s)}\right] \qquad (9\text{-}122)$$

式中，$Q(s)$ 为 s 处烟团质量，单位为 g；y 为距离烟团中心的径向（水平）距离，单位为 m；z 为烟团中心的离地高度，单位为 m。

　　烟团模式利用"快照"方法预测接受点污染物的浓度。每个烟团在特定的间隔被"冻结"，计算此刻被"冻结"的烟团浓度，然后烟团继续移动，大小和强度等继续变化，直到下次采样时间再次被"冻结"。在基本时间步长内，接受点浓度为周围所有烟团采样时间内平均浓度总和。对比烟羽方法，烟团方法具有很多优点：①可以处理静风问题；②在离开模拟区域前，烟团都参加扩散计算；③烟团在三维风场遵循非线性运动轨迹；④一个烟团平流经过一个区域，烟团的形状尺寸会随之发生变化。而高斯烟羽模式仅考虑污染源和预测点的地形差异，不考虑两点之间地形对烟羽的影响。

常规的烟团方法在"快照"时，烟团间隙的预测点浓度偏低，中心的预测点浓度偏高。CALPUFF 模型解决此问题的方法一种是采用积分采样方法，即 CALPUFF 积分烟团方法；另一种是沿风向拉长非圆形烟团，解决烟团足够释放的问题，即 Slug 方法。

（2）CALPUFF 积分烟团

在 CALPUFF 烟羽扩散模型中，单个烟团在某个接受点的基本浓度方程为

$$C = \frac{Q}{2\pi\sigma_x\sigma_y} g \exp\left[-\frac{d_a^2}{2\sigma_x^2}\right] \exp\left[-\frac{d_c^2}{2\sigma_y^2}\right] \qquad （9\text{-}123）$$

$$g = \frac{2}{\sigma_z\sqrt{2\pi}} \sum_{n=-\infty}^{\infty} \exp\left[-\frac{(H_e + 2nh)^2}{2\sigma_y^2}\right] \qquad （9\text{-}124）$$

式中，C 为污染物地面浓度，单位为 g/m^2；Q 为污染源源强，单位为 g；σ_x、σ_y 和 σ_z 为扩散系数；d_a 为接受点顺风距离，单位为 m；d_c 为接受点横向距离，单位为 m；H_e 为有效高度，单位为 m；h 为混合层高度，单位为 m；g 为高斯方程垂直项，解决混合层与地面之间多次混合的问题，n 为反射次数。

（3）Slug 计算公式

Slug 方法用来处理局部地区尺度的大气扩散。其基本模式是将烟团拉伸，以更好地体现污染源对近场的影响。Slug 可以看成是一组分隔距离很小的重叠烟团，利用 Slug 模型处理时，污染源均匀地分散在 Slug 里，每个 Slug 的浓度 $C(t)$ 可以表示为

$$C(t) = \frac{Fq}{(2\pi)^{\frac{1}{2}}\frac{u}{\sigma_y}} g \exp\left[\frac{-d_c^2}{2\sigma_y^2} \times \frac{u^2}{u'^2}\right] \qquad （9\text{-}125）$$

$$F = \frac{1}{2}\left[\mathrm{erf}\left(\frac{d_{a2}}{\sqrt{2}\sigma_{y1}}\right) - \mathrm{erf}\left(\frac{d_{a1}}{\sqrt{2}\sigma_{y1}}\right)\right] \qquad （9\text{-}126）$$

$$u' = (u^2 + \sigma_V^2)^{\frac{1}{2}} \qquad （9\text{-}127）$$

式中，u 为平均风速矢量，单位为 m/s；u' 为风速标量；σ_V 为风速方差；q 为污染源排放速率，单位为 g/s；F 为因果函数；g 为高斯函数垂直项；d_{a1}、d_{a2} 分别为点 1、2 的顺风距离。

Slug 模式描述了烟团连续排放，每个烟团都含有浓度无限小的污染物。和烟团一样，每个 Slug 都能根据扩散局地影响、化学转化等独立发生变化，邻近 Slug 的端点相互连接确保模拟烟羽的连续性，摒弃了烟团方法的间隔缺陷。采用 Slug 模式时，当横向扩散参数 σ_y 接近于 Slug 自身长度时，CALPUFF 模型开始利用烟团模式对污染物采样，提高计算效率。在足够大的下风距离内，利用 Slug 模式模拟没有优势，因而 CALPUFF 积分烟团模式适合中等尺度范围。

（4）扩散作用

在 CALPUFF 扩散模型中，需要考虑水平方向和垂直方向的高斯扩散系数 σ_y 和 σ_z，其计算公式分别为

$$\sigma_{yn}^2(\Delta\xi_y) = \sigma_{yt}^2(\xi_{yn} + \Delta\xi_y) + \sigma_{ys}^2 + \sigma_{yb}^2 \qquad （9\text{-}128）$$

$$\sigma_{yz}^2(\Delta\xi_z) = \sigma_{zt}^2(\xi_{zm} + \Delta\xi_z) + \sigma_{zb}^2 \qquad (9\text{-}129)$$

式中，ξ_{yn}、ξ_{zn} 为当 $\Delta\xi = 0$ 时的虚拟源参数；σ_{yn}、σ_{zn} 分别为扩散过程中某指定位置的水平和垂直扩散系数；σ_{yt}、σ_{zt} 分别为湍流作用下大气扩散系数 σ_y 和 σ_z；σ_{yb}、σ_{zb} 分别为大气扩散过程中浮力抬升产生的 σ_y 和 σ_z 分量；σ_{ys} 为面源侧向扩散产生的水平扩散系数分量。

（5）烟羽抬升

CALPUFF 模型中烟羽的抬升关系适用于各种类型的源和各种特征的烟羽。烟羽抬升算法考虑了以下几个方面：烟团的浮力和动量；稳定的大气分层；部分烟团穿透进入稳定的逆温层；建筑物下洗和烟囱顶端下洗效应；垂直风切变；面源烟羽抬升；线源烟羽抬升。

基本点源烟羽抬升公式以 Briggs 方程为基础，在中性和不稳定气象条件下，

$$z_n = \left[\frac{3F_m x}{\beta_j^2 u_s^2} + \frac{3F x^2}{2\beta_1^2 u_s^3} \right]^{1/3} \qquad (9\text{-}130)$$

式中，z_n 为烟羽抬升高度 F_m 为动力通量，单位为 m^4/s^2；F 为浮力通量，单位为 m^4/s^2；u_s 为出口风速，单位为 m/s；x 为点源距下风向距离，单位为 m；β_1 为中性夹卷参数（-0.6）；β_j 为急性夹卷参数，$\beta_j = 1/3 + uw$，其中 w 为烟气排放速率。

在稳定气象条件下：

$$z_{sf} = \left[\frac{3F_m}{\beta_j^2 u_s s^{\frac{1}{2}}} + 6F(\beta_2^2 u_s s) \right]^{\frac{1}{3}} \qquad (9\text{-}131)$$

$$s = \frac{g}{T_a} \times \frac{d\theta}{dz} \qquad (9\text{-}132)$$

式中，β_2 为稳定夹卷参数（≈ 0.36）；s 为稳定度参数；g 为重力加速度，单位为 m/s^2；T_a 为环境温度，单位为 K；$\frac{d\theta}{dz}$ 为位温递减率，单位为 K/m；

2）CALPUFF 模型的特点

CALPUFF 模型适用于细致的湍流扩散模拟、区域尺度污染物长距离输送和污染物二次转化等的空气质量模拟研究。CALPUFF 模型为了便于计算和修正程序，不仅可以通过用户界面直接输入污染源的各项参数，而且提供了可以以外部文件形式输入污染源数据的功能。外部文件通过标准格式，既可以对污染物排放源进行参数化输入，又可以根据实际情况按照模式默认参数修正。

虽然 CALPUFF 模型在处理化学转化、物理沉降等方面具有优势，并能处理大于 50km 范围的污染，但受自身限制，在湍流扩散影响强烈的区域（如城市环境）不推荐使用 CALPUFF 模型系统。另外，CALPUFF 模型不能精确预测短期排放和短期产生的峰值浓度，如泄漏排放事故。在该类事故中，环境污染物峰值浓度可能远远大于浓度均值，从而对人群健康产生急性毒性影响。CALPUFF 扩散模型参数化使用的单位平均时间一般需要约 1h，而脉动扩散作用发生时间短得多，对于小烟团（刚释放出来），控制

其扩散的主要因素是脉动作用，而不是烟团自身的增长。因此，烟团模型不适合针对污染源瞬时释放（尤其是近场）进行合理浓度预测。

9.2.3　液体化学品的大气弥散理论与规律

液体化学品在大气中的弥散同气体化学品有所区别。由于气体化学品在事故发生过程中直接以气体的形式泄漏出去，且气体的泄漏过程非常迅速，因此其在大气中的弥散遵循一般的大气扩散理论和模型。对于液体化学品来说，其在大气中的扩散过程需要经历一个从容器到地面形成液池，然后再经蒸发扩散到大气中的过程。

1. 液体化学品的泄漏过程模型

1）液池形状

液体泄漏形成液池后，即使泄漏点周围不存在任何障碍物，液池也不会永远蔓延下去，而是存在一个最大值，即液池有一个最小厚度。对于低黏性液体，不同的地面类型，液池的最小厚度是不一样的。

但在实际情况中，泄漏点周围都存在着障碍物。此时液池在地面上的蔓延要复杂一些。开始阶段，液池如同周围不存在防液堤一样以圆形向周围蔓延。遇到防液堤后，液池停止径向蔓延，同时液池形状发生改变。之后随着泄漏的不断进行，整个液池的液面开始上升。

对于极易挥发的物质，液池由于蒸发而收缩速率大于蔓延速率时，液池形状和大小保持不变，直到液层厚度达到相应的最小厚度时液池才开始收缩。

2）液池大小

泄漏的液体或未闪蒸的液化气体可在地面形成液池。对于瞬时泄漏，假设泄漏初始时刻液池的厚度等于液池的直径，则液池面积随时间 t 的变化为[20]

$$A = \pi \left[2t \sqrt{\frac{gV_0}{\pi}} + r_0^2 \right] \qquad (9\text{-}133)$$

式中，A 为液池的面积，单位为 m^2；V_0 为液池的初始体积，单位为 m^3；r_0 为液池的初始半径，单位为 m；g 为重力加速度，单位为 m/s^2。

另外，液池的半径随时间的变化也可以采用经验公式进行估算[20]：

$$r(t) = \sqrt{\frac{t\pi\rho}{8gQ}} \qquad (9\text{-}134)$$

式中，Q 为质量泄漏速率，单位为 kg/s；ρ 为液体密度，单位为 kg/m^3。

对于稳定的连续泄漏，液池半径随时间的变化可采用式（9-135）进行估算[21]：

$$r(t) = \left(\frac{t}{\sqrt[3]{\dfrac{9\pi\rho}{32gQ}}} \right)^{\frac{3}{4}} \qquad (9\text{-}135)$$

假设液池在地面上的蔓延是势能向动能转化的结果，则液池半径随时间的变化为

$$\frac{\mathrm{d}r(t)}{\mathrm{d}t} = \sqrt{eBgh(t)} \qquad (9\text{-}136)$$

$$h(t) = \frac{V(t)}{\pi r^2(t)} > \varepsilon \qquad (9\text{-}137)$$

式中，$r(t)$ 为 t 时刻液池半径，单位为 m；$h(t)$ 为 t 时刻液池厚度，单位为 m；e 为经验常数；B 为浮力系数。

通过对式（9-137）进行数值求解，可以得到计算液池大小的公式；对于连续泄漏，液池半径随时间的变化关系为

$$r_{new}^2 = r_{old}^2 + \frac{4}{3}\sqrt{\frac{2gB}{\pi}}\Delta t \left[\frac{\Delta V_{new}^{\frac{1}{2}} - \Delta V_{old}^{\frac{1}{2}}}{\Delta V}\right] \qquad (9\text{-}138)$$

式中，ΔV 为液池体积的变化量，单位为 m^3。

当泄漏停止时，液池还将继续蔓延，此时液池直径随时间的变化为

$$r_{new}^2 = r_{old}^2 + \frac{4}{3}\sqrt{\frac{2gB}{\pi}}\Delta t \sqrt{\Delta V_{new}} \qquad (9\text{-}139)$$

上述计算液池大小随时间变化的公式忽略了液体黏度和表面张力的影响。因此，这些方程不适用于描述高黏度液体在地面上的蔓延。

3）液池蒸发过程分析

液池蒸发受地表粗糙度、壁面剪切力、液体温度（接近液体沸点的情况下导致较高的蒸气压和出现沸腾液体）及粗糙度由地面到液面发生转变的影响。对于单组分液体的蒸发，由于液体内部不存在浓度差，传质阻力主要来自气相阻力。因此，气相传质阻力研究成为研究蒸发过程的关键。液体分子扩散到大气中的两个关键步骤是：①液体分子从液体表面挣脱进入气相边界层；②气态分子从气相边界层扩散到环境中。

影响液体化学品从液相进入气相的主要因素是其自身的物性（即挣脱液相的逃逸能力）和其在气相边界层的饱和程度。当气相边界层饱和程度较小时，前者是主要因素，蒸发受第一步控制；饱和程度大时，后者是控制蒸发的主要因素，蒸发受第二步控制。气相边界层的饱和程度与挥发物质在气相中的饱和程度、从液相进入气相的挥发速率及在气相的扩散能力有关。

如果第一步为控制步骤，质量蒸发速率将受表层分子的性质和数量影响。此时蒸发不受风速的影响，因为风速的大小并不能改变物质本身的性质。因此，该蒸发过程被称为基本蒸发过程。

如果第二步为控制步骤，蒸发过程受气相分子扩散性能、饱和程度的影响。质量蒸发速率将与风速、液池面积和环境内蒸发物质的分压有关。因此，称该过程为边界层控制蒸发过程。

4）液池蒸发率的计算

液体危险化学品泄漏后，瞬间在地面聚集形成液池，如果泄漏源周围平坦，无防液堤，则认为液池以厚度均匀的圆形在地面扩展，忽略液体黏性和表面张力的影响。如果周围设有防液堤，液池刚开始以圆形向四周扩展，如同周围不存在防液堤一样。遇到防液堤后，液池停止径向扩展，同时液池形状发生改变。之后随着泄漏的不断进行，液池围绕储罐扩展，直至包围整个储罐，随后液面开始上升。

液池在扩展的同时，不断向环境中挥发出易燃易爆及有毒有害蒸气。对于单组分液体的蒸发，液相阻力可忽略，认为传质阻力主要来自气相阻力，液体质量蒸发速率的计算公式为[22]

$$Q_{\text{evap}} = \frac{M A_{\text{pool}} K P_{\text{v}}}{R T_{\text{pool}}} \qquad (9\text{-}140)$$

$$K = 0.00482 u^{0.78} D^{-0.11} S_{\text{c}}^{-0.67} \qquad (9\text{-}141)$$

$$S_{\text{c}} = \frac{v}{D_{\text{M}}} \qquad (9\text{-}142)$$

$$D_{\text{M}} = D_{\text{H}_2\text{O}} \times \sqrt{\frac{M_{\text{W}_{\text{H}_2\text{O}}}}{M_{\text{W}_{\text{M}}}}} \qquad (9\text{-}143)$$

式中，Q_{evap} 为质量蒸发速率，单位为 kg/s；M 为泄漏物质的摩尔质量，单位为 g/mol；A_{pool} 为液池面积，单位为 m²；P_{v} 为蒸气压，单位为 Pa；T_{pool} 为液池温度，单位为 K；R 为理想气体常数；K 为传质系数，单位为 m/s；u 为环境风速，单位为 m/s；D 为液池直径，单位为 m；S_{c} 为物质的 Schmidt 数；v 为空气的动力黏度值（1.5×10^{-5} m²/s）；D_{M} 为物质在空气中的扩散系数，单位为 m²/s；$D_{\text{H}_2\text{O}}$ 为水的分子扩散率，单位为 m²/s；$M_{\text{W}_{\text{H}_2\text{O}}}$、$M_{\text{W}_{\text{M}}}$ 分别为水和扩散物质的分子质量，单位为 g/mol。

2. 液体化学品在大气中的扩散模型

当液体化学品摆脱液面的束缚进入空气之后，重力下沉与浮力上升作用可以忽略，扩散主要是由空气的湍流决定。此类气体释放后会完全随周围空气进行运动，这种扩散称为被动扩散。在假设湍流场均匀的条件下，有害物质在扩散截面的浓度分布呈高斯分布，所以也称为高斯扩散。

高斯扩散模式是在污染物浓度符合正态分布的前提下导出的。在扩散方程中，假设扩散系数 K 等于常数，可得到正态分布形式的解；从湍流统计理论出发，在平稳和均匀湍流条件下也可证明扩散粒子位移的概率分布是正态分布。实际大气不满足这样的前提条件，但是大量小尺度污染物扩散试验表明，正态分布至少可以作为一种较为接近真实情况的假设。

高斯扩散模型包括烟流模式和烟团模式，两者有各自的应用领域，但共同的适用条件如下。

a. 下垫面平坦、开阔、性质均匀为佳。

b. 扩散过程中污染物不发生化学反应，没有干沉降、降水清洗等衰减作用。与空气没有相对运动，即随大气一起运动。

c. 平均流场平直稳定，平均风速和风向没有显著的变化。

d. 适用于小尺度的扩散范围，以不超过 10～20km 为宜。

1）高斯点源烟流模式

高斯烟流模型是湍流扩散方程在有风连续点源条件下的解。对于连续点源，由于泄漏源持续排放，可以认为浓度处于定常状态（即 $\frac{\overline{\partial C}}{\partial t}=0$ ），即不随时间变化，仅仅是空间坐标的函数。这种情况下的浓度可通过直接求解有风时的扩散方程而得到[23]：

$$C(x,y,z)=\frac{Q}{2\pi\overline{u}\,\sigma_y\sigma_z}\exp\left[-\frac{1}{2}\left(\frac{y^2}{2\sigma_y^2}+\frac{z^2}{2\sigma_z^2}\right)\right] \qquad (9\text{-}144)$$

$$C(x,y,z)=\frac{Q}{2\pi\overline{u}\,\sigma_y\sigma_z}\exp\left(-\frac{y^2}{2\sigma_y^2}\right)\left\{\exp\left[-\frac{(z-H)^2}{2\sigma_z^2}\right]+\exp\left[-\frac{(z+H)^2}{2\sigma_z^2}\right]\right\} \qquad (9\text{-}145)$$

$$H_e=H+\Delta H \qquad (9\text{-}146)$$

式中，$C(x，y，x)$ 为下风向空间任一点（$x，y，x$）处的浓度，单位为 mg/m³；Q 为源强，单位为 kg/s；$\overline{u}$ 为 10m 高度处的平均风速，单位为 m/s；H_e 为有效源高，单位为 m；H 为源几何架高，ΔH 为烟气抬升高度，单位为 m；σ_y、σ_z 分别为横向和铅直方向的扩散参数。

当铅直高度等于零，即 $z=0$ 时，可以得到地面浓度计算公式：

$$C(x,y,0,H)=\frac{Q}{\pi\overline{u}\,\sigma_y\sigma_z}\exp\left[-\frac{1}{2}\left(\frac{y^2}{\sigma_y^2}+\frac{H_e^2}{\sigma_z^2}\right)\right] \qquad (9\text{-}147)$$

浓度分布为，在释放源附近地面浓度接近零，然后逐渐增高，在某个距离达到最大值，再缓缓减小。在 y 方向上，浓度按正态分布的规律向两边减小。该模式适用于描述连续源扩散，经过一定方法的处理也可用于线源和面源扩散，因此在目前通常的大气环境影响评价中广为采用。

2）高斯点源烟团模式

对于突发性泄漏事故的蒸发，污染源往往是短时间突然释放或一个较长时间分段释放大量有毒有害气体，此时地面浓度的计算应采用烟团模式[24]。烟团模式假定污染物排放连续，为独立的烟团，这些烟团的体积沿水平和垂直方向增长，并模拟这些烟团随风速和风向在位置与时间上的变化。在一般情况下，烟团的模拟分为两种情况，一种是在静风或微风的情况下，另一种就是在有风连续源的情况下。

在静风或微风（风速不大于 1m/s）的情况下，近地层大气湍流和扩散与风速大于 2m/s 时有着不同的性质，污染物稀释扩散缓慢，易形成较高的局部浓度，因此需进行单独分析。静风时烟团模式为[25]

$$C(x,y,z,t)=\frac{Q}{(2\pi)^{\frac{3}{2}}\sigma_x\sigma_y\sigma_z}\exp\left[-\left(\frac{x^2}{2\sigma_x^2}+\frac{y^2}{2\sigma_y^2}+\frac{z^2}{2\sigma_z^2}\right)\right] \qquad (9\text{-}148)$$

当污染源为连续点源（设源强为 Q）时，可假设污染源在时间 T 内连续释放多个瞬时烟团，并将释放时间 T 分割成若干相等时段，每个时段内释放一个烟团，可看作一个步长，步长内的风向、风速和稳定度视为恒定不变。

为求得连续源在空间某点（$x，y，z$）的浓度，将 T 时段内连续泄漏产生的浓度看成时段内若干 Δt 时间间隔的瞬时烟团在该点的浓度的迭加。对式（9-148）按时间积分可得到静风连续源烟团模式[25]：

$$C = \int_0^T \frac{2Q}{(2\pi)^{\frac{3}{2}}\sigma_x\sigma_y\sigma_z} \exp\left(-\frac{R^2}{2\sigma_y^2}\right)\exp\left(-\frac{H^2}{2\sigma_z^2}\right)\mathrm{d}t \qquad （9-149）$$

式中，T 为积分时间，单位为 s；R 为烟团半径，单位为 m，$R = \sqrt{x^2+y^2}$；σ_x 为顺风扩散参数，单位为 m，$\sigma_x = \sigma_y$。

在有风连续源的情况下，设有定常的平均风速 $\bar{u}$，取一固定的空间坐标系，令 x 轴与平均风向平行。在 $t=0$ 时刻，原点（0,0,0）释放的一个烟团将随风移动，并因扩散不断膨胀。该烟团的中心相对于固定坐标系的位置为（$\bar{u}$,0,0），以此为原点形成移动坐标系。若仍以烟团的出发点为坐标原点，则移动烟团的相对 x 轴坐标值为 $x' = x - \bar{u}t$。由此得到有风瞬时点源的浓度为

$$C(x,y,z,t) = \frac{2Q}{(2\pi)^{\frac{3}{2}}\sigma_x\sigma_y\sigma_z}\exp\left[-\frac{(x-\bar{u}t)^2}{2\sigma_x^2}-\frac{y^2}{2\sigma_y^2}-\frac{z^2}{2\sigma_z^2}\right] \qquad （9-150）$$

同样，对于有风连续源的情况，仍可采用静风模式的迭加思路处理。通过采用求和方法迭加的有风连续源多烟团模式为

$$C_i(x,y,z,t-t_i) = \frac{2Q}{(2\pi)^{\frac{3}{2}}\sigma_x\sigma_y\sigma_z}\exp\left\{-\frac{[x-\bar{u}(t-t_i)]^2}{2\sigma_x^2}\right\}\exp\left(-\frac{y^2}{2\sigma_y^2}\right)\exp\left(-\frac{H_e^2}{2\sigma_z^2}\right) \qquad （9-151）$$

$$C = \sum_{i=1}^n C_i(x,y,z,t-t_i) \qquad （9-152）$$

式中，$C_i(x,y,z,t-t_i)$ 为第 i 个烟团 t 时刻在（x,y,z）处的浓度，单位为 mg/m³；t 为化学品释放后的某个时刻，单位为 s；t_i 为第 i 个烟团的释放时刻，单位为 s；$t-t_i$ 为第 i 个烟团释放后在大气中扩散漂移的时间，单位为 s；Q 为源强，单位为 mg/s；σ_x、σ_y、σ_z 分别为 x、y、z 方向的扩散参数；n 为烟团个数。

3）面源扩散模式

对于在地面形成液池的化学品，由于呈面块状散布，当发生蒸发扩散时这种排放源称为面源。在进行扩散模拟时，仍可采用高斯扩散模型。做法是将点源扩散公式沿 x 和 y 方向对浓度进行积分[26]。以烟流模式地面浓度计算公式（9-147）为例，设圆形面源的源强为 Q_A[kg/(m²·s)]，整个上风向的半平面对任意点（x，y）浓度的贡献为

$$C(x,y) = \int_{-R}^{R}\int_{-R}^{R}\frac{Q_A}{\pi\bar{u}\sigma_y\sigma_z}\exp\left(-\frac{y^2}{2\sigma_y^2}\right)\mathrm{d}x\mathrm{d}y \cdot \exp\left(-\frac{H_A^2}{2\sigma_z^2}\right) \qquad （9-153）$$

式中，R 为面源的半径，也为有效源高，对于处于地面或海面的化学品来说，$H_A=0$，将式（9-153）去掉最后一项即可。

当面源的面积较小时，或是把大块面源划分为若干面积较小的面源时，还可以采用将面源近似简化为点源的处理方法，即将每一个面源（即面积单元）简化成一个等效点源，假定整个单元的污染物释放集中于该点，然后便可以应用点源扩散公式来计算该面

源的污染物浓度。

4）箱式重气模型

某些化学品（如苯、丙醚等）的蒸气密度要大于空气，或者会发生化学反应（如氟化氢的聚合），或者在气云中夹带液滴（如氨气）等，常常形成比空气重的气云，称为重气（heavy gas）。当重气泄漏后，混合蒸气云由于自身密度发生质量沉降，并沿地面扩展形成低而平的气云。重气扩散效应体现在湍流的抑制、密度梯度作用下的径向质量扩散。其产生有两方面原因：一是介质在接近其蒸发温度时，因气相状态的密度比空气大，烟团出现沉降过程；二是虽然储存于加压储罐的某些化学品在其沸点时的密度低于空气，但由于液相物质在接触周围暖空气（20℃）时，迅速闪蒸，一部分形成蒸气，其余仍呈现液体状态，以保持气液平衡，同时相当一部分的液态介质以液滴的方式雾化在蒸气介质中。在泄漏初期，形成含有液滴的混合蒸气烟团，使蒸气密度高于空气密度，造成烟团的质量沉降。

重气扩散效应作用下蒸气烟团的释放扩散比浮性气体复杂得多，一般的扩散过程包含以下几个步骤[27]。

a. 闪蒸和空气夹带阶段。闪蒸使射流的宽度迅速扩展，液态介质瞬间雾化，为保持气液平衡，周围暖空气进入两相射流，促使射流相态变化，内部密度降低，气云在空气夹带的作用下扩展。

b. 密度差作用下的质量沉降。该变化过程体现三个特点：一是重气塌陷引起烟团径向尺寸增大；二是周围风场的动量作用造成烟团加速及热能传递；三是空气的夹带速率由云内的密度结构分层和径向变化速率决定。此过程主要体现质量沉降的径向作用，空气夹带和能量交换为辅。

c. 重力沉降的地表作用阶段。重质泄漏介质沉降至地表，烟团发生塌陷现象，其结构外形发生变化。

d. 被动扩散阶段。蒸气和空气的密度差减小到一定程度，质量沉降结束，空气夹带起主导作用，烟团高度开始增加。烟团的高度、半径及运行状态完全取决于大气湍流特性，最终完全变成被动扩散。

（1）箱模型

根据重气的这种扩散模式，人们提出了箱模型的概念来模拟这一过程。箱模型通常应用于城市等大范围区域的大气扩散研究，其基本概念是将空间的某个区域看成固定的箱体，称为气箱。然后研究箱体内污染物的平均浓度及其随时间的变化。该模式的出发点是气箱体内污染物质量守恒，并假定污染物进入箱体内后立即与空气混合均匀，浓度在气箱内处处相等。通过计算区域内排放的和流入与流出气箱的空气污染物的质量来求得浓度。

重气扩散存在着非常显著的重力效应阶段。由于夹带液滴，烟团的行为以沉降为主、夹带为辅。在扩散过程中重力使烟团的半径急速增大（在几十到几百秒内），同时在风力的作用下发生位移。由于大气湍流在烟团顶端和侧面的夹带，以及密度大于空气的重力效应作用，浓度-距离曲线在外层位置出现浓度衰竭现象。重气烟团的这种浓度分布适合应用箱模型的基本概念来模拟。在该模型中，以重气烟团为中心并作为空间原点，

初始体积为 V_0、初始高度为 H_0、初始半径为 R_0 的圆柱形箱体模型如图 9-20 所示。

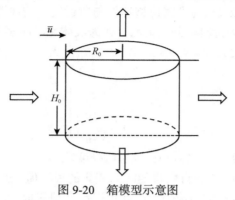

图 9-20 箱模型示意图

（2）箱模型扩散模型

在该模型中，重气扩散的时空质量浓度与时间、空间、气象条件、泄漏源情况等诸多复杂因素存在着函数关系。浓度可通过式（9-154）计算：

$$C = f(x, y, z, m, R, V, t, u_{10}) \tag{9-154}$$

式中，C 为质量浓度，单位为 g/m³；x、y、z 为某点的空间坐标，单位为 m；m 为液态化学品的泄漏量，单位为 t；R 为烟囱半径，单位为 m；V 为烟囱体积，单位为 m³；t 为泄漏时间，单位为 s；u_{10} 为 10m 高处风速，单位为 m/s。

重气的扩散是瞬时动态变化过程，计算某时刻的污染物浓度时，首先要求模型的输入状态参量具有时效性。式（9-154）中的两个自变量：烟团圆柱形箱的半径 R 和体积 V 是描述某时刻扩散特征的主要参数。在重气扩散效应下，强挥发性化学品泄漏形成烟团的无量纲化的沉降模型为[28]：

$$\begin{cases} \overline{R} = \sqrt{1 + \overline{t}} \\ \overline{R} = \dfrac{R}{R_0} \\ \overline{t} = \dfrac{t}{t_0} \\ t_0 = \dfrac{R_0}{2K\sqrt{b}} \end{cases} \tag{9-155}$$

$$\begin{cases} \overline{V} = (1 - \gamma)\overline{R}^{2\alpha} + \gamma\overline{R}^6 \\ \gamma = \dfrac{\beta}{3 - \alpha} \\ \beta = \dfrac{\pi\beta_p v_*^3}{2kb^{\frac{3}{2}}} \cdot \dfrac{R_0^6}{V_0} \\ b = \dfrac{g\Delta'V_0}{\pi} \end{cases} \tag{9-156}$$

式中，$\bar{R}$、$\bar{t}$、$\bar{V}$ 为无量纲参数；R 为烟团瞬时半径，单位为 m；R_0 为烟团初始半径，单位为 m；b 为浮力参数；v_* 为烟团位移速度与所设定平均风速的差值，即摩擦速度，单位为 m/s；t 和 t_0 分别为计算时间、时标；Δ' 为液体化学品蒸气密度与空气密度之比。

空间烟团的位移速度为

$$u = u_{10}\left[\frac{\ln\left(\dfrac{H}{z_0}\right)}{\ln\left(\dfrac{10}{z_0}\right)}\right] \tag{9-157}$$

式中，H 为烟团中心高度，单位为 m；z_0 为粗糙度。

由上述模型可得到 R、V 等自变量随时间变化的瞬时值，进而得到烟团中心高度 H、质量浓度 C、密度等因变量的对应值，由此可以动态地获取泄漏源浓度计算模型的入口数据，实现泄漏态势的实时模拟。

由于箱模型设定箱体内污染物均匀分布，则有

$$C_g = \frac{m}{V} \tag{9-158}$$

式中，C_g 为箱模型中烟团浓度。

虽然箱模式具有概念清晰、计算量相对较小、简便实用的特点，能在一定程度上反映出区域平均污染状况随时间变化的动态规律。但该模式隐含污染物一出排放源就在整个气箱范围内均匀混合，显然与实际情况不符，低估了实际的地面浓度，同时反映不出大气湍流在烟团顶端和侧面的夹带，使得浓度在外层位置衰减，模拟结果较为粗糙。对此，可以把基础模型为圆柱形箱模型的烟团作为体积源处理。求解时，运用虚拟源浓度模型的迭代思想，将圆柱形体积源看成是由许多体积很小的体积源单元组成的，而每个微小的体积源单元又可看成是一个点源。因此，可采用点源扩散公式确定微小体积源单元对某点浓度的贡献。将点源高斯模型以体积源的形式迭加于整个烟团体积源积分，即可得到任意时刻、任意点（x，y，z）的时空瞬时浓度，其质量浓度函数如下：

$$C(x,y,z) = C_g \int_{-R_g}^{R_g} \frac{\exp\left[-\dfrac{(x-x_s)^2}{2\sigma_x^2(x-x_s)}\right]}{\sqrt{2\pi}\sigma_x(x-x_s)}\,\mathrm{d}x_s \cdot \int_{-\sqrt{R_g^2-x_s^2}}^{\sqrt{R_g^2-x_s^2}} \frac{\exp\left[-\dfrac{(y-y_s)^2}{2\sigma_y^2(x-x_s)}\right]}{\sqrt{2\pi}\sigma_y(x-x_s)}\,\mathrm{d}y_s \cdot$$
$$\int_0^H \frac{\exp\left[-\dfrac{(z-z_s)^p}{2\sigma_z^p(x-x_s)}\right] + \exp\left[-\dfrac{(z+z_s)^p}{2\sigma_z^p(x-x_s)}\right]}{\sqrt{2\pi}\sigma_z(x-x_s)}\,\mathrm{d}z_s \tag{9-159}$$

式中，R_g 为烟团的结构半径，单位为 m；H 为烟团的结构高度，单位为 m；x_s、y_s、z_s 为烟团中单位体积源坐标；C_g 为重气质量浓度；σ_x、σ_y、σ_z 分别为 x、y、z 方向的扩散系数；p 为 z 方向上的指数系数，介于 1.2～2.0。

当重气气云内气体混合物的密度稀释到很低时，开始出现被动扩散的趋势。在此阶段，气云的气体浓度分布逐渐接近高斯形状。箱模型假定了箱内浓度存在从均匀分布向高斯分布的转变点。通常假定当相对密度差降到某个极限（如 0.01 或 0.001）后重气扩

散效应消失，即发生转变。此后，箱模型转为高斯烟流或烟团模式。

9.3　化学品在水体中的扩散[29]

从化学品（污染源）与被污染环境水体的空间关系出发：如果化学品占有的空间尺度相对很小，可以视为一个点而不影响精度时，这个被化学品污染的源称为点源；如果化学品在空间的分布占有一定长度，可视为一条线，则称为线源；如果化学品在空间的分布占有一定面积或者体积，而源的这种空间分布情况又不允许忽视，则称为"面源"或"体源"。从化学品进入水体的时间过程来看：如果化学品在很短时间内泄入水体中，称为瞬时源；如果化学品持续泄入水体中，称为时间连续源；如果化学品的排放速率恒定，则称为恒定源或稳定源，否则称为非恒定源或不稳定源。

1. 费克扩散定律

费克在 1855 年提出热在导体中的传导规律也可以适用于溶质（此处为化学品）在溶液中的扩散。费克扩散定律可表述如下：单位时间内单位面积的溶解质（扩散质）与溶质浓度在该平面法线方向的梯度成正比，用数学式表示为

$$F_x = -D\frac{\partial C}{\partial x} \qquad (9\text{-}160)$$

式中，F_x 为溶质（化学品）在法线 x 方向的单位通量；C 为溶质（化学品）浓度；D 为扩散系数，单位为 L^2/s；$\dfrac{\partial C}{\partial x}$ 为溶质（化学品）浓度在法线 x 方向的梯度。

式（9-160）中的"负号"表示化学品从高浓度向低浓度扩散。

一般费克扩散定律的数学表达式为

$$F = -D\,\mathrm{grad}\,C \qquad (9\text{-}161)$$

式中，F 为通量密度向量。设 F_x、F_y、F_z 分别为 F 在 x、y、z 方向上的分量，则 $F_x = -D\dfrac{\partial C}{\partial x}$，$F_y = -D\dfrac{\partial C}{\partial y}$，$F_z = -D\dfrac{\partial C}{\partial z}$。

从费克扩散定律可知，只要存在浓度梯度，化学品在水中必然发生扩散，人们把符合梯度型费克扩散定律的扩散现象统称为费克型扩散。

2. 水流连续方程

设 $Q(x, t)$ 为 t 时刻通过断面 $A(x, t)$ 的流量（m^3/s），$\tilde{q}$ 为侧向流量强度[$m^3/(s \cdot m)$]；$\tilde{q}_b$ 为底部渗出流量强度[$m^3/(s \cdot m)$]，p_s 为降水强度[$m^3/(s \cdot m^2)$]，E_s 为蒸发强度[$m^3/(s \cdot m^2)$]，b 为河流水面宽度（m），$A(x, t)$ 为河床过水断面面积（m^2），f 为河流平均深度（m）。任意 x 处在时刻 t 时过水断面 $A(x, t)$ 与通过该断面流量 $Q(x, t)$ 之间的关系可以通过如下方式进行建立。

取一个薄片水体（图 9-21），在 dt 时间段内进行水量平衡分析。

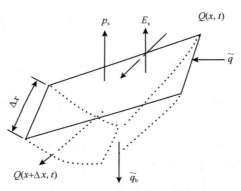

图 9-21　薄片水体的水量平衡分析图

a. 由上游来水引起的薄片内水量增量为 $Q(x,t)\mathrm{d}t - Q(x+\Delta x,t)\mathrm{d}t = -\dfrac{\partial Q}{\partial x}\Big|_{(x,t)}\Delta x\mathrm{d}x$。

b. 由侧向流量强度 $\tilde{q}$ 引起的水量增量为 $\tilde{q}\big|_{(x,t)}\Delta x\mathrm{d}x$。

c. 由底部渗出流量强度 $\tilde{q}_{\mathrm{b}}$ 引起的水量增量为 $-\tilde{q}_{\mathrm{b}}\big|_{(x,t)}\Delta x\mathrm{d}x$。

d. 由降水强度 p_{s} 引起的水量增量为 $p_{\mathrm{s}}\big|_{(x,t)}b\Delta x\mathrm{d}t$。

e. 由蒸发强度 E_{s} 引起的水量增量为 $-E_{\mathrm{s}}\big|_{(x,t)}b\Delta x\mathrm{d}t$。

在 $\mathrm{d}t$ 时间段内，薄片水体总增量为 $\left(-\dfrac{\partial Q}{\partial x} + \tilde{q} - \tilde{q}_{\mathrm{b}} + p_{\mathrm{s}}b - E_{\mathrm{s}}b\right)\Big|_{(x,t)}\Delta x\mathrm{d}t$，另外，由薄片内水量增加引起过水断面面积改变 ΔA 所需的流量为 $[A(x,t+\mathrm{d}t) - A(x,t)]\Delta x = -\dfrac{\partial A}{\partial t}\Big|_{(x,t)}\Delta x\mathrm{d}t$，根据质量守恒定律，得

$$\frac{\partial A}{\partial t} = -\frac{\partial Q}{\partial x} + (\tilde{q} - \tilde{q}_{\mathrm{b}}) + (p_{\mathrm{s}} - E_{\mathrm{s}})b \tag{9-162}$$

一般情况下，可忽略 p_{s}、E_{s} 和 $\tilde{q}_{\mathrm{b}}$，方程可简化为

$$\frac{\partial A}{\partial t} + \frac{\partial Q}{\partial x} = \tilde{q} \tag{9-163}$$

式（9-162）和式（9-163）为水流连续性方程。

若 $\tilde{q}=0$，则式（9-163）可简化为

$$\frac{\partial A}{\partial t} + \frac{\partial Q}{\partial x} = 0 \tag{9-164}$$

9.3.1　水中扩散的一般规律和模式

水体中的物质可通过各种方式发生位置的迁移，主要有如下几种。

a. 分子扩散。分子扩散是指由物质分子的布朗运动而引起的物质迁移。当水体内物质浓度不均匀时，浓度梯度的存在将使物质从浓度高的地方向浓度低的地方迁移，以求浓度趋于一致。即使在静止的水体中，分子扩散也会使物质散布到越来越大的范围。物质分子在水中扩散的快慢与物质的性质及其浓度的不均匀分布程度有关，也与温度和压

力有一定关系。

　　b. 随流输移。当水体处在流动状态时，水中的物质可随水的流动一起而移动至新的位置，此种迁移作用称为随流输移。

　　c. 紊动扩散。在水体做紊流运动的情况下，紊动作用可以引起水中物质的扩散，这种扩散称为紊动扩散。紊动扩散作用的强弱与水流漩涡运动密切相关。

　　d. 剪切流弥散。当垂直于流动方向的横断面上流速分布不均匀或者物质随流输移，计算均匀流的平均流速时，由于实际上剪切流中各点流速与平均流速不同，将引起附加的物质分散，这种附加的物质分散称为剪切流弥散。

1. 分子扩散方式

　　静止水体中化学品的分子扩散运动属于分子扩散方式的迁移。假设在静止溶液中某种化学品的浓度为 $C(x, y, z, t)$，由浓度梯度引起的分子扩散可以用质量守恒原理和费克定理来描述。

　　在静止的溶液中，以点 (x, y, z) 为中心取出一个微元六面体，六面体的各边长分别为 dx、dy、dz，其面平行于坐标面，如图 9-22 所示。设扩散通量密度向量 F 在三个坐标方向上的分量分别为 F_x、F_y、F_z，对于在 $(t, t+dt)$ 时段，由分子扩散作用引起的微元体内物质质量增加的量在 y 轴方向上为 $F_y\left(x, y-\dfrac{dy}{2}, z, t\right) dxdzdt - F_y\left(x, y+\dfrac{dy}{2}, z, t\right)$

$dxdzdt = -\dfrac{\partial F_y}{\partial y}\bigg|_{(x,y,z,t)} dxdydzdt$，同理在 x 轴和 z 轴方向上由分子扩散作用引起的物质质

量增加的量分别为 $-\dfrac{\partial F_x}{\partial x}\bigg|_{(x,y,z,t)} dxdydzdt$ 和 $-\dfrac{\partial F_z}{\partial z}\bigg|_{(x,y,z,t)} dxdydzdt$。在 dt 时段内，由分子

扩散作用引起的微元体内物质质量增加的量为 $-\left(\dfrac{\partial F_x}{\partial x} + \dfrac{\partial F_y}{\partial y} + \dfrac{\partial F_z}{\partial z}\right)\bigg|_{(x,y,z,t)} dxdydzdt =$

$-\mathrm{div}F(x,y,z,t)dxdydzdt$。另外，在 dt 时段内微元体中物质浓度增加到一定程度需要的化学品质量为

$$[C(x,y,z,t+dt) - C(x,y,z,t)]dxdydz = \dfrac{\partial C}{\partial t}\bigg|_{(x,y,z,t)} dxdydzdt \qquad （9-165）$$

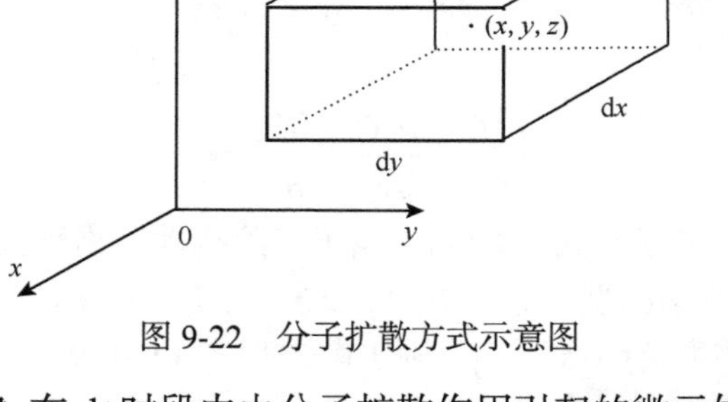

图 9-22　分子扩散方式示意图

根据质量守恒定律，在 dt 时段内由分子扩散作用引起的微元体内物质质量增加的量

应该与该时段内微元体中物质浓度增加到一定程度需要的物质质量相等，即

$$\frac{\partial C}{\partial t}\mathrm{d}x\mathrm{d}y\mathrm{d}z\mathrm{d}t = -\mathrm{div}(F)\mathrm{d}x\mathrm{d}y\mathrm{d}z\mathrm{d}t \tag{9-166}$$

消去 $\mathrm{d}x\mathrm{d}y\mathrm{d}z\mathrm{d}t$，得到静止溶液中物质的守恒方程为

$$\frac{\partial C}{\partial t} + \mathrm{div}(F) = 0 \tag{9-167}$$

根据费克定律，$F=-D\mathrm{grad}C$，将其代入式（9-167）中，得到分子扩散方程为

$$\frac{\partial C}{\partial t} - \mathrm{div}(D\mathrm{grad}C) = 0 \tag{9-168}$$

或

$$\frac{\partial C}{\partial t} = \frac{\partial}{\partial x}\left(D_x\frac{\partial C}{\partial x}\right) + \frac{\partial}{\partial y}\left(D_y\frac{\partial C}{\partial y}\right) + \frac{\partial}{\partial z}\left(D_z\frac{\partial C}{\partial z}\right) \tag{9-169}$$

式中，D_x、D_y、D_z 分别为 D 在 x、y、z 方向上的分量。

当化学品（溶质）在溶液中的扩散为各向同性时，即 $D_x=D_y=D_z=D$，此时式（9-169）可以写成：

$$\frac{\partial C}{\partial t} = \frac{\partial}{\partial x}\left(D\frac{\partial C}{\partial x}\right) + \frac{\partial}{\partial y}\left(D\frac{\partial C}{\partial y}\right) + \frac{\partial}{\partial z}\left(D\frac{\partial C}{\partial z}\right) \tag{9-170}$$

当溶液为均质且扩散为各向同性时，分子扩散系数 D 为常量，式（9-170）可简化成：

$$\frac{\partial C}{\partial t} = D\left(\frac{\partial^2 C}{\partial x^2} + \frac{\partial^2 C}{\partial y^2} + \frac{\partial^2 C}{\partial z^2}\right) \tag{9-171}$$

式（9-169）～式（9-171）是描述分子扩散浓度时空关系的基本方程式，由于扩散方程是基于费克定律的物质扩散方程，也称为费克型扩散方程。

若化学物质扩散发生在二维空间或一维空间，扩散方程可简化为

$$\frac{\partial C}{\partial t} = \frac{\partial}{\partial x}\left(D_x\frac{\partial C}{\partial x}\right) + \frac{\partial}{\partial y}\left(D_y\frac{\partial C}{\partial y}\right) \tag{9-172}$$

或

$$\frac{\partial C}{\partial t} = \frac{\partial}{\partial x}\left(D_x\frac{\partial C}{\partial x}\right) \tag{9-173}$$

如果扩散是稳定的，则式（9-172）和式（9-173）可简化为

$$\frac{\partial}{\partial x}\left(D_x\frac{\partial C}{\partial x}\right) + \frac{\partial}{\partial y}\left(D_y\frac{\partial C}{\partial y}\right) + \frac{\partial}{\partial z}\left(D_z\frac{\partial C}{\partial z}\right) = 0 \tag{9-174}$$

和

$$\frac{\partial^2 C}{\partial x^2} + \frac{\partial^2 C}{\partial y^2} + \frac{\partial^2 C}{\partial z^2} = 0 \tag{9-175}$$

在数学上，式（9-169）～式（9-171）属于二阶线性抛物型偏微分方程；式（9-174）和式（9-175）属于二阶椭圆型偏微分方程，式（9-175）又称为拉普拉斯方程。

如果溶液中存在体源 $I[\mathrm{g/(m^2 \cdot s)}]$，则扩散方程式（9-169）右端应增加一项 I，变为

$$\frac{\partial C}{\partial t} = \frac{\partial}{\partial x}\left(D_x \frac{\partial C}{\partial x}\right) + \frac{\partial}{\partial y}\left(D_y \frac{\partial C}{\partial y}\right) + \frac{\partial}{\partial z}\left(D_z \frac{\partial C}{\partial z}\right) + I \tag{9-176}$$

2. 随流输移方式

当水体静止时,化学品在其中的扩散和迁移满足分子扩散方程;而当水体流动时,化学品在水体内的迁移同时受分子扩散和水体随流作用的影响。

假设水体是层流运动,且其流速为 $u=(u_x, u_y, u_z)$,化学品的分子扩散符合费克扩散定律,污染物在水中 (x, y, z) 处 t 时刻的浓度为 $C(x, y, z, t)$。在水体中的任一点 (x, y, z),取以 (x, y, z) 为中心的平行微元六面体 $\mathrm{d}V$,各边长分别为 $\mathrm{d}x$、$\mathrm{d}y$、$\mathrm{d}z$,且六面体的面平行于坐标面,如图 9-22 所示,在 $\mathrm{d}t$ 时段内进行化学品质量平衡分析。

1)随流作用

在 $\mathrm{d}t$ 时间段内微元体 $\mathrm{d}V$ 在 x 轴方向物质的质量增量为 $\left.Cu_x\right|_{\left(x-\frac{\mathrm{d}x}{2}, y, z\right)} \mathrm{d}y\mathrm{d}z\mathrm{d}t -$

$\left.Cu_x\right|_{\left(x+\frac{\mathrm{d}x}{2}, y, z\right)} \mathrm{d}y\mathrm{d}z\mathrm{d}t = -\left.\frac{\partial Cu_x}{\partial x}\right|_{(x,y,z)} \mathrm{d}x\mathrm{d}y\mathrm{d}z\mathrm{d}t$,同理 y 轴方向和 z 轴方向在 $\mathrm{d}t$ 时段内微元

体 $\mathrm{d}V$ 内物质的质量增量分别为 $-\left.\frac{\partial Cu_y}{\partial y}\right|_{(x,y,z)} \mathrm{d}x\mathrm{d}y\mathrm{d}z\mathrm{d}t$ 和 $-\left.\frac{\partial Cu_z}{\partial z}\right|_{(x,y,z)} \mathrm{d}x\mathrm{d}y\mathrm{d}z\mathrm{d}t$。

综合 x、y、z 方向在 $\mathrm{d}t$ 时段微元体 $\mathrm{d}V$ 内化学品的质量增量为 $-\mathrm{div}(Cu)\big|_{(x,y,z,t)} \mathrm{d}x\mathrm{d}y\mathrm{d}z\mathrm{d}t$。

2)分子扩散作用

在 $\mathrm{d}t$ 时段内微元体内物质质量增量为 $-\mathrm{div}(F)\big|_{(x,y,z,t)} \mathrm{d}x\mathrm{d}y\mathrm{d}z\mathrm{d}t$。综合以上各式可得,在 $\mathrm{d}t$ 时段内由随流作用和分子扩散作用引起的微元体 $\mathrm{d}V$ 内化学品质量增加的量为 $-[\mathrm{div}(Cu) + \mathrm{div}(F)]\big|_{(x,y,z,t)} \mathrm{d}x\mathrm{d}y\mathrm{d}z\mathrm{d}t$。另外,在 $\mathrm{d}t$ 时段内微元体中因浓度变化 $[C(x,y,z,t+\mathrm{d}t) - C(x,y,z,t)]$ 需要的物质质量增量为 $[C(x,y,z,t+\mathrm{d}t) - C(x,y,z,t)]$ $\mathrm{d}x\mathrm{d}y\mathrm{d}z\mathrm{d}t = \left.\frac{\partial C}{\partial t}\right|_{(x,y,z,t)} \mathrm{d}x\mathrm{d}y\mathrm{d}z\mathrm{d}t$,根据质量守恒,可以得到 $-\left.\frac{\partial C}{\partial x}\right|_{(x,y,z,t)} \mathrm{d}x\mathrm{d}y\mathrm{d}z\mathrm{d}t = -[\mathrm{div}(Cu) + \mathrm{div}(F)]\big|_{(x,y,z,t)} \mathrm{d}x\mathrm{d}y\mathrm{d}z\mathrm{d}t$,消去等式两端的 $\mathrm{d}x\mathrm{d}y\mathrm{d}z\mathrm{d}t$,得

$$\frac{\partial C}{\partial t} = -\mathrm{div}(F) - \mathrm{div}(Cu) \tag{9-177}$$

式(9-177)就是当水体流动时,化学品在其中的质量守恒方程,根据费克定律 $F = -D\mathrm{grad}C$,将其代入式(9-177)中,得 $\frac{\partial C}{\partial t} = -\mathrm{div}(D\mathrm{grad}C) - \mathrm{div}(Cu)$,或写成标量形式为 $\frac{\partial C}{\partial t} = \frac{\partial}{\partial x}\left(D_x \frac{\partial C}{\partial x}\right) + \frac{\partial}{\partial y}\left(D_y \frac{\partial C}{\partial y}\right) + \frac{\partial}{\partial z}\left(D_z \frac{\partial C}{\partial z}\right) - \frac{\partial}{\partial x}(Cu_x) - \frac{\partial}{\partial y}(Cu_y) - \frac{\partial}{\partial z}(Cu_z)$。

假定水是不可压缩的,则 $\left(\frac{\partial u_x}{\partial x} + \frac{\partial u_y}{\partial y} + \frac{\partial u_z}{\partial z}\right) = 0$,于是式(9-177)可以简化为

$$\frac{\partial C}{\partial t} = \frac{\partial}{\partial x}\left(D_x \frac{\partial C}{\partial x}\right) + \frac{\partial}{\partial y}\left(D_y \frac{\partial C}{\partial y}\right) + \frac{\partial}{\partial z}\left(D_z \frac{\partial C}{\partial z}\right) - u_x \frac{\partial C}{\partial x} - u_y \frac{\partial C}{\partial y} - u_z \frac{\partial C}{\partial z} \quad （9\text{-}178）$$

或

$$\frac{\partial C}{\partial t} + u_x \frac{\partial C}{\partial x} + u_y \frac{\partial C}{\partial y} + u_z \frac{\partial C}{\partial z} = \frac{\partial}{\partial x}\left(D_x \frac{\partial C}{\partial x}\right) + \frac{\partial}{\partial y}\left(D_y \frac{\partial C}{\partial y}\right) + \frac{\partial}{\partial z}\left(D_z \frac{\partial C}{\partial z}\right) \quad （9\text{-}179）$$

式（9-177）和式（9-178）称为三维随流扩散方程或对流扩散方程。

在稳态情况下，$\frac{\partial C}{\partial t} = 0$，则式（9-178）可以简化为

$$\frac{\partial}{\partial x}\left(D_x \frac{\partial C}{\partial x}\right) + \frac{\partial}{\partial y}\left(D_y \frac{\partial C}{\partial y}\right) + \frac{\partial}{\partial z}\left(D_z \frac{\partial C}{\partial z}\right) - u_x \frac{\partial C}{\partial x} - u_y \frac{\partial C}{\partial y} - u_z \frac{\partial C}{\partial z} = 0 \quad （9\text{-}180）$$

方程式（9-180）属于椭圆型偏微分方程。其中 D_x、D_y、D_z 分别为 x、y、z 方向上的扩散系数，若流速场均质，物质扩散各向同性，则 $D_x = D_y = D_z = D$（常数），此时式（9-178）和式（9-180）可写为

$$\frac{\partial C}{\partial t} + u_x \frac{\partial C}{\partial x} + u_y \frac{\partial C}{\partial y} + u_z \frac{\partial C}{\partial z} = D\left(\frac{\partial^2 C}{\partial x^2} + \frac{\partial^2 C}{\partial y^2} + \frac{\partial^2 C}{\partial z^2}\right) \quad （9\text{-}181）$$

和

$$D\left(\frac{\partial C^2}{\partial x^2} + \frac{\partial C^2}{\partial x^2} + \frac{\partial C^2}{\partial x^2}\right) - u_x \frac{\partial C}{\partial x} - u_y \frac{\partial C}{\partial y} - u_z \frac{\partial C}{\partial z} = 0 \quad （9\text{-}182）$$

或将式（9-181）和式（9-182）写成向量形式：

$$\frac{\partial C}{\partial t} + u \cdot \mathrm{grad}C = D\mathrm{div}(\mathrm{grad}C) \quad （9\text{-}183）$$

和

$$D\mathrm{div}(\mathrm{grad}C) - u \cdot \mathrm{grad}C = 0 \quad （9\text{-}184）$$

若随流扩散是二维或一维扩散，则有

二维：

$$\frac{\partial C}{\partial t} + u_x \frac{\partial C}{\partial x} + u_y \frac{\partial C}{\partial y} = D\left(\frac{\partial^2 C}{\partial x^2} + \frac{\partial^2 C}{\partial y^2}\right) \quad （9\text{-}185）$$

一维：

$$\frac{\partial C}{\partial t} + u_x \frac{\partial C}{\partial x} = D\frac{\partial^2 C}{\partial x^2} \quad （9\text{-}186）$$

在稳态情况下，

二维：

$$D\left(\frac{\partial^2 C}{\partial x^2} + \frac{\partial^2 C}{\partial y^2}\right) - u_x \frac{\partial C}{\partial x} - u_y \frac{\partial C}{\partial y} = 0 \quad （9\text{-}187）$$

一维：

$$D\frac{\partial^2 C}{\partial x^2} - u_x \frac{\partial C}{\partial x} = 0 \quad （9\text{-}188）$$

3. 紊动扩散方式

随流扩散方程只是考虑了水体的层流情况，而没有考虑流速场和浓度场脉动的存在。如果把式（9-181）中的流速 u 和浓度 C 作为瞬间值，并引入速度和浓度时段平均量 $\bar{u}$ 和 $\bar{C}$ 及脉动量 $\mu'=(\mu'_x,\mu'_y,\mu'_z)$ 和对应的浓度 C'，则有

$$\begin{cases} u_x = \bar{u}_x + u'_x \\ u_y = \bar{u}_y + u'_y \\ u_z = \bar{u}_z + u'_z \\ C = \bar{C} + C' \end{cases} \tag{9-189}$$

将式（9-189）代入式（9-181）且各项取时段平均，化简整理后，可得到紊流的随流扩散方程为

$$\begin{aligned} \frac{\partial \bar{C}}{\partial t} + \bar{u}_x \frac{\partial \bar{C}}{\partial x} + \bar{u}_y \frac{\partial \bar{C}}{\partial y} + \bar{u}_z \frac{\partial \bar{C}}{\partial z} &= D\left(\frac{\partial^2 \bar{C}}{\partial x^2} + \frac{\partial^2 \bar{C}}{\partial y^2} + \frac{\partial^2 \bar{C}}{\partial z^2}\right) \\ &\quad - \frac{\partial}{\partial x}(\overline{u'C'}) - \frac{\partial}{\partial y}(\overline{u'C'}) - \frac{\partial}{\partial z}(\overline{u'C'}) \end{aligned} \tag{9-190}$$

将式（9-190）与式（9-181）相比较可以看出，$\bar{u}_x \dfrac{\partial \bar{C}}{\partial x} + \bar{u}_y \dfrac{\partial \bar{C}}{\partial y} + \bar{u}_z \dfrac{\partial \bar{C}}{\partial z}$ 为时均运动产生的随流扩散项，$-\dfrac{\partial}{\partial x}(\overline{u'C'}) - \dfrac{\partial}{\partial y}(\overline{u'C'}) - \dfrac{\partial}{\partial z}(\overline{u'C'})$ 为脉动作用引起的紊动扩散项，对于紊动扩散，关键在于确定紊动扩散量 $u'C'$ 与时均特性的联系。为此，通常认为紊动扩散也符合费克定律，令

$$\begin{cases} \overline{u'_x C'} = -E_x \dfrac{\partial \bar{C}}{\partial x} \\[2mm] \overline{u'_y C'} = -E_y \dfrac{\partial \bar{C}}{\partial y} \\[2mm] \overline{u'_z C'} = -E_z \dfrac{\partial \bar{C}}{\partial z} \end{cases} \tag{9-191}$$

式中，E_x、E_y、E_z 分别为 x、y、z 方向上的紊动扩散系数。

将式（9-191）代入式（9-189）中，得到紊流扩散方程为

$$\begin{aligned} \frac{\partial \bar{C}}{\partial t} + \bar{u}_x \frac{\partial \bar{C}}{\partial x} + \bar{u}_y \frac{\partial \bar{C}}{\partial y} + \bar{u}_z \frac{\partial \bar{C}}{\partial z} &= \frac{\partial}{\partial x}\left[(D+E_x)\frac{\partial \bar{C}}{\partial x}\right] + \frac{\partial}{\partial y}\left[(D+E_y)\frac{\partial \bar{C}}{\partial y}\right] \\ &\quad + \frac{\partial}{\partial z}\left[(D+E_z)\frac{\partial \bar{C}}{\partial z}\right] \end{aligned} \tag{9-192}$$

二维紊动扩散方程为

$$\frac{\partial \bar{C}}{\partial t} + \bar{u}_x \frac{\partial \bar{C}}{\partial x} + \bar{u}_y \frac{\partial \bar{C}}{\partial y} = \frac{\partial}{\partial x}\left[(D+E_x)\frac{\partial \bar{C}}{\partial x}\right] + \frac{\partial}{\partial y}\left[(D+E_y)\frac{\partial \bar{C}}{\partial y}\right] \tag{9-193}$$

一维紊动扩散方程为

$$\frac{\partial \overline{C}}{\partial t} + u_x \frac{\partial \overline{C}}{\partial x} = \frac{\partial}{\partial x}\left[(D + E_x)\frac{\partial \overline{C}}{\partial x}\right] \qquad (9\text{-}194)$$

把式（9-192）和式（9-181）相比较可以看出，紊流状态下随流扩散方程比层流状态下随流扩散方程多了紊流扩散项，另外随流扩散方程式（9-181）中的流速和浓度都是瞬时量，而紊流扩散方程式（9-192）中的流速和浓度都是时均量。为书写方便，紊流扩散方程式（9-192）可写为

$$\frac{\partial C}{\partial t} + u_x \frac{\partial C}{\partial x} + u_y \frac{\partial C}{\partial y} + u_z \frac{\partial C}{\partial z} = \frac{\partial}{\partial x}\left[(D + E_x)\frac{\partial C}{\partial x}\right] + \frac{\partial}{\partial y}\left[(D + E_y)\frac{\partial C}{\partial y}\right]$$
$$+ \frac{\partial}{\partial z}\left[(D + E_z)\frac{\partial C}{\partial z}\right] \qquad (9\text{-}195)$$

如果溶液中存在体源 $I[\mathrm{g/(m^2 \cdot s)}]$，则扩散方程式（9-195）改写为

$$\frac{\partial C}{\partial t} + u_x \frac{\partial C}{\partial x} + u_y \frac{\partial C}{\partial y} + u_z \frac{\partial C}{\partial z} = \frac{\partial}{\partial x}\left[(D + E_x)\frac{\partial C}{\partial x}\right] + \frac{\partial}{\partial y}\left[(D + E_y)\frac{\partial C}{\partial y}\right]$$
$$+ \frac{\partial}{\partial z}\left[(D + E_z)\frac{\partial C}{\partial z}\right] + I(x, y, z, t) \qquad (9\text{-}196)$$

因为紊动扩散系数 $\| E \| \gg D$，所以一般分子扩散系数可以忽略，则式（9-196）可简化为

$$\frac{\partial C}{\partial t} + u_x \frac{\partial C}{\partial x} + u_y \frac{\partial C}{\partial y} + u_z \frac{\partial C}{\partial z} = \frac{\partial}{\partial x}\left[E_x \frac{\partial C}{\partial x}\right] + \frac{\partial}{\partial y}\left[E_y \frac{\partial C}{\partial y}\right]$$
$$+ \frac{\partial}{\partial z}\left[E_z \frac{\partial C}{\partial z}\right] + I(x, y, z, t) \qquad (9\text{-}197)$$

4. 剪切流弥散方式

化学品在水中的分子扩散和紊动扩散方式都是在流速均匀状态下考虑的，而在实际问题中，受水黏滞性和边壁的影响，同一断面内流速分布是不均匀的，边壁附近流速小，断面中心流速最大，形成剪切流动。在剪切流动情况下，化学品除了随水流向下游移动一段距离外，它的浓度分布还被拉开呈如图 9-23 所示的形状，这种分散过程称为弥散。为了弥补以前假设的不足，在推导剪切流的弥散方程时，考虑造成化学品迁移的主要因素时加一条剪切流的弥散作用，假定剪切流的弥散也符合费克定律，即剪切流的弥散通量密度向量为

$$p = -K_s \mathrm{grad}\,\overline{C}^{\mathrm{cs}} \qquad (9\text{-}198)$$

式中，$\overline{C}^{\mathrm{cs}}$ 为断面平均流速；K_s 为剪切弥散系数。

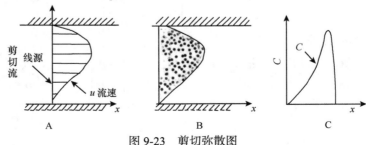

图 9-23　剪切弥散图

以河流一维紊流扩散为基础，剪切流弥散方程的建立过程如下。

设 $\bar{u}^{cs}$ 和 $\bar{C}^{cs}$ 分别为流速和浓度的断面平均值，在水中化学品主要受分子扩散作用、随流扩散作用、紊动扩散作用和剪切流弥散作用影响。按照质量守恒定律和费克定律，得到剪切流一维扩散方程为

$$\frac{\partial \bar{C}^{cs}}{\partial t} + \bar{u}_x^{cs} \frac{\partial \bar{C}^{cs}}{\partial x} = (D + E + K_s) \frac{\partial^2 \bar{C}^{cs}}{\partial x^2} \qquad (9\text{-}199)$$

式中，D 为分子扩散系数；E 为紊动扩散系数；K_s 为剪切弥散系数，或称为弥散系数，单位为 m^2/s。

式（9-199）也可以由一维紊流扩散方程式（9-194）得到。为此将平均值的 "–" 去掉，并把浓度 C 和流速 u 分解为断面剪切平均值 $\bar{C}^{cs}$ 和 $\bar{u}^{cs}$ 及断面偏差值 C' 和 u' 项，即

$$\begin{cases} u = \bar{u}^{cs} + u' \\ C = \bar{C}^{cs} + C' \end{cases} \qquad (9\text{-}200)$$

将式（9-200）代入式（9-194）中，并对式（9-194）两端做断面平均，注意到 $\overline{u'}^{cs}$ 和 $\overline{C'}^{cs}$ 的值为零，且令 $\overline{u'C'}^{cs} = -K_s \frac{\partial \bar{C}^{cs}}{\partial x}$，即可得到式（9-199）。为了书写方便，把表示断面平均的 "cs" 去掉，即将剪切流一维弥散方程写为

$$\frac{\partial C}{\partial t} + u_x \frac{\partial C}{\partial x} = (D + E + K_s) \frac{\partial^2 C}{\partial x^2} \qquad (9\text{-}201)$$

如果考虑的水体中存在总的源和汇 $I[g/(m^2 \cdot s)]$，则剪切流弥散方程式（9-201）可写为

$$\frac{\partial C}{\partial t} + u_x \frac{\partial C}{\partial x} = (D + E + K_s) \frac{\partial^2 C}{\partial x^2} + I \qquad (9\text{-}202)$$

其中 I 包括侧向的源和汇，表面的源和汇，体积源内的源和汇（假定源为正，汇为负）。同理，可得三维剪切流弥散方程为

$$\frac{\partial C}{\partial t} + u_x \frac{\partial C}{\partial x} + u_y \frac{\partial C}{\partial y} + u_z \frac{\partial C}{\partial z} = (D + E + K_s) \left[\frac{\partial^2 C}{\partial x^2} + \frac{\partial^2 C}{\partial y^2} + \frac{\partial^2 C}{\partial z^2} \right] + I \qquad (9\text{-}203)$$

式中，u_x、u_y、u_z 分别为 u 在 x、y、z 方向上的分量；I 为源汇项。

以上方程是在同时考虑了分子扩散、紊动扩散、剪切流弥散的情况下得到的，因为分子扩散系数 D 具有 $10^{-5} \sim 10^{-4} m^2/s$ 的数量级，紊动扩散系数 E 具有 $10^{-2} \sim 10^{-1} m^2/s$ 的数量级，所以在一般情况下，在评价化学品的大面积迁移与扩散时，常可忽略 D 和 E。但在天然河流中，弥散系数可以达到 $10 \sim 10^4 m^2/s$ 的数量级，因此不能忽略。如果污染物迁移规律研究精度要求很高，这时 D 和 E 就不能忽略。

9.3.2　水体中化学品迁移方程

我们知道，污染物迁移方程可用来描述污染物迁移的一般规律，在要确定某水体中物质浓度分布情况时，必须知道水体中的初始浓度分布规律和水体边界的浓度分布规律，即初始条件和边界条件。这是因为每一个偏微分方程有无穷多个解，而每个解都对应着物质浓度的一种特殊分布。

为了从无穷多个解中求得对应于某特定条件下的特殊解，必须给出初始条件和边界条件。不同的边界条件可以给出不同水环境条件下的物质迁移规律，因而根据实际存在的水环境条件确定能反映实际情况的环境边界是十分重要的。

1. 初始条件

设研究的水域为 Ω，在 Ω 内给定物质浓度的初始浓度分布 $C_0(x,y,z,t)$，则其数学表达式为

$$C(x,y,z,t)\big|_{t=0}=C_0(x,y,z),(x,y,z)\in\Omega \tag{9-204}$$

2. 边界条件

1）第一类边界条件

设 Γ 为水域 Ω 的边界，在 Γ 上给定各点浓度，即边界上的浓度 $f_1(x,y,z,t)$，这种边界条件称为给定边界条件，又称第一类边界条件或称为 Dirichlet 边界条件，则其数学表达式为

$$C(x,y,z,t)\big|_{\Gamma}=f_1(x,y,z,t),(x,y,z)\in\Gamma,t>0 \tag{9-205}$$

式中，f_1 为已知函数。

2）第二类边界条件

在 Γ 上给定浓度通量 $g(x,y,z,t)$，或给定浓度 $C(x,y,z,t)$ 在 Γ 上法向导数值 $g_1(x,y,z,t)$，则其数学表达式为

$$-\overline{D}\mathrm{grad}C\cdot\overline{n}\big|_{\Gamma}=g(x,y,z,t),(x,y,z)\in\Gamma,t>0 \tag{9-206}$$

或

$$\frac{\partial C}{\partial\overline{n}}\bigg|_{\Gamma}=g_1(x,y,z,t),(x,y,z)\in\Gamma,t>0 \tag{9-207}$$

式中，g 和 g_1 均为已知函数；$\overline{n}$ 为 Γ 上的单位外法向量；$\overline{D}$ 为综合扩散系数，$\overline{D}=(D+E+K_s)$。这种边界称为给定通量边界或称给定 Γ 上的法向导数值。在数学上把这种边界条件称为第二类边界条件或称 Neumann 边界条件。

3）第三类边界条件

在 Γ 上给定物质通量 $g_2(x,y,z,t)$，则其数学表达式为

$$(C\overline{u}-\overline{D}\mathrm{grad}C)\cdot\overline{n}\big|_{\Gamma}=g_2(x,y,z,t),(x,y,z)\in\Gamma,t>0 \tag{9-208}$$

3. 迁移方程定解问题

设 Ω 为研究的水域，Γ 为研究 Ω 的边界，在 Γ 的部分 Γ_1 给定物质浓度 $f_1(x,y,z,t)$，另一部分 Γ_2 给定浓度通量 $g_2(x,y,z,t)$，在 Ω 内给定初始浓度条件 $f_0(x,y,z)$，水体的流速为 $\overline{u}(u_x,u_y,u_z)$，物质扩散符合费克定律，综合扩散系数为 $\overline{D}$；在水域上存在体源 $I(x,y,z,t)$ [g/(m³·s)]，水域中任意点 (x,y,z) 在任意时刻 t 的污染物质浓度为 $C(x,y,z,t)$，则 Ω 内污染物（即化学品）浓度迁移的规律可归纳为如下定解问题：

$$\begin{cases} \dfrac{\partial C}{\partial t} + u_x \dfrac{\partial C}{\partial x} + u_y \dfrac{\partial C}{\partial y} + u_z \dfrac{\partial C}{\partial z} = \dfrac{\partial}{\partial x}\left(\overline{D}_x \dfrac{\partial C}{\partial x} \right) + \dfrac{\partial}{\partial y}\left(\overline{D}_y \dfrac{\partial C}{\partial y} \right) \\ + \dfrac{\partial}{\partial z}\left(\overline{D}_z \dfrac{\partial C}{\partial z} \right) + I(x,y,z) \in G, t>0 \in G, t>0 \\ \text{初始条件} \\ C(x,y,z,t)\big|_{t=0} = C_0(x,y,z),(x,y,z) \in \Omega \\ \text{边界条件} \\ C(x,y,z,t)\big|_{\Gamma_1} = f_1(x,y,z,t),(x,y,z) \in \Gamma_1, t>0 \\ -\overline{D}\,\mathrm{grad}C \cdot \overline{n}\,\big|_{\Gamma_2} = g_2(x,y,z,t),(x,y,z) \in \Gamma_2, t>0 \end{cases} \qquad (9\text{-}209)$$

式中，C_0、f_1、f_2 均为已知函数；$\overline{D}_x$、$\overline{D}_y$ 和 $\overline{D}_z$ 分别为综合扩散系数 $\overline{D}$ 在 x、y、z 上的分量。其中，$\Gamma_1 \cup \Gamma_2$，Γ_1 与 Γ_2 不同时为空集，若 $\Gamma_2=0$，则模型式（9-209）为第一边界问题；$\Gamma_1=0$，则称该模型为第二边界问题；若 $\Gamma_1 \neq 0$，$\Gamma_2 \neq 0$，则称式（9-209）为混合问题。需要指出的是，定解问题式（9-209）数学上统称为混合问题。

定解问题式（9-209）可以预测水域中任何时刻任意点 (x,y,z) 的浓度，所以定解问题式（9-209）又称为预测模型。求解定解问题式（9-209）称为解正问题。

表达化学品污染水域的定解问题应该满足如下条件。

a. 存在性，即解必须存在。该条件明确规定，物理现象本身是客观存在的，化学品的迁移规律是确定的，因而物质迁移扩散方程定解问题的解也应该是存在的，如果定解问题无解，则这个定解问题没有意义，从而说明人们从实际问题抽象出数学问题的"理想化"过程有错，或者定解条件的给法有错。所以，解的存在性是检验定解问题提法正确与否的必要条件之一。

b. 唯一性，即解必须是唯一确定的。该条件要求从实际问题得到的定解问题，必须反映某一确定的物质迁移扩散过程，如果解存在，但不唯一，则表明定解问题提法尚欠确切。

c. 稳定性，即解必须对定解条件或自由项（源汇项）是连续依赖的。该条件的意思即当定解问题的定解条件或自由项有很小变化，定解问题的解也相应发生很小变化，由于从实际问题中提出的定解条件或源汇项的函数值是通过试验或测量得到的，因此是近似的，如果由这一近似所造成的微小误差会引起解的很大误差，那么所求解是无用的，从而说明所提定解问题对物理现象的表达是不确切的。

满足上述三个条件的任何定解问题称为适定问题，其中有一条不满足的定解问题都称为不适定问题。

4. 迁移方程逆问题

当已知扩散方程的解，并用来解决扩散方程的系数及源汇强度问题，在数理方程理论中称为逆问题。一般来说，逆问题必须经过适当处理保证其"适定性"后才有实际意义。

目前国内外对这类问题的解决方法已进行了大量的研究，也取得了许多成果。其中有间接法，如试估校正方法、最优化算法等；直接法，如数学规划方法、局部直接求逆法等。但这些方法无论是在理论上还是在计算上都存在一些有待解决的问题和难点。因此，把它们应用于非静止流场中物质扩散问题的计算时，仍有待于进一步探讨。

5. 迭加原理

在物理学中，有相当多的物理场具有如下性质：几个物理量同时存在所产生的总效果，等于各个物理量单独存在时它们各自产生效果的综合，这就是叠加原理。例如，研究若干个污染点源同时存在的浓度，可以单独考虑每个点源的浓度（假设其他点源不存在），然后计算总和，就得到这些点源的总浓度。具有这种性质的场称为可迭加场，或者说该场满足迭加原理。对于具有叠加性质的场，应充分利用叠加原理，将问题由繁化简，由难化易。

迭加原理是污染物线性扩散方程建立各种解法的基础，下面以一维污染物扩散方程为例来叙述常用的两个叠加原理。

1）迭加原理 1

若 $C = C_k(x,t)(k = 1, 2, \cdots)$ 是线性齐次扩散方程：

$$\frac{\partial C}{\partial t} = D\frac{\partial^2 C}{\partial x^2}[(x,t) \in G] \tag{9-210}$$

的解，则函数级数

$$\sum_{k=1}^{\infty} \alpha_k C_k(x,t) \tag{9-211}$$

在 G 内收敛，并且 t 可逐项求导一次，对 x 逐项求导两次，则函数式（9-211）在 G 内仍是方程式（9-210）的解，其中的 α_k 是任意常数。

2）叠加原理 2

若 $C = C_k(x,t)(k = 1, 2, \cdots)$ 是线性非齐次扩散方程：

$$\frac{\partial C}{\partial t} = D\frac{\partial^2 C}{\partial x^2} + I_k(x,t)[(x,t) \in G] \tag{9-212}$$

的解，则函数级数

$$\sum_{k=1}^{\infty} C_k(x,t) \tag{9-213}$$

在 G 内收敛，并且对 t 逐项求导一次，对 x 逐项求导两次，则函数式（9-213）是线性非齐次扩散方程 $\frac{\partial C}{\partial t} = D\frac{\partial^2 C}{\partial x^2} + \sum_{k=1}^{\infty} I_k(x,t)$ 在 G 内的解。

6. Duhamel 原理

应用 Duhamel 原理可以把线性非齐次扩散方程定解问题化为对应的线性齐次扩散方程定解问题。

Duhamel 原理：设 $W = W(x,t)$ 是线性齐次扩散方程非齐次初值定解问题：

$$\frac{\partial W}{\partial t} = D\frac{\partial^2 W}{\partial x^2} \tag{9-214}$$

$$W(x,t)\big|_{t=\tau} = I(x,\tau)$$

的二次连续可微，则函数 $C(x,t) = \int_0^t W(x,t,\tau)\mathrm{d}\tau$ 是线性非齐次扩散方程齐次初值定解问题

$$\begin{cases} \dfrac{\partial C}{\partial t} = D\dfrac{\partial^2 C}{\partial x^2} + I(x,t) \\ C(x,t)\big|_{t=0} = 0 \end{cases} \tag{9-215}$$

的解。

9.3.3　水体中化学品迁移模型

1. 污染物一维迁移方程

1）无随流瞬时点源一维扩散

设静止水体是具有均匀断面、截面积为一个单位的无限长水管，原装有静止的清洁水，如图 9-24 所示。在管子中间垂直于管轴瞬时投入一无限薄的化学污染物薄片，质量为 M。随即化学污染物在水管中扩散开来，受管壁限制，化学污染物沿长度方向充满了整个断面。对于这种扩散，可视为一维扩散，其源可视为管轴上的点源。设化学污染物的浓度为 $C(x,t)$，浓度分布的长度方向为 x 轴，污染源投放点 $x=0$，化学污染物浓度的扩散可归纳为如下数学模型：

$$\begin{cases} \dfrac{\partial C}{\partial t} = D\dfrac{\partial^2 C}{\partial x^2} & (-\infty < x < +\infty, t > 0) \\ \text{初始条件} \\ C(x,t)\big|_{t=0} = M\delta(x) & (-\infty < x < +\infty) \\ \text{边界条件} \\ \lim_{x\to+\infty} C = \lim_{x\to-\infty} C = 0 & (t > 0) \end{cases} \tag{9-216}$$

式中，M 为瞬时投放在单位面积上的污染物质量，称为瞬时点源强度，D 为污染物扩散系数，$\delta(x)$ 为函数。

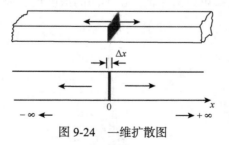

图 9-24　一维扩散图

δ 是具有下列性质的函数：$\delta(x) = \begin{cases} \infty & (x=0) \\ 0 & (x\neq 0) \end{cases}$，$\displaystyle\int_{-\infty}^{+\infty}\delta(x)\mathrm{d}x = 1$，且 $\displaystyle\int_{-\infty}^{+\infty} f(x)\delta(x)\mathrm{d}x = f(0)$，$f(x)$ 为任意连续函数，称为狄拉克函数。

用傅氏变换法求解：令 $\overline{C} = \displaystyle\int_{-\infty}^{+\infty} C\mathrm{e}^{-i\alpha t}\mathrm{d}t$，其中 $i=\sqrt{-1}$，α 为实参变量。

对式（9-216）两边的变量 x 进行傅氏变换，并注意其边界条件，得

$$\frac{\mathrm{d}\overline{C}}{\mathrm{d}t} = -D\alpha^2\overline{C} \qquad (9\text{-}217)$$

再对式（9-216）中的初始条件进行傅氏变换，得 $\overline{C}\big|_{t=0} = \int_{-\infty}^{+\infty} M\delta(x)\mathrm{e}^{-i\alpha t}\mathrm{d}x =$ $M\delta\mathrm{e}^{-i\alpha t}\mathrm{d}x\big|_{x=0} = M$ ，所以数学模型式（9-216）经傅氏变换后得

$$\begin{cases} \dfrac{\mathrm{d}\overline{C}}{\mathrm{d}t} = -D\alpha^2\overline{C} \\ \overline{C}\big|_{t=0} = M \end{cases} \qquad (9\text{-}218)$$

对式（9-218）进行求解，注意其初始条件，可以得

$$\overline{C}(\alpha,t) = M\mathrm{e}^{-D\alpha^2 t} \qquad (9\text{-}219)$$

对式（9-219）进行逆傅氏变换，得

$$\begin{aligned} C(x,t) &= \frac{1}{2\pi}\int_{-\infty}^{+\infty} M\mathrm{e}^{-D\alpha^2 t}\mathrm{e}^{i\alpha x}\mathrm{d}\alpha \\ &= \frac{M}{2\pi}\int_{-\infty}^{+\infty} \mathrm{e}^{-(\sqrt{Dt}\alpha)^2}\cos\alpha x\mathrm{d}\alpha \\ &= \frac{M}{2\pi}\int_{0}^{+\infty} \mathrm{e}^{-(\sqrt{Dt}\alpha)^2}\cos\alpha x\mathrm{d}\alpha \\ &= \frac{M}{\pi}\frac{\sqrt{\pi}}{2}\frac{1}{\sqrt{Dt}}\mathrm{e}^{-\frac{x^2}{4Dt}} \\ &= \frac{M}{2\sqrt{\pi Dt}}\mathrm{e}^{-\frac{x^2}{4Dt}} \end{aligned} \qquad (9\text{-}220)$$

式（9-220）描述了在 $t=0$ 时刻，在 $x=0$ 处瞬时投放质量为 M 的平面源后其一维扩散，即化学品扩散质浓度 C 随 x、t 的变化状况和过程。浓度 C 是以 t 为参变数的正态分布函数，在不同的 t 值，可以沿 x 轴画出不同的浓度正态分布曲线，如图9-25所示。

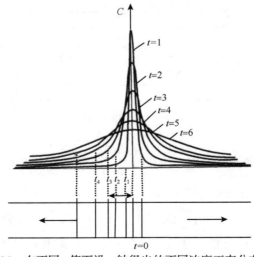

图9-25　在不同 t 值下沿 x 轴得出的不同浓度正态分布曲线

若在 $x=\xi$ 处投放质量为 M 的瞬时源，则其扩散模型式（9-216）变为

$$\begin{cases} \dfrac{\partial C}{\partial t} = D\dfrac{\partial^2 C}{\partial x^2} & (-\infty < x < +\infty, t > 0) \\ \text{初始条件} \\ C(x,t)\big|_{t=0} = M\delta(x-\xi) \\ \text{边界条件} \\ \lim\limits_{x\to+\infty} C = \lim\limits_{x\to-\infty} C = 0 & (t>0) \end{cases} \tag{9-221}$$

令 $\overline{C} = \displaystyle\int_{-\infty}^{+\infty} C\mathrm{e}^{-i\alpha x}\mathrm{d}x$，对式（9-221）进行傅氏变换，注意其边界条件，得

$$\overline{C}(\alpha,t) = M\mathrm{e}^{-i\alpha\xi}\mathrm{e}^{-D\alpha^2 t} \tag{9-222}$$

对式（9-222）进行傅氏变换，得

$$\begin{aligned} C(x,t) &= \frac{M}{2\pi}\int_{-\infty}^{+\infty} \mathrm{e}^{-i\alpha\xi}\mathrm{e}^{-D\alpha^2 t}\mathrm{e}^{i\alpha x}\mathrm{d}\alpha \\ &= \frac{M}{2\pi}\int_{-\infty}^{+\infty} \mathrm{e}^{-(\sqrt{Dt}\alpha)^2}\mathrm{e}^{-i\alpha(\xi-x)}\mathrm{d}\alpha \\ &= \frac{M}{2\pi}\int_{-\infty}^{+\infty} \mathrm{e}^{-(\sqrt{Dt}\alpha)^2}\cos\alpha(x-\xi)\mathrm{d}\alpha \\ &= \frac{M}{\pi}\int_{0}^{+\infty} \mathrm{e}^{-(\sqrt{Dt}\alpha)^2}\cos\alpha(x-\xi)\mathrm{d}\alpha \\ &= \frac{M}{2\sqrt{\pi Dt}}\mathrm{e}^{-\frac{(x-\xi)^2}{4Dt}} \end{aligned} \tag{9-223}$$

式（9-223）即为模型式（9-221）的解。

2）有随流瞬时点源一维扩散

设点 $x=0$ 处投放一个质量为 M 的瞬时源，流速为 u，则其扩散数学模型为

$$\begin{cases} \dfrac{\partial C}{\partial t} + u\dfrac{\partial C}{\partial x} = D\dfrac{\partial^2 C}{\partial x^2} & (-\infty < x < +\infty, t > 0) \\ C(x,t)\big|_{t=0} = M\delta(x) & (-\infty < x < +\infty) \\ \lim\limits_{x\to+\infty} C = \lim\limits_{x\to-\infty} C = 0 & (t>0) \end{cases} \tag{9-224}$$

令 $\overline{C} = \displaystyle\int_{-\infty}^{+\infty} C\mathrm{e}^{-i\alpha x}\mathrm{d}x$，对式（9-224）进行傅氏变换，注意其边界条件，得

$$\frac{\mathrm{d}\overline{C}}{\mathrm{d}t} = -(D\alpha^2 + \alpha u i)\overline{C} \tag{9-225}$$

对式（9-224）进行傅氏变换，得到 $\overline{C}\big|_{t=0} = M$，进而式（9-224）变换为

$$\frac{\mathrm{d}\overline{C}}{\mathrm{d}t} = -(D\alpha^2 + \alpha u i)\overline{C} \tag{9-226}$$

$$\overline{C}\big|_{t=0} = M \tag{9-227}$$

求解式（9-226）和式（9-227），得

$$\overline{C}(\alpha,t) = Me^{-(D\alpha^2 + \alpha ui)t} \qquad (9\text{-}228)$$

再对式（9-228）进行逆傅氏变换，得到模型式（9-224）的解为

$$
\begin{aligned}
C(x,t) &= \frac{M}{2\pi}\int_{-\infty}^{+\infty} e^{\alpha uit}e^{-D\alpha^2 t}e^{i\alpha t}\mathrm{d}\alpha \\
&= \frac{M}{2\pi}\int_0^{+\infty} e^{-(\sqrt{Dt}\,\alpha)^2}\cos\alpha(x-ut)\mathrm{d}\alpha \\
&= \frac{M}{\pi\sqrt{Dt}}\int_0^{+\infty} e^{-z^2}\cos\frac{x-ut}{\sqrt{Dt}}z\mathrm{d}z \\
&= \frac{M}{2\sqrt{\pi Dt}}e^{-\frac{(x-ut)^2}{4Dt}}
\end{aligned} \qquad (9\text{-}229)
$$

式（9-229）即为在随流情况下瞬时点源浓度的一维扩散时间 t 变化的规律，z 为函数变换变量。

若点源放在 $x=\xi$ 处，则其扩散的数学模型为

$$
\begin{cases}
\dfrac{\partial C}{\partial t} + u\dfrac{\partial C}{\partial x} = D\dfrac{\partial^2 C}{\partial x^2} & (-\infty < x < +\infty, t > 0) \\[2mm]
C(x,t)\big|_{t=0} = M\delta(x-\xi) & (-\infty < x < +\infty) \\[2mm]
\lim\limits_{x\to+\infty} C = \lim\limits_{x\to-\infty} C = 0 & (t > 0)
\end{cases} \qquad (9\text{-}230)
$$

用傅氏变换法可求得其解为

$$C(x,t) = \frac{M}{2\sqrt{\pi Dt}}e^{-\frac{(x-\xi-ut)^2}{4Dt}} \qquad (9\text{-}231)$$

3）起始有限分布源的一维扩散

（1）起始有限分布源在无随流情况下的一维扩散

数学模型为

$$
\begin{cases}
\dfrac{\partial C}{\partial t} = D\dfrac{\partial^2 C}{\partial x^2} & (-\infty < x < +\infty, t > 0) \\[2mm]
\text{初始条件} \\[2mm]
C\big|_{t=0} = \begin{cases} C_0 & (-a \leqslant x \leqslant +a) \\ 0 & (|x| > a) \end{cases}
\end{cases} \qquad (9\text{-}232)
$$

式中，a 为大于 0 的常数，C_0 为 $t=0$ 时的浓度。

把有限分布源看作由连续无穷多个源强为 $\mathrm{d}\xi$ 的微小单元所组成，每一个单元的污染物质量为 $C_0\mathrm{d}\xi = \mathrm{d}m_0$，每一个源可以视为一个瞬时点源，每一个瞬时点源 $\mathrm{d}m$ 在 $P(x)$ 点浓度的一维扩散为 $\mathrm{d}C(x,t)$，即

$$\mathrm{d}C(x,t) = \frac{\mathrm{d}m}{2\sqrt{\pi Dt}}\exp\left(\frac{-\xi^2}{4Dt}\right) \qquad (9\text{-}233)$$

根据叠加原理，有限分布源在 P 点浓度的一维扩散为

$$
\begin{aligned}
C(x,t) &= \int_{x-a}^{x+a} \frac{\mathrm{d}m}{2\sqrt{\pi Dt}} \exp\left(\frac{-\xi^2}{4Dt}\right) \mathrm{d}\xi \\
&= \frac{C_0}{2\sqrt{\pi Dt}} \int_{x-a}^{x+a} \exp\left(\frac{-\xi^2}{4Dt}\right) \mathrm{d}\xi \\
&= \frac{C_0}{2\sqrt{\pi Dt}} \int_{\frac{x-a}{2\sqrt{Dt}}}^{\frac{x+a}{2\sqrt{Dt}}} 2\sqrt{Dt}\,\mathrm{e}^{-z^2} \mathrm{d}z \\
&= \frac{C_0}{\sqrt{\pi}} \int_{\frac{x-a}{2\sqrt{Dt}}}^{\frac{x+a}{2\sqrt{Dt}}} \mathrm{e}^{-z^2} \mathrm{d}z \\
&= \frac{C_0}{\sqrt{\pi}} \left(\int_{0}^{\frac{x+a}{2\sqrt{Dt}}} \mathrm{e}^{-z^2} \mathrm{d}z - \int_{0}^{\frac{x-a}{2\sqrt{Dt}}} \mathrm{e}^{-z^2} \mathrm{d}z \right) \\
&= \frac{C_0}{2}\left[\mathrm{erf}\left(\frac{a+x}{2\sqrt{Dt}}\right) + \mathrm{erf}\left(\frac{a-x}{2\sqrt{Dt}}\right) \right]
\end{aligned}
\tag{9-234}
$$

式中，$\mathrm{erf}(x) = \dfrac{2}{\sqrt{\pi}} \int_0^x \mathrm{e}^{-z^2} \mathrm{d}z$ 是误差函数，z 为函数变量。式（9-234）就是起始有限分布源一维扩散模型式（9-232）的解。

图 9-26 是浓度分布图，随着 $\sqrt{\dfrac{Dt}{a^2}}$ 的增大，浓度分布曲线渐趋平坦，图 9-26 显示由于源占有 $2a$ 的宽度，因此有限分布源的浓度分布曲线有一个宽的平缓的峰。同时，在无限宽的水体中间，长 $2a$ 的有限源浓度是沿 x 的正负两个方向扩散分布的，如图 9-26 所示，在均质各向同性的情况下，浓度分布沿 $x=0$ 左右对称。

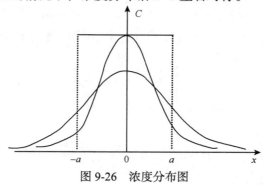

图 9-26 浓度分布图

（2）起始有限分布源在随流情况下的一维扩散

数学模型为

$$
\begin{cases}
\dfrac{\partial C}{\partial t} + u \dfrac{\partial C}{\partial x} = D \dfrac{\partial^2 C}{\partial x^2} & (-\infty < x < +\infty, t > 0) \\[2mm]
C\big|_{t=0} = \begin{cases} C_0 & (|x| \leqslant a) \\ 0 & (|x| > a) \end{cases}
\end{cases}
\tag{9-235}
$$

采用与模型式（9-232）相同的处理方法，利用叠加原理可得式（9-235）的解为

$$C(x,t) = \int_{x-a}^{x+a} \mathrm{d}m$$

$$= \int_{x-a}^{x+a} \frac{C_0}{2\sqrt{\pi Dt}} \exp\left[\frac{-(\xi-ut)^2}{4Dt}\right]\mathrm{d}\xi$$

$$= \frac{C_0}{2\sqrt{\pi Dt}} \int_{x-a}^{x+a} \mathrm{e}^{-\left(\frac{\xi-ut}{2\sqrt{Dt}}\right)^2}\mathrm{d}\xi$$

$$= \frac{C_0}{\sqrt{\pi}} \int_{\frac{x-a-ut}{2\sqrt{Dt}}}^{\frac{x+a-ut}{2\sqrt{Dt}}} \mathrm{e}^{-z^2}\mathrm{d}z \qquad (9\text{-}236)$$

$$= \frac{C_0}{\sqrt{\pi}} \left(\int_0^{\frac{x+a-ut}{2\sqrt{Dt}}} \mathrm{e}^{-z^2}\mathrm{d}z - \int_0^{\frac{x-a-ut}{2\sqrt{Dt}}} \mathrm{e}^{-z^2}\mathrm{d}z \right)$$

$$= \frac{C_0}{2}\left[\mathrm{erf}\left(\frac{a+x-ut}{2\sqrt{Dt}}\right) - \mathrm{erf}\left(\frac{a-x-ut}{2\sqrt{Dt}}\right)\right]$$

$$= \frac{C_0}{2}\left[\mathrm{erf}\left(\frac{a+x-ut}{2\sqrt{Dt}}\right) + \mathrm{erf}\left(\frac{a-x+ut}{2\sqrt{Dt}}\right)\right]$$

式（9-236）即为在有随流情况下起始有限分布源一维扩散模型的解。

4）起始连续分布源的无随流一维扩散

数学模型为

$$\begin{cases} \dfrac{\partial C}{\partial t} = D\dfrac{\partial^2 C}{\partial x^2} & (-\infty < x < +\infty, t > 0) \\ C|_{t=0} = \phi(x) & (-\infty < x < +\infty) \end{cases} \qquad (9\text{-}237)$$

由一维扩散模型式（9-221）的解式（9-233）可知，数学模型

$$\begin{cases} \dfrac{\partial E}{\partial t} = D\dfrac{\partial^2 E}{\partial x^2} \\ E|_{t=0} = \delta(x-\xi) \end{cases} \qquad (9\text{-}238)$$

的解为

$$E(x-\xi,t) = \frac{1}{2\sqrt{D\pi t}}\mathrm{e}^{-\frac{(x-\xi)^2}{4Dt}} \qquad (9\text{-}239)$$

式（9-239）称为基本解。

利用叠加原理，可将数学模型式（9-237）的解表示为

$$C(x,t) = \int_{-\infty}^{+\infty} E(x-\xi,t)\phi(\xi)\mathrm{d}\xi = \int_{-\infty}^{+\infty} \frac{1}{2\sqrt{D\pi t}}\mathrm{e}^{-\frac{(x-\xi)^2}{4Dt}}\phi(\xi)\mathrm{d}\xi \qquad (9\text{-}240)$$

5）无限水体起始污染物浓度分布具有突变界面的一维随流扩散

数学模型为

$$\begin{cases} \dfrac{\partial C}{\partial t} = D\dfrac{\partial^2 C}{\partial x^2} - u\dfrac{\partial C}{\partial x} & (-\infty < x < +, t > 0) \\ \text{初始条件} \\ C(x,t)\big|_{t=0} = \begin{cases} C_0 & (x < 0) \\ C_1 & (x > 0) \end{cases} \\ \text{边界条件} \\ \lim_{x \to \infty} C(x,t) = C_0, \ \lim_{x \to \infty} C(x,t) = C_1 \end{cases} \quad （9\text{-}241）$$

设 $x = \xi$ 处，在 $[\xi,\ \xi + d\xi]$ 注入质量为 $dM = C(x,\ 0)d\xi$ 的化学品，于是点 x 处 t 时刻的浓度为

$$dC(x,t) = \frac{C(x,0)d\xi}{2\sqrt{D\pi t}} \exp\left[\frac{-(x - ut - \xi)^2}{4Dt}\right] \quad （9\text{-}242）$$

其中当 $\xi < 0$ 时，取 $C(x,0) = C_0$；当 $\xi > 0$ 时，取 $C(x,0) = C_1$。于是，

$$\begin{aligned} C(x,t) &= \frac{C_0}{2\sqrt{\pi Dt}} \int_{-\infty}^{0} \exp\left[\frac{-(x - ut - \xi)^2}{4Dt}\right] d\xi + \frac{C_1}{2\sqrt{\pi Dt}} \int_{0}^{+\infty} \exp\left[\frac{-(x - ut - \xi)^2}{4Dt}\right] d\xi \\ &= \frac{C_0}{2}\operatorname{erfc}\left(\frac{x - ut}{2\sqrt{Dt}}\right) + C_1 - \frac{C_1}{2}\operatorname{erfc}\left(\frac{x - ut}{2\sqrt{Dt}}\right) \\ &= C_1 + \frac{C_0 - C_1}{2}\operatorname{erfc}\left(\frac{x - ut}{2\sqrt{Dt}}\right) \end{aligned} \quad （9\text{-}243）$$

2. 污染物的二维和三维迁移方程

1）无随流瞬时点源的二维及三维扩散

（1）无随流瞬时点源的二维扩散

二维水体环境，其水平面是无限大的，在水平面中间点（0，0）处，瞬时投放质量为 M 的化学污染物，污染物沿 x、y 方向四面扩散，D_x、D_y 分别为 x 和 y 方向的扩散系数，流速为 $\bar{u} = (u_x, u_y)$，则其扩散的数学模型为

$$\begin{cases} \dfrac{\partial C}{\partial t} = D_x\dfrac{\partial^2 C}{\partial x^2} + D_y\dfrac{\partial^2 C}{\partial y^2} & (-\infty < x < +\infty, -\infty < y < +\infty, t > 0) \\ \text{初始条件} \\ C(x,y,t)\big|_{t=0} = M\delta(x)\delta(y) & (-\infty < x < +\infty, -\infty < y < +\infty) \\ \text{边界条件} \\ \lim_{x \to \pm\infty} C = 0, \ \lim_{y \to \pm\infty} C = 0 & (t > 0) \end{cases} \quad （9\text{-}244）$$

对数学模型式（9-244）的变量 x 和变量 y 进行二维傅氏变换，令

$$\overline{C} = \int_{-\infty}^{+\infty} \int_{-\infty}^{+\infty} C(x,y,t) e^{-i(\alpha_1 x + \alpha_2 y)} dxdy \quad （9\text{-}245）$$

对方程式（9-244）两边进行二维傅氏变换，并注意其边界条件，得

$$\frac{\mathrm{d}\overline{C}}{\mathrm{d}t} = -(D_x\alpha_1^2 + D_y\alpha_2^2)\overline{C} \qquad (9\text{-}246)$$

对初始条件进行傅氏变换，得

$$\overline{C}(\alpha_1,\alpha_2,t)\big|_{t=0} = M \qquad (9\text{-}247)$$

数学模型式（9-244）进行二维傅氏变换后变为常微分方程初值问题

$$\begin{cases} \dfrac{\mathrm{d}\overline{C}}{\mathrm{d}t} = -(D_x\alpha_1^2 + D_y\alpha_2^2)\overline{C} \\[2mm] \overline{C}(\alpha_1,\alpha_2,t)\big|_{t=0} = M \end{cases} \qquad (9\text{-}248)$$

这是一阶线性齐次常微分方程，使用分离变量法，可得其解为

$$\overline{C}(\alpha_1,\alpha_2,t) = Me^{-(D_x\alpha_1^2 + D_y\alpha_2^2)t} \qquad (9\text{-}249)$$

再对 $\overline{C}$ 进行逆傅氏变换，得到数学模型式（9-244）的解为

$$\begin{aligned} C(x,y,t) &= \frac{1}{4\pi^2}\int_{-\infty}^{+\infty}\int_{-\infty}^{+\infty}\overline{C}(\alpha_1,\alpha_2,t)\mathrm{e}^{i(\alpha_1 x+\alpha_2 y)}\mathrm{d}\alpha_1\mathrm{d}\alpha_2 \\[2mm] &= \frac{M}{4\pi t\sqrt{D_x D_y}}\exp\left[-\left(\frac{x^2}{4D_x t}+\frac{y^2}{4D_y t}\right)\right] \end{aligned} \qquad (9\text{-}250)$$

若瞬时源投放点为（ξ,η），则污染物浓度分布规律为

$$C(x,y,t) = \frac{M}{4\pi t\sqrt{D_x D_y}}\exp\left\{-\left[\frac{(x-\xi)^2}{4D_x t}+\frac{(y-\eta)^2}{4D_y t}\right]\right\} \qquad (9\text{-}251)$$

当流场为均质各向同性时，即 $D_x=D_y=D$，则式（9-250）和式（9-251）可简化为

$$C(x,y,t) = \frac{M}{4\pi D}\exp\left[-\left(\frac{x^2+y^2}{4Dt}\right)\right] \qquad (9\text{-}252)$$

$$C(x,y,t) = \frac{M}{4\pi D}\exp\left\{-\left[\frac{(x-\xi)^2+(y-\eta)^2}{4Dt}\right]\right\} \qquad (9\text{-}253)$$

（2）无随流瞬时点源的三维扩散

静止三维水体，可以设想为静止的大海与深水湖泊，三维方向都是无限的，在巨大的水体中间，瞬时投放质量为 M 的点源，污染物将向上下四方沿三个坐标方向扩散。设 x、y、z 三个方向的扩散系数分别为 D_x、D_y、D_z，污染物的浓度为 $C(x,y,z,t)$，瞬时点源的三维扩散问题可归纳为如下数学模型：

$$\begin{cases} \dfrac{\partial C}{\partial t} = D_x\dfrac{\partial^2 C}{\partial x^2} + D_y\dfrac{\partial^2 C}{\partial y^2} + D_z\dfrac{\partial^2 C}{\partial z^2} \quad (-\infty<x<+\infty,-\infty<y<+\infty,-\infty<z<+\infty,t>0) \\[2mm] \text{初始条件} \\[1mm] C(x,y,t)\big|_{t=0} = M\delta(x)\delta(y)\delta(z) \quad (-\infty<x<+\infty,-\infty<y<+\infty,-\infty<z<+\infty) \\[2mm] \text{边界条件} \\[1mm] \lim_{x\to\pm\infty}C=0,\ \lim_{y\to\pm\infty}C=0,\ \lim_{z\to\pm\infty}C=0 \quad (t>0) \end{cases} \qquad (9\text{-}254)$$

数学模型式（9-254）用三维傅氏变换法求解，令

$$\overline{C} = \int_{-\infty}^{+\infty} \int_{-\infty}^{+\infty} \int_{-\infty}^{+\infty} C e^{-i(\alpha_1 x + \alpha_2 y + \alpha_3 z)} dx dy dz \tag{9-255}$$

对式（9-254）两边变量 x、y、z 进行三维傅氏变换，并注意其边界条件，得

$$\frac{d\overline{C}}{dt} = -(D_x \alpha_1^2 + D_y \alpha_2^2 + D_z \alpha_3^2)\overline{C} \tag{9-256}$$

对模型式（9-254）中的初始条件进行三维傅氏变换，得

$$\overline{C}\Big|_{t=0} = M \tag{9-257}$$

由此，数学模型式（9-254）变为常微分方程初值问题：

$$\begin{cases} \dfrac{d\overline{C}}{dt} = -(D_x \alpha_1^2 + D_y \alpha_2^2 + D_z \alpha_3^2)\overline{C} \\ \overline{C}\Big|_{t=0} = M \end{cases} \tag{9-258}$$

求解常微分方程初值问题，得到浓度 C 的傅氏变换为

$$\overline{C} = M e^{-(D_x \alpha_1^2 + D_y \alpha_2^2 + D_z \alpha_3^2)t} \tag{9-259}$$

求 $\overline{C}$ 的逆傅氏变换，得到式（9-254）的解为

$$\begin{aligned} C(x,y,z,t) &= \frac{1}{(2\pi)^3} \int_{-\infty}^{+\infty} \int_{-\infty}^{+\infty} \int_{-\infty}^{+\infty} \overline{C} e^{i(\alpha_1 x + \alpha_2 y + \alpha_3 z)t} d\alpha_1 d\alpha_2 d\alpha_3 \\ &= \frac{M}{(2\pi)^3} \int_{-\infty}^{+\infty} \int_{-\infty}^{+\infty} \int_{-\infty}^{+\infty} e^{-(D_x \alpha_1^2 + D_y \alpha_2^2 + D_z \alpha_3^2)t} e^{i(\alpha_1 x + \alpha_2 y + \alpha_3 z)} d\alpha_1 d\alpha_2 d\alpha_3 \\ &= \frac{M}{(2\pi)^3} \int_{-\infty}^{+\infty} e^{-D_x \alpha_1^2 t} e^{i\alpha_1 x} d\alpha_1 \int_{-\infty}^{+\infty} e^{-D_y \alpha_2^2 t} e^{i\alpha_2 y} d\alpha_2 \int_{-\infty}^{+\infty} e^{-D_z \alpha_3^2 t} e^{i\alpha_3 z} d\alpha_3 \\ &= \frac{8M}{(2\pi)^3} \int_{-\infty}^{+\infty} e^{-D_x \alpha_1^2 t} \cos\alpha_1 x d\alpha_1 \int_{-\infty}^{+\infty} e^{-D_y \alpha_2^2 t} \cos\alpha_2 y d\alpha_2 \int_{-\infty}^{+\infty} e^{-D_z \alpha_3^2 t} \cos\alpha_3 y d\alpha_3 \end{aligned} \tag{9-260}$$

$$= \frac{8M}{8(\pi t)^{\frac{3}{2}} \sqrt{D_x D_y D_z}} e^{-\left(\frac{x^2}{4D_x t} + \frac{y^2}{4D_y t} + \frac{z^2}{4D_z t}\right)}$$

在各向同性的情况下，$D_x = D_y = D_z = D$，则式（9-260）可写成如下形式：

$$C(x,y,z,t) = \frac{M}{8(\pi t)^{\frac{3}{2}} D^{\frac{3}{2}}} e^{-\frac{x^2 + y^2 + z^2}{4Dt}} \tag{9-261}$$

若在点（ξ，η，ζ）投放质量为 M 的污染源，则瞬时点源浓度三维扩散的规律为

$$C(x,y,z,t) = \frac{M}{8(\pi t)^{\frac{3}{2}} \sqrt{D_x D_y D_z}} e^{-\left[\frac{(x-\xi)^2}{4D_x t} + \frac{(x-\eta)^2}{4D_y t} + \frac{(x-\zeta)^2}{4D_z t}\right]} \tag{9-262}$$

（3）有随流情况下瞬时点源的二维扩散

若水平面无限水体不是静止的而是流动的，其流速 $\bar{u} = (u_x, u_y)$，在水平面（ξ, η）处，

瞬时投放质量为 M 的污染源，污染物沿 x、y 方向四面扩散，设水体污染物浓度为 $C(x, y, t)$，则污染源扩散的数学模型为

$$
\begin{cases}
\dfrac{\partial C}{\partial t} = u_x \dfrac{\partial C}{\partial x} + u_y \dfrac{\partial C}{\partial y} = D_x \dfrac{\partial^2 C}{\partial x^2} + D_y \dfrac{\partial^2 C}{\partial y^2} & (-\infty < x < +\infty, -\infty < y < +\infty) \\
\text{初始条件} \\
C(x, y, t)\big|_{t=0} = M\delta(x - \xi)\delta(y - \eta) & (-\infty < x < +\infty, -\infty < y < +\infty) \\
\text{边界条件} \\
\lim\limits_{x \to \pm\infty} C = 0, \ \lim\limits_{y \to \pm\infty} C = 0 & (t > 0)
\end{cases}
\tag{9-263}
$$

对数学模型式（9-263）的变量 x、y 进行二维傅氏变换，并令

$$
\overline{C} = \int_{-\infty}^{+\infty} \int_{-\infty}^{+\infty} C(x, y, t) \mathrm{e}^{-i(\alpha_1 x + \alpha_2 y)} \mathrm{d}x \mathrm{d}y
\tag{9-264}
$$

对方程式（9-263）两边进行二维傅氏变换，并注意其边界条件，得

$$
\frac{\mathrm{d}\overline{C}}{\mathrm{d}t} + [(\alpha_1 u_x i + D_x \alpha_1^2) + (\alpha_2 u_y i + D_y \alpha_2^2)]\overline{C} = 0
\tag{9-265}
$$

对式（9-263）的初始条件进行傅氏变换，得

$$
\overline{C}\big|_{t=0} = M\mathrm{e}^{-i(\alpha_1 \xi + \alpha_2 \eta)}
\tag{9-266}
$$

偏微分方程混合问题进行二维傅氏变换后变为一阶线性齐次常微分方程初值问题：

$$
\begin{cases}
\dfrac{\mathrm{d}\overline{C}}{\mathrm{d}t} = -[(D_x \alpha_1^2 + D_y \alpha_2^2) + i(\alpha_1 u_x + \alpha_2 u_y)] \\
\overline{C}\big|_{t=0} = M\mathrm{e}^{-i(\alpha_1 \xi + \alpha_2 \eta)}
\end{cases}
\tag{9-267}
$$

用分离变量法可求得式（9-267）的解为

$$
\overline{C}(\alpha_1, \alpha_2, t) = M\mathrm{e}^{-(D_x \alpha_1^2 + D_y \alpha_2^2)t + [(\xi - u_x t)\alpha_1 + (\eta - u_y t)\alpha_2]}
\tag{9-268}
$$

再对式（9-268）进行逆傅氏变换，得到数学模型式（9-263）的解为

$$
C(x, y, t) = \frac{M}{4\pi t \sqrt{D_x D_y}} \mathrm{e}^{-\left[\frac{(x - \xi - u_x t)^2}{4D_x t} + \frac{(y - \eta - u_y t)^2}{4D_y t}\right]}
\tag{9-269}
$$

式（9-269）即为有随流情况下瞬时点源的二维扩散模型。

当 $\zeta = 0$，$\eta = 0$，即点源在原点（0，0）处，瞬时点源浓度二维扩散的规律为

$$
C(x, y, t) = \frac{M}{4\pi t \sqrt{D_x D_y}} \mathrm{e}^{-\left[\frac{(x - u_x t)^2}{4D_x t} + \frac{(y - u_y t)^2}{4D_y t}\right]}
\tag{9-270}
$$

当浓度场为均质各向同性时，即 $D_x = D_y = D$，则式（9-269）和式（9-270）可简化为

$$
C(x, y, t) = \frac{M}{4\pi D t} \mathrm{e}^{-\left[\frac{(x - \xi - u_x t)^2 + (y - \eta - u_y t)^2}{4Dt}\right]}
\tag{9-271}
$$

和

$$C(x,y,t) = \frac{M}{4\pi D t} e^{-\left[\frac{(x-u_x t)^2 + (y-u_y t)^2}{4Dt}\right]} \qquad (9\text{-}272)$$

（4）有随流情况下瞬时点源的三维扩散

有随流的三维无限水体中，在点（ξ，η，ζ）处投放一个质量为 M 的瞬时污染点源，污染物将向上下四方沿三个坐标方向扩散。设 x、y、z 三个方向的扩散系数分别为 D_x、D_y、D_z，污染物的浓度为 $C(x,y,z,t)$，流速为 $\bar{\mu} = (\mu_x, \mu_y, \mu_z)$。有随流情况下瞬时点源的三维扩散问题可归纳为如下数学模型：

$$\begin{cases} \dfrac{\partial C}{\partial t} = D_x \dfrac{\partial^2 C}{\partial x^2} + D_y \dfrac{\partial^2 C}{\partial y^2} + D_z \dfrac{\partial^2 C}{\partial z^2} - u_x \dfrac{\partial C}{\partial x} - u_y \dfrac{\partial C}{\partial y} - u_z \dfrac{\partial C}{\partial z} \qquad (9\text{-}273) \\ \quad (-\infty < x < +\infty, -\infty < y < +\infty, -\infty < z < +\infty, t > 0) \end{cases}$$

初始条件

$$C\big|_{t=0} = M\delta(x-\xi)\delta(y-\eta)\delta(z-\zeta) \ (-\infty < x < +\infty, -\infty < y < +\infty, -\infty < z < +\infty)$$

边界条件

$$\lim_{x \to \pm\infty} C = 0, \ \lim_{y \to \pm\infty} C = 0, \ \lim_{z \to \pm\infty} C = 0 (t > 0)$$

进行三维傅氏变换，得

$$\overline{C} = \int_{-\infty}^{+\infty} \int_{-\infty}^{+\infty} \int_{-\infty}^{+\infty} C(x,y,z,t) e^{-i(\alpha_1 x + \alpha_2 y + \alpha_3 z)} \mathrm{d}x\mathrm{d}y\mathrm{d}z \qquad (9\text{-}274)$$

和进行逆傅氏变换，得

$$C(x,y,z,t) = \frac{1}{(2\pi)^3} \int_{-\infty}^{+\infty} \int_{-\infty}^{+\infty} \int_{-\infty}^{+\infty} \overline{C}(\alpha_1, \alpha_2, \alpha_3, t) e^{-i(\alpha_1 x + \alpha_2 y + \alpha_3 z)} \mathrm{d}x\mathrm{d}y\mathrm{d}z \qquad (9\text{-}275)$$

求得定解问题式（9-273）的解为

$$C(x,y,z,t) = \frac{M}{8(\pi t)^{\frac{3}{2}} \sqrt{D_x D_y D_z}} \exp\left[-\frac{(x-\xi-u_x t)^2}{4D_x t} - \frac{(y-\eta-u_y t)^2}{4D_y t} - \frac{(z-\zeta-u_z t)^2}{4D_z t}\right] \quad (9\text{-}276)$$

式（9-276）即为有随流情况下瞬时点源浓度的三维扩散模型。

当点源放在原点时，即 $\zeta=\eta=\xi=0$，瞬时点源浓度三维扩散的规律为

$$C(x,y,z,t) = \frac{M}{8(\pi t)^{\frac{3}{2}} \sqrt{D_x D_y D_z}} \exp\left[-\frac{(x-u_x t)^2}{4D_x t} - \frac{(y-u_y t)^2}{4D_y t} - \frac{(z-u_z t)^2}{4D_z t}\right] \qquad (9\text{-}277)$$

当浓度场为均质各向同性时，即 $D_x=D_y=D_y=D$，则式（9-276）和式（9-277）可简化为

$$C(x,y,z,t) = \frac{M}{8(\pi D t)^{\frac{3}{2}}} \exp\left[-\frac{(x-\xi-u_x t)^2 + (y-\eta-u_y t)^2 + (z-\zeta-u_z t)^2}{4Dt}\right] \qquad (9\text{-}278)$$

和

$$C(x,y,z,t) = \frac{M}{8(\pi D t)^{\frac{3}{2}}} \exp\left[-\frac{(x-u_x t)^2 + (y-u_y t)^2 + (z-u_z t)^2}{4Dt}\right] \qquad (9\text{-}279)$$

2）起始有限分布源的二维和三维扩散

（1）起始有限分布源的二维扩散

设二维水体的平面上，在一个以原点为中心的矩形 R 内初始污染物浓度为 C_0，其余部分的初始浓度为 0，则以后任意时刻无限水体平面上污染物的浓度可以通过图 9-27 进行建模并求解。

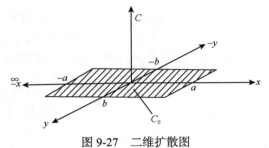

图 9-27　二维扩散图

二维初始有限分布源可以看成在单位深度的二维水体中有一个初始柱状污染源，污染柱的浓度为 C_0，如图 9-27 所示，起始有限分布源的二维扩散可归纳为如下数学模型。

水体静止情况下：

$$
\begin{cases}
\dfrac{\partial C}{\partial t} = D_x \dfrac{\partial^2 C}{\partial x^2} + D_y \dfrac{\partial^2 C}{\partial y^2} \qquad (-\infty < x < +\infty, -\infty < y < +\infty, t > 0) \\[2mm]
\text{初始条件} \\
C(x,y,t)\big|_{t=0} = \begin{cases} C_0 & [(x,y) \in R] \\ 0 & [(x,y) \notin R] \end{cases} \\[2mm]
\text{边界条件} \\
\lim\limits_{x \to \pm\infty} C(x,y,t) = 0, \ \lim\limits_{y \to \pm\infty} C(x,y,t) = 0 \qquad (t > 0)
\end{cases}
\tag{9-280}
$$

式中，$R = \begin{cases} |x| \leqslant a \\ |y| \leqslant b \end{cases}$，$a$、$b$ 为与二维扩散图对应的平面扩散距离。

把有限分布源看作由连续多个体积为 $\mathrm{d}\xi\mathrm{d}\eta$ 的微小单元所组成，每一个单元的质量为 $C_0\mathrm{d}\xi\mathrm{d}\eta = \mathrm{d}m$，每一个单元可以视为一个瞬时点源；每个瞬时点源在 $P(x, y)$ 点的浓度二维扩散为

$$
\mathrm{d}C = \frac{C_0 \mathrm{d}\xi\mathrm{d}\eta}{4\pi t\sqrt{D_x D_y}} \mathrm{e}^{-\frac{\xi^2}{4D_x t} - \frac{\eta^2}{4D_y t}}
\tag{9-281}
$$

使用叠加原理，初始有限分布源浓度的二维扩散为

$$
\begin{aligned}
C(x,y,t) &= \frac{C_0}{4\pi t\sqrt{D_x D_y}} \int_{x-a}^{x+a} \int_{y-b}^{y+b} \mathrm{e}^{-\frac{\xi^2}{4D_x t} - \frac{\eta^2}{4D_y t}} \mathrm{d}\xi\mathrm{d}\eta \\[2mm]
&= \frac{C_0}{4}\left[\mathrm{erf}\left(\frac{x+a}{2\sqrt{D_x t}}\right) - \mathrm{erf}\left(\frac{x-a}{2\sqrt{D_x t}}\right) \right]\left[\mathrm{erf}\left(\frac{y+b}{2\sqrt{D_y t}}\right) - \mathrm{erf}\left(\frac{y-b}{2\sqrt{D_y t}}\right) \right] \\[2mm]
&= \frac{C_0}{4}\left[\mathrm{erf}\left(\frac{x+a}{2\sqrt{D_x t}}\right) + \mathrm{erf}\left(\frac{a-x}{2\sqrt{D_x t}}\right) \right]\left[\mathrm{erf}\left(\frac{y+b}{2\sqrt{D_y t}}\right) + \mathrm{erf}\left(\frac{b-y}{2\sqrt{D_y t}}\right) \right]
\end{aligned}
\tag{9-282}
$$

在流动的情况下，设流速为 $u=(u_x,u_y)$，则数学模型可归纳为

$$
\begin{cases}
\dfrac{\partial C}{\partial t}=D_x\dfrac{\partial^2 C}{\partial x^2}+D_y\dfrac{\partial^2 C}{\partial y^2}-u_x\dfrac{\partial C}{\partial x}-u_y\dfrac{\partial C}{\partial y} & (-\infty<x<+\infty,-\infty<y<+\infty,t>0)
\end{cases}
$$

（9-283）

初始条件

$$
C(x,y,t)\big|_{t=0}=\begin{cases}C_0 & [(x,y)\in R]\\ 0 & [(x,y)\cup R]\end{cases}
$$

边界条件

$$
\lim_{x\to\pm\infty}C(x,y,t)=0,\ \lim_{y\to\pm\infty}C(x,y,t)=0 \qquad (t>0)
$$

同样可以求得该数学模型的解为

$$
C(x,y,t)=\frac{C_0}{4}\left[\operatorname{erf}\left(\frac{x+a-u_xt}{2\sqrt{D_xt}}\right)+\operatorname{erf}\left(\frac{a-x+u_xt}{2\sqrt{D_xt}}\right)\right]
$$

$$
\left[\operatorname{erf}\left(\frac{y+b-u_yt}{2\sqrt{D_yt}}\right)+\operatorname{erf}\left(\frac{b-y+u_yt}{2\sqrt{D_yt}}\right)\right]
$$

（9-284）

这就是有随流情况下有限分布源的二维扩散规律。根据这个函数，可求得任意时刻平面上任意点的污染物浓度。

（2）起始有限分布源的三维扩散

设三维有限水体中，初始时刻在包含原点的六面体 R 内污染物浓度为 C_0，其余部分的浓度为 0，任意点不同时刻的浓度分布可通过以下模型进行计算。

三维有限分布源可以看成在一个巨大水体中有一块立方体污染源，其浓度为 C_0，立方体 x 方向长 $2a$，y 方向宽 $2b$，z 方向高 $2c$，污染物在三维空间中扩散。

有随流的情况下，设流速为 $u=(u_x,u_y,u_z)$，任意点不同时刻的浓度的数学模型可归纳为

$$
\begin{cases}
\dfrac{\partial C}{\partial t}+u_x\dfrac{\partial C}{\partial x}+\mu_y\dfrac{\partial C}{\partial y}+\mu_z\dfrac{\partial C}{\partial z}=D_x\dfrac{\partial^2 C}{\partial x^2}+D_y\dfrac{\partial^2 C}{\partial y^2}+D_z\dfrac{\partial^2 C}{\partial z^2}
\end{cases}
$$

$$
(-\infty<x<+\infty,-\infty<y<+\infty,-\infty<z<+\infty,t>0)
$$

初始条件

$$
C(x,y,z,t)\big|_{t=0}=\begin{cases}C_0 & [(x,y,z)\in R]\\ 0 & [(x,y,z)\notin R]\end{cases}
$$

（9-285）

边界条件

$$
\lim_{x\to\pm\infty}C=0,\ \lim_{y\to\pm\infty}C=0,\ \lim_{z\to\pm\infty}C=0 \qquad (t>0)
$$

把坐标原点定在立方体中心。

用上述同样的方法，可求得该数学模型的解为

$$C(x,y,z,t) = \frac{C_0}{8}\left[\operatorname{erf}\left(\frac{x+a-u_x t}{2\sqrt{D_x t}}\right) + \operatorname{erf}\left(\frac{a-x+u_x t}{2\sqrt{D_x t}}\right)\right]$$

$$\times\left[\operatorname{erf}\left(\frac{y+b-u_y t}{2\sqrt{D_y t}}\right) + \operatorname{erf}\left(\frac{b-y+u_y t}{2\sqrt{D_y t}}\right)\right] \quad (9\text{-}286)$$

$$\times\left[\operatorname{erf}\left(\frac{z+c-u_z t}{2\sqrt{D_z t}}\right) + \operatorname{erf}\left(\frac{c-z+u_z t}{2\sqrt{D_z t}}\right)\right]$$

这就是有随流情况下有限分布源浓度在三维空间的分布规律。利用式（9-286）可求得空间任意点任意时刻污染物的浓度。

在静止环境中，有限分布源浓度在三维空间的分布规律为

$$C(x,y,z,t) = \frac{C_0}{8}\left[\operatorname{erf}\left(\frac{x+a}{2\sqrt{D_x t}}\right) + \operatorname{erf}\left(\frac{a-x}{2\sqrt{D_x t}}\right)\right]$$

$$\times\left[\operatorname{erf}\left(\frac{y+b}{2\sqrt{D_y t}}\right) + \operatorname{erf}\left(\frac{b-y}{2\sqrt{D_y t}}\right)\right] \quad (9\text{-}287)$$

$$\times\left[\operatorname{erf}\left(\frac{c+z}{2\sqrt{D_z t}}\right) + \operatorname{erf}\left(\frac{c-z}{2\sqrt{D_z t}}\right)\right]$$

3. 污染物有连续点源注入情况下的扩散

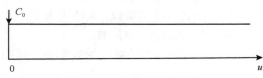

图 9-28　一维随流扩散图

1）一维随流扩散时间连续源

对于一维随流水体，在某个固定断面于 $t=0$ 开始连续不断注入污染物浓度为 C_0 的污水，使该断面维持一个恒定的污染物浓度 C_0，如图 9-28 所示。

设断面位于坐标 $x=0$ 处，渠道流速为 u，流动方向为 x 正方向，流体是不可压缩均匀流体，化学污染物在水体中的扩散规律可归纳为如下数学模型：

$$\begin{cases} \dfrac{\partial C}{\partial t} = D_x \dfrac{\partial^2 C}{\partial x^2} - u\dfrac{\partial C}{\partial x} & (x>0, t>0) \\[2mm] \text{初始条件} \\ C\big|_{t=0} = 0 & (x>0) \\[2mm] \text{边界条件} \\ C\big|_{x=0} = C_0 & (t>0) \\[2mm] \lim\limits_{x\to+\infty} C(x,t) = 0 & (t>0) \end{cases} \quad (9\text{-}288)$$

利用拉普拉斯变换法求数学模型式（9-288）的解。

令 $\overline{C} = \int_0^{+\infty} C e^{-pt}\mathrm{d}t$，将微分方程式（9-288）的两端乘以 e^{-pt}，并在 $0\sim\infty$ 对时间 t 求积分，则得

$$\begin{cases} p\overline{C} + u\dfrac{\mathrm{d}\overline{C}}{\mathrm{d}x} = D\dfrac{\mathrm{d}^2\overline{C}}{\mathrm{d}x^2} \\[2mm] \overline{C}(0,p) = \displaystyle\int_0^{+\infty} C(0,t)\mathrm{e}^{-pt}\mathrm{d}t = \int_0^{+\infty} C_0\mathrm{e}^{-pt}\mathrm{d}t = \dfrac{C_0}{p} \\[2mm] \overline{C}(\infty,p) = \displaystyle\int_0^{+\infty} C(\infty,t)\mathrm{e}^{-pt}\mathrm{d}t = 0 \end{cases} \tag{9-289}$$

常微分方程 $D\dfrac{\mathrm{d}^2\overline{C}}{\mathrm{d}x^2} - u\dfrac{\mathrm{d}\overline{C}}{\mathrm{d}x} - p\overline{C} = 0$ 的通解为

$$\overline{C}(x,p) = A\exp\left[\left(\frac{u}{2D} + \frac{1}{\sqrt{D}}\sqrt{p + \frac{u^2}{4D}}\right)x\right] + B\exp\left[\left(\frac{u}{2D} - \frac{1}{\sqrt{D}}\sqrt{p + \frac{u^2}{4D}}\right)x\right] \tag{9-290}$$

其中 A、B 是待定常数。由于当 $x \to +\infty$ 时，$\exp\left[\left(\dfrac{u}{2D} + \dfrac{1}{\sqrt{D}}\sqrt{p + \dfrac{u^2}{4D}}\right)x\right] \to +\infty$，因此要 $\overline{C}$ 满足边界条件，必须取 $A=0$，故可得

$$\overline{C}(x,p) = B\exp\left[\left(\frac{u}{2D} - \frac{1}{\sqrt{D}}\sqrt{p + \frac{u^2}{4D}}\right)x\right] \tag{9-291}$$

注意 $\overline{C}(0,p) = \dfrac{C_0}{p}$，可得 $B = \dfrac{C_0}{p}$，所以，

$$\overline{C}(x,p) = \frac{C_0}{p}\exp\left[\left(\frac{u}{2D} - \frac{1}{\sqrt{D}}\sqrt{p + \frac{u^2}{4D}}\right)x\right] \tag{9-292}$$

进行拉普拉斯逆变换，可得

$$C(x,t) = \frac{1}{2\pi i}\int_{\delta-i\infty}^{\delta+i\infty}\overline{C}(x,p)\mathrm{e}^{pt}\mathrm{d}t = C_0\exp\left(\frac{u}{2D}x\right)\frac{1}{p}\exp\left[\left(\frac{-1}{\sqrt{D}}\sqrt{\frac{u^2}{4D}+p}\right)x\right]\mathrm{e}^{pt}\mathrm{d}t \tag{9-293}$$

注意 $\dfrac{1}{p}\exp\left(-a\sqrt{b^2+p}\right)$ 的形式，进行拉普拉斯逆变换变为

$$L^{-1}\frac{1}{p}\exp\left(-a\sqrt{b^2+p}\right) = -\frac{\mathrm{e}^{-ab}}{2}\mathrm{erfc}\left(\frac{a-2bt}{2\sqrt{t}}\right) + \frac{\mathrm{e}^{ab}}{2}\mathrm{erfc}\left(\frac{a+2bt}{2\sqrt{t}}\right) \tag{9-294}$$

$$a = \frac{x}{\sqrt{D}},\ b^2 = \frac{u^2}{4D} \tag{9-295}$$

把 a、b^2 和 $L^{-1}\dfrac{1}{p}\exp\left(-a\sqrt{b^2+p}\right)$ 的值代入式（9-293），得到数学模型式（9-288）的解为

$$C(x,t) = \frac{C_0}{2}\mathrm{erfc}\left(\frac{x-ut}{2\sqrt{Dt}}\right) + \frac{C_0}{2}\exp\left(\frac{ux}{D}\right)\mathrm{erfc}\left(\frac{x+ut}{2\sqrt{Dt}}\right) \tag{9-296}$$

当 $D/u \ll 0.005$ 时，式（9-296）右端第二项可以忽略，其误差约为 4%，于是获得近似解：

$$C(x,t) \approx \frac{C_0}{2} \text{erfc}\left(\frac{x-ut}{2\sqrt{Dt}}\right) \quad (9\text{-}297)$$

式（9-297）即为有随流情况下一端连续注入浓度为 C_0 的化学污染物的扩散规律。当 $u=0$ 时，式（9-297）可以简化为

$$C(x,t) = \frac{C_0}{2} \text{erfc}\left(\frac{x}{2\sqrt{Dt}}\right) \quad (9\text{-}298)$$

式（9-298）描述了静止水体内一维扩散时间连续源的浓度分布规律，如图 9-29 所示，从中可见，污染物浓度随时间增加，向远方扩散。

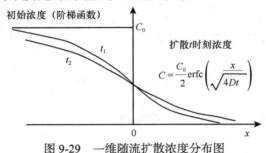

图 9-29　一维随流扩散浓度分布图

下面分三种情况讨论一维扩散时间连续源浓度分布规律的表达式。

a. 若在 $t=0$ 时整个水体中污染物的浓度为 C_1，则此时污染物浓度的扩散规律为

$$\frac{C-C_1}{C_0-C_1} = \frac{1}{2}\left[\text{erfc}\left(\frac{x-ut}{2\sqrt{Dt}}\right) + \text{e}^{\frac{ux}{D}}\text{erfc}\left(\frac{x+ut}{2\sqrt{Dt}}\right)\right] \quad (9\text{-}299)$$

$$\frac{C}{C_0} = \frac{1}{2}\left[\text{erfc}\left(\frac{x-ut}{2\sqrt{Dt}}\right) + \text{e}^{\frac{ux}{D}}\text{erfc}\left(\frac{x+ut}{2\sqrt{Dt}}\right)\right] \quad (9\text{-}300)$$

显然，当 $C_1=0$ 时，式（9-299）就化为式（9-300）。

b. 若在 $x=0$ 处，从 $t=0$ 到 t_0 这段时间连续注入化学污染物浓度为 C_0 的污水，以后注入不含污染物的清洁水。则此时污染物浓度在水体中的扩散规律为

$$C(x,t) = \frac{C_0}{2}\left\{\text{erfc}\left(\frac{x-ut}{2\sqrt{Dt}}\right) - \text{erfc}\left[\frac{x-u(t-t_0)}{2\sqrt{D(t-t_0)}}\right]\right\} \quad (9\text{-}301)$$

当时间 t 足够大时，由式（9-301）可导出纵向扩散系数 D 的近似公式：

$$D = \frac{x^2 - u^2 t_{\text{m}}(t_{\text{m}} - t_0)}{2(t_{\text{m}} - t_0)} \quad (9\text{-}302)$$

式中，x 为监视点到注入点的距离；t_{m} 为浓度 C 出现最大值的时间。

若在 $x=0$ 处注入含具有放射性衰变化学污染物的污水，且其浓度 C 符合 $\frac{\text{d}C}{\text{d}t} = -\lambda C$ 的规律，则此时污染物浓度在水体中扩散的方程式（9-288）应该写成 $\frac{\text{d}C}{\text{d}t} = D\frac{\partial^2 C}{\partial x^2} - u\frac{\partial C}{\partial x} - \lambda C$，其扩散规律为

$$C(x,t) = \frac{C_0}{2}\exp\left(\frac{ux}{2D}\right)\left[\exp(-\beta x)\mathrm{erfc}\left(\frac{x - t\sqrt{u^2 + 4\lambda D}}{2\sqrt{Dt}}\right) + \exp(\beta x)\mathrm{erfc}\left(\frac{x + t\sqrt{u^2 + 4\lambda D}}{2\sqrt{Dt}}\right)\right] \quad (9\text{-}303)$$

c. 如果将 $x=0$ 的边界条件换为输入边界条件：

$$\left(-D\frac{\partial C}{\partial x} + uC\right)\Bigg|_{x=0} = \begin{cases} uC_0 & (0 \leqslant t \leqslant t_0) \\ 0 & (t > t_0) \end{cases} \quad (9\text{-}304)$$

则数学模型（9-288）的解析解为

$$\frac{C(x,t)}{C_0} = \begin{cases} A_3(x,t) & (0 < t < t_0) \\ A_3(x,t) - A_3(x, t - t_0) & (t > t_0) \end{cases} \quad (9\text{-}305)$$

式　中，　$A_3(x,t) = \dfrac{1}{2}\mathrm{erfc}\left[\dfrac{x - ut}{2(Dt)^{\frac{1}{2}}}\right] + \left(\dfrac{u^2 t}{\pi D}\right)^{\frac{1}{2}}\exp\left[-\dfrac{(x - ut)^2}{4Dt}\right] - \dfrac{1}{2}\left(1 + \dfrac{ut}{D} + \dfrac{u^2 t}{D}\right)\exp\left(\dfrac{ux}{D}\right)$

$\mathrm{erfc}\left[\dfrac{x + ut}{2(Dt)^{\frac{1}{2}}}\right]$。

2）二维随流扩散时间连续源

在巨大的水体平面内，在原点（0，0）处从 $t=0$ 开始以速率 Q 连续注入化学污染物，浓度为 C_0，因为是连续注入，可以视为一系列瞬时注入的叠加。

设在原点（0，0）处于 $t=\tau$ 时刻，经过 $\mathrm{d}\tau$，注入的化学污染物质量为 $\mathrm{d}M = C_0 Q \mathrm{d}\tau$，$P$ 点（x，y）t 时刻的污染物浓度为

$$\mathrm{d}C(x,y,t) = \frac{C_0 Q \mathrm{d}\tau}{4\pi(t - \tau)\sqrt{D_x D_y}}\exp\left\{-\frac{[x - u_x(t - \tau)]^2}{4D_x(t - \tau)} - \frac{[y - u_y(t - \tau)]^2}{4D_y(t - \tau)}\right\} \quad (9\text{-}306)$$

$$C(x,y,t) = \int_0^t \mathrm{d}C$$

$$= \frac{C_0 Q}{4\pi(t - \tau)\sqrt{D_x D_y}}\int_0^t \frac{1}{(t - \tau)}$$

$$\exp\left\{-\frac{[x - u_x(t - \tau)]^2}{4D_x(t - \tau)} - \frac{[y - u_y(t - \tau)]^2}{4D_y(t - \tau)}\right\}\mathrm{d}\tau \quad (9\text{-}307)$$

这就是二维随流扩散时间连续源在水体平面内的浓度分布规律。式中，u_x、u_y 分别为流速在 x 方向和 y 方向的分量。

3）三维随流扩散时间连续源

设想有一根排污管道恒定地向一巨大的水体以流速 $u = (u_x, u_y, u_z)$ 流动，水体从 $t=0$ 开始在原点以速率 Q 连续排出浓度为 C_0 的污染物，因为是连续排入，可视为一系列的瞬时排入的叠加。

设在原点（0，0）处于 $t=\tau$ 时刻，经过 $\mathrm{d}\tau$，注入的化学污染物质量为 $\mathrm{d}M = C_0 Q \mathrm{d}\tau$，$P$ 点（x，y，z）t 时刻的污染物浓度为

$$dC(x,y,z) = \frac{dM}{8[\pi(t-\tau)]^{\frac{3}{2}}\sqrt{D_xD_yD_z}} \cdot \exp\left\{-\frac{[x-u_x(t-\tau)]^2}{4D_x(t-\tau)} - \frac{[y-u_y(t-\tau)]^2}{4D_y(t-\tau)} - \frac{[z-u_z(t-\tau)]^2}{4D_z(t-\tau)}\right\}$$

（9-308）

则

$$C(x,y,z,t) = \int_0^t dC = \frac{C_0Q}{8\pi^{\frac{3}{2}}\sqrt{D_xD_yD_z}} \cdot \int_0^t \frac{1}{(t-\tau)^{\frac{3}{2}}} \cdot \exp\left\{-\frac{[x-u_x(t-\tau)]^2}{4D_x(t-\tau)} - \frac{[y-u_y(t-\tau)]^2}{4D_y(t-\tau)} - \frac{[z-u_z(t-\tau)]^2}{4D_z(t-\tau)}\right\}d\tau$$

（9-309）

这就是三维随流扩散时间连续源在有随流情况下的浓度分布。

若水体是均匀各向同性的，则 $D_x=D_y=D_z=D$，那么式（9-309）可写为

$$C(x,y,z,t) = \frac{C_0Q}{8(\pi D)^{\frac{3}{2}}}\int_0^t \frac{1}{(t-\tau)^{\frac{3}{2}}} \cdot \exp\left\{-\frac{[x-u_x(t-\tau)]^2 - [y-u_y(t-\tau)]^2 - [z-u_z(t-\tau)]^2}{4D(t-\tau)}\right\}d\tau \quad （9-310）$$

4）三维无随流扩散时间连续源

当水体处于静止时，即 $u_x=u_y=u_z=0$，则可得到静止水体内三维无随流扩散时间连续源的浓度分布规律为

$$C(x,y,z,t) = \frac{C_0Q}{8(\pi D)^{\frac{3}{2}}}\int_0^t \frac{1}{(t-\tau)^{\frac{3}{2}}} \exp\left\{-\frac{r^2}{4D(t-\tau)}\right\}d\tau \quad （9-311）$$

令 $\eta = \dfrac{r}{2\sqrt{D(t-\tau)}}$，$d\eta = \dfrac{r}{4\sqrt{D}(t-\tau)^{\frac{3}{2}}}d\tau$，当 $\tau=0$ 时，$\eta = \dfrac{r}{2\sqrt{Dt}}$；当 $\tau=t$ 时，$\eta=\infty$。

式（9-311）变为

$$C(x,y,z,t) = \frac{C_0Q}{8(\pi D)^{\frac{3}{2}}}\frac{4\sqrt{D}}{r} \cdot \int_{\frac{r}{2\sqrt{Dt}}}^{\infty} e^{-\eta^2}d\eta = \frac{C_0Q}{4\pi Dr}\frac{2}{\sqrt{\pi}}\int_{\frac{r}{2\sqrt{Dt}}}^{\infty} e^{-\eta^2}d\eta = \frac{C_0Q}{4\pi Dr}\text{erfc}\left(\frac{r}{2\sqrt{Dt}}\right)$$

（9-312）

式中，$r = \sqrt{x^2+y^2+z^2}$。

式（9-312）就是在无随流情况下，均匀各向同性水体中三维扩散时间连续源的浓度分布规律。

4. 有边界影响的扩散

上面讨论的扩散问题，其扩散区域都是不受边界影响的无限水体，即理想水体。而实际水体，有水面、水底和岸边，或与另一个水体相连接，不是无限的，因而污染物的扩散都受边界影响。

扩散质遇到边界有如下三种情况发生：①完全反射；②完全吸收；③不完全反射（即有一部分吸收，有一部分反射，介于上述两者之间的状态）。扩散质与边界的关系十分复杂，既与边界的性质有关，又与扩散质的性质有关。对于直线边界，一般模型可以求得解析解；对于复杂的边界，只能求得近似解。

下面分别讨论污染物遇到三种边界的扩散规律。

1）靠近不透水边界的扩散

设在静止平面水体中有一个污染源，从 $t=0$ 开始连续释放出化学污染物（扩散质），释放速率为 Q，浓度为 C_0，与源相距 l 处有一不透水边界，求二维浓度分布状况可以选择如图 9-30 所示的坐标系。

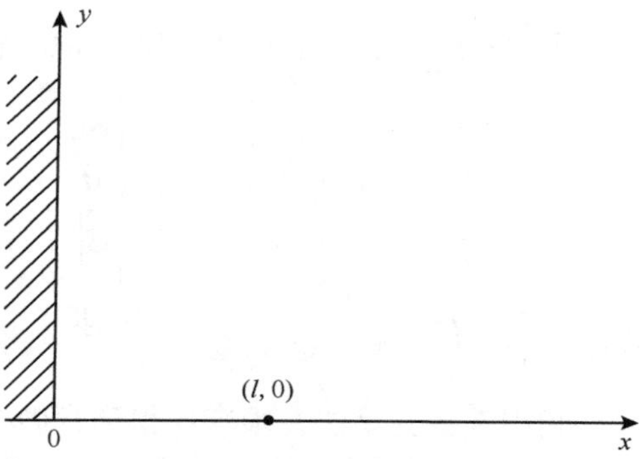

设平面水体均质各向同性，即扩散系数 D 为常数，浓度分布规律的数学模型为

图 9-30　不透水边界扩散图

$$\begin{cases} \dfrac{\partial C}{\partial t} = D\left(\dfrac{\partial^2 C}{\partial x^2} + \dfrac{\partial^2 C}{\partial y^2}\right) + \dfrac{QC_0}{f}\delta(x-l)\delta(y) & (x>0, -\infty<y<+\infty, t>0) \\[2mm] \text{初始条件} \\[1mm] C\big|_{t=0} = 0 & (x>0, -\infty<y<+\infty, t>0) \\[1mm] \text{边界条件} \\[1mm] \dfrac{\partial C}{\partial t}\bigg|_{x=0} = 0 & (t>0, -\infty<y<+\infty, t>0) \\[2mm] \lim_{x\to+\infty} C = 0 & (t>0, -\infty<y<+\infty, t>0) \\[2mm] \lim_{y\to+\infty} C = 0 & (x>0, t>0) \end{cases} \tag{9-313}$$

式中，f 为平均水深。

先对数学模型式（9-313）进行余弦变换，即令 $\overline{C} = \int_0^{+\infty} C\cos\xi x\,\mathrm{d}x$，对方程式（9-313）变量 x 进行余弦变换，得

$$\frac{\partial \overline{C}}{\partial t} = -D\xi^2\overline{C} + D\frac{\partial^2 \overline{C}}{\partial y^2} + \frac{QC_0}{f}\cos\xi l\delta(y) \tag{9-314}$$

对方程式（9-313）中的初始条件和边界条件进行余弦变换，得

$$C\big|_{t=0} = 0 , \quad \lim_{y\to+\infty} \overline{C} = 0 \tag{9-315}$$

对数学模型式（9-313）进行一次余弦变换后，变为解含有两个自变量 y 和 t 的偏微分方程混合问题：

$$\begin{cases} \dfrac{\partial \overline{C}}{\partial t} = -D\xi^2\overline{C} + D\dfrac{\partial^2 \overline{C}}{\partial y^2} + \dfrac{QC_0}{f}\cos\xi l\delta(y) \\[2mm] \overline{C}\big|_{t=0} = 0 \\[2mm] \lim_{y\to+\infty} \overline{C} = 0 \end{cases} \tag{9-316}$$

再对方程和初边界条件 y 进行傅氏变换。

令 $\overline{C} = \int_{-\infty}^{+\infty} \overline{C} e^{-\eta y} dy$，对方程式（9-314）进行傅氏变换，并注意其边值条件，得

$$\begin{cases} \dfrac{\partial \overline{\overline{C}}}{\partial t} + D\left(\xi^2 + \eta^2\right)\overline{\overline{C}} = \overline{\overline{Q}} \\ \overline{\overline{C}}\Big|_{t=0} = 0 \end{cases} \quad (9\text{-}317)$$

式中，$\overline{\overline{Q}} = \int_{-\infty}^{+\infty} \overline{Q} e^{-ixy} dy$；$\overline{Q} = \int_{0}^{+\infty} \dfrac{QC_0}{f} \delta(x-l) \cos \xi x dx$。

利用常数变易法，很容易得到常微分方程定解问题式（9-315）的解为

$$\overline{\overline{C}} = \int_{0}^{t} \overline{\overline{Q}} e^{-D(\xi^2+\eta^2)(t-\tau)} d\tau \quad (9\text{-}318)$$

由 $\overline{\overline{C}}$ 求 $\overline{C}$ 采用傅氏变换，

$$\overline{C} = \frac{1}{2\pi} \int_{-\infty}^{+\infty} \overline{\overline{C}} e^{-i\eta y} d\eta = \frac{1}{2\pi} \int_{-\infty}^{+\infty} \left[\int_{0}^{t} \overline{\overline{Q}} e^{-D(\xi^2+\eta^2)(t-\tau)} d\tau \right] e^{-i\eta y} d\eta \quad (9\text{-}319)$$

显然，$\overline{\overline{Q}}$ 的原象为 $\overline{Q}$，傅氏变换 $\overline{F} = e^{-D\eta^2(t-\tau)}$ 的原象为 $\overline{F} = \dfrac{1}{2\sqrt{\pi}\sqrt{D(t-\tau)}} e^{-\frac{y^2}{4D(t-\tau)}}$。

根据积分变换的褶积性质，得

$$\overline{C} = \frac{m\cos \xi l}{2\sqrt{\pi}} \int_{0}^{t} \frac{1}{\sqrt{D(t-\tau)}} e^{-\frac{y^2}{4D(t-\tau)}} e^{-D\xi^2(t-\tau)} d\tau \quad (9\text{-}320)$$

由 $\overline{C}$ 求 C 采用半无限的余弦变换，

$$C = \frac{2}{\pi} \int_{0}^{+\infty} \overline{C} \cos \xi x d\xi \quad (9\text{-}321)$$

把式（9-320）代入式（9-321），得

$$\begin{aligned} C(x,y,t) &= \frac{m}{4\pi D} \left[\int_{0}^{t} \frac{1}{t-\tau} e^{-\frac{(x-l)^2+y^2}{4D(t-\tau)}} d\tau + \int_{0}^{t} \frac{1}{t-\tau} e^{-\frac{(x+l)^2+y^2}{4D(t-\tau)}} d\tau \right] \\ &= \frac{QC_0}{4\pi Df} \left(\frac{4\sqrt{D}}{r} \int_{\frac{r}{2\sqrt{Dt}}}^{\infty} e^{-\eta^2} d\eta + \frac{4\sqrt{D}}{\bar{r}} \int_{\frac{\bar{r}}{2\sqrt{Dt}}}^{\infty} e^{-\eta^2} d\eta \right) \\ &= \frac{QC_0}{4\pi Df} \left(\frac{4\sqrt{D}}{r} \frac{\sqrt{\pi}}{2} \frac{2}{\sqrt{\pi}} \int_{\frac{r}{2\sqrt{Dt}}}^{\infty} e^{-\eta^2} d\eta + \frac{4\sqrt{D}}{\bar{r}} \frac{\sqrt{\pi}}{2} \frac{2}{\sqrt{\pi}} \int_{\frac{\bar{r}}{2\sqrt{Dt}}}^{\infty} e^{-\eta^2} d\eta \right) \\ &= \frac{QC_0}{2\sqrt{\pi D}f} \left[\frac{1}{r} \text{erfc}\left(\frac{r}{2\sqrt{Dt}} \right) + \frac{1}{\bar{r}} \text{erfc}\left(\frac{\bar{r}}{2\sqrt{Dt}} \right) \right] \end{aligned} \quad (9\text{-}322)$$

式中各参数意义同前文从式（9-322）可见，对于具有不透水边界的水域，边界处的浓度是没有边界情况下的 2 倍，这种边界称为完全反射边界。

2）一边为固定浓度补给边界的扩散

设在静止平面水体中有一污染源，从 $t=0$ 开始连续释放出浓度为 C_0 的化学污染物，释放速率为 Q，与源相距 l 处有一个固定没有污染的补给边界存在。化学污染物在该二

维空间的浓度分布规律可用图 9-31 进行示意。

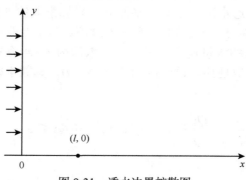

图 9-31　透水边界扩散图

坐标系取法如图 9-31 所示，$C(x,y,t)$ 为任意点任意时刻的浓度，其数学模型为：

$$\begin{cases} \dfrac{\partial C}{\partial t} = D\left(\dfrac{\partial^2 C}{\partial x^2} + \dfrac{\partial^2 C}{\partial y^2}\right) + \dfrac{QC_0}{f}\delta(x-l)\delta(y) & (x>0,-\infty<y<+\infty,t>0) \\[2mm] \text{初始条件} & \\ C|_{t=0} = 0 & (x>0,-\infty<y<+\infty,t>0) \\[1mm] \text{边界条件} & \\ C|_{x=0} = 0 & (t>0,-\infty<y<+\infty,t>0) \\[1mm] \lim\limits_{x\to+\infty} C = 0 & (t>0,-\infty<y<+\infty,t>0) \\[1mm] \lim\limits_{y\to+\infty} C = 0 & (x>0,t>0) \end{cases} \tag{9-323}$$

根据边界条件，只要变量 x 采用无限正弦变换，变量 y 采用无限傅氏变换，就可得到数学模型式（9-323）的解。由于解法与一边不透水边界相同，因此不再重述。上述模型式（9-323）的解为

$$\begin{aligned} C(x,y,t) &= \frac{QC_0}{2\sqrt{\pi D}f}\left(\frac{1}{r}\int_{\frac{r}{2\sqrt{Dt}}}^{\infty} e^{-\eta^2}\mathrm{d}\eta + \frac{1}{\bar{r}}\int_{\frac{\bar{r}}{2\sqrt{Dt}}}^{\infty} e^{-\eta^2}\mathrm{d}\eta\right) \\ &= \frac{QC_0}{2\sqrt{\pi D}f}\left[\frac{1}{r}\mathrm{erfc}\left(\frac{r}{2\sqrt{Dt}}\right) - \frac{1}{\bar{r}}\mathrm{erfc}\left(\frac{\bar{r}}{2\sqrt{Dt}}\right)\right] \end{aligned} \tag{9-324}$$

式中，f 为平均库深或湖深；$r=\sqrt{(x-l)^2+y^2}$，$\bar{r}=\sqrt{(x+l)^2+y^2}$。

这就是一边为直线固定补给边界的连续源的浓度扩散规律。因为补给边界的污染物浓度应为 0，所以这种边界也称为完全吸收边界。

如果 $t=0$，水体和边界的浓度为固定浓度 $C_固$，则一边为直线固定补给边界的连续源在水体中浓度分布规律为两个浓度场的叠加，即

$$C(x,y,t) = C_固 + \frac{QC_0}{2\sqrt{\pi D}f}\left[\frac{1}{r}\mathrm{erfc}\left(\frac{r}{2\sqrt{Dt}}\right) - \frac{1}{\bar{r}}\mathrm{erfc}\left(\frac{\bar{r}}{2\sqrt{Dt}}\right)\right] \tag{9-325}$$

3）两个平行不透水边界存在时连续源的二维扩散

设水体位于两个不透水边界之间的平面域，坐标系取法如图 9-32 所示，两个不透水边界的距离为 l，在点（x_0，0）处有一连续源，从 $t=0$ 开始连续释放注入浓度为 C_0 的污染物溶液，注入的水量速率为 Q，平均水深为 f，求存在两个平行不透水边界时连续源浓度的二维扩散规律。设浓度为 $C(x，y，t)$，其数学模型为：

$$
\begin{cases}
\dfrac{\partial C}{\partial t} = D\left(\dfrac{\partial^2 C}{\partial x^2}+\dfrac{\partial^2 C}{\partial y^2}\right)+\dfrac{QC_0}{f}\delta(x-x_0)\delta(y) & (0<x<l,-\infty<y<+\infty,t>0)\\
\text{初始条件} & \\
C(x,y,0)=0 & (0<x<l,-\infty<y<+\infty)\\
\text{边界条件} & \\
\left.\dfrac{\partial C}{\partial x}\right|_{x=0}=0 & (t>0,-\infty<y<+\infty)\\
\left.\dfrac{\partial C}{\partial x}\right|_{x=l}=0 & (t>0,-\infty<y<+\infty)\\
\lim_{y\to+\infty}C=0 & (0<x<l,t>0)
\end{cases}
\tag{9-326}
$$

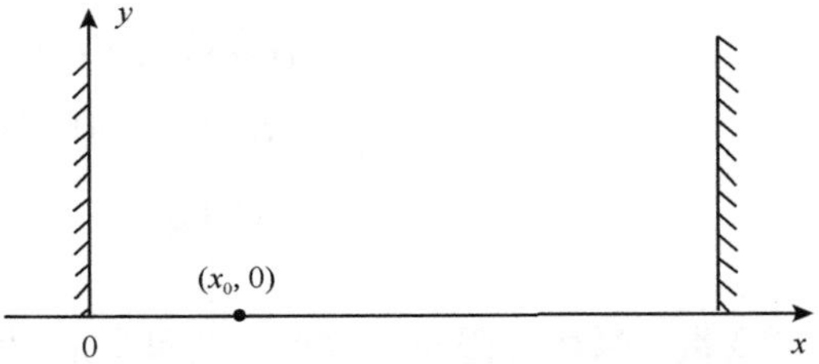

图 9-32　两边不透水边界扩散图

使用有限余弦傅氏变换和无限傅氏变换结合方法，并注意其边界条件，可求得数学模型式（9-326）的解为

$$
C(x,y,t)=\frac{QC_0}{4\pi Df}\left[\frac{4\pi\sqrt{Dt}F(\lambda)}{l}+4\sum_{n=1}^{\infty}\frac{\cos(\xi x)\cos(\xi x_0)}{n}e^{-\xi y}\right]
\tag{9-327}
$$

式中，$F(\lambda)=\dfrac{1}{\sqrt{\pi}}e^{-\lambda^2}+\lambda(1-\phi(\lambda))$，$\lambda=\dfrac{y}{2\sqrt{Dt}}$；$\phi(\lambda)=\dfrac{2}{\sqrt{\pi}}\displaystyle\int_0^{\lambda}e^{-\alpha^2}\mathrm{d}\alpha$；$\xi=\dfrac{n\pi}{l}$。

式（9-325）即两个平行不透水边界存在时连续源浓度的二维扩散规律，n 为反射次数。

5. 一维随流降解污染物的弥散方程

设河流一维随流污染物弥散方程为

$$
\frac{\partial C}{\partial t}+u\frac{\partial C}{\partial x}=k_s\frac{\partial^2 C}{\partial x^2}-K_1 C
\tag{9-328}
$$

式中，k_s 为弥散系数；K_1 为污染物的降解系数。

在某些情况下，当具有足够简单的源漏项和边界条件时，可求得该方程的解析解。下面给出稳态与非稳态、有弥散和无弥散、瞬时污染源和连续污染源等几情况的解析解。

1）稳态解

稳态是指均匀河段定常排污条件，即过水断面、流速、流量等都不随时间变化，$\dfrac{\partial C}{\partial t}=0$，此时式（9-328）变化为

$$\frac{\mathrm{d}^2 C}{\mathrm{d} t^2}-\frac{u}{k_s}\frac{\mathrm{d}C}{\mathrm{d}x}-\frac{K_1}{k_s}C=0 \qquad (9\text{-}329)$$

式（9-329）是一个典型的二阶常微分方程，其特征方程为

$$\lambda^2-\frac{u}{k_s}\lambda-\frac{K_1}{k_s}=0 \qquad (9\text{-}330)$$

其特征根为

$$\lambda_{1,2}=\frac{\dfrac{u}{k_s}\pm\sqrt{\dfrac{u^2}{k_s^{\,2}}+4\dfrac{K_1}{k_s}}}{2}=\frac{u}{2k_s}(1\pm\alpha) \qquad (9\text{-}331)$$

$$\alpha=\sqrt{1+\frac{4K_1 k_s}{u^2}} \qquad (9\text{-}332)$$

二阶常微分方程的通解为

$$C=A\mathrm{e}^{\lambda_1 x}+B\mathrm{e}^{\lambda_2 x} \qquad (9\text{-}333)$$

对于 $x\geqslant 0$ 的下游，考虑边界条件 $x\to\pm\infty$，$C=0$，所以 $A=0$，$C=B\mathrm{e}^{\lambda_2 x}$，又因 $x=0$，$C=C_0$，所以 $B=C_0$，方程（9-329）的解为

$$C=C_0\mathrm{e}^{\lambda_2 x}，\quad \lambda_2=\frac{u}{2k_s}(1-\alpha) \qquad (9\text{-}334)$$

同理，对于 $x<0$ 的上游，$C=C_0\mathrm{e}^{\lambda_1 x}$，$\lambda_1=\dfrac{u}{2k_s}(1+\alpha)$，所以方程（9-329）的稳态解为

$$C=\begin{cases} C_0\mathrm{e}^{\lambda_2 x}，\lambda_2=\dfrac{u}{2k_s}(1-\alpha) & (x\geqslant 0)\\[3mm] C_0\mathrm{e}^{\lambda_1 x}，\lambda_1=\dfrac{u}{2k_s}(1+\alpha) & (x<0)\end{cases} \qquad (9\text{-}335)$$

一般情况下，排污对上游（$x<0$）的浓度影响忽略不计，所以在河流 $x=0$ 断面处排污，初始浓度为 $C|_{x=0}=C_0$ 情形下，下游污染物的浓度为

$$C(x)=C_0\exp\left[\frac{ux}{2k_s}(1-\alpha)\right] \qquad (x\geqslant 0) \qquad (9\text{-}336)$$

2）不考虑弥散作用的稳态解

当不考虑弥散作用，即 $k_s=0$ 时，式（9-337）变化为

$$u\frac{\partial C}{\partial x}=-K_1 C \tag{9-337}$$

解上述方程得

$$C=C_0 \mathrm{e}^{-\frac{K_1}{u}x} \tag{9-338}$$

3）瞬时源动态解

对于瞬时突然排污情况，设在河段的起始断面（$x=0$）上，把一质量为 M 的化学污染物瞬间排放于流量为 Q 的河水中，且污染物即刻与 $x=0$ 断面处的水相混合。对于这种情况，污染源扩散规律可归纳为如下定解问题：

$$\begin{cases} \dfrac{\partial C}{\partial t}+u\dfrac{\partial C}{\partial x}=k_{\mathrm{s}}\dfrac{\partial^2 C}{\partial x^2}-K_1 C & (x>0,t>0) \\[2mm] C(x,0)=0 & (x\geqslant 0) \\[2mm] C(x,t)=\dfrac{M}{Q}\delta(t),\ \lim_{x\to+\infty}C(x,t)=0 & (t>0) \end{cases} \tag{9-339}$$

式中，$\dfrac{M}{Q}=C_0$。

对于定解问题，对变量进行拉普拉斯变换求解，令 $\overline{C}=\int_0^{\infty}\mathrm{e}^{-pt}C(x,t)\mathrm{d}t$，首先对变量 t 进行拉普拉斯变换，即

$$L[C(x,t)]=\int_0^{\infty}\mathrm{e}^{-pt}C(x,t)\mathrm{d}t=\overline{C}(x,S) \tag{9-340}$$

式中，p 为拉普拉斯变量。

对式（9-339）的变量 t 进行拉普拉斯变换后，得到下面的常微分方程：

$$p\overline{C}+u\frac{\mathrm{d}\overline{C}}{\mathrm{d}x}=k_{\mathrm{s}}\frac{\mathrm{d}^2\overline{C}}{\mathrm{d}x^2}-K_1\overline{C} \tag{9-341}$$

整理得

$$\frac{\mathrm{d}^2\overline{C}}{\mathrm{d}x^2}-\frac{u}{k_{\mathrm{s}}}\frac{\mathrm{d}\overline{C}}{\mathrm{d}x}-\frac{p+K_1}{k_{\mathrm{s}}}\overline{C}=0 \tag{9-342}$$

其特征方程为

$$\lambda^2-\frac{u}{k_{\mathrm{s}}}\lambda-\frac{p+K_1}{k_{\mathrm{s}}}=0 \tag{9-343}$$

其特征根为

$$\lambda_{1,2}=\frac{u}{2k_{\mathrm{s}}}\left(1\pm\frac{2\sqrt{k_{\mathrm{s}}}}{u}\right)\sqrt{\frac{u^2}{4k_{\mathrm{s}}}+(K_1+p)} \tag{9-344}$$

由此得到方程式（9-341）的通解为

$$\overline{C}=C_1\mathrm{e}^{\lambda_1 x}+C_2\mathrm{e}^{\lambda_2 x} \tag{9-345}$$

式中，C_1、C_2 为特定常数。由初始、边界条件可知，$C^L(\infty,S)=0$，故 $C_1=0$

$$\overline{C}(0,S) = \int_0^\infty e^{-St} \frac{M}{Q} \delta(t) dt = \frac{M}{Q} \tag{9-346}$$

由式（9-345）及 $C_1=0$ 得

$$\overline{C}(0,S) = C_2 = \frac{M}{Q} \tag{9-347}$$

于是常微分方程在满足初始边界条件下的解为

$$\overline{C} = \frac{M}{Q} e^{\lambda_2 x} \tag{9-348}$$

对式（9-349）进行拉普拉斯逆变换并整理得

$$C(x,t) = \frac{M}{Q} \exp\left(\frac{ux}{2k_s}\right) \frac{x}{\sqrt{4\pi k_s t}} \exp\left[-\left(\frac{u^2}{4k_s} + K_1\right)t\right] \exp\left(-\frac{x^2}{4k_s t}\right) \tag{9-349}$$

考虑到 $u = \frac{x}{t}$，截面积 $A = \frac{Q}{u}$，代入式（9-349）整理后，最终得到式（9-339）的动态解为

$$C(x,t) = \frac{M}{A\sqrt{4\pi k_s t}} \exp\left[-\frac{(x-ut)^2}{4k_s t} - K_1 t\right] \tag{9-350}$$

对于难降解污染物，如投入示踪剂，则 $K_1=0$，式（9-350）可表示为

$$C(x,t) = \frac{M}{A\sqrt{4\pi k_s t}} \exp\left[-\frac{(x-ut)^2}{4k_s t}\right] \tag{9-351}$$

4）连续源动态解

当污染源为连续排放源，其浓度为 $C_0(x_0, t)$，可视为一系列瞬时源（输入间隔 Δt 的叠加），式（9-328）的边界条件为：$x=x_0$，$C=C_0(x_0, t)$，解析解为

$$C(x,t) = \int_{-\infty}^\infty C_0(x_0,t) f(x-x_0, t-\tau) dt \tag{9-352}$$

式中，$f(x-x_0, t-\tau) = \dfrac{u}{\sqrt{4\pi k_s(t-\tau)}} \exp\left\{-\dfrac{[(x-x_0)-u(t-\tau)]^2}{4k_s(t-\tau)}\right\}$。

在 $x=x_0$ 处，$t=0$ 到 $t=\tau$ 连续排污时，初始条件如下。

a. 当 $0 \leqslant t \leqslant \Delta t$ 时，$C(x_0, t)=C_0$。

b. 当 $t>\Delta t$ 时，$C(x_0, t)=0$。

利用误差函数 erf(x)可得式（9-352）的解析解为

$$C(x,t) = C_0\left\{\frac{1}{2}\left[\exp\left(\sqrt{\frac{u^2}{4k_s}+K_1}\frac{x}{\sqrt{k_s}}\right)\mathrm{erfc}\left(\frac{x}{\sqrt{4k_s t}}+\sqrt{\frac{u^2 t}{4k_s}+K_1 t}\right)\right.\right.$$
$$\left.\left.+\exp\left(-\sqrt{\frac{u^2}{4k_s}+K_1}\frac{x}{\sqrt{k_s}}\right)\mathrm{erfc}\left(\frac{x}{\sqrt{4k_s t}}-\sqrt{\frac{u^2 t}{4k_s}+K_1 t}\right)\right]\exp\left(\frac{ux}{2k_s}\right)\right.$$

$$-\frac{1}{2}\left[\exp\left(\sqrt{\frac{u^2}{4k_s}+K_1}\,\frac{x}{\sqrt{k_s}}\right)\mathrm{erfc}\left(\frac{x}{\sqrt{4k_s(t-\Delta t)}}+\sqrt{t-\Delta t}\sqrt{\frac{u^2}{4k_s}+K_1}\right)\right.$$

$$\left.+\exp\left(-\sqrt{\frac{u^2}{4k_s}+K_1}\,\frac{x}{\sqrt{k_s}}\right)\mathrm{erfc}\left(\frac{x}{\sqrt{4k_s(t-\Delta t)}}-\sqrt{t-\Delta t}\sqrt{\frac{u^2}{4k_s}+K_1}\right)\right]$$

$$\left.\times\exp\left(\frac{ux}{2k_s}\right)\theta(t-\Delta t)\right\} \tag{9-353}$$

式中，C_0 为 $x=0$ 处的污染物浓度，单位为 mg/L，$C_0=\dfrac{M}{Q}$，M 和 Q 分别为源强度和河水流量；Δt 为时段长，单位为 s；K_1 为降解系数，单位为 s^{-1}；k_s 为弥散系数，单位为 m^2/s；u 为平均流速，单位为 m/s；$\theta(t-\Delta t)$ 为阶跃函数，$\theta(t-\Delta t)=\begin{cases}0(t\leqslant\Delta t)\\1(t>\Delta t)\end{cases}$；$\mathrm{erfc}(x)$ 为余误差函数，$\mathrm{erfc}(x)=1-\mathrm{erf}(x)$；$\mathrm{erf}(x)$ 为误差函数，$\mathrm{erf}(x)=\dfrac{2}{\sqrt{\pi}}\displaystyle\int_0^x \mathrm{e}^{-t^2}\mathrm{d}t$。

6. 具有边界影响的降解污染物二维扩散规律

在一个均匀河段的起始断面，从排污口连续稳定地向河流排放污水，由于河流水位相对很浅，假定污水排入后即刻沿水流方向与水均匀混合，这种情况下，$\dfrac{\partial C}{\partial t}=0$，$\dfrac{\partial C}{\partial z}=0$，二维稳态污染物质的弥散方程为

$$u\frac{\partial C}{\partial x}+v\frac{\partial C}{\partial y}=k_{sx}\frac{\partial^2 C}{\partial x^2}+k_{sy}\frac{\partial^2 C}{\partial y^2}-K_1 C \tag{9-354}$$

均匀河段，在水深变化不大的情况下，横向流速 $v=0$，纵向扩、弥散项远小于对流项，可以忽略，则式（9-354）可简化为

$$u\frac{\partial C}{\partial x}=k_{sy}\frac{\partial^2 C}{\partial y^2}-K_1 C \tag{9-355}$$

式（9-355）按水体的边界条件分无边界限制和有边界限制两种情况求解。

1）无边界限制的解析解

强度为 M 的点源排放到无限宽的河流，水深为 h，x 方向流速为 u，定解条件为
$$C(x,\infty)=0,C(0,y)=0,\int_0^{+\infty}uhc(x,y)\mathrm{d}y=\frac{M}{2}\mathrm{e}^{-\frac{K_1 x}{u}}。$$

在上述条件下，对式（9-355）采取拉普拉斯变换法进行求解，得无限水体二维平面的稳态解析解为

$$C(x,y)=\frac{M}{h\sqrt{4\pi k_{sy}ux}}\exp\left(-\frac{K_1 x}{u}\right)\exp\left(-\frac{uy^2}{4k_{sy}x}\right) \tag{9-356}$$

对于难溶降解物，$K_1=0$，式（9-356）变为

$$C(x,y) = \frac{M}{h\sqrt{4\pi k_{sy} ux}} \exp\left(-\frac{uy^2}{4k_{sy} x}\right) \qquad (9\text{-}357)$$

由式（9-357）可求得下游 x 处污染浓度沿横向 y 的分布。

2）有边界限制的解析解

在上述小结中已经讨论了化学污染物扩散受三种边界影响的情况。本节介绍一维随流降解污染物遇到不透水边界即遇到完全反射边界时的弥散规律。在实际自然界中，真实的河流并非无限水体，而是具有两岸和河底。化学污染物在水流中的扩散将受到边界限制，并产生反射。根据河流宽度、水力特性和排放口位置，反射可分为单边反射和双边反射（这里只讨论完全反射）。本小结介绍一种镜像法来求解污染物遇到完全反射的直线边界时的弥散规律。

所谓镜像法（或称像源法），是根据满足边界条件解的唯一性和线性方程解的叠加原理来构造解的一种方法。即采用虚构对称于边界的像源代替边界以满足边界条件来求解问题的答案一种方法。下面结合上述无边界限制的解析解来介绍这种方法。

（1）单边反射（存在不透水边界）

通过无边界条件的方程可知，假定在 $y=b$ 处存在完全反射边界，稳态浓度分布规律可归纳为如下定解问题：

$$\begin{cases} u\dfrac{\partial C}{\partial x} = k_{sy}\dfrac{\partial^2 C}{\partial y^2} - K_1 C \\[2mm] C(x,\infty)=0,\ C(0,y)=0,\ \displaystyle\int_0^\infty uhc(x,y)\mathrm{d}y = \dfrac{M}{2}\mathrm{e}^{-\frac{K_1 x}{u}} \\[2mm] \dfrac{\partial C}{\partial y}\bigg|_{y=b} = 0 \end{cases} \qquad (9\text{-}358)$$

采用镜像法求上面定解问题的解。方法就是将真源放在（0，0）处，如图 9-33 所示，向边界弥散，源到边界的距离为 b。在岸边右侧 $y=2b$ 处虚设一个像源，为了使真源与虚设的像源所产生的浓度场于边界 $y=b$ 处满足 $\dfrac{\partial C}{\partial y}=0$，显然，只要假设一个与真源浓度相同的排污像源即可。

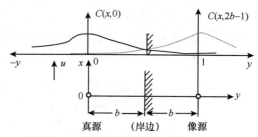

图 9-33　单边反射的点源扩散示意图

已知真源在没有边界影响情况下的浓度为

$$C(x,y) = \frac{M}{h\sqrt{4\pi k_{sy} u_x}} \exp\left(-\frac{K_1 x}{u}\right)\exp\left(-\frac{uy^2}{4k_{sy} x}\right) \qquad (9\text{-}359)$$

根据叠加原理，边界问题的解应该等于真源与虚源产生的浓度场的叠加，即

$$C(x,y) = \frac{M}{h\sqrt{4\pi k_{sy}u_x}}\exp\left(-\frac{K_1 x}{u}\right)\exp\left(-\frac{uy^2}{4k_{sy}x}\right) + \frac{M}{h\sqrt{4\pi k_{sy}u_x}}\exp\left(-\frac{K_1 x}{u}\right)\cdot\exp\left[-\frac{u(2b-y)^2}{4k_{sy}x}\right] \quad (9\text{-}360)$$

$$= \frac{M}{h\sqrt{4\pi k_{sy}u_x}}\exp\left(-\frac{K_1 x}{4k_{sy}x}\right)\left\{\exp\left(-\frac{uy^2}{4k_{sy}x}\right) + \exp\left[-\frac{u(2b-y)^2}{4k_{sy}x}\right]\right\}$$

容易验证:

$$\frac{\partial C}{\partial y}\bigg|_{y=b} = 0 \quad (9\text{-}361)$$

事实上,

$$\frac{\partial C}{\partial y}\bigg|_{y=b} = \frac{M}{h\sqrt{4\pi k_{sy}u_x}}\exp\left(-\frac{K_1 x}{4k_{sy}x}\right)\frac{ub}{2k_{sy}x}\left[e^{-\frac{ub^2}{4k_s x}} - e^{-\frac{ub^2}{4k_s x}}\right] = 0 \quad (9\text{-}362)$$

考察一下边界的情况,在边界 $y=b$ 处浓度为

$$C(x,b) = \frac{2M}{h\sqrt{4\pi k_{sy}u_x}}\exp\left(-\frac{K_1}{u}x\right)\exp\left(-\frac{ub^2}{4k_{sy}x}\right) \quad (9\text{-}363)$$

式(9-363)说明,对于具有完全反射的一岸边界,边界的浓度是没有边界情况的 2 倍。如果污染源在岸边,即 $b=0$,则式(9-363)变为

$$C(x,y) = \frac{2M}{h\sqrt{4\pi k_{sy}u_x}}\exp\left(-\frac{K_1}{u}x\right) \quad (9\text{-}364)$$

(2)双边反射(存在不透水边界)

a. 中心排污。

如果两边都有边界,点源位于河流的中心(图 9-34),污染物向两岸扩散,就有两个像源。两个像源到中心的距离分别为 $-2b$ 和 $2b$。但是从一个岸边(如右岸)第一次反射产生的浓度场遇到对岸(左岸)又反射而形成第二次反射,这样逐次反射以致无穷,因此有无数的像源点,它们到中心的距离依次为 $\pm 2b$、$\pm 4b$、$\pm 6b$…把各次反射引起的浓度加起来,得

$$C(x,y) = \sum_{n=-\infty}^{\infty}\frac{M}{hu\sqrt{4\pi k_{sy}\frac{x}{u}}}\exp\left(-\frac{K_1}{u}x\right)\exp\left[-\frac{u(2nb-y)^2}{4k_{sy}x}\right] \quad (9\text{-}365)$$

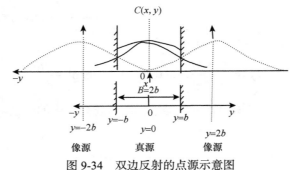

图 9-34　双边反射的点源示意图

在实际中，因河流很宽，$2b$ 较大，一般只要考虑一两次反射已足够（即 $n=1\sim2$），考虑双边一次反射的二维稳态河流中心点源质量扩散方程的解为

$$C(x,y)=\frac{M}{hu\sqrt{4\pi k_{sy}\dfrac{x}{u}}}\exp\left(-\frac{K_1}{u}x\right)\left\{\exp\left(\frac{-uy^2}{4k_{sy}x}\right)+\exp\left[-\frac{u(B-y)^2}{4k_{sy}x}\right]+\exp\left[-\frac{u(B+y)^2}{4k_{sy}x}\right]\right\} \quad (9\text{-}366)$$

b. 岸边排污。

当排污口位于岸边 $x=0$，$y=0$ 处，河宽为 b 时，考虑河岸一次反射的二维稳态河流岸边排污的质量扩散方程的解为

$$C(x,y)=\frac{2M}{hu\sqrt{4\pi k_{sy}\dfrac{x}{u}}}\exp\left(-\frac{K_1}{u}x\right)\left\{\exp\left(\frac{-uy^2}{4k_{sy}x}\right)+\exp\left[-\frac{u(2B-y)^2}{4k_{sy}x}\right]\right\} \quad (9\text{-}367)$$

9.4 化学品在土壤中的迁移[30]

化学污染物在土壤中的迁移十分复杂，涉及多种因素，如温度、酸碱度、污染物的浓度、污染物的组分、微生物的活动、植物的吸收、土壤的非均质性和各向异性等。化学污染物在土壤中会发生物理过程、化学过程及生物过程的迁移。物理过程包括对流作用、扩散和弥散作用；化学过程包括吸附与解吸作用、溶解和沉淀作用、氧化还原作用、配位作用和生物转化作用等。因此，在推导污染物迁移方程式时，只能从主要因素出发。研究土壤中化学污染物迁移问题，一方面，要弄清化学污染物在土壤的迁移与转化过程，以利于控制化学污染物的迁移；另一方面，利用土壤污染物迁移理论可修复污染的土壤、地下水及地表水。本节在介绍化学污染物在土壤中迁移的方程时，着重阐明化学污染物在多孔介质中的对流、扩散、机械弥散、吸附、衰减及转化过程。

9.4.1 土壤中化学品迁移机制分析

1. 化学品在土壤中的对流作用

对流是指流体运动时把自己所含的化学污染物从一个区域带到另一个区域，即空间位置的转移。只要有流体运动，就有对流发生，而流体运动的驱动力有重力势、基质势（非饱和土壤中）、温度势、电势、溶度势、化学势、生物势等。单独的对流作用不能降低污染物的浓度。

用对流通量来描述化学品对流迁移量，即单位时间通过单位断面的对流迁移矢量：

$$\boldsymbol{J}_{v}=-\boldsymbol{u}C \quad (9\text{-}368)$$

写成分量形式为

$$(J_v)_x=u_xC$$
$$(J_v)_y=u_yC \quad (9\text{-}369)$$
$$(J_v)_z=u_zC$$

式中，$\boldsymbol{J}_v=(J_{vx},J_{vy},J_{vz})^{\mathrm{T}}$ 为对流通量矢量，上角 T 为矩阵转置符号，J_{vx}、J_{vy} 和 J_{vz} 分

别为化学污染物对流通量在 x、y、z 方向的分量，$\boldsymbol{u}=(u_x,u_y,u_z)^{\mathrm{T}}$ 为研究断面的平均流速矢量，u_x、u_y 和 u_z 分别为渗流速度 x、y、z 方向的分量，c 为污染物的平均浓度。

对于饱和土壤来说，由于流体不能占据土壤的整个空间，仅占据土壤中的孔隙空间，因此，

$$\boldsymbol{J}_\mathrm{v} = n\boldsymbol{u}C \text{ 或 } \boldsymbol{J}_\mathrm{v} = vC \tag{9-370}$$

式中，n 为土壤（多孔介质）的孔隙率；$\boldsymbol{u}$ 为流体通过土壤孔隙的平均流速矢量，也称为渗透速度矢量；v 为流体通过土壤断面的平均流速矢量，也称为渗流速度。

由于渗流速度（v）与渗透速度（$\boldsymbol{u}$）的关系为：$v=n\boldsymbol{u}$，根据达西定律，得

$$v = -K\nabla\phi \tag{9-371}$$

及

$$\boldsymbol{u} = -\frac{K}{n}\nabla\phi \tag{9-372}$$

所以，对流引起的化学污染物在饱和土壤中的迁移通量矢量为

$$\boldsymbol{J}_\mathrm{v} = -CK\nabla\phi \tag{9-373}$$

对于非饱和土壤来说 $v(\theta)=\theta\boldsymbol{u}=-K(\theta)\nabla\phi$，对流引起的化学污染物的迁移通量矢量为

$$\boldsymbol{J}_\mathrm{v} = \theta\boldsymbol{u}c = -vc = -CK(\theta)\nabla\phi \tag{9-374}$$

式中，$K(\theta)$ 为渗透系数，θ 为含水量，ϕ 为土水势。

2. 化学品在土壤中的扩散作用

分子扩散是指化学污染物在土壤流体中的不均匀分布，即使没有流动，化学污染物也会从浓度高的地方扩散到浓度低的地方，是由分子发生随机热运动产生的质点分散现象，存在于化学污染物的所有运动过程之中。

分子扩散通量可用费克（Fick）定律描述，即化学污染物的分子扩散通量与其浓度梯度成正比，扩散方向与浓度梯度方向相反，可由式（9-375）表示：

$$J_{mx} = -D_{m,x}\frac{\partial C}{\partial x}$$
$$J_{my} = -D_{m,y}\frac{\partial C}{\partial y} \tag{9-375}$$
$$J_{mz} = -D_{m,z}\frac{\partial C}{\partial z}$$
$$\boldsymbol{J}_\mathrm{m} = -\boldsymbol{D}_\mathrm{m}\nabla C$$

式中，$\boldsymbol{J}_\mathrm{m}=(J_{mx},J_{my},J_{mz})^{\mathrm{T}}$ 为分子扩散通量矢量，J_{mx}、J_{my} 和 J_{mz} 分别为污染物分子扩散通量在 x、y、z 方向的分量，$D_{m,x}$、$D_{m,y}$ 和 $D_{m,z}$ 分别为分子扩散系数张量在 x、y、z 方向的主轴方向上的分量；$\boldsymbol{D}_\mathrm{m}=\begin{bmatrix} D_{m,xx} & D_{m,yx} & D_{m,zx} \\ D_{m,xy} & D_{m,yy} & D_{m,zy} \\ D_{m,xz} & D_{m,yz} & D_{m,zz} \end{bmatrix}$ 为二阶对称张量。

分子扩散系数是指单位时间内在单位浓度梯度下通过单位面积的物质的量，单位为 L^2/T。土壤中的分子扩散系数张量取决于土壤中溶液的分子扩散系数 D^*（标量）和土壤（多孔介质）的弯曲率张量 τ，τ 为二阶对称张量，$\boldsymbol{D}_m = D^* \tau$。$D^*$ 是一个标量，其值的大小与溶质的种类有关，对于同种溶质，其值还与溶液温度及溶质浓度有关，在溶质相对浓度（C/ρ）较低的情况下，可视为常数。在各向异性介质（土壤）中，τ 为二阶对称张量，在各向同性介质（土壤）中变为标量 τ，量纲为 1。

对于饱和土壤来说，由于流体不能占据土壤的整个空间，仅占据其中的孔隙空间，因此，

$$\boldsymbol{J}_m = -n\boldsymbol{D}_m \nabla c \tag{9-376}$$

对于非饱和土壤来说，分子扩散系数是含水量和浓度的函数，因此，由分子扩散引起的化学污染物的迁移通量矢量为

$$\boldsymbol{J}_m = -\theta \boldsymbol{D}_m(\theta, c)\nabla c \tag{9-377}$$

式中，θ 为非饱和带的含水率；$\boldsymbol{D}_m(\theta, c)$ 为非饱和带的分子扩散系数，是含水量和浓度的函数。

3. 化学品在土壤中的机械弥散作用

流体在土壤中流动时，同一孔隙的不同位置，其流速不同，孔隙中心的运动速度最大，而接近孔隙壁，速度变小（由于黏滞力的存在），在固体颗粒表面上流速等于零；土壤中颗粒大小不同，孔隙的大小也不同，孔隙大小差异导致流速也会有所不同；同时孔隙形成的渠道的形状弯弯曲曲，导致流动方向不断变化，流进土壤体系中的溶液与原先的溶液发生混合，不同浓度溶液在混合过程中发生了分散现象。这些分散现象既发生在纵向（相对于纵向平均流速），又发生在横向（相对于横向平均流速）。

机械弥散也称对流扩散，是指流体通过土壤中孔隙的平均流动速度（渗透速度）和浓度与土壤断面的平均流动速度（渗流速度）和浓度不一致导致的分散现象。在对流作用中，考虑了土壤断面上平均流速（渗流速度）引发的化学污染物迁移问题。机械弥散迁移实质上是流体通过土壤中孔隙的平均流动速度（渗透速度）和浓度与断面的平均流动速度（渗流速度）和浓度不一致导致的迁移。

机械弥散作用引起的污染物迁移通量可用 Fick 定律描述，即污染物的弥散通量与其浓度梯度成正比，弥散方向与浓度梯度方向相反，可用式（9-378）表示：

$$
\begin{aligned}
J_{dx} &= -nD_{d,x}\frac{\partial C}{\partial x} \\[4pt]
J_{dy} &= -nD_{d,y}\frac{\partial C}{\partial y} \\[4pt]
J_{dz} &= -nD_{d,z}\frac{\partial C}{\partial z} \\[4pt]
\boldsymbol{J}_d &= -n\boldsymbol{D}_d \nabla C
\end{aligned}
\tag{9-378}
$$

式中，$\boldsymbol{J}_d = (J_{dx}, J_{dy}, J_{dz})^T$ 为弥散通量矢量，J_{dx}、J_{dx} 和 J_{dx} 分别为污染物弥散通量在 x、y、z 方向的分量，单位为 $M/(L^2 \cdot T)$；c 为污染物在环境介质中的平均浓度，D_{dx}、D_{dy} 和

D_{dz} 分别为在 x、y、z 方向上的机械弥散系数张量在主轴方向上的分量；

$$\boldsymbol{D}_d = \begin{bmatrix} D_{dxx} & D_{dyx} & D_{dzx} \\ D_{dxy} & D_{dyy} & D_{dzy} \\ D_{dxz} & D_{dyz} & D_{dzz} \end{bmatrix}$$ 为二阶对称张量，称为机械弥散系数张量。弥散系数是指单位

时间内在单位浓度梯度下通过单位面积的物质的量。

对于非饱和土壤来说，机械弥散系数是含水量和浓度的函数，因此，由机械弥散引起的污染物的迁移通量矢量为

$$J_d = -\theta \boldsymbol{D}_d(\theta, C)\nabla C \qquad (9\text{-}379)$$

式中，θ 为非饱和带的含水率；$\boldsymbol{D}_d(\theta, c)$ 为非饱和带的机械弥散系数，是含水量和浓度的函数。

机械弥散系数张量取决于渗透速度矢量 $\boldsymbol{u}\left(=\dfrac{v}{n}\right)$、Peclet 数（简写为 Pe）和土壤（多孔介质）的特性。Peclet 量纲为 1，可按式（9-380）计算：

$$\mathrm{Pe} = \frac{ud}{D^*} \qquad (9\text{-}380)$$

式中，$u = |\boldsymbol{u}| = \sqrt{u_x^2 + u_y^2 + u_z^2}$；$d$ 为土壤中颗粒的平均粒径，D^* 为分子扩散系数。

Bear 采用形如毛细管网络的简化模型推导出求解机械弥散系数张量的公式，即

$$(D_d)_{ij} = a_{ijkm} \frac{u_k u_m}{u} f(\mathrm{Pe}, \delta) \qquad (9\text{-}381)$$

式中，$f(\mathrm{Pe}, \delta) = \dfrac{\mathrm{Pe}}{2 + \mathrm{Pe} + 4\delta^2}$，量纲为 1；$\delta$ 为土壤中单个通道的特征长度（L）与其横断面的水力半径（r）之比（L/r），量纲为 1；u_k 和 u_m 为 $\boldsymbol{u}$ 在 k、m 坐标轴上的投影；a_{ijkm} 为（几何）弥散度，四阶张量。

对于各向同性介质来说，弥散度可用式（9-382）表示：

$$a_{ijkm} = a_T \delta_{ij}\delta_{km} + \frac{a_L - a_T}{2}(\delta_{ik}\delta_{jm} + \delta_{im}\delta_{jk}) \qquad (9\text{-}382)$$

式中，a_T 为土壤（多孔介质）的横向弥散度；a_L 为土壤（多孔介质）的纵向弥散度；i、j、k、m 为变量；δ 为克罗内克函数，它是一个脉冲函数，其定义为 $\delta_{ij} = \begin{cases} 1, & i = j \\ 0, & i \neq j \end{cases}$。

在三维空间，(i, j, k, m) 分别取 (x, y, z) 时，a_{ijkm} 中共有 81 个分量，其中有 36 个非零元素，其余全为零。

当土壤中渗透速度 u 相当大，因而 Pe 也相当大时（$0 < \mathrm{Pe} < 100$），有 $f(\mathrm{Pe}, \delta) \approx 1$，那么各向同性介质（土壤）中的机械弥散系数可表述为

$$(D_d)_{ij} = a_{ijkm}\frac{u_k u_m}{u}$$

$$= \left[a_T \delta_{ij}\delta_{km} + \frac{a_L - a_T}{2}(\delta_{ik}\delta_{jm} + \delta_{im}\delta_{jk}) \right]\frac{u_k u_m}{u}$$

$$= a_T \delta_{ij}\delta_{km}\frac{u_k u_m}{u} + \frac{a_L - a_T}{2}(\delta_{ik}\delta_{jm} + \delta_{im}\delta_{jk})\frac{u_k u_m}{u}$$

$$= \frac{a_T \delta_{ij}(\delta_{km}u_k)u_m}{u} + \frac{a_L - a_T}{2u}(\delta_{ik}\delta_{jm} + \delta_{im}\delta_{jk})u_k u_m \qquad (9\text{-}383)$$

$$= \frac{a_T \delta_{ij}(u_m)u_m}{u} + \frac{a_L - a_T}{2u}(\delta_{ik}u_k\delta_{jm}u_m + \delta_{im}u_m\delta_{jk}u_k)$$

$$= \frac{a_T \delta_{ij}u^2}{u} + \frac{a_L - a_T}{2u}(u_i u_j + u_i u_j)$$

$$= a_T \delta_{ij}u + \frac{a_L - a_T}{u}u_i u_j$$

整理后可得

$$(D_d)_{ij} = a_T \delta_{ij}u + \frac{a_L - a_T}{u}u_i u_j \qquad (9\text{-}384)$$

由于分子扩散与机械弥散从污染物迁移效果上看是类似的，因此在实际应用中把分子扩散与机械弥散的综合作用称为水动力弥散。水动力弥散通量为

$$J_i = -nD_{ij}\frac{\partial C}{\partial x_j}, i,j = x,y,z; x_x = x, x_y = y, x_z = z \qquad (9\text{-}385)$$

分子扩散系数张量和机械弥散系数张量的和称为水动力弥散系数张量，即

$$D_{ij} = (D_d)_{ij} + D^*\tau_{ij} \qquad (9\text{-}386)$$

式中，D_{ij} 为水动力弥散系数张量，单位为 L²/T。

将式（9-386）写成下列形式：

$$(D_d)_{ij} = a_T u\delta_{ij} + (a_L - a_T)\frac{u_i u_j}{u} + D^*\tau_{ij} \qquad (9\text{-}387)$$

对于三维问题，水动力弥散系数可描述为

$$\boldsymbol{D}_{ij} = \begin{bmatrix} D_{xx} & D_{xy} & D_{xz} \\ D_{yx} & D_{yy} & D_{yz} \\ D_{zx} & D_{zy} & D_{zz} \end{bmatrix} \qquad (9\text{-}388)$$

短阵中各要素分别表述为

$$D_{xx} = \frac{a_T(u_y^2 + u_z^2) + a_L u_x^2}{u} + D^*\tau_{xx}$$

$$D_{xy} = D_{yx} = (a_L - a_T)\frac{u_x u_y}{u} + D^*\tau_{xy}$$

$$D_{xz} = D_{zx} = (a_L - a_T)\frac{u_x u_z}{u} + D^*\tau_{zx}$$

$$D_{yy} = \frac{a_T(u_x^2 + u_z^2) + a_L u_y^2}{u} + D^* \tau_{yy}$$

$$D_{zy} = D_{yz} = (a_L - a_T)\frac{u_z u_y}{u} + D^* \tau_{zy}$$ （9-389）

$$D_{zz} = \frac{a_T(u_x^2 + u_y^2) + a_L u_z^2}{u} + D^* \tau_{zz}$$

当渗流域中水流处于静止时，即 $u_z=0$，则 $D_{xz}=0$，$D_{yz}=0$，$D_{zy}=0$，$D_{zz}=0$，尽管渗流场为二维，但水动力弥散仍为三维状态，水动力弥散系数矩阵为

$$\boldsymbol{D}_{ij} = \begin{bmatrix} D_{xx} & D_{xy} & 0 \\ D_{yx} & D_{yy} & 0 \\ 0 & 0 & D_{zz} \end{bmatrix}$$ （9-390）

如果土壤渗透主方向与选择的坐标一致时，且忽略分子扩散作用，则得

$$\begin{cases} D_{ij} = a_L u = \dfrac{a_L \upsilon}{n} \\ D_{ij} = a_T u = \dfrac{a_T \upsilon}{n} \\ D_{ij} = a_T u = \dfrac{a_T \upsilon}{n} \\ D_{ij} = 0, i \neq j \end{cases}$$ （9-391）

式中，υ 为达西渗流速度；n 为多孔介质（土壤）的孔隙率。

水动力弥散系数张量表述为

$$\boldsymbol{D}_{ij} = \begin{bmatrix} a_L u & 0 & 0 \\ 0 & a_T u & 0 \\ 0 & 0 & a_T u \end{bmatrix}$$ （9-392）

9.4.2　化学品在土壤中迁移的过程分析

1. 化学品在土壤中迁移的对流-弥散过程

在土壤中污染物迁移域内取一点 $P(x, y, z)$ 做一个长、宽、高分别为 Δx、Δy、和 Δz 的微小六面体单元（表征体元 REV）（图 9-35）。土壤中充满流体（如水），仅考虑污染物迁移的物理过程：对流作用和弥散作用。研究该控制体内溶质的质量守恒关系，可以推导出土壤中污染物浓度迁移的对流-弥散微分方程式。其中 A_x、A_y、A_z 分别为 x、y、z 方向上的截面积，J_x、J_y、J_z 为 x、y、z 方向上的水动力弥散通量。

依据质量守恒定律，可得单位时间内在 x 方向上进入六面体单元的污染物通量为

$$(J_{vx} + J_x)A_x = \left[\upsilon_x C + \left(-nD_x \frac{\partial C}{\partial x}\right)\right]\Delta y \Delta z$$ （9-393）

单位时间内在 x 方向上从六面体单元流出的污染物通量为

$$[(J_{vx} + \Delta J_{vx}) + (J_x + \Delta J_x)]A_x = \left[v_x c + \frac{\partial(v_x c)}{\partial x}\Delta x + \left(-nD_x\frac{\partial c}{\partial x}\right) + \frac{\partial}{\partial x}\left(-nD_x\frac{\partial C}{\partial x}\right)\Delta x\right]\Delta y\Delta z$$

（9-394）

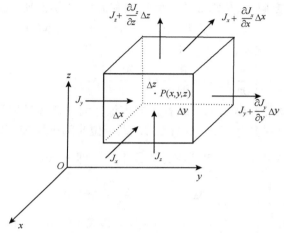

图 9-35　表征体元内的质量守恒

单位时间内在 x 方向上从六面体单元进入和流出的污染物通量的差值为

$$(J_{vx} + J_x)A_x - [(J_{vx} + \Delta J_{vx}) + (J_x + \Delta J_x)]A_x = -(\Delta J_{vx} + \Delta J_x)A_x$$

$$= -\left[\frac{\partial}{\partial x}(v_x C) + \frac{\partial}{\partial x}\left(-nD_x\frac{\partial C}{\partial x}\right)\right]\Delta x\Delta y\Delta z$$

（9-395）

单位时间内在 y 方向上进入六面体单元的污染物通量为

$$(J_{vy} + J_y)A_y = \left[v_y C + \left(-nD_y\frac{\partial C}{\partial y}\right)\right]\Delta x\Delta z$$

（9-396）

单位时间内在 y 方向上从六面体单元流出的污染物通量为

$$[(J_{vy} + \Delta J_{vy}) + (J_y + \Delta J_y)]A_y = \left[v_y C + \frac{\partial(v_y C)}{\partial y}\Delta y + \left(-nD_y\frac{\partial C}{\partial y}\right) + \frac{\partial}{\partial y}\left(-nD_y\frac{\partial C}{\partial y}\right)\Delta y\right]\Delta x\Delta z$$

（9-397）

单位时间内在 y 方向上从六面体单元进入和流出的污染物通量的差值为

$$(J_{vy} + J_y)A_y - [(J_{vy} + \Delta J_{vy}) + (J_y + \Delta J_y)]A_y = -(\Delta J_{vy} + \Delta J_y)A_y$$

$$= -\left[\frac{\partial}{\partial y}(v_y C) + \frac{\partial}{\partial y}\left(-nD_y\frac{\partial C}{\partial y}\right)\right]\Delta x\Delta y\Delta z$$

（9-398）

单位时间内在 z 方向上进入六面体单元的污染物通量为

$$(J_{vz} + J_z)A_z = \left[v_z C + \left(-nD_z\frac{\partial C}{\partial z}\right)\right]\Delta x\Delta y$$

（9-399）

单位时间内在 z 方向上从六面体单元流出的污染物通量为

$$[(J_{vz} + \Delta J_{vz}) + (J_z + \Delta J_z)]A_z$$

$$= \left[v_z C + \frac{\partial(v_z C)}{\partial z}\Delta z + \left(-nD_z \frac{\partial C}{\partial z} \right) + \frac{\partial}{\partial z}\left(-nD_z \frac{\partial C}{\partial z} \right)\Delta z \right]\Delta x \Delta y \qquad （9-400）$$

单位时间内在 z 方向 上从六面体单元进入和流出的污染物通量的差值为

$$(J_{vz} + J_z)A_z - [(J_{vz} + \Delta J_{vz}) + (J_z + \Delta J_z)]A_z$$

$$= -(\Delta J_{vz} + \Delta J_z)A_z \qquad （9-401）$$

$$= -\left[\frac{\partial}{\partial z}(v_z C) + \frac{\partial}{\partial z}\left(-nD_z \frac{\partial C}{\partial z} \right) \right]\Delta x \Delta y \Delta z$$

由于表征体元体积为 $\Delta x \Delta y \Delta z$，多孔介质表征体元内流体的体积为 $n\Delta x \Delta y \Delta z$，那么表征体元内流体中污染物的量为 $n\Delta x \Delta y \Delta z C$，则单位时间土壤表征体元内流体中污染物的变化量为 $\frac{\partial}{\partial t}n\Delta x \Delta y \Delta z C$。由于表征体元体积不变，即 $\Delta x \Delta y \Delta z$=常数，则有

$$\frac{\partial}{\partial t}n\Delta x \Delta y \Delta z C = \frac{\partial(nC)}{\partial t}\Delta x \Delta y \Delta z \qquad （9-402）$$

结合式（9-395）、式（9-398）、式（9-401）和式（9-402），得

$$-\left[\frac{\partial}{\partial x}(v_x C) + \frac{\partial}{\partial y}(v_y C) + \frac{\partial}{\partial z}(v_z C) \right]\Delta x \Delta y \Delta z$$

$$+\left[\frac{\partial}{\partial x}\left(nD_x \frac{\partial C}{\partial x} \right) + \frac{\partial}{\partial y}\left(nD_y \frac{\partial C}{\partial y} \right) + \frac{\partial}{\partial z}\left(nD_z \frac{\partial C}{\partial z} \right) \right]\Delta x \Delta y \Delta z \qquad （9-403）$$

$$= \frac{\partial(nC)}{\partial t}\Delta x \Delta y \Delta z$$

整理后，得（选取的坐标系 x 轴方向与渗流主方向一致）

$$\frac{\partial(nC)}{\partial t} = \frac{\partial}{\partial x}\left(nD_x \frac{\partial C}{\partial x} \right) + \frac{\partial}{\partial y}\left(nD_y \frac{\partial C}{\partial y} \right) + \frac{\partial}{\partial z}\left(nD_z \frac{\partial C}{\partial z} \right)$$

$$- \left[\frac{\partial}{\partial x}(v_x C) + \frac{\partial}{\partial y}(v_y C) + \frac{\partial}{\partial z}(v_z C) \right] \qquad （9-404）$$

式中，nc 为单位时间内单位体积土壤内流体中污染物质量；$\dfrac{\partial(nC)}{\partial t}$ 为单位时间内单位多孔介度内流体中污染物质量的变化量；$\dfrac{\partial}{\partial x}\left(nD_x \dfrac{\partial C}{\partial x} \right) + \dfrac{\partial}{\partial y}\left(nD_y \dfrac{\partial C}{\partial y} \right) + \dfrac{\partial}{\partial z}\left(nD_z \dfrac{\partial C}{\partial z} \right)$ 为由弥散作用引起的单位时间流入和流出单位体积土壤污染物质量的差值；$-\dfrac{\partial}{\partial x}(v_x C) - \dfrac{\partial}{\partial y}(v_y C) - \dfrac{\partial}{\partial z}(v_z C)$ 为由对流作用引起的单位时间流入和流出单位体积土壤污染物质量的差值。

式（9-404）是在污染物运动方向与坐标轴方向一致的条件下推导出来的。若选取的坐标轴方向与渗流主方向不一致，可得到土壤内化学污染物迁移的对流-弥散方程的一般表达式为

$$\frac{\partial}{\partial x_i}\left(nD_{ij}\frac{\partial C}{\partial j}\right)-\frac{\partial}{\partial x_i}(v_iC)=\frac{\partial(nC)}{\partial t},i,j=x,y,z;x_x=x,x_y=y,x_z=z \qquad （9\text{-}405）$$

或

$$\nabla\cdot(n\boldsymbol{D}\cdot\nabla C-\boldsymbol{v}C)=\frac{\partial(nC)}{\partial t} \qquad （9\text{-}406）$$

对于非饱和土壤系统，将式（9-406）中的孔隙率 n 换成含水量 θ，并将水动力弥散系数张量 $\boldsymbol{D}$ 表述为含水量的函数，即 $\boldsymbol{D}=\boldsymbol{D}(\theta)$，渗流速度矢量 $\boldsymbol{v}$ 表述为含水量的函数，即 $\boldsymbol{v}=\boldsymbol{v}(\theta)=-\boldsymbol{K}(\theta)\nabla\cdot\boldsymbol{\phi}$。于是，得非饱和土壤中污染物迁移方程为

$$\nabla\cdot[\theta\cdot\boldsymbol{D}(\theta)\cdot\nabla C-\boldsymbol{v}(\theta)\cdot C]=\frac{\partial(\theta C)}{\partial t} \qquad （9\text{-}407）$$

或

$$\frac{\partial}{\partial x_i}\left[\theta D_{ij}(\theta)\frac{\partial C}{\partial x_j}\right]-V_i(\theta)\frac{\partial C}{\partial x_i}-C\frac{\partial V_i(\theta)}{\partial x_i}=\frac{\partial(\theta C)}{\partial t}$$

$$\frac{\partial}{\partial x_i}\left[\theta D_{ij}(\theta)\frac{\partial C}{\partial x_j}\right]-K_{ij}(\theta)\frac{\partial\phi}{\partial x_j}\frac{\partial C}{\partial x_i}-C\frac{\partial}{\partial x_i}\left[K_{ij}(\theta)\frac{\partial\phi}{\partial x_j}\right]=\frac{\partial(\theta C)}{\partial t} \qquad （9\text{-}408）$$

$$i,j=x,y,z;x_x=x,x_y=y,x_z=z$$

对于饱和土壤系统，如果土壤的孔隙率 n 为常数（土壤骨架是均质且不可压缩）时，式（9-405）变为

$$\frac{\partial}{\partial x_i}\left(D_{ij}\frac{\partial C}{\partial x_j}\right)-\frac{\partial}{\partial x_i}(u_iC)=\frac{\partial C}{\partial t},i,j=x,y,z;x_x=x,x_y=y,x_z=z \qquad （9\text{-}409）$$

或

$$\nabla\cdot(\boldsymbol{D}\cdot\nabla C-\boldsymbol{u}C)=\frac{\partial C}{\partial t} \qquad （9\text{-}410）$$

在饱和土壤均匀渗流场中，n、v_i（$=nu_i$）、D_{ij} 为常数，则

$$D_i\frac{\partial^2 C}{\partial x_i^2}-u_i\frac{\partial C}{\partial x_i}=\frac{\partial C}{\partial t},i=x,y,z;x_x=x,x_y=y,x_z=z \qquad （9\text{-}411）$$

对于二维渗流，上述方程可简化为

$$\frac{\partial}{\partial x}\left(nD_{xx}\frac{\partial C}{\partial x}+nD_{xy}\frac{\partial C}{\partial y}\right)+\frac{\partial}{\partial y}\left(nD_{yx}\frac{\partial C}{\partial x}+nD_{yy}\frac{\partial C}{\partial y}\right)-\left[\frac{\partial}{\partial x}(v_xC)+\frac{\partial}{\partial y}(v_xC)\right]=\frac{\partial(nC)}{\partial t}$$

$$（9\text{-}412）$$

当坐标系 x 轴方向与渗流主方向一致时，得

$$\frac{\partial}{\partial x}\left(nD_x\frac{\partial C}{\partial x}\right)+\frac{\partial}{\partial y}\left(nD_y\frac{\partial C}{\partial y}\right)-\left[\frac{\partial}{\partial x}(v_xC)+\frac{\partial}{\partial y}(v_yC)\right]=\frac{\partial(nC)}{\partial t} \qquad （9\text{-}413）$$

当坐标系 x 轴方向与渗流主方向一致，且孔孔隙 n 为常数时，得

$$\frac{\partial}{\partial x}\left(D_x\frac{\partial C}{\partial x}\right)+\frac{\partial}{\partial y}\left(D_y\frac{\partial C}{\partial y}\right)-\left[\frac{\partial}{\partial x}(u_xC)+\frac{\partial}{\partial y}(u_yC)\right]=\frac{\partial C}{\partial t} \qquad （9\text{-}414）$$

对于一维渗流，式（9-411）可简化为

$$\frac{\partial}{\partial x}\left(nD_x\frac{\partial C}{\partial x}\right)-\frac{\partial}{\partial x}(v_xC)=\frac{\partial(nC)}{\partial t}\tag{9-415}$$

当孔隙率 n 为常数时，得

$$\frac{\partial}{\partial x}\left(D_x\frac{\partial C}{\partial x}\right)-\frac{\partial}{\partial x}(u_xC)=\frac{\partial C}{\partial t}\tag{9-416}$$

上述土壤中化学污染物浓度迁移的对流-弥散方程仅考虑了土壤中化学污染物迁移的物理过程，即对流和弥散过程。化学污染物在土壤中的迁移还有吸附和解吸过程、化学反应和生物降解过程。这些过程都将作为对流-弥散方程的源或汇项加入方程式（9-406）中，即

$$\frac{\partial(nC)}{\partial t}=\nabla\cdot(n\boldsymbol{D}\cdot\nabla C-n\boldsymbol{u}C)+W\tag{9-417}$$

式中，W 为源（或汇）项，包括：①通过固-液界面离开流体相的污染物，作为污染物与固体表面之间化学和电方面的相互作用结果，如离子交换作用、溶解和沉淀作用及吸附作用等，用 f 表示由吸附（离子交换、溶解、解吸附等）作用引起的单位时间内单位土壤体积中离开流体（溶液）的污染物（溶质）质量的变化量；②土壤内多组分流体之间相互作用（包括放射性物质的衰减、生物降解作用等）导致的土壤内流体中污染物增加或减少的量，用 η 表示由多组分流体之间相互化学作用引起的到溶液中污染物质量增加的速率，所以 $n\rho\eta$ 表示单位时间内单位土壤体积中溶液污染物质量的变化量；③人类活动补给到土壤体系中的污染物或从土壤体系中抽出污染物（如人工抽取、植被根系的吸收等）导致土壤体系内溶液中污染物质量的增加或减少，用 R、P 分别表示单位时间内注入单位土壤体积中溶液和从单位土壤体积中溶液抽出污染物量的速率。那么单位时间内单位土壤体积中增加的污染物总量为 RC_R-PC，C_R 表示注入的污染物浓度。于是，源（或汇）项可表示为

$$W=-f+n\rho\eta+RC_R-PC\tag{9-418}$$

式中，$-f$ 为液相中污染物被固相吸附而减少的污染物质量。

为了给出 f 的表达式，分析固相表面上同样污染组分的平衡方程，用 F 表示单位固体质量上的污染物质量，如 ρ_s 表示固体密度，$n_s=\dfrac{U_s}{U}=1-n$ 表示团体体积分量（单位土壤体积的固体体积），那么固体表面上污染物的质量平衡方程式可表述为

$$\frac{\partial(n_s\rho_s F)}{\partial t}=f+n_s\rho_s\eta_s\tag{9-419}$$

式中，$\dfrac{\partial(n_s\rho_s F)}{\partial t}$ 为固相上污染物质量的变化量；f 为从液相中得到的污染物质量；$n_s\rho_s\eta_s$ 为固相中组分变化量，如由化学反应和核素衰减等引起的污染物质量变化的量。这个平衡方程类似于式（9-406）中液相不考虑对流-弥散问题的固相质量平衡方程。

从式（9-419）可以得到 f 的表达式：

$$f=\frac{\partial(n_s\rho_s F)}{\partial t}-n_s\rho_s\eta_s\tag{9-420}$$

式中，η_s 为单位固体质量上污染物的产生速率。

当仅考虑固-液吸附过程，不考虑单独的固相内部质量变化，液相内部质量的变化只有对流和弥散过程，则式（9-420）变为

$$f = \frac{\partial(n_s \rho_s F)}{\partial t} = \nabla \cdot (n\boldsymbol{D} \cdot \nabla C - n\boldsymbol{u}C) - \frac{\partial(nC)}{\partial t}$$

$$\frac{\partial(n_s \rho_s F)}{\partial t} + \frac{\partial(nC)}{\partial t} = \nabla \cdot (n\boldsymbol{D} \cdot \nabla C - n\boldsymbol{u}C) \qquad (9\text{-}421)$$

$$\frac{\partial}{\partial t}[(1-n)\rho_s F + nC] = \nabla \cdot (n\boldsymbol{D} \cdot \nabla C - n\boldsymbol{u}C)$$

将式（9-421）代入式（9-418）中得

$$W = -\frac{\partial(n_s \rho_s F)}{\partial t} + n_s \rho_s \eta_s + n\rho\eta + RC_R - PC$$

$$= -\frac{\partial}{\partial t}[(1-n)\rho_s F] + (1-n)\rho_s \eta_s + n\rho\eta + RC_R - PC \qquad (9\text{-}422)$$

则土壤中化学污染物迁移的基本微分方程式为

$$\frac{\partial(nC)}{\partial t} + \frac{\partial}{\partial t}[(1-n)\rho_s F] = \nabla \cdot (n\boldsymbol{D} \cdot \nabla C - n\boldsymbol{u}C) + (1-n)\rho_s \eta_s + n\rho\eta + RC_R - PC \quad (9\text{-}423)$$

2. 化学品在土壤中的吸附与解吸作用

土壤溶液中的离子吸附到土壤颗粒表面而脱离溶液，这个过程称为吸附，也就是固-液界面处固体表面上的物质（化学污染物）质量增加的现象；而土壤颗粒表面的离子脱离束缚进入流体中，这一过程称为解吸或溶解，也就是固-液界面处固体表面上的物质（化学污染物）质量减少的现象。

岩土的吸附作用使得许多有机物和无机物暂时从地下水中排除。吸附与解吸作用是指溶解在地下水中的污染物与吸附在土壤中的污染物的质量转换过程。在地下水流动过程中，吸附在土壤中的污染物由于吸附作用迁移速度相对水流速度减慢，同时地下水中污染物的浓度降低。吸附作用是一个可逆反应，当溶质浓度一定时，一些污染物吸附在岩土介质上，一部分又解吸重新进入地下水中。吸附作用并不能永久地排除污染物，而仅仅是延迟迁移。

吸附和解吸过程有两种。

a. 瞬态或平衡等温吸附：假定固体表面上的组分质量与邻近溶液中组分质量的变化处于连续平衡状态，它们中一方浓度发生任意变化，另一方将发生瞬态变化。包括线性等温吸附、非线性 Freundlich 等温吸附及非线性 Langmuir 等温吸附。

b. 化学动力学吸附或非平衡等温吸附：假定固体表面上的组分质量与邻近溶液中组分质量的变化不能达到瞬态平衡，但可以逐渐达到某一吸附速率，取决于固相的吸附量 F 和液相的溶液浓度 c。

由于不同介质的吸附特性不同，吸附量 F 是温度、浓度和介质特性的函数，下面介绍几种等温吸附的例子。

1）线性等温吸附

在线性等温吸附条件下，土壤中的吸附量与溶解在溶液中的污染物浓度成正比，即

$$F = K_d C \tag{9-424}$$

式中，F 为线性等温吸附浓度，单位为 mg/kg，固相浓度；K_d 为分配系数，单位为 L/kg；C 为溶解在溶液中的污染物浓度，单位为 mg/L。

因此，土壤中线性等温吸附量为

$$\frac{\partial(n_s \rho_s F)}{\partial t} = \frac{\partial}{\partial t}[(1-n)\rho_s K_d C] \tag{9-425}$$

所以，式（9-417）变为

$$\frac{\partial(nC)}{\partial t} + \rho_s(1-n)K_d \frac{\partial C}{\partial t} = \nabla \cdot (n\boldsymbol{D} \cdot \nabla C - n\boldsymbol{u}C) \tag{9-426}$$

整理后可得

$$\left[1 + \frac{(1-n)\rho_s}{n}K_d\right]\frac{\partial C}{\partial t} = \nabla \cdot (n\boldsymbol{D} \cdot \nabla C - n\boldsymbol{u}C) \tag{9-427}$$

令 $R_d = \left[1 + \dfrac{(1-n)\rho_s}{n}K_d\right]$ 为线性阻滞系数或阻滞因子，则式（9-425）可简写成：

$$R_d \frac{\partial C}{\partial t} = \nabla \cdot (\boldsymbol{D} \cdot \nabla C - \boldsymbol{u}C) \tag{9-428}$$

对于非饱和多孔介质来说，式（9-423）变为

$$F = S_w K_d C \tag{9-429}$$

式中，$S_w[=f(\theta)]$ 为饱和度。

由此得非饱和多孔介质的吸附量为

$$\frac{\partial(n_s \rho_s F)}{\partial t} = \frac{\partial}{\partial t}[S_w(1-n)\rho_s K_d C] = \frac{\partial}{\partial t}[f(\theta)(1-n)\rho_s K_d C] \tag{9-430}$$

由于非饱和多孔介质中的对流-弥散方程为

$$\frac{\partial(\theta C)}{\partial t} = \nabla \cdot [\theta \cdot \boldsymbol{D} \cdot \nabla C - \theta \cdot \boldsymbol{u} \cdot C] \tag{9-431}$$

得非饱和多孔介质系统中的吸附-对流-弥散方程为

$$\frac{\partial}{\partial t}\theta C\left[1 + \frac{(1-n)f(\theta)\rho_s}{\theta}K_d\right] = \nabla \cdot \theta[\boldsymbol{D}(\theta) \cdot \nabla C - \boldsymbol{u}(\theta) \cdot C] \tag{9-432}$$

可简写成：

$$\frac{\partial}{\partial t}[\theta \cdot R_d(\theta) \cdot C] = \nabla \cdot \theta[\boldsymbol{D}(\theta) \cdot \nabla C - \boldsymbol{u}(\theta) \cdot C] \tag{9-433}$$

式中，$R_d(\theta) = \left[1 + \dfrac{(1-n)f(\theta)\rho_s}{\theta}K_d\right]$ 为非饱和多孔介质的阻滞系数。

2）非线性 Langmuir 等温吸附

非线性 Langmuir 等温吸附指在非线性等温吸附条件下，多孔介质（土壤）中的吸附量与溶解在溶液中的污染物浓度呈下列非线性关系，即

$$F = K_L \frac{S_m C}{1 + K_L C} \tag{9-434}$$

式中，S_m 为最大吸附量；K_L 为非线性 Langmuir 等温吸附分配系数。

那么，多孔介质（土壤）中非线性 Langmuir 等温吸附量的变化为

$$\frac{\partial (n_s \rho_s F)}{\partial t} = \frac{\partial}{\partial t} \left[(1-n) \rho_s K_L \frac{S_m C}{1 + K_d C} \right]$$
$$= K_L S_m (1-n) \rho_s \left[\frac{1}{1 + K_d C} - \frac{K_L C}{(1 + K_L C)^2} \right] \frac{\partial C}{\partial t} \tag{9-435}$$

将式（9-435）代入对流-弥散方程中，得饱和土壤介质中的对流-弥散-吸附方程为

$$\left\{ 1 + \frac{(1-n)\rho_s}{n} K_L S_m \left[\frac{1}{1 + K_L C} - \frac{K_L C}{(1 + K_L C)^2} \right] \right\} \frac{\partial C}{\partial t} = \nabla \cdot (D \cdot \nabla C - u C) \tag{9-436}$$

可简写成：

$$R_L \frac{\partial c}{\partial t} = \nabla \cdot (D \cdot \nabla C - u C) \tag{9-437}$$

式中，$R_L = 1 + \dfrac{(1-n)\rho_s}{n} K_L S_m \left[\dfrac{1}{1 + K_L C} - \dfrac{K_L C}{(1 + K_L C)^2} \right]$，为非线性 Langmuir 等温吸附阻滞系数。

3）非线性 Freundlich 等温吸附

非线性 Freundlich 等温吸附是由 Freundlich 提出的，指在非线性等温吸附条件下，土壤介质中的吸附量与溶解在溶液中的污染物浓度呈幂指数关系，即

$$F = K_F c^N \tag{9-438}$$

式中，N 为待定系数，$N=1$ 时，可简化为线性等温吸附，K_F 为非线性 Freundlich 等温吸附分配系数。

那么，多孔介质中非线性 Freundlich 等温吸附量的变化量为

$$\frac{\partial (n_s \rho_s F)}{\partial t} = (1-n) \rho_s K_F N C^{N-1} \frac{\partial C}{\partial t} \tag{9-439}$$

将式（9-439）代入对流-弥散方程中，得饱和多孔介质对流-弥散-吸附方程为

$$\left[1 + \frac{(1-n)\rho_s}{n} K_F N C^{N-1} \right] \frac{\partial C}{\partial t} = \nabla \cdot (D \cdot \nabla C - u C) \tag{9-440}$$

可简写成：

$$R_F \frac{\partial C}{\partial t} = \nabla \cdot (D \cdot \nabla C - u C) \tag{9-441}$$

式中，$R_F = 1 + \dfrac{(1-n)\rho_s}{n} K_F N C^{N-1}$，为非线性 Freundlich 等温吸附阻滞系数，当 $N=1$ 时，变成等温线性吸附，即

$$R_F = R_d = 1 + \frac{(1-n)\rho_s}{n} K_d \tag{9-442}$$

4）动力学吸附（慢的、非平衡吸附）

许多情况下的吸附或解吸并不属于瞬态过程，尤其在非均质土壤或含水层，水和溶解的污染物在具高渗透性的砂层中运动速度较快，而在具低渗透性的黏土或亚砂土透镜体中运动速度较慢。由于扩散是把溶解的污染物迁移到含水层的低渗透部位的慢过程，是时间的函数，因此，这样的吸附是一个动力学过程。当污染物的羽状物通过某一点时，含水层中高渗透性部位的溶解浓度开始降低。在这一阶段，慢的动力学解吸开始把低渗透性部位的污染物迁移到高渗透部位，这个过程不断交替进行。最简单的非平衡等温吸附（不可逆系统）经验式为

$$\frac{\partial F}{\partial t} = K_3 C \tag{9-443}$$

式中，K_3 为常数系数。

土壤介质中非平衡吸附量的变化量为（n 为常数）

$$\frac{\partial (n_s \rho_s F)}{\partial t} = (1-n)\rho_s \frac{\partial F}{\partial t} = (1-n)\rho_s K_3 C \tag{9-444}$$

将式（9-444）代入对流-弥散方程中，得饱和多孔介质对流-弥散-吸附方程为

$$\frac{\partial C}{\partial t} = \nabla \cdot (D \cdot \nabla C - uC) - \frac{(1-n)}{n} \rho_s K_3 C \tag{9-445}$$

Lapidus 和 Amundson 提出了非线性非平衡等温吸附方程：

$$\frac{\partial F}{\partial t} = K_r (K_4 C + K_5 - F) \tag{9-446}$$

式中，K_4 和 K_5 为常数系数；K_r 为动力速率系数。

$$\frac{\mathrm{d}F}{K_r K_4 C + K_r K_5 - K_r F} = \mathrm{d}t \tag{9-447}$$

两边积分，得

$$-K_r \ln \left(K_r K_4 C + K_r K_5 - K_r F \right) = t$$

$$F = (K_4 C + K_5) - \frac{1}{K_r} \exp \left(-\frac{t}{K_r} \right) \tag{9-448}$$

则土壤介质中非平衡吸附量的变化量为（n 为常数）

$$\frac{\partial (n_s \rho_s F)}{\partial t} = (1-n)\rho_s \frac{\partial}{\partial t} \left[(K_4 C + K_5) - \frac{1}{K_r} \exp \left(-\frac{t}{K_r} \right) \right]$$

$$= (1-n)\rho_s K_4 \frac{\partial C}{\partial t} + \frac{(1-n)\rho_s}{K_r^2} \exp \left(-\frac{t}{K_r} \right) \tag{9-449}$$

将式（9-449）代入对流-弥散方程中，得饱和土壤对流-弥散-吸附方程为

$$\left[1 + \frac{(1-n)\rho_s}{n} K_4 \right] \frac{\partial C}{\partial t} = \nabla \cdot (D \cdot \nabla C - uC) - \frac{(1-n)\rho_s}{nK_r^2} \exp \left(-\frac{t}{K_r} \right) \tag{9-450}$$

或表述为

$$R \frac{\partial C}{\partial t} = \nabla \cdot (D \cdot \nabla C - uC) \tag{9-451}$$

这里，

$$R = 1 + \frac{(1-n)\rho_s}{n} K_4 + \frac{(1-n)\rho_s}{nK_r^2} \exp\left(-\frac{t}{K_r}\right) \cdot \frac{\partial t}{\partial C} \tag{9-452}$$

Hendricks 提出了非平衡 Langmuir 等温吸附方程：

$$\frac{\partial F}{\partial t} = K_r\left(\frac{K_6 C}{1 + K_7 C} - F\right) \tag{9-453}$$

式中，K_6 和 K_7 为常数系数。

$$\frac{\partial F}{\partial t} = \frac{K_r K_6 C}{1 + K_7 C} - K_r F \tag{9-454}$$

令

$$G = \frac{K_r K_6 C}{1 + K_7 C} \tag{9-455}$$

则

$$\frac{\mathrm{d}F}{G - K_r F} = \mathrm{d}t \tag{9-456}$$

两边积分，得

$$-K_r \ln(G - K_r F) = t$$

$$F = \left(\frac{K_6 C}{1 + K_7 C}\right) - \frac{1}{K_r} \exp\left(-\frac{t}{K_r}\right) \tag{9-457}$$

则土壤中非平衡吸附量的变化量为（n 为常数）

$$\begin{aligned}
\frac{\partial(n_s \rho_s F)}{\partial t} &= (1-n)\rho_s \frac{\partial}{\partial t}\left[\left(\frac{K_6 C}{1 + K_7 C}\right) - \frac{1}{K_r} \exp\left(-\frac{t}{K_r}\right)\right] \\
&= (1-n)\rho_s \frac{\partial}{\partial t}\left[\frac{K_6}{K_7}\left(\frac{1 + K_7 C - 1}{1 + K_7 C}\right)\right] + \frac{1}{K_r^2} \exp\left(-\frac{t}{K_r}\right) \\
&= (1-n)\rho_s \frac{\partial}{\partial t}\left[\frac{K_6}{K_7}\left(1 - \frac{1}{1 + K_7 C}\right)\right] + \frac{1}{K_r^2} \exp\left(-\frac{t}{K_r}\right) \\
&= \frac{(1-n)\rho_s K_6}{(1 + K_7 C)^2}\frac{\partial C}{\partial t} + \frac{1}{K_r^2} \exp\left(-\frac{t}{K_r}\right)
\end{aligned} \tag{9-458}$$

将式（9-458）代入对流-弥散方程中，得饱和土壤对流-弥散-吸附方程为

$$\left[1 + \frac{(1-n)\rho_s K_6}{n(1 + K_7 C)^2}\right]\frac{\partial C}{\partial t} = \nabla \cdot (\boldsymbol{D} \cdot \nabla C - \boldsymbol{u} c) - \frac{1}{nK_r^2} \exp\left(-\frac{t}{K_r}\right) \tag{9-459}$$

或表述为

$$R \frac{\partial c}{\partial t} = \nabla \cdot (\boldsymbol{D} \cdot \nabla C - \boldsymbol{u} C) \tag{9-460}$$

这里，

$$R = 1 + \frac{(1-n)\rho_s K_6}{n(1+K_7 C)^2} + \frac{1}{nK_r^2} \exp\left(-\frac{t}{K_r}\right) \cdot \frac{\partial t}{\partial C} \tag{9-461}$$

Van Genuchten 等提出非平衡 Freundlich 等温吸附方程：

$$\frac{\partial F}{\partial t} = K_r (K_8 C^{K_9} - F) \tag{9-462}$$

式中，K_8 和 K_9 为常数系数。

则土壤中非平衡吸附量的变化量为（n 为常数）

$$\frac{\partial (n_s \rho_s F)}{\partial t} = (1-n)\rho_s \frac{\partial}{\partial t}(K_8 C^{K_9} - F)$$

$$= (1-n)\rho_s K_r K_8 \frac{\partial C^{K_9}}{\partial t} - (1-n)\rho_s \frac{\partial F}{\partial t}$$

$$\frac{\partial (n_s \rho_s F)}{\partial t} = \frac{(1-n)\rho_s}{2} K_r K_8 K_9 C^{K_9-1} \frac{\partial C}{\partial t} \tag{9-463}$$

将式（9-463）代入对流-弥散方程中去，得饱和土壤对流-弥散-吸附方程为

$$\left[1 + \frac{(1-n)\rho_s}{2n} K_r K_8 K_9 C^{K_9-1}\right] \frac{\partial c}{\partial t} = \nabla \cdot (\boldsymbol{D} \cdot \nabla C - \boldsymbol{u} C) \tag{9-464}$$

或表述为

$$R \frac{\partial c}{\partial t} = \nabla \cdot (\boldsymbol{D} \cdot \nabla C - \boldsymbol{u} C) \tag{9-465}$$

这里，

$$R = 1 + \frac{(1-n)\rho_s}{2n} K_r K_8 K_9 C^{K_9-1} \tag{9-466}$$

3. 土壤中化学污染物的衰减与转化作用

化学污染物排入环境介质中，会在光、热、微生物及其他环境因素的作用下发生各种各样结构、组成上的变化，其中多数是最终分解成能在地球环境中稳定存在的小分子，如 CO_2、H_2O 等，这一过程称为降解，也称污染物的衰减。

污染物的衰减和转化过程有快有慢。根据污染物衰减或转化过程的快慢，可将它们分为守恒物质和非守恒物质两大类。守恒物质主要为重金属、很多高分子有机化合物等难以被自然界中微生物分解的物质。非守恒物质按其衰减方式分为两大类：一类是具有自身衰变能力的放射性物质，另一类为在微生物作用下可加速生化降解的有机物。

1）在固体相中的源或汇项

当吸附在固体表面的核素经历放射性衰变或其他任意类型的衰变时，则

$$\left(\frac{\mathrm{d}(n_s C)}{\mathrm{d}t}\right)_s = -\lambda(1-n)\rho_s F \tag{9-467}$$

或

$$\left(\frac{\mathrm{d}(n_s C)}{\mathrm{d}t}\right)_s = -K_s(1-n)\rho_s F \tag{9-468}$$

式中，$\lambda = \dfrac{1}{T}$，T 为核素的半衰期；K_s 为衰减核素的降解速率常数。

2）液相中的源或汇项

用 $\left(\dfrac{\mathrm{d}(nC)}{\mathrm{d}t}\right)_r$ 表述的污染物迁移的源汇项包括液体中各种组分之间的化学反应、放射性核素衰减、生物降解及由细菌繁殖、生长和死亡造成的衰减与转化。

（1）考虑衰减性反应

当多孔介质流体内出现放射性核素或其他任意衰减性物质时，则

$$\left(\frac{\mathrm{d}(nC)}{\mathrm{d}t}\right)_r = -n\lambda C \tag{9-469}$$

或

$$\left(\frac{\mathrm{d}(nC)}{\mathrm{d}t}\right)_r = -nK_f C \tag{9-470}$$

式中，K_f 为流体中衰减核素的降解速率常数。

（2）考虑多组分化学反应

当考虑土壤介质中流体 α 组分参与化学反应引起流体内污染物量增加时，则

$$\left(\frac{\mathrm{d}C}{\mathrm{d}t}\right)_r = \sum_{j=1}^{m} R_{\alpha j} \tag{9-471}$$

式中，$R_{\alpha j}$ 为单位土壤体积中第 j 反应的 α 组分质量产生速率，$R_{\alpha j}$ 是 α 组分浓度的函数，即 $R_{\alpha j} = R_{\alpha j}(C_{\alpha 1}, C_{\alpha 2}, C_{\alpha 3}, \cdots)$，可表述为

$$R_{\alpha j} = K_j (C_\alpha)^j \tag{9-472}$$

式中，C_α 为 α 组分浓度；j 为反应阶次，对于一阶反应，$j=1$；K_j 为第 j 阶反应系数，单位为 $1/\mathrm{T}$。

于是可得

$$\left(\frac{\mathrm{d}C}{\mathrm{d}t}\right)_r = \sum_{j=1}^{m} K_j (C_\alpha)^j \tag{9-473}$$

对于一般化学反应，可用化学方程式表述为

$$e\mathrm{E} + f\mathrm{F} \underset{K_r}{\overset{K_f}{\rightleftharpoons}} g\mathrm{G} + h\mathrm{H}$$

式中，K_f 为反应平衡时的正向反应速率；K_r 为反向反应速率。

物质反应定律满足下式：

$$K = \frac{[\alpha_{\mathrm{G}}]^g [\alpha_{\mathrm{H}}]^h}{[\alpha_{\mathrm{E}}]^e [\alpha_{\mathrm{F}}]^f} \tag{9-474}$$

式中，K 为热动力平衡常数，取决于温度、$[\alpha\beta]$（表示热动力学浓度或活度），β 为 E，F，G，H。这些活度与摩尔浓度 C_α 的关系为 $\alpha_\beta = \gamma_\beta C_\beta$，$\gamma_\beta$ 为 β 的活度系数。对于稀溶液来说，$\gamma_\beta \approx 1$，则 $\alpha_\beta = C_\beta$。

3）存在点源污染时的点源或汇项

由人类活动导致的点源污染，如由补给或抽取引起土壤体系中污染物增加或减少，假定在点（x，y，c）处补给率为 $R^{(m)}$，则土壤污染物迁移方程的源项为

$$\sum_m R^{(m)}(x,y,z,t)\delta(x-x^{(m)},y-y^{(m)},z-z^{(m)},t)C_R^{(m)}(x^{(m)},y^{(m)},z^{(m)},t) \quad （9-475）$$

汇为

$$\sum_r P^{(r)}(x,y,z,t)\delta(x-x^{(r)},y-y^{(r)},z-z^{(r)},t)C^{(r)}(x^{(r)},y^{(r)},z^{(r)},t) \quad （9-476）$$

因此，得到考虑点源污染的土壤污染物迁移方程为

$$\begin{aligned}
\frac{\partial(nC)}{\partial t} =& \boldsymbol{\nabla}\cdot(n\boldsymbol{D}\cdot\boldsymbol{\nabla}C-n\boldsymbol{u}C)-\frac{\partial}{\partial t}(n_s\rho_s F)+n_s\rho_s K_s F+nK_f C \\
&+\sum_m R^{(m)}(x,y,z,t)\delta(x-x^{(m)},y-y^{(m)},z-z^{(m)},t)C_R^{(m)}(x^{(m)},y^{(m)},z^{(m)},t) \quad （9-477）\\
&-\sum_r P^{(r)}(x,y,z,t)\delta(x-x^{(r)},y-y^{(r)},z-z^{(r)},t)C^{(r)}(x^{(r)},y^{(r)},z^{(r)},t)
\end{aligned}$$

对于土壤渗流来说，$n_s=1-n$，δ 为克罗内克函数。

式（9-477）中含有两个变量，即 $c(x,y,z,t)$ 和 $F(x,y,z,t)$，因此必须补充条件，将 $F(x,y,z,t)$–$c(x,y,z,t)$ 关系式（线性等温吸附）代入式（9-477），并用含水量 θ 代替有效孔隙率 n，用饱和含水量函数 $f_a(\theta)$ 代替饱和度 S_w，则

$$\begin{aligned}
\frac{\partial}{\partial t}\{[\theta+(1-n)\rho_s f_a(\theta)K_d]C\} =& \boldsymbol{\nabla}\cdot[\theta\cdot\boldsymbol{D}(\theta)\cdot\boldsymbol{\nabla}C-\theta\cdot\boldsymbol{u}(\theta)\cdot C] \\
&-[\theta K_f+(1-n)\rho_s f_a(\theta)K_s K_d]C \\
&+\sum_m R^{(m)}(x,y,z,t)\delta(x-x^{(m)},y-y^{(m)},z-z^{(m)},t)c_R^{(m)}(x^{(m)},y^{(m)},z^{(m)},t) \quad （9-478）\\
&-\sum_r P^{(r)}(x,y,z,t)\delta(x-x^{(r)},y-y^{(r)},z-z^{(r)},t)c^{(r)}(x^{(r)},y^{(r)},z^{(r)},t)
\end{aligned}$$

对于饱和土壤介质渗流，$\theta=n$，$n_s=1-n$，$f_a(\theta)=1$，$\boldsymbol{u}(\theta)=\boldsymbol{u}$，$\boldsymbol{D}(\theta)=\boldsymbol{D}$，变化后得

$$\begin{aligned}
\frac{\partial}{\partial t}[\theta R_d(\theta)C] =& \boldsymbol{\nabla}\cdot[\theta\cdot\boldsymbol{D}(\theta)\cdot\boldsymbol{\nabla}C-\theta\cdot\boldsymbol{u}(\theta)\cdot C] \\
&-\theta K_f\left[1+\frac{(1-n)\rho_s f_a(\theta)K_s K_d}{\theta K_f}\right]C \\
&+\sum_m R^{(m)}(x,y,z,t)\delta(x-x^{(m)},y-y^{(m)},z-z^{(m)},t)c_R^{(m)}(x^{(m)},y^{(m)},z^{(m)},t) \quad （9-479）\\
&-\sum_r P^{(r)}(x,y,z,t)\delta(x-x^{(r)},y-y^{(r)},z-z^{(r)},t)c^{(r)}(x^{(r)},y^{(r)},z^{(r)},t)
\end{aligned}$$

式中，$R_d(\theta)=1+\dfrac{(1-n)\rho_s f_a(\theta)}{\theta}K_d$ 为线性等温吸附阻滞系数，是含水量 θ 的函数，取决于等温吸附关系式。

4）土壤中的非移动水效应

在饱和与非饱和的土壤或含水岩土介质中，常常遇到不移动的流体相（水），尽管不流动，但与邻近的液相发生物质的交换，类似固相与液相的相互物质交换。在饱和的土壤介质渗流域内，不移动的水称为滞留水，往往占据着死端孔隙。这些孔隙尽管是相

互连通孔隙的组成部分，但由于具有非常小的空间，一般情况下这些孔隙中的水几乎是不流动的。然而，这些滞留水具有非常低的渗透率。在非饱和渗流域内，不移动的水也可能出现在排水孔隙的摆动环内。尽管这些水不移动，但不移动带的水也是连续水相的一部分。

由于滞留水具有非常低的渗流速度或速度等于零，因此一般假定不移动的水体无对流和水动力弥散作用。然而，这些水体与周围的水通过分子扩散作用进行污染物的交换，因此把这部分水作为源或汇项处理（类似固相）。

假定滞留水中污染物浓度的变化可以用类似于固相吸附作用的方程式（9-419）来描述。设 θ_{im}（$=nS_{im}$）（$\theta=\theta_{im}+\theta_m=nS_w$）为滞留水占据土壤的体积分量，$c_{im}$ 表示其浓度，则化学污染物的质量平衡式可描述为

$$\frac{\partial(\theta_{im}c_{im})}{\partial t} = -f_{im} + \left(\frac{d(\theta_{im}C)}{dt}\right)_s \tag{9-480}$$

式中，f_{im} 为单位多孔介质体积中污染物离开不移动水的净速率。

对于多孔介质中的移动水来说，其污染物的质量平衡式可描述为

$$\frac{\partial(\theta_m c_m)}{\partial t} = -\boldsymbol{\nabla} \cdot \theta_m (C_m \boldsymbol{u} - \boldsymbol{D} \cdot \boldsymbol{\nabla} C_m) + f_{im} + \left(\frac{d(\theta_m C)}{dt}\right)_r \tag{9-481}$$

单位土壤介质体积中污染物离开不移动水的净速率 f_{im} 表述为

$$f_{im} = a^*(c_m - c_{im}) \tag{9-482}$$

式中，a^* 为转换系数，取决于分子扩散系数的大小和移动水与不移动水接触面的几何形状。

当在固-移动水、固-不移动水的接触面发生吸附作用时，假定总固-液接触面分量（它本身也是含水量 θ 的函数）分别由固-移动水接触面分量（a）和固-不移动水接触面分量（$1-a$）构成，则对应的等温吸附量可分别表述为

$$F_m = aK_d c_m; \quad F_{im} = (1-a)K_d c_{im} \tag{9-483}$$

式中，F_m 为单位土壤体积从移动水中吸附的污染物质量；F_{im} 为单位土壤体积从不移动水中吸附的污染物质量。

那么，单位土壤体积中固相从总液相中吸附的污染物总质量为

$$\begin{aligned} F &= F_m + F_{im} = aK_d c_m + (1-a)K_d c_{im} \\ &= K_d(c_m + c_{im}) = K_d c \end{aligned} \tag{9-484}$$

当固-不移动水界面存在污染物吸附作用时，根据质量守恒原理，得

$$\frac{\partial(\theta_{im}c_{im})}{\partial t} + \frac{(1-n)\rho_s F_{im}}{\partial t} = -f_{im}$$

$$\frac{\partial(\theta_{im}c_{im})}{\partial t} + \frac{(1-n)\rho_s(1-a)K_d c_{im}}{\partial t} = -a^*(c_m - c_{im})$$

$$\frac{\partial}{\partial t}\left\{\theta_{im}c_{im}\left[1 + \frac{(1-n)\rho_s(1-a)K_d c_{im}}{\theta_{im}}\right]\right\} = a^*(c_m - c_{im}) \tag{9-485}$$

$$\frac{\partial}{\partial t}[\theta_{im}c_{im}R_{dim}] = a^*(c_m - c_{im})$$

式中，$R_{\mathrm{dim}} = 1 + \dfrac{(1-n)\rho_{\mathrm{s}}(1-a)K_{\mathrm{d}}}{\theta_{\mathrm{im}}}$。

当固-移动水界面存在污染物吸附作用时，根据质量守恒原理，得

$$\frac{\partial(\theta_{\mathrm{m}}c_{\mathrm{m}})}{\partial t} + \frac{(1-n)\rho_{\mathrm{s}}F_{\mathrm{m}}}{\partial t} = f_{\mathrm{im}} - \nabla \cdot \theta_{\mathrm{m}}(c_{\mathrm{m}}\boldsymbol{u} - \boldsymbol{D} \cdot \nabla c_{\mathrm{m}}) \tag{9-486}$$

同上述推导，得

$$\frac{\partial}{\partial t}(\theta_{\mathrm{m}}c_{\mathrm{m}}R_{\mathrm{dm}}) = a^*(c_{\mathrm{im}} - c_{\mathrm{m}}) - \nabla \cdot \theta_{\mathrm{m}}(c_{\mathrm{m}}\boldsymbol{u} - \boldsymbol{D} \cdot \nabla c_{\mathrm{m}}) \tag{9-487}$$

式中，$R_{\mathrm{dm}} = 1 + \dfrac{(1-n)\rho_{\mathrm{s}}aK_{\mathrm{d}}}{\theta_{\mathrm{m}}}$，为不移动流体的阻滞系数。

5）固-液相互作用发生链式衰减时土壤中污染物的迁移方程

考虑元素各组分 $A_i(i=1,2\cdots,N)$ 的衰减链，即 $A_1 \rightarrow A_2 \rightarrow A_3 \rightarrow \cdots \rightarrow A_N$，则，

$$\begin{aligned} A_2 &= A_1 \exp(-\lambda_1 t) \\ A_3 &= A_2 \exp(-\lambda_2 t) \\ &\vdots \qquad\qquad \vdots \\ A_N &= A_{N-1} \exp(-\lambda_{N-1} t) \end{aligned} \tag{9-488}$$

如果各种组分都能吸附到土壤固体骨架上，对应的分配系数为 K_{d1}，K_{d2}，$\cdots$，$K_{\mathrm{d}N}$，则源项为

$$\begin{aligned} \left(\frac{\mathrm{d}c}{\mathrm{d}t}\right)_{\mathrm{ri}} &= -\lambda_i C_i + \lambda_{i-1} C_{i-1} \\ \left(\frac{\mathrm{d}c}{\mathrm{d}t}\right)_{\mathrm{si}} &= -K_{\mathrm{d}i}\lambda_i C_i + K_{\mathrm{d}(i-1)}\lambda_{i-1} C_{i-1} \\ &(i = 1,2,\cdots,N, C_{0=0}) \end{aligned} \tag{9-489}$$

那么 i 组分的平衡方程为

$$\frac{\partial}{\partial t}(\theta R_{\mathrm{d}i} C_i) = -\nabla \cdot [C_i \cdot \boldsymbol{v}(\theta) - \theta \cdot \boldsymbol{D}(\theta) \cdot \nabla C_i] - \theta(\lambda_i R_{\mathrm{d}i} C_i - \lambda_{i-1} R_{\mathrm{d}(i-1)} C_{i-1}) \tag{9-490}$$

式中，$R_{\mathrm{d}i} = 1 - \dfrac{1-n}{\theta}\rho_{\mathrm{s}}K_{\mathrm{d}i}$。

对于饱和介质渗流，$\theta=n$，$\lambda_N=0$。

9.4.3　土壤中化学品的迁移方程

1. 土壤中流体密度固定的化学品迁移方程

当含水介质为非均质、各向异性、变饱和状态、等温、k 组分，水相、气相和不混溶（NAPL）相三相污染物迁移时，考虑对流-弥散作用、线性和非线性平衡吸附作用、一阶生物化学降解作用及具有一个化学品的直接降解链或放射性衰减链，此时的迁移方程可描述为（水相和气相流体，一个定义为主动流体相，下标符号为 a，另一个定义为被动流体相，下标符号为 p）

$$\frac{\partial}{\partial x_i}\left[(D_{ij}^k)_{\text{eff}}\frac{\partial C^k}{\partial x_j}\right]-\frac{\partial}{\partial x_i}(u_i C^k)=\frac{\partial}{\partial t}(nS_{\text{eff}}C^k)+\frac{\partial}{\partial t}(\rho_s C_s^k)+n(\lambda^k S)_{\text{eff}}C^k$$

$$+\lambda_s^k \rho_s c_s^k-qC^{*k}+\Gamma^k-\sum_{j=1}^{\text{NPAR}}\xi_{kj}n(\lambda^j S)_{\text{eff}}C^j-\sum_{j=1}^{\text{NPAR}}\xi_{kj}n\lambda_s^j \rho_s C_s^j, i,j=x,y,z$$

（9-491）

式中，C^k 为主动流体相中 k 组分的溶质浓度；C_s^k 为吸附到固体骨架上的主动流体相中 k 组分的浓度；λ_s^k 为土壤介质中 k 组分的一阶阻滞系数；j 为发生生物化学反应或放射性衰减的父辈分量；NPAR 为发生生物化学反应或放射性衰减的父辈分量总数；ξ_{kj} 为父辈分量 j 转换成 k 组分的分数；ρ_s 为固相介质密度；q 为单位土壤孔隙体积中源（或汇）项的体积流量；C^{*k} 为源（或汇）项的溶质浓度；Γ^k 为从主动流体相到被动流体相的物质转换量，当仅有主动流体相时为零；u 为渗透速度；n 为有效孔隙率；$(D_{ij}^k)_{\text{eff}}$ 为有效弥散系数张量。

$$(D_{ij}^k)_{\text{eff}}=D_{ij}^k+K_{p\alpha}^k(D_{ij}^k)_p+K_{n\alpha}^k(D_{ij}^k)_n$$

（9-492）

式中，D_{ij}^k、$(D_{ij}^k)_p$ 和 $(D_{ij}^k)_n$ 分别为主动流体相、被动流体相和 NAPL 相中 k 组分的弥散系数张量；$K_{p\alpha}^k$ 为主动流体相相对被动流体相的 k 污染物的分配系数，当水是主动流体相时，则

$$K_{p\alpha}^k=K_{\alpha w}^k, \quad K_{\alpha w}^k=\frac{c_\alpha^k}{c_w^k}$$

（9-493）

式中，c_α^k 为气相中 k 污染物的浓度；c_w^k 为水相中是 k 污染物的浓度；$K_{\alpha w}^k$ 为气相相对水相的 k 污染物的分配系数，当气体是主动流体相时，

$$K_{p\alpha}^k=\frac{1}{K_{\alpha w}^k}$$

（9-494）

式中，$K_{n\alpha}^k$ 为主动流体相相对 NAPL 相的 k 污染物的分配系数，当地下水是主动流体相时，

$$K_{n\alpha}^k=K_{\alpha w}^k$$

（9-495）

当气体是主动流体相时，

$$K_{n\alpha}^k=\frac{K_{nw}^k}{K_{\alpha w}^k}$$

（9-496）

有效饱和度 S_{eff} 为

$$S_{\text{eff}}=S_\alpha+K_{p\alpha}^k S_p+K_{n\alpha}^k S_n$$

（9-497）

式中，S_α、S_p 和 S_n 分别为主动流体相、被动流体相、NAPL 相的饱和度。

$$(\lambda_k S)_{\text{eff}}=\lambda_\alpha^k S_\alpha+\lambda_p^k K_{p\alpha}^k S_p+\lambda_n^k K_{n\alpha}^k S_n$$

（9-498）

式中，λ_α^k、λ_p^k 和 λ_n^k 分别为主动流体相、被动流体相和 NAPL 相中 k 污染物的一阶阻滞系数。

当在三相系统中发生生物化学反应或放射性衰减时，则

$$(\lambda^j S)_{\text{eff}} = \lambda_\alpha^j S_\alpha + \lambda_p^j K_{p\alpha}^k S_p + \lambda_n^j K_{n\alpha}^k S_n \tag{9-499}$$

2. 土壤中流体密度变化的化学品迁移方程

前面介绍了化学污染物在土壤中的迁移方程，其中污染物浓度不随流体密度变化。当 $\rho=\rho(C)$，或者 $\rho=\rho(P,C)$，由于对流作用中渗流速度与密度有关，因此确定污染物迁移时，要先求解渗流方程。对于饱和土壤来说，其渗流-污染物迁移方程（对流-弥散-吸附）为

$$nR_d \frac{\partial c}{\partial t} = -\nabla \cdot [n(C\boldsymbol{u} - \boldsymbol{D} \cdot \nabla C)]$$

$$\boldsymbol{u} = -\frac{k}{n\mu}(\nabla P + \rho g \nabla z) \tag{9-500}$$

$$n\frac{\partial \rho}{\partial t} + \nabla \cdot n\rho \boldsymbol{u} = 0$$

$$\rho = \rho(P,C)$$

上述方程中有 4 个未知量：C、$\boldsymbol{u}$、ρ 和 P。要求解该方程，必须建立两个数学模型：饱和土壤介质渗流数学模型，计算速度分布；污染物迁移模型，计算浓度分布。同时需要合适的初始条件和边界条件。

对于非饱和土壤来说，其污染物迁移方程（对流-弥散-吸附）为

$$nR_d(S_w)\frac{\partial S_w C}{\partial t} = -\nabla \cdot \{nS_w[C\boldsymbol{u}(S_w) - \boldsymbol{D}(S_w) \cdot \nabla C]\}$$

$$\boldsymbol{u}(S_w) = -\frac{k(S_w)}{nS_w\mu}(\nabla P + \rho g \nabla z)$$

$$n\frac{\partial S_w \rho}{\partial t} = -\nabla \cdot (nS_w \rho \boldsymbol{u}) \tag{9-501}$$

$$\rho = \rho(P,C)$$

$$P_w = P_w(S_w)$$

上述方程中有 5 个未知量：c、u、ρ、p、θ（$=nS_w$）。要求解该方程，必须建立两个数学模型：非饱和土壤介质渗流数学模型，计算速度分布；污染物迁移模型，计算浓度分布。同时需要合适的初始条件和边界条件。

9.4.4　土壤中化学品迁移规律及其数学模型

1. 土壤中化学品迁移规律

污染物在土壤中的迁移和转化过程包括物理过程、化学过程与生物过程。污染物在土壤中通过这三种过程进行迁移与转化，使其浓度在土壤中的时间和空间分布及总量发生重大变化。

物理过程包括对流、弥散及吸附和解吸过程。对流过程使得污染物从一个地方转移到另一个地方，因此对流作用并不能改变污染物在土壤中的总质量和体积，只是空间位置的移动。弥散作用也不能改变污染物在土壤中的总质量，只是空间位置移动和分布体积扩大。吸附和解吸过程是土壤中固相与液相的相互作用过程，吸附过程使得污染物在

固相中的质量增加，液相中的污染物质量减少；解吸过程使得污染物在固相中的质量减少，液相中的污染物质量增加。

化学过程包括溶解、沉淀、离子交换、放射性物质衰减、氧化还原反应等，这些过程比较复杂。化学过程使得土壤体系中的污染物发生重大变化。一方面使得污染物转化成无害物质；另一方面使得一种污染物转换成另一种污染物。化学过程可以在液相中进行，改变液相中的物质种类和组成；化学过程也可以在固相中进行，改变固相中的物质组成和结构；化学过程也可以改变固-液相互作用过程，从而改变固相的结构（孔隙率、渗透系数）、液相的流动特性等，从而影响土壤污染物迁移的物理过程，即对流过程、弥散过程和吸附过程等。例如，化学沉淀过程会堵塞土壤的孔隙，导致土壤的化学淤堵发生，从而使土壤的孔隙率减小、渗透系数变小，最终影响污染物在其中的迁移和转化。

生物过程主要是生物降解过程和由生物化学反应造成的固-液相互作用过程改变等。生物降解过程使得土壤中污染物的总质量减少，但是生物的生长、繁衍和死亡过程会影响土壤的孔隙率和渗透性，即造成土壤渗透系数和储存系数变化，从而影响土壤污染物迁移的物理过程，即对流过程、弥散过程和吸附过程等。

1）初始条件

初始时刻的浓度，可用关系式（9-502）表示：

$$C(x,y,z,t) = C_0(x,y,z), (x,y,z) \in \Omega, \quad t = 0 \tag{9-502}$$

式中，$C_0(x,y,z)$ 为初始时刻（$t=0$）渗流域（Ω）内流体中已知污染物的浓度。

2）边界条件

（1）第一类边界条件

第一类边界条件也称为 Dirichlet 边界条件。边界流体中污染物的浓度为已知，即

$$C(x,y,z,t) = C_1(x,y,z,t), \quad t \geq 0, \quad (x,y,z) \in \Gamma_1 \tag{9-503}$$

式中，$C_1(x,y,z,t)$ 为任意时刻（$t>0$）渗流域第一类边界（Γ_1）流体中已知污染物的浓度。

（2）第二类边界条件

第二类边界条件也称为 Neumann 边界条件，其一般边界条件为

$$[C(v-v^*) - \theta D \cdot \nabla C] \cdot n = q(x,t), \quad x \in \Gamma_2, \quad t > 0 \tag{9-504}$$

或

$$(Cv_r - \theta D \cdot \nabla C) \cdot n = q(x,t), \quad x \in (\Gamma_2), \quad t > 0 \tag{9-505}$$

式中，v^* 为边界面上所有点的移动速度矢量；v_r 为边界相对移动速度矢量；$q(x,t)$ 为第二类边界（Γ_2）已知污染物的通量；$x=(x,y,z)$ 为空间变量矢量。

当边界固定不动时，一般第二类边界条件为

$$(Cv - \theta D \cdot \nabla C) \cdot n = q(x,t), \quad x \in \Gamma_2, \quad t > 0 \tag{9-506}$$

或

$$(Cv - \theta D \cdot \nabla C) \cdot \nabla F = |\nabla F| q(x,t), \quad x \in \Gamma_2, \quad t > 0 \tag{9-507}$$

式中，$F=F(x,y,z,t)$ 为边界形状函数，方程为 $F(x,y,z,t)=0$。

当边界固定不动，且为隔水边界时，一般第二类边界条件为

$$(Cv - \theta D \cdot \nabla C) \cdot n = 0, \quad 或 (Cv - \theta D \cdot \nabla C) \cdot \nabla F = 0, \quad x \in \Gamma_2, \quad t > 0 \tag{9-508}$$

可进一步展开为

$$CK \cdot \nabla \phi \cdot \nabla F + \theta D \cdot \nabla C \cdot \nabla F = 0 \qquad (9\text{-}509)$$

对于非饱和介质来说，$K = K(\theta)$，$D = D(\theta)$；对于饱和介质来说，$\theta = n$。

（3）第三类边界条件

第三类边界条件也称为混合边界，在弥散和对流共同作用下，通过边界的污染物通量 $q_3(x,y,z,t)$ 已知，即

$$D_{xx}\frac{\partial c}{\partial x}n_x + D_{yy}\frac{\partial c}{\partial y}n_y + D_{zz}\frac{\partial c}{\partial z}n_z - u_x C n_x - u_y C n_y - u_z C n_z = q_3(x,y,z,t), \qquad (9\text{-}510)$$
$$(x,y,z) \in \Gamma_3, \quad t>0$$

式中，$q_3(x,y,z,t)$ 为任意时刻（$t>0$）渗流域内第三类边界（Γ_3）流体中已知污染物的对流通量与弥散通量之和，即污染物通量。

（4）地表水与地下水接触边界条件

如果地表水（河水、海水、湖泊、鱼塘、水库、城市景观水域等）污染，与地表水密切联系的地下水也会污染。这里考虑土壤含水层与地表水之间的边界条件，定义这类边界为第四类边界，用 Γ_4 表示。假定地表水的污染物浓度为 C_0，地表水内污染物混合均匀，不存在弥散问题，其与地下水的交换主要通过对流作用进行。根据质量守恒原理，则边界条件为

$$\left\{C_0(\boldsymbol{u}-\boldsymbol{v}^*)\right\}\Big|_s \cdot \boldsymbol{n} = (Cv_r - \theta D \cdot \nabla C)\Big|_g \cdot \boldsymbol{n}, \qquad (x,y,z) \in \Gamma_4 \qquad (9\text{-}511)$$

式中，s 和 g 分别表示地表水一侧和地下水一侧。

如果不考虑边界移动，即稳态边界条件 $\boldsymbol{v}^* = 0$，则式（9-511）可简化为

$$(C_0\boldsymbol{u})\Big|_s \cdot \boldsymbol{n} = (Cv - \theta D \cdot \nabla C)\Big|_g \cdot \boldsymbol{n}, \qquad (x,y,z) \in \Gamma_4 \qquad (9\text{-}512)$$

当地表水与地下水接触边界附近存在一个厚度为 M' 的弱透水层时，则边界条件为

$$(C_0\boldsymbol{u})\Big|_s \cdot \boldsymbol{n} - \alpha(C - C_0) = (Cv - \theta D \cdot \nabla C)\Big|_g \cdot \boldsymbol{n}, \quad (x,y,z) \in \Gamma_4 \qquad (9\text{-}513)$$

式中，α 为与弥散有关的系数，D 为弥散系数张量。

在式（9-513）中，地下水从渗流域进入弱透水层的弥散通量可用式（9-514）近似表示为

$$-(D \cdot \nabla C) \cdot \boldsymbol{n} = -(D^* + \alpha_L \boldsymbol{u} \cdot \boldsymbol{n})\frac{C - C_0}{M'} = -\alpha(C - C_0) \qquad (9\text{-}514)$$

D^* 为分子扩散系数，因此，可得到 α 的表达式为

$$\alpha = \frac{(D^* + \alpha_L \boldsymbol{u} \cdot \boldsymbol{n})}{M'} \qquad (9\text{-}515)$$

从水流连续原理可知，地表水进入地下水的流量不变，即 $\boldsymbol{u}\big|_s \cdot \boldsymbol{n} = v\big|_g \cdot \boldsymbol{n}$，那么，式（9-513）可以简化为

$$(C_0 v)\Big|_g \cdot \boldsymbol{n} = \alpha(C - C_0) - (Cv - \theta D \cdot \nabla C)\Big|_g \cdot \boldsymbol{n} = 0, (x,y,z) \in \Gamma_4$$
$$[(C - C_0)v]\Big|_g \cdot \boldsymbol{n} - \alpha(C - C_0) + (\theta D \cdot \nabla C)\Big|_g \cdot \boldsymbol{n} = 0, (x,y,z) \in \Gamma_4 \qquad (9\text{-}516)$$
$$(C_0 - C)(v \cdot \boldsymbol{n} + \alpha) + (\theta D \cdot \nabla C)\Big|_g \cdot \boldsymbol{n} = 0, (x,y,z) \in \Gamma_4$$

当无对流作用，只有弥散作用发生时，则式（9-516）简化为

$$\alpha(C_0 - C) + (\theta \boldsymbol{D} \cdot \nabla C)\big|_g \cdot \boldsymbol{n} = 0, \quad (x, y, z) \in \varGamma_4 \tag{9-517}$$

式中，$\alpha = \dfrac{D^*}{M'}$。

（5）渗出函边界条件

当饱和状态的污染地下水从斜坡面排出到地表或地表沟渠中时，出流面直接与大气相连的面就是渗出面。假定地下水中污染物浓度与渗出面外侧的出流污染物浓度相同，一旦渗出面外侧无弥散作用发生，那么根据质量守恒原理，得渗出面污染物迁移边界条件为

$$\left\{ nC(\boldsymbol{u} - \boldsymbol{v}^*) - n\boldsymbol{D} \cdot \nabla C \right\}\Big|_g \cdot \boldsymbol{n} = \left\{ c(\boldsymbol{u} - \boldsymbol{v}^*) \right\}\Big|_a \cdot \boldsymbol{n}, \quad (x, y, z) \in \varGamma_5 \tag{9-518}$$

式中，g 和 a 分别表示地下水一侧和渗出面外侧（与大气接触的一侧）；$\varGamma_5$ 为渗出面边界。

根据水流连续原理可知，渗出面两侧的流量相等，即

$$\left[n(\boldsymbol{u} - \boldsymbol{v}^*) \right]\Big|_g \cdot \boldsymbol{n} = \left[(\boldsymbol{u} - \boldsymbol{v}^*) \right]\Big|_a \cdot \boldsymbol{n} \tag{9-519}$$

又根据假定渗出面两侧污染物的浓度相等，即 $c\big|_g = c\big|_a$，于是，式（9-518）可简化为

$$\left\{ \boldsymbol{D} \cdot \nabla C \right\}\Big|_g \cdot \boldsymbol{n} = 0, \quad (x, y, z) \in \varGamma_5 \tag{9-520}$$

（6）潜水面边界条件

当地表水或污染水被污染之后，在大气降水入渗作用下，地表或土壤中的污染物会随降水入渗到潜水面以下地下水中，导致地下水污染。假定渗滤水的污染物浓度为 C_0，大气降水入渗强度为 $\boldsymbol{\varepsilon} = -\varepsilon \boldsymbol{l}_z$，根据质量守恒原理，得潜水面边界条件为

$$(C\boldsymbol{v} - C_0\boldsymbol{\varepsilon}) \cdot \nabla F + (nC - \theta_{w0}C_0)\frac{\partial F}{\partial t} - n\boldsymbol{D} \cdot \nabla C \cdot \nabla F = 0, \quad (x, y, z) \in \varGamma_6 \tag{9-521}$$

式中，$\varGamma_6$ 为潜水面边界；θ_{w0} 为非饱和多孔介质中最小含水量或残余含水量。

根据潜水面渗流边界条件，由水流连续原理可知：

$$(\boldsymbol{v} - \boldsymbol{\varepsilon}) \cdot \nabla F + (n - \theta_{w0})\frac{\partial F}{\partial t} = 0, \quad (x, y, z) \in \varGamma_6 \tag{9-522}$$

式中，$n_e = n - \theta_{w0} = \mu_s$，$n_e$ 为有效孔隙度；μ_s 为给水度。

对式（9-522）两边相乘以 C 后则得

$$(C\boldsymbol{v} - C\boldsymbol{\varepsilon}) \cdot \nabla F + (nC - \theta_{w0}C)\frac{\partial F}{\partial t} = 0 \tag{9-523}$$

组合式（9-521）和式（9-523），得

$$(C - C_0)\left(\boldsymbol{\varepsilon} \cdot \nabla F + \theta_{w0}\frac{\partial F}{\partial t} \right) - n\boldsymbol{D} \cdot \nabla C \cdot \nabla F = 0, \quad (x, y, z) \in \varGamma_6 \tag{9-524}$$

潜水面方程为

$$F(x, y, z, t) = \phi(x, y, z, t) - z(t) = 0 \tag{9-525}$$

ϕ 为潜水含水层的厚度，对式（9-525）求全导，得

$$\frac{\mathrm{d}F}{\mathrm{d}t} = \frac{\partial F}{\partial t} + \boldsymbol{v}^* \cdot \boldsymbol{\nabla} F = 0 \qquad (9\text{-}526)$$

从而得

$$-\frac{\partial F}{\partial t} = \boldsymbol{v}^* \cdot \boldsymbol{\nabla} F \qquad (9\text{-}527)$$

将式（9-527）及 $\boldsymbol{\varepsilon} = -\varepsilon \boldsymbol{l}_z$ 代入式（9-522）中，得

$$(C - C_0)(-\varepsilon \boldsymbol{l}_z \cdot \boldsymbol{\nabla} F - \theta_{w0}^* \boldsymbol{v}^* \cdot \boldsymbol{\nabla} F) - n\boldsymbol{D} \cdot \boldsymbol{\nabla} C \cdot \boldsymbol{\nabla} F = 0 \qquad (9\text{-}528)$$

由饱和土壤渗流方程第二类边界条件可知，

$$\boldsymbol{\nabla} F = |\boldsymbol{\nabla} F|n$$

$$= \frac{\partial F}{\partial x} \boldsymbol{l}_x + \frac{\partial F}{\partial y} \boldsymbol{l}_y + \frac{\partial F}{\partial z} \boldsymbol{l}_z$$

$$= \frac{\partial}{\partial x}(\phi - z)\boldsymbol{l}_x + \frac{\partial}{\partial y}(\phi - z)\boldsymbol{l}_y + \frac{\partial}{\partial z}(\phi - z)\boldsymbol{l}_z$$

$$= \frac{\partial \phi}{\partial x} \boldsymbol{l}_x + \frac{\partial \phi}{\partial y} \boldsymbol{l}_y + \left(\frac{\partial \phi}{\partial z} - 1\right)\boldsymbol{l}_z$$

$$-\varepsilon \boldsymbol{l}_z \cdot \boldsymbol{\nabla} F = -\left(\frac{\partial \phi}{\partial z} - 1\right)\varepsilon \qquad (9\text{-}529)$$

$$-\theta_{w0}\boldsymbol{v}^* \cdot \boldsymbol{\nabla} F = -\theta_{w0}\left(\frac{\mathrm{d}x}{\mathrm{d}t}\boldsymbol{l}_x + \frac{\mathrm{d}y}{\mathrm{d}t}\boldsymbol{l}_y + \frac{\mathrm{d}z}{\mathrm{d}t}\boldsymbol{l}_z\right) \cdot \left[\frac{\partial \phi}{\partial x}\boldsymbol{l}_x + \frac{\partial \phi}{\partial y}\boldsymbol{l}_y + \left(\frac{\partial \phi}{\partial z} - 1\right)\boldsymbol{l}_z\right]$$

$$= -\theta_{w0}\left(\frac{\partial \phi}{\partial x}\frac{\mathrm{d}x}{\mathrm{d}t} + \frac{\partial \phi}{\partial y}\frac{\mathrm{d}y}{\mathrm{d}t} + \frac{\partial \phi}{\partial z}\frac{\mathrm{d}z}{\mathrm{d}t} - \frac{\mathrm{d}z}{\mathrm{d}t}\right)$$

由于，

$$\frac{\mathrm{d}F}{\mathrm{d}t} = \frac{\partial F}{\partial t} + \frac{\partial F}{\partial x}\frac{\mathrm{d}x}{\mathrm{d}t} + \frac{\partial F}{\partial y}\frac{\mathrm{d}y}{\mathrm{d}t} + \frac{\partial F}{\partial z}\frac{\mathrm{d}z}{\mathrm{d}t}$$

$$= \frac{\partial \phi}{\partial t} + \frac{\partial \phi}{\partial x}\frac{\mathrm{d}x}{\mathrm{d}t} + \frac{\partial \phi}{\partial y}\frac{\mathrm{d}y}{\mathrm{d}t} + \left(\frac{\partial \phi}{\partial z} - 1\right)\frac{\mathrm{d}z}{\mathrm{d}t} \qquad (9\text{-}530)$$

$$= 0$$

得

$$-\frac{\partial \phi}{\partial t} = \frac{\partial \phi}{\partial x}\frac{\mathrm{d}x}{\mathrm{d}t} + \frac{\partial \phi}{\partial y}\frac{\mathrm{d}y}{\mathrm{d}t} + \left(\frac{\partial \phi}{\partial z} - 1\right)\frac{\mathrm{d}z}{\mathrm{d}t} \qquad (9\text{-}531)$$

所以，

$$-\theta_{w0}\boldsymbol{v}^* \cdot \boldsymbol{\nabla} F = \theta_{w0}\frac{\partial \phi}{\partial t}$$

$$-n\boldsymbol{D} \cdot \boldsymbol{\nabla} c \cdot \boldsymbol{\nabla} F = -n\boldsymbol{D} \cdot \left(\frac{\partial C}{\partial x}\boldsymbol{l}_x + \frac{\partial C}{\partial y}\boldsymbol{l}_y + \frac{\partial C}{\partial z}\boldsymbol{l}_z\right) \cdot \left[\frac{\partial \phi}{\partial x}\boldsymbol{l}_x + \frac{\partial \phi}{\partial y}\boldsymbol{l}_y + \left(\frac{\partial \phi}{\partial z} - 1\right)\boldsymbol{l}_z\right]$$

$$= -n\boldsymbol{D} \cdot \left(\frac{\partial C}{\partial x}\frac{\partial \phi}{\partial x} + \frac{\partial C}{\partial y}\frac{\partial \phi}{\partial y} + \frac{\partial C}{\partial z}\frac{\partial \phi}{\partial z} - \frac{\partial C}{\partial z}\right)$$

$$\qquad\qquad\qquad\qquad (9\text{-}532)$$

将式（9-532）、式（9-531）和式（9-529）代入式（9-528），同时，$\theta_{w0} = n - \mu_s$，

得

$$nD \cdot \left(\frac{\partial C}{\partial x} \frac{\partial \phi}{\partial x} + \frac{\partial C}{\partial y} \frac{\partial \phi}{\partial y} + \frac{\partial C}{\partial z} \frac{\partial \phi}{\partial z} - \frac{\partial C}{\partial z} \right) = C - C_0 \left[(n - \mu_s) \frac{\partial \phi}{\partial t} - \frac{\partial \phi}{\partial z} \varepsilon + \varepsilon \right] \quad （9\text{-}533）$$

这就是潜水接受地表或土壤通过大气降水入渗补给污染物时的潜水面方程。

一般情况下，$\left(\frac{\partial C}{\partial x} \frac{\partial \phi}{\partial x} + \frac{\partial C}{\partial y} \frac{\partial \phi}{\partial y} + \frac{\partial C}{\partial z} \frac{\partial \phi}{\partial z} \right)$ 很小，可忽略，那么式（9-533）可简化为

$$-D_z \cdot \frac{\partial C}{\partial z} = \frac{C - C_0}{n} \left[(n - \mu_s) \frac{\partial \phi}{\partial t} - \frac{\partial \phi}{\partial z} \varepsilon + \varepsilon \right] \quad （9\text{-}534）$$

当入渗强度 $\varepsilon=0$ 时，则式（9-534）可简化为

$$-D_z \cdot \frac{\partial c}{\partial z} = (c - c_0) \left(1 - \frac{\mu_s}{n} \right) \frac{\partial \phi}{\partial t} \quad （9\text{-}535）$$

2. 土壤中化学品迁移的数学模型

前面介绍了土壤污染物迁移的泛定方程和定解条件，下面介绍一些描述土壤污染物迁移的模型。

1）非平衡吸附-对流-弥散-衰减方程

研究实验室砂柱或野外土壤中的一维污染物迁移问题，不考虑横向浓度梯度，仅在纵向上存在水动力弥散。假定污染物在迁移过程中，一部分吸附到土壤固相颗粒上，同时存在一阶衰减作用，土壤水中污染物的浓度为 c，单位土壤体积吸附污染物的量为 F，假定吸和解吸过程分别符合一阶线性平衡等温方程和一阶动力非平衡方程。土壤中的吸附包括两个分量，一个是与时间无关的瞬时吸附问题，另一个是与时间有关的动力吸附问题。因此，总的吸附量 $F=F_e+F_k$，式中，F_e 为瞬时平衡吸附量；F_k 为非平衡动力吸附量。那么，污染物迁移方程式为

$$\frac{\partial}{\partial t}(nC) + \frac{\partial}{\partial t}[(1-n)\rho_s(F_e + F_k)] = D_L n \frac{\partial^2 C}{\partial x^2} - nu \frac{\partial C}{\partial x} - u_l nC - u_{se}\rho_s F_e - u_{sk}\rho_s F_k \quad （9\text{-}536）$$

式中，n 为孔隙度；ρ_s 为固相密度；u 为平均孔隙水流速，单位为 L/T；D_L 为纵向水动力弥散系数，单位为 L^2/T；μ_l 为水相中污染物衰减常数，单位为 T^{-1}；μ_{se} 为与平衡吸附项有关的衰减常数，单位为 T^{-1}；μ_{sk} 为与非平衡动力吸附项有关的衰减常数，单位为 T^{-1}。

平衡吸附过程为线性等温关系，非平衡动力吸附过程符合一阶可逆速率定理，根据 Toride 等的理论，吸附过程的数学表述为

$$F_e = f_s K_d c$$
$$\frac{\partial F_k}{\partial t} = \alpha[(1 - f_s)K_d c - F_k] \quad （9\text{-}537）$$

式中，K_d 为分配系数；f_s 为平衡条件下吸附分量；α 为一阶动力吸附速率常数，单位为 T^{-1}。

对于吸附速率非常快（大的 α），总的吸附量可简化为

$$F = F_e + F_k = f_s K_d c + (1 - f_s)K_d c = K_d c \quad （9\text{-}538）$$

假定输入边界在 $x=0$ 到沿 z 方向无限远处，研究区域内污染物初始浓度为零，从 $t=0$

开始到 t_f 结束 $x=0$ 处污染物的浓度为 c_f，如图 9-36 所示。

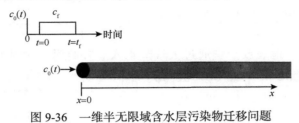

图 9-36　一维半无限域含水层污染物迁移问题

其初始条件和边界条件为

$$c(x, t=0) = 0$$
$$c(x \to \infty, t) = 0$$
$$\left(uc - D\frac{\partial C}{\partial x}\right) = uC_f, \quad x=0, \quad 0 \leqslant t \leqslant t_f$$
$$\left(uc - D\frac{\partial C}{\partial x}\right) = 0, \quad x=0, \quad t > t_f$$

（9-539）

2）平衡吸附-对流-弥散-连续链式衰减方程

连续链式一阶衰减反应在分析核素或某些生物降解有机污染物在土壤含水层中的迁移和命运时是非常重要的。这里主要考虑一维均质土壤中 4 组分污染物的迁移问题。研究实验室砂柱或野外土壤中的一维污染物迁移问题，不考虑横向浓度梯度，仅在纵向上存在水动力弥散，这个过程的物理描述如图 9-37 所示。

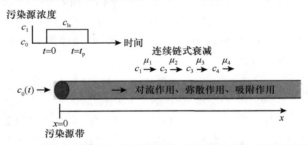

图 9-37　一维半无限域含水层污染物迁移问题（链式连续衰减）

假定污染源的父辈组分浓度为 C_1，土壤含水层与水相污染物的相互作用表现为吸附作用，衰减反应仅仅发生在水相溶质中，水相污染物浓度为 $C_i (i=1,2,3,4)$，固体颗粒的吸附量为 $F_i (i=1,2,3,4)$，其泛定方程可表述为

$$\frac{\partial}{\partial t}[nC_1 + \rho_s(1-n)F_1] = \frac{\partial}{\partial x}\left(D_L n\frac{\partial C_1}{\partial x} - unC_1\right) - K_1 nC_1$$
$$\frac{\partial}{\partial t}[nC_i + \rho_s(1-n)F_i] = \frac{\partial}{\partial x}\left(D_L n\frac{\partial C_i}{\partial x} - unC_i\right) + \mu_{i-1}nC_{i-1} - \mu_i nC_i, \quad (i=2,3,4)$$

（9-540）

式中，n 为孔隙度；ρ_s 为固相密度；u 为平均孔隙水流速度，单位为 L/T；D_L 为纵向水动力弥散系数，单位为 L^2/T；μ_i 为污染物一阶衰减常数，单位为 T^{-1}，i 表示第 i 链数。

假定含水层颗粒吸附过程符合线性等温吸附规律，即

$$F_i = K_{di} c_i \quad\quad (9\text{-}541)$$

式中，K_d 为分配系数。

因此，上述泛定方程变为

$$R_{d1}\frac{\partial C_1}{\partial t} = D_L \frac{\partial^2 C_1}{\partial x^2} - u\frac{\partial C_1}{\partial x} - \mu_1 c_1$$

$$R_{di}\frac{\partial C_i}{\partial t} = D_L \frac{\partial^2 C_i}{\partial x^2} - u\frac{\partial C_i}{\partial x} + \mu_{i-1}C_{i-1} - \mu_i C_i \quad\quad (9\text{-}542)$$

$$R_{di} = 1 + \frac{\rho_s(1-n)}{n}K_{di}, \quad (i=2,3,4)$$

假定输入边界在 $x=0$ 到沿 x 方向无限远处，研究区域内污染物初始浓度为零，从 $t=0$ 开始到 t_f 结束在 $x=0$ 处污染物的浓度为 C_f（图 9-37）。

其初始条件和边界条件表述为

$$c_i(x,t)=0, \quad\quad (t=0)$$
$$\frac{\partial c_i}{\partial x}(x,t)=0, \quad\quad (x\to\infty, t\geq 0)$$
$$c_1(x,t)=c_{1s}, \quad\quad (x=0, 0<t\leq t_p)$$
$$c_1(x,t)=0, \quad\quad (x=0, t>t_p)$$
$$c_i(x,t)=0, \quad\quad (i=2,3,4; x=0, t\geq 0)$$

$$(9\text{-}543)$$

参 考 文 献

[1] Mackay D. Multimedia Environmental Models. The Fugacity Approach. MI Chelsea：Lewis Publication，1991.
[2] Schwarzenbach R P. Phase-transfer of organic pollutants in the environment. Course on environmental chemistry of organic pollutants. European Environmental Research Organization. Wageningen，The Netherlands.
[3] Junge C E. Basic considerations about trace constituents in the atmosphere in relation to the fate of global pollutants. *In*：Suffet I H. Fate of Pollutants in the Air and Water Environment. Part I. Advances in the Environmental Science and Technology. Vol 8. New York：Wiley Interscience，1977：7-25.
[4] Janse J J. Model studies on the eutrophication of shallow lakes and diches. Ph. D.thesis, Wageningen University, 2005.
[5] Neely W B. The definition and use of mixing zone. Environ Sci Thchnol，1982，16：519A-5121A.
[6] Csanady G T. Turbulent Diffusion in the Environment. Geophysics and Astrophysics Monographs，Vol 3. Dordrecht，The Netherlands：D Reidel Publication Corporation, 1973.
[7] Fischer H B，Imberger J，List E J，et al. Mixing in Inland and Coastal Waters. New York：Academic Press，1979.
[8] Van de Meent D. SIMPLEBOX，a generic multimedia fate evaluation Model. Report 672720001. National institute for public health and Environmental Protection（RIVM），Bilthoven，The Netherlands. 1993.
[9] Commission of the European Communities. Guidance document for the risk assessment of existing chemicals in the context of EC regulation 793/93. Commission of the European Communities，Directorate General of the Environment，Nuclear Safety and Civil Protection，Brussels，Belgium，1994.
[10] Fowler D. Removal of sulphur and nitrogen compounds from the atmosphere and by dry deposition. *In*：Drablos D，Tollan A. Ecological Impact of Acid Precipitation. Norway Oslo-As，1980：22-32.
[11] Whitman W G. The two-film theory of gas absorption. Chem Metal Eng，1923，29：146-150.
[12] 王超. 危险化学品事故性泄露大气扩散研究. 大连：大连海事大学硕士学位论文，2008.
[13] 张建文，安宇，魏利军. 危险化学品事故应急反应大气扩散模型及系统概述. 环境监测管理与技术，2008，20（2）：7-11，21.
[14] 中华人民共和国国家环境保护标准. HJ2.2—2008《环境影响评价技术导则 大气环境》. 北京：中国标准出版社，2008.
[15] 孙大伟. 新一代大气扩散模型（ADMS）应用研究. 环境保护科学，2004，30（121）：67-69.
[16] 刘小飞. 规划环境影响评价中大气环境容量计算的探讨. 厦门：厦门大学硕士学位论文，2008.
[17] 翟绍岩，赵敏，徐永清，等. AERMOD 模型原理及应用. http://www.paper.edu.cn/releasepaper/ content/200703-359 [2007-03-22].
[18] 国世友. 基于 AERMOD 模式不同气象情景下 SO₂ 地面浓度的预测研究. 哈尔滨：哈尔滨工业大学硕士学位论文，2011.

[19] 伯鑫，丁峰，徐鹤，等. 大气扩散 CALPUFF 模型技术综述. 环境监测管理与技术，2009，3：9-13，47.

[20] 宇德明. 易燃、易爆、有毒危险品储运过程定量风险评价. 北京：中国铁道出版社，2000.

[21] Nielsen F, Olsen E, Fredenslund A. Prediction of isothermal evaporation rates of pure volatile organic compounds in occupational environments—a theoretical approach based on laminar boundary layer theory. The Annals of Occupational Hygiene, 1995, 39（4）: 497-511.

[22] Mackay D. Matsugu R S. Evaporation rates of liquid hydrocarbon spills on land and water. The Canadian Journal of Chemical Engineering, 1973, 51: 434-439.

[23] 郝吉明，马广大，王书肖. 大气污染控制工程. 1 版. 北京：高等教育出版社，1989.

[24] 于沉鱼. 化学品蒸气扩散模式. 水运科学研究所学报，1996，12（4）：50-56.

[25] 张东生，徐静琦，王震. 环境工程. 1 版. 北京：人民交通出版社，1998.

[26] 王润鹿. 实用污染气象学. 北京：气象出版社，1981.

[27] 张启平，麻德贤. 危险物泄漏扩散过程的重气效应. 北京化工大学学报，1998，25（3）：86-87.

[28] 张启平，麻德贤. 智能化烃类重气泄散过程的数值预测. 北京化工大学学报，1999，26（4）：84-86.

[29] 彭泽洲，杨天行，梁秀娟，等. 水环境数学模型及其应用. 北京：化学工业出版社，2007.

[30] 仵彦卿. 多孔介质渗流与污染物迁移数学模型. 北京：科学出版社，2012.

第 10 章 化学品的环境迁移模型

10.1 化学品的环境迁移

几乎所有生物都会通过环境介质暴露于化学品中。在评估暴露浓度时，可以采用测量或其他预测方法，如基于模型的计算。对现有情况的风险进行评估，既可以使用测试法，又可以使用模型法。但在评估新物质或新情况引发的风险时，模型法就成为唯一的选择。虽然测试法具有更大的确定性，但这一方法在实施时有很多的实际问题。化学分析通常是在样本上进行，而样本又是在特定的场所中和时间下取得的。因此，观察到的浓度反映了浓度随着空间和时间变化的情况。除非测试程序设计能够获得风险评估实施中所期望的"典型"浓度或"平均"浓度，否则实际测量值可能会产生偏差，而且往往与所提高的浓度不一致。与此相比，模型浓度却通常可以反映所需的"典型"浓度或"平均"浓度。因此，即便测试法在通常情况下是首选方法，但模型法在风险评估过程中也是可以使用的。此外，相比测试法，模型法在评估生物利用浓度时可能更具优势，因为与分析测试方法相比，模型法能够更加充分地预测许多化学物质的生物利用度。理想状况下的环境暴露评估应该是采用生物体内急性毒性效应发生处的内部浓度进行描述。然而，在目前的测试水平和规模上，由于缺少内部浓度和内部影响及无响应数据，这一步骤不具实际意义，因此在环境暴露评估过程中必须依赖环境介质中化学品的外部浓度。

创立和使用模型的第一步是概念化，即决定如何对所要建模的对象进行表述。在概念化的过程中，模型建立需要反映出其建模的目的，即建模的对象和目标是什么，同时能就评估过程中哪些方面与特定的建模流程相关、哪些方面在建模过程中不予考虑等问题进行选择和回答。一般而言，与复杂的模型相比，简单模型是首选，因为模型越复杂，所需要的数据和劳动强度就越大，对结果的解释也会变得更加困难。此外，简单模型计算出的结果更加容易进行交流，从而可以更好地支持决策。

模型法的优势在于其允许暴露评估将环境与化学品的关系概念化，通过模型可以了解环境特征和化学物质性质之间的关系。作为风险评估和风险管理的一种手段，模型用于描述环境释放和浓度之间的关系，并预测管理措施的结果。尽管有这些优点，但模型法的这些特点和功能同样受到人们的普遍质疑，即模型使用人员和研究人员，甚至包括决策者会怀疑模型计算结果的准确性。这一质疑来源于人们常常认为现实世界与模型之间的差别。然而，在实际应用过程中模型法优于测试法的事实也使人们意识到因为模型法有现实世界与模型之间的差别，所以采用模型对现实世界中环境行为进行完美预测是不可能的。

10.1.1 质量平衡模型

在毒性物质风险评估中使用的许多模型属于区间模型，又称箱模型。区间模型的建立是以环境由均质的、充分混合的区间组成为基础。区间可以是部分环境，如空间分割大气模型、水迁移模型及分层土壤模型；也可以代表整个环境介质，如多介质（空气、水体、土壤等）归趋模型及生理药物动力学模型（血液、组织等）。区间模型中采用质量守恒原理：在一个区间中出现或消失的物质的质量只是物质流入或流出该区间的结果。区间模型具有的一项共性在于全都使用质量守恒方程作为基本工具。因此，区间模型经常被称为质量守恒模型。质量守恒模型在有毒物质环境风险评估中的应用非常广泛。

1. 单区间模型

如果一种化学物质被加入到一个区间或从中取出，则该物质在区间中的质量就会发生变化。这种变化可以用质量守恒方程定量地表示：

$$\frac{\Delta M}{\Delta t} = V\frac{\Delta C}{\Delta t} = 增加 - 损失 = \sum 质量流 \tag{10-1}$$

式中，ΔM 和 ΔC 分别为在时间间隔 Δt 内质量和浓度的变化；V 为区间体积。质量和浓度的变化是指单位时间内单位质量的变化。如果无化学物质加入或从中取出，则区间中的质量不会发生变化，即达到一种稳定状态。如果 ΔM、ΔC 和 Δt 为无穷小，则式（10-1）就将转化为数学上的微分方程。微分方程描述了区间中化学物质的质量以何种速度发生变化。如果已知初始时间（$t=0$）处的质量，可用微分方程推出其他时间时的质量。因此，质量平衡模型的本质就在于适当地对进入或退出区间的物质的质流进行量化。

运用质量平衡模型，当区间中只考虑净输入时，化学物质引入区间的速度可能是固定的或随时间变化的，而且可能与区间外物质的质量相关，而与区间内物质的质量没有任何关系。如果一个区间在 $t=0$ 时含一种物质，质量为 M_0（kg），对其规定一个释放常数 E（kg/d），而且该区间无其他过程发生，则质量平衡方程将变为

$$\frac{\mathrm{d}M}{\mathrm{d}t} = V\frac{\mathrm{d}C}{\mathrm{d}t} = E \tag{10-2}$$

其积分型或解为

$$M = M_0 + E \cdot t \tag{10-3}$$

化学物质向区间内以固定的速率 E（kg/d）稳定流入的结果是该物质在区间内的质量不断增大（图 10-1）。

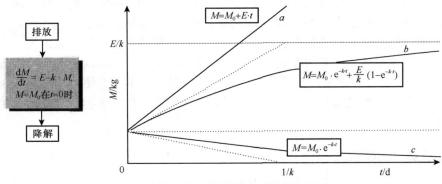

图 10-1　单区间质量平衡模型的基本形式

a. 只有排放；*b*. 两者都有；*c*. 只有降解

物质从区间内稳定流出是第二种模型。通常来说，第二种模型的适用性更强。化学物质从区间流出的损失速率依赖于其在区间中的质量。在建模时，损失被认为是一阶线性过程，这意味着质流被假定为与区间中的质量成正比。因此，降解的质流可以用一阶微分方程进行描述。需要说明的是，一阶反应动力学仅仅是特例，零阶反应动力学、二阶反应动力学和非整数阶反应动力学通常也会出现。当一种物质与另一种化学试剂反应时，通常为二阶反应。

如果降解是唯一的过程，则质量平衡方程将变为

$$\frac{\mathrm{d}M}{\mathrm{d}t} = V\frac{\mathrm{d}C}{\mathrm{d}t} = -k \cdot M \tag{10-4}$$

其解为

$$M = M_0 \cdot \mathrm{e}^{-k \cdot t} \tag{10-5}$$

一阶降解过程会导致区间内物质的质量呈指数减少（图 10-1）。当 t 趋于无穷时，变化的速率将从初始速度 $-M_0 \cdot k$ 逐渐降至零。

如果在区间内同时发生释放和降解，则合并结果是

$$\frac{\mathrm{d}M}{\mathrm{d}t} = V\frac{\mathrm{d}C}{\mathrm{d}t} = E - k \cdot M \text{；} t=0 \text{ 时，} M=M_0 \tag{10-6}$$

该方程的解为（图 10-1）

$$M = M_0 \cdot \mathrm{e}^{-k \cdot t} + \frac{E}{k}(1 - \mathrm{e}^{-k \cdot t}) \tag{10-7}$$

式（10-6）和式（10-7）展示了质量平衡方程的解是如何在区间中得到物质的质量-时间变化情况的，该变化是初始条件（$t=0$ 时的质量，M_0）、强制性条件（释放速率，E）和质流速率方程参数（降解速率常数，k）的函数。需要指出的是，化学物质在区间中的质量 M（kg）最终（$t=\infty$）应达到一种降解（流出）与释放（流入）相平衡的水平，在该水平下降解造成的损失 $k \cdot M$（kg/d）与释放常数 E（kg/d）精确匹配，因此化学物质在区间中的质量维持在稳定状态水平 E/k（kg）。

2. 多区间模型

由多个区间组成的模型描述了物质在各区间内及区间间的迁移过程。多区间质量平衡模型包含每个区间对应的一个质量平衡方程。与单区间情况相似，每个区间里化学物质的损耗均假定遵守一阶反应动力学过程。当涉及多个区间时，物质的损耗可能是因为区间内物质的降解或输出，但也可能是因为一个区间向其他区间发生了质流。对于一系列（n）区间而言，这将导致一组（n）质量平衡方程，所有的方程均具有与式（10-6）相同的结构。以三区间的情况（图 10-2）为例。

每个区间均有排放。出于简化，假定排放是恒定的，并且所有输入均包含于排放流之中。流入区间 i 的释放以常数 E_i（kg/d）表示。在三个区间中均有降解反应发生，并且这种降解流包含了所有可能的输出。最终从区间 i 流出的质流，用准一阶损耗反应速率常数 k_i 描述，并表示为 $k_i \cdot M_i$（kg/d）。该过程中，共有 6 个质量转移流，每个均与源区间中物质的质量呈比例关系，表示为 $k_{i,j} \cdot M_i$（kg/d）。以此为基础，假定所有的初始质量均为零，则三个微分质量方程将变为

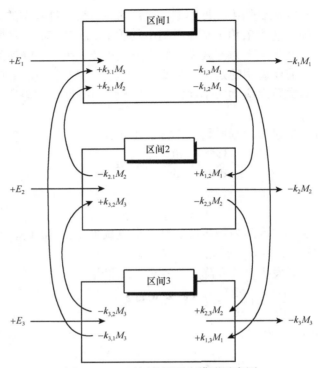

图 10-2　三区间质量平衡模型示意图

$$\frac{dM_1}{dt} = E_1 - (k_1 + k_{1,2} + k_{1,3}) \cdot M_1 + k_{2,1} \cdot M_2 + k_{3,1} \cdot M_3 ; \quad t=0 \text{ 时，} M_1=0$$

$$\frac{dM_2}{dt} = E_2 + k_{1,2} \cdot M_1 - (k_2 + k_{2,1} + k_{2,3}) \cdot M_2 + k_{3,2} \cdot M_3 ; \quad t=0 \text{ 时，} M_2=0 \qquad （10-8）$$

$$\frac{dM_3}{dt} = E_3 + k_{1,3} \cdot M_1 + k_{2,3} \cdot M_2 - (k_3 + k_{3,1} + k_{3,2}) \cdot M_3 ; \quad t=0 \text{ 时，} M_3=0$$

三区间系统均符合式（10-6）的方程形式，即单区间系统的分析解，该方程描述了各时刻系统的物质质量。与单区间系统相似，三区间系统最终（$t=\infty$）将趋于稳定状态，此时排放与降解（$dM_i/dt=0$）恰好达到平衡，质量达到稳态平衡：

$$平衡_1 = E_1 - (k_1 + k_{1,2} + k_{1,3}) \cdot M_1^* + k_{2,1} \cdot M_2^* + k_{3,1} \cdot M_3^* = 0$$

$$平衡_2 = E_2 + k_{1,2} \cdot M_1^* - (k_2 + k_{2,1} + k_{2,3}) \cdot M_2^* + k_{3,2} \cdot M_3^* = 0 \qquad （10-9）$$

$$平衡_3 = E_3 + k_{1,3} \cdot M_1^* + k_{2,3} \cdot M_2^* - (k_3 + k_{3,1} + k_{3,2}) \cdot M_3^* = 0$$

10.1.2　模型类型

本章描述的模型仅仅是众多化学品迁移模型中的少数几种。为方便模型使用人员为特定的目标选择模型，对模型特征和分类进行了简要说明。

1. 模型建立的目的

建立暴露评估模型的目的是描述微量污染物向环境排放后发生的变化，该类模型被称为分布模型、生理（生物）动力学模型[PB-（B）K]、多介质归趋模型及水质量模型等。这些模型与人口模型、经济模型和气象模型均不相同，也不同于统计学模型或影响模型。

2. 基本方法

化学品迁移模型均属于数学模型，用于定量地描述质流和浓度。迁移模型的建立与其他模型的基本方法不同，如描述型模型或物理模型。描述型模型是用定性或半定量的科学术语将要建模的现象一般化，这种类型的模型适用于定量数学模型的概念化阶段。在物理模型中，通过建立自然现象的模型（通常是小规模的模型）来模拟事实。

3. 科学方法

数学归趋模型的建立可采取不同的方法。本章提到的模型都是确定的，采取的是机械的或理论的方法，这是因为物质的归趋是由理论基础上可以定量描述的机制或流程决定的。确定的模型，其计算结果总是相同的，而不会随机发生变化，因此与随机模型不同。在随机模型中，影响归趋的某些参数允许具有一些任意的变动。确定的模型既可以理论机制为基础，又可以经验为基础。经验模型的建立，利用的是可由经验证明有效的关系。因此，这种模型仅适用于已发现明确关系的情况。机制模型的形成基于对流程理论的理解，对其适用的范围可以合理地进行阐释。因此，外推模型更加倾向于选择机制法，而内推模型，用经验法可能更好。

4. 计算方法

确定的归趋模型在过程解释和导出解的方式上可能存在差异。从仅有的少量方程推导出的大量简单的模型，可以从代数学角度得到解释。得到的结果，即解析解，是一个方程，该方程清晰地描述了模型输出（即暴露浓度）与影响因素的函数关系。式（10-7）是该方法的一个示例。更复杂的模型通常不具有解析解，而是采用数值逼近的方法。

5. 维度

归趋模型在空间和时间维度上也存在不同。从空间角度而言，模型分为零维、一维、二维和三维。零维模型中，浓度不随空间发生变化。零维是用于描述化学物质在均质的环境区间中分布和归趋的多介质模型。单区间归趋模型通常在一个（分层土壤模型）或多个方向（空气和水体质量模型）上具有空间上的变化。从时间角度来说，有稳定状态模型和动态模型。稳定状态模型给出的是近似达到稳定状态时区间中的浓度；而动态模型给出的是浓度-时间序列（图10-1）。

10.1.3　模型与测量

评估化学品暴露的数据时，可能具有多个浓度数值。例如，从环境分析中得到的多个测量值。如前所述，测量值似乎要比模型预测值更加可靠。然而，由于时间和空间上的变化，即使是测试得到的暴露浓度也具有相当大的不确定性。因此，在开展暴露评估时，为了选择"正确"的数据用于风险表征，比较预测浓度和测量浓度就显得非常有用。

这种比较可以通过三个步骤予以实现[1]。

1. 通过评估选择采用的分析技术和测量的时间尺度，选择可靠的数据

取样、处理及检测过程中所用的技术必须根据化学物质的理化性质进行评估。例如，过滤水样有可能显著降低强吸附性物质的浓度。只要这一数据与生物可利用预测的无影响浓度（PNEC）相当，则并不一定构成问题。而在检测沉积物的浓度时，则会与该过程有较高的相关性。当测试结果为检测限或接近于检测限（小于检测限）时，评估分析需多加注意，此时报告的平均值会受到明显的影响，这是因为低于检测限的浓度可以报告为零或是该检测限的特定分数。

从时间角度来看，用于判断获取数据的信息是随机采样的，或是根据频率更高的监测程序得到的。这种过程在排放场景中需予以特别考虑。例如，对表层水每月进行测试时，可能会忽略因间歇性释放导致的周期性高浓度。

2. 获取数据与环境释放联系起来，并对场景进行建模

测量获取的数据必须分配到特定的空间尺度之中，以确保能与特定的模型场景进行比较。在接近点源处测量获取的数据（浓度值），如污水处理厂排放口处，必须与根据污水处理厂面积开发的小面积模型的预测值进行比较。此外，测得的多个点源或面源排放的化学物质浓度则只能与将环境中化学品的归趋考虑在内的大规模模型的预测值进行比较。

3. 将代表性数据与对应模型预测值进行比较，并分析两者之间的差异

将模型预测结果与测试得到的结果进行比较，可能发生以下三种情况[1]。

a. 计算得到的浓度与测试结果近似相等，表明已适当地考虑了最为相关的来源，并且选择了最为适当的预测模型。

b. 计算浓度远高于测试结果，存在以下几种解释：化学物质在环境中消除的速度远高于模型的计算值；释放因素被高估，致使模型中使用了不同的时间尺度；测试浓度仅代表了"本底"水平，而特定的场所可能会产生高得多的浓度。

c. 计算浓度远低于测试结果，多是由与 b 中相反的原因造成。

原则上，与模型计算相比，环境测试得到的结果应给予更高的权重，只要这些结果能够代表排放场景并且得到了充分的测试。然而，将其与模型预测值进行比较可能有一定的风险：因为这种将测量值与模型预测值进行比较的方法是验证模型中所做假设的唯一方法。每当模型的预测结果被监测或经实验室数据验证之后，模型预测能力的确信度也会得到相应提升。因此，用这些模型得到的风险评估和结论也相应地具有更高的可信度。这样在综合风险评估过程中，监测和实验室数据对归趋模型起着重要的补充作用。

10.2　化学品在大气中的迁移模型

在对大气中微量成分的分布进行建模时，将其物理和化学转化过程考虑进模型中是研究微量成分环境行为、确定排放浓度及沉降水平函数关系的关键要素。测试和模型紧密相关。一方面，测试对参数设定和模型验证是必需的；另一方面，模型结果可能会为测试结果的评价、产生、推论（空间和时间）提供一定的支持。

　　大气模型的整体结构如图 10-3 所示。需要输入的要素有气象学参数和排放数据。有时也可能需要地形数据，如粗糙度、长度、土地用途或山志学等。模型的输出包括空间和/或时间上的浓度和沉降水平的信息。模型内层处理的是大气中发生的过程（平流、分散、化学和沉降）。该部分的复杂程度因输出的具体要求而有所不同。例如，对点源邻近处的浓度水平进行预测的模型和对持久性污染物的全球分布进行预测的模型相比，采用的方法可能完全不同。大气化学可能使用复杂的非线性方式进行处理，如对臭氧形成的描述，而对于反应相对较慢的污染物，则可以用准一阶损耗流程进行处理。

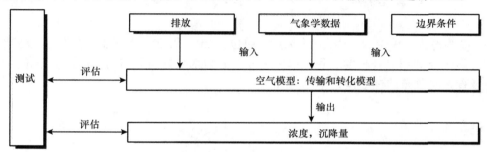

图 10-3　大气模型的整体结构

　　本节首先对不同的模型类型进行了综述，之后列出了几个可操作的空气模型实例，接下来对空气模型在新物质和现存物质风险评估中的应用进行了介绍，最后本节对气气模型的数据需求进行了描述。

10.2.1　模型类型

　　低空间分辨率的区间模型或箱模型，如多介质归趋模型等，可能是对环境水平进行初始预测最为简单的工具。在大气箱模型中，污染物假定均匀地混合于空气之中。而化学物质在箱中转化、释放、沉降及跨边界迁移引起的物质浓度变化则不予以考虑，只有在用于说明时，才倾向于选择箱模型。

　　空气中化学物质的大气分散过程可以通过两种不同的数字方法进行描述，分别是欧拉法和拉格朗日法。这两种方法各有其优势及使用限制。在开发运作模型的过程中，必须进行一定的近似处理。欧拉法使用空气区间的规则格网，其中物质的浓度和沉降都是通过解质量平衡方程得到的。欧拉法通常要求大量的计算运行时间。拉格朗日法对随大气运动移动的气团发生的过程进行跟踪。拉格朗日模型可能是以来源为导向的，即气团在特定的源头产生，而后跟踪其顺风移动的过程；也可能是以受体为导向的，即跟踪气团在源头区域的移动、吸收、释放过程，直至其移动到选定的受体区域。拉格朗日模型以一种相对简单的方式对平流进行处理，因此该模型对计算机的要求相对较低。

10.2.2 运作模型示例

1. 高斯烟羽模型

高斯烟羽模型（GPM）是一种广泛使用的空气模型，也是一种拉格朗日模型。该模型描述了物质在来源附近区域（最大不超过 30km）内的分散情况。假定大气湍流是一个随机过程，预期从点源排放出来的物质，其浓度在平均风向的垂直方向上呈现二维高斯分布。图 10-4 显示了水平方向和竖直方向上的高斯分布。根据下列方程，GPM 以最简化的形式描述了特定位置上的浓度 $C(x, y, z)$，

$$C(x,y,z) = \frac{Q}{2\pi u \sigma_y \sigma_x} \cdot \left[e^{-\left(\frac{y^2}{2\sigma_y^2}\right)} \right] \left\{ e^{-\left(\frac{-(z-h)^2}{2\sigma_z^2}\right)} + e^{-\left(\frac{-(z+h)^2}{2\sigma_z^2}\right)} \right\} \qquad （10\text{-}10）$$

式中，Q 为源强，单位为 kg/s；u 为风速，单位为 m/s；H 为有效源高，h 为源几何架高，即烟囱高度与烟羽上升高度之和，单位为 m；σ_y 为水平方向分布的标准差，单位为 m；σ_z 为竖直方向分布的标准差，单位为 m。

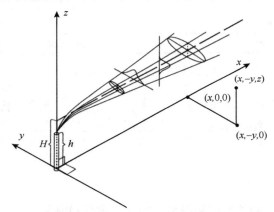

图 10-4　根据 GPM 得到的水平和竖直方向上分布的情况

σ_y 和 σ_z 的值取决于迁移距离（或迁移时间）及大气的稳定性。将 σ_y 和 σ_z 与大气变量联系在一起最为常用的表达式是由 Gifford 基于 Pasquill 稳定类型建立起来的[2]。分布的标准差可以用图形和数字的形式进行表述[3,4]，由图形和数字描述的曲线通称为 Pasquill-Gifford 曲线。

为用于 GPM 公式，分布的标准差的解析表达式通过经验确定，

$$\sigma_z = R_z r_z \qquad （10\text{-}11）$$

$$\sigma_y = R_y r_y \qquad （10\text{-}12）$$

式中，R_y、R_z、r_y、r_z 均为经验参数，其数值取决于扩散稳定类型和平均时间。

由于 GPM 模型在建模过程中做了很多假设，因此该模型有许多的应用限制，只有符合下列条件，该模型才适用。

a. 存在稳定状态（恒定的释放、恒定的风速和均匀的湍流）。

b. 沉降和化学转化过程可以忽略。

c. 风速超过 1m/s（在平静的天气条件下 GPM 模型不适用）。

d. 距离少于大约 30km（应为平坦地形，否则距离更短）。

2. 优先物质运作模型

优先物质运作模型（OPS）是用于灵活计算低反应活性污染物长期平均浓度和沉降量的大气输送模型[5]。该模型包含的大气流程有散布、干沉降、湿沉降及化学转化。模型采用统计气象学数据，要求的气象信息至少包括每 6h 的风速、风向、总光照、温度、降水量及持续时间的数据。这些数据用程序分别进行预处理以计算出必需的统计表。平均时间尺度可以为 1 个月至超过 10 年。受体点可能在规则格网上进行定义，格网范围可以从当地规模（源头周围 100m）扩展至洲际大陆规模（如约 2000km×2000km），或定义为精确的地理（x, y）坐标。例如，用户希望将模型结果与监测站的测量结果进行比较时，可以使用精确的坐标位置数据。释放可以被定义为点源与不同水平维度（扩散）面源的组合。

无论选择具何种时间点和受体点的模型，都需要考虑以下几个方面。

1）空间尺度

计算使用范围（源头周围少于约 30km 的区域）内物质的浓度是否足够，或是否必须包括 2000km 或全球范围内排放物长程输送的贡献？相关的空间尺度与成分在大气中的滞留时间相关。例如，持久性有机污染物的输送发生在全球范围之内，而重金属的输送和沉降是典型的区域性问题。

2）时间尺度

在浓度或沉降水平方面，时间尺度上是需要长期（以年为单位）平均值，还是短期（以小时为单位）平均值？短期模型用于预测短时间（几天）尺度内每小时的平均浓度，同时需要考虑气象条件随时间和空间的变化；而长期模型，由于其利用的是统计信息，因此其中的描述将会简化很多。

3）成分

建模的成分具有什么样的化学性质？对于反应成分或二次污染物，必须将大气化学纳入模型之中。二次污染物是指非直接排放出来的物质，是在大气中经过光化学反应产生的污染物。对于相对惰性的物质，可以使用更加简单的方法。而对于重气和附着有颗粒的污染物，则已经开发了专门的模型。

4）计算机设施

持续可利用的计算设备是必不可少的选择标准之一。

5）准确度

在从排放至环境影响的因果链上，不同环节的准确度应近似相同。因此当对排放及其空间分布了解的情况不多时，则没有必要使用复杂的、详细的大气模型。

10.2.3　工业化学品风险评估中当地空气模型的应用

OPS 模型具有高度的灵活性，经过调整后可以将规模、排放源、天气条件等相关信息纳入其中。但对于新物质和一些现存化学物质来说，有些信息是缺省的。因此，通用的暴露评估是基于一些假设及采用固定的缺省参数。以荷兰 Toet 和 De Leeuw 利用 OPS 就如何开展这种类型的暴露评估为例。在采用一系列的假设和固定的缺省参数后，以当地的大气进行了大量的缺省计算，以期找出化学物质的基本性质（蒸气压和亨利定律常数）与其在点源附近空气中的浓度及向土壤中沉降的量的关系[6]。模型中使用的假设和条件设置包括以下内容。

a. 实际得到的平均大气条件：以 10 年期荷兰的气象数据为依据。

b. 对气态和气溶胶中化学物质的迁移过程分别进行计算：物质在气体和气溶胶中的分配过程使用 Junge-Pankow 公式进行预测［参见式（9-9）］。

c. 由于模型是对短程输送过程进行研究，因此忽略了由沉降和大气反应过程造成的损失。

d. 假设源头具有以下特征。

源头高度：10m，代表了用于生产、加工、使用化学物质的建筑物高度。

释放气体的热含量：0，即假设不存在因蒸气与外部温度相比具有额外热量而引起的烟羽升高。

源头面积：0，理想状态下的点源。

e. 用计算得到的浓度作为长期平均值。

Toet 和 De Leeuw 对距离点源 100m 处化学物质在空气中的浓度进行了估计。该点距离的选择是随意的，仅用来表示工业场所的平均值的大小。与大气浓度估计采用的方式相同，评估采用预测方法并以 OPS 模型作为辅助手段，对气体和气溶胶中化学物质的沉降情况进行了预测[6]。化学物质向土壤中沉降的量平均分布于点源周围半径为 1km 的圆形区域内，以代表当地农业区域，并使用以下三种类型的沉降速率。

a. 气体/蒸气的干沉降：预测为 0.01cm/s。

b. 气体/蒸气的湿沉降：使用 OPS 模型进行确定。

c. 气溶胶颗粒的干沉降和湿沉降：采用 OPS 模型利用平均粒径分布进行计算。

基于以上假设及模型条件设置，对气体和气溶胶中的化学物质含量进行了计算。因物质的浓度及沉降量与源头强度呈比例关系，故评估是对强度为 1kg/s 的源头开展的，评估结果列于表 10-1 中。

表 10-1　使用 OPS 模型对强度为 1kg/s 的源头进行默认模型计算的结果

$\lg H/$ (Pa·m³/mol)	气体物质		气溶胶物质	
	100m 处的浓度/ (kg/m³)	半径为 1000m 圆形区域内的平均沉降量/[kg/(m²·s)]	100m 处的浓度/ (kg/m³)	半径为 1000m 圆形区域内的平均沉降量/[kg/(m²·s)]
<−2	$24×10^{-6}$	$5×10^{-10}$	$24×10^{-6}$	$1×10^{-8}$
−2~2	$24×10^{-6}$	$5×10^{-10}$	$24×10^{-6}$	$1×10^{-8}$
>2	$24×10^{-6}$	$5×10^{-10}$	$24×10^{-6}$	$1×10^{-8}$

表 10-1 中的结果表明，化学物质在当地大气中的浓度与其理化性质无关。因此，

一旦了解到从点源发生释放，则化学物质在距源头 100m 处的浓度可以使用下列相对简单的关系式进行估计：

$$C_{air} = \frac{E_{air}}{Estd} \cdot Cstd_{air}$$ （10-13）

式中，C_{air} 为距点源 100m 处空气中化学物质的浓度（存在于气相及气溶胶之中），单位为 kg/m^3；E_{air} 为化学物质向空气中排放的速率，单位为 kg/s；$Cstd_{air}$ 为源强为 1kg/s 情况下空气中化学物质的标准浓度，取 $24 \times 10^{-6} kg/m^3$；Estd 为标准源强，即 1kg/s。

化学物质的沉降取决于与气溶胶相关联化学物质的属性，可用较为简单的公式计算出沉降量：

$$Dp_{total} = \frac{E_{air}}{Estd} \cdot [FR_{aerosol} \cdot Dstd_{aerosol} + (1 - FR_{aerosol}) \cdot Dstd_{gas}]$$ （10-14）

式中，Dp_{total} 为总沉降量，单位为 $kg/(m^2 \cdot s)$；$FR_{aerosol}$ 为与气溶胶相结合的化学品所占的比例；$Dstd_{aerosol}$ 为与气溶胶相结合的化学物质的标准沉降量，取 $1 \times 10^{-8} kg/(m^2 \cdot s)$；$Dstd_{gas}$ 为气态化学物质的标准沉降量，该参数是亨利系数的函数，单位为 $kg/(m^2 \cdot s)$，参见表 10-1。

基于对该模型计算不确定性的分析，Toet 和 De Leeuw 得出了如下结论：当考虑了源头高度、释放烟羽的热含量及释放气溶胶的粒径分布后，可以极大地提高预测浓度的准确度[6]。

10.2.4　空气模型的输入需求

通过上述实例可以看出，模型的数据输入需求和所描述的空气模型的复杂程度之间存在紧密关联。因此，输入需求，包括其在时间、空间上的分辨率取决于具体的模型。但无论采用何种模型，至少需要下列信息[7, 8]。

1. 排放数据

除了污染物的排放速率，还包括源头本身的信息，其地理位置、烟囱高度、体积排放速率、废气温度等。排放源可以界定为点源或扩散源。在点源附近，最大浓度取决于排放速率随时间的变化。例如，在与交通相关的位置，每天的浓度曲线将与车辆运行强度在每天内的变化情况呈平行关系。在每天早、晚交通高峰时间，可以观察到浓度升高，而平均浓度则与排放速率随时间的变化情况无关。

2. 物理和化学数据

空气模型中化学物质的物理和化学数据需要该物质在气体-颗粒间的分配及沉降相关参数。该数据应当在物质的蒸气压和溶解性数据基础上进行初步估计。同时需要提供该物质光化学降解的粗略信息。

3. 气象学数据

风速和风向是最为重要的气象学参数，同时需要大气稳定性（或大气湍流）、混合高度、温度、太阳辐射及云层和降水的相关数据。根据模型的类型，可能需要统计数据

（每年的平均值、风图等）或短期内的数据（如 1h 内的平均值）。

4. 地形类型

对环境水平进行初始估计时，通常并不使用与地形相关的数据。许多模型假定的是平坦的地形，更加复杂的模型则需要关于地表特征的信息（如地形类型、土地用途、粗糙度、长度等）。

10.3　化学品在水体中的迁移模型

环境暴露评估中最为常用的模型，除了空气模型外，当数预测化学物质在地表水中分布的模型。在过去的几十年间，已根据特定的需求或特定的地表水体系，开发了多种不同的地表水模型。这些模型中，既有非常简单的数学方程模型，其中物质在河水中的浓度根据特定流出物中物质的浓度除以特定的稀释因子得到；又有高度复杂的模型，如预测整个河水或整个水系中物质浓度的模型。简单模型忽略了化学物质排放至水体后的移除过程，而复杂模型对诸如挥发、吸附、沉淀及生物和非生物降解等过程进行了评估。

10.3.1　简单稀释模型

最简单的水体模型就是稀释模型。该模型通过用家庭或工业排放污水中的化学物质浓度除以特定的稀释因子获得物质在水中的浓度。稀释因子可以是以管理为目的的用于标准暴露评估的通用数值，也可以是基于污水排放和河流体积流而得到的场所特定数值。模型中考虑了江河流量随季节变化及污水排放流量随时间变化的情况。使用简单稀释模型进行计算，完全混合后，河水中化学物质的浓度（C_∞）表示如下，

$$C_\infty = \frac{C_w Q_w + C_e Q_e}{Q_w + Q_e} \tag{10-15}$$

式中，C_w 和 C_e 分别为化学物质在河水和排放污水中的浓度，单位为 mol/m^3；Q_w 和 Q_e 分别为河水和污水的流量，单位为 m^3/s。对于新物质或只有一个排放源的物质而言，C_w 为 0，这样就得到了最简单的稀释模型，

$$C_\infty = C_e \cdot DF \tag{10-16}$$

式中，DF 为污水的稀释因子[$Q_e/(Q_w+Q_e)$]。通常在进行评估的过程中，该稀释因子可以是所考虑地区或国家所有 DF 值的平均值、中值或数值的 90% 或 95%。需要说明的是，简单稀释模型中假定化学物质在河水中的分布是均匀的，因此该模型不能为发生排放的水体中化学物质的平流和散布提供任何信息。

与暴露浓度更加近似的结果是通过观察与特定化学物质排放场所相关的所有 DF 值的分布而得到的。对于那些主要经过废水处理厂（WWTP）处理后排放到水体环境中的家用化学物质而言，对暴露浓度的估计可以通过使用特定区域内所有排放位置的废水流量和河水流量进行统计评估实现。De Nijs 和 De Greef 使用一种分散模型对荷兰境内所有废水处理厂排放出污水的稀释情况进行了预测[9]。利用分散模型计算了混合长度、稀

释因子及其他重要参数，如每个 WWTP 的 Reyn-olds 数等，并使用这些数据计算了从 WWTP 排放口起 1000m 处稀释因子的全局分布情况。图 10-5 给出了这一分布的直方图。

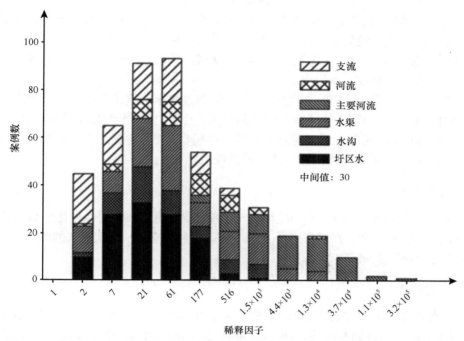

图 10-5　荷兰境内向地表水排放污水的所有 WWTP 排放口下游 1000m 处 DF 的直方图

从图 10-5 可以看出，DF 值表现出了明显的变动。需要说明的是，简单稀释模型依然没有将化学物质进入水区间后的归趋考虑在内。对接收水体中化学物质的吸收、降解和挥发进行预测的模型有 HAZCHEM[10]、PGROUT[11,12]和 GREAT-ER[13,14]。所有这些消除过程均近似为一级衰减过程，其速率常数已用于式（10-17）之中。如果已知分配系数，则吸附和溶解浓度也可以通过计算得到。然而应当注意，在距污水排放口较短（以 1000m 为例[6,15]）的距离内，与河水的稀释作用相比，消除过程对河水中最终浓度的影响较小。在离开排放口几千米的范围内，只有那些生物降解半衰期短及吸附系数高的化学物质才能在水体中观察到显著的消除效果[16]。因此，简单稀释模型通常可能会给出较满意的预测。

10.3.2　分散模型

溶质及悬浮物质在自然界河流中发生的分散和混合也有大量的研究与报道[17-20]。描述浓度（x, y）与地表水位置函数关系的分散模型有 Dilmod[21]和 CORMIX1[22]。分散模型的典型示例是泄漏模型，该模型用于计算化学品意外排放至水体后较短时间内的浓度。在短时间尺度上，平流和分散是最为重要的作用。蒸发、吸附和降解可能也起一定的作用，但与稀释过程相比，这些过程的影响相对较小[7]。在发生这种类型的瞬间点排放后，混合区域下游化学品的浓度可以根据 Fischer 的理论建模[19]，

$$C(x,t) = \frac{M/A}{\sqrt{4\pi D_x t}} e^{-\frac{(x-ut)^2}{4D_x t} - kt}$$ （10-17）

式中，$C(x,t)$ 为排放 t 时下游距排放点 x 米处的浓度，单位为 g/m^3；M 为泄漏化学品的质量，单位为 g；A 为河流的横截面积，单位为 m^2；D_x 为一维纵向分散系数，单位为 m^2/s；t 为时间，单位为 s；x 为下游距排放点的纵向距离，单位为 m；u 为平均流速，单位为 m/s；k 为一级衰减系数，单位为 1/s。

从式（10-17）可以看出，通过插入水文学参数的标准值或实际值，该模型既可以作为通式应用，又可以用于描述特定位置的行为。然而，为使泄漏模型适用于特定场所，如制造或储存设施，可能会需要更加复杂的二维模型。下面通过一个具体的例子来描述采用式（10-17）对瞬间点排放进行评估的过程。

1. 问题描述

一家位于大河附近的化工厂，因为生产设施故障致使 100kg 的有毒化学品 X 在极短的时间内进入河水之中。在该厂下游 50km 处有一个供应大城市饮用水的取水点，管理部门是否应当临时关闭该取水点？

2. 已有信息

饮用水质量标准中规定化学品 X 的限量为 10μg/L。其在地表水中的降解速率常数（k）为 10^{-6}s^{-1}。河流的特征为：深（h）4m，宽（w）100m，平均流速（u）1m/s。

3. 解决方案

需要考虑的第一个问题应当是使用什么类型的模型：是使用一维还是二维泄漏模型？为回答这一问题，首先必须了解混合带的长度（L_{mix}）。该长度可以使用式（9-10）进行估计，

$$L_{mix} \approx 0.4 \frac{u \cdot w^2}{D_y}$$ （10-18）

式中，横向分散系数 D_y（m^2/s）使用式（10-19）进行估计，

$$D_y = 0.6 \, (\pm 0.3) \, du_*$$ （10-19）

剪切应力速度 u_*（m/s）指沉积物-水界面处水流的速度，可用式（10-20）计算得到，

$$u_* = \frac{u}{C} \sqrt{g}$$ （10-20）

式中，g 为重力常数，取 9.81m/s^2；C 为 Chezy 系数。Chezy 系数可以用 Manning 系数（$n_{Manning}$）估计得到，根据式（10-21），该系数同时表示了沉积物的粗糙度，

$$C = \frac{1.5 R_h^{1/6}}{n_{Manning}}$$ （10-21）

式中，Manning 系数的范围可以从 0.020（对于普通的河流、运河）扩展至 0.035（对于极度湍急的山溪）；水力半径 R_h（m）可以通过式（10-22）进行定义，

$$R_{\mathrm{h}} = \frac{wh}{w + 2h} \qquad (10\text{-}22)$$

4. 计算

宽度为 100 m，深度为 4m 时，可以得到水力半径为 3.7m。使用 0.025 作为 Manning 系数值，式（10-21）给出 Chezy 系数的数值为 74.6。将此数值应用于式（10-20），可以得到剪切应力速度为 0.04m/s。将此数值应用于式（10-19），得到横向分散系数为 0.1m²/s。利用宽度为 100m，平均流速为 1m/s 和式（10-19）给出的混合长度约为 40km。因此，可以假设化学品已在河水中完全混合。此时，可以使用一维模型[式（10-17）]预测化合物在距泄漏点 50km 处的浓度。为运行此模型，必须事先有一维纵向散布系数 D_x。Fischer 提供了估计纵向散布系数的方法[19]，

$$D_x = 0.011\frac{u^2 w^2}{hu} \qquad (10\text{-}23)$$

用式（10-23）可以计算得到纵向散布系数为 655m²/s。基于以上得到的信息，可以使用式（10-17）计算饮用水取样口处化学品的浓度-时间关系曲线，如图 10-6 所示。需要注意的是，此案例中未考虑降解及沉积物-水之间的交换过程。从图 10-6 中可以看出，在泄漏约 13h 后取水口处化学品达到最大浓度（12μg/L），该浓度稍微超过了饮用水质量标准（10μg/L）。因此，有关部门应采取适当的应对措施。

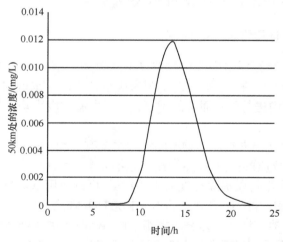

图 10-6　根据式（10-17）计算化学品 X 在下游距泄漏点 50km 处的浓度

10.3.3　区间模型

区间模型描述了污染物通过地表水系统进行迁移和转化的过程。在该模型中，地表水系统被分为多个部分，每个部分中均含有一组成分（图 10-7）。因此，污染物的迁移和转化过程可以描述为其与邻近部分之间的流量。这种模型作为一组常微分方程进行开发，每个区间均具有一个质量平衡方程。大部分的地表水区间模型包括水层和沉积物层。对于研究物质，可能需要考虑其吸附至有机物质、碎石和无机物质（沙子及黏土颗粒）

上的过程；必要时，也应考虑颗粒的沉积及再悬浮过程。对于有机物质而言，除了向水表面上方空气中挥发以外，对其转化过程（生物降解、光解、水解等）也应进行考虑。在沉积物层，应特别关注还原性条件及沉积物的埋藏行为。一个地表水区间模型其实就是一个仅考虑了水层和沉积物层的多介质简化模型。与多介质模型相比，其主要区别在于水和沉积物区间及各部分间平流和分散迁移过程数量上的差异。

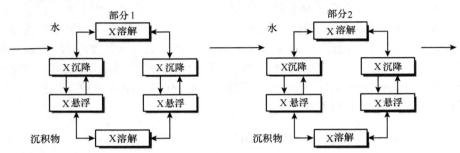

图 10-7　两部分组成多区间水模型（每个区间中均涉及物质三种状态间的变化）

区间模型的典型示例有由美国 EPA 开发使用的 EXAMS[23,24] 和 WASP4[25] 及 DELWAQ[26] 模型。由于模型的复杂性，一般需要大量的数据[7]。河水整体也可以通过彼此连接的河段进行建模，这些河段被认为是充分混合的部分或区间。这种模型有 GREAT-ER[13, 14]、PG-ROUT[11, 12] 和 RhineBox[27]。

10.3.4　废水处理厂消除化学品的预测

计算工业污水和家庭污水中流出物浓度的关键是了解化学物质在被排入水体环境之前是否经过了 WWTP。在许多国家中，只有少量的市政污水得到了处理，并且多数是在运转不灵的处理厂内进行的；而有的国家，几乎所有的废水均经过二级处理，有的甚至经过三级处理。

一般而言，WWTP 中去除化学物质的流程主要有三种：微生物生物降解、淤泥吸附和挥发。因此，化学物质的去除率取决于其理化性质、生物性质及 WWTP 的操作条件。如果没有 WWTP 对化学物质消除程度的实测数据，可以使用 WWTP 模拟模型进行预测。该模型的一个示例是由 Struijs 等开发的 SIMPLETREAT 模型[28]。该模型中，对污水在由一级沉淀池、曝气池和液体固体分隔器组成的 WWTP 中达到稳定状态后的浓度进行了估计。如图 10-8 所示，该模型共由 9 个区间组成。

模型中对化学物质的去除率可以根据正辛醇-水的分配系数（K_{ow}）进行估计，如有可能，也可以根据悬浮的固体-水分配系数（K_p）、亨利定律常数及生物降解测试结果进行估计。根据标准的快速生物降解或固有的生物降解测试结果，可以为计算的化学品和由降解、吸附和挥发引起的总去除过程指定一个特定的一级反应速率常数。如果没有关于生物降解的测试数据，也可以使用 SARs（如 BIOWIN 模型）对速率常数进行估计。

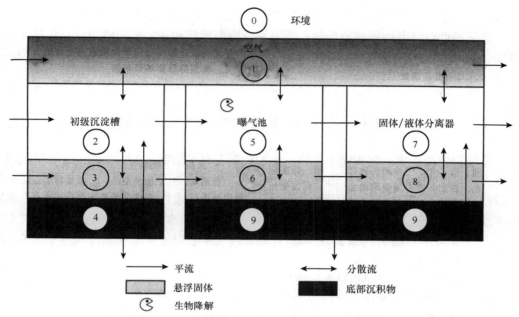

图 10-8　废水处理厂模型 SIMPLETREAT 的概念图[28]

10.3.5　水体模型的数据需求

与空气模型相似，水体模型的数据需求很大程度上依赖于所使用模型的类型。一般而言，水体模型中需要排放场景、化学性质及环境特征的相关数据[6, 7]。

1. 排放场景

化学物质的排放场景很大程度上决定了模型的选择。由连续排放（如通过 WWTP 的家用化学品）产生的浓度可以使用稳态模型进行计算。在计算排放物中化学物质的浓度时，需要了解化学物质的年产量及 WWTP 平均或最差的降解比例。对于批流程，必须了解一年中排放期的数目及时间，以确定稳态模型是否充分或必须使用动态模型。可以使用前述的泄漏模型，但必须获得关于泄漏的体积和总量（kg）方面的信息。

2. 化学性质

对于未将排放后化学物质的归趋纳入模型之中的简单稀释模型和散布模型，一般获得了化学物质的分子质量和水溶性方面的数据就足够了。对于更加复杂的模型，为了估计挥发速率、非生物和生物降解速率常数（在地表水和沉积物中发生的水解、光解、氧化、生物降解），就需要关于吸附性质（K_p 或 K_{oc} 值）、离子化常数、蒸气压或亨利定律常数的信息。

3. 环境特征

环境方面的数据需求很大程度上也取决于模型的选择。为了预测稀释因子，简单稀释模型需要了解排放量及水流方面的信息。基于水流季节变化的平均值和最坏情况值可能会用于模型之中；另外，可能会使用某地区内所有 DF 值的统计学分布。

当开展针对特定场所的分析时，需要系统表面形状和水文学的数据，这包括流量、水深、面积、降水、流出河道和非点源流，甚至地下水流。此外，也可能需要挥发速率、风速、悬浮颗粒量及沉积物量、溶解的有机碳含量、水体的 pH 及温度等。

10.4　化学品在土壤中的迁移模型

化学物质对土壤及沉积物中生物产生的影响正日渐引起人们的关注。这不仅是因为在许多国家已发现了严重的土壤污染，而且持久性化学物质的扩散、长期分布正变得越来越明显。此外，多个国家地下蓄水层的污染使其饮用水供应受到威胁。因此，土壤和地下水的暴露评估已成为化学物质风险评估过程中不可或缺的组成部分。从传统上来看，土壤和地下水暴露评估的开发与设计始终与化学物质进入土壤的方式息息相关。典型的暴露场景包括以下内容。

a. 农业用地上杀虫剂和肥料的使用。

b. 农业用地上污水处理厂淤泥的使用。

c.（持久性）化学物质的沉积，其中包括空气中杀虫剂在自然界土壤或农业用地上的沉积。

d. 被污染的场所。

e. 从高速公路向邻近土壤的径流。

10.4.1　土壤模型中的归趋流程

在所有的环境区间之中，土壤是最为异质的部分。土壤可以看作由 4 个不同的相组成，分别为空气、水、固体和生物。该系统具有数量众多的大梯度；温度及水分也存在显著差异；具有高度反应性的表面，并富含生物；同时含有氧的区域和无氧的区域。这些参数的实际数值及其存在与否，在很大程度上决定了化学物质在土壤中的归趋，这就导致准确地预测化学物质在土壤中的归趋变得非常困难。此外，土壤的用途也对化学物质进入土壤的具体方式有着重要的影响。

土壤模型中通常考虑的化学物质归趋流程如图 10-9 所示。化学物质在土壤中的流动性很大程度上取决于其在空气-土壤、水-土壤间的分配系数，该系数决定了化学物质分配到固定的固体相中的程度。土壤吸附作用影响化学物质通过土样进行的迁移、从土壤表面的挥发及横向和纵向输送。土壤中生物对物质的生物利用性，包括植物吸收及土壤中微生物的生物降解过程，很大程度上取决于未吸附到土壤中固体部分上的化学物质所占的比例。土壤对有机化合物的吸附能力与土壤中的有机物或有机碳含量直接相关。除土壤中有机物的含量外，可能影响土壤对重金属和有机污染物的缓冲能力与保留能力的其他重要土壤性质也得到了确认[29, 30]。表 10-2 中总结了重金属与有毒有机化合物在土壤中进行迁移时的影响因素，即土壤能力控制性质（CCP），CCP 对物质归趋和流动性的影响在表 10-2 中也进行了清晰的定性解释。

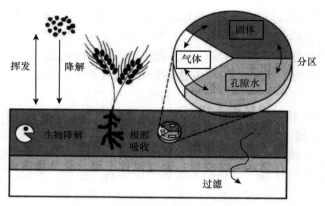

图 10-9 土壤中化学物质归趋流程

表 10-2 土壤能力控制性质（CCP）

CCP	环境影响
阳离子或阴离子交换	阳离子或阴离子交换依赖于无机黏土矿物成分及其类型、有机物（OM）含量、交换能力（阳离子或阴离子交换）及土壤的pH；当土壤的阳离子或阴离子交换能力低时，其通过吸附对阳离子（如金属）或阴离子（如有机阴离子）的保留能力也较差
pH	降低 pH 往往会提高重金属的溶解性，减弱阳离子交换并改变土壤微生物群落
氧化还原电位（Eh）	降低氧化还原电位（还原性更强的条件）会溶解铁和镁的氧化物，从而使氧化物吸附的化学物质发生移动；提高氧化还原电位（氧化性更强的条件）会通过溶解金属硫化物而使重金属发生移动
有机物质（OM）	OM 减少会减弱阳离子交换以及降低 pH 缓冲能力、化学物质吸附能力、土壤持水能力，改变物理结构（如提高侵蚀度）及减弱微生物活动
结构	改变土壤的结构可能会减少排水，从而提高氧化还原电位，提高土壤侵蚀度，影响化学物质向水中释放的速度，并影响 pH
盐度	增大盐度会通过改变离子交换平衡而促进有毒化学物质的溶解，增强溶液中的络合反应，降低热力学活动，也可能会减弱微生物活动
微生物活动	改变微生物活动和种群生态，可能会降低毒性有机物的降解（即增大累积量），并改变氧化还原电位和 pH

土壤中的地下水系统也会发生吸附和降解，但由于地下水中有机物的含量及微生物的活动都很弱，因此地下水模型中经常会忽略吸附和降解中的一种，甚至两种。事实上，地下水中的吸附和降解作用取决于其所处的深度及土壤层的来源。渗透作用也会受到天气、植被及阻水层或裂纹等特定条件的影响，这些影响通常在模型中不予考虑。

10.4.2 模型类型

与空气模型和水体模型相比，土壤模型的选择（在计算方法和维度方面）更多依赖于应用目的。例如，用于评价杀虫剂的归趋通常选择动态模型，这是因为动态模型能够在单次应用之后，对某些点上保留的浓度进行描述。然而，在评价由连续大气沉降过程导致的持久性化学物质在自然环境中的长期积累时，稳态模型就已足够。一般来讲，对土壤中化学物质的去向进行评价的模型分为两类，即用于模拟地下水中不饱和带化学品归趋的模型及用于模拟饱和带化学品归趋的模型。大多数的不饱和带模型是一维的，仅用于模拟垂直迁移过程。这些模型的结果常被用作地表水模型的输入条件。地表水模型虽然也有三维模型（包括垂直运动），但通常都是二维的（水平输送过程）。大多数的模型都假设固相、孔隙水相和气相间达到平衡。然而，吸附可能因考虑不同层次的性质而不同。

评价化学品归趋的模型包括杀虫剂根区模型（PRZM）和季节性土壤区间模型（SES-OIL）。PRZM 模拟的是不饱和带中杀虫剂的垂直运动，包括作物根区范围内及以下的运动及向水层中的扩展[31]。该模型需要考虑渗透、侵蚀、径流、植物吸收、叶洗刷及挥发过程。通过使用一阶反应速率常数，降解过程被合并在一起进行考虑。SESOIL 模型是设计用于预测有机物和金属在未饱和土壤带的迁移过程及其向邻近地下水中渗透的过程的[32]。模型对垂直对流、挥发、吸附、阳离子交换、金属络合、水解和一级衰减过程均进行了考虑。通过预测每相及每个土壤层中的浓度分布，该模型得到了浓度月底平均分布曲线。与之类似的模型有 EXSOL[33]和 PESTLA[34]，差别在于归趋流程的描述上。

10.4.3　土壤模型在工业化学品风险评估中的应用

与杀虫剂的情况不同，用于土壤归趋模型的现有数据通常较少。因此，为了对进入土壤的化学物质产生的潜在风险进行探究，就必须做出大量的假设并采取特定的推导步骤。欧盟新化学物质风险评估的指南文件描述了一种非常简单而且直接的方法，可对直接施用或通过污水淤泥施用的化学物质在土壤中的浓度进行计算[35]。土壤中的初始浓度是通过假定耕作过程中化学物质与表层土壤（通常是将深度固定于 20cm）得到了充分混合而获得的。由于此过程未对化学物质施用后的消除机制进行考虑，因此此模型会导致高估。近年来，欧盟物质评估体系（EUSES）在风险评估、欧洲化学工业生态学与毒物学中心（ECETOC）在环境暴露评估报告中均已提出了模型的替代方法[13, 36]。EUSES 用一种修改后的 PESTLA 模型计算土壤表层 20cm 及地下水最上层 1m 范围内的浓度[34]。PESTLA 模型是一种动态流程模型，该模型以土壤中反应性可降解溶质的一维对流/散布输送方程为基础。该模型用于评估从土壤层泄漏到饱和水区中的杀虫剂浓度分布，并可以用于支持杀虫剂管理的决策过程。由于 PESTLA 模型是用于对周期性施放的杀虫剂进行评估的，因此该模型边界包括了一种脉冲型的单剂量的应用。这种应用与污水污泥的单剂量应用相似。另一种类型的输入，如大气沉降导致的日常剂量也可以纳入到该模型中。PESTLA 模型的部分特征如下。

a. 反映所选参照物的吸附特征：沙土具有低的有机物含量及地下水含水层。

b. 假定化学物质在释放后直接分布于土壤上层 5cm 的范围之内。

c. 从长期来看，植物（如使用培育的一种玉米）对水和物质的吸收会引起物质浓度的降低。

d. 假定土壤中的累积量及深层地下水中的最大浓度与物质施放速度之间存在线性关系。

e. 在计算过程中使用降水量相对较高年份的降水量数据（75%）。

f. 该模型不适用于挥发性物质。

PESTLA 模型用于对单次用量为 1kg/h、有机物质吸附系数（K_{om}）和生物降解半衰期（DT_{50}）各种组合下物质的累积与渗透潜力进行建模。图 10-10 展示了模型的结果：渗透至 1m 以下的化学物质百分比（图 10-10A）和保留于土壤表层的化学物质百分比（图 10-10B）。这些数据，连同物质的施放速度，被用于计算土壤和地下水中的化学物质浓度。施放速度是根据利用污水处理模型得到的污水污泥中化学物质的数量及其向空气中排放后产生的沉降量计算得到的。

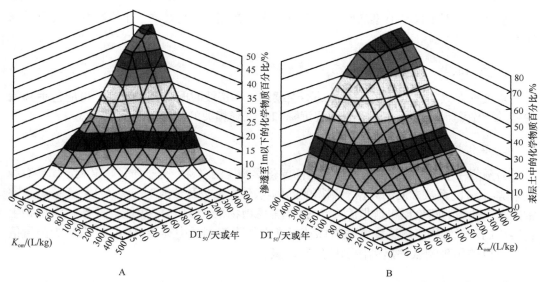

图 10-10　渗透至 1m 以下的化学物质百分比（A）和表层土中的化学物质百分比（B）与 K_{om} 及 DT_{50} 之间的函数关系[37]

图 10-10A 显示，只有那些在土壤中半衰期超过 40 天及 K_{om} 值小于 200L/kg 的化学物质才会发生显著的渗透；而图 10-10B 显示，只有半衰期超过 40 天的化学物质才会在土壤表层发生显著的累积。当物质的 K_{om} 超过 20L/kg 时，才会发生相关的累积。

欧洲化学品生态毒理学和毒理学中心（ECETOC）采用一种类似的方法[13]开发了土壤模型，用于计算多年暴露后邻近点源的土壤中化学物质达到稳态时的浓度。从空气向土壤的沉降及污泥的应用控制了化学物质的输入量；而吸附、挥发、生物降解和渗透过程最终决定了化学物质在土壤与地下水中的浓度。模型中对自然土壤（化学物质仅通过沉降获得）和可耕作土壤（化学物质通过沉降和施用污泥两种方式获得）进行了区分。在可耕作土壤中的稳态浓度可以通过下面的方程计算得到：

$$C_{soil} = \frac{Dp_{total} + Sl_{appl}}{(k_{degr} + k_{leach} + k_{evap}) \cdot H_{soil} \cdot R_{soil}} \quad （10\text{-}24）$$

式中，C_{soil} 为稳态下化学物质在土壤中的浓度，单位为 kg/kg；Dp_{total} 为根据式（10-14）得到的总沉降量，单位为 kg/(m² · s)；Sl_{appl} 为以活化污泥形式施用物质的速率，单位为

kg/($m^2 \cdot s$)；k_{degr} 为土壤中的（生物）降解速率常数，单位为 1/s；k_{leach} 为因渗透过程导致的消除速率常数，单位为 1/s；k_{evap} 为因挥发过程导致的消除速率常数，单位为 1/s；H_{soil} 为土壤深度，单位为 m；R_{soil} 为土壤的密度，单位为 kg/m^3。

k_{degr}、k_{leach} 和 k_{evap} 的值是基于物质理化性质、环境特征、土壤-水-空气间迁移系数及非生物和微生物降解速率计算得到的[37]。计算化学物质在天然土壤中的浓度时，可以将式（10-24）中污泥的参数忽略掉。

10.4.4　土壤模型的数据需求

土壤和地下水模型典型的数据可以分为应用数据、理化性质、土壤特征及气象学条件[37-39]。

1. 应用数据

杀虫剂尤其需要应用量（通常是不连续的）和持续时间的相关资料，也应包括初始浓度的详细资料。此外，还需要与湿沉降和干沉降相关的直接应用信息。

2. 理化性质

为预测在土壤中的分配情况，至少需要化学物质的名称、分子质量、亨利定律常数和正辛醇-水分配系数方面的数据。测得的固体-水分配系数及（准）一级（生物）降解速率常数对于适当的归趋预测是非常关键的。当考虑植物根区吸收时，可能会需要土壤-植物生物转移因子。生物降解速率常数可以从标准生物降解测试中推导得到[40]。在缺少测量值时，可以使用预测软件提供指示性的参数值。

3. 土壤的特征

土壤密度、孔隙率、水分含量、有机物或有机碳含量数据非常关键。有的模型将土壤假定为单一的均质层，而其他的模型中则将土壤分割为多个水平的层，每个层均具有其特定的性质。这些层之间的生物降解及吸附过程存在很大差别。当模型与决定归趋的性质定量相关时，也需要 pH、阴阳离子交换能力、氧化还原电位方面的数据。而地下水模型需要蓄水层深度、宽度、化学物质输入位置、导水率及水压梯度、抽水位置处垂直散布及回收率方面的信息。

4. 气象学条件

为确定通过土层的水通量，必须了解年度降水量、土壤水分蒸发蒸腾损失总量和径流量。温度和风速能控制蒸发过程，而光照强度会影响光降解。

10.5　化学品在多介质中的迁移模型

如果化学物质排放到一种介质之中，并且滞留于其中，直至通过降解或平流将其消除，则单介质模型就可以完美地对环境中的浓度进行预测。然而，如果化学物质同时排放至多个介质区间之中，或排放至一个区间后，会迁移到其他区间之中，此时就必须考虑物质在多介质间的迁移过程，以评估物质在环境中的最终归趋。多介质模型是专门设计用于此种用途的。本节内容对多介质模型的特征及其外在的、内在的假设条件进行了简单的介绍，然后对多介质模型的用途及限制进行了描述，随后给出了模型的数据需求及现有不同模型的信息，最后给出了大量计算实例，对这些模型的应用进行了展示。

10.5.1　特征与假设

多介质归趋模型是区间质量平衡模型的典型示例。整个环境由一组空间上均一（零维）的区间组成，每种环境介质使用一个区间代表，并假定化学物质在其中均匀分布（图 10-11）。模型中考虑的典型区间有：空气、水、悬浮固体、沉积物、土壤和水生生物。多介质模型最先由 Mackay 及其合作者于 20 世纪 80 年代提出[38, 41-44]。随后，人们又在此基础上进行了大量的研究[44-48]。较早使用的 SimpleBox 模型是欧盟 EUSES 风险评估模型的基础[49, 50]；而 Mackay 早期的模型描述了一个固定的"世界体系"，该模型可代表全球规模。经过不算完善的发展，Mackay 后来的模型可以根据用户的需要定制环境，并定义更小、更开放的空间规模。近来，空间分布多介质归趋模型的使用变得更加普遍[50-61]。

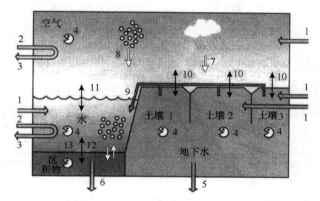

图 10-11　多介质质量平衡模型概念示意图[46]

1. 排放；2. 输入；3. 输出；4. 降解；5. 渗透；6. 埋藏；7. 湿沉降；8. 气溶胶干沉降；9. 径流；
10, 11. 气体的吸附与挥发；12. 沉积和再悬浮；13. 吸附和脱附

一个典型的区域多介质模型描述了范围介于 $10^4 \sim 10^5 km^2$ 的区域。在通用形式下，模型可以说明一个或多个区间的排放情况，与系统外区间（空气和水）通过输入、输出进行的交换，各个区间内的降解及区间之间通过各种机制进行的迁移（图 10-11）。虽然不同学者设计的模型所用的公式存在细微差别，但通常应对质流动力学进行尽可能简单的定义：质流或者是恒定的（排放、输入），或者由（准）一级反应速率常数控制（降解及介质间输送）。在所有模型中，用户必须为这些质流提供参数值，从而为模型提供输入值。

使用多项标准，如平衡或非平衡、稳态或非稳态，并在考虑是否将降解纳入计算过程的基础上，Mackay 和 Paterson 为多介质模型引入了一种分类机制[42]。该分类法中的第一

类是 Level Ⅰ 模型，该模型描述了给定数量的化学物质在上述介质中的平衡分配情况。Level Ⅱ 模型模拟了化学物质向多介质环境中连续排放的情况，在环境中会发生分配、平流和降解，模型中假定介质间的输送过程无限快，以致在介质间维持一种热力学平衡状态。在 Level Ⅲ 模型中，假定了一种真实的介质间输送动力学，因此介质可能不处于热力学平衡状态，该模型计算了所有区间中化学物质的稳态浓度。Level Ⅳ 模型假定了一种非稳态，从而产生了与时间相关的化学物质浓度。表 10-3 对这些模型进行了概括。

表 10-3　具有相应信息要求和模型输出的多介质模型层次[42]

模型分类	类型	需要的信息	结果
Ⅰ	平衡、守恒	理化性质 模型环境特征 系统中化学物质的量	化学物质在区间之间的分布
Ⅱ	平衡、不守恒	Level Ⅰ 需要的性质及总体排放速率，不同区间中的转化和平流速率	在区间之间的分布，环境中的寿命
Ⅲ	稳态、不守恒	Level Ⅱ 需要的性质及区间内特定的排放速率，实际介质间的迁移速率	可以更加准确预测：寿命，化学物质的量，不同区间内的浓度
Ⅳ	稳态、不守恒	与 Level Ⅲ 相同	随时间变化的浓度，达到稳态的时间，清除时间

10.5.2　多介质模型的数据需求

多介质模型的准确程度取决于是否将潜在相关的所有现象均考虑在内，以及是否使用了化学物质的实际数据。表 10-4 给出了为多介质模型运行所需要的典型的理化性质。

表 10-4　多介质模型的典型数据需求

必要的模型输入数据	起支持作用的物质性质
亨利定律常数	分子量
沉积物-水分配系数	水溶解性
固体-水分配系数	正辛醇-水分配系数
空气中的半衰期	蒸气压
水中的半衰期	（估计的）受·OH 自由基的持续攻击
沉积物中的半衰期	易生物降解（是/否）
土壤中的半衰期	

Level Ⅰ 模型的参数为介质间分配系数（空气-水、水-固体）。Level Ⅱ 模型及更高层次模型的参数还额外需要物质在空气、水、沉积物和固体中的降解速率常数。遗憾的是这些数据通常较难获取。在缺少实际测量获取的分配系数的情况下，可以使用结构活性关系（SAR）依据物质的基础性质进行预测。使用预测的输入信息，其结果是模型的输出结果也将取决于使用的 SAR 方法的质量。通常，生物降解速率常数是从标准降解测试推导出来的，或使用 SAR 估计得到。

10.5.3　应用和限制

作为暴露评估的第一个步骤，多介质模型主要用于确认可能发生的介质间分配的程度。如果预测结果表明化学物质不会向第二个区间发生显著的分配，则应集中对主要的区间进行深入的暴露评估。由于介质间输送过程通常十分缓慢，因此只有经过较长的时间之后，其对化学物质归趋的影响才能变得显著。

多介质模型主要应用之一是对区域性（通常介于 $10^4 \sim 10^5 \mathrm{km}^2$）及更大范围内化学物质的暴露进行评估。这些模型尤其适用于计算预期环境浓度（$\mathrm{PEC}_{regional}$），特别是具有高度扩散模式的化学物质。在欧盟，Level Ⅲ 模型的结果已被用于对新物质和现有物质进行风险评估[1, 35]。除计算化学物质的区域浓度之外，Level Ⅲ 模型结果也被用作当地模型的输入信息。在使用这些模型时，如果将从"外部"进入空气或水体的化学物质的浓度设置为零，则化学物质的实际浓度将被低估，尤其是对于具有广泛分散用途的高产量化学物质。将更大的区域输入多介质模型之后，根据排放速率计算出的区域浓度可以用作当地模型计算的边界浓度。

多介质模型中最为关键的一个流程就是在液相和固相之间的分配过程。大多数模型延续了 Mackay 先期模型的传统，根据正辛醇-水分配系数（K_{ow}）估计出固-液分配系数，意味着多介质模型特别适用于可以准确测试或估计 K_{ow} 值的有机化学物质。如果将多介质模型用于可离子化的化合物、表面活性物质、聚合物或无机化合物（包括金属），必须根据物质的理化性质进行修改。例如，Mackay 和 Diamond 使用一种"等效"的模型描述了环境中铅的归趋[61]，而在对镉进行计算的示例中，用户必须输入固体-水和沉积物-水之间的分配系数或与气溶胶结合的化学物质的百分比，以修改标准预测途径。

如果多介质模型将整个世界或整个区域中的环境使用均质的箱子进行表示是对现实世界所做的重大简化，那么，在多介质模型的概念中，这种极端的简化既是一个劣势又是一个优势：忽略了空间上的差异，模型可以集中研究介质间的分布及化学物质的最终归趋。因此，通过多介质模型计算出的浓度可以解释为现实世界中预期会存在的浓度的"空间加权平均值"。然而，关于均质性的假设，也为其带来了显著的风险，即忽略了可能存在的本地化影响。在大面积范围内，零维的缺陷将变得非常明显，这是因为除了空气，将大范围的环境作为均质性区间的假设看起来难以符合现实。为克服这一问题，人们在简单的箱模型如 SimpleBox 中引入了"嵌套"的概念[49, 50]。在嵌套模型中，区域或更小规模模型的输入和输出与洲际规模的模型相联系，而洲际模型又与全球规模的模型相联系。通过此种方式，当评估化学物质的整体归趋时，就可以考虑区域内特定的环境特征。图 10-12 显示了这一嵌套模型的概念[49, 50]。

目前，由于缺少相应的研究，多介质模型的验证至今依然十分困难[62]。如果使用具有确定环境特征的常规评估模型进行评估，则其对多介质模型的验证结果就显得很荒谬，这是因为在现实中并不存在环境特征很明显的环境。为了验证模型设置，可以把区域的一般特征在后面的阶段进行修改，环境参数方面区域特定的信息及排放速率方面的特定信息也可以引入模型之中[43, 63]。

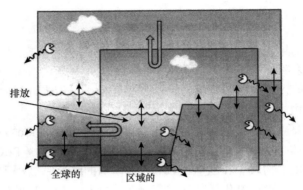

图 10-12　"嵌套"多介质模型概念

10.5.4　多介质模型的应用

Mackay 类多介质归趋模型根据需要现已发展了很多不同的类型，这些模型大多数已标准化并提供给不同用户使用，如 HAZCHEM[10]、SimpleBox[46,49,50]、CemoS[47]、CalTOX[48]、ChemCAN[51]、EQC[56]、ChemRange[52]、ELPOS[54]、Globo-POP[55]、Cli-MoChem[56]、BETR North America[57]、BETRWorld[58]、IMPACT 2002[59]和 MSCE-POP[60]。这些模型的相似性大于差异性。当给予同样的输入数据时，这些模型会产生同样的结果[62]。其差别主要在模型包括的区间与亚区间数量及计算处理方面。

利用区间进行多介质模型的建模时，不同区间的考虑及建模的步骤包括如下。

a. 空气。空气是一个巨大的区间，由气相、气溶胶相和雨水相组成。物质在空气中的浓度受到空气流速（风）、水和土壤表面挥发、湿沉降和干沉降、降解的影响。

b. 水。在 Mackay 早期的模型中，化学物质在水中的不同状态（溶解的、吸附于悬浮物和生物体中的）常被作为不同的区间；而在近期的模型如 SimpleBox/EUSES 中，将水体作为一个巨大的区间，其中各相（包括胶体物质或"第三相"）处于真正平衡状态。悬浮物质和生物体的存在影响了化学物质的归趋，影响方式与大气中气溶胶和雨水的影响方式相同。这些相会黏合化学物质，从而防止化学物质在水体中参加质量传递及降解。悬浮物质在沉积物-水界面交换过程中承担了物理载体的功能。

c. 悬浮物。悬浮物是指未真正溶解的非生物胶质或大分子物质（生物体碎片、腐殖质、溶解的有机物、"第三相"等）。将悬浮物作为独立的区间进行考虑是为保持区间内悬浮物的平衡，这一点对研究拟分配到悬浮物相中的化学物质的归趋非常重要。影响悬浮物数量的因素是水的"输入"和"输出"。悬浮物也可能在系统内自发产生，如通过水生微生物（细菌、藻类）的生长或污水处理厂的排放。另外，在沉积物-水界面上存在着颗粒沉积和再悬浮的持续交换，也是悬浮物产生的原因之一。这些悬浮物质流的平衡决定了沉积物-水界面上颗粒交换的通量和方向，因此化学物质的质流过程与颗粒相关联。

d. 生物圈。生物圈指水中所有活的生物，从细菌到哺乳动物。与其他悬浮物的质量相比，水中生物的含量低。因此，生物圈在化学物质总体归趋中起的作用通常不显著。

e. 沉积物。沉积物通常被作为一个大的区间，包括水相和固相，并假定在这两相之间达成平衡。如果从水中沉积的颗粒超过再悬浮的颗粒（净沉积过程），则沉积物的表层会不断更新。

f. 土壤。在所有的环境区间之中，土壤是最为固定的，因此也是空间上最不均匀的。土壤具有多种类型和用途，而化学物质的归趋恰好很大程度上由变化显著的土壤性质（如孔隙率、水分、有机物含量）所决定。土壤的用途也是决定是否会直接施加化学物质的重要因素。在多介质化学物质归趋模型中，只使用一个区间不能充分反映出土壤的作用。因此，可以规定不同类型的土壤，如自然土地、农业用地和工业用地。将土壤区间区分为亚区间，使得对向土壤中的单个排放进行鉴定成为可能。在模型中通常只考虑土壤的表层。由于化学物质的浓度不随深度发生变化，从这一意义上来看，可以假定土壤的表层是均质的。在模型中假定土壤可以作为巨大的区间，该区间由气相、水相和固相组成，并且假定土壤中的各相始终处于平衡状态。

1. 暴露浓度的计算

Mackay 等采用多介质模型已给出了不同化学物质如何利用 Level Ⅰ、Level Ⅱ和 Level Ⅲ进行计算的示例[38, 42-44, 51, 52, 64]。下面以 1,1,1-三氯乙烷、狄氏剂和镉三种化学物质为例，使用 SimpleBox 模型进行模拟，以便展示 Level Ⅲ 和 Level Ⅳ多介质模型的应用[49, 50]。SimpleBox 模型系统中的参数见表 10-5。

表 10-5　用 SimpleBox 进行稳态计算时使用的参数

参数	SimpleBox 中的值	参数	SimpleBox 中的值
系统的面积	$3.8 \times 10^4 km^2$	悬浮物中的有机碳含量	0.1
水面积比例	0.125	大气混合高度	1000m
自然土壤面积比例	0.415	水体混合深度①	3m
农业土壤面积比例	0.45	沉积物混合深度①	0.03m
工业/城市用地面积比例	0.01	平均年降水量	792mm/年
自然土壤混合深度①	0.05m	风速	5m/s
农业土壤混合深度①	0.2m	空气滞留时间②	0.40 天
工业/城市用地混合深度①	0.05m	水滞留时间②	54.5 天
土壤中的有机碳含量	0.029%	雨水渗透土壤的比例	0.4
沉积物中的有机碳含量	0.029%	雨水土壤径流比例	0.5
悬浮固体的浓度	15mg/L	温度	285K（12℃）

注：①混合深度表示土壤、水或沉淀物的厚度；②空气或水滞留时间表示空气或水通过空气或水区间各自所需要的时间

以荷兰国家本地的环境作为对象，假定荷兰以外的空气中和水中 1,1,1-三氯乙烷、狄氏剂与镉的本底浓度等于质量标准或环境保护目标的设定值，即假设世界其他地方环境管理规范得到了良好的运作。10 年之后，在本底浓度的基础上，开始出现每种化学物质年排放量为 1000t/年的情况：狄氏剂向水中，镉向空气中，1,1,1-三氯乙烷则同时向空气、水和土壤中排放（比例为 1∶1∶1）。这种情况持续了 40 年后突然停止。现在需要知道的问题是：不同环境区间中物质的浓度是多少？化学物质是如何分布的？在停止排

放之后多长时间可以恢复到原有水平？

　　为了评估这三种物质在不同环境区间中浓度的变化，需要获得与化学物质相关的部分信息。这些信息已列于表 10-6 之中。狄氏剂和 1,1,1-三氯乙烷在介质间的分配系数可以根据其基础理化性质进行估算，而镉的分配系数需要由用户直接输入。同样，与气溶胶结合的部分及镉的去除率也必须手工输入，因为这些参数的正常预测途径不适用于金属。狄氏剂在环境中具有很长的半衰期；对镉而言，假定不会发生自然降解。

表 10-6　用多介质模型对 1,1,1-三氯乙烷、狄氏剂和镉进行计算时使用的输入参数

参数项目	1,1,1-三氯乙烷	狄氏剂	镉
本底（空气）/（g/cm³）	10^{-8}	10^{-9}	10^{-9}
本底（水）/（g/L）	10^{-8}	10^{-7}	10^{-7}
排放（空气）/（t/年）	333	—	1 000
排放（水）/（t/年）	333	1 000	—
排放（土壤）/（t/年）	333	—	—
K_h（空气-水）	1.1	1.7×10^{-4}	10^{-10}
比例（气溶胶）	0.0	0.25	0.9
去除率	0.96	5.5×10^{4}	10^{5}
K_p（悬浮固体）/（L/kg）	31	6.3×10^{2}	10^{4}
K_p（沉积物）/（L/kg）	16	3.2×10^{2}	10^{4}
K_p（土壤）/（L/kg）	16	3.2×10^{2}	10^{3}
半衰期（空气）/天	200	200	—
半衰期（水）/天	1 000	1 000	—
半衰期（沉积物）/天	1 000	1 000	—
半衰期（土壤）/天	2 000	100 000	—

　　模型运行后，SimpleBox 程序中的 Level Ⅲ 模型用于产生稳态下三种物质的浓度和在介质间的分布（表 10-7）。

表 10-7　由 SimpleBox 模型得到的荷兰境内 1,1,1-三氯乙烷、狄氏剂和镉的稳态分布[49, 50]

	1,1,1-三氯乙烷	狄氏剂	镉
空气/（g/m³）	3.9×10^{-8}（19%）	1.5×10^{-8}（0）	2.7×10^{-8}（0）
水/（g/L）	4.5×10^{-8}（8%）	6.1×10^{-6}（3%）	2.1×10^{-7}（0）
悬浮物/（g/kg）	1.2×10^{-6}（0）	2.8×10^{-3}（0）	2.1×10^{-3}（0）
沉积物/（g/kg）	7.2×10^{-7}（1%）	2.1×10^{-3}（7%）	2.1×10^{-3}（0.5%）
土壤/（g/kg）	1.6×10^{-6}（73%）	6.1×10^{-4}（90%）	9.2×10^{-3}（99.5%）

注：括号中的数字代表稳态下的质量，以稳态下环境中总质量比例的形式进行表示

　　稳定状态的质流显示于图 10-13 中。在模型计算过程中，重点强调了 1,1,1-三氯乙烷的高挥发性。排放到土壤和水中的 1,1,1-三氯乙烷几乎都扩散转移到了空气之中。而

在本系统中，仍有较高比例的 1,1,1-三氯乙烷残留于土壤之中。狄氏剂较高的挥发性使得其水体区间中约半数以上迁移到了空气之中。由此可见，化学物质的高疏水性和低生物降解速率致使其以较高浓度存在于沉积物与土壤之中。当排放到空气中后，最重要的归趋为通过平流离开空气区间。然而，大气沉降致使约10%的物质转移到土壤和水体之

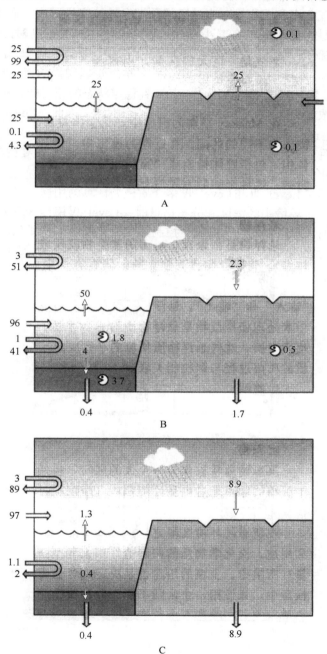

图 10-13　以占总通量百分比的形式表示的1,1,1-三氯乙烷（A）、狄氏剂（B）和镉（C）的稳态质流

中。向土壤发生的大气沉降导致镉在土壤中累积，最终又从土壤渗透到深层蓄水层——较深的地下水中。但这种累积过程非常缓慢。以土壤中的镉为例，由于其质流很小，在达到稳定状态前，可能会经过一段极端漫长的时期。图 10-14 显示了根据以上排放场景，不同区间中浓度相对于本底浓度的变化情况，本底浓度是指本地不存在排放时的浓度。对于镉而言，空气、水和沉积物对应的区间预期会较快产生回应，而土壤会在排放 40 年后呈现近似线性升高现象；在减小排放之后，土壤中镉的浓度对此回应不明显（图 10-14C）。对于狄氏剂，即使在最"慢"的土壤区间中，暴露 40 年也足以保证其达到平衡状态；在将其排放量减小到初始值的 10% 后，其浓度也以同样的速率衰减（图 10-14B）。对于 1,1,1-三氯乙烷，情况则完全不同，其达到稳定状态的速度非常迅速，如果在 100 年的尺度上描绘浓度与时间的关系，只能得到一个框图。因此，Level Ⅳ 模型计算将在 1 年的时间刻度上进行表示。图 10-14A 表示了这种结果，表明 1,1,1-三氯乙烷在空气、水和土壤中 1 个月内就能达到稳定状态。在沉积物中，这一过程需要的时间稍微长一些，但也不会超过 1 年。

　　上述实例显示了 Level Ⅲ 和 Level Ⅳ 多介质模型计算的用途。在恒定的排放场景中，当稳态计算能够给出环境中的浓度和分布信息时，Level Ⅳ 模型计算的结果阐明了达到此状态所需要的时间尺度。此外，由风险控制策略变化而带来的排放场景的变化也可以通过此种方式进行评估。

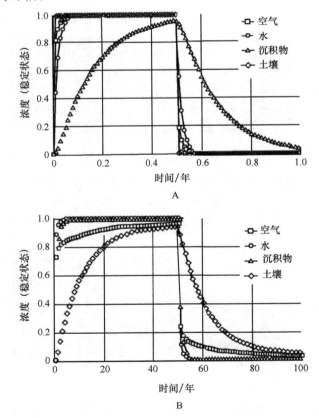

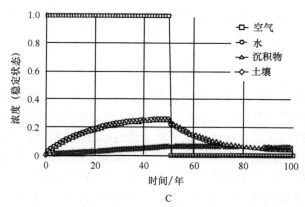

图 10-14　排放速率改变后三氯乙烷（A）、狄氏剂（B）和镉（C）浓度的变化

2. 环境总体持久性及远程迁移能力的计算

显然，化学物质的物理和化学性质对其在环境中的浓度及分布具有很大的影响。化学物质降解过程缓慢，流动性强意味着物质会在全球范围内分布。目前，国际上有两项公约：《联合国环境规划署斯德哥尔摩公约》[65]和《联合国欧洲经济委员会持久性有机污染物议定书》[66]，已基于物质在环境中的持久性及远程迁移能力对其进行了管理。

持久性反映了物质抗降解的能力，可用其对排放变化的动态响应进行表示；持久性也可以用其降解半衰期或排放事件中的反应性滞留时间进行量化表示[67, 68]。由于在空气、水、土壤中的降解半衰期存在很大差异，因此需要决定使用哪一个值，或如何将不同的单介质半衰期结合在一起。环境整体持久性（P_{ov}）是整体降解速率常数（K_{ov}）的倒数，或为环境中的质量加权平均反应滞留时间，其计算过程如下：

$$P_{ov} = \frac{1}{K_{ov}} = \frac{\sum_i M_i}{\sum_i M_i \cdot k_i} \qquad (10\text{-}25)$$

在推导 P_{ov} 的过程中，k_i 为化学物质在纯介质中的降解速率常数（1/d），M_i（kg）为稳态下介质中的化学物质物质量。根据这一推导过程可知，物质的其他性质而非降解半衰期（分配系数和质量转移速度）对 P_{ov} 的"导出性质"具有重要的决定作用。将式（10-25）应用于前面的计算结果，可以得到 1,1,1-三氯乙烷、狄氏剂和镉的 P_{ov} 值分别为 2.8 年、20.8 年和 ∞。

远程迁移能力（LRTP）反映了物质从排放场所向外迁移的能力。目前有多种不同的方式使用"导出性质"对其进行描述[69, 70]。其中一种方式是使用前面描述的开放环境中输出量在总排放量中所占的百分比进行表示：

$$\text{LRTP} = \frac{\text{adv}_{air} + \text{adv}_{water}}{E} \qquad (10\text{-}26)$$

式中，adv_{air}、adv_{water} 分别为空气和水平流过程中的质流，单位为 kg/d；E 为总排放量，单位是 kg/d。基于使用的案例模型，1,1,1-三氯乙烷、狄氏剂和镉的 LRTP（无量纲）分别为 0.99、0.92 和 0.91。另一种方法是使用拉格朗日特征迁移距离。初始物质的质量百分数以指数形式降至 37%（=1/e）的过程中，气块移动的距离以式（10-27）进行计算[68, 69]：

$$LRTP = \frac{u}{k_{ov}^{*}}$$　　　　　　　　　　　　（10-27）

式中，u 为气块移动的平均速率，单位为 km/d。此处，k_{ov}^{*} 考虑了进入废水池（如沉积物埋藏）、地下水和深层洋面的非反应性损失，以及非生物和生物降解过程。

P_{ov} 和 LRTP 的共性在于其都不能简单地通过观察进行测定，而必须使用多介质环境归趋模型用可测量的性质（降解速率常数、分配系数、质量转移速率）计算得到。由此可见，模型的选择对于化学物质的"导出性质"具有重要作用，这是由不同模型的目标和模型参数不同所造成的。然而，依靠多介质模型得出的化学物质分级看起来对模型的选择不敏感，即模型倾向于将化学物质放于同一量级的 P_{ov} 和 LRTP 上。如果适当进行处理，任何设计良好的多介质模型都可以用于导出 P_{ov} 和 LRTP[70, 71]，这也意味着可以建立现有模型的简化版本，使其结构与现有模型的差异和现有模型之间的差异相当，目前这种模型已经可以在 OECD 官网上获取[72]。

参 考 文 献

[1] Commission of the European Communities. Guidance document for the risk assessment of existing chemicals in the context of EC regulation 793/93. Commission of the European Communities, Directorate General of the Environment, Nuclear Safety and Civil Protection, Brussels, Belgium, 1994.

[2] Gifford F A J. Use of routine meteorological observations for estimating the atmospheric dispersion. Nuclear Safety, 1961, 2 （2）: 47-51.

[3] Turner D B. Workbook of atmospheric dispersions estimates. EPA Ref. AP-26（NTIS PB 191-482）. US Environmental Protection Research, Triangle Park, NC, 1970.

[4] Green A E, Singhal R P, Venkateswar R. Analytical extensions of the Gaussian plume model. Journal of the Air Pollution Control Association, 1980, 30: 773-776.

[5] Van Jaarsveld J A. An operational atmospheric transport model for priority substances-specification and instructions for use. RIWM Report 222501002. National Institute for Public Health and the Environment（RIVM）, Bilthoven, The Netherlands, 1990.

[6] Toet C, De Leeuw F A A M. Risk assessment system for new chemical substances: implementation of atmospheric transport of organic compounds. RIVM Report 679102008. National Institute for Public Health and the Environment（RIVM）, Bilthoven, The Netherlands, 1992.

[7] Organization for Economic Co-operation and Development. Compendium of environmental exposure assessment methods for chemicals. Environment Monographs 27. OECD, Paris, France, 1989.

[8] European Centre for Ecotoxicology and Toxicology of Chemicals. Estimating environmental concentrations of chemicals using fate and exposure models. Technical Report 50. ECETOC, Brussels, Belgium, 1992.

[9] De Nijs T, De Greef J. Ecotoxicological risk evaluation of the cationic fabric softener DTDMAC II Exposure modelling. Chemosphere, 1992, 24: 611-627.

[10] European Centre for Ecotoxicology and Toxicology of Chemicals. HAZCHEM: a mathematical model for use in risk assessment of substances. Special report No.8. ECETOC, Brussels Belgium, 1994.

[11] Rapaport R J, Caprara R J. PG ROUT: a national surface water quality model. Presented at the 61st Annual Conference of the Water Pollution Control Federation, Dallas, TX, 1988.

[12] Caprara R J, Rapaport R A. PG ROUT: a steady-state national water quality model. Proceedings of the National Conference on Integrated Water Information Management. Atlantic City, NY, 1991.

[13] Feijtel T C J, Boeije G, Matthies M, et al. Development of a geography-referenced regional exposure assessment tool for European rivers, GREAT-ER. Chemosphere, 1997, 34: 2351-2374.

[14] Matthies M, Berlekamp J, Koormann F, et al. Georeferenced regional simulation and aquatic exposure assessment. Water Science & Technology, 2001, 43（7）: 231-238.

[15] Versteeg D J, Feijtel T C J, Cowan C E, et al. An environmental risk assessment for DTDMAC in the Netherlands. Chemosphere, 1992, 24（5）: 641-662.

[16] European Centre for Ecotoxicology and Toxicology of Chemicals. Environmental exposure assessment. Technical Report 61. ECETOC, Brussels, Belgium, 1994.

[17] Brock N W. The definition and use of mixing zone. Environmental Science & Technology, 1982, 16（9）: 518A-521A.

[18] Csanady G T. Turbulent diffusion in the Environment. Geophysics and Astrophysics Monographs, Vol. 3. Dordrecht: Reidel Publication Corporation, 1973.

[19] Fischer H B, Imberger J, List E J, et al. Mixing in inland and coastal waters. New York: Academic Press, 1979.

[20] Kittler R, Ruck N. Definition of typical and average exterior daylight conditions in different climatic zones. Energy and Buildings, 1984, 6(3): 253-259.

[21] Rapaport R A. Prediction of consumer product chemical concentrations as a function of publicly owned treatment type and riverine dilution. Environ Toxicol Chem, 1998, 7: 107-115.

[22] Doneker R L, Jirka G H. CORMIX1, an expert system for mixing zone analysis of toxic and conventional single port aquatic discharges. DeFrees Hydraulics Laboratory, Dep. Env. Eng., Cornell University, Ithaca, New York, 1988.

[23] Burns L A, Cline D M, Lassiter R R. Exposure analysis modelling system（EXAMS）: user manual and systems documentation. US Environmental Protection Agency, Athens, GA, 1982.

[24] Burns L A, Cline D M. Exposure analysis modelling system, reference manual for EXAMS II. EPA-600/3-85-038. US Environmental Protection Agency, Athens, GA, 1985.

[25] Ambrose R B, Wool T A, Connolly J P. et al. WASP 4, a hydrodynamic and water quality model. Model Theory, User's Manual and Programmer's Guide. EPA/600/3-87/039. U.S. Environmental Protection Agency, Athens, GA, 1988.

[26] Delft Hydraulics Laboratory. DELWAQ Version 3.0 User Manual. Delft Hydraulics Laboratory, Delft, The Netherlands, 1990.

[27] Beck A, Scheringer M, Hungerbuhler K. Fate modelling within LCA: the case of textile chemicals. Intern J LCA, 2000, 5: 335-344.

[28] Struijs J, Stoltenkamp J, Van De Meent D. A spreadsheet-based model to predict the fate of xenobiotics in a municipal wastewater treatment plant. Wat Res, 1991, 25: 891-900.

[29] International Institute for Applied System Analysis. Chemical time bombs: definitions, concepts and examples; basis document l. In: Stigliani W M. ER-91-16. IIASA, Laxenburg, Austria, 1991.

[30] Stigliani W M. Doelman P, Salomons W, et al. Chemical time bombs: predicting the unpredictable. Environment, 1991, 33: 4-9, 26-30.

[31] Carsel R F, Smith C N, Mulkey L A, et al. Users manual for the pesticide root zone model（PRZM）. EPA-600/3-84-109. US Environmental Protection Agency, Athens, GA, 1984.

[32] Bonazountas M, Wagner J. SESOIL: a seasonal soil compartment model. Office of Toxic Substances, US Environmental Protection Agency, Washington, DC, 1984.

[33] Matthies M, Behrendt H. Pesticide transport modelling in soil for risk assessment of groundwater contamination. Toxicol Environ Chem, 1991, 31-32: 357-365.

[34] Swartjes F A, Van Der Linden A M A, Van Den Berg R. Dutch risk assessment system for new chemicals: soil-groundwater module. RIVM Report 679102015. National Institute for Public Health and the Environment（RIVM）, Bilthoven. The Netherlands, 1993.

[35] European Commission. Technical guidance document in support of Commission Directive 93/67/EEC on risk assessment for new notified substances, Commission Regulation（EC）no. 1488/94 on Risk Assessment for existing substances and Directive 98/8/EC of the European Parliament and of the Council concerning the placing of biocidal products on the market. European Chemicals Bureau, Joint Research Centre, Ispra（VA）, Italy, 2003.

[36] European Commission. European Union System for the Evaluation of Substances 2.0（EUSES 2.0）. Prepared for the European Chemicals Bureau by the National Institute of Public Health and the Environment（RIVM）, Bilthoven, The Netherlands（RIVM Report 601900005）. Available via the European Chemicals Bureau, Ispra, Italy, 2004.

[37] Quesne L P. Principles and methods for the assessment of neurotoxicity associated with exposure to chemicals. (Environmental Health Criteria No 60.). World Health Organisation, Geneva, 1987.

[38] Mackay D. Multimedia Environmental Models Second Edition. FL: CRC Press LLC, 2001.

[39] Organization for Economic Co-operation and Development. Compendium of environmental exposure assessment methods for chemicals. Environment Monographs 27. OECD, Paris, France, 1989.

[40] Struijs J, Van Den Berg T. Degradation rates in the environment: extrapolation of standardized tests. RIVM Report 679102012. National Institute for Public Health and the Environment（RIVM）, Bilthoven, The Netherlands, 1992.

[41] Mackay D. Finding fugacity feasible. Environ Sci Technol, 1979, 13: 1218-1223.

[42] Mackay D, Paterson S. Calculating fugacity. Environ Sci Technol, 1981, 15: 1006-1014.

[43] Mackay D，Paterson S，Cheung B，et al. Evaluating the environmental behaviour of chemicals with a Level Ⅱ fugacity model. Chemosphere，1985，14：335-374.

[44] Mackay D，Paterson S，Shui W Y. Genetic models for evaluating the regional fate of chemicals. Chemosphere，1992，24：695-717.

[45] Frische R，Klopffer W，Rippen G，et al. The environmental segment approach for estimating potential environmental concentrations. I. The model. Ecotoxicol Environ Saf，1984，8：352-362.

[46] Van De Meent D. SIMPLEBOX, a generic multimedia fate evaluation Model. RIVM Report 672720001. National Institute for Public Health and the Environment，Bilthoven，The Netherlands，1993.

[47] Scheil S，Baumgarten G，Reiter B，et al. CEMO-S：eine object- orientierte software zur expositionsmodellierung. *In*：Totsche K，Matthies M. Eco-Informa '94，Vol. 7. Wien，Austria，1994：391-404.

[48] McKone T E，Enoch K G. CalTOXrM a multimedia tocal exposure model. Spreadsheet User's Guide Version 4.0. Report LBNL-47399. Lawrence Berkeley National Laboratory，Berkeley，2002.

[49] Brandes L J，den Hollander H，Van de Meent D. SimpleBox 2.0：a nested multimedia fate model for evaluating the environmental fate of chemicals. RIVM Report 719101029. National Institute for Public Health and the Environment（RIVM），Bilthoven，The Netherlands，1996.

[50] Den Hollander H A，Van Eijkeren J C H，Van de Meent D. SimpleBox 3.0：multimedia mass balance model for evaluating the fate of chemical in the environment. RIVM Report 601200003/2004. National Institute for Public Health and the Environment（RIVM）. Bilthoven，The Netherlands，2004.

[51] Webster E，Mackay D，Di Guardo A，et al. Regional differences in chemical fate model outcome. Chemosphere，2004，55：1361-1376.

[52] Mackay D，Di Guardo A，Paterson S，et al. Evaluating the environmental fate of a variety of types of chemicals using the EQC model. Environ Toxicol Chem，1996，15：1627-1637.

[53] Scheringer M. Persistence and spatial range as endpoints of an exposure-based assessment of organic chemicals. Environ Sci Technol，1996，30：1652-1659.

[54] Beyer A，Matthies M. Criteria for Atmospheric Long-Range Transport Potential and Persistence of Pesticides and Industrial Chemicals. Umweltbundesamt. Berlin：Erich-Schmidt-Verlag，2002.

[55] Wania F，Mackay D. The global distribution model. A non-steady-state multi-compartmental mass balance model of the fate of persistent organic pollutants in the global environment. Technical Report and Computer Program on CD-ROM，2000.

[56] Wegmann F，Moller M，Scheringer M，et al. Influence of vegetation on the environmental partitioning of DDT in two global multimedia models. Environ Sci Technol，2004，38：1505-1512.

[57] MacLeod M，Woodfine D G，Mackay D，et al. BETRNorth america：a regionally segmented multimedia contaminant fate model for North America. Environ Sci Pollut Res，2001，8：156-163.

[58] Toose L，Woodfine D G，MacLeod M，et al. BETR-World：a geographically explicit model of chemical fate：application to transport of a-HCH to the Arctic. Environ Pollut，2004，128：223-240.

[59] Pennington D W，Margni M，Ammann C，et al. Multimedia fate and human intake modeling：spatial versus nonspatial insights for chemical emissions in Westem Europe. Environ Sci Technol，2005，39：1119-1128.

[60] Gusev A，Mantseva E，Shatalov V，et al. Regional Multicompartment Model MSCE-POP. EMEP/MSC-E Technical Report 5/2005. Meteorological Synthesizing Centre - East，Moscow，Russia，2005.

[61] Mackay D，Diamond M. Application of the QWASI（quantitative water air sediment interaction）fugacily model to the dynamics of organic and inorganic chemicals in lakes. Chemosphere，1989，18：1343-1365.

[62] Cowan C E，Mackay D，Feijtel T C J，et al. The Multi-Media Fate Model：A Vital Tool for Predicting the Fate of Chemicals. FL：SETAC Press，1995.

[63] Berding V，Matthies M. European scenarios for EUSES regional distribution model. Environ Sci Pollul Res，2002，9（3）：193-198.

[64] Trapp S，Matthies M. Environmental Modeling Heidelberg，Germany. Chemodynamics and An Introduction. Berlin：Springer，1998.

[65] UNEP. Stockholm Convention on Persistent Organic Pollutants. Geneva，Switzerland，2001.

[66] United Nations Economic Commission for Europe. Convention on Long-range Transboundary Air Pollution and its 1998 Protocols on Persistent Organic Pollutants and Heavy Metals. ECE/EB.AIR/66，ISBN 92-1-116724-8. UNECE. Geneva，Switzerland，1979.

[67] Webster E，Mackay D，Wania F. Evaluating environmental persistence. Environ Toxicol Chem，1998，17：2148-2158.

[68] Van de Meent D，McKone T E，Parkerton T，et al. Persistence and transport potentials of chemicals in a multi-media environment. *In*：Klecka G，et al. Persistence and Long-Range Transport of Chemicals in the Environment. FL：SETAC Press，2000：169-204.

[69] Organization for Economic Co-operation and Development. Guidance document on the use of multimedia models for estimating overall environmental persistence and long-range transport. OECD Environment, Heahh and Safety Publications, Series on Testing and Assessment 45. OECD, Paris, France, 2004.

[70] Fenner K, Scheringer M, MacLeod M I, et al. Comparing estimates of persistence and long-range transport potential afflong multimedia models. Environ Sci Technol, 2005, 39: 1932-1942.

[71] Klasmeier J, Matthies M, MacLeod M, et al. Application of multimedia models for screening assessment ot'long-range transport potential and overall persistence. Environ Sci Technol, 2006, 40: 53-60.

[72] Organization for Economic Co-operation and Development. (Q) SAR Application Toolbox. OECD. Paris, France, 2007.

第 11 章　化学品安全评价技术与方法

11.1　风险管理过程

风险包括对公众健康和环境的影响，并且源自暴露和危害。如果一种有害物质的暴露或场景没有或不会发生，风险则不存在。危害是由特定物质或场景是否可能造成有害影响决定的。风险管理过程是由对化学品特定用途或特定场景的风险的关注而引发的。

风险管理基于对风险评估和法律、政治、社会、经济和技术性质的考虑采取措施。尽管在收集技术、社会或经济的信息时涉及科学，但这主要是一个行政过程。整个风险管理过程包括危害识别、暴露评估、影响评估、风险表征、风险分类、风险降低措施、风险降低与监测和审查 8 个步骤，其中步骤 1~4 属于风险评估阶段，步骤 5~8 属于风险管理领域。

11.1.1　危害识别

危害识别即对由物质内在特性造成的不利影响的识别。正是由于暴露可能引起损害，因此将危害从风险中区分出来。危害的识别包括收集和评估由一种化学品可能引起的健康影响或疾病的类型，以及其暴露在何种条件下产生的环境破坏、伤害或疾病。例如，除非对人类有暴露，否则某一毒性物质对人类健康有危害但不会构成风险。化学品的健康危害可包括生殖缺陷、神经系统缺陷和癌症等，生态危害包括致死效应，如鱼或鸟类的死亡及对不同种群生长和生殖的亚致死效应。这些信息可源于实验室研究、意外事故或者其他来源，如鱼类残留测量或工作场所高浓度检测。

危害识别也可涉及化学品在生物体的体内行为及其与器官、细胞或遗传物质的相互作用的表征。主要问题是毒性作用发生和暴露的种群数据是否对在类似暴露条件下的其他种群具有借鉴意义。一旦危害（潜在风险）被识别，则其他一些步骤就变得很重要。

11.1.2　暴露评估

化学品在生产、使用和排放过程中的暴露情况可通过测量暴露浓度进行评估。对于新的化学品，暴露评估只能通过预测完成。包括评估排放量、排放途径和迁移速率及转化或降解，以获得对人类种群或环境区间可能产生影响的暴露浓度或剂量。此外，还包括描述暴露于一种物质的人类种群或环境区间的性质和规模，以及暴露的程度和持续时间。评估可能涉及过去或现在的暴露，或预期的将来暴露。暴露评估经常使用的是多介质暴露模型，特别是在环境暴露评估中，多介质暴露模型运用更多一些。由于缺少关于化学品生产期间排放因素（点源污染）的资料，以及在不同产品中化学品的使用和排放（分散源污染）资料，暴露评估同时是风险评估中不确定的一部分。由非生物条件差异引起的巨大的地理多样性，如气候条件（如温度、湿度、风速、降水）、水文条件（如溪流、湖泊、河流的不同稀释因子）、地质概况（如土壤类型）及生物条件（如生态系统结构和功能差异），同样会造成风险评估的不确定性。暴露水平随着时间而不同，并取决于工艺技术和采取的安全措施。因此，测量的环境浓度经常会相差好几个数量级[1]。这同样适用于职业暴露和消费产品的直接暴露。由此可见，实际浓度的测量可以帮助减少暴露评估的不确定性，但仅针对现存化学品，不适用于新化学品。

在健康风险评估（HRA）中经常组合不同的暴露途径以测定每日总摄入量，表示为：mg/(kg 体重 · d)。在生态风险评估（ERA）中没有单独预测环境浓度（PEC）或每日总摄入量，实际上存在多个 PEC。这种复杂评估经常通过推导单一环境区间的 PEC 来进行简化，如水、沉积物、土壤和空气。

11.1.3　影响评估

影响评估，或者更准确地说是剂量-效应评估，就是指对某一物质的剂量或暴露水平与影响的发生概率和严重程度之间的关系估算。有时涉及物质的暴露程度和毒性作用或疾病程度之间定量关系的描述，但并不是总能获得可靠的定量精度。数据通常可由（定量）结构活性关系、交互比对及体外研究或者动植物实验室试验，以及由野外动植物试验研究、生态系统和人类种群的流行病学研究或以上数据的结合获得。如果物质产生不同毒性效应，可能会发现不同的剂量-效应关系。例如，苯的高浓度短期暴露可产生致死效应（急性毒性效应），然而相对低浓度的长期暴露可能会诱导癌症（慢性致癌效应）。

对于大部分化学物质，从实验室动物研究推导出来的无影响水平（NEL）在转化用于预测或评估人类或环境的 NEL（PNEL 或者 DNEL）时，一般采用范围为 10～10 000 的评估因子[2-5]。评估因子以数字的形式反映了由从模型系统中获得的试验数据外推至人或生态系统时的估算程度或者不确定程度。如果没有评估因子，庞大的人类种群和大部分的生态系统将得不到保障，这是因为实验室测试只覆盖了在人类种群和生态系统中可能发生的各种反应的小部分[2-5]。试验中可以同时产生"假阳性"和"假阴性"。外推涉及许多科学上的不确定性和假设，反过来又影响政策的选择。

在健康风险评估中，风险评估仅关注单一物种，其不确定性被限制于实验室哺乳动物和人类之间的敏感度差异、暴露途径的变化以及个体之间（种内差异）的敏感度差异中。在生态风险评估中，成千上万的物种可通过不同的途径暴露，由此会产生多个 NEL。除此之外，评估物种之间的敏感度差异（种间差异）也是 ERA 的重要部分。在 ERA 中，NEL 的复杂性通常可通过推导不同环境区间（水、沉积物、土壤和空气）的预期无影响浓度（PNEC）来简化。

11.1.4　风险表征

风险表征是根据物质实际或预期的暴露可能对人类种群或环境区间造成的不利影响和严重程度作出的一种估算，包括风险估算，即可能性的量化。一般为三个步骤，即危害识别、暴露评估（即 PEC 或人类摄入量或暴露水平的确定）和影响评估（即 DNEL 或 PNEC 的确定）的综合[6]。

在许多国际法规框架中，环境风险往往表达为 PEC/PNEC，也就是风险系数（图 11-1）。对于人类风险，通常采用暴露和 NEL 之间的比较来表征。需要注意的是，这些比较不能提供绝对的风险衡量。当暴露水平超出了 PNEC 或 NEL 时，并非就一定知道化学品的实际风险，此时只知道随着暴露/影响水平的增加，产生不利影响的可能性也增加。因此，国际上公认的暴露/影响水平可替代风险。

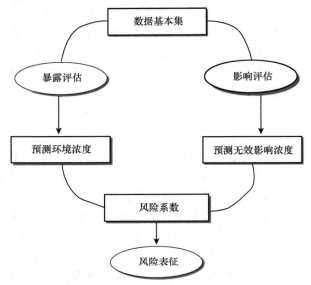

图 11-1　风险表征：通过暴露和影响预测的一套系统程序

目前，人们既不能充分预测化学品对生态系统的不利影响，又不能预测哪一部分人口将会受到影响，而只能通过一个很大体和简化的方式来评估风险。一旦化学品通过一致的"简化"方式进行了风险评估，人们可依据由风险评估获得的风险排名来比较单个化学品或者某类化学品的危害性程度。

11.1.5　风险分类

一旦取得风险表征，重点将放在风险管理。风险管理阶段的第一个步骤就是分类，也就是风险估值，以确定是否需要降低风险。很明显，风险不能仅仅根据科学的考虑来进行评估，但谁可以决定什么是可以接受的？风险分类的决策与风险接受相关，并且必须始终考虑存在一些不确定的情况，这是决策者必须注意的。"可接受性"已成为风险管理过程组成部分的一个关键性元素[7]。界定"可接受"和"不可接受"风险的操作标准，对于环境尤为重要。界定可接受风险不能变为机械工作，它需要科学知识及对该知识有限性的正确评价，需要对风险内容有一个良好的理解，并需要管理机构和批评者愿意来公开处理这些困难、价值争论。可接受是随着时间和地点而变化的。过去可接受，也许将来就不可接受，反之亦然（表 11-1）。在一个国家是可接受，也许在另一个国家则完全不能接受。总之，风险分类关系到风险的可接受性，从而又是一个与风险相关的技术、社会、文化、政治、教育和经济（关联-依赖）现象。

表 11-1　健康和环境风险及解决方案观念的改变

1970 年	1990 年
部分（空气或表层水）	多个媒介（包括土壤、沉积物和地下水）
局部的	分散性污染
人类健康和福祉	生态系统的健康，生产功能和产物
地方/区域	国家/国际
有限的经济损失	巨大的经济损失
末端解决	综合方法

　　越来越多的人支持确定上限和下限两个风险水平，这样有助于避免冗长的关于可接受性辩论，因为讨论的区域受到了限制。这两个风险水平称为：上限，也就是最大允许水平（MPL）；下限，也就是可忽略水平（NL）。

　　这两个风险极限值建立了三个区：一个黑色（高风险）区、一个灰色（中等风险）区和一个白色（低风险）区。黑色区高于 MPL 的实际风险是不可接受的，进一步的风险管理措施（RMM）是必需的。白色区域低于 NL（最低水平）的实际风险是可忽略的（图 11-2），进一步的 RMM 不是严格要求的[8, 9]。以荷兰为例，化学品的风险下限通常被定义为上限的 1%（表 11-2）。采取这种做法是考虑到以下因素：多次暴露（风险叠加和协同效应）；预测中的不确定性（有限的测试和具体的敏感性）；具备足够的空间来区分 MPL 和 NL。

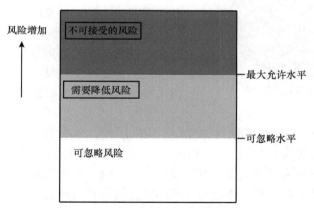

图 11-2　风险限度和风险降低

表 11-2　化学品的风险限度[6]

项目		最大允许水平	可忽略水平
人：单个风险	带阈值的化学品	10^{-6}/年	10^{-8}/年
	不带阈值的化学品	PNEL	1%的 PNEL
人：蓄积风险	不带阈值的化学品	10^{-5}/年	10^{-7}/年
生态系统		PNEC	1%的 PNEC

上限和下限之间的灰色区域，风险降低的要求基于 ALARA 原则（低至合理可行）。这是一个有效的风险管理原则。管理者期望尽一切可能来降低风险，直至达到可以向他们的机构和管理当局证明是合理的。一般来说，目标就是降低风险，直到成本与效益不成比例。

11.1.6　风险降低措施

　　一旦风险评级完成，且风险降低被认为是必要的，下一步要考虑的就是风险降低措施的确定和分析，最终选择最适当的降低风险的措施。化学品的风险降低措施包括从生产过程或化学品预定用途的少许改动到化学品的生产或使用完全禁止。为此需执行广义的风险收益分析，即通过制定一个实行风险降低干预措施的收益与不实行风险降低的情况进行比较而获得的一个平衡表进行。

　　必须记住的是，风险分类的结果只是风险降低管理措施选择涉及的许多方面中的一个。这是风险管理过程中最困难的一个步骤，因为涉及许多参量，风险管理者不仅要考虑风险评估，还要考虑其他重要的因素（图 11-3），如以下一些方面。

　　——技术可行性：措施是否在技术上可行？

　　——社会和经济因素：如成本多少，措施是否影响雇佣者就业，或在极端高风险的情况下，是否需要让人们离开家园？

　　——道德和文化价值：如一个潜在的措施是否会歧视社会里的特定群体？

　　——立法和政治因素：法律、法规、政策和诉讼限制或风险，也就是是否有适当的管理、监测和执法工具？

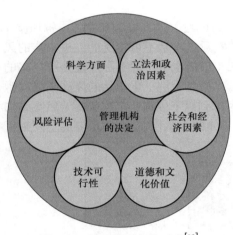

图 11-3　风险管理中的元素[10]

　　——科学方面：科学的局限性体现在不同的层面；方法学、测量法和其他观测、外推法的不确定性有多大；风险是否影响死亡率、发病率或者两者兼有，基于怎样的假设？

　　风险降低措施的选择将引发"可接受性"的讨论，即风险沟通——一个利益相关者相互讨论风险和结果的过程。讨论的内容不仅包括预知的风险本身，还有风险降低措施的预期结果。不同的利益相关者对风险的理解经常大不相同，因此风险沟通通常需要一个灵活的方法。

　　成本效益分析是风险管理的常用方法。为了衡量绝对意义上的效益，有必要对风险消除的结果赋予价值（如挽救的生命、延长的寿命等）。总体来说，风险越大，降低风险的价值也就越大。挽救一个额外的"统计生命"的估算价值至少可以相差 6 个数量级[11, 12]。但在某些情况下，使用成本效益分析并非总是一个有用的风险管理工具。例如，尽管污染土壤或沉积物的清理费用及鱼类资源的损失可以量化，但环境风险难以量化。成本效益分析在许多方面都是有用的，特别是在优先秩序和效力的投资排名中。

　　总体而言，采用风险效益分析选择风险降低措施是以可接受性讨论为中心的多方面内容的任务。可接受性讨论围绕着事实、价值判断和沟通。特别是风险管理过程这一部分，科学、科学政策和政策之间的界限变得模糊起来，因为边界一旦被划清[13]，将导致许多冲突。人类健康和环境决策制定的一些影响因素如图 11-4 所示。

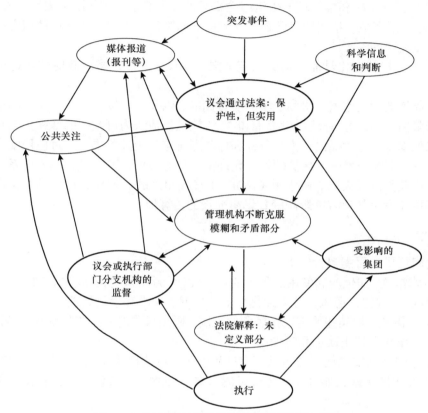

图 11-4　制定健康和环境政策的利益相关元[14]

11.1.7　风险降低

风险降低就是采取措施来保护人类和/或环境，以控制确定的风险。除了上述解释的因素外，在作出风险管理决定之前需要考虑一些额外的因素，包括实施相关的 RMM。这些考虑因素包括：有效性、实用性、监督、公平、行政简化、连贯性、公众的接受程度、期限和立法委任权的性质。风险管理有许多不同的做法。

1. 分类和标签

化学品的申报需要提供危险物质基于化学品固有特性的暂时的分类和标签。分类和标签由一系列以标准试验测试结果为基准的标准确定。分类和标签包括确定一个标志、风险短语与安全短语[15, 16]。分类和标签可当作化学品风险管理的第一个工具。

2. 安全标准

安全或质量标准是化学品控制的另一种方法。这一标准的设定旨在保护人类健康和环境。常常使用基准、指南、目标和标准。这一系列的标准包括从建议到具有法律约束力的规定。对于这些术语的使用和解释，不同的机构和国家有所不同。

a. 基准：基于科学数据评估的质量指南。

b. 指南：指支持和维护环境指定用途或保护人类健康的数值限制或叙述说明。

c. 目标：指在某一特定地点已经建立的保护和维护人类健康或者环境指定用途的数值限制或叙述说明。

d. 标准：指特定化学品暴露的固定上限，体现在一级或多级政府的执行法律或法规中。

众所周知的就是空气、水和土壤的质量标准，以及工作场所中工业化学品空气传播浓度的阈限值（TLV）。环境质量标准和 TLV 就是目前认为可接受的暴露控制水平，它们不能确保安全。化学品的指南、目标和标准通常来自上述标准，通过应用安全系数推导得来。另一个例子就是可接受的每日允许摄入量（ADI）。ADI 是根据安全系数应用到毒理学研究获得的无观察影响水平（NOEL）推导出来的。ADI 是即使整个生命史发生暴露也不可能发生任何有害影响的日暴露剂量的估算值。

3. 风险降低措施

风险降低措施可能包含以下几点[17]。

a. 技术措施，如生产和使用过程中的重新设计，封闭系统，人类和污染源的隔离（通过施工措施），排空，通风，分离纯化技术、物理、化学和生物处理。

b. 组织措施，如某些特定工作场所的限制，限制操作时间或工作活动、培训、监测和监视，工作地点禁止饮食和吸烟。

c. 正常使用或安全使用的指示、信息和警告，可能包括如上所述的分类和标签。

d. 个人防护措施，如气体和尘埃过滤口罩、独立的空气设备、护目镜、手套和防护服。

e. 产品物质相关措施，范例包括限制配制品或物品中的物质浓度。

f. 限制某种物质或产品使用的指令。可以通过限制某些化学品特定的应用和使用，以及控制释放用途等而得以实施。

11.1.8　监测和审查

监测和审查是风险管理过程的最后一个步骤。监测是根据事先安排的时间表，倾向于利用相应的标准化方法，在空间和时间上为确定一个或多个化学品或生物元素的危险性而进行的反复观测过程。监测是为了确保满足先前制定的标准。从这个意义上讲，监测起到了重要的强制作用，也就是控制。监测具有以下一系列目的[18]。

a. 控制功能，验证风险降低（控制）策略的有效性并且检查遵守情况。

b. 信号或报警功能，能够探测人类健康和环境的突发（不利）改变。理想情况下，监测系统应该设计成可以立即追溯到原因。

c. 趋势（识别）功能，能够基于时间序列分析预测到未来的发展。

d. 仪器功能，帮助确认和理清基本过程。

监测在环境和健康风险管理中发挥着重要作用。在健康风险管理中,生物监测是暴露-发病连续带的一部分,如图 11-5 所示,可用于消费和职业安全。生物监测和生化效应监测两者都是关键手段,以帮助理解外部和内部暴露与由暴露产生的潜在不利健康影响之间的复杂关系。对于将被监测的物质而言,如同环境监测,生物监测和生化效应监测应该被视为高特异性的暴露监测手段。不管暴露途径如何[19],这两种方法提供了全部的实际暴露测量值。生物监测的典型例子就是血液或尿液中金属含量、脂肪组织或血液中未代谢物质(如 PCB)、尿液中化学品的特定代谢产物或者呼出气中挥发性化学品的测定。生化效应监测包括 DNA 或蛋白质与特定化学品的络合,或者特定酶活性增加或减少水平的测定。

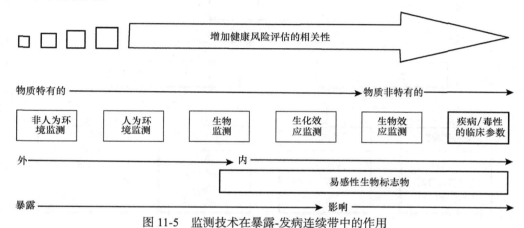

图 11-5　监测技术在暴露-发病连续带中的作用

非人为环境监测包括静态空气监测,土壤监测,饮用水、地下水和地表水监测以及“菜篮子”监测。人为环境监测包括人为空气监测和皮肤接触监测。

除了监测还有许多其他的方法可审查环境和健康管理措施,如审计和检查、自愿协议和方案、报告(如自愿协议的情况)、市场调查、经济手段、产品注册、技术评估、性能测量、人类健康和可持续发展指标。这些都是同样重要的工具,用于实现化学品生产、使用和处置的可持续模式[20-23]。

11.2　化学品安全评价

11.2.1　安全评价及其分类

安全评价是安全系统工程的重要内容之一,其目的是实现系统安全。它是运用系统工程方法对系统存在的危险性进行综合评价和预测,并根据其形成事故的风险大小,采取相应的安全措施,以达到系统安全的过程。安全评价不仅为现代安全生产的重要环节,而且在安全管理的现代化、科学化中也起到积极的推动作用。

1. 安全评价的基本概念

安全评价也称危险度评价或风险评价。安全评价以实现系统安全为目的,应用安全系统工程原理和方法，对系统中存在的危险因素、有害因素进行辨识与分析，判断系统发生事故和职业危害的可能性及其严重程度，从而为制定防范措施和管理决策提供科学依据。

危险源辨识、风险评价、风险控制构成了安全系统工程的基本内容。危险源辨识是风险评价和风险控制的基础，它们相互关联、相互渗透。

安全评价通过对系统中存在的危险性识别及对危险度的评价，客观地描述系统的危险程度，从而指导人们预先采取相应措施，以降低系统的风险性。其基本内容如图 11-6 所示。

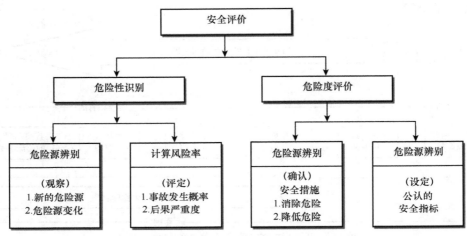

图 11-6　安全评价

安全评价包括危险性识别和危险度评价两个方面。前者在于辨识危险源，确定危险源的危险性；后者在于控制危险性，评价采取控制措施后仍然存在的危险性是否可以接受。在实际的安全评价过程中，这几个方面是不能截然分开、孤立进行的，而是相互交叉、相互重叠于整个评价工作中。

2. 安全评价的分类

安全评价根据评价对象的不同阶段一般可分为以下 4 种。

1）安全预评价

安全预评价是根据化学品的生产与建设项目可行性研究报告的内容，分析和预测该项目存在的危险、有害因素的种类和程度，提出合理可行的安全技术设计和安全管理建议。

2）安全验收评价

安全验收评价是在建设项目竣工、试生产运行正常后，通过对建设项目的设施、设备、装置实际运行状况的检测、考察，查找该建设项目投产后可能存在的危险、有害因素，提出合理可行的安全技术调整方案和安全管理对策。

3）安全现状综合评价

安全现状综合评价也称安全状况评价。它是针对某一个生产经营单位总体或局部的生产经营活动安全现状进行的全面评价,是针对在用的生产装置、设备、设施以及储存、运输及安全管理状况进行的一种全面的综合性安全评价。它是根据政府有关法规的规定或是根据企业职业安全、健康、环境保护的管理要求进行的。

安全现状综合评价的主要内容如下。

a. 全面收集评价所需的信息资料,采用 PHA 等方法进行危险源辨识;运用安全检查表、火灾爆炸毒性指数计算等手段给出量化的安全状态参数值。

b. 对于可能造成重大后果的事故隐患,采用相应的数学模型,进行事故模拟,预测极端情况下的影响范围,分析事故的最大损失,以及发生事故的概率。

c. 对发现的隐患,根据量化的安全状态参数值,对进行整改内容的紧迫程度排序。

d. 提出整改措施与建议。

4)专项安全评价

专项安全评价是针对某一项活动或场所,以及一个特定的行业、产品、生产方式、生产工艺或生产装置等某一专项存在的危险、有害因素进行的一种安全评价。

11.2.2　化学品安全评价

1. 化学品安全评价的目的

安全评价的目的是寻求最低事故率、最少损失和最优的安全投资效益。安全评价要达到的目的包括以下几个方面。

1)系统地从计划、设计、制造、运行、贮运到维修等进行全过程监控

通过安全评价找出生产过程中潜在的危险因素,分析清楚引起系统灾害的工程技术状况,论证安全技术措施的合理性。在设计之前进行评价,可以避免选用不安全的工艺流程和危险的原材料,以及不合适的设备、设施,当必须采用时,可提出降低或消除危险的有效方法。设计之后进行的评价,可以找出设计中的缺陷和不足,及早采取改进和预防措施。系统建成后在运转阶段进行的系统安全评价,在于了解系统的现实危险性,为进一步采取降低危险性的措施提供依据。

2)建立使系统安全的最优方案,为决策提供依据

评价过程中对潜在危险进行定性、定量分析和预测,分析系统存在的危险源、分布部位、数量、事故的概率、事故严重度。提出应采取的安全对策、措施等,决策者可根据评价结果从中选择最优方案并作出管理决策。

3)为实现安全技术、安全管理的标准化和科学化创造条件

通过对设备、设施或系统在生产过程中的安全性是否符合有关技术标准、规范进行评价,对照技术标准、规范找出存在的问题和不足,对系统实行标准化、科学化管理。

4)促进企业实现本质安全化

通过安全评价对事故进行科学分析,针对事故发生的各种原因和条件,提出消除危险的最佳技术措施、方案。首先是从设计上采取相应措施,做到即使发生误操作或设备故障时,系统存在的危险因素也不会导致事故发生,实现生产过程的本质安全化。

2. 化学品安全评价的作用

1）可以有效地减少事故和职业危害

预测、预防事故及职业危害的发生，是现代安全管理的中心任务。对系统进行安全评价，可以识别系统中存在的薄弱环节和能导致事故和职业危害发生的条件；通过系统分析还能够找到发生事故和职业危害的真正原因，特别是可以查找出曾预料到的被忽视的危险因素和职业危害；通过定量分析，预测事故和职业危害发生的可能性及后果的严重性，可以采取相应的对策措施，预防、控制事故和职业危害的发生。

2）可以系统地进行安全管理

现代化学品工业的特点是规模大、连续化和自动化，其生产过程日趋复杂，各个环节和工序之间相互联系、相互作用、相互制约。安全评价则是通过系统分析、评价，全面地、系统地、有机地、预防性地处理生产系统中的安全问题，而不是孤立地、就事论事地去解决生产系统中的安全问题，实现系统安全管理。系统安全管理包括以下几个方面。

a. 发现事故隐患。

b. 预测由失误或故障引起的危险。

c. 设计和调整安全措施。

d. 实现最优化的安全措施。

e. 不断地采取改进措施。

3）可以用最少投资达到最佳安全效果

对系统的安全性进行定量分析、评价和优化，为安全管理和事故预测、预防提供科学依据，根据分析可以选择出最佳方案，使各个子系统之间达到最佳配合，从而用最少投资得到最佳的安全效果，大幅度地减少人员伤亡和设备损坏事故。

4）可以促进各项安全标准制定和可靠性数据积累

安全评价的核心是要对系统作出定性和定量评价，这就需要各项安全标准和数据，如许可安全值、故障率、人机工程标准和安全设计标准等。因此，安全评价可以促进各项安全标准的制定和有关可靠性数据的收集、积累，为建立可靠性数据库打下基础。

5）可以迅速提高安全技术人员的业务水平

通过对系统安全评价的开发和应用，安全技术人员学会了各种系统分析和评价方法，可以迅速提高安全技术人员、操作人员和管理人员的业务水平与系统分析能力，提高安全技术人员和安全管理人员的素质，更好地加强安全生产。

3. 化学品安全评价的一般程序

安全评价的一般程序如图 11-7 所示。

1）准备

明确评价对象和范围，收集国内外相关法规和标准，了解同类设备、设施及生产工艺和事故的情况，了解评价对象的地理、气象条件及社会环境状况等。

2）危险辨别

根据所评价设备、设施或场所的地理和气象条件、工程建设方案、工艺流程、装置布置、主要设备和仪表、原材料、中间体、产品的理化性质等辨识和分析可能发生的事故类型、事故发生的原因与机制。

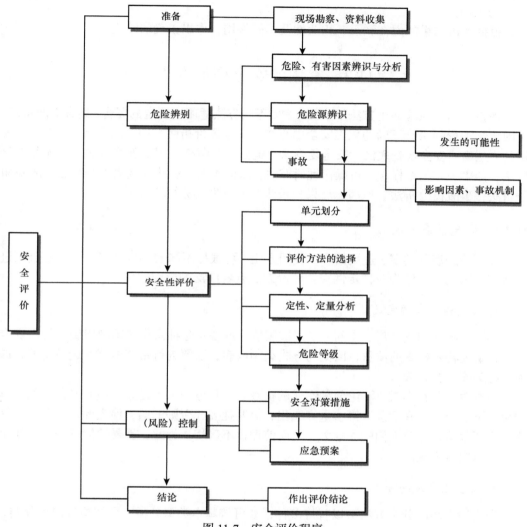

图 11-7 安全评价程序

3）安全性评价

在上述危险分析的基础上，划分评价单元，根据评价目的和评价对象的复杂程度选择具体的一种或多种评价方法，对事故发生的可能性和严重程度进行定性或定量评价，在此基础上进行危险性分级，如果必要，对可能发生的重大事故的后果进行估算，以确定管理的重点。

4）风险控制

根据评价和分析结果提出降低或控制危险的安全对策措施，高于标准值的危险必须采取工程技术或组织管理措施，降低或控制危险。低于标准值的危险属于可接受或允许的危险，应建立监测措施，防止生产条件变更导致危险值增加；对不可排除的危险要采取防范措施，提出应建立的应急救援预案种类等有关要求。

5）结论

根据评价结果的内在联系、相关性及不同作用，作出正确的结论。

11.3　常用的安全评价方法

现在提出的风险评价方法不下几十种，不同方法适用于特定的场合，具有不同特点。美国化学工程师协会下属的化工安全中心在《安全评价指南》中介绍了 11 种方法。常用的方法有：安全检查表法，安全复查法，道公司及蒙德公司危险指数法，预先危险分析法，如果……怎么样法，可操作性研究法，故障类型、影响及致命度分析法，故障树分析法，事故树分析法，原因、后果分析法及人员失误分析法等。

11.3.1　安全检查表法

安全检查表种类多、适用面广、使用方便，可根据不同的要求制定不同的检查表进行检查。因此，它作为一种定性安全评价方法有着广泛的应用。

1. 安全检查表的定义

为了系统地识别工厂、车间、工段或装置、设备及各种操作管理和组织中的不安全因素，事先将要检查的项目，以提问方式编制成表，以便进行系统检查和避免遗漏，这种表称为安全检查表。

检查表有各种形式，不论何种形式的检查表，总体的要求是第一内容必须全面，以避免遗漏主要的潜在危险。第二重点突出，简明扼要，否则的话，检查要点太多，容易掩盖主要危险，分散人们的注意力，反而使评价不确切。为此，重要的检查条款可作出标记，以便认真查对。

2. 安全检查表的分类

安全检查表的分类方法可以有许多种，如可按基本类型分类，可按检查内容分类，也可按使用场合分类。

目前，安全检查表有 3 种类型：定性检查表、半定量检查表和否决型检查表。定性安全检查表是列出检查要点逐项检查，检查结果以"对""否"表示，检查结果不能量化；半定量检查表是给每个检查要点赋以分值，检查结果以总分表示，有量的概念，这样不同的检查对象也可以相互比较，但缺点是对检查要点的准确赋值比较困难，而且个别十分突出的危险不能充分地表现出来；否决型检查表是给一些特别重要的检查要点作出标记，这些检查要点如不满足，检查结果视为不合格，即具一票否决的作用，这样可以做到重点突出。

由于安全检查的目的、对象不同，检查的内容也有所区别，因此应根据需要制定不同的检查表。安全检查表按其使用场合大致可分为以下几种。

a. 设计用安全检查表：主要供设计人员进行安全设计时使用，也作为审查设计的依据。其主要内容包括厂址选择，平面布置，工艺流程的安全性，建筑物、安全装置、操作的安全性，危险物品的性质、储存与运输，消防设施等。

b. 厂级安全检查表：供全厂安全检查时使用，也可供安装、防火部门进行日常巡回检查时使用。其内容主要包括厂区内各种产品的工艺和装置的危险部位，主要安全装置与设施，危险物品的储存与使用，消防通道与设施，操作管理及遵章守纪情况等。

c. 车间用安全检查表：供车间进行定期安全检查时使用。其内容主要包括工人安全、设备布置、通道、通风、照明、噪声、振动、安全标志、消防设施及操作管理等。

d. 工段及岗位用安全检查表：主要用于自查、互查及安全教育。其内容应根据岗位的工艺与设备的防灾控制要点确定，要求内容具体易行。

e. 专业性安全检查表：由专业机构或职能部门编制和使用。主要用于定期的专业检查或季节性检查，如对电气、压力容器、特殊装置与设备等的专业检查表。

3. 安全检查表的编制

编制安全检查表的主要依据有下列内容。

a. 有关标准、规程、规范及规定。为了保证安全生产，国家及有关部门发布了一些不同的安全标准及文件，这是编制安全检查表的一个主要依据。为了便于工作，有时可将检查条款的出处加以注明，以便能尽快统一不同的意见。

b. 国内外事故案例。前事不忘，后事之师，人们都曾为以往的事故教训和研制、生产过程中出现的问题付出了沉重的代价。有关的教训必须汲取，因此要收集国内外同行业及同类产品行业的事故案例，从中发掘出不安全因素，作为安全检查的内容。国内外及本单位在安全管理及生产中的有关经验，自然也是一项重要内容。

c. 通过系统安全分析确定的危险部位及防范措施，也是制定安全检查表的依据。系统安全分析的方法可以多种多样，如预先危险分析、可操作性研究、故障树等。

11.3.2　预先危险分析法

预先危险分析是一项实现系统安全危害分析的初步或初始工作，是在方案开发初期阶段完成的，可以帮助选择技术路线。它在工程项目预评价中有较多的应用，应用于现有工艺过程及装置评价，也会收到很好的效果。

1. 特点

预先危险分析是一种定性的系统安全分析方法，它的主要优点有以下几方面。

a. 最初产品设计或系统开发时，可以利用危险分析的结果，提出应遵循的注意事项和规程。

b. 由于在最初构思产品设计时即可指出存在的主要危险，因此从一开始便可采用措施排除、降低和控制它们。

c. 可用来制定设计管理方法和制定技术责任，并可编制成安全检查表以保证实施。

通过预先危险分析，力求达到 4 项基本目标。

a. 大体识别与系统有关的一切主要危害。在初始识别中暂不考虑事故发生的概率。

b. 鉴别产生危害的原因。

c. 假设危害确实出现，估计和鉴别其对系统的影响。

d. 已经识别的危害分级，分级标准如下。

Ⅰ级. 可忽略的，不至于造成人员伤害和系统损害。

Ⅱ级. 临界的，不会造成人员伤害和主要系统的损坏，并且可能排除和控制。

Ⅲ级. 危险的（致命的），会造成人员伤害和主要系统的损坏，为了人员和系统安全，需立即采取措施。

Ⅳ级. 破坏性的（灾难性），会造成人员死亡或众多伤残、重伤及系统报废。

2. 分析步骤

a. 参照过去同类及相关产品或系统发生事故的经验教训，查明所开发的系统（工艺、设备）是否会出现同样的问题。

b. 了解所开发系统的任务、目的、基本活动的要求（包括对环境的了解）。

c. 确定能够造成受伤、损失、功能失效或物质损失的初始危险。

d. 确定初始危险的起因事件。

e. 找出消除或控制危险的可能方法。

f. 在危险不能控制的情况下，分析最好的预防损失方法，如隔离、个体防护、救护等。

g. 提出采取并完成纠正措施的责任者。

分析结果通常采用不同形式的表格，表 11-3 和表 11-4 为两种表格的表头形式。

表 11-3　预先危险分析法（一）

危害/意外事事故名称	阶段	起因	影响	分类	对策
……	危害发生的阶段，如生产、试验、运输、维修、运行等	产生危害原因	对人员及设备的影响		消除、减少或控制危害的措施

表 11-4　预先危险分析法（二）

潜在事故	危险因素	触发事件	形成事故的原因	事故后果	危险等级	对策

3. 基本危害的确定

基本危害的确定是关键一环，要尽可能周密、详尽，不发生遗漏，否则分析会发生失误。各种系统中可能遇到的一些基本危害有以下几方面：①火灾。②爆炸。③有毒气体或蒸气不可控溢出。④腐蚀性液体的不可控溢出。⑤电击伤。⑥动能意外释放。⑦位能意外释放。⑧人员暴露于过热环境中。⑨人员暴露于超过允许剂量的放射性环境中。⑩人员暴露于噪声强度过高的环境中。⑪眼睛暴露于电焊弧光的照射下。⑫操作人暴露于无防护设施的切削或剪锯的操作过程中。⑬冷冻液的不可控溢出。⑭人员从工作台、扶梯、塔架等高处坠落。

11.3.3　故障树分析法

故障树分析（FTA）技术由美国贝尔电话实验室于 1962 年开发。它采用逻辑的方法，形象地进行危险的分析工作，特点是直观明了、思路清晰、逻辑性强，可以进行定性分析，也可以进行定量分析。FTA 体现了以系统工程方法研究安全问题的系统性、准确性和预测性，它是安全系统工程的主要分析方法之一。一般来讲，安全系统工程的发展也是以故障树分析为主要标志的。

1. 故障树的符号及意义

1）事件符号（图 11-8）

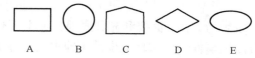

图 11-8　事件符号

a. 矩形符号：代表顶上事件或中间事件。通过逻辑门作用的、由一个或多个原因导致的故障事件。

b. 圆形符号：代表基本事件。表示不要求进一步展开的基本引发故障事件。

c. 屋形符号：代表正常事件。系统在正常状态下发挥正常功能的事件。

d. 菱形符号：代表省略事件。因该事件影响不大或因情报不足，所以没有进一步展开的故障事件。

e. 椭圆形符号：代表条件事件。表示施加于任何逻辑门的条件或限制。

2）逻辑符号

故障树中表示事件之间逻辑关系的符号称门，主要有以下几种。

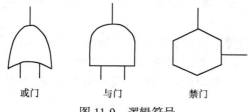

图 11-9　逻辑符号

a. 或门：代表一个或多个输入事件发生即发生输出事件的情况，其符号和示意图分别见图 11-9 和图 11-10。

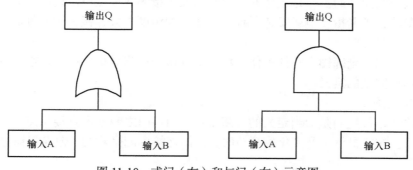

图 11-10　或门（左）和与门（右）示意图

b. 与门：代表当全部输入事件发生时输出事件才发生的逻辑关系。表现为逻辑积的关系。其符号和示意图分别见图 11-9 和图 11-10。

c. 禁门：是与门的特殊情况。它的输出事件是由单输入事件所引起的。但在输入造成

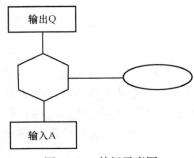

图 11-11　禁门示意图

输出之间，必须满足某种特定的条件。其符号和示意图见图 11-9 和图 11-11。

2. 建树原则

故障树的树形结构是进行分析的基础。故障树树形结构正确与否，直接影响故障树的分析及其可靠程度。因此，为了成功地编制故障树，要遵循一套基本规则。

1）"直接原因原理"（细步思考法则）

编制故障树时，首先对顶上事件分析，确定顶上事件发生的直接、必要和充分原因，应注意不是顶上事件的基本原因。将直接、必要和充分原因事件作为次顶上事件（即中间事件），再来确定它们的直接、必要和充分原因，这样逐步展开。这时"直接原因"是至关重要的。只有遵循直接原因原理，才能保持故障树严密的逻辑性，对事故的基本原因做详尽的分析。

2）基本规则 I

事件方框图内填入故障内容，说明什么样的故障在什么条件下发生。

3）基本规则 II

对方框内事件提问："方框内的故障能否由一个元件失效造成？"

如果对该问题回答是肯定的，把事件列为"元件类"故障。如果回答是否定的，把事件列为"系统类"故障。

"元件类"故障下，加上或门，找出主因故障、次因故障、指令故障或其他影响。

"系统类"故障下，根据具体情况，加上或门、与门或禁门等，逐项分析下去。

主因故障为元件在规定的工作条件范围内发生的故障。例如，设计压力为 P_0 的压力容器在工作压力 $P \leq P_0$ 时的破坏。

次因故障为元件在超过规定的工作条件下发生的故障。例如，设计压力为 P_0 的压力容器在压力 $P > P_0$ 时的破坏。

指令故障为元件的工作是正常的，但时间发生错误或地点发生错误。

其他影响：主要指环境或安装所致的故障，如湿度太大、接头锈死等。

4）完整门规则

在对某个门的全部输入事件中任一输入事件做进一步分析之前，应先对该门的全部输入事件作出完整的定义。

5）非门规则

门的输入事件应当是恰当定义的故障事件，门与门之间不得直接相连，门门连接出现说明粗心。在定量评定及简化故障树时，门门连接可能是对的，但在建树过程中会导致混乱。

3. 故障树分析步骤

1）确定分析系统

确定分析系统即确定系统所包括的内容及其边界范围。

2）熟悉所分析的系统

指熟悉系统的整个情况，包括系统性能、运行情况、操作情况及各种重要参数等，必要时要画出工艺流程图及布置图。

3）调查系统发生的事故

调查分析过去、现在和未来可能发生的故障，同时调查本单位及外单位同类系统曾发生的所有事故。

4）确定故障树的顶上事件

指确定所要分析的对象事件。将易于发生且后果严重的事故作为顶上事件，并调查与其有关的所有原因事件。

5）故障树作图

按建树原则，从顶上事件起，一层一层往下分析各自的直接原因事件，根据彼此间的逻辑关系，用逻辑门连接上下层事件，直到所要求的分析深度，形成一株倒置的逻辑树形图，即故障树图。

6）故障树定性分析

定性分析是故障树分析的核心内容之一。其目的是分析该类事故的发生规律及特点，通过求取最小割集（或最小经集）找出控制事故的可行方案，并从故障树结构上、发生概率上分析各基本事件的重要程度，以便按轻重缓急分别采取对策。

7）故障树定量分析

定量分析包括以下内容：①定各基本事件的故障率或失误率。②求取顶上事件发生的概率，将计算结果与通过统计分析得出的事故发生概率进行比较。

8）安全性评价

根据损失率的大小评价该类事故的危险性，从定性和定量分析的结果中找出能够降低顶上事件发生概率的最佳方案。

4. 故障树定性分析

故障树分析，包括定性分析和定量分析两种方法。在定性分析中，主要包括最小割集、最小径集和重要度分析。

1）最小割集及其求法

割集：导致顶上事件发生的基本事件的集合。最小割集就是指能导致顶上事件发生所必需的最低限度的割集。最小割集的求取方法有行列式法、布尔代数法等。下面以图 11-12 所示的故障树为例，介绍采用布尔代数法对其进行简化的过程。

$$
\begin{aligned}
T &= A_1 + A_2 \\
&= X_1 X_2 A_3 + X_4 A_4 \\
&= X_1 X_2 (X_1 + X_3) + X_4 (X_5 + X_6) \\
&= X_1 X_2 X_1 + X_1 X_2 X_3 + X_4 X_5 + X_4 X_6 \\
&= X_1 X_2 + X_4 X_5 + X_4 X_6
\end{aligned}
$$

所以最小割集为 $|X_1, X_2|$，$|X_4, X_5|$，$|X_4, X_6|$。结果得到三个交集的并集，这三个交集就是三个最小割集 $E_1 = |X_1, X_2|$，$E_2 = |X_4, X_5|$，$E_3 = |X_4, X_6|$。用最小割集表示故障树的等效图如图 11-13 所示。

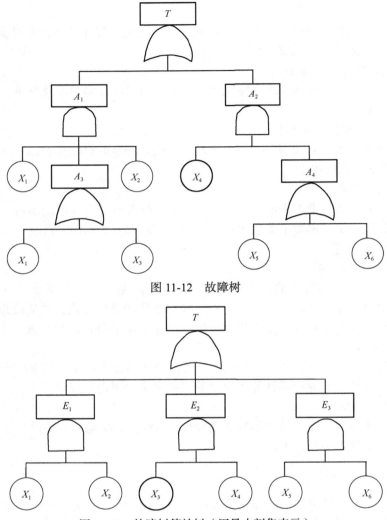

图 11-12　故障树

图 11-13　故障树等效树（用最小割集表示）

2）最小径集及其求法

径集：如果故障树中某些基本事件不发生，则顶上事件就不发生，这些基本事件的集合称为径集。

最小径集：就是顶上事件不发生所需的最低限度的径集。

最小径集的求法是利用它与最小割集的对偶性。首先作出与故障树对偶的成功树（图 11-12），即把原来故障树的与门换成或门，而或门换成与门，各类事件发生换成不发生，利用上述方法求出成功树的最小割集，再转化为故障树的最小径集（图 11-13）。例如，把上例中的故障树变为成功树：用 T'、A'_1、A'_2、A'_3、A'_4、X'_1、X'_2、X'_3、X'_4、X'_5、X'_6 表示事件 T、A_1、A_2、A_3、A_4、X_1、X_2、X_3、X_4、X_5、X_6 的补事件，即成功事件；逻辑门做相应转换，如图 11-14 所示。

用布尔代数法求成功树的最小割集。

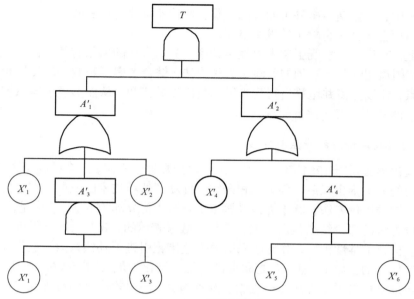

图 11-14　逻辑门转换

$$T'=A'_1 \cdot A'_1$$
$$=(X'_1 + X'_2 + A'_3) \cdot (X'_4 + A'_4)$$
$$=(X'_1 + X'_2 + X'_1X'_3) \cdot (X'_4 + X'_5X'_6)$$
$$=(X'_1 + X'_2) \cdot (X'_4 + X'_5X'_6)$$
$$=X'_1X'_4 + X'_1X'_5X'_6 + X'_2X'_4 + X'_2X'_5X'_6$$

成功树的最小割集为 $|X'_1, X'_4|$，$|X'_1, X'_5, X'_6|$，$|X'_2, X'_4|$，$|X'_2, X'_5, X'_6|$，即故障树的最小径集为 $P_1=|X'_1, X'_4|$，$P_2=|X'_1, X'_5, X'_6|$，$P_3=|X'_2, X'_4|$，$P_4=|X'_2, X'_5, X'_6|$。

如将采用布尔代数法求得的成功树的最后结果变换为故障树结构，则表达式为 $T=(X_1 + X_4)(X_1 + X_5 + X_6)(X_2 + X_4)(X_2 + X_5 + X_6)$，形成了 4 个并集的交集，如用径集表示故障树则如图 11-15 所示。

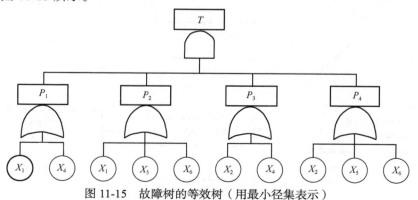

图 11-15　故障树的等效树（用最小径集表示）

11.3.4　危险指数评价方法

众所周知，评价与化学品安全生产有关事故的危害有两个指标：事故发生的频率及事故的后果。为此，人们开发了许多方法分别研究事故发生的频率及其造成的后果。在故障树分析中，根据基本事件（如阀门、泵、搅拌器、仪表等的故障）的发生概率，能准确计算出顶上事件（事故）的发生概率。

实际上，有许多因素既影响事故发生频率，又与事故的后果有关，在化工过程中尤为突出。美国道化学公司开创的危险指数评价法，综合考虑了影响事故发生频率与后果的危险因素，赋以分值并运算后得到表征总危险度的指数，从而形成了与系统安全工程方法并行不悖的两大安全评价流派。

1. 危险指数评价法的产生与发展

美国道化学公司于 1964 年公布第一版危险指数评价方法，至今已经历了 7 次修改。道化学公司的方法推出以后，各国竞相研究，推动了这项技术的发展，在它的基础上提出了一些不同的评价方法，其中尤以英国 ICI 公司蒙德分部的方法最具特色。第三版危险指数评价方法的评价结果是以火灾、爆炸指数来表示的，ICI 蒙德分部则根据化学工业的特点，扩充了毒性指标，并对所采取的安全措施引进了补偿系数。道化学公司在吸收蒙德方法优点的基础上，进一步把单元的危险度转化为最大财产损失，技术日臻完善。道化学公司危险指数评价方法（第五版）及英国 ICI 公司蒙德分部所研发方法的评价程序分别见图 11-16 和图 11-17。

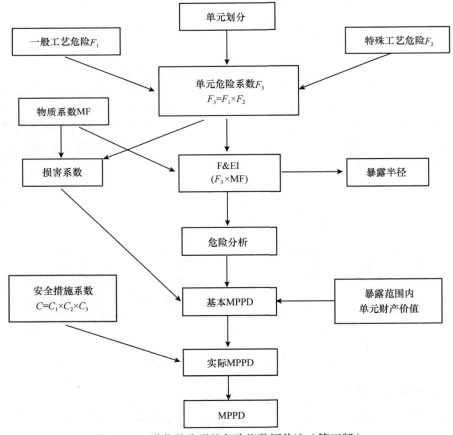

图 11-16　道化学公司的危险指数评价法（第五版）

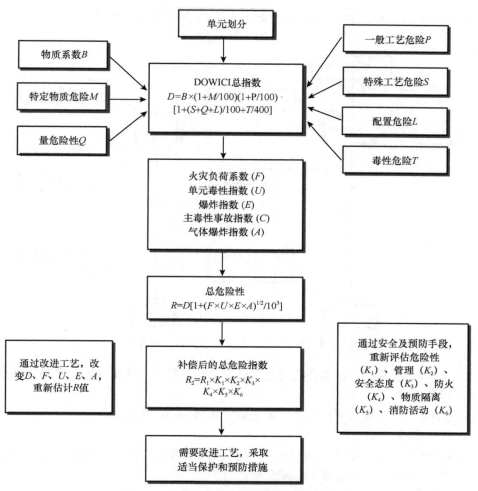

图 11-17　英国 ICI 公司蒙德分部的评价程序

我国也开展了危险指数评价的研究，在 1992 年发布的国家标准《光气及光气化产品生产装置安全评价通则》（GB13548—92）中采取的危险指数计算程序如图 11-18 所示。在光气生产中，所处理物料有易燃、易爆的一氧化碳、液氯等，又有毒性很大的光气、一氧化碳等。根据这个特点，在评价中除了火灾、爆炸之外，还突出了毒性这一评价指标。在这项研究中，结合我国光气生产工艺水平和设备状况，重点扩展了毒性指数的计算并提出了"工艺过程毒性"这一概念。图 11-18 中 MF 代表物质系数，F&EI 代表火灾、爆炸指数，TI 代表毒性指数，F&EI′和 TI′分别代表补偿（即根据所采取的预防手段及安全措施来进行修正）后的火灾、爆炸指数和毒性指数。

2. 道化学公司危险指数评价（第七版）

1994 年，美国道化学公司评价法的最近版本第七版问世，与第六版相比，主要有以下变化：①恢复了根据火灾、爆炸指数的大小来划分危险等级；②对最大可能财产损失（MPPD）和设备布置等做了进一步的讨论；③在安全措施补偿系数部分增加了危险分析活动的内容；④在系数取值及表格设置等方面做了改进，以便于计算处理。

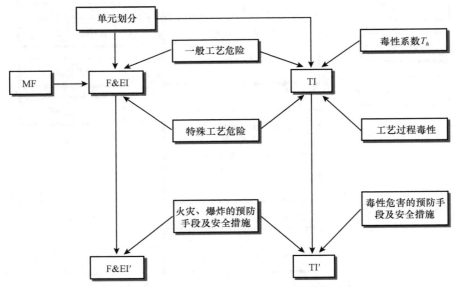

图 11-18 光气生产采用 F&EI 及 TI 与计算程序

以下以第七版为例，简要介绍道化学公司危险指数评价法的评价程序和评价步骤。

1）评价程序

道化学公司危险指数评价程序（第七版）如图 11-19 所示。

2）评价步骤

计算单元的火灾、爆炸（F&EI）指数时，可按照 F&EI 指数、安全措施补偿系数进行计算，并将结果列于工艺单元危险分析汇总中。

（1）收集资料

收集评价对象的生产工艺、仪表、设备，设计说明书（工艺流程图、平面布置图等），设备图纸及装置价格等资料。

（2）选择评价单元

首先将评价对象划分为若干单元。划分原则是工艺上相对独立，布置上因设有防火墙等也相对独立。例如，乳胶生产装置可划分为原料储罐、反应器供料源、反应器、汽提塔等单元。仓库可作为一个单元单独划分。

选择评价单元时主要考虑危险性较大的单元。对于一旦发生故障会导致系统停车而带来巨大经济损失的关键设备也应考虑。另外，即便是同一个单元，也存在着开车、正常生产、停车、装料、卸料等不同阶段，因此应从操作状态和操作阶段考虑，选取最危险的状态进行分析。

（3）确定物质系数（MF）

单元选择之后是确定其物质系数。物质系数（MF）是评价单元危险性的基本数据，它根据物质的化学活性和燃烧性来确定，同时根据温度加以修正。确定单元的物质系数时,应根据单元内具代表性的物质确定,混合物应根据各组分的危险性及含量加以确定。如无可靠数据,可按照最危险物质确定物质系数。

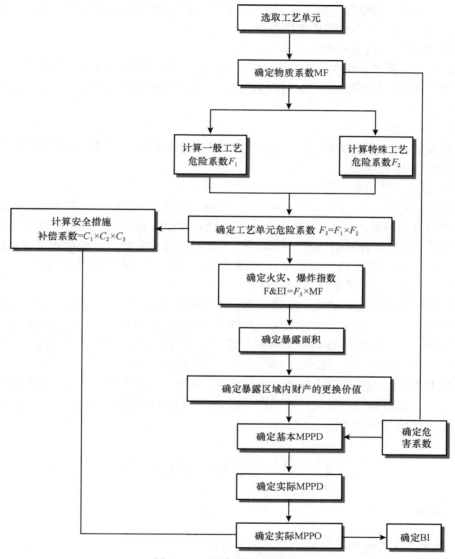

图 11-19 风险分析计算程序

(4) 一般工艺危险系数 (F_1) 和特殊工艺危险系数 (F_2)

一般工艺危险涉及放热反应、吸热反应等 6 项内容,根据各个单元的具体情况得到危险系数后,将各危险系数相加再加上基本系数"1"后即为一般工艺危险系数;特殊工艺危险涉及物质毒性、操作压力等 13 项危险影响因素。与一般工艺危险系数的求法类似,可得到特殊工艺危险系数。

(5) 单元危险系数 (F_3)

一般工艺危险系数与特殊工艺危险系数的乘积即为单元危险系数。单元危险系数

F_3 的数值范围为 $1 \sim 8$，超过 8 时按 8 计。

（6）火灾、爆炸危险指数

火灾、爆炸危险指数代表了单元火灾、爆炸危险性的大小，由物质系数 MF 与危险系数 F_3 相乘得到，并由此确定危险等级。

（7）暴露区域内财产更换价值

暴露区域是指单元发生火灾、爆炸时可能受到影响的区域。区域内财产价值包括该区域内的设备价值及在存物料的价值等。此外，需要考虑随着时间推移、价格上涨而形成的增长系数。

（8）危害系数

危害系数代表了物料泄漏等引起的火灾、爆炸事故的综合效应，由物质系数 MF 和单元危险系数 F_3 确定。

（9）安全措施补偿系数

安全措施补偿系数（C）分为 3 种：工艺控制补偿系数（C_1）、物质隔离补偿系数（C_2）和防火措施补偿系数（C_3）。每种安全措施补偿系数包含若干项，根据采取的安全措施确定补偿系数后，将各补偿系数相乘即得到工艺控制补偿系数 C_1（或物质隔离补偿系数 C_2、防火措施补偿系数 C_3）。C_1、C_2、C_3 相乘即得到总的安全措施补偿系数 C_0。

（10）最大可能财产损失（MPPD）

指数危险分析方法目的之一是确定单元发生事故时的最大可能财产损失，以便从经济损失的角度出发分析单元的危险性能否接受。暴露区内财产价值与危害系数的乘积就是基本 MPPD，基本 MPPD 与安全措施补偿系数的乘积就是实际最大可能财产损失。

（11）最大可能工作日损失（MPDO）和停工损失（BI）

事故发生除了造成财产损失外，还会因停工带来更多的损失。为了确定可能造成的停工损失，首先需要确定最大可能工作日损失。MPDO 可通过查图表获取。确定之后，即可根据月产值得出停工损失（BI）。

11.4　危险化学品事故后果分析

11.4.1　泄漏

1. 化学品泄漏场所

生产过程中化学品的泄漏位置及能造成的泄漏尺寸主要包括以下几种。

1）阀

a. 阀壳体泄漏，造成泄漏时裂口尺寸取管径的 20%～100%。

b. 阀盖泄漏，造成泄漏时裂口尺寸取管径的 20%。

c. 阀杆损坏泄露，造成泄漏时裂口尺寸取管径的 20%。

2）压力容器或反应器

包括化工生产中常用的分离器、气体洗涤器、反应釜、热交换器、各种罐和容器等。其常见泄漏情况和裂口尺寸有以下几种。

    a. 容器破裂而泄漏，裂口尺寸取其容器本身尺寸。

    b. 容器本体泄漏，裂口尺寸取与其连接的粗管道管径的 100%。

    c. 孔盖泄漏，裂口尺寸取其管径的 20%。

    d. 喷嘴断裂而泄漏，裂口尺寸取管径的 100%。

    e. 仪表管路破裂泄漏，裂口尺寸取其管径的 20%～100%。

    f. 容器内部爆炸，全部破裂。

    3）泵

    a. 泵体损坏泄漏，裂口尺寸取与其连接管道管径的 20%～100%。

    b. 密封压盖处泄漏，裂口尺寸取管径的 20%。

    4）压缩机

    包括离心式、轴流式和往复式压缩机。其典型泄漏情况和裂口尺寸有以下几种。

    a. 压缩机机壳损坏而泄漏，裂口尺寸取与其连接管道管径的 20%～100%。

    b. 压缩机密封套泄漏，裂口尺寸取管径的 20%。

    5）储罐

    指露天储存危险物质的容器或压力容器，包括与其连接的管道和辅助设备。其典型泄漏情况和裂口尺寸有以下几种。

    a. 罐体损坏而泄漏，裂口尺寸为本体尺寸。

    b. 接头泄漏，裂口尺寸取与其连接管道管径的 20%～100%。

    c. 辅助设备泄漏，酌情确定裂口尺寸。

    6）加压或冷冻气体容器

    包括露天或埋地放置的储存器、压力容器或运输槽车等。其典型泄漏情况和裂口尺寸有以下几种。

    a. 露天容器内部气体爆炸使容器完全破裂，裂口尺寸取本体尺寸。

    b. 容器破裂而泄漏，裂口尺寸取本体尺寸。

    c. 焊接点（接管）断裂泄漏，取管径的 20%～100%。

    7）火炬燃烧器或放散管

    包括燃烧装置、放散管、多通接头、气体洗涤器和分离罐等。泄漏主要发生在筒体和多通接头部位，裂口尺寸取其管径的 20%～100%。

    2.泄漏的原因

    从人机系统来考虑各种泄漏事故的原因主要有 4 类。

    1）设计失误

    a. 基础设计错误，如地基下沉，造成容器底部产生裂缝，或设计变形、错位等。

    b. 选材不当，如强度不够、耐腐蚀性差、规格不符等。

    c. 布置不合理，如压缩机或输出管没有弹性连接，因振动而使管道破裂。

    d. 选用机械不合适，如转速过高，耐温、耐压性能差等。

    e. 选用的计测仪器不合适。

    f. 储罐、贮槽未加液位计，反应器（炉）未加溢流管或放散管等。

2）设备原因

a. 加工不符合要求，或未经检验擅自采用待用材料。

b. 加工质量差，特别是焊接质量差。

c. 施工和安装精度不高，如泵和电机不同轴，机械设备不平衡，管道连接不严密等。

d. 选用的标准定型产品质量不合格。

e. 对安装的设备没有按相关标准与规范进行验收。

f. 设备长期使用后未按规定检修期进行检修，或检修质量差造成泄漏。

g. 计测仪表未定期校验，造成计量不准。

h. 阀门损坏或开关泄漏，未及时更换。

i. 设备附件质量差，或长期使用后材料变质、腐蚀或破裂等。

3）管理原因

a. 没有制定完善的安全操作规程。

b. 对安全漠不关心，已发现的问题不及时解决。

c. 没有严格执行监督检查制度。

d. 指挥错误，甚至违章指挥。

e. 让未经培训的工人上岗，知识不足，不能判断错误。

f. 检修制度不严，没有及时检修已出现故障的设备，使设备带病运转。

4）人为失误

a. 误操作，违反操作规程。

b. 判断错误，如记错阀门位置而开错阀门。

c. 擅自脱岗。

d. 思想不集中。

e. 发现异常现象不知如何处理。

3. 泄漏后果

泄漏一旦出现，其后果不单与物质的数量、易燃性、毒性有关，而且与泄漏物质的相态、压力、温度等状态有关。这些状态可有多种不同的结合，在后果分析中，常见的可能结合有4种：①常压液体；②加压液化气体；③低温液化气体；④加压气体。

泄漏物质的物性不同，其泄漏后果也不同。

1）可燃气体泄漏

可燃气体泄漏后遇到引火源会发生燃烧；与空气混合达到燃烧极限时，遇引爆能量会发生爆炸。泄漏后起火的时间不同，泄漏后果也不相同。

（1）立即起火

可燃气体从容器中往外泄出时即被点燃，发生扩散燃烧，产生喷射性火焰或形成火球，但很少会影响厂区的外部，能迅速危及泄漏现场。

（2）滞后起火

可燃气体泄出后与空气混合形成可燃蒸气云团，并随风飘移，遇火源发生爆炸或爆轰，能引起较大范围的破坏。

2）有毒气体泄漏

有毒气体泄漏后形成云团在空气中扩散，有毒气体的浓密云团将笼罩很大的空间，影响范围大。

3）液体泄漏

一般情况下，泄漏的液体在空气中蒸发而生成气体，泄漏后果与液体的性质和储存条件（温度、压力）有关。

（1）常温常压下液体泄漏

这种液体泄漏后聚集在防液堤内或地势低洼处形成液池，液体由于地表面风的对流而缓慢蒸发，若遇引火源就会发生池火灾。

（2）加压液化气体泄漏

一些液体泄漏时瞬时蒸发，剩下的液体将形成一个液池，吸收周围的热量继续蒸发。液体瞬时蒸发的比例取决于物质的性质及环境温度。有些泄漏物可能在泄漏过程中全部蒸发。

（3）低温液体泄漏

这种液体泄漏时将形成液池，吸收周围热量蒸发，蒸发量低于加压液化气体的泄漏量，高于常温常压下液体的泄漏量。

无论是气体泄漏还是液体泄漏，泄漏量的多少是决定泄漏后果严重程度的主要因素，而泄漏量又与泄漏时间长短有关。

4）泄漏量的计算

当发生泄漏的设备的裂口是规则的，而且裂口尺寸及泄漏物质的有关热力学、物理化学性质及参数已知时，可根据流体力学中的有关方程式计算泄漏量；当裂口不规则时，可采取等效尺寸代替；当遇到泄漏过程中压力发生变化等情况时，往往采用经验公式计算。

（1）液体泄漏量

液体泄漏速度可用流体力学的伯努利方程计算，其泄漏速度为

$$Q_0 = C_d A \rho \sqrt{\frac{2(P + P_0)}{\rho} + 2gh} \qquad （11\text{-}1）$$

式中，Q_0 为液体泄漏速度，单位为 kg/s；C_d 为液体泄漏系数；A 为裂口面积，单位为 m^2；ρ 为泄漏液体密度，单位为 kg/m^3；P 为容器内介质压力，单位为 Pa；P_0 为环境压力，单位为 Pa；g 为重力加速度，取 $9.8 m/s^2$；h 为裂口之上液位高度，单位为 m。

常压下液体泄漏的速度取决于裂口之上液位的高低；非常压下液体的泄漏速度主要取决于裂口内介质压力与环境压力之差和液位高低。

当容器内是过热液体，即液体的沸点低于周围环境，液体流过裂口时由于压力减小而突然蒸发。蒸发所需热量取自于液体本身，而容器内剩下的液体温度将降至常压沸点。在这种情况下，泄漏时直接蒸发的液体所占百分比 F_v 可按式（11-2）计算：

$$F_v = C_p \frac{T - T_0}{H} \qquad （11\text{-}2）$$

式中，C_p 为液体的定压比热；T 为泄漏前液体的温度，单位为 K；T_0 为液体在常压下的

沸点，单位为 K；H 为液体的汽化热，单位为 J/kg。

按式（11-2）的结果，F_v 几乎总是在 0～1。事实上，泄漏时直接蒸发的液体将以细小烟雾的形式形成云团，与空气相混合而吸热蒸发。如果空气传给液体烟雾的热量不足以使其蒸发，有一些液体烟雾将凝结成液滴降落到地面，形成液池。根据经验，当 $F_v > 0.2$ 时，一般不会形成液池；当 $F_v < 0.2$ 时，F_v 与蒸发液体的比例有线性关系，即当 $F_v = 0$ 时，没有液体蒸发；当 $F_v = 0.1$ 时，有 50%的液体蒸发。

（2）气体泄漏量

气体从裂口泄漏的速度与其流动状态有关。因此，计算泄漏量时首先要判断泄漏时气体属于音速还是亚音速流动。前者称为临界流，后者称为次临界流。当式（11-3）成立时，气体流动属音速流动：

$$\frac{P_0}{P} \leqslant \left(\frac{2}{k+1}\right)^{\frac{k}{k+1}} \tag{11-3}$$

当式（11-4）成立时，气体流动属亚音速流动：

$$\frac{P_0}{P} > \left(\frac{2}{k+1}\right)^{\frac{k}{k+1}} \tag{11-4}$$

式中，k 为气体的绝热指数，即定压比热 C_p 与定容比热 C_v 之比。

气体呈音速流动时，其泄漏量为

$$Q_0 = C_d A \rho \sqrt{\frac{Mk}{RT}\left(\frac{2}{k+1}\right)^{\frac{k+1}{k-1}}} \tag{11-5}$$

气体呈亚音速流动时，其泄漏量为

$$Q_0 = Y C_d A \rho \sqrt{\frac{Mk}{RT}\left(\frac{2}{k+1}\right)^{\frac{k+1}{k-1}}} \tag{11-6}$$

式中，C_d 为气体泄漏系数，当裂口形状为圆形时取 1.00，三角形时取 0.95，长方形时取 0.90；M 为分子质量；ρ 为气体密度，单位为 kg/m^3；R 为气体常数，单位为 J/(mol·K)；T 为气体温度，单位为 K。Y 为气体膨胀因子，由式（11-7）计算：

$$Y = \sqrt{\left(\frac{1}{k+1}\right)\left(\frac{k+1}{2}\right)^{\frac{k+1}{k-1}}\left(\frac{p}{p_0}\right)^{\frac{2}{k}}\left[1-\left(\frac{p_0}{p}\right)^{\frac{k-1}{k}}\right]} \tag{11-7}$$

当容器内物质随泄漏而减少或压力降低而影响泄漏速度时，泄漏速度的计算比较复杂。如果流速小或时间短，在后果计算中可采用最初排放速度，否则应计算其等效泄漏速度。

（3）喷射扩散

气体泄漏时从裂口喷出形成气体喷射。大多数情况下气体直接喷出后，其压力高于周围环境大气压力，温度低于环境温度。在进行喷射计算时，应以等价喷射孔口直径计算。等价喷射的孔口直径按式（11-8）计算：

$$D = D_0 \sqrt{\frac{\rho_0}{\rho}} \qquad (11\text{-}8)$$

式中，D 为等价喷射孔径，单位为 m；D_0 为裂口孔径，单位为 m；ρ_0 为泄漏气体的密度，单位为 kg/m³；ρ 为在周围环境条件下气体的密度，单位为 kg/m³。

如果气体泄漏能瞬时间达到周围环境的温度、压力状况，即 $\rho_0 = \rho$，则 $D = D_0$，则喷射浓度与速率按下述情况进行分析。

a. 喷射浓度分布。

在喷射轴线上距孔口 x 处的气体浓度 $C(x)$ 为

$$C(x) = \frac{\dfrac{b_1 + b_2}{b_1}}{0.32 \dfrac{x}{D} \cdot \dfrac{\rho}{\sqrt{\rho_0}} + 1 - \rho} \qquad (11\text{-}9)$$

式中，b_1 和 b_2 为分布函数，其表达式为 $b_1 = 50.5 + 48.2\rho - 9.95\rho^2$，$b_2 = 23 + 41\rho$。

如果把式（11-9）改写成 x 是 $C(x)$ 的函数形式，则给定某浓度值 $C(x)$，就可算出具有该浓度的点至孔口的距离 x。

在过喷射轴线上点 x 且垂直于喷射轴线的平面内，任一点的气体浓度为

$$\frac{C(x,y)}{C(x)} = e^{-b_2(y/x)^2} \qquad (11\text{-}10)$$

式中，$C(x,y)$ 为距裂口距离 x 且垂直于喷射轴线的平面内 Y 点的气体浓度，单位为 kg/m³；$C(x)$ 为喷射轴线上距裂口 x 处的气体浓度，单位为 kg/m³；y 为目标点到喷射轴线的距离，单位为 m。

b. 喷射轴线上的速率分布。

喷射速度随着轴线距离增大而减小，直到轴线上的某一点喷射速率等于风速为止，该点称为临界点。临界点以后的气体运动不再符合喷射规律。沿喷射轴线的速度分布由式（11-11）得出：

$$\frac{V(x)}{V_0} = \frac{\rho_0}{\rho} \cdot \frac{b_1}{4} \left[0.32 \frac{x}{D} \cdot \frac{\rho}{\rho_0} + 1 - \rho \right] \left(\frac{D}{x} \right)^2 \qquad (11\text{-}11)$$

式中，ρ_0 为泄漏气体的密度，单位为 kg/m³；ρ 为在周围环境条件下气体的密度，单位为 kg/m³；D 为等价喷射孔径，单位为 m；b_1 为分布参数，单位为 kg/m³；x 为喷射轴线上距裂口某点的距离，单位为 m；$V(x)$ 为喷射轴线上距裂口 x 处某点的速度，单位为 m/s；V_0 为喷射初速，等于气体泄漏时流经裂口处的速度，单位为 m/s，按式（11-12）计算。

$$V_0 = \frac{Q_0}{C_d \rho \pi \left(\dfrac{D_0}{2} \right)^2} \qquad (11\text{-}12)$$

式中，Q_0 为气体泄漏速度，单位为 kg/s；C_d 为气体泄漏系数；D_0 为裂口直径，单位为 m。

当临界点处的浓度小于允许浓度（如可燃气体的燃烧下限或者有害气体最高允许浓度）时，只需按喷射来分析；当该点浓度大于允许浓度时，需要进一步分析泄漏气体在大气中扩散的情况。

（4）绝热扩散

闪蒸液体或加压气体瞬时泄漏后，有一段快速扩散时间，假定此过程相当快，以致混合气团和周围环境之间来不及进行热交换，则此扩散称为绝热扩散。

根据荷兰应用科学研究组织（TNO）的绝热扩散模式，泄漏气体（或液体闪蒸形成的蒸气）的气团呈半球形向外扩散。根据浓度分布情况，把半球分成内外两层，内层浓度均匀分布，且具有50%的泄漏量；外层浓度呈高斯分布，具有另外50%的泄漏量。

绝热扩散过程分为两个阶段，第一阶段气团向外扩散至大气，在扩散过程中，气团获得动能，称为"扩散能"；第二阶段，扩散能再将气团向外推，使紊流混合空气进入气团，从而使气团范围扩大。当内层扩散速度降到一定值时，可以认为扩散过程结束。

a. 气团扩散能。

在气团扩散的第一阶段，扩散气体（或蒸气）的内能一部分用来增加动能，对周围大气做功，假设该过程为可逆绝热过程，并且是等熵的。

①气体泄漏扩散能

根据内能变化得出扩散能计算公式如下：

$$E=C_v（T_1-T_2）-0.98P_0（V_2-V_1）\tag{11-13}$$

式中，E 为气体扩散能，单位为 J；C_v 为定容比热，单位为 J/(kg·K)；T_1 为气团初始温度，单位为 K；T_2 为气团压力降至大气压力时的温度，单位为 K；P_0 为环境压力，单位为 Pa；V_1 为气团初始体积，单位为 m^3；V_2 为气团压力降至大气压力时的体积，单位为 m^3。

②闪蒸液泄漏扩散能

蒸发的蒸气团扩散能可以按式（11-14）计算：

$$E=[H_1-H_2-T_b（S_1-S_2）]W-0.98（P_1-P_0）V_1\tag{11-14}$$

式中，E 为闪蒸液体扩散能，单位为 J；H_1 为泄漏液体初始焓，单位为 J/kg；H_2 为泄漏液体最终焓，单位为 J/kg；T_b 为液体的沸点，单位为 K；S_1 为液体蒸发前的熵，单位为 J/(kg·K)；S_2 为液体蒸发后的熵，单位为 J/(kg·K)；W 为液体蒸发量，单位为 kg；P_1 为初始压力，单位为 Pa；P_0 为周围环境压力，单位为 Pa；V_1 为初始体积，单位为 m^3。

b. 气团半径与浓度。

在扩散能的推动下气团向外扩散，并与周围空气发生紊流混合。

①内层半径与浓度。

气团内层半径 R_1 和浓度 C 是时间函数，表达式如下：

$$R_1 = 2.72\sqrt{K_d \cdot t}\tag{11-15}$$

$$C = \frac{0.0059V_0}{\sqrt{(K_d \cdot t)^3}}\tag{11-16}$$

式中，t 为扩散时间，单位为 s；V_0 为在标准温度、压力下气体的体积，单位为 m^3；K_d 为紊流扩散系数，按式（11-17）计算：

$$K_d = 0.0137\sqrt[3]{V_0} \cdot \sqrt{E} \cdot \left[\frac{\sqrt[3]{V_0}}{t\sqrt{E}}\right]^{\frac{1}{4}}\tag{11-17}$$

如上所述，当中心扩散速度（dR/dt）降到一定值时，第二阶段才结束。临界速度的选择是随机且不稳定的。设扩散结束时扩散速度为 1m/s，则在扩散结束时内层半径 R_1 和浓度 C 可按式（11-18）和式（11-19）计算：

$$R_1 = 0.088\,37E^{0.3}V_0^{\frac{1}{3}} \tag{11-18}$$

$$C = 172.95E^{-0.9} \tag{11-19}$$

②外层半径与浓度。

第二阶段末气团外层的大小可根据试验观察得出，即扩散终结时外层气团半径 R_2 由式（11-20）求得：

$$R_2 = 1.456R_1 \tag{11-20}$$

式中，R_1 和 R_2 分别为气团内层、外层半径，单位为 m。

外层气层浓度自内向外呈高斯分布。

11.4.2　火灾

易燃、易爆的气体、液体泄漏后遇到引火源就会被点燃而着火燃烧。它们被点燃后的燃烧方式有池火、喷射火等。

1. 池火

可燃液体（如汽油、柴油等）泄漏后流到地面形成液池，或流到水面并覆盖水面，遇到火源燃烧而成池火。

1）燃烧速度

当液池中可燃液体的沸点高于周围环境温度时，液体表面上单位面积的燃烧速度 dm/dt 为：

$$\frac{dm}{dt} = \frac{0.001H_c}{C_p(T_b - T_0) + H} \tag{11-21}$$

式中，dm/dt 为单位表面积燃烧速度，单位为 $kg/(m^2 \cdot s)$；H_c 为液体燃烧热，单位为 J/kg；C_p 为液体的定压比热，单位为 $J/(kg \cdot K)$；T_b 为液体沸点，单位为 K；T_0 为环境温度，单位为 K；H 为液体汽化热，单位为 J/kg。

2）火焰高度

设液池为一半径为 r 的圆池子，其火焰高度可按式（11-22）计算：

$$h = 84r\left[\frac{dm/dt}{\rho_0(2gr)^{\frac{1}{2}}}\right]^{0.6} \tag{11-22}$$

式中，h 为火焰高度，单位为 m；r 为液池半径，单位为 m；ρ_0 为周围空气密度，单位为 kg/m^3；g 为重力加速度，取 $9.8m/s^2$；dm/dt 为燃烧速率，单位为 $kg/(m^2 \cdot s)$。

3）热辐射通量

液池燃烧时放出的总热辐射通量为

$$Q = (\pi r^2 + 2\pi rh)\frac{\mathrm{d}m}{\mathrm{d}t} \cdot \eta \cdot \frac{H_c}{\left[72\left(\dfrac{\mathrm{d}m}{\mathrm{d}t}\right)^{0.61} + 1\right]} \qquad (11\text{-}23)$$

式中，Q 为总热辐射通量，单位为 W；η 为效率因子，可取 0.13～0.15。

4）目标入射热辐射强度

假设全部辐射热量由液池中心点的小球面辐射出来，则在距离池中心某一距离（x）处的入射热辐射强度为：

$$I = \frac{Q t_c}{4\pi x^2} \qquad (11\text{-}24)$$

式中，I 为热辐射强度，单位为 W/m²；Q 为总热辐射通量，单位为 W；t_c 为热传导系数，在无相对理想的数据时，可取 1；x 为目标点到液池中心点的距离。

2. 喷射火

加压的可燃物质泄漏时形成射流，如果在泄漏裂口处被点燃，则形成喷射火。这里所用的喷射火辐射热计算方法是一种包括气流效应在内的喷射扩散模式的扩展。把整个喷射火看成是由沿喷射中心线上的所有 n 个点热源组成，每个点热源的热辐射通量相等。

点热源的热辐射通量按式（11-25）计算：

$$Q = \eta Q_0 H_c \qquad (11\text{-}25)$$

式中，Q 为点热源热辐射通量，单位为 W；η 为效率因子，可取 0.35；Q_0 为泄漏速度，单位为 kg/s；H_c 为燃烧热，单位为 J/kg。

从理论上讲，喷射火的火焰长度等于从泄漏口到可燃混合气燃烧下限（LFL）的射流轴线长度。对表面火焰热通量，则集中在 LFL/1.5 处。n 点的划分可以是随意的，对于危险评价分析一般取 $n=5$。

射流轴线上某点热源 i 到距离该点 x 处一点的热辐射强度为

$$I_i = \frac{q \cdot R}{4\pi x^2} \qquad (11\text{-}26)$$

式中，I_i 为点热源 i 至目标点 x 处的热辐射强度，单位为 W/m²；q 为点热源的辐射通量，单位为 W；x 为点热源到目标点的距离，单位为 m。

某一目标点的入射热辐射强度等于喷射火的全部点热源对目标点热辐射强度贡献的总和：

$$I = \sum_{i=1}^{n} I_i \qquad (11\text{-}27)$$

式中，n 为计数时选取的点热源数，一般取 $n=5$。

11.4.3　爆炸

爆炸是物质的一种非常急剧的物理、化学变化。也是大量能量在短时间内迅速释放或急剧转化成机械功的现象。它通常是借助于气体的膨胀来实现的。

从物质运动的表现形式来看，爆炸就是物质剧烈运动的一种表现。物质运动急剧增速，由一种状态迅速地转变成另一种状态，并在瞬间释放出大量的能。一般说来，爆炸现象具有以下特征。

　　a. 爆炸过程进行得很快。

　　b. 爆炸点附近压力急剧升高，产生冲击波。

　　c. 发出或大或小的响声。

　　d. 周围介质发生振动或邻近物质遭受破坏。

　　一般将爆炸过程分为两个阶段：第一阶段是物质的能量以一定的形式（定容、绝热）转变为强压缩能；第二阶段是强压缩能急剧绝热膨胀对外做功，引起作用介质变形、移动和破坏。

　　按爆炸性质可分为物理爆炸和化学爆炸。物理爆炸就是物质状态参数（温度、压力、体积）迅速发生变化，在瞬间放出大量能量并对外做功的现象。其特点是在爆炸现象发生过程中，造成爆炸发生的介质的化学性质不发生变化，发生变化的仅是介质的状态参数。例如，锅炉、压力容器和各种气体或液化气体钢瓶的超压爆炸及高温液体金属遇水爆炸等。化学爆炸就是物质某一种化学结构迅速转变为另一种化学结构，在瞬间放出大量能量并对外做功的现象。例如，可燃气体、蒸气或粉尘与空气混合形成爆炸性混合物的爆炸。化学爆炸的特点是爆炸发生过程中介质的化学性质发生了变化，导致爆炸的能源来自物质迅速发生化学变化时所释放的能量。化学爆炸有三个要素：反应的放热性、反应的快速性和生成气体产物。

　1. 爆炸类型

　1）介质全部为液体时的爆炸能量

　　通常将液体加压时所做的功作为常温液体压力容器爆炸时释放的能量，计算公式如下：

$$E_L = \frac{(P-1)^2 V \beta_1}{2} \tag{11-28}$$

式中，E_L 为常温液体压力容器爆炸时释放的能量，单位为 kJ；P 为液体的压力，单位为 Pa；V 为容器的体积，单位为 m^3；β_1 为液体在压力 P 和温度 T 下的气压缩系数，单位为 Pa^{-1}。

　2）液化气体与高温饱和水的爆炸能量

　　液化气体和高温饱和水一般在容器内以气液两态存在，当容器破裂发生爆炸时，除了气体急剧膨胀做功外，还有过热液体激烈的蒸发过程。在大多数情况下，这类容器内饱和液体占有容器介质质量的绝大部分，它的爆破能量比饱和气体大得多，一般计算时考虑气体膨胀做的功。过热状态下液体在容器破裂时释放出的爆破能量可按式（11-29）计算：

$$E = [(H_1 - H_2) - (S_1 - S_2)T_1]W \tag{11-29}$$

式中，E 为过热液体的爆破能，单位为 kJ；H_1 为爆炸前饱和液体的焓，单位为 kJ/kg；H_2 为在大气压力下饱和液体的焓，单位为 kJ/kg；S_1 为爆炸前饱和液体的熵，单位为 kJ/kg；S_2 为在大气压力下饱和液体的熵，单位为 kJ/kg；T_1 为介质在大气压力下的沸点，单位为 K；W 为饱和液体的质量，单位为 kg。

　　饱和水容器的爆破能量按式（11-30）计算：

$$E_W = C_W V \qquad\qquad (11\text{-}30)$$

式中，E_W 为饱和水容器的爆破能量，单位为 kJ；V 为容器内饱和水所占的容积，单位为 m^3；C_W 为饱和水爆破能量系数，单位为 kJ/m^3。

2. 爆炸冲击波及其伤害、破坏作用

压力容器爆破时，爆破能量在向外释放时以冲击波能量、碎片能量和容器残余变形能量三种形式表现出来。后二者只占总爆破能量的 3%～15%，也就是说大部分能量是用来产生空气冲击波。

1）爆炸冲击波

冲击波是由压缩波叠加形成的，是波阵面以突进形式在介质中传播的压缩波。容器破裂时，器内的高压气体大量冲出，使周围的空气受到冲击而发生扰动，状态（压力、密度、温度等）发生突跃变化，其传播速度大于扰动介质的声速，这种扰动在空气中传播就成为冲击波。在离爆破中心一定距离的地方，空气压力会随时间发生迅速而悬殊的变化。开始时，压力突然升高，产生一个很大的正压，接着又迅速衰减，在很短时间内由正压降至负压。如此反复循环数次，压力渐次衰减下去。开始时产生的最大正压即冲击波波阵面上的超压 ΔP。多数情况下，冲击波的伤害、破坏作用是由超压产生的。超压 ΔP 可以达到数个甚至数十个大气压。

冲击波伤害、破坏作用准则有：超压准则、冲量准则、超压-冲量准则等。为了便于操作，下面仅介绍超压准则。超压准则认为，只要冲击波超压达到一定值，便会对目标物造成一定的伤害或破坏。超压波对人体的伤害和对建筑物的伤害与破坏作用可参见表 11-5。

表 11-5　冲击波超压对人体和建筑物的伤害与破坏作用

对象	超压 ΔP/MPa	伤害与破坏作用
人体	0.02～0.03	轻微损伤
	0.03～0.05	听觉器官
	0.05～0.10	内脏严重损伤或死亡
	>0.10	大部分人员死亡
建筑物	0.005～0.006	门、窗玻璃部分破碎
	0.006～0.015	受压面的门、窗玻璃大部分破碎
	0.015～0.02	窗框损坏
	0.02～0.03	墙裂缝
	0.03～0.05	墙大裂缝，屋瓦掉下
	0.06～0.07	木建筑厂房房柱折断，房架松动
	0.07～0.10	砖墙倒塌
	0.10～0.20	防震钢筋混凝土破坏、小房屋倒塌
	0.20～0.30	大型钢结构破坏

2）冲击波的超压

冲击波波阵面上的超压与产生冲击波的能量有关，同时与其距爆炸中心的远近有关。冲击波的超压与爆炸中心距离的关系：

$$\Delta P = \propto R^{-n} \tag{11-31}$$

式中，ΔP 为冲击波波阵面上的超压，单位为 MPa；R 为目标距爆炸中心的距离，单位为 m；n 为衰减系数。

衰减系数在空气中随着超压的大小而变化，在爆炸中心附近内为 2.5～3；当超压在数个大气压以内时，$n=2$；小于 1 个大气压时，$n=1.5$。试验数据表明，不同数量的同类炸药发生爆炸时，如果目标距爆炸中心的距离 R 与其基准爆炸中心的距离 R_0 之比同爆炸产生的能量 q 与基准爆炸能量 q 之比三次方根相等，则所产生的冲击波超压相同，用公式表示为

$$\frac{R}{R_0} = \sqrt[3]{\frac{q}{q_0}} = \alpha \text{，则 } \Delta P = \Delta P_0 \tag{11-32}$$

式中，R 为目标与爆炸中心距离，单位为 m；R_0 为目标与基准爆炸中心的距离，即基准距离，单位为 m；q_0 为基准爆炸能量，TNT，单位为 kg；q 为爆炸时产生冲击波所消耗的能量，TNT，单位为 kg；ΔP 为目标处的超压，单位为 MPa；ΔP_0 为基础目标处的超压，单位为 MPa；α 为炸药爆炸试验的模拟比。

式（11-32）也可写成：

$$\Delta P(R) = \Delta P_0(R/\alpha) \tag{11-33}$$

利用式（11-33）就可以根据某些已知药量的试验所测得的超压来确定任意药量爆炸时在各种相应距离下的超压。

综上所述，计算压力容器爆破时对目标的伤害、破坏作用，可按下列程序进行。

a. 首先根据容器内所装介质的特性，计算出其爆破能 E。

b. 将爆炸能量 q 换算成 TNT 当量 q_0。因为 1kg TNT 爆炸释放的爆炸能量为 4230kJ/kg～4836kJ/kg，一般取平均为 4500kJ/kg，故其关系为

$$q = E/q_0 = E/4500 \tag{11-34}$$

c. 按式（11-32）求出爆炸的模拟比 α，即

$$\alpha = (q/q_0)^{\frac{1}{3}} = (1/1000)^{\frac{1}{3}} = 0.1q^{\frac{1}{3}} \tag{11-35}$$

d. 求出 1000kg TNT 爆炸试验中的基准距离 R_0，即 $R_0 = R/\alpha$。

e. 根据 R_0 值找出距离为 R 处的超压 ΔP（中间值用插入法），即距离 R 处的超压 ΔP。

f. 根据超压 ΔP 值，从表 11-5 中找出对人员和建筑物的伤害与破坏作用。

3）蒸气云爆炸的冲击波损害半径

爆炸性气体以液态储存，如果瞬间泄漏后遇到延迟点火，或以气态储存时泄漏到空气中遇到火源，则可能发生蒸气云爆炸。导致蒸气云形成的力来自容器含有的能量或可燃物含有的内能，或两者兼有之。"能"的主要形式是压缩能、化学能或热能。一般说来，只有压缩能和热能才能单独导致蒸气云形成。

根据 TNO 建议，可按式（11-36）预测蒸气云爆炸的冲击波损害半径：

$$R = C_S(NE)^{\frac{1}{3}} \tag{11-36}$$

式中，R 为损害半径，单位为 m；E 为爆炸能量，单位为 kJ，可按式（11-37）进行计算；N 为效率因子，其值与燃烧持续展开所造成损害的比例和燃料燃烧所得机械能量有关，一般取 $N=10\%$；C_S 为经验常数，取决于损害等级，取值情况可见表 11-6。

$$E = V \cdot H_C \qquad\qquad (11-37)$$

式中，V 为参与反应的可燃气体的体积，单位为 m^3；H_C 为可燃气体的高燃烧热值，单位为 kJ/m^3。

表 11-6　损害等级表

损害等级	C_S	设备损坏	人员伤害
1	0.03	重创建筑物的加工设备	1%死于肺部感染 >50%耳膜破裂 >50%被碎片击伤
2	0.06	损坏建筑物外表，可修复性破坏	1%耳膜破裂 1%被碎片击伤
3	0.15	玻璃破碎	被碎玻璃击伤
4	0.4	10%玻璃破碎	

11.4.4　中毒

有毒物质泄漏后生成有毒蒸气云，它在空气中飘移、扩散，直接影响现场人员并可能波及居民区。大量剧毒物质泄漏可能带来严重的人员伤亡和环境污染。毒物对人员的危害程度取决于毒物的性质、毒物的浓度和人员与毒物接触的时间等因素。有毒物质泄漏初期，其毒气形成气团密集在泄漏源周围，随后受环境温度、地形、风力和湍流等影响，气团漂移、扩散，扩散范围变大，浓度减小。

在中毒事故的后果分析中，往往不考虑毒物泄漏的初期情况，即工厂范围内的现场情况，而主要计算毒气气团在空气中飘移、扩散的范围、浓度、接触毒物的人数等。其中，最常用的一种方法为概率函数法。

概率函数法是利用人们在一定时间接触一定浓度毒物会受影响的概率来描述毒物泄漏后果的一种方法。概率与中毒死亡率有直接关系，两者可以互相换算，见表 11-7，概率在 0～10。

表 11-7　概率与死亡率的换算

死亡率/%	概率									
	0	1	2	3	4	5	6	7	8	9
0		2.67	2.95	3.12	3.25	3.36	3.45	3.52	3.59	3.66
10	3.72	3.77	3.82	3.87	3.92	3.96	4.01	4.05	4.08	4.12
20	4.16	4.19	4.23	4.26	4.29	4.33	4.36	4.39	4.42	4.45
30	4.48	4.50	4.53	4.56	4.59	4.61	4.64	4.67	4.69	4.72

续表

死亡率/%	概率									
	0	1	2	3	4	5	6	7	8	9
40	4.75	4.77	4.80	4.82	4.85	4.87	4.90	4.92	4.95	4.97
50	5.00	5.03	5.05	5.08	5.10	5.13	5.15	5.18	5.20	5.23
60	5.25	5.28	5.31	5.33	5.36	5.39	5.41	5.44	5.47	5.50
70	5.52	5.55	5.58	5.61	5.64	5.67	5.71	5.74	5.77	5.81
80	5.84	5.88	5.92	5.95	5.99	6.04	6.08	6.13	6.18	6.23
90	6.28	6.34	6.41	6.48	6.55	6.64	6.75	6.88	7.05	7.33
99	0	0.10	0.20	0.30	0.40	0.50	0.60	0.70	0.80	0.90
	7.33	7.37	7.41	7.46	7.51	7.58	7.58	7.65	7.88	8.09

概率 Y 与毒物浓度及接触时间的关系如下：

$$Y = A + B\ln(C^n \cdot t) \tag{11-38}$$

式中，A、B、n 为取决于毒物性质的常数；C 为接触毒物的浓度，单位为 mg/kg 或 ml/L；t 为接触毒物的时间，单位为 min。

使用概率函数表达式时，必须计算评价点的毒性负荷（$C^n \cdot t$），因为在一个已知点，有毒物质浓度随着气团的稀释而不断变化，瞬时泄漏就是这种情况。确定毒物泄漏范围内某点的毒性负荷时，可把气团经过该点的时间划分为若干区段，计算每个区段内该点的毒物浓度，得到各时间区段的毒性负荷，然后求出总毒性负荷：

$$总毒性负荷 = \sum 时间区段内毒性负荷 \tag{11-39}$$

一般说来，接触毒物的时间不会超过 30min。因为在这段时间里人员可以逃离现场或采取保护措施。

当毒物连续泄漏时，某点的毒物浓度在整个云团扩散期间没有变化。当设定某死亡率时，由表 11-7 查出相应的概率 γ，根据式（11-38）有

$$C^n \cdot t = e^{\frac{\gamma - A}{B}} \tag{11-40}$$

可以计算出 C 值，由此按扩散公式可以算出中毒范围。

如果毒物泄漏是瞬时的，则有毒气团通过该点处毒物的浓度是变化的。这种情况下，考虑浓度的变化情况，计算气团通过该点的毒性负荷，算出该点的概率 Y，然后查表 11-7 就可得出相应的死亡率。

11.5　化学品安全评价报告

11.5.1　安全评价报告概述

1. 安全评价的现状

安全评价一般是针对某一种或某一类化学品进行评价。因此在撰写安全评价报告

前，需要对该类化学品的安全评价现状进行总结和归纳。

2. 安全评价的目的及评价范围

安全评价的目的是依据国家有关法律、法规，运用安全系统工程的评价方法，对化学品企业生产、加工、仓储、运输等项目的安全管理、生产场所、在用设备、工艺操作过程现状进行具体分析，找出潜在隐患，评价发生危险的可能性、危险等级及其可接受程度，提出合理可行的安全管理对策措施和建议，努力降低系统的危险性，并得出其是否符合国家有关法律、法规、标准要求的结论。安全评价范围涉及化学品企业生产、加工、仓储、运输等项目相关的安全要素，应在评价报告概述中进行说明。

3. 安全评价的依据

化学品安全评价的形式和内容多样。尽管如此，安全评价需遵循一定的规则和法规，这就是安全评价的依据。安全评价可遵循的依据可以是国家法律、法规、标准和技术规范等文件。在我国，化学品安全评价的依据主要有《中华人民共和国安全生产法》《中华人民共和国消防法》《危险学品安全管理条例》《建筑设计防火规范》（GB 50016—2014）、《毒害性商品储存养护技术条件》（GB 17916—2013）、《爆炸危险场所安全规定》等相关法律、法规及现行标准。

11.5.2　安全评价内容

1. 化学品生产安全评价内容

化学品生产过程中的安全评价内容包含以下内容。

a. 工艺路线是否成熟。

b. 工艺路线是否陈旧。

c. 有无工艺卡片及执行工艺卡片的情况。

d. 员工熟知行之有效的安全防范和管理制度的情况。

e. 工艺过程中事故，是否吸取教训，并有防范措施。

f. 根据化学品的种类、特性，在车间、库房等作业场所是否有相应的监测、通风、防晒、调温、防火、灭火、防爆、泄压、防毒、消毒、中和、防潮、防雷、防腐、防渗漏、防护围堤或者隔离操作等安全设施、设备，以及是否进行正常维护、符合安全运行的要求。

2. 化学品仓储安全评价内容

a. 是否有违法生产，经营化学品情况确认。

b. 是否在生产、储存的化学品包装内附有与化学品一致的安全技术说明书。

c. 化学品的包装是否符合国家法律、法规、规范和标准的要求。

d. 化学品的包装物、容器是否由有资质的厂家生产，并经有资质的检验机构检验合格后使用。

e. 在包装上是否加贴或悬挂与化学品一致的化学品安全标签。

f. 化学品是否采用专用仓库、专用场地，储存方式、方法与储存数量是否符合国家标准。

g. 在库房等化学品作业场所是否有相应的监测、通风、防晒、调温、防火、灭火、防爆、泄压、防毒、消毒、中和、防潮、防雷、防腐、防渗漏、防护围堤或者隔离操作等安全设施、设备，以及是否进行正常维护、符合安全运行的要求。

h. 化学品是否专人管理，剧毒化学品是否执行双人收发、双人保管制度。

i. 危险化学品仓库建筑是否符合规范要求。

j. 危险化学品仓库是否符合有关安全、消防要求，设置明显标志，并定期进行安全设施检查。

k. 是否对安全检查、安全评价提出的问题列出整改方案并限期整改，或采取相应的安全措施。

l. 是否对剧毒化学品的产量、流向、储存量及用途进行如实记录，有无关于被盗、丢失、误售、误用的等级报告制度，以及执行情况。

3. 重大危险源辨识

a. 化学品名称。

b. 化学品数量。

c. 化学品储存方式。

d. 化学品储存地点。

e. 是否属于重大危险源。

f. 是否按重大危险源进行严格管理。

g. 是否有重大危险源事故预案和应急处理方法。

h. 是否定期进行重大危险源事故预案和应急处理方法的演练，考核有无记录。

i. 是否按条例要求按期进行安全评价。

4. 职业卫生防护

a. 针对化学品有无职业卫生防护手段。

b. 职业卫生防护手段是否到位。

c. 职业卫生防护用具是否可靠。

d. 人员认识职业卫生防护用具及其使用方法的考核情况。

e. 应该增加的防护设施及用具。

5. 应急预案

a. 有无事故应急预案。

b. 事故应急预案是否满足实际要求。

c. 事故应急预案是否正确。

d. 事故应急预案提出的措施是否到位。

e. 人员是否熟知事故应急预案。

f. 人员是否通过事故应急预案考核。

g. 事故应急预案考核合格率。

h. 事故应急预案中有无向政府及有关部门报告的程序及规定。

i. 与应急救援组织的联系与协调。

j. 是否进行事故应急预案的定期演练。

k. 在生产、储存和使用场所是否设置通信、报警装置，并保证在任何情况下处于正常适用状态。

6. 化学品安全管理

a. 化学品安全管理制度是否落实。

b. 有无危险化学品登记管理制度，执行情况。

c. 生产、使用危险化学品质量管理情况。

d. 包装可靠性。

e. 有无泄漏情况。

7. 库房安全

a. 库房安全符合相应规范情况。

b. 化学品是否按有关规范要求有专用仓库、场地。

c. 危险化学品收发是否认真核查登记。

d. 库房安全设施是否完善并按期检验。

11.5.3　安全评价报告内容格式

1. 编制说明

a. 项目概况。

b. 评价范围。

c. 评价程序。

2. 评价依据

a. 法规文件。

b. 标准、技术文件等。

3. 重大危险源辨识

a. 化学品名称。

b. 生产、经营、储存、使用及废弃化学品的特性。

——标识和信息

——理化特性

——危险性概述

——泄漏处理方法

——防火安全措施

　　——急救措施

　　——毒理资料数据及说明

　　——生态学资料

　　——对人体造成危害时的个体防护

　　——操作与储存中的必要防护措施

　　——废弃处置方法

　　——运输要求

　　——法规信息

　　c. 化学品数量。

　　d. 化学品储存方式。

　　e. 化学品储存地点。

　　f. 是否属于重大危险源。

　　g. 是否按重大危险源进行严格管理。

　　h. 是否有重大危险源事故预案和应急处理方法。

　　i. 是否定期进行重大危险源事故预案和应急处理方法的演练，考核有无记录。

　　4. 生产工艺过程初步危险性分析

　　a. 生产工艺流程。

　　b. 生产工艺、设备或储存方式、设施是否符合国家标准。

　　c. 工艺路线是否成熟。

　　d. 工艺路线是否陈旧。

　　e. 根据化学品的种类、特性，在车间、库房等作业场所是否有相应的监测、通风、防晒、调温、防火、灭火、防爆、泄压、防毒、消毒、中和、防潮、防雷、防腐、防渗漏、防护围堤或者隔离操作等安全设施、设备，以及是否进行正常维护、符合安全运行的要求。

　　5. 确定评价单元，选择评价方法

　　根据生产工艺平面布置和生产工艺的危险危害特性确定评价单元。采用危险化学品安全评价检查表，或根据生产工艺中危险物料的危险危害特性选择恰当的安全评价方法进行评价。

　　6. 危险性因素评价

　　a. 针对工艺过程现状进行评价。

　　b. 针对化学反应产生的危险因素进行评价。

　　c. 各危险物质的危险危害特性（包括燃烧爆炸、有毒物质泄漏、腐蚀和毒尘）分析。

　　d. 事故案例介绍，经验教训及防范意见。

　　e. 对危险性较大的装置运用合适的评价方法进行评价。

7. 安全对策与措施

a. 现状论述。

b. 存在的主要问题。

c. 对策与措施：安全技术对策措施、安全管理对策措施。

d. 整改方案。

——必须立即进行整改的问题及整改方案

——必须停止使用的生产设备清单及整改意见

——停用设备

——更换设备

——修复设备

——必须停止使用的仓储库房、设备清单及整改意见

——部位、原因及处理方案

——应该增加的安全设施

8. 评价结论与建议

a. 针对现状评价的情况得出评价结论。

b. 提供相应的安全技术说明书。

c. 提供相应的安全标签。

11.5.4 安全评价结论内容

1. 作出评价结论前应考虑的主要方面

a. 在总体上要对评价项目中提出的安全技术措施、安全设施进行考察，看其是否能满足系统安全的要求，验收项目还需考虑安全设施和技术措施的运行效果及其可靠性。

b. 关于生产过程和主要设备的本质安全性则应考虑如下内容。

①工艺、设备的本质安全程度。

②系统、装置、设备能否保证安全。

a）总图布置是否合理。

b）确保生产工艺条件正常和工艺条件发生变化时系统的适应能力。

c）一旦超越正常的工艺条件或发生误操作时，系统能否保证安全。

d）控制系统是否达到了故障安全型标准，即一旦超越设计或操作校制的参数限度时，是否具备能使系统或设备回复到安全状态的能力及其可靠性。

c. 给出的作业环境是否符合安全卫生要求的结论性意见。

d. 自然条件对评价对象的影响，周围环境对评价对象的影响，评价安全设施对周围环境有否严重影响。

e. 管理体系、管理制度方面的情况。

2. 安全评价结论的内容

安全评价结论的内容，因评价种类（安全预评价、安全验收评价、安全现状综合评价和专项评价）的不同而各有差异。通常情况下，安全评价结论的主要内容应包括如下几方面。

a. 评价对象是否符合国家安全生产法规、标准要求。

b. 评价对象在采取所要求的安全对策措施后达到的安全程度。

c. 对受条件限制而遗留的问题提出改进方向和措施建议。

d. 对于可接受的项目，还应进一步提出要重点防范的危险、危害性。

e. 对于不可接受的项目，要指出存在的问题，列出不可接受的充足理由；另外，在安全评价结论中，还可提出建议性的建议和希望。

参 考 文 献

[1] European Centre for Ecotoxicology and Toxicology of Chemicals. Concentrations of industrial chemicals measured in the environment: the influence of physicochemical properties, tonnage and use pattern. ECETOC Technical Report 29. Brussels. Belgium, 1988.

[2] Organization for Economic Co-operation and Development. Report of the OECD workshop on the extra-polation of laboratory aquatic toxicity data to the real environment. OECD Environment Monographs 58. Paris, France, 1992.

[3] McColl R S. Biological safety factors in toxicological risk assessment. Health and Welfare Canada, Ontario, Canada, 1990.

[4] Vermeire T, Stevenson H, Pieters M N, et al. Assessment factors for human health risk assessment: a discussion paper. Critical Reviews in Toxicology, 1999, 29: 439-490.

[5] Commission of the European Communities. Technical Guidance Document in support of Commission Directive 93/67/EEC on risk assessment for new notified substances, Commission Regulation (EC) No 1488/94 on risk assessment for existing substances and Directive 98/8/EC of the European Parliament and of the Council concerning the placing of biocidal products on the market. Joint Research Centre, European Chemicals Bureau. Brussels, Belgium, 2003.

[6] Van Leeuwen C J, Vermier T G. Risk assessment of chemicals: an introduction. Springer Publishers, Dordrecht, the Netherlands, 2008.

[7] Bro-Rasmussen F. Hazard and risk assessment and the acceptability of chemicals in the environment. *In*: Richardson M L. Risk Assessment of Chemicals in the Environment. Cambridge: Royal Society of Chemistry, 1988: 437-450.

[8] Premises for Risk Management. Risk limits in the context of environmental policy. Annex to the Dutch National Environmental Policy Plan (to Choose or to Lose) 1990-1994. Second Chamber of the States General, session 1988-1989, 21137, No 5. The Hague, The Netherlands, 1989.

[9] Van Leeuwen C J. Ecotoxicological effects assessment in the Netherlands: recent developments. Environmental Management, 1990. 14: 779-792.

[10] US Congress, Office of Technology Assessment. Researching health risks. OTA-BBS-571, Washington, DC, 1993.

[11] Roberts L E J. Risk assessment and risk acceptance. *In*: Richardson M L. Risk Assessment of Chemicals in the Environment. Cambridge: Royal Society of Chemistry, 1988, 7-32.

[12] Tengs T O, Adams M E, Pliskin J S, et al. Five-hundred lifesaving interventions and their cost-effectiveness. Risk Analysis, 1995, 15: 369-390.

[13] Carnegie Commission on Science, Technology, and Government. Risk and the Environment. Improving Regulatory Decision Making. New York: Carnegie Commission, 1993.

[14] Lave L B, Malès E H. At risk: the framework for regulating toxic substances. Environmental Science and Technology, 1989, 23: 386-391.

[15] Commission of the European Communities. Council Directive 92/32/EEC of 30 April 1992 amending for the seventh time Directive 67/548/EEC on the approximation of the laws, regulations and administrative provisions relating to the classification, packaging and labelling of dangerous substances. Official Journal of the European Union, 1992.

[16] United Nations. Globally harmonized system of classification and labelling of chemicals (GHS). First revised edition. United Nations, Geneva, Switzerland, 2005.

[17] European Chemicals Bureau. Scoping study on the technical guidance document on preparing the chemical safety report under

REACH. Reach Implementation Project 3.2. Report prepared by CEFIC, ECETOC, RIVM, the Federal Institute for Risk Assessment (BfR), Federal Institute for Occupational Safety and Health (BAuA), Okopol, DHI Water & Environment and TNO. European Commission, Joint Research Centre, Ispra, Italy, 2005.

[18] De Zwart D. Monitoring water quality in the future. Part B. Biomonitoring. National Institute of Public Health and Environmental Protection, Bilthoven, The Netherlands, 1994.

[19] European Centre for Ecotoxicology and Toxicology of Chemicals. Guidance for the interpretation of biomonitoring data. ECETOC Document No 44. ECETOC, Brussels, Belgium. 2005.

[20] European Environment Agency. Environment in the European Union at the turn of the century. Environmental assessment report No 2. European Environment Agency, Copenhagen, Denmark, 1999.

[21] United Nations Environment Programme. Environmental management tools. Industry and Environment, 1995, 18: 1-131.

[22] World Health Organization. Environmental Health Indicators for Europe. A Pilot Indicator-based Report WHO Europe, Copenhagen, Denmark, 2004.

[23] US Environmental Protection Agency. Status and Future Directions of the High Production Volume Challenge Programme. US Environmental Protection Agency. Office of Pollution Prevention and Toxics, Washington, DC, 2004.

第12章 化学品的毒理学基础和风险评估

12.1 毒理学安全性评价方法

对化学物质的毒性实施全面的安全性评价，除需要进行毒性试验外，还需要结合人群的流行病学调查作出综合性评价。但对于新化学物质来说，即使已用于人群，但由于接触人群少，接触时间也短，不易获得人体毒性的可靠资料，于是只能依靠毒性试验来进行安全性评价。

毒理学试验可分为两大类型，即体内试验与体外试验。体内试验一般使用哺乳动物作为研究对象。哺乳动物体内试验，按染毒时间的长短或次数分为急性、亚急性、亚慢性、慢性及长期或终生毒性试验。此外，还有一些试验是以整个试验所需时间（而不是染毒时间）来描述的。例如，诱变试验常称为短期试验，因为可在数天至数周内完成。有些特定靶器官的致癌试验可在数周至数月内完成，因而称为中期试验。但繁殖试验，则可能经历一代、二代或三代，对此分别称为 X 代试验。

哺乳动物毒性试验可以明确以下几个问题：①对化学物质进行毒性分级或危害性分级；②了解化学物质的吸收、分布、排泄特点，尤其是吸收途径、半衰期、蓄积作用等；③毒性作用特征及性质，慢性中毒的可能性及其靶器官，毒性作用是局部的还是全身的，是否可逆，是否致敏等；④反映毒性效应的指标（主要指急慢性毒性的敏感指标），以及据此所得出的慢性毒性作用 LOAEL 和 NOAEL；⑤联合作用的特点；⑥代谢转化的情况，包括代谢途径、活性代谢产物、降解产物、参与代谢的酶等；⑦中毒机制，影响因素等。

12.1.1 毒性评价试验[1-3]

1. 试验动物的选择

使用优质的试验动物进行试验研究，可排除来自动物的因素对试验结果的影响。因此，试验动物的准备成为毒理学研究工作重要的影响条件之一。试验动物应来自具有繁殖和饲养合格证的试验动物供应中心，且试验研究单位的动物房及动物饲养管理条件应符合要求，亦必须具有使用合格证。除此以外，对于试验动物还应注意以下要求。

1）物种、品系选择

原则上应选择那些在代谢功能上与人接近的、对化学物质的感受性与人比较一致的动物。最常用的是哺乳动物，但并非所有哺乳动物对化学物质的反应都一致。因此，一般要求选用两种以上不同物种，一种是啮齿类，一种是非啮齿类。常用动物对化学致敏物的敏感性顺序为：豚鼠＞家兔＞狗＞小白鼠＞猫。研究化学物质对实质性脏器的危害性，应选用小鼠、大鼠或家兔等；研究化学物质经皮肤吸收的作用，常选用兔；研究其对皮肤的刺激作用，最常用白色豚鼠或白色家兔；研究其对眼的刺激作用，以兔眼最敏感；猫、狗应用于以呕吐为观察指标的试验研究；高血压病理模型选用大鼠、狗、猫、家兔和猴等。

2）按遗传学控制原则选择

在选择试验动物时，应选择纯度高、感受性强的健康品系。目前根据基因的纯合程度，从遗传角度，按不同的繁殖方式将动物分为同基因型和不同基因型两大类。

同基因型动物又可分为近交系、同源导入近交系（近交同类系）、异单基因近交系（近交同类突变系）、重组近交系、突变系、杂交 F_1 代、单亲二倍体和嵌合体。在繁殖时根据目的不同，分别采用近交、杂交、连续回交或回交互交等方式培育而成。同基因型以近交系动物为代表。

不同基因型动物主要来源于远交杂种或近交纯种，指远交系和封闭群。不同基因型动物的特点是高产、适应性和抗病性强。

3）按试验动物微生物控制原则选择

通过对动物进行微生物学监测，按照微生物控制程度，将其分为以下 4 类。

Ⅰ级：普通动物，即要求动物应没有可传染给人的疾病。

Ⅱ级：清洁动物，即除符合Ⅰ级标准外，应在一般试验动物室内繁殖饲养，种系清楚，不杂乱，没有该动物所特有的疾病。

Ⅲ级：无特定病原体动物，即除符合Ⅱ级标准外，动物为剖腹产或子宫切除产，按纯系要求繁殖，在隔离器内或层流室内饲养，只有不致病的细菌群，没有致病病原体。

Ⅳ级：无菌动物，即在全封闭无菌条件下饲养的纯系动物，其体内外不带有任何微生物和寄生虫（包括大部分病毒）。

4）个体选择

同一种动物对同一种化学物质的反应也不尽一致，存在着年龄、性别、生理及健康状况等影响感受性的因素。所以，应根据研究目的来选择动物。

（1）年龄

在实际工作中，常以动物的体重来粗略地判断其年龄。急性试验用成年动物，长期试验用断奶后不久的动物。在同一试验中，各组动物体重应尽可能一致，组间相差不得超过 10%，组内不超过 20%。

（2）性别

若已知性别对化学物质感受性不同，则选敏感的性别；若未知有无差异，一般采用雌雄各半。如试验结果显示雌雄动物间有差异，则需将不同性别分别做统计分析。

（3）生理及健康状况

动物的生理状况如怀孕、哺乳等，可极大地改变其对化学物质的感受性。试验动物必须是健康的。试验动物选择后，经一次性检查后，尚需检疫 1 周，使处于潜伏期的疾病得以暴露。检疫期间需观察其食欲、大小便及活动情况。检疫期间可同时使动物适应新的环境与饲养条件。

（4）随机化分组

选好的动物应随机分至试验设计的各染毒组与对照组中。一般使用随机区组法即配伍分组法。先将雌雄两性动物分别按体重轻重区分为几个区组，然后将各区组随机平均分配于各组中。如果观察指标无须剖杀即能获得，则应当依据染毒前测定的数据进行随机分组。

2. 染毒方法的选择

毒理学中一般采用经口、吸入、经皮染毒，偶尔也采用注射染毒。由于染毒途径不同，化学物质的吸收率、吸收速度及受检物首先到达的器官组织均不同，因此染毒途径对毒性有较大的影响。

1）经呼吸道染毒

经呼吸道染毒是评价空气污染物优先考虑的染毒途径，方法有吸入染毒和气管注入。吸入染毒有静式吸入和动式吸入两种。静式吸入染毒是将试验动物放在一定容积的密闭容器中，加入一定量的气态或挥发性化学物质，使之达到设计浓度，在规定的时间内对试验动物进行染毒。静式吸入染毒法设备简单、操作方便、化学物质消耗少，适用于每次染毒持续时间不长、动物数量不多的情况。动式吸入染毒是连续不断地送入含有一定浓度化学物质的新鲜空气，同时排出等量的空气，以营造一个空气不断更新而染毒浓度相对稳定的动态平衡的空气环境，以供试验动物吸入染毒。动式吸入染毒适用于每次染毒持续时间较长的情况，也适用于以烟、雾和尘形式染毒的受检物。气管注入是在试验动物麻醉后将化学物质注入气管使之分布至两肺，适用于建立急性中毒模型及尘肺研究。

2）经消化道染毒

经消化道染毒是动物毒性试验常用的方法。经消化道染毒有 3 种方法：一种是灌胃法，常用于急性毒性试验，偶尔也用于慢性毒性试验。灌胃法剂量准确，缺点是易造成消化道损伤，而且灌胃法容易过火，亦可能发生机械性损伤。另一种是喂食法，即将受检物拌入饲料或溶于饮水中，供受试动物自由摄取，或将受检物拌入少量饲料中，待其食完后，再补充基础饲料。此法多用于饮水或食品污染物的长期染毒。还有一种为胶囊吞服的方法，对具有挥发性或易分解、有异味的受检物特别适用，此法剂量准确，且无损伤。

3）经皮染毒

有皮肤污染可能的受检物，应检查其经皮吸收的可能性及中毒剂量、局部刺激作用或是否具有致敏能力。经皮染毒最简单的方法是浸尾法，适用于吸收能力的定性试验。经皮染毒的定量试验多用白色家兔或豚鼠，有时也用大白鼠，在试验前 24h 于试验动物背部皮肤备毛，试验时选用皮肤完整无损区域进行染毒。

4）注射染毒

多用于评价化学物质的比较毒性或毒物动力学研究等。根据试验目的不同，试验设计不同，又分为腹腔注射、肌内注射、皮下注射及静脉注射。对于注射的受检物，要求对局部基本无刺激作用，否则不宜采用此途径染毒。

12.1.2　急性毒性试验

急性毒性是指一次或 24h 内多次接触化学物质后导致机体的防御功能或适应功能发生障碍的有害效应。对外来化学物质进行安全性评价和管理的理想结果是急性毒性试验结论为实际无毒。同时，设计亚急性或慢性毒性试验或其他毒性试验时，需参考急性毒性试验数据。因此，一种外来化学物质的急性毒性试验是毒理学研究首先要了解的项目。

1. 试验设计

正规的试验设计为每组 10～20 只动物，雌雄各半。在预测的最大非致死剂量 LD_0 和绝对致死剂量 LD_{100} 之间设 5～7 个剂量组，组距为等比级数，以 1.2～1.5 倍比为好。

2. 半数致死剂量 LD_{50} 计算

LD_{50} 的计算方法共分两大类：曲线拟合法和插值法。曲线拟合法也称为概率（对数）法，其基本原理是将反应率变换为概率，剂量做对数变换，然后计算拟合剂量-反应关系的线性方程；插值法包括累计法、面积法、点斜法和移动平均法，以及以设定动物数、组数、组距，并且假设出现效应的动物数，然后按移动平均法列出表为基础的霍恩法和 Weil 查表法等。面积法和点斜法的计算结果都接近于概率（对数）法，但点斜法优点较多。

3. 急性毒性分级

1) 急性毒性分级标准

对急性毒性分级是为了使化学物质的毒性评价和安全管理有一个共同的尺度。但目前各国的分级标准不一致。对于同一化学物质在不同应用范围的分级，各国的处理办法也不一样。我国根据化学物质的用途，制定了急性毒性分级标准（表 12-1）。

表 12-1　我国国家标准和卫生规范中制定的化学物质的急性毒性分级标准

化学物质	级别	经口 LD_{50}/(mg/kg)	经皮 LD_{50}/(mg/kg)	吸入 LC_{50}/[mg/(m³·2h)]
化妆品	极毒	<1	<5	
	剧毒	1～50	5～44	
	中等毒	51～500	45～350	
	低毒	501～5 000	351～2 180	
	实际无毒	>5 000	>2 180	
消毒剂	剧毒	<1		$<10^{-5}$
	高毒	1～50		$10^{-5}～10^{-4}$
	中等毒	51～500		$1.01×10^{-4}～10^{-3}$
	低毒	501～5 000		$1.001×10^{-3}～10^{-2}$
	实际无毒	>5000		$>10^{-2}$

续表

化学物质	级别	经口 LD$_{50}$/(mg/kg)	经皮 LD$_{50}$/(mg/kg)	吸入 LC$_{50}$/[mg/(m^3·2h)]
农药	剧毒	<5	<20	<20
	高毒	5~50	20~200	20~200
	中等毒	51~500	201~2 000	201~2 000
	低毒	>500	>2 000	>2 000

食品		大鼠 LD$_{50}$/（mg/kg）	相当于人的致死剂量	
			mg/kg	g/人
	极毒	<1	稍尝	0.05
	剧毒	1~50	500~4 000	0.5
	中等毒	51~500	4 001~30 000	5
	低毒	501~5 000	30 001~250 000	50
	实际无毒	5 001~15 000	250 001~500 000	500
	无毒	>15 000	>500 000	2 500

2）LD$_{50}$的应用

最早某些药物（如洋地黄）没有标准的化学分析方法无法标定，因此使用 LD$_{50}$ 进行生物学标准化，而并非为了评价安全性。但后期将 LD$_{50}$ 应用在安全性毒理学评价和管理中时存在诸多问题，同时提出了一些解决办法，这些问题可归纳为以下几方面。

（1）LD$_{50}$的波动性

Weil 连续 12 年测定了 26 种化学物质对大鼠进行非空腹灌胃的 LD$_{50}$，结果化学物质 LD$_{50}$ 最大值与最小值之比≤2 者有 12 种（46.2%），>2 且≤2.5 者有 8 种（30.8%），>2.5 且≤3 者有 3 种（11.5%），>3 者有 3 种（11.5%）。可见非空腹灌胃的 LD$_{50}$ 相差较大。不仅如此，LD$_{50}$ 的波动性还体现在实验室间差异上。为解决这一问题，英国毒理学会在 1994 年提出了固定剂量法（FD 法）：每组 10 只以上动物（雌雄各半）；设置 5mg/kg、50mg/kg、500mg/kg 和 5000mg/kg 共 4 个固定剂量，以其中估计有毒但不致死的某一剂量开始；最少观察 14 天，如该剂量组 100%存活且无毒性表现，则用高一档的剂量重试，如存活<100%，则用低一档的剂量重试；按照表 12-2 进行评价。

表 12-2　FD 法评判急性毒性分级的准则

剂量/(mg/kg)	存活<100%	100%存活但明显有害	100%存活且无毒性表现
5	极毒	毒	50mg/kg 重试
50	极毒或毒，5mg/kg 重试	有害	500mg/kg 重试
500	毒或有害，50mg/kg 重试	无明显急性毒性	2000mg/kg 重试
2000	有害，500mg/kg 重试	无明显急性毒性	无明显急性毒性，不必重试

欧洲经济合作与发展组织（OECD）组织了 11 个国家的 33 个实验室利用 20 种化学物质对 FD 法与传统测试 LD$_{50}$ 的方法进行比较试验。结果 FD 法无实验室间差异，

且毒性分级与传统急性毒性分级系统的分级结果一致，此后 OECD 于 1992 年正式采用 FD 法。

（2）剂量死亡曲线的斜率

急性致死毒性试验资料无论用曲线拟合法还是用插值法都可以算出直线方程的斜率，该斜率反映了受试动物对化学物质毒性作用感受性的个体差异，斜率小时个体差异大，反之则小。由于不同化学物质所得斜率不一样，因此对于 LD_{50} 相同而斜率不同的两种物质，LD_{50} 以下某一剂量的死亡率并不一样。例如，对于 A 和 B 两种化学物质，其 LD_{50} 都是 8mg/kg，但 A 的斜率小于 B，于是对于 1/2 LD_{50} 和 1/4 LD_{50} 剂量来说，预期 A 的死亡率分别为 10%和 2%左右，而 B 不致死。所以在低于 LD_{50} 的情况下，斜率越小致急性中毒的危险性越大。这样一来，可以明显地看出仅仅依据 LD_{50} 指标进行急性毒性分级，从而对化学物质的急性毒性作用进行安全性评价是不确切的。严格来说，LD_{50} 及急性毒性分级应当仅作为急性毒性评价的依据之一，不应作为唯一指标。

12.1.3　蓄积性和耐受性试验

蓄积性的存在，无论是物质蓄积还是功能蓄积，都是长期接触毒物发生慢性毒性作用的重要条件。因此，理论上应以蓄积试验作为前驱，以决定是否需进一步做慢性毒性试验。

1. 蓄积试验

蓄积作用的检测有两类方法，一类是理化方法，一类是生物学方法。理化方法是应用化学分析或放射性核素技术测定化学物质进入机体以后，在体内发生含量变化的经时过程。该法可确定化学物质的半衰期，故可作为检测物质蓄积性的方法。生物学方法是将多次染毒与一次染毒所产生的生物学效应进行比较，故所测出的蓄积性不能区分功能蓄积和物质蓄积。

生物学方法又分三类：蓄积系数法、20 天蓄积试验法与残留率测定法。目前我国仅采用蓄积系数法和 20 天蓄积试验法，下面分别进行介绍。

1）蓄积系数法

蓄积系数是指多次染毒使半数动物出现效应的总剂量（$ED_{50(n)}$）与一次染毒的半数效应量（$ED_{50(1)}$）之比。试验常以死亡为观察效应，此时该比值可以看成是（$LD_{50(n)}$）与（$LD_{50(1)}$）的比，该比值越小，表示受检物的蓄积性越大。蓄积系数法由于分次染毒的设计不同，分为固定剂量法和递增剂量法两种。

（1）固定剂量法

固定剂量法先测出一次染毒的 LD_{50}（即 $LD_{50(1)}$），然后对另一组动物每天给予 1/10 LD_{50}（偶尔有用 1/20 LD_{50}）直至半数动物死亡，此时的总剂量即为 $LD_{50(n)}$。如果到第 50 天死亡动物仍未达半数，则停止试验，因为此时总剂量已达 LD_{50}（指每天 1/10 $LD_{50(1)}$ 时）的 5 倍，表示仅有轻度蓄积作用。

（2）递增剂量法

递增剂量法也是先测定 $LD_{50(1)}$，然后用另一组动物测定 $LD_{50(n)}$。染毒以 4 天为一个周期，在同一周期中，每天剂量相同，下一周期剂量为上一周期剂量的 1.5 倍，第一周期每天为 $0.1 LD_{50(1)}$，直至半数动物死亡，计算总剂量即为 $LD_{50(n)}$。

2）20 天蓄积试验法

20 天蓄积试验法是将受试动物分成 5 组，即 $1/2 LD_{50}$、$1/5 LD_{50}$、$1/10 LD_{50}$、$1/20 LD_{50}$ 和阴性对照组（或溶剂对照组）分别进行染毒，每天 1 次，共 20 天，故称 20 天法。该方法的结果评定标准为：停药后 7 天，各剂量组动物均无死亡，即为蓄积性不明显（或未见蓄积性）；仅高剂量（$1/2 LD_{50}$）组有死亡，其他组无死亡，为弱蓄积性；若低剂量（$1/2 LD_{50}$）组无死亡，但其他剂量组有动物死亡，并呈剂量-反应关系，为中等蓄积性；如低剂量组出现死亡，且各剂量组呈剂量-反应关系，则为强蓄积性。

2. 耐受性试验

在蓄积试验中，使用蓄积系数法，当总剂量远远超过 $LD_{50(1)}$ 的 5 倍时，死亡动物仍未达到半数，除了说明蓄积性极低外，同时提示耐受性可能已经产生。为证实耐受性的存在，往往此时对存活动物给予打击剂量，一般为 LD_{50}，若此时动物的死亡数仍少于一半，则认为已出现耐受性。有时打击剂量可高达 LD_{50} 的 3 倍，但仍不会出现半数动物死亡，可以认为耐受性较高。

12.1.4　亚急性、亚慢性和慢性毒性试验

在多数情况下，人类与生活和生产环境中化学物质的接触水平均较低，不致发生急性中毒，但在长期反复接触中可能发生慢性中毒。而且虽然有些化学物质没有急性毒性或急性毒性极低，却有慢性毒性。所以，查明化学物质的慢性毒性是保障人群免于遭受化学物污染危害的关键。

由于机体对一次染毒与多次反复染毒的反应可能不同，如苯经一次大剂量染毒的作用是麻醉，而经多次小剂量反复染毒的作用则是损害造血系统。因而利用急性非致死毒性试验来筛选慢性毒性试验指标，有时是不可靠的。所以在认为有必要进行慢性毒性试验时，可进行亚急性或亚慢性毒性试验作为慢性毒性试验的预试。

1. 亚急性和亚慢性试验

亚急性或亚慢性试验既然是慢性毒性试验的预试阶段，除了可摸索慢性毒性试验的观察终点以外，还应为慢性毒性试验的剂量设计和动物物种选择提供资料。

1）观察终点的选择

在亚急性试验中，应发现受检物的靶器官和敏感的观察终点。一般而言，观察终点的选择应适当放宽，以免遗漏重要信息。然后在亚慢性试验和慢性毒性试验中依次缩小观察终点范围，重点观察临床意义较大而又敏感的终点。但不应在亚急性实验中无限加大工作量。应当首先收集与受检物化学结构相似的化学物质的毒理学或临床资料，然后从中加以选择。如果没有这方面的资料，则可参考急性试验中所见症状和存活或死亡动物的病理解剖结果。但由于急性毒性损害不一定与亚急性或亚慢性试验一致，因此必要时可用小量动物以较高剂量进行数天至数十天的试验。

观察终点包括下列几个方面。

a. 一般健康状况。密切注意食欲、活动、被毛、天然孔道、体重（每周称量1次）、症状等表现，若濒死或死亡应及时做尸检，注意排除由其他原因引发的疾病。

b. 行为。防御条件反射、各种反应或反应频率、翻转能力、直线运动恢复时间、体力测定（如爬竿试验、踏车试验等）。

c. 电生理。心电、脑电、肌电、神经传导速度等。

d. 血液学。红细胞计数、白细胞计数及分类、血红蛋白及其他（如高铁血红蛋白、碱粒凝聚试验、珠蛋白小体等），必要时应做骨髓图。

e. 生物化学。血清总蛋白、白蛋白、球蛋白与血清蛋白电泳，以及其他肝功检查及肾功检查；碱性磷酸酶及其同工酶谱，乳酸脱氢酶及其同工酶谱，谷草转氨酶、谷丙转氨酶含量及谷草转氨酶/谷丙转氨酶值，尿酶（如溶菌酶等）含量。

f. 脏器系数。注意控制称重前的失水以及年龄、性别、营养不良等因素的影响。

g. 病理检查。包括肉眼、常规切片及染色、酶组织化学和免疫组织化学、光镜或超微结构电镜检查等。

2）染毒途径、剂量及动物选择

染毒途径一般只选择人群实际接触的途径，如大气及车间空气污染物选择吸入染毒；农药及食品添加剂选择经口染毒，这样才能满足进一步进行慢性毒性试验的需要。

动物选择既要考虑物种或品系在急性毒性试验中初步确定的对该受检物的感受性，又要考虑对特异效应的感受性，还要考虑观察终点是否方便检查。此外，还要注意染毒途径对动物选择可能的影响。每组的动物数，用大鼠及豚鼠时每组应为20只，雌雄各半；用小鼠时适当增加；用兔、狗等每组不少于5只。如需对动物分批剖杀，则应相应增加数量。

剂量选择应在 LD_{50} 以下，为 LD_{50} 的 1/100～1/20，但不同化学结构类型的化学物质可能差别很大，可设 3 或 4 个染毒组和 1 个对照组。要求通过试验能找到亚急性试验（或亚慢性试验）中毒性作用较明显（但不致引起死亡）、毒性作用较轻以及无毒性作用的 3 个剂量。如未找到这 3 个剂量，应当进一步调整剂量做补充试验。

3）毒性评价

评价亚急性和亚慢性试验的准则中最关键的是根据试验结果确定敏感终点。敏感终点就是在较低或最低的染毒剂量下，比对照组增强或增多且有显著意义的指标；如果试验分阶段观察，则敏感终点指最早出现改变的指标。但是敏感终点应当同时是有害效应的观察终点。只有依据由有害效应确定的敏感终点定出的无作用剂量才是有意义的。而有害效应除上述讨论过的首先需要从医学角度加以考虑以外，还应注意确定是否是由染毒引起的。要确定这一点，应当满足两个条件：①比对照组的增强或增多应有显著意义；②在染毒组中应有良好的剂量-反应关系，即随剂量增高而效应增强或效应发生率增多。

总之，首先要确定有害效应观察终点，然后确定其中的敏感终点，再确定未见有害作用量（NOAEL）及阈剂量（LOAEL）。

2. 慢性毒性试验

慢性毒性试验的目的是评价长期接触化学物质出现的一般毒性，并确定化学物质慢性毒性作用的 NOAEL 和 LOAEL。

1）有害效应观察终点的选择

有害效应观察终点的选择在亚急性和亚慢性毒性试验中进行了简要的描述。在进行慢性毒性试验时，应依据亚急性或亚慢性试验的结果进行选定，数量不宜过多，同时能反映不同靶器官或表示对机体健康造成的不同程度的损伤。

2）染毒途径、动物及剂量选择

染毒途径及动物物种、品系与数量的选择与亚急性或亚慢性试验相同。一般分 3 或 4 个剂量染毒组和 1 个对照组。高剂量大致相当于亚急性（或亚慢性）毒性作用阈剂量，低剂量约相当于其 1/100，然后在其间安排两个剂量，使各个剂量呈等比级数。

3）毒性评价

慢性毒性作用的 LOAEL 和 NOAEL 是评价慢性毒性与制定卫生标准的主要依据。工业毒理、环境毒理和食品毒理根据不同习惯，有的以 LOAEL 为依据，有的以 LOAEL 为依据来制定卫生标准。但不管怎样，LOAEL 和 NOAEL 越小，说明慢性中毒的危险性越大，卫生标准应越严格。

12.1.5　联合作用评价

环境污染物中同时或在短期内先后含有两种或多种化学品时，评价其联合作用对制定预防措施和控制污染有重要实用意义。此项评价的方法有许多种，我国最常采用等效线法和利用 Finney 的毒性相加公式计算混合物的实测与预期毒性比值来进行判断。我国有部分学者则主张改用 Finney 的阳性发生概率相加公式计算混合物的实测与预期阳性概率比（概率比值）来作出判断。除此之外，还有 Logistic 模型分析法和共毒系数法。

1. 毒性比值法

毒性比值（TR）是联合作用的实测毒性（observed toxicity，OT）与利用 Finney 的毒性相加公式（12-1）计算的预期毒性（predicted toxicity，PT）之比。

$$\frac{1}{ED_{50M}} = \frac{f_A}{ED_{50A}} + \frac{f_B}{ED_{50B}} + \cdots + \frac{f_N}{ED_{50N}} \tag{12-1}$$

令

$$OT = \frac{1}{OED_{50M}}, PT = \frac{1}{PED_{50M}} \tag{12-2}$$

加和作用时，OT=PT，即

$$\frac{1}{OED_{50M}} = \frac{1}{PED_{50M}} \tag{12-3}$$

故

$$\frac{PED_{50M}}{OED_{50M}} = 1 \tag{12-4}$$

协同或增强作用时，OT＞PT，即

$$\frac{1}{OED_{50M}} > \frac{1}{PED_{50M}} \qquad (12\text{-}5)$$

故

$$\frac{PED_{50M}}{OED_{50M}} > 1 \qquad (12\text{-}6)$$

拮抗作用时，OT＜PT，即

$$\frac{1}{OED_{50M}} < \frac{1}{PED_{50M}} \qquad (12\text{-}7)$$

故

$$\frac{PED_{50M}}{OED_{50M}} < 1 \qquad (12\text{-}8)$$

式（12-1）至式（12-8）中，ED_{50A}，ED_{50B}，…，ED_{50N} 为组分 A，B，…，N 的半数致死剂量值，ED_{50M} 为混合物半数致死剂量值，f_A，f_B，…，f_N 分别为组分 A，B，…，N 的质量百分数；OED_{50M} 为混合物试验测定半数致死剂量值，TED_{50M} 为混合物预测半数致死剂量值。

由于动物试验常有波动，不能仅仅依据"=1、＞1 或＜1"作出联合作用特征的判断，应做显著性检验或实测多种化合物质以各种组合混合后产生的毒性，从而定出相加作用毒性比值95%可信限的界值。

1）显著性检验

Abt 在 1972 年提出运用 TR 值法作为联合作用的显著性检验方法。在测定 ED_{50A}、ED_{50B}…ED_{50N} 和 ED_{50M} 时应计算其标准误差 $S_{\bar{X}A}$、$S_{\bar{X}B}$、$S_{\bar{X}N}$，$S_{\bar{X}OM}$ 和 $S_{\bar{X}PM}$ 为 OED_{50M} 和 PED_{50M} 的标准误差。

根据上述标注误差可以得出三个 U 值：

$$U' = \frac{\dfrac{PED_{50M}}{OED_{50M}} - 1}{\dfrac{S_{\bar{X}OM}}{PED_{50M}}} \qquad (12\text{-}9)$$

$$U'' = \frac{\dfrac{PED_{50M}}{OED_{50M}} - 1}{\left| \dfrac{S_{\bar{X}OM}}{PED_{50M}} - OED_{50M} S_{\bar{X}PM} \right|} \qquad (12\text{-}10)$$

$$U''' = \frac{\dfrac{PED_{50M}}{OED_{50M}} - 1}{\sqrt{\dfrac{S_{\bar{X}OM}^2}{PED_{50M}^2} - OED_{50M}^2 S_{\bar{X}PM}^2}} \qquad (12\text{-}11)$$

若$|U'|$＜1.96，且$|U''|$≤2.58，则协同或拮抗不显著，作用是相加的。

若$|U'|$＜1.96，且$|U''|$＞2.58，则协同或拮抗不显著，仍可能为相加作用。

若$|U'| \geqslant 1.96$，且$|U'''| > 1.65$，则协同作用（$U''' < -1.65$）或对抗作用（$U''' > -1.65$）
显著。

若$|U'| \geqslant 1.96$，且$|U'''| < 1.65$，则协同或对抗作用不显著，但仍可能有交互作用。
U'''值的显著水平为

$$U''' \geqslant \begin{cases} 1.65, P < 0.1 \\ 1.95, P < 0.05 \\ 2.58, P < 0.01 \\ 3.29, P < 0.001 \end{cases}$$

2）试验推导的界值

Finney 的毒性相加公式要求混合物中各成分的作用方式与其单独作用时一样，其剂
量-反应关系的回归线斜率也一致，即要求化学品为同源性化学物质。但在实际工作中，
进行联合作用评价时，同时出现作用方式不同的化学品的概率很高。因此，Smyth 在 1969
年随机选择了 27 种工业毒物，配成不同的对子共 350 对，各以 LD_{50} 的半量混合，对非
空腹大鼠灌胃，得出 350 个 OLD_{50M}，再按 Finney 的毒性相加公式计算出 350 个 PLD_{50M}，
并计算 TR 值，最后设 95%的 TR 值应属相加作用而提出界值。在此之前，Keplinger 在
1967 年也曾研究过 15 种农药（8 种有机氯，6 种有机磷，1 种氨基甲酸酯）以 2 种或 3
种（相应的以 LD_{50} 半量或 1/3 LD_{50} 混合）组成混合物，共 101 种，分别对空腹小鼠和
空腹大鼠灌胃，测定 LD_{50M}，据此也推荐了使用 TR 值评价联合作用的界值（表 12-3）。
由表 12-3 可知，Smyth 界定的相加作用范围远远大于 Keplinger 所定。

表 12-3　以 TR 值评价联合作用的界值

推荐者	灌胃条件	对抗作用	相加作用	协同作用
Keplinger	空腹	<0.57	0.57～1.75	>1.75
Smyth	非空腹	<0.40	0.40～2.70	>2.70

2. 等效线法

一种化学物质的剂量-反应关系，能方便地用二维空间的剂量-反应关系曲线来表达。
但是两种化学物质的联合效应涉及两个剂量的函数，按常理只能用三维空间的"双剂
量-联合效应"关系曲面来表示。但由于三维曲面的表达方式较为烦琐，1926 年 Loewe
提出使用等效线的方法加以解决。该方法的基本思路是用二维空间的坐标系来图解两个
化合物的剂量与联合效应关系，以纵轴和横轴分别代表两种化学物质的剂量，按混合物
中两种化学物质的剂量分别在纵横两轴分别作水平线和垂直线，相交点代表混合物的联
合效应水平。改变两种化学物质混合的比例，测定能达到相等效应（常用 LD_{50} 或 ED_{50}
作为指标）时的混合物总剂量。此时按两种化学物质剂量作出的交点为等效点，等效点
的连线即等效线。等效线有 3 种类型。应用等效线评价联合作用时，剂量设计有两种方
式：一是固定剂量法，固定一种化学物质的剂量，调节另一种化学物质的剂量；二是等
比剂量法，混合物由两种固定比例的化学物质构成，调节混合物的总量。

1）Ⅰ型等效线

当两种化学物质单独作用或联合作用都能产生欲观察的特定效应时，作出的等效线属Ⅰ型。设两种化学物质 A 和 B 的等效剂量为 a 和 b（如 ED_{50A} 和 ED_{50B}），则连接 a、b 两点的直线即 A、B 两种化学物质联合作用呈相加作用的等效线；经过 a、b 两点的下弯曲线则代表协同作用的等效线；经过 a、b 两点的上弯曲线则代表拮抗作用的等效线（图 12-1）。对于同源性化学物质，呈相加作用时，如 A 的剂量降低，可用等效剂量的 B 代替（如 $1/4a$ 可用 $1/4b$ 代替）。所以相加作用的等效线呈直线。当呈协同作用时，A 的剂量减少，可用低于等效剂量的 B 代替（如减少 $1/2a$ 可用 $1/4b$ 代替），所以协同作用的等效线向下弯；相反的，呈拮抗作用时，A 的剂量减少，需用高于等效剂量的 B 来代替（如减少 $1/4a$ 需用 $1/2b$ 来代替），所以拮抗作用的等效线向上弯。

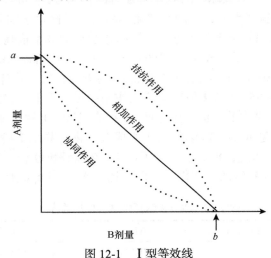

图 12-1　Ⅰ型等效线

2）Ⅱ型等效线

当两种化学物质单独作用时，针对某种特定效应仅有一种有活性，另一种无活性，则联合作用的等效线仅与一条轴相交（纵或横轴），这种联合作用的等效线称为Ⅱ型等效线（图 12-2）。设以 A 的剂量为纵轴，于 a 剂量可达到效应水平，而 B 的剂量无论如何改变都不改变联合作用的效应水平，此时等效线为经过纵轴 a 剂量的水平直线，称为中位线。如果 B 可增强 A 的作用，则随着 B 的剂量增加，为达到等效 A 的剂量可随之相应减少，此时等效线由 a 剂量处开始向中位线的下方弯曲。如 B 拮抗 A 的效应，则等效线由 a 剂量处开始向中位线的上方弯曲或倾斜，并按其走势可分为功能性拮抗、不可逆性拮抗和可逆拮抗。

3）Ⅲ型等效线

当两种物质单独作用时并不产生某一特定的效应，只有两者联合作用时才产生该效应，即可发生合作协同作用，此时等效线与两坐标轴均不相交，形成如图 12-3 所示的形状，称为Ⅲ型等效线。从曲线的形态看，当两种物质的任一种剂量较小时，合作协同作用的效果都较差。由于合作协同作用较少见，而且只需根据试验结果即可得出该结论，因此Ⅲ型等效线并无太大的实用价值。

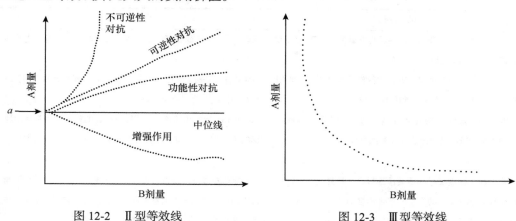

图 12-2 Ⅱ型等效线   图 12-3 Ⅲ型等效线

3. Logistic 模型分析法

Logistic 模型分析法是将两种化学物质各设 4 或 5 个剂量组,然后将两化学物质各剂量相互两两组合,组成 20 个左右的联合作用试验组。染毒后对两周内死亡情况进行 Logistic 模型分析。模型的基本形式为

$$\ln \frac{P}{1-P} = \beta_0 + \beta_1 x_1 + \beta_2 x_2 + \beta_3 x_1 x_2 \qquad (12\text{-}12)$$

式中,P 为反应率;x_i 为两化合物的剂量;β 为模型参数。3 个模型参数中 β_3 为交互作用参数,当 $\beta_3 > 0$ 时为协同(或增毒)作用;当 $\beta_3 < 0$ 时为对抗作用;当 $\beta_3 = 0$(即 β_3 无显著意义)时为简单相加作用。

12.2 化学品风险评估和管理概述

化学品风险评估在过去的几十年里主要由一些国际组织和机构,如经济合作与发展组织(OECD)、世界卫生组织(WHO)、国际化学品安全规划署(IPCS)及欧洲化学品生态毒理学和毒理学中心(ECETOC)实施,关注的主要领域是化学品对人类健康的影响。但随着化学品环境污染事故的增加,大范围环境污染对生态的影响也逐渐引起人们的关注,有些情况已经威胁生物的多样性和生态系统的完整性,并由此带来了生态和经济后果。

风险评估是化学品管理的一个中心主题。尽管风险评估对于许多国家和国际管理法规的制定来说是科学根据,但对于"风险评估"这个短语,不同的人有不同的理解。一般来说,风险评估既包括科学研究的解释,又包含科学政策问题。风险评估和管理的定义及两者的区别列于表 12-4。

表 12-4　风险评估和管理领域常用术语定义

风险评估	风险管理
危害：化学品或混合物的内在特性在暴露情况下对人类或环境造成不良影响	风险：某一特定暴露下化学品或混合物对人或环境产生不利影响的概率
风险评估：为一个过程，需要进行部分或全部的危害识别、影响评估、暴露评估和风险表征	危害识别：一种物质的内在特性造成的不利影响的识别，或在某些情况下特定效应的评估
影响评估（剂量-效应评估）：某一物质的剂量或暴露水平和影响的范围及程度之间关系的估算	暴露评估：物质和其转化物或降解产物的排放途径和运动速率的测量，以评估其对人类种群或者环境体系造成损害的浓度/剂量
风险表征：物质实际或预期暴露对人类种群或环境体系可能造成不利影响的发生和严重程度的评估，包括"风险估算"，即可能性的量化	风险管理：为一个决策过程，需要权衡政治、社会、经济和技术信息及风险相关信息来发展、分析与比较管理办法，并且为潜在的健康或环境危害选择合适的管理办法
风险降低：对已知的风险采取措施以保护人类和/或环境	安全定义：在特定数量和方式下使用该物质不会造成不利影响的一种高度可能性

风险评估的范围、种类覆盖广泛，从化学品污染整个国家空气的基础科学分析，到化学品对局部地区供水系统影响的定点研究。风险评估有些是回顾性的，关注污染事故的影响，也有一些试图预测人类健康或者环境将来可能遭受的危害。简而言之，风险评估可以根据其设定的范围和目的、可用的数据和来源，以及其他因素采用许多不同的形式。

风险管理决策可能存在局部、区域或国家之分，但单个国家采取的措施可能也适用于世界各地。污染并没有国界之分，这就是为什么化学品的风险管理已经成为国际议程上的一个重要议题。

风险评估方法的发展和国际协调被认为是一项巨大的挑战。在联合国环境与发展大会（UNCED）上通过的《第 21 世纪议程》中，建议扩大和促进化学品风险的国际评估，这就需要相互认可的危害和风险评估方法，在 OECD 各成员方就数据的相互认可达成国际协定之后，危害和风险评估方法的相互认可被认为是化学品风险管理过程的关键步骤。

UNCED 建议的毒性物质环境无害化管理包括：①扩大和促进化学品风险的国际评估；②化学品分类和标签的统一；③有害化学品和化学品风险的信息交流；④风险降低项目的建立；⑤加强各国化学品管理的能力和实力；⑥防止有毒和危险产品的非法贩运。

12.2.1　化学品风险管理程序[4]

风险评估与风险管理密切相关，但两者的过程不同。风险管理决策的性质经常影响风险评估的广度和深度，也就是说，风险评估是一种客观/科学的过程，而风险管理则更多地被认为是一种主观/行政过程。风险评估基于分析科学数据提供风险形式、数量、特征的描述性信息，即提供人类或环境遭受危害的可能性信息。尽管风险评估主要是科学任务，但在一些基本事项上仍需要行政决策，如"什么是我们应该保护的，保护目标应受到何种程度的保护？"这些问题都需要风险管理来回答。

　　由此可见，风险管理是基于对风险评估和法律、政治、社会、经济与技术性质等多种因素进行综合考虑而采取措施。尽管在收集技术、社会或经济的信息时涉及科学过程，但其本质主要是一个行政过程。化学品的风险管理过程可参见 11.1 节。化学品的风险管理也包括 8 个步骤（图 12-4），其中步骤 1～4 属于风险评估领域，步骤 5～8 属于风险管理领域。

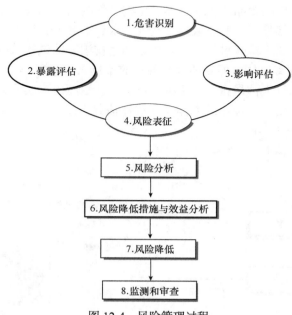

图 12-4　风险管理过程

12.2.2　环境暴露评估

　　化学品的环境暴露评估可以采用测试或其他预测方法。对已经在使用的化学品进行风险评估，既可以采用测试法，又可以使用其他方法如模型法。但在评估新化学品或由化学品的新情况引发的风险时，模型法成为暴露评估的唯一选择。尽管测试法具有更大的确定性，但测试法在实际应用时有很多的问题。例如，测试法的样本通常是在特定的场所和时间下获取的，测试观察到的浓度无法反映浓度随着空间和时间变化的情况，除非设计的测试程序能够获得风险评估所需的"典型"浓度或"平均"浓度，否则，实际测量值可能会产生偏差。相比，通过模型法获取的浓度却可以反映所需的"典型"浓度或"平均"浓度。因此，即便测试法在通常情况下是首选方法，但模型法在风险评估过程中也是可以使用的。此外，相比测试法，模型法在评估生物利用度时可能更具优势，因为与测试法相比，模型法能够更加充分地预测许多化学品的生物利用度。除此之外，模型法的另一个优势在于其允许暴露评估将环境与化学品的关系概念化，通过模型可以了解环境特征和化学品性质之间的关系。运用模型法评估化学品的环境暴露的机制和方法可参见第 10 章。

12.2.3　人类健康暴露评估

1. 环境暴露

人体暴露评估是化学品风险评估的重要部分。人通过环境暴露，有直接通过呼吸及皮肤接触暴露，还有间接通过食物和饮用水暴露（图 12-5）。与通过模型计算得到的估计暴露值相比较，获得可以真实反映暴露人群情况的可靠监测数据更为理想。应用监测数据，可以通过加工后的食品（包括肉类、鱼类、乳制品、水果及蔬菜）或水中残留农药量评估消费者的间接暴露。监测数据（空气、水、土壤）通常用于评估人体对金属的直接暴露。但是由于缺乏暴露水平的现场数据和生物浓缩的试验数据，模型计算仍是需要的。对于进行预危害评估（即新的化学品投放市场），模型计算是唯一的解决方案。模型计算可应用于估计人体暴露于环境的浓度，这些浓度可为实测的，或为通过单一或多介质模型估算的。由环境导致的人体暴露的评估分为以下三个步骤。

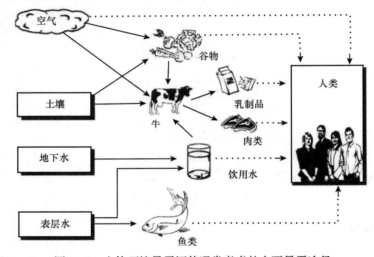

图 12-5　人体环境暴露评估通常考虑的主要暴露途径

a. 评估摄取介质（空气、土壤、食物、饮用水等）中化学品的浓度。

b. 评估通过介质（空气、土壤、食物、饮用水等）摄取化学品的日摄取总量。

c. 将介质中化学品的浓度与通过介质摄取化学品的日摄取总量相结合（必要时，根据相关的摄取途径使用一个因子代表生物利用度）。

用模型计算化学品在介质中的浓度时，常用的是取决于物质正辛醇-水分配系数 K_{ow} 的分配模型。尽管这些模型的理论基础有时会受到限制，但这些模型为风险评估提供了实用的工具，且在其适用于许多性质不同的物质时尤为有用。这些模型可用于估算以固定的浓度比例来表示的生物浓缩系数（BCF）、生物转化系数（BTF）及生物蓄积系数（BAF），使用固定的浓度比例意味着这些模型是在假设处于稳态的条件下进行估算的。因此，暴露时程要足够长，暴露等级要足够稳定才能达到所需要的稳态。

1）暴露场景的选择

暴露场景是影响暴露评估结果的主要因素，其选择取决于待评估的目标（受保护的人群）和化学品排放与分布的方式（点源局部地分散在某一厂房周围或是广泛地分散在一整片地区）。在间接暴露评估中可采用模型和实测资料。一般第一步选择一些以通用场景及相对保守的假设为基础的模型。若可行，第二步就可选择可靠的有代表性的实测数据对间接暴露进行更为准确的估算。第一步中选用的以定量构效关系（QSAR）为基础的模型具有诸多的不确定性，因此在第二步中相对可靠的监测数据通常成为首选，这样可以降低关键暴露途径的不确定性。

物质在每种摄取介质中浓度的估算，以及介质摄取或消耗的比例都取决于所选择的模型或模型假设的程度。人体间接暴露的评估目标可以设定为一个区域中平均的个体暴露水平，这就意味着采用该区域空气、水及土壤中物质的浓度进行计算，从而对该地区的平均日摄取量进行评估；另一种对最坏情况进行评估的方法中，研究对象的日常饮食摄取均来源于受污染区，且居住位置靠近点源。除了上述方法，还可以划分风险组群或风险地区，如居住在污水处理厂附近摄取许多鱼类产品的居民。但是具不同分布途径的化学品会产生不同"风险组群"，从而产生许多"风险组群"，并造成所选组群的相关性与完整性具不确定性。理想的方法应该是预测人群中对化学品的摄入量超过特定标准的人口的比例，如日摄入总量（TDI），或每日允许摄入量（ADI）。TDI 或 ADI 的预测需要人群消费习惯与每日摄取浓度的统计学信息。

2）食物暴露

（1）粮食作物

蔬菜、水果及谷物等植物或植物产品在人类所摄取的食物中占了很大的比例，同时是人类食物链中食草动物的主要食物。因此，一旦植物受到污染，就会在很大程度上影响某种物质的日摄入总量。

植物可以经由多种途径暴露于化学品中，如受污染的土壤、地下水、灌溉用水；空气中干燥与潮湿的沉积物；从周围气体或蒸气中吸收；雨水飞溅导致受污染的土壤颗粒直接悬浮至叶子表面；使用农药导致的腐蚀或直接接触。通常从土壤吸收为被动的过程；对于叶子中蓄积，此过程取决于植物的蒸腾液流；而对于根中的蓄积，此过程取决于物理吸附。Briggs 等证明了植物对有机化学品的吸收取决于其在植物根内水相中含量与周围液体中含量的差异，吸附作用发生在疏水的根部。Trapp 与 Matthies 使用的模型具有相同的出发点，同时他们考虑了整个植物通过土壤、孔隙水、空气进行的吸收，以及通过生长稀释而产生的消除。研究表明，许多化学品由土壤溶液至植物根部的吸收与其水溶性成反比，而直接与疏水性成正比。具有中等亲水性与中等疏水性（$0<\lg K_{ow}<3.5$）的化学品更易于被吸收而转移至植物的芽中，从而导致其具有较高的蒸腾液流浓度系数（transpiration stream concentration factor，TSCF）。对于植物叶片与空气之间的气体交换，可以用叶-气分配系数来表示。具有较高蒸气压的化学品，更有可能通过气孔进入或排出植物，而蒸气压与水溶性都偏低的化学品易于强烈吸附于浮质及土壤中的颗粒上。这些污染物可以通过土壤颗粒的悬浮（雨水飞溅）而在植物的地上部分蓄积，从而成为人体暴露的一种途径。由土壤颗粒悬浮导致的直接落在植物叶面上的物质可以占到植物干重的 0.2%直至大于 20%，对于间接人体暴露，需要考虑未能被雨水冲掉的部分。粗略估计，未能被雨水冲掉的部分约占植物干重的 1%。由此可见，陆地生态系统中的暴露模式、生物利用度及物质蓄积过程都是非常复杂的。

（2）鱼类

生活在受污染的表层水中的鱼类可能通过鳃或摄食而吸收相当数量的化学物质。利用预测模型，在表层水中物质浓度已知的前提下，可以估算食用鱼类中物质的浓度。然而，这种估算仅对一定理化性质范围内的物质是可行的，而不能应用于表面活性剂、易电离物质、易解离物质、无机物及发生代谢变化的物质。通常认为对于 $\lg K_{ow}$ 约小于 6 的未发生转化的有机化学物质来说，其生物浓缩系数与 $\lg K_{ow}$ 具有线性关系。而对于 $\lg K_{ow}$ 约大于 6 的化学物质，这种线性关系就变得不准确了，这些物质的生物浓缩系数随着 $\lg K_{ow}$ 的增大有下降的趋势。总体来说，对通过估算方法得到的结果应进行细致全面的评价，特别是当模型中的假设在实际的代谢过程中并未出现时更应如此。

（3）饮用水

饮用水通常来源于表层水或地下水。地下水可能因受污染的土壤表面的渗滤而被污染，而表层水可能通过直接排放或间接排放而受到污染，如通过污水处理厂。人体会通过多种途径暴露于饮用水中的污染物，包括直接饮用、沐浴时水蒸气的吸入及游泳或淋浴时的直接皮肤接触。

Hrubec 和 Toet[5]对饮用水处理过程中有机物质的归趋进行了初步的研究。对于来源于表层水的饮用水，其污染情况主要取决于对饮用水进行处理的效果。在处理过程的不同净化步骤中，根据理化性质对去除效率进行预测的准确度相对较低。这是由于对去除过程中最有效的环节（如活性炭过滤）进行预测存在不确定性。地下水源的污染程度在很大程度上取决于土壤中有机化学物质的去除情况。对于不是去除有机化学物质的地下水净化过程，其效果通常可忽略。经过饮用水处理厂处理后，饮用水还可能通过已污染的水经人工合成饮用水管道的渗透而发生污染。

（4）肉类和奶类

肉类和奶类是人类食物的重要来源。尤其是脂溶性物质可在肉类中蓄积，并随后转移至动物的乳汁中。家畜可通过吃草或其他饲料而接触到化学物质，也可通过饲料附着的泥土、饮用水，以及通过吸入空气而暴露。对肉类和奶类进行评估的有利条件是只需要考虑很少的动物种类（通常为奶牛和猪），以及其有限的饲料（通常只需考虑奶牛食用的草上附着的泥土）。通常使用生物转化因子（BTF）来对以上所述来源中的化学物质浓度进行估算，BTF 是生物组织（干重）中化学物质的浓度和生物体从膳食中摄取的化学物质浓度之比。Travis 和 Arms[6]对化学物质在肉类与奶类中的 lgBTF 及与其 $\lg K_{ow}$ 进行了线性回归分析。从理论上讲，这两者之间的相关性非常低，但是由于奶类中的 28 种及肉类中的 36 种有机化学物质所用的 $\lg K_{ow}$ 范围很广（从肉类中的 1.34 与奶类中的 2.81，直至 6.9），因此在风险评估中，这两者之间的相关性具有实际意义。Kenaga 也根据牛肉和猪肉脂肪中物质的浓度，发现了其他的回归方程。但由于这些模型是建立在经验基础上而非理论基础上，因而限制了其应用范围及预测能力。

Dowdy 等用分子连接指数（MCI）预测有机化学物质在肉类和奶类中的生物转化因子，MCI 是根据分子结构确定的非经验参数[7]。McLachlan 开发了一个简单的药代动力学散逸性模型，用于描述泌乳奶牛体内微量有机污染物的去向[8]。该模型包含了三个部分：即消化道、血液和脂肪。在消化道与血液两部分，以及血液与脂肪两部分之间可能发生物质的扩散转运，而转化作用可能出现在消化道或血液中。此模型考虑了物质平流输送的三种途径：即饲料、排泄物及分泌的乳汁。脂肪部分用于储存。这个模型可在稳态或非稳态情况下应用。其中，稳态情况下该模型的应用极具潜力，可对疏水性强的物质或不发生代谢的物质进行很好的预测。Czub 和 McLachlan 在 McLachlan 稳态模型的基础上进行改进，增加了吸气、呼气及排尿的过程[9]。尽管只适用于非代谢性物质，但生理药代动力学（PBPK）模型还是显示出其预测结果与实测数据高度一致。PBPK 模型最主要的局限性在于其预测得到的动物与化合物的参数不具有普遍适用性，因此无法作为通用方法。

（5）母乳

婴儿食用母乳是暴露于有毒物质的潜在途径。母体脂肪内蓄积的可溶于脂质的化学物质有可能经由母乳中的脂质部分转移至婴儿体内。哺乳期的女性可能将其通过任何途径（饮食、呼吸及皮肤接触）摄入的化学物质转移至乳汁中，而婴儿所摄入的化学物质可能全部来源于母乳。因此，哺乳期的婴儿可能处于风险状态，特别是在针对脂溶性物质进行评估时。确定母乳中化学物质的浓度时应考虑母体所有可能发生的直接和间接暴露。针对有害废物地点的多介质总暴露模型（CalTOX 模型），以及以散逸性为基础的机制性模型（ACC-HUMAN 模型）可以用来评估用母乳暴露于有毒物质的暴露途径。

（6）联合途径

将多种暴露途径综合考虑与食品暴露估算的理论背景相反，因为所有假设结合起来会大大降低模型的应用范围。尽管有时候回归方程的适用范围很广泛，但是重合范围非常小。由图 12-6 可以看到，EUSES 模型中描述各个间接暴露途径的回归方程分别有不同的适用范围，但其重合的适用范围仅为 $\lg K_{ow}$ 范围在 3.0～4.5 的物质。对于 $\lg K_{ow}$ 超出此范围的物质，回归方程预测的结果即会产生不确定性，并有可能产生错误。

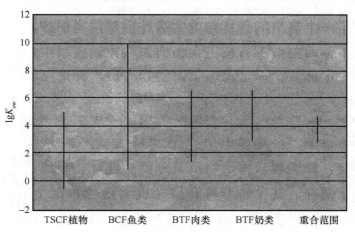

图 12-6　EUSES 各间接暴露模型的回归范围

TSCF 表示蒸腾流浓缩系数；BCF 表示生物浓缩因子；BTF 表示生物转化因子

3）直接环境暴露

人体可能通过呼吸空气、粉尘或浮质，与土壤接触及皮肤接触而导致直接环境暴露。

经过体表途径的直接暴露包括从事园艺工作时接触土壤、游泳时接触表层水，以及使用氯化饮用水（氯化消毒副产物）进行淋浴。由于物质在摄取或接触介质中的浓度可通过环境暴露评估模型中的分布模型获取，因此对直接暴露的模拟就显得相对简单了。只有详细定义的暴露场景及定量外部暴露的吸收与摄取较为重要，此时暴露可通过人体的职业接触或消费暴露模型进行阐述。除了呼吸室外空气，所有其他室内与室外的直接暴露途径均更适用于受污染地区的风险评估，而不适用于区域的风险评估。直接环境暴露模拟计算可用与消费暴露相似的方法。

4）日摄取总量的推导与样本的计算

人体对化学物质的日摄取总量是通过计算该物质在不同介质中（如饮用水、空气、鱼类、谷类、肉类与奶类）的综合浓度与需要被保护人群对该物质的日摄取量而得到的。式（12-13）是计算不同介质中化学物质浓度的通用方程式：

$$DOSE_{mediumx} = \frac{C_{mediumx} - IH_{mediumx}}{BW} \qquad (12\text{-}13)$$

式中，$DOSE_{mediumx}$ 为化学物质通过特定介质的日摄取量，单位为 $mg/(kg_{bw} \cdot d)$；$C_{mediumx}$ 为特定介质中化学物质的浓度，单位为 mg/kg 或 mg/m^3；$IH_{mediumx}$ 为对特定介质的日摄取量，单位为 kg/d 或 m^3/d；BW 为（平均）人体质量，单位为 kg。

下面通过两种理化性质不同的化学物质来举例介绍人体环境暴露的评估。一种化学物质为含有 4 个氯原子的 PCB 同系物，具有极强的疏水性、低蒸气压及弱水溶性；另一种化学物质为异丙醇，具有极强的亲水性、高蒸气压和强水溶性。两种化学物质的理化性质见表 12-5。

表 12-5 PCB 与异丙醇的理化性质

物质	分子质量/（g/mol）	$\lg K_{ow}$	蒸气压/Pa	水溶性/（mg/L）	土壤中 K_p/（L/kg）	亨利定律常数/（Pa·m³/mol）
PCB	290	6.5	0.25	0.05	4640	1450
异丙醇	60	0.1	4400	1×10^5	0.24	2.55

使用 EUSES 模型，以 TGD 中的方程进行计算。为了更好地进行比较，认为两种化学物质在所研究环境中浓度相同，即假设在空气中的总浓度为 $10mg/m^3$，在表层水中的浓度为 $0.5mg/L$，以及在农用土壤中的总浓度为 $1.0mg/kg_{wwt}$。

在呼吸污染空气的情况下，需要在方程式中加入呼吸生物利用度的校正因子（通常为 0.75）。通过将化学物质在各个摄取介质的日摄取量相加，就可以计算人体对该物质的日摄取总量，并且可将其与最大未见有害作用量（NOAEL）、ADI 或 TDI 进行比较（表 12-6）。根据表 12-6 可以总结出，人体对 PCB 的日摄入总量高于异丙醇。人体暴露于 PCB 主要由于食用受污染的鱼类。而暴露于异丙醇主要存在两条途径：饮用水与块根作物。毫无疑问，得到的 TDI 结果在很大程度上存在不确定性。然而，仍然可以认为在相似的环境浓度下，人体暴露于 PCB 的程度强于异丙醇。

表 12-6　以 PCB 与异丙醇为例说明人体从不同介质中摄取这两种物质的摄入率及日摄入量

介质	摄入率	日摄入量/[mg/(kg·d)]	总摄入量的百分比/%	剂量/[mg/(kg·d)]	总摄入量的百分比/%
		PCB		异丙醇	
饮用水	0.002m³/d	0.001 79	0.004 97	0.014 3	41.5
鱼类	0.115kg_wwt/d	35.9	99.8	0.001 16	3.37
叶用作物（水果与谷物）	1.20kg_wwt/d	0.005 96	0.016 6	0.000 177	0.515
块根作物	0.384kg_wwt/d	0.028 7	0.079 8	0.015 9	46.3
肉类	0.301kg_wwt/d	0.009 78	0.027 2	1.0×10^{-7}	0.000 297
奶类	0.561kg_wwt/d	0.005 77	0.016 1	1.9×10^{-6}	0.005 53
空气	20m³/d	0.002 86	0.007 96	0.002 86	8.30
合计		35.9	100	0.034 4	100

2. 消费暴露

由消费品，包括家居保洁品、个人护理品、衣服、家具、玩具等导致的人体暴露的评估方法及评估结果早有报道。最早一篇报道是 1970 年探讨消费者因使用不同的洗衣剂产品而导致的不同暴露，在此基础上，美国 EPA 进一步报道了更为详尽的对消费品中某一特定化学物质的暴露水平进行估算的数据库、工具及一套系统方法，并且罗列了消费品种类及各自潜在的暴露途径与原理。

1）消费暴露场景

对于每类产品与物品，都需要相应的一系列场景才能模拟所有重要的"实际生活状态"或"合理可预见的暴露"。对由消费品中化学物质导致的暴露进行评估，需要了解两方面参数：接触参数与浓度参数。接触参数反映消费品暴露发生的位置、时间长短及发生频率。这就需要了解或者估算与消费品使用途径相关的暴露的程度、持续时间及频率，以及这种暴露为单次暴露、多次重复暴露，还是持续暴露。浓度参数用来估算物质在可能与人体发生接触的介质中的浓度，该浓度并不完全等同于物质在消费品中的浓度，是由于在目标物质真正接触人体前，消费品很可能经历了稀释、混合、蒸发等过程。暴露的途径可能为皮肤接触（如洗涤用品、化妆品、洗发用品及服装）、吸入（如发胶）及食入（如食入牙膏）。通过将接触参数与浓度参数相结合，即可估算暴露浓度或剂量。

消费暴露中的局部环境是指化学物质可以与人体直接接触的环境，即通过皮肤接触、吸入和/或食入与化学物质的接触。对接触源进行转化，使其量化后便成为可用于模型计算的剂量。与人相关的暴露因素包括：①使用者的行为与喜好（如日常行为，选择使用何类产品，或选择穿着何种类型的服装）；②生理特征（如年龄、体表面积、呼吸频率等）；③居住暴露因素（如房屋的体积、生活用具的种类等）；④外部环境因素（如强风会降低目标物质进入局部环境的量，室外温度的高低可以影响住所内的空气交换速率）。

如果某种化学品或某物质存在于多种消费品中，有一种用途有多种使用方法或具有多种用途时，可能需要分类进行暴露评估。另外，若某化学物质同时存在于多种消费品中，或具有不同的使用方法时，暴露评估可以选择正常情况下产生的最大暴露水平。同时需要考虑由同种物质存在于不同产品中而导致的累积暴露。在进行累积暴露评估的过程中，需要充分了解产品各种不同用途之间的相关性、时间-效应模式、公用模式，以及人群中的非使用者。

暴露评估可分步骤进行，从粗略、较为保守的评估至精确、以大量数据为基础的评估。将边界条件、人为因素，以及产品或物品的特征因素相结合，再结合上面阐述的一些因素，即可以根据时间定性、定量地确定暴露发生的进程。

（1）皮肤暴露评估

消费者对产品（如服装、家具、玩具等）中的化学物质有很广泛的皮肤暴露（如皮肤接触）。皮肤暴露评估包括两个不同的步骤。

a. 估算可能接触到皮肤，以及潜在的可能被皮肤吸收的化学物质的量。

b. 确定这种外部暴露真正可以使物质渗透入皮肤并被摄入体内的比例（即生物可利用的）。

在第一步中，需要对接触产品的频率和强度，以及活性成分从介质中释放的情况做详细的说明。化学物质真正可以被皮肤吸收的比例通常很难估算，其透皮吸收取决于其在水中及脂肪中的溶解性、极性与分子大小、环境因素，以及皮肤自身的变量。根据经验，对于 $\lg K_{ow}$ 小于 -1 或大于 5，或相对分子质量大于 700 的物质，可认为其生物利用度为 0。皮肤接触的 LD_{50} 与口服的 LD_{50} 之间的比值也可反映透皮吸收情况，比值高，吸收低。

（2）吸入暴露评估

不同类型消费品释放产生的化学物质相对室内释放，特别是针对不同消费者的行为，以及家居环境等方面存在的差异，使得吸入暴露评估的数据开发成为一个重要的研究领域。通过监测或试验方法，以及（或）模拟来对消费品中化学物质的原发性释放进行估算是非常重要的。绝大多数化学物质在新生产产品中的释放速率最快，而后期有可能在很长一段时间内会以低水平持续释放。

（3）食入暴露评估

在家中出现食入化学残留物的情况可能是由于包装材料上有化学物质的残留（导致其渗入食物中）。此外，消费品还可通过意外暴露与偶然残留（如清洁剂残留于盘子与银器上）导致食入暴露。偶然食入暴露的另一条重要途径为婴幼儿的手-口行为，其口与衣服、其他纺织制品（如毯子、家具）及玩具发生接触。对于成人某些场景，同样会出现手-口行为。

（4）其他暴露途径

除了皮肤接触、吸入及食入三种最主要的暴露途径外，在一些特定情况下，也要考虑其他的暴露途径，如皮内及血管内暴露途径，如消费品的使用导致表皮的完整性遭到破坏时出现皮内暴露，当使用一些医疗器械（如输液装置导致单体及其他物质进入体内）时出现血管内暴露。

2）获取暴露因子与数据

暴露评估需要使用多种暴露因子来计算因消费品的正常使用、以可预见的其他合理的使用方法使用，或误用而导致的某种物质的暴露。暴露因子包括产品中物质的浓度、产品的使用数量，以及皮肤暴露的表面积。这些暴露因子可通过实测、计算软件估计、预测或是专家判断而获取。所有评估人员都面临的关键挑战是如何选择重要暴露因子的恰当数值。原则上评估可参考使用以下两种类型的信息来源。

a. 一级来源，即对科技文献中的报道结果进行研究与收集。

b. 二级来源，即对一级来源中的数据资料进行总结，从而获取重要人体暴露因子的推荐值。

当进行特定评估时，需要对原始数据进行专家判断与评论，从而决定某一暴露因子的取舍。可用的有关消费品使用习惯、习俗的信息来源包括如下几部分。

a. 使用时间与接触频率的特定信息。这些参数可根据时间预算数据进行估算。时间预算数据包含某部分人群在一天、一周、一年中的行为信息。由于时间预算数据有很大的地域性，因此有必要从国家统计部门了解是否收集了区域性的相关资料。

b. 生产商提供的指导。通常为消费品的推荐使用方法，但通常没有说明消费品在使用前及使用后的处理方法，以及可预见的误用情况。

c. 使用计算机程序得到的暴露评估信息。有可能是数据的有用来源。

d. 来源于生产商的信息。一些国家要求特定产品（如化妆品、玩具、药物制剂、食品接触材料、杀虫剂）的生产商提供预测的暴露数据。

e. 家庭观察资料。由工业、商业协会和科研机构及政府组织进行的日常回顾及（或）客观测定研究。

3. 职业暴露

随着工业革命的发展，人们对化学品暴露与疾病之间关系的了解也在加深。尤其是在早期英国与德国的采矿业，开始了定量描述暴露程度与疾病之间关系的研究。尽管这些研究的重点是疾病情况，但其结果可以确定暴露等级，从而用于描述"安全"的工作环境。工作场所风险的分析与管理经历了完全由观察与个人经验确定的过程转变成包含科学性和控制标准的过程。到 19 世纪 40 年代，欧洲国家开始全面系统地发展建立"安全"工作场所中常见危害物质的暴露限制。自此之后，陆续建立了许多制定职业暴露限制的程序。

对工作场所成功地进行风险评估的基本要求就是对评估涉及的所有化学物质的危害性有充分的了解。化学品危害性及其风险的信息主要来源于国有制造商及实验室检验，以及化学品供应商提供的相关信息。在要求制造商告知化学品危害性的同时，世界各国关于禁止或限制某些高风险性物质供应的规章制度也逐渐颁布和实施。

1）工作场所暴露场景

根据 OECD/IPCS 的定义，暴露场景应考虑可能对风险产生影响的所有主要变量，包括非化学危害及对其进行控制所采取的即时措施。这与 REACH 法规中暴露场景的定义不同，REACH 法规中将其定义为物质的控制策略，给出生产某个物质的实际操作条件，或是某种物质、某类物质或某配制品的确定用途。REACH 法规中的暴露场景提出了已知一系列操作条件下可以有效地管理化学品在其生产或使用过程中所产生的健康、环境及安全风险的适当措施。然而，由于工作场所自身原因，已有措施有可能变为无效，或是存在其他相似或更好的方法。因此，当确定（或证明）工作场所中工人的健康保护措施是否充足时，需要将 REACH 法规中暴露场景的相关信息作为部分数据来源。

（1）暴露排放、来源与模型

工作中会经常发生暴露，且可能同时暴露于几种具有危害性的化学品中，这些化学物质为生产中使用的物质，或生产过程中形成的物质，如橡胶烟尘或电焊烟尘。因此，在进行工作场所暴露评估时，需要考虑工人在工作中可能接触到的所有化学物质。

许多变量可以影响工作场所暴露的性质与强度，但并非所有因素对暴露的影响程度是一致的，同时并非可以对所有的影响因素都进行评价，因此在暴露评估过程中，这些影响因素只是在理论上起作用。例如，接触面的粗糙度可以影响皮肤接触暴露，但是在风险评估过程中很难对这种影响进行评价。近年来，可对特殊工作类型及特殊暴露形式的暴露影响因素进行聚类，这样可以使任何暴露场景中影响因素的数量减少至只剩下主要成分，同时可以根据相同的影响因素对暴露场景进行分组，这些发展为工作场所暴露评估奠定了基础。

暴露由一系列的步骤引起，可简单描述为：排放、传输、注入与暴露。由于这些过程中影响因素的数目巨大，且实际中它们之间的关系也大多是不稳定的，因此到目前为止还未开发出任何可以可靠地预测工作场景暴露的单一模型。工作场景暴露模拟工作在一种分散的状态下进行。单一模型虽然可以应用，并具有相当的准确性，但它们的适用范围很窄，通常只适用于某个特定过程。

在实际的评估过程中，可以通过取样、参考近似活动的数据，或者使用适当的模型来确定工作场所的暴露。而更多情况下是根据使用化学品物质在与待评估场景相似的环境中模拟得到的相关数据进行评估。此外，随着暴露模型的不断完善，应用的暴露评估方法逐渐增加。每种预测暴露的方法都有自身的优点与缺点。因此，有必要将所有数据结合起来开展证据权重暴露评估。

（2）暴露途径与模式

工作场所中的物质可以通过不同途径进入人体内，包括吸入、直接透过皮肤（皮肤接触）摄取。对于化学品，最主要的两条途径为吸入与皮肤接触。在工作场景中描述的暴露水平通常指"外部暴露水平"，一般将其定义为吸入（化学物质在工人可呼吸范围内空气中的浓度）和/或与皮肤接触的化学物质的量。

暴露可以是单次暴露或多次重复暴露。因此，不仅要估算暴露的等级，还应该注意暴露的持续时间和频率，发生暴露的人数，以及由所有工作任务导致的工人发生的整体暴露，特别是在产生急性影响的情况下。

a. 吸入暴露。

吸入暴露水平为可呼吸范围内空气中物质的浓度，其通常为所涉及的一段时间范围内的平均浓度，如 8h 为一轮班时间。如果目标化学物质对人体健康有急性影响，或者是其暴露间歇发生且持续时间短，那么可对短时间范围内的暴露进行评估。这种情况下的惯例是评估 15min 内时间加权的平均人体暴露情况。也可对基于完成特定工作任务的过程中发生的暴露进行评估。

b. 皮肤暴露。

尽管大多数物质的主要暴露途径为吸入暴露，但有些物质可以透过完好的皮肤被吸收入人体内。皮肤暴露可以通过两个过程进行描述。

①潜在皮肤暴露水平，是对衣服表面及裸露皮肤表面上污染物的量估算，通常将其描述为估算的受到影响的身体各个部分的暴露水平的总和。

②实际皮肤暴露水平，是对真正接触到皮肤的污染物的量估算，其由更衣程序对污染物由工作服转移至皮肤表面的效率和效果决定。

虽然实际皮肤暴露是可能出现的皮肤风险最准确的决定因素，但潜在皮肤暴露因最便于测定而成为风险评估过程中最常用的指标。物质的经皮吸收可由局部污染导致，如物质飞溅于皮肤或衣服，或在一些情况下长时间暴露于物质蒸气浓度较高的空气中。皮肤暴露的影响因素包括物质的数量与浓度、暴露皮肤的表面积，以及暴露的持续时间和频率。

c. 摄取暴露。

摄取暴露主要针对易于在体内发生蓄积，且具有严重或急性影响的化学物质。目前摄取暴露没有可接受的定量方法。尽管如此，当从整体上考虑暴露评估的不确定性时，通过摄取导致暴露具有潜在的可能性。

2）暴露评估过程

评估过程通常有两种。

第一种，收集所有与暴露影响因素相关的信息并将这些信息应用于暴露场景的预测，包括暴露实测数据的收集。收集到相关信息后，将预测得到的暴露水平与参考值进行对比，确定风险的程度及是否需要采取暴露控制措施。该方法以经验为基础，且有大量的指南对其进行了描述。

第二种，检查用于工作场所中某特定环境的控制措施的情况，并将其与出现问题的场景成功控制了风险所采用的措施进行比较。这种方法并不是基于对暴露水平的测定，而是基于相关暴露信息的收集，因此，该方法普遍被认为更适用于规模较小的组织。与此类似的一个方法是，将控制某生产环节/活动措施与该情况下效果最好的控制措施相比较。

尽管存在以上区别，但目前已经证实最有效的实践操作是在一个单一策略中将两种过程的优点结合起来，即将一般方法用作预筛选方法，以确定受关注的潜在的暴露场景，接下来可以在更基础的水平上对该潜在场景进行目标更明确的评价（图 12-7）。预筛选是为了确定供应链风险的优先级别。虽然这种方法有助于监管机构了解信息，但过程较为粗略，在工作场所应用具有不可靠性。由于评估所需信息通常可由化学品供应商提供，因此预筛选更适用于小型企业。除此之外，该策略还具有可为工作环境的改善提供建设性意见的优点。

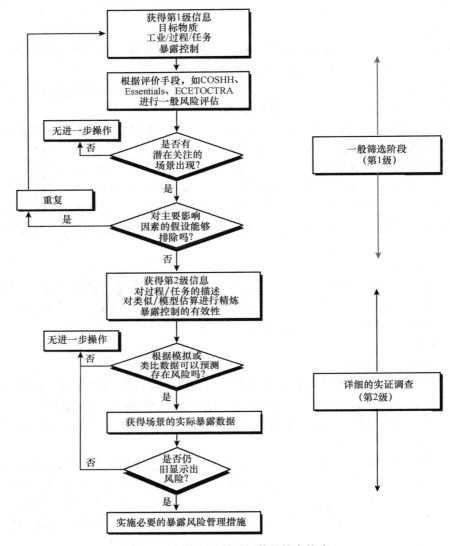

图 12-7　工作场所暴露评估的综合策略

12.3　欧盟化学品风险评估和管理

　　欧盟在全球化学品制造中处于领先地位。从 19 世纪 60 年代开始，人们认识到有必要建立具有法律约束力的框架来控制化学品。1967 年，欧洲经济共同体采纳了《关于危险物质分类、包装和标签的管理法规》（67/548/EEC）。19 世纪 60 年代，重点关注化学品的危害性，即化学品固有的或内在的、可能导致不利影响的属性。在随后的几年里，欧洲针对化学品的控制立法紧锣密鼓地进行，颁布了一些部门规章，主要用于防止水和空气污染，其主要目标是保护人类健康。同时逐渐开始运用法规监管化学品的不同用途（表 12-7），其主要目标是防止或减少化学品向环境释放，并对暴露于化学品的工人和消费者加以保护。暴露驱动的化学品管理产生了一个非常重要的模式转变，即由危害评估转变为风险评估。化学品固有属性到化学品风险的转变触发了暴露评估方法和风险评估模型的开发。

表 12-7　欧盟关于一些化学品种类的法规

欧盟指令	适用化学品类型	欧盟指令	适用化学品类型
67/548/EEC 指令	新化学品	2004/27/EC 指令	药品
(EEC) 793/93 法规	现有化学品	70/524/EEC 指令	饲料添加剂
91/414/EEC 指令	植物保护产品	89/107/EEC 指令	食品添加剂
98/8/EC 指令	生物杀灭剂	2003/15/EC 指令	化妆品
2004/28/EC 指令	兽用药品		

在引入《关于化学品注册、评估、授权与限制的法规》（REACH 法规）之前，欧盟关于工业化学品的管理主要有 4 个文件：92/32/EEC 指令（67/548/EEC 指令第 7 次修正案）、《关于危险配制品的分类包装及标签》（1999/45/EC 指令）、《关于现有化学物质的评估及控制》[（EEC）793/93 法规]，以及《关于限制特定化学物质投放市场及使用》（76/769/EEC 指令）。所有这些法律文件是以新的欧盟条约第 95 条为基础制定的，因此共同目标就是保护欧盟内部市场及保证人类和环境受到高水平的保护。而 REACH 法规包含这些及其他法律文件。

12.3.1　REACH 法规

1998 年，欧盟成员国的环境部长们在英国曼彻斯特进行了非正式会晤，讨论了欧盟工业化学品管理的方法。该会议得到的结论，即成员国一致认为之前的工业化学品法规没有达到最初设定的期望，并且不能满足新的挑战下的安全管理需要，这些观点形成了 1999 年 6 月欧盟理事会的正式结论及在 2001 年 2 月出台的概述欧盟未来化学品政策的白皮书。欧盟委员会在白皮书中提出了一个新的策略。这个提案体系称为 REACH 法规。

REACH 法规的目的是保护人类健康和环境，确保单一物质、混合物及物品中化学物质自由流通，同时增强竞争力和创新。为了充分控制物质生产、进口、投放市场及使用所带来的风险，REACH 法规倒置了举证责任，把它从主管机关转移到工业界，由工业界负责收集化学物质的信息并利用这些信息进行化学品的安全评估及选择合适的风险管理措施。为了体现这种新法规的优势，REACH 法规在第 1（3）条款中明确了如下原则："确保制造商、进口商和下游用户制造、投放市场或使用不会对人类健康或环境产生不利影响的物质"。

REACH 法规中创建了评估所有工业化学品的体系。法规包括 141 个条款，分布在 15 篇中，共有 17 个附件。REACH 法规的结构如表 12-8 和图 12-8 所示，其主要包括如下方面。

表 12-8 REACH 法规结构

框架	章节	内容
正文	第 I 篇	通用事项
	第 II 篇	物质的注册
	第 III 篇	数据共享和避免不必要的动物试验
	第 IV 篇	供应链上的信息
	第 V 篇	下游用户
	第 VI 篇	评估
	第 VII 篇	授权
	第 VIII 篇	对制造、投放市场和使用某些危险物质及配制品的限制
	第 IX 篇	费用和收费
	第 X 篇	化学品署
	第 XI 篇	分类和标签目录
	第 XII 篇	信息
	第 XIII 篇	主管部门
	第 XIV 篇	执行
	第 XV 篇	过渡性规定和最终条款
附件	附件 I	评估物质和准备化学品安全报告的一般规定
	附件 II	安全数据表编写指南
	附件 III	吨位在 1t 和 10t 之间的物质注册标准
	附件 IV	根据第 2 条第 7 款(a)项对于注册义务的豁免
	附件 V	根据第 2 条第 7 款(b)项对于注册义务的豁免
	附件 VI	第 10 条中提到的信息要求
	附件 VII	制造量或进口量为 1t 或以上物质的标准信息要求
	附件 VIII	制造量或进口量为 10t 或以上物质的标准信息要求
	附件 IX	制造量或进口量为 100t 或以上物质的标准信息要求
	附件 X	制造量或进口量为 1000t 或以上物质的标准信息要求
	附件 XI	调整附件 VII 至附件 X 规定的标准检测体制的通用规则
	附件 XII	下游用户评估物质和准备化学品安全报告通则
	附件 XIII	确认持久性、生物蓄积性和毒性物质及高持久性和高生物蓄积性物质标准
	附件 XIV	需授权物质清单
	附件 XV	卷宗
	附件 XVI	社会-经济分析
	附件 XVII	对某些危险物质、配制品和物品制造、投放市场与使用的限制

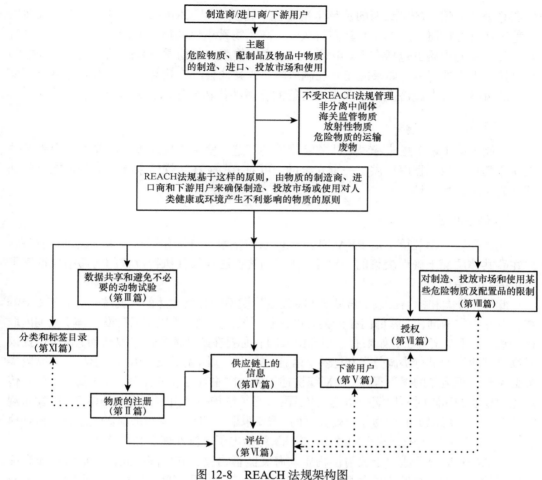

图 12-8　REACH 法规架构图

1. 注册

注册（第Ⅱ篇）要求工业界获取物质的相关信息，并利用取得的数据进行安全管理。为了减少动物试验，针对该物质的研究要求数据共享（第Ⅲ篇），以便获得更好的关于暴露、危害及风险的信息及管理这些信息并将其沿着供应链（第Ⅳ篇）进行传递。通过赋予下游用户（第Ⅴ篇）特定的义务，将最终用户也引入到该体系中来。

2. 评估

评估（第Ⅵ篇）的目的是减少不必要的动物试验。化学品署（第Ⅹ篇）对工业界的试验提案进行评估，对注册要求进行符合性审查，若不符合规定，则要求工业界提供更多的信息。物质评估在化学品署的协调下进行，主管当局通过要求企业提供更多的信息参与调查化学品的潜在风险。这些信息可用于以后准备限制或授权提案。

3. 授权

对于高关注度物质，其用途及投放市场需要取得授权（第Ⅶ篇）。高关注度物质是指那些分类为致癌的、致畸的及具生殖毒性的物质（即 CMRs），也包括具有持久性生物蓄积性有毒物质（PBTs）和具高持久性、高生物蓄积性的物质（vPvBs）。此外，具有同等关注度的物质也包括在内。申请人必须表明使用这些物质带来的风险能被充分控制和可接受未来的复审。如果能充分控制风险，或其社会经济效益超过对人类健康或环境产生的风险，或在经济及技术上尚无可行的合适替代物或技术，方可予以授权。

4. 限制

限制（第Ⅷ篇）意味着对某些危险物质的制造、使用或投放市场需要增加限制条件或完全禁止。限制程序提供了一个安全网，可对 REACH 法规体系其他部分未能充分处理好的风险进行管理。

5. 化学品署

化学品署（第Ⅹ篇）对 REACH 法规体系的技术、科学和行政等诸方面进行管理，并在欧共体层面上确保决策的一致性。化学品署在法规及其执行过程的沟通中也扮演了一个关键的角色。

此外，分类和标签目录（第ⅩⅠ篇）将促进物质不同分类方法的协调统一。对于 CMRs 物质及呼吸致敏剂，主管部门在分类时可在欧洲经济共同体（以下简称欧共体）范围内取得一致。基于个案分析，如果有正当理由表明有必要在欧共体层面采取行动，也可以提议对物质其他影响进行协调分类和标签。信息（第ⅩⅡ篇）描述了成员国、化学品署和欧盟委员会关于法规运作的报告程序。第ⅩⅢ篇讲述了成员国主管当局的任命、合作及其向公众传达化学物质的风险时所扮演的角色。成员国将必须维护一个由官方控制的体系，并发布规定及对违反法规规定的行为作出处罚，而且需要采取一切必要措施来确保这些规定得到执行。第ⅩⅣ篇描述了强制执行的过程。第ⅩⅤ篇给出了过渡性规定和最终条款。

REACH 法规不适用于放射性物质、海关监管物质、非分离中间体、危险物质和废物的运输。其他法规管理的物质，如人用或兽用药物产品、食品添加剂、食物调味剂及动物饲料和营养品中的添加剂等，其使用取得 REACH 法规的豁免。

12.3.2　化学品安全报告的要素

REACH 法规关于注册和数据共享的规定主要是为了建立一个透明、可预见和稳定的构架。在此构架下，可确保企业能对物质可能呈现的风险进行可靠且信息充分的管理。这要求企业收集足够的信息，必要时进行新试验，并且利用这些信息确定适当的风险管理措施。这些风险管理措施必须由制造商和进口商执行。为了与其客户公平分摊责任，制造商和进口商在化学品安全评估中不仅应阐述化学物质本身的用途和物质投放市场的用途，而且应阐明客户要他们加进去的所有用途。

化学品安全评估遵循风险评估的几个不同步骤。图 12-9 给出了 REACH 法规中化学品安全评估、化学品安全报告编写和安全数据表建立步骤的详细描述。评估考虑物质本身（包括任何主要杂质和添加剂）、配制品和物品中化学物质的用途，并作为确定的用途。对于每年生产量或进口量大于等于 1t 的物质，需要递交注册卷宗（图 12-10）。对于每年大于等于 10t 的物质，其注册者必须进行化学品安全评估，记录在化学品安全报告中，并作为注册卷宗的一部分递交给化学品署。图 12-11 给出了每年生产量或进口量大于等于 10t 的物质准备注册卷宗采取的步骤。

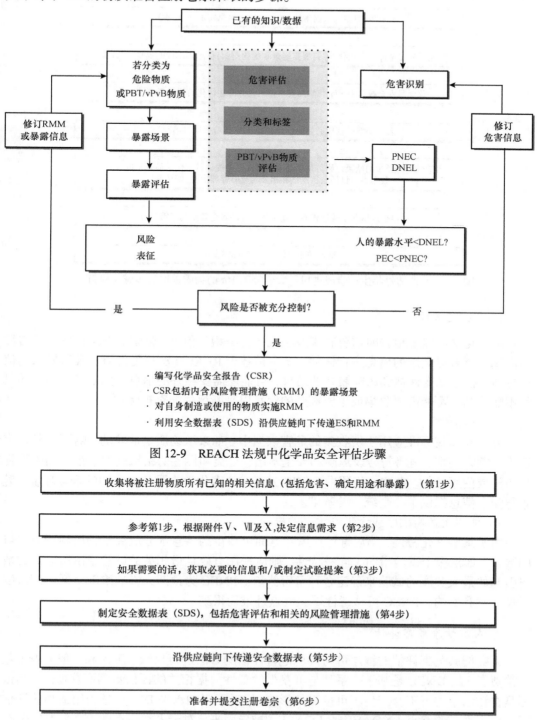

图 12-9　REACH 法规中化学品安全评估步骤

收集将被注册物质所有已知的相关信息（包括危害、确定用途和暴露）（第1步）

参考第1步，根据附件 V、VII 及 X，决定信息需求（第2步）

如果需要的话，获取必要的信息和/或制定试验提案（第3步）

制定安全数据表（SDS），包括危害评估和相关的风险管理措施（第4步）

沿供应链向下传递安全数据表（第5步）

准备并提交注册卷宗（第6步）

图 12-10　评估每年生产量或进口量大于等于 1t 的物质采取的步骤

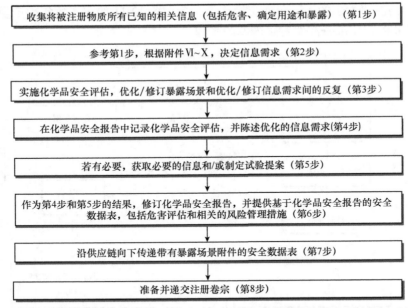

图 12-11　评估每年生产量或进口量大于等于 10t 的物质采取的步骤（修订后）

1. 环境危害评估

编写化学品安全报告时需要收集或生成各种类型的信息。化学品安全评估的危害评估需基于所有可利用的信息进行评估，至少是基于 REACH 法规附件Ⅵ～Ⅹ所要求的信息评估。根据暴露评估和风险表征的结果，可能还需要额外的信息。如果某种用途的风险不能控制，可能需要收集或生成额外的信息以判断评估能否被优化。

1）分类和标签

分类和标签标准应用于所收集的危害数据中。如果该物质是危险的，需要对其指定适当的危害类别、危害符号及风险和安全术语。分类和标签的结果提示了推荐的风险管理措施或使用条件。在这一步骤中，GHS 为统一危害化学物质和混合物的全球环境、健康与安全信息提供了一个统一的基础。

2）预期无影响浓度或无影响水平的推导

由于某些理化特性，物质毒性或风险方面可获得的信息部分取决于物质制造或进口的数量。如果多个试验指向了同一特性，则应采用有效且最相关的试验或由所遇到的情况引起的最大关注的试验来确定各种危害终点。PNEC 为预期无影响浓度，低于该浓度时没有不利影响，PNEC 可从毒性试验终点外推而得到。

2. 人类健康危害评估

人类健康危害评估的程序可与环境危害评估的方法进行比较。工人和一般人群（包括消费者）的 DNEL 是基于一系列与可获得的毒性数据相关的评估步骤而获得的，其依据是在该水平之下不会产生不可接受的影响。推导无影响水平 DNEL 是利用适当的评估因子由毒性试验终点（NOAEL 或 LOAEL）推导而来。对于人类终点而言，需要区分有阈值物质和无阈值物质。对于被认为是通过无阈方式产生影响的物质，通常采用假设的方式进行推导。对于可能引起诸如爆炸、可燃及潜在氧化等风险的化学品，应考虑其理化性质。

3. 理化特性危害评估

在 REACH 法规中，与生态毒理学引起的危险物质一样，理化危害引起的危险物质在 CSA/CSR 及 SDS 中有额外的要求。对于以特定的理化特性（如爆炸性、可燃性或潜在氧化性）为基础分类的物质，或以其他受关注的合理分类依据为基础分类的物质，必须进行健康风险表征。物质的每一个理化特性危害评估必须在合理可预见的条件下（如工作场所或消费者的使用环境）进行。CSR 中呈现的安全评估结论必须证明风险被充分控制。需特别指出的是，由危险化学试剂的量引发的事故，如着火、爆炸或其他危险化学反应，其所带来的潜在影响的评估包括如下内容。

a. 由化学试剂理化特性引发的危害。

b. 储存、运输和使用过程中所确定的风险因子。

c. 事故可能带来的后果。

4. PBT 及 vPvB 物质的评估

由于蓄积的不可逆性，PBTs 和 vPvBs 物质需进一步评估，但即便如此，也很难预测由其持久性、生物蓄积能力和毒性所引发的潜在长期影响。PBT 和 vPvB 物质的评估包含两步过程。第一步，与标准进行比较，即所递交的可获得信息与 REACH 法规附件所给出的标准进行对照。如果这些可获得的信息仍不足以确定物质是否满足附件XIII中的标准，那么需要具体情况具体分析，考虑其他的证据，如注册者可获取的具有同等关注度的监测数据。第二步，排放表征。如果物质满足标准，则执行排放表征，包括暴露评估的相关部分。排放表征需要包括对制造商或进口商所有活动及所有确定的用途期间释放到不同环境中物质数量的估计，以及物质暴露于人类和环境可能的途径。

5. 暴露评估

如果一个物质满足被分类为危险物质的标准或 PBTs 及 vPvBs 物质的标准（或具有相似关注度的性质），则必须进行暴露评估。在这种情形下，注册者必须遵循两个连续步骤：①暴露场景的开发；②暴露估计。在接下来的排放表征中，注册者需证明化学品在其生命周期中所有阶段、所有确定的用途中，风险均已被充分控制。如果不需要暴露估计，注册者可以通过完成 CSR 以结束 CSA。只有危险物质才需要安全数据表。如果物质不满足分类标准，则不要求具备安全数据表。

1）暴露场景的开发

暴露场景是对一种物质或一组物质或配制品暴露途径的描述，是化学品安全评估过程的核心。在物质或配制品的制造、使用和废弃处理各个阶段，暴露场景都提供了给定操作条件下必要的风险管理措施。在 REACH 法规中，暴露场景由制造商或进口商开发。在适当的时候，下游用户或组织可以参与或承担开发暴露场景的责任。暴露场景开发的目的在于在物质/配制品的各个生命周期阶段中进行风险管理，以确保工人和消费者的健康及环境的风险得到安全处理和控制。

2）暴露估计

暴露估计包含以下三个连续的步骤。

a. 在物质的制造、使用和废弃处理（如果相关的话）整个生命周期中的相关阶段估计释放。

b. 可能的降解、转化或反应过程及环境分布和归趋的估计。

c. 暴露水平的估计。

暴露估计的对象包括已知的或合理的可预见的所有人群（包括工人、消费者和易于通过环境间接暴露的人）和所有暴露于该物质的环境空间。利用待评估物质的转化和归趋模型可以计算其环境浓度与人类每天的摄入剂量或吸入浓度。适用范围广泛的普通暴露模型也可应用于暴露估计中。除应用模型估计外，如果能够获取暴露水平的监测数据，则必须予以特别考虑。必须对人体暴露的每一个相关路径（吸入、口服、皮肤接触和多途径暴露）进行暴露估计，并要考虑暴露模式在空间与时间上的变化。

6. 人类健康和环境的风险表征

化学品安全评估中的风险表征是对人类或环境实际或预期暴露于化学品后可能产生的不利影响（定量）估计。风险表征中，通过暴露水平与推导无影响水平的比较可获得每个保护目标的"风险表征比率"（RCRs）。在所有的终点和时间范围内，都应推导出环境和人类的 RCRs。当满足以下情况时，即证明物质的使用是安全的。

a. 局部和区域水平 RCRs 低于 1。

b. 危害评估中确定的由物质理化特性引发的事故可能性和严重性是可以忽略的。

对于无法确定 DNEL 或 PNEC 的物质对人类健康和环境的影响，当运用暴露场景时需进行定性评估；对于 PBTs 和 vPvBs 物质，制造商或进口商必须执行及向下游用户推荐风险管理措施以实现人类和环境暴露最小化。

每一个暴露场景都需要执行风险表征。假设已经实施暴露场景所描述的风险管理措施，风险表征需要考虑已知的或合理的可预见的暴露于物质的不同人群（工人、消费者或通过环境间接暴露者及多途径暴露者）和环境。此外，综合所有相关环境和相关物质排放/释放源的结果，对物质引起的全部环境风险进行评估。评估包括如下方面。

a. 已知的或可能的每个人群的暴露水平与适当的 DNEL 比较。

b. 每一环境空间的预测环境浓度与适当的 PNEC 比较。

c. 由物质的理化特性引起事故的可能性和严重性的评估。

对于人体终点而言，需要区别有阈值物质和无阈值物质。对于有阈值物质，RCR 是指估计的暴露（浓度或剂量）与 DNEL 的比值。对于被认为是通过无阈值方式产生影响（尤其是致畸性及致癌性）的物质，通常进行假设处理。由于无法确定这些物质的 DNEL，在假设处理时，如果在非常低的暴露水平下仍不能排除剩余的风险，就需要明确说明和充分证实。

RCR 的推导遵循风险评估所使用的危害识别、暴露评估、影响评估和风险表征标准顺序。

a. 对于每一个暴露场景，收集必要的时空尺度、环境空间、人群暴露途径或剂量（D）

等方面相关的暴露值、测量值或估计值。

　　b. 对于每一个暴露场景，推导必要的时间尺度、环境生态系统、人群、关注的终点和暴露途径等方面相关的无影响水平（PNEC 或 DNEL）。

　　c. 对于每一个组合计算匹配暴露水平（PEC）和无影响水平的比值[式（12-14）]。

$$RCR = \frac{PEC}{PNEC} 或 \frac{PEC(D)}{DNEL} \qquad (12\text{-}14)$$

　　风险评估是一种从简单到更优化和全面的多级过程，其立足点是能引起最大关注的所有证据。经初步评估后，如果能够获得 RCR 低于 1 的结论，则说明该物质可以安全使用且可以认为完成了风险评估；如果 RCR 大于 1，则需执行进一步的风险评估过程，即依据化学品的用途、暴露和影响，遵循决策树的方法，计算一小部分 RCR。对于风险已被证实的化学品，其风险表征的过程相对烦琐，可以辅以计算机工具和模型，如 EUSES 等，使评估过程更为方便和协调。

　　7. 风险管理措施

　　在化学品的生命周期中，为减少其排放和暴露可采取不同的方法与策略，包括产品/物质相关措施、物质/产品投放市场限制、物质/产品使用限制、指导/信息/警告、技术措施、组织措施和个体防护措施等。这些经证实充分可行的管理措施已被供应商所采用并沿着供应链向下推荐。根据自愿原则或法规要求，风险管理措施可应用于不同的企业和下游用户中。其中，物质相关措施包括限制配制品中某物质的浓度、优化包装设计（如防护儿童的紧固件）或改变物理状态（固体、粉末、溶液）。物质或产品投放市场限制措施包括在特殊国家或地区使用或由有资质的专家使用，在指定的介质中（如水中）使用。技术措施，如通风装置、人与源头的隔离、产品或使用过程的重新设计等都可以减少暴露。组织措施包括禁止进入某些特别的工作场所，限制操作或工作活动时间，进行培训等。个人防护措施包括保护性的着装、手套、滤气/防尘面具等。风险管理措施的实施应根据物质/产品的工业用途、职业用途与消费者使用用途加以区分。

　　8. 化学品安全报告格式

　　风险评估的信息和结果及风险管理的步骤需按 REACH 法规附件 I 所规定的格式进行报告。表 12-9 对该格式做了简要概括。

表 12-9　化学品安全报告的简化格式

A 风险管理部分	4. 环境归趋性质
1. 风险管理措施摘要	5. 人类健康危害评估
2. 实施风险管理措施的声明	6. 理化性质的人类健康危害评估
3. 传递风险管理措施的声明	7. 环境危害评估
B 风险评估部分	8. PBT 及 vPvB 评估
1. 物质鉴别及其理化性质	9. 暴露评估
2. 制造和用途	10. 风险表征
3. 分类和标签	

12.3.3　安全数据表

在 REACH 法规下，不管制造、进口或使用物质的量如何，生产企业都有沿着供应链传递信息的一般义务。REACH 法规框架下沿供应链传递信息的主要目的是建立一个全面透明的框架，促使企业可以沿供应链向下传递危害和风险信息，以确保下游用户采取适当的风险管理措施。

企业使用的主要工具是安全数据表（SDS）。安全数据表是化学物质供应商和配制品生产商向下游用户传递危害和风险管理信息的关键手段。REACH 法规鼓励下游用户积极地向供应商反馈新信息，如物质和配制品的数据安全表中列出的物质内在特性，以及其他可能对风险管理措施产生影响的信息。

1. 危险物质的安全数据表

REACH 法规第 31 条和附件 Ⅱ 规定了安全数据表现有提供者的责任。附件 Ⅱ 是安全数据表的编写指南。安全数据表包含物质或配制品的危害信息，以及推荐的控制健康或环境风险的风险管理措施信息。除此之外，所有要求进行化学品安全评估的物质，其安全数据表中的信息必须与化学品安全评估一致，以及提供给接收者的暴露场景等相关信息必须作为安全数据表附件。将暴露场景信息作为附件的义务由以下企业承担。

a. 制造商或进口商：针对已注册的每年制造或进口量大于等于 10t 的单一物质或配制品中含有的物质。

b. 下游用户：针对每年制造或进口量大于或等于 10t 的单一物质或配制品中含有的物质，下游用户未告知供应商物质的用途，以及来自其供应商的相关暴露场景。

c. 分销商：已接收此类信息且与其用户有关。

2. 安全数据表中的信息要求

REACH 法规下安全数据表新增许多强制性条款。首先，应考虑持久性、生物蓄积性和毒性以确认物质是否属于 PBT 或 vPvB 物质；其次，安全数据表应包括环境区间的预期无影响浓度（PNEC）和人类的推导无影响水平（DNEL）；最后，如上所述，REACH 法规要求提供相关的暴露场景信息作为安全数据表的附件。化学品安全评估的大部分结果，如危害物质的分类和标签、风险预防和急救措施、包装要求，以及物质无害化的可能性包含在安全数据表和化学品安全报告中。REACH 法规的附件 Ⅱ 详细描述了安全数据表的格式。其信息要求的概要见表 12-10。

表 12-10　REACH 法规下安全数据表的信息要求

1. 物质/配制品和公司/企业的身份识别	6. 意外释放措施
2. 危害识别	7. 处理和储存
3. 组成/成分信息	8. 暴露控制/个体防护
4. 急救措施	9. 理化特性
5. 消防措施	10. 稳定性和反应性

11. 毒理学信息	14. 运输信息
12. 生态学信息	15. 管理信息
13. 处置考虑	16. 其他信息

　　安全数据表是供应商和生产商向下游用户传递所有信息的工具。安全数据表应以表格形式允许下游用户核查其有效的用途，尤其要核查其控制措施是否与上游供应商提供的安全数据表中描述的控制措施一致。另外，下游用户必须核查安全数据表中的风险管理措施是否与其使用条件相符，并通过供应链向其客户传递相关信息。

12.4　美国化学品风险评估和管理[10, 11]

　　美国国家环境保护局（EPA）预防、杀虫剂和有毒物质办公室（OPPT）负责实施《有毒物质控制法》（TSCA）和《污染预防法》（PPA）。TSCA 制定国家计划，授权环境保护局监督管理化学品，预防有毒物质不可接受的风险，这些化学品不包括农药、某些核材料、武器弹药、烟草制品、食品、食品添加剂、药物、化妆品和医疗设备等另有法规规定的化学品。TSCA 指定由环境保护局收集新化学品和现有化学品的信息，并规定测试要求，同时为环境保护局对化学品的生产、进口、加工、销售、使用和处置实施强制规定提供了有效方法。总之，TSCA 为新化学品投放市场前的评估规定了系统的审查过程、原则和一系列应对现有化学品潜在风险的方法。

　　法规授权，所有情况下都由 EPA 作出风险管理决定。EPA 为了更好地履行法规赋予的使命，在其环境管理计划和倡议中，广泛汲取其他部门关于风险管理和污染预防的举措。EPA 在化学品安全领域扮演了两个重要角色：一是控制化学品的危害，环境保护局行使规定的权力，在评估和管理现有化学品风险时，控制或不允许新危险化学品进入市场，称为"命令和控制"；二是环境管理计划的推进者，推进环境管理工作的创新和开拓。

12.4.1　EPA 的风险评估和风险管理

　　EPA 负责进行化学品的风险评估，并考虑风险管理活动的成本和利益。EPA 制定了一般程序和物质特有程序，物质特有程序针对的是可产生新利用信息的某些化学品。

　　1. TSCA 的风险评估和采用的风险阈值

　　1）新化学品控制

　　新化学品是指拟生产和以前尚未用于商业销售的化学品。TSCA 的一个假设是：制造商对拟应用新材料的研究比对现有产品中材料的研究要少，因此 TSCA 设定了"可能存在高风险"的采用阈值，该值是一个相对容易到达的临界量。EPA 审查生产和使用新化学品的申请后，可采取限制或禁止生产或使用的措施，包括"同意通知"或"重要新用途规则"（SNUR）的措施。这些措施适用于低产量/低排放或低暴露等各种豁免的新化学品。

2）现有化学品控制

EPA 可以对现有化学品采取限制措施。TSCA 要求，只有经过评估并表明一种化学物质"存在高风险"之后，并且考虑就业机会和设备等投资成本问题后，如果中止正在进行的工业生产可能比禁止或限制具有更高的社会成本，环境保护局才能采取限制措施。某些物质（如 PCB 等）的特有控制行动直接由国会批准。

3）环境管理计划

EPA 通过启动"环境管理计划"并结合使用 TSCA 赋予的强制性权力来推进化学品制造商遵守管理规定。在某些情况下，自愿行为是主要目标。此外，EPA 针对管理制度存在的缺口或为了确保管理能涵盖全部范围，通过制定计划和颁布有关法规进行完善。

2. 风险评估机制

TSCA 中化学品的风险评估由危害评估和暴露评估组成。在危害评估和暴露评估过程中，材料的测试数据备受关注。法规没有对新化学品规定"最小数据集（MDS）"，因此，EPA 支持采用结构活性分析（SAR）结果作为新化学品的决策数据，当需要进一步基于 SAR 进行危害评估时，可以要求做相关试验。在缺少测试数据时，EPA 采用多种方法包括模型来估计化学品的重要环境特性。

1）新化学品风险评估

根据 TSCA 提案的描述，新化学品的鉴别与评估由拥有丰富知识和经验且尽心尽职的工程师、科学家、信息管理专家及管理者负责，评估的内容包括其对健康和环境可能的影响、暴露和排放，并分析其对经济发展的影响。TSCA 要求新化学品在制造或进口前必须提交"生产前申报书（PMN）"，通过评估后才决定是否需要进行更详细的审查，以及确定下一步的管理物质。新化学品程序对少数高关注度化学品给予高度重视，如与已知有毒化学品结构相似的和了解很少的新化学品。

申报书提案首先通过行政管理部门筛选以确保材料完整，然后提交给一系列的多学科会议审查。在这些会议上，审查人会确认化学品鉴别信息特性，预测或确定化学性质，鉴别其与已知有害化学品的相似性，评估生产和使用量，鉴别杂质或副产品，预测物质主要杂质、副产品和环境潜在降解物对环境与人类健康的影响及暴露等。

由于 TSCA 不要求企业提交新化学品的测试数据，EPA 通过结构活性关系（SAR）分析来鉴别化学品的潜在危害性。EPA 和欧盟官方机构联合研究的结果表明，评价模型和评估技术在鉴别化学品方面发挥了很好的作用，以 SAR 为基础的预测结果与测试结果对照，两者相符的概率为 60%～90%。与此同时，如果是新物质或中高关注度物质，或是根据新化学品暴露政策的标准有重大暴露风险的高产量（＞100 t）新化学品，EPA 要求补充测试数据。

2）现有化学品风险评估

现有化学品风险评估过程比新化学品风险评估程序简单，不需要专门的"提案"。现有化学品进行风险评估的信息来源可以是 EPA、个体或其他国家提供的公布的监测或测试数据。

TSCA 授权 OPPT 对多氯联苯（PCB）和石棉等实施控制管理，EPA 通过提议和最终的立法程序对 TSCA 中的许多物质作出了规定，包括金属加工油和六价铬化合物，还包括多氯联苯和石棉的风险管理。

3）TSCA 提案的风险评估

TSCA 要求化学品的制造商、加工者、经销商将未报道过的、未公布的新的能够合理地得出其具有高风险结论的化学品的信息立即通报 EPA。TSCA 高风险通报信息报告通常包含毒理数据，有些还可能包含暴露、环境持久性或减少人类健康和环境风险措施的信息。EPA 筛选所有 TSCA 提案，进一步评估鉴别化学品，落实提案中关于暴露和风险管理的附加信息。

"高风险通报信息报告"提高了工业界对潜在化学品风险的意识，促进制造商、进口商、加工者和经销商采取自愿行动来减少危害物质的暴露。在发生严重威胁人类或环境污染的紧急情况下也可以提出"高风险通报信息报告"。

4）TSCA 提案附加信息要求

除编制清单外，EPA 根据 TSCA 的授权，获得了大量化学品的健康和安全测试数据，以及生产、进口、使用、排放和暴露相关数据，其中包括机构间测试委员会推荐并考虑的化学品测试规则。

3. 用暴露评估调整风险评估要求

从 TSCA 的化学品管理程序某些阶段获得的反馈信息，可以用来调整 EPA 必须承担的风险评估责任，EPA 可以反馈得到能够预测的暴露水平，或反馈得到已知是相对温和级别的化学品信息。当拟制造商能够接受较低暴露量的使用条件时，EPA 就能够预测其暴露水平是比较低的，无须过多关注。

EPA 收到新化学品申请时，根据具有类似危害的相似信息材料的结构活性关系来决定必须做哪些风险评估工作。如果申请信息材料与已知是低关注度的信息材料相似，则该化学物质的风险评估工作可以减少。EPA 根据生产前申报的产量有不同的分步测试要求，对于预期是高产量的化学品，则要求多做测试，对于预期是低产量的材料，并在"低产量豁免名录"内，则减少调查。少数获得"低排放暴露豁免"的新化学品规定了高遏制水平，以实现达到很低的排放量。此外，TSCA 还要求建立"机构间测试委员会"和商业化学物质优先测试名单，并辨别需要审查的化学品种类。

12.4.2　命令和控制机制

1. TSCA 名录

TSCA 首先提出的要求之一就是编制"TSCA 化学物质名录"，名录中的化学品称为"现有化学物质"，未列入名录的化学品称为"新化学物质"。自 20 世纪 70 年代后期，由于增加了 20 000 多种新化学品，TSCA 化学物质名录已从约 60 000 种商业化学品增加至 80 000 多种化学品。

为了获得最新的美国生产和进口非聚合有机化学品的基本信息，EPA 根据 TSCA 的授权制定了《目录修改法案》（IUR），把得到的信息列入名录。在美国，"高产量化学品（HPV）挑战计划"、经济合作与发展组织（OECD）的信息、"筛选信息数据组"

（SIDS）都在扩充信息方面发挥了作用，这些新的信息和危害信息使环境保护局、工业界、环境组织和其他团体能够评价与理解并付诸行动来收集需要的信息并以此来降低化学品风险。

2. 化学品测试

EPA 根据 TSCA 的授权，要求现有化学品的制造商测试化学品对健康和环境的影响，并建立多个制造商分摊测试费用的机制。法规公布立法程序（测试法）或"强制同意协定"，并规定了各项测试的要求。此外，法规还支持高产量化学品测试计划。

3. 新化学品控制

TSCA 要求在新化学品制造或进口前 90 天，提交一份生产前申请书（PMN）。因此，新化学品预期的制造商或进口商必须提交生产前申请书，或申请 TSCA 豁免。

EPA 新化学品计划的目标是确保能够合理管理可能存在不可接受风险的化学品，包括防止进入商业流通渠道。此外，如果为了获得合理的评估而需要更多的数据，只要可以得到风险调查或暴露调查的结果，环境保护局就有权规定补充需要的信息。到目前为止，EPA 已审查了 40 000 多份生产前申请书，对约 5%的申报化学品采取了测试要求和生产、使用及处置等相关方面的管理措施。

4. 现有化学品控制

如果有合理的结论说明某化学品存在或将会存在危害人类健康或环境的高风险，根据 TSCA 规定，EPA 有权禁止或限制该化学品的制造、进口、加工、商业经销、使用或处置。

EPA 必须考虑物质的风险、成本和利益，当物质处于"高风险"时，还应规定替代物。TSCA 规定了选择菜单，范围从化学品完全禁止到要求通报和警告。TSCA 规定 EPA 管理者可以提供适当的"最少负担"的保护管理措施。在完成一般法定程序前，如果 EPA 确定某化学品可能存在高风险或存在严重普遍危害人类健康或环境的危险，EPA 可以提出限制性规章。为防止出现化学品严重普遍危害健康或环境的紧急危险和高风险，根据 TSCA 规定，EPA 有必要请求法院采取行动。

除了使用各种控制选择，EPA 也采用告示的方式向公众警示潜在的化学品危害，这些告示描述了化学品的毒性影响和暴露途径，提供能帮助个人或组织自愿降低风险的信息，环境保护局的告示可在 USEPA 网站查找。

12.4.3　高产量化学品挑战计划

EPA 的化学品评估呈强制性与自愿性相结合的发展趋势。1998 年开始实施的"高产量化学品（HPV）挑战计划"为进一步建立健全风险评估和风险管理体系提供了大量的经验与指导。HPV 是指每年美国生产或进口量大于或等于 100 万磅（约 500t）的化学品。该计划的实施体现了利益相关者参与合作、运用数据管理技术、向公众发布简明易懂信息的义务及所采用的形式等基本内容。"HPV 挑战计划"作为"化学品知情权"（ChemRTK）行动的一部分，其基本前提是确保公众有权知道环境中与化学品有关的危险性。通过该计划，公众可以很方便地了解 2800 种高产量化学品的危害和环境归趋数据。除此之外，每一个组织包括工业界、环境组织、动物福利组织、政府机构和普通公众都能够通过该计划提供的化学品数据对日常生活中遇到的化学品对人类和环境产生的危害作出报告决定。

"HPV 挑战计划"由 EPA 联合美国化学理事会、美国环境保护协会和美国石油学会共同发布。计划的目标是提供清晰的指南来帮助利益相关者参与计划的实施。指南的相关文件可以在 EPA 的官方网站上查阅，包括高产量化学品类目的组成、开发完善的数据摘要、评估现有数据的合适性、命名等项目。其中，有关化学品的搜索由"筛选信息数据组"（SIDS）模块完成。SIDS 提供了一套国际认可的测试数据，筛选了对人类和环境有危害及环境归趋的 HPV。SIDS 主要包含 6 种类型的测试数据：急性毒性、重复剂量毒性、遗传毒性、生殖和发育毒性、生态毒性和环境归趋。

1. 广泛的自愿参与

"HPV 挑战计划"的特点之一就是公众广泛自愿参与，以截至 2006 年 4 月的数据为例可以说明这一点。在公众参与并提交的 2244 种化学品中，有 1383 种化学品由 370 家公司和 103 个合作团体直接赞助给"HPV 挑战计划"，另 861 种化学品通过 ICCA 向"HPV 挑战计划"间接提交。在直接提交的化学品中，针对 1335 种化学品提交了 394 项测试方案，占 1383 种化学品的 97%，另 48 种化学品（占 3%）由于未收到相关数据而被认为"过期作废"。EPA 通过分析提交的测试方案来确定如何说明化学品对健康和环境影响的终点，赞助者建议通过使用现有的科学合适的数据，如 SAR 的评估技术，或提出新的测试方案来满足数据需要。

2. 分类法

"HPV 挑战计划"最重要的成果之一是采用分类法的原理来处理各种 SIDS 模块终点数据。测试方案中有 80% 的化学品可以归类。归类需要建立在假设同类化学品互相之间具有相关性的基础上，且描述某一化学品的数据可用来预测同类相似化学品的毒理学特性。然后，EPA 会同其他利益相关者评论假设的合理性、支持数据的充分性及提议的测试。一旦赞助者提交其最终的分类分析报告，EPA 将同意归类"成立"，或通知赞助者可能需要考虑增加测试数据或调整分类。

3. "HPV 挑战计划"后续行动

"HPV 挑战计划"数据收集部分结束后，更关注的是 HPV 信息获取的公共途径和 HPV 数据的评价。获取 HPV 数据的主要途径是 HPV 信息系统（HPVIS）。该系统是一个可以全面和便捷得到 HPV 主要信息的搜索引擎。根据"HPV 挑战计划"的结果，EPA 正在发展鉴别和排序化学品的方法以便于未来的管理行动。筛选程序可以帮助 EPA 有序地审查"HPV 挑战计划"提交的数据，也可以为审查过程提供结构框架以确定被检查物质的潜在危害。筛选程序由两层组成。第一层：主要的终点数据通过预定标准来筛选，以建立用于 EPA 审查单个化学品和种类的逻辑顺序。第一层筛选健康影响、生态影响和环境归趋终点，所用的标准以危害分类标准为基础，危害分类标准也用于 GHS 系统。

第一层程序最终把化学品分为第一、第二或第三优先群，为污染预防和 OPPT 进一步审查提供依据。第二层：EPA 对"HPV 挑战计划"提交的数据质量和完整性进行深入审查，提升化学品危害的筛选水平，并告知工业界和公众。第二层程序综合了对每个 HPV 挑战提案中的所有终点数据的全面科学审查，输出的主要是方案中每个被检化学品筛选的危害水平特征。完成筛选程序之后，评估结果有助于后续开展适当的化学品审查管理活动。

12.5　日本化学品风险评估和管理

　　日本对工业化学品的全面管理始于 20 世纪 70 年代。当时由 PCBs 所引起的污染促使日本颁布了第一批法规，关注持久生物蓄积有毒物质。随后的法规修订逐渐由关注物质本身的危害（关注化学品本身的特性）转为更多地关注化学品的暴露。

　　在日本，工业化学品的风险评估还处于一个初始阶段。虽然在引入排放法规之前已进行了一些环境污染物的风险评估，但是筛选关注的化学品并进行风险评估，从环境部在 1997～2000 年进行的一个试点风险评估项目开始。

12.5.1　化学物质控制法案

　　在日本，工业化学品是依照《化学物质评估法案及其生产法规》[1973 年第 117 号法案，也称《化学物质控制法》(CSCL)] 来管理的。这一立法建立了新的工业化学品通报和评估体系，并且基于化学品的危害性管理其生产、进口和使用。《化学物质控制法》的目的在于防止由这些化学品所引起的环境污染对人体健康和生态体系产生损害。

　　从职业健康和安全或消费者保护方面来看，这一法规与其他法规属于同一框架。《工业健康与安全法》(1972 年第 57 号法案) 要求进行新化学品的评估。人体直接暴露于化学品的安全属于《食品卫生法》与《含有害物质的家庭用品管理法》(1973 年第 112 号法案) 等法规的范畴。图 12-12 中列出了与化学品管理有关的一些法规之间的关系。

　　1.《化学物质控制法》立法与修订

　　1973 年通过的《化学物质控制法》反映了公众对持久性生物蓄积性有毒物质如 PCBs 的关注。该法案的通过进一步引发了人们对严重威胁健康的 PCBs 类物质的广泛关注，PCBs 类物质及类似化学品的生产、进口和使用得以禁止。这类具有持久性、生物蓄积性和慢性毒性的物质被日本立法列为第 Ⅰ 类特定化学物质。

　　首次颁布的《化学物质控制法》是基于化学物质的危害性，即化学物质的持久性、生物蓄积性和对人体的长期毒性，来决定化学品的生产、进口和使用批准与否。《化学物质控制法》自颁布后经历了两次较大的修正以解决如虽具有持久性但没有生物蓄积性及对环境物种无害化学品的问题。1986 年的第一次修订是为适应虽具有持久性和慢性毒性但没有高生物蓄积潜力物质的管理措施的要求。该修正引入了一个新的体系，即要事先通报生产、进口的数量及分配生产和进口的数量，提供产品的标签和防止该类产品污染的指导（第 Ⅱ 类特定化学物质）。2003 年的第二次修订将化学品管理的范围拓展到生态系统的保护。第二次修订引入 4 个新内容：①引入了对生态效应的关注。将提交生态毒性数据的要求作为新化学物质通报和评估的一部分。②引入了暴露信息的概念。仅作为中间体使用的化学品、在封闭系统中使用的化学品，或仅用于出口的化学品可不通报。③引入了已知具有持久性和高生物蓄积性化学品的处理措施。④制造商和进口商需要提供其所掌握的物质有害特性的所有信息。

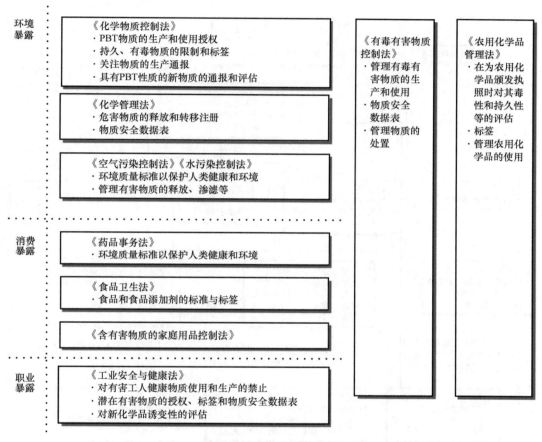

图 12-12　日本化学品法规

2.《化学物质控制法》管理的化学品类型

在进行了两次主要的修正后，《化学物质控制法》主要强调两个方面。

—— 根据潜在的不利影响信息管理特定化学品。

—— 根据法规的要求通报和评估新化学品。

图 12-13 阐述了该法令需要控制的化学品类型，以及涉及的监管程序。

法令发布了 5 类"关注化学品"（表 12-11）。不属于这 5 种分类的化学品则不由本法规管理。需特别指出的是，对于在环境中容易降解并且降解后的产物符合表 12-11 中所给条件的物质，其母体物质将根据降解产物的特性分类。

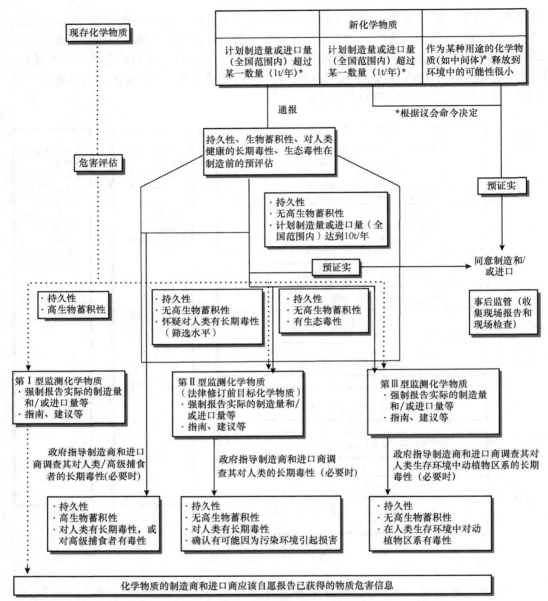

图 12-13　修正过的《化学物质控制法》的化学品管理新框架

*表示括号中的产量（t/年）或哪些化学物质是中间体由议会命名决定

表 12-11　《化学物质控制法》管理的化学品类型

名称	解释	物质数量
第Ⅰ类特定化学物质	持久的，生物蓄积的和危害的（对人有长期毒性或者对高级捕食者有生态毒性）	15
第Ⅱ类特定化学物质	持久的，有害的（对人有长期毒性或对活生物有生态毒性），在环境中受到长期关注的	23
第Ⅰ型监测化学物质	持久的且生物蓄积的，但未知其危害特性	22

续表

名称	解释	物质数量
第Ⅱ型监测化学物质	持久的，但怀疑对人体健康有害的	859
第Ⅲ型监测化学物质	持久的，对活体生物有害的	51

3. 新化学物质的通报和评估

政府要求制造商和进口商在生产与投放市场前必须通报相关的物质特性信息。制造商和进口商首先必须提交一个表格，列出物质名称、分子式（如果不知道，描述其制造过程）、理化性质、成分、预期用途及近 3 年的计划年生产量或者进口量。物质的危害特性信息包括测试的结果，可同时提交。在 3 个月时间内政府根据可获得的信息决定物质属于以下 6 个种类中的哪一类，然后将其告知制造商或进口商。

种类 1. 第Ⅰ类特定化学物质。

种类 2. 第Ⅱ型和第Ⅲ型监测化学物质。

种类 3. 第Ⅱ型监测化学物质（非第Ⅲ型监测化学物质）。

种类 4. 第Ⅲ型监测化学物质（非第Ⅱ型监测化学物质）。

种类 5. 物质既不是第Ⅰ类特定化学物质，又不是第Ⅱ型或第Ⅲ型监测化学物质（如非管制物质）。

种类 6. 物质不能根据获得的信息进行分类。

根据不同的分类，政府针对分类的化学品采取不同的措施。

a. 当物质为第Ⅰ类特定化学物质（种类 1），发布指示，该物质的生产和进口是被禁止的。

b. 当物质为第Ⅱ型和/或第Ⅲ型监测化学物质（种类 1~4）时，也发布指示，要求对生产/进口的物质进行通报。在进一步评估的基础上，可能会要求制造商/进口商进行毒性测试，这些物质在今后可能会被分为第Ⅱ类特定化学物质。

c. 当这些分类都不适用的时候，物质为非管制化学物质（种类 5）。当物质分类为非管制物质时，此化学物质的名称在 5 年后才会被发布，而后其他公司也可以制造或者进口这种物质而不需要再通报。如果其他公司希望在这个发布日期之前生产或者进口同样的物质，必须履行与第一个通报者同样的通报程序。

d. 当物质分为种类 6 时，必须将其持久性、生物蓄积性、对哺乳动物的毒性和/或生态毒性的测试数据提交给政府权威机构。

4. 数据需求和评估标准

除非权威机构能根据已有信息指定物质为管制或非管制物质，否则政府要求新化学物质制造商和进口商提交测试数据。数据的要求列于表 12-12。

非持久性化学物质不属于《化学物质控制法》的控制范围，因此首先要考虑降解测试数据。如果快速生物降解性试验（OECD 301C）测试结果表明易生物降解，物质将会确认为非管制物质，不需要进一步的测试。尽管如此，法规同时要考虑降解产物，因此降解产物的测试数据也是必需的。

　　生物蓄积评估基于鱼类生物浓度试验或正辛醇-水分配系数。如果生物浓缩系数（BCF）≥5000，则物质判定为高生物蓄积性。如果 BCF＜1000，或 lgK_{ow}小于 3.5，则物质判定为无高生物蓄积性。如果 1000＜BCF＜5000，那么生物蓄积评估要同时考虑到其他测试数据及有关信息。

表 12-12　《化学物质控制法》对新化学物质进行通报的测试数据需求

名称	解释	产量	
		1～10t/a	≥10t/a
归趋特征	易生物降解性	X	X
	正辛醇-水分配系数或鱼类生物浓度	X①	X①
哺乳动物的毒性	哺乳动物 28 天重复剂量口服毒性		X①
	细菌不利突变试验		X①
	哺乳动物细胞培养的染色体突变		X①
	哺乳动物的慢性毒性，生殖和后代毒性，致畸，致癌，生物转化和药理作用		②
生态毒性	藻类生长抑制作用		X①
	水蚤急性活动抑制作用		X①
	鱼类急性毒性		X①
	禽类生殖毒性，哺乳动物生殖和后代毒性		②

　　①表示如果一种物质经研究是易于生物降解的，其他试验就无须进行，但是对降解产物测试还是需要的；②表示这些测试是用来评估对人体或高等肉食动物长期毒性的，以便能够判定化学物质是否属于第Ⅰ类特定化学物质，因此这些试验只在后期需要

　　物质的毒性数据提交给专家评估，以确定其是否属于特定或监测化学物质。相关部门给出了哺乳动物的毒性数据评估指南，以确定该物质是否属于第Ⅱ型监测化学物质。环境部还为生态毒性数据的评估提供了指导，以确定该物质是否属于第Ⅲ型监测化学物质。

　　5. 新化学物质和现有化学物质评价程序

　　《化学物质控制法》规定了政府在指定化学品为第Ⅰ类或第Ⅱ类特定化学物质时或第Ⅰ型、第Ⅱ型或第Ⅲ型监测化学物质时，应与 3 个理事会，即药品和食品卫生理事会、化工理事会及中央环境理事会协商。这些理事会的专家由相关科学领域的专家和社会不同部门的代表所组成。新化学物质通报评估由这些理事会的代表组成的一个联合分委员会完成。该分委员会的例会大约每月一次。虽然政府委员会会议通常向公众开放，但新化学物质是由分委员会在非公开会议上进行通报评估的，以便保护与通报相关的商业机密信息。第Ⅰ类和第Ⅱ类特定化学物质的指定是由这些委员会在公开会议上进行讨论的。

12.5.2　现有化学品的审查

　　1. 危害信息的收集——日本挑战计划

　　"日本挑战计划"是在美国 HPV 挑战计划之后诞生的，由健康、劳动和福利部，

经济、贸易和工业部及环境部共同发布的。该倡议由日本政府和工业界，尤其是日本的化学品制造商和进口商联合提出，目的是方便收集 HPV 的安全信息。

在 2003 年修订《化学物质控制法》之前，物质危害性测试主要是由政府完成。到 2004 年底，已完成了 1455 种物质的降解和生物浓度测试、275 种化学品的哺乳动物毒性测试和 438 种化学品的生态毒性测试。尽管与现有化学品目录包含的大约 20 000 种物质相比显得微不足道，但"日本挑战计划"为推动日本在化学品测试与评估方面的国际全面合作奠定了一个良好的开端。

制定日本挑战计划的目的是加快日本现有工业化学品的评估，并对 OECD 项目做出贡献。该项目的目标化学品是日本生产或进口的每年超过 1000t 的有机物。为确保有效发展和分类方法的应用，该计划并不排除低产量化学品。为避免重复测试，该计划不包括过去进行过、正在进行和已经计划进行安全信息收集活动的化学品。

2. 《全球化学品统一分类和标签制度》（GHS）计划分类

物质及混合物的 GHS 由联合国在 2003 年发布。日本政府在其化学品管理系统中也启动了一些活动实施 GHS。首先，2006 年开始修订《职业安全与健康法案》。其次，由农业、林业和渔业部，健康、劳动和福利部，经济、贸易和工业部及环境部发起了一个联合项目，根据 GHS 来对约 1500 种化学品进行分类。该项目的目的是使工业界按照 GHS 的要求提供物质安全数据表（MSDS）。在日本，根据《职业健康和安全法》《有毒有害物质控制法》和《化学品管理法》，约 1500 种化学品需要物质安全数据表。由 4 个主管部联合利用可获得的信息共同应用 GHS 标准对这些化学品进行分类。

化学品的分类工作是由政府机构或独立的实验室专家承担的，并由跨部 GHS 委员会进行审核。结果在互联网上公布，同时接受公众对单个分类结果进行评论。

3. 环境监测

1973 年《化学物质控制法》生效时，日本环境部开始进行环境监测，对现有化学物质在环境中是否存在与其持久性进行了评估。然而，随着相关化学品管理立法的颁布和国际活动的进展，中央环境理事会化学物质评估特别委员会在 2002 年对监测政策进行了修订。修订的政策规定物质的选定每年由中央环境理事会的物质选择专家小组根据各政府部门及其他组织的需要进行，从而及时地利用调查结果防止化学物质的环境污染。

日本环境部进行的环境调查主要有三类。第一，初步环境调查。目的是确定在大气、水、沉积物及水生动物中某些化学品是否在可检出水平之上；第二，详细的环境调查。目的是确定化学物质在环境中的浓度，结果可用于包括初步环境风险评估在内的各种目的；第三，监测调查。目的是评估受关注化学物质的年度趋势，特别是根据《斯德哥尔摩公约》判定的持久性有机污染物（POPs）及第 I 类和第 II 类特定化学物质。调查的结果通过环境部的网站向公众开放。

4. 初步风险评估

为了筛选出有较高环境风险的化学物质，环境部负责对化学品实施初步的环境风险评估。环境部制定了用于化学品初步风险评估的指南，该指南不断更新，并包括在最新的评估报告中。评估会产生 4 个可能的结论：①成为需要详细评估的候选物质；②需要进一步收集信息；③在此阶段不需要采取进一步行动；④无法评估。

评估始于暴露评估。需要收集环境媒介和食物的测量数据。来自同一个监测点的同一年数据，取其平均值。在初级阶段，鉴于保守评估的需要，选择最高浓度数据来进行数据可靠程度评估。根据这些数据进行预期环境浓度（PEC）的计算。如果不能得到测量数据，根据污染物排放和转移登记（PRTR）资料中相关数据或其他排放数据估计的环境介质中分配系数可作为补充资料。

人类暴露估算与从文献资料和有限测试中得到的健康危害信息相比较时，当人体毒性存在阈值时，暴露界限是通过预计最高暴露水平与未观察到不利影响的最高暴露水平相除来计算的；当人体毒性不存在阈值时，利用多次发生不利影响的最大暴露水平进行人体毒性评估。对于生态评估，将预测环境浓度与预测无影响浓度（PNEC）进行比较。PNEC 是利用目前所得到的测试数据使用安全系数法推导而来的。这些判断的准则总结于表 12-13 中。

表 12-13　初步环境风险评估准则

结论	人类健康——有阈值	人类健康——无阈值	生态效应
	暴露界限	最高暴露的多次发生	PEC/PNEC
需更详细评估的候选物质	<10	$\geqslant 10^{-5}$	$\geqslant 1$
需要进一步收集信息的化学品	$10\sim100$	$10^{-6}\sim10^{-5}$	$0.1\sim1$
在这阶段不需要采取进一步行动的化学品	$\geqslant 100$	$<10^{-6}$	<0.1
无法评估的化学品	难以获得	难以获得	难以获得

12.6　OECD 化学品管理程序[4]

经济合作与发展组织（OECD）是一个政府间国际组织。OECD 的宗旨是促进成员方经济可持续发展，增加就业，提高各成员方国民生活水准，推动自由贸易。OECD 分析焦点问题，提出应对措施，并为各成员方提供沟通平台，在此基础上这些成员方可以比较各自经验，寻求解决共同面临问题的方法，努力调整相关政策。

OECD 的化学品规划建立于 1971 年，其主要目标有以下几方面。

a. 通过提高化学品安全来帮助 OECD 成员方保护环境及人类健康。

b. 制定更透明、有效的化学品控制政策，为政府和工业界节省资源。

c. 防止化学品及下游产品贸易中出现不必要的麻烦。

12.6.1　基础-数据互认

OECD 化学品规划最优先考虑的事情之一是鼓励各成员方获得用于化学品评估的高质量测试数据。高质量测试数据的获得通过化学品测试指南指导完成，而化学品测试指南及良好实验室规范（GLP）是在更宽泛的数据互认（MAD）概念中得以发展的，能够保证协调一致的数据获取方法及数据质量。MAD 的实际结果是：当满足化学品测试指南及 GLP 条件时，在某缔约方新获得的非临床环境、健康与安全测试数据，当用于遵守另一缔约方关于化学品或其下游产品通报或注册的管理规定时，不得被该缔约方所拒绝，从而避免相同检测的开展。

数据互认系统使得 OECD 成员方及其他非成员缔约方可以避免彼此间的非关税贸易壁垒，而这些壁垒往往是由这些国家所制定的保护人类健康与环境的相关法规产生。数据互认使工业界避免了昂贵的重复测试费用，同时缩短了新化学品或化工产品推向市场的时间，节约了更多资源。数据互认的另一好处就是减少了试验动物的使用，从而提高了动物福利。MAD 的实际执行通过 OECD 测试指南及 OECD 的 GLP 原则来得到保证。

1. OECD 测试指南规划

OECD 测试指南规划为制定和更新 OECD 测试指南提供了支持性构架。该指南是来自政府、工业界、学术研究机构及独立实验室的专业人员，在开展化学品非临床健康、环境安全测试时所采用的标准方法的集合。这些测试包括物理-化学特性、生物系统影响（生态毒性）、降解和沉积和健康影响（毒性）方面。表 12-14 为 OECD 测试指南概览[12]。

表 12-14　截至 2019 年 7 月 OECD 测试指南概览

序号	测试项目名称	方法初始采用时间	更新次数	最新版本
第一部分：物理化学特性				
101	UV-VIS 吸收光谱	1981.5.12	0	——
102	熔点/熔程	1981.5.12	1	1995.7.27
103	沸点	1981.5.12	1	1995.7.27
104	蒸气压	1981.5.12	2	2006.7.11
105	水溶解度	1981.5.12	1	1995.7.27
106	吸附/脱吸附：批平衡法	1981.5.12	1	2000.1.21
107	分配系数（辛醇-水）：摇瓶法	1981.5.12	1	1995.7.27
108	水中络合物形成作用：极谱法	1981.5.12	0	——
109	液体和固体密度	1981.5.12	2	2012.10.2
110	粒径分布/纤维长度和直径分布	1981.5.12	0	——
111	水解度与 pH 值关系	1981.5.12	2	2004.4.13
112	水中解离常数	1981.5.12	0	——
113	热稳定性和空气中稳定性的筛选试验	1981.5.12	0	——
114	液体黏度	1981.5.12	1	2012.10.2
115	溶液表面张力	1981.5.12	1	1995.7.27
116	固体和液体物质脂溶性	1981.5.12	0	——
117	分配系数（辛醇—水）：高效液相色谱法	1989.3.30	2	2004.4.13
118	凝胶渗透色谱法测定聚合物平均分子量及分子量分布	1996.6.14	0	——
119	凝胶渗透色谱法测定聚合物低分子量及分子含量	1996.6.14	0	——

序号	测试项目名称	方法初始采用时间	更新次数	最新版本
120	聚合物水中溶解/萃取特性	1996.6.14	1	2000.1.21
121	高效液相色谱法估算在水及污泥中的吸附系数 K_{oc}	2001.1.21	0	—
122	pH 值、酸度和碱度的测定	2013.7.26	0	—
123	辛醇-水中分配系数——缓慢搅拌法	2006.3.23	0	—
第二部分：生物系统效应				
201	藻类生长抑制试验	1981.5.12	2	2011.7.28
202	大型蚤急性活动抑制试验和 14 天生殖试验	1981.5.12	2	2004.11.23
203	鱼类急性毒性试验	1981.5.12	3	2019.6.18
204	鱼类延长毒性试验，14 天研究	1984.4.4	0	—
205	鸟类食物毒性试验	1984.4.4	0	—
206	鸟类生殖试验	1984.4.4	0	—
207	蚯蚓急性毒性试验	1984.4.4	0	—
208	陆地植物生长试验	1984.4.4	1	2006.7.19
209	活性污泥呼吸作用抑制试验	1984.4.4	1	2010.7.23
210	鱼类早期生命阶段毒性试验	1992.7.17	1	2013.7.26
211	大型蚤生殖试验	1998.9.21	1	2012.10.2
212	鱼胚胎和稚鱼阶段短期毒性试验	1998.9.21	0	—
213	蜜蜂急性口服毒性试验	1998.9.21	0	—
214	蜜蜂急性接触毒性试验	1998.9.21	0	—
215	幼鱼生长试验	1998.9.21	1	2000.1.21
216	土壤微生物：氮转化传输试验	1998.9.21	1	2000.1.21
217	土壤微生物：碳转化试验	1998.9.21	1	2000.1.21
218	沉积物-水加底泥摇蚊虫毒性试验	2004.4.13	0	—
219	沉积物-水加水摇蚊虫毒性试验	2004.4.13	0	—
220	线蚓生殖试验	2004.4.13	1	2016.7.29
221	浮萍生长抑制试验	2006.7.11	0	—
222	蚯蚓生殖试验	2004.4.13	0	—
227	陆地植物试验：生长活力试验	2006.7.19	0	—
228	化学品对双翅目粪蝇(黄粪蝇、秋家蝇)发育毒性试验	2016.7.29	0	—
229	短期鱼类繁殖试验	2012.10.2	0	—
230	鱼类雌激素、雄激素活性与芳香酶活性抑制 21 天短期筛选试验	2009.9.8	0	—
231	两栖类动物变态发育试验	2009.9.8	0	—
232	跳虫(弹尾目)在土壤中的繁殖试验	2016.7.29	0	—
233	沉积物-水体系(加标水或加标沉积物)的摇蚊生命周期毒性试验	2010.7.23	0	—

续表

序号	测试项目名称	方法初始采用时间	更新次数	最新版本
234	鱼类性分化试验	2011.7.28	0	—
235	摇蚊急性抑制试验	2011.7.28	0	—
236	鱼胚胎急性毒性（FET）试验	2011.7.28	0	—
237	蜜蜂幼虫毒性试验——单次暴露	2013.7.26	0	—
238	无沉积物穗状狐尾藻毒性试验	2014.9.26	0	—
239	水—沉积物穗状狐尾藻毒性试验	2014.9.26	0	—
240	Medaka 延长一代繁殖试验（MEOGRT）	2015.7.28	0	—
241	两栖动物幼虫生长发育试验（LAGDA）	2015.7.28	0	—
242	抗足毒蛇繁殖试验	2016.7.29	0	—
243	滞留生殖试验	2016.7.29	0	—
244	原生动物活性污泥抑制试验	2017.10.9	0	—
245	蜜蜂（Apis Mellifera L.）慢性口服毒性试验（10 天喂养）	2017.10.9	0	—
246	大黄蜂急性接触毒性试验	2017.10.9	0	—
247	大黄蜂急性口服毒性试验	2017.10.9	0	—
248	非洲爪蟾胚胎甲状腺试验（XETA）	2019.6.18	0	—
第三部分：降解与蓄积				
301	快速生物降解性	1981.5.12	1	1992.7.17
302A	固有生物降解性：改进的 SCAS 试验	1981.5.12	0	—
302B	固有生物降解性：赞恩-惠伦斯试验	1981.5.12	1	1992.7.17
302C	固有生物降解性：改进的好氧生物降解试验	1981.5.12	1	2009.9.8
303	模拟试验——好氧污水处理：303A 偶联单元法和 303B 生物膜法	1981.5.12	1	2001.1.22
304A	土壤中固有生物降解性	1981.5.12	0	—
305	生物浓度：流水式鱼类试验	1981.5.12	2	2012.10.2
306	海水中生物降解性	1992.7.17	0	—
307	土壤中好氧和厌氧转变试验	2002.4.24	0	—
308	水体沉积物中好氧和厌氧转变试验	2002.4.24	0	—
309	表面水厌氧矿化——模拟生物降解试验	2004.4.13	0	—
310	快速生物降解——密闭瓶 CO_2 法（顶空试验）	2014.9.26	0	—
311	有机化合物在消化污泥中的厌氧降解：测量气体产量法	2006.7.11	0	—
312	土壤柱淋溶	2004.4.13	0	—
313	防腐剂处理木材对环境排放量的估算	2007.10.15	0	—
314	评估废水中排放化学品生物降解性的模拟试验	2008.10.16	0	—
315	底栖寡毛类底栖生物的生物蓄积	2008.10.16	0	—
316	化学物质在水中的光转化——直接光解	2008.10.16	0	—
317	陆生寡毛类的生物蓄积	2010.7.23	0	—

序号	测试项目名称	方法初始采用时间	更新次数	最新版本
第四部分：健康效应				
402	急性经皮毒性试验	1981.5.12	2	2017.10.9
403	急性吸入毒性试验	1981.5.12	1	2009.9.8
404	急性皮肤刺激性/腐蚀性试验	1981.5.12	3	2015.7.28
405	急性眼睛刺激/腐蚀	1981.5.12	3	2017.10.9
406	皮肤致敏性试验	1981.5.12	1	1992.7.17
407	啮齿类动物 28 天重复经口毒性试验	1981.5.12	2	2008.10.16
408	啮齿类动物 90 天重复经口毒性试验	1981.5.12	2	2018.6.27
409	非啮齿类动物 90 天重复经口毒性试验	1981.5.12	1	1998.9.21
410	28 天重复经皮毒性试验	1981.5.12	0	—
411	90 天亚慢性经皮毒性试验	1981.5.12	0	—
412	重复 28/14 天吸入毒性试验	1981.5.12	0	—
413	90 天亚慢性吸入毒性试验	1981.5.12	0	—
414	孕期发育毒性试验	1981.5.12	1	2001.1.22
415	一代生殖毒性试验	1983.5.26	0	—
416	两代繁殖毒性试验	1983.5.26	1	2001.1.22
417	毒物代谢动力学试验	1984.4.4	1	2010.7.23
418	有机磷物质急性暴露后延迟神经毒性试验	1984.4.4	1	1995.7.27
419	有机磷物质中毒延迟神经毒性试验：28 天重复给药	1984.4.4	1	1995.7.27
420	急性经口毒性试验：固定剂量法	1992.7.17	1	2001.10.17
421	生殖/发育毒性筛选试验	1995.7.27	1	2016.7.29
422	重复剂量毒性研究和生殖/发育毒性筛选结合试验	1996.3.22	1	2016.7.29
423	急性口服毒性：急性毒性阶层法	1996.3.22	1	2001.10.17
424	啮齿类动物神经毒性试验	1997.7.21	0	—
425	急性口服毒性：上下增减剂量法	1998.9.21	2	2008.10.16
426	神经发育毒性试验	2007.10.15	0	—
427	皮肤吸收：体内方法	2004.4.13	0	—
428	皮肤吸收：体外方法	2004.4.13	0	—
429	皮肤过敏性：局部淋巴结试验	2002.4.24	1	2010.7.23
430	体外皮肤腐蚀性：经皮电阻试验(TER)	2002.4.13	1	2015.7.28
431	体外皮肤腐蚀性：人类皮肤模型试验	2002.4.13	0	—
432	体外 3T3 NRU 光毒性试验	2002.4.13	0	—
433	急性吸入毒性：固定浓度程序	2018.6.27	0	—
435	体外膜屏障皮肤腐蚀试验	2006.7.19	1	2015.7.28
436	急性吸入毒性试验：急性毒性阶层法	2009.9.8	0	—
437	眼腐蚀/强刺激性试验：离体牛眼法	2009.9.8	0	—

续表

序号	测试项目名称	方法初始采用时间	更新次数	最新版本
438	眼腐蚀/强刺激性试验：离体鸡眼法	2009.7.7	2	2018.6.27
439	体外皮肤刺激：重组人表皮模型试验	2010.7.22	3	2019.6.14
440	啮齿类子宫生物分析:类雌激素作用短期筛选试验	2007.10.15	0	—
441	大鼠 Hershberger 生物测定:(抗)雄激素短期筛选试验	2009.9.8	0	—
442A	皮肤过敏：部淋巴结试验:DA 法	2010.7.22	0	—
442B	皮肤致敏：部结试验:BrdU-ELISA 法	2010.7.22	1	2018.6.27
443	代繁殖毒性扩展试验	2011.7.28	2	2018.6.27
451	致癌试验	1981.5.12	2	2018.6.27
452	慢性毒性试验	1981.5.12	2	2018.6.27
453	慢性毒性与致癌合并试验	1981.5.12	2	2018.6.27
455	检测化学品雌激素活性的稳定转染人类雌激素受体——α 转录激活试验	2009.9.7	2	2016.7.29
456	H295R 类固醇分析试验	2011.7.28	0	—
457	BG1Luc 雌激素受体反式激活试验鉴别雌激素受体激动剂和拮抗剂的试验	2012.10.2	0	—
458	稳定转染人雄激素受体转录激活试验检测化学物质的雄激素激动剂和拮抗剂活性试验	2016.7.29	0	—
460	识别眼部腐蚀物和严重刺激物的荧光素渗漏试验	2017.10.9	0	—
471	细菌回复突变试验	1983.5.26	1	1997.7.21
473	体外哺乳动物细胞染色体畸变试验	1983.5.26	2	2016.7.29
474	哺乳动物红细胞微核试验	1983.5.26	2	2016.7.29
475	哺乳动物骨髓染色体畸变试验	1984.4.4	2	2016.7.29
476	体外基因的体外哺乳动物细胞基因突变试验	1984.4.4	2	2016.7.29
477	遗传毒性：黑腹果蝇伴性隐性致死试验	1984.4.4	0	—
478	遗传毒性：啮齿类动物显性致死试验	1984.4.4	1	2016.7.29
479	遗传毒性：外乳动物细胞姐妹染色单体交换试验	1986.10.23	0	—
480	遗传毒性：酿酒酵母基因突变试验	1986.10.23	0	—
481	遗传毒性：酿酒酵母有丝分裂重组试验	1986.10.23	0	—
482	遗传毒性：哺乳动物细胞 DNA 损害与修复/程序合外试验	1986.10.23	0	—
483	哺乳动物精原细胞染色体畸变试验	1986.10.23	2	2016.7.29
484	小鼠斑点试验	1986.10.23	0	—
485	小鼠可遗传易位试验	1986.10.23	0	—
486	体内哺乳动物肝细胞程序外 DNA 合成(UDS)试验	1986.10.23	0	—
487	体外哺乳动物细胞微核试验	2010.7.22	1	2016.7.29
488	转基因啮齿类动物体细胞和生殖细胞基因突变试验	2011.7.28	1	2013.7.26
489	体内哺乳动物碱性彗星试验	2016.7.29	0	—

续表

序号	测试项目名称	方法初始采用时间	更新次数	最新版本
490	胸苷激酶基因体外哺乳动物细胞基因突变试验	2016.7.29	0	—
第五部分：其他				
501	农作物中的代谢	2007.1.25	0	—
502	后茬农作物中的代谢	2007.1.25	0	—
503	家畜体内的代谢	2007.1.25	0	—
504	后茬农作物中的残留测定(田间残留限量的研究)	2007.1.25	0	—
505	家畜中的残留	2007.1.25	0	—
507	加工产品中农药残留特性——高温水解	2007.10.15	0	—
508	加工产品中农药残留量	2008.10.16	0	—
509	农作物田间试验	2009.9.7	0	—

OECD 测试指南会定期更新以适应科学的发展。此外，新的测试指南由 OECD 成员方基于特定的法规需要而开发。新的及更新的测试指南应该能够提高国家风险管理水平和/或能够减少试验动物的使用，提高动物福利。被采纳的新的或者更新的测试指南应该具备以下条件。

a. 已经经过透明、独立的同行评议过程。

b. 证实新的和现有的测试指南有联系，或者对靶物种有影响。

c. 提供相当或更好水平的保护。

d. 节约时间和金钱。

e. 足够高的耐用性（测试结果对试验方案的微小变化不敏感）。

f. 在适当配备人员和设备的实验室间具有可转移性。

2. GLP 原则

"统一"不仅意味着使用相同的实验室测试和管理标准，而且要求采用书面法律手段来保障在上述原则下获得的数据必须被认可。OECD 的 GLP 原则为保证实验室质量创造了条件，在此条件下实验室的一切研究要有计划地执行、监督和报告。这意味着与 GLP 原则相关的认证系统必须在不同国家间保持一致，从而在交换实验室信息时有共同的语言，GLP 原则以 OECD 理事会 1981 年通过的《化学品评价数据相互认的决议》为准。

从 1981 年 GLP 原则被接受后，OECD 开始重点关注促进国际统一 GLP 原则监督保障的相关活动，在 1989 年，OECD 理事会通过了促进各国服从 GLP 原则的法案。图 12-14 给出了成员方（包括非成员缔约方）与测试机构之间 GLP 符合性监督的实际信息流示意图。如图 12-14 所示，如果 A 国的监管机构要获得 B 国符合 GLP 的实验室信息，那可以联系 A 国的 GLP 监督机构，通过 OECD 的监督机构网络，A 国可以要求 B 国监督机构对试验测试机构进行检查或研究审核。OECD 关于 GLP 的工作组由国家 GLP 合规监督机构的代表组成。工作组已经开发了许多指导文件，并包含在 OECD 编写的 GLP 及其符合性监督丛书中。

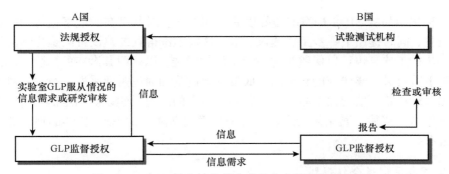

图 12-14　GLP 符合性监督中成员方之间的信息交流

12.6.2　现有化学品规划

1. OECD 高产量化学品规划

1987 年和 1990 年 OECD 理事会决定针对高产量化学品（HPV）以合作的方式进行研究，要求成员方共同采取以下行动。

a. 选择将要调查的化学品。

b. 从政府和公共机构收集这些化学品的特征、影响与暴露信息，并鼓励工业界提供自己的信息。

c. 通过测试构建并完成筛选信息数据组（SIDS）档案。

d. 对每个调查的化学品进行初步的潜在危害评估。

OECD 在高产量化学品的数据收集和初步危害评估方面具有最高的优先权。对于所有提交物质，都应有筛选信息数据组（SIDS）。SIDS 是数据元素表，类似于大多数 OECD 成员国政府在新的化学品上市之前要求企业提供的数据，包括化学品的标识信息、物理化学特性、环境行为和归趋、毒性和生态毒性数据（表 12-15）。

表 12-15　OECD 筛选信息数据集

筛选信息类型	需求内容	筛选信息类型	需求内容
化学品识别数据	CAS 登记号		生物降解
	化学品名称		在环境中的转运与分布
暴露数据	生产量（至少在 1 个国家）	生态毒理数据	鱼类急性毒性
	使用方式（至少在 1 个国家）		无脊椎动物急性毒性
	暴露来源		藻类毒性
物理化学特性数据	熔点		水生生物长期毒性
	沸点		陆生生物毒性
	蒸气压	毒理数据	急性毒性
水溶性数据	辛醇-水分配系数		重复剂量毒性
	电离常数		遗传毒性（突变点、染色体畸变）
环境归趋和途径数据	光降解		生殖毒性（生育毒性、发育毒性）
	非生物降解（水解）		

当一种化学品的 SIDS 档案准备好以后，OECD 会对其潜在的危害进行初始评估，并得出结论，同时提出下一步工作建议。基于这些结论得到的建议可以是化学品目前无须做进一步的工作，也可以保留为进一步工作的候选，以阐明其潜在的风险。OECD 政策中，对于需要进一步研究的化学品，成员方会讨论和通过需要采取的行动，对于所有已进行 SIDS 初始评估的化学品，讨论并确认所有的结论及建议。当全部 SIDS 档案和初始评估报告完成后，其结果会通过联合国环境规划署（UNEP）化学品项目部在全球范围内公布。

2. 国家或区域性合作规划

OECD 的 HPV 规划的目的是对化学物质进行初始危害评估，并将评估结果作为其成员方作出国家或区域决策（如分类、风险评估）的依据，因此 OECD 设计 HPV 规划是为了能够和国家或区域规划尽可能一致。下面用 REACH 法规和美国 HPV 挑战计划来阐述 OECD 的 HPV 规划和国家/区域规划的关系。

1）REACH 法规

REACH 法规和 OECD 的 HPV 规划之间在要求与程序上存在很多的差别，但是两者对报告的要求是相同的，因而可以高度融合。两种程序对报告的要求都是基于如下内容。

a. 充分研究摘要（robust study summary）的概念。

b. OECD 报告概述信息的统一模板。

c. 危害评估报告的模板。

两个规划都用充分研究摘要的概念来报告研究结果。充分研究摘要足够详细地反映了完整研究报告的目标、方法、结果和结论，以便于该报告可被独立地进行评估。充分研究摘要提供了所有的关键研究，是最后危害评估的基础。2006 年，OECD 编制了报告化学品测试结果的统一模板。这些模板由数据库专业人员开发，规定了数据维护和输入的格式，所以这些数据易在各个国家之间进行电子交换。REACH 法规的化学品安全报告（CSR）和 OECD 的 SIDS 初始评估报告（SIAR）的危害评估格式几乎是相同的，容易在各报告间转换。

两个规划中的任何评估都可以相互替换采用，而不必重新进行。对于 HPV，REACH 法规的数据要求满足 OECD 的 HPV 规划，因而 REACH 法规注册的危害评估部分可以提交给 OECD 的 HPV 规划。此外，OECD 的 HPV 规划同意后，SIDS 档案和 SIAR 经修改后可用于 REACH 法规注册的文档建设。

OECD 正在进一步努力统一使用不同的工具和方法来满足数据信息需要。其中，最为显著的例子就是使用化学分类。化学分类是指将物理性质和毒理学性质可能相似，或者由于结构相似而具有规律性模式的化学物质归为一组，或一类，而不作为单独化学物质。所以，并不是每一种化学物质的所有性质都要测定，而是同类的总体数据必须充分支持危害评估。总体数据集必须包括没有测试的化学物质的危害性预测信息。在制定和应用化学品分类规则方面，这两个规划使用的是同一个指南文件，所以在这两个规划获得所需信息的过程中，采用统一的化学品分类方法是避免重复测试的一种协调方式。

2）美国 HPV 挑战计划

自 1998 年起，美国 HPV 挑战计划与 OECD 的 HPV 规划的合作非常密切。尽管两个规划在要求和程序方面有许多差别，但两个规划的报告要求是一样的。充分研究摘要的概念最初由美国 HPV 挑战计划引入，随后在 OECD 的 HPV 规划中执行。此外，美国 HPV 挑战计划的目的是收集美国市场上所有 HPV 的信息数据终点来形成充分研究摘要，而 OECD 的 HPV 规划给出的评定都符合美国 HPV 挑战计划的要求，因此避免了重复工作。

3. OECD（定量）结构活性关系项目

（定量）结构活性关系 [（Q）SAR] 是通过分子结构来预测化合物性质的一种方法。（Q）SAR 项目是为了提高其在化学品管理可接受性及在 OECD 成员方中的使用。第一步是开发以管理为目的的（Q）SAR 模型，并于 2004 年采用。该模型的验证原则解释包括以下几点。

1）确定的终点

目的是能够明确地预测出模型的终点，因为不同的试验方案和试验条件可以给出不同的终点，所以识别（Q）SAR 模型模拟的实验室体系是非常重要的。进一步的特定管理指南是围绕"确定的终点"解释。例如，最大无作用剂量在特定管理指南的信息需求下是确定的终点，但在某一特定条件的特定组织/器官的特定影响下就不是科学意义上确定的终点。

2）明确的运算法则

目的是确保模型中运算法则的透明性，利用运算法则对终点预测基于化学结构或物理化学性质信息。在商业开发的模型中，这些信息通常不公开，因此可能成为管理上的障碍。关于预测的重复性也包含在该原则中，并将在指南中做进一步阐述。

3）确定的适用范围

目的是说明（Q）SAR 模型是逆向模型，依据化学结构、物理化学性质和反应机制进行预测。为了使模型能够给出可信的预测结果，（Q）SAR 模型可能存在应用极限。需要确定哪种类型的信息适合定义（Q）SAR 模型的适用性范围，同时研发合适的方法来获得这些信息。

4）具有吻合度、充分性和可预测性的合适措施

实施具有吻合度、充分性和可预测性的合适措施的目的是简化总体原则设置，并不是摒弃模型内部运算（表现为完整和吻合）和模型预测（由外部验证确定）之间的区别。详细的指南最好能够提供合适的内部执行措施和可预测的方法。下一步的工作是如何确定（Q）SAR 模型的外部组成。

5）机制方面的解释

从科学的观点来说，为给定的（Q）SAR 模型提供机制的解释，或者为给定的模型提供多机制的解释并不一定可行。然而，针对模型缺少机制解释并不意味着该模型在管理方面不具备潜在应用价值。原则 5）的目的不是拒绝不具备机制基础的模型，而是保证适当考虑模型中描述符合预测终点之间机制关联的可能性，并确保这种关联文件化。

（Q）SAR 模型原则的确立能够使模型的使用融合在管理框架内。更具现实意义的是原则的确立使（Q）SAR 模型的开发者和成员国权威机构能够以一致与透明的方式来记录单独（Q）SAR 模型的验证，并且其他权威管理机构也可以使用这些（Q）SAR 模型。确定（Q）SAR 模型在国家管理层面的可接受性标准的定义不在 OECD 项目的范围之内，而是国家权威机构考虑的事情。

12.6.3　新化学品规划

OECD 新化学品规划的主要目的是在确保高标准的健康和环境保护前提下，简化新化学品准入多重市场的程序。该项目通过一种称为平行过程的程序实现。平行过程是指一个公司在向多重法规体系通报和向政府申请对其进行评议时所进行的信息分享过程（图 12-15）。

平行过程的试验阶段在 2006 年启动。在平行过程中，国家可以三种方式参与：作为领导国，作为从属国，作为观察员。领导国在考虑所有成员的结论后，作出危害性评估结论，并将最终危害性评估报告发放给通报者。从属国直到正式的评估报告完成之后，才会得到正式的通知。领导国需要负责审核提交的信息，制定危害性评估报告，并提供给从属国查阅。观察员身份允许接收信息并观察评估报告的完成过程，在不影响评估时间或内容的情况下，提供危害性评估的非正式信息。在平行过程中，有仲裁权的参与者利用现有的评估过程进行其通报评定。尽管如此，在整个过程中，有仲裁权的参与者具有作出基于风险的决定的最高权力。

12.6.4　风险评估规划

OECD 风险评估规划目前只关注发展和协调预测环境暴露的方法，特别是在以下 4 个领域。

　　a. 释放预测。

　　b. 暴露模型。

　　c. 监测数据的应用。

　　d. 暴露信息的报告。

为了改善化学品释放的预测，OECD 正在开发释放场景文件（ESD），用于预测化学品在特定工业和使用情况下释放的条件和参数。ESD 是量化化学品释放到水、空气、土壤或固体废弃物过程中描述其来源、生产过程、路径和使用模式的一份文件汇总。一份理想的 ESD 包括以下所有阶段：①生产；②配制；③工业用途；④专业用途；⑤私人和消费者用途；⑥产品/物品使用寿命；⑦回收；⑧废弃物处理（焚化或填埋）。ESD 描述的化学品使用和释放条件参数一般通过化学品的风险评估来获得，这些参数是预测环境中化合物浓度的基础。

OECD 有关暴露模型的最新进展包括开发暴露模型的数据库和使用多媒体模型来评估化学品总体持久性与远程转输的指南文件。在环境监测数据方面，OCED 化学品风险评估活动的目的是提高监控数据的可用性，以更好地设计监测计划，从而促进评估组织和监测者之间的对话。此外，在环境、职业和消费者暴露方面，OECD 已经开发了报告概述信息的指南文件。

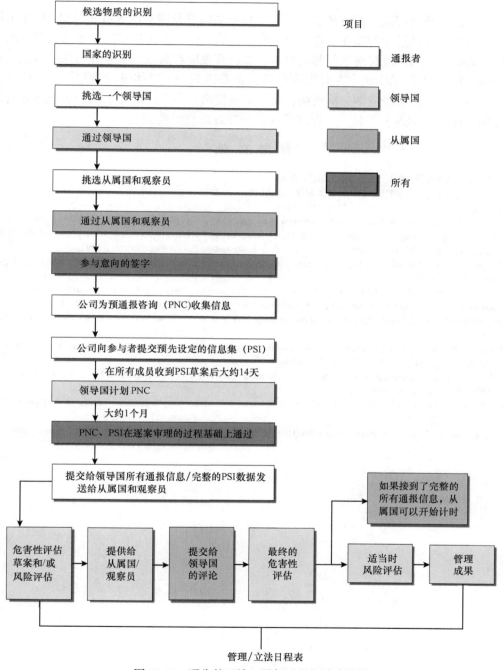

图 12-15 通告的互认：平行过程的试验阶段

12.6.5　风险管理规划

　　OECD 在风险管理方面的核心工作是支持成员国开发国家性政策和行动，如果可能的话，开发国际风险管理措施。OECD、政府、学术界、企业和环境方面的非政府组织合作，确认最佳的风险管理规范和新技术，然后开发能够为政府和企业所用的方法。目前，OECD 的主要工作集中在开发将化学品企业作为一个整体进行风险管理的指南文件。这将包括：社会经济学分析指南；风险交流指南；在生产之前帮助企业筛选具有潜在危险性化学品的列表工具，以促进开发环境友好的化学物质。

参 考 文 献

[1] 夏世钧. 农药毒理学. 北京：化学工业出版社，2008.
[2] 江高峰. 毒理学基础实验教程. 武汉：湖北科学技术出版社，2012.
[3] 周志俊. 基础毒理学. 上海：复旦大学出版社，2008.
[4] 范莱文，韦梅尔. 化学品风险评估：Risk assessment of chemicals an introduction. 北京：化学工业出版社，2010.
[5] Hrubec J, Toet C. Predictability of the removal of organic compounds by drinking-water treatment. RIVM report 714301007. The Netherlands，Bilthoven：National Institute for Public Health and the Environment (RIVM)，1992.
[6] Travis C C，Arms A D. Bioconcentration of organics in beef，milk and vegelation. Environmental Science and Technology，1988，22：271-274.
[7] Dowdy D L，McKone T E，Hsieh P H. Prediction of chemical biotransfer of organic chemicals from cattle diet into beef and milk using the molecular connectivity index. Environmental Science and Technology，1996，30(3)：984-989.
[8] McLachlan M S. Model of the fate of hydrophobic contaminants in cows. Environmental Science and Technology，1994，28(13)：2407-2414.
[9] Czub G，McLachlan M S. A food chain model to predict the levels of lipophilic organic contaminants in humans. Environmental Science and Technology，2003，23(10)：2356-2366.
[10] U.S. Environmental Protection Agency. Pollution Prevention & Toxics (OPPT). Last updated on Monday, October 16th, 2006. USEPA, Washington, DC, 2006.
[11] U.S. Environmental Protection Agency. Pollution Prevention. Last updated on Wednesday, October 11th, 2006. USEPA, Washington, DC，2006.
[12] Organization for Economic Cooperation and Development. Chemicals Testing Guidelines. OECD，Paris，France，2006.